实战技巧 **精粹**

## 360度探索Excel精髓

# 非常感谢您购买 Excel Home 编著的图书！

**Excel Home** 是全球知名的 Excel 技术与应用网站，拥有超过 250 万注册会员，是微软在线技术社区联盟成员以及全球微软最有价值专家 MVP 项目合作社区，Excel 领域中国区的 Microsoft MVP 多数产生自本社区。

**Excel Home** 致力于研究、推广以 Excel 为代表的 Microsoft Office 软件应用技术，并通过多种方式帮助您解决 Office 技术问题，同时也帮助您提升个人技术实力：

- 您可以访问 Excel Home 技术论坛（http://club.excelhome.net），这里有各行各业的 Office 高手免费为您答疑解惑，也有海量的图文教程；
- 您可以免费下载 Office 专家精心录制的总时长数千分钟的各类视频教程，并且视频教程随技术发展在不断持续更新；
- 您可以免费报名参加 Excel Home 的在线培训（http://t.excelhome.net），目前数十套培训课程循环开课并持续增加；
- 您可以关注新浪微博 @ExcelHome 和收听腾讯微博 @excel_home，随时浏览精彩的 Excel 应用案例和动画教程等学习资料，数位小编和热心博友实时和您互动；
- 您可以关注微信（公众账号：ExcelHome；微信号：iexcelhome），我们会不定期发布相关信息；
- 您可以购买我们编著的原创畅销 Excel 书籍，详情可查阅 http://www.excelhome.net/book 或直接到各大网络书店搜索关键词“Excel+Home”。

**请扫描以下的二维码，快速加入我们吧！**

新浪微博
@ExcelHome

腾讯微博
@excel_home

微信
公众账号：ExcelHome
微信号：iexcelhome

ExcelHome 门户
www.excelhome.net

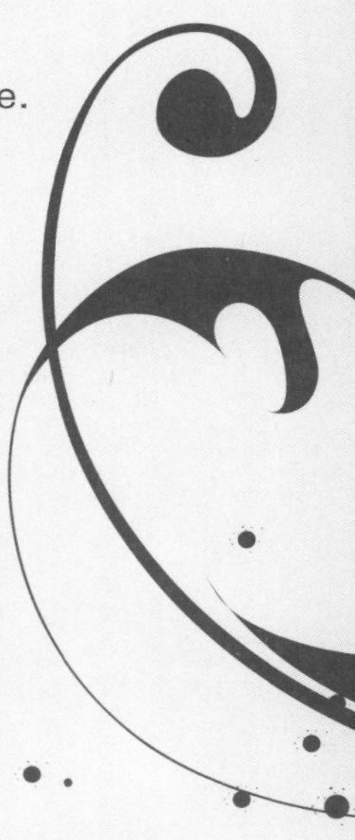

# Excel

# 2010

# Excel 2010 数据处理与分析 实战技巧精粹

Excel Home 编著

人民邮电出版社
北京

**图书在版编目（CIP）数据**

Excel 2010数据处理与分析实战技巧精粹 / Excel Home编著. -- 北京 : 人民邮电出版社, 2014.1 (2019. 1重印)
ISBN 978-7-115-33541-8

Ⅰ. ①E… Ⅱ. ①E… Ⅲ. ①表处理软件 Ⅳ. ①TP391.13

中国版本图书馆CIP数据核字(2013)第256831号

## 内 容 提 要

本书在对 Excel Home 技术论坛中上百万个提问的分析与提炼的基础上，汇集了用户在使用 Excel 进行数据处理与分析过程中最常见的需求，通过 228 个实例的演示与讲解，将 Excel 高手的过人技巧手把手教给读者，并帮助读者发挥创意，灵活有效地使用 Excel 来处理工作中遇到的问题。全书共 19 章，介绍了 Excel 2010 数据处理与分析方面的应用技巧，内容涉及导入外部数据、数据输入、数据验证、数据处理与表格编辑、设置表格格式、优化 Excel 工作环境、数据排序和筛选、使用条件格式标识数据、合并计算、数据透视表、函数公式常用技巧、模拟运算分析和方案、单变量求解、规划求解、高级统计分析、预测分析、使用图表与图形表达分析结果和打印等。

本书内容丰富、图文并茂、可操作性强且便于查阅，适合于对 Excel 各个学习阶段的读者阅读，能有效地帮助读者提高 Excel 2010 数据处理与分析的水平，提升工作效率。

◆ 编　　著　Excel Home
责任编辑　马雪伶
责任印制　程彦红　杨林杰

◆ 人民邮电出版社出版发行　北京市丰台区成寿寺路 11 号
邮编　100164　电子邮件　315@ptpress.com.cn
网址　http://www.ptpress.com.cn
北京鑫正大印刷有限公司印刷

◆ 开本：787×1092　1/16
印张：32
字数：845 千字　2014 年 1 月第 1 版
印数：42 501－44 000 册　2019 年 1 月北京第 24 次印刷

定价：69.00 元（附光盘）

读者服务热线：(010)81055410　印装质量热线：(010)81055316
反盗版热线：(010)81055315
广告经营许可证：京东工商广登字 20170147 号

# 前言

非常感谢您选择了《Excel 2010 数据处理与分析实战技巧精粹》。

## 从书简介

按照主要功能来划分，Excel 的功能大致可以分为五类，如下图所示。

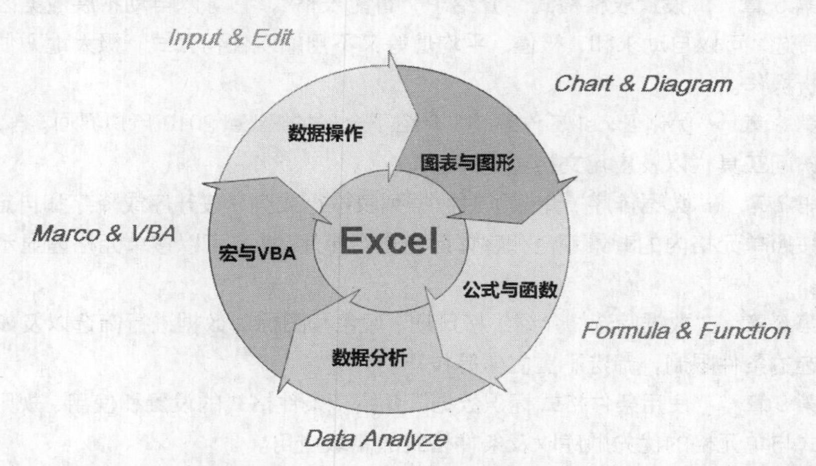


基于这样的划分标准，同时考虑到国内大部分用户已经升级到 Excel 2010 的现状，我们组织了多位来自 Excel Home 的中国资深 Excel 专家，继续从数百万技术交流帖中挖掘出网友们最关注或最迫切需要掌握的 Excel 应用技巧，并重新演绎、汇编，打造出基于 Excel 2010 的全新“精粹”系列图书。它们分别是：

- 《Excel 2010 数据处理与分析实战技巧精粹》
- 《Excel 2010 图表实战技巧精粹》
- 《Excel 2010 函数与公式实战技巧精粹》
- 《Excel 2010VBA 实战技巧精粹》

作为《Excel 实战技巧精粹》的后续系列版本，全套图书秉承了其简明、实用和高效的特点，以及“授人以渔”式的传教风格。同时，通过提供大量的实例，并在内容编排上尽量细致和人性化，发挥 Excel Home 图书所特有的“动画式演绎”风格，以求读者能方便而又愉快地学习。

## 本书内容概要

全书包含正文 19 章及绪论部分与附录，由 228 个技巧组成，涵盖了数据处理与分析的方方面面，由浅入深，适合各学习阶段的读者阅读。

绪论向读者揭示了最佳的 Excel 学习方法和经验，是读者在 Excel 学习之路上的一盏指路明灯。

第 1 章　“导入外部数据”介绍了将各种类型的数据文件导入 Excel 的方法，并且在数据导入的同时还可以创建参数查询以及向 PowerPivot 工作簿中导入大数据的方法。

第 2 章　“数据输入”主要介绍数据输入的操作技巧，掌握这些技巧，可以使用户能够更轻松地在 Excel 中建立适合自己实际需要的数据表格，为进一步数据处理和分析创造便利条件。

第 3 章　“数据验证”主要介绍了数据有效性的设置与使用、规则与限制以及结合函数公式设置各种特定条件的录入限制。

第 4 章　“数据处理与表格编辑”主要介绍了对各种数据进行快速选定的方法、分列功能以及工作表内数据的合并与拆分。

第 5 章　“设置表格格式”介绍了“智能表格”，它可以自动扩展数据区域，可以排序、筛选，可以自动求和、极值、平均值等又不用输入任何公式，极大地方便了数据管理和分析操作。

第 6 章　“优化 Excel 工作环境”介绍了全新的 Excel 2010 用户界面，自定义状态栏、快速访问工具栏以及应用文档主题等。

第 7 章　“数据排序”介绍了对数据列表按行或列、按升序或降序和自定义排序，还可以按照单元格内的背景颜色和字体颜色进行排序，甚至可以按单元格内显示的图标进行排序。

第 8 章　“数据筛选”介绍了按日期、颜色和图标对数据进行筛选以及如何突破自定义筛选的条件限制，筛选不重复值等技巧。

第 9 章　“使用条件格式标识数据”介绍了条件格式的设置和使用、规则与限制，条件格式与单元格的优先顺序以及条件格式的高级应用。

第 10 章　“合并计算”主要讲述了合并计算的基本功能和具体运用。

第 11 章　“数据透视表”介绍如何创建数据透视表、设置数据透视表格式、数据透视表的排序和筛选、数据透视表组合、数据透视内的复杂计算、创建动态数据源的数据透视表等，通过学习，读者将会掌握创建数据透视表的基本方法和技巧的运用。

第 12 章　“函数公式常用技巧”分门别类地详细介绍了 Excel 中常用函数的使用方法和技巧，使读者对 Excel 中丰富而庞大的函数库建立起一个初步的全局认识。

第 13 章　“模拟运算分析和方案”主要介绍了利用公式进行手动模拟运算，使用模拟运算表进行单因素和多因素分析以及创建方案进行数据分析。

第 14 章　“单变量求解”介绍单变量求解工具的使用方法和技巧，熟练掌握这些技巧，可以使用户在数据分析、处理方面轻松解决更多复杂问题。

第 15 章　“规划求解”介绍规划求解工具的应用，通过本章内容的学习，读者能够根据实际问题建立规划模型，在 Excel 工作表中正确地应用函数和公式描述模型中各种数据的关系，熟练应用规划求解工具对规划模型进行求解。

第 16 章　“高级统计分析”主要介绍如何利用 Excel 的分析工具进行描述统计和假设检验。

第 17 章　“预测分析”介绍了应用 Excel 分析工具库提供的移动平均、指数平滑工具和回归工具进行预测分析的基本步骤和操作技巧。

第 18 章　“使用图表与图形表达分析结果”主要介绍了数据分析图表类型的选择，讲述了如何使用柱形图展示盈亏、使用漏斗图分析阶段转化、使用瀑布图表分析项目营收、使用动态图表监控店铺运营。

第 19 章 “打印”介绍了如何进行页面设置以及如何调整打印设置等相关内容，通过学习，用户可以掌握打印输出的设置技巧。

当然，要想在一本书里罗列出Excel数据处理与分析的所有应用技巧是不可能的事情。所以我们只能尽可能多的把最通用和实用的一部分挑选出来，展现给读者，尽管这些仍只不过是冰山一角。对于我们不得不放弃的其他技巧，读者可以登录 Excel Home 网站(http://www.ExcelHome.net)，在海量的文章库和发帖中搜索自己所需要的。

## 读者对象

本书面向的读者群是 Excel 的中、高级用户以及 IT 技术人员，因此，希望读者在阅读本书以前具备 Excel 2003 以及更高版本的使用经验，了解键盘与鼠标在 Excel 中的使用方法，掌握 Excel 的基本功能和对菜单命令的操作方法。

## 本书约定

在正式开始阅读本书之前，建议读者花几分钟时间来了解一下本书在编写和组织上使用的一些惯例，这会对您的阅读有很大的帮助。

### 软件版本

本书的写作基础是安装于 Windows 7 专业版操作系统上的中文版 Excel 2010。尽管如此，本书中的许多内容也适用于Excel的早期版本，如 Excel 2003，或者其他语言版本的 Excel，如英文版、繁体中文版。但是为了能顺利学习本书介绍的全部功能，仍然强烈建议读者在中文版 Excel 2010 的环境下学习。

### 菜单命令

我们会这样来描述在 Excel 或 Windows 以及其他 Windows 程序中的操作，比如在讲到对某张 Excel 工作表进行隐藏时，通常会写成：在 Excel 功能区中单击【开始】选项卡中的【格式】下拉按钮，在其扩展菜单中依次选择【隐藏和取消隐藏】→【隐藏工作表】。

### 鼠标指令

本书中表示鼠标操作的时候都使用标准方法：“指向”、“单击”、“右键单击”、“拖动”、“双击”等，您可以很清楚地知道它们表示的意思。

### 键盘指令

当读者见到类似<Ctrl+F3>这样的键盘指令时，表示同时按 Ctrl 键和 F3 键。

Win 表示 Windows 键，就是键盘上画着⊞的键。本书还会出现一些特殊的键盘指令，表示方法相同，但操作方法会稍许不一样，有关内容会在相应的技巧中详细说明。

### Excel 函数与单元格地址

本书中涉及的 Excel 函数与单元格地址将全部使用大写，如 SUM()、A1:B5。但在讲到函数的参数时，为了和 Excel 中显示一致，函数参数全部使用小写，如 SUM(number1,number2, ...)。

## 阅读技巧

虽然我们按照一定的顺序来组织本书的技巧，但这并不意味着读者需要逐页阅读。读者完全可以凭着自己的兴趣和需要，选择其中的某些技巧来读。

当然，为了保证对将要阅读到的技巧能够做到良好的理解，建议读者可以从难度较低的技巧开始。万一遇到读不懂的地方也不必着急，可以先“知其然”而不必“知其所以然”，参照我们的示例文件把技巧应用到练习或者工作中去，以解决燃眉之急。然后在空闲的时间，通过阅读其他相关章节的内容，或者按照我们在本书中提供的学习方法把自己欠缺的知识点补上，那么就能逐步理解所有的技巧了。

## 写作团队

本书由周庆麟策划并组织，绪论部分由周庆麟编写，第 1、4、7、8 章由梁才编写，第 2、5、6 章由赵文妍编写，第 3、9、12、13 章由方骥编写，第 10 章由朱明编写，第 11、第 19 章由陈泽祥编写，第 14～15 章由陈胜编写，第 16～18 章由韦法祥编写，最后由杨彬完成统稿。

## 致谢

感谢 Excel Home 全体专家作者团队成员对本书的支持和帮助，他们为本系列图书的出版贡献了重要的力量。

Excel Home 论坛管理团队和 Excel Home 免费在线培训中心教管团队长期以来都是 Excel Home 图书的坚实后盾，他们是 Excel Home 中最可爱的人。最为广大会员所熟知的代表人物有朱尔轩、林树珊、吴晓平、刘晓月、郗金甲、盛杰、赵刚、黄成武、孙继红、王建民、周元平、陈军、顾斌等，在此向这些最可爱的人表示由衷的感谢。

衷心感谢 Excel Home 的 250 万会员，是他们多年来不断的支持与分享，才营造出热火朝天的学习氛围，并成就了今天的 Excel Home 系列图书。

衷心感谢 Excel Home 微博的所有粉丝和 Excel Home 微信的所有好友，你们的“赞”和“转”是我们不断前进的新动力。

## 后续服务

在本书的编写过程中，尽管我们的每一位团队成员都未敢稍有疏虞，但纰缪和不足之处仍在所难免。敬请读者能够提出宝贵的意见和建议，您的反馈将是我们继续努力的动力，本书的后继版本也将会更臻完善。

您可以访问 http://club.excelhome.net，我们开设了专门的板块用于本书的讨论与交流。您也可以发送电子邮件到 book@excelhome.net，我们将尽力为您服务。

同时，欢迎您关注我们的官方微博和官方微信，这里会经常发布有关图书的更多消息，以及大量的 Excel 学习资料。

新浪：@ExcelHome

腾讯：@excel_home

微信公众平台：iexcelhome

# 目录

# 绪论　最佳 Excel 学习方法

本部分的内容并不涉及具体的 Excel 应用技巧，但如果读者阅读本书的真正目的是为了提高自己的 Excel 水平，那么本部分则是技巧中的技巧，是全书的精华。我们强烈建议您认真阅读并理解本章中所提到的内容，它们都是根据我们的亲身体会和无数 Excel 高手的学习心得总结而来。

在多年的在线答疑和培训活动中，我们一直强调不但要"授人以鱼"，更要"授人以渔"，我们希望通过展示一些例子，教给大家正确的学习方法和思路，从而能让大家举一反三，通过自己的实践来获取更多的进步。

基于以上这些原因，我们决定把这部分内容作为全书的首篇，希望能在读者今后的 Excel 学习之路上成为一盏指路灯。

## 1　数据分析报告是如何炼成的

在这个信息爆炸的时代，人们每天都在面对着巨量的、并且不断快速增长的数据，各行各业中都有越来越多的人从事与数据处理和分析相关的工作。大到商业组织的市场分析、生产企业的质量管理、金融机构的趋势预测，小到普通办公文员的部门考勤报表，几乎所有的工作都依赖对大量的数据进行处理分析以后形成数据报告。

数据分析工作到底在做些什么？数据报告究竟是如何炼成的呢？

从专业角度来讲，数据分析是指用适当的统计分析方法对收集来的数据进行分析，以求理解数据并发挥数据的作用。数据分析工作通常包含五大步骤：需求分析、数据采集、数据处理、数据分析和数据展现。

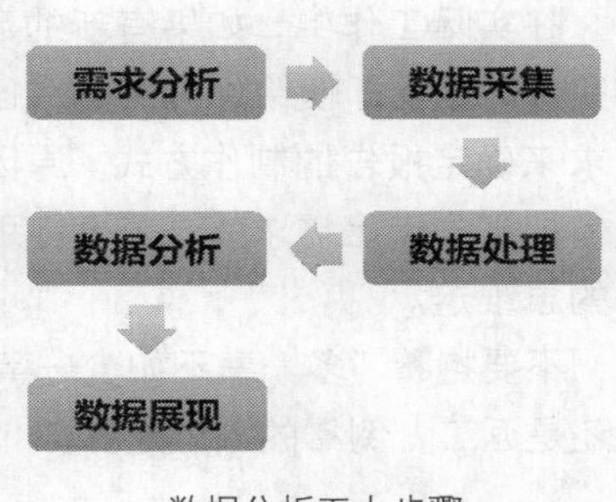

数据分析五大步骤

不要把数据分析想像得太复杂和神秘。说白了，做数据报告和裁缝做衣服是一样的，都是根据客户的需求和指定的材料，制作出对客户有价值的产品。

### 1.1　需求分析

裁缝做衣服之前最重要的事情，就是了解客户的想法和需求，并测量客户的身形。衣服要在什么场合和什么季节穿，需要什么样的款式风格，有没有特别的要求等。这个过程必须非常认真仔细，如果不能真正了解客户想要什么，就难以做出客户满意的衣服；如果把客人的身材量错了，做出来的衣服一定是个"杯具"。

同样，需求分析是制作数据报告的必要和首要环节。我们必须首先了解报告阅读者的需求，才能确定数据分析的目标、方式和方法。

了解需求

在实际工作中，如果有新的数据报告任务，最好先问清楚这个报告的用途、形式、重点目标和完成时限。即使给你任务的人已经帮你做了个草样，也不要立即按框填数，而是通过了解报告需求来确定报告的制作方式。原因很简单，一来你才是对这份报告内容负责的人，只有你最清楚如何让报告满足需求；二来也许那份草样并没有考虑到所有细节，与其事后修补不如一开始就按你的思维走。

不要抱着“多一事不如少一事”的态度，省掉这个环节。要知道，报告不合格，最后无论是挨批还是返工，倒霉的人还是你。

## 1.2 数据采集

在确定好目标和设计方案之后，裁缝接下来就要开始去安排布料和辅料，并且保证这些材料的数量和质量都能够满足制衣的需求。

与此相类似，在完成前期的需求分析过程之后，就要开始收集原始数据材料。数据采集就是收集相关原始数据的过程，为数据报告提供了最基本的素材来源。在现实中，数据的来源方式可能有很多，比如网站运营时在服务器数据库中所产生的大量运营数据、企业进行市场调查活动所收集的客户反馈表、公司历年经营所产生的财务报表等。这些生产经营活动都会产生大量的数据信息，数据采集工作所要做的就是获取和收集这些数据，并且集中统一地保存到合适的文档中用于后期的处理。

收集数据

采集数据的数量要足够多，否则可能不足以发现有价值的数据规律；此外，采集的数据也要符合其自身的科学规律，虚假或错误的数据都无法最终生成可信而可行的数据报告。这就要求在数据收集的过程中不仅需要科学而严谨的方法，并且对异常数据要具备一定的甄别能力。例如通过市场调研活动收集数据，就必须事先对调研对象进行合理的分类和取样。

## 1.3 数据处理

方案和布料都已准备妥当，接下来裁缝就要根据设计图纸来剪裁布料了，将整幅的布料裁剪成前片、后片、袖子、领子等一块块用于后期缝制拼接的基本部件。布料只有经过一道道的加工处理才能被用来缝制衣服，制作数据报告也是如此。

采集到的数据要继续进行加工整理，才能形成合理的规范样式，用于后续的数据分析运算，因此数据处理是整个过程中一个必不可少的中间步骤，也是数据分析的前提和基础。数据经过加工处理，可以提高可读性，可以更方便运算；反之，如果跳过这个过程，不仅会影响到后期的运算分析效率，更有可能出现错误的分析结果。

例如在收集到客户的市场调查反馈数据以后，所得到的数据都是对问卷调查的答案选项，这些 ABCD 的选项数据并不能直接用于统计分析，而是需要进行一些加工处理，比如将选项文字转换成对应的数字，这样才能更好地进行后续的数据运算和统计。

处理数据

## 1.4 数据分析

剪裁完成后的工作主要是缝制和拼接等成衣工序，在前期方案和材料都已经准备妥当的情况下，这个阶段的工作就会比较顺利，按部就班依照既定的方法就可以实现预定的目标。

同样的，经过加工处理之后的数据可用于进行运算统计分析，通过一些专门的统计分析工具以及数据挖掘技术，可以对这些数据进行分析和研究，从中发现数据的内在关系和规律，获取有价值有意义的信息。例如通过市场调查分析，可以获知产品的主要顾客对象、顾客的消费习惯、潜在的竞争对手等一系列有利于进行产品市场定位决策的信息。

对数据进行分析

数据分析过程需要大量的统计和计算，通常都需要科学的统计方法和专门的软件来实现，例如 Excel 中就包含了大量的函数公式以及专门的统计分析模块来处理这些需求。

## 1.5 数据展现

衣服缝制完成之后要向客户进行成果展现，或是让客户直接试穿，或是使用模特进行展示。展现衣服的完整穿着效果、鲜明的设计特点以及为客户量身定做的价值所在是这个展示的主要目标。

与此类似，数据分析的结果最终要形成结论，这个结论要通过数据报告的形式展现给决策者和客户。数据报告中的结论要简洁而鲜明，让人一目了然，同时还需要足够的论据支持，这些论据就包括分析的数据以及分析的方法。

结论的展现

因此，在最终形成的数据报告中，表格和图形是两种常见的数据展现方式。通常情况下，图形图表的效果更优于普通的数据表格。因为，对于数据来说，使用图形图表的展现方式是最具说服力的，图表具有直观而形象的特点，可以化冗长为简洁，化抽象为具体，使数据和数据关系得到最直接有效地表达。例如要表现一个公司经营状况的趋势性结论，使用一串枯燥的数字远不如一个柱形图的排列更能说明问题。

经过上面这几个步骤的操作，一份完整的数据报告就可以形成，其中的价值将会在决策和实践中得到体现。

## 1.6 数据分析工具

进行数据分析工作离不开专业的数据分析工具，现在有很多功能强大的数据分析软件可供选择，常用的包括 SPSS、SAS、水晶易表和 Excel 等。

SPSS，全称 Statistical Product and Service Solutions，意思为“统计产品与服务解决方案”。它是世界上最早的统计分析软件，也是世界上应用最广泛的专业统计软件之一。SPSS 的基本功能包括数据管理、统计分析、图表分析、输出管理等，最突出的特点就是操作界面极为友好，输出结果美观漂亮。目前 SPSS 已出至版本 19.0，而且更名为 PASW Statistics。

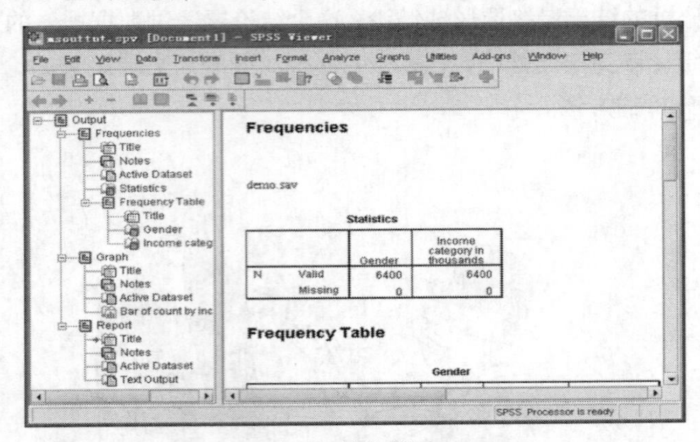


SPSS 软件界面

SAS，全称 Statistical Analysis System，中文意思为“统计分析系统”。SAS 是一个模块化、集成化的大型应用软件系统，它由数十个专用模块构成，功能包括数据访问、数据存储及管理、应用开发、图形处理、数据分析、报告编制、运筹学方法、计量经济学与预测等。SAS 相对 SPSS 功能更强大，但同时 SAS 也比较难学。

水晶易表，软件名为 Crystal Xcelsius，是一个可视化的报表工具，强调的是数据的可视化展现和交互式的动态展现。水晶易表可以通过简单操作，导入 Excel 的数据表格，创建出交互式可视化分析、图表、图像、财务报表和商业计算器等，而不需要任何额外的编程。其结果还可以直接嵌入到 PowerPoint、PDF 文件、Outlook 和 Web 上。

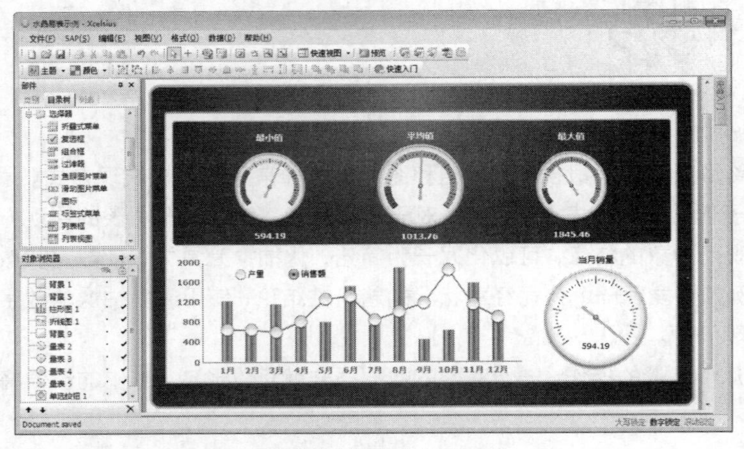


水晶易表制作的交互式报表

Excel，作为全球应用最广泛的办公软件，相对于其他数据分析工具软件来说，它的最大优势是功能全面而强大，操作简单。因此，Excel 也是许多专业数据分析工作者常用的入门工具之一。学习 Excel，就好比掌握了一个数据剪裁的利器，可以让数据分析工作变得轻松又简单。即便有许多 Excel 使用者并未从事与专业数据分析直接相关的工作，但通过掌握 Excel 的数据处理和分析技巧，也可以极大地提升数字办公的工作效率，从枯燥繁重的机械式劳动中解放出来。

# 2 成为 Excel 高手的捷径

作为在线社区的版主或者培训活动的讲师，我们经常会面对这样的问题："我对 Excel 很感兴趣，可是不知道要从何学起？"，"有没有什么方法能让我快速成为 Excel 高手？"，"你们这些高手是怎么练成的？"……这样的问题看似简单，回答起来却远比解决一两个实际的技术问题复杂得多。

到底有没有传说中的"成为 Excel 高手的捷径"呢？回答是：有的。

这里所说的捷径，是指如果能以积极的心态，正确的方法和持之以恒的努力相结合，并且主动挖掘学习资源，那么就能在学习过程中尽量不走弯路，从而用较短的时间去获得较大的进步。千万不要把这个捷径想像成武侠小说里面的情节——某某凡人无意中得到一本功夫秘笈，转眼间就天下第一了。如果把功夫秘笈看成学习资源的话，虽然优秀的学习资源肯定存在，但绝对没有什么神器能让新手在三两天里一跃而成为顶尖高手。

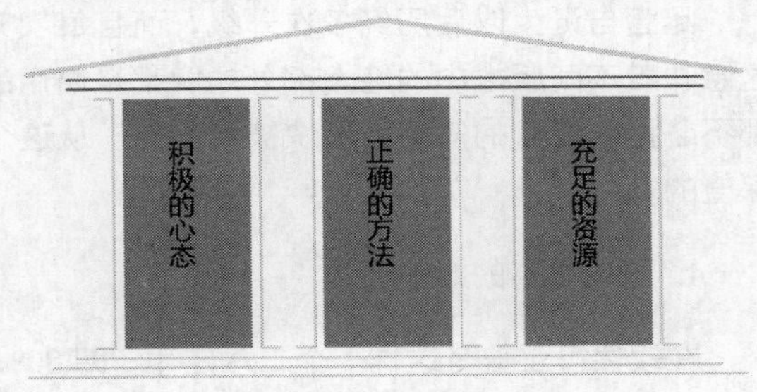

成为 Excel 高手的必备条件

下面，从心态、方法和资源三个方面来详细讨论如何成为一位 Excel 高手。

## 2.1 积极的心态

愿意通过读书来学习 Excel 的人，至少在目前阶段拥有学习的意愿，这一点是值得肯定的。我们见到过许多的 Excel 用户，虽然水平很低，但从来不会主动去进一步了解和学习 Excel 的使用方法，更不要说自己去找些书来读了。面对日益繁杂的工作任务，他们宁愿加班加点，也不肯动点脑筋来提高自己的水平，偶尔闲下来就上网聊天，逛街看电视，把曾经的辛苦都抛到九霄云外去了。

人们常说，兴趣是最好的老师，压力是前进的动力。要想获得一个积极的心态，最好能对学习对象保持浓厚的兴趣，如果暂时实在是提不起兴趣，那么请重视来自工作或生活中的压力，把它们转化为学习的动力。

下面罗列了一些 Excel 的优点，希望对提高学习积极性有所帮助。

1. 一招鲜，吃遍天

Excel 是个人电脑普及以来用途最广泛的办公软件之一，也是 Microsoft Windows 平台下最成功的应用软件之一。说它是普通的软件可能已经不足以形容它的威力，事实上，在很多公司，Excel 已经完全成为了一种生产工具，在各个部门的核心工作中发挥着重要的作用。无论用户身处哪个行业、所在公司有没有实施信息系统，只要需要和数据打交道，Excel 几乎是不二的选择。

Excel 之所以有这样的普及性，是因为它被设计成为一个数据计算与分析的平台，集成了最优秀的数据计算与分析功能，用户完全可以按照自己的思路来创建电子表格，并在 Excel 的帮助下出色的完成工作任务。

如果能熟练使用 Excel，就能做到“一招鲜，吃遍天”，无论在哪个行业哪家公司，高超的 Excel 水平都能在职场上助您成功。

2. 不必朝三暮四

在电子表格软件领域，Excel 唯一的竞争对手就是自己。基于这样的绝对优势地位，Excel 已经成为事实上的行业标准。因此，您大可不必花时间去关注别的电子表格软件。即使需要，以 Excel 的功底去学习其他同类软件，学习成本会非常低。如此，学习 Excel 的综合优势就很明显了。

3. 知识资本的保值

尽管自诞生以后历经多次升级，而且每次升级都带来新的功能，但 Excel 极少抛弃旧功能。这意味着不同版本中的绝大部分功能都是通用的。所以，无论您现在正在使用哪个版本的 Excel，都不必担心现有的知识会很快被淘汰掉。从这个角度上讲，把时间投资在学习 Excel 上，是相当保值的。

4. 追求更高的效率

在软件行业曾有这样一个二八定律，即 80%的人只会使用一个软件 20%的功能。在我们看来，Excel 的利用率可能更低，它最多仅有 5%的功能被人们所常用。为什么另外 95%的功能都没有被使用上呢？有三个原因：

一是不知道有那 95%的功能；二是知道还有别的功能，不知道怎么去用；三是觉得自己现在所会的够用了，其他功能暂时用不上。很难说清楚这三种情况的比例，但如果属于前两种情况，那么请好好地继续学习。先进的工作方法一定能带给你丰厚的回报——无数的人在学到某些对他们有帮助的 Excel 技巧后会感叹，“这一下，原来要花几天时间完成的工作，现在只要几分钟了……”

如果您属于第三种情况，嗯——您真的认为自己属于第三种情况吗？

## 2.2 正确的学习方法

学习任何知识都是讲究方法的，学习 Excel 也不例外。正确的学习方法能使人不断进步，而且是以最快的速度进步。错误的方法则会使人止步不前，甚至失去学习的兴趣。没有人天生就是 Excel 专家，下面总结了一些典型的学习方法。

1. 循序渐进

我们把 Excel 用户大致分为新手、初级用户、中级用户、高级用户和专家 5 个层次。

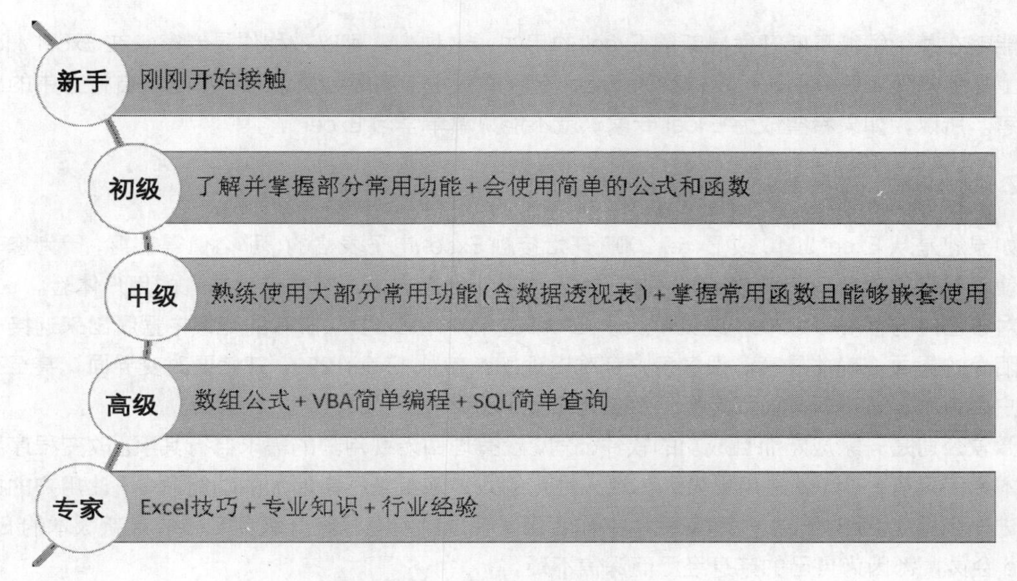


Excel 用户水平的 5 个层次

对于 Excel 的新手，我们建议先从扫盲做起。首先需要买一本 Excel 的入门教程或权威教程，有条件的话参加一下正规培训机构的初级班。在这个过程里面，学习者需要大致了解到 Excel 的基本操作方法和常用功能，诸如输入数据，查找替换，设置单元格格式，排序、汇总、筛选和保存工作簿。如果学习者有其他的应用软件使用经验，特别是其他 Office 组件的使用经验，这个过程会很快。

但是要注意，现在的任务只是扫盲，不要期望过高。千万不要以为知道了 Excel 的全部功能菜单就是精通 Excel 了。别说在每项菜单命令后都隐藏着无数的玄机，光是 Excel 的精髓——函数，学习者还没有深入接触到。当然，经过这个阶段的学习，学习者应该可以开始在工作中运用 Excel 了，比如建立一个简单的表格，甚至画一张简单的图表。这就是人们常说的初级用户水平。

接下来，要向中级用户进军。成为中级用户有 3 个标志：一是理解并熟练使用各个 Excel 菜单命令，二是熟练使用数据透视表，三是至少掌握 20 个常用函数以及函数的嵌套运用，必须掌握的函数有 SUM 函数、IF 函数、SUMIFS 函数、VLOOKUP 函数、INDEX 函数、MATCH 函数、OFFSET 函数、TEXT 函数等。当然，还有些中级用户会使用简单的宏——这个看起来很了不起的功能，即使如此，我们还是认为他应该只是一名中级用户。

我们接触过很多按上述的标准评定的“中级用户”，他们在自己的部门甚至公司里已经是 Excel 水平最高的人。高手是寂寞的，所以他们都认为 Excel 也不过如此了。一个 Excel 的中级用户，应该已经有能力解决绝大多数工作中遇到的问题，但是，这并不意味着 Excel 无法提供出更优的解决方案。

成为一个高级用户，需要完成 3 项知识的升级，一是熟练运用数组公式，也就是那种用花括号包围起来的，必须用<Ctrl+Shift+Enter>组合键才能完成录入的公式；二是能够利用 VBA 编写不是特别复杂的自定义函数或过程；三是掌握简单的 SQL 语法以便完成比较复杂的数据查询任务。如果进入了这 3 个领域，学习者会发现另一片天空，以前许多看似无法解决的问题，现在是多么的容易。

那么，哪种人可以被称作是 Excel 专家呢？很难用指标来评价。如果把 Excel 的功能细分来看，精通全部的人想必寥寥无几。Excel 是应用性非常强的软件，这意味着一个没有任何工作经验的普通学生是很难成为 Excel 专家的。从某种意义上来说，Excel 专家也必定是某个或多个行业的专家，他们都拥有丰富的行业知识和经验。高超的 Excel 技术配合行业经验来共同应用，才有可能把 Excel 发挥到极致。同样的 Excel 功能，不同的人去运用，效果将是完全不同的。

能够在某个领域不断开发出新的 Excel 的用法，这种人，可以被称作是专家。在 Excel Home 网站上，那些受人尊敬的、可以被称为 Excel 专家的版主与高级会员，无一不是各自行业中的出类拔萃者。所以，如果希望成为 Excel 专家，就不能只单单学习 Excel 了。

2. 挑战习惯，与时俱进

如果您是从 Excel 2010 或 Excel 2007 开始接触 Excel 电子表格的，那么值得恭喜，因为您一上手就使用到了微软公司花费数年时间才研发出的全新程序界面，它将带来非凡的用户体验。

对于已经习惯 Excel 2003 或更早版本 Excel 的用户而言，要从旧有的习惯中摆脱出来迎接一个完全陌生的界面，确非易事。很多用户都难以理解为何从 Excel 2007 开始要改变界面，甚至有一些用户因为难以适应新界面而选择仍然使用 Excel 2003。

微软公司是一家成熟而且成功的软件公司，没有理由无视用户的需求自行其事。改变程序界面的根本原因只有一个，就是用更先进和更人性化的方式来组织不断增加的功能命令，让用户的操作效率进一步提高。而对于这一点，包括本书作者团队在内的所有已经升级到 Excel 最新版本的 Excel Home 会员，都因为自己的亲身经历而深信不疑。

创新必定要付出代价，但相较升级到 Excel 2010 所得到的更多新特性，花费最多一周时间来熟悉新界面是值得的。从微软公司公布的 Office 软件发展计划可以看出，这一程序界面将会在以后的新版本中继续沿用，Excel 2003 的程序界面将逐渐成为历史。因此，过渡到新界面的使用将是迟早的事情，既然如此，何不趁早行动?

## 2.3 善用资源，学以致用

除了少部分 Excel 发烧友（别怀疑，这种人的确存在）以外，大部分人学习 Excel 的目的是为了解决自己工作中的问题和提升工作效率。问题常常是促使人学习的一大动机。如果您还达不到初级用户的水平，建议按前文中所讲先扫盲；如果您已经具有初级用户的水平，带着问题学习，不但进步快，而且很容易对 Excel 产生更多的兴趣，从而获得持续的成长。

遇到问题的时候，如果知道应该使用什么功能，但是对这个功能不太会用，此时最好的办法是按<F1>键调出 Excel 的联机帮助，集中精力学习这个需要掌握的功能。这一招在学习 Excel 函数的时候特别适用，因为 Excel 有几百个函数，想用人脑记住全部函数的参数与用法几乎是不可能的事情。Excel 的联机帮助是最权威、最系统也是最优秀的学习资源之一，而且因为在一般情况下，它都随同 Excel 软件一起被安装在电脑上，所以也是最可靠的学习资源——如果你上不了网，也没办法向别人求助。

如果对所遇问题不知从何下手，甚至不能确定 Excel 能否提供解决方法，可以求助于他人。此时，如果身边有一位 Excel 高手，或者能马上联系到一位高手，那将是件非常幸运的事情。如果没有这样的受助机会，也不用担心，还可以上网搜索解决方法，或者到某些 Excel 网站上去寻求帮助。关于如何利用互联网来学习 Excel，请参阅本绪论中的“3”。

当利用各种资源解决了自己的问题时，一定很有成就感，此时千万不要停止探索的脚步，争取把解决方法理解得更透彻，能做到举一反三。

Excel 实在是博大精深，在学习的过程中如果遇到某些知识点暂时用不着，不必深究，但一定要了解，而不是简单的忽略。说不定哪天就需要用到的某个功能，Excel 里面明明有，可是您却不知道，以至于影响到寻找答案的速度。在学习 Excel 函数的过程中，这一点也是要特别注意的。比如，作为一名财会工作者，可能没有必要花很多精力去学习 Excel 的工程函数，而只需要了解到，Excel 提供了很多的工程函数，就在函数列表里面。当有一天需要用到它们时，可以在函数列表里面查找适合的函数，并配合查看帮助文件来快速掌握需要的函数。

### 2.4 多阅读，多实践

多阅读 Excel 技巧或案例方面的文章与书籍，能够拓宽你的视野，并从中学到许多对自己有帮助的知识。在互联网上，介绍 Excel 应用的文章很多，而且可以免费阅读，有些甚至是视频文件或者动画教程，这些都是非常好的学习资源。在图书市场上也有许多 Excel 图书，所以多花点时间在书店，也是个好主意。对于朋友推荐或者经过试读以后认为确实对自己有帮助的书，可以买回家仔细研读。

我们经常遇到这样的问题“学习 Excel，什么书比较好”——如何挑选一本好书，真是个比较难回答的问题，因为不同的人，需求是不一样的，适合一个人的书，不见得适合另一个人。另外，从专业的角度来看，Excel 图书的质量良莠不齐，有许多看似精彩，实际无用的书。所以，选书之前，除了听别人的推荐，或到网上书店查看书评以外，最好还是能够自己翻阅一下，先读前言与目录，然后再选择书中你最感兴趣的一章来读。

学习 Excel，阅读与实践必须并重。阅读来的东西，只有亲自在电脑上实践几次，才能把别人的知识真正转化为自己的知识。通过实践，还能够举一反三，即围绕一个知识点，做各种假设来测试，以验证自己的理解是否正确和完整。

我们所见过的很多高手，实践的时间远远大于阅读的时间，因为 Excel 的基本功能是有限的，不需要太多文字去介绍。而真正的成长来源于如何把这些有限的功能不断排列组合以创新用法。伟人说“实践出真知”，在 Excel 里，不但实践出真知，而且实践出技巧，比如本书中的大部分技巧，都是大家“玩”出来的。

一件非常有意思的事情是，当微软公司Excel产品组的人见到由用户发现的某些绝妙的技巧时，也会感觉非常新奇。设计者自己也无法预料他的程序会被人衍生出多少奇思妙想的用法，由此可见 Excel 是多么值得去探索啊！

## 3 通过互联网获取学习资源和解题方法

如今，善于使用各种搜索功能在互联网上查找资料，已经成为信息时代的一项重要生存技能。因为互联网上的信息量实在是太大了，大到即使一个人 24 小时不停地看，也永远看不完。而借助各式各样的搜索，人们可以在海量信息中查找到自己所需要的部分来阅读，以节省时间，提高学习效能。

本技巧主要介绍如何在互联网上寻找 Excel 学习资源，以及寻找 Excel 相关问题的解决方法。

### 3.1 搜索引擎的使用

搜索引擎，是近年来互联网上迅猛发展的一项重要技术，它的使命是帮助人们在互联网上寻找自己需要的信息。目前比较出色的互联网搜索引擎公司有美国的 Google（http://www.google.com）和中国的百度（http://www.baidu.com）等。

为了准确而快速地搜索到自己想要的内容，向搜索引擎提交关键词是最关键的一步。以下是几个注意事项：

1. 关键词的拼写一定要正确

搜索引擎会严格按照使用者所提交的关键词进行搜索，所以，关键词的正确性是获得准确搜索结果的必要前提。比如，明明要搜索 Excel 相关的内容，可是输入的关键词是“excle”，结果可想而知。

2. 多关键词搜索

搜索引擎大都支持多关键词搜索，提交的关键词越多，搜索结果越精确，当然，前提是使用者所提交的关键词能够准确地表达目标内容的意思，否则就会适得其反——本应符合条件的搜索结果被排除了。比如，想要查找 Excel 方面的技术文章，可以提交关键词为“Excel 技术文章”。如何更好地构建关键词，需要利用搜索引擎多多实践，熟能生巧。

3. 定点搜索

如今，互联网上的信息量正趋向“泛滥”，即使借助搜索引擎，也往往难以轻松地找到需要的内容。而且，由于互联网上信息复制的快速性，导致在搜索引擎中搜索一个关键词，虽然有大量结果，但大部分的内容都是相差无几的。

如果在搜索的时候限制搜索范围，对一些知名或熟悉的网站进行定点搜索，就可以在一定程度上解决这个问题。假设要指定在拥有数百万 Excel 讨论帖的 Excel Home 技术论坛中搜索内容，可以在搜索引擎的搜索框中，先输入关键字，然后输入：site:club.excelhome.net 即可，如下图所示。

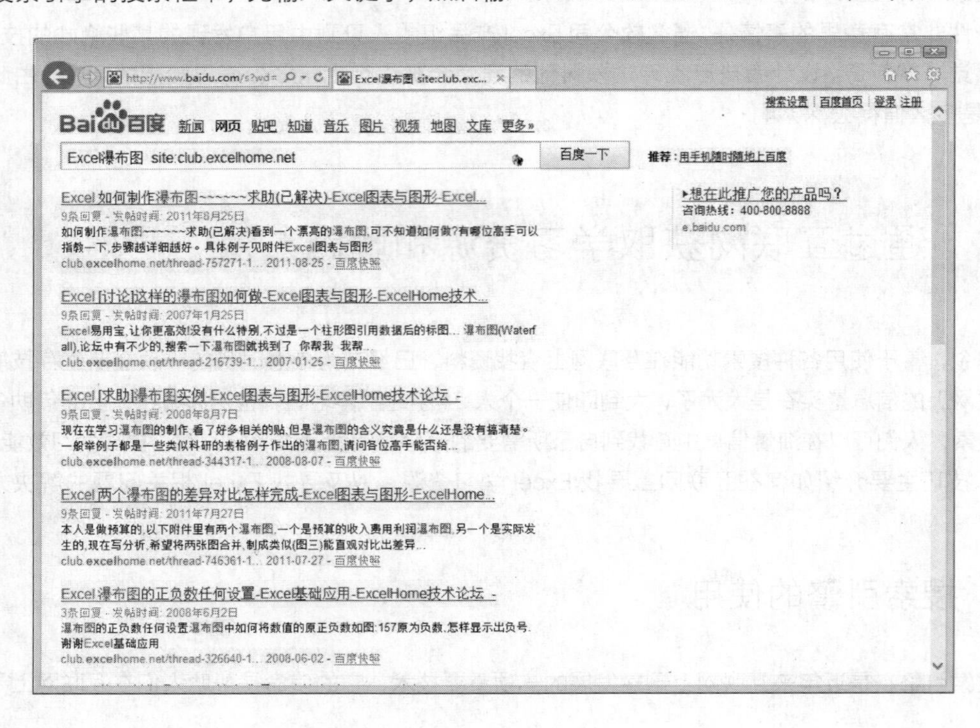

虽然各搜索引擎的页面和特长不同，但它们的用法都相差无几。更多的搜索引擎使用技巧，不在本书的讨论范围之内，你可以在搜索引擎里面提交“搜索引擎 技巧”这样的关键词去查找相关的文章。

## 3.2 搜索业内网站的内容

基于搜索引擎的技术特点，它们一般情况下只能查找到互联网上完全开放性的网页。而如果目标网页所采用的技术与搜索引擎的机器人不能很好地沟通（这常表现在动态网站上），或者目标网页没有完全向公众开放，那么就可能无法被搜索引擎找到。而后者，往往都拥有大量专业的技术资料，而且其自身也提供非常精细化的搜索功能，是我们不能忽略的学习资源。

对于这种网站，可以先利用搜索引擎找到它的入口，然后设法成为它的合法用户，那么就可以享用其中的资源了。比如想知道 Excel 方面有哪些这样的网站系统，可以用 Excel 作为关键词在搜索引擎中搜索，出现在前几页的网站一般都是比较热门的网站。互联网上诸多领域的专业 BBS，都属于这种网站。

## 3.3 在新闻组或 BBS 中学习

新闻组或 BBS 是近年来互联网上非常流行的一种网站模式，它的主要特点是每个人在网站上都有充分的交互权力，可以自由讨论技术问题，同时网站的浏览结构和所属功能非常适合资料的整理归集和查询。

虽然网络是虚拟的，但千万不要因此就在上面胡作非为，真实社会中的文明礼貌在网络上同样适用。如何在新闻组或 BBS 里面正确地求助与学习，是成为技术高手的必修课。

本书不讨论 BBS 或者新闻组的具体操作方法，只介绍通用的行为规则。作为国内最大的 Excel 技术社区的管理人员之一，我曾见到很多网友在 BBS 上因为有不正确的态度或行为，而导致不但没有获取帮助，甚至成为大家厌恶的对象。下面节选一篇我们在 BBS 上长期置顶，并且广受欢迎的文章，原文为 Excel Home 最佳学习方法（网址为 http://club.excelhome.net/thread-117862-1-1.html）。

在 Excel Home 的 BBS 里，当您提出一个问题，能够得到怎样的答案，取决于解出答案的难度，同样取决于您提问的方法。本文旨在帮助您提高发问的技巧，以获取您最想要的答案。

首先您应该认识到，Excel Home 的绝大多数成员都是乐于助人的，并且在帮助他人解决问题时更是不遗余力。但是这样并不意味着他们（包括版主在内）有义务帮助您解决所提出的任何问题——毕竟我们并没有通过回答您的问题来从您或者其他提问者那里获得任何的利益。在很大程度上，我们都是志愿者，从繁忙的工作、生活中抽出时间来解惑答疑。因此，如果您觉得我们的态度有时会让您受到委屈，不妨设身处地的想想。

其次，每个来到 Excel Home 的成员都希望自己的问题能够得到圆满的解决。但是有一点是确切无疑的，Excel 并不是万能的工具，它无法帮助您解决所有的问题。如果您在这里没有获得您最终想要的答案，不妨思考下其他的方法。

现在，如果您明白了以上几点，而且愿意以谦虚的态度向 Excel Home 其他成员请教问题，如何提问就是您面临的首要问题。好的且易于理解的提问能够帮助您在最短的时间内获得需要的答案。本文的以下部分将向您介绍一些提问的技巧。

**发帖提问之前**

在本 BBS 提出问题之前，检查您有没有做到以下几点：

（1）查看 Excel 自带的帮助文件。

Excel 的帮助文件所包含的内容要比我们所知道的丰富的多。而且事实上，我们在书店所能够买到的所有有关 Excel 的书籍也只是涵盖了帮助文件中的一部分，甚至大多数时候您在这里得到的答案也是被包含在帮助文件中的。

（2）查看精华导引帖。

对于本 BBS 的各位版主我们应该表示衷心的感谢，由于他们的辛勤工作，使我们从中获得了很大的帮助。精华导引帖即是其中之一。您会发现，其中所提到的很多问题，是您之前所没有想到，而且对您目前的工作也是极有帮助的。因此，在提出问题之前，查看精华帖会是一个很大的帮助。另外，在 ExcelHome 的文章和下载频道也有非常多非常好的资源，更要学会善加利用。

（3）使用论坛搜索功能。

同样的问题总是会被很多人问到。虽然在时间充足的前提下我们并不介意就同一个问题解释两次、三次，但更多的时候我们会更关注新的问题。使用论坛搜索会使您发现问题的答案，甚至比您想要的还要多。

在提出问题之前，做些本该由您做的事情，并不会花费很多时间，而且会使您获得更大的帮助。说明您在此之前做了些什么，将有助于树立您的形象和得到尊重。

周全的思考，准备好您的问题，草率的发问只能得到草率的回答，或者得不到任何答案。谦虚谨慎会有很大的益处。

绝不要自以为够资格得到答案，没有人具有这种资格，毕竟您没有为这种服务支付任何报酬。您要自己去“挣”回一个答案，靠提出一个新鲜的、有内涵的问题，而不仅仅是被动的向他人索要知识。

绝不要自以为在这里会有人替您完成本应由您自己完成的工作，仅仅给出一个命题然后希望有人无偿而又迅速地定制一套解决方案来送给您，这是一种非常愚蠢的想法。

**如何发帖提问**

如果您已经按照上述内容完成了提问之前的三个步骤，那么参照以下几个原则进行发帖提问会对您有所帮助。

（1）明白您所要达到的目的，并准确地表述。

漫无边际的提问近乎无休无止的时间黑洞，通常来说我们并没有太多的时间去揣摩您要达到的目的。因此应该明白，您来到这里是要提出问题，而不是回答我们对您的问题所产生的问题。准确表述您的问题会使您更快的获得需要的答案。您提问的内容越明确，得到的答案也越具体，这一点至关重要。否则，您可能什么也得不到，甚至因此被我们的管理人员删除发帖。

（2）善于使用附件。

使用附件往往能带给您更大的帮助，而且也会显得更有诚意。在使用附件时，提问者一般会随机列举数字，这并不是一个很好的习惯。因为对于要解决的问题的复杂性，随机列数是很难全面反映出来的。建议提问者在上传附件时能够从工作文件中抽取数据而不是自己编制数据。

目前考虑到 BBS 的空间资源，我们欢迎使用 WinRAR 压缩您的文件再上传。上传的附件请不要加上密码，并使用大家通用的 WinRAR 版本来压缩，以免其他人无法打开。

为了保证您保存在文件中的隐私资料不被泄露，您可以在文件上传前对其进行相应处理。

（3）使用含义丰富、描述准确的标题。

使用“救命”、“求助”、“跪求”、“在线等”之类的标题并不能够确保您的问题会得到我们更多的重视。在标题中简洁描述问题对我们以及希望通过搜索获取帮助的其他提问者都是一个很好的方法。糟糕的标题会严重影响您帖子的吸引眼球的能量，也符合被版主删除的条件。

（4）谨慎选择板块。

本论坛按技术领域划分了多个板块，每个板块只讨论各自相关的话题，所以并不是每个板块都能对您提出的问题做出反应。“休闲吧”的好心人或许会回答您如何在 Excel 里排序的问题，但是把“寻求邮件发送代码”的帖子发在“Excel 基础应用”板块的确是一个很糟糕的做法。当然，在探讨 Excel 程序开发的板块发帖请教函数应用也不是一个好的做法，反之亦然。

特别要注意，论坛专门设置了原创发表和资源共享版，所以，不要把您的作品（尤其是加上了密码的作品）发在技术讨论区。尽管技术讨论区的受关注度更高，但您这样做只会引起别人的反感。在论坛首页，每个板块都有各自的说明，请一定要对号入座。如果在不正确的板块发表话题，最直接的后果将是可能没人理会您的问题，当然，您的发贴也可能会被管理人员移动到正确的板块，或者锁定、删除。

（5）绝对不要重复发帖。

重复发帖除了有害于您的形象之外，并不能保证您的问题能够得到解决。因此请做到：

不要在同一个板块发同样的帖子；

不要在不同板块发同样的帖子（我们并不只是在一个板块逗留）。

（6）谦虚有礼，及时反馈。

使用“谢谢”并不会花费很多时间，但的确能够吸引更多的人乐意帮助您解决问题。而使用挑衅式的语言，诸如“高手都去哪里了？”、“天下最难的问题”、“一个弱智的问题”等其他粗鲁、挑衅的文字只会让人反感。

认真理解别人给出的答案。

我们很乐意帮助您解决问题，但这并不意味您在这里提出的任何问题都能够得到令您满意的答案。

如果您对我们提供的答案有不了解的地方，请先参照本文前面的部分，决定是否需要提出自己的问题；

如果您得到了需要的答案，我们也为您感到高兴，如果您能够参照下面的几个做法，将会使更多的人从您的行为中获得益处：

（1）说声“谢谢”会让我们感到自己所做的努力是值得的，也会让其他人更乐于帮助您；

（2）简短的说明并介绍问题是如何解决的，会使他人能更容易从您的经验中获得帮助。

如果我们提供的答案不能解决您的问题，对此我们也感到非常遗憾，而且也衷心希望在您解决了问题之后，能够把您的方法与更多人共享。

无论您的问题是否得到解决，请把最新的进程和结果进行反馈，以便让大家（包括那些帮助您的人和其他正在研究同一问题的人）都能及时了解。

当您拥有了良好的学习心态、使用了正确的学习方法并掌握了充足的学习资源之后，通过不懈的努力，终有一天，您也能成为受人瞩目和尊敬的 Excel 高手，并能从帮助他人解决疑难中得到极大的满足和喜悦。

## 3.4 在视频网站中学习

随着上网速度的整体提高，视频这种最生动的媒介形式可以很方便地获取和在线观看。与图文形式的图书或网页相比，视频教程的学习效果无疑是更为出色的。

目前在国内知名的视频网站上，会有许多有关 Excel 的学习教程，可以利用视频网站的搜索功能方便地找到它们。但值得注意的是，因为视频网站都允许用户任意上传分享，所以很有可能出现一个视频 N 个版本以及看了上集找不到下集的情况。所以，应该找到视频的原创者的主页进行选择观看。

Excel Home 在最近几年时间里已经免费分享了数千分钟的视频学习教程，并已经上传到各大视频网站供大家观看学习。以百度文库为例，只要进入 http://wenku.baidu.com/org/view?org=ExcelHome 就可以找到这些教程，如下图所示。

## 3.5 利用微博和微信学习

微博和微信是近两年来非常热门的社交化媒体，随着越来越多传统网站和精英人物的加入，其中的学习资源也丰富起来。只需要登录自己的账号，然后关注那些经常分享 Excel 应用知识的微博，就可以源源不断地接受新内容推送。

微博和微信是移动互联网时代的主要媒体形式之一，其最特点是每则消息都非常短小精致，因此非常适合时间碎片化的人群使用。但是因为其社交属性鲜明，内容过于分散，所以不利于系统详细地学习，需要与其他学习形式配合使用。

# 第 1 章　导入外部数据

## 技巧 1　导入文本数据

在日常工作中，用户往往需要使用 Excel 对其他软件系统生成的数据进行加工，首先要进行的工作就是将这些数据导入到 Excel 中形成数据列表。

在许多情况下，外部数据是以文本文件格式（.txt 文件）保存的。在导入文本格式的数据之前，用户可以使用记事本等文本编辑器打开数据源文件查看一下，以便对数据的结构有所了解，如图 1-1 所示。

```
文本数据源 - 记事本
文件(F)  编辑(E)  格式(O)  查看(V)  帮助(H)
姓名	身份证件及护照号码	所得税项目	境内支付项目	境外支付项目	合计	免税项目
合计	允许扣除费用
文思迪	320111111111101	7010111	"4,000.00"	0	"4,000.00"	0	0
李勤	320111111111102	7010111	"3,000.00"	0	"3,000.00"	0	0
白可燕	320111111111103	7010111	"3,000.00"	0	"3,000.00"	0	0
张祥志	320111111111104	7010111	"3,000.00"	0	"3,000.00"	0	0
朱丽叶	320111111111105	7010111	"2,000.00"	0	"2,000.00"	0	0
岳恩	320111111111106	7010111	"3,000.00"	0	"3,000.00"	0	0
郝尔冬	320111111111107	7010111	"3,000.00"	0	"3,000.00"	0	0
师丽莉	320111111111108	7010111	"2,000.00"	0	"2,000.00"	0	0
郝河	320111111111109	7010111	"2,000.00"	0	"2,000.00"	0	0
文利	330111111111110	7010111	"3,000.00"	0	"3,000.00"	0	0
赵睿	320111111111111	7010111	"3,000.00"	0	"3,000.00"	0	0
孙丽星	320111111111112	7010111	"2,000.00"	0	"2,000.00"	0	0
岳凯	320111111111113	7010111	"1,000.00"	0	"1,000.00"	0	0
师胜昆	210211111111114	7010111	"2,000.00"	0	"2,000.00"	0	0
王海霞	320111111111115	7010111	"2,000.00"	0	"2,000.00"	0	0
王焕军	320111111111116	7010111	"1,000.00"	0	"1,000.00"	0	0
```

图 1-1　文本数据源

对于图 1-1 中所示的例子，可以使用 Excel 获取外部数据的功能导入文本文件中的数据，同时使用分列功能对原始数据进行处理，操作方法如下。

**Step 1**　在【数据】选项卡中单击【自文本】按钮，在弹出的【导入文本文件】对话框中选择需要导入的目标文本文件（如“文本数据源.txt”），然后单击【导入】按钮，或者直接双击文本文件；弹出【文本导入向导 - 第 1 步，共 3 步】对话框，单击【分隔符号】单选钮，如果不需要导入第一行标题行，则可在【导入起始行】微调框选择“2”，表示从第 2 行开始导入数据，此处选择默认值 1。

**Step 2**　单击【下一步】按钮弹出【文本导入向导 - 第 2 步，共 3 步】对话框。

**Step 3**　用户可以根据数据源中每列数据之间的分隔符号的实际情况来选择【分隔符号】，本例保持默认的【Tab 键】作为分隔符号，下方的【数据预览】列表中会出现数据分列线，并显示数据分隔后的效果。

**Step 4**　单击【下一步】按钮，在弹出【文本导入向导 - 第 3 步，共 3 步】对话框中，用户可以设定【列数据格式】的不同类型，选择第 2 列，即“身份证件及护照号码”字段，再单击【文本】单选钮，将第 2 列设置为“文本”格式，其他字段保持系统默认的【常规】选项不变，单击【完成】按钮，如图 1-2 所示。

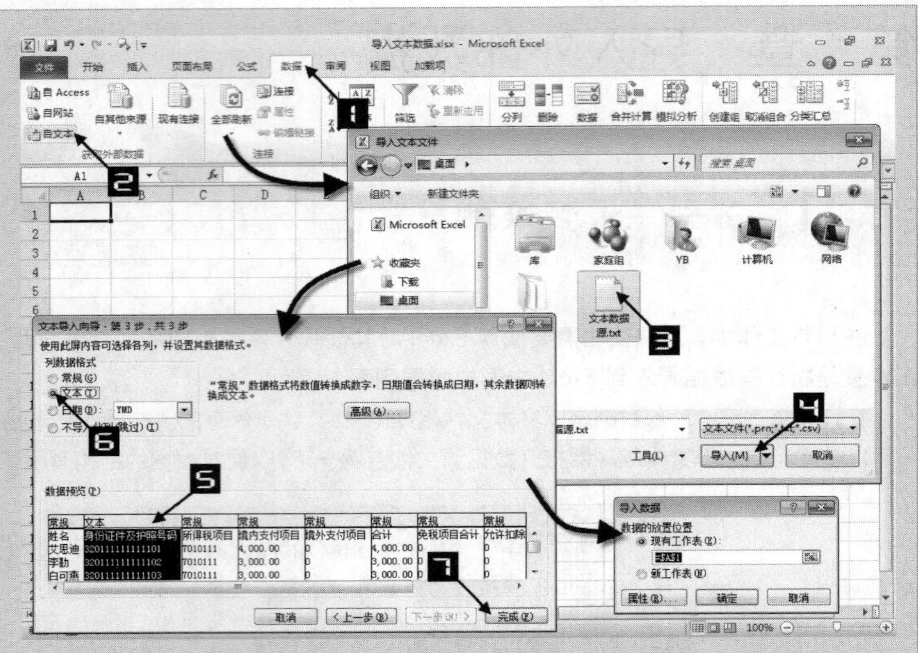


图 1-2　导入文本数据

**注意！** 在文本文件数据源中，如果某个字段的字段数值超过 15 位数字，需要在【文本导入向导—第 3 步，共 3 步】对话框中做特殊设置，如本例中，“身份证件及护照号码”字段是一组超过 15 位的数字，因此需要将此字段设置为“文本”（默认为“常规”），否则导入到 Excel 工作表中时将得不到准确的数据，如图 1-3 所示，而且这种显示是不可逆的。

| | A | B | C | D | E | F | G | H |
|---|---|---|---|---|---|---|---|---|
| 1 | 姓名 | 身份证件及护照号码 | 所得税项目 | 境内支付项目 | 境外支付项目 | 合计 | 免税项目合计 | 允许扣除费用 |
| 2 | 艾思迪 | 3.20111E+14 | 7010111 | 4,000.00 | 0 | 4,000.00 | 0 | 0 |
| 3 | 李勤 | 3.20111E+14 | 7010111 | 3,000.00 | 0 | 3,000.00 | 0 | 0 |
| 4 | 白可燕 | 3.20111E+14 | 7010111 | 3,000.00 | 0 | 3,000.00 | 0 | 0 |
| 5 | 张祥志 | 3.20111E+14 | 7010111 | 3,000.00 | 0 | 3,000.00 | 0 | 0 |
| 6 | 朱丽叶 | 3.20111E+14 | 7010111 | 2,000.00 | 0 | 2,000.00 | 0 | 0 |
| 7 | 岳恩 | 3.20111E+14 | 7010111 | 3,000.00 | 0 | 3,000.00 | 0 | 0 |
| 8 | 郝尔冬 | 3.20111E+14 | 7010111 | 3,000.00 | 0 | 3,000.00 | 0 | 0 |
| 9 | 师丽莉 | 3.20111E+14 | 7010111 | 2,000.00 | 0 | 2,000.00 | 0 | 0 |
| 10 | 郝河 | 3.20111E+14 | 7010111 | 2,000.00 | 0 | 2,000.00 | 0 | 0 |
| 11 | 艾利 | 3.30111E+14 | 7010111 | 3,000.00 | 0 | 3,000.00 | 0 | 0 |
| 12 | 赵睿 | 3.20111E+14 | 7010111 | 3,000.00 | 0 | 3,000.00 | 0 | 0 |
| 13 | 孙丽星 | 3.20111E+14 | 7010111 | 2,000.00 | 0 | 2,000.00 | 0 | 0 |
| 14 | 岳凯 | 3.20111E+14 | 7010111 | 1,000.00 | 0 | 1,000.00 | 0 | 0 |
| 15 | 师胜昆 | 2.10211E+14 | 7010111 | 2,000.00 | 0 | 2,000.00 | 0 | 0 |
| 16 | 王海霞 | 3.20111E+14 | 7010111 | 2,000.00 | 0 | 2,000.00 | 0 | 0 |
| 17 | 王焕军 | 3.20111E+14 | 7010111 | 1,000.00 | 0 | 1,000.00 | 0 | 0 |

图 1-3　证件字段以科学计数法显示

**Step 5** 单击【导入数据】对话框中的【现有工作表】单选钮，并在下方的编辑框输入数据导入的起始单元格位置，如“=$A$1”，或将光标定位到编辑框中，再单击 A1 单元格；最后单击【确定】按钮，导入结果如图 1-4 所示。

| | A | B | C | D | E | F | G | H |
|---|---|---|---|---|---|---|---|---|
| 1 | 姓名 | 身份证件及护照号码 | 所得税项目 | 境内支付项目 | 境外支付项目 | 合计 | 免税项目合计 | 允许扣除费用 |
| 2 | 艾思迪 | 320111111111101 | 7010111 | 4,000.00 | 0 | 4,000.00 | 0 | 0 |
| 3 | 李勤 | 320111111111102 | 7010111 | 3,000.00 | 0 | 3,000.00 | 0 | 0 |
| 4 | 白可燕 | 320111111111103 | 7010111 | 3,000.00 | 0 | 3,000.00 | 0 | 0 |
| 5 | 张祥志 | 320111111111104 | 7010111 | 3,000.00 | 0 | 3,000.00 | 0 | 0 |
| 6 | 朱丽叶 | 320111111111105 | 7010111 | 2,000.00 | 0 | 2,000.00 | 0 | 0 |
| 7 | 岳恩 | 320111111111106 | 7010111 | 3,000.00 | 0 | 3,000.00 | 0 | 0 |
| 8 | 郝尔冬 | 320111111111107 | 7010111 | 3,000.00 | 0 | 3,000.00 | 0 | 0 |
| 9 | 师丽莉 | 320111111111108 | 7010111 | 2,000.00 | 0 | 2,000.00 | 0 | 0 |
| 10 | 郝河 | 320111111111109 | 7010111 | 2,000.00 | 0 | 2,000.00 | 0 | 0 |
| 11 | 艾利 | 330111111111110 | 7010111 | 3,000.00 | 0 | 3,000.00 | 0 | 0 |
| 12 | 赵睿 | 320111111111111 | 7010111 | 3,000.00 | 0 | 3,000.00 | 0 | 0 |
| 13 | 孙丽星 | 320111111111112 | 7010111 | 2,000.00 | 0 | 2,000.00 | 0 | 0 |
| 14 | 岳凯 | 320111111111113 | 7010111 | 1,000.00 | 0 | 1,000.00 | 0 | 0 |
| 15 | 师胜昆 | 210211111111114 | 7010111 | 2,000.00 | 0 | 2,000.00 | 0 | 0 |
| 16 | 王海霞 | 320111111111115 | 7010111 | 2,000.00 | 0 | 2,000.00 | 0 | 0 |
| 17 | 王焕军 | 320111111111116 | 7010111 | 1,000.00 | 0 | 1,000.00 | 0 | 0 |

图 1-4　导入文本数据结果

## 技巧 2　导入 Access 数据库数据

Excel 具有直接导入常见数据库文件的功能，可以方便地从数据库文件中获取数据。这些数据文件可以是 Microsoft Access 数据库、Microsoft SQL Server 数据库、Microsoft OLAP 多维数据集、dBase 数据库等。

通过获取外部数据的功能，可以将 Microsoft Access 数据库文件中的数据导入到 Excel 工作表中，操作方法如下。

**Step 1**　在【数据】选项卡中单击【自 Access】按钮，打开【选取数据源】对话框。

**Step 2**　在【选取数据源】对话框中找到目标文件所在的路径，并选中此文件（如"Access 数据库数据源.mdb"），单击【打开】按钮；弹出【选择表格】对话框，在列表框中选定数据所在的"表格"（如"ruku"）。

**Step 3**　单击【确定】按钮打开【导入数据】对话框，单击【表】单选钮和【现有工作表】单选钮，并在下方的编辑框中输入数据导入的起始单元格位置，如"=$A$1"，单击【确定】按钮即可导入数据，如图 2-1 所示。

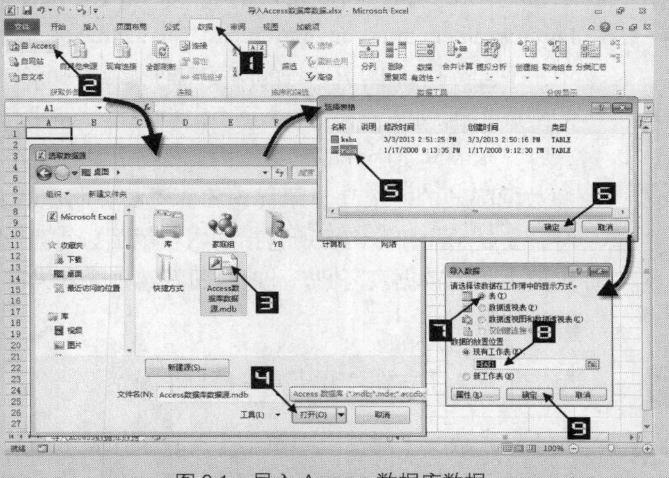


图 2-1　导入 Access 数据库数据

如果 Access 文件中只包含一个表，则不会弹出【选择表格】对话框。

导入 Access 数据库数据表后的结果如图 2-2 所示。

当用户首次打开已经导入外部数据的工作簿时，Excel 程序工作表窗口上方会出现一个【安全警告】提示栏，这是微软公司出于文件安全方面考虑，需要用户给出确认的提示，单击【启用内容】按钮，即可正常打开并正常使用文件，如图 2-3 所示，如果用户单击提示栏右侧的关闭按钮，则工作簿会保持安全警告提示，而且 Excel 程序会忽略各种安全隐患。

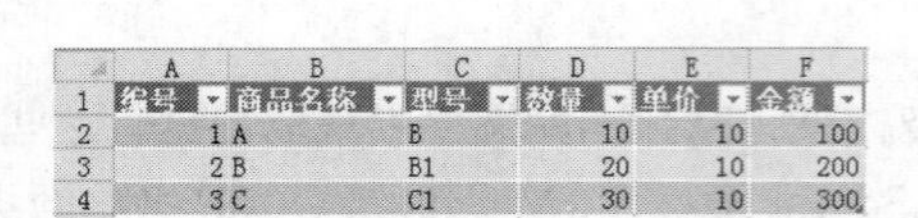

| | A | B | C | D | E | F |
|---|---|---|---|---|---|---|
| 1 | 编号 | 商品名称 | 型号 | 数量 | 单价 | 金额 |
| 2 | 1 | A | B | 10 | 10 | 100 |
| 3 | 2 | B | B1 | 20 | 10 | 200 |
| 4 | 3 | C | C1 | 30 | 10 | 300 |

图 2-2　导入 Access 数据库文件数据后的结果

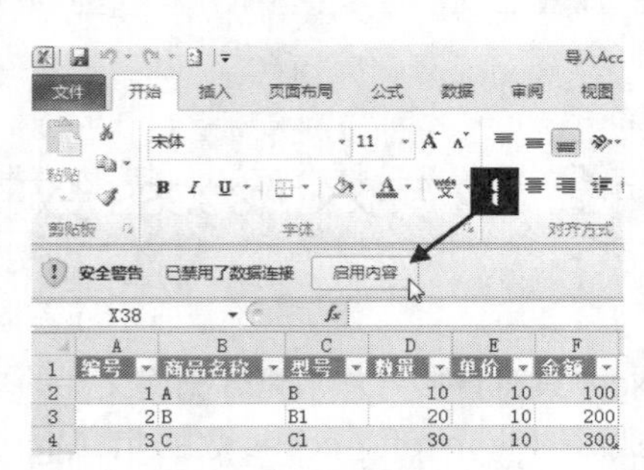


图 2-3　【安全警告】提示栏

## 技巧 3　导入 Internet 网页数据

Excel 不但可以从外部数据库中获取数据，还可以从 Web 网页中轻松的获取数据。例如，要将天气预报数据导入到 Excel 工作表中，操作方法如下。

**Step 1** 在【数据】选项卡中单击【自网站】按钮，打开【新建 Web 查询】对话框。

**Step 2** 在打开的【新建 Web 查询】对话框的【地址】组合框中输入网址：http://weather.china.com.cn/forecast/1-1-1.html。

**Step 3** 单击【转到】按钮打开所选的网页，此时，用户可以在对话框下方看到打开的网页页面，如果未看到效果页面，请检查网络是否畅通，或网址是否正确。

**Step 4** 此时显示的网页中分成了多个内容部分，并在每个可以作为数据表导入的数据区域的左上角显示标识➡复选框，将鼠标指针停留在标识上方时，会显示此部分内容所包括的内容范围。勾选目标箭头➡复选框，指定要下载的数据表区域，此时，➡复选框会变为☑状态，表示要导入此区域的数据。

**Step 5** 单击【导入】按钮打开【导入数据】对话框。

**Step 6** 在【导入数据】对话框中单击【现有工作表】单选钮，并在下方的编辑框中输入数据导入的起始单元格位置，如“=$A$1”，最后单击【确定】

按钮即可导入之前所选择网页区域的数据，如图 3-1 所示。

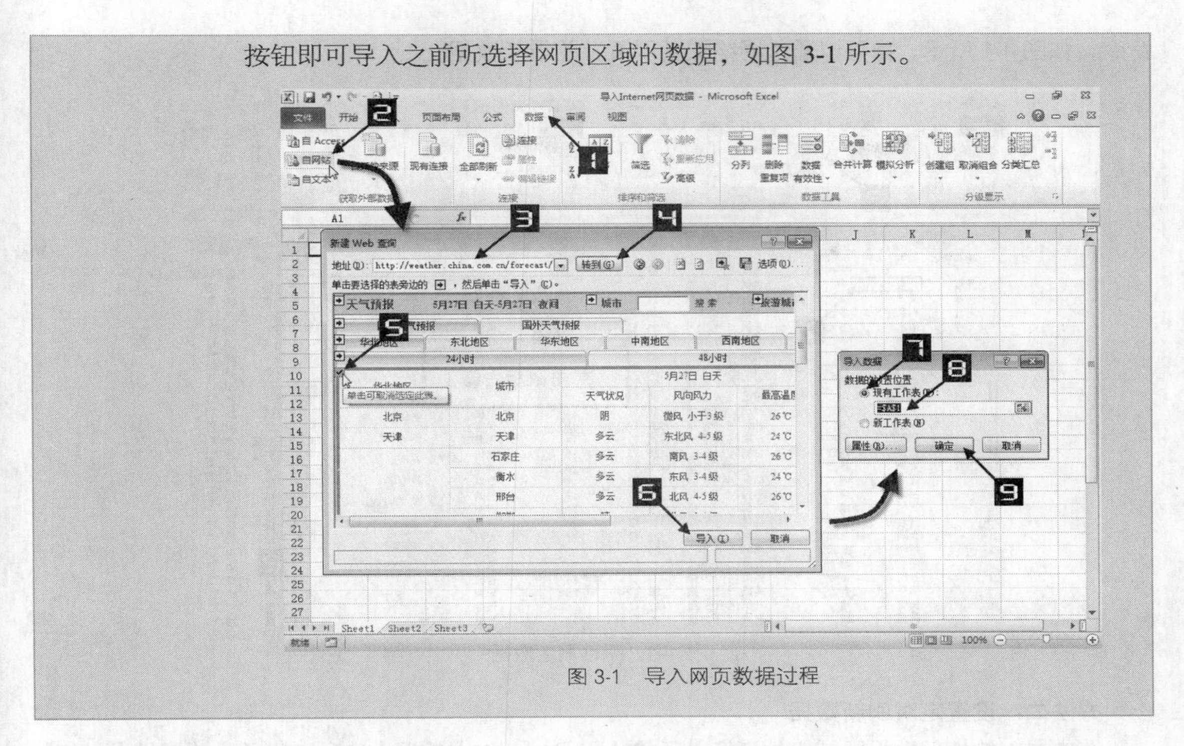

图 3-1　导入网页数据过程

导入结果如图 3-2 所示。

| | A | B | C | D | E | F | G | H |
|---|---|---|---|---|---|---|---|---|
| 1 | 华北地区 | 城市 | 5月27日 白天 | | | 5月27日 夜间 | | |
| 2 | | | 天气状况 | 风向风力 | 最高温度 | 天气状况 | 风向风力 | 最低温度 |
| 3 | 北京 | 北京 | 阴 | 微风 小于3 级 | 26 ℃ | 阴 | 微风 小于3 级 | 17 ℃ |
| 4 | 天津 | 天津 | 多云 | 东北风 4-5 级 | 24 ℃ | 多云 | 东北风 3-4 级 | 16 ℃ |
| 5 | 河北 | 石家庄 | 多云 | 南风 3-4 级 | 26 ℃ | 多云 | 北风 小于3 级 | 19 ℃ |
| 6 | | 衡水 | 多云 | 东风 3-4 级 | 24 ℃ | 阴 | 东风 3-4 级 | 16 ℃ |
| 7 | | 邢台 | 多云 | 北风 4-5 级 | 26 ℃ | 多云 | 北风 3-4 级 | 17 ℃ |
| 8 | | 邯郸 | 晴 | 北风 3-4 级 | 27 ℃ | 晴 | 北风 3-4 级 | 18 ℃ |
| 9 | | 沧州 | 多云 | 东北风 4-5 级 | 23 ℃ | 多云 | 东北风 3-4 级 | 17 ℃ |
| 10 | | 唐山 | 阴 | 东北风 3-4 级 | 23 ℃ | 多云 | 东北风 小于3 级 | 16 ℃ |
| 11 | | 秦皇岛 | 阴 | 东风 3-4 级 | 20 ℃ | 多云 | 微风 小于3 级 | 15 ℃ |
| 12 | | 承德 | 多云 | 微风 小于3 级 | 25 ℃ | 多云 | 微风 小于3 级 | 17 ℃ |
| 13 | | 保定 | 多云 | 北风 小于3 级 | 27 ℃ | 阴 | 北风 小于3 级 | 18 ℃ |
| 14 | | 张家口 | 阴 | 东南风 小于3 级 | 25 ℃ | 雷阵雨 | 东南风 小于3 级 | 15 ℃ |
| 15 | | 廊坊 | 多云 | 西南风 小于3 级 | 25 ℃ | 多云 | 西南风 小于3 级 | 17 ℃ |
| 16 | 山西 | 太原 | 多云 | 微风 小于3 级 | 28 ℃ | 多云 | 微风 小于3 级 | 17 ℃ |
| 17 | | 晋中 | 晴 | 微风 小于3 级 | 27 ℃ | 多云 | 微风 小于3 级 | 16 ℃ |
| 18 | | 吕梁 | 晴 | 微风 小于3 级 | 28 ℃ | 阴 | 微风 小于3 级 | 18 ℃ |
| 19 | | 忻州 | 晴 | 微风 小于3 级 | 29 ℃ | 小雨 | 微风 小于3 级 | 17 ℃ |
| 20 | | 五台山 | 小雨 | 微风 小于3 级 | 20 ℃ | 小雨 | 微风 小于3 级 | 6 ℃ |
| 21 | | 大同 | 雷阵雨 | 东南风 3-4 级 | 29 ℃ | 阵雨 | 西南风 3-4 级 | 13 ℃ |
| 22 | | 朔州 | 多云 | 南风 3-4 级 | 29 ℃ | 小雨 | 南风 小于3 级 | 13 ℃ |
| 23 | | 临汾 | 晴 | 北风 小于3 级 | 30 ℃ | 多云 | 北风 小于3 级 | 19 ℃ |
| 24 | | 运城 | 多云 | 南风 小于3 级 | 29 ℃ | 阴 | 南风 小于3 级 | 18 ℃ |
| 25 | | 阳泉 | 多云 | 南风 小于3 级 | 25 ℃ | 多云 | 南风 小于3 级 | 16 ℃ |
| 26 | | 长治 | 晴 | 北风 小于3 级 | 27 ℃ | 多云 | 北风 小于3 级 | 15 ℃ |

图 3-2　导入网页数据结果

## 技巧 4　根据网页内容更新工作表数据

在技巧 3 中已经介绍了导入网页数据表的方法。如果需要根据网页内容更新 Excel 工作表中的数据，有以下 3 种等效的方法可供用户选择。

**方法一：手动刷新数据**

选中导入的外部数据区域中的任意单元格（如 B3），在【数据】选项卡中单击【全部刷新】按钮；或在导入的外部数据区域中的任意单元格上单击鼠标右键，在弹出的快捷菜单中选择【刷新】

命令，如图 4-1 所示，都可以通过网络更新网页上的最新数据。

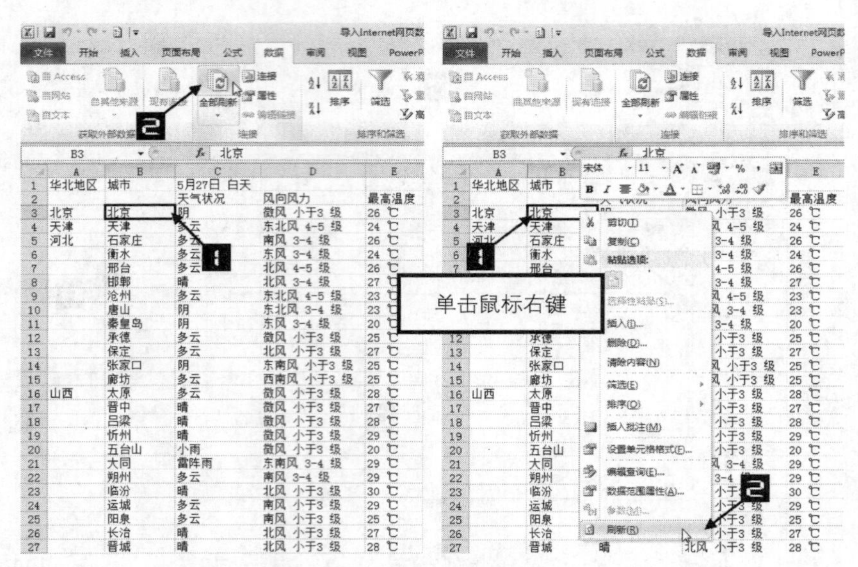


图 4-1　手动刷新数据

**方法二：设置定时刷新数据**

选中导入的外部数据区域中的任意单元格（如 B4），在【数据】选项卡中单击【属性】按钮，弹出【外部数据区域属性】对话框，勾选【刷新频率】复选框，并通过右侧的微调按钮选择刷新的间隔时间（分钟），或直接输入间隔时间的数字（本例为 10），最后单击【确定】按钮完成设置，如图 4-2 所示。

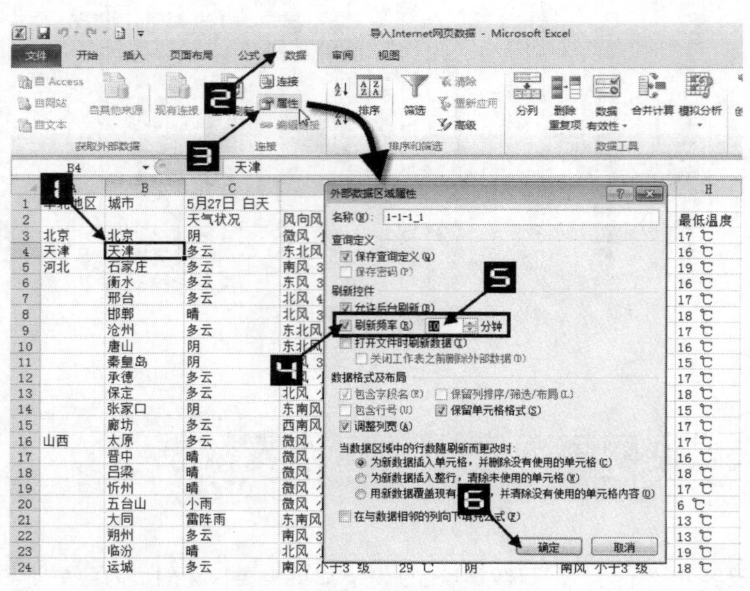


图 4-2　定时刷新数据

**方法三：打开工作簿时自动刷新**

在如图 4-2 所示的【外部数据区域属性】对话框中勾选【打开文件时刷新数据】复选框，最后单击【确定】按钮完成设置，用户再次打开工作簿时，工作簿就会自动刷新数据。

# 技巧 5　导入 Word 文档中的表格

Word 文档中的表格不能直接导入到 Excel 工作表中，不过用户可以采用“复制”→“粘贴”的方法将 Word 文档中的表格复制到 Excel 工作表中。但是，如果文档中的表格较多时，复制起来就会很不方便，而且通过复制、粘贴的方法，会将 Word 中原来设置的格式一并复制到工作表中。以下介绍通过网页文件快速导入 Word 文档中表格的方法。

图 5-1 展示了一个包含两个表格的 Word 文档，如果将这两个表格导入到 Excel 工作表中，操作方法如下。

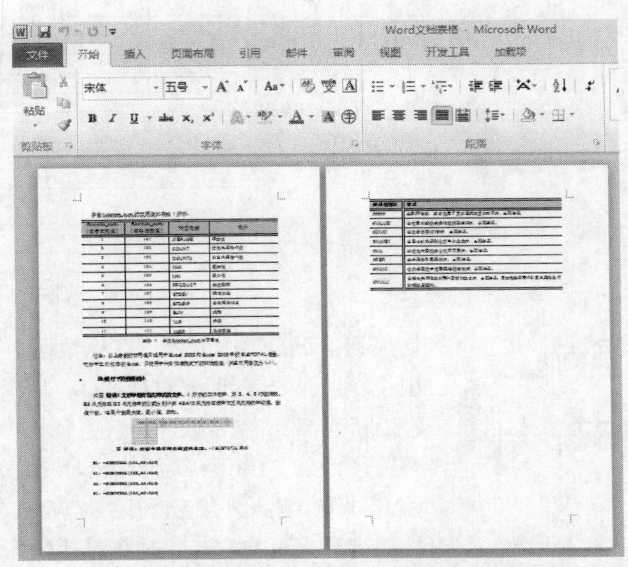

图 5-1　含有两个表格的 Word 文档

**Step 1**　打开 Word 文档，单击【文件】选项卡中的【另存为】按钮，弹出【另存为】对话框，在【保存类型】组合框中选择【单个文件网页】，“文件名”使用默认值，最后单击【保存】按钮，将该文档另存为网页文件，如图 5-2 所示。

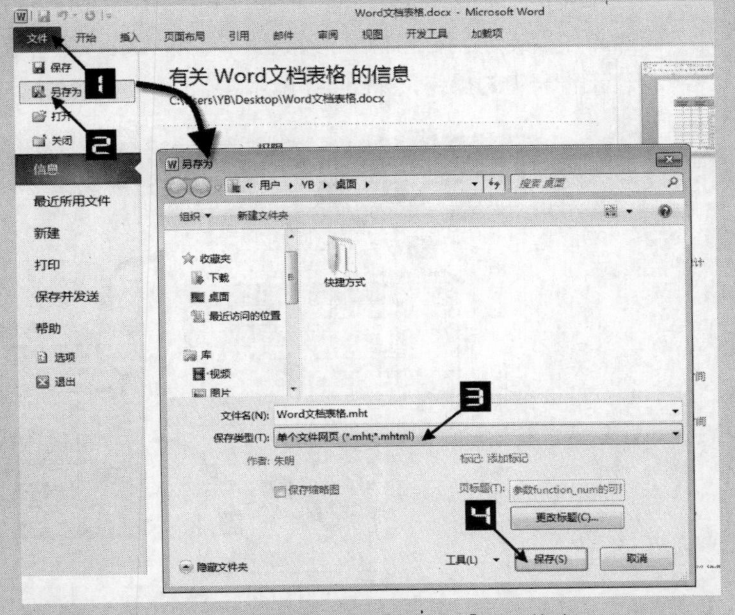


图 5-2　将 Word 文档【另存为】网页格式

保存为网页格式后的结果如图 5-3 所示。

参数function_num的可用值如表格 1所示：

| function_num（包含隐藏值） | function_num（忽略隐藏值） | 对应函数 | 简介 |
|---|---|---|---|
| 1 | 101 | AVERAGE | 平均值 |
| 2 | 102 | COUNT | 数值单元格个数 |
| 3 | 103 | COUNTA | 非空单元格个数 |
| 4 | 104 | MAX | 最大值 |
| 5 | 105 | MIN | 最小值 |
| 6 | 106 | PRODUCT | 参数乘积 |
| 7 | 107 | STDEV | 标准偏差 |
| 8 | 108 | STDEVP | 总体标准偏差 |
| 9 | 109 | SUM | 求和 |
| 10 | 110 | VAR | 方差 |
| 11 | 111 | VARP | 总体方差 |

表格 1 参数function_num的可用值

注意：以上参数的可用值只适用于Excel 2003和Excel 2002中的SUBTOTAL函数，而对于之前版本的Excel，只能用于计算筛选模式下的非隐藏值，并且可用值仅为1-11。

图 5-3 将 Word 文档“另存为”网页格式后的结果

**Step 2** 切换到 Excel 工作窗口，在【数据】选项卡中单击【自网站】按钮，弹出【新建 Web 查询】对话框。

**Step 3** 在【新建 Web 查询】对话框的【地址】组合框中输入刚才保存文件的完整路径，如“F:\正在写稿\Excel 2010 数据处理与分析实战技巧精粹\初稿\第 1 章 导入外部数据\附件\Word 文档表格.mht”，最后单击【转到】按钮打开网页文件，此时在对话框下方就会显示网页文件的预览效果。

**Step 4** 在【新建 Web 查询】对话框中分别勾选两个表格左上角的目标箭头复选框，勾选后复选框图标变为☑，然后单击【导入】按钮，弹出【导入数据】对话框。

**Step 5** 单击【现有工作表】单选钮，并在下方的编辑框中输入数据导入的起始单元格，如“=$A$1”。

**Step 6** 单击【确定】按钮即可导入数据，完成 Word 文档中的表格导入到 Excel 工作表中的操作，如图 5-4 所示。

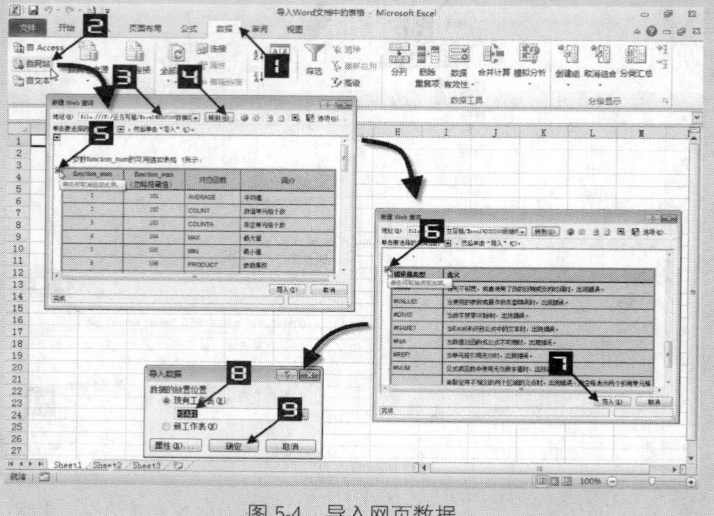


图 5-4 导入网页数据

导入结果如图 5-5 所示。

| | A | B | C | D |
|---|---|---|---|---|
| 1 | function_num | functi'on_num | 对应函数 | 简介 |
| 2 | （包含隐藏值） | （忽略隐藏值） | | |
| 3 | 1 | 101 | AVERAGE | 平均值 |
| 4 | 2 | 102 | COUNT | 数值单元格个数 |
| 5 | 3 | 103 | COUNTA | 非空单元格个数 |
| 6 | 4 | 104 | MAX | 最大值 |
| 7 | 5 | 105 | MIN | 最小值 |
| 8 | 6 | 106 | PRODUCT | 参数乘积 |
| 9 | 7 | 107 | STDEV | 标准偏差 |
| 10 | 8 | 108 | STDEVP | 总体标准偏差 |
| 11 | 9 | 109 | SUM | 求和 |
| 12 | 10 | 110 | VAR | 方差 |
| 13 | 11 | 111 | VARP | 总体方差 |
| 14 | | | | |
| 15 | 错误值类型 | 含义 | | |
| 16 | ##### | 当列不够宽，或者使用了负的日期或负的时间时，出现错误。 | | |
| 17 | #VALUE! | 当使用的参数或操作数类型错误时，出现错误。 | | |
| 18 | #DIV/0! | 当数字被零(0)除时，出现错误。 | | |
| 19 | #NAME? | 当Excel未识别公式中的文本时，出现错误。 | | |
| 20 | #N/A | 当数值对函数或公式不可用时，出现错误。 | | |
| 21 | #REF! | 当单元格引用无效时，出现错误。 | | |
| 22 | #NUM! | 公式或函数中使用无效数字值时，出现错误。 | | |
| 23 | #NULL! | 当指定并不相交的两个区域的交点时，出现错误。用空格表示两个引用单元格之间的相交运算符。 | | |

图 5-5　导入数据结果

## 技巧 6　有选择地导入 Excel 表数据

有的时候用户希望根据一定的条件从外部数据源中有选择地获取部分数据，可以使用 Excel 的 Microsoft Query 功能来完成这项工作。

图 6-1 展示了一张产品销售明细表，明细表中包括了“客户代码”、“商品类别”、“销售货号”、“款式号”、“数量”、“单价”和“销售金额”等 7 个字段，共 1346 行数据记录。

| | A | B | C | D | E | F | G |
|---|---|---|---|---|---|---|---|
| 1 | 客户代码 | 商品类别 | 销售货号 | 款式号 | 数量 | 单价 | 销售金额 |
| 2 | C000005 | E | C004556-003 | 49065P | 1614 | 8.1774 | 13198.3236 |
| 3 | C000005 | C | C004679-001 | 25530.1 | 6000 | 2.079 | 12474 |
| 4 | C000002 | A | C005154-001 | 00576600LH | 136 | 76.0122 | 10337.6592 |
| 5 | C000002 | B | C005154-002 | 00577300RH | 70 | 111.9888 | 7839.216 |
| 6 | C000002 | C | C005154-003 | 00577300LH | 40 | 111.9888 | 4479.552 |
| 7 | C000002 | D | C005154-004 | 00577200LH | 100 | 106.0488 | 10604.88 |
| 8 | C000002 | E | C005154-005 | 00577100RH | 60 | 91.278 | 5476.68 |
| 9 | C000002 | F | C005154-006 | 00577100LH | 60 | 91.278 | 5476.68 |
| 10 | C000002 | A | C005154-007 | 00577000RH | 100 | 101.9502 | 10195.02 |
| 11 | C000002 | B | C005154-008 | 00577000LH | 100 | 101.9502 | 10195.02 |
| 12 | C000002 | C | C005154-009 | 00576900RH | 40 | 94.545 | 3781.8 |
| 13 | C000002 | D | C005154-010 | 00576900LH | 100 | 94.545 | 9454.5 |
| 14 | C000002 | E | C005154-011 | 00576600RH | 136 | 75.9924 | 10334.9664 |
| 15 | C000002 | F | C005154-012 | 00576800RH | 60 | 88.308 | 5298.48 |
| 16 | C000002 | A | C005154-013 | 00576700RH | 96 | 80.8632 | 7762.8672 |
| 17 | C000002 | B | C005154-014 | 00576700LH | 96 | 80.8632 | 7762.8672 |
| 18 | C000014 | A | C005288-001 | 49077.1F 001 | 20544 | 5.9994 | 123251.6736 |
| 19 | C000014 | B | C005288-002 | 49077.1F 002 | 20544 | 5.9994 | 123251.6736 |
| 20 | C000014 | C | C005288-003 | 49077.1F 001 | 84 | 5.9994 | 503.9496 |

图 6-1　Excel 文件数据源

如果需要将其中“客户代码”字段为“C000014”并且“商品类别”字段为“B”的数据记录导入到 Excel 工作表中，具体的操作步骤如下。

**Step ①**　在目标工作簿中的【数据】选项卡中依次单击【自其他来源】→【来自 Microsoft Query】，打开【选择数据源】对话框，如图 6-2 所示。

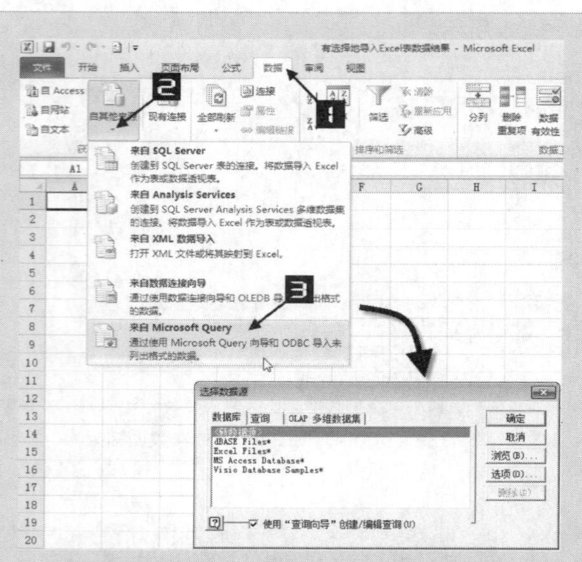

图 6-2　打开【选择数据源】对话框

Step 2

在【选择数据源】对话框中的【数据库】选项卡的列表中选择“Excel Files*”，勾选下方的【使用“查询向导”创建/编辑查询】复选框，单击【确定】按钮，打开【选择工作簿】对话框，如图 6-3 所示。

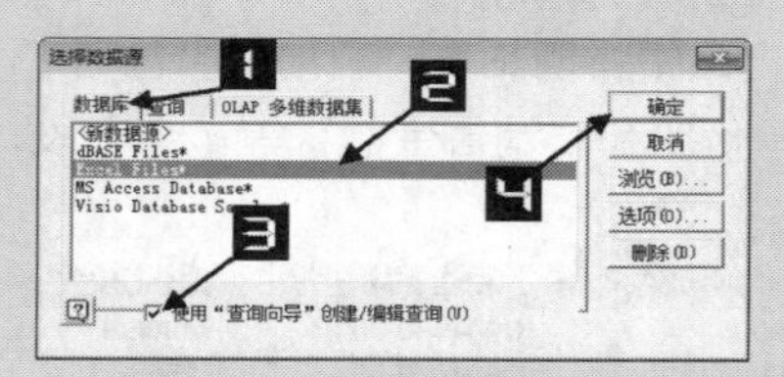

图 6-3　【选择数据源】对话框

Step 3

在【选择工作簿】对话框中找到需要导入的 Excel 文件“有选择地导入 Excel 表数据源.xlsx”所在的路径，并选择此文件，单击【确定】按钮，打开【查询向导 - 选择列】对话框，如图 6-4 所示。

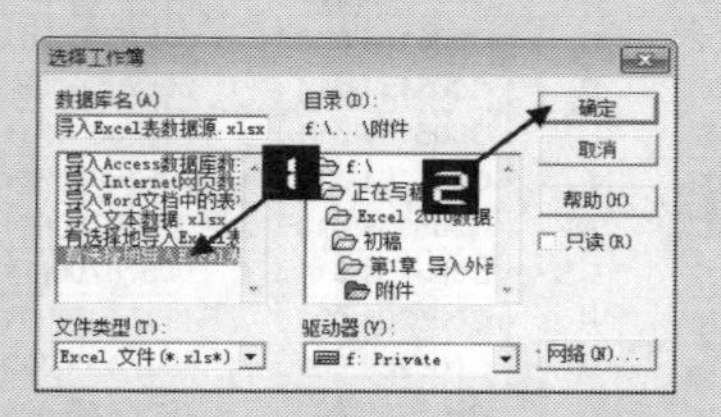

图 6-4　【选择工作簿】对话框

Step 4

在【查询向导 - 选择列】对话框中的【可用的表和列】列表中展示了本工作簿可以使用的表和列树状结构图，单击“+”号按钮，就会展开相应数据表的子项目。单击名为“数据源$”的数据源项左侧的“+”号，或直接双击数据源项目，此时就会展开显示这个数据源所包含的数据字段名称，数据源项的“+”号也变成了“-”号，如图 6-5 所示。

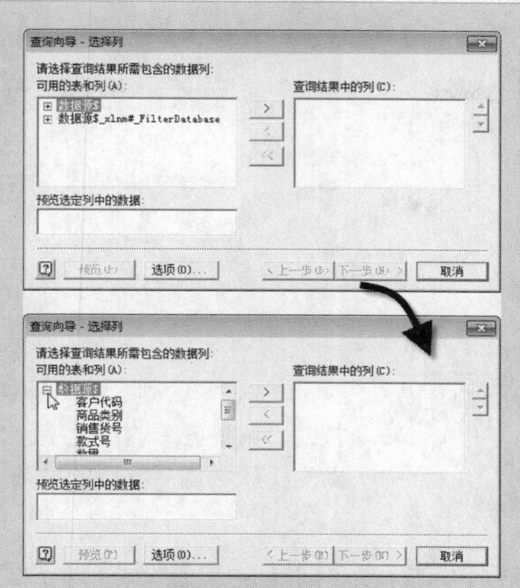


图 6-5　展开数据源表中的可用列

如果对话框的【可用的表和列】列表框中没有显示任何内容，则需要单击对话框中下方的【选项】按钮，在打开的【表选项】对话框中勾选【系统表】复选框，如图 **6-6** 所示，再单击【确定】按钮返回【查询向导 - 选择列】对话框。

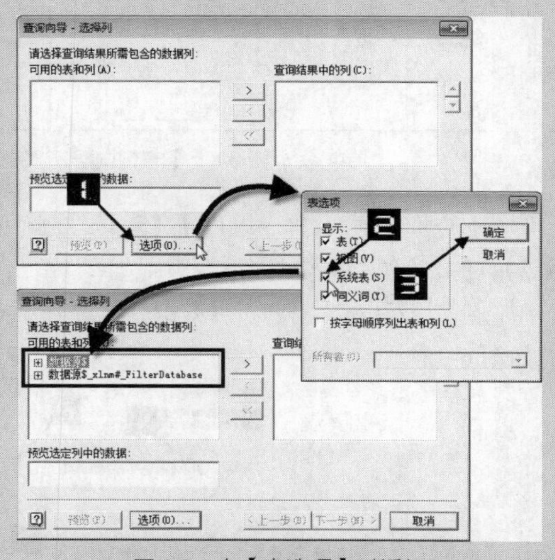


图 6-6　在【表选项】对话框

**Step 5**

在【查询向导 - 选择列】对话框中的【可用的表和列】列表框中，选中需要在结果表中显示的字段名称，然后单击 > 按钮，所选择的字段就会自动地显示在【查询结果中的列】列表框中，单击【下一步】按钮，如图 **6-7** 所示。

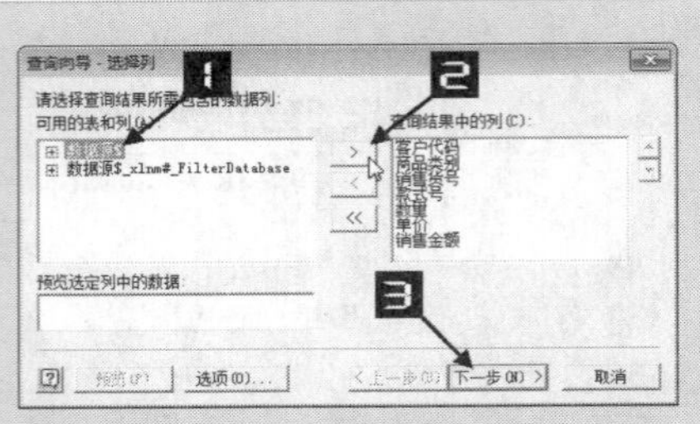


图 6-7 选择所需的字段

提示

【查询结果中的列】列表框中的项目可以通过右侧的微调按钮，调整各个项目次序，这个列表框显示的字段次序，即为导入数据后字段的排列次序。

**Step 6**

在打开的【查询向导 - 筛选数据】对话框中，【待筛选的列】列表框选中“客户代码”字段，在【只包含满足下列条件的行】的第一筛选条件组合框中分别为其设置“等于”、“C000014”，并单击下方的【与】单选钮；再选中“商品类别”字段，将第一个筛选条件组合框设置为“等于”、“B”，并单击下方的【与】单选钮，即选择逻辑关系为“与”，表示需要同时满足这两个筛选条件，单击【下一步】按钮，如图 6-8 所示。

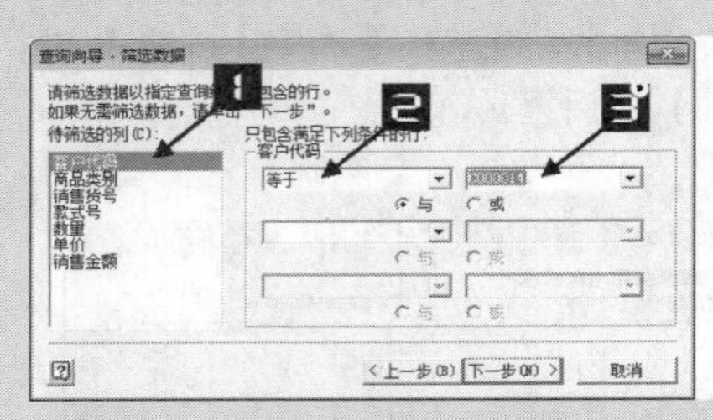


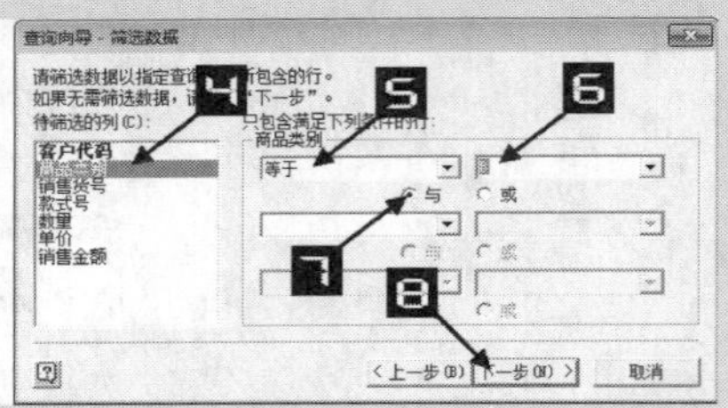


图 6-8 【查询向导 - 筛选数据】对话框

**Step 7**

弹出【查询向导 - 排序顺序】对话框，在此可以对各列名字段进行排序，例如在【主要关键字】组合框中选择“销售货号”，单击右侧的【升序】单选钮，表示对“销售货号”这个字段升序排序，单击【下一步】按钮，如图 6-9 所示。

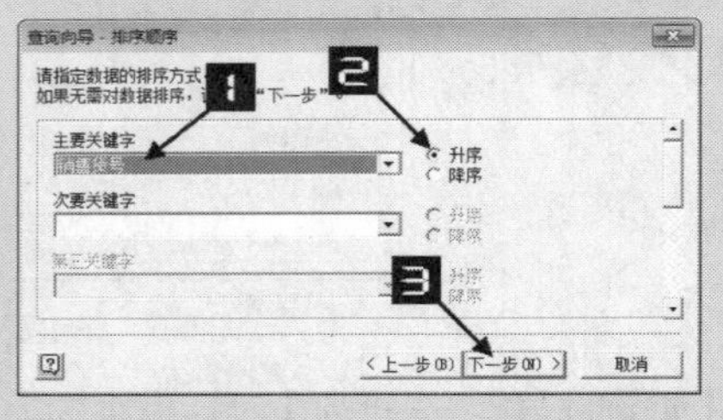


图 6-9 【查询向导 – 排序顺序】对话框

**Step 8**

在弹出的【查询向导 - 完成】对话框中单击【将数据返回 Microsoft Office Excel】单选钮，单击【完成】按钮，如图 6-10 所示。

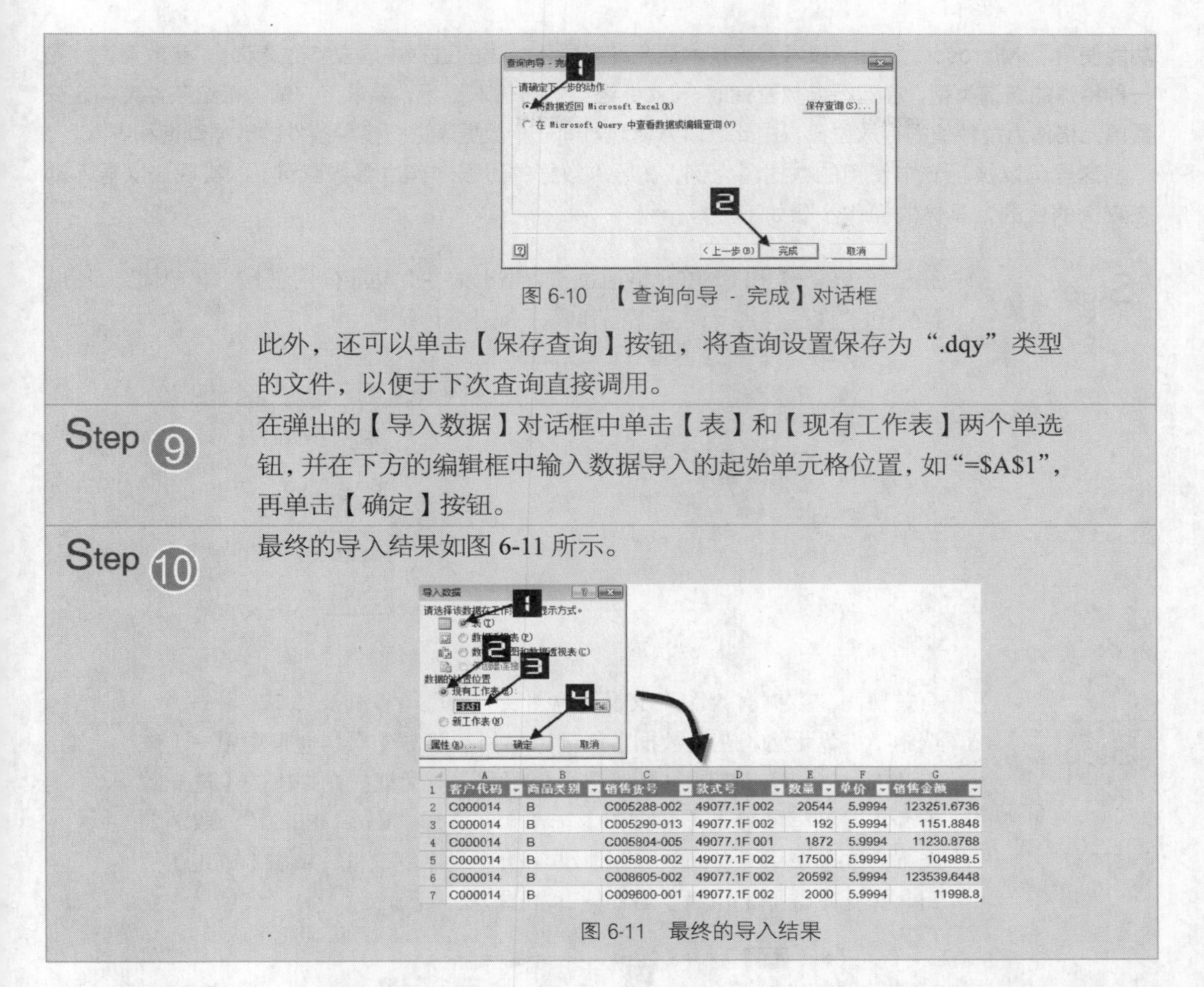


图 6-10　【查询向导 - 完成】对话框

此外，还可以单击【保存查询】按钮，将查询设置保存为“.dqy”类型的文件，以便于下次查询直接调用。

Step 9　在弹出的【导入数据】对话框中单击【表】和【现有工作表】两个单选钮，并在下方的编辑框中输入数据导入的起始单元格位置，如“=$A$1”，再单击【确定】按钮。

Step 10　最终的导入结果如图 6-11 所示。



| | A | B | C | D | E | F | G |
|---|---|---|---|---|---|---|---|
| 1 | 客户代码 | 商品类别 | 销售货号 | 款式号 | 数量 | 单价 | 销售金额 |
| 2 | C000014 | B | C005288-002 | 49077.1F 002 | 20544 | 5.9994 | 123251.6736 |
| 3 | C000014 | B | C005290-013 | 49077.1F 002 | 192 | 5.9994 | 1151.8848 |
| 4 | C000014 | B | C005804-005 | 49077.1F 001 | 1872 | 5.9994 | 11230.8768 |
| 5 | C000014 | B | C005808-002 | 49077.1F 002 | 17500 | 5.9994 | 104989.5 |
| 6 | C000014 | B | C008605-002 | 49077.1F 002 | 20592 | 5.9994 | 123539.6448 |
| 7 | C000014 | B | C009600-001 | 49077.1F 002 | 2000 | 5.9994 | 11998.8 |

图 6-11　最终的导入结果

利用 Microsoft Query 功能导入数据，不仅可以导入 Excel 文件数据，还可以导入 Access 等数据库文件的数据。多数情况下可以通过以上介绍的【来自 Microsoft Query】命令直接导入数据。只有在执行下列特殊的查询任务时才需要使用 Query 或其他的程序。

（1）数据导入 Excel 之前筛选数据行或列；

（2）创建参数查询；

（3）数据导入 Excel 之前进行排序；

（4）连接多张数据列表。

**注意！** 要使用 Excel 的“来自 Microsoft Query”功能，用户必须安装 Microsoft Query，为此建议在安装 Excel 系统时使用完全安装方式。

## 技巧 7　在导入数据时创建参数查询

在技巧 6 中已经介绍了使用 Excel 的“来自 Microsoft Query”功能有选择地导入数据的方法，该功能使用了 Microsoft Query 技术，该技术还允许在导入数据的过程中建立参数查询。“参数查询”是一种特殊的查询类型，在运行参数查询时，Excel 还会进行输入提示，要求用户输入筛选条件或指定变量单元格作为条件值的存放位置，由此可以方便地对同一个数据表进行多种条件的数据查询和导入。

这里仍以技巧 6 中使用的数据源为例，在导入数据的过程中建立参数查询，以实现一次导入动态查询的目的，具体的操作步骤如下。

**Step 1** 在工作表的 F1 和 F2 单元格通过“数据有效性”功能分别创建“客户代码”和“商品类别”两个下拉列表，如图 7-1 所示。

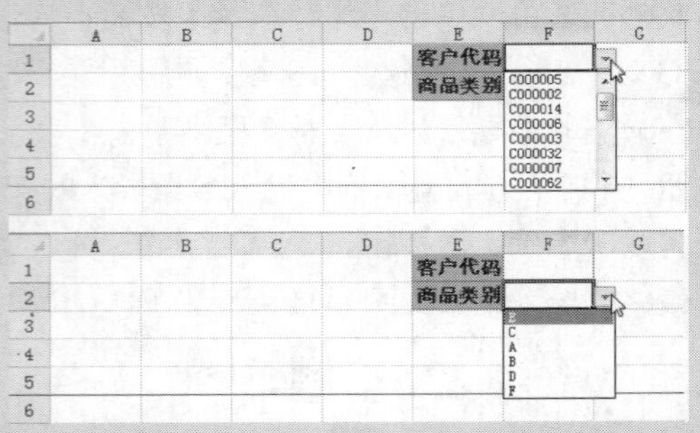


图 7-1　通过“数据有效性”功能创建下拉列表

有关使用“数据有效性”设置下拉列表的方法请参阅技巧 22。

**Step 2** 选中 A6 单元格，在【数据】选项卡中依次单击【自其他来源】→【来自 Microsoft Query】，打开【选择数据源】对话框。在弹出的【选择数据源】对话框中单击【数据库】选项卡，选择“Excel Files*”，取消勾选下方的【使用“查询向导”创建/编辑查询】复选框，单击【确定】按钮，打开【选择工作簿】对话框，如图 7-2 所示。

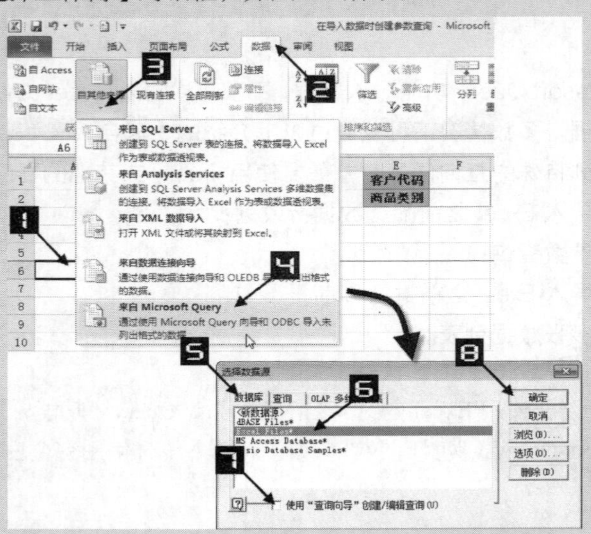


图 7-2　打开【选择数据源】对话框

**Step 3** 在【选择工作簿】对话框中找到需要导入的 Excel 文件“有选择地导入 Excel 表数据源.xlsx”所在的路径，并选择此文件，单击【确定】按钮，打开【添加表】对话框，如图 7-3 所示。

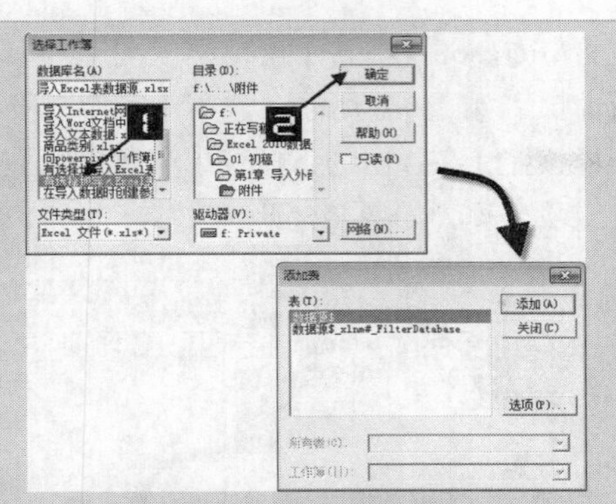


图 7-3　【选择工作簿】对话框

Step 4　在【添加表】对话框中的【表】列表中选择“数据源$”，单击【添加】按钮，将数据源表添加到 Microsoft Query 窗口中，单击【添加表】中的【关闭】按钮，关闭【添加表】对话框，如图 7-4 所示。

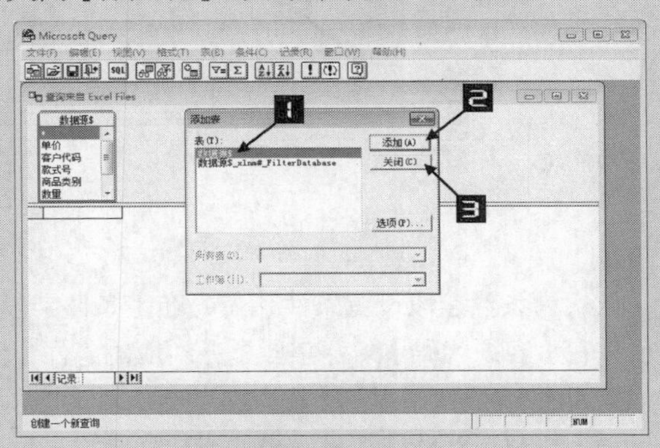


图 7-4　添加表

Step 5　选择“数据源$”列表中的“*”，并拖动到下方的列表中，完成数据源字段的添加，如图 7-5 所示。

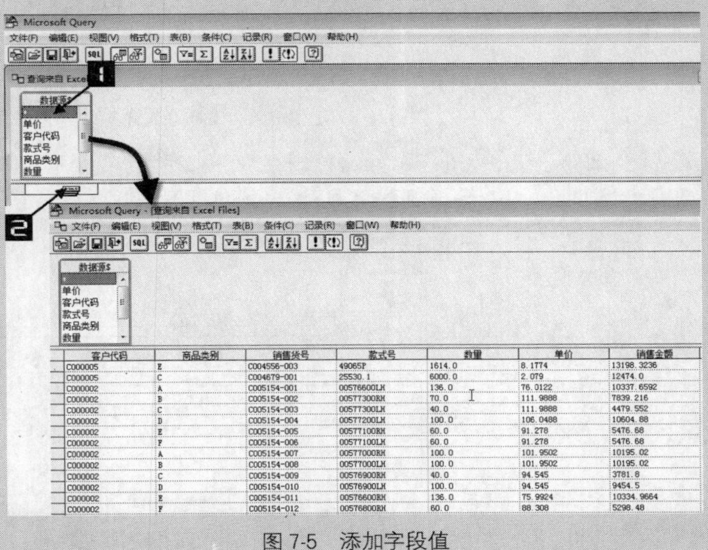


| 客户代码 | 商品类别 | 销售货号 | 款式号 | 数量 | 单价 | 销售金额 |
|---|---|---|---|---|---|---|
| C000005 | E | C004556-003 | 49065P | 1614.0 | 8.1774 | 13198.3236 |
| C000005 | C | C004679-001 | 25530.1 | 6000.0 | 2.079 | 12474.0 |
| C000002 | A | C005154-001 | 00576600LH | 136.0 | 76.0122 | 10337.6592 |
| C000002 | B | C005154-002 | 00577300RH | 70.0 | 111.9888 | 7839.216 |
| C000002 | C | C005154-003 | 00577300LH | 40.0 | 111.9888 | 4479.552 |
| C000002 | D | C005154-004 | 00577200LH | 100.0 | 106.0488 | 10604.88 |
| C000002 | E | C005154-005 | 00577100RH | 60.0 | 91.278 | 5476.68 |
| C000002 | F | C005154-006 | 00577100LH | 60.0 | 91.278 | 5476.68 |
| C000002 | A | C005154-007 | 00577000RH | 100.0 | 101.9502 | 10195.02 |
| C000002 | B | C005154-008 | 00577000LH | 100.0 | 101.9502 | 10195.02 |
| C000002 | C | C005154-009 | 00576900RH | 40.0 | 94.545 | 3781.8 |
| C000002 | D | C005154-010 | 00576900LH | 100.0 | 94.545 | 9454.5 |
| C000002 | E | C005154-011 | 00576600RH | 136.0 | 75.9924 | 10334.9664 |
| C000002 | F | C005154-012 | 00576800RH | 60.0 | 88.308 | 5298.48 |

图 7-5　添加字段值

**Step 6**

在【Microsoft Query】窗口中依次单击【视图】→【条件】显示条件设置窗口，如图 7-6 所示。选中【条件字段】中的空白栏，并单击右侧的下拉按钮，在弹出的下拉菜单中显示了【查询结果中的列】列表框显示的字段名称，如图 7-6 所示。

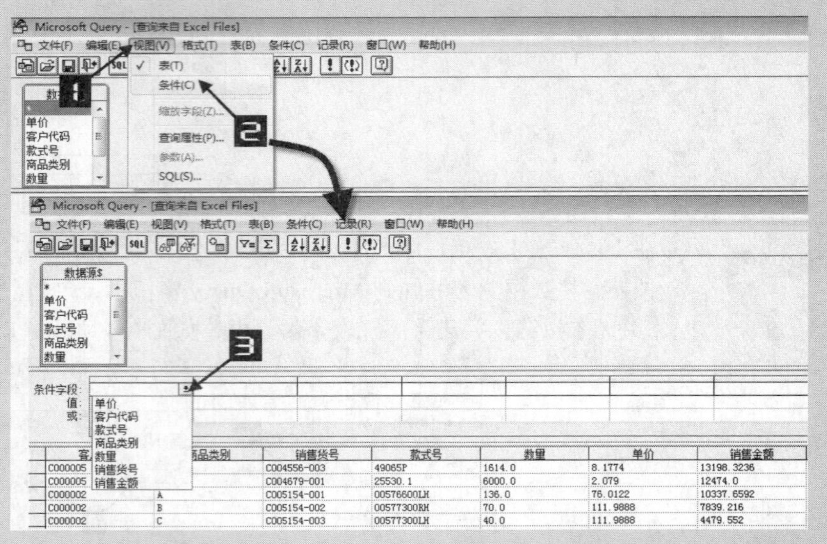


图 7-6　调出“条件字段”设置区域

**Step 7**

依次为条件字段设置条件，首先在【条件字段】中选择“客户代码”，并在【客户代码】条件字段下方对应的条件【值】栏目中输入“[]”，按<Enter>键确认，弹出【输入参数值】对话框，如图 7-7 所示，单击【取消】按钮；然后继续在右侧的空白栏中添加【商品类别】条件字段，对应字段下方对应的条件【值】栏目中输入“[]”，按<Enter>键确认，弹出【输入参数值】对话框，单击【取消】按钮，完成后如图 7-8 所示。

图 7-7　【输入参数值】对话框

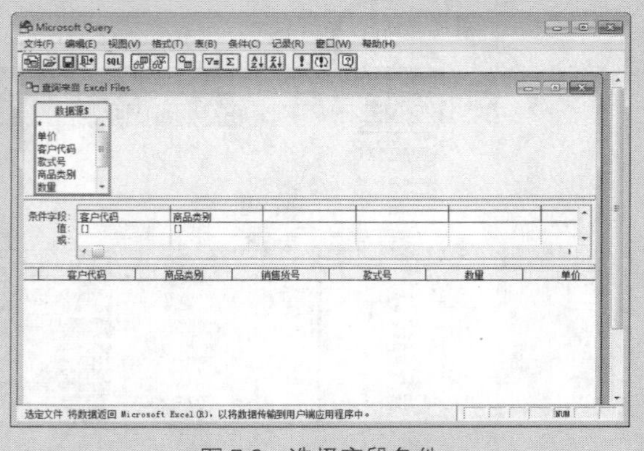


图 7-8　选择字段条件

**Step 8**

在【Microsoft Query】窗口中依次单击【文件】→【将数据返回 Microsoft Excel】，返回 Excel 窗体，如图 7-9 所示，或单击【Microsoft Query】窗口工具栏中的【将数据返回 Microsoft Excel】按钮。

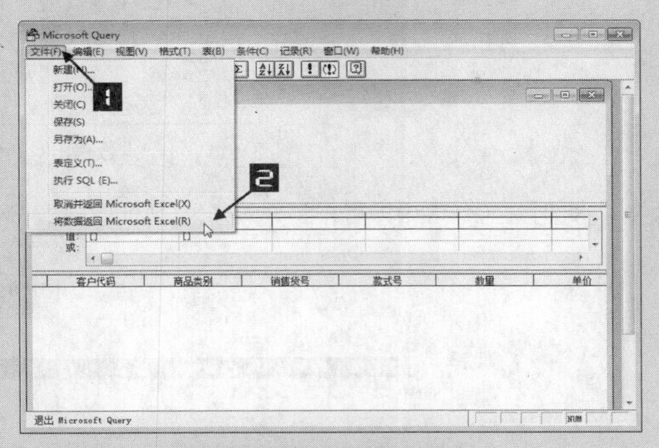


图 7-9　将数据返回 Microsoft Excel

**Step 9**

返回 Excel 窗口时，弹出【输入参数值】对话框，在【参数 1】编辑框中输入“参数 1”所在单元格位置，如“=在导入数据时创建参数查询!$F$1”，并勾选下方的【在以后的刷新中使用该值或该引用】和【当单元格值更改时自动刷新】两个复选框，单击【确定】按钮；在弹出设置参数 2 的【输入参数值】对话框中的【参数 2】编辑框中输入“参数 2”所在单元格位置，如“=在导入数据时创建参数查询!$F$2”，并勾选下方的【在以后的刷新中使用该值或该引用】和【当单元格值更改时自动刷新】两个复选框，最后单击【确定】按钮，如图 7-10 所示。

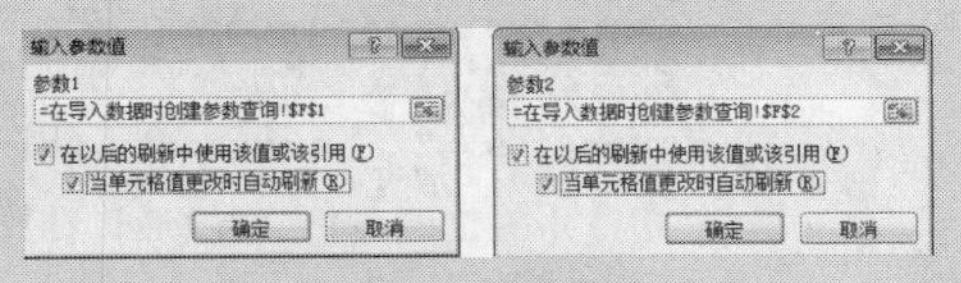


图 7-10　设置参数

在【Microsoft Query】窗口中【条件字段】栏设置了几个带参数条件（即【值】为“[]”），在此就会弹出几个【输入参数值】对话框。

此外，如果取消勾选【在以后的刷新中使用该值或该引用】和【当单元格值更改时自动刷新】两个复选框，则不能达到动态查询和实时刷新数据的目的。

**Step 10**

输入两个参数后，单击【确定】按钮，弹出【导入数据】对话框，单击【表】和【现有工作表】单选钮，并在下方的编辑框中输入数据导入的起始单元格位置，如“=Sheet1!$A$5”，最后单击【确定】按钮，如图 7-11 所示。

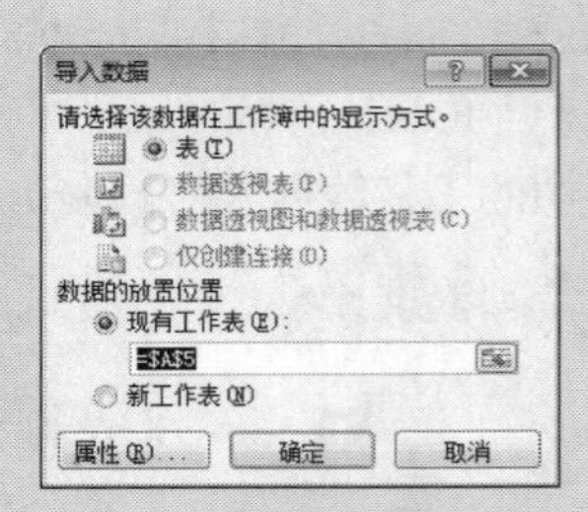


图 7-11　【导入数据】对话框

**Step 11**　此时在工作表中即可得到导入结果，如图 7-12 所示。

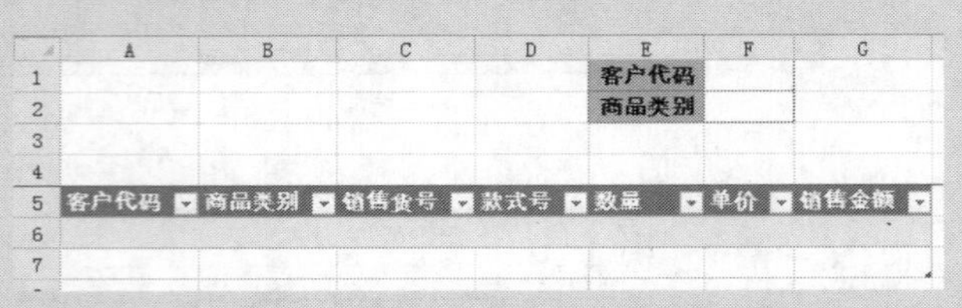


图 7-12　导入数据的结果

**Step 12**　为“客户代码”和“商品类别”字段分别设置查询参数值。选中 F1 单元格，在下拉列表中选择“C000014”；选中 F2 单元格，在下拉列表中选择“B”。此时在下方的导入数据位置会显示出根据查询条件筛选后的数据列表，如图 7-13 所示。

| | A | B | C | D | E | F | G |
|---|---|---|---|---|---|---|---|
| 1 | | | | | 客户代码 | C000014 | |
| 2 | | | | | 商品类别 | B | |
| 3 | | | | | | | |
| 4 | | | | | | | |
| 5 | 客户代码 | 商品类别 | 销售货号 | 款式号 | 数量 | 单价 | 销售金额 |
| 6 | C000014 | B | C005288-002 | 49077.1F 002 | 20544 | 5.9994 | 123251.6736 |
| 7 | C000014 | B | C005290-013 | 49077.1F 002 | 192 | 5.9994 | 1151.8848 |
| 8 | C000014 | B | C005804-005 | 49077.1F 001 | 1872 | 5.9994 | 11230.8768 |
| 9 | C000014 | B | C005808-002 | 49077.1F 002 | 17500 | 5.9994 | 104989.5 |
| 10 | C000014 | B | C008605-002 | 49077.1F 002 | 20592 | 5.9994 | 123539.6448 |
| 11 | C000014 | B | C009600-001 | 49077.1F 002 | 2000 | 5.9994 | 11998.8 |

图 7-13　选择查询参数后的数据列表

**Step 13**　继续在 F1 和 F2 单元格的下拉列表中分别选择“C000018”和“E”即可立即得到新的查询结果，如图 7-14 所示。

| | A | B | C | D | E | F | G |
|---|---|---|---|---|---|---|---|
| 1 | | | | | 客户代码 | C000018 | |
| 2 | | | | | 商品类别 | E | |
| 3 | | | | | | | |
| 4 | | | | | | | |
| 5 | 客户代码 | 商品类别 | 销售货号 | 款式号 | 数量 | 单价 | 销售金额 |
| 6 | C000018 | E | C008049-001 | 662849 001 | 736 | 33.66 | 24773.76 |
| 7 | C000018 | E | C008053-001 | 662849 001 | 736 | 33.66 | 24773.76 |
| 8 | C000018 | E | C008058-001 | 662849 001 | 736 | 33.66 | 24773.76 |
| 9 | C000018 | E | C008770-001 | 40999 | 192 | 9.9 | 1900.8 |
| 10 | C000018 | E | C008771-001 | 40999 | 84 | 9.9 | 831.6 |
| 11 | C000018 | E | C009296-001 | 40505 | 1998 | 11.2068 | 22391.1864 |
| 12 | C000018 | E | C009298-001 | 40507 | 1098 | 18.1764 | 19957.6872 |

图 7-14　选择不同查询参数后的数据列表

由此通过 F1:F2 区域中设置的查询条件，Excel 利用 Microsoft Query 技术可以有选择地导入数据，这种参数查询方式实现了导入外部数据的同时动态地筛选数据。

当查询条件的单元格位置发生变化时，可以选中导入数据区域中的任意一个单元格，然后单击鼠标右键，在弹出的快捷菜单中依次单击【表格】→【参数】，重新打开【查询参数】对话框进行设置参数。

如果用户希望筛选数据的时候不调整列宽，可以选择导入数据区域中的任意一个单元格，在【表格工具-设计】选项卡中单击【属性】按钮，打开【外部数据区域属性】对话框，取消勾选【调整列宽】复选框后单击【确定】按钮，如图 7-15 所示，用户也可以在这个对话框中设置导入数据的其他相关属性。

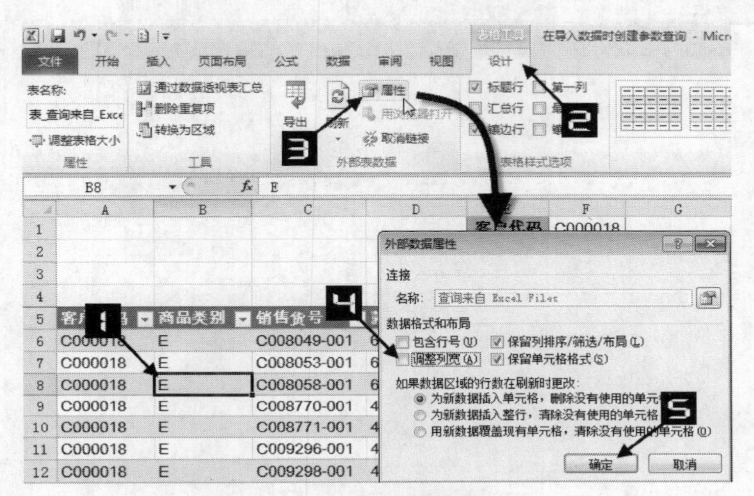

图 7-15　设置导入数据的属性

如果为了保持格式列宽不随筛选出来的数据而改变，则需要取消勾选【调整列宽】复选框。

# 技巧 8　向 PowerPivot 工作簿中导入大数据

Microsoft SQL Server PowerPivot for Microsoft Excel（简称 PowerPivot for Excel）是一种数据分析工具，可直接在 Excel 2010 中进行丰富的交互式分析，使用户在最短的决策周期内更深入地了解业务情况，以获得良好的业务洞察能力并做出最有效的决策。

同时，PowerPivot 也是 Microsoft 的一款免费工具，用于增强 Excel 的功能。该工具提供了具有开创性的技术，如对大型数据集（通常多达数百万行）的快速操作、简化的数据集成、通过 SharePoint 轻松共享分析结果的功能，甚至还可以使用 DAX 公式语言，使 Excel 完成更高级和更复杂的计算和分析。

## 8.1　安装 PowerPivot for Excel

在 Excel 2010 中，PowerPivot 只是作为一个外接程序，并没有集成到 Excel 组件中，因此，在使用 PowerPivot 之前，用户首先必须安装 PowerPivot 插件，微软官方对于 PowerPivot 的安装说明，请上网查阅相关的信息，在此就不再赘述了。

安装了 PowerPivot 以后，打开 Excel 2010 程序，用户就会发现在 Excel 功能区中增加了一个【PowerPivot】的选项卡，单击【PowerPivot】选项卡，就会出现 PowerPivot for Excel 各种功能按钮，如图 8-1 所示。

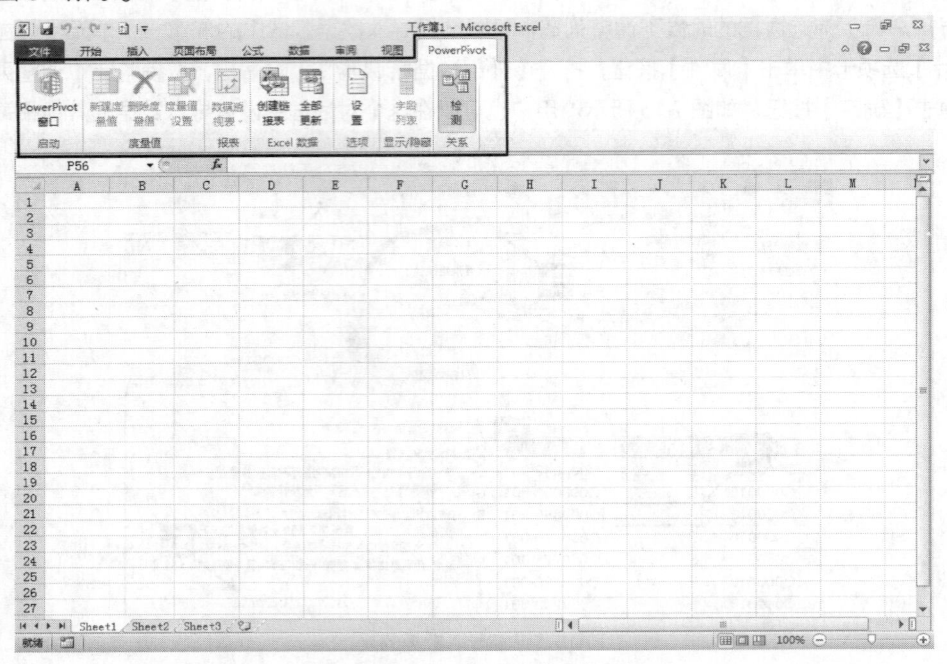


图 8-1 【PowerPivot】选项卡界面

单击【PowerPivot】选项卡中的【PowerPivot 窗口】按钮，就会弹出【PowerPivot for Excel】窗口，如图 8-2 所示。

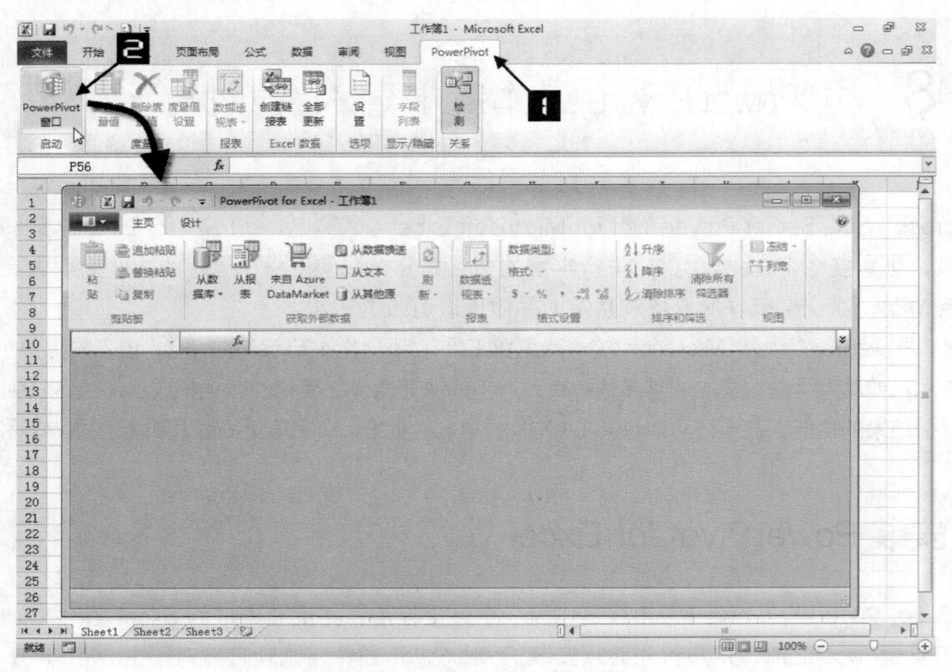


图 8-2 【PowerPivot for Excel】窗口

## 8.2 向 PowerPivot 导入大数据

使用 PowerPivot 进行数据挖掘，首先需要将数据导入到 PowerPivot 中，或称为获取外部数据源，支持导入到 PowerPivot 的数据源包括 Microsoft SQL Server、Access、文本数据、Excel、Azure 数据组等，下面以微软 Azure 为例，介绍如何将 Azure 数据组导入到 PowerPivot 中，操作步骤如下。

准备工作：

（1）先到 https://datamarket.azure.com/注册一个账号；

（2）选择需要导入的数据集，如本例中我们要导入一个名为 US Air Carrier Flight Delays 的数据集（https://datamarket.azure.com/dataset/oakleaf/us_air_carrier_flight_delays_incr#schema），先订阅这个数据集，保证在你的账号中的【我的数据】中有这个数据集，否则在导入的时候会发现，可以正常连接，但是导入时会提示“远程服务器返回错误：（403）已禁止”。

**Step 1** 在【PowerPivot】选项卡中单击【PowerPivot 窗口】按钮，弹出【PowerPivot for Excel】窗口，如图 8-3 所示。

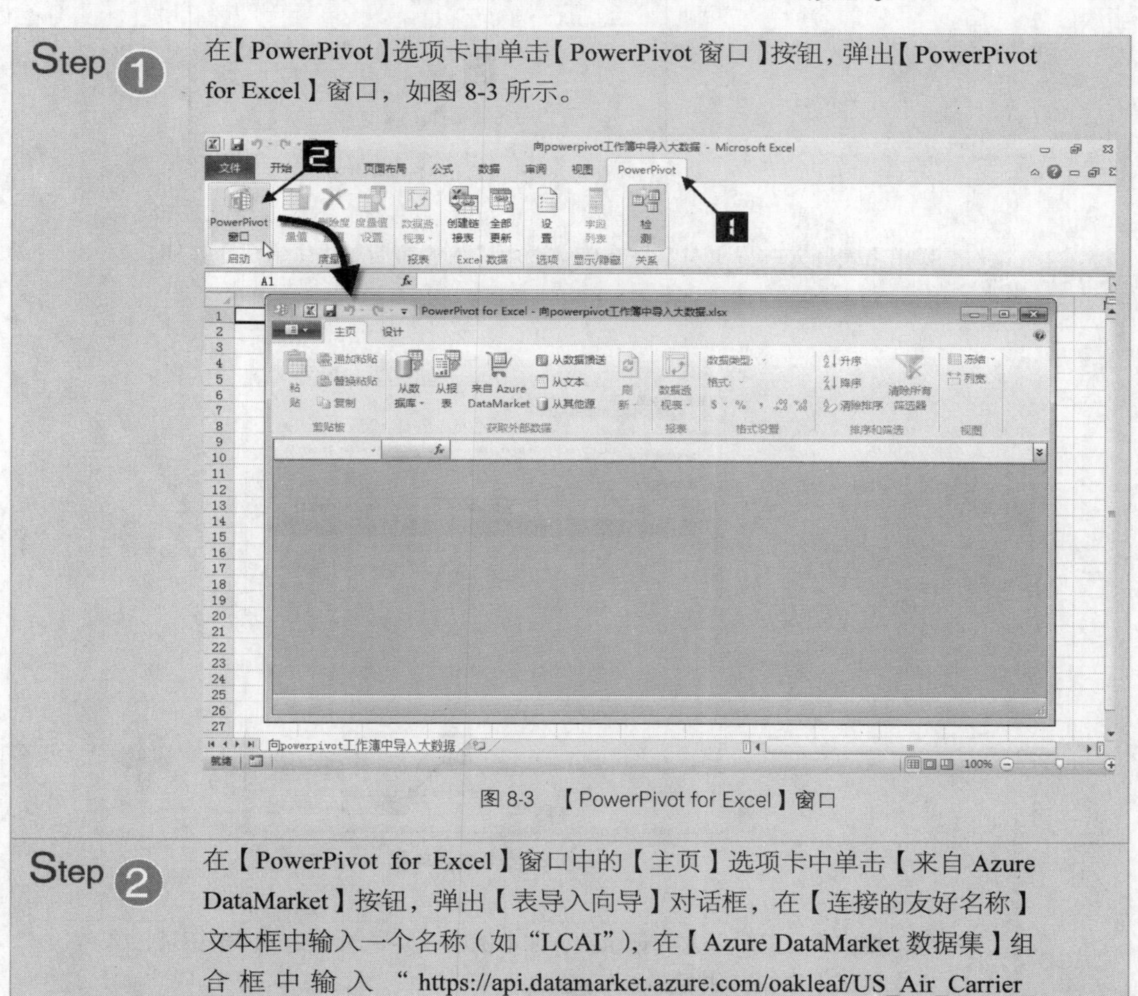

图 8-3 【PowerPivot for Excel】窗口

**Step 2** 在【PowerPivot for Excel】窗口中的【主页】选项卡中单击【来自 Azure DataMarket】按钮，弹出【表导入向导】对话框，在【连接的友好名称】文本框中输入一个名称（如“LCAI”），在【Azure DataMarket 数据集】组合框中输入“https://api.datamarket.azure.com/oakleaf/US_Air_Carrier_Flight_Delays_Incr/v1/”，在【账户密钥】文本框中输入密钥，单击【下一

步】按钮，如图 8-4 所示。

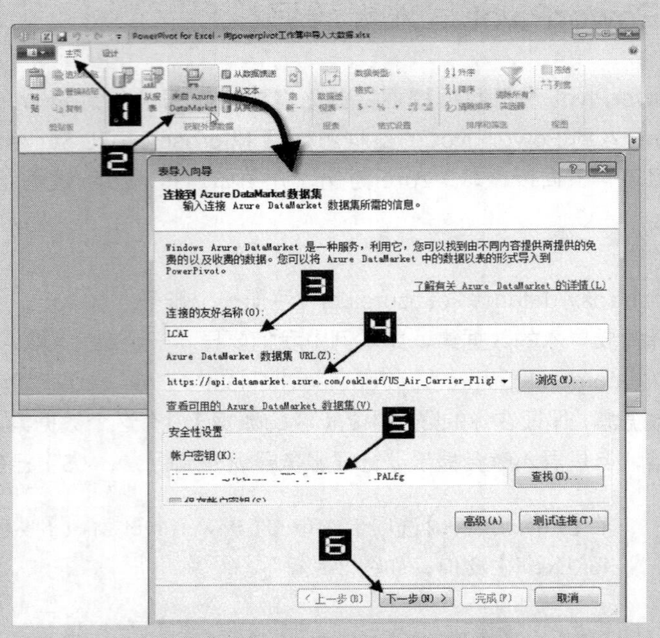


图 8-4 导入 Azure DataMarket 数据集

**Step 3** 弹出【表导入向导】对话框，确认选中导入的表后单击【完成】按钮，如图 8-5 所示。

图 8-5 表导入向导

**Step 4** 导入结束后，提示导入的记录数，如本例中一共导入 2427284 条记录，单击【关闭】按钮，如图 8-6 所示。

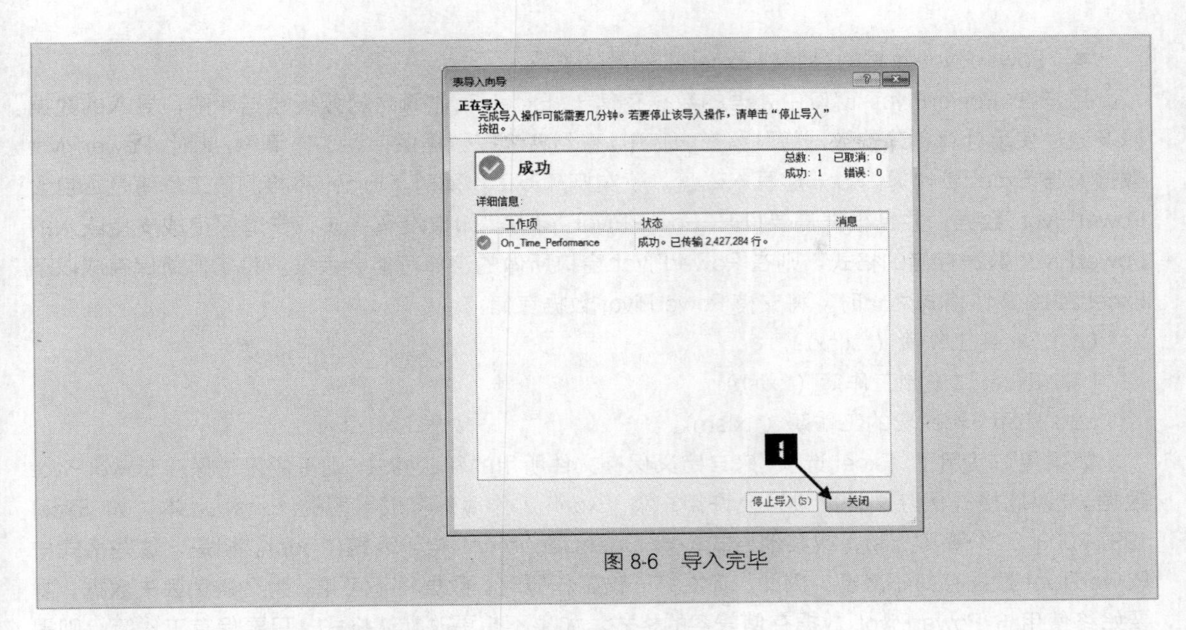


图 8-6　导入完毕

返回【PowerPivot for Excel】窗口，结果如图 8-7 所示。

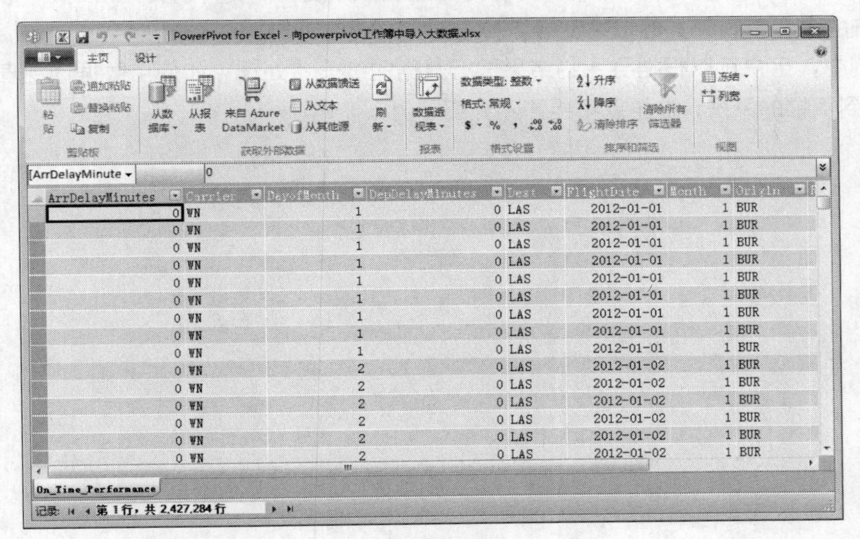


图 8-7　导入结果

- PowerPivot 的用途和主要功能

PowerPivot 可以汇集和分析 Excel 2010 工作簿中大量的、不同类别的数据，在各表之间创建关系，以便将来自多种数据源的数据联接到一个新的复合数据源中。使用丰富的表达式语言可为自定义聚合、计算和筛选器创建关系查询。通过 Excel 报表中的数据透视表、数据透视图、切片器和筛选器，添加数据可视化和交互。当用户在工作中遇到以下几种情况时，可以考虑使用 PowerPivot 来处理：

（1）数据行数超过了 Excel 的行数限制，如数据行数超过 1048576 行；

（2）需要多表关联处理；

（3）不希望工作表存储这么多数据量。

● PowerPivot 数据的存储与 Excel 工作簿的关系

用户在 PowerPivot 窗口中处理的数据存储于 Excel 工作簿内的分析数据库中，导入的数据以及通过使用计算创建的数据将驻留在内存中，直到将这些数据保存到工作簿中，此时，PowerPivot 数据将与 Excel 工作簿内容一起写入磁盘。下次打开该工作簿时，Excel 将检测该工作簿是否包含 PowerPivot 数据，并且根据需要打开 PowerPivot 窗口。如果没有将该工作簿保存成支持嵌入的 PowerPivot 数据存储的格式，则在 PowerPivot 窗口所做的工作可能会丢失。将工作簿保存成以下 Excel 2010 文件格式之一时，将支持 PowerPivot 数据存储：

（1）Excel 工作簿（*.xlsx）；

（2）Excel 二进制工作簿（*.xlsb）；

（3）启用 Excel 宏的工作簿（*.xlsm）。

如果用户使用了“Excel 选项”来自定义保存文件所用的默认格式，则可能无法保存 PowerPivot 数据。“以此格式保存文件”设置允许用户将 Excel 工作簿保存成早期的 Excel 版本，如 Excel 1997-2003 工作簿（*.xls），或其他格式，如 OpenDocument 电子表格(*.ods)。但是，这些格式与 PowerPivot 数据存储不兼容，因此，下次打开该工作簿时，数据将不可用。为了避免丢失数据，需要始终使用与 PowerPivot 数据存储兼容的格式。如果不想更改默认格式，只要保存工作簿，则需确保使用 Excel 的“文件”菜单中的“另存为”选项，并且选择支持的文件格式之一。

更详细的内容请参阅其他相关资料。

在本例中，用户可以根据导入的结果进行数据的进一步处理（如使用数据透视表做分类统计等），考虑到篇幅的关系，这里就不再深入介绍了。

# 第 2 章　数据输入

## 技巧 9　不同类型数据的输入规则

当用户向工作表的单元格输入信息时，Excel 会自动对输入的数据类型进行判断。Excel 可识别的数据类型有以下几种。

- 数值。
- 日期或时间。
- 文本。
- 公式。
- 错误值与逻辑值（本技巧不讨论此类数据）。

进一步了解 Excel 所识别单元格数据类型，可以最大程度地避免因数据类型错误而造成的麻烦。

### 9.1　输入数值

任何由数字组成的单元格输入项都被当作数值。数值里也可以包含一些特殊字符。

- 负号。如果在输入数值前面带有一个负号(–)，Excel 将识别为负数。
- 正号。如果在输入数值前面带有一个正号(+)或不加任何符号，Excel 都将识别为正数，但不显示符号。
- 百分比符号。在输入数值后面加一个百分比符号（%），Excel 将识别为百分数，并且自动应用百分比格式。
- 货币符号。在输入数值前面加一个系统可识别的货币符号（如￥），Excel 会识别为货币值，并且自动应用相应的货币格式。

另外，对于半角逗号和字母 E，如果在输入的数值中包含有半角逗号和字母 E，且放置的位置正确，那么，Excel 会识别为千位分隔符和科学计数符号。如 8,600 和“5E+5”Excel 会分别识别为 8600 和 $5\times10^5$，并且自动应用货币格式和科学记数格式。而对于 86,00 和 E55 等则不会被识别为一个数值。

提示！ 像货币符、千位分隔符等数值型格式符号，输入时无须考虑，应用相应格式即可。

### 9.2　输入日期和时间

在 Excel 中，日期和时间是以一种特殊的数值形式存储的，被称为“序列值”。序列值介于一个大于等于 0，小于 2958466 数值区间的数值。因此，日期型数据实际上是一个包含在数值数据范畴中的数值区间。

日期和时间系列值经过了格式设置，以日期或时间的格式显示，所以用户在输入日期和时间时需要用正确的格式输入。

在默认的中文 Windows 操作系统下，使用短杠(-)、斜杠(/)和中文“年月日”间隔等格式为有效的日期格式（如“2013-1-1”是有效的日期），都能被 Excel 识别，具体如表 9-1 所示。

表 9-1　　日期输入的几种格式

| 单元格输入(-) | 单元格输入(/) | 单元格输入(中文年月日) | Excel 识别为 |
| --- | --- | --- | --- |
| 2013-5-5 | 2013/5/5 | 2013 年 5 月 5 日 | 2013 年 5 月 5 日 |
| 13-5-5 | 13/5/5 | 13 年 5 月 5 日 | 2013 年 5 月 5 日 |
| 79-3-2 | 79/3/2 | 79 年 3 月 2 日 | 1979 年 3 月 2 日 |
| 2013-10 | 2013/10 | 2013 年 10 月 | 2013 年 10 月 1 日 |
| 10-5 | 10/5 | 10 月 5 日 | 当前系统年份下的 10 月 5 日 |

虽然以上几种输入日期的方式都可以被 Excel 识别，但还是有以下几点需要引起注意：

- 输入年份可以使用 4 位年份(如 2002)，也可以使用两位年份（02）。在 Excel 2010 中，系统默认将 0～29 之间的数字识别为 2000 年～2029 年，将 30～99 之间的数字识别为 1930～1999 年。于是 2 位数字可识别年份的总区间为 1930～2029 年。
- 当输入的日期数据只包含年份（4 位年份）与月份时，Excel 会自动将这个月的 1 日作为它的日期值。
- 当输入的日期只包含月份和日期时，Excel 会自动将当前年份值作为它的年份。

通常情况下，输入日期的一个常见误区是用户经常将点号“.”作为日期分隔符，Excel 会将其识别为普通文本或数值，如 2013.5.9 和 5.10 将被识别为文本和数值。

由于日期存储为数值的形式，因此它继承着数值的所有运算功能。例如，可以使用减法运算得出两个日期值的间隔天数。

日期系统的序列值是一个整数数值，一天的数值单位就是 1，那么 1 小时就可以表示为 1/24 天，1 分钟就可以表示为 1/（24×60）天等，一天中的每一时刻都可以由小数形式的序列值来表示。

同样，在单元格中输入时间时，只要用 Excel 能够识别的格式输入就可以了。

下面列出了 Excel 可识别的一些时间格式，如表 9-2 所示。

表 9-2　　Excel 可识别的时间格式

| 单元格输入 | Excel 识别为 |
| --- | --- |
| 11:30 | 上午 11:30 |
| 13:45 | 下午 1:45 |
| 13:30:02 | 下午 1:30:02 |
| 11:30 上午 | 上午 11:30 |
| 11:30 AM | 上午 11:30 |
| 11:30 下午 | 晚上 11:30 |
| 11:30 PM | 晚上 11:30 |
| 1:30 下午 | 下午 1:30 |
| 1:30 PM | 下午 1:30 |

对于这些没有结合日期的时间，Excel 会自动存储为小于 1 的值，它会自动使用 1900 年 1 月 0 日这样一个不存在的日期作为其日期值。

用户也可以按照表 9-3 显示的形式将日期和时间结合起来输入。

表 9-3　**Excel 可识别的日期时间格式**

| 单元格输入 | Excel 识别为 |
|---|---|
| 2013/5/17 11:30 | 2013 年 5 月 17 日上午 11:30 |
| 13/5/17 11:30 | 2013 年 5 月 17 日上午 11:30 |
| 07/7/17 0:30 | 2007 年 7 月 17 日午夜 12:30 |
| 03-07-17 10:30 | 2003 年 7 月 17 日上午 10:30 |

如果输入的时间值超过 24 小时，Excel 会自动以天为单位进行整数进位处理。例如输入 26:13:12，Excel 会识别为 1900 年 1 月 1 日凌晨 2:13:12。Excel 2010 中允许输入的最大时间为 9999:59:59.9999。

## 9.3　输入文本

文本通常是指一些非数值性的文字、符号等。事实上，Excel 将不能识别为数值和公式的单元格输入值都视为文本。

在 Excel 2010 中，单元格中最多可显示的字符为 2041 个，而在编辑栏中最多可显示 32767 个字符。

## 9.4　输入公式

通常，用户要在单元格内输入公式，需要用一个等号“=”开头，表示当前输入的是公式。除了等号外，使用加号“+”或减号“-”开头，Excel 也会识别为正在输入公式。不过，一旦按下<Enter>键，Excel 会自动在公式的开头加上等号“=”。

在 Excel 中，除等号外，构成公式的元素通常还包括：

- 常量。常量数据有数值、日期、文本、逻辑值和错误值。
- 单元格引用。包含直接单元格引用、名称引用和表格的结构化引用。
- 圆括号。
- 运算符。运算符是构成公式的基本元素之一。
- 工作表函数。如 SUM 或 SUBSTITUTE。

输入公式还需要注意的事项有：

- 公式长度限制（字符）：Excel 2010 限制 8K 个字符，即 1024×8=8192 个字符。
- 公式嵌套的层数限制：Excel 2010 限制为 64 层。
- 公式中参数的个数限制：Excel 2010 限制为 255 个。

如果用户在公式输入过程中出现语法错误，Excel 会给出一些修改建议。不过，这些建议不一定总是正确的。

# 技巧 10　调整输入数据后的单元格指针移动方向

默认情况下，用户在工作表中输入完毕并按<Enter>键后，活动单元格下方的单元格会自动被激活成为新的活动单元格。

用户可以通过 Excel 选项来改变这一设置，具体方法如下。

在【文件】选项中单击【选项】命令，弹出【Excel 选项】对话框，在打开的【Excel 选项】对话框的【高级】选项卡的【编辑选项】区域，在确保勾选【按 Enter 键后移动所选内容】复选框的前提下，单击【方向】右侧的下拉按钮，在弹出的选项中单击所需要的方向（如“向右”），最后单击【确定】按钮关闭对话框完成操作，如图 10 所示。

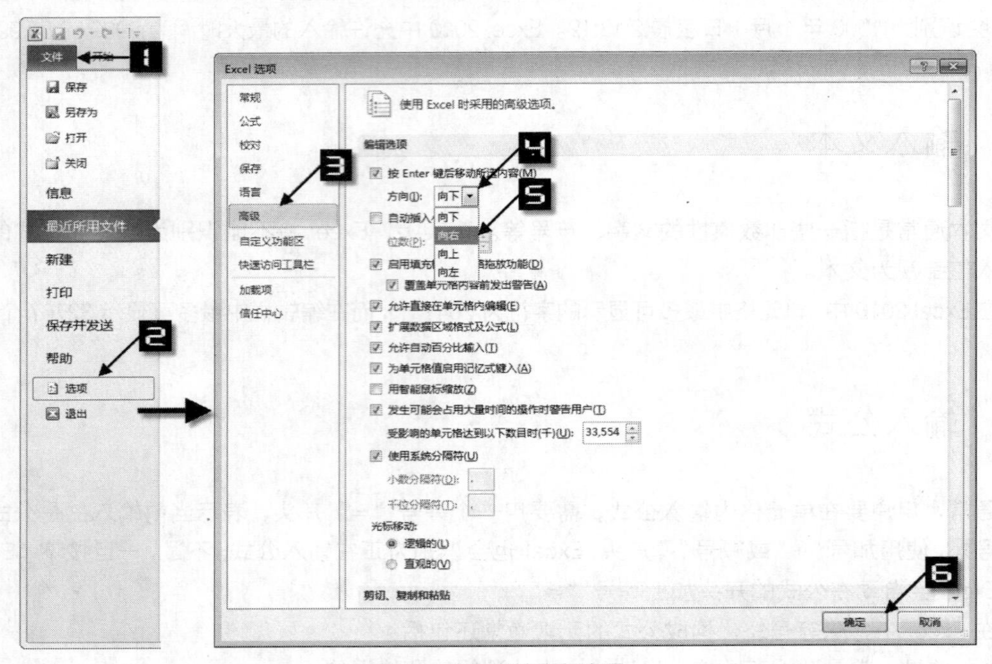


图 10　鼠标指针方向选项

用户也可以选择取消勾选【按 Enter 键后移动所选内容】复选框，而使用上下左右方向键来决定鼠标指针移动的方向。

## 技巧 11　在指定的单元格区域中顺序输入

用户可以在指定的单元格区域中快速使用<Enter>键逐个定位单元格来输入数据。在输入数据前，首先选择一个单元格区域，在该区域中按<Enter>键，Excel 会自动逐个激活下一个单元格。

下一个单元格的方向取决于【Excel 选项】中鼠标指针的方向设置，详见技巧 10。

例如，【方向】设置的是【向下】（或取消勾选【按 Enter 键后移动所选内容】复选框），那么在一个选定区域内按<Enter>键，Excel 会依次向下逐个激活单元格，但鼠标指针到达本区域的底部时，它会自动移动到下一列的第一个单元格。

如果需要反向移动，可以按<Shift+Enter>组合键。

如果用户喜欢按行而不是按列来输入数据，可以修改【方向】设置为【向右】，然后按<Enter>或<Shift+Enter>组合键进行顺序或反序输入。也可以在不改变【方向】设置的情况下按<Tab>

键，同样地，按<Shift+Tab>组合键是反方向移动。

# 技巧 12　“记忆式键入”快速录入重复项

## 12.1　记忆式键入

Excel 的“记忆式键入”功能可以使用户在同一列中输入重复项非常便利。

在输入过程中，Excel 会智能地记忆之前输过的内容，当用户再次输入的起始字符与该列的录入项相符时，Excel 会自动填写其余字符，且呈黑色选中状态，按<Enter>键即可完成输入。如果不想采用自动提供的字符，则可以继续输入。如果要删除自动提供的字符，按<Backspace>键即可。

值得注意的是，如果输入的第一个文字在已有信息中存在多条对应记录，则用户必须增加文字信息，直到能够仅与一条信息单独匹配为止。

“记忆式键入”功能除了能够帮助用户减少输入、提高效率外，还可以帮助用户确保输入的一致性。如用户在第一行中输入“Excel Home”，当在第二行中输入小写字母“e”时，记忆功能还会帮助用户找到“Excel Home”，此时只要按<Enter>键确认输入后，Excel 会自动把“e”变成大写，使之与之前的输入保持一致。

如果用户觉得“记忆式键入”功能分散了注意力，也可以关闭它。在【文件】选项卡中单击【选项】命令，打开【Excel 选项】对话框，在【高级】选项卡的【编辑选项】区域中取消勾选【为单元格值启用记忆式键入】复选框，最后单击【确定】按钮，如图 12-1 所示。

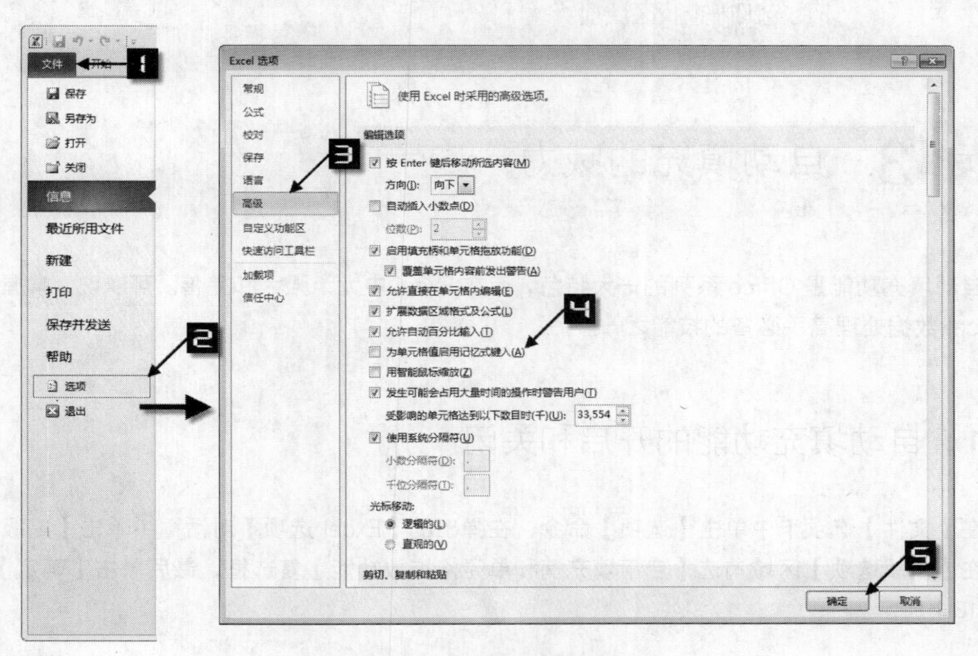


图 12-1　记忆式键入的开启与关闭

## 12.2 从列表中选择输入

“从列表中选择输入”也被称为鼠标的“记忆式键入”。其作用是一样的，只是使用方法有所区别。

在需要输入数据的单元格上按<Alt+下方向键>组合键，或单击鼠标右键，在弹出的快捷菜单中选择【从下拉列表中选择】命令，就可以在单元格下方显示一个包含该列已有信息的下拉列表，按向下方向键选择，然后单击<Enter>确认即可，如图 12-2 所示。

记忆式键入快速录入重复项.xlsx

| | A | B | C | D |
|---|---|---|---|---|
| 1 | 姓名 | 职务 | 津贴 | 学历 |
| 2 | 段旭飞 | 经理 | ¥ 2,820.00 | 大学本科 |
| 3 | 吴向利 | 销售代理 | ¥ 3,580.00 | 大学本科 |
| 4 | 贾建军 | 经理助理 | ¥ 2,575.00 | 硕士研究生 |
| 5 | 韩云峰 | 客户经理 | ¥ 2,350.00 | 大专学历 |
| 6 | 陈建江 | 董事 | ¥ 3,208.00 | 中专学历 |
| 7 | 冯红根 | 监事 | ¥ 2,808.00 | |
| 8 | | | | 大学本科 |
| 9 | | | | 大专学历<br>硕士研究生<br>中专学历 |
| 10 | | | | |
| 11 | | | | |

图 12-2　使用下拉列表选择数据输入

“记忆式键入”和“从列表中选择输入”只对文本型数据适用，对于数值型数据和公式无效。此外，匹配文本的查找和显示只可以在同一列的连续区域中进行，跨列则无效。如果出现空行，则 Excel 只能在空行以下的范围内查找区域项。

# 技巧 13　自动填充的威力

自动填充功能是 Office 系列的一大特色，而在 Excel 中尤为强大和完善。可以说，掌握它是成为 Excel 数据处理高手必备的技能之一。

## 13.1 自动填充功能的开启和关闭

在【文件】选项卡中单击【选项】命令，在弹出的【Excel 选项】对话框中单击【高级】选项卡，在【编辑选项】区域勾选【启用填充柄和单元格拖放功能】复选框，最后单击【确定】按钮，如图 13-1 所示。

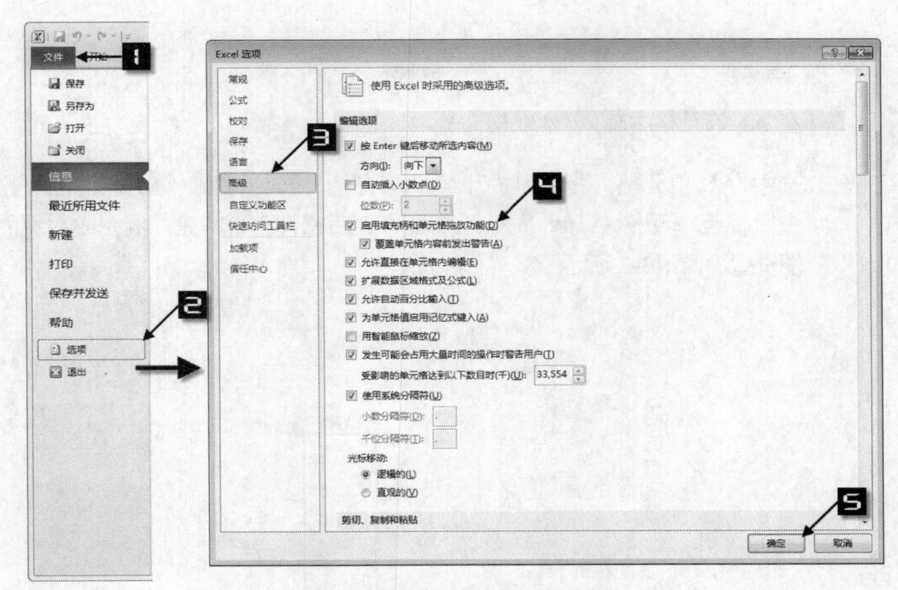


图 13-1　自动填充功能的开启

## 13.2　数值的填充

如果要在工作表中输入一列数字（如在 A 列中输入数字 1 到 10），最简单的方法就是自动填充。有以下两种方法可以轻松实现。

**方法一：**

Step 1　在 A1 和 A2 中单元格分别输入数字“1”和“2”。

Step 2　选中 A1:A2 单元格区域。

Step 3　把光标移动到单元格 A2 的右下角（也就是填充柄的位置），这时光标会变成一个小黑色实心十字。

Step 4　按住鼠标左键不放，然后向下拖曳，这时右下方会显示一个数字，代表鼠标当前位置产生的数值，当显示为 10 时松开鼠标左键即可，如图 13-2 所示。

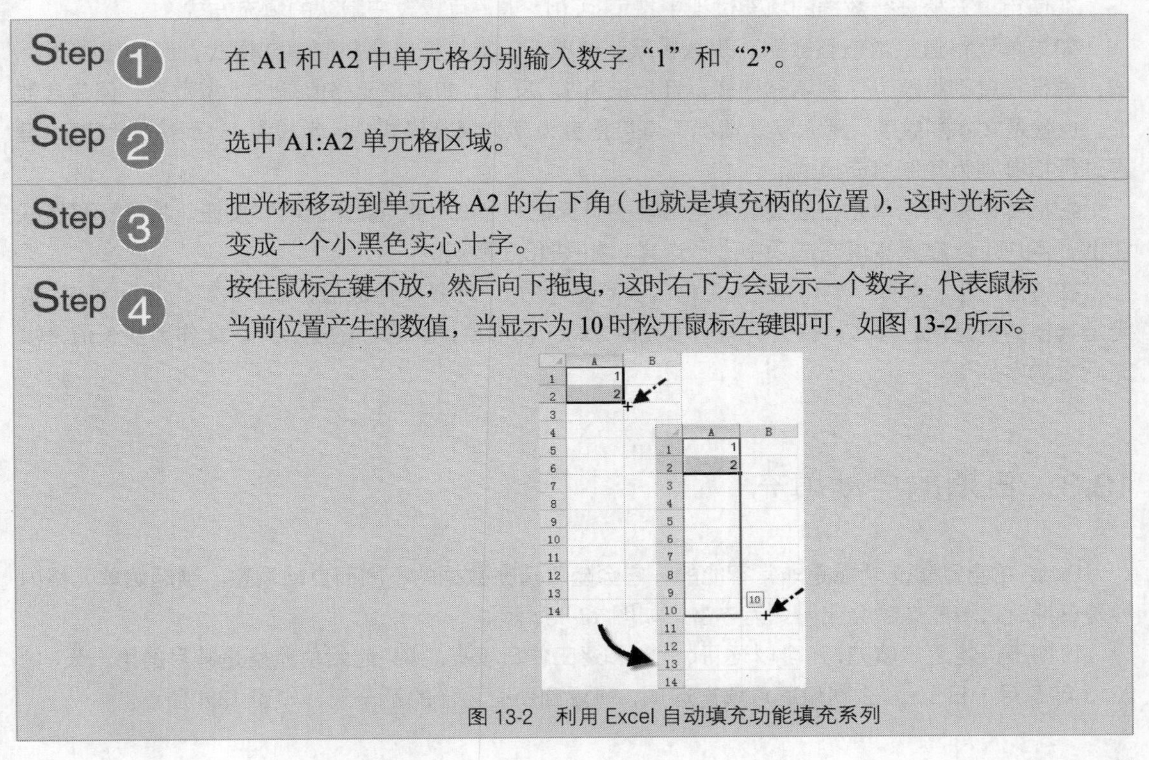

图 13-2　利用 Excel 自动填充功能填充系列

**方法二：**

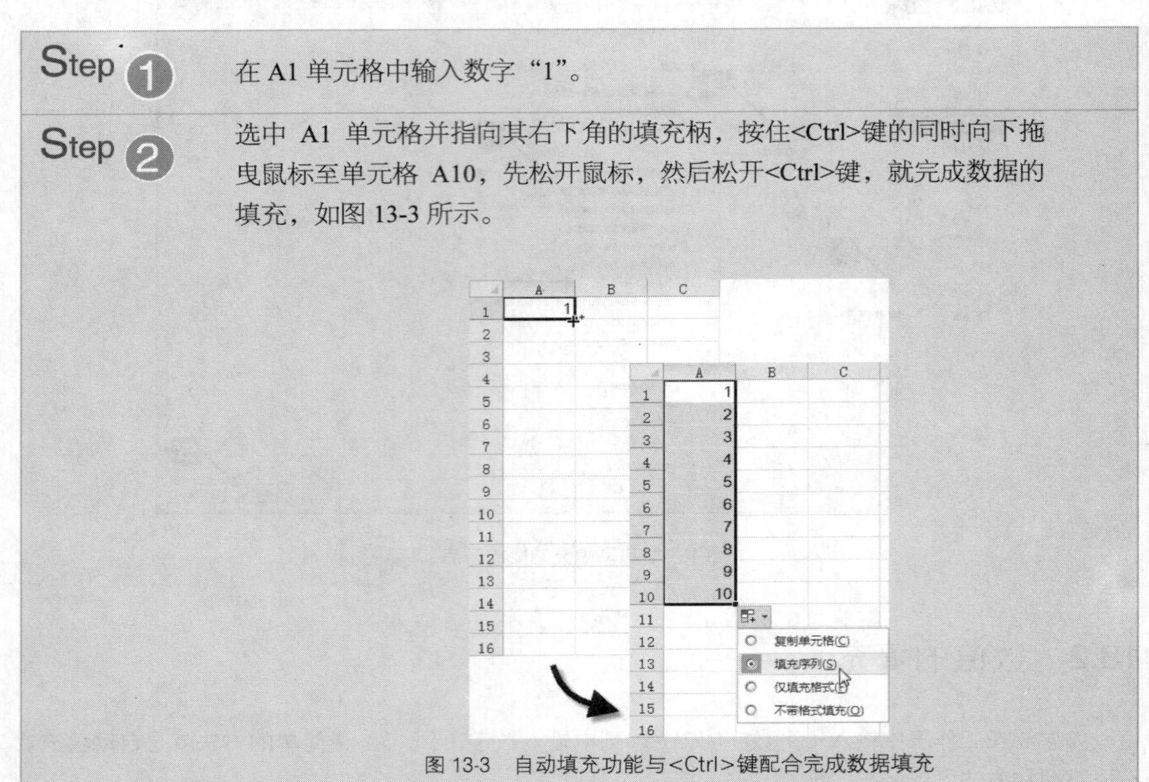

**Step 1** 在 A1 单元格中输入数字“1”。

**Step 2** 选中 A1 单元格并指向其右下角的填充柄，按住<Ctrl>键的同时向下拖曳鼠标至单元格 A10，先松开鼠标，然后松开<Ctrl>键，就完成数据的填充，如图 13-3 所示。



图 13-3　自动填充功能与<Ctrl>键配合完成数据填充

在使用填充柄进行数据的填充过程中按下<Ctrl>键，可以改变默认的填充方式。

如果单元格值是数值型数据，那么在默认情况下，直接拖曳是复制填充模式，而按住<Ctrl>键再进行拖曳则更改为序列填充模式，且步长为 1。反之，如果单元格值是文本型数据，但包含数值，也就是文本加数字，那么默认情况下直接拖曳为序列填充模式，且步长为 1，而按住<Ctrl>键再进行拖曳则为复制填充模式。

在拖曳结束后，单元格区域右下角出现的小标记则为 Excel“填充选项”按钮，将鼠标移至按钮上，用户可以在更多填充选项中进行选择，如图 13-3 所示。

在方法一中，如果 A1 和 A2 单元格的差不是 “1”，而是其他数值，如“1.2”、“3”、“-5”或者是其他的任意值，那么，在进行序列填充时 Excel 会自动计算它们的差，并以此作为步长值来填充后面的序列值。

## 13.3 日期的自动填充

Excel 的自动填充功能是非常智能的，它会随着填充数据的不同而自动调整。当起始单元格内容是日期时，填充选项会变得更为丰富，如图 13-4 所示。

日期不但能逐日填充，还可以逐月、逐年和逐工作日填充。如果起始单元格是某月的第一天（如 2013 年 5 月 1 日），那么利用逐月填充选项，可返回所有月份的第一天，如图 13-4 所示。

图 13-4　丰富的日期填充选项

## 13.4　文本的自动填充

对于普通文本的自动填充，只需输入需要填充的文本，选中单元格区域，拖曳填充柄下拉填充即可，除复制单元格内容外，用户还可以选择是否填充格式，如图 13-5 所示。

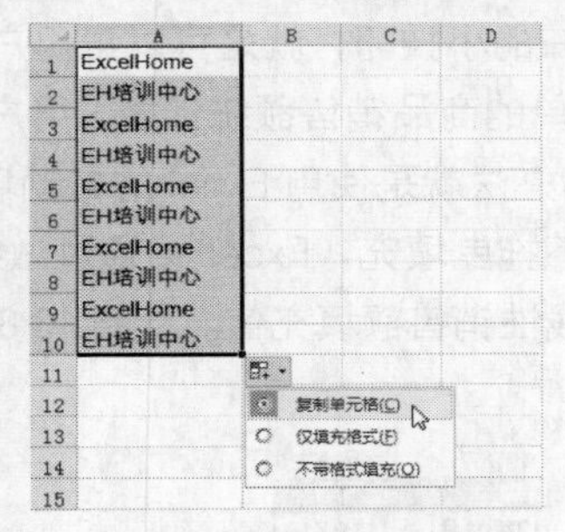


图 13-5　文本的自动填充

## 13.5　特殊文本的填充

Excel 内置了一些常用的特殊文本序列，其使用非常简单，用户只需在起始单元格输入所需序列的某一元素，然后选中单元格区域，拖曳填充柄下拉填充即可，如图 13-6 所示。

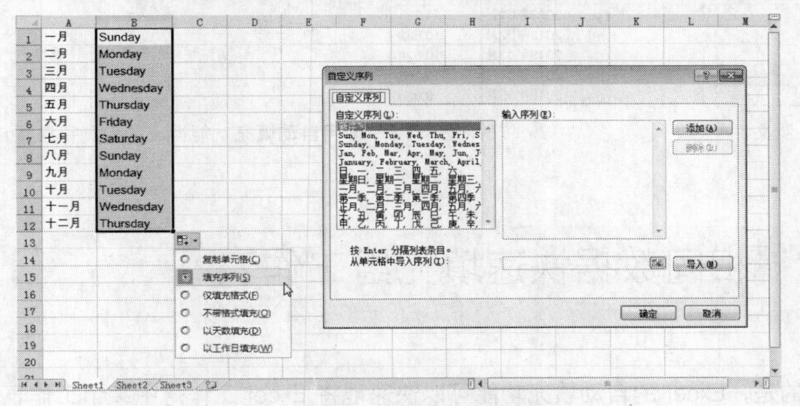


图 13-6　Excel 内置系列的使用

Excel 还允许用户定义自己的序列，其使用方法和内置的序列是完全一样的。有关添加自定义序列的相关内容请参阅技巧 15。

## 13.6　填充公式

Excel 的自动填充功能使得连续单元格区域中公式的复制变得非常简单，可提高公式输入的速度和准确率。

和以上介绍的所有填充操作是一样的，只要选中输入了公式的起始单元格，拖曳单元格填充柄进行填充即可。

在公式的填充中，需要注意的是公式中引用单元格的引用方式。如果要让所引用单元格在填充过程中始终保持不变，请使用绝对引用，反之，可使用相对引用或混合引用。更多单元格引用的相关知识点请参阅技巧 157。

## 13.7　自动填充也能分析预测

自动填充功能还有一个鲜为人知的小技巧，就是可以帮用户进行简单的数据预测和分析。

例如，图 13-7 所示的是一个简单的商品销售额统计表，用户想通过 2012 年的销售状况来预测一下 2013 年的销售前景，最简单的办法就是使用 Excel 的自动填充功能。

选中 B2:B13 单元格区域后向下拖曳填充，Excel 会通过做线性衰减填充和预测值来完成“自动填充”功能，从而给出最合适的线性销售额填充值。从图 13-8 所示的图表中可以看出 2013 年商品的销售额将趋于平衡。

| | A | B |
|---|---|---|
| 1 | 日期 | 销售额 |
| 2 | 2012年01月 | 9,712 |
| 3 | 2012年02月 | 19,298 |
| 4 | 2012年03月 | 18,766 |
| 5 | 2012年04月 | 8,114 |
| 6 | 2012年05月 | 17,168 |
| 7 | 2012年06月 | 16,635 |
| 8 | 2012年07月 | 15,038 |
| 9 | 2012年08月 | 13,440 |
| 10 | 2012年09月 | 11,889 |
| 11 | 2012年10月 | 10,798 |
| 12 | 2012年11月 | 9,502 |
| 13 | 2012年12月 | 12,845 |
| 14 | 2013年01月 | |
| 15 | 2013年02月 | |
| 16 | 2013年03月 | |
| 17 | 2013年04月 | |
| 18 | 2013年05月 | |

图 13-7　源文件

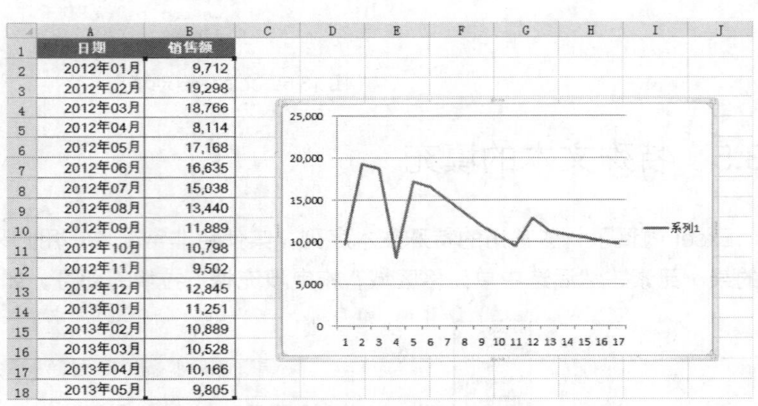

| | A | B |
|---|---|---|
| 1 | 日期 | 销售额 |
| 2 | 2012年01月 | 9,712 |
| 3 | 2012年02月 | 19,298 |
| 4 | 2012年03月 | 18,766 |
| 5 | 2012年04月 | 8,114 |
| 6 | 2012年05月 | 17,168 |
| 7 | 2012年06月 | 16,635 |
| 8 | 2012年07月 | 15,038 |
| 9 | 2012年08月 | 13,440 |
| 10 | 2012年09月 | 11,889 |
| 11 | 2012年10月 | 10,798 |
| 12 | 2012年11月 | 9,502 |
| 13 | 2012年12月 | 12,845 |
| 14 | 2013年01月 | 11,251 |
| 15 | 2013年02月 | 10,889 |
| 16 | 2013年03月 | 10,528 |
| 17 | 2013年04月 | 10,166 |
| 18 | 2013年05月 | 9,805 |



图 13-8　使用自动填充功能得出的预测销售额

## 技巧 14　相同数据快速填充组工作表

更为神奇的是，Excel 的自动填充功能可以快速地将 Excel 工作簿中某个工作表中已有的数据填充至其他多个工作表的相应单元格中。

例如，现在需要把 Sheet1 中的标题行内容复制到该工作簿的 Sheet3、Sheet4 及 Sheet6 中。具体操作方法如下。

**Step 1** 按<Ctrl>键依次单击要操作的工作表标签，以便选中这些工作表。如果目标工作表为连续工作表，只要单击第一个工作表标签，然后按<Shift>键的同时单击最后一个工作表标签，即可选中所有目标工作表。

**Step 2** 在所有工作表被选中的状态下，选中 Sheet1 需要复制的单元格区域。

**Step 3** 在【开始】选项卡中依次单击【填充】下拉按钮→【成组工作表】命令，在弹出的【填充成组工作表】对话框中单击【全部】单选钮，如果不需要填充格式可以选择【内容】单选钮，然后单击【确定】按钮完成操作，如图 14 所示。

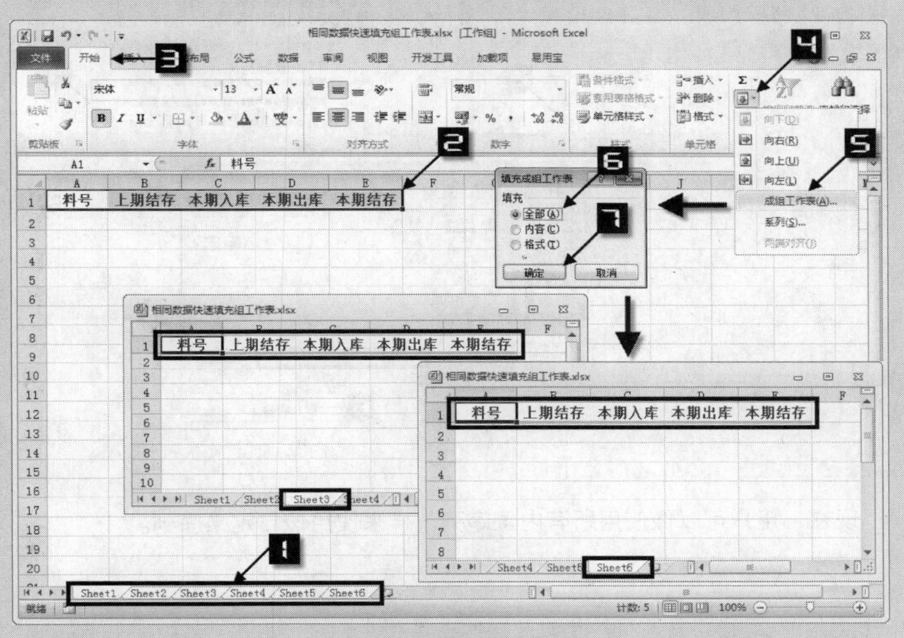


图 14　填充成组工作表

此时，可以看到 Sheet3、Sheet4 及 Sheet6 的相应单元格中已经快速填充了相应的内容，甚至包括 Sheet1 中所设置的格式。

## 技巧 15　定义自己的序列

假如用户经常需要使用这样的序列“总经理、副总经理、经理、主管、领班”，那么就可以添加为自定义序列，以便重复使用。添加自定义序列的方法如下。

**Step 1** 在工作表中输入“总经理、副总经理、经理、主管、领班”，然后选中所输入的单元格区域。

**Step 2** 依次单击【文件】→【选项】命令，弹出【Excel 选项】对话框，在【高级】选项卡中单击【常规】区域的【编辑自定义列表】按钮。

**Step 3** 打开【自定义序列】对话框，在【从单元格中导入序列】编辑框中可以看到刚才选中的单元格区域地址已经自动添加，单击【导入】按钮，然后单击【确定】按钮关闭对话框，如图 15 所示。

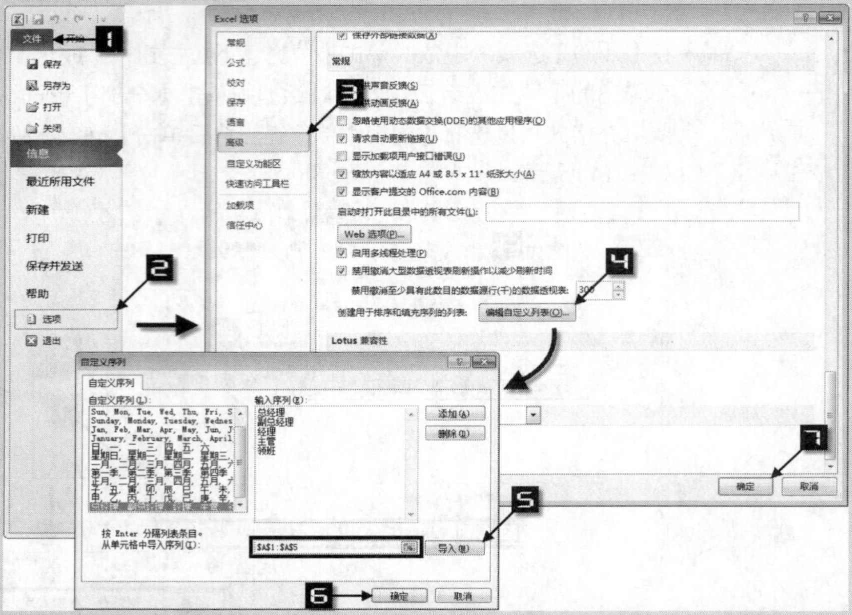

图 15 自定义序列

现在，用户可以像使用所有内置序列一样来使用该自定义序列。

## 技巧 16 巧用右键和双击填充

本技巧将介绍另外两种自动填充的常用方法：右键菜单和双击填充柄。

- 右键菜单。

使用右键菜单填充的方法在 A 列快速填充 1 到 10，具体操作方法如下。

**Step 1** 在 A1 单元格中输入起始值“1”。

**Step 2** 选中 A1 单元格，按住鼠标右键不放拖曳至 A10 单元格，松开鼠标右键，Excel 会自动弹出一个快捷菜单。

Step 3 在弹出的快捷菜单中单击【填充序列】命令，如图 16-1 所示。

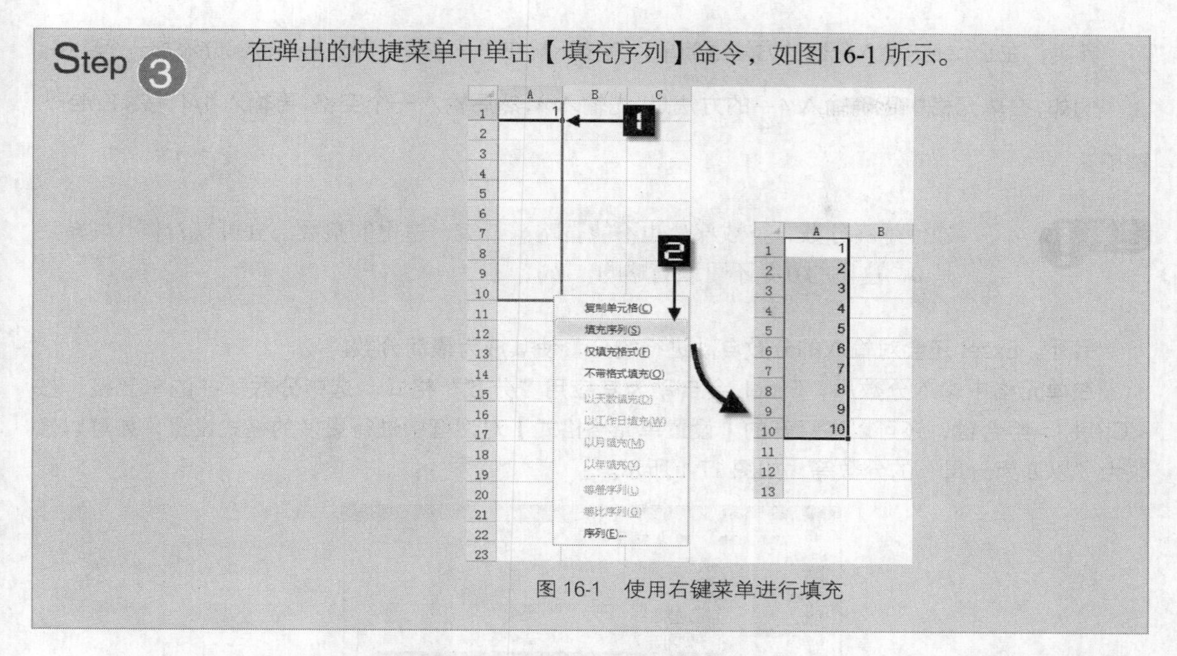


图 16-1 使用右键菜单进行填充

此外，还可以在弹出的快捷菜单中单击【序列】命令，在弹出的【序列】对话框中进行更多的相关设置，如进行等比序列的填充，如图 16-2 所示。

- 双击填充柄。

其实，双击 Excel 的填充柄可以更加快捷地启用其自动填充功能。同样地，在填充动作结束时，单元格区域右下角会出现【填充选项】按钮，单击该按钮选择需要的填充选项即可。

双击填充柄对于公式的填充尤为方便。

该方法的不足之处在于，填充动作所能填充到的最后一个单元格取决于左边相邻列中第一个空单元格的位置（如果填充列为第一列，则参考右边列中的单元格）。例如，在图 16-3 所示的双击填充中，B 列的填充将止于 B7 单元格，因为 A8 单元格是空单元格。

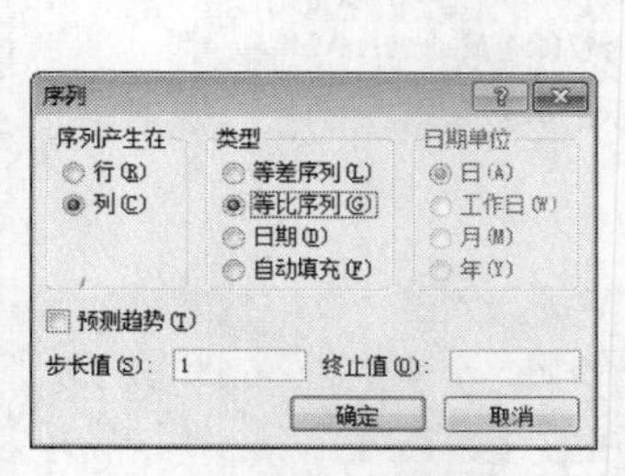


图 16-2 【序列】对话框

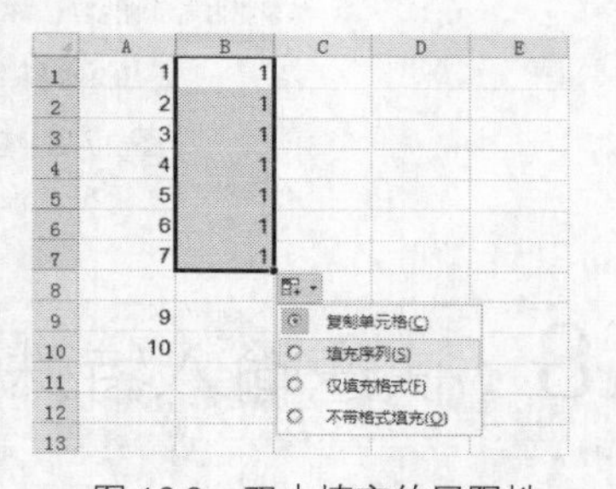


图 16-3 双击填充的局限性

## 技巧 17 正确输入分数的方法

虽然小数完全可以替代分数来进行运算，但有些类型的数据通常需要用分数来显示更加直观，如完成了几分之几的工作量，0.3333 就没有 1/3 看起来更直观一些。

其实，在 Excel 中输入分数的方法很简单，其技巧就在于：在分数部分与整数部分添加一个空格。

例如，在单元格中正确输入 $4\frac{1}{4}$ 的方法是，先输入 4，然后输入一个空格，再输入 1/4，按<Enter>键确认。

**注意！** 即便是真分数，整数部分也不能省略。其实，这里的整数部分可以看作是 0，这里的 0 是不可以省略的。

另外，Excel 还会对输入的分数自动进行约分，使其成为最简分数。

在单元格中输入分数后，Excel 会自动为其应用“分数”格式。选中分数所在的单元格，按<Ctrl+1>组合键，还可以在打开的【设置单元格格式】对话框中进行更多的格式设置，如可以修改为“以 8 为分母”的分数等，如图 17-1 所示。

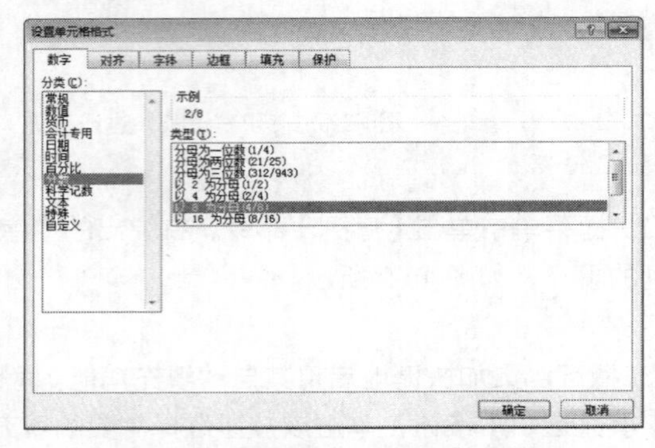


图 17-1 【设置单元格格式】对话框

如果 Excel 内置的分数格式都不能满足需求，用户还可以通过创建一个自定义数字格式，以满足各种不同的需求。

图 17-2 展示了应用自定义格式所显示的分数实例。

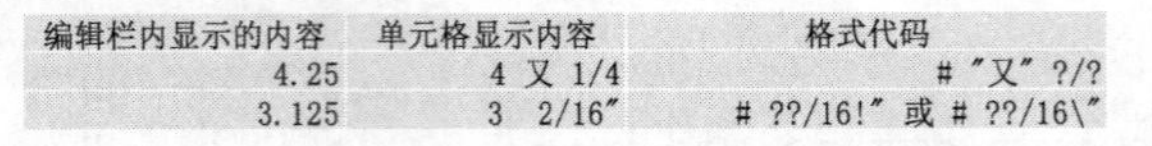

| 编辑栏内显示的内容 | 单元格显示内容 | 格式代码 |
| --- | --- | --- |
| 4.25 | 4 又 1/4 | # "又" ?/? |
| 3.125 | 3 2/16" | # ??/16!" 或 # ??/16\" |

图 17-2 应用自定义格式显示的分数

# 技巧 18 快速输入特殊字符

在实际工作中用户经常需要在 Excel 中输入一些特殊字符，熟练掌握它们的输入技巧能够大大地提高工作效率。

## 18.1 特殊字符

大多数常用特殊字符的输入方法是：在【插入】选项卡中单击【符号】命令，打开【符号】对话框，在该对话框中直接双击需要插入的符号或选中需要插入的符号后单击【插入】按钮，如图 18-1 所示。

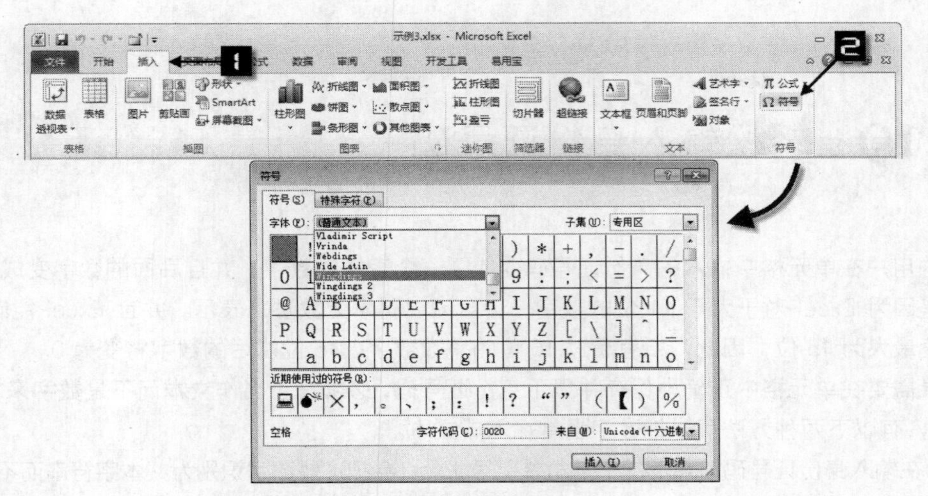

图 18-1 插入符号

在【符号】对话框中，通过在【字体】组合框中选择不同的字体、【来自】的进制以及不同的【子集】，几乎可以找到计算机上出现过的所有字符。

其中，在“Wingdings”序列字体（共 3 个）中，有很多有趣的图形字符可供用户选择，如图 18-2 所示。

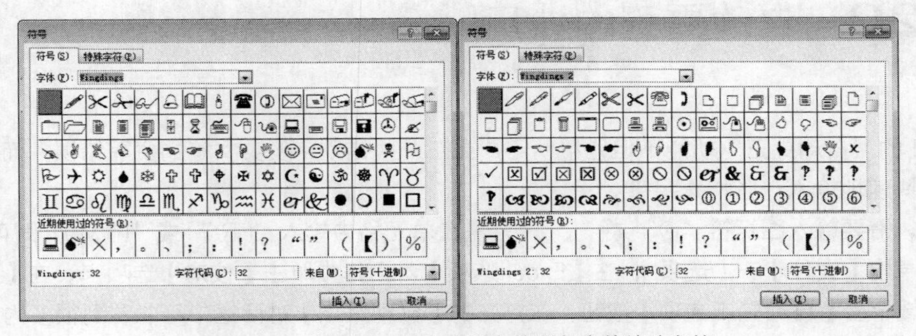

图 18-2 “Wingdings”序列字体所包含的特殊字符

## 18.2 <Alt+数字键>组合键快速输入特殊字符

Excel 为一些常用特殊字符提供了更为快捷的输入方法，就是<Alt+数字键>组合键（数字小键盘上的数字键）的快捷键输入法。

- 快速输入对号和错号。

在单元格中输入对号和错号的具体操作方法是：按<Alt>键，然后用数字小键盘依次输入 41420，然后松开<Alt>键，即可在光标所在位置插入“√”号。使用同样的方法，也可以输入“×”号，其中对应的数字序列值为 41409。

- 快速输入平方与立方。

在单元格中先输入 M，然后按<Alt>键，用数字小键盘依次输入 178，最后松开<Alt>键，即可在 M 后面插入显示为上标的 2，组合起来就是 $M^2$。

同样地，如果输入的数字序列值为 179，将得到 $M^3$。

## 技巧 19 轻松输入身份证号码

有的用户在单元格中输入的身份证号码变成了一个奇怪的数字，并且后面的数字变成了 0。

这是因为 Excel 对于大于 11 位的数字，会自动以科学记数法来表示。并且 Excel 能够处理的数字精度最大为 15 位，因此，所有超过 15 位的整数数字，15 位以后的数字将变为 0。

如果需要在单元格中正确地保存并显示身份证号码，必须把它当作文本而不是数字来输入。在 Excel 中，有以下两种方法可以把数字强制输入成文本。

- 在输入身份证号码前加上一个半角单引号。Excel 会把这些数字识别为文本字符串而不是数值。其中，单引号只是一个标识符，尽管可以在编辑栏中看到它，但它并不属于单元格内容的一部分。
- 预先把单元格或单元格区域设置为“文本”格式，然后再输入。

本技巧也适用于信用卡账号、零件编号等较长数字的输入。

## 技巧 20 自动更正的妙用

Excel 的“自动更正”功能不但能帮助用户更正一些错别字及英文等的拼写错误，而且还可以帮助用户快速地输入一些特殊字符。

比如，需要输入图标符“®”或“™”，只需在单元格中输入“( R )”或“( TM )”即可。

依次单击【文件】→【选项】，在【Excel 选项】对话框中单击【校对】选项卡，在【自动更正选项】区域单击【自动更正选项】按钮，在打开的【自动更正】对话框中可以看到很多内置的自动更正项目，如图 20-1 所示。

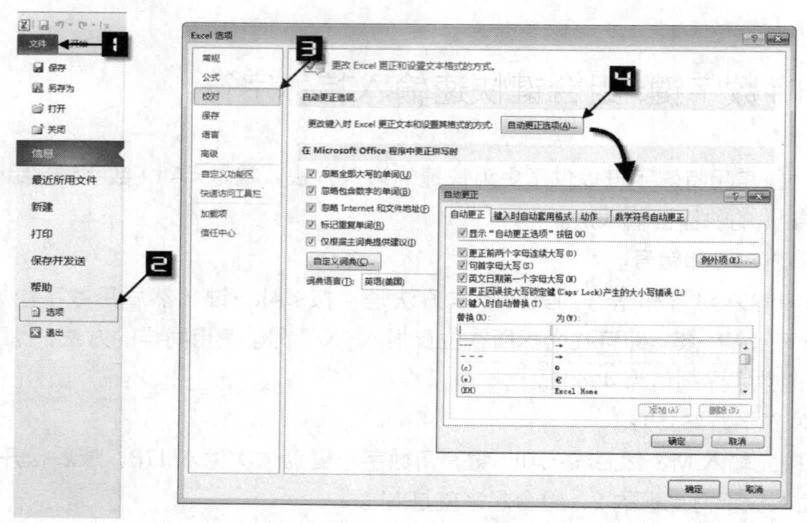


图 20-1 内置的自动更正项目

更为可喜的是，“自动更正”功能在很大程度上是允许用户自定义的。对于一些自动更正选项，用户可以根据自己的需求来决定是否启用。

下面就一个实例来简要介绍一下在【自动更正】对话框中添加用户自定义自动更正项目的方法。

依次按下<Alt>、<T>、<A>键，打开【自动更正】对话框，在【替换】文本框中输入“EH”，在【为】文本框中输入“Excel Home”，然后单击【确定】按钮，如图 20-2 所示。

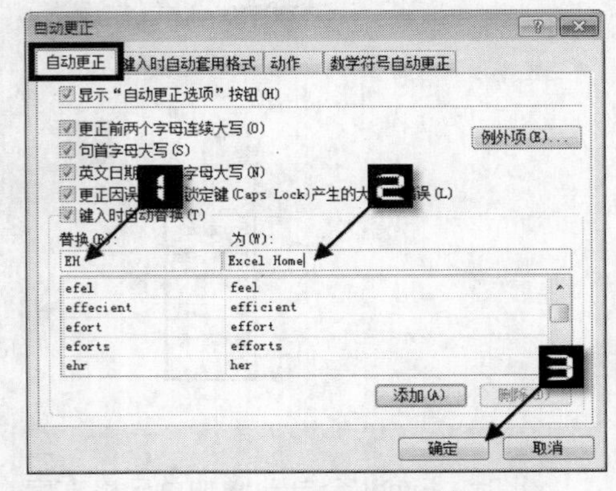


图 20-2　添加自动更正项目

此时，在工作表中输入“EH”，Excel 会自动地将其替换为“Excel Home”。

若要删除所添加的自动更正项目，只需在【自动更正】对话框项目列表中选中它，然后单击【删除】按钮即可。

在 Excel 中创建的自动更正项目也适用于 Office 的其他程序，如 Word、PowerPoint 中。同样地，其他程序中创建的自动更正项目也适用于 Excel 程序。

多台计算机共享自定义的自动更正项目并不难，所有的自定义更正项目都被保存在“*.acl”文件中，它的实际保存文件名取决于 Office 版本，对于中文版本的 Office 其文件名称是“MSO0127.acl”。

将“MSO0127.acl”文件复制并粘贴到目标计算机对应的用户配置文件夹路径下，就实现了自定义更正项目从一台计算机到另一台计算机的移植共享。

默认情况下，“MSO0127.acl”文件位于“C:\Program Files\Microsoft Office \Office14\”文件夹中。

# 技巧 21　单元格里也能换行

当单元格内输入的文本内容超过单元格宽度时，Excel 会显示全部文本，若其右侧存在一个非空单元格，则不再显示全部单元格内容，如图 21-1 所示。

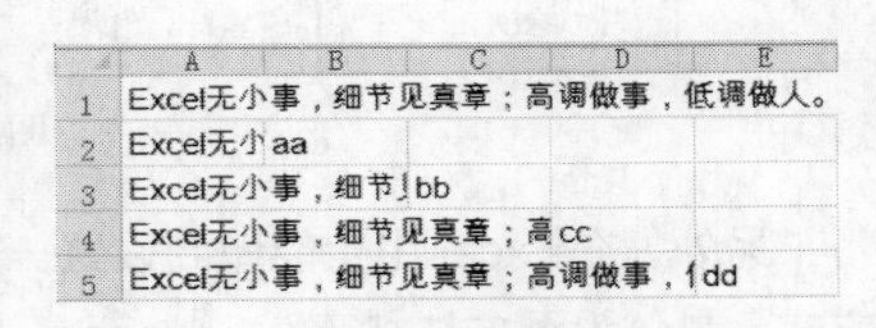


图 21-1　长文本单元格的显示方式

当长文本内容的单元格右侧包含非空单元格时，为了能在宽度有限的单元格中显示所有的内容，可以使用单元格内换行的方式。

## 21.1　文本自动换行

选定包含长文本内容的单元格，如 A1 单元格，在【开始】选项卡中单击【自动换行】切换按钮，如图 21-2 所示。

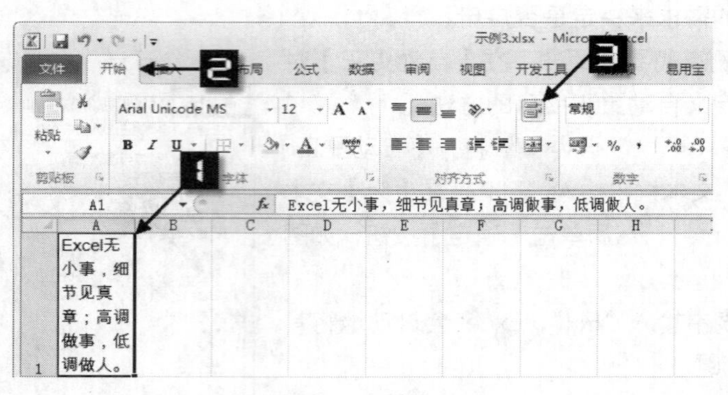

图 21-2　自动换行

此时，Excel 会自动增加单元格高度，让长文本自动换行，以便完整地显示出来。但调整了单元格宽度时，长文本会自适应列度以完整显示所有文本。

## 21.2　插入换行符

用户如果想自己控制文本换行的具体位置，插入换行符无疑是最好的办法。

沿用上例，选定单元格后，把光标定位到文本中需要强制换行的位置，例如在每个标号后，按<Alt+Enter>组合键插入换行符，就能够实现如图 21-3 所示的换行效果。

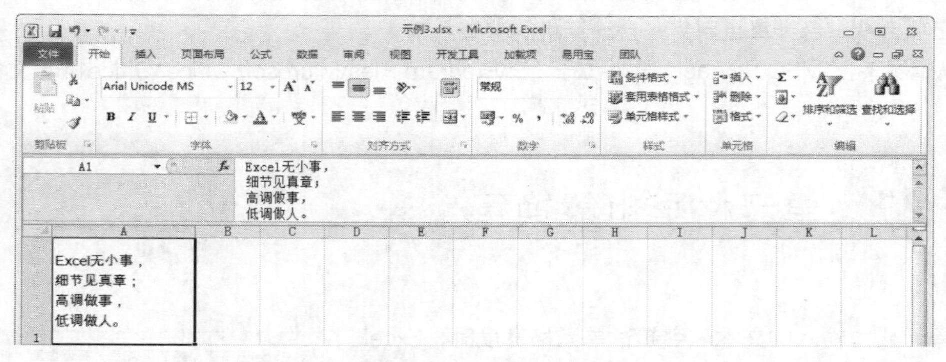

图 21-3　使用换行符实现换行

另外，在 Excel 中也能做到设置一定行间距的美化效果，其技巧就在于设置合适的单元格对齐方式，具体设置方法如下。

**Step 1**　选定包含多行内容的单元格，如 A1 单元格，按<Ctrl+1>组合键打开【设置单元格格式】对话框。

**Step 2**　在【对齐】选项卡中单击【垂直对齐】组合框，在弹出的下拉列表中选择【两端对齐】选项，单击【确定】按钮关闭对话框。

**Step 3**　适当调整单元格行高，就可以得到不同的行间距，效果如图 21-4 所示。

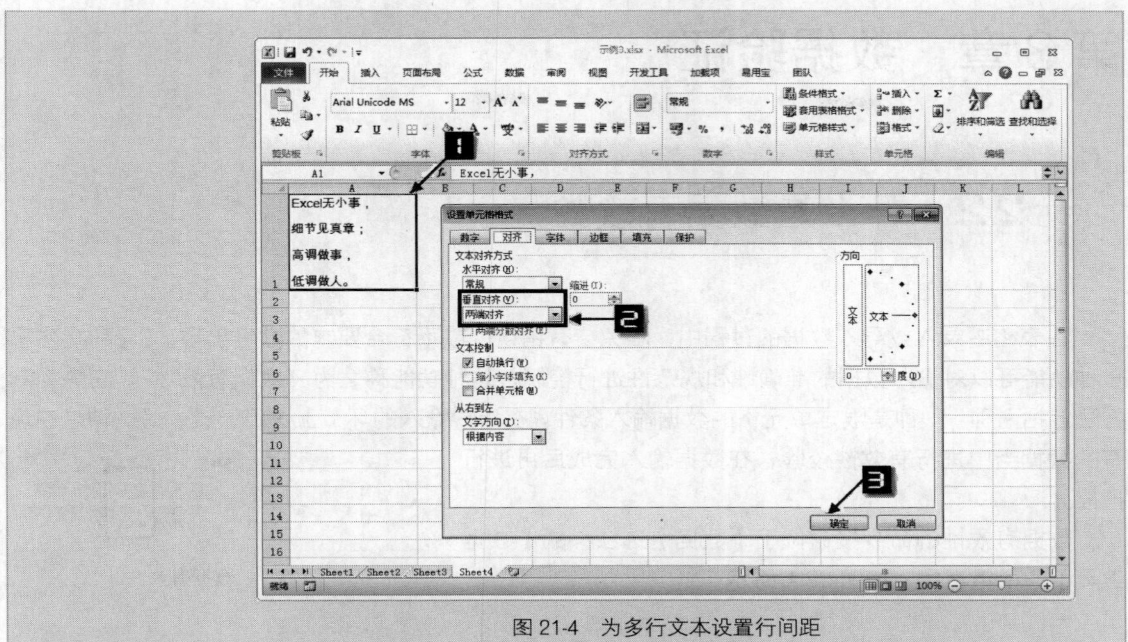


图 21-4　为多行文本设置行间距

# 第 3 章　数据验证

## 技巧 22　什么是数据有效性

在表格中录入或导入数据的过程中，难免会有错误的或不符合要求的数据出现，Excel 提供了一种功能可以对输入数据的准确性和规范性进行控制，这种功能称之为“数据有效性”。它的控制方法包括两种：一种是限定单元格的数据输入条件，在用户输入的环节上进行验证；另一种是在现有的数据当中进行有效性校验，在数据输入完成后再进行把控。

数据有效性的命令按钮位于【数据】选项卡的【数据工具】命令组当中，如图 22-1 所示。

图 22-1　数据有效性

### 22.1　输入条件的限制

例如，希望对表格中 A1:A5 单元格区域的数据输入进行条件限制，只允许输入 1～10 之间的整数，可以这样来操作。

**Step 1**　选定 A1:A5 单元格区域，在【数据】选项卡中单击【数据有效性】按钮，打开【数据有效性】对话框。

**Step 2**　单击【设置】选项卡，在【允许】下拉列表中选择【整数】选项，然后在下方的【数据】下拉列表中选择【介于】选项，继续在【最小值】编辑框中输入数值“1”，在【最大值】编辑框中输入数值“10”，最后单击【确定】按钮关闭对话框完成设置，过程如图 22-2 所示。

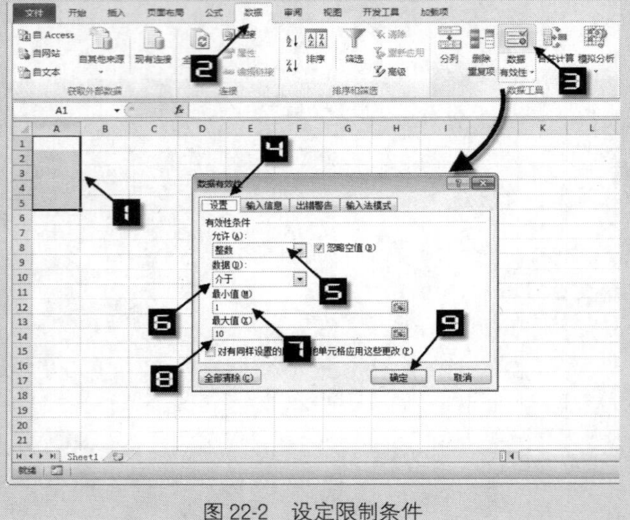

图 22-2　设定限制条件

上述限制设置完成后，如果在 A1:A5 区域中的任意单元格中输入超出 1～10 范围的数值或是输入整数以外的其他数据类型，都会自动弹出警告窗口阻止用户输入，如图 22-3 所示。

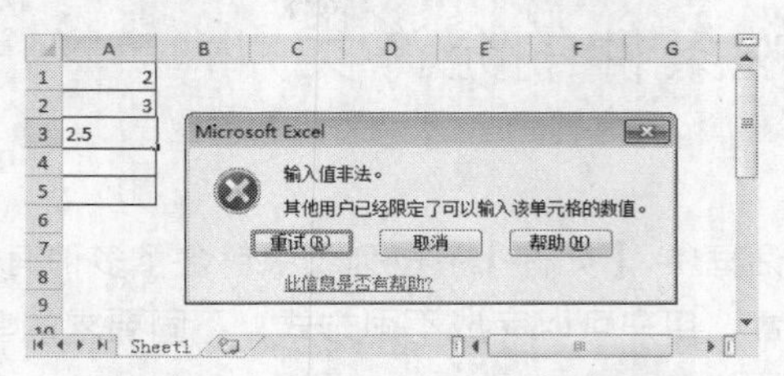


图 22-3　阻止用户输入不符合条件的数据

有了这样的自动验证机制，就可以在数据输入环节上进行有效把控，尽量避免和减少错误的或不规范的数据输入。

数据有效性规则仅对手动输入的数据能够进行有效性验证，对于单元格的直接复制粘贴或外部数据导入无法形成有效控制。

## 22.2　现有数据的校验

如果图 22-2 中的 A1:A5 单元格在进行有效性设置之前已有数据输入，那么在参照图 22-2 的步骤完成数据有效性设置以后，可以继续对这些单元格中的已有数据是否符合限制条件再次进行验证。操作方法如下：

Step 1　选定 A1:A5 单元格区域，然后参照图 22-2 的步骤设置数据有效性的限制条件。

Step 2　数据有效性设置完成后，在【数据】选项卡中依次单击【数据有效性】下拉按钮→【圈释无效数据】，如图 22-4 所示。

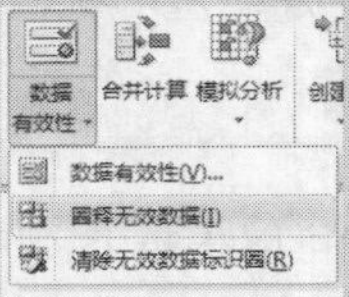

图 22-4　圈释无效数据

上述操作完成后，就可以在 A1:A5 单元格区域中显示红色线圈，把不符合上述限制条件的数据标记出来，效果如图 22-5 所示。

这样，即使在数据都已经完成输入的情况下，用户仍可以对这些数据是否符合条件进行检验，找出其中的异常数据。

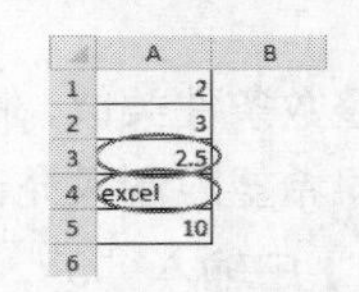


图 22-5　不符合限制条件的数据

如果需要清除红色线圈的显示，可以在【数据】选项卡中依次单击【数据有效性】下拉按钮→【清除无效数据标识圈】。

# 技巧 23　有效性条件的允许类别

在数据有效性的设置对话框中，【允许】下拉列表中包含了多种有效性条件类别，如图 23-1 所示。通过这些允许条件的设置，用户可以完成不同方式、不同要求的单元格数据限制。

这几项允许条件的主要功能如下：

● 任何值。

允许任何数据的输入，没有任何条件限定，这是所有单元格的默认状态。

● 整数。

允许输入整数和日期，不允许小数、文本、逻辑值、错误值等数据的输入。在选择使用【整数】作为允许条件以后，还需要在【数据】下拉列表中对数值允许范围进行进一步的限定，如图 23-2 所示。

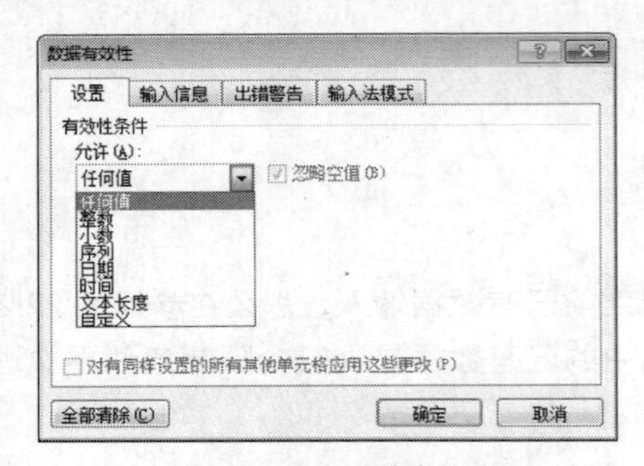


图 23-1　内置的允许类型

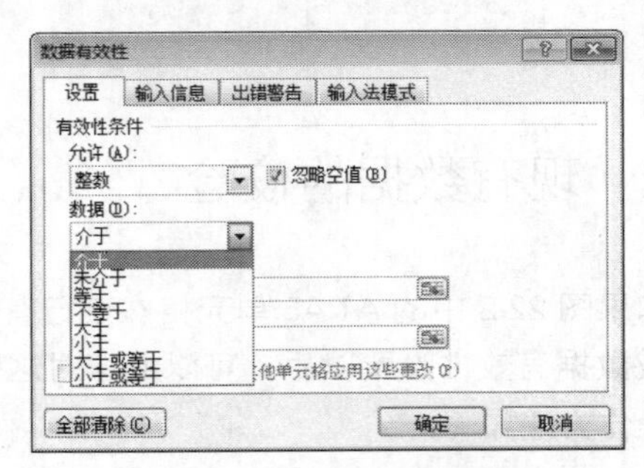


图 23-2　设置数值允许的范围

在设置具体的数值范围时，除了直接使用固定数值，还可以引用单元格当中的取值或使用公式的运算结果。

例如，如果希望在 A 列中设置整数允许范围，限定其数值必须大于 B 列中的所有数值，可以在【数据】下拉列表中选择【大于】，然后在下方的编辑栏中输入公式：

```
=MAX(B:B)
```

设置如图 23-3 所示。这样就可以根据 B 列中不同的数据情况形成动态可变的限定范围。

● 小数。

允许输入小数、时间、分数、百分比等数据，不允许整数、文本、逻辑值和错误值等数据类型的输入。

与整数条件类似，同样需要限定数值范围。

如果希望限制只允许输入 0～1 之间的小数，可以在【数据】下拉列表中选择【介于】，然后在【最小值】中输入“0”，在【最大值】中输入“1”，如图 23-4 所示。

● 序列。

序列是比较特殊的一类允许条件。使用序列作为允许条件，可以由用户提供多个允许输入的具体项目。设置完成后，会在选中单元格的时候出现一个下拉箭头，点击下拉箭头可以显示这些允许输入的项目，即产生所谓的“下拉式菜单输入”，如图 23-5 所示。

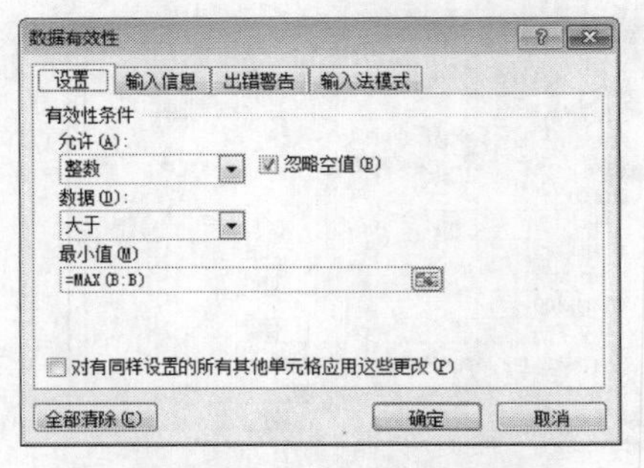


图 23-3　使用公式作为条件值

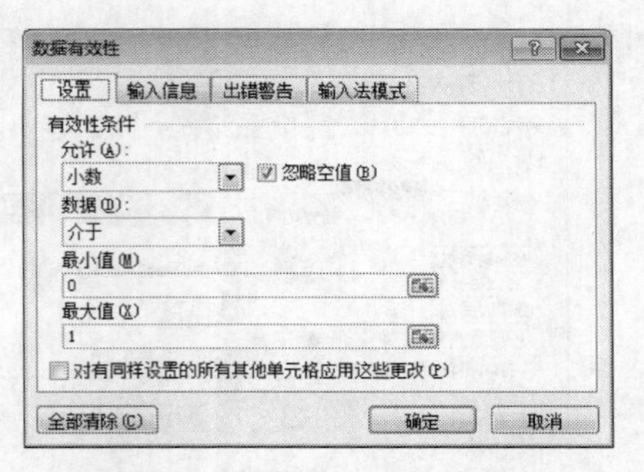


图 23-4　允许 0~1 之间的小数

有关数据有效性中的序列方式的详细使用方法，可参阅技巧 28。

● 日期。

允许输入日期、时间，由于日期实质上是数值的一部分，因此也允许输入范围内的数值（包括整数和小数）。不允许输入文本、逻辑值和错误值等数据类型。

使用日期作为允许条件同样需要设定日期范围。如果需要允许使用当前系统时间之前的日期输入，可以在【数据】下拉列表中选择【小于】，然后在下方的【结束日期】编辑栏中输入公式：

```
=TODAY()
```

设置方式如图 23-6 所示，其中 TODAY 函数可以返回系统当前的日期值。

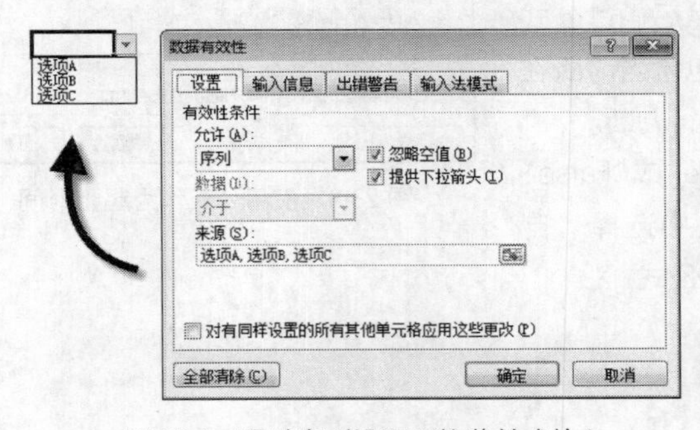


图 23-5　通过序列设置下拉菜单式输入

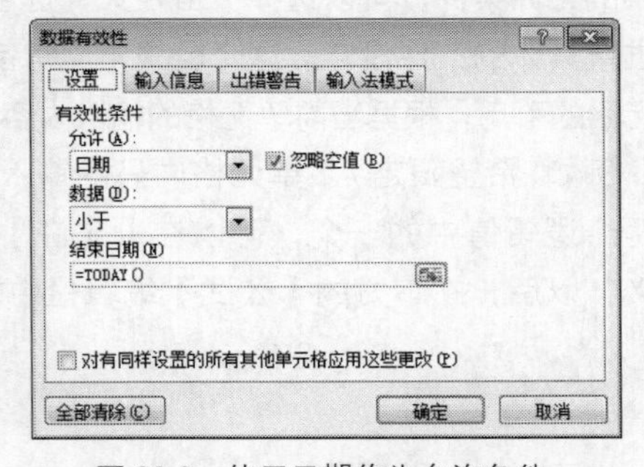


图 23-6　使用日期作为允许条件

● 时间。

使用时间作为允许条件，在效果上与选择“日期”作为允许条件几乎没有区别。同样允许输入日期、时间以及范围内的数值（包括整数和小数）。不允许输入文本、逻辑值和错误值等数据类型。

需要注意的是，在使用时间作为允许条件以后，设定时间范围时，【开始时间】或【结束时间】编辑框中只能输入不包含日期的时间值或 0~1 之间的小数，否则将会提示错误，如图 23-7 所示。

但是上述限制并不影响公式的使用，如果仍希望以“2013 年 3 月 8 日 12 点”和“2013 年 3 月 8 日 18 点”作为起止时间，可以在【开始时间】中输入公式：

```
="2013-3-8"+"12:00"
```

然后在【结束时间】中输入公式：

```
="2013-3-8"+"18:00"
```

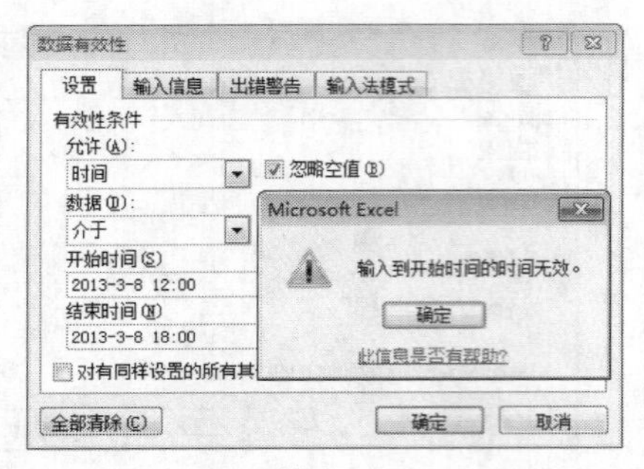


错误

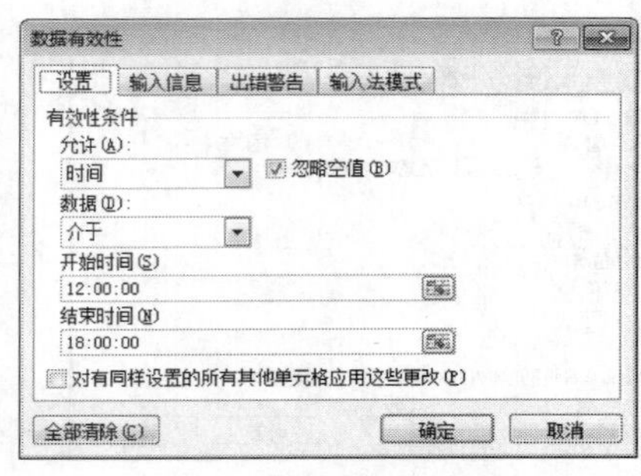


正确

图 23-7　时间范围不能使用日期

如图 23-8 所示。

- 文本长度。

以“文本长度”作为允许条件，只根据输入数据的字符长度来进行判断而不限定数据的类型，除错误值以外的其他数据类型都允许输入。

例如，希望单元格中限定只允许输入 18 位的身份证号码，可以使用文本长度为“18”作为允许条件。在【数据】下拉列表中选择【等于】，然后在下方的【长度】编辑栏中输入“18”即可，如图 23-9 所示。

- 自定义。

除了上述这些内置的允许条件以外，如果希望定制更加复杂的允许条件，可以选择“自定义”选项，然后通过公式来进行具体的条件设定。这个公式中通常都会包含当前所在单元格的引用，根据当前单元格的输入内容来进行判断。

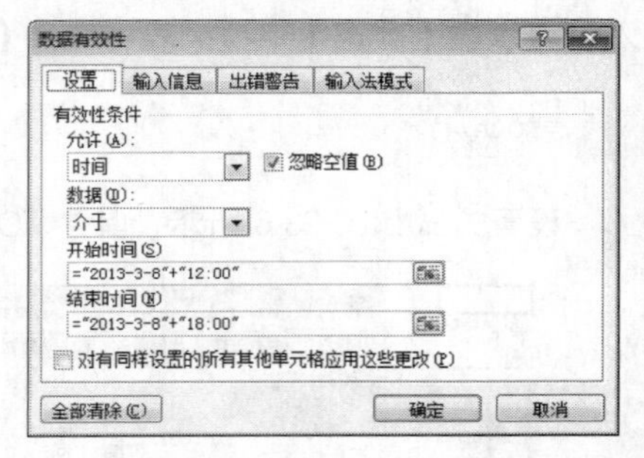


图 23-8　使用公式作为起止时间

例如，希望限定 A1 单元格内只能输入“True”或“False”这两个逻辑值中的一个，可以在【允许】类型中选择“自定义”以后，在下方的【公式】编辑栏中输入公式：

```
=ISLOGICAL(A1)
```

如图 23-10 所示。

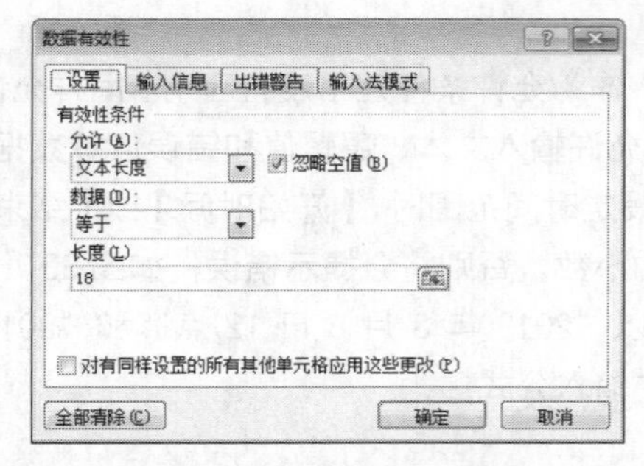


图 23-9　以字符长度作为条件

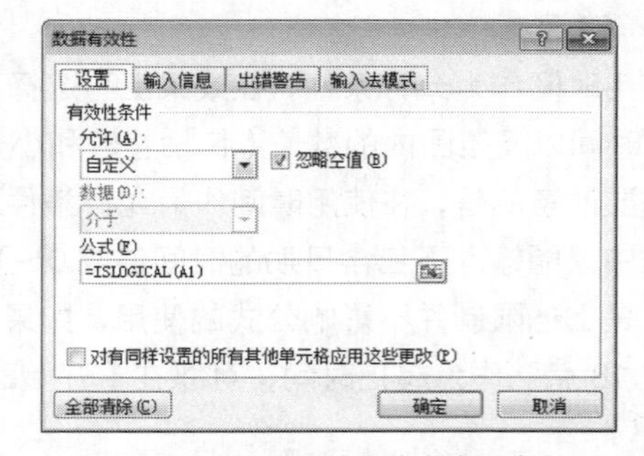


图 23-10　通过公式自定义条件

有关自定义数据有效性的更多用途和方法详情可参阅技巧 24。

# 技巧 24　使用公式进行条件限制

图 24-1 是某公司的人员薪资表，其中的年龄、职务、基本工资等几个字段需要人工输入数据。为了尽可能减少数据输入时的人为错误，可以对这些字段所在单元格进行输入规则限定。

| 工号 | 姓名 | 性别 | 年龄 | 职称 | 基本工资 |
|---|---|---|---|---|---|
| 1001 | 韩正 | 男 | | | |
| 1002 | 史静芳 | 女 | | | |
| 1003 | 刘磊 | 男 | | | |
| 1004 | 马欢欢 | 女 | | | |
| 1005 | 苏桥 | 男 | | | |
| 1006 | 金汪洋 | 男 | | | |
| 1007 | 谢兰丽 | 女 | | | |
| 1008 | 朱丽 | 女 | | | |
| 1009 | 陈晓红 | 女 | | | |
| 1010 | 雷芳 | 女 | | | |
| 1011 | 吴明 | 男 | | | |
| 1012 | 李琴 | 女 | | | |
| 1013 | 张永立 | 男 | | | |
| 1014 | 周玉彬 | 男 | | | |
| 1015 | 张德强 | 男 | | | |

图 24-1　人员薪资表

## 24.1　只能输入整数

如果需要将 D 列中的年龄字段单元格限定只能输入整数数据，可以这样操作。

**Step 1**　选定 D2:D16 单元格区域，在【数据】选项卡中单击【数据有效性】按钮，打开【数据有效性】对话框。

**Step 2**　单击【设置】选项卡，在【允许】下拉列表中选择【自定义】选项，在下方的【公式】编辑框中输入如下公式，然后单击【确定】按钮关闭对话框，如图 24-2 所示。

```
=D2=INT(D2)
```

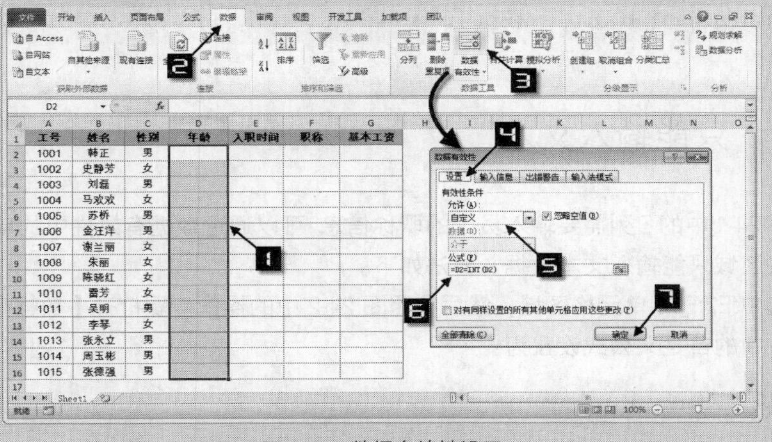

图 24-2　数据有效性设置

数据有效性中的自定义公式的工作原理是这样的：

（1）所使用的公式通常返回的结果为逻辑值或数值。

（2）当公式返回逻辑值 True 或返回不等于 0 的数值时，此单元格允许输入；当公式返回逻辑值 False、数值 0 或产生错误值的时候，此单元格不允许输入。

（3）基于上面第 2 点，在这里所使用的公式通常会引用本身所在的单元格作为参数。

（4）当同时选中多个单元格批量设置有效性公式时，公式中只需要以相对引用的方式来引用当前活动单元格地址即可。

在这个例子当中，所使用的公式“=D2=INT(D2)”是通过比较运算符来得到一个逻辑判断结果。INT 函数可以获取数值的整数部分，因此如果 D2 数值与其取整以后的结果完全相同，可以判断此数值为整数，此时公式返回逻辑结果 True，单元格内允许输入此数据；否则公式返回逻辑结果 False 或错误值，单元格内就不允许此数据的输入。

完成上述步骤设置好数据有效性以后，如果用户在 D2:D16 单元格区域中输入 25.5 或“二十”，Excel 将自动弹出警告窗口，阻止用户输入，如图 24-3 所示。

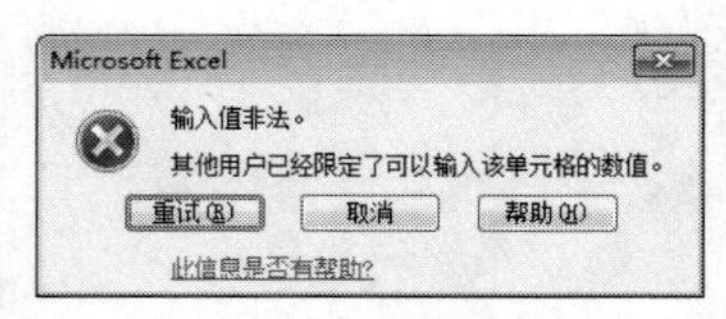


图 24-3　限制输入

除了使用公式“=D2=INT(D2)”以外，至少还有以下几种公式适合用于对 D2 单元格的整数限定：

```
=MOD(D2,1)=0
=QUOTIENT(D2,1)=D2
```

第一个公式使用 MOD 函数获取 D2 数值除以 1 以后的余数，如果余数为 0 可以判断 D2 为整数；第二个公式使用 QUOTIENT 函数获取 D2 数值除以 1 以后的整数商，如果整数商等于它本身，就可以判断其为整数。

如果需要在此基础上限定只能输入正整数（大于零的整数），可以将公式修改为：

```
=(INT(D2)=D2)*(D2>0)
```

如果需要限定输入的整数位数，例如只能输入 3 位以下的正整数，可以使用下面的公式：

```
=(INT(D2)=D2)*(D2>0)*(LEN(D2)<3)
```

或

```
=(INT(D2)=D2)*(D2>0)*(D2<100)
```

## 24.2　只能输入文本

图 24-1 中的 E 列需要输入员工的职称信息，可以通过数据有效性中的自定义公式来限定 E2:E16 单元格区域只能输入文本数据，方法如下。

选中 E2:E16 单元格区域，然后参照图 24-2 中的操作步骤打开【数据有效性】对话框，将数据有效性中的自定义公式设置为：

```
=ISTEXT(E2)
```

如图 24-4 所示。

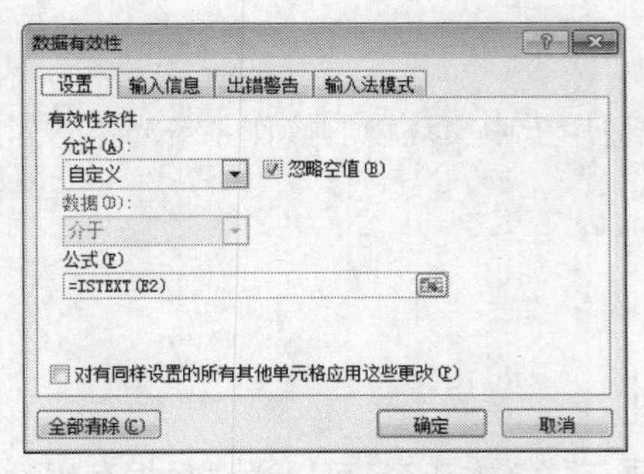


图 24-4　只能输入文本

ISTEXT 函数是一个信息类函数，可以判断其中的参数是否为文本。除了这个方法以外，至少还有以下一些公式可以选用：

```
=E2&""=E2
=TEXT(E2,"@")=E2
```

第一个公式通过与空文本的连接来形成一个文本的强制转换，然后与转换前的数据进行对比来判断原数据是否为文本；第二个公式的原理与第一个公式类似，是用 TEXT 函数来实现文本的强制转换。

如果在此基础上希望限定单元格中只能输入英文字母，可以把公式修改为：

```
=NOT(EXACT(UPPER(E2),LOWER(E2)))
```

或

```
=1-EXACT(UPPER(E2),LOWER(E2))
```

UPPER 函数可以返回英文字母的大写，LOWER 函数可以返回英文字母的小写，EXACT 函数可以在区分大小写的条件下对两个字符串进行对比。通过对输入文字的大小写形式进行对比，如果大小写不相同，就可以判断属于英文字母；而对于数字、符号和中文字符等数据来说，由于本身不区分大小写，因此会得到另外一种判断结果。

需要留意的是，这个公式不能排除逻辑值的输入。

如果希望限定单元格只能输入中文字符，可以考虑使用以下公式：

```
=LENB(E2)<>LEN(E2)
```

或

```
=WIDECHAR(E2)=ASC(E2)
```

这两个公式都是利用了中文字符是双字节字符这一特性。

第一个公式中的 LEN 函数可以返回字符串的字符个数，而 LENB 函数可以返回字符串的字节个数，对于双字节字符来说，这两个函数的运算结果刚好是两倍的关系，而对于单字节字符来说，这两个函数的结果完全一致。

第二个公式中的 WIDECHAR 函数可以将半角字符转换成全角字符，ASC 函数则可以将全角字符转换成半角字符，对于中文字符来说都是全角字符，因此在转换前后完全一致。

但这两个公式都有一定的局限性，除了允许中文字符输入以外，对于一些中文符号（如“。”、

"、" 等字符）也不会阻止输入。

以上两个公式适用于中文环境的操作系统当中，对于英文系统有可能得不到正确结果。

## 24.3 只能输入数值

图 24-1 中的 F 列需要输入员工的基本工资，可以通过数据有效性中的自定义公式来限定 F2:F16 单元格中只能输入数值型数据，方法如下：

选中 F2:F16 单元格区域，然后参照图 24-2 中的操作步骤打开【数据有效性】对话框，将数据有效性中的自定义公式设置为：

```
=ISNUMBER(F2)
```

如图 24-5 所示。

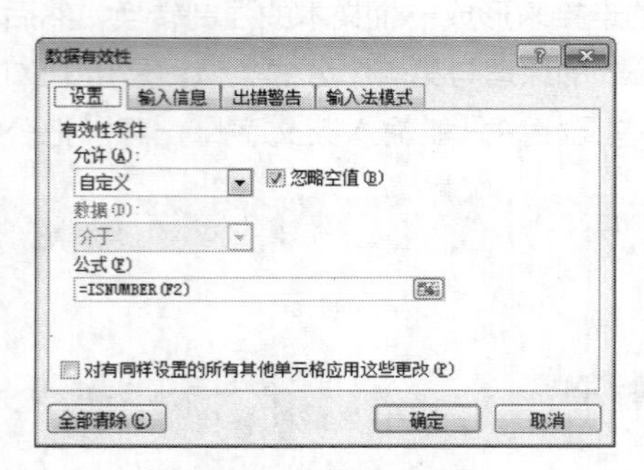


图 24-5　只能输入数值

ISNUMBER 函数可以判断其参数是否为数值，进而排除掉文本、逻辑值和错误值。

如果需要在此基础上增加数值范围的限定，例如允许输入数值在 2000～5000 之间，可以把公式修改为：

```
=(F2-2000>0)*(F2-5000<0)
```

由于文本数据不能直接与数值进行四则运算，因此这个公式不需要再叠加 ISNUMBER 函数的判断就可以实现全部规则要求。

# 技巧 25　限制重复录入

图 25-1 显示了一份需要录入数据的面试人员登记表，其中 C 列当中需要根据时间场次安排录入各位应聘人员的姓名。

为了尽量减少录入时的人为错误，防止出现相同名字多次重复的情况，希望对 C 列单元格进行数据有效性限定，阻止重复姓名的输入，可以这样操作。

选中 C2:C16 单元格区域，然后参照图 24-2 中的操作步骤打开【数据有效性】对话框，将数据有效性中的自定义公式设置为：

```
=COUNTIF($C$2:$C$16,C2)=1
```

如图 25-2 所示。

| | A | B | C | D | E |
|---|---|---|---|---|---|
| 1 | 场次 | 时间 | 应聘人姓名 | 应聘职位 | 面试评价 |
| 2 | 1 | 8:00 | | | |
| 3 | 2 | 8:30 | | | |
| 4 | 3 | 9:00 | | | |
| 5 | 4 | 9:30 | | | |
| 6 | 5 | 10:00 | | | |
| 7 | 6 | 10:30 | | | |
| 8 | 7 | 11:00 | | | |
| 9 | 8 | 11:30 | | | |
| 10 | 9 | 13:00 | | | |
| 11 | 10 | 13:30 | | | |
| 12 | 11 | 14:00 | | | |
| 13 | 12 | 14:30 | | | |
| 14 | 13 | 15:00 | | | |
| 15 | 14 | 15:30 | | | |
| 16 | 15 | 16:00 | | | |

图 25-1　面试人员登记表

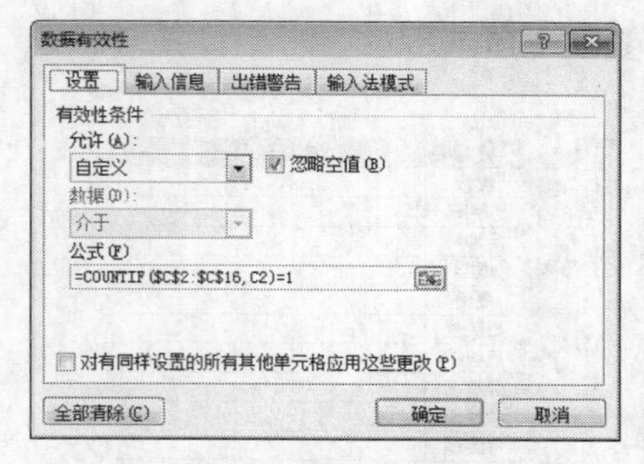


图 25-2　限制重复录入

COUNTIF 函数可以统计某个数据在单元格区域中出现的次数，如果次数超过 1 就表示这个数据有多次出现的情况，可以据此来限定单元格数据的重复录入。

虽然这个公式填写在数据有效性的对话框当中，但与单元格中直接输入的公式一样需要考虑相对引用和绝对引用的问题。在这个例子当中，COUNTIF 函数的第一参数使用绝对引用，表示检验是否出现重复的单元格范围始终保持不变，而第二参数使用相对引用，表示每个单元格是针对本单元格当中的录入数据进行查验。

在设置完成以后，如果在 C 列当中输入与已有的人员完全相同的姓名，就会出现错误警告，如图 25-3 所示。

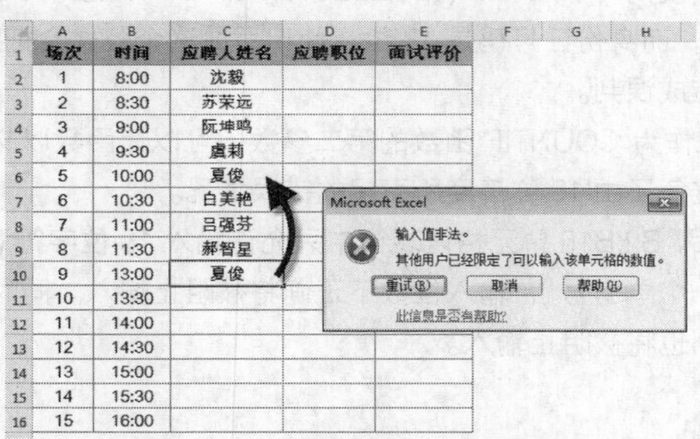


图 25-3　出现重复录入时的警告

## 技巧 26　只能输入身份证号码

图 26-1 显示了一份需要录入数据的某企业员工身份证信息表，其中 B 列当中需要人工录入每

位员工的身份证号码。

为了尽量减少录入时的人为错误，希望对 B 列单元格进行数据限定，只允许输入 18 位的身份证号码并且不能出现重复的身份证号码，可以通过数据有效性的自定义公式来实现。

选中 B2:B16 单元格区域，然后参照图 24-2 中的操作步骤打开【数据有效性】对话框，将数据有效性中的自定义公式设置为：

```
=(LEN(B2)=18)*(COUNTIF($B$2:$B$16,B2&"*")=1)
```

如图 26-2 所示。

| | A | B |
|---|---|---|
| 1 | 姓名 | 身份证号码 |
| 2 | 沈毅 | |
| 3 | 苏荣远 | |
| 4 | 阮坤鸣 | |
| 5 | 虞莉 | |
| 6 | 夏俊 | |
| 7 | 白美艳 | |
| 8 | 吕强芬 | |
| 9 | 郝智星 | |
| 10 | 余楠元 | |
| 11 | 韦笑颖 | |
| 12 | 杨兰坚 | |
| 13 | 张良骅 | |
| 14 | 董千芳 | |
| 15 | 高谦飞 | |
| 16 | 余帆 | |

图 26-1　员工身份证信息

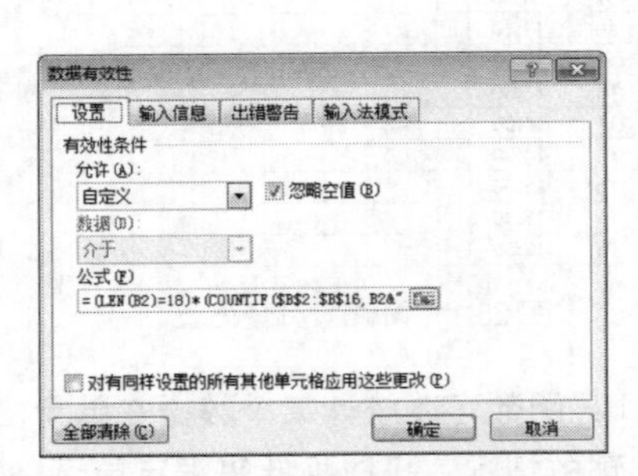


图 26-2　只能输入 18 位身份证号码

“LEN(B2)=18”用于限定单元格中必须输入 18 位长度的字符串，由于 18 位身份证号码有可能存在全数字或带字母“X”的情况，因此没有在这里加入数据类型的限定。

“COUNTIF($B$2:$B$16,B2&"*")=1”与技巧 25 中所使用的公式类似，用于判断单元格中输入的数据是否只出现了一次。

这里之所以没有直接使用“COUNTIF($B$2:$B$16,B2)=1”来进行判断，是由于 Excel 当中对数值的计算精度为 15 位，而身份证号码是 18 位，使用后面这个公式会把所有前 15 位相同的号码都视为相同数据，从而造成误判。

而使用“B2&"*"”来作为 COUNTIF 函数的第二参数，可以让函数以文本的方式来对数据进行重复性对比计数，从而避免了由 15 位精度所引起的错误情况。

在完成上述设置以后，B2:B16 单元格区域当中只允许输入 18 位字符（如果身份证号码全为数字，需要在输入前添加一个单引号），输入位数不正确将被阻止输入。同时，在不同单元格中不允许出现相同的号码，否则也将被阻止输入。

## 技巧 27　限制只允许连续单元格录入

在表格输入时，要求在同一列中必须连续输入，上下数据单元格之间不能留出空单元格，要实现这样的限制要求，可在选定 A2 单元格（A 列的首个单元格内不需要设置限制条件）的情况下在数据有效性对话框的自定义公式栏中输入以下公式：

```
=OFFSET(A2,-1,)<>""
```

在 A1 单元格以外的 A 列单元格区域内都应用此有效性公式以后，在 A 列输入数据时必须一个单元格接着一个单元格连续输入，否则就会自动提示错误，效果如图 27 所示。

公式中的 OFFSET 函数是一个引用函数，它在公式中以 A2 单元格为基准，在行方向上向上偏移一格进行引用。

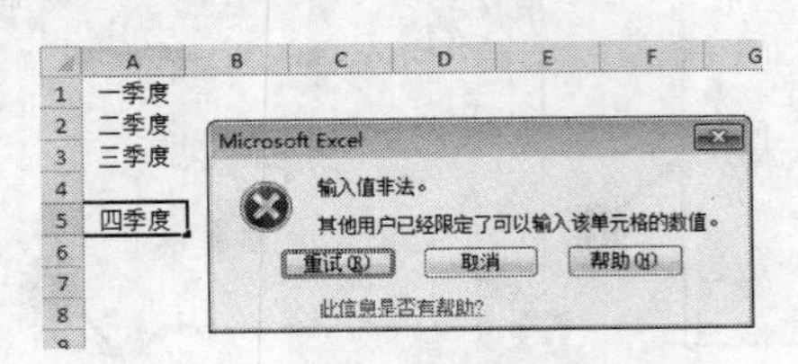


图 27　输入时不能留空行

# 技巧 28　在输入时提供下拉式菜单

使用数据有效性中的“序列”作为允许条件，可以在输入时提供一个下拉式的菜单，在方便用户输入的同时也可以避免输入选项以外的异常数据。

## 28.1　直接在来源中输入选项

图 28-1 显示了某公司的一份项目人员安排表，其中需要在 B 列“所属地区”中录入每位项目负责人的所在区域，包括“北京”、“上海”、“成都”和“广州”4 个可选地区。

| | A | B |
|---|---|---|
| 1 | 项目负责人 | 所属地区 |
| 2 | 沈毅 | |
| 3 | 苏荣远 | |
| 4 | 阮坤鸣 | |
| 5 | 虞莉 | |
| 6 | 夏俊 | |
| 7 | 白美艳 | |
| 8 | 吕强芬 | |
| 9 | 郝智星 | |
| 10 | 余楠元 | |
| 11 | 韦笑颖 | |
| 12 | 杨兰坚 | |

图 28-1　所属地区

参照以下步骤可以把这 4 个可选项设置为下拉列表以供用户在输入时选择。

**Step 1**　选定 B2:B12 单元格区域，在【数据】选项卡中单击【数据有效性】按钮，打开【数据有效性】对话框。

**Step 2**　单击【设置】选项卡，在【允许】下拉列表中选择【序列】选项，在下方的【来源】编辑框中输入依次输入 4 个城市名称，中间用半角逗号分隔，最后再单击【确定】按钮完成设置，如图 28-2 所示。

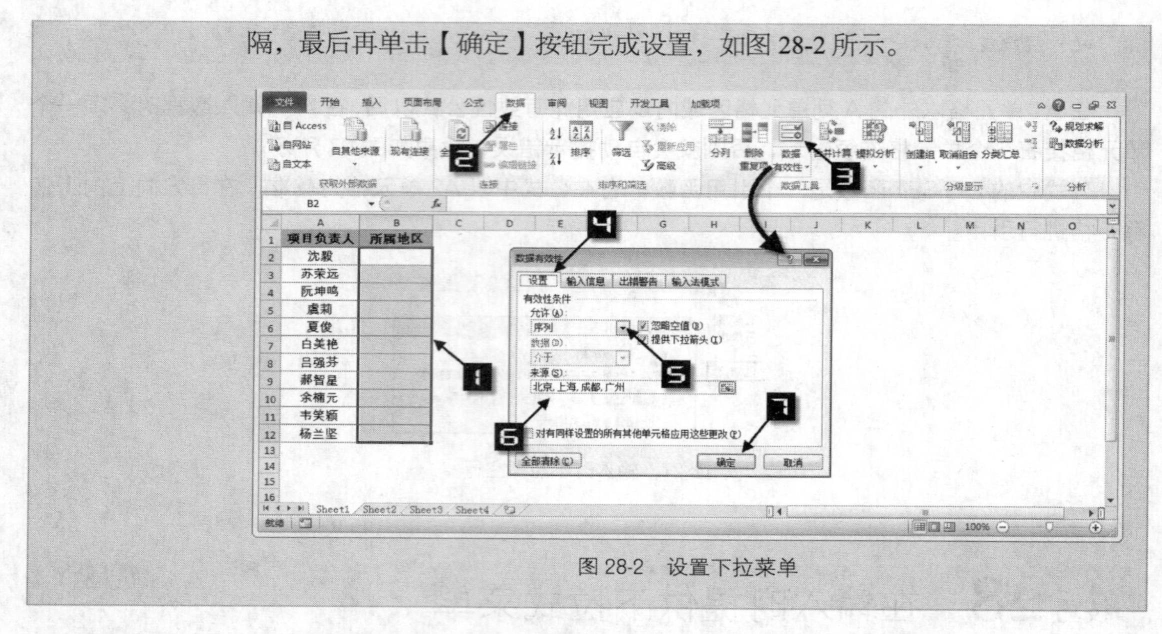


图 28-2　设置下拉菜单

设置完成后，选中 B2:B12 区域中的单元格时，单元格右侧会出现下拉箭头图标按钮，单击按钮会出现一个下拉列表，在其中显示了可供选择的所有地区选项，如图 28-3 所示。选取列表中的任意选项就可以将此城市名称自动填入单元格中。

| | A | B |
|---|---|---|
| 1 | 项目负责人 | 所属地区 |
| 2 | 沈毅 | 北京 |
| 3 | 苏荣远 | |
| 4 | 阮坤鸣 | |
| 5 | 虞莉 | |
| 6 | 夏俊 | |
| 7 | 白美艳 | |
| 8 | 吕强芬 | |
| 9 | 郝智星 | |
| 10 | 余楠元 | |
| 11 | 韦笑颖 | |
| 12 | 杨兰坚 | |



图 28-3　下拉菜单式输入

## 28.2　使用单元格引用作为序列来源

如果需要设置的可选项目比较多，还可以直接使用单元格区域的引用作为序列来源。

图 28-4 中的表格显示的是某企业的项目人员安排情况，每个项目由两位负责人分别担任 A、B 角色。现在所有项目的 A 角负责人均已确定，需要安排 B 角负责人，而 B 角色的人选也同样来自于 B 列中的这些 A 角负责人。

为了简化 C 列的姓名录入操作，希望在 C 列当中通过数据有效性的设置，提供一个人员姓名的下拉菜单，用户可以直接从下拉菜单里面选择需要选取的姓名。

| | A | B | C |
|---|---|---|---|
| 1 | 项目名称 | 负责人A角 | 负责人B角 |
| 2 | 项目A | 沈毅 | |
| 3 | 项目B | 苏荣远 | |
| 4 | 项目C | 阮坤鸣 | |
| 5 | 项目D | 虞莉 | |
| 6 | 项目E | 夏俊 | |
| 7 | 项目F | 白美艳 | |
| 8 | 项目G | 吕强芬 | |
| 9 | 项目H | 郝智星 | |
| 10 | 项目I | 余楠元 | |
| 11 | 项目J | 韦笑颖 | |
| 12 | 项目K | 杨兰坚 | |
| 13 | 项目L | 张良骅 | |
| 14 | 项目M | 董千芳 | |

图 28-4　项目人员安排

使用数据有效性设置下拉菜单的常规操作方法如下。

**Step 1**　选定 C2:C14 单元格区域，在【数据】选项卡中单击【数据有效性】按钮，打开【数据有效性】对话框。

**Step 2**　单击【设置】选项卡，在【允许】下拉列表中选择【序列】选项，在下方的【来源】编辑框中输入下面的单元格引用公式，然后单击【确定】按钮关闭对话框，如图 28-5 所示。

```
=$B$2:$B$14
```

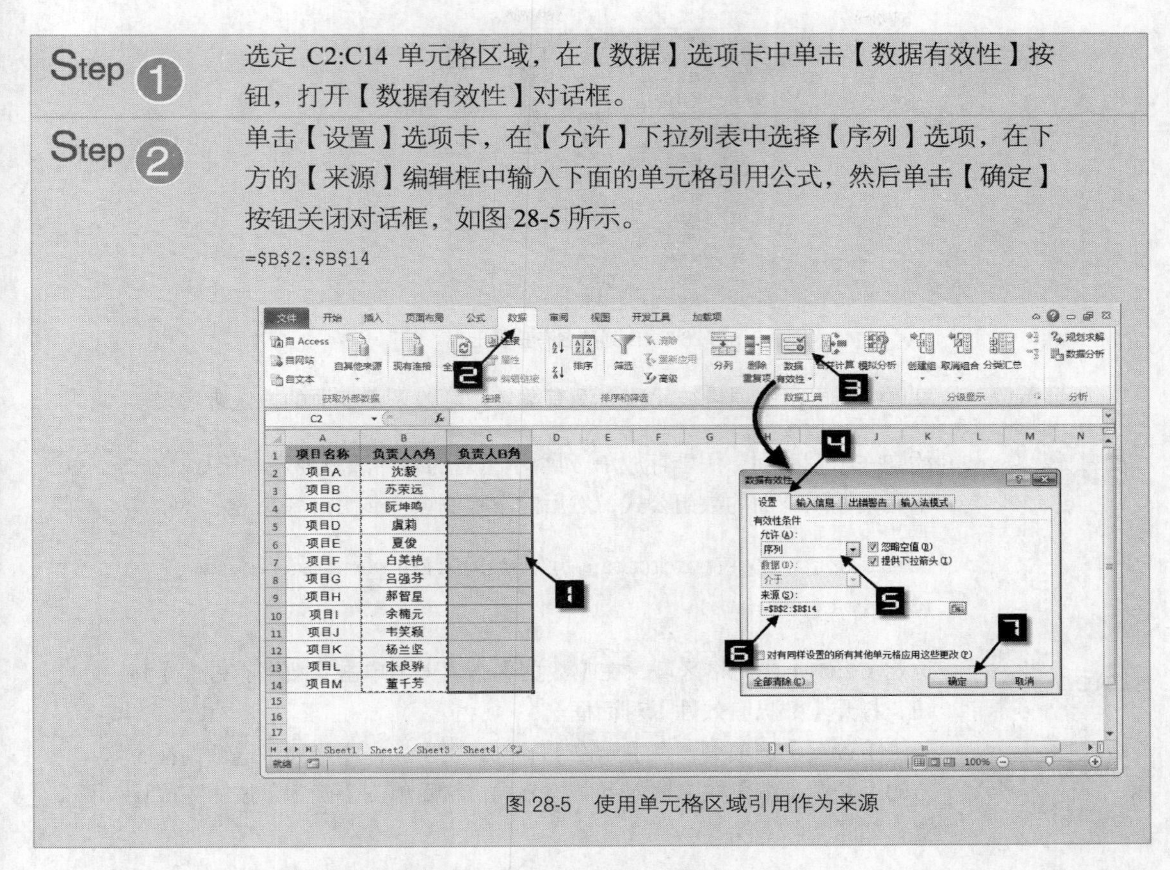


图 28-5　使用单元格区域引用作为来源

在图 28-5 中的【来源】编辑框中的公式是单元格区域的直接引用，这个区域中存放了下拉菜单中的所有选项，也可以单击右侧的折叠按钮，然后在表格中框选区域得到这个引用地址。

## 28.3　使用公式作为序列来源

除了上面这种直接引用单元格区域的方式以外，还可以通过引用函数（例如 OFFSET 函数、INDIRECT 函数所构成的公式）来间接引用这个单元格区域。例如使用下面这个公式：

```
=OFFSET($B$2,,,COUNTA($B:$B)-1)
```

这个公式通过 COUNTA 函数获取到 B 列当中出现的姓名个数，然后以此作为 OFFSET 函数的第四参数（表示引用区域的高度），得到对 B 列当中各姓名所在单元格的引用。

## 28.4　剔除重复的下拉选项

在某些情况下，B 列的姓名可能有重复多次出现的情况，在这种情况下如果直接使用图 28-5 中的直接引用 B 列区域的做法，会造成下拉菜单中也出现重复的姓名，如图 28-6 所示。

| | A | B | C |
|---|---|---|---|
| 1 | 项目名称 | 负责人A角 | 负责人B角 |
| 2 | 项目A | 沈毅 | |
| 3 | 项目B | 苏荣远 | |
| 4 | 项目C | 苏荣远 | |
| 5 | 项目D | 虞莉 | |
| 6 | 项目E | 夏俊 | |
| 7 | 项目F | 白美艳 | |
| 8 | 项目G | 苏荣远 | |
| 9 | 项目H | 沈毅 | |
| 10 | 项目I | 阮坤鸣 | |
| 11 | 项目J | 虞莉 | |
| 12 | 项目K | 阮坤鸣 | |
| 13 | 项目L | 张良骅 | |
| 14 | 项目M | 沈毅 | |

图 28-6　B 列姓名有重复出现

如果希望下拉菜单中所显示的项目彼此独立没有重复，可以采用下面的方法来实现。

**Step 1**　添加一个辅助列，用于存放 B 列中不重复的姓名清单列表。例如在 E2 单元格输入下面的数组公式，然后向下复制填充到 E14 单元格：

```
{=INDEX(B:B,SMALL(IF((MATCH($B$2:$B$14,$B$2:$B$14,0)=ROW($2:$14)-1),ROW
($2:$14),4^8),ROW(A1)))&""}
```

**Step 2**　选定 C2:C14 单元格区域，在【数据】选项卡中单击【数据有效性】按钮，打开【数据有效性】对话框。

**Step 3**　单击【设置】选项卡，在【允许】下拉列表中选择【序列】选项，在下方的【来源】编辑栏中输入下面的公式，然后单击【确定】按钮完成设置，如图 28-7 所示。

```
=OFFSET($E$2,,,COUNTIF($E:$E,"?*")-1)
```

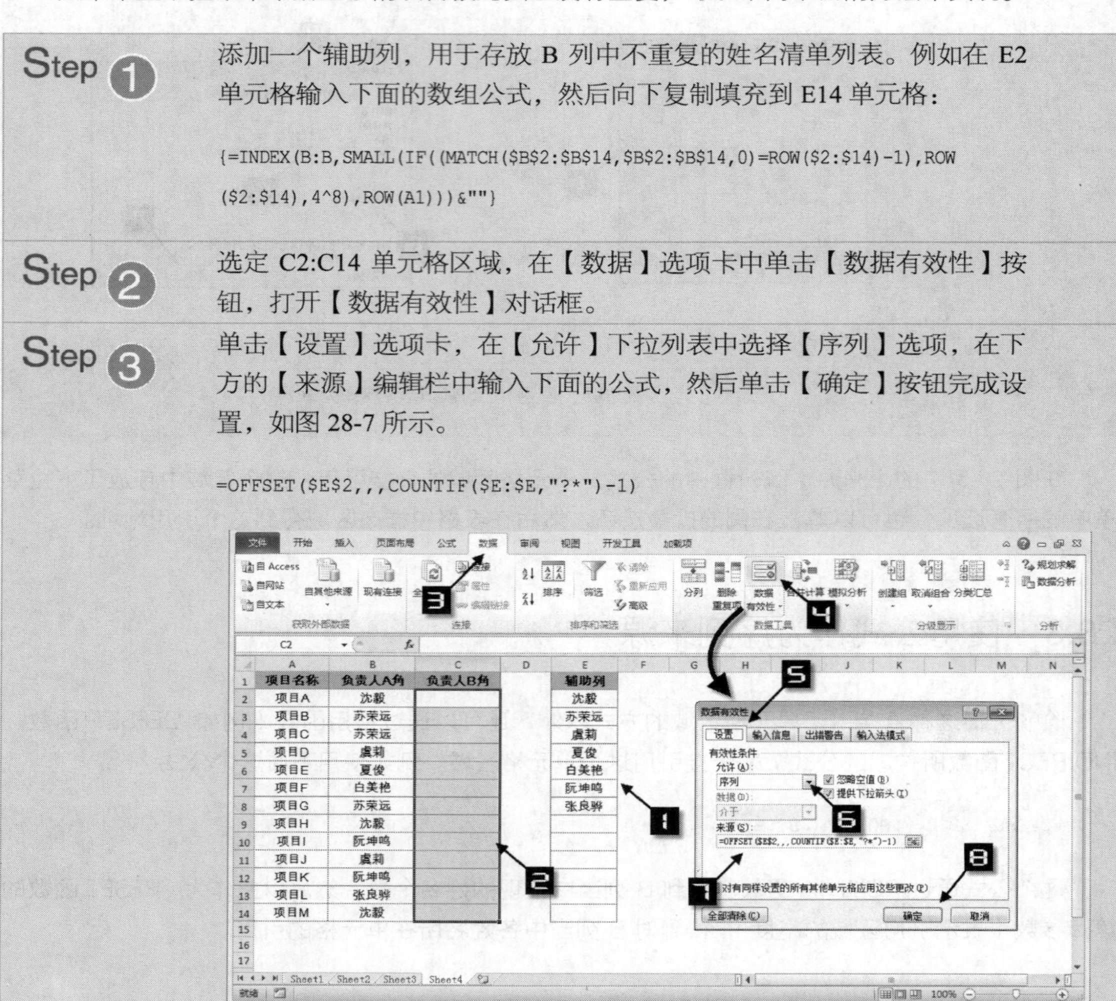


图 28-7　设置不重复的下拉列表

设置完成后，C2:C14 单元格区域中的下拉菜单列表可以随 B 列的内容动态更新，并且不会包含重复的选项，如图 28-8 所示。

**公式解析：**

在辅助列的数组公式中，利用 MATCH 函数配合 ROW 函数定位不重复姓名所在的行号，最后利用 INDEX 函数提取出清单列表，不满足条件的单元格都用空文本来显示。

在数据有效性的来源公式中，利用“COUNTIF($E:$E,"?*")”来统计辅助列当中字符长度超过一个字的单元格数目( 即非空单元格数 )，以此来作为 OFFSET 函数的第四参数（引用区域的高度 )，得到对辅助列的一组引用，通过这种过渡的方式最终形成数据有效性下拉菜单中的各个选项。

| | A | B | C |
|---|---|---|---|
| 1 | 项目名称 | 负责人A角 | 负责人B角 |
| 2 | 项目A | 沈毅 | |
| 3 | 项目B | 苏荣远 | |
| 4 | 项目C | 苏荣远 | |
| 5 | 项目D | 虞莉 | |
| 6 | 项目E | 夏俊 | |
| 7 | 项目F | 白美艳 | |
| 8 | 项目G | 苏荣远 | |
| 9 | 项目H | 沈毅 | |
| 10 | 项目I | 阮坤鸣 | |
| 11 | 项目J | 虞莉 | |
| 12 | 项目K | 阮坤鸣 | |
| 13 | 项目L | 张良骅 | |
| 14 | 项目M | 沈毅 | |

沈毅
苏荣远
虞莉
夏俊
白美艳
阮坤鸣
张良骅

图 28-8　剔除重复选项的下拉菜单

## 技巧 29　设置二级下拉菜单

图 29-1 中的表格是某淘宝店在某个省内的快递发货记录表。其中的 C 列和 D 列分别需要填写寄送目的地所在的地级市和区县。为了方便这些数据的填写并且避免人为的错误，希望使用下拉菜单的方法来提供输入选项。其中选择 C 列的时候能够显示各个地级市的可选项，而选中 D 列的时候要能够根据 C 列所选择的不同地级市来自动显示所对应的县市列表。

| | A | B | C | D | E | F |
|---|---|---|---|---|---|---|
| 1 | 单号 | 寄送时间 | 地级市 | 区县 | 收件人 | 快递费 |
| 2 | 205104084 | 2013/4/3 | | | | |
| 3 | 205109972 | 2013/4/9 | | | | |
| 4 | 205111562 | 2013/4/9 | | | | |
| 5 | 205121888 | 2013/4/23 | | | | |
| 6 | 205124753 | 2013/4/23 | | | | |
| 7 | 205125151 | 2013/5/4 | | | | |
| 8 | 205126483 | 2013/5/10 | | | | |
| 9 | 205132030 | 2013/5/17 | | | | |
| 10 | 205151365 | 2013/5/31 | | | | |
| 11 | 205158462 | 2013/6/4 | | | | |
| 12 | 205167513 | 2013/6/8 | | | | |
| 13 | 205168708 | 2013/6/12 | | | | |
| 14 | 205183536 | 2013/6/25 | | | | |
| 15 | 205186072 | 2013/7/5 | | | | |
| 16 | 205197230 | 2013/7/8 | | | | |

图 29-1　快递单据记录表

像这种可以根据前一级的选择内容自动显示不同的下拉选项、前后级之间存在上下对应关系的菜单，通常称为“二级下拉菜单”。假定在另外一张名为“菜单项”的工作表当中存放了这组上下级对应关系的菜单项详细内容，如图 29-2 所示，可以根据这张工作表来制作二级下拉菜单，具体实现方法如下。

| | A | B | C | D | E | F | G | H | I | J | K |
|---|---|---|---|---|---|---|---|---|---|---|---|
| 1 | 杭州市 | 嘉兴市 | 湖州市 | 绍兴市 | 宁波市 | 台州市 | 温州市 | 金华市 | 衢州市 | 丽水市 | 舟山市 |
| 2 | 拱墅区 | 南湖区 | 吴兴区 | 越城区 | 海曙区 | 椒江区 | 鹿城区 | 婺城区 | 柯城区 | 莲都区 | 定海区 |
| 3 | 西湖区 | 秀洲区 | 南浔区 | 诸暨市 | 江东区 | 黄岩区 | 龙湾区 | 金东区 | 衢江区 | 龙泉市 | 普陀区 |
| 4 | 上城区 | 平湖市 | 长兴县 | 上虞市 | 江北区 | 路桥区 | 瓯海区 | 兰溪市 | 江山市 | 青田县 | 岱山县 |
| 5 | 下城区 | 海宁市 | 德清县 | 嵊州市 | 镇海区 | 临海市 | 瑞安市 | 永康市 | 常山县 | 缙云县 | 嵊泗县 |
| 6 | 江干区 | 桐乡市 | 安吉县 | 绍兴县 | 北仑区 | 温岭市 | 乐清市 | 义乌市 | 开化县 | 云和县 | |
| 7 | 滨江区 | 嘉善县 | | 新昌县 | 鄞州区 | 三门县 | 永嘉县 | 东阳市 | 龙游县 | 遂昌县 | |
| 8 | 余杭区 | 海盐县 | | | 慈溪市 | 仙居县 | 文成县 | 武义县 | | 松阳县 | |
| 9 | 萧山区 | | | | 余姚市 | 玉环县 | 平阳县 | 浦江县 | | 庆元县 | |
| 10 | 临安市 | | | | 奉化市 | 天台县 | 泰顺县 | 磐安县 | | 景宁畲族自治县 | |
| 11 | 富阳市 | | | | 宁海县 | | 洞头县 | | | | |
| 12 | 建德市 | | | | 象山县 | | 苍南县 | | | | |
| 13 | 桐庐县 | | | | | | | | | | |
| 14 | 淳安县 | | | | | | | | | | |

图 29-2　可供选择的上下级菜单项

**Step 1** 在图 29-1 所示的表格中选定 C2:C16 单元格区域，在【数据】选项卡中单击【数据有效性】按钮，打开【数据有效性】对话框。

**Step 2** 单击【设置】选项卡，在【允许】下拉列表中选择【序列】选项，在【来源】编辑栏中输入以下公式，然后单击【确定】按钮，如图 29-3 所示。

```
=菜单项!$A$1:$K$1
```

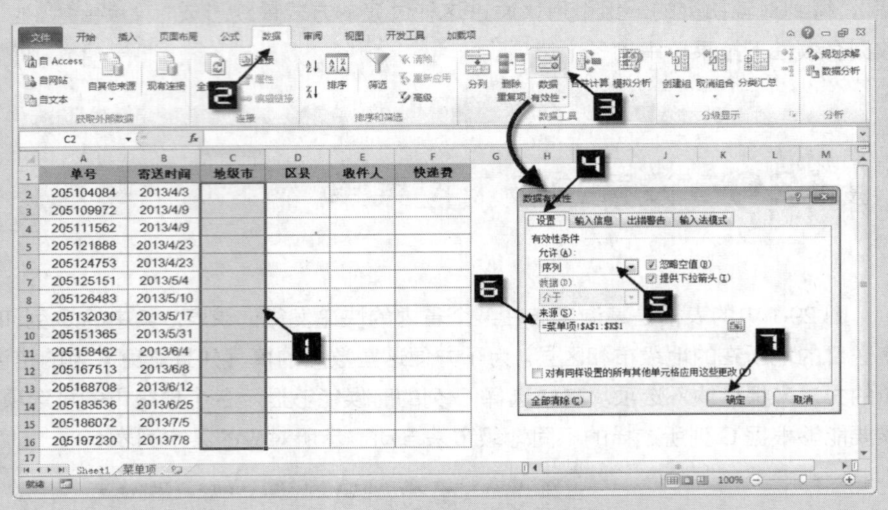

图 29-3 一级下拉菜单设置

**Step 3** 选定 D2:D16 单元格区域，在【数据】选项卡中单击【数据有效性】按钮，打开【数据有效性】对话框。

**Step 4** 单击【设置】选项卡，在【允许】下拉列表中选择【序列】选项，在【来源】编辑栏中输入以下公式，然后单击【确定】按钮完成设置。

```
=OFFSET(菜单项!$A$2,,MATCH(C2,菜单项!$A$1:$K$1,0)-1,COUNTA(OFFSET(菜单项!$A:$A,,MATCH(C2,菜单项!$A$1:$K$1,0)-1))-1)
```

这个公式当中通过 MATCH 函数来找到 C 列中输入的地级市在“菜单项”工作表中位于第几列，然后再用 OFFSET 函数来对这列当中的县市单元格区域进行引用。COUNTA 函数的作用在于统计这列当中非空单元格的数目，以此作为 OFFSET 函数中的“高度”参数，避免在下拉菜单当中出现空白项。

按照上述步骤设置完成后，在 C 列当中通过下拉菜单选择地级市名称以后，再选到 D 列当中就可以出现对应的县市列表，如图 29-4 所示。

| | A | B | C | D | E | F |
|---|---|---|---|---|---|---|
| 1 | 单号 | 寄送时间 | 地级市 | 区县 | 收件人 | 快递费 |
| 2 | 205104084 | 2013/4/3 | | | | |
| 3 | 205109972 | 2013/4/9 | 杭州市 | | | |
| 4 | 205111562 | 2013/4/9 | 嘉兴市 | | | |
| 5 | 205121888 | 2013/4/23 | 湖州市 | | | |
| 6 | 205124753 | 2013/4/23 | 绍兴市 | | | |

杭州市
嘉兴市
湖州市
绍兴市
宁波市
台州市
温州市
金华市

| | A | B | C | D | E | F |
|---|---|---|---|---|---|---|
| 1 | 单号 | 寄送时间 | 地级市 | 区县 | 收件人 | 快递费 |
| 2 | 205104084 | 2013/4/3 | 宁波市 | | | |
| 3 | 205109972 | 2013/4/9 | | | | |
| 4 | 205111562 | 2013/4/9 | | | | |
| 5 | 205121888 | 2013/4/23 | | | | |
| 6 | 205124753 | 2013/4/23 | | | | |
| 7 | 205125151 | 2013/5/4 | | | | |
| 8 | 205126483 | 2013/5/10 | | | | |
| 9 | 205132030 | 2013/5/17 | | | | |
| 10 | 205151365 | 2013/5/31 | | | | |
| 11 | 205158462 | 2013/6/4 | | | | |
| 12 | 205167513 | 2013/6/8 | | | | |
| 13 | 205168708 | 2013/6/12 | | | | |
| 14 | 205183536 | 2013/6/25 | | | | |
| 15 | 205186072 | 2013/7/5 | | | | |
| 16 | 205197230 | 2013/7/8 | | | | |

海曙区
江东区
江北区
镇海区
北仑区
鄞州区
慈溪市
余姚市

图 29-4　二级下拉菜单的使用效果

## 技巧 30　根据输入内容动态更新下拉选项

图 30-1 显示了某家企业制作的发票开具信息记录清单，其中会记录开票日期、客户名称、发票金额和开票人等信息。由于许多企业的全称很长，为尽量避免输入中的错误同时使输入操作方便，希望能在 C 列的单元格中提供下拉菜单来进行选择性输入。但是由于客户单位比较多，如果全部显示在下拉菜单中在选择时也会比较耗费时间，因此希望能够先输入部分关键字符然后根据这些信息来提供与此相关联的企业名称列表。

假定有业务联系的客户单位名称都罗列在一个名为“企业名录”的工作表中，如图 30-2 所示。要实现上述可以根据输入的内容动态更新的下拉列表，可以参考以下步骤来操作。

| | A | B | C | D | E |
|---|---|---|---|---|---|
| 1 | 编号 | 开票日期 | 客户名称 | 发票金额 | 开票人 |
| 2 | A10021 | 2013/2/15 | | | |
| 3 | A10022 | 2013/2/16 | | | |
| 4 | A10023 | 2013/2/21 | | | |
| 5 | A10024 | 2013/3/1 | | | |
| 6 | A10025 | 2013/3/10 | | | |
| 7 | A10026 | 2013/3/15 | | | |
| 8 | A10027 | 2013/3/16 | | | |
| 9 | A10028 | 2013/3/24 | | | |
| 10 | A10029 | 2013/3/30 | | | |
| 11 | A10030 | 2013/3/31 | | | |
| 12 | A10031 | 2013/4/7 | | | |
| 13 | A10032 | 2013/4/8 | | | |
| 14 | A10033 | 2013/4/15 | | | |
| 15 | A10034 | 2013/4/20 | | | |
| 16 | A10035 | 2013/4/21 | | | |

图 30-1　发票开具信息记录清单

| | A |
|---|---|
| 1 | 企业名称 |
| 2 | 中国石油化工股份有限公司 |
| 3 | 中国石油天然气股份有限公司 |
| 4 | 中国移动有限公司 |
| 5 | 中国中铁股份有限公司 |
| 6 | 中国铁建股份有限公司 |
| 7 | 中国人寿保险股份有限公司 |
| 8 | 中国工商银行股份有限公司 |
| 9 | 中国建筑股份有限公司 |
| 10 | 中国建设银行股份有限公司 |
| 11 | 上海汽车集团股份有限公司 |
| 12 | 中国农业银行股份有限公司 |
| 13 | 中国银行股份有限公司 |
| 14 | 中国交通建设股份有限公司 |
| 15 | 中国电信(微博)股份有限公司 |
| 16 | 中国冶金科工股份有限公司 |
| 17 | 宝山钢铁股份有限公司 |
| 18 | 中国平安保险(集团)股份有限公司 |
| 19 | 中国海洋石油有限公司 |
| 20 | 中国联合网络通信股份有限公司 |
| 21 | 中国人民财产保险股份有限公司 |
| 22 | 中国神华能源股份有限公司 |
| 23 | 联想集团有限公司 |
| 24 | 中国太平洋保险(集团)股份有限公司 |

Sheet1　企业名录

图 30-2　企业名称列表

**Step 1**

首先需要建立一个辅助列，来显示与 C 列中所输入的关键词相关的所有企业名称。可以在 G2 单元格当中输入以下数组公式并向下复制填充，填充的结束位置至少与图 30-2 中所存储的企业名称的行数保持一致。

```
{=INDEX(企业名录!A:A,SMALL(IF(ISNUMBER(FIND(CELL("contents"),企业名录!$A$2:$A$1000)),ROW($2:$1000),4^8),ROW(A1)))&""}
```

**提示！** “CELL("contents")”可以获取当前活动单元格中的内容，如果在 C 列当中输入关键词，公式就能从中获取到关键词的内容。然后通过 FIND 函数在企业名录中查找包含此关键词的所有匹配项，通过 INDEX 函数得到完整的列表，最终存放在这个辅助列当中。

**注意！** 公式在输入完成以及填充完成时可能会出现循环引用错误的警告窗口，这是正常现象，继续操作即可。

**Step 2**

选中图 30-1 中的 C2:C16 单元格区域，在【数据】选项卡中单击【数据有效性】按钮，打开【数据有效性】对话框。

**Step 3**

单击【设置】选项卡，在【允许】下拉列表中选择【序列】选项，在【来源】编辑栏中输入以下公式，如图 30-3 所示。

```
=OFFSET($G$2,,,COUNTIF($G:$G,"?*")-1)
```

这个公式可以引用到辅助列 G 列当中所显示的所有项目。

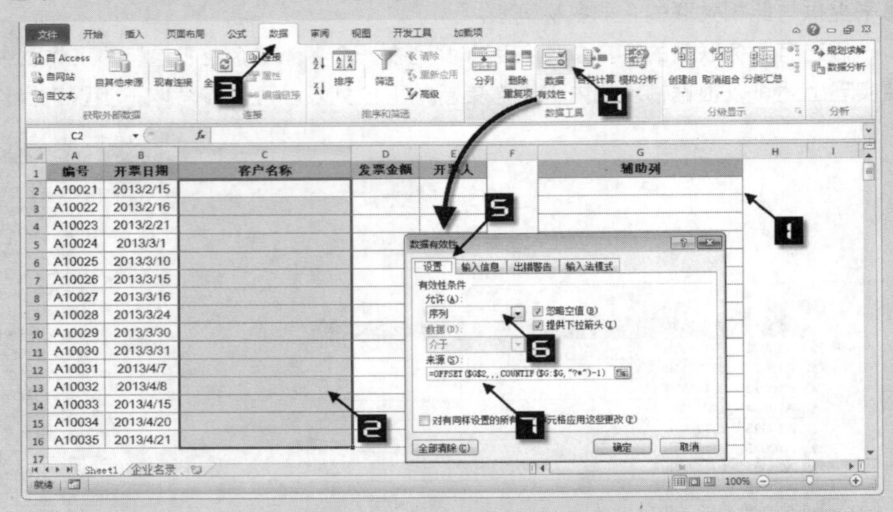


图 30-3 设置自适应的下拉菜单

**Step 4**

由于输入关键词以后需要有一个暂时完成输入的动作，以便于让 G 列的公式可以开始关键词的查询工作，而此时不完整的信息输入有可能造成数据有效性的错误警告，因此需要关闭数据有效性中的出错警告功能。

在图 30-3 所示的【数据有效性】对话框中单击【出错警告】选项卡，此时会弹出一个警告窗口提示“源当前包含错误。是否继续”，单击【是】按钮继续操作。然后在对话框中取消【输入无效数据时显示出错警告】复选框的勾选，再单击【确定】按钮完成设置，如图 30-4 所示。

以上步骤完成后，当用户在 C 列输入关键字后，再去单击单元格右侧的下拉箭头，就可以根据输入的关键字动态更新下拉菜单中的可选项，如图 30-5 所示。

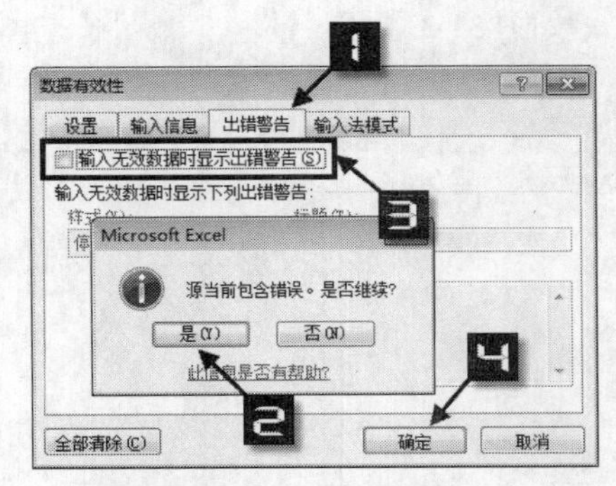


图 30-4　取消出错警告

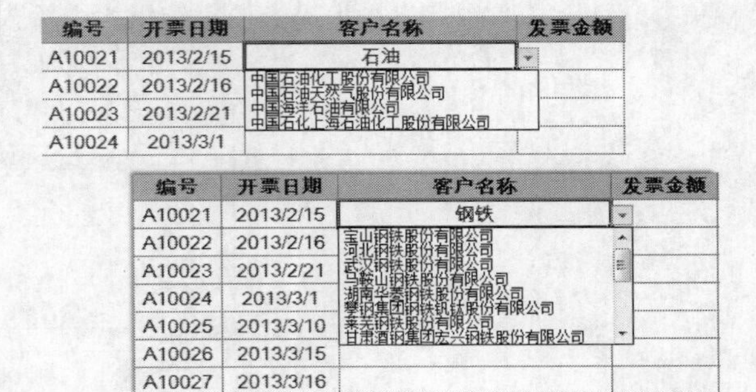


图 30-5　根据输入内容的变化改变下拉选项

如果为了美观考虑，也可以将 G 列的辅助列放置到其他工作表中隐藏起来。

## 技巧 31　设置数据有效性的提示信息

当单元格中通过数据有效性设置了限制条件以后，用户在输入不符合条件的数据时，默认情况下会自动弹出警告窗口阻止用户输入，如图 31-1 所示。

但是，这个窗口并没有告知用户到底是哪里不符合要求，除了进行有效性设置的用户以外，其他用户不容易很快地弄清楚到底这些单元格当中允许输入什么样的数据。因此，从交互的友好性角度出发，可以考虑在数据有效性设置中增加一些提示信息以便于用户理解和规范地使用。

图 31-2 中显示了某商户制作的客户清单，其中要在 B 列输入这些客户可以享受的折扣比例，希望限定只允许输入 0.75～1 之间的数值。

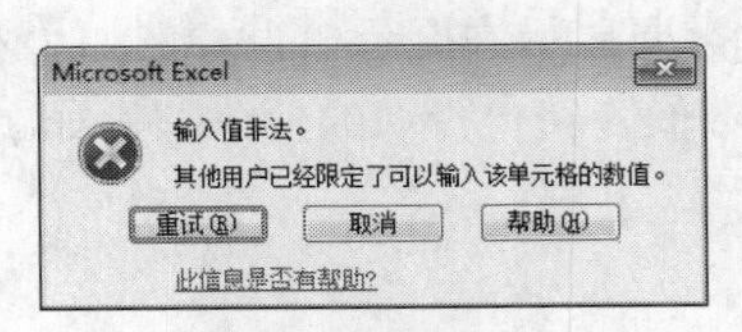


图 31-1　警告窗口

| | A | B |
|---|---|---|
| 1 | 客户姓名 | 享受折扣 |
| 2 | 韩正 | |
| 3 | 史静芳 | |
| 4 | 刘磊 | |
| 5 | 马欢欢 | |
| 6 | 苏桥 | |
| 7 | 金汪洋 | |
| 8 | 谢兰丽 | |
| 9 | 朱丽 | |
| 10 | 陈晓红 | |

图 31-2　客户清单

可以参考以下的操作方法来提高这个有效性设置的用户友好度。

**Step 1** 选定 B2:B10 单元格区域，在【数据】选项卡中单击【数据有效性】按钮，打开【数据有效性】对话框。

**Step 2** 单击【设置】选项卡，在【允许】下拉列表中选择【小数】选项，然后在【数据】下拉列表中选择【介于】选项，在【最小值】编辑栏中输入“0.75”，在【最大值】编辑栏中输入“1”，如图 31-3 所示。

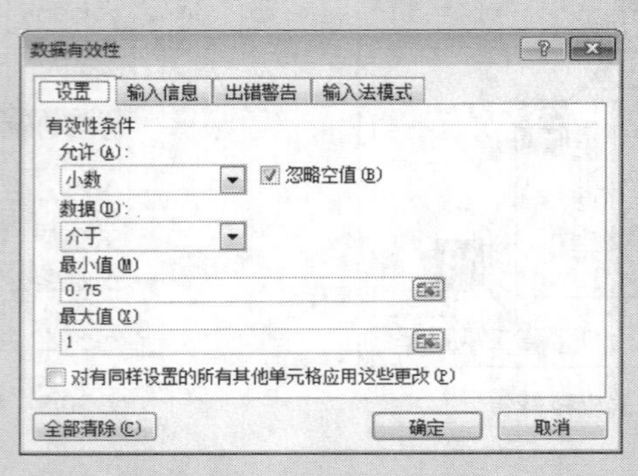


图 31-3 允许条件的设定

**Step 3** 单击【输入信息】选项卡，勾选【选定单元格时显示输入信息】复选框（默认已勾选），然后在【标题】文本框中输入“规则”，在【输入信息】文本框中输入具体需要显示的提示信息，例如“本单元格允许输入 0.75～1 之间的数值”，如图 31-4 所示。

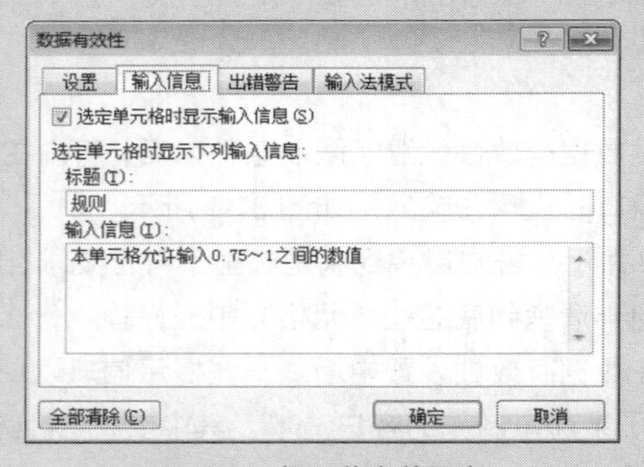


图 31-4 提示信息的设定

**Step 4** 单击【出错警告】选项卡，勾选【输入无效数据时显示出错警告】复选框（默认已勾选），然后在【标题】文本框中输入“输入错误”，在【错误信息】文本框中输入具体需要显示的提示信息，例如“本单元格只允许输入 0.75～1 之间的数值，请检查您的输入。”，如图 31-5 所示。

**Step 5** 单击【确定】按钮完成设置。

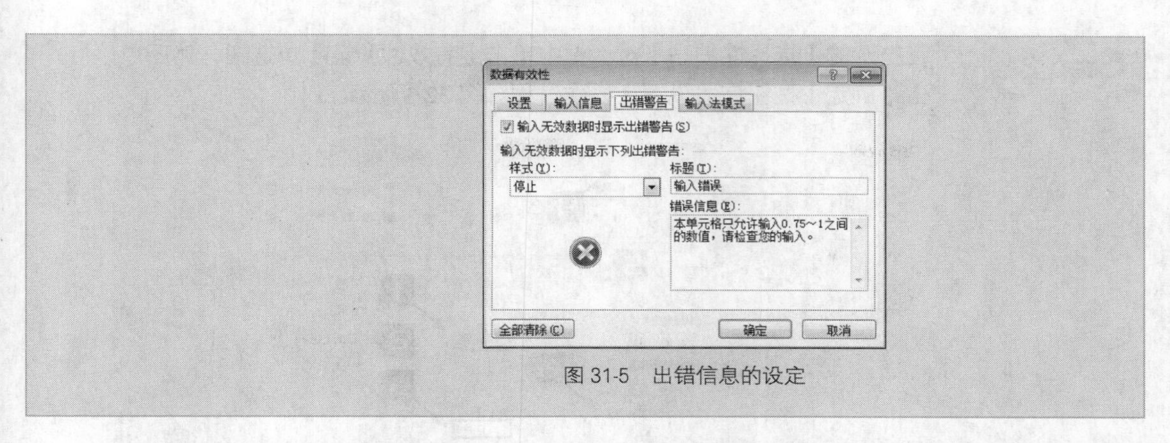


图 31-5　出错信息的设定

在完成上述设置以后，选定 B2:B10 单元格区域中的任意单元格时，都会自动显示一个文本框，在其中显示步骤 3 中所设定的提示信息，如图 31-6 所示。

当单元格中输入不符合限制规则的数据时，Excel 会自动弹出警告窗口，其中会显示步骤 4 中所设定的出错信息，如图 31-7 所示。

这样，用户就可以根据这些提示信息正确合理地完成输入。

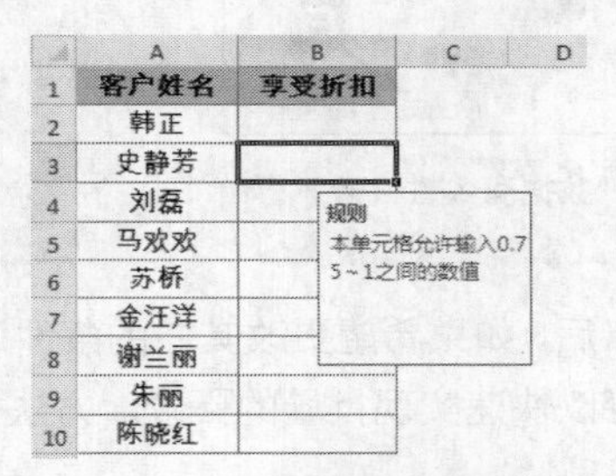


图 31-6　选定单元格显示提示信息

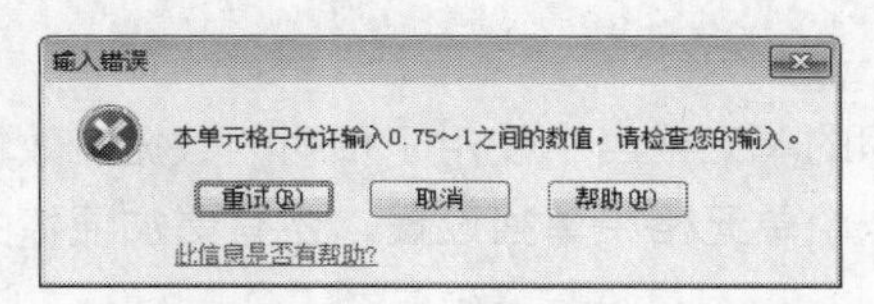


图 31-7　输入错误时的警告窗口

在图 31-5 所显示的对话框中还可以设定出错以后的其他几种处理方式，可以允许用户在数据不符合规则设定的情况下继续输入。

## 技巧 32　数据有效性的复制和更改

数据有效性的设置信息保存在每个单元格当中，可以随单元格一同复制和粘贴。如果希望在复制过程中仅仅传递数据有效性信息而不包含单元格中的数据和格式等内容，可以使用“选择性粘贴”功能来实现。具体方法如下。

**Step 1**　选定包含数据有效性设置的单元格，按<Ctrl+C>组合键进行复制。

**Step 2**　选定需要复制有效性设置信息的目标单元格，然后在【开始】选项卡中依次单击【粘贴】下拉按钮→【选择性粘贴】。

**Step 3** 在打开的【选择性粘贴】对话框中单击【有效性验证】单选钮，然后单击【确定】按钮完成设置，操作过程如图 32-1 所示。

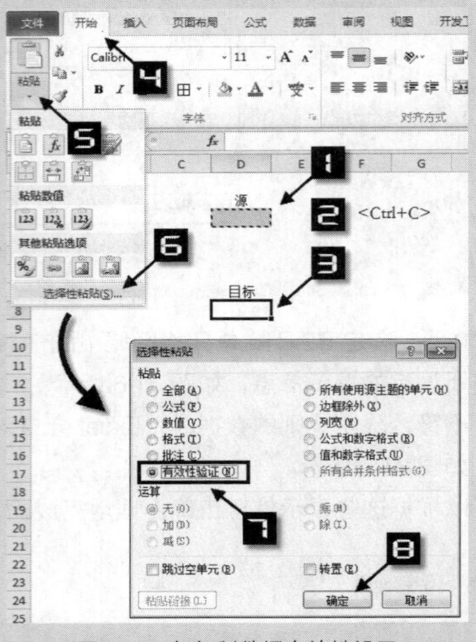

图 32-1　仅复制数据有效性设置

在不同的单元格当中使用了相同的数据有效性设置以后，如果希望更改其中的条件设置，并不需要去每一个单元格中单独设置，还有更加便捷的方式可以快速实现批量的更改。方法如下。

**Step 1** 选定需要修改有效性设置的单元格，在【数据】选项卡中单击【数据有效性】按钮，打开【数据有效性】对话框。

**Step 2** 勾选对话框底部的【对有同样设置的所有其他单元格应用这些更改】复选框，如图 32-2 所示。勾选此选项以后，就会在当前工作表中立即选中与当前选定单元格内的数据有效性具有相同设置的所有单元格，达到批量选定的目的。

**Step 3** 此时再进行有效性设置修改，即可应用到所有相同设置的单元格中。

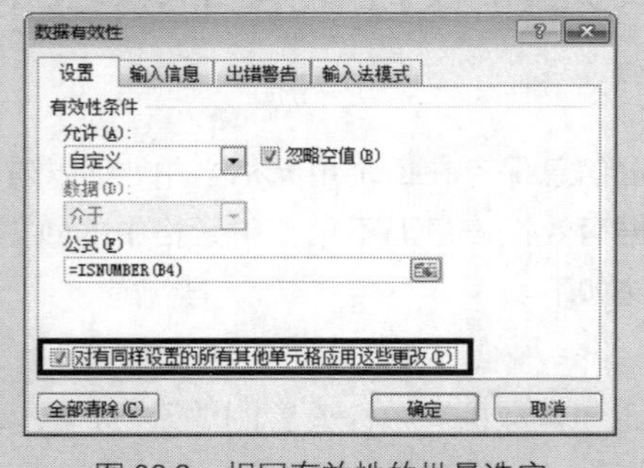

图 32-2　相同有效性的批量选定

# 第 4 章　数据处理与表格编辑

## 技巧 33　高效操作单元格区域

在 Excel 中定位或选取单元格区域，除了可以直接使用鼠标来完成外，还可以通过使用键盘辅助来提高操作效率。

### 33.1　快速定位首末单元格

无论当前活动单元格在哪里，只要按<Ctrl+Home>组合键就可以快速定位到 A1 单元格，如图 33-1 所示。

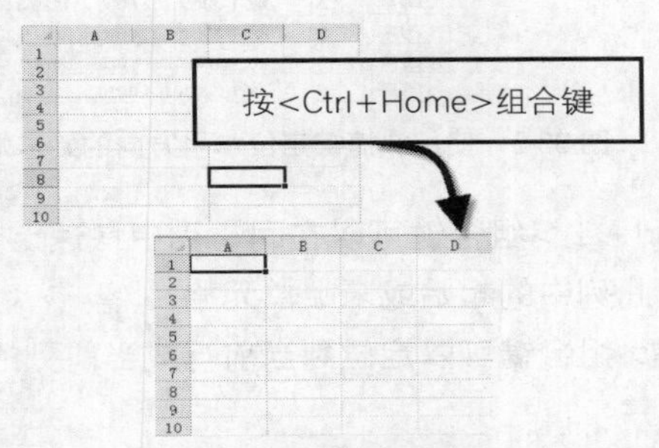


图 33-1　使用<Ctrl+Home>组合键快速定位到 A1 单元格

当工作表执行【冻结窗格】命令后，按**<Ctrl+Home>**组合键将定位到执行【冻结窗格】命令时所选定的单元格，即非冻结区域的第一个单元格。

按<Ctrl+End>组合键可以快速定位到已使用区域的右下角单元格，如图 33-2 所示。

按<Ctrl+End>组合键

| 仓库 | 类型 | 单据编号 | 单据日期 | 单位 | 数量 |
|---|---|---|---|---|---|
| 1号库 | A | XK-T-20080702-0009 | 1990-5-3 | 个 | 1 |
| 1号库 | S | XK-T-20080702-0013 | 1990-5-22 | 个 | 1 |
| 1号库 | D | XK-T-20080702-0020 | 1990-6-30 | 个 | 1 |
| 1号库 | A | XK-T-20080702-0009 | 1990-5-3 | 个 | 1 |
| 1号库 | S | XK-T-20080702-0013 | 1990-5-22 | 个 | 1 |
| 1号库 | D | XK-T-20080702-0020 | 1990-6-30 | 个 | 1 |
| 1号库 | A | XK-T-20080702-0009 | 1990-5-3 | 个 | 1 |
| 1号库 | S | XK-T-20080702-0013 | 1990-5-22 | 个 | 1 |
| 1号库 | D | XK-T-20080702-0020 | 1990-6-30 | 个 | 1 |
| 1号库 | A | XK-T-20080702-0009 | 1990-5-3 | 个 | 1 |
| 1号库 | S | XK-T-20080702-0013 | 1990-5-22 | 个 | 1 |
| 1号库 | D | XK-T-20080702-0020 | 1990-6-30 | 个 | 1 |

图 33-2　快速定位到已使用区域的右下角单元格

所谓的“已使用区域”是指在当前单元格所在位置最大的连续区域。

## 33.2 水平/垂直方向定位

按<Ctrl+←>或<Ctrl+→>组合键可以在同一行中快速定位到与空格相邻的非空单元格，如果没有非空单元格则直接定位到此行中的起始或末端单元格，如图 33-3 所示。

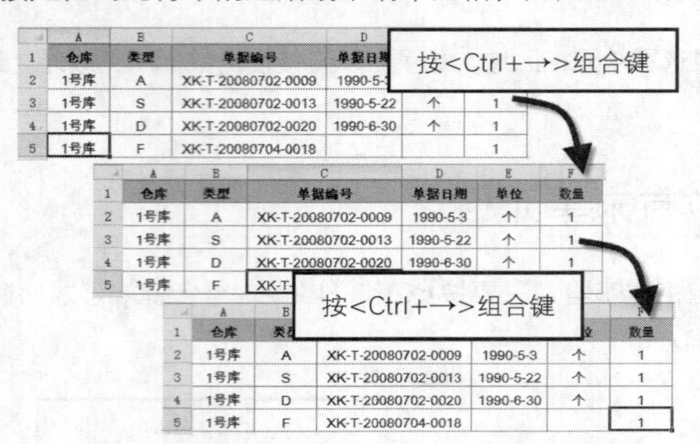


图 33-3 使用快捷键定位水平方向的始末端单元格

按<Ctrl+↑>或<Ctrl+↓>组合键可以在同一列中快速定位到与空格相邻的数据单元格，如果没有数据则直接定位到此列中的起始或末端单元格。

多次按<Ctrl+方向键>组合键可以定位到当前行或当前列的顶端单元格。

## 33.3 选中任意目标矩形区域

先选中矩形区域中任意一个顶角单元格（如 A7 单元格），然后按<Shift>键，单击其对角单元格（如 F10 单元格），就可以选中由这两个单元格所包围的矩形区域，如图 33-4 所示 A7:F10 单元格区域。

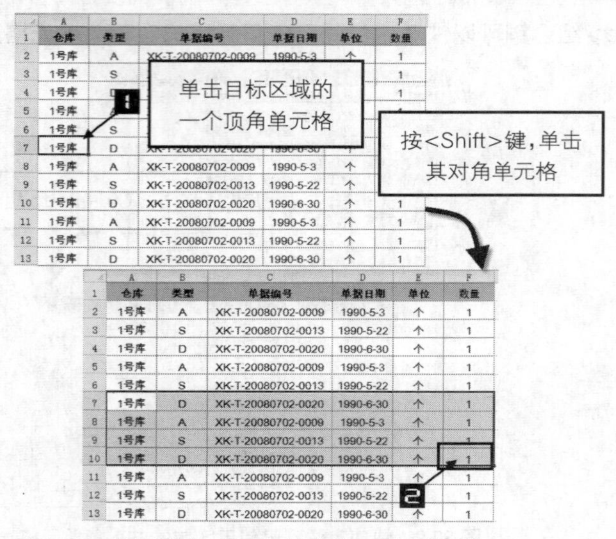


图 33-4 鼠标配合<Shift>键选择目标矩形区域

## 33.4　选中从活动单元格到 A1 单元格的区域

要选取从 A1 单元格开始到当前单元格所围成的矩形区域，可以按<Ctrl+Shift+Home>组合键，如图 33-5 所示。

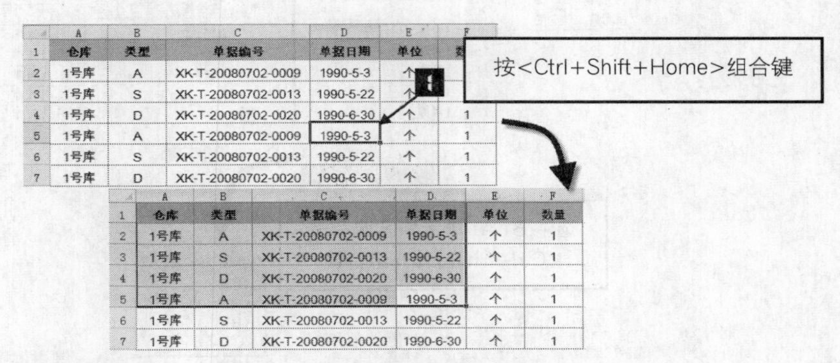


图 33-5　快捷方式选中当前单元格和 A1 单元格所确定的矩形区域

## 33.5　选中当前行或列的数据区域

按<Ctrl+Shift+方向键>组合键，可以选中从当前单元格到本行（或列）中最近一个与空格相邻的非空单元格所组成的单元格区域。如果同时选中多行或多列进行操作，最后生成的区域位置以第一行或第一列中的非空单元格位置为准，如图 33-6 和图 33-7 所示。

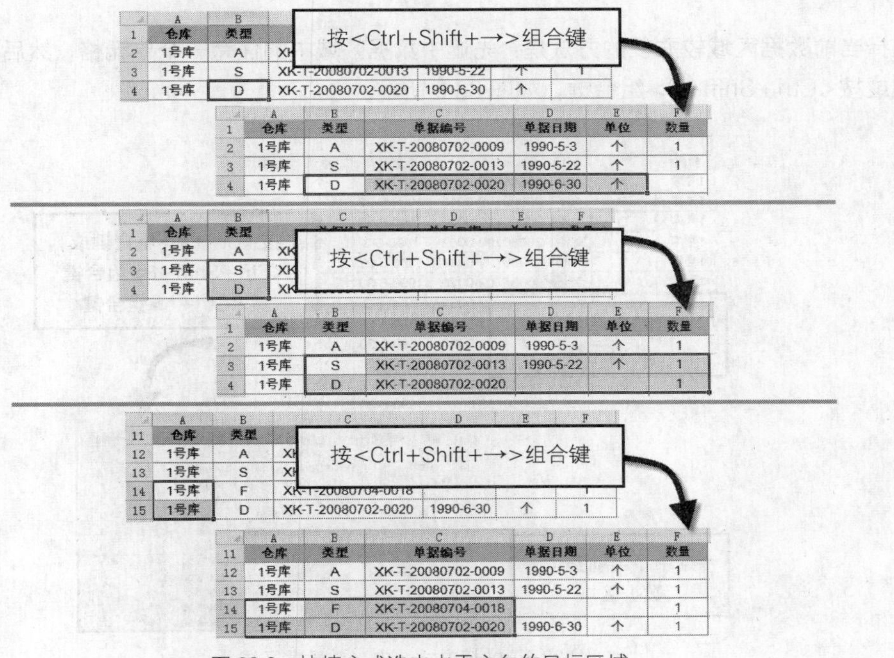


图 33-6　快捷方式选中水平方向的目标区域

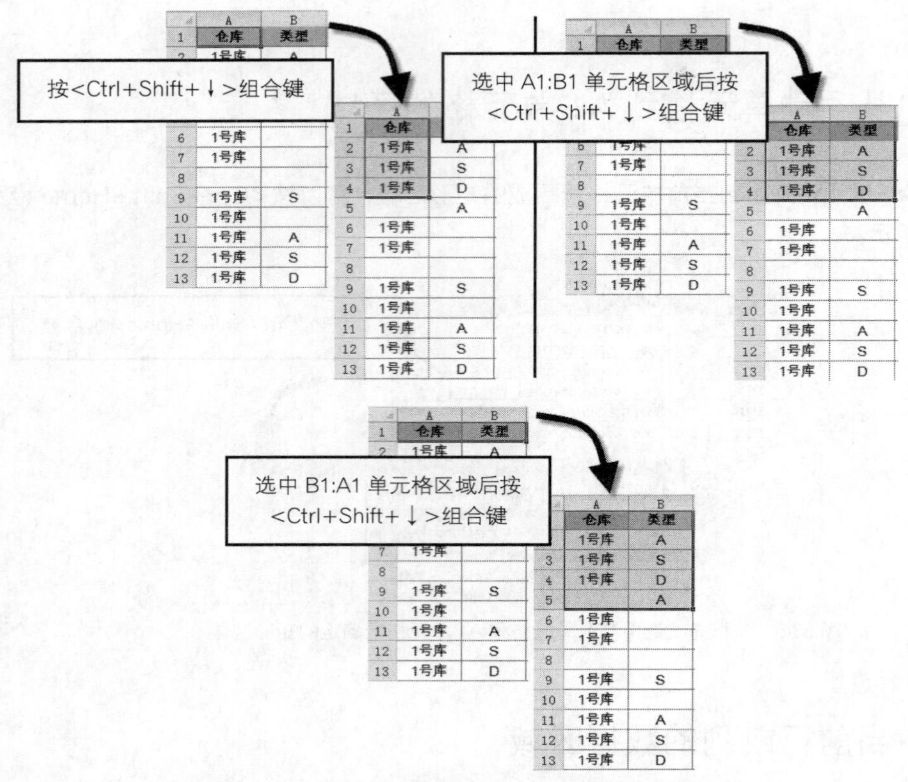


图 33-7 快捷方式选中垂直方向的目标区域

## 33.6 选择当前数据区域

选择当前数据区域较方便的方法是：先选中数据区域中的任意一个单元格，然后按<Ctrl+A>组合键或按<Ctrl+Shift+8>组合键，如图 33-8 所示。

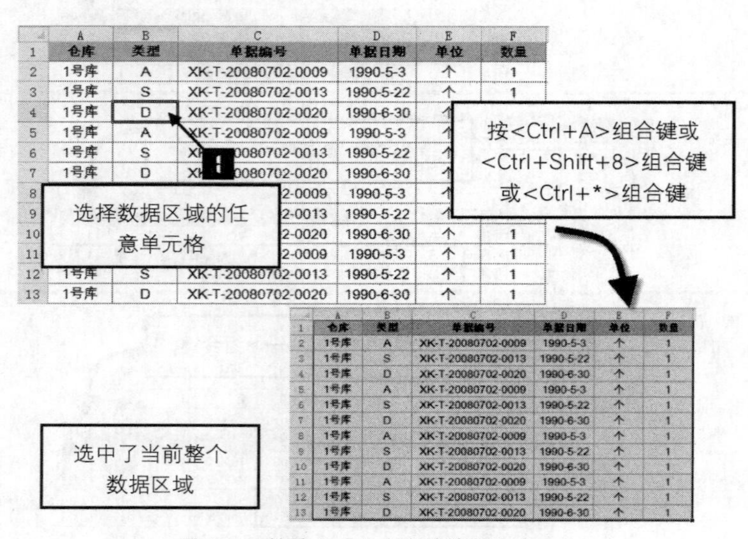


图 33-8 快捷方式选中当前数据区域

如果先选中数据区域之外的空白单元格，则按<Ctrl+A>组合键会选中整个工作表。

用户如果使用的是台式机键盘，按<Ctrl+Shift+8>组合键和按<Ctrl+*>组合键（*是指小键盘中的*号）是等效的。

## 33.7　选定非连续区域

### 1．使用<Ctrl>键

先选中一个数据区域，然后按<Ctrl>键，用鼠标再选取另一个数据区域，并根据需要重复多次，就可以同时选取多个非连续的数据区域，如图 33-9 所示。

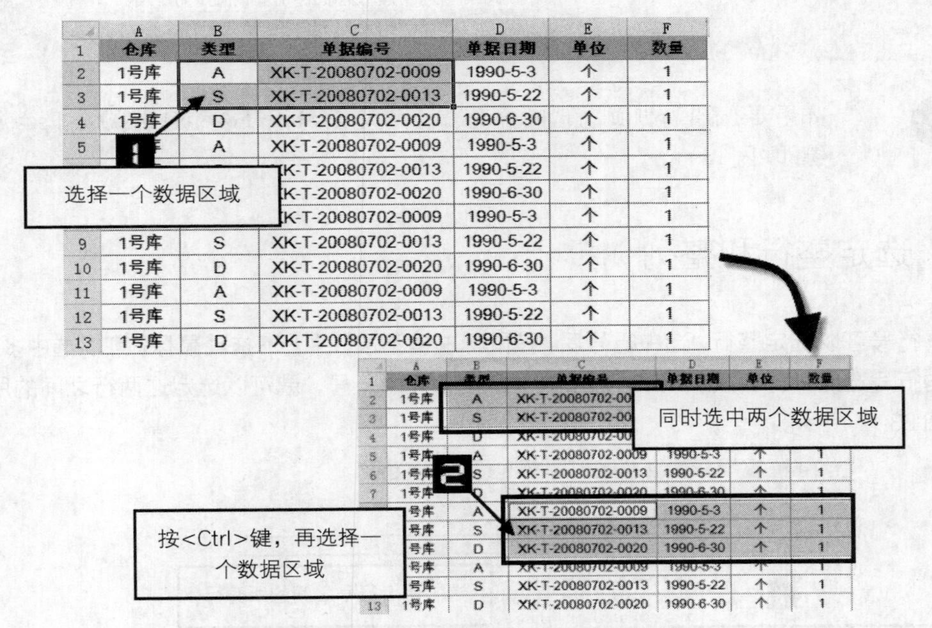


图 33-9　<Ctrl>键配合鼠标选取非连续单元格区域

### 2．使用<Shift+F8>组合键

Step 1　按<Shift+F8>组合键开启【添加到所选内容】模式。

Step 2　使用鼠标或键盘选取单元格或单元格区域，直至选中所有目标单元格或单元格区域，如图 33-10 所示。

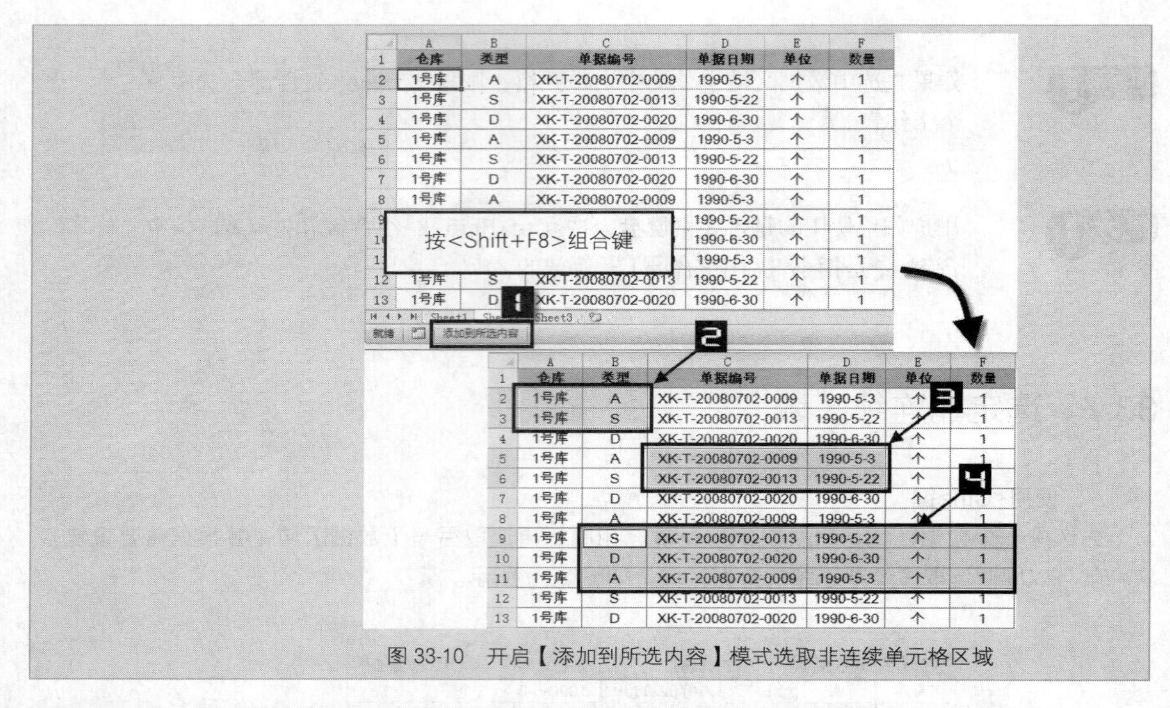


图 33-10 开启【添加到所选内容】模式选取非连续单元格区域

如果要退出【添加到所选内容】模式，再次按<Shift+F8>组合键或按<Esc>键即可。

## 33.8 选定整行和整列

单击行号可以选定整行，选中行号后，按鼠标左键不放，并上下拖动鼠标，可以选中多行区域。

单击行号选定一行，按<Shift>键，再次单击相应的行号，就可以选定这两行之间的所有行区域，如图 33-11 所示。

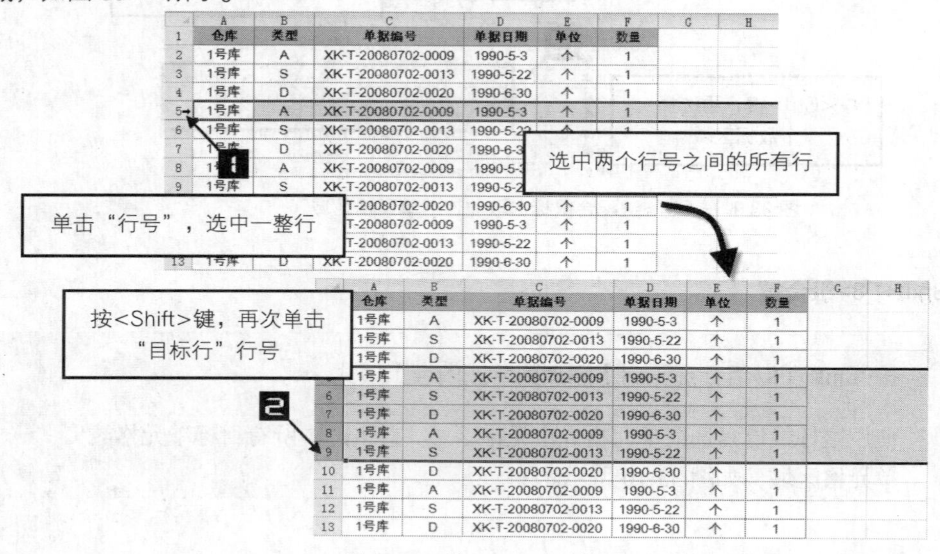


图 33-11 使用<Shift>键选中连续的多行

单击行号的同时，按<Ctrl>键，可以选中非连续的行。同理，要选取非连续的行也可以按<Shift+F8>组合键开启【添加到所选内容】模式，然后直接选择需要选中的行即可。

对列的选定操作也可以参照这种方法。

## 33.9 选取多个工作表的相同区域

如果需要选定多张工作表中的相同区域，操作方法如下。

Step 1 按<Ctrl>键，单击多个需要选定的工作表的标签，选中多个工作表，此时所有被选定的工作表的标签高亮显示，Excel 标题栏也会显示“[工作组]”字样，如图 33-12 所示。

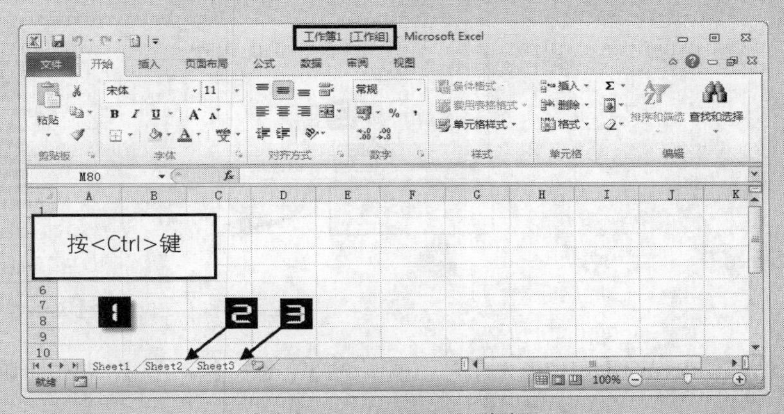


图 33-12　选定多张工作表

Step 2 在当前工作表中选择单元格或单元格区域，然后对选定的单元格或单元格区域进行某种操作。此操作将同时作用于工作组中的所有工作表的相同单元格或单元格区域，如图 33-13 所示。

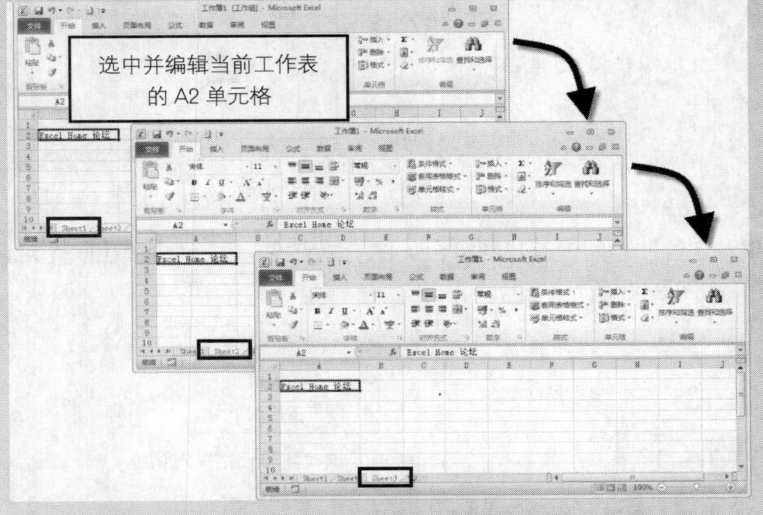


图 33-13　对多个工作表的相同单元格同时进行编辑

## 技巧34 轻松选择“特殊”区域

除了按上述操作方法选取数据区域外，用户还可以通过“定位”的方法选定一个或多个符合特定条件的单元格。如果希望在工作表中选定所有含有“公式”的单元格，操作步骤如下。

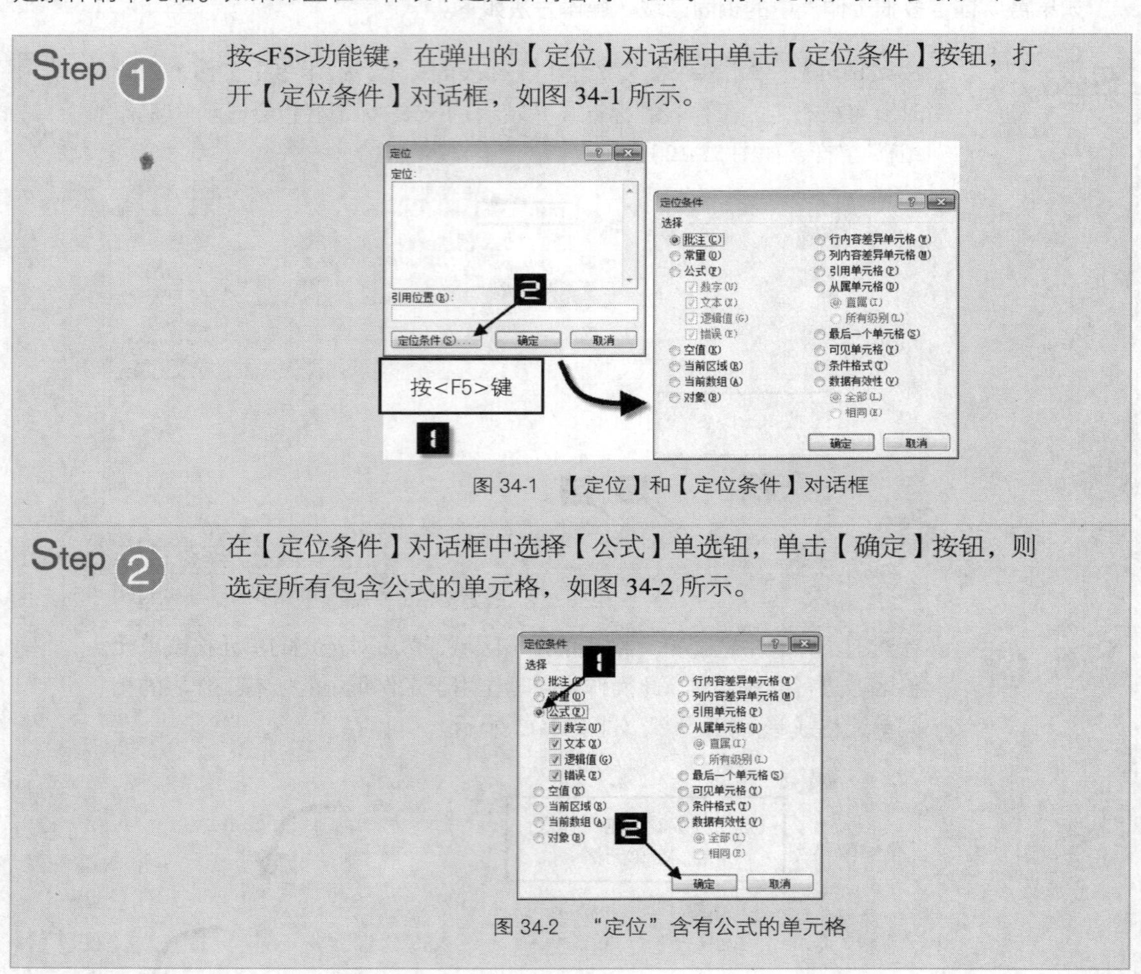

**Step 1** 按<F5>功能键，在弹出的【定位】对话框中单击【定位条件】按钮，打开【定位条件】对话框，如图 34-1 所示。



图 34-1 【定位】和【定位条件】对话框

**Step 2** 在【定位条件】对话框中选择【公式】单选钮，单击【确定】按钮，则选定所有包含公式的单元格，如图 34-2 所示。

图 34-2 “定位”含有公式的单元格

如果“定位”功能没有找到符合条件的单元格，Excel 会弹出一个对话框来提示用户“未找到单元格”，如图 34-3 所示。

图 34-3 “未找到单元格”对话框

【定位条件】各选项的含义如表 34 所示。

表 34　【定位条件】各选项的含义

| 选　项 | 含　义 |
|---|---|
| 批注 | 所有包含批注的单元格 |
| 常量 | 所有不含公式的非空单元格。可在【公式】下方的复选框中进一步筛选常量的数据类型，包括数字、文本、逻辑值和错误值 |
| 公式 | 所有包含公式的单元格。可在【公式】下方的复选框中进一步筛选常量的数据类型，包括数字、文本、逻辑值和错误值 |
| 空值 | 所有空单元格 |
| 当前区域 | 当前单元格周围矩形区域内的单元格。这个区域的范围由周围非空的行列所决定。此选项与快捷键<Ctrl+Shift+8>的功能相同 |
| 当前数组 | 选中数组中的一个单元格，使用此定位条件可以选中这个数组的所有单元格。关于数组的详细介绍，可参阅技巧 159 |
| 对象 | 当前工作表中的所有对象，包括图片、图表、自选图形、插入文件等 |
| 行内容差异单元格 | 选定区域中，每一行的数据均以活动单元格所在行作为此行的参照数据，横向比较数据，选定与参照数据不同的单元格 |
| 列内容差异单元格 | 选定区域中，每一列的数据均以活动单元格所在列作为此列的参照数据，纵向比较数据，选定与参照数据不同的单元格 |
| 引用单元格 | 当前单元格中公式引用到的所有单元格，可在【从属单元格】下方的复选框中进一步筛选引用的级别，包括【直属】和【所有级别】 |
| 从属单元格 | 与引用单元格相对应，选定在公式中引用了当前单元格的所有单元格。可在【从属单元格】下方的复选框中进一步筛选从属的级别，包括【直属】和【所有级别】 |
| 最后一个的单元格 | 选择工作表中含有数据或格式的区域范围中最右下角的单元格 |
| 可见单元格 | 当前工作表选定区域中所有的单元格 |
| 条件格式 | 工作表中所有运用了条件格式的单元格。在【数据有效性】下方的选项组中可选择定位的范围，包括【相同】（与当前单元格使用相同的条件格式规则）或【全部】。关于条件格式的详细介绍，可参阅第 9 章 |
| 数据有效性 | 工作表中所有运用了数据有效性的单元格。在【数据有效性】下方的选项组中可以选择定位的范围，包括【相同】（与当前单元格使用相同的数据有效性规则）或【全部】。关于数据有效性的详细介绍，可参阅技巧 22 |

除了“定位”功能以外，“查找”功能也可以为用户查找并选取符合特定条件的单元格。关于“查找”功能的更详细使用介绍，可参阅技巧 46。

## 技巧 35　快速插入多个单元格

在表格中插入一个或多个单元格的常用方法是：先选定目标单元格或单元格区域（如 B2:B4），然后单击鼠标右键，在弹出的快捷菜单中单击【插入】命令，在打开的【插入】对话框中选择【活动单元格向右移】或【活动单元格向下移】单选钮，最后单击【确定】按钮，如图 35-1 所示。

用户可以按<Ctrl+Shift+=>组合键（台式机键盘可以使用按<Ctrl+小键盘上的+号>组合键）快速调出【插入】对话框。

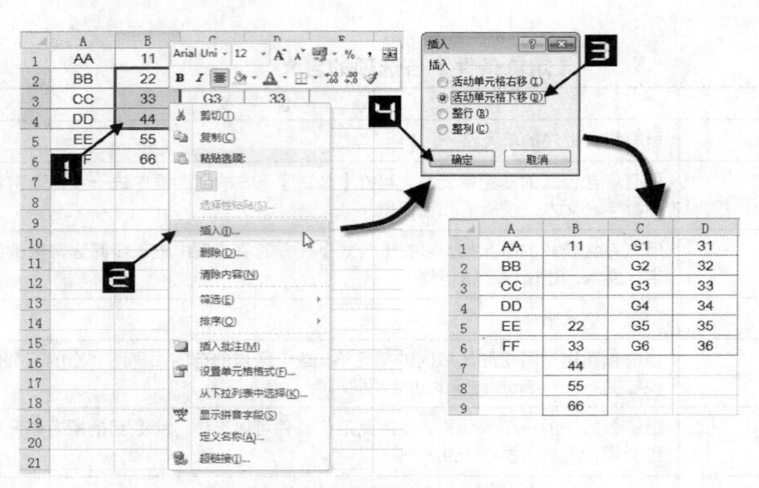

图 35-1　通过右键菜单插入单元格

此外，更快捷的方法是：先选定目标单元格或单元格区域（如 B2:C4），把光标移动到所选区域的右下角 C4 单元格，按<Shift>键，此时光标变为双箭头图标，再往右或往下拖动鼠标，如图 35-2 所示。

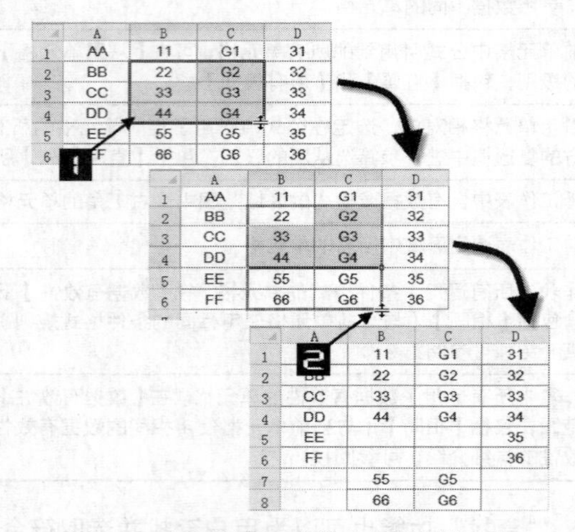

图 35-2　通过鼠标下拉的方式插入单元格

# 技巧 36　快速改变行列的次序

需要改变行列数据内容的放置位置或顺序，可以使用“移动”行或列的操作来实现，有如下两种等效的方法。

## 36.1　移动行列

选定需要移动的行，按<Ctrl+X>组合键剪切，再选定需要移动到的目标位置行的下一行（选定整行或是此行的第一个单元格），如第 8 行，单击鼠标右键，在弹出的快捷菜单上选择【插入剪切的单元格】命令，如图 36-1 所示。

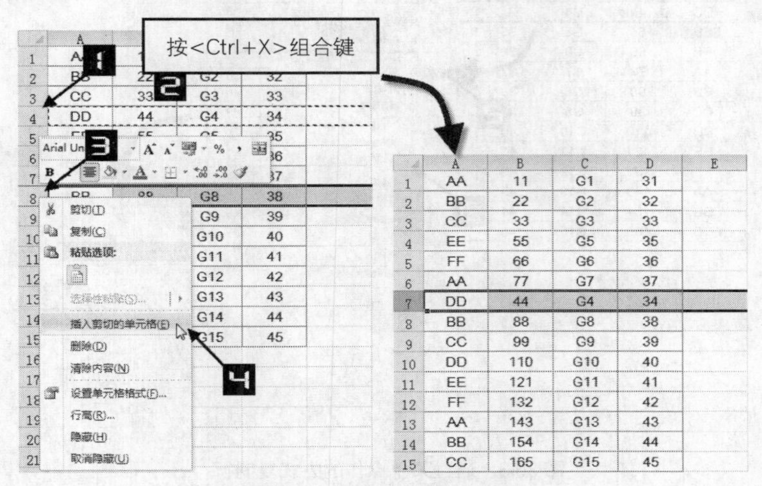


图 36-1　通过菜单操作移动行

移动列的操作方法与此相似。

相比通过菜单来移动行列的操作方法，直接使用鼠标拖动的方法则更加快捷，如图 36-2 所示。

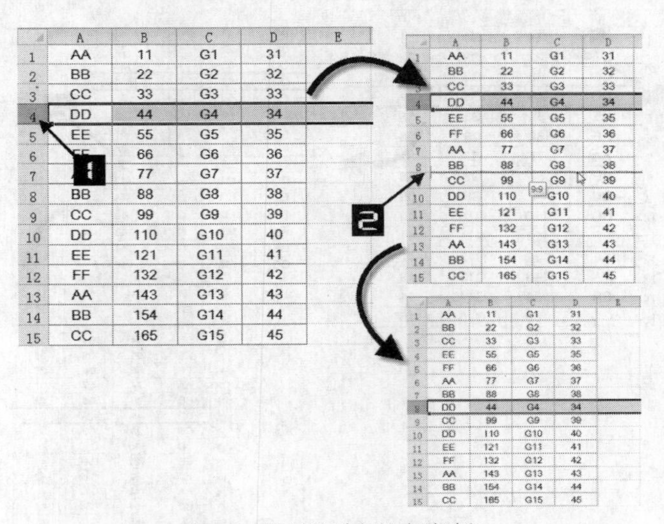

图 36-2　通过拖动鼠标来移动行

鼠标拖动实现移动列的操作与此类似。但是，无法对选定的非连续多行或多列同时执行拖动操作。

## 36.2　复制行列的菜单操作方式

复制行列与移动行列的操作方式十分相似，从结果上来说，两者的区别在于前者保留了原有对象行列，而后者则清除了原有对象，操作方法如图 36-3 所示。

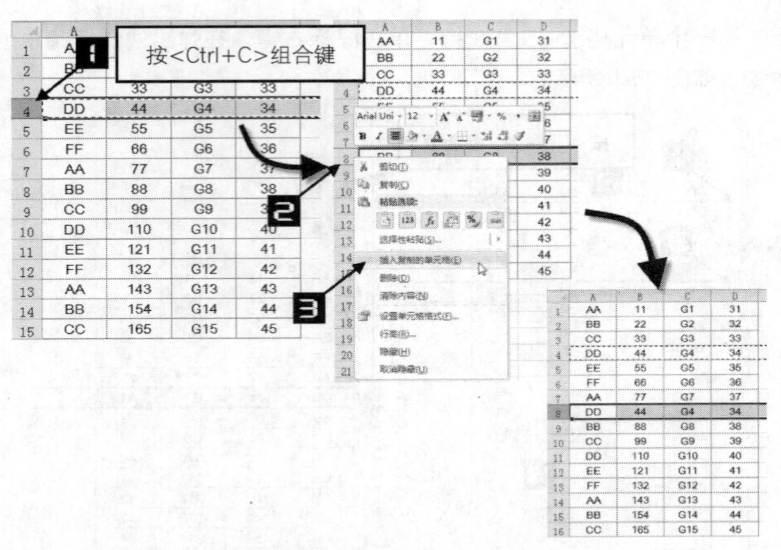


图 36-3　通过菜单操作的方式复制行

复制列的操作方法与此类似，并且可以对连续或非连续多行的多列同时操作。

使用拖动鼠标方式复制行的操作方法，与移动行有些相似，如图 36-4 所示。

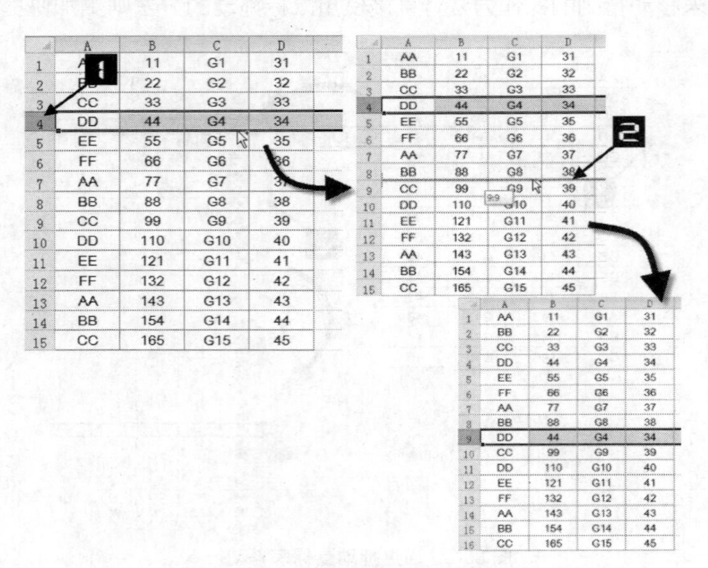

图 36-4　　鼠标拖动实现复制替换行

通过鼠标拖动来实现复制列的操作方法与此类似。可以同时对连续多行多列进行复制操作，无法对选定的非连续多行或多列执行拖动操作。

如果在拖动鼠标的同时没有按<Ctrl>键，则在目标位置松开鼠标左键，替换目标行列之前，Excel 会弹出对话框询问“是否替换目标单元格内容”，单击【确定】按钮确认后，会出现另一种移动行列的效果：替换对象目标的同时在原有位置留空显示。

# 技巧 37　单元格文本数据分列

如果要将一个或一列单元格中的数据拆分为多列，可以通过“分列”功能实现。

图 37-1 所示的数据列表中，A 列数据中包含很多“逗号”间隔符，现在要将 A 列数据以“逗号”作为分隔位置拆分为多列，操作方法如下：

| | A |
|---|---|
| 1 | 姓名,身份证件及护照号码,所得税项目,境内支付项目,境外支付项目,合计,免税项目合计,允许扣除费用 |
| 2 | 艾思迪,320111111111101,7010111,"4,000.00",0,"4,000.00",0,0 |
| 3 | 李勤,320111111111102,7010111,"3,000.00",0,"3,000.00",0,0 |
| 4 | 白可燕,320111111111103,7010111,"3,000.00",0,"3,000.00",0,0 |
| 5 | 张祥志,320111111111104,7010111,"3,000.00",0,"3,000.00",0,0 |
| 6 | 朱丽叶,320111111111105,7010111,"2,000.00",0,"2,000.00",0,0 |
| 7 | 岳恩,320111111111106,7010111,"3,000.00",0,"3,000.00",0,0 |
| 8 | 郝尔冬,320111111111107,7010111,"3,000.00",0,"3,000.00",0,0 |
| 9 | 师丽莉,320111111111108,7010111,"2,000.00",0,"2,000.00",0,0 |
| 10 | 郝河,320111111111109,7010111,"2,000.00",0,"2,000.00",0,0 |
| 11 | 艾利,330111111111110,7010111,"3,000.00",0,"3,000.00",0,0 |
| 12 | 赵睿,320111111111111,7010111,"3,000.00",0,"3,000.00",0,0 |
| 13 | 孙丽星,320111111111112,7010111,"2,000.00",0,"2,000.00",0,0 |
| 14 | 岳凯,320111111111113,7010111,"1,000.00",0,"1,000.00",0,0 |
| 15 | 师胜昆,210211111111114,7010111,"2,000.00",0,"2,000.00",0,0 |
| 16 | 王海霞,320111111111115,7010111,"2,000.00",0,"2,000.00",0,0 |
| 17 | 王焕军,320111111111116,7010111,"1,000.00",0,"1,000.00",0,0 |

图 37-1　包含“逗号”的数据列

**Step 1**　调出【分列】对话框并以“逗号”作为分隔符，执行“分列”操作，详细操作过程请参阅技巧 1。

**Step 2**　在【文本分列向导 - 第 3 步，共 3 步】对话框，【数据预览】区域中单击第 2 列数据，并单击【文本】单选钮，【目标区域】中指定分列后数据放置的起始单元格为“=$A$1”，最后单击【完成】按钮完成分列，如图 37-2 所示。

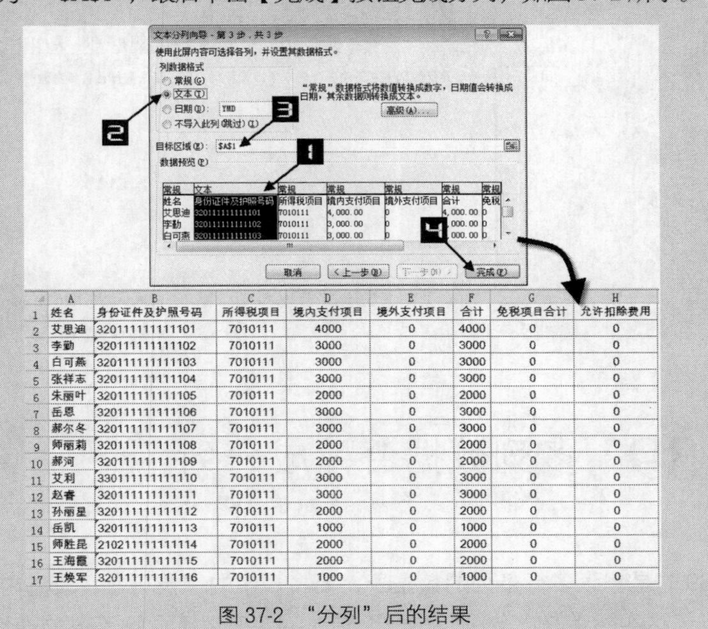


| | A | B | C | D | E | F | G | H |
|---|---|---|---|---|---|---|---|---|
| 1 | 姓名 | 身份证件及护照号码 | 所得税项目 | 境内支付项目 | 境外支付项目 | 合计 | 免税项目合计 | 允许扣除费用 |
| 2 | 艾思迪 | 320111111111101 | 7010111 | 4000 | 0 | 4000 | 0 | 0 |
| 3 | 李勤 | 320111111111102 | 7010111 | 3000 | 0 | 3000 | 0 | 0 |
| 4 | 白可燕 | 320111111111103 | 7010111 | 3000 | 0 | 3000 | 0 | 0 |
| 5 | 张祥志 | 320111111111104 | 7010111 | 3000 | 0 | 3000 | 0 | 0 |
| 6 | 朱丽叶 | 320111111111105 | 7010111 | 2000 | 0 | 2000 | 0 | 0 |
| 7 | 岳恩 | 320111111111106 | 7010111 | 3000 | 0 | 3000 | 0 | 0 |
| 8 | 郝尔冬 | 320111111111107 | 7010111 | 3000 | 0 | 3000 | 0 | 0 |
| 9 | 师丽莉 | 320111111111108 | 7010111 | 2000 | 0 | 2000 | 0 | 0 |
| 10 | 郝河 | 320111111111109 | 7010111 | 2000 | 0 | 2000 | 0 | 0 |
| 11 | 艾利 | 330111111111110 | 7010111 | 3000 | 0 | 3000 | 0 | 0 |
| 12 | 赵睿 | 320111111111111 | 7010111 | 3000 | 0 | 3000 | 0 | 0 |
| 13 | 孙丽星 | 320111111111112 | 7010111 | 2000 | 0 | 2000 | 0 | 0 |
| 14 | 岳凯 | 320111111111113 | 7010111 | 1000 | 0 | 1000 | 0 | 0 |
| 15 | 师胜昆 | 210211111111114 | 7010111 | 2000 | 0 | 2000 | 0 | 0 |
| 16 | 王海霞 | 320111111111115 | 7010111 | 2000 | 0 | 2000 | 0 | 0 |
| 17 | 王焕军 | 320111111111116 | 7010111 | 1000 | 0 | 1000 | 0 | 0 |

图 37-2　“分列”后的结果

**提示！** 如果分列的数据中有包含 15 位以上的数字组合，需要注意在图 37-2 所示的对话框中将该列的数据格式设置为【文本】，否则在执行“分列”后，Excel 将自动将其转化成数值，超过 15 位的数字将被 0 替代，并且这种结果是不可逆的。

## 技巧 38 单元格文本数据分行

在图 38-1 中，A1 单元格中是由多个成语连接而成的字符串，各个字符之间没有间隔，现在需要将这一字符串中的各个成语分成多行并排显示，操作方法如下。

| | A |
|---|---|
| 1 | 出人头地功过是非身临其境言不由衷阿谀奉承出人意料功亏一篑身强体壮言传身教 |

图 38-1 单元格文本数据行

**Step 1** 将 A 列的列宽调整为显示 4 个汉字的宽度。

**Step 2** 选中 A 列标签，在【开始】选项卡中依次单击【填充】→【两端对齐】，如图 38-2 所示。

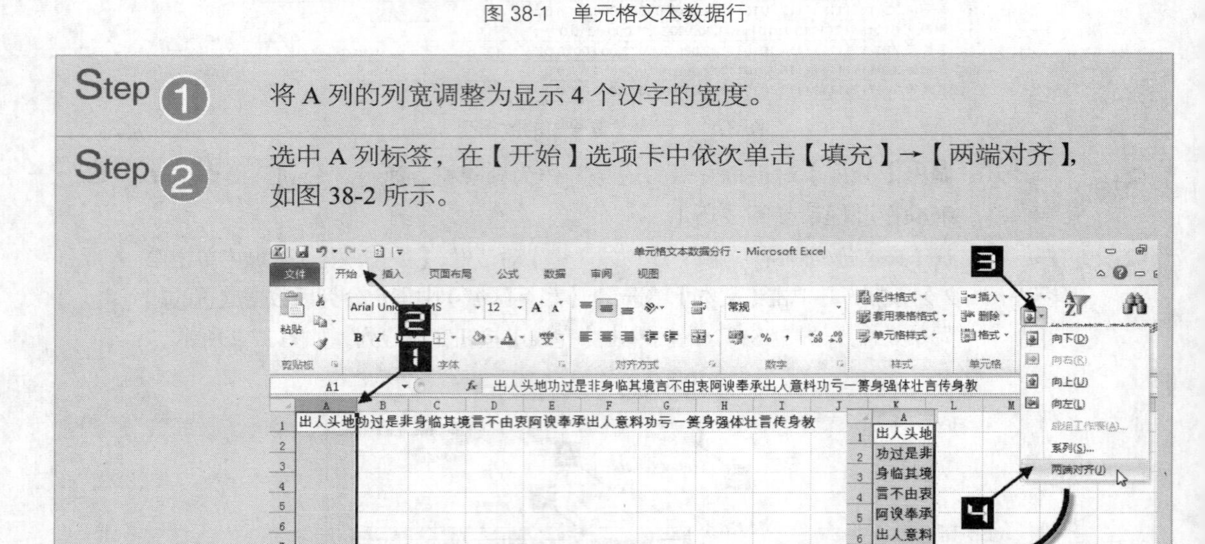


图 38-2 单元格文本数据分行结果

## 技巧 39 多列数据合并成一列

图 39-1 是一张多行多列的数据表，要将表中的“技巧”字段的内容与“内容”字段的内容合并成一列，这实际上是“分列”的一个逆过程，有以下两种等效的操作方法。

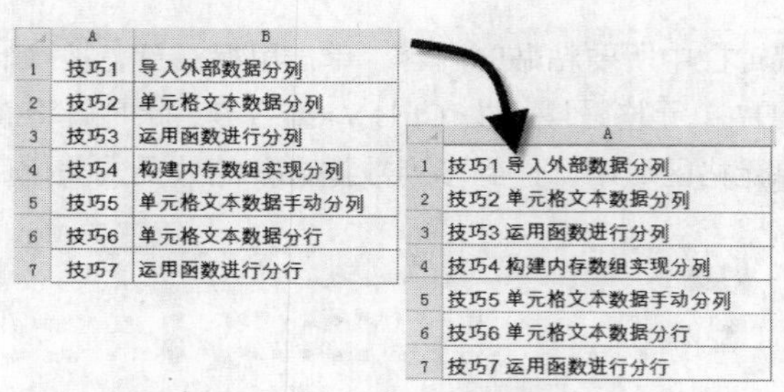


图 39-1　多行多列数据表

## 39.1　菜单操作法

**Step 1**　选中 A1:B7 单元格区域，按<Ctrl+C>组合键，单击【开始】选项卡上【剪贴板】组的【对话框启动器】按钮，打开【剪贴板】任务窗格，如图 39-2 所示。

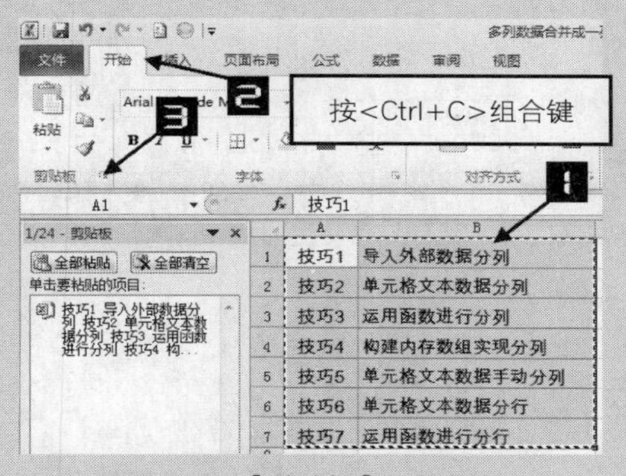


图 39-2　【剪贴板】任务窗格

**Step 2**　单击 D1 单元格，将光标定位到编辑栏中，然后单击【剪贴板】任务窗格中的下拉按钮，单击【粘贴】命令，所选择的内容就会粘贴到当前单元格的编辑栏中。如图 39-3 所示。

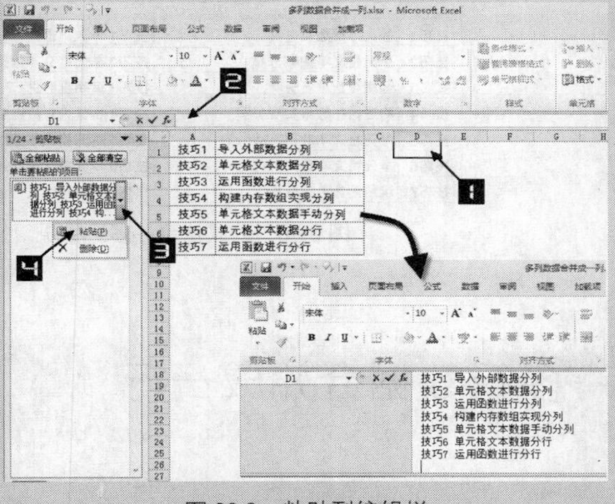

图 39-3　粘贴到编辑栏

**Step 3** 选中编辑栏中所要粘贴的内容，单击鼠标右键，按<Ctrl+C>组合键，选中 D1:D7 单元格区域，按<Ctrl+V>组合键，此时就将编辑栏中的内容复制到单元格区域中，达到多列数据合并的效果，美化后如图 39-4 所示。

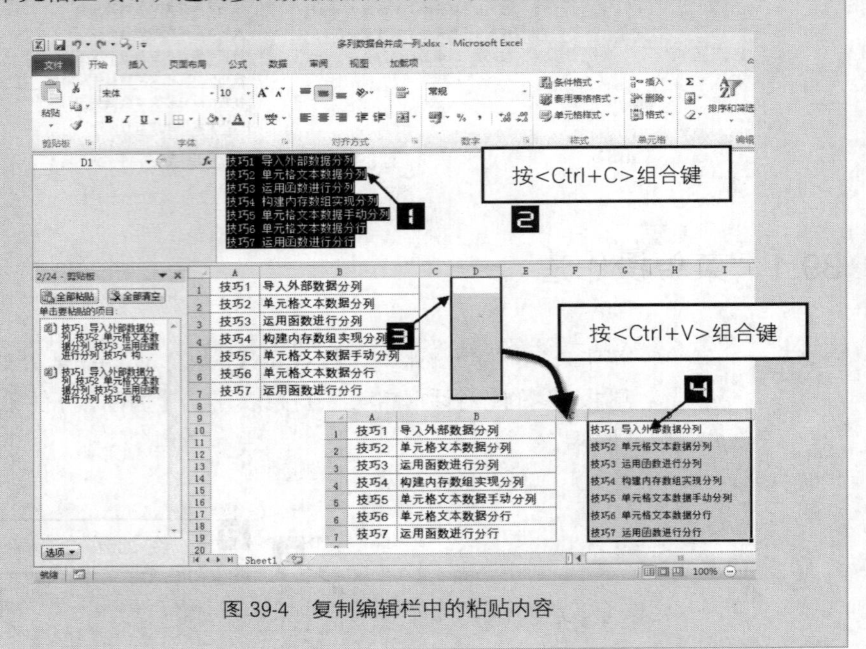


图 39-4　复制编辑栏中的粘贴内容

## 39.2　公式法

在 D1 单元格中输入公式：

```
=A1&" "&B1
```

并复制公式至 D7 单元格，如图 39-5 所示。

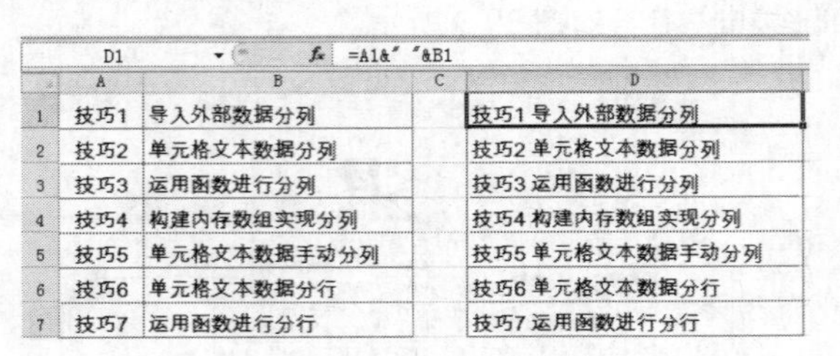

| | A | B | C | D |
|---|---|---|---|---|
| 1 | 技巧1 | 导入外部数据分列 | | 技巧1 导入外部数据分列 |
| 2 | 技巧2 | 单元格文本数据分列 | | 技巧2 单元格文本数据分列 |
| 3 | 技巧3 | 运用函数进行分列 | | 技巧3 运用函数进行分列 |
| 4 | 技巧4 | 构建内存数组实现分列 | | 技巧4 构建内存数组实现分列 |
| 5 | 技巧5 | 单元格文本数据手动分列 | | 技巧5 单元格文本数据手动分列 |
| 6 | 技巧6 | 单元格文本数据分行 | | 技巧6 单元格文本数据分行 |
| 7 | 技巧7 | 运用函数进行分行 | | 技巧7 运用函数进行分行 |

图 39-5　公式法合并多列数据

# 技巧 40　多行数据合并成一行

在技巧 38 中介绍了将一行数据分成多行，现在介绍这一过程的逆操作，即将多行数据合并成一行。原始数据如图 40-1 所示，操作方法如下。

| | A |
|---|---|
| 1 | 出人头地 |
| 2 | 功过是非 |
| 3 | 身临其境 |
| 4 | 言不由衷 |
| 5 | 阿谀奉承 |
| 6 | 出人意料 |
| 7 | 功亏一篑 |
| 8 | 身强体壮 |
| 9 | 言传身教 |

图 40-1　合并前的数据表

**Step 1**　将 A 列的列宽调整到足够容纳显示 A 列待合并后的所有字符的宽度。

**Step 2**　选中 A1:A9 单元格区域，在【开始】选项卡中依次单击【填充】→【两端对齐】即可得到结果，如图 40-2 所示。

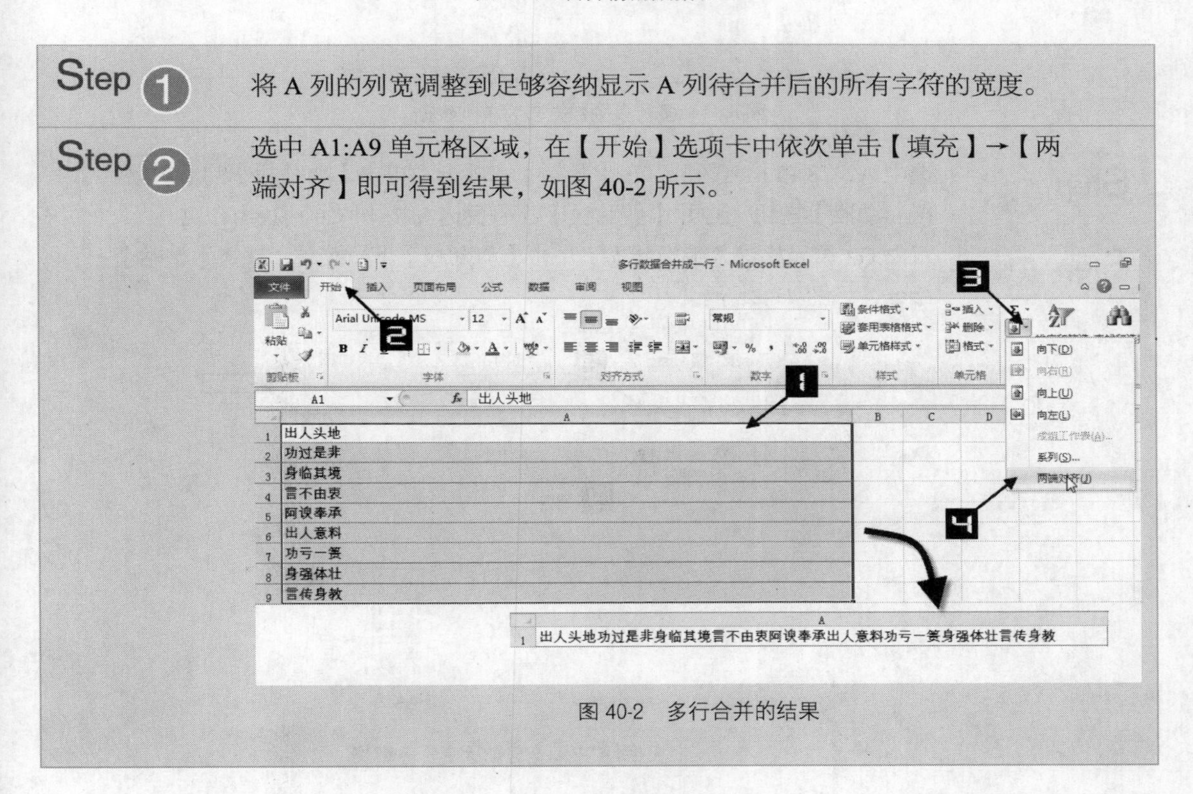


图 40-2　多行合并的结果

## 技巧 41　多行多列数据转为单列数据

### 41.1　先行后列

要将图 41-1 中“原始数据区”的数据按照先行后列的顺序转换为单列数据，结果如“目标数据区”所示，操作方法如下。

| | A | B | C | D | E |
|---|---|---|---|---|---|
| 1 | 原始数据区 | | | | 目标数据区 |
| 2 | 111 | 2 | 3 | | 111 |
| 3 | 6 | 7 | 8 | | 2 |
| 4 | 11 | 12 | 13 | | 3 |
| 5 | 16 | 17 | 18 | | 6 |
| 6 | 21 | 22222 | 23 | | 7 |
| 7 | 26 | 27 | 28 | | 8 |
| 8 | 31 | 32 | 3333 | | 11 |
| 9 | | | | | 12 |
| 10 | | | | | 13 |
| 11 | | | | | 16 |
| 12 | | | | | 17 |
| 13 | | | | | 18 |
| 14 | | | | | 21 |
| 15 | | | | | 22222 |
| 16 | | | | | 23 |
| 17 | | | | | 26 |
| 18 | | | | | 27 |
| 19 | | | | | 28 |
| 20 | | | | | 31 |
| 21 | | | | | 32 |
| 22 | | | | | 3333 |

图 41-1　多行多列数据转为单列数据

**Step 1**　选中 A2:C8 单元格区域，在【开始】选项卡中单击【剪贴板】的【对话框启动器】按钮，打开【剪贴板】任务窗格并按下<Ctrl+C>组合键。

**Step 2**　双击 G2 单元格进入编辑状态，单击【剪贴板】下拉菜单，选择【粘贴】命令，如图 41-2 所示。

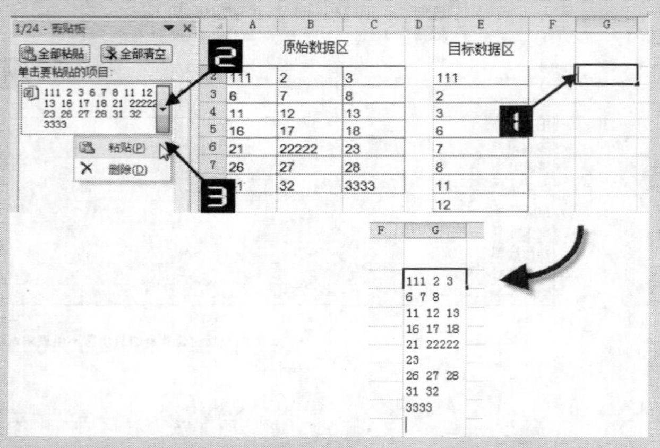


图 41-2　【剪贴板】任务窗格

**Step 3**　复制编辑栏中的内容，粘贴到 G2:G10 单元格区域，如图 41-3 所示。

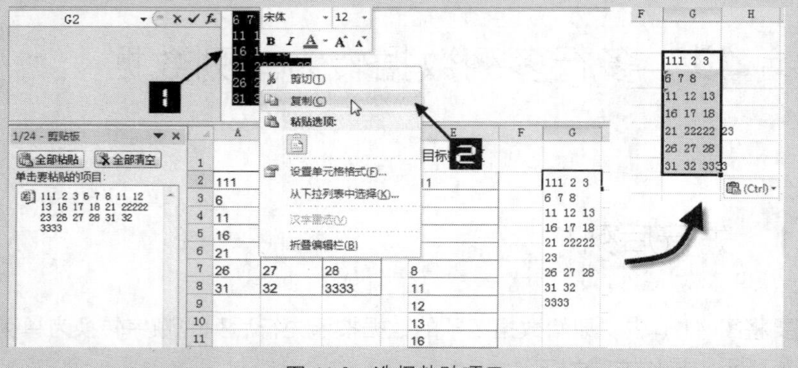


图 41-3　选择粘贴项目

缩小 G 列列宽到 1 个数字字符的宽度，在【开始】选项卡中依次单击【填充】→【两端对齐】，结果如图 41-4 所示。

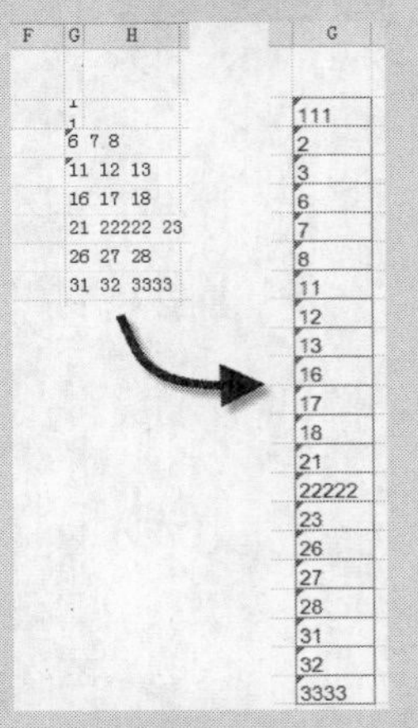


图 41-4　“粘贴板”粘贴项目复制后的结果

完成以上步骤后，结果区域中的数据格式变为文本格式，如果需要将其恢复为原始数据的数值格式状态，请参阅技巧 44。

## 41.2　先列后行

如果要将多行多列数据按照先列后行的顺序转换为单列，达到如图 41-5 所示的“目标数据区”所示的效果，操作方法如下。

| | A | B | C | D | E |
|---|---|---|---|---|---|
| 1 | | 原始数据区 | | | 目标数据区 |
| 2 | 111 | 2 | 3 | | 111 |
| 3 | 6 | 7 | 8 | | 6 |
| 4 | 11 | 12 | 13 | | 11 |
| 5 | 16 | 17 | 18 | | 16 |
| 6 | 21 | 22222 | 23 | | 21 |
| 7 | 26 | 27 | 28 | | 26 |
| 8 | 31 | 32 | 3333 | | 31 |
| 9 | | | | | 2 |
| 10 | | | | | 7 |
| 11 | | | | | 12 |
| 12 | | | | | 17 |
| 13 | | | | | 22222 |
| 14 | | | | | 27 |
| 15 | | | | | 32 |
| 16 | | | | | 3 |
| 17 | | | | | 8 |
| 18 | | | | | 13 |
| 19 | | | | | 18 |
| 20 | | | | | 23 |
| 21 | | | | | 28 |
| 22 | | | | | 3333 |

图 41-5　多行多列数据按先列后行转为单列数据

**Step 1**

打开【剪贴板】任务窗格，选中 A2:A8 单元格区域，按<Ctrl+C>组合键，再选中 B2:B8 单元格区域，按<Ctrl+C>组合键，最后选中 C2:C8 单元格区域，按<Ctrl+C>组合键，结果如图 41-6 所示。

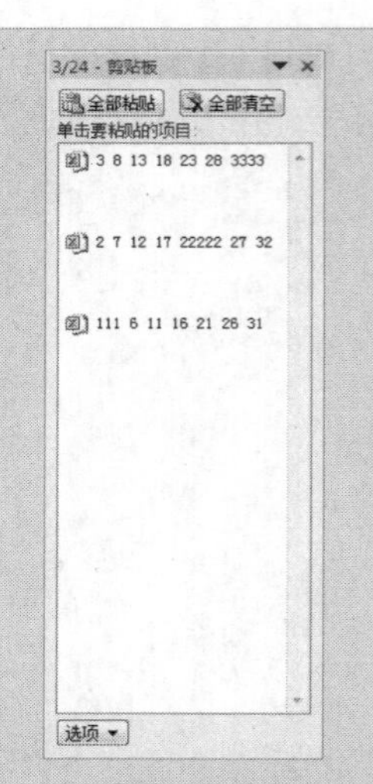


图 41-6　【剪贴板】任务窗格

**Step 2**　选中 G2 单元格，在【剪贴板】任务窗格中单击【全部粘贴】按钮即可得到转换后的结果，如图 41-7 所示。

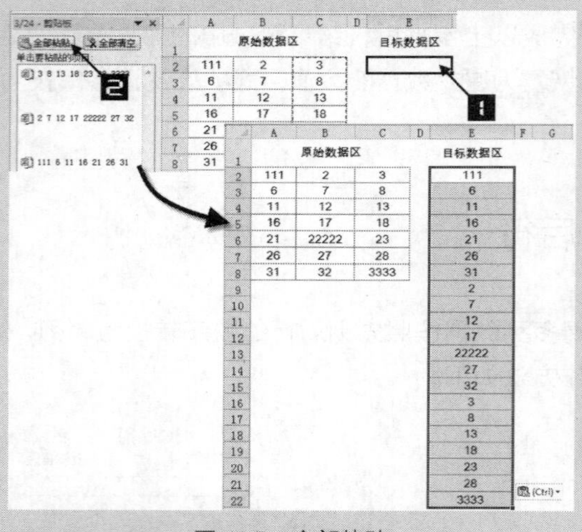

图 41-7　全部粘贴

此种方法适合于需要合并的数据列数较少的情况。如果源数据区域中包含有较多的列，可以先利用技巧 44.4 中的行列“转置”方法对原始数据区数据进行行列转置，再利用技巧 41.1 中的先行后列方法进行转换。

## 技巧 42　使用“易用宝”实现单列数据转为多行多列数据

Excel “易用宝”（英文名称 Excel Easy Tools 或 Excel EZTools，下载地址：http://yyb.excelhome.

net/download）是由 Excel Home 开发的一款 Excel 功能扩展工具软件，可用于 Windows 平台（Windows XP、Vista 和 Windows 7）中的 Excel 2003、2007 和 2010。

Excel“易用宝”以提升 Excel 的操作效率为宗旨，针对 Excel 用户在数据处理与分析过程中的多项常用需求开发出相应的功能模块，从而让繁琐或难以实现的操作变得简单可行，甚至能够一键完成，所有这些功能都将极大地提升 Excel 的便捷性以及可用性，安装“易用宝”后，在功能区将出现【易用宝】选项卡，用户可以使用“易用宝”的相应功能。

使用“易用宝”实现单列数据转为多行多列数据的操作方法如下。

**Step 1**　选中 A1:A11 单元格区域。

**Step 2**　在【易用宝】选项卡中依次单击【转换】→【分拆行或列】。

**Step 3**　在弹出的【易用宝 -分拆行或列】对话框中确认【数据区域（单列）】编辑框的设置正确，设置【输出区域（起始单元格）】编辑框为“$C$1”，单击【由空单元格分隔】和【单列】单选钮，最后单击【确定】按钮完成转换操作，如图 42 所示。

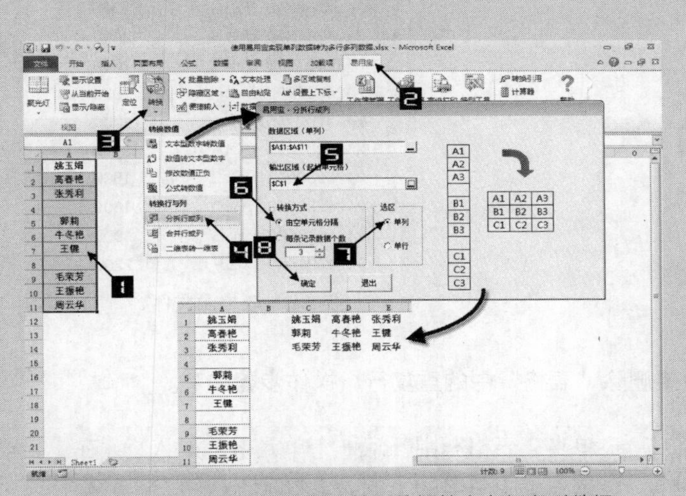

图 42　使用“易用宝”实现单列数据转为多行多列数据

【易用宝-分拆行或列】对话框各选项含义如表 42 所示。

表 42　各项目意义

| 项　目 | 含　义 |
|---|---|
| 数据区域（单列） | 选择单行或单列的数据区域进行拆分 |
| 输出区域（起始单元格） | 将拆分后的数据输出到指定起始单元格（选择单个单元格即可） |
| 选区 | 单行：在一行数据中选择区域进行拆分；<br>单列：在一列数据中选择区域进行拆分 |
| 转换方式 | 由空单元格分隔：需要拆分的行或列按空单元格进行分隔拆分；<br>每条记录数据个数：将需要拆分的行或列按固定单元格个数进行拆分，可以根据上下箭头进行个数调节 |

数据区域中如含有公式，会删除公式并以值的形式进行转变。

## 技巧 43　删除重复的行

图 43-1 展示了一张包含有多条重复信息的“表格”。

|  | A | B | C |
|---|---|---|---|
| 1 | 编号 | 产品名称 | 金额 |
| 2 | 2424291800 | 产品H | 1400 |
| 3 | 2424230900 | 产品C | 1500 |
| 4 | 2424236500 | 产品D | 1600 |
| 5 | 2424270500 | 产品E | 1800 |
| 6 | 2424291600 | 产品F | 2200 |
| 7 | 2424291705 | 产品G | 2200 |
| 8 | 2424230800 | 产品B | 2300 |
| 9 | 2424291800 | 产品H | 2400 |
| 10 | 2424291900 | 产品I | 2800 |
| 11 | 2424291900 | 产品I | 2820 |
| 12 | 2424292200 | 产品J | 3000 |
| 13 | 2424230400 | 产品A | 3100 |
| 14 | 2424230900 | 产品C | 1500 |
| 15 | 2424236500 | 产品D | 1600 |
| 16 | 2424270500 | 产品E | 1800 |
| 17 | 2424291600 | 产品F | 2200 |

图 43-1　表格源文件

如果希望删除“表格”中的重复行，操作步骤如下。

**Step 1**　单击“表格”中任意一个单元格（如 A2），在【表格工具】的【设计】选项卡中单击的【删除重复项】按钮。

**Step 2**　在打开的【删除重复项】对话框中直接单击【确定】按钮。

> **提示！** 在【删除重复项】对话框的列表框中，列出了“表格”中所有字段标题，勾选其中各字段复选框，表示该字段为重复项的搜索字段。

**Step 3**　在弹出的对话框中显示了重复值和唯一值的数量信息，单击【确定】按钮，关闭对话框完成设置，如图 43-2 所示。

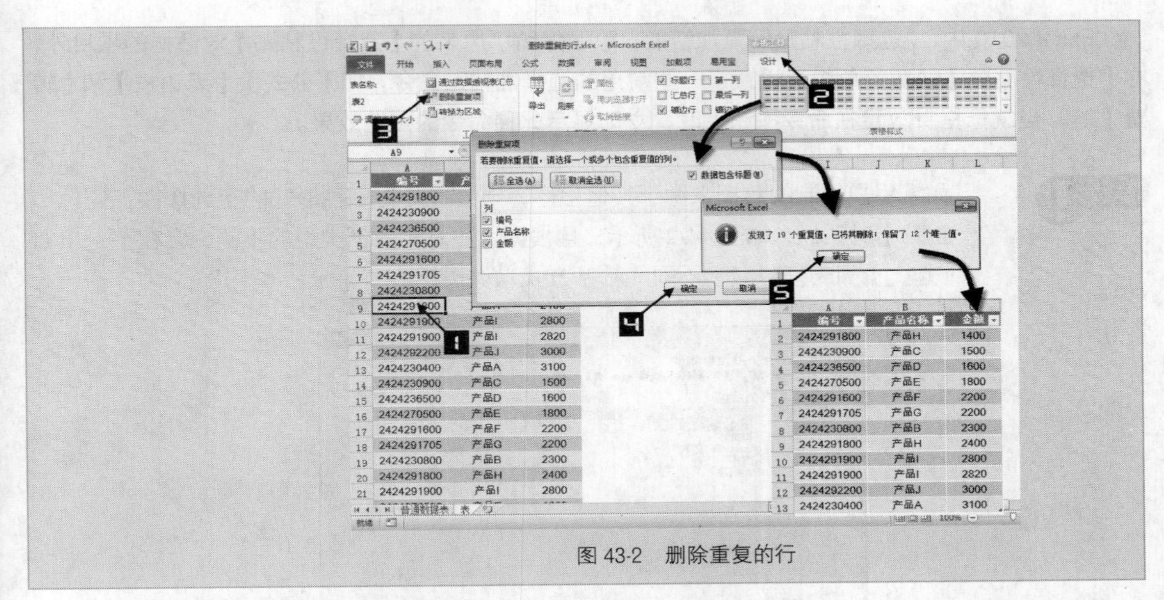

图 43-2　删除重复的行

对于普通数据列表，“删除重复行”的方法为：先选中数据列表中的任意一个单元格，然后在【数据】选项卡中单击【删除重复项】按钮。

# 技巧 44　神奇的选择性粘贴

“选择性粘贴”功能为复制粘贴操作提供了更多的可选方式。

## 44.1　选择性粘贴选项的含义

当在 Excel 单元格中执行了复制操作，在【开始】选项卡中依次单击【粘贴】→【选择性粘贴】命令就可以打开【选择性粘贴】对话框，如图 44-1 所示。

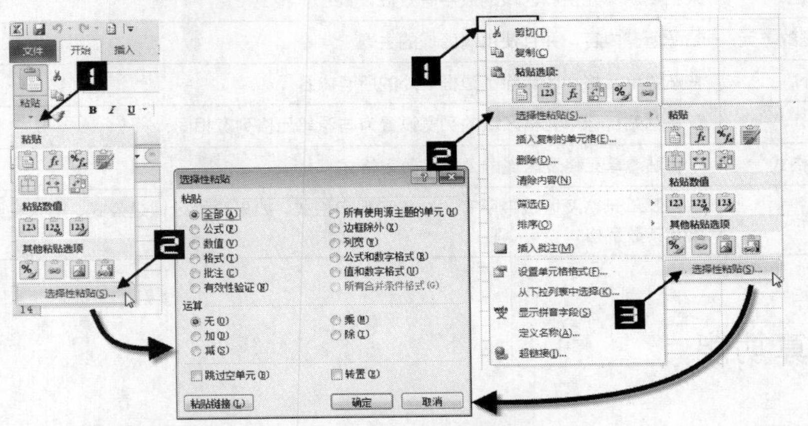

图 44-1　打开【选择性粘贴】对话框

Excel 2010 中，“选择性粘贴”更加智能，除了保留了原来的【选择性粘贴】对话框的项目外，在【选择性粘贴】快捷菜单中还设置了一些常用的选择性粘贴命令，如【公式】、【无边框】和【转置】等，当鼠标指针放置在命令按钮上时，立即显示此种命令的预览效果。

如果用户复制的数据来源于其他程序，则会打开另一种形式的【选择性粘贴】对话框，如图 44-2 所示，且根据用户复制数据类型的不同，会在【方式】列表框中显示不同的粘贴方式以供选择。

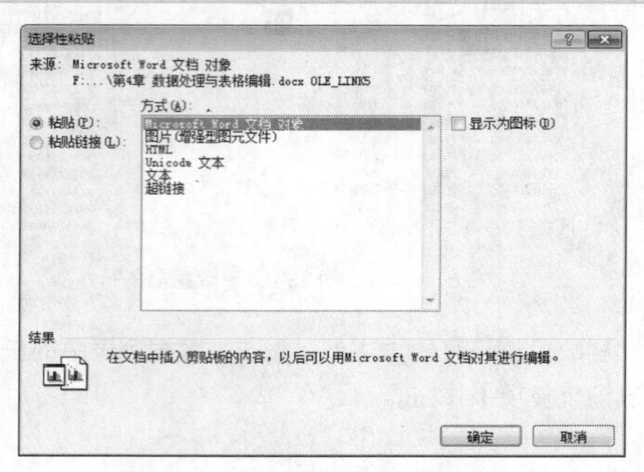


图 44-2　【选择性粘贴】对话框之二

【选择性粘贴】对话框中有很多选项，各选项的具体含义如表 44 所示。

**表 44　【选择性粘贴】对话框中各粘贴选项的含义**

| 选　项 | 含　义 |
| --- | --- |
| 全部 | 粘贴源单元格及区域的格式和单元格数值。在某种程度上讲等同于直接的复制粘贴动作 |
| 公式 | 粘贴源单元格及区域的公式和数值，但不粘贴单元格格式 |
| 数值 | 粘贴源单元格和区域的数值，不包括公式，如果源单元格和区域是公式，则复制结果为公式计算的结果 |
| 格式 | 只粘贴源单元格和区域的所有格式 |
| 批注 | 只粘贴源单元格和区域的批注 |
| 有效性验证 | 只粘贴源单元格和区域的数字有效性设置 |
| 所有使用源主题的单元 | 粘贴所有内容，并且使用源区域的主题 |
| 边框除外 | 粘贴源单元格和区域除了边框之外的所有内容 |
| 列宽 | 仅将粘贴目标单元格区域的列宽设置为与源单元格列宽相同 |
| 公式和数字格式 | 只粘贴源单元格及区域的公式和数字格式 |
| 值和数字格式 | 粘贴源单元格及区域中所有的数值和数字格式，如果原始区域是公式，则只粘贴公式的计算结果及其数字格式 |

## 44.2　运算功能

选择性粘贴中简单的运算功能在实际应用中非常有用，例如可以把文本型数字批量转换为数值型数字，以及批量取消超链接等。

如图 44-3 所示数据是文本型数值，现在需要利用“选择性粘贴”功能把它们批量转换为数值型数据，操作方法如下：

| | A | B | C | D |
|---|---|---|---|---|
| 1 | 1 | 2 | 3 | 12 |
| 2 | 431 | 3 | 21 | 4 |
| 3 | 432 | 41 | 34 | 12 |
| 4 | 413 | 14 | 42 | 43 |
| 5 | 413 | 13 | 13 | 43 |
| 6 | 43 | 43 | 43 | 14 |

图 44-3　文本型数值

Step 1　复制任意一个空单元格，如 **A8** 单元格（运算时空白单元格相当于数值 0）。

Step 2　选中 **A1:D6** 单元格区域，打开【选择性粘贴】对话框，单击【加】单选钮，最后单击【确定】按钮关闭对话框，如图 **44-4** 所示。

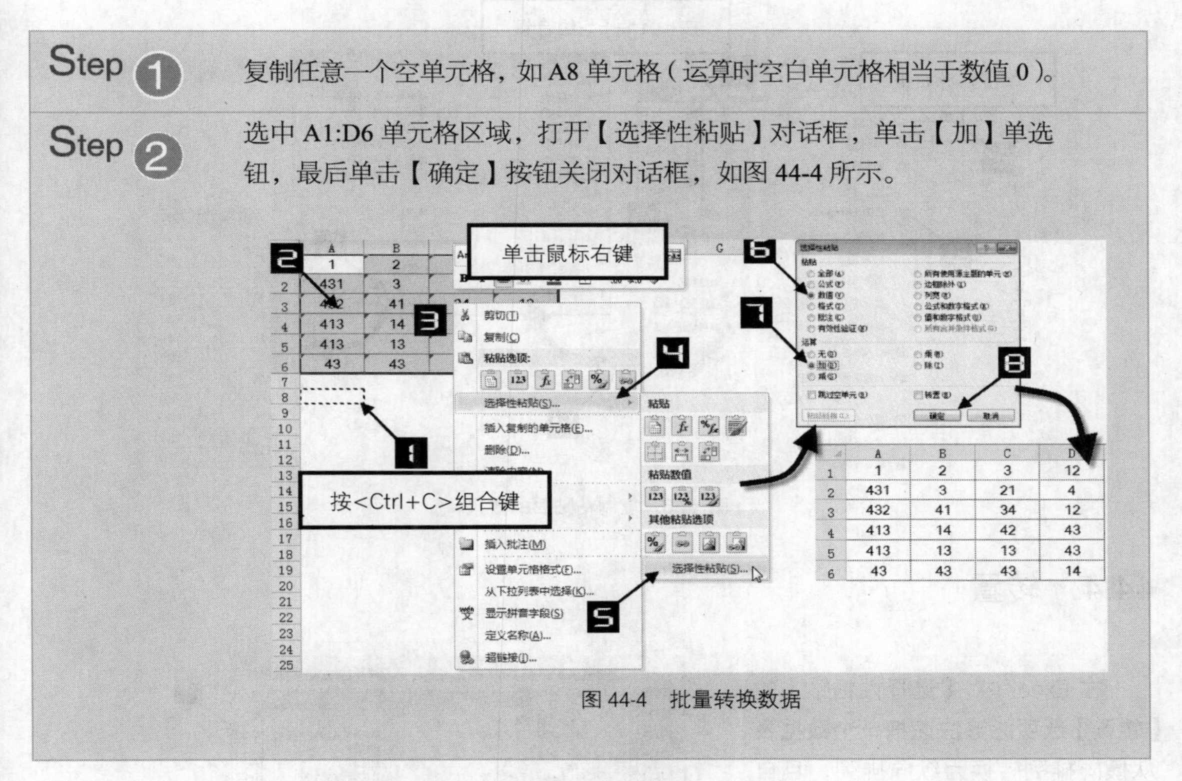


图 44-4　批量转换数据

此时，单元格区域中的数字被批量转换成了数值型数据。

## 44.3　粘贴时忽略空单元格

勾选【跳过空单元】复选框，可以有效地防止 Excel 用原始区域中的空单元格覆盖粘贴目标区域中的单元格内容。如要把图 44-5 中 A1:B13 单元格区域内容复制到 E1:F13 单元格区域，使用【选择性粘贴】的【跳过空单元】选项，既可以达到复制粘贴的目的，又避免了目标区域原有的数据被覆盖，如图 44-6 所示。

| | A | B | C | D | E | F |
|---|---|---|---|---|---|---|
| 1 | 月份 | 销售额 | | | 月份 | 销售额 |
| 2 | 一月 | 175 | | | 一月 | 175 |
| 3 | 二月 | 67 | | | 二月 | 67 |
| 4 | 三月 | 190 | | | 三月 | 190 |
| 5 | 四月 | 111 | | | 四月 | 111 |
| 6 | 五月 | | | | 五月 | 182 |
| 7 | 六月 | 145 | | | 六月 | 145 |
| 8 | 七月 | 167 | | | 七月 | 167 |
| 9 | 八月 | 37 | | | 八月 | 37 |
| 10 | 九月 | | | | 九月 | 125 |
| 11 | 十月 | 135 | | | 十月 | 135 |
| 12 | 十一月 | 154 | | | 十一月 | 154 |
| 13 | 十二月 | 70 | | | 十二月 | 70 |

图 44-5　复制区域与目标区域

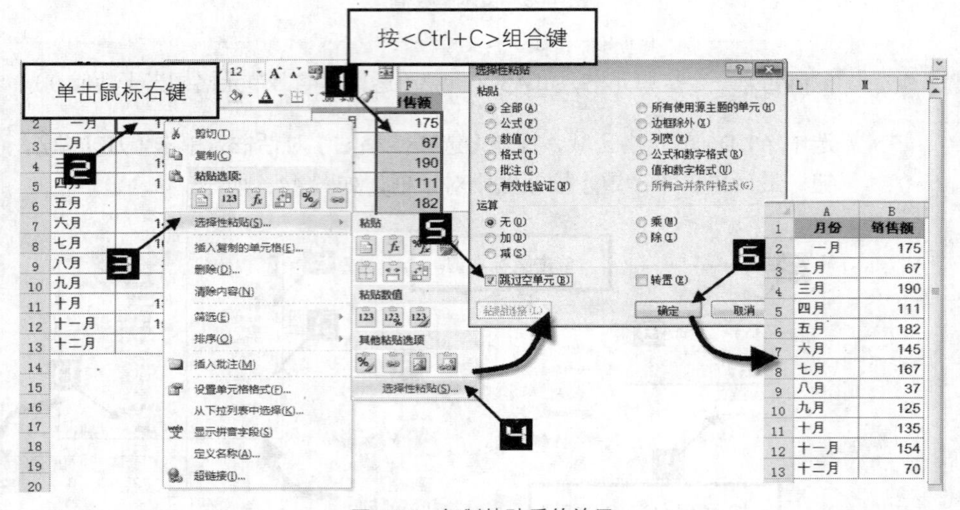


图 44-6　复制粘贴后的效果

## 44.4　转置

在 Excel 中，【选择性粘贴】的【转置】选项能够快速把一个数据表从横向排列转换为纵向排列，且自动调整所有的公式，使其在转置后仍然能够继续正常计算。复制需要转置的单元格区域，如 A1:H8，选中任意一个空白单元格，只要保证转置后有足够的区域显示，如 A12，单击鼠标右键，在弹出的快捷菜单中依次选择【选择性粘贴】→【选择性粘贴】，弹出【选择性粘贴】对话框，勾选【转置】复选框，单击【确定】按钮完成转置操作，如图 44-7 所示。

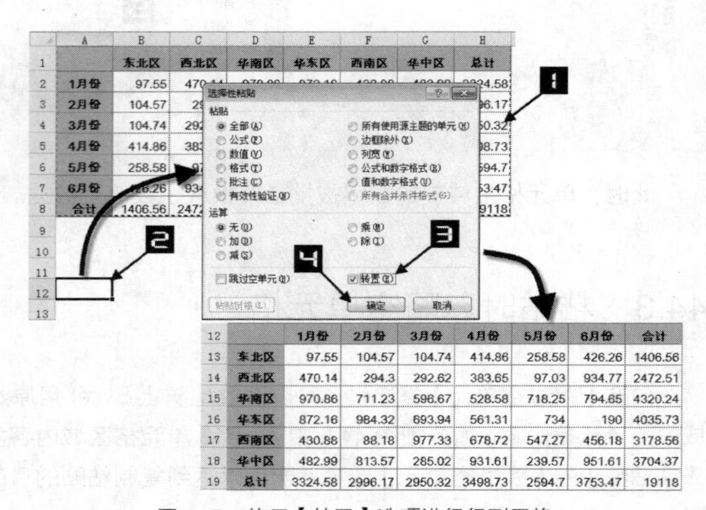


图 44-7　使用【转置】选项进行行列互换

此外，也可以使用快捷菜单中的【转置】命令直接操作，如图 44-8 所示。

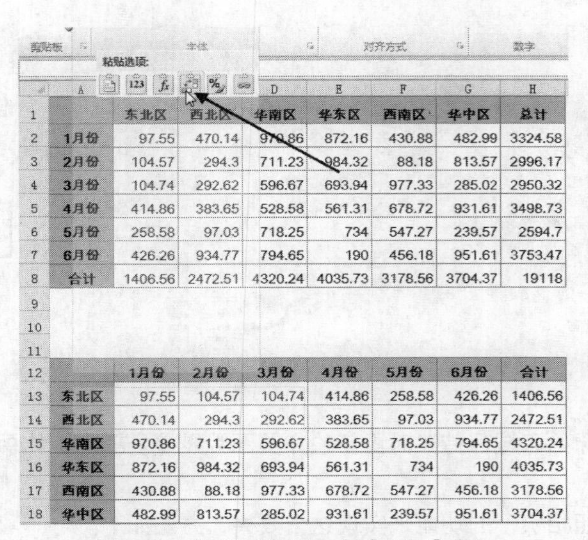

| | 东北区 | 西北区 | 华南区 | 华东区 | 西南区 | 华中区 | 总计 |
|---|---|---|---|---|---|---|---|
| 1月份 | 97.55 | 470.14 | 970.86 | 872.16 | 430.88 | 482.99 | 3324.58 |
| 2月份 | 104.57 | 294.3 | 711.23 | 984.32 | 88.18 | 813.57 | 2996.17 |
| 3月份 | 104.74 | 292.62 | 596.67 | 693.94 | 977.33 | 285.02 | 2950.32 |
| 4月份 | 414.86 | 383.65 | 528.58 | 561.31 | 678.72 | 931.61 | 3498.73 |
| 5月份 | 258.58 | 97.03 | 718.25 | 734 | 547.27 | 239.57 | 2594.7 |
| 6月份 | 426.26 | 934.77 | 794.65 | 190 | 456.18 | 951.61 | 3753.47 |
| 合计 | 1406.56 | 2472.51 | 4320.24 | 4035.73 | 3178.56 | 3704.37 | 19118 |

| | 1月份 | 2月份 | 3月份 | 4月份 | 5月份 | 6月份 | 合计 |
|---|---|---|---|---|---|---|---|
| 东北区 | 97.55 | 104.57 | 104.74 | 414.86 | 258.58 | 426.26 | 1406.56 |
| 西北区 | 470.14 | 294.3 | 292.62 | 383.65 | 97.03 | 934.77 | 2472.51 |
| 华南区 | 970.86 | 711.23 | 596.67 | 528.58 | 718.25 | 794.65 | 4320.24 |
| 华东区 | 872.16 | 984.32 | 693.94 | 561.31 | 734 | 190 | 4035.73 |
| 西南区 | 430.88 | 88.18 | 977.33 | 678.72 | 547.27 | 456.18 | 3178.56 |
| 华中区 | 482.99 | 813.57 | 285.02 | 931.61 | 239.57 | 951.61 | 3704.37 |

图 44-8　使用快捷菜单中的【转置】命令

## 44.5　粘贴链接

【选择性粘贴】的【粘贴链接】功能在复制粘贴过程中，将建立一个由链接公式形成的连接到原始区域的动态链接。此后，当源数据发生变化时，粘贴区域的数据会实时更新。

# 技巧 45　Excel 的摄影功能

如果要将图 45-1 所示的数据区域同步显示在另一区域，操作方法如下。

| 工号 | 姓名 | 出勤 | 工资总额 |
|---|---|---|---|
| 0123 | 员工A | 7 | 371 |
| 0124 | 员工A | 18 | 954 |
| 0125 | 员工A | 2 | 106 |
| 0126 | 员工A | 8 | 424 |
| 0127 | 员工A | 10 | 600 |
| 0128 | 员工B | 20 | 1060 |
| 0129 | 员工B | 30 | 1590 |
| 0130 | 员工B | 15 | 795 |
| 0131 | 员工B | 18 | 954 |
| 0132 | 员工B | 23 | 1166 |
| 0133 | 员工B | 10 | 500 |

图 45-1　原始数据区域

**Step 1**　选中 A1:D12 单元格区域，按<Ctrl+C>组合键复制。

**Step 2**　选中 F3 单元格，在【开始】选项卡中依次单击【粘贴】→【链接的图片】命令，如图 45-2 所示。

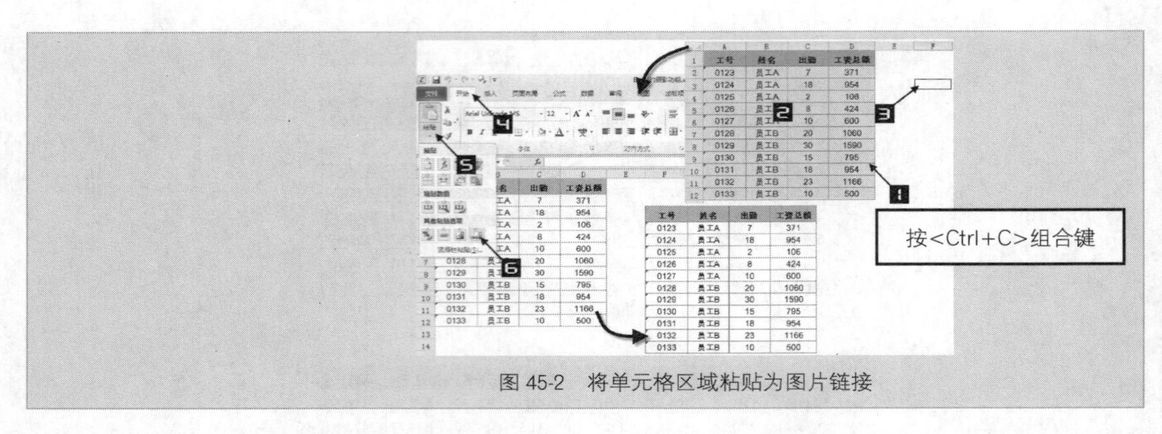


图 45-2　将单元格区域粘贴为图片链接

此时会得到一个与原始区域保持实时更新的完美图片链接。它保留了原始区域的所有特征，如数据、格式。

用户也可以使用“照相机”的功能来实现这个效果，方法如下。

Step 1　依次单击【自定义快速访问工具栏】的下拉按钮→【其他命令】，在弹出的【Excel 选项】对话框中选择【不在功能区中的命令】，找到并单击“照相机”图标，单击【添加】按钮，最后单击【确定】按钮将“照相机”图标添加进【自定义快速访问工具栏】中，如图 45-3 所示。

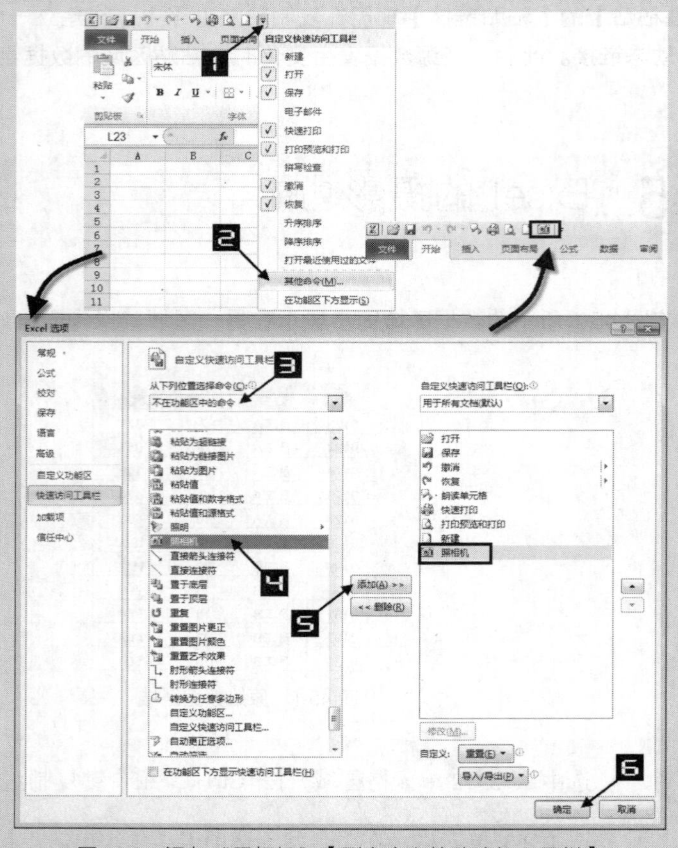

图 45-3　添加“照相机”【到自定义快速访问工具栏】

**Step 2**　选中 A1:D12 单元格区域，单击【到自定义快速访问工具栏】中的“照相机”图标，最后单击工作表中的任意空白区域完成“摄影”，如图 45-4 所示。

| 工号 | 姓名 | 出勤 | 工资总额 |
|---|---|---|---|
| 0123 | 员工A | 7 | 371 |
| 0124 | 员工A | 18 | 954 |
| 0125 | 员工A | 2 | 106 |
| 0126 | 员工A | 8 | 424 |
| 0127 | 员工A | 10 | 600 |
| 0128 | 员工B | 20 | 1060 |
| 0129 | 员工B | 30 | 1590 |
| 0130 | 员工B | 15 | 795 |
| 0131 | 员工B | 18 | 954 |
| 0132 | 员工B | 23 | 1166 |
| 0133 | 员工B | 10 | 500 |

图 45-4　使用“照相机”为单元格区域拍照

遗憾的是，使用“照相机”功能生成的图片会被自动添加黑色的边框。不过，使用【设置图片格式】命令可以轻松解决这一问题。

操作方法如下：选中拍照后的图片，在【图片工具 – 格式】选项中单击【图片边框】下拉按钮，在弹出的菜单中选择【无轮廓】命令，完成去除拍照后有黑色边框的操作，如图 45-5 所示。

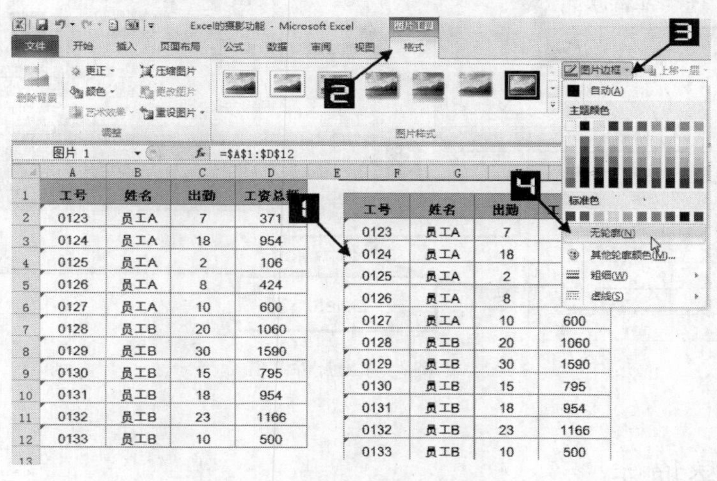


图 45-5　去除黑边框

## 技巧 46　利用查找和替换批量删除零值

要在工作表中删除单元格值为“0”的数据，例如图 46-1 所示，有两种的方法可以快速实现。

| | A | B | C | D |
|---|---|---|---|---|
| 1 | 3 | 8 | 8 | 3 |
| 2 | 6 | 0 | 5 | 8 |
| 3 | 8 | 2 | 0 | 1 |
| 4 | 0 | 2 | 1 | 2 |
| 5 | 3 | 6 | 0 | 7 |
| 6 | 5 | 4 | 101 | 9 |

| | A | B | C | D |
|---|---|---|---|---|
| 1 | 3 | 8 | 8 | 3 |
| 2 | 6 | 0 | 5 | 8 |
| 3 | 8 | 2 | 0 | 1 |
| 4 | 0 | 2 | 1 | 2 |
| 5 | 3 | 6 | 0 | 7 |
| 6 | 5 | 4 | 101 | 9 |

图 46-1　含零值的单元格区域

## 46.1　先查询后直接替换

选择需要替换“0”值的单元格区域，如 A1:D6，按<Ctrl+F>组合键，弹出【查找和替换】对话框，单击【选项】按钮，在【查找内容】组合框中输入“0”，勾选【单元格匹配】复选框，单击【查找全部】按钮。

此时在对话框的状态栏中会显示查找到的单元格个数信息，如此例中显示“4 个单元格被找到”，按<Ctrl+A>组合键可以在下方的列表中同时选中所有查找到的单元格，单击【关闭】按钮，按<Delete>键即可删除所有的“0”值单元格，如图 46-2 所示。

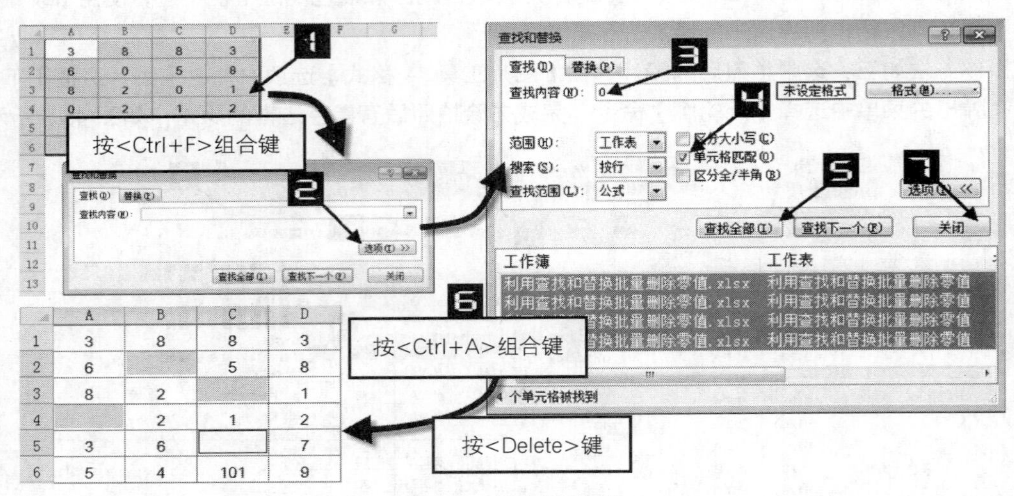


图 46-2　批量删除零值

## 46.2　直接替换法

除了使用查找、删除的方法外，用户还可以使用替换的方法，替换单元格区域中的零值，操作方法如下：

选择需要替换“0”值的单元格区域，如 A1:D6，按<Ctrl+H>组合键，弹出【查找和替换】对话框，在【查找内容】组合框中输入“0”，勾选【单元格匹配】复选框，单击【全部替换】按钮，弹出对话框提示替换成功的单元格个数，如图 46-3 所示。

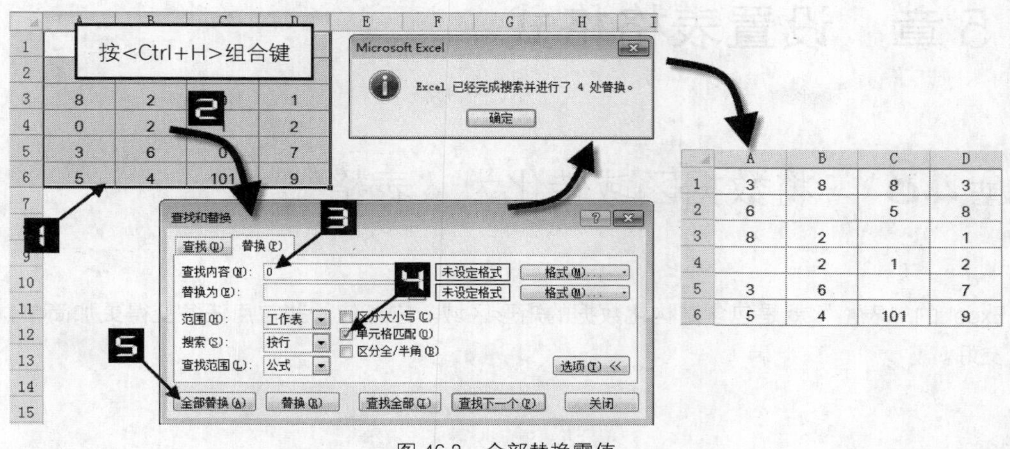


图 46-3　全部替换零值

# 技巧 47　模糊查找数据

Excel 当中支持以通配符的方式进行模糊查找。

Excel 中的通配符分别是?（问号）和*（星号）。?（问号）可以在搜索目标中代替任意单个字符，而*（星号）则可以代替任意的多个字符。

如果需要查找的字符本身包含?号或*号，则需要在查找时在?号或*号前添加“~”符号取消它们的通配符属性。

常用的模糊查找的用法如表 47 所示。

**表 47　　常用的模糊搜索用法**

| 查找目标 | 模糊查找用法 |
|---|---|
| 以 A 开头的货品名称 | A* |
| 以 B 结尾的货品编号 | *B |
| 包含 66 的电话号码 | *66* |
| 姓王且名字是两个字的人名 | 王?? |
| 任意姓，同时名是强字的人名 | ?强 |
| ?Print | ~?Print |
| ** | ~*~* |

通配符不仅仅可以在查找与替换操作中使用，也可以在筛选中使用，用法和上述类似，在这里就不再赘述。

# 第 5 章　设置表格格式

## 技巧 48　将数据区域转化为“表格”

Excel 的“表格”就是包含结构化数据的矩形区域。它可使一些常用任务变得更加简单，且外观更友好。

### 48.1　将数据区域转换为“表格”

将一个单元格区域内创建“表格”的具体操作步骤如下。

Step 1　单击单元格区域内的任意一个单元格。

Step 2　在【插入】选项卡中单击【表格】命令（或按<Ctrl+T>组合键），在弹出的【创建表】对话框中勾选【表包含标题】的复选框，最后单击【确定】按钮完成操作，如图 48-1 所示。

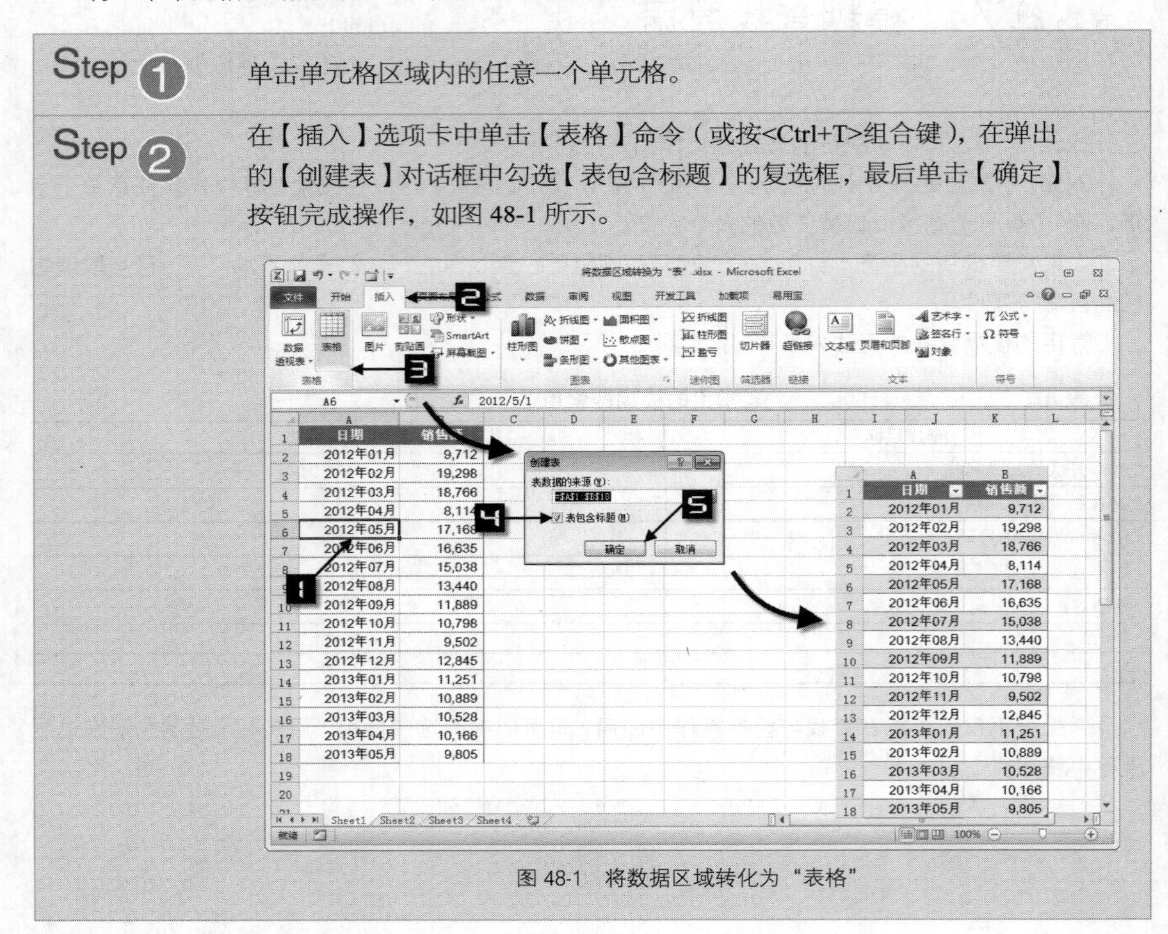


图 48-1　将数据区域转化为“表格”

将数据区域转化为“表格”后将变为动态的数据源，如果用户利用“表格”创建了图表，当向该“表格”中添加新的数据信息时，Excel 将会自动扩展数据源，使图表变为动态图表。

“表格”与数据列表的主要区别如下：

- 激活“表格”中的任意单元格时，将会在功能区中显示“表格”专用的【表格工具】的【设计】选项卡，如图 48-2 所示。

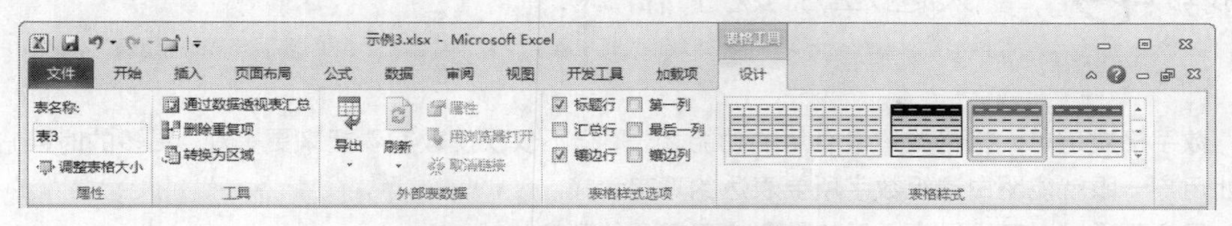


图 48-2　“表格”专用的【表格工具】

- 单元格包含“表格”样式。
- 默认情况下，在标题行中为“表格”的所有列启用筛选功能，可快速筛选或排序数据。
- 如果“表格”中包含活动单元格，那么当向下滚动工作表并使标题行消失时，“表格”标题名称将会取代工作表的列标。
- “表格”支持列计算。
- “表格”支持结构化引用。公式可以使用“表格”名称和列标题，而不是使用单元格引用。
- 通过拖动表边框右下角的调整手柄，可修改“表格”区域的大小。
- 可在“表格”中删除重复的行。

## 48.2　将“表格”转换为区域

将“表格”转换为普通区域的方法如下：

单击选中“表格”，在【表格工具】的【设计】选项卡中单击【转换为区域】按钮即可，如图 48-3 所示。此时，数据列表虽然仍保持原来的样式格式不变，但已经不再具有“表格”的功能。

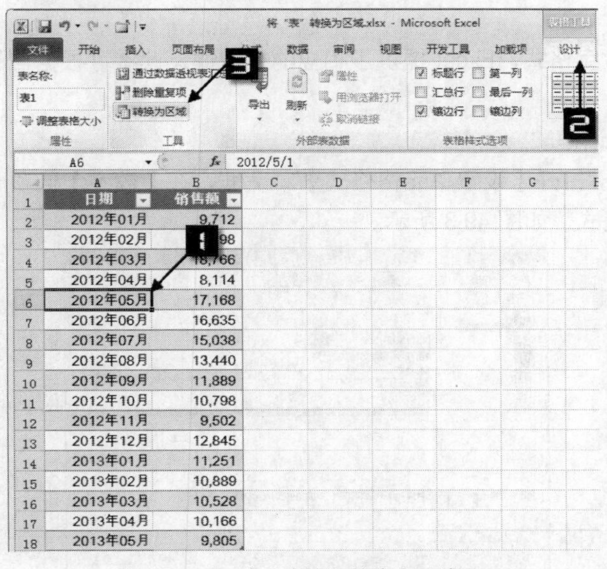


图 48-3　将“表格”转换为区域

# 技巧 49　快速应用数字格式

数字格式是单元格格式中最有用的功能之一，它不仅仅使数字看起来更美观，更多的时候它可以让用户一眼就能明白这组数字所要表达的真实含义。

用户可通过以下途径为单元格数字应用适合的数字格式。

● 功能区命令。

【开始】选项卡的【数字】组中提供了一些常用的数字格式，如图 49-1 所示。

● 浮动工具栏。

大多数时候，在当前单元格或单元格区域上单击鼠标右键，使用【浮动工具栏】应用一些常用格式会很方便，如图 49-2 所示。

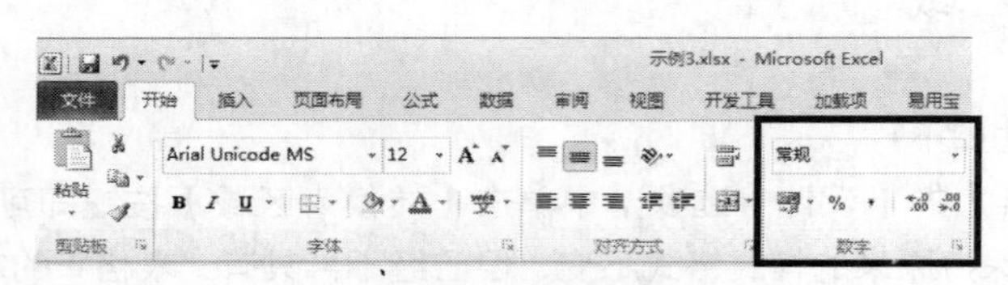

图 49-1　功能区命令

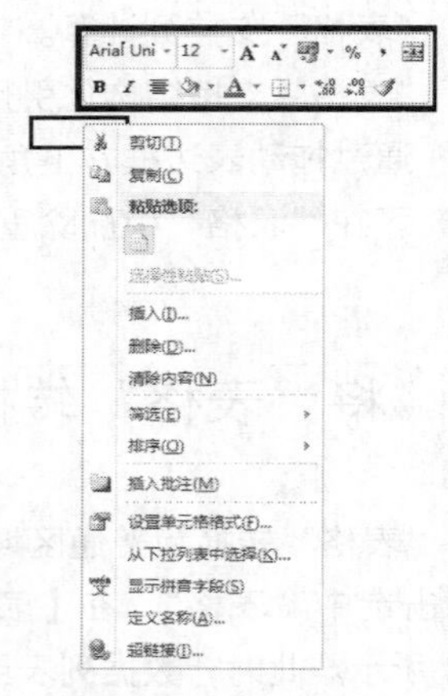

图 49-2　浮动工具栏

● 快捷键。

对于一些常用的数字格式，Excel 提供了相应的快捷键，读者可根据自己的实际使用情况刻意地记住一些快捷键。

● 单元格格式对话框。

按<Ctrl+1>组合键打开【设置单元格格式】对话框，在【数字】选项卡的【分类】列表框中可以设定更多的数字格式，如图 49-3 所示。

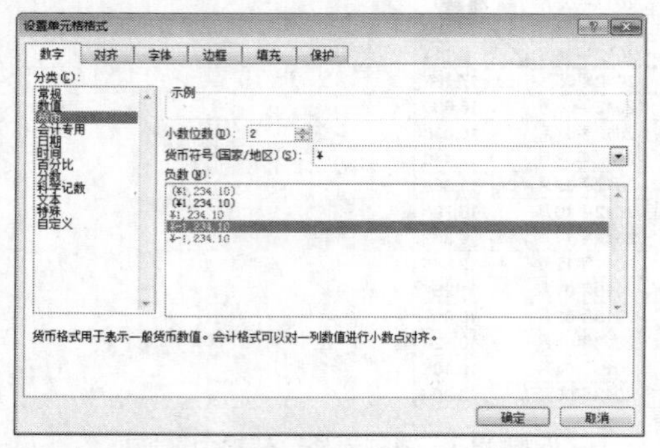

图 49-3　【设置单元格格式】对话框的【数字】选项卡

无论为单元格应用了何种数字格式，都只会改变单元格的显示形式，而不会改变单元格存储的真正内容。反之，用户在工作表上看到的单元格内容并不一定是其真实的内容，而可能是原始内容经过各种变化后的一种表现形式。如果用户需要在改变格式的同时也改变实际内容，则需要借助函数来实现。

## 技巧 50　Excel 内置的数字格式

Excel 内置的数字格式多种多样，能够满足用户工作中的一般需求。下面通过几个实例来帮助用户更快地认识数字格式。

默认情况下，在单元格中输入一个数字，如“1520.8”，Excel 会自动以“常规”格式来显示，完全按照数字的真实面貌显示出来，如图 50-1 所示。

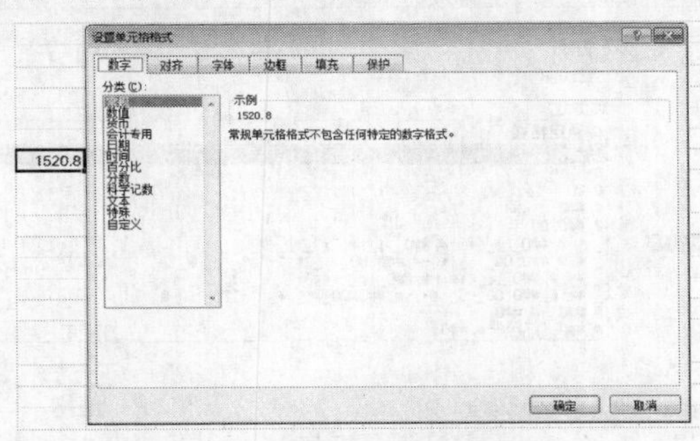


图 50-1　“常规”格式

当用户单击选中【分类】列表中的某一格式后，在【设置单元格格式】对话框中的【示例】区域将显示当前活动单元格中的数值应用这一格式后的样式。它可以帮助用户实时查看数值应用不同格式后的效果。

图 50-2 所示为活动单元格的数字“1520.8”分别选择“货币”、“百分比”等格式后的显示效果。

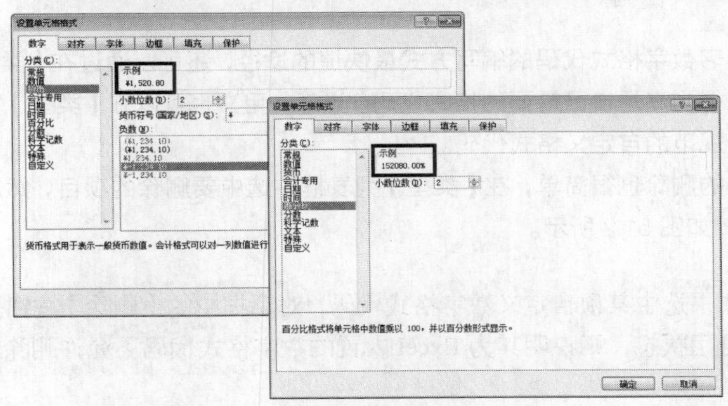


图 50-2　应用不同格式的显示样式

# 技巧 51　奇妙的自定义数字格式

当 Excel 内置的数字格式不能满足用户的需求时，用户可以创建自定义数字格式。

## 51.1　内置的自定义格式

在【设置单元格格式】对话框的【分类】列表中选择“自定义”类型，对话框的右侧就会显示出不同的数字格式代码，如图 51-1 所示。

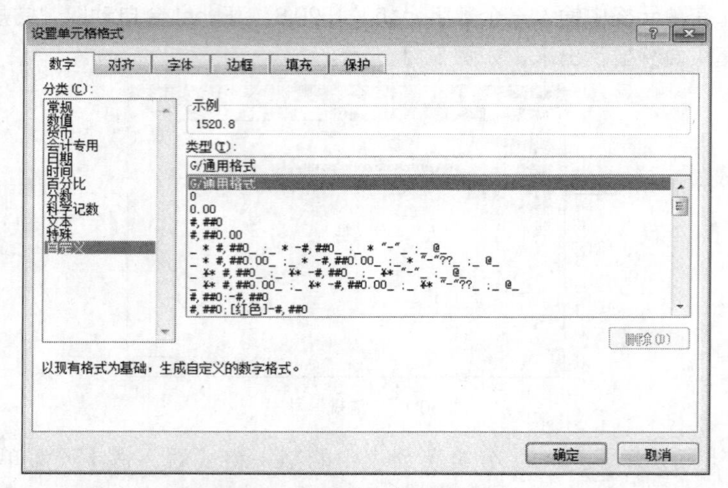


图 51-1　内置的自定义格式代码

Excel 所有的数字格式都有其相对应的数字格式代码。

只要在【分类】列表框中选定任意一种数字格式，并且在右侧出现的不同选项中选定一种选项类型，然后在【分类】列表中单击“自定义”，即可在右侧的【类型】文本框中查看与之相对应的格式代码。

这也是用户学习数字格式代码的编写方式最快捷的途径，还可以通过在【类型】文本框中修改现有的格式代码来得到满足自己需要的格式代码。当然，用户也可以在【类型】文本框中输入完全由自己编写的符合规范的自定义格式代码。

数字格式代码的删除也很简单，在【类型】列表框中选中要删除的项目，然后单击对话框中的【删除】按钮即可，如图 51-2 所示。

如果选中某项自定义数字格式代码，对话框中的【删除】按钮呈灰色不可用状态，则说明其为 Excel 内置的数字格式代码不允许删除。

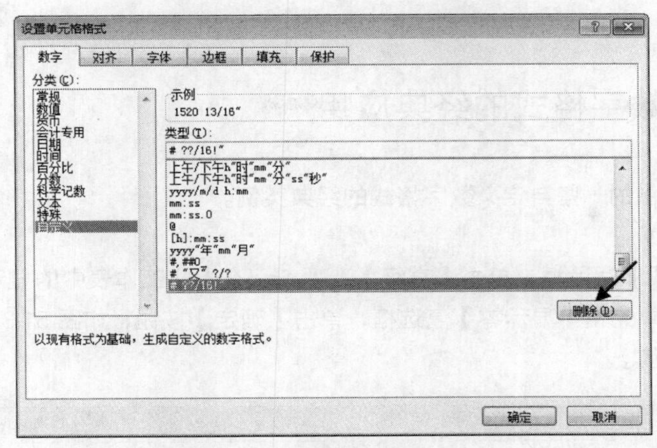

图 51-2 删除数字格式代码

## 51.2 自定义数字格式的代码组成规则

许多用户面对长长的看似很复杂的格式代码望而却步，事实上，只要掌握了自定义数字格式代码的组成规则，书写出自己的自定义格式代码并不难。

自定义格式代码的完整结构如下：

正数；负数；零值；文本

以 4 个区段构成了一个完整结构的自定义格式代码，各区段间以英文半角分号“;”间隔，每个区段中的代码对不同类型的内容产生作用。例如，在第 1 区段“正数”中的代码只会在单元格中的数据为正数数值时产生格式化作用，而第 4 区段“文本”中的代码只会在单元格中的数据为文本时才产生格式化作用。

除了以数值正负作为格式区段分隔依据外，用户也可以为区段设置自己所需的特定条件。例如，下面的格式代码结构也是符合规则要求的。

大于条件值；小于条件值；等于条件值；文本

实际应用中，用户不必每次都严格地按照 4 个区段来编写格式代码，区段少于 4 个甚至只有一个都是被允许的，小于 4 个区段代码的结构含义如表 51-1 所示。

**表 51-1　少于 4 个区段的自定义代码的结构含义**

| 区段数 | 代码结构含义 |
|---|---|
| 1 | 格式代码作用于所有类型的数值 |
| 2 | 第 1 区段作用于正数和零值，第 2 区段作用于负数 |
| 3 | 第 1 区段作用于正数，第 2 区段作用于负数，第 3 区段作用于零值 |

对于包含条件值的格式代码来说，区段可以少于 4 个，但最少不能少于 2 个区段。相关的代码结构含义如表 51-2 所示。

**表 51-2　少于 4 个区段的包含条件值格式代码的结构含义**

| 区段数 | 代码结构含义 |
|---|---|
| 2 | 第 1 区段作用于满足条件 1，第 2 区段作用于其他情况 |
| 3 | 第 1 区段作用于满足条件 1，第 2 区段作用于满足条件 2，第 3 区段作用于其他情况 |

## 51.3 自定义数字格式的经典应用

以下是为读者提供的一些自定义数字格式的经典实例。

● 零值不显示。

调出【Excel 选项】对话框，单击【高级】选项卡，在【此工作表中的显示选项】区域中取消勾选【在具有零值的单元格中显示零】复选框，单击【确定】按钮，如图 51-3 所示，Excel 将不显示当前工作表中的零值。

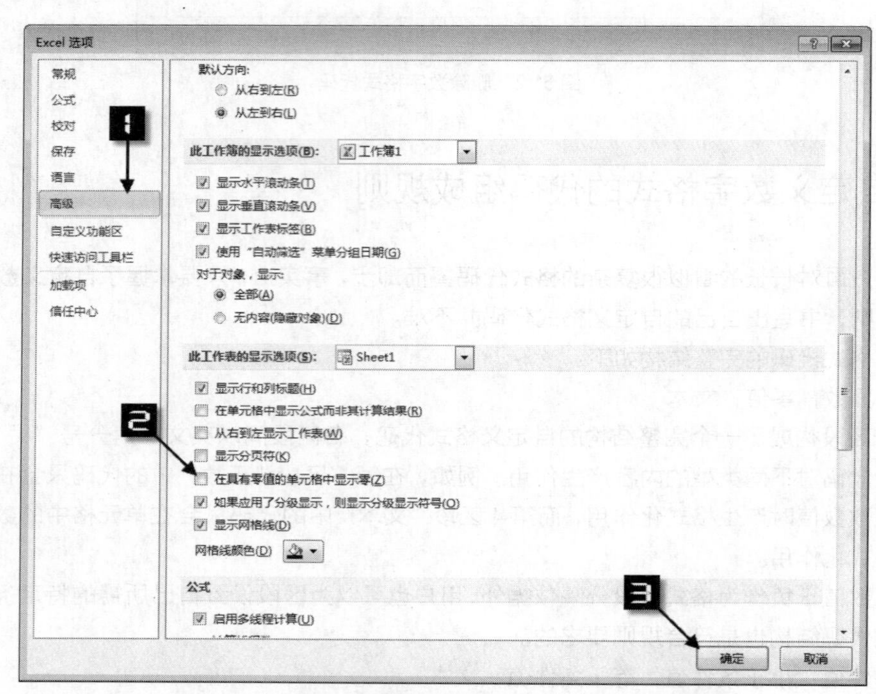


图 51-3 取消【在具有零值的单元格中显示零】的勾选

利用下面的自定义数字格式，用户可以实现同样的效果。

格式代码：

G/通用格式;G/通用格式;

**代码解析：** 第 1 区段和第 2 区段中对正数和负数使用"G/通用格式"，即正常显示；而第 3 区段留空，就可以使零值单元格显示为空白。

● 快速缩放数值。

用户在处理一些很大的数值时，经常会按千位或者万位来进行缩放而不是直接显示整个数值。显示缩放值的最好方法就是使用自定义数字格式。它改变的只是单元格数字的显示结果，而不会改变该单元格如果参与计算时的实际值。

图 51-4 展示了以"百万"、"万"、"千"及"百"缩放的一些实例。

● 智能显示百分比。

下面的自定义数字格式只让小于 1 的数字按"百分比"格式显示，大于等于 1 的数字则使用标准格式显示。同时，还让所有的数字能整齐地排列。如图 51-5 所示。

| 原始数值 | 显示为 | 代码 | 说明 |
|---|---|---|---|
| 123456789 | 123.46 | 0.00,, | 按百万缩放数值 |
| -123456789 | -123.46 | 0.00,, | 按百万缩放数值 |
| 0 | 0.00 | 0.00,, | 按百万缩放数值 |
| 123456789 | 123.46 M | 0.00,, "M" | 按百万缩放数值 |
| 123456789 | 123.46 百万 | 0.00,, "百万" | 按百万缩放数值 |
| | | | |
| 123456 | 12.3 | 0"."0, | 按万缩放数值 |
| -123456 | -12.3 | 0"."0, | 按万缩放数值 |
| 0 | 0.0 | 0"."0, | 按万缩放数值 |
| 123456 | 12.3456 | 0"."0000 | 按万缩放数值 |
| 123456 | 12.3 万 | 0"."0, "万" | 按万缩放数值 |
| | | | |
| 123456 | 123.46 | 0.00, | 按千缩放数值 |
| -123456 | -123.46 | 0.00, | 按千缩放数值 |
| 0 | 0.00 | 0.00, | 按千缩放数值 |
| 123456 | 123.46 K | 0.00, "K" | 按千缩放数值 |
| 123456 | 123.46 千 | 0.00, "千" | 按千缩放数值 |
| | | | |
| 1234 | 12.34 | 0"."00 | 按百缩放数值 |
| -1234 | -12.34 | 0"."00 | 按百缩放数值 |
| 0 | 0.00 | 0"."00 | 按百缩放数值 |

图 51-4　使用自定义数字格式缩放数值

| 原始数值 | 显示为 | 代码 | 说明 |
|---|---|---|---|
| 12 | 12.00 | [<1]0.00%;#.00_% | 智能显示百分比 |
| 0.06 | 6.00% | [<1]0.00%;#.00_% | 智能显示百分比 |
| 1 | 1.00 | [<1]0.00%;#.00_% | 智能显示百分比 |
| 0.9 | 90.00% | [<1]0.00%;#.00_% | 智能显示百分比 |
| 0 | 0.00% | [<1]0.00%;#.00_% | 智能显示百分比 |
| 1.2 | 1.20 | [<1]0.00%;#.00_% | 智能显示百分比 |

图 51-5　智能显示百分比

**格式代码：**

```
[<1]0.00%;#.00_%
```

**代码解析：**此代码有两个区段，第 1 区段使用条件值判断，对应数值小于 1 时显示为保留两位小数的百分比；第 2 区段则对应大于等于 1 的数字及文本的格式，如果为数字则显示为保留两位小数，其中百分号的前面使用了一个下划线，作用在于保留一个与百分号等宽的空格，从而使所有的数字保持整齐排列。

在默认情况下，Excel 的【Excel 选项】→【高级】选项卡中的【允许自动百分比输入】复选框为勾选状态。此时，上述格式代码需要先在单元格中输入数值然后再设置自定义格式才能生效。而如果取消勾选此复选框设置，则无论何时设定此自定义格式都可以改变单元格的数字显示。

另外，百分比符号也会显示在编辑栏中。

- 显示分数。

Excel 内置有一些分数的格式，用户还可以使用自定义数字格式得到更多种分数格式。比如显示带分数时加一个“又”字、加上表示单位的符号，或者使用一个任意的数字作为分母，如图 51-6

所示。

| 原始数值 | 显示为 | 代码 | 说明 |
|---|---|---|---|
| 3.25 | 3 1/4 | # ?/? | 显示分数 |
| 3.25 | 3又1/4 | #"又"?/? | 显示分数 |
| 3.25 | 3 4/16" | # ??/16\" | 显示分数 |
| 3.25 | 3 5/20 | # ?/20 | 显示分数 |
| 3.25 | 3 13/50 | # ?/50 | 显示分数 |

图 51-6　更多的显示分数的自定义数字格式

● 隐藏某些类型的内容。

用户可以使用自定义数字格式隐藏某些类型的输入内容，或者把某些类型的输入内容用特定的内容来替换，如图 51-7 所示。

| 原始数值 | 显示为 | 代码 | 说明 |
|---|---|---|---|
| 37 | | [>100]0.00; | 大于100才显示 |
| 123 | 123.00 | [>100]0.00; | 大于100才显示 |
| 230 | | ;; | 只显示文本，不显示数字 |
| Excel | Excel | ;; | 只显示文本，不显示数字 |
| 739 | 739.00 | 0.00;0.00;0;** | 只显示数字，文本用星号显示 |
| Excel | *************** | 0.00;0.00;0;** | 只显示数字，文本用星号显示 |
| 982 | | ;;; | 任何类型的数值都不显示 |

图 51-7　使用自定义数字格式隐藏某些类型的数值

提示！ 在使用格式代码“;;;”时，可以隐藏单元格中的数值、文本等内容，但如果单元格中的内容为错误值（如“#N/A”），则其仍将被显示出来。

● 简化输入操作。

在某些情况下，使用带有条件判断的自定义格式有简化输入的效果，其作用类似于“自动更正”功能。

（1）用数字 0 和 1 代替“×”和“√”的输入格式代码：

```
[=1]"√";[=0]"×";;
```

单元格中只要输入 0 或 1，就会自动显示为“×”和“√”，而如果输入的数字不是 0 或 1，则显示为空白。

（2）用数字代替“YES”和“NO”的输入格式代码：

```
"YES";;"NO"
```

输入的数字大于 0 时显示为“YES”，等于 0 时显示为“NO”，小于 0 时显示为空。

（3）特定前缀的编码格式代码：

```
"晋A-2010"-00000
```

特定前缀的编码，末尾是 5 位流水号。在需要输入大量有规律的编码时，此类格式可以极大地提高效率。

以上自定义格式显示效果如图 51-8 所示。

| 原始数值 | 显示为 | 代码 | 说明 |
|---|---|---|---|
| 0 | × | [=1]"√";[=0]"×";; | 输入"0"时显示"×"，输入"1"时显示"√"，其余显示空 |
| 1 | √ | 同上 | 同上 |
| 8 | YES | "YES";;"NO" | 大于零时显示"YES"，小于零时显示空，等于零时显示"NO" |
| 0 | NO | 同上 | 同上 |
| 12 | 晋A-2010-00012 | "晋A-2010"-00000 | 特定前缀的编码，末尾是5位流水号 |
| 1029 | 晋A-2010-01029 | 同上 | 同上 |
| 2 | 沪2010-0002-KD | "沪2010"-0000-"KD" | 特定前缀的编码，中间是4位流水号，带后缀 |

图 51-8 通过自定义格式简化输入

- 文本内容的附加显示。

数字格式在多数场合主要应用于数值型数字的显示需求，用户也可创建出主要应用于文本型数据的自定义格式，为文本内容的显示增添更多样式和附加信息。常用的有以下几种针对文本数据的自定义格式。

（1）简化输入格式代码：

```
;;;"集团公司"@"部"
```

**代码解析**：格式代码分为 4 个区段，前 3 个区段禁止非文本型数据的显示，第 4 区段为文本型数据增加了一些附加信息。此类格式可大大简化输入操作，或是某些固定样式的动态内容显示（例如公文信笺标题、署名等）。

（2）文本右对齐格式代码：

```
;;;* @
```

**代码解析**：文本型数据通常在单元格中靠左对齐显示，设置这样的格式可以在文本左边填充足够多的空格，使文本内容显示为靠右侧对齐。

（3）一些特殊文本的输入格式代码：

```
;;;@*_
```

**代码解析**：此格式在文本内容的右侧填充下划线"_"，形成类似签名栏的效果，用于一些需要打印后手动填写的文稿类型。

此类自定义格式显示效果如图 51-9 所示。

| 原始数值 | 显示为 | 代码 | 说明 |
|---|---|---|---|
| 市场 | 集团公司市场部 | ;;;"集团公司"@"部" | 显示部门 |
| 财务 | 集团公司财务部 | 同上 | 同上 |
| 长宁 | 长宁区分店 | ;;;@"区分店" | 显示区域 |
| 徐汇 | 徐汇区分店 | 同上 | 同上 |
| 三 | 三年级 | ;;;@"年级" | 年级显示 |
| 三 | 第三大街 | ;;;"第"@"大街" | 街道显示 |
| 右对齐 | 右对齐 | ;;;* @ | 文本内容靠右对齐显示 |
| 签名栏 | 签名栏____________ | ;;;@*_ | 预留手写文字位置 |

图 51-9 文本类型数据的多种显示方式

# 技巧 52 日期格式变变变

日期和时间是用户在 Excel 中经常需要处理的一类数据，不同的报表也会要求使用不同的格式。

默认情况下，当用户在单元格中输入日期的时候，Excel 会自动应用短日期格式来显示。更改系统日期格式的方法如下：

按<Win+C>组合键打开【控制面板】，单击【区域与语言】图标，在打开的【区域与语言】对话框中单击【其他设置】按钮，在【自定义格式】对话框中选择【日期】选项卡，对系统的日期格式进行相应的设置，如图 52-1 所示。

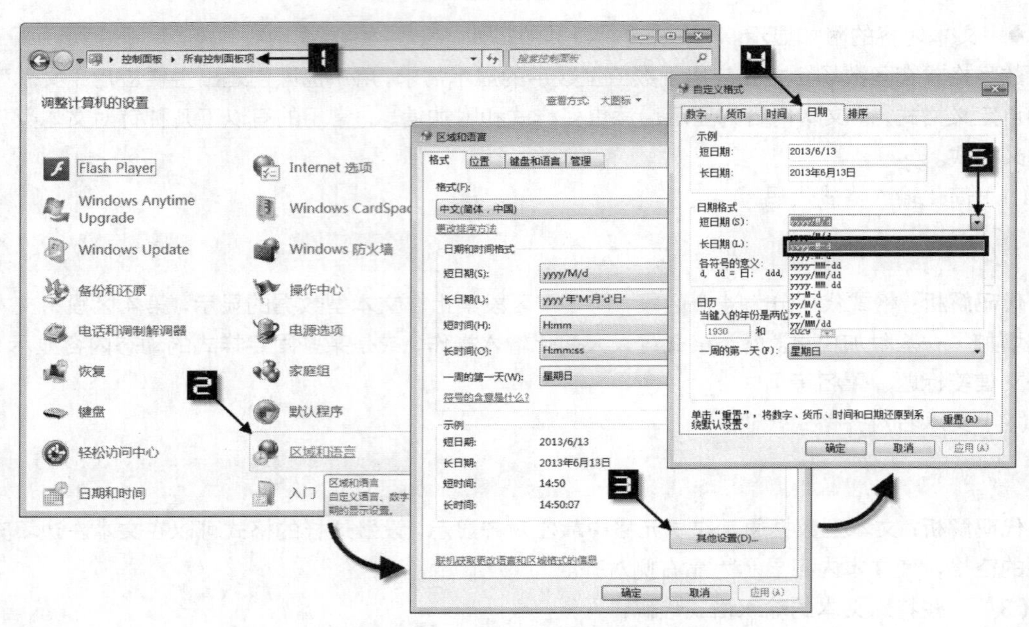


图 52-1　系统日期和时间格式的设置

**注意!** 这里所做的更改会影响到多个应用程序而不仅仅是 Excel。

除了以上介绍的代码格式及其结构外，在编写与日期和时间相关的自定义数字格式时，还有一些与日期时间格式相关的代码符号，如表 52 所示。

**表 52　　与日期时间格式相关的代码符号**

<table>
<tr><th>代　码</th><th>符号含义及示例</th></tr>
<tr><td>aaa</td><td>使用中文简称显示星期几（一～日），不显示“星期”两字<table><tr><th>显示为</th><th>原始数值</th><th>格式代码</th></tr><tr><td>六</td><td>2011-2-19</td><td>aaa</td></tr></table></td></tr>
<tr><td>aaaa</td><td>使用中文全称显示星期几(“星期一”～“星期日”)<table><tr><th>显示为</th><th>原始数值</th><th>格式代码</th></tr><tr><td>星期六</td><td>2010-2-19</td><td>aaaa</td></tr></table></td></tr>
<tr><td>d</td><td>使用没有前导 0 的数字来显示日期(1～31)<table><tr><th>显示为</th><th>原始数值</th><th>格式代码</th></tr><tr><td>9</td><td>2011-2-9</td><td>d</td></tr></table></td></tr>
<tr><td>dd</td><td>使用有前导 0 的数字来显示日期(01～31)<table><tr><th>显示为</th><th>原始数值</th><th>格式代码</th></tr><tr><td>09</td><td>2011-2-9</td><td>dd</td></tr></table></td></tr>
</table>

续表

<table>
<tr><th>代　码</th><th>符号含义及示例</th></tr>
<tr><td>ddd</td><td>使用英文缩写来显示星期几(Sun～Sat)<table><tr><th>显示为</th><th>原始数值</th><th>格式代码</th></tr><tr><td>Sat</td><td>2011-2-19</td><td>ddd</td></tr></table></td></tr>
<tr><td>dddd</td><td>使用英文全拼来显示星期几(Sunday～Saturday)<table><tr><th>显示为</th><th>原始数值</th><th>格式代码</th></tr><tr><td>Saturday</td><td>2011-2-19</td><td>dddd</td></tr></table></td></tr>
<tr><td>m</td><td>使用没有前导 0 的数字来显示月份或分钟(1～12 或 0～59)<table><tr><th>显示为</th><th>原始数值</th><th>格式代码</th></tr><tr><td>2</td><td>2011-2-19</td><td>m</td></tr><tr><td>15:2</td><td>0.626793981</td><td>m</td></tr></table></td></tr>
<tr><td>mm</td><td>使用有前导 0 的数字来显示月份或分钟(01～12 或 00～59)<table><tr><th>显示为</th><th>原始数值</th><th>格式代码</th></tr><tr><td>15:02</td><td>0.626793981</td><td>mm</td></tr><tr><td>02</td><td>2011-2-19</td><td>mm</td></tr></table></td></tr>
<tr><td>mmm</td><td>使用英文缩写显示月份(Jan～Dec)<table><tr><th>显示为</th><th>原始数值</th><th>格式代码</th></tr><tr><td>Feb</td><td>2011-2-19</td><td>mmm</td></tr></table></td></tr>
<tr><td>mmmm</td><td>使用英文全拼显示月份(January～December)<table><tr><th>显示为</th><th>原始数值</th><th>格式代码</th></tr><tr><td>February</td><td>2011-2-19</td><td>mmmm</td></tr></table></td></tr>
<tr><td>mmmmm</td><td>使用英文首字母显示月份(J～D)<table><tr><th>显示为</th><th>原始数值</th><th>格式代码</th></tr><tr><td>F</td><td>2011-2-19</td><td>mmmmm</td></tr></table></td></tr>
<tr><td>y/yy</td><td>使用两位数字显示公历年份(00～99)<table><tr><th>显示为</th><th>原始数值</th><th>格式代码</th></tr><tr><td>11</td><td>2011-2-19</td><td>y/yy</td></tr></table></td></tr>
<tr><td>yyyy</td><td>使用 4 位数字显示公历年份(1900～9999)<table><tr><th>显示为</th><th>原始数值</th><th>格式代码</th></tr><tr><td>2011</td><td>2011-2-19</td><td>yyyy</td></tr></table></td></tr>
<tr><td>b</td><td>使用两位数字显示泰历(佛历)年份(43～99)</td></tr>
<tr><td>bb</td><td>使用两位数字显示泰历(佛历)年份(43～99)</td></tr>
<tr><td>bbb</td><td>使用 4 位数字显示公历年份(2443～9999)</td></tr>
<tr><td>b2 前缀</td><td>显示回历日期</td></tr>
<tr><td>h</td><td>使用没有前导 0 的数字来显示小时(0～23)<table><tr><th>显示为</th><th>原始数值</th><th>格式代码</th></tr><tr><td>7</td><td>0.326793981</td><td>h</td></tr></table></td></tr>
<tr><td>hh</td><td>使用有前导 0 的数字来显示小时(00～23)<table><tr><th>显示为</th><th>原始数值</th><th>格式代码</th></tr><tr><td>07</td><td>0.326793981</td><td>hh</td></tr></table></td></tr>
<tr><td>s</td><td>使用没有前导 0 的数字来显示秒数(0～59)<table><tr><th>显示为</th><th>原始数值</th><th>格式代码</th></tr><tr><td>2</td><td>0.000717593</td><td>s</td></tr></table></td></tr>
<tr><td>ss</td><td>使用有前导 0 的数字来显示秒数(00～59)<table><tr><th>显示为</th><th>原始数值</th><th>格式代码</th></tr><tr><td>02</td><td>0.000717593</td><td>ss</td></tr></table></td></tr>
</table>

续表

<table>
<tr><th>代　码</th><th>符号含义及示例</th></tr>
<tr><td>[h]、[m]、[s]</td><td>显示超出进制的小时数、分钟数、秒数（如大于 24 的小时数或大于 60 的分与秒）<table><tr><th>显示为</th><th>原始数值</th><th>格式代码</th></tr><tr><td>49:22</td><td>2.056944444</td><td>[hh]:mm</td></tr><tr><td>883:13</td><td>0.613344907</td><td>[mm]:ss</td></tr></table></td></tr>
<tr><td>AM/PM(A/P)</td><td>使用英文上下午显示 12 进制时间<table><tr><th>显示为</th><th>原始数值</th><th>格式代码</th></tr><tr><td>03:02:35 PM</td><td>0.626793981</td><td>hh:mm:ss AM/PM</td></tr></table></td></tr>
<tr><td>上午/下午</td><td>使用中文上下午显示 12 进制时间<table><tr><th>显示为</th><th>原始数值</th><th>格式代码</th></tr><tr><td>03:02:35 下午</td><td>0.626793981</td><td>hh:mm:ss 上午/下午</td></tr></table></td></tr>
</table>

图 52-2 中用上述代码创建了一些常用的实例，其中的“原始数值”是日期和时间的序列值。

| 显示为 | 原始数值 | 格式 |
|---|---|---|
| 12:00 AM Tue May 9, 2006 | 38846 | h:mm AM/PM ddd mmm d, yyyy |
| May 9, 2006 (Tuesday) | 38846 | mmmm d, yyyy (dddd) |
| Tue 06/May/09 | 38846 | ddd yy-mmm-dd |
| 2006年5月20日 星期六 下午9时59分 | 38857.91635 | yyyy"年"m"月"d"日" aaaa 上午/下午h"时"m"分" |
| 14:05 | 0.587013889 | h:mm |
| 02:05:18 PM | 0.587013889 | hh:mm:ss AM/PM |
| 14:5:18 | 0.587013889 | h:m:s |
| 49:22 | 2.056944444 | [hh]:mm |
| 883:13 | 0.613344907 | [mm]:ss |

图 52-2　日期/时间自定义格式实例

## 技巧 53　保存自定义格式的显示值

在技巧 48 中曾经讲述过，无论单元格应用了何种数字格式，都只会改变单元格的显示内容，而不会改变单元格存储的真正内容。而 Excel 并没有提供直接的方法让用户得到自定义数字格式的显示值。

下面介绍一种简单有效的方法帮助用户达到这一目标。

**Step 1**　选定应用了自定义格式的单元格或单元格区域。

**Step 2**　按<Ctrl+C>组合键复制单元格或区域，然后关闭此工作簿。

**Step 3**　再次打开此工作簿或其他工作簿，按<Ctrl+V>组合键粘贴即可得到原始区域的显示内容。

# 技巧 54　同一个单元格里的文本设置多种格式

设置单元格格式的对象并不一定是单元格中的整个内容，对于单元格存储的文本内容也可以只对部分内容进行格式设置，利用这一特性，用户可以将同一个单元格的内容应用不同的格式。

- 使用功能区命令、浮动工具栏或【设置单元格格式】对话框。

选中单元格中的某个字符即可进行加粗、倾斜、改变颜色、字体等格式设置。

> **提示！**
> 选中单元格中的某一字符的方法如下：
> （1）在编辑栏中直接使用鼠标选择字符。
> （2）双击该单元格，直接在单元格中选择字符。
> （3）按<F2>键，使用<Shift+左右方向键>组合键选择某一特定字符。

- 使用【易用宝】。

**Step 1**　选中需要设置的单元格，在【易用宝】选项卡中依次单击【设置上下标】→【高级设置】。

**Step 2**　在打开的【易用宝-设置上下标】对话框中，单击需要设置的字符并勾选【效果】、【字体】和【下划线】中相应格式设置的复选框，为其设置相应的格式，在勾选【在单元格中预览】复选框的情况下，用户还可以直接在单元格中快速浏览格式效果，如图 54 所示。

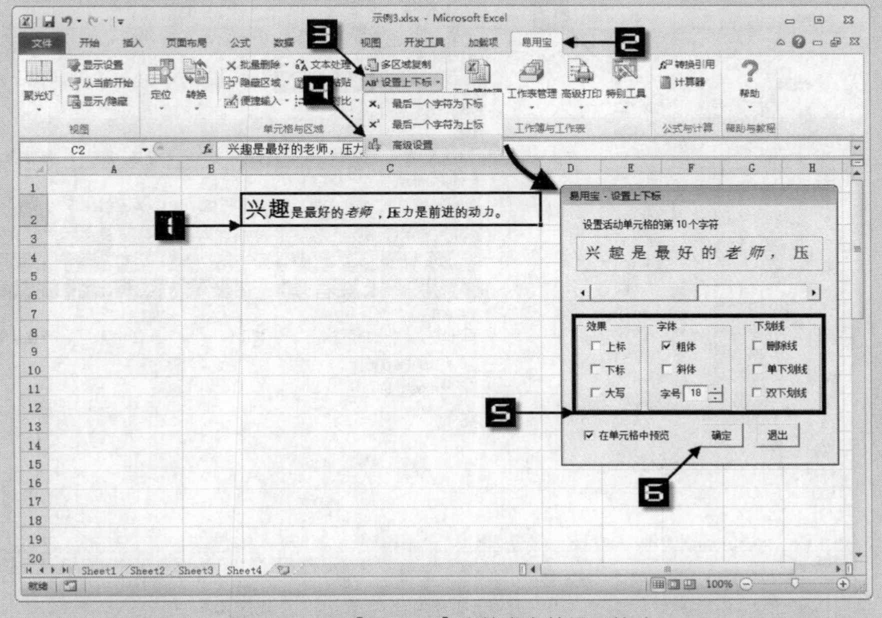


图 54　使用【易用宝】为特定字符设置格式

# 技巧55 玩转单元格样式

Excel 2010 的单元格样式具有以下特点。

- 醒目的放置位置，方便用户使用。
- 直接单击即可应用样式，不需要对话框。
- 实时预览模式，更快找到合适的样式。
- 创建自定义样式，满足更多特殊需求。

## 55.1 应用内置样式

从 Excel 2007 开始，单元格样式功能得到了很大的改进和提升。用户可以通过实时预览便能轻松选择 Excel 内置的多种单元格样式，具体方法如下：

选中需要设置样式的单元格或单元格区域，在【开始】选项卡中单击【单元格样式】按钮，在弹出的样式库中选择需要的样式即可，如图 55-1 所示。

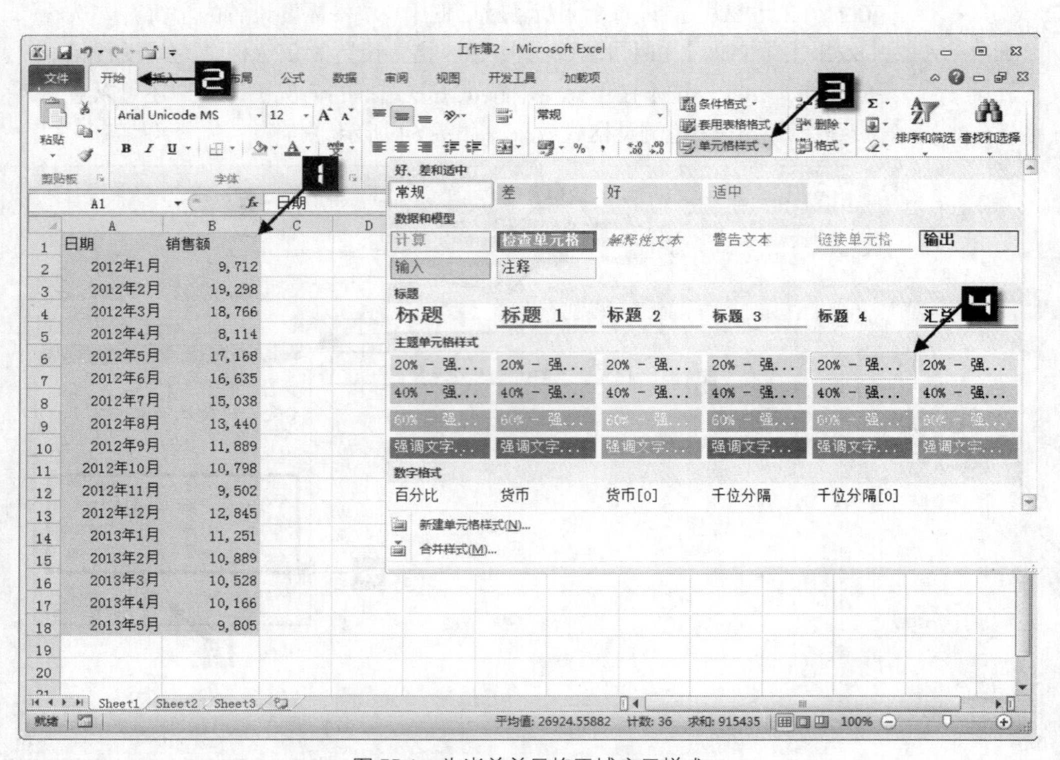

图 55-1 为当前单元格区域应用样式

单元格样式具有实时预览功能，在不同的样式选项之间移动鼠标时，选中的单元格或区域将会立即显示相应的样式，单击喜欢的样式即可为选中区域应用相应的样式。

## 55.2　修改现有的样式

当用户并不满意当前样式的效果时，可按以下操作对其进行修改。

**Step 1**　在【开始】选项卡中单击【单元格样式】按钮，在弹出的样式库中需要修改的样式上单击鼠标右键，在弹出的快捷菜单中选择【修改】命令。

**Step 2**　在弹出的【样式】对话框中，单击【格式】按钮，在打开的【设置单元格格式】对话框中进行相应的设置更改，依次单击【确定】按钮完成设置，如图 55-2 所示。

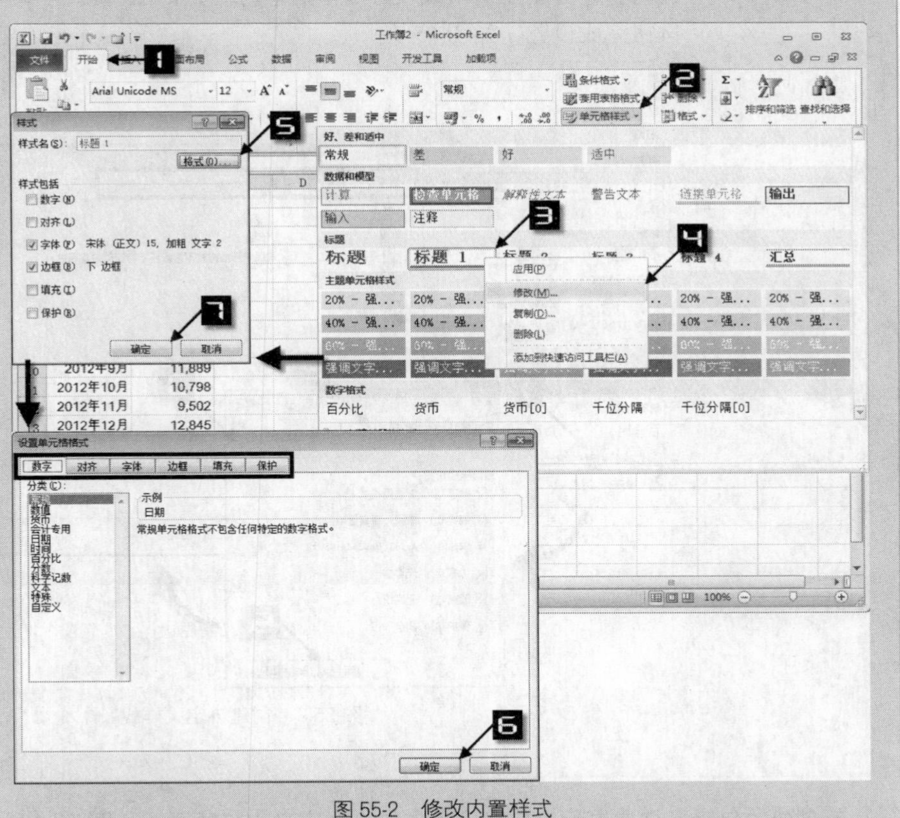


图 55-2　修改内置样式

一种样式最多由 6 种不同属性设置组成，分别对应【设置单元格格式】对话框中的【数字】、【对齐】、【字体】、【边框】、【填充】和【保护】选项卡。

当用户修改某种样式的格式属性后，所有使用了该样式的单元格会统一适应修改后的新样式。

通过修改【常规】样式中的格式属性，可以修改工作簿的默认字体。

## 55.3 创建新样式

当内置样式不能满足需要时，用户可以创建自己的单元格样式，方法如下：

Step 1 在【开始】选项卡中单击【单元格样式】按钮，在弹出的样式库中单击【新建单元格样式】命令，打开【样式】对话框。

Step 2 在【样式】对话框中的【样式名】文本框中输入样式的名称（如“我的样式”），单击【格式】按钮，打开【设置单元格格式】对话框，按自己的需求进行单元格格式设置后单击【确定】按钮，最后再次单击【确定】按钮完成设置，如图 55-3 所示。

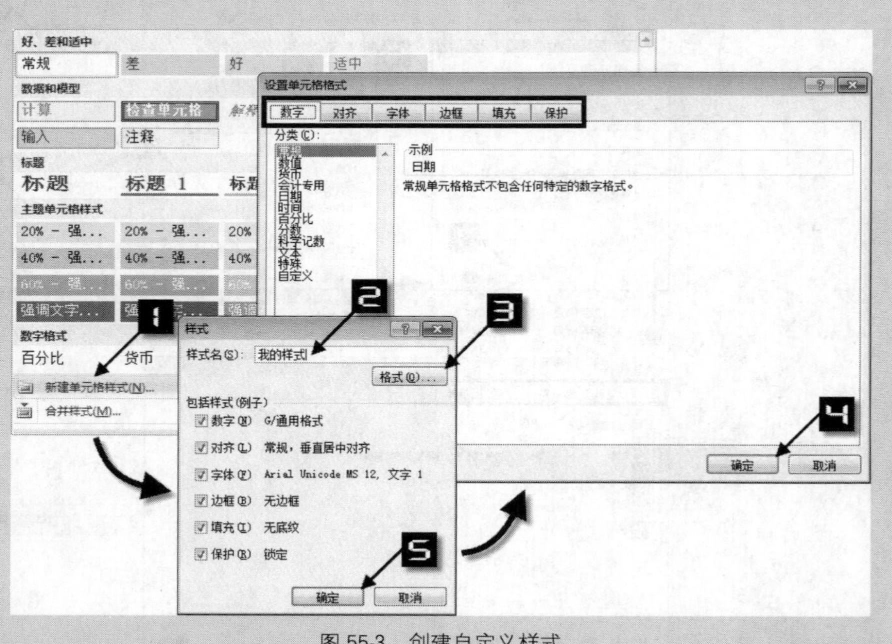

图 55-3 创建自定义样式

新创建的自定义样式显示在样式库上方的【自定义】样式区，如图 55-4 所示。

【样式】对话框中的【保护】选项只有在保护工作表模式中才会生效。

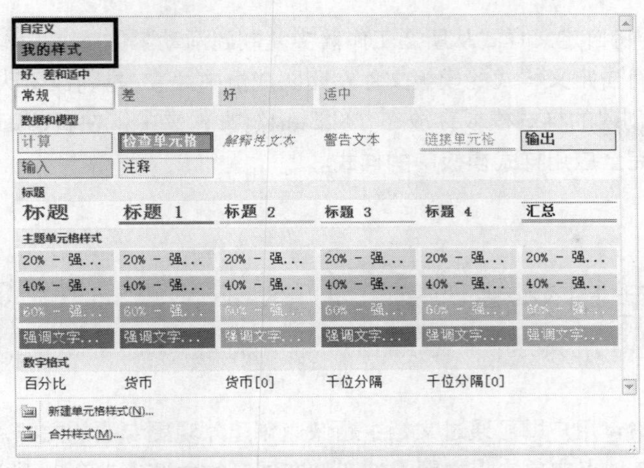


图 55-4　样式库中的自定义样式

## 技巧 56　共享自定义样式

用户创建的自定义样式只能在当前工作簿中使用，如果希望在其他工作簿中实现共享，可以使用合并样式来实现，具体步骤如下。

**Step 1** 打开含有样式的源工作簿（如“样式模板.xlsx”）和需要合并样式的目标工作簿。

**Step 2** 打开目标工作簿，在【开始】选项卡中单击【单元格样式】按钮调出【合并样式】对话框。

**Step 3** 在弹出的【合并样式】对话框中选中包含自定义样式的工作簿名称（如“样式模板.xlsx”），然后单击【确定】按钮，如图 56 所示。

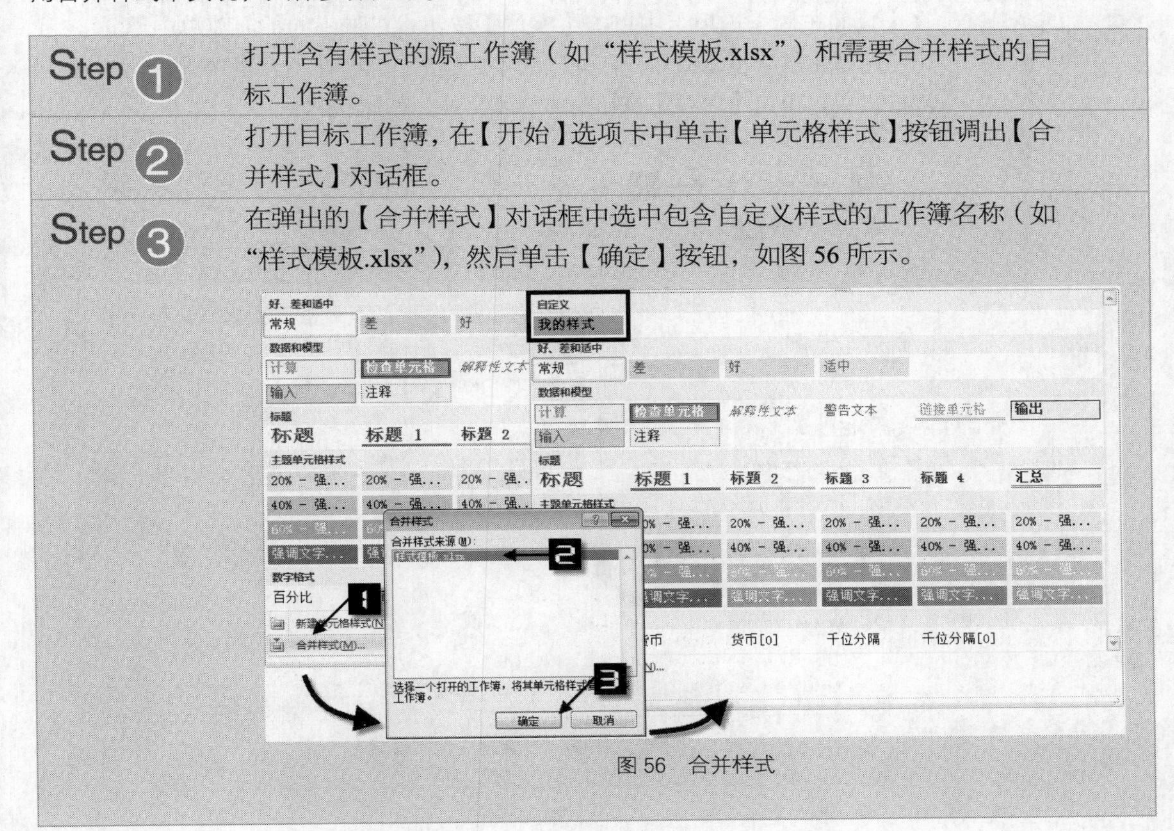


图 56　合并样式

这样，Excel 就会将自定义样式从所选工作簿中复制到活动工作簿。

创建一个包含所有自定义样式的模板文件在团队成员中共享，是确保团队统一表格风格的最佳途径之一。或者将所创建的样式模板存放在“XLStart”文件夹中，在新建工作簿时选择该样式模板，新建工作簿将会完全应用样式模板中的样式。

## 技巧 57 活用文档主题

从 Excel 2007 开始，用户即可通过文档主题快速创建外观更专业的文档。

在【页面布局】选项卡中单击【主题】按钮，在展开的主题库中会出现多种内置的主题选项，这些选项可实时预览，当用户将鼠标指针移动到不同的选项上时，活动工作表中将显示出相关的主题。确定喜欢的主题后，单击即可将此主题应用到工作簿中的所有工作表。

更为可喜的是，用户还可以通过更改文档主题的颜色、字体，以满足用户个性化的需求。

例如，用户喜欢“行云流水”主题，但需要使用不同的字体，则可以先为文档应用“行云流水”主题，再修改主题的字体，具体操作步骤如下：

**Step 1** 首先应用“行云流水”的主题。

**Step 2** 在【页面布局】选项卡中单击【字体】按钮，在弹出的扩展菜单中单击【新建主题字体】命令，在弹出的【新建主题字体】对话框中进行相应的设置，单击【保存】按钮完成修改字体，如图 57-1 所示。

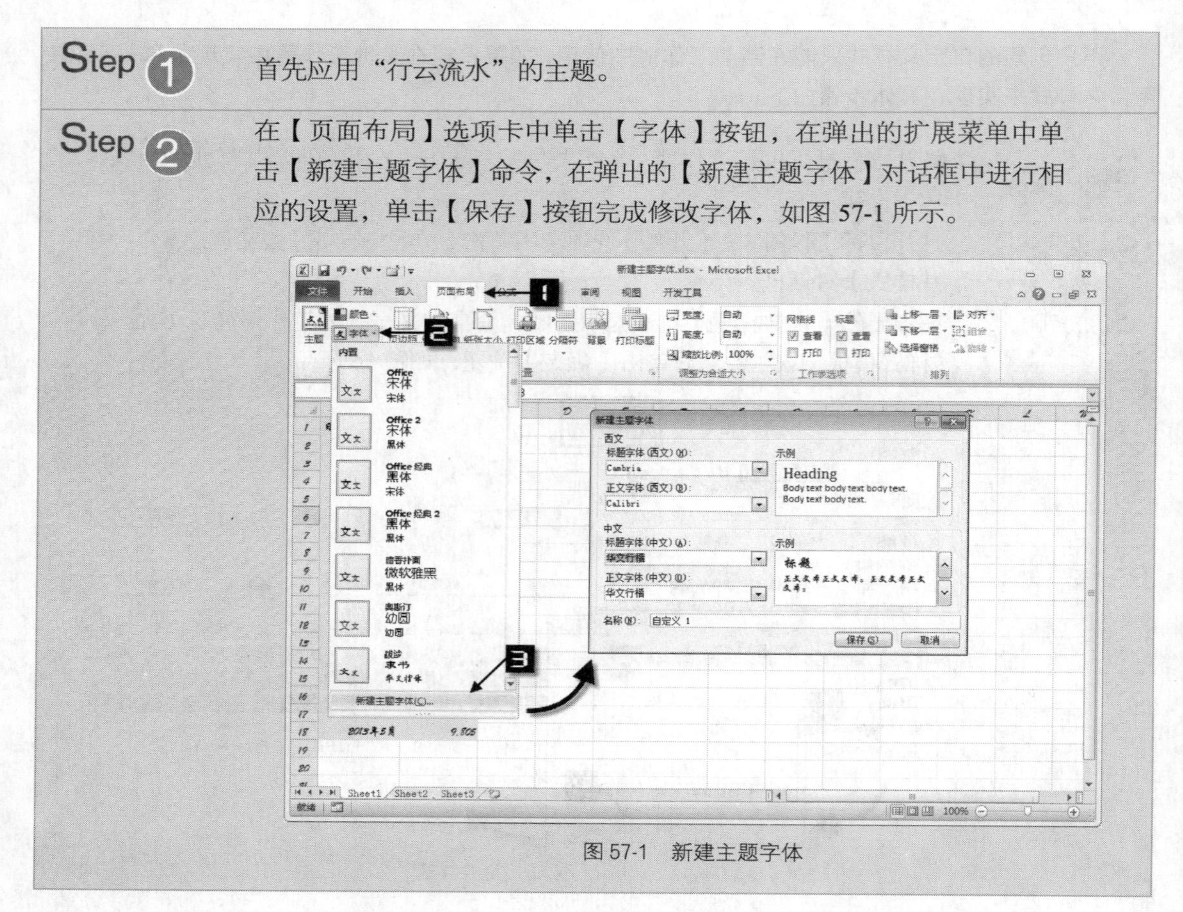


图 57-1 新建主题字体

每个主题都会使用两种字体，一种用于标题，一种用于正文。通常情况下，这两种字体是相同的。

主题颜色的修改和主题字体的修改类似，在【新建主题颜色】对话框中，用户可以自定义一组颜色。在自定义不同的颜色时，对话框中的预览示例将会更新。

用户如果希望将自定义的主题用于更多的工作簿，甚至可以将当前的主题保存为主题文件（如"主题 3.thmx"），如图 57-2 所示。其他 Office 应用程序也可以使用这些自定义主题文件。

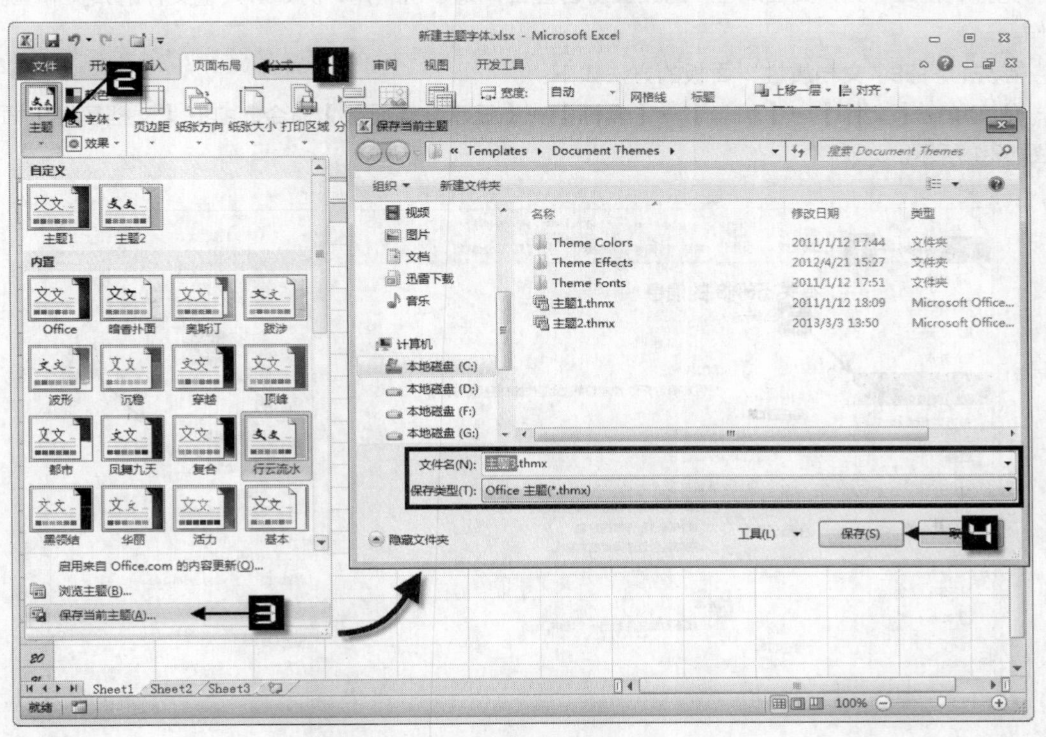


图 57-2　保存主题文件

# 第 6 章　优化 Excel 工作环境

## 技巧 58　使用文档属性

充分利用工作簿“文档属性”的设置对管理工作簿非常有用，例如对大量文件的归类和查找等工作。

首先，打开“文档属性”面板的方法如下：

依次单击【文件】→【信息】→【属性】→【显示文档面板】命令，打开【文档属性】面板，如图 58-1 所示。

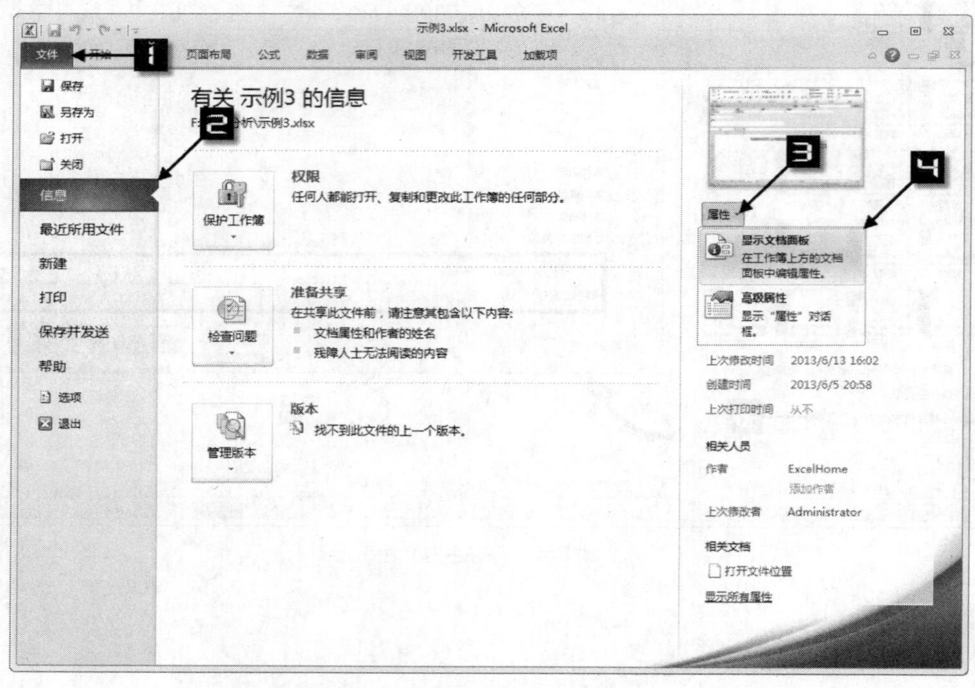


图 58-1　打开【文档属性】面板

然后，在文档属性面板上的文本框中输入相关信息。弹出的【文档属性】面板位于编辑栏上方。用户可以在【作者】、【标题】、【主题】、【关键词】、【类别】、【状态】以及【备注】文本框内输入相应内容，以完善工作簿的属性信息。工作簿被保存后，系统将自动生成“位置”信息，可以查看工作簿保存的路径信息，如图 58-2 所示。

打开计算机中的任意磁盘，在列标题上单击鼠标右键，在弹出的快捷菜单中，用户能够看到可以显示的附加文件属性。单击【其他】选项，弹出【选择详细信息】对话框，用户可以设置显示更多的附加文件属性，包括【文档属性】面板中的所有信息，被勾选的文档属性将会在【搜索】窗口中显示，如图 58-3 所示。

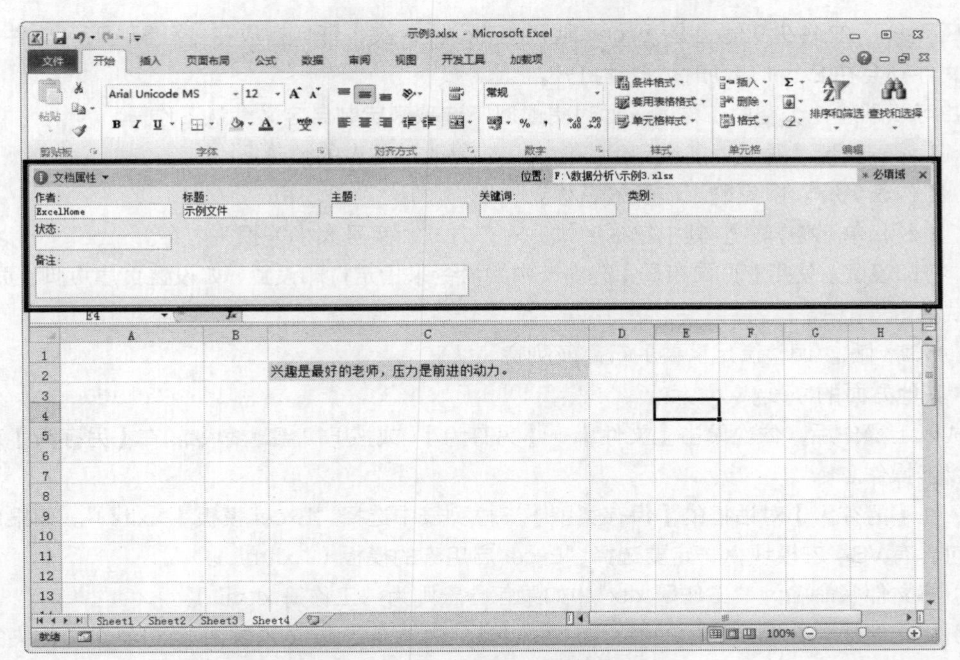


图 58-2　【文档属性】面板

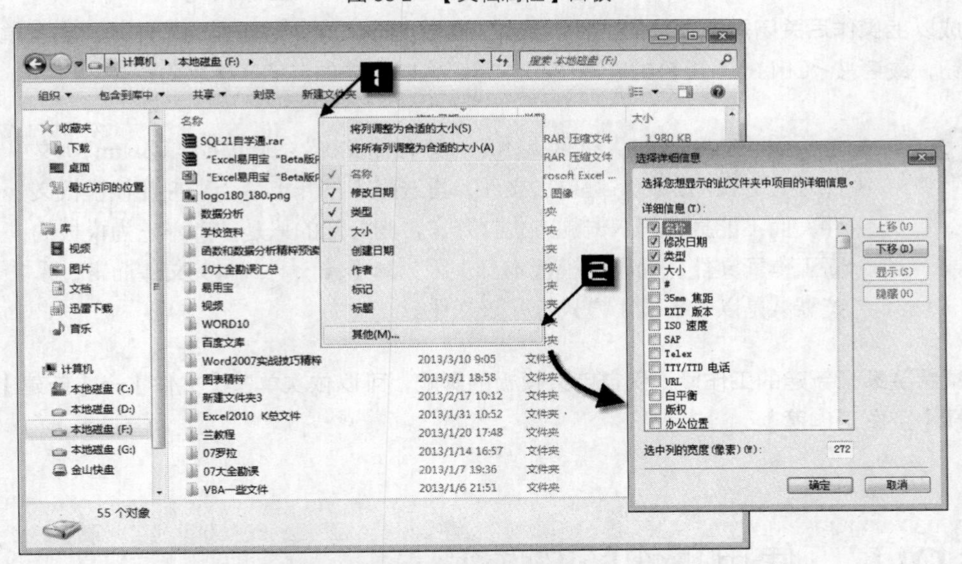


图 58-3　使用【选择详细信息】指定搜索窗口中显示的文件属性

## 技巧 59　自定义默认工作簿

通常情况下，新建的工作簿默认包含 3 个工作表，字体默认为宋体 11 号，行高和列宽分别为 13.5 和 8.25 等。如果用户经常修改这些默认设置，可以创建一个名为“工作簿.xltx”的 Excel 模板文件，并将它保存到 Excel 的启动文件夹“XLSTART”中。

“XLSTART”文件夹实际上是 Excel 默认的启动文件夹，任何存放在“XLSTART”文件夹内的工作簿文件都会在 Excel 启动时被自动打开。

用户可以创建一个空白工作簿，通过更改以下选项来定制自定义默认工作簿。

- 工作表数量。通过添加或删除工作表，以更改工作表的数量。
- 工作表名称。以更改工作表的名称。
- 主题和单元格样式。其中包括字体、对齐方式、字号大小等相关内容。
- 打印设置。使用【页面布局】选项卡中的命令来指定打印设置，如设置页眉页脚、页边距、居中方式等。
- 行高列宽。调整满足需要的行高及列宽。
- 其他方面的修改。

完成以上操作后，依次单击【文件】→【另存为】(或按 F12 键)命令。在【另存为】对话框中进行以下操作。

(1)在【另存为】对话框的【保存类型】下拉列表中选择“Excel 模板(*.xltx)”。如果用户的模板中包含有 VBA 宏模块，一定要选择“Excel 启用宏的模板(*.xltm”)。

(2)将文件名命名为“工作簿.xltx”(如果包含宏则为“工作簿.xltm”)。

(3)将文件保存在 XLSTART 目录下。通常情况下，Window 7 系统中 XLSTART 文件夹的路径是“C:\Users\Administrator\AppData\Roaming\Microsoft\Excel \XLSTART”。

完成以上操作后关闭刚才创建的文件。现在，每次启动 Excel 时新建的工作簿，或者单击【新建】按钮，或者按<Ctrl+N>组合键新建的工作簿都将以刚才的自定义模板为蓝本。

定位到“XLSTART”文件夹中的“工作簿.xltx”(或“工作簿.xltm”)文件时，应该用鼠标右键单击文件，再选择【打开】命令来打开该模板文件，而不能直接用双击的方式打开，否则打开的只是一个以它为模板的新工作簿文件，而不是模板本身。因为对于.xltx(.xltm)文件而言，系统默认是以“新建”方式打开该文件。

如果希望某个新建的工作簿不受自定义模板的影响，可以依次单击【文件】→【新建】命令，然后选择【空白工作簿】。

## 技巧 60 使用工作区文件

有的时候，用户会使用多个工作簿来完成某一项工作。往往在处理这一项工作时需要逐个打开这些相关的工作簿，降低了工作效率，创建工作区文件可以帮助用户摆脱这一重复性的操作。

**Step 1** 打开处理这一项工作所需的所有工作簿文件。

**Step 2** 按照需要排列好窗口(关于窗口重排请参阅技巧 67)。

**Step 3** 在【视图】选项卡单击【保存工作区】按钮，打开【保存工作区】对话框。Excel 会自动为工作区文件命名为“resume.xlw”，用户可以根据需要保存为自己容易记忆的名称。

**Step 4** 单击【保存】按钮完成操作，如图 60 所示。

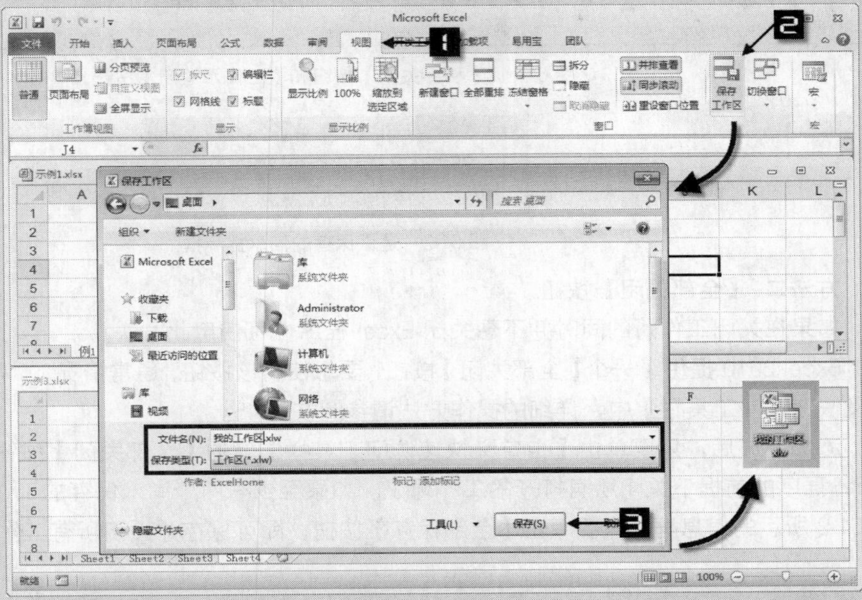

图 60 创建工作区文件

这样就保存了一个扩展名为“.xlw”的工作区文件。需要时可以通过【文件】→【打开】命令来打开工作区文件。这样，所有相关的工作簿就都会被打开，并且自动按照上次保存工作区时的方式进行窗口排列。

**注意!** 工作区文件只含有文件名和窗口位置信息，并不包含实际工作簿文件。所以，如果在保存为工作区文件后，工作簿文件的位置发生了改变，那么该工作区文件就会失效。

## 技巧 61 批量关闭工作簿

在 Excel 2010 中有以下两种方法可以在保存所做修改时批量关闭所有打开的工作簿。

**方法一：<Shift>+【程序关闭】按钮**

按住<Shift>键的同时，单击 Excel 程序窗口右上角的【程序关闭】按钮，如图 61-1 所示。如果至少有两个文件尚未保存，Excel 会弹出如图 61-2 所示的信息框，这时用户只需单击【全部保存】按钮即可保存并关闭当前所有打开的工作簿，同时会关闭 Excel 程序。

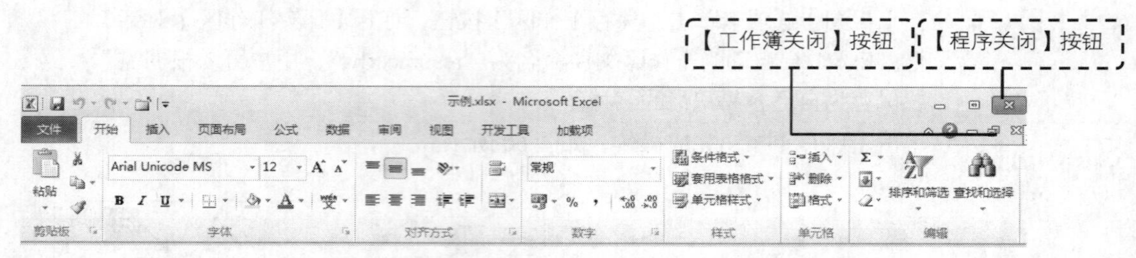


图 61-1 【程序关闭】按钮和【工作簿关闭】按钮

图 61-2 是否保存的信息提示框

**方法二：【全部关闭】按钮**

如果在关闭工作簿的同时并不想关闭 Excel 程序，可使用此方法。

Excel 2010 提供了一个【全部关闭】按钮，要想使用该按钮，通常情况下，需要将其添加到【自定义快速访问工具栏】中，详细的操作方法请参阅技巧 45。

添加完成后，只要单击【自定义快速访问工具栏】上的【全部关闭】按钮，就可以在不关闭 Excel 程序的前提下关闭所有打开的工作簿了。如果至少有两个尚未保存的工作簿，同样会出现如图 61-2 所示的信息框，只要单击【全部保存】按钮，即可保存并关闭所有工作簿。

**提示!**

如果用户希望将打开的所有工作簿全部关闭，而又不希望保存对工作簿所做的任何修改，可以在按住<Shift>键的同时单击【不保存】按钮。Excel 就会关闭所有打开的工作簿，且不保存所做修改。

# 技巧 62 Excel 的保护选项

作为一款出色的电子表格软件，Excel 提供了多种保护选项，可以保护用户的机密数据不被随意复制，或者自己精心设计的格式、公式不被修改、删除等，还可以保护工作簿的结构以及窗口。

## 62.1 保护工作表

如果不希望一些数据被随意复制，或公式被随意修改，甚至删除，可以对工作表进行保护，具体操作步骤如下：

**Step 1** 选定允许被操作的单元格。然后，在【开始】选项卡中单击【格式】命令，在弹出的列表中单击【锁定单元格】（该命令用于切换单元格"锁定"状态），解锁这些单元格，如图 62-1 所示。

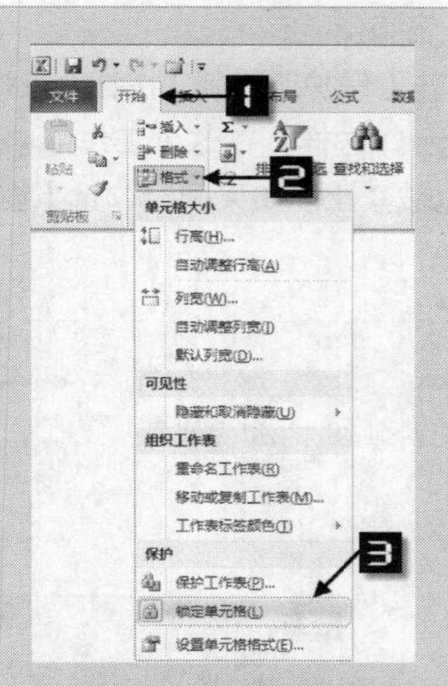


图 62-1　解锁单元格

Step 2　再次在【开始】选项卡中单击【格式】命令，在弹出的列表中单击【保护工作表】按钮，打开【保护工作表】对话框，设置相应的保护选项，并且可以指定密码。例如，如果取消勾选【选定锁定单元格】，被锁定单元格则不能被选定，那它们也就不可能被复制了，如图 62-2 所示。

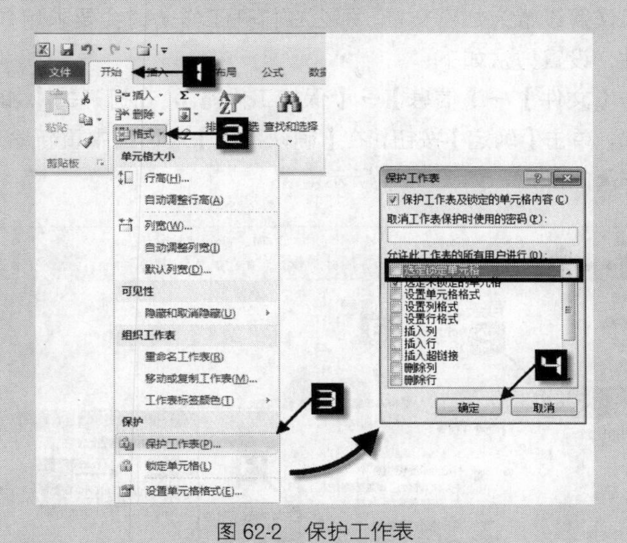


图 62-2　保护工作表

如果要隐藏公式，使它们在激活其所在单元格时不显示出来，可以选中公式所在单元格，按<Ctrl+1>组合键打开【设置单元格格式】对话框，在【保护】选项卡中勾选【隐藏】复选框。这一设置也只有在保护工作表模式下才有效。

## 62.2　保护工作簿

下面介绍两种常用的工作簿保护方式。

- 保护工作簿结构及窗口。

在【审阅】选项卡中单击【保护工作簿】按钮，在弹出的【保护结构和窗口】对话框中勾选【结构】复选框，如图 62-3 所示。这样，在这个工作簿中就不能进行添加、移动或删除工作表的操作了，隐藏和重命名等操作也被禁止。如果同时勾选【窗口】复选框，则工作簿所在窗口就无法移动或重新调整大小了。

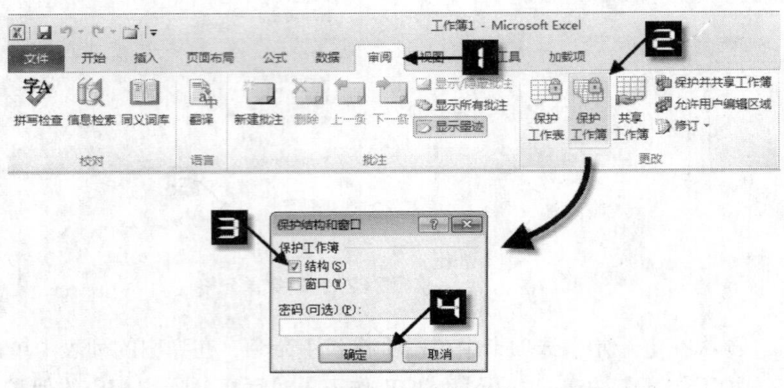


图 62-3　保护工作簿结构

- 加密以增强工作簿安全性。

如果把工作簿设置为加密文档，那么在打开工作簿时会要求用户输入密码，这也将有助于增加文件的安全性，设置方法如下：

依次单击【文件】→【信息】→【保护工作簿】，在打开的【加密文档】对话框中输入打开工作簿时的密码，单击【确定】按钮，在【确认密码】对话框中重新输入密码确认，再次单击【确定】按钮完成工作簿的加密，如图 62-4 所示。

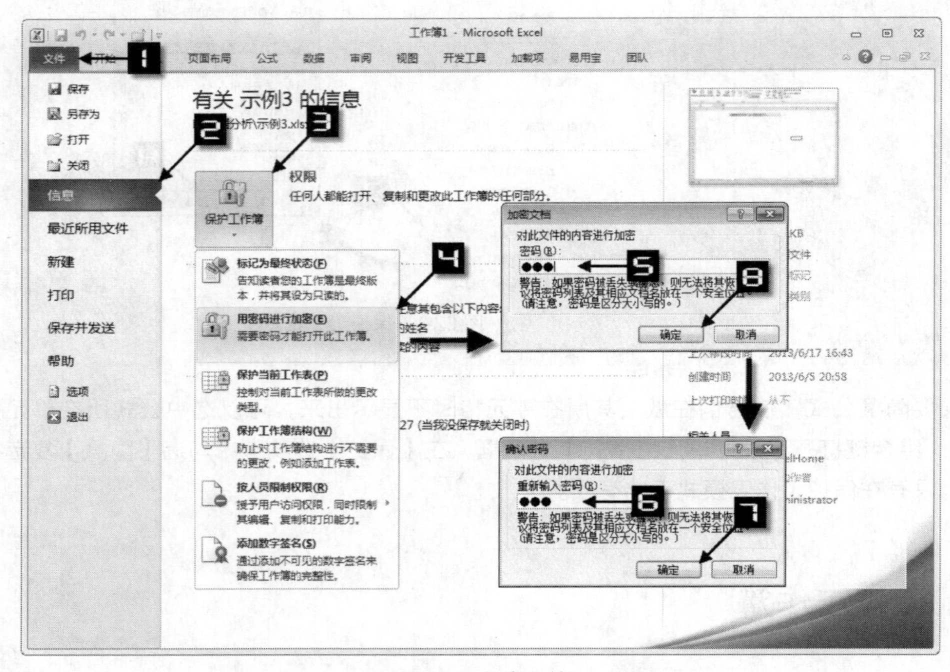


图 62-4　加密文档

# 技巧 63　工作簿瘦身秘笈

经常使用 Excel 的用户难免会遇到 Excel 文件在使用过程中莫名其妙地体积暴涨的情况，反应也越来越迟钝，很多时候，只存在少量数据的工作簿却、虚胖、得让人“不可思议”。

本技巧介绍一些常见的 Excel 文件体积虚增的原因及处理办法。

## 63.1　工作表中存在大量的细小图形对象

工作表中如果存在大量的细小图形对象，那么文件体积就可能在用户毫不知情的情况下暴增，这是一种很常见的 Excel “肥胖症”。

通过 Excel 2010 的【选择窗格】命令，可以看到当前工作表中的每一个对象的名称。打开这一窗格的方法是，在【开始】选项卡中依次单击【查找与选择】→【选择窗格】，如图 63-1 所示。

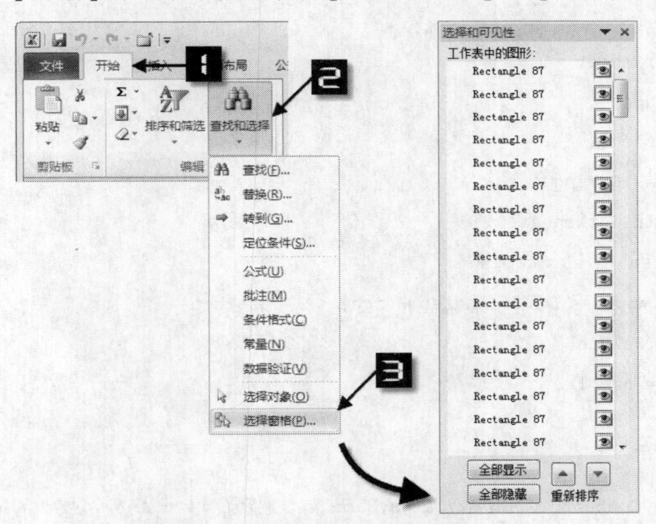


图 63-1　打开【选择和可见性】窗格

如果该窗格中出现了大量的对象名称，则说明当前文件中存在着大量的对象。另外，【选择与可见性】窗格中的【全部显示】和【全部隐藏】可切换对象在工作表中的显示与隐藏状态。当然，某些细小的不可见对象，即便在显示状态下也是不可见的。

有以下两种方法可以删除这些多余的对象。

**方法一：定位删除法**

在工作表中按<F5>键调出【定位】对话框，单击【定位条件】按钮，在打开的【定位条件】对话框中选中【对象】单选钮，最后单击【确定】按钮，如图 63-2 所示。当对象全部处于被选择状态时按<Delete>键删除它们即可。

如果工作表中的对象处于隐藏状态时，定位后虽然看不到被选中的状态，按<Delete>键同样可以删除它们。

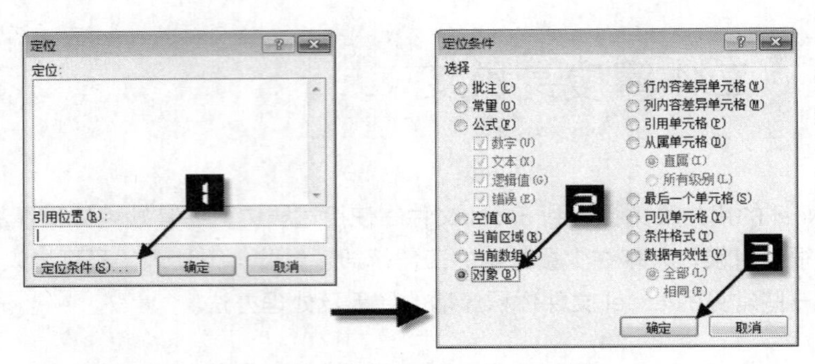


图 63-2　利用【定位】功能选中对象

**方法二：用 VBA 代码**

利用宏代码可以在多个工作表中更加精确地删除这些多余的对象。例如，可以根据需要只删除高度和宽度都小于 14.25 磅（0.5cm）的对象。

按<Alt+F11>组合键打开 VBA 编辑器窗口，依次单击【插入】→【模块】，插入一个新模块，然后在该模块的代码窗口中输入以下代码。

```
Sub DelAllShapes()
    Dim ws As Worksheet
    Dim sp As Shape
    Dim n As Double
    Dim Content As String
    For Each ws In Worksheets
        For Each sp In ws.Shapes
            If sp.Width < 14.25 And sp.Height < 14.25 Then
                sp.Delete
                n = n + 1
            End If
        Next
        Content = Content & "工作表" & ws.Name & " 删除了" & n & " 个对象" & vbCrLf
        n = 0
    Next
    MsgBox Content
End Sub
```

运行宏代码后将删除工作簿所有工作表中的特定大小的对象。

## 63.2　工作表中存在大量单元格格式或条件格式

仔细观察工作表的滚动条，如果滑标很小，且拖动滑标向下或向右可以到达很大的行号或列标，可工作表中实际使用的区域范围很小，如图 63-3 所示。这就说明有相当大的一块区域可能被操作过，如设置了单元格格式，或设置了条件格式等，这些并没有被实际使用的单元格就会对文件的体积产生很大的影响。

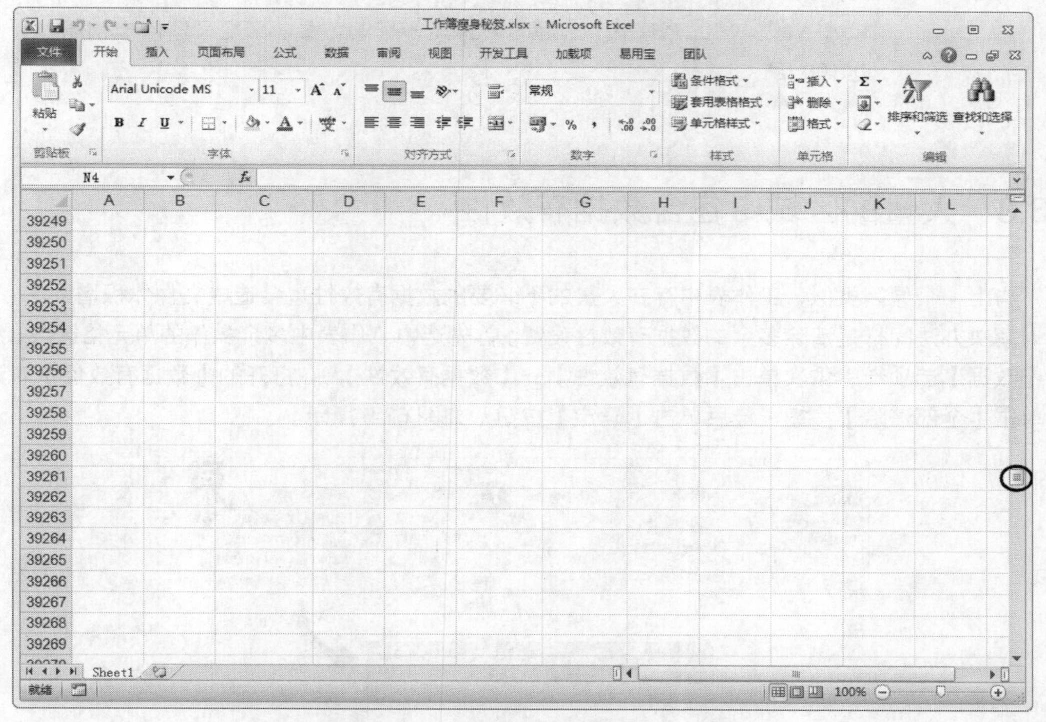


图 63-3　存在大量被操作单元格的空白工作表

针对这样的“肥胖症”，要删除这些多余的单元格格式或条件格式，其方法如下：

**Step 1**　单击选中单元格 A18，然后按<Ctrl+Shift+下方向键>组合键选中所有尚未实际使用过的已操作行，然后按<Ctrl+Shift+右方向键>组合键选中所有尚未实际使用的已操作区域。

**Step 2**　在【开始】选项卡中依次单击【清除】按钮→【全部清除】命令，如图 63-4 所示。

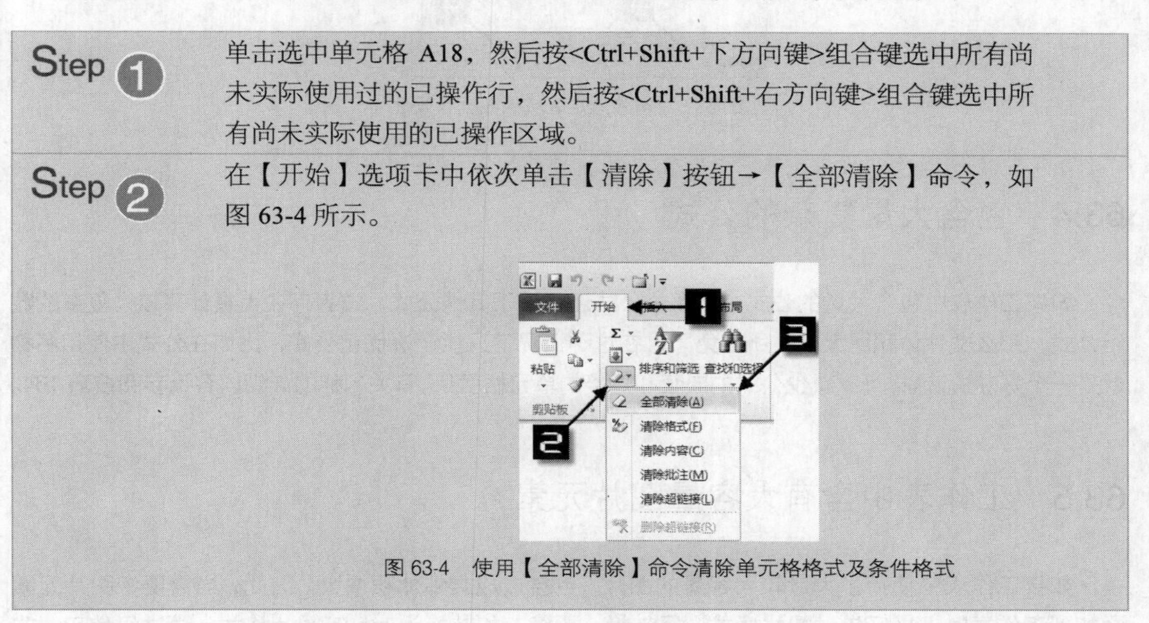


图 63-4　使用【全部清除】命令清除单元格格式及条件格式

如果需要在一行或一列的范围内设置统一的单元格格式，可以选取整行或整列进行设置，而不要只选择行列的一部分单独设置。前者不会造成文件体积虚增，而后者则会增加文件体积。如果分别选取 A1:A1048576 和 A:A 设置单元格格式，看起来好像是一样的，但结果是文件体积相差近 100 倍以上。

## 63.3 大量的区域中包含数据有效性

与上一个原因类似，工作表中存在大量的不必要的数据有效性也会造成文件体积增大。

解决办法同样是清除多余的数据有效性设置。首先选中工作表中多余操作的单元格区域，然后在【数据】选项卡中依次单击【数据有效性】→【数据有效性】，在打开的【数据有效性】对话框中单击【全部清除】按钮，最后单击【确定】按钮，如图 63-5 所示。

图 63-5 清除选定区域的数据有效性

## 63.4 包含大量复杂的公式

如果工作表中包含大量的公式，而每个公式还依赖于其他公式，或者存在大量计算较为复杂的数组公式，那么文件体积巨大就在所难免了。在这种情况下只能设法优化公式，比如在公式中使用名称就是一个好办法，这样可以减少公式的嵌套和直接的单元格引用。有关名称的详细内容请参阅技巧 164。

## 63.5 工作表中含有大容量图片元素

如果工作表中使用了大量较大容量的图片，也会造成文件体积增大。因此，当需要把图片元素添加到工作表时，最好先对图片格式进行转换、压缩，如转换为 jpg 等图片格式，再进行使用。或者在必须要插入大量图片元素时，把图片元素作为同面积大小的内置图形的背景添加，也是一个避免文件体积增大的好办法。

## 63.6 共享工作簿引起的体积虚增

多人使用的共享工作簿，在使用一段时间后，文件体积可能会虚增到正常情况下的几倍甚至几十倍。这也许是由于多人操作过程中产生了许多过程数据，这些数据被存储到工作簿文件内而没有被及时清理造成的。

对于此类体积虚增的工作簿文件，可以尝试取消“共享工作簿”，然后保存文件，多数情况下，就能使文件恢复到正常体积。如果需要继续与他人共享此工作簿，可以再次开启“共享工作簿”功能。

## 63.7 改变工作簿文件存储格式

如果确实没有其他任何原因，可以尝试将当前工作簿保存为二进制工作簿文件。Excel 二进制工作簿文件（*.xlsb）采用优化的二进制格式，将普通工作簿另存为二进制工作簿文件后体积会更小，运算速度会更快。

在工作簿窗口中按<F12>键，打开【另存为】对话框，选择【保存类型】为“Excel 二进制工作簿（*.xlsb）”，然后单击【保存】按钮完成操作，如图 63-6 所示。

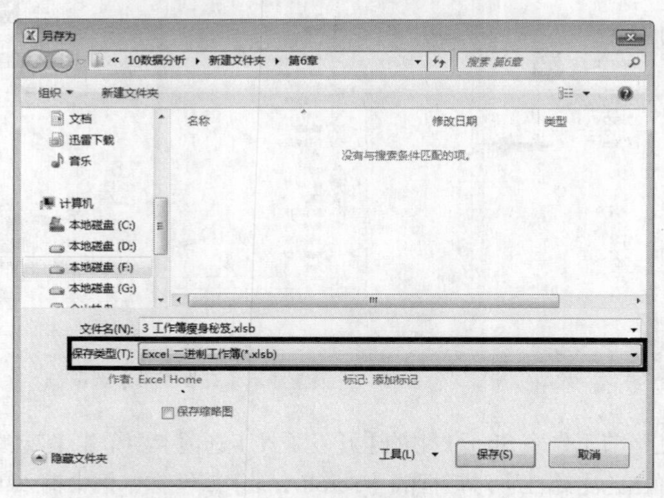


图 63-6 保存为二进制格式文件

# 技巧 64 限定工作表中的可用范围

如果在 Excel 中制作一个小型系统或者复杂的计算模型，常常希望只开放指定的单元格区域给其他用户使用，这样可以尽量避免其他用户的误操作。本技巧将介绍两种能够实现这一目标的方法：使用 ScrollArea 属性和使用工作表保护。

## 64.1 设置 ScrollArea 属性

工作表的 ScrollArea 属性返回或设置工作表中允许滚动的区域，且用户不能选定滚动区域之外的单元格。

如果用户希望只能在 Sheet1 工作表中的 C5:K20 单元格区域进行相关操作，具体步骤如下：

**Step 1** 首先，要保证【开发工具】选项卡的显示。依次单击【文件】→【选项】，在弹出的【Excel 选项】对话框单击【自定义功能区】选项卡，在【主选项卡】列表中勾选【开发工具】复选框，单击【确定】按钮完成设置，如图 64-1 所示。

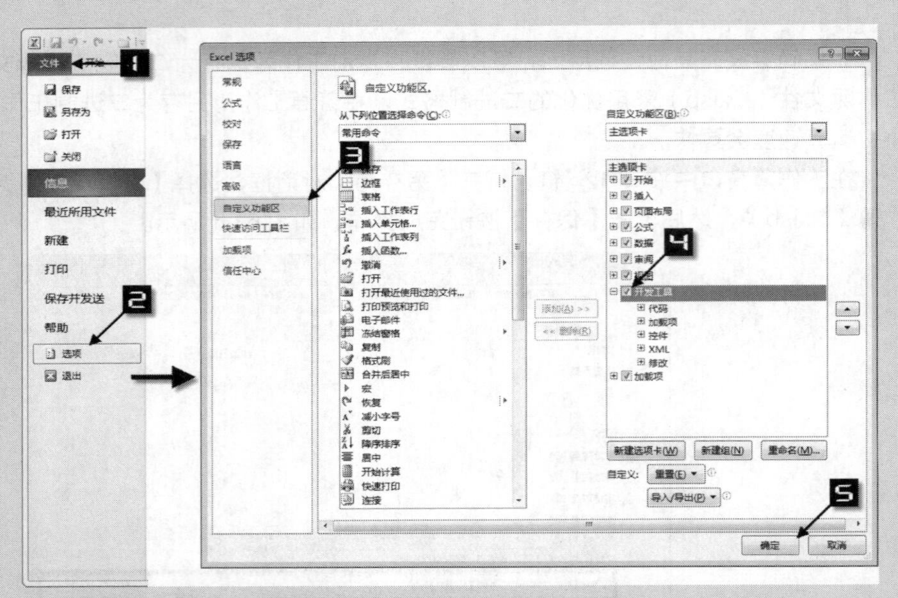


图 64-1　设置显示【开发工具】选项卡

**Step 2** 在当前工作表 Sheet1 中的【开发工具】选项卡中单击【属性】命令，在弹出的【属性】对话框的【ScrollArea】属性文本框中输入 C5:K20，然后按<Enter>键确定并关闭【属性】对话框，如图 64-2 所示。

这里用户不能像在其他对话框中那样使用鼠标选定单元格区域，必须通过手动方式输入单元格地址区域。输入的 A1 相对引用方式会被 Excel 自动转换为绝对引用地址。

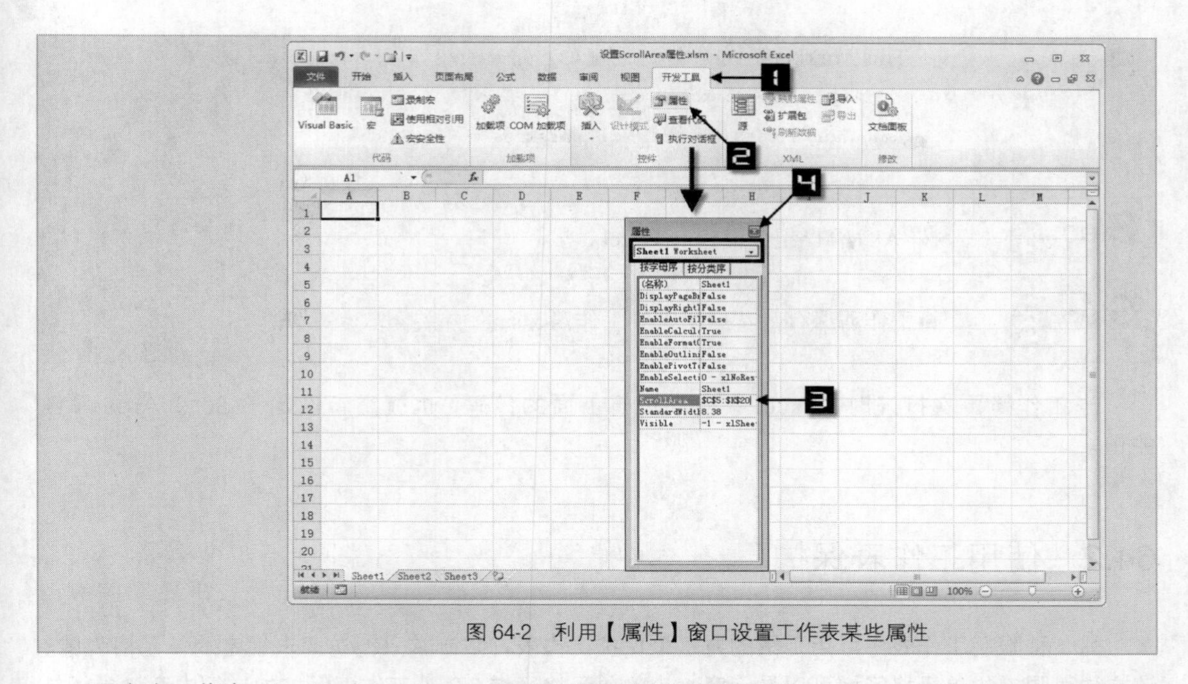


图 64-2 利用【属性】窗口设置工作表某些属性

现在在工作表 Sheet1 中，已经无法再激活指定区域外的任何单元格了，而且有些命令也被禁用。如用户可能不能再选择整行或整列，甚至连全选工作表的操作也会失效。

不过，这一方法有两个局限：

一是此方法只适用于一个单独的连续单元格区域。

二是 ScrollArea 属性是易失性的。也就是说，如果设置完成保存并关闭工作簿，下次再打开时，ScrollArea 属性会被重置，用户又可以随意选择任何一个单元格了。

解决 ScrollArea 属性易失性特点有一可行的办法，那就是编写一个简单的宏，并且在每次打开工作表时都执行它。具体操作步骤如下：

**Step 1** 按<Ctrl+F5>组合键确保工作表窗口非最大化。

**Step 2** 在标题栏上单击鼠标右键，在弹出的快捷菜单中单击【查看代码】，进入该工作簿的 ThisWorkbook 代码模块，如图 64-3 所示。

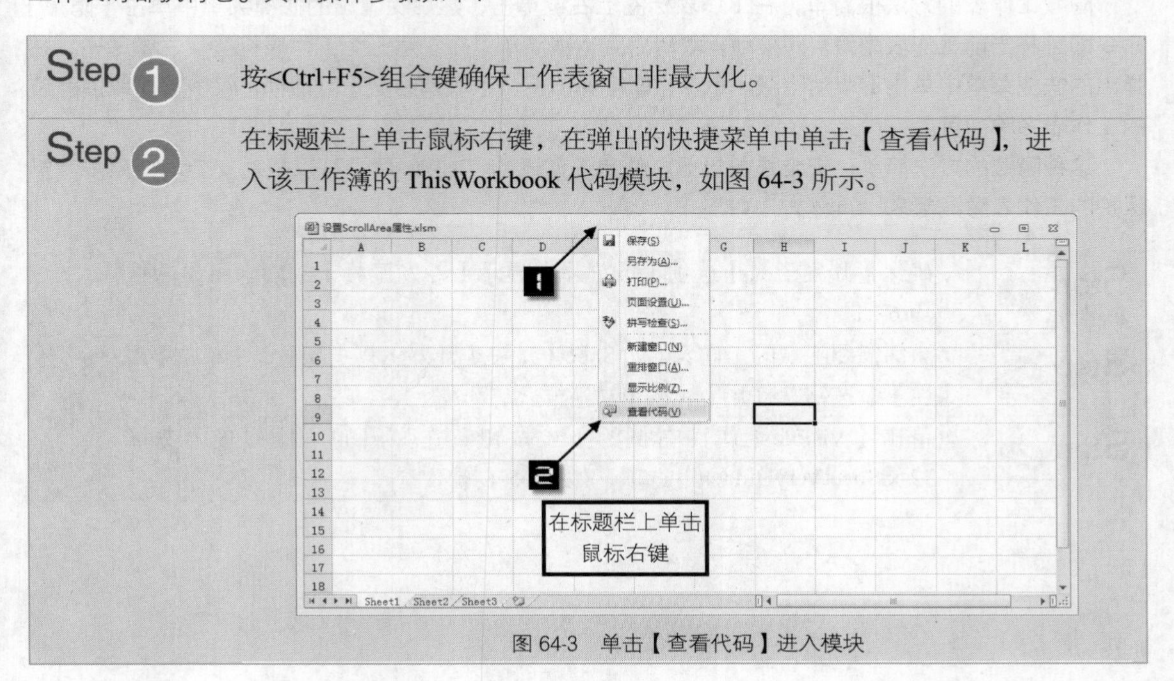


图 64-3 单击【查看代码】进入模块

| | |
|---|---|
| Step 3 | 在 ThisWorkbook 代码模块中输入下列 VBA 代码。<br>`Private Sub Workbook_Open()`<br>`    Worksheets("sheet1").ScrollArea = "C5:K20"`<br>`End Sub` |
| Step 4 | 按<Alt+F11>组合键返回 Excel。 |
| Step 5 | 将工作簿保存为“启用宏的工作簿.xlsm”并关闭。 |

当工作簿再次打开时，Excel 会自动运行上面的代码，也就重新设定了 ScrollArea 属性的值。

## 64.2 使用工作表保护

另一种限制工作表中可用范围的方法是保护工作表，限制其只能访问未锁定的单元格区域。该方法可限制的单元格区域可以是任意大小的单元格区域。有关工作表保护的详细内容请参阅技巧 62.1。

# 技巧 65 彻底隐藏工作表

隐藏工作表的方法很简单，在工作表标签上右键单击，然后在弹出的快捷菜单中单击【隐藏】命令即可将当前工作表隐藏。同样地，取消隐藏也很简单，在任意一个工作表标签上右键单击，在弹出的快捷菜单中单击【取消隐藏】命令，即可弹出一个【取消隐藏】对话框，双击需要取消隐藏的工作表名称即可。

这种隐藏的方法简单，安全系数极低。使用工作表的 Visible 属性可以相对安全地把用户需要保护的工作表隐藏起来。具体方法如下：

| | |
|---|---|
| Step 1 | 确保【开发工具】选项卡的显示。显示【开发工具】选项卡可参阅技巧 64.1。 |
| Step 2 | 激活需要隐藏的工作表（如 Sheet1），在【开发工具】选项卡中单击【属性】命按钮，打开【属性】对话框。 |
| Step 3 | 单击【Visible】属性右侧的下拉按钮，在弹出的下拉列表中选择“2-xlSheetVeryHidden”选项，如图 65-1 所示。 |

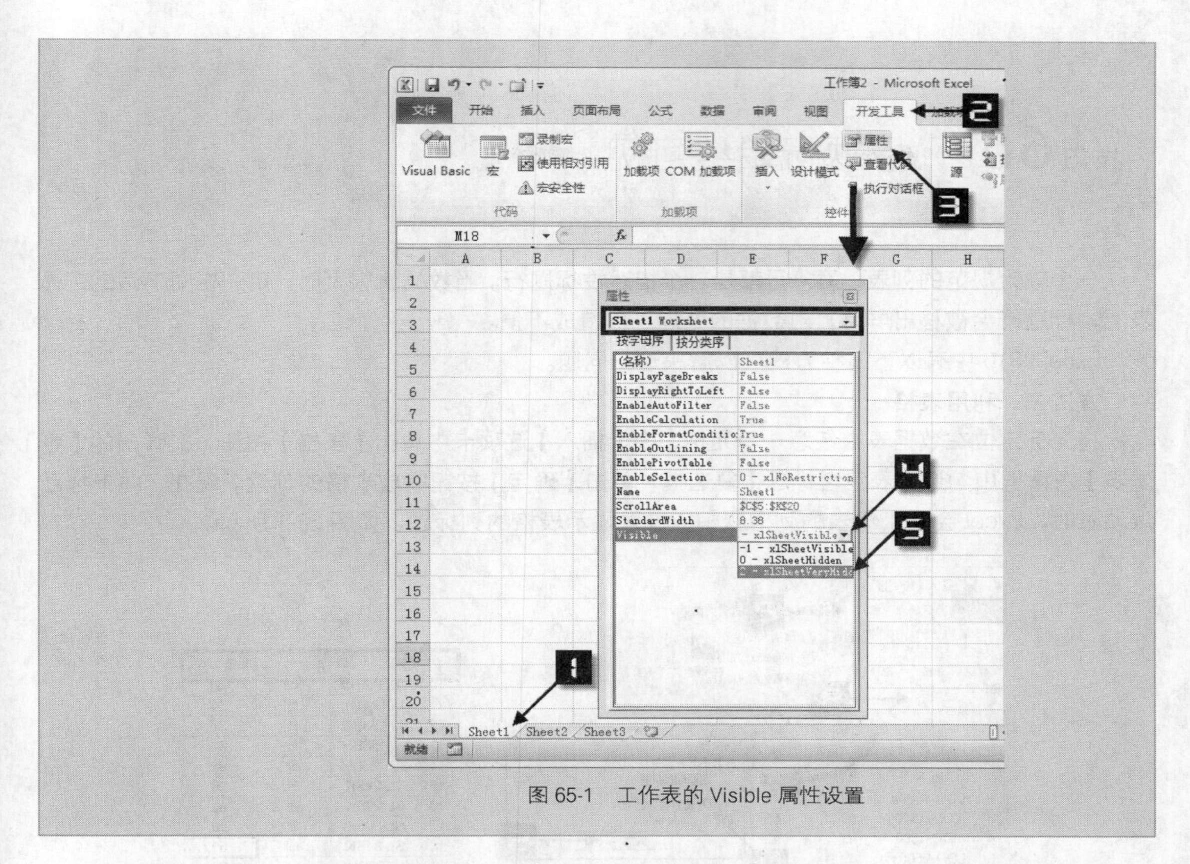

图 65-1 工作表的 Visible 属性设置

其中，在弹出的下拉列表中有 3 个选项，分别是："-1-xlSheetVisible"、"0-xlSheetHidden" 和 "2-xlSheetVeryHidden"，它们代表的含义分别是 "显示"、"隐藏" 和 "超级隐藏"。

如果要取消 Sheet1 工作表的隐藏需要按<Alt+F11>组合键进入 VBE 窗口中，在工程资源管理器窗口中选中刚才隐藏的工作表 Sheet1，依次单击【视图】→【属性窗口】，或者按<F4>键打开【属性窗口】，将工作表的 Visible 属性更改为 "-1-xlSheetVisible"，即可取消 Sheet1 的隐藏，如图 65-2 所示。

图 65-2 取消隐藏工作表

# 技巧 66 标题行始终可见

一个较为规范的列表，第一行都是一个描述性标题行。当数据量很大时，用户在向下滚动工作表时，标题行会被移出屏幕，对数据的处理工作造成不便。

Excel 2010 中有以下三种方式可以解决这一问题。

**方法一：利用表格**

将光标定位在数据表中任意一单元格，在【插入】选项卡中单击【表格】按钮，在弹出的【创建表】对话框中勾选【表包含标题】复选框，单击【确定】按钮完成表格的创建。现在，向下拖动滚动表时，Excel 会在工作表的列标题相应位置显示表格的列标题，如图 66-1 所示。

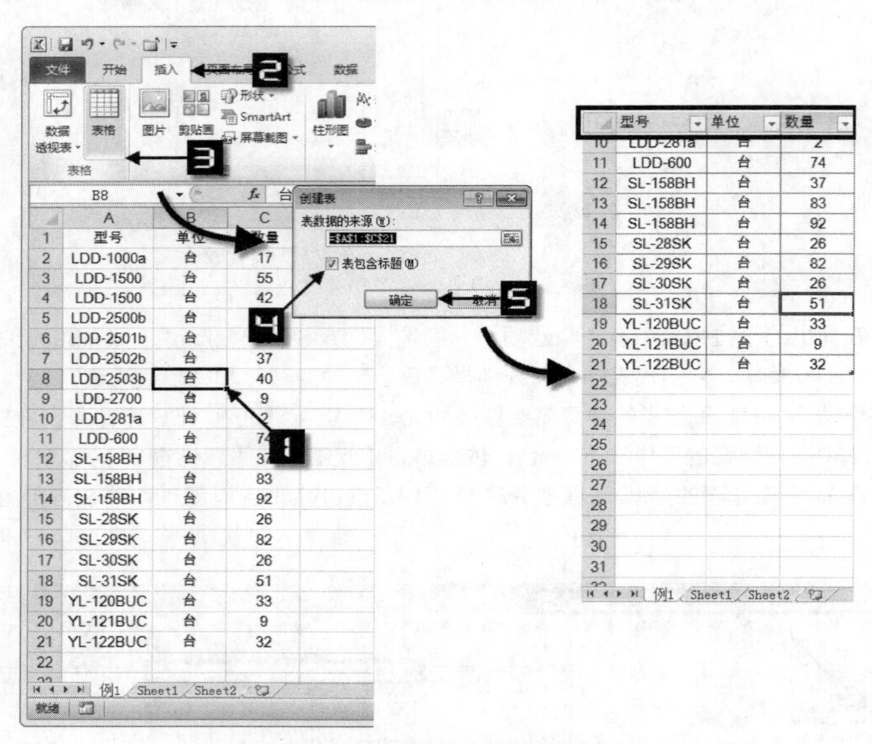


图 66-1　创建表并拖动时标题行总可见

在滚动工作表时，只有当活动单元格在表格区域内时，该列标题才始终可见。

**方法二：利用冻结窗格**

如果数据表区域不想被转换为“表”，用户可以使用“冻结窗格”功能。

- 标题行（第一行）始终可见。

在【视图】选项卡中依次单击【冻结窗格】→【冻结首行】，如图 66-2 所示。

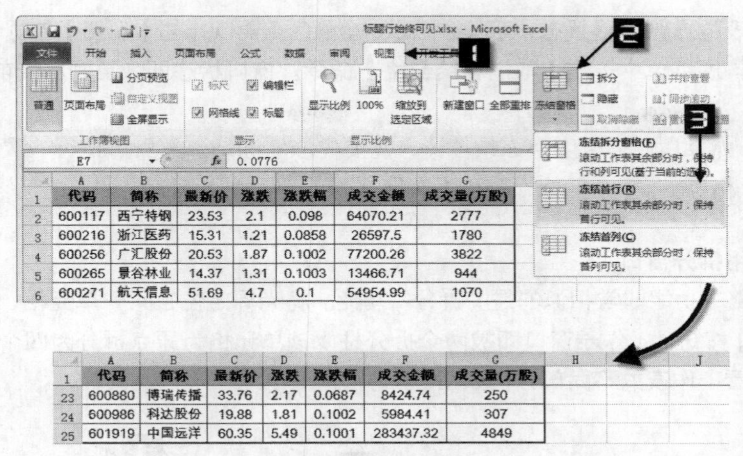

图 66-2　标题行始终可见

- 标题列（第一列）始终可见。

在【视图】选项卡中依次单击【冻结窗格】→【冻结首列】。

- 多行或多列始终可见。

要使图 66-2 所示的工作表中标题行和前两列始终可见，操作步骤如下：

将光标定位在 C2 单元格，然后在【视图】选项卡中依次单击【冻结窗格】按钮→【冻结拆分窗格】，如图 66-3 所示。

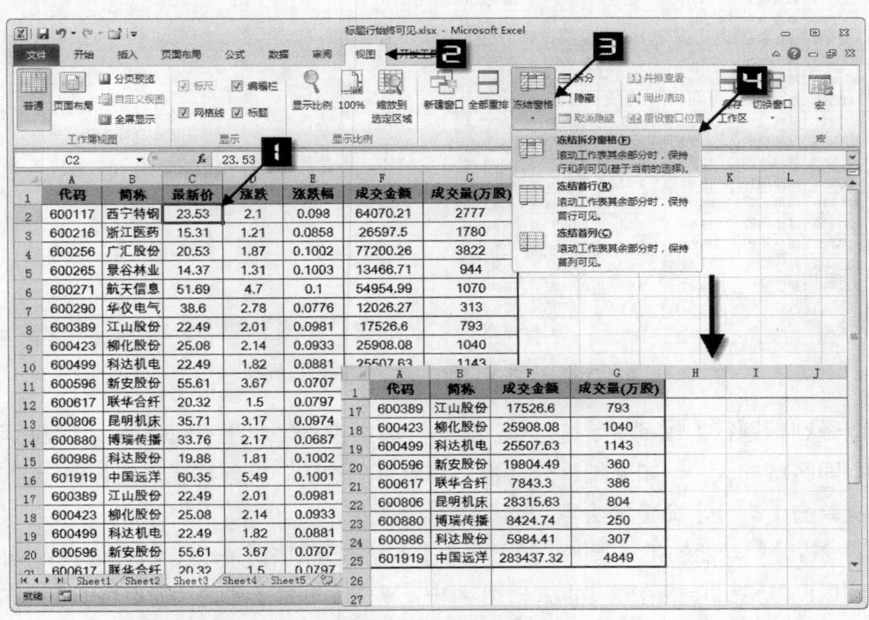

图 66-3　多行多列始终可见

**提示！**

在设置了冻结窗格的工作表中，一些关于单元格移动的快捷键会无视被冻结的行或列。例如，按<Ctrl+Home>组合键会快速定位到两条冻结线交叉点所在的单元格。同样地，按<Home>键会快速定位在本行第一个未冻结的单元格。

要取消工作表的冻结窗格状态，可以在 Excel 功能区上再次单击【视图】选项卡上【冻结窗格】下拉菜单，在其扩展菜单中单击【取消冻结窗格】命令，窗口状态即恢复到冻结前的状态。

提示！

如果用户需要变换冻结位置，需要先取消冻结，然后再执行一次冻结窗格操作。【冻结首行】和【冻结首列】不受此限制。

**方法三：利用拆分窗口**

与“冻结窗格”功能非常相似的是“拆分”功能。将光标定位在某一单元格，在【视图】选项卡中单击【拆分】按钮，工作表窗口即被两个拆分柱以该单元格为原点拆分为四个区域，用户可以在不同区域中查看工作表的不同部分，如图 66-4 所示。

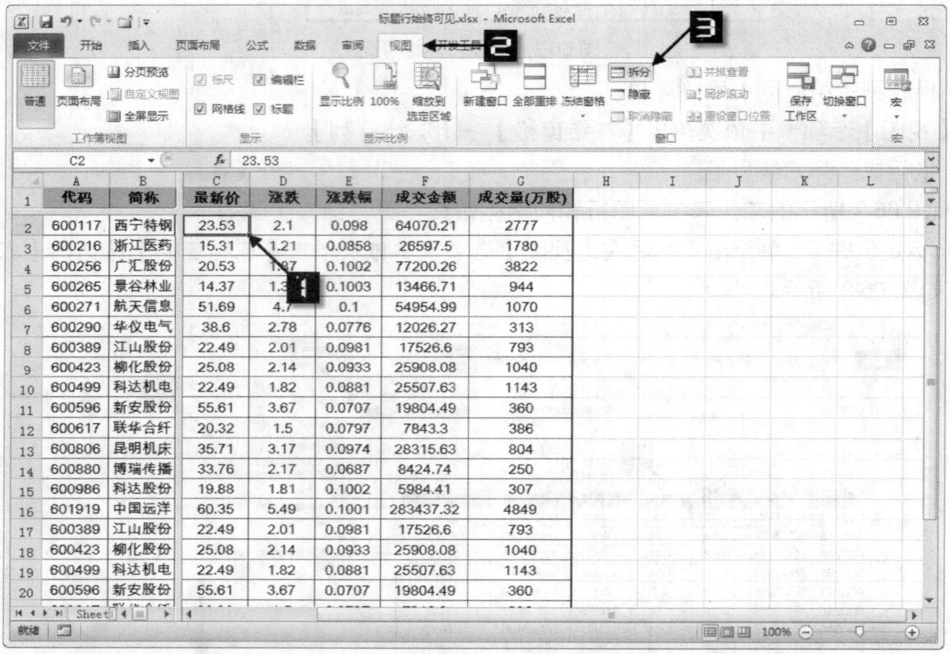

| 代码 | 简称 | 最新价 | 涨跌 | 涨跌幅 | 成交金额 | 成交量(万股) |
|---|---|---|---|---|---|---|
| 600117 | 西宁特钢 | 23.53 | 2.1 | 0.098 | 64070.21 | 2777 |
| 600216 | 浙江医药 | 15.31 | 1.21 | 0.0858 | 26597.5 | 1780 |
| 600256 | 广汇股份 | 20.53 | 1.87 | 0.1002 | 77200.26 | 3822 |
| 600265 | 景谷林业 | 14.37 | 1.31 | 0.1003 | 13466.71 | 944 |
| 600271 | 航天信息 | 51.69 | 4.7 | 0.1 | 54954.99 | 1070 |
| 600290 | 华仪电气 | 38.6 | 2.78 | 0.0776 | 12026.27 | 313 |
| 600389 | 江山股份 | 22.49 | 2.01 | 0.0981 | 17526.6 | 793 |
| 600423 | 柳化股份 | 25.08 | 2.14 | 0.0933 | 25908.08 | 1040 |
| 600499 | 科达机电 | 22.49 | 1.82 | 0.0881 | 25507.63 | 1143 |
| 600596 | 新安股份 | 55.61 | 3.67 | 0.0707 | 19804.49 | 360 |
| 600617 | 联华合纤 | 20.32 | 1.5 | 0.0797 | 7843.3 | 386 |
| 600806 | 昆明机床 | 35.71 | 3.17 | 0.0974 | 28315.63 | 804 |
| 600880 | 博瑞传播 | 33.76 | 2.17 | 0.0687 | 8424.74 | 250 |
| 600986 | 科达股份 | 19.88 | 1.81 | 0.1002 | 5984.41 | 307 |
| 601919 | 中国远洋 | 60.35 | 5.49 | 0.1001 | 283437.32 | 4849 |
| 600389 | 江山股份 | 22.49 | 2.01 | 0.0981 | 17526.6 | 793 |
| 600423 | 柳化股份 | 25.08 | 2.14 | 0.0933 | 25908.08 | 1040 |
| 600499 | 科达机电 | 22.49 | 1.82 | 0.0881 | 25507.63 | 1143 |
| 600596 | 新安股份 | 55.61 | 3.67 | 0.0707 | 19804.49 | 360 |

图 66-4　执行【拆分】命令后的窗口界面

同样可以做到标题行（或列）始终可见。但与“冻结窗格”功能不同的是，用鼠标可以拖动拆分柱以调整不同区域的大小。如果把拆分柱拖动到屏幕的边缘，拆分柱会消失，拆分窗口也随之减少。如果再次单击【拆分】命令将会取消当前的拆分效果。

在使用了“拆分”功能的工作表中，如果单击【冻结拆分窗格】命令，拆分柱会转换成相应的冻结线。而在使用了“冻结拆分窗格”功能的工作表中，单击【拆分】命令，则相当于取消冻结命令。

## 技巧 67　多窗口协同作业

Excel 提供了多种视图模式供用户查看和处理数据，其中最为实用的功能是可以在同一屏幕下利用多个窗口协同作业。

## 67.1 同时查看工作簿的不同部分

通过【新建窗口】命令，用户可以为同一个工作簿创建多个视图窗口，根据需要，在不同的窗口中选择不同的工作表作为当前工作表，或者将窗口显示定位到同一工作表中的不同位置，以满足各种浏览和编辑需求，具体设置步骤如下：

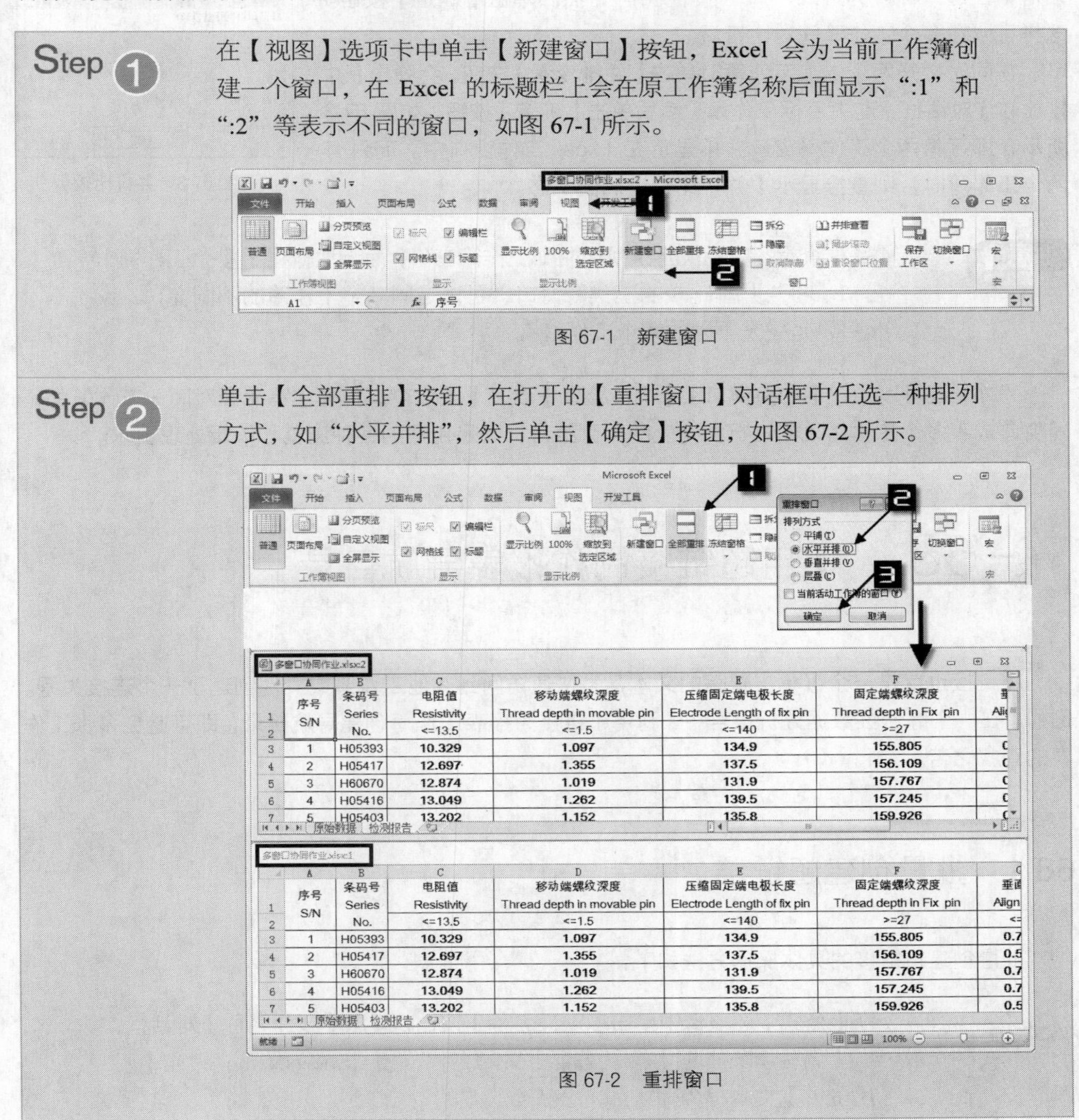

**Step 1** 在【视图】选项卡中单击【新建窗口】按钮，Excel 会为当前工作簿创建一个窗口，在 Excel 的标题栏上会在原工作簿名称后面显示“:1”和“:2”等表示不同的窗口，如图 67-1 所示。



图 67-1 新建窗口

**Step 2** 单击【全部重排】按钮，在打开的【重排窗口】对话框中任选一种排列方式，如“水平并排”，然后单击【确定】按钮，如图 67-2 所示。



图 67-2 重排窗口

如果想同时查看单元格中的公式和结果，上述方法是最好的选择。在新建的工作簿窗口中，按<Ctrl+`>组合键（为数字 1 左侧的键）来显示公式，然后将两个窗口并排或平铺排列，就能并排比较公式及其结果了。

## 67.2 同时查看不同工作簿

要在同一屏幕下查看不同工作簿的方法类似。打开所有要对比查看的工作簿，然后在当前工作簿窗口依次单击【视图】→【全部重排】，在打开的【重排窗口】对话框中任选一种排列方式，如“水平并排”，然后单击【确定】按钮。这样可以在多个工作簿间对比查看。

在同时打开两个以上工作簿时单击【并排查看】按钮，会弹出【并排比较】对话框，选中目标工作簿，然后单击【确定】按钮，如图 67-3 所示，即可将两个工作簿窗口并排显示在 Excel 工作窗口中。而只有两个工作簿时，则直接显示【并排比较】后的状态。

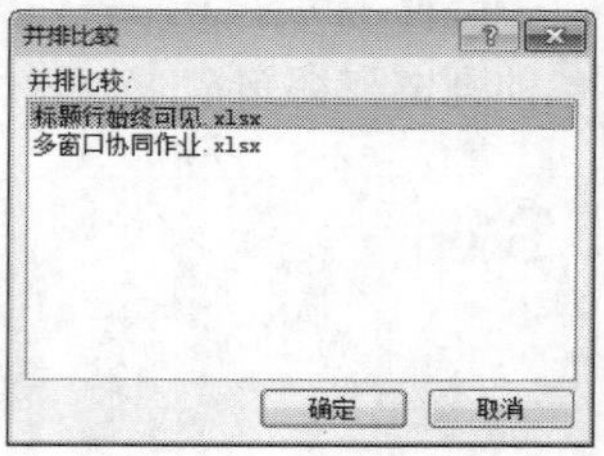


图 67-3 并排比较

“并排查看”功能只能作用于两个工作簿窗口，而无法作用于多个工作簿窗口。参与并排比较的工作簿窗口，可以是同一个工作簿的不同窗口，也可以是完全不同的两个工作簿。

另外，还可以通过【切换窗口】、【同步滚动】以及【重设窗口位置】等命令对同一工作簿的不同窗口或者多个工作簿之间进行多角度的排列组合，满足用户的各种浏览和编辑处理要求。

# 技巧 68 使用超链接制作报表导航目录

超链接也就是一个可单击跟踪的文本，为快速访问到其他工作簿或文件创建了一个连接关系。例如，在一个综合性数据分析报告中，利用超链接为报表工作簿创建导航目录，即可避免多张工作表的查找之苦。

## 68.1 批量创建超链接

批量创建超链接的具体操作方法如下：

**Step 1** 在【公式】选项卡中单击【定义名称】按钮，弹出【新建名称】对话框，在【名称】文本框中输入需要定义的名称，如“SheetsName”，在【引用位置】文本框中输入如下公式：

```
=MID(TRANSPOSE(GET.WORKBOOK(1)),FIND("]",TRANSPOSE(GET.WORKBOOK(1)))+1,99)
```

然后单击【确定】按钮，如图 68-1 所示。

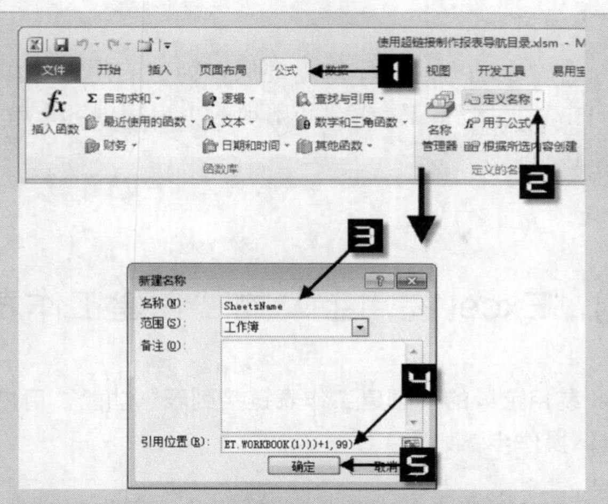


图 68-1　定义名称获取全部工作表名

**Step 2**　将光标定位在 Report Contents 工作表的 B6 单元格，并输入公式：

```
=HYPERLINK("#"&INDEX(SheetsName,ROW()-4)&"!A1",INDEX(SheetsName,ROW()-4))
```

向下拖拉复制公式至 B25 单元格，最终完成的结果如图 68-2 所示。

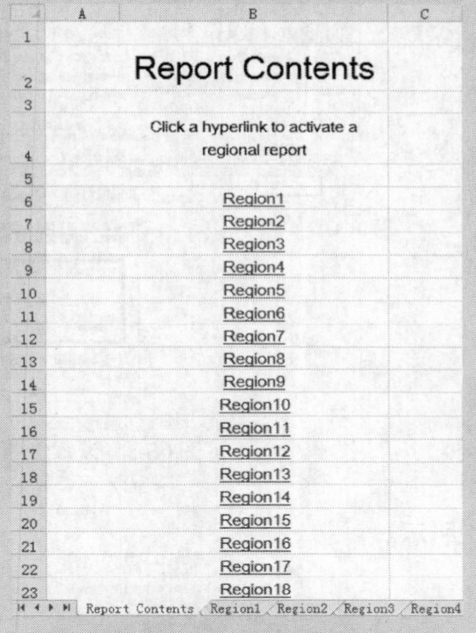


图 68-2　批量建立超链接

单击其中任一链接将激活工作簿中相应的工作表。

这里使用一个宏表函数来获取工作表名：GET.WORKBOOK。宏表函数是 Microsoft 为了兼容早期的 Excel 版本（Excel 95 之前版本）而设置的一类函数，这类函数无法直接在 Excel 2010 版本的工作表中使用，而必须通过定义名称才能使用。当然也可以按<Ctrl+F11>组合键，新建一个“4.0 的宏”工作表来使用。

> 注意：含宏表函数的工作簿需要保存为“启用宏工作簿.xlsm”，打开后要单击功能区和编辑栏中间出现的【启用内容】单选钮，使宏表函数正常运行。

## 68.2 利用“Excel 易用宝”的“创建工作表链接列表”功能

利用“Excel 易用宝”的“创建工作表链接列表”功能，用户即便不懂函数也可轻松创建专业的报表导航。具体操作步骤如下：

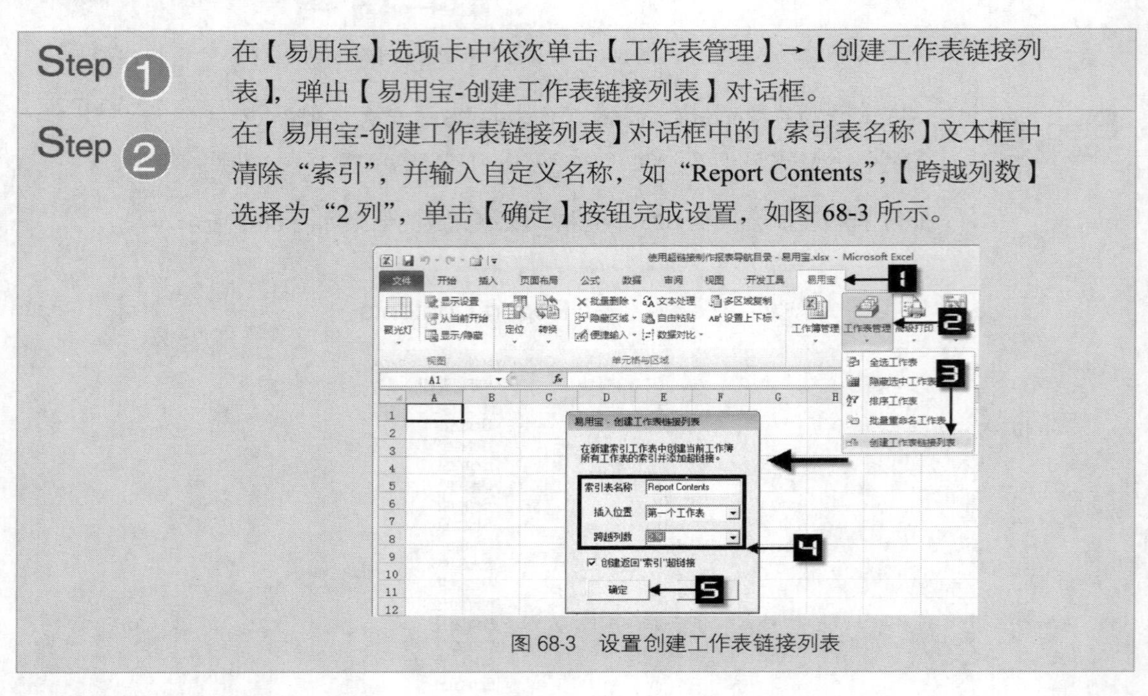

**Step 1** 在【易用宝】选项卡中依次单击【工作表管理】→【创建工作表链接列表】，弹出【易用宝-创建工作表链接列表】对话框。

**Step 2** 在【易用宝-创建工作表链接列表】对话框中的【索引表名称】文本框中清除“索引”，并输入自定义名称，如“Report Contents”，【跨越列数】选择为“2 列”，单击【确定】按钮完成设置，如图 68-3 所示。



图 68-3 设置创建工作表链接列表

最终效果如图 68-4 所示。

图 68-4 导航目录的最终效果

单击任一超链接，可以自动跳转到对应的工作表。同时，单击该工作表的 B1 单元格可返回目录工作表。

# 技巧 69　使用“易用宝”合并拆分工作簿

在数据的分析管理过程中，往往需要将多个工作簿中的数据合并在一个工作簿中，或者将同一工作簿中的工作表拆分为多个独立的工作簿数据。利用“易用宝”的“工作簿管理”功能，用户可以须臾间完成多个工作簿的合并或拆分工作。

## 69.1　快速合并多个工作簿数据

以合并某公司各销售区的销售数据为例，具体操作方法如下：

**Step 1**　在任一工作簿中依次单击【易用宝】选项卡→【工作簿管理】→【合并工作簿】命令。

**Step 2**　在弹出的【易用宝-合并工作簿】对话框中，选择需要合并的工作簿所在的文件夹。此时【可选工作簿】列表框中将显示出该文件夹下所有非隐藏工作簿。

**Step 3**　将【可选工作簿】列表框中的工作簿按单个移动工作簿按钮 › 或批量移动工作簿按钮 » 移至【待合并工作簿】列表框。

**Step 4**　保持对【空工作表】、【隐藏工作表】和【同名工作表】的默认设置，也可以根据需要自行进行设置，最后单击【合并】按钮，如图 69-1 所示。

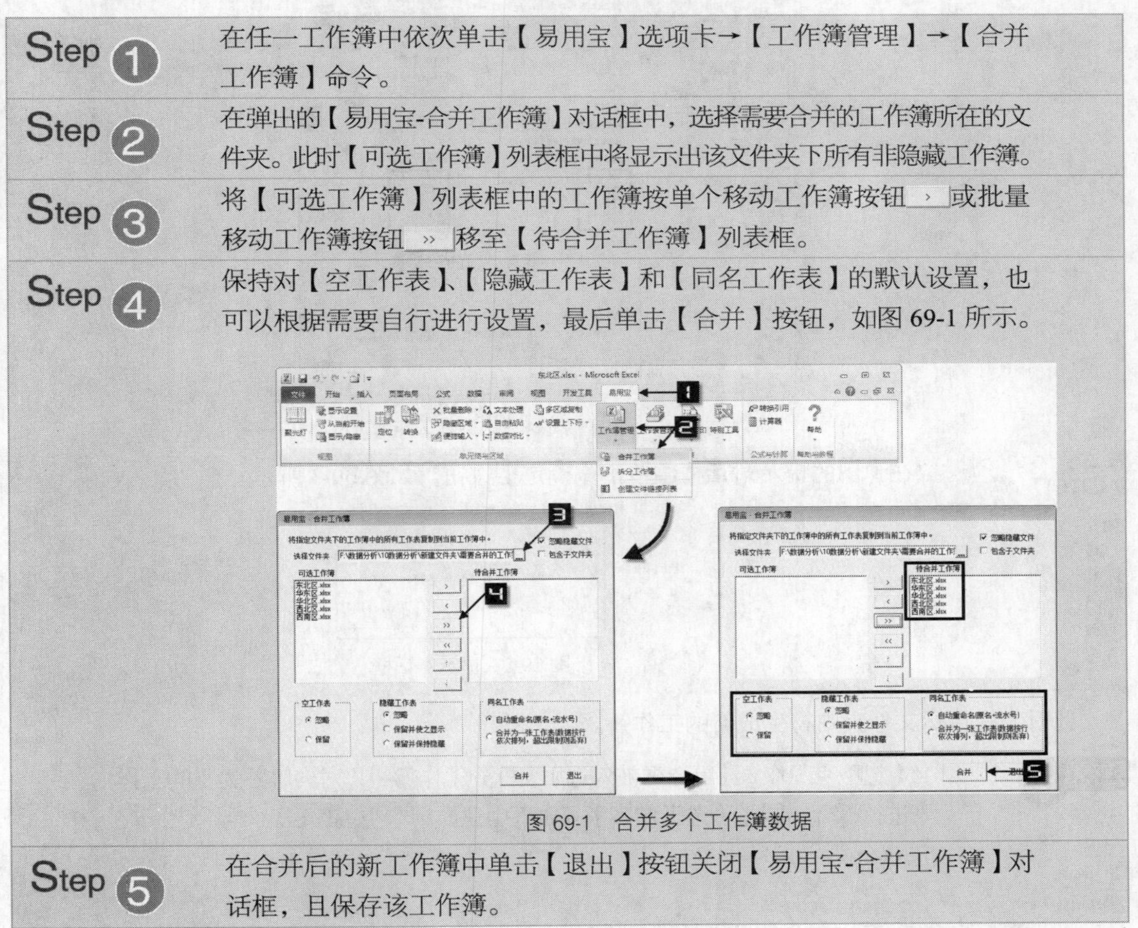


图 69-1　合并多个工作簿数据

**Step 5**　在合并后的新工作簿中单击【退出】按钮关闭【易用宝-合并工作簿】对话框，且保存该工作簿。

## 69.2　快速拆分工作簿

若需要拆分某公司的汇总工作簿，以便完成工作任务的分发等，具体的操作步骤如下：

**Step 1** 打开需要拆分的工作簿文件。

**Step 2** 依次单击【易用宝】选项卡→【工作簿管理】→【拆分工作簿】命令。

**Step 3** 在弹出的【易用宝-拆分工作簿】对话框中设置拆分后新工作簿的存放路径。

**Step 4** 将【可选工作表】列表框中的工作簿按单个移动工作簿按钮 › 或批量移动工作簿按钮 » 移至【待拆分工作簿】列表框。

**Step 5** 保持【拆分选项】区域中【忽略隐藏工作表】、【忽略空工作表】和【保存时直接覆盖目标文件夹中的同名工作簿（无法恢复）】的默认设置，也可以根据需要自行进行设置，最后单击【拆分】按钮，如图 69-2 所示。

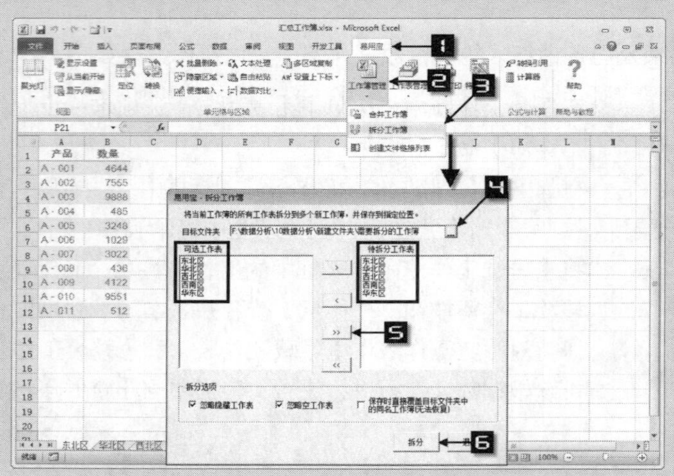

图 69-2　拆分工作簿

**Step 6** 在弹出的提示对话框中单击【确定】按钮，如图 69-3 所示。

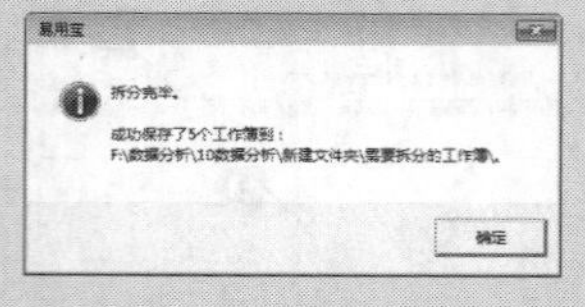


图 69-3　提示对话框

此时，在目标文件夹中将生成新的工作簿。

当【忽略空工作表】复选框被勾选后，拆分工作簿将只对内容不为空的工作表进行拆分，即【可选工作表】列表框中只显示非空工作表。

## 技巧 70　手工建立分级显示

使用过文字处理程序（如 Word）的用户，应该非常熟悉分级显示这一概念。“分级显示”功能可以让用户轻松地查看文档的结构，以及某一层级标题下的文本内容。

Excel 也提供了“分级显示”功能。对于一些特殊工作表，如行列较多，包含多个字段，或使用了分类汇总的分层数据等工作表，“分级显示”功能可以帮助用户更清晰地了解和分析工作表数据。

图 70-1 展示了《Excel 应用大全》目录的部分内容，工作表中不包含公式，通过手工方式创建分级显示的操作方法如下：

| | A | B |
|---|---|---|
| 1 | Excel应用大全目录 | |
| 2 | 章节 | 页码 |
| 3 | 第1篇　Excel基本功能　1 | |
| 4 | 第1章　Excel简介 | 2 |
| 5 | 1.1　认识Excel | 2 |
| 6 | 1.1.1　Excel的起源与历史 | 2 |
| 7 | 1.1.2　Excel的主要功能 | 4 |
| 8 | 1.2　Excel的工作环境 | 8 |
| 9 | 1.2.1　启动Excel程序 | 8 |
| 10 | 1.2.2　理解Excel文件的概念 | 9 |
| 11 | 1.2.3　理解工作簿和工作表的概念 | 12 |
| 12 | 1.2.4　认识Excel的工作窗口 | 12 |
| 13 | 1.2.5　窗口元素的显示和隐藏 | 15 |
| 14 | 1.2.6　使用工具栏 | 16 |
| 15 | 1.2.7　右键快捷菜单 | 18 |

图 70-1　《Excel 应用大全》部分目录

**Step 1**　在【数据】选项卡中单击【分级显示】组的【对话框启动器】按钮，在打开的【设置】对话框中取消勾选【明细数据的下方】复选框，单击【确定】按钮，如图 70-2 所示。

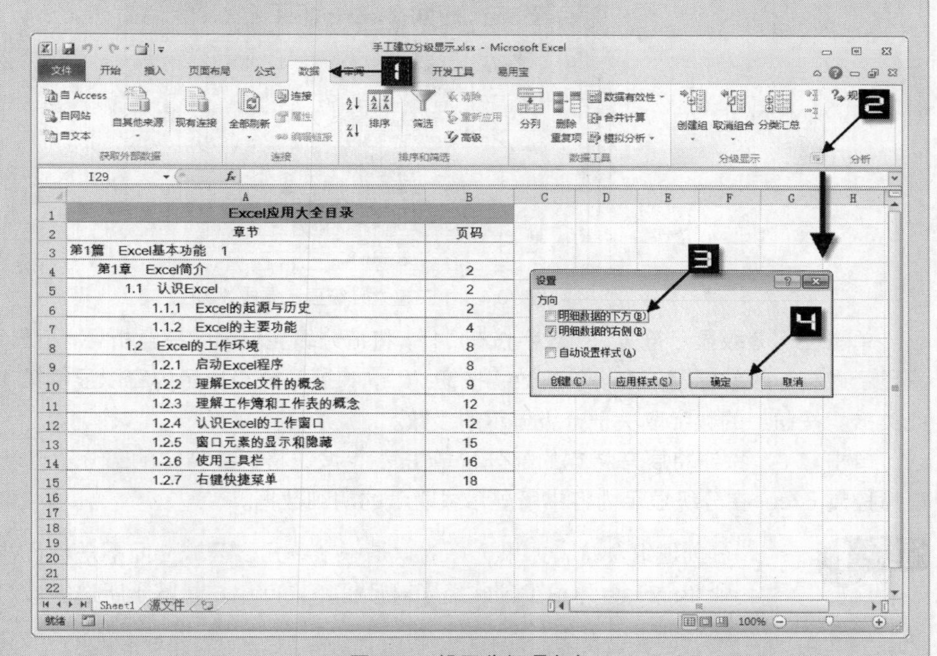


图 70-2　设置分级项方向

**注意！**　手工创建分级显示时要注意分级项设置的方向，Excel 默认为【明细数据的下方】和【明细数据的右侧】。如果要将分级项的方向设置在明细数据的上方或左侧，则应在【设置】对话框中取消对【明细数据的下方】或【明细数据的右侧】复选框的勾选。

**Step 2**　选中第 4 至 15 行，在【数据】选项卡中单击【创建组】按钮，为分级显示创建一个行组合，如图 70-3 所示。

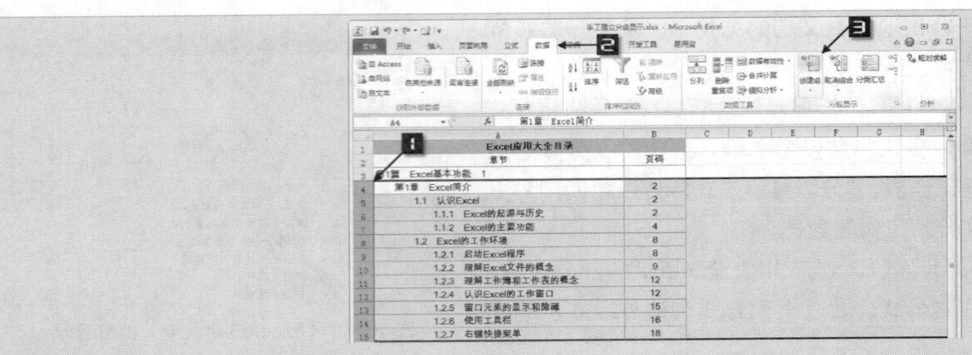


图 70-3 手工创建行组合

**Step 3** 分别选中第 5 至 15 行、第 6 至 7 行、第 9 至 15 行，重复步骤 2 的操作，创建其他相应的行组合。Excel 会为组显示分级显示符号。

手工建立分级显示的结果如图 70-4 所示，在工作表行标签左侧分别创建了分级显示符及标识线。

| | A | B |
|---|---|---|
| 1 | Excel应用大全目录 | |
| 2 | 章节 | 页码 |
| 3 | 第1篇 Excel基本功能 1 | |
| 4 | 第1章 Excel简介 | 2 |
| 5 | 1.1 认识Excel | 2 |
| 6 | 1.1.1 Excel的起源与历史 | 2 |
| 7 | 1.1.2 Excel的主要功能 | 4 |
| 8 | 1.2 Excel的工作环境 | 8 |
| 9 | 1.2.1 启动Excel程序 | 8 |
| 10 | 1.2.2 理解Excel文件的概念 | 9 |
| 11 | 1.2.3 理解工作簿和工作表的概念 | 12 |
| 12 | 1.2.4 认识Excel的工作窗口 | 12 |
| 13 | 1.2.5 窗口元素的显示和隐藏 | 15 |
| 14 | 1.2.6 使用工具栏 | 16 |
| 15 | 1.2.7 右键快捷菜单 | 18 |

图 70-4 手工建立分级显示完成效果

单击任一分级显示符号，如数字按钮“1”，将把分级显示内容完全折叠，不显示任何明细数据，只显示最高一级的标题信息。单击数字按钮“2”，将展开分级显示内容以显示第 1 级中的内容，依此类推。按钮上的数字取决于分级显示的级数。

单击“+”按钮将展开特定的部分，单击“-”按钮将折叠特定的部分。也就是说，用户可以任意控制 Excel 在分级显示内容中所显示或隐藏的明细数据。

**注意** 在创建组合时，如果选择的只是一个单元格区域，而不是整行或整列，则 Excel 会弹出【创建组】对话框，询问用户是基于所选区域对整行还是整列进行分组。

**提示** 当创建多级分级显示时，应该从最里层的组合开始，逐级向外进行组合。如果出现组合错误，可通过【数据】→【分级显示】组的【取消组合】按钮来取消，然后重新再组合。

使用以下快捷键可以更加快速地建立和取消行列的组合。

- <Shift+Alt+右方向键>组合键，对选中的行或列建立组合；
- <Shift+Alt+左方向键>组合键，对选中的行或列取消组合。

**注意** 只能对连续的区域使用【组合】命令建立分级显示，不能对多重选定区域使用【组合】命令。

# 第 7 章　数据排序

Excel 提供了多种方法对数据列表进行排序，用户可以根据需要按行或列、按升序或降序，也可以使用自定义排序命令。Excel 2010 的【排序】对话框可以指定多达 64 个排序条件，还可以按照单元格内的背景颜色和字体颜色进行排序，甚至可以按单元格内显示的图标进行排序。

## 技巧 71　包含标题的数据表排序

图 71-1 展示了一张职工津贴数据表，该数据列表中包含“姓名”、“职务”和“津贴”三个字段，如果希望先按“职务”字段的拼音排序，再按“津贴”字段升序排序，操作方法如下。

选中数据区域中的任意一个单元格（如 C1），在【开始】选项卡中依次单击【排序和筛选】→【自定义排序】，弹出【排序】对话框，在【主要关键字】组合框选择“职务”字段，单击【添加条件】按钮，【次要关键字】选择“津贴”，勾选【数据包含标题】复选框，最后单击【确定】按钮，关闭【排序】对话框，完成排序操作，如图 71-2 所示。

|  | A | B | C |
|---|---|---|---|
| 1 | 姓名 | 职务 | 津贴 |
| 2 | 李呈选 | 组长 | 200 |
| 3 | 李丽娟 | 组长 | 100 |
| 4 | 李青 | 员工 | 100 |
| 5 | 李仁杰 | 组长 | 200 |
| 6 | 刘蔚 | 经理 | 400 |
| 7 | 牛召明 | 总经理 | 950 |
| 8 | 容晓胜 | 员工 | 200 |
| 9 | 苏会志 | 员工 | 150 |
| 10 | 孙安才 | 经理 | 400 |
| 11 | 唐爱民 | 员工 | 100 |
| 12 | 王俊东 | 副总经理 | 600 |
| 13 | 王浦泉 | 副总经理 | 600 |
| 14 | 杨煦 | 员工 | 100 |
| 15 | 张威 | 经理 | 400 |
| 16 | 周小伦 | 员工 | 150 |
| 17 | 宗军强 | 员工 | 100 |

图 71-1　职工津贴表

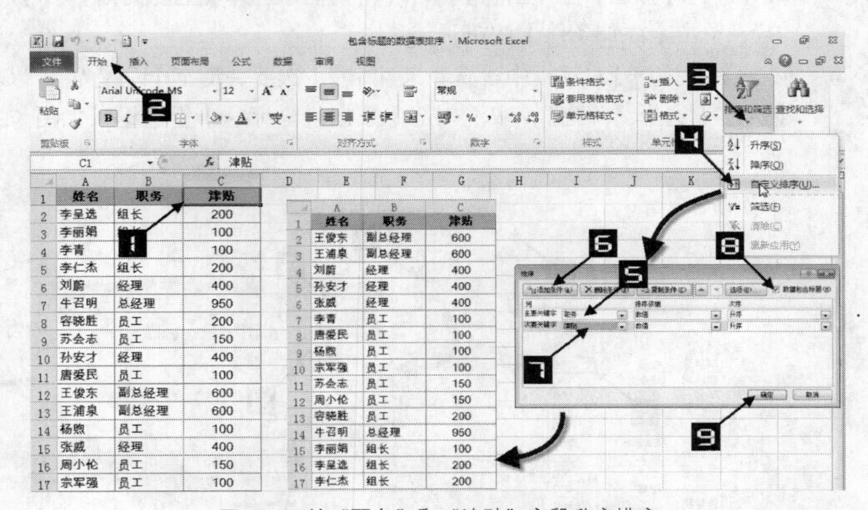


图 71-2　按“职务”和“津贴”字段升序排序

**提示！** 在 Excel 排序规则中，对于汉字字符默认的排序顺序是以汉字拼音首字母的顺序作为排序依据的。

在“职务”字段数据相同的情况下，排序规则中的【次要关键字】将作为更进一步的排序依据。例如，本例中职务为“员工”和“组长”的记录有多条，并且“津贴”数目不等，此时将会依据【排序】对话框中设定【次要关键字】为“津贴”、排序顺序为“升序”的要求，继续对这些“职务”

相同的记录进行进一步的排序。

## 技巧 72 无标题的数据表排序

有些时候，用户的数据列表并不包含列标题，例如图 72-1 所示的数据列表，如果要对这个数据列表按 B 列的升序和 C 列的降序进行排序，操作方法如下。

| | A | B | C |
|---|---|---|---|
| 1 | 李呈选 | 组长 | 200 |
| 2 | 李丽娟 | 组长 | 100 |
| 3 | 李青 | 员工 | 100 |
| 4 | 李仁杰 | 组长 | 200 |
| 5 | 刘蔚 | 经理 | 400 |
| 6 | 牛召明 | 总经理 | 950 |
| 7 | 容晓胜 | 员工 | 200 |
| 8 | 苏会志 | 员工 | 150 |
| 9 | 孙安才 | 经理 | 400 |
| 10 | 唐爱民 | 员工 | 100 |
| 11 | 王俊东 | 副总经理 | 600 |
| 12 | 王浦泉 | 副总经理 | 600 |
| 13 | 杨煦 | 员工 | 100 |
| 14 | 张威 | 经理 | 400 |
| 15 | 周小伦 | 员工 | 150 |
| 16 | 宗军强 | 员工 | 100 |

图 72-1　无列标题的数据列表

**Step 1** 选中数据区域内中的任意一个单元格（如 C1），在【数据】选项卡中单击【排序】按钮，在弹出的【排序】对话框中选择【主要关键字】为“列 B”，单击【添加条件】按钮。

**Step 2** 继续在【排序】对话框中设置新条件，将【次要关键字】设置为“列 C”，【次序】选择“降序”，取消勾选【数据包含标题】复选框，如图 72-2 所示。

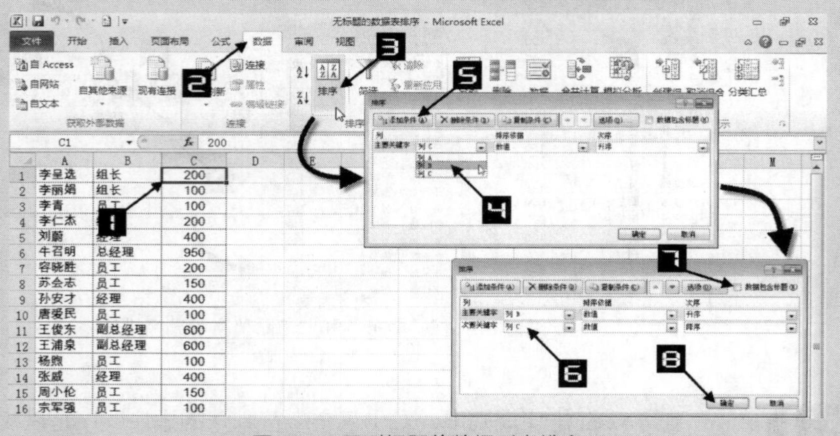

图 72-2　无列标题的数据列表排序

**Step 3** 单击【确定】按钮，关闭【排序】对话框，完成排序。

经过排序后的表格效果如图 72-3 所示。

| | A | B | C |
|---|---|---|---|
| 1 | 王俊东 | 副总经理 | 600 |
| 2 | 王浦泉 | 副总经理 | 600 |
| 3 | 刘蔚 | 经理 | 400 |
| 4 | 孙安才 | 经理 | 400 |
| 5 | 张威 | 经理 | 400 |
| 6 | 容晓胜 | 员工 | 200 |
| 7 | 苏会志 | 员工 | 150 |
| 8 | 周小伦 | 员工 | 150 |
| 9 | 李青 | 员工 | 100 |
| 10 | 唐爱民 | 员工 | 100 |
| 11 | 杨煦 | 员工 | 100 |
| 12 | 宗军强 | 员工 | 100 |
| 13 | 牛召明 | 总经理 | 950 |
| 14 | 李呈选 | 组长 | 200 |
| 15 | 李仁杰 | 组长 | 200 |
| 16 | 李丽娟 | 组长 | 100 |

图 72-3　无标题数据表排序后的表格

对于无列标题的数据列表，排序关键字的下拉列表中的选项是以数据所在列的列标字母显示。

## 技巧 73　以当前选定区域排序

众所周知，当用户执行排序的时候，Excel 默认的排序区域为整个数据区域，当数据列表字段间关联度不高时，如果用户仅仅需要对数据列表中的某一个特定列进行排序，如对图 73-1 所示的职员姓名表中的“姓名”字段进行降序排序，操作方法如下。

选择 B1:B17 单元格区域，在【数据】选项卡中单击降序按钮，此时会弹出【排序提醒】对话框，单击【以当前选定区域排序】单选钮，最后单击【排序】按钮，关闭【排序提醒】对话框，完成对当前选定区域的排序。此时，A 列的“序号”字段保持原来的升序排列，但 B 列的“姓名”字段已经按降序排列，如图 73-2 所示。

| | A | B |
|---|---|---|
| 1 | 序号 | 姓名 |
| 2 | 1 | 周小伦 |
| 3 | 2 | 张威 |
| 4 | 3 | 容晓胜 |
| 5 | 4 | 李仁杰 |
| 6 | 5 | 李呈选 |
| 7 | 6 | 孙安才 |
| 8 | 7 | 李丽娟 |
| 9 | 8 | 宗军强 |
| 10 | 9 | 杨煦 |
| 11 | 10 | 唐爱民 |
| 12 | 11 | 王浦泉 |
| 13 | 12 | 苏会志 |
| 14 | 13 | 李青 |
| 15 | 14 | 牛召明 |
| 16 | 15 | 刘蔚 |
| 17 | 16 | 王俊东 |

图 73-1　职员姓名表

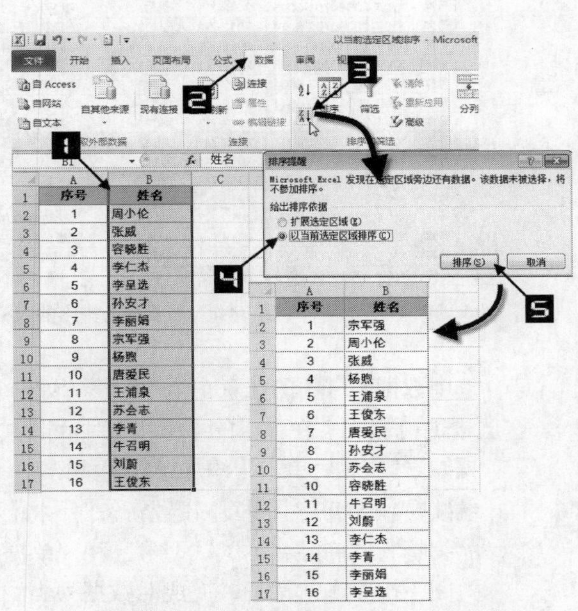


图 73-2　以当前选定区域排序

**注意！**

如果选定连续多列数据进行局部排序，Excel 则默认【以当前选定区域排序】的方式进行排序，不再弹出【排序提醒】窗口进行确认，且在排序过程中以选定区域的首列作为排序关键字。

**注意！**

以当前选定区域排序操作会造成整个数据列表各列数据之间原始的对应关系发生易位。此外，如果将此技巧应用于不连续的多列数据，会弹出如图 73-3 所示的警告提示。

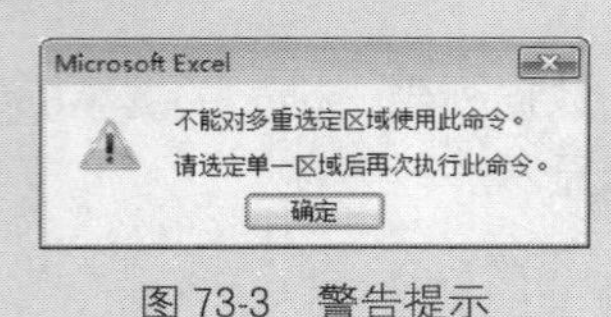


图 73-3 警告提示

## 技巧 74 按多个关键字进行排序

如果用户希望对如图 74-1 所示表格中的数据进行排序，关键字依次为“单据编号”、“商品编号”、“商品名称”、“型号”和“单据日期”，操作方法如下。

| | A | B | C | D | E | F | G | H |
|---|---|---|---|---|---|---|---|---|
| 1 | 仓库 | 单据编号 | 单据日期 | 商品编号 | 商品名称 | 型号 | 单位 | 数量 |
| 2 | 1号库 | XK-T-20080702-0009 | 2013-7-2 | 0207 | 31CM通用桶 | 1*48 | 个 | 1 |
| 3 | 1号库 | XK-T-20080702-0013 | 2013-7-2 | 50362 | 鑫五福竹牙签（8袋） | 1*150 | 个 | 1 |
| 4 | 1号库 | XK-T-20080702-0020 | 2013-7-2 | 2717 | 微波单层大饭煲 | 1*18 | 个 | 1 |
| 5 | 1号库 | XK-T-20080704-0018 | 2013-7-4 | 0412 | 大号婴儿浴盆 | 1*12 | 个 | 1 |
| 6 | 1号库 | XK-T-20080704-0007 | 2013-7-4 | 1809-A | 小型三层三角架 | 1*8 | 个 | 1 |
| 7 | 1号库 | XK-T-20080701-0005 | 2013-7-1 | 2707 | 微波大号专用煲 | 1*15 | 个 | 2 |
| 8 | 1号库 | XK-T-20080702-0014 | 2013-7-2 | 2703 | 微波双层保温饭煲 | 1*18 | 个 | 2 |
| 9 | 1号库 | XK-T-20080702-0059 | 2013-7-2 | 1508-A | 19CM印花脚踏卫生桶 | 1*24 | 个 | 2 |
| 10 | 1号库 | XK-T-20080703-0003 | 2013-7-3 | 2601 | 便利保健药箱 | 1*72 | 个 | 2 |
| 11 | 1号库 | XK-T-20080703-0004 | 2013-7-3 | 2703 | 微波双层保温饭煲 | 1*18 | 个 | 2 |
| 12 | 1号库 | XK-T-20080703-0011 | 2013-7-3 | 1502-A | 24CM印花脚踏卫生桶 | 1*12 | 个 | 2 |
| 13 | 1号库 | XK-T-20080703-0014 | 2013-7-3 | 1802-B | 孔底型三角架 | 1*6 | 个 | 2 |
| 14 | 1号库 | XK-T-20080701-0001 | 2013-7-1 | 2602 | 居家保健药箱 | 1*48 | 个 | 3 |
| 15 | 1号库 | XK-T-20080701-0005 | 2013-7-1 | 0403 | 43CM脸盆 | 1*60 | 个 | 3 |
| 16 | 1号库 | XK-T-20080702-0005 | 2013-7-2 | 1801-A | 平底型四方架 | 1*8 | 个 | 3 |
| 17 | 1号库 | XK-T-20080702-0005 | 2013-7-2 | 1801-B | 孔底型四方架 | 1*8 | 个 | 3 |
| 18 | 1号库 | XK-T-20080702-0005 | 2013-7-2 | 1801-C | 活动型四方架 | 1*8 | 个 | 3 |
| 19 | 1号库 | XK-T-20080702-0005 | 2013-7-2 | 1805-A | 三层鞋架（三体） | 1*10 | 个 | 3 |
| 20 | 1号库 | XK-T-20080702-0005 | 2013-7-2 | 1809-A | 小型三层三角架 | 1*8 | 个 | 3 |
| 21 | 1号库 | XK-T-20080702-0025 | 2013-7-2 | 0409 | 中号婴儿浴盆 | 1*20 | 个 | 3 |

图 74-1 需要进行排序的表格

**Step 1** 选中数据区域中的任意一个单元格（如 B6），在【数据】选项卡中单击【排序】按钮，在弹出的【排序】对话框中，选择【主要关键字】为“单据编号”，然后单击【添加条件】按钮。

**Step 2** 继续在【排序】对话框中设置新条件，将【次要关键字】依次设置为“商品编号”、“商品名称”、“型号”和“单据日期”，单击【确定】按钮，关闭【排序】对话框，完成对数据列表中多关键字的排序，如图 74-2 所示。

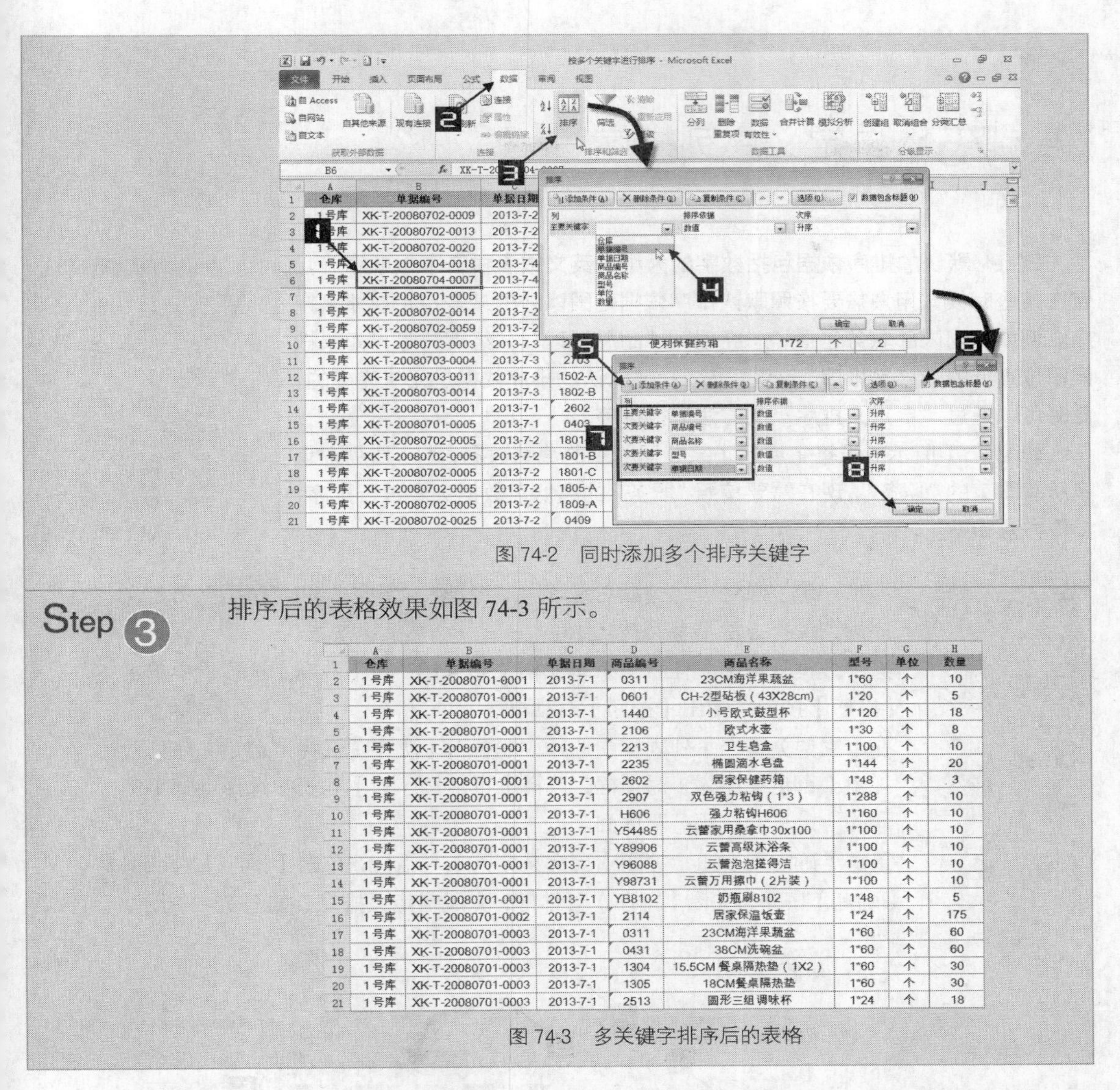

图 74-2　同时添加多个排序关键字

Step 3　排序后的表格效果如图 74-3 所示。

| | A | B | C | D | E | F | G | H |
|---|---|---|---|---|---|---|---|---|
| 1 | 仓库 | 单据编号 | 单据日期 | 商品编号 | 商品名称 | 型号 | 单位 | 数量 |
| 2 | 1号库 | XK-T-20080701-0001 | 2013-7-1 | 0311 | 23CM海洋果蔬盆 | 1*60 | 个 | 10 |
| 3 | 1号库 | XK-T-20080701-0001 | 2013-7-1 | 0601 | CH-2型砧板（43X28cm） | 1*20 | 个 | 5 |
| 4 | 1号库 | XK-T-20080701-0001 | 2013-7-1 | 1440 | 小号欧式鼓型杯 | 1*120 | 个 | 18 |
| 5 | 1号库 | XK-T-20080701-0001 | 2013-7-1 | 2106 | 欧式水壶 | 1*30 | 个 | 8 |
| 6 | 1号库 | XK-T-20080701-0001 | 2013-7-1 | 2213 | 卫生皂盒 | 1*100 | 个 | 10 |
| 7 | 1号库 | XK-T-20080701-0001 | 2013-7-1 | 2235 | 椭圆滴水皂盘 | 1*144 | 个 | 20 |
| 8 | 1号库 | XK-T-20080701-0001 | 2013-7-1 | 2602 | 居家保健药箱 | 1*48 | 个 | 3 |
| 9 | 1号库 | XK-T-20080701-0001 | 2013-7-1 | 2907 | 双色强力粘钩（1*3） | 1*288 | 个 | 10 |
| 10 | 1号库 | XK-T-20080701-0001 | 2013-7-1 | H606 | 强力粘钩H606 | 1*160 | 个 | 10 |
| 11 | 1号库 | XK-T-20080701-0001 | 2013-7-1 | Y54485 | 云蕾家用桑拿巾30x100 | 1*100 | 个 | 10 |
| 12 | 1号库 | XK-T-20080701-0001 | 2013-7-1 | Y89906 | 云蕾高级沐浴条 | 1*100 | 个 | 10 |
| 13 | 1号库 | XK-T-20080701-0001 | 2013-7-1 | Y96088 | 云蕾泡泡搓得洁 | 1*100 | 个 | 10 |
| 14 | 1号库 | XK-T-20080701-0001 | 2013-7-1 | Y98731 | 云蕾万用擦巾（2片装） | 1*100 | 个 | 10 |
| 15 | 1号库 | XK-T-20080701-0001 | 2013-7-1 | YB8102 | 奶瓶刷8102 | 1*48 | 个 | 5 |
| 16 | 1号库 | XK-T-20080701-0002 | 2013-7-1 | 2114 | 居家保温饭壶 | 1*24 | 个 | 175 |
| 17 | 1号库 | XK-T-20080701-0003 | 2013-7-1 | 0311 | 23CM海洋果蔬盆 | 1*60 | 个 | 60 |
| 18 | 1号库 | XK-T-20080701-0003 | 2013-7-1 | 0431 | 38CM洗碗盆 | 1*60 | 个 | 60 |
| 19 | 1号库 | XK-T-20080701-0003 | 2013-7-1 | 1304 | 15.5CM 餐桌隔热垫（1X2） | 1*60 | 个 | 30 |
| 20 | 1号库 | XK-T-20080701-0003 | 2013-7-1 | 1305 | 18CM餐桌隔热垫 | 1*60 | 个 | 30 |
| 21 | 1号库 | XK-T-20080701-0003 | 2013-7-1 | 2513 | 圆形三组 调味杯 | 1*24 | 个 | 18 |

图 74-3　多关键字排序后的表格

当要排序的某个数据列中含有文本格式的数字时，Excel 程序会弹出【排序提醒】对话框，如图 74-4 所示。

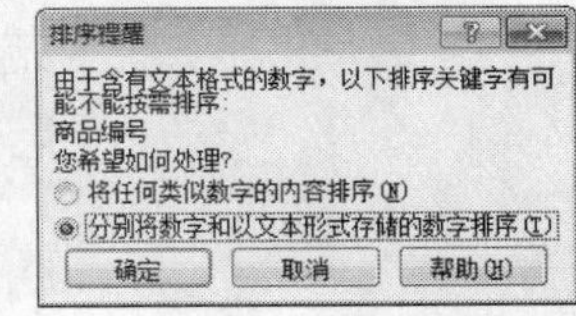



图 74-4　排序提醒

如果整列数据都是文本型数字，可以在【排序提醒】对话框中直接单击【确定】按钮，排序不受影响，否则不同选项会对应不同的排序结果。

此外，用户还可以使用技巧 71 中介绍的方法，按“单据编号”、“商品编号”、“型号”和“单据日期”，分别进行多轮次排序，原理相同。

Excel 对多次排序的处理原则是：在多列表格中，先被排序过的列会在后续其他列的排序过程中尽量保持自己的顺序。

因此，在使用这种方法时应该遵循的规则是：先排序较次要（或者称为排序优先级较低）的列，后排序较重要（或者称为排序优先级别较高）的列。

# 技巧 75 自定义序列排序

Excel 默认的排序依据包括数字的大小、英文或者拼音字母顺序等，但在某些时候，用户需要按照默认排序依据范围以外的某些特定规律来排序。例如公司内部职务包括“总经理”、“副总经理”、“经理”等，如果按照职位高低的顺序来排序，仅仅凭借 Excel 默认的排序依据是无法完成的，此时可以通过“自定义排序”的方法进行排序。

如图 75-1 所示的表格中展示了某公司职工的津贴数据，其中 B 列记录了所有职工的“职务”，现在需要按照“职务”的高低对数据列表进行排序，操作方法如下。

| | A | B | C |
|---|---|---|---|
| 1 | 姓名 | 职务 | 津贴 |
| 2 | 李呈选 | 组长 | 200 |
| 3 | 李丽娟 | 组长 | 200 |
| 4 | 李青 | 员工 | 100 |
| 5 | 李仁杰 | 组长 | 200 |
| 6 | 刘蔚 | 经理 | 400 |
| 7 | 牛召明 | 总经理 | 950 |
| 8 | 容晓胜 | 员工 | 100 |
| 9 | 苏会志 | 员工 | 150 |
| 10 | 孙安才 | 经理 | 400 |
| 11 | 唐爱民 | 员工 | 100 |
| 12 | 王俊东 | 副总经理 | 600 |
| 13 | 王浦泉 | 副总经理 | 600 |
| 14 | 杨煦 | 员工 | 100 |
| 15 | 张威 | 经理 | 400 |
| 16 | 周小伦 | 员工 | 150 |
| 17 | 宗军强 | 员工 | 100 |

图 75-1 职工津贴表

**Step 1** 添加一组“总经理”、“副总经理”、“经理”、“组长”和“员工”自定义序列，操作方法请参阅技巧 15。

**Step 2** 选中数据区域中的任意一个单元格（如 A1），在【数据】选项卡中单击【排序】按钮，弹出【排序】对话框。

**Step 3** 在【主要关键字】列表框中选择“职务”，【次序】选择“自定义序列”，弹出【自定义序列】对话框，选择【自定义序列】列表中选择步骤 1 创建的自定义的“职务”序列。

**Step 4** 单击【确定】按钮，关闭【自定义序列】对话框，单击【排序】对话框【确定】按钮，关闭【排序】对话框，完成自定义排序，如图 75-2 所示。

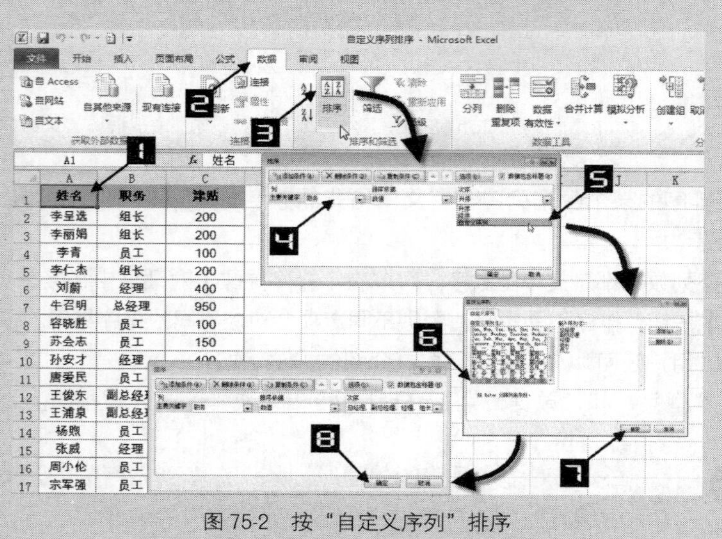


图 75-2 按“自定义序列”排序

完成排序操作后，职工津贴表中的数据就会按照设定的“职务”顺序由高到低进行排列，结果如图 75-3 所示。

|  | A | B | C |
|---|---|---|---|
| 1 | 姓名 | 职务 | 津贴 |
| 2 | 牛召明 | 总经理 | 950 |
| 3 | 王俊东 | 副总经理 | 600 |
| 4 | 王浦泉 | 副总经理 | 600 |
| 5 | 刘爵 | 经理 | 400 |
| 6 | 孙安才 | 经理 | 400 |
| 7 | 张威 | 经理 | 400 |
| 8 | 李呈选 | 组长 | 200 |
| 9 | 李丽娟 | 组长 | 200 |
| 10 | 李仁杰 | 组长 | 200 |
| 11 | 李青 | 员工 | 100 |
| 12 | 容晓胜 | 员工 | 100 |
| 13 | 苏会志 | 员工 | 150 |
| 14 | 唐爱民 | 员工 | 100 |
| 15 | 杨煦 | 员工 | 100 |
| 16 | 周小伦 | 员工 | 150 |
| 17 | 宗军强 | 员工 | 100 |

图 75-3　按自定义序列排序的结果

# 技巧 76　按笔划排序

默认情况下，Excel 对中文字符是按照“字母”的顺序排序的。以中文姓名为例，排序首先根据姓名第一个字的拼音首字母在 26 个英文字母中的位置顺序进行，在首字母相同的情况下依次比较第二、第三个字母；如果第一个字完全相同，再依次比较姓名中的第二、第三个字。图 76-1 中显示了按字母顺序排列后的“姓名”字段。

|  | A | B |
|---|---|---|
| 1 | 姓名 | 津贴 |
| 2 | 李呈选 | 200 |
| 3 | 李丽娟 | 200 |
| 4 | 李青 | 100 |
| 5 | 李仁杰 | 200 |
| 6 | 刘爵 | 400 |
| 7 | 牛召明 | 950 |
| 8 | 容晓胜 | 100 |
| 9 | 苏会志 | 150 |
| 10 | 孙安才 | 400 |
| 11 | 唐爱民 | 100 |
| 12 | 王俊东 | 600 |
| 13 | 王浦泉 | 600 |
| 14 | 杨煦 | 100 |
| 15 | 张威 | 400 |
| 16 | 周小伦 | 150 |
| 17 | 宗军强 | 100 |

图 76-1　按字母顺序排序的“姓名”字段

然而在中国用户的使用习惯中，对姓名一般按照“笔划”的顺序来排列，这种排序的规则通常是：

- 先按字的笔划数多少排列。
- 如果笔划数相同则按起笔顺序排列（横、竖、撇、捺、折）。
- 如果笔划数和起笔顺序都相同，则按字形结构排列，即先左右再上下，最后整体字。

在 Excel 中已经考虑了中国用户的这种按笔划排序的需求，但是在排序规则上和上面所提到的常用规则有所不同。

- 先按字的笔划数多少排列。
- 对于相同笔划数的汉字，Excel 按照其内码顺序进行排列，而不是按照笔划顺序进行排列。对于简体中文版用户而言，相应的内码为代码页 936（ANSI/OEM-GBK）。

如对图 76-1 所示的数据列表中的“姓名”字段使用笔划顺序来排序，操作方法如下。

**Step 1**　选择 A2:B17 单元格区域。

**Step 2**　在【数据】选项卡中单击【排序】按钮，打开【排序】对话框。

**Step 3**　在【排序】对话框的【主要关键字】选择“姓名”，右侧的【次序】保持默认的“升序”，单击【选项】按钮，弹出【排序选项】对话框，单击【笔划排序】单选钮。

**Step 4** 最后单击【确定】按钮关闭【排序选项】对话框，再单击【排序】对话框的【确定】按钮关闭【排序】对话框，完成按笔划排序，如图 76-2 所示。

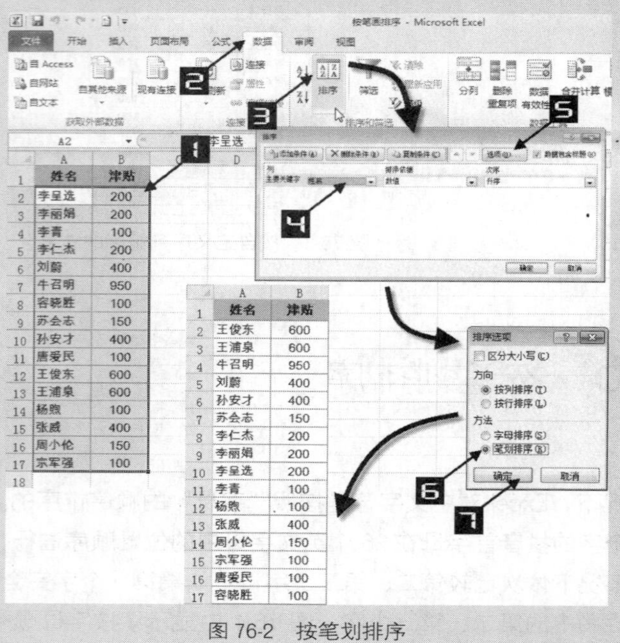


图 76-2　按笔划排序

**注意！** Excel 默认的排序方式为按照字母顺序排序，但是当中文字符的拼音字母组成完全相同时，例如当“李”、“礼”、“丽”等字在一起作为比较对象时，Excel 就会自动地依据笔划方式进一步对这些拼音相同的字再次排序。

此外，不同的操作系统，排序的结果可能不一样，如此例中，在 Windows XP 系统中，使用 Excel 2010 执行相同的排序操作，则“牛召明”排在第一位。

## 技巧 77　按行方向排序

Excel 不仅能够按照列的方向进行纵向排序，还可以按行的方向进行横向排序，在图 77-1 所示的数据表格中，A 列是项目标题，其他每一列的数据都是完整的一条记录。现在需要依次以“类别”和“项目”字段作为关键字使用按行方式来排序，操作方法如下。

| | A | B | C | D | E | F | G | H | I |
|---|---|---|---|---|---|---|---|---|---|
| 1 | 类别 | 101 | 104 | 203 | 101 | 108 | 102 | 103 | 104 |
| 2 | 项目 | B11 | B23 | A24 | A12 | C18 | A04 | A08 | C33 |
| 3 | 开始日期 | 2013-2-4 | 2013-2-18 | 2013-2-15 | 2013-2-1 | 2013-2-23 | 2013-2-4 | 2013-2-13 | 2013-3-1 |
| 4 | 完成日期 | 2013-5-22 | 2013-7-3 | 2013-6-28 | 2013-6-23 | 2013-7-14 | 2013-6-1 | 2013-5-29 | 2013-8-4 |
| 5 | 责任人 | little-key | David | Grace | Kevin | Mike | Shirley | Susan | Tom |

图 77-1　以行来组织数据的表格

**Step 1** 选中单元格区域 B1:I5，在【数据】选项卡中单击【排序】按钮，打开【排序】对话框。

**Step 2** 单击【选项】按钮，弹出【排序选项】对话框，单击【按行排序】单选钮，最后单击【确定】按钮，返回【排序】对话框。

**Step 3** 选择【主要关键字】为“行 1”，单击【添加条件】按钮，选择【次要关键字】为“行 2”，其他选项保持默认，最后单击【确定】按钮，关闭【排序】对话框，完成数据表格按行方向排序，如图 77-2 所示。

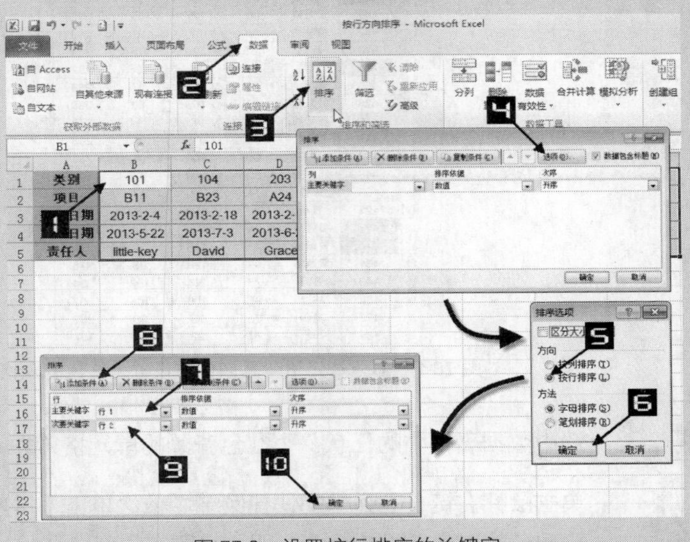

图 77-2　设置按行排序的关键字

排序结果如图 77-3 所示。

|   | A | B | C | D | E | F | G | H | I |
|---|---|---|---|---|---|---|---|---|---|
| 1 | 类别 | 101 | 101 | 102 | 103 | 104 | 104 | 108 | 203 |
| 2 | 项目 | A12 | B11 | A04 | A08 | B23 | C33 | C18 | A24 |
| 3 | 开始日期 | 2013-2-1 | 2013-2-4 | 2013-2-4 | 2013-2-13 | 2013-2-18 | 2013-3-1 | 2013-2-23 | 2013-2-15 |
| 4 | 完成日期 | 2013-6-23 | 2013-5-22 | 2013-6-1 | 2013-5-29 | 2013-7-3 | 2013-8-4 | 2013-7-14 | 2013-6-28 |
| 5 | 责任人 | Kevin | little-key | Shirley | Susan | David | Tom | Mike | Grace |

图 77-3　按行排序的结果

在按行排序时，不能像按列排序时一样选定整个目标区域。因为 Excel 的按行排序功能中没有“行标题”的概念。所以如果选定全部数据区域再按行排序，则行标题也会参与排序，从而会出现意外的结果。

# 技巧 78　按颜色排序

在实际工作中，用户经常会通过为单元格设置背景颜色或字体颜色来标注表格中比较特殊的数据。Excel 2010 能够在排序的时候识别单元格背景颜色和字体颜色，从而帮助用户更加灵活地进行数据整理操作。

## 78.1 按单元格背景颜色排序

在如图 78-1 所示的数据表格中，部分产品的库存数量所在单元格被设置成了红色的背景，用户如果希望将这些特别的数据排列到表格的前面，可以按如下步骤操作。

| | A | B | C | D | E | F |
|---|---|---|---|---|---|---|
| 1 | 学号 | 姓名 | 语文 | 数学 | 英语 | 总分 |
| 2 | 406 | 包丹青 | 56 | 103 | 81 | 240 |
| 3 | 447 | 贝万雅 | 90 | 127 | 95 | 312 |
| 4 | 442 | 蔡骁玲 | 88 | 97 | 97 | 282 |
| 5 | 444 | 陈洁 | 113 | 120 | 101 | 334 |
| 6 | 424 | 陈怡 | 44 | 83 | 105 | 232 |
| 7 | 433 | 董颖子 | 84 | 117 | 87 | 288 |
| 8 | 428 | 杜东颖 | 96 | 103 | 89 | 288 |
| 9 | 422 | 樊军明 | 51 | 111 | 111 | 273 |
| 10 | 419 | 方旭 | 86 | 72 | 55 | 213 |
| 11 | 416 | 富裕 | 88 | 100 | 94 | 282 |
| 12 | 448 | 高香香 | 89 | 109 | 105 | 303 |
| 13 | 403 | 顾锋 | 74 | 97 | 77 | 248 |
| 14 | 421 | 黄华 | 90 | 102 | 103 | 295 |
| 15 | 417 | 黄佳清 | 38 | 92 | 92 | 222 |
| 16 | 414 | 黄阑凯 | 45 | 115 | 78 | 238 |
| 17 | 431 | 黄燕华 | 92 | 128 | 96 | 316 |
| 18 | 443 | 金婷 | 78 | 144 | 102 | 324 |
| 19 | 432 | 康叶华 | 97 | 100 | 105 | 302 |
| 20 | 423 | 利剑 | 95 | 98 | 90 | 283 |
| 21 | 404 | 马辰 | 77 | 22 | 58 | 157 |

图 78-1 部分单元格背景颜色被设置为红色的表格

Step 1 选中数据表格中的任意一个红色背景的单元格（如 A6）。

Step 2 单击鼠标右键，在弹出的快捷菜单中依次单击【排序】→【将所选单元格颜色放在最前面】命令，即可将所有的红色背景单元格排列到表格最前面，如图 78-2 所示。

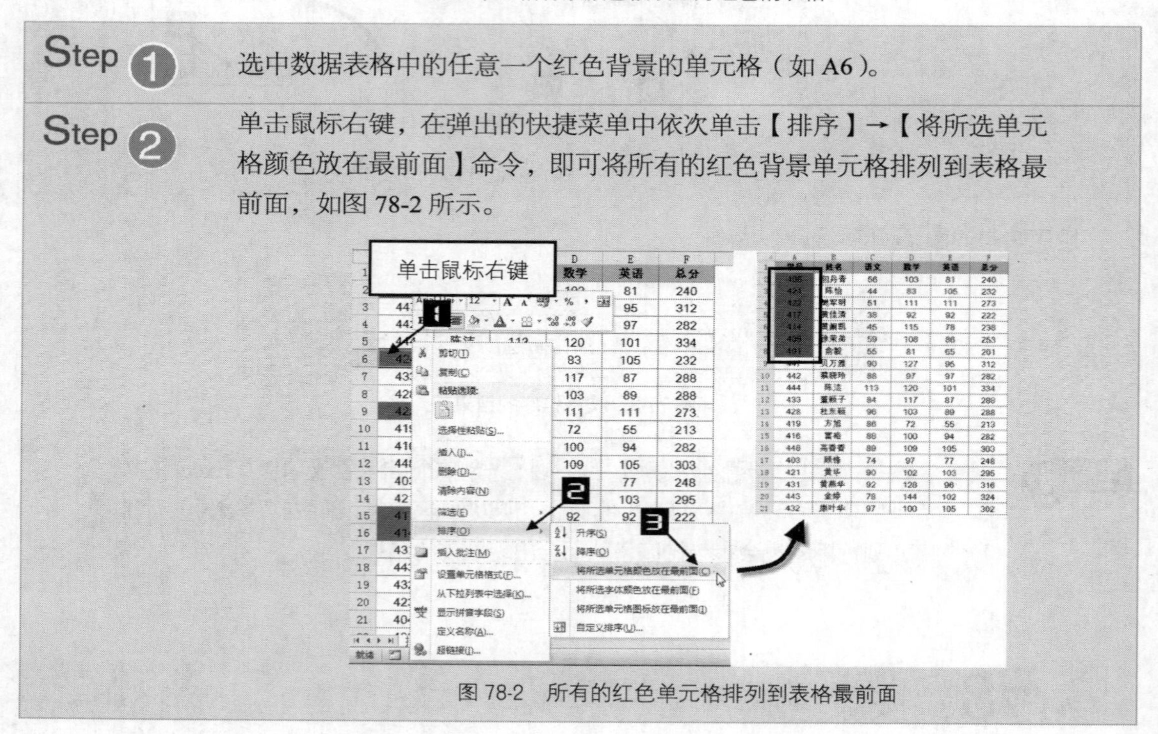


图 78-2 所有的红色单元格排列到表格最前面

## 78.2 按单元格多种背景颜色排序

如果在一个数据表格中被手动设置了多种单元格背景颜色，而又希望按照颜色的次序来排列数据，例如要对如图 78-3 所示的数据表格按 3 种颜色“红色”、“茶色”和“浅蓝色”的分布排序，可以按照下面的步骤来操作。

|  | A | B | C | D | E | F |
|---|---|---|---|---|---|---|
| 1 | 学号 | 姓名 | 语文 | 数学 | 英语 | 总分 |
| 2 | 401 | 俞毅 | 55 | 81 | 65 | 201 |
| 3 | 402 | 吴超 | 83 | 123 | 107 | 313 |
| 4 | 403 | 顾锋 | 74 | 97 | 77 | 248 |
| 5 | 404 | 马辰 | 77 | 22 | 58 | 157 |
| 6 | 405 | 张晓帆 | 91 | 98 | 94 | 283 |
| 7 | 406 | 包丹青 | 56 | 103 | 81 | 240 |
| 8 | 407 | 卫骏 | 87 | 95 | 88 | 270 |
| 9 | 408 | 马治政 | 73 | 103 | 99 | 275 |
| 10 | 409 | 徐荣弟 | 59 | 108 | 86 | 253 |
| 11 | 410 | 姚巍 | 84 | 49 | 82 | 215 |
| 12 | 411 | 张军杰 | 84 | 114 | 88 | 286 |
| 13 | 412 | 莫爱洁 | 90 | 104 | 68 | 262 |
| 14 | 413 | 王峰 | 87 | 127 | 75 | 289 |
| 15 | 414 | 黄阚凯 | 45 | 115 | 78 | 238 |
| 16 | 415 | 张琛 | 88 | 23 | 64 | 175 |
| 17 | 416 | 富裕 | 88 | 100 | 94 | 282 |
| 18 | 417 | 黄佳清 | 38 | 92 | 92 | 222 |
| 19 | 418 | 倪天峰 | 82 | 110 | 78 | 270 |
| 20 | 419 | 方旭 | 86 | 72 | 55 | 213 |
| 21 | 420 | 唐燕 | 95 | 133 | 93 | 321 |

图 78-3　包含 3 种不同颜色单元格的表格

**Step 1**　选中表格中的任意一个单元格（如 C2），在【数据】选项卡中单击【排序】按钮，弹出【排序】对话框。

**Step 2**　在弹出的【排序】对话框中，选择【主要关键字】为“总分”，【排序依据】为“单元格颜色”，【次序】为“红色”在顶端。

**Step 3**　继续添加条件，单击【复制条件】按钮，分别设置“茶色”和“浅蓝色”为次级次序，最后单击【确定】按钮，关闭【排序】对话框，完成按颜色排序，如图 78-4 所示。

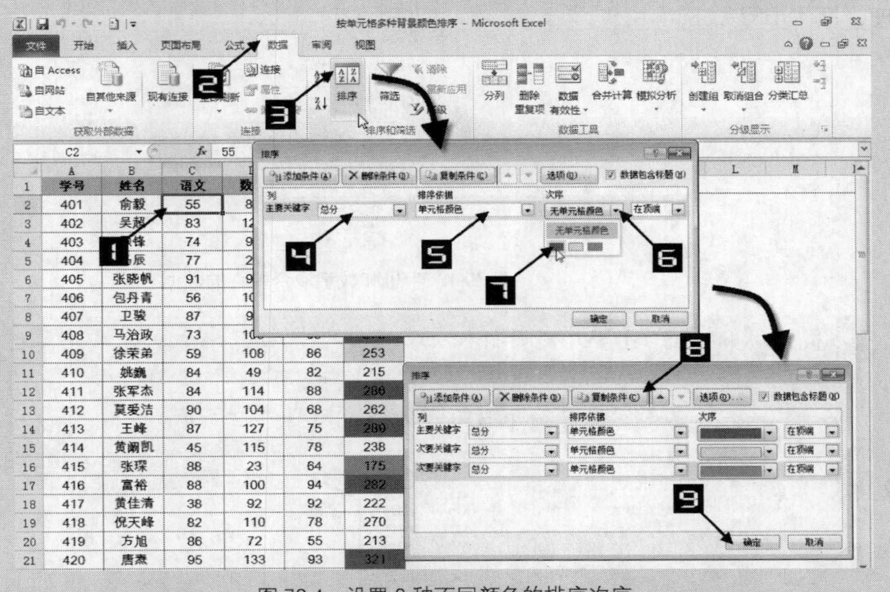

图 78-4　设置 3 种不同颜色的排序次序

排序完成后的效果如图 78-5 所示。

| | A | B | C | D | E | F |
|---|---|---|---|---|---|---|
| 1 | 学号 | 姓名 | 语文 | 数学 | 英语 | 总分 |
| 26 | 440 | 倪佳骏 | 95 | 131 | 101 | 327 |
| 27 | 441 | 朱霜霜 | 77 | 113 | 95 | 285 |
| 28 | 442 | 蔡晓玲 | 88 | 97 | 97 | 282 |
| 29 | 443 | 金婷 | 78 | 144 | 102 | 324 |
| 30 | 444 | 陈洁 | 113 | 120 | 101 | 334 |
| 31 | 445 | 叶怡 | 103 | 131 | 115 | 349 |
| 32 | 447 | 贝万雅 | 90 | 127 | 95 | 312 |
| 33 | 448 | 高香香 | 89 | 109 | 105 | 303 |
| 34 | 403 | 顾锋 | 74 | 97 | 77 | 248 |
| 35 | 409 | 徐荣弟 | 59 | 108 | 86 | 253 |
| 36 | 412 | 莫爱洁 | 90 | 104 | 68 | 262 |
| 37 | 430 | 倪燕华 | 88 | 77 | 99 | 264 |
| 38 | 404 | 马辰 | 77 | 22 | 58 | 157 |
| 39 | 415 | 张琛 | 88 | 23 | 64 | 175 |
| 40 | 401 | 俞毅 | 55 | 81 | 65 | 201 |
| 41 | 406 | 包丹青 | 56 | 103 | 81 | 240 |

图 78-5　按多种颜色排序完成后的表格

## 78.3　按字体颜色和单元格图标排序

除了按单元格背景颜色排序外，Excel 还能根据字体颜色和由条件产生的单元格图标进行排序，方法和单元格背景颜色排序相同，在此不再赘述。

# 技巧 79　排序字母和数字的混合内容

图 79-1 展示了一列包含字母和数字混合内容的数据表格，对于这样的数据表格，用户如果希望先按字母的先后顺序排序，再按字母后面数值的大小升序排列，可以通过添加辅助列的方法来处理，操作步骤如下。

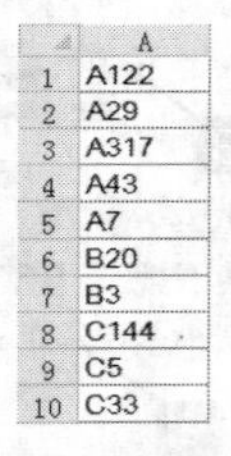

| | A |
|---|---|
| 1 | A122 |
| 2 | A29 |
| 3 | A317 |
| 4 | A43 |
| 5 | A7 |
| 6 | B20 |
| 7 | B3 |
| 8 | C144 |
| 9 | C5 |
| 10 | C33 |

图 79-1　字母和数字混合内容的数据

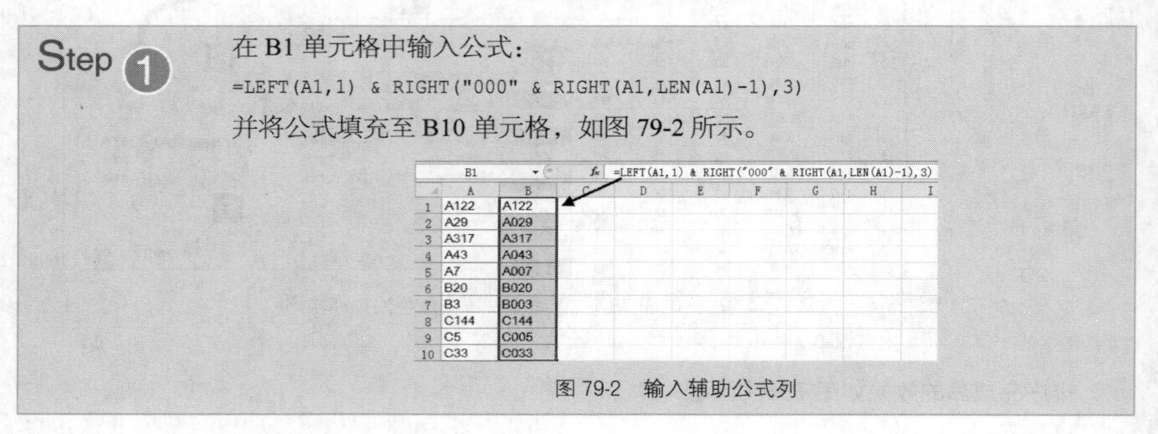

**Step 1**　在 B1 单元格中输入公式：

```
=LEFT(A1,1) & RIGHT("000" & RIGHT(A1,LEN(A1)-1),3)
```

并将公式填充至 B10 单元格，如图 79-2 所示。



| | A | B |
|---|---|---|
| 1 | A122 | A122 |
| 2 | A29 | A029 |
| 3 | A317 | A317 |
| 4 | A43 | A043 |
| 5 | A7 | A007 |
| 6 | B20 | B020 |
| 7 | B3 | B003 |
| 8 | C144 | C144 |
| 9 | C5 | C005 |
| 10 | C33 | C033 |

图 79-2　输入辅助公式列

**Step 2**　选中 B2 单元格，在【数据】选项卡中单击升序按钮，完成字母、数字混合内容排序，如图 79-3 所示，用户如果不需要 B 列的数值，可以将 B 列删除。

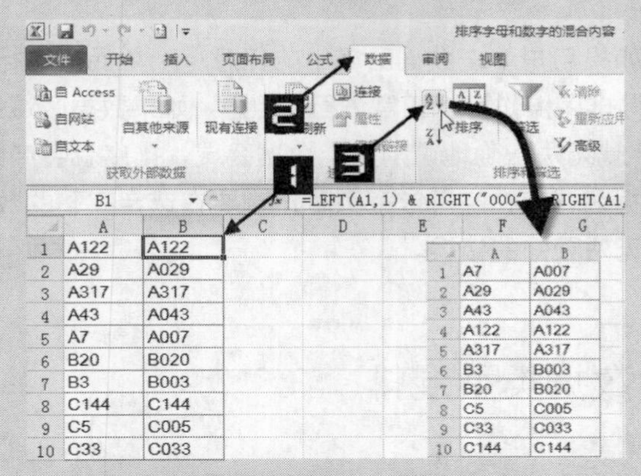


图 79-3　对字母和数字的混合内容进行排序

# 技巧 80　返回排序前的状态

当数据列表进行多次排序后，如果要将表格恢复到排序前的初始状态，仅仅依靠撤销功能（<Ctrl+Z>组合键）会变得非常繁琐，而且这个功能在执行某些操作后会失效，所以不能确保使用撤销的方法总是可以返回到排序前的次序。用户可以在排序前通过预先设置序列号的方法来解决这个问题，操作方法如下。

在数据列表中的任意相邻列之间插入一列空白列作为辅助列，输入标题（如 NO.），在标题行下方的第一个单元格（如 A2）内输入数字“1”，然后向下以“步长值”为“1”的“等差序列”填充至数据区域的最后一个单元格（如 A17），如图 80 中 A 列所示。

现在，无论对表格如何进行排序（按行方向排序除外），设置是关闭工作簿后再打开，只要最后以 A 列为关键字做一次升序排序，就能够返回表格的原始次序。

| NO. | 姓名 | 职务 | 津贴 |
|---|---|---|---|
| 1 | 牛召明 | 总经理 | 950 |
| 2 | 王俊东 | 副总经理 | 600 |
| 3 | 王浦泉 | 副总经理 | 600 |
| 4 | 刘蔚 | 经理 | 400 |
| 5 | 孙安才 | 经理 | 400 |
| 6 | 张威 | 经理 | 400 |
| 7 | 李呈逸 | 组长 | 200 |
| 8 | 李丽娟 | 组长 | 200 |
| 9 | 李仁杰 | 组长 | 200 |
| 10 | 苏会志 | 员工 | 150 |
| 11 | 周小伦 | 员工 | 150 |
| 12 | 李青 | 员工 | 100 |
| 13 | 容晓胜 | 员工 | 100 |
| 14 | 唐爱民 | 员工 | 100 |
| 15 | 杨煦 | 员工 | 100 |
| 16 | 宗军强 | 员工 | 100 |

图 80　使用辅助列标记数据列表排序前的原始状态

# 技巧 81　常见的排序故障

在排序的过程中，有时会出现一些错误，造成排序操作不成功或无法达到预期的效果，下面针对用户可能遇到的一些排序故障及处理方法进行一一介绍。

## 81.1 数据区域中包含空行或者空列

通常情况下如果用户单击数据区域中的任意一个单元格进行排序，Excel 都会自动识别选中整个数据区域，使得排序操作可以正常进行。但是，如果数据区域中包含空行或者空列的情况下再使用此方法，Excel 就无法正确地识别整个数据区域，排序就会产生错误的结果。

因此，当数据区域存在空行或空列时，需要在选定完整的数据区域后再进行相关的排序操作，以避免出现某些无法预知的错误。

## 81.2 多种数据类型混排

对于不同数据类型的排序规则，Excel 中的默认设置如表 81 所示。

**表 81　　Excel 中默认的排序规则**

<table>
<tr><th>数据类型</th><th>规　则</th></tr>
<tr><td>数值型数据</td><td>以整个数值（包括正负号）的大小作为排序依据，数值由小到大为升序</td></tr>
<tr><td rowspan="4">文本型数据</td><td>英文字母：按 26 个字母的顺序为排序依据，由 a 至 z 为升序，不区分字母大小写</td></tr>
<tr><td>中文字符：以拼音的字母顺序作为升序依据，字母的排序顺序与英文字母相同</td></tr>
<tr><td>数字字符的文本型数据：以单个数字字符的大小作为升序排序，从“0”到“9”为升序</td></tr>
<tr><td>符号：符号的升序顺序为（空格）!"#$%&()*,./:;?@[\]^_'{|}~+⇔>。绝大多数符号不区分半角和全角的大小，例如全角问号“？”和半角问号“?”的排序优先级是一样的</td></tr>
<tr><td rowspan="2">混合型</td><td>对于多个字符组成的字符串，依次比较每个字符的排序顺序</td></tr>
<tr><td>在英文字母、中文字符、数字字符和符号之间，其升序的顺序为“数字字符”→“符号”→“英文字母”→“中文字符”</td></tr>
<tr><td>逻辑值</td><td>FALSE~TRUE 为升序</td></tr>
<tr><td>错误值</td><td>所有错误值的优先级相同</td></tr>
</table>

以上这些不同的数据类型之间，其升序顺序如下：数值型数据→文本型数据→逻辑值→错误值。

由于数字存储到 Excel 工作表中时，有可能以数值型的格式存在，也有可能以文本型的格式存在，因此，当数据区域中同时存在两种格式类型的数值混排时，排序便无法得到预期的结果。

例如，在图 81-1 所示的数据表格中的 A5:A10 单元格区域是文本型数字，而 A2:A4 单元格区域是数值型数字，此时，如果按照“编号”字段进行排序，就会出现“105”排在“117”之后的错误结果，解决方法如下。

| | A | B |
|---|---|---|
| 1 | 编号 | 名称 |
| 2 | 117 | A电池 |
| 3 | 199 | 3A电池 |
| 4 | 299 | 太阳能电池 |
| 5 | 105 | 5A电池 |
| 6 | 124 | 2A电池 |
| 7 | 189 | 锂电池 |
| 8 | 244 | 4A电池 |
| 9 | 291 | 镍电池 |
| 10 | 402 | 电子 |

图 81-1　排序错误的表格

**Step 1**　选中数据区域中的任意一个单元格（如 B1），在【数据】选项卡中单击【排序】按钮，打开【排序】对话框，选择【主要关键字】为“编号”，右侧的【次序】为“升序”，单击【确定】按钮。

**Step 2**　此时 Excel 会自动弹出【排序提醒】对话框，提示用户数据中包含文本格式的数字，需要用户进行进一步的确认，单击【将任何类似数字的内容排序】单选钮，再单击【确定】按钮，关闭【排序提醒】对话框，完成对“编号”字段的排序，如图 81-2 所示。

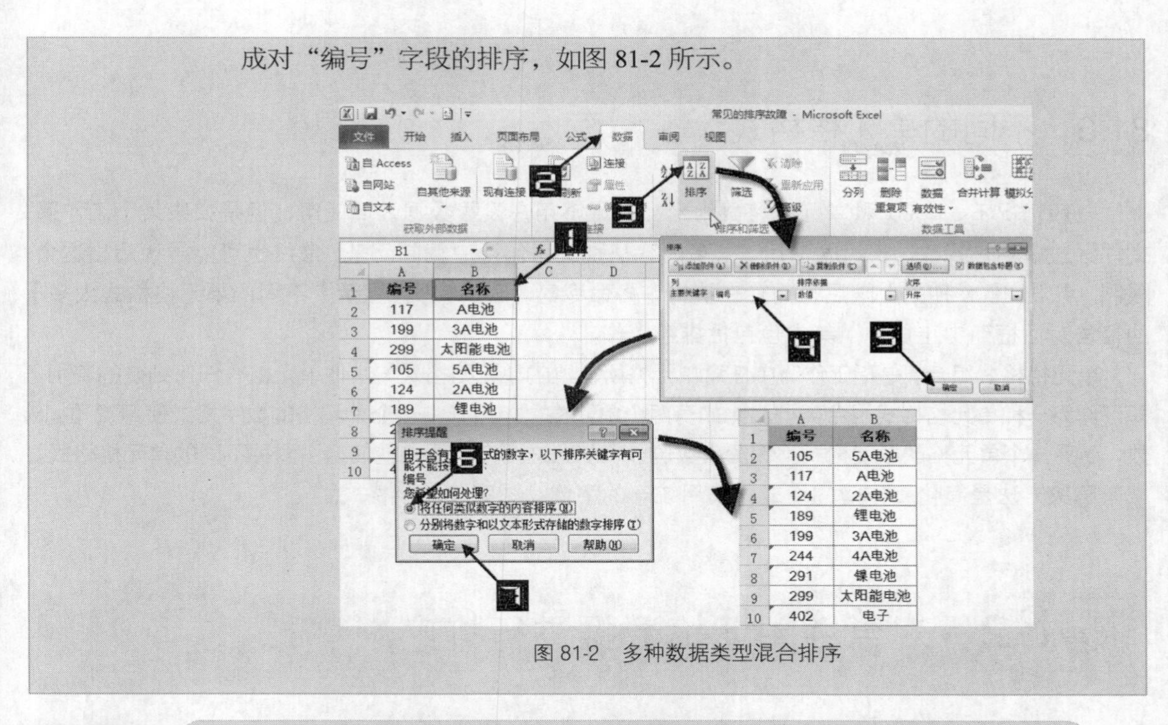


图 81-2　多种数据类型混合排序

如果需要保留文本形式数字和数值形式数字分开排序的默认方式，则可以在【排序提醒】对话框中单击【分别将数字和以文本形式存储的数值排序】单选钮。

此外，还可以先将文本型数字转化为数值型数字再进行排序，以图 81-1 所示的数据表格为例，操作方法如下。

| | |
|---|---|
| Step 1 | 选中工作表中的任意一个空白单元格（如 C1），然后按<Ctrl+C>组合键复制。 |
| Step 2 | 选中 A5:A10 单元格区域，单击鼠标右键，在弹出的快捷菜单中选择【选择性粘贴】命令，打开【选择性粘贴】对话框。 |
| Step 3 | 在【选择性粘贴】对话框中单击【加】单选钮，最后单击【确定】按钮，关闭【选择性粘贴】对话框。 |

完成以上操作后，A 列的数据均以数值形式存在，接下来使用常规的排序方法即可完成对“编号”字段的排序。

提示！

文本型数字转换为数值型数字，除了以上介绍的方法以外，还可以先选择包含文本型数字的区域，单击弹出的【错误检查选项】按钮，并选择【转换为数字】命令；或者使用“分列”的方法，在【文本分列向导-第 3 步，共 3 步】对话框中，选择下方列表中文本型数字的列，然后单击【常规】单选钮。用户可以根据自己的操作习惯和具体问题，选择不同的操作方法。

## 81.3　不同的单元格格式太多

一般情况下，4000 种单元格格式组合上限足够用户设置数据区域使用，但是如果某个工作簿文件经过多用户操作、长时间使用，很多内容从别的工作簿中复制而来，最终也可能导致超出这个限制。超出 4000 种的上限后，用户在执行许多命令时，Excel 都会显示【不同的单元格格式太多】的警告对话框而中止操作，其中也包括排序操作。

单元格格式组合，是指工作簿中任意单元格所设置的单元格格式与其他单元格有任何细微的差别，即可作为一种单元格格式组合类型。比如有两个单元格，如果其中一个单元格的数字格式使用 2 位小数，而另一个单元格的数字格式不保留小数位数，那么这两个单元格就使用了两种不同的单元格格式。

解决方法是简化工作簿的格式，使用统一的字体、图案与数字格式。

# 技巧 82　对合并单元格数据进行排序

当数据区域中包含合并单元格时，如果各个合并单元格的数量不统一，将无法进行排序操作。例如图 82-1 所示的数据表格，A 列的合并单元格有 2 个合并的，也有 3 个合并的，大小各不相同。

| | A | B | C |
|---|---|---|---|
| 1 | 部门 | 数量 | 金额 |
| 2 | B部门 | 200 | 2000 |
| 3 | | 300 | 3000 |
| 4 | | 400 | 4000 |
| 5 | | 500 | 5000 |
| 6 | A部门 | 100 | 1000 |
| 7 | D部门 | 800 | 8000 |
| 8 | | 900 | 9000 |
| 9 | | 1000 | 10000 |
| 10 | C部门 | 600 | 6000 |
| 11 | | 700 | 7000 |

图 82-1　大小不同的合并单元格

用户可以通过插入空行的方法调整数据结构，使合并的单元格具有一致的大小，操作方法如下。

**Step 1**　在每一个合并区域的下方根据最大合并单元格的个数（如本例中为 4 个）插入空行，即在“A 部门”中插入 3 行空行，在“D 部门”中插入 1 行空行，在“C 部门”中插入 2 行空行，如图 82-2 所示。

| | A | B | C |
|---|---|---|---|
| 1 | 部门 | 数量 | 金额 |
| 2 | B部门 | 200 | 2000 |
| 3 | | 300 | 3000 |
| 4 | | 400 | 4000 |
| 5 | | 500 | 5000 |
| 6 | A部门 | 100 | 1000 |
| 7 | | | |
| 8 | | | |
| 9 | | | |
| 10 | D部门 | 800 | 8000 |
| 11 | | | |
| 12 | | 900 | 9000 |
| 13 | | 1000 | 10000 |
| 14 | C部门 | 600 | 6000 |
| 15 | | | |
| 16 | | | |
| 17 | | 700 | 7000 |

图 82-2　插入空行调整合并单元格

**Step 2**　单击 A2 单元格，在【开始】选项卡中单击【格式刷】按钮，鼠标选中 A6:A17 单元格区域，结果如图 82-3 所示。

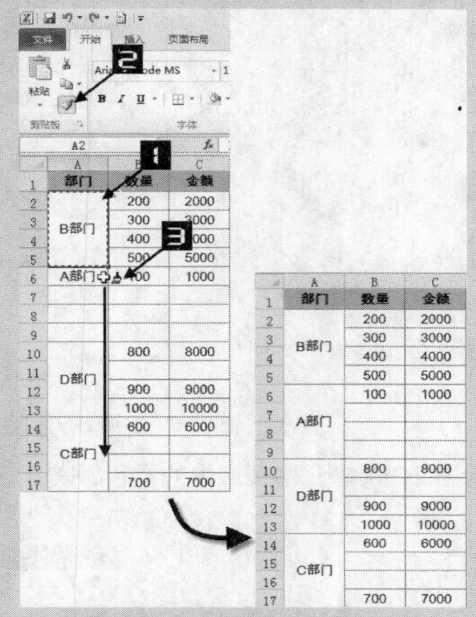


图 82-3　合并单元格区域

**Step 3**　重复操作步骤 2，单击 A2 单元格，在【开始】选项卡中单击【格式刷】按钮，鼠标选中 B2:C17 单元格区域，结果如图 82-4 所示。

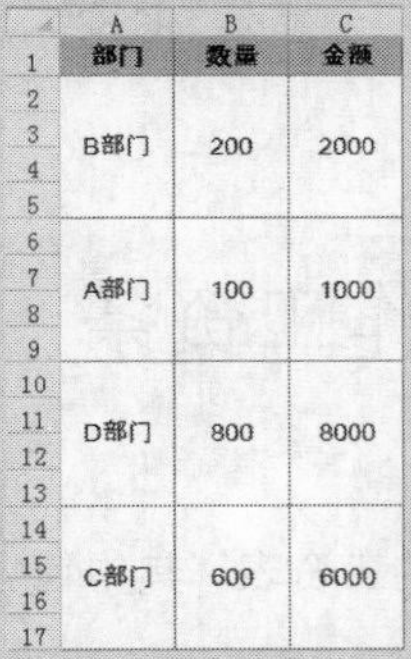

| | A | B | C |
|---|---|---|---|
| 1 | 部门 | 数量 | 金额 |
| 2–5 | B部门 | 200 | 2000 |
| 6–9 | A部门 | 100 | 1000 |
| 10–13 | D部门 | 800 | 8000 |
| 14–17 | C部门 | 600 | 6000 |

图 82-4　合并 B 列和 C 列相应的单元格

**Step 4**　对“部门”字段进行升序排序，结果如图 82-5 所示。

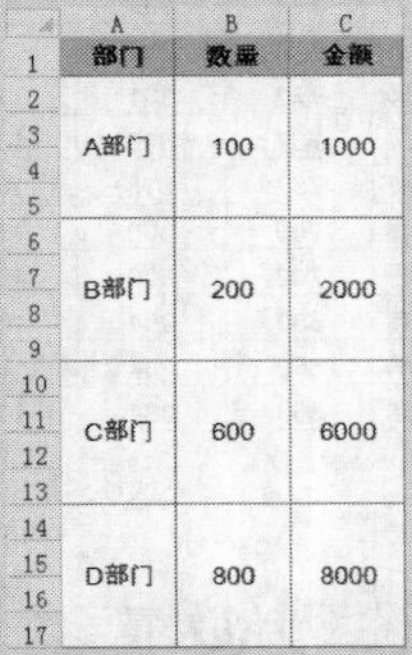

| | A | B | C |
|---|---|---|---|
| 1 | 部门 | 数量 | 金额 |
| 2–5 | A部门 | 100 | 1000 |
| 6–9 | B部门 | 200 | 2000 |
| 10–13 | C部门 | 600 | 6000 |
| 14–17 | D部门 | 800 | 8000 |

图 82-5　按“部门”升序排序

**Step 5** 选中 D2:D5 空白区域，在【开始】选项卡中单击【格式刷】按钮，鼠标选中 B2:C17 单元格区域，取消 B2:C17 单元格区域合并，结果如图 82-6 所示。

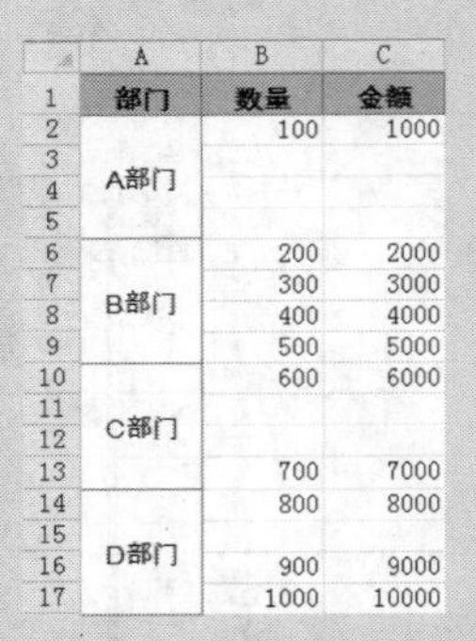

| | A | B | C |
|---|---|---|---|
| 1 | 部门 | 数量 | 金额 |
| 2 | A部门 | 100 | 1000 |
| 3 | | | |
| 4 | | | |
| 5 | | | |
| 6 | B部门 | 200 | 2000 |
| 7 | | 300 | 3000 |
| 8 | | 400 | 4000 |
| 9 | | 500 | 5000 |
| 10 | C部门 | 600 | 6000 |
| 11 | | | |
| 12 | | | |
| 13 | | 700 | 7000 |
| 14 | D部门 | 800 | 8000 |
| 15 | | | |
| 16 | | 900 | 9000 |
| 17 | | 1000 | 10000 |

图 82-6　取消 B 列和 C 列的合并单元格

**Step 6** 删除 B2:C17 单元格区域内的空行，美化表格后的结果如图 82-7 所示。

| | A | B | C |
|---|---|---|---|
| 1 | 部门 | 数量 | 金额 |
| 2 | A部门 | 100 | 1000 |
| 3 | B部门 | 200 | 2000 |
| 4 | | 300 | 3000 |
| 5 | | 400 | 4000 |
| 6 | | 500 | 5000 |
| 7 | C部门 | 600 | 6000 |
| 8 | | 700 | 7000 |
| 9 | D部门 | 800 | 8000 |
| 10 | | 900 | 9000 |
| 11 | | 1000 | 10000 |

图 82-7　对合并单元格数据进行排序

## 技巧 83　快速制作工资条

图 83-1 展示了一张某公司的工资表，其中包含了 10 名员工的工资明细记录，根据这张工资表制作工资条，操作方法如下。

| | A | B | C | D | E | F | G | H | I |
|---|---|---|---|---|---|---|---|---|---|
| 1 | 序号 | 姓名 | 职务工资 | 工龄津贴 | 岗位补贴 | 应发数 | 住房公积金 | 实发数 | 签名 |
| 2 | 1 | 魏淑云 | 774 | 332 | 100 | 1206 | 264 | 942 | |
| 3 | 2 | 吕继先 | 774 | 332 | 100 | 1455 | 264 | 1191 | |
| 4 | 3 | 周淑琴 | 772 | 331 | 120 | 1484.5 | 264 | 1220.5 | |
| 5 | 4 | 俞志美 | 737 | 316 | 100 | 1396.5 | 252 | 1144.5 | |
| 6 | 5 | 霍云祥 | 737 | 316 | 100 | 1401.5 | 252 | 1149.5 | |
| 7 | 6 | 孙明喜 | 700 | 300 | 100 | 1338 | 240 | 1098 | |
| 8 | 7 | 吴素平 | 700 | 300 | 100 | 1343 | 240 | 1103 | |
| 9 | 8 | 周有存 | 663 | 284 | 100 | 1275 | 228 | 1047 | |
| 10 | 9 | 刘晓明 | 663 | 284 | 100 | 1280 | 228 | 1052 | |
| 11 | 10 | 张翠兰 | 663 | 284 | 100 | 1298 | 228 | 1070 | |

图 83-1　工资表

**Step 1** 在 J2:J11 单元格区域依次填写数字 1 至 10，再按同样的顺序将 10 个数字复制到 J12:J21 单元格区域，并将 J 列数据区域进行升序排序，如图 83-2 所示。

| | A | B | C | D | E | F | G | H | I | J |
|---|---|---|---|---|---|---|---|---|---|---|
| 1 | 序号 | 姓名 | 职务工资 | 工龄津贴 | 岗位补贴 | 应发数 | 住房公积金 | 实发数 | 签名 | |
| 2 | 1 | 魏淑云 | 774 | 332 | 100 | 1206 | 264 | 942 | | 1 |
| 3 | 2 | 吕继先 | 774 | 332 | 100 | 1455 | 264 | 1191 | | 2 |
| 4 | 3 | 周淑琴 | 772 | 331 | 120 | 1484.5 | 264 | 1220.5 | | 3 |
| 5 | 4 | 俞志美 | 737 | 316 | 100 | 1396.5 | 252 | 1144.5 | | 4 |
| 6 | 5 | 霍云祥 | 737 | 316 | 100 | 1401.5 | 252 | 1149.5 | | 5 |
| 7 | 6 | 孙明喜 | 700 | 300 | 100 | 1338 | 240 | 1098 | | 6 |
| 8 | 7 | 吴素平 | 700 | 300 | 100 | 1343 | 240 | 1103 | | 7 |
| 9 | 8 | 周有存 | 663 | 284 | 100 | 1275 | 228 | 1047 | | 8 |
| 10 | 9 | 刘晓明 | 663 | 284 | 100 | 1280 | 228 | 1052 | | 9 |
| 11 | 10 | 张翠兰 | 663 | 284 | 100 | 1298 | 228 | 1070 | | 10 |
| | | | | | | | | | | 1 |
| | | | | | | | | | | 2 |
| | | | | | | | | | | 3 |
| | | | | | | | | | | 4 |
| | | | | | | | | | | 5 |
| | | | | | | | | | | 6 |
| | | | | | | | | | | 7 |
| | | | | | | | | | | 8 |
| | | | | | | | | | | 9 |
| | | | | | | | | | | 10 |

| | A | B | C | D | E | F | G | H | I | J |
|---|---|---|---|---|---|---|---|---|---|---|
| 1 | 序号 | 姓名 | 职务工资 | 工龄津贴 | 岗位补贴 | 应发数 | 住房公积金 | 实发数 | 签名 | |
| 2 | 1 | 魏淑云 | 774 | 332 | 100 | 1206 | 264 | 942 | | 1 |
| 3 | | | | | | | | | | 1 |
| 4 | 2 | 吕继先 | 774 | 332 | 100 | 1455 | 264 | 1191 | | 2 |
| 5 | | | | | | | | | | 2 |
| 6 | 3 | 周淑琴 | 772 | 331 | 120 | 1484.5 | 264 | 1220.5 | | 3 |
| 7 | | | | | | | | | | 3 |
| 8 | 4 | 俞志美 | 737 | 316 | 100 | 1396.5 | 252 | 1144.5 | | 4 |
| 9 | | | | | | | | | | 4 |
| 10 | 5 | 霍云祥 | 737 | 316 | 100 | 1401.5 | 252 | 1149.5 | | 5 |
| 11 | | | | | | | | | | 5 |
| 12 | 6 | 孙明喜 | 700 | 300 | 100 | 1338 | 240 | 1098 | | 6 |
| 13 | | | | | | | | | | 6 |
| 14 | 7 | 吴素平 | 700 | 300 | 100 | 1343 | 240 | 1103 | | 7 |
| 15 | | | | | | | | | | 7 |
| 16 | 8 | 周有存 | 663 | 284 | 100 | 1275 | 228 | 1047 | | 8 |
| 17 | | | | | | | | | | 8 |
| 18 | 9 | 刘晓明 | 663 | 284 | 100 | 1280 | 228 | 1052 | | 9 |
| 19 | | | | | | | | | | 9 |
| 20 | 10 | 张翠兰 | 663 | 284 | 100 | 1298 | 228 | 1070 | | 10 |
| 21 | | | | | | | | | | 10 |

图 83-2　排序后的结果

**Step 2**　选中 A3:I19 单元格区域，按<F5>功能键，打开【定位】对话框，单击【定位条件】按钮，弹出【定位条件】对话框，单击【空值】单选钮，最后单击【确定】按钮即可选中当前区域中的空白单元格，如图 83-3 所示。

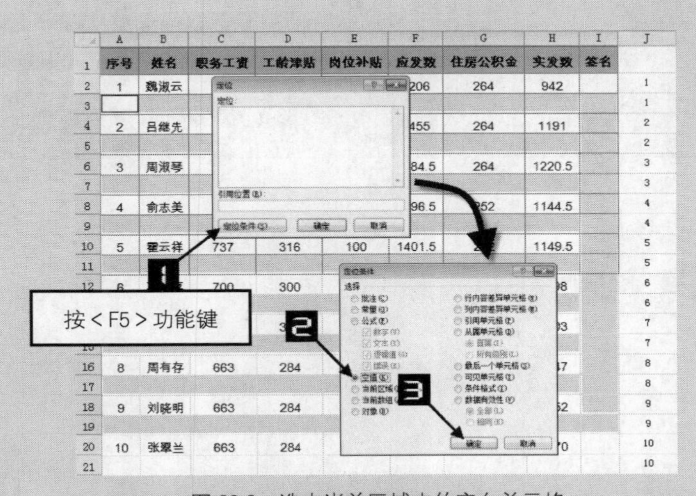


图 83-3　选中当前区域中的空白单元格

**Step 3**　输入公式“=A1”，按<Ctrl+Enter>组合键确认公式输入，完成后的结果如图 83-4 所示。

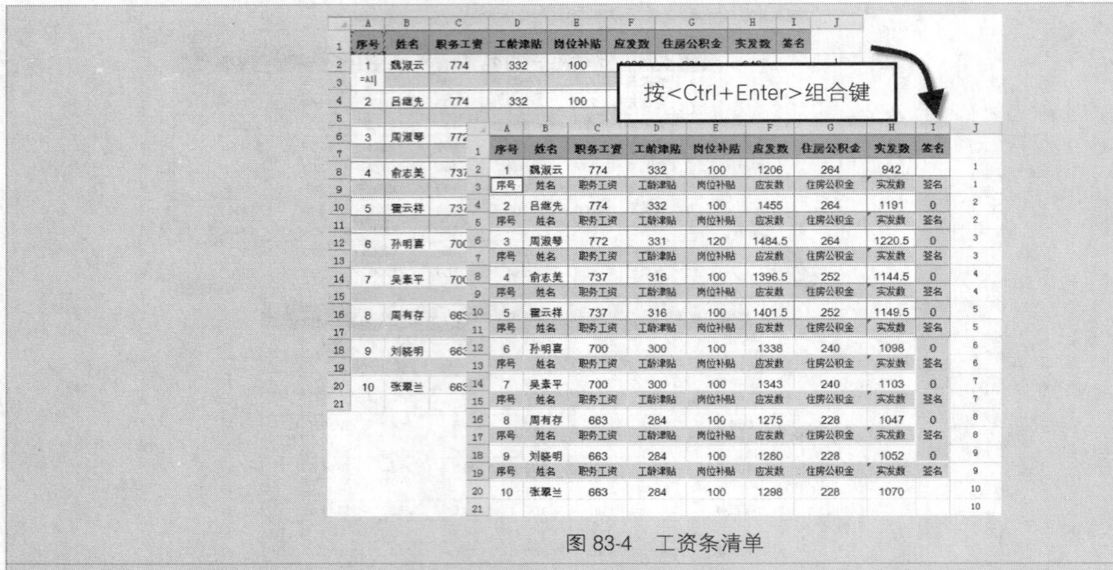


图 83-4　工资条清单

**Step 4**　清除 J 列内容以及 I 列单元格的“0”值，格式美化后即可得到一张适合打印并可以分开剪裁的工资条清单，如图 83-5 所示。

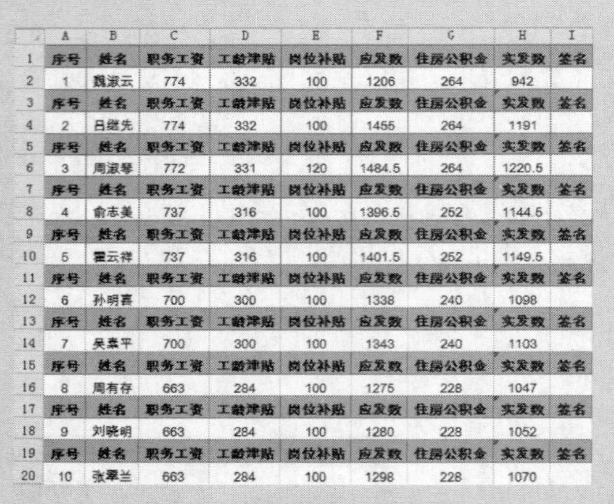

| | A | B | C | D | E | F | G | H | I |
|---|---|---|---|---|---|---|---|---|---|
| 1 | 序号 | 姓名 | 职务工资 | 工龄津贴 | 岗位补贴 | 应发数 | 住房公积金 | 实发数 | 签名 |
| 2 | 1 | 魏淑云 | 774 | 332 | 100 | 1206 | 264 | 942 | |
| 3 | 序号 | 姓名 | 职务工资 | 工龄津贴 | 岗位补贴 | 应发数 | 住房公积金 | 实发数 | 签名 |
| 4 | 2 | 吕继先 | 774 | 332 | 100 | 1455 | 264 | 1191 | |
| 5 | 序号 | 姓名 | 职务工资 | 工龄津贴 | 岗位补贴 | 应发数 | 住房公积金 | 实发数 | 签名 |
| 6 | 3 | 周淑琴 | 772 | 331 | 120 | 1484.5 | 264 | 1220.5 | |
| 7 | 序号 | 姓名 | 职务工资 | 工龄津贴 | 岗位补贴 | 应发数 | 住房公积金 | 实发数 | 签名 |
| 8 | 4 | 俞志美 | 737 | 316 | 100 | 1396.5 | 252 | 1144.5 | |
| 9 | 序号 | 姓名 | 职务工资 | 工龄津贴 | 岗位补贴 | 应发数 | 住房公积金 | 实发数 | 签名 |
| 10 | 5 | 瞿云祥 | 737 | 316 | 100 | 1401.5 | 252 | 1149.5 | |
| 11 | 序号 | 姓名 | 职务工资 | 工龄津贴 | 岗位补贴 | 应发数 | 住房公积金 | 实发数 | 签名 |
| 12 | 6 | 孙明喜 | 700 | 300 | 100 | 1338 | 240 | 1098 | |
| 13 | 序号 | 姓名 | 职务工资 | 工龄津贴 | 岗位补贴 | 应发数 | 住房公积金 | 实发数 | 签名 |
| 14 | 7 | 吴素平 | 700 | 300 | 100 | 1343 | 240 | 1103 | |
| 15 | 序号 | 姓名 | 职务工资 | 工龄津贴 | 岗位补贴 | 应发数 | 住房公积金 | 实发数 | 签名 |
| 16 | 8 | 周有存 | 663 | 284 | 100 | 1275 | 228 | 1047 | |
| 17 | 序号 | 姓名 | 职务工资 | 工龄津贴 | 岗位补贴 | 应发数 | 住房公积金 | 实发数 | 签名 |
| 18 | 9 | 刘晓明 | 663 | 284 | 100 | 1280 | 228 | 1052 | |
| 19 | 序号 | 姓名 | 职务工资 | 工龄津贴 | 岗位补贴 | 应发数 | 住房公积金 | 实发数 | 签名 |
| 20 | 10 | 张翠兰 | 663 | 284 | 100 | 1298 | 228 | 1070 | |

图 83-5　美化后的工资条清单

# 第 8 章　数据筛选

在管理数据列表时，根据某种条件筛选出匹配的数据是一项常见的需求。Excel 提供的“筛选”（Excel 2003 以及更早的版本中称为“自动筛选”）功能，专门帮助用户解决这类问题。

## 技巧 84　了解筛选

对于工作表中的普通数据列表，可以使用下面 2 种等效的方法进入筛选模式。

### 84.1　选项卡功能区操作方法

以图 84-1 所示的数据列表为例，先选中数据列表中的任意一个单元格（如 B3），然后在【数据】选项卡中单击【筛选】按钮即可启用筛选功能。此时，功能区中的【筛选】按钮将呈现高亮显示状态，数据列表中所有字段的标题单元格中也会出现下拉箭头。

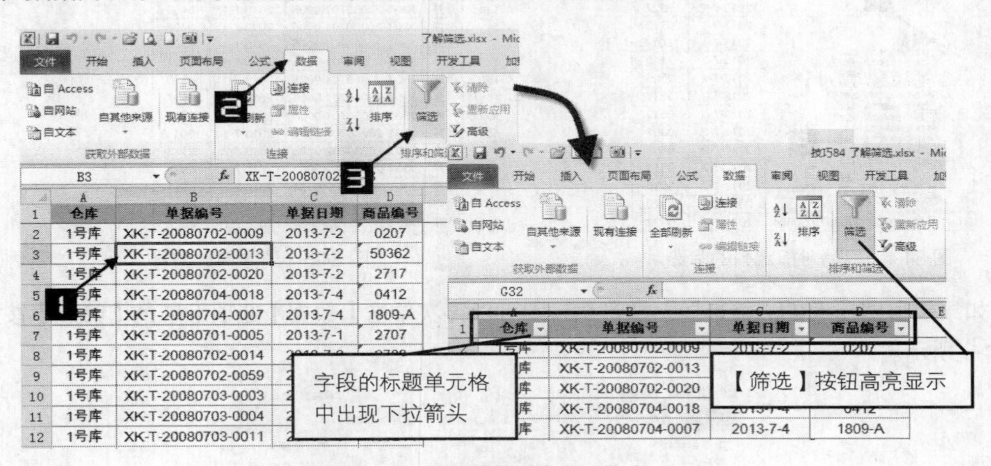


图 84-1　对普通数据列表启用筛选

因为 Excel 的“表”（Table）默认启用筛选功能，所以也可以将普通数据列表转换为“表”，然后就可以使用筛选功能。

数据列表进入筛选状态后，单击每个字段的标题单元格中的下拉箭头，都将弹出下拉菜单，提供有关“排序”和“筛选”的详细选项。如单击 B1 单元格中的下拉箭头，弹出的下拉菜单如图 84-2 所示。不同数据类型的字段所能够使用的筛选选项也不同。

完成筛选后，被筛选字段的下拉按钮形状会发生改变，如 B1 单元格中的下拉箭头变为漏斗形按钮，表示当前字段应用了筛选条件；同时数据列表中的行号颜色也会改变，如图 84-3 所示。

如果要取消对指定列的筛选，则可以单击该列的下拉箭头，在弹出的下拉列表框中勾选“(全选)”复选框，再单击【确定】按钮，如图 84-4 所示。

图 84-2　包含排序和筛选选项的下拉菜单

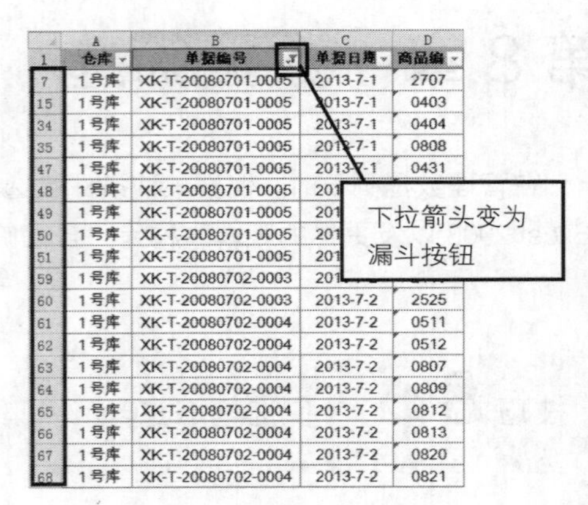


图 84-3　筛选状态下的数据列表

如果要取消数据列表中的所有筛选，则可以单击【数据】选项卡中的【清除】按钮，如图 84-5 所示。

图 84-4　取消对指定列的筛选

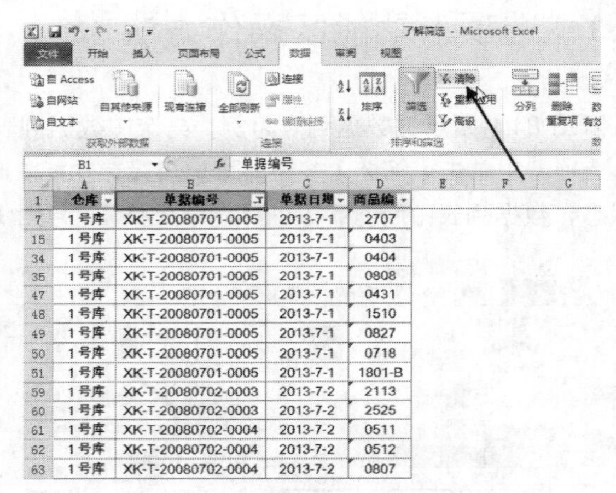

图 84-5　清除筛选内容

如果要取消所有的“筛选”下拉箭头，则可以再次单击【数据】选项卡中的【筛选】按钮，如图 84-6 所示。

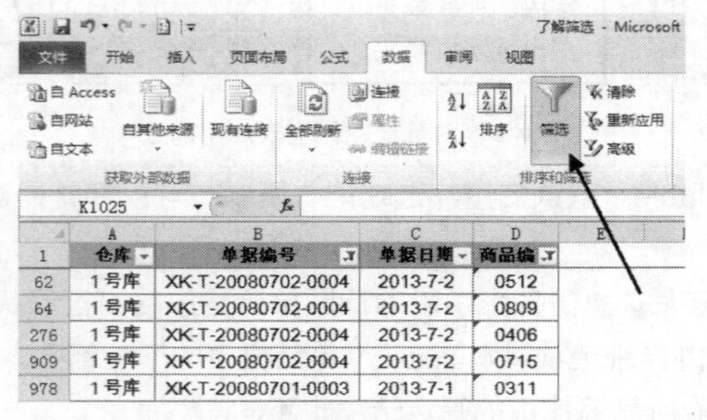

图 84-6　取消所有的“筛选”下拉箭头

Excel 2010 筛选下拉菜单的唯一值列表，最多只能显示 10000 个项目。

Excel 2003 及更早的版本中，筛选的唯一值列表最多只能显示 1000 个项目，且不支持多选项目。

## 84.2 鼠标右键快捷菜单操作方法

在数据列表中，如果已经选中了某个单元格，而这个单元格的值正好与希望进行筛选的条件相同，那么可以快速进行筛选，而不必先进入筛选状态，再去设置具体的筛选条件。

例如，要在图 84-7 所示的数据列表中快速筛选出日期为 2013-7-2 的所有数据，可以按下面的步骤来操作。

| | A | B | C | D |
|---|---|---|---|---|
| 1 | 仓库 | 单据编号 | 单据日期 | 商品编号 |
| 2 | 1号库 | XK-T-20080702-0009 | 2013-7-2 | 0207 |
| 3 | 1号库 | XK-T-20080702-0013 | 2013-7-2 | 50362 |
| 4 | 1号库 | XK-T-20080702-0020 | 2013-7-2 | 2717 |
| 5 | 1号库 | XK-T-20080704-0018 | 2013-7-4 | 0412 |
| 6 | 1号库 | XK-T-20080704-0007 | 2013-7-4 | 1809-A |
| 7 | 1号库 | XK-T-20080701-0005 | 2013-7-1 | 2707 |
| 8 | 1号库 | XK-T-20080702-0014 | 2013-7-2 | 2703 |
| 9 | 1号库 | XK-T-20080702-0059 | 2013-7-2 | 1508-A |
| 10 | 1号库 | XK-T-20080703-0003 | 2013-7-3 | 2601 |
| 11 | 1号库 | XK-T-20080703-0004 | 2013-7-3 | 2703 |
| 12 | 1号库 | XK-T-20080703-0011 | 2013-7-3 | 1502-A |
| 13 | 1号库 | XK-T-20080703-0014 | 2013-7-3 | 1802-B |
| 14 | 1号库 | XK-T-20080701-0001 | 2013-7-1 | 2602 |
| 15 | 1号库 | XK-T-20080701-0005 | 2013-7-1 | 0403 |
| 16 | 1号库 | XK-T-20080702-0005 | 2013-7-2 | 1801-A |
| 17 | 1号库 | XK-T-20080702-0005 | 2013-7-2 | 1801-B |
| 18 | 1号库 | XK-T-20080702-0005 | 2013-7-2 | 1801-C |
| 19 | 1号库 | XK-T-20080702-0005 | 2013-7-2 | 1805-A |
| 20 | 1号库 | XK-T-20080702-0005 | 2013-7-2 | 1809-A |

图 84-7　数据列表

**Step 1**　选中 C 列中任意一个内容为“2013-7-2”的单元格，如 C8 单元格，单击鼠标右键。

**Step 2**　在弹出的快捷菜单中依次单击【筛选】→【按所选单元格的值筛选】。

**Step 3**　这样就完成了筛选任务，同时，整个数据列表也进入了筛选状态，可以使用其他筛选选项继续筛选，如图 84-8 所示。

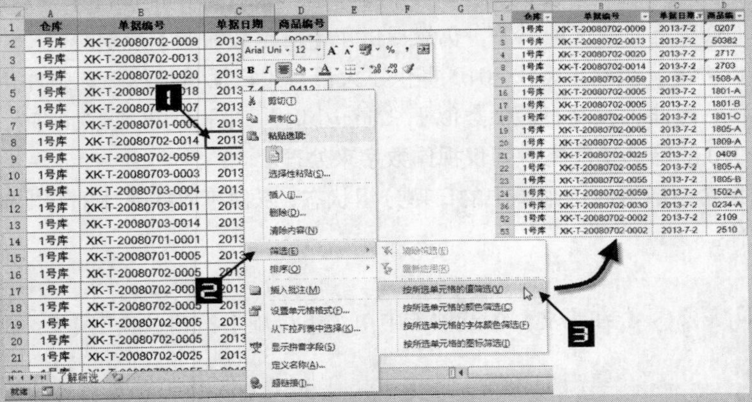

图 84-8　使用鼠标右键快捷菜单快速筛选

同理，如在上述的快捷菜单中选择不同命令，可以实现根据目标单元格的单元格颜色、字体颜色或图标进行的快速筛选，请参阅技巧 86。

## 技巧 85　按照日期的特征筛选

对于日期型数据字段，下拉菜单中会显示【日期筛选】的更多选项，如图 85-1 所示。与文本筛选和数字筛选相比，这些选项更具特色。

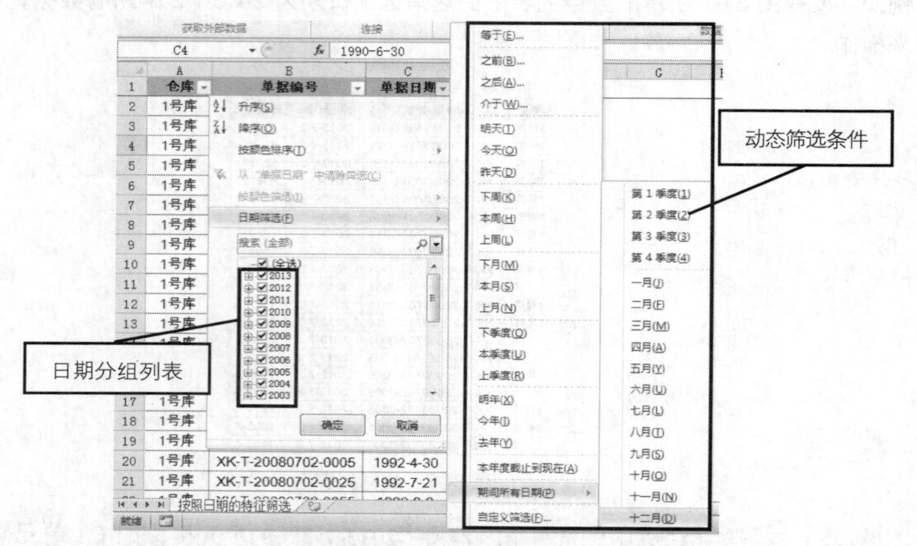


图 85-1　更具特色的日期筛选选项

- 日期分组列表并没有直接显示具体的日期，而是以年、月和日分组后的分层形式显示。
- 提供了大量的预置动态筛选条件，将数据列表中的日期与当前日期（系统日期）的比较结果作为筛选条件。
- 【期间所有日期】菜单下面的命令只按时间段进行筛选，而不考虑年。例如，【第 4 季度】表示数据列表中任何年度的第 4 季度，这在按跨若干年的时间段来筛选日期时非常实用。
- 除了上面的选项以外，仍然提供了【自定义筛选】选项。

遗憾的是，虽然 Excel 2010 提供了大量有关日期特征的筛选条件，但仅能用于日期，而不能用于时间，因此也就没有提供类似于“前一小时”、“后一小时”、“上午”、“下午”这样的筛选条件。Excel 2010 的筛选功能将时间仅视作数字来处理。

如果希望取消筛选菜单中的日期分组状态，以便可以按具体的日期值进行筛选，可以按下面的步骤操作。

**Step 1**　在【文件】选项卡中单击【选项】按钮，弹出【Excel 选项】对话框。

**Step 2**　单击【高级】选项卡，在【此工作簿的显示选项】组合框选择当前工作簿。

**Step 3** 取消勾选【使用“自动筛选”菜单分组日期】复选框，单击【确定】按钮，如图 85-2 所示。

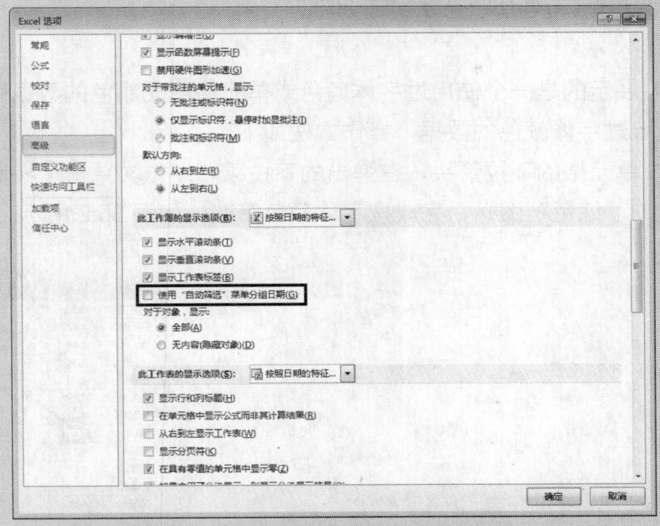

图 85-2　取消筛选菜单中的日期分组状态

现在，筛选下拉菜单中将显示所有日期数据的不重复值列表，如图 85-3 所示。

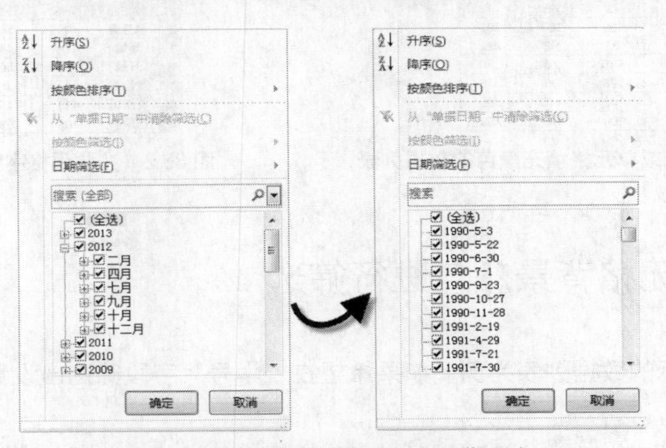

图 85-3　筛选菜单中的不重复日期列表

# 技巧 86　按照字体颜色、单元格颜色或图标筛选

许多用户喜欢在数据列表中使用字体颜色或单元格颜色来标识重要或特殊的数据，Excel 的“筛选”功能支持以这些特殊标识作为条件来筛选数据。

当要筛选的字段中设置过字体颜色或单元格颜色时，筛选下拉菜单中的【按颜色筛选】选项会变为可用，并列出当前字段中所有用过的字体颜色或单元格颜色，选中相应的颜色项，就可以筛选出应用了该种颜色的数据。

## 86.1 按照字体颜色进行筛选

图 86-1 展示的是一个使用过字体颜色或单元格填充颜色的数据列表，如果希望在“总分”字段筛选出设置过字体颜色的数据，操作方法如下。

单击 F1 单元格的下拉箭头，在弹出的下拉菜单中依次单击【按颜色筛选】→【按字体颜色筛选】命令中的“红色”图标，完成按字体颜色筛选，如图 86-2 所示。

| | A | B | C | D | E | F |
|---|---|---|---|---|---|---|
| 1 | 姓名 | 学号 | 语文 | 数学 | 英语 | 总分 |
| 2 | 包丹青 | 406 | 56 | 103 | 81 | 240 |
| 3 | 贝万雅 | 447 | 90 | 127 | 95 | 312 |
| 4 | 陈洁 | 444 | 113 | 120 | 101 | 334 |
| 5 | 陈怡 | 424 | 44 | 83 | 105 | 232 |
| 6 | 董颖子 | 433 | 84 | 117 | 87 | 288 |
| 7 | 杜东颖 | 428 | 96 | 103 | 89 | 288 |
| 8 | 樊军明 | 422 | 51 | 111 | 111 | 273 |
| 9 | 方旭 | 419 | 86 | 72 | 55 | 213 |
| 10 | 黄华 | 421 | 90 | 102 | 103 | 295 |
| 11 | 黄佳清 | 417 | 38 | 92 | 92 | 222 |
| 12 | 黄阚凯 | 414 | 45 | 115 | 78 | 238 |
| 13 | 黄燕华 | 431 | 92 | 128 | 96 | 316 |
| 14 | 徐超珍 | 438 | 92 | 102 | 115 | 309 |
| 15 | 徐茉弟 | 409 | 59 | 108 | 86 | 253 |

图 86-1 使用过字体颜色或单元格填充颜色的数据列表

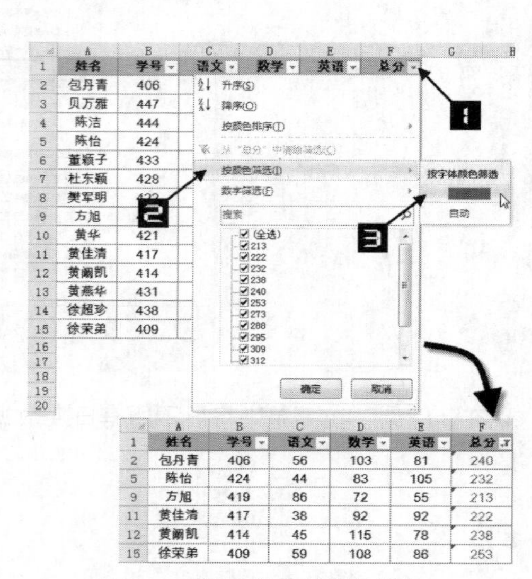


| | A | B | C | D | E | F |
|---|---|---|---|---|---|---|
| 1 | 姓名 | 学号 | 语文 | 数学 | 英语 | 总分 |
| 2 | 包丹青 | 406 | 56 | 103 | 81 | 240 |
| 5 | 陈怡 | 424 | 44 | 83 | 105 | 232 |
| 9 | 方旭 | 419 | 86 | 72 | 55 | 213 |
| 11 | 黄佳清 | 417 | 38 | 92 | 92 | 222 |
| 12 | 黄阚凯 | 414 | 45 | 115 | 78 | 238 |
| 15 | 徐茉弟 | 409 | 59 | 108 | 86 | 253 |

图 86-2 按单元格字体颜色筛选

## 86.2 按照单元格背景颜色进行筛选

仍以图 86-1 展示的数据列表为例，如果希望在“学号”字段筛选出设置过单元格背景颜色的数据，操作方法如下。

单击 B1 单元格的下拉箭头，鼠标指针移动到【按颜色筛选】按钮上方，单击展开的【按单元格颜色筛选】命令中的“黄色”图标，完成按单元格颜色筛选，如图 86-3 所示。

**注意！** 无论是单元格颜色还是字体颜色，一次只能按一种颜色进行筛选。

**提示！** 在 Excel 2007 以前的版本中，根据单元格颜色或字体颜色来对数据筛选是一件困难的事情，必须先借助宏表函数在辅助列进行相应的计算，然后根据计算结果来筛选。

如果选中【无填充】（按单元格颜色筛选）或【自动】（按字体颜色筛选），则可以筛选出完全没有应用过颜色的数据记录。

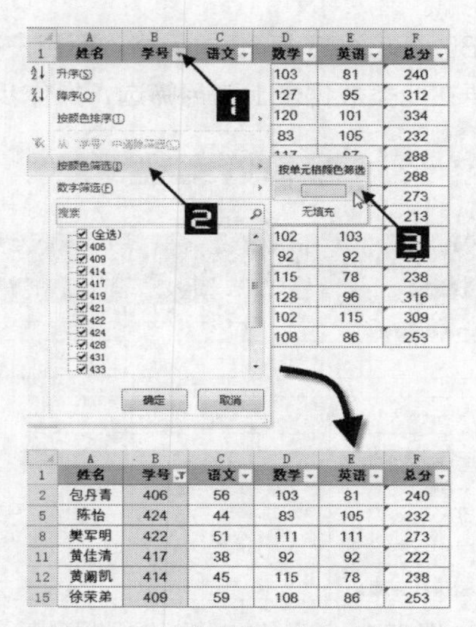


|  | A | B | C | D | E | F |
|---|---|---|---|---|---|---|
| 1 | 姓名 | 学号 | 语文 | 数学 | 英语 | 总分 |
| 2 | 包丹青 | 406 | 56 | 103 | 81 | 240 |
| 5 | 陈怡 | 424 | 44 | 83 | 105 | 232 |
| 8 | 樊军明 | 422 | 51 | 111 | 111 | 273 |
| 11 | 黄佳清 | 417 | 38 | 92 | 92 | 222 |
| 12 | 黄阚凯 | 414 | 45 | 115 | 78 | 238 |
| 15 | 徐荣弟 | 409 | 59 | 108 | 86 | 253 |

图 86-3　按单元格填充颜色筛选

## 86.3　按照图标进行筛选

图 86-4 是一个应用过【条件格式】中的【图标集】"三向箭头"的数据列表，如果希望将向下箭头的图标筛选出来，操作步骤如下。

单击 F1 单元格的下拉箭头，鼠标指针移动到【按颜色筛选】按钮上方，单击展开的【按单元格图标筛选】命令中"向下箭头"图标，完成按单元格图标筛选，如图 86-5 所示。

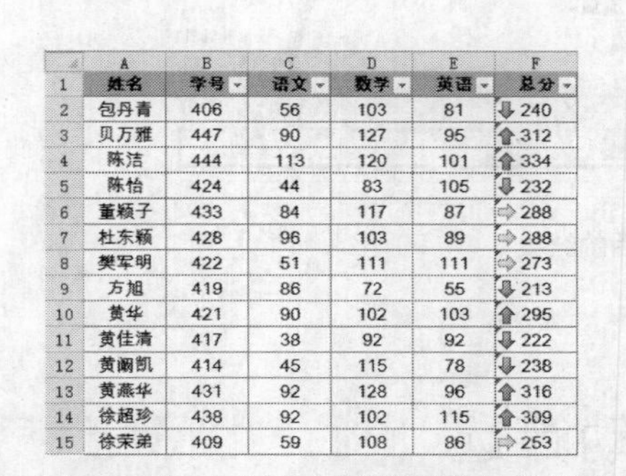

|  | A | B | C | D | E | F |
|---|---|---|---|---|---|---|
| 1 | 姓名 | 学号 | 语文 | 数学 | 英语 | 总分 |
| 2 | 包丹青 | 406 | 56 | 103 | 81 | ↓240 |
| 3 | 贝万雅 | 447 | 90 | 127 | 95 | ↑312 |
| 4 | 陈洁 | 444 | 113 | 120 | 101 | ↑334 |
| 5 | 陈怡 | 424 | 44 | 83 | 105 | ↓232 |
| 6 | 董颖子 | 433 | 84 | 117 | 87 | ⇨288 |
| 7 | 杜东颖 | 428 | 96 | 103 | 89 | ⇨288 |
| 8 | 樊军明 | 422 | 51 | 111 | 111 | ⇨273 |
| 9 | 方旭 | 419 | 86 | 72 | 55 | ↓213 |
| 10 | 黄华 | 421 | 90 | 102 | 103 | ↑295 |
| 11 | 黄佳清 | 417 | 38 | 92 | 92 | ↓222 |
| 12 | 黄阚凯 | 414 | 45 | 115 | 78 | ↓238 |
| 13 | 黄燕华 | 431 | 92 | 128 | 96 | ↑316 |
| 14 | 徐超珍 | 438 | 92 | 102 | 115 | ↑309 |
| 15 | 徐荣弟 | 409 | 59 | 108 | 86 | ⇨253 |

图 86-4　单元格中应用过【图标集】的数据列表

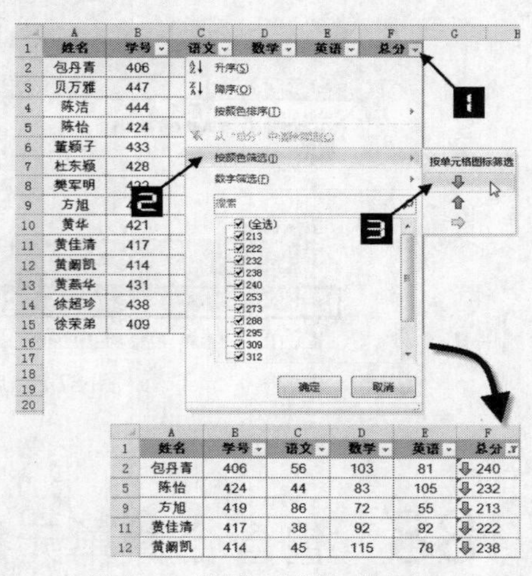


|  | A | B | C | D | E | F |
|---|---|---|---|---|---|---|
| 1 | 姓名 | 学号 | 语文 | 数学 | 英语 | 总分 |
| 2 | 包丹青 | 406 | 56 | 103 | 81 | ↓240 |
| 5 | 陈怡 | 424 | 44 | 83 | 105 | ↓232 |
| 9 | 方旭 | 419 | 86 | 72 | 55 | ↓213 |
| 11 | 黄佳清 | 417 | 38 | 92 | 92 | ↓222 |
| 12 | 黄阚凯 | 414 | 45 | 115 | 78 | ↓238 |

图 86-5　按照图标进行筛选

# 技巧 87　包含多重标题行的自动筛选

实际工作中通常会遇到有的数据表格包含了多重标题行，如图 87-1 所示，其中的上层标题使用了合并单元格，如 A4、A5、B5、C5、D5 和 F5 单元格，而用户在筛选数据时往往需要以下层标题作为筛选的依据和标题行。要在此类数据表上启用筛选，操作步骤如下。

| | A | B | C | D | E | F | G |
|---|---|---|---|---|---|---|---|
| 1 | 关联交易-现金流量 | | | | | | |
| 2 | | | | | | | 企财补10表 |
| 3 | 编制单位： | | 2013年5月31日 | | | | 金额单位：元 |
| 4 | 现 金 流 入 明 细 表 | | | | | | |
| 5 | 序号 | 利润表项目 | 付款单位名称 | 账套项目 | | 资金核算的内容 | 备注 |
| 6 | | | | 数量 | 金额 | | |
| 7 | 栏次 | | 1 | 2 | 3 | 4 | 5 |
| 8 | (1) | 销售商品、提供劳务收到的现金 | | | | | |
| 9 | | | | | | | |
| 10 | | | | | | | |
| 11 | | | | | | | |
| 12 | | | | | | | |
| 13 | | | | | | | |
| 14 | | | | | | | |
| 15 | (2) | △客户存款和同业存放款项净增加额 | | | | | |
| 16 | | | | | | | |
| 17 | | | | | | | |
| 18 | | | | | | | |
| 19 | | | | | | | |
| 20 | | | | | | | |
| 21 | | | | | | | |
| 22 | (3) | △收取利息、手续费及佣金的现金 | | | | | |

图 87-1　带有多重标题行的数据列表

单击待设置筛选区域的行号，如选中第 6 行数据，在【数据】选项卡中单击【筛选】按钮即可按下层标题行启用筛选，如图 87-2 所示。

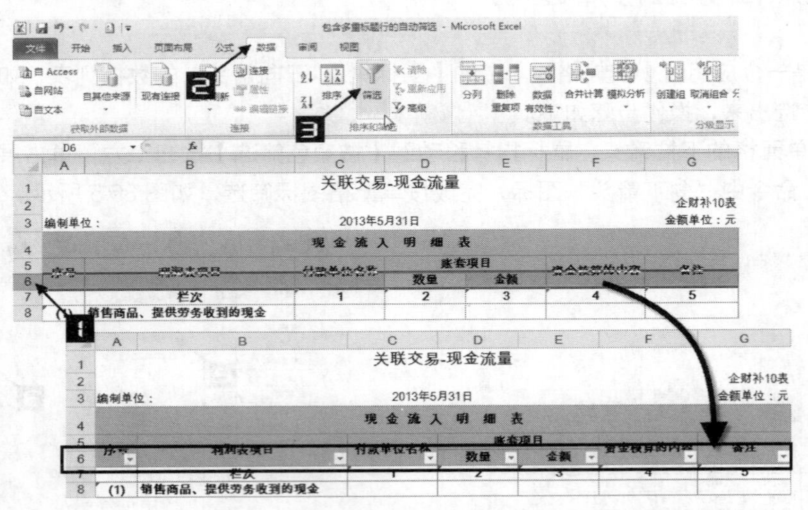


图 87-2　启用自动筛选后的结果

# 技巧 88　包含合并单元格的自动筛选

用户经常会遇到如图 88-1 所示的包含合并单元格的数据列表，在默认状态下，在此类包含合并单元格的数据列表中使用筛选，并不能得到正确的筛选结果。

例如，单击 A1 单元格的下拉箭头，在下拉列表中选择 “北京”时，筛选结果如图 88-2 所示，筛选出来的数据没有包含一至四季度的完整数据，而仅仅只包含了一季度的数据。要使此类数据列表能够得出正确的筛选结果，需要对原始数据表进行一些修改，操作步骤如下。

| | A | B | C |
|---|---|---|---|
| 1 | 销售区域 | 日期 | 销售数量 |
| 2 | 北京 | 第一季 | 18,094 |
| 3 | | 第二季 | 12,813 |
| 4 | | 第三季 | 34,256 |
| 5 | | 第四季 | 13,091 |
| 6 | 广州 | 第一季 | 27,770 |
| 7 | | 第二季 | 35,433 |
| 8 | | 第三季 | 126,267 |
| 9 | | 第四季 | 75,563 |
| 10 | 杭州 | 第一季 | 21,228 |
| 11 | | 第二季 | 26,130 |
| 12 | | 第三季 | 110,414 |
| 13 | | 第四季 | 40,173 |
| 14 | 上海 | 第一季 | 5,869 |
| 15 | | 第二季 | 17,629 |
| 16 | | 第三季 | 38,057 |
| 17 | | 第四季 | 22,200 |

图 88-1　带有合并单元格的数据列表

| | A | B | C |
|---|---|---|---|
| 1 | 销售区域 | 日期 | 销售数量 |
| 2 | 北京 | 第一季 | 18,094 |

图 88-2　错误的筛选结果

Step 1　选中 A2:A17 单元格区域，在【开始】选项卡中单击【格式刷】按钮，单击 E2 单元格，即可将 A2:A17 的合并单元格格式复制至 E2:E17 区域，如图 88-3 所示。

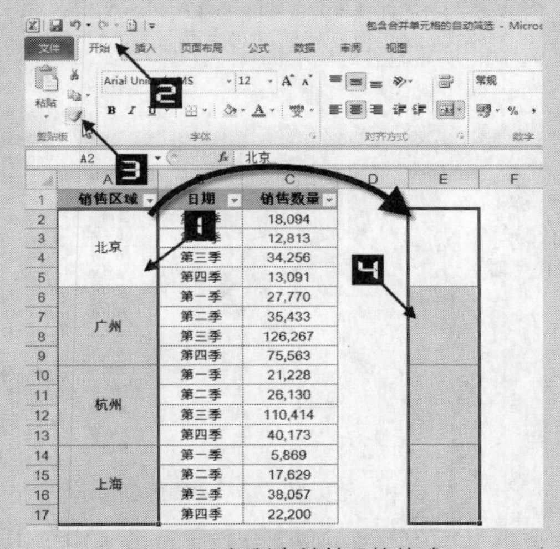


图 88-3　复制合并单元格格式

Step 2　选中 A2:A17 单元格区域，在【开始】选项卡中单击【合并后居中】按钮，取消 A2:A17 单元格合并模式，A 列显示结果中出现部分行为空白，如图 88-4 所示。也正是由于这种原因造成了图 88-2 中筛选结果不完整。

| | A | B | C | D | E |
|---|---|---|---|---|---|
| 1 | 销售区域 | 日期 | 销售数量 | | |
| 2 | 北京 | 第一季 | 18,094 | | |
| 3 | | 第二季 | 12,813 | | |
| 4 | | 第三季 | 34,256 | | |
| 5 | | 第四季 | 13,091 | | |
| 6 | 广州 | 第一季 | 27,770 | | |
| 7 | | 第二季 | 35,433 | | |
| 8 | | 第三季 | 126,267 | | |
| 9 | | 第四季 | 75,563 | | |
| 10 | 杭州 | 第一季 | 21,228 | | |
| 11 | | 第二季 | 26,130 | | |
| 12 | | 第三季 | 110,414 | | |
| 13 | | 第四季 | 40,173 | | |
| 14 | 上海 | 第一季 | 5,869 | | |
| 15 | | 第二季 | 17,629 | | |
| 16 | | 第三季 | 38,057 | | |
| 17 | | 第四季 | 22,200 | | |

图 88-4　取消合并单元格

**Step 3** 选中 A2:A17 单元格区域，按<F5>功能键，打开【定位】对话框，单击【定位条件】按钮，打开【定位条件】对话框，在对话框中单击【空值】单选钮，最后单击【确定】按钮。此时，Excel 会选中 A2:A17 区域内的所有空白单元格，如图 88-5 所示。

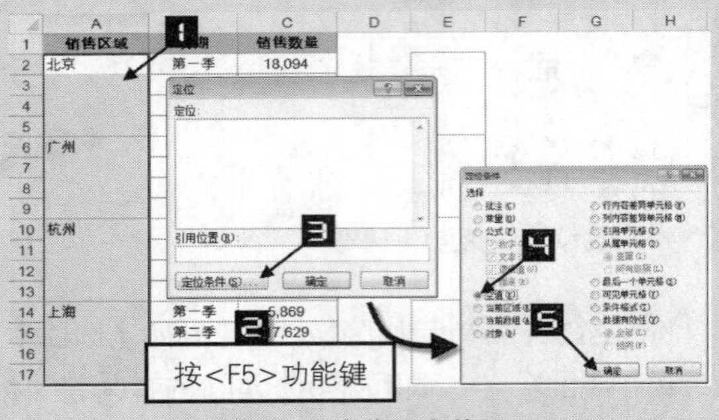


图 88-5　定位“空值”

**Step 4** 将光标定位到编辑栏中，输入“=A2”，按<Ctrl+Enter>组合键，将在所选中的所有空白单元格中自动填充公式，如图 88-6 所示。

A3　=A2

| | A | B | C |
|---|---|---|---|
| 1 | 销售区域 | 日期 | 销售数量 |
| 2 | 北京 | 第一季 | 18,094 |
| 3 | 北京 | 第二季 | 12,813 |
| 4 | 北京 | 第三季 | 34,256 |
| 5 | 北京 | 第四季 | 13,091 |
| 6 | 广州 | 第一季 | 27,770 |
| 7 | 广州 | 第二季 | 35,433 |
| 8 | 广州 | 第三季 | 126,267 |
| 9 | 广州 | 第四季 | 75,563 |
| 10 | 杭州 | 第一季 | 21,228 |
| 11 | 杭州 | 第二季 | 26,130 |
| 12 | 杭州 | 第三季 | 110,414 |
| 13 | 杭州 | 第四季 | 40,173 |
| 14 | 上海 | 第一季 | 5,869 |
| 15 | 上海 | 第二季 | 17,629 |
| 16 | 上海 | 第三季 | 38,057 |
| 17 | 上海 | 第四季 | 22,200 |

图 88-6　填充空格补齐数据

**Step 5** 选中 E2 单元格，在【开始】选项卡中单击【格式刷】按钮，再选中 A2:A17 单元格区域，如图 88-7 所示。

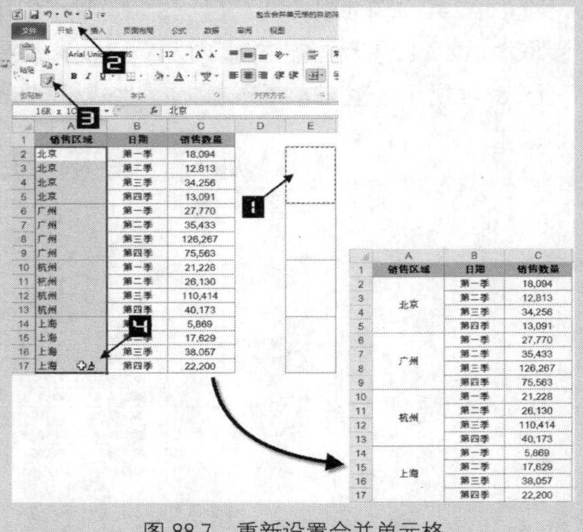

图 88-7　重新设置合并单元格

此时的 A 列虽然在形式上与处理之前相似，也是合并单元格，但由于在步骤 5 中使用了复制格式的功能来合并单元格，使得合并后的单元格内仍然保持了原有各行中的数据内容，与通常使用单元格格式功能进行合并的单元格有所不同。

最后可以删除无用的 E 列。此时再使用自动筛选即可得到正确的筛选结果，如图 88-8 显示了在“销售区域”字段筛选“北京”的结果。

| | A | B | C |
|---|---|---|---|
| 1 | 销售区域 | 日期 | 销售数量 |
| 2 | 北京 | 第一季 | 18,094 |
| 3 | | 第二季 | 12,813 |
| 4 | | 第三季 | 34,256 |
| 5 | | 第四季 | 13,091 |

图 88-8　自动筛选出正确的结果

# 技巧 89　快速筛选涨幅前 6 名的股票

图 89-1 所示的数据表格是一份股票行情数据表，目前已经处于筛选模式，可以通过【数字筛选】中【10 个最大的值】命令来筛选出数据表中涨幅最大的前 6 名的股票，操作步骤如下。

| | A | B | C | D | E | F | G | H | I | J |
|---|---|---|---|---|---|---|---|---|---|---|
| 1 | 代码 | 简称 | 最新价 | 涨跌 | 涨跌幅 | 成交金额 | 成交量(万股 | 开盘价 | 最高价 | 最低价 |
| 2 | 600117 | 西宁特钢 | 23.53 | 2.1 | 0.098 | 64070.21 | 2777 | 21.45 | 23.57 | 21.42 |
| 3 | 600216 | 浙江医药 | 15.31 | 1.21 | 0.0858 | 26597.5 | 1780 | 14.19 | 15.45 | 14.19 |
| 4 | 600256 | 广汇股份 | 20.53 | 1.87 | 0.1002 | 77200.26 | 3822 | 19.36 | 20.53 | 19.03 |
| 5 | 600265 | 景谷林业 | 14.37 | 1.31 | 0.1003 | 13466.71 | 944 | 13.08 | 14.37 | 13.08 |
| 6 | 600271 | 航天信息 | 51.69 | 4.7 | 0.1 | 54954.99 | 1070 | 48.02 | 51.69 | 48.02 |
| 7 | 600290 | 华仪电气 | 38.6 | 2.78 | 0.0776 | 12026.27 | 313 | 36.39 | 39.4 | 36.39 |
| 8 | 600389 | 江山股份 | 22.49 | 2.01 | 0.0981 | 17526.6 | 793 | 20.74 | 22.53 | 20.74 |
| 9 | 600423 | 柳化股份 | 25.08 | 2.14 | 0.0933 | 25908.08 | 1040 | 23.2 | 25.23 | 23.2 |
| 10 | 600499 | 科达机电 | 22.49 | 1.82 | 0.0881 | 25507.63 | 1143 | 20.73 | 22.74 | 20.73 |
| 11 | 600596 | 新安股份 | 55.61 | 3.67 | 0.0707 | 19804.49 | 360 | 51.8 | 56.25 | 51.8 |
| 12 | 600617 | 联华合纤 | 20.32 | 1.5 | 0.0797 | 7843.3 | 386 | 19 | 20.71 | 19 |
| 13 | 600806 | 昆明机床 | 35.71 | 3.17 | 0.0974 | 28315.63 | 804 | 33.04 | 35.79 | 33.04 |
| 14 | 600880 | 博瑞传播 | 33.76 | 2.17 | 0.0687 | 8424.74 | 250 | 32.29 | 34.75 | 32.29 |
| 15 | 600986 | 科达股份 | 19.88 | 1.81 | 0.1002 | 5984.41 | 307 | 18.3 | 19.88 | 18.09 |
| 16 | 601919 | 中国远洋 | 60.35 | 5.49 | 0.1001 | 283437.32 | 4849 | 55.88 | 60.35 | 55.82 |

图 89-1　股票行情数据

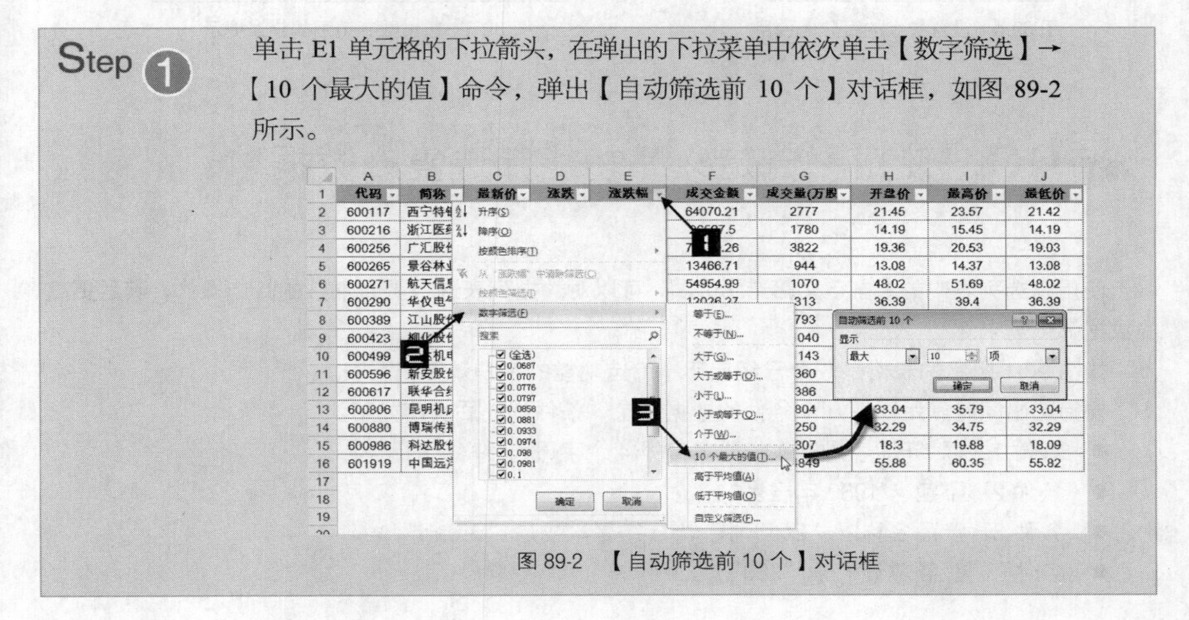

Step 1　单击 E1 单元格的下拉箭头，在弹出的下拉菜单中依次单击【数字筛选】→【10 个最大的值】命令，弹出【自动筛选前 10 个】对话框，如图 89-2 所示。



图 89-2　【自动筛选前 10 个】对话框

Step 2　在对话框的【显示】中分别设置“最大”、“6”和“项”，单击【确定】按钮，关闭对话框，筛选结果所图 89-3 所示。

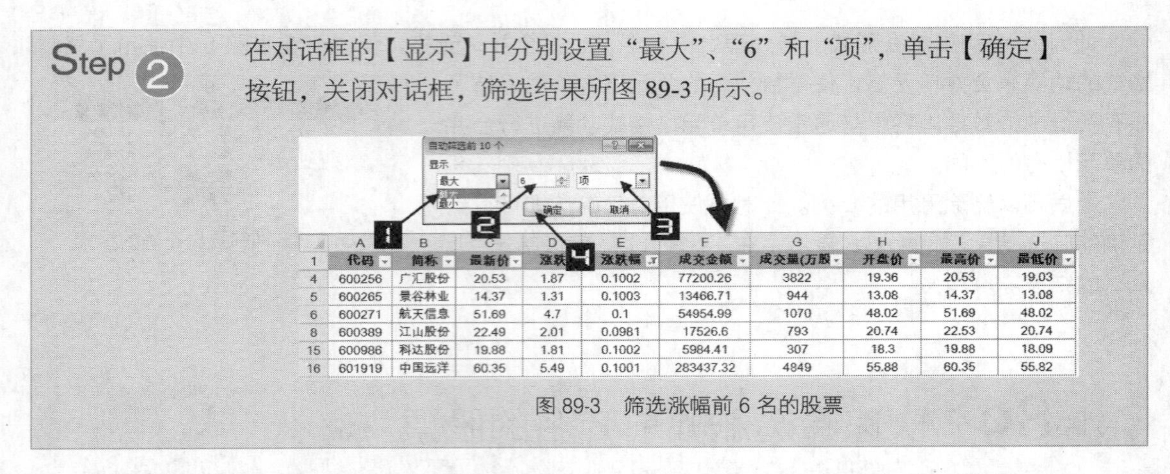


| | 代码 | 简称 | 最新价 | 涨跌 | 涨跌幅 | 成交金额 | 成交量(万股 | 开盘价 | 最高价 | 最低价 |
|---|---|---|---|---|---|---|---|---|---|---|
| 4 | 600256 | 广汇股份 | 20.53 | 1.87 | 0.1002 | 77200.26 | 3822 | 19.36 | 20.53 | 19.03 |
| 5 | 600265 | 景谷林业 | 14.37 | 1.31 | 0.1003 | 13466.71 | 944 | 13.08 | 14.37 | 13.08 |
| 6 | 600271 | 航天信息 | 51.69 | 4.7 | 0.1 | 54954.99 | 1070 | 48.02 | 51.69 | 48.02 |
| 8 | 600389 | 江山股份 | 22.49 | 2.01 | 0.0981 | 17526.6 | 793 | 20.74 | 22.53 | 20.74 |
| 15 | 600986 | 科达股份 | 19.88 | 1.81 | 0.1002 | 5984.41 | 307 | 18.3 | 19.88 | 18.09 |
| 16 | 601919 | 中国远洋 | 60.35 | 5.49 | 0.1001 | 283437.32 | 4849 | 55.88 | 60.35 | 55.82 |

图 89-3　筛选涨幅前 6 名的股票

用户同样可以参考本技巧的方法快速筛选出跌幅最大的前 10 名，只需在【自动筛选前 10 个】对话框中将左侧的下拉列表选择为“最小”，微调框内的数值改为“10”即可。

此外，用户还可以根据实际工作需要筛选出某项指标最大的百分比记录，如图 89-1 所示，筛选出涨幅最大的 20%的股票，操作方法和筛选【10 个最大的值】类似，只需要在【自动筛选前 10 个】对话框的【显示】中分别设置“最大”“20”和“百分比”，如图 89-4 所示。

**注意！** 筛选中的【10 个最大的值】选项只能用于数值型字段，对于文本型字段无法应用。

【自动筛选前 10 个】对话框中的微调框，允许的数值范围在 1~500 之间，超过这个范围将会出现如图 89-5 所示的错误提示对话框。

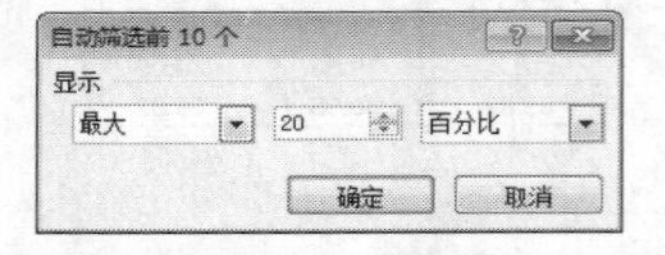


图 89-4　设置最大的百分比项目

图 89-5　超过数字范围的错误提示

## 技巧 90　使用“自定义”功能筛选复杂数据

使用筛选列表中的【自定义筛选】选项，可以对数据列表进行更为复杂的筛选操作，满足更高的数据筛选需求。

如图 90-1 所示的表格是一个已经启用了筛选功能的客户消费情况表。

要筛选出同时满足以下几个条件的数据记录，条件的先后次序如下。

- 条件 1：以“F”字母开头的或名字第 4 个字母为“M”的顾客；
- 条件 2：不包含 1980 年出生的；
- 条件 3：产品名称以“G”开头“S”结尾，或是“Bread”；
- 条件 4：金额总计大于“200”。

| | A | B | C | D |
|---|---|---|---|---|
| 1 | 顾客 | 身份证 | 产品 | 总计 |
| 2 | FoodShop | 360320198105121511 | Good"Eats | 302 |
| 3 | FoodMart | 306320198009201512 | Coke | 530 |
| 4 | MegaMart | 325156198202251511 | Good"Treats | 223 |
| 5 | Mart-o-rama | 360320198305121511 | Cake | 363 |
| 6 | NestMart | 306320198010201512 | Cookies | 478 |
| 7 | FootShop | 360320198405121511 | Milk | 191 |
| 8 | ForeShop | 360320198705121511 | Bread | 684 |
| 9 | PotoShopMart | 306320198003201512 | GdS | 614 |
| 10 | FoodShop | 360320198703251511 | Good"Eats | 380 |
| 11 | FoodShop | 360320198605121511 | Bread | 120 |
| 12 | MegaMart | 360320198505121511 | Milk | 174 |
| 13 | BulkBarn | 306320198009101512 | Cookies | 48 |
| 14 | BulkBarn | 360320198704121511 | Cookies | 715 |
| 15 | FoodMart | 360320198702121511 | Bread | 561 |
| 16 | Mart-o-rama | 360320198701121511 | Cake | 468 |
| 17 | FoodMart | 306320198010031512 | Produce | 746 |
| 18 | BulkBMartn | 360320198311211511 | GIRDS | 752 |
| 19 | MegaMart | 360320198221121511 | Produce | 399 |
| 20 | Mart-o-rama | 360320198707121511 | Cookies | 746 |
| 21 | MegaMart | 360320198110121511 | Coke | 903 |

图 90-1　客户消费情况表

要实现这样的筛选要求，就需要使用“自定义筛选”功能，操作步骤如下。

**Step 1**　对于第 1 个条件，可单击 F1 单元格（即“顾客”字段）的下拉箭头，鼠标指针移动到【文本筛选】按钮上方，单击【自定义筛选】命令，弹出【自定义自动筛选方式】对话框，如图 90-2 所示。

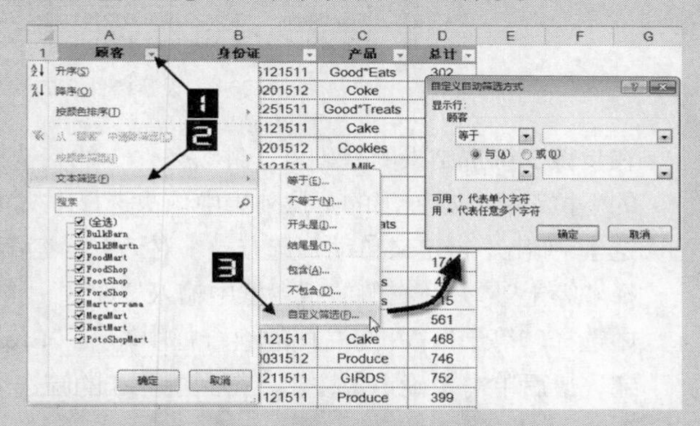


图 90-2　【自定义自动筛选方式】对话框

**Step 2**　在第 1 个条件组合框中选择“等于”，并在右侧的组合框中输入“F*”；在第 2 个条件组合框中选择“等于”，并在右侧的组合框中输入“???M*”，单击【或】单选钮，最后单击【确定】按钮，得到条件 1 的筛选结果，如图 90-3 所示。

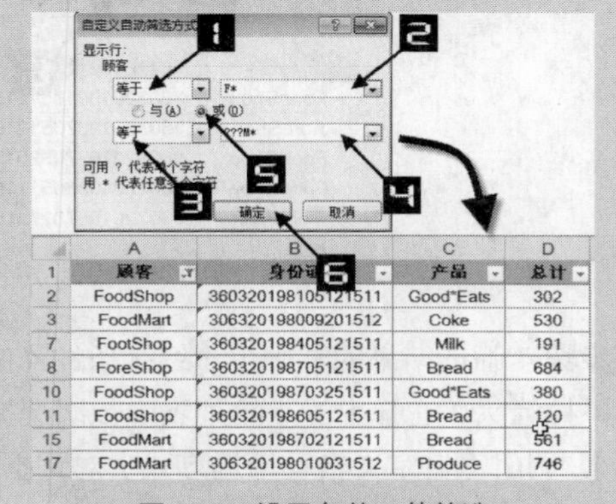


| | A | B | C | D |
|---|---|---|---|---|
| 1 | 顾客 | 身份证 | 产品 | 总计 |
| 2 | FoodShop | 360320198105121511 | Good"Eats | 302 |
| 3 | FoodMart | 306320198009201512 | Coke | 530 |
| 7 | FootShop | 360320198405121511 | Milk | 191 |
| 8 | ForeShop | 360320198705121511 | Bread | 684 |
| 10 | FoodShop | 360320198703251511 | Good"Eats | 380 |
| 11 | FoodShop | 360320198605121511 | Bread | 120 |
| 15 | FoodMart | 360320198702121511 | Bread | 561 |
| 17 | FoodMart | 306320198010031512 | Produce | 746 |

图 90-3　设置条件 1 的筛选

**Step 3**

在步骤 2 筛选结果的基础上，继续条件 2 的筛选操作。单击 B1 单元格（即“身份证”字段）的下拉箭头，在弹出的下拉列表中依次选择【文本筛选】→【自定义筛选】，弹出【自定义自动筛选方式】对话框，在第 1 个条件组合框中选择“不等于”，并在右侧的组合框中输入“*1980*”或“??????1980*”，单击【确定】按钮，得到条件 2 的筛选结果，如图 90-4 所示。

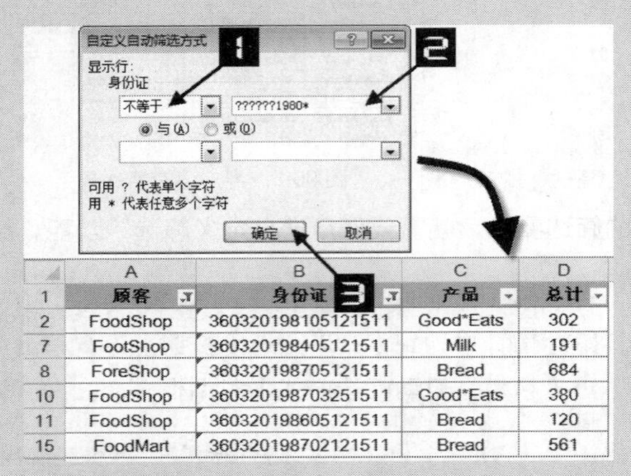


图 90-4　设置条件 2 的筛选

**Step 4**

在步骤 3 筛选结果的基础上，继续条件 3 的筛选操作。单击 C1 单元格的下拉箭头，在弹出的下拉列表中依次选择【文本筛选】→【自定义筛选】，弹出【自定义自动筛选方式】对话框，在第 1 个条件组合框中选择“等于”，并在右侧的组合框中输入“G*S”；再在第 2 个条件组合框中选择“等于”，并在右侧的组合框中输入“Bread”，单击【或】单选钮，最后单击【确定】按钮，得到条件 3 的筛选结果，如图 90-5 所示。

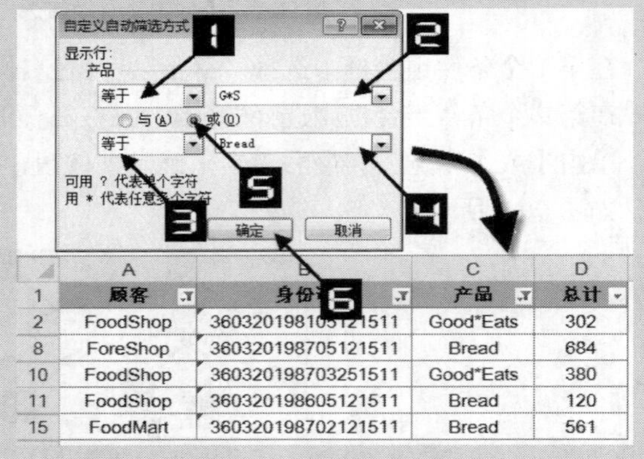


图 90-5　设置条件 3 的筛选

**Step 5**

在步骤 4 筛选结果的基础上，继续条件 4 的筛选操作。单击 D1 单元格的下拉箭头，在弹出的下拉列表中依次选择【数字筛选】→【自定义筛选】，调出【自定义自动筛选方式】对话框，在第 1 个条件组合框中选择“大于”，并在右侧的组合框中输入“200”，单击【确定】按钮，得到最终结果如图 90-6 所示。

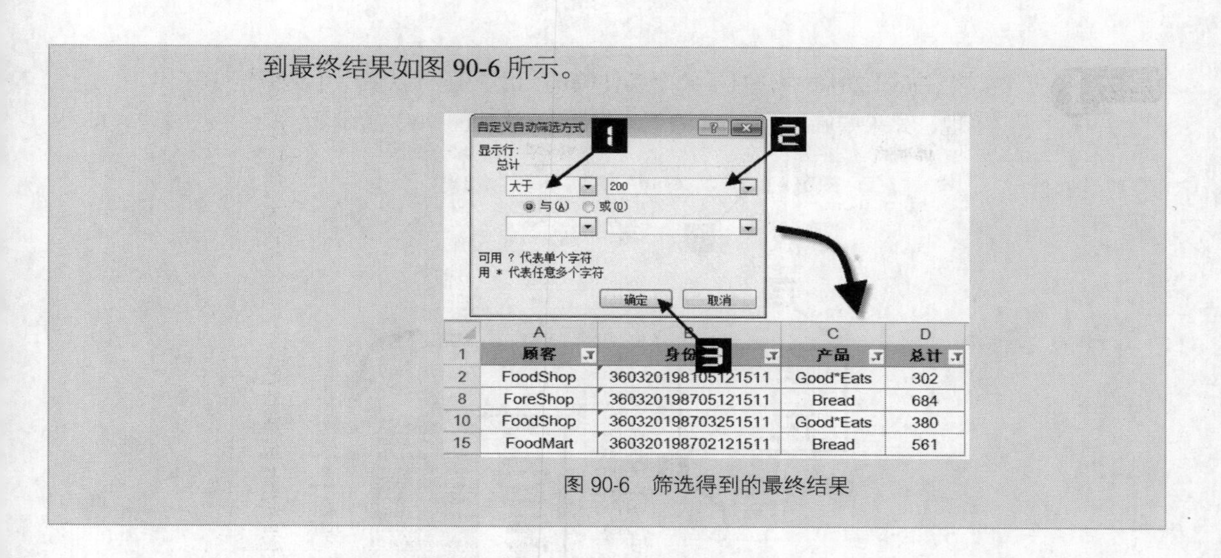


| | A | B | C | D |
|---|---|---|---|---|
| 1 | 顾客 | 身份 | 产品 | 总计 |
| 2 | FoodShop | 360320198105121511 | Good*Eats | 302 |
| 8 | ForeShop | 360320198705121511 | Bread | 684 |
| 10 | FoodShop | 360320198703251511 | Good*Eats | 380 |
| 15 | FoodMart | 360320198702121511 | Bread | 561 |

图 90-6　筛选得到的最终结果

【自定义自动筛选方式】对话框允许使用两种通配符，星号“*”代表任意长度的字符串，问号“？”则代表任意单个字符。如果要引用“*”或“？”本身所代表的字符，可在“*”或“？”前面添加波形符“～”。

有关通配符的使用说明请参阅表 90。

**表 90　通配符的使用说明**

| 条件 | | 符合条件的数据示例 |
|---|---|---|
| 等于 | Sh?ll | Shall，Shell |
| 等于 | 杨?伟 | 杨大伟，杨鑫伟 |
| 等于 | H??t | Hart，Heit，Hurt |
| 等于 | L*n | Lean，Lesson，Lemon |
| 包含 | ~? | 可以筛选出数据中含有“?”的数据 |
| 包含 | ~* | 可以筛选出数据中含有“*”的数据 |

注意！

【自定义自动筛选方式】对话框是筛选功能的公共对话框，其列表框中显示的逻辑运算符并非适用于每种数据类型的字段。如“包含”运算符就不能适用于数值型字段。只有当字段数据为文本型数据时才能使用“包含”条件，而对数值型数据使用“包含”条件无效。例如使用包含“2*”作为条件，并不能在数值型数据中筛选出以数字 2 开头的数值。与此类似，不适用于数值型数据的自定义筛选条件还包括“不包含”、“开头是”、“开头不是”、“结尾是”和“结尾不是”。

在 Excel 2010 中，对于单个条件筛选，用户还可以使用【搜索框】来实现，如果要筛选包含 M 的“客户”，方法如图 90-7 所示。

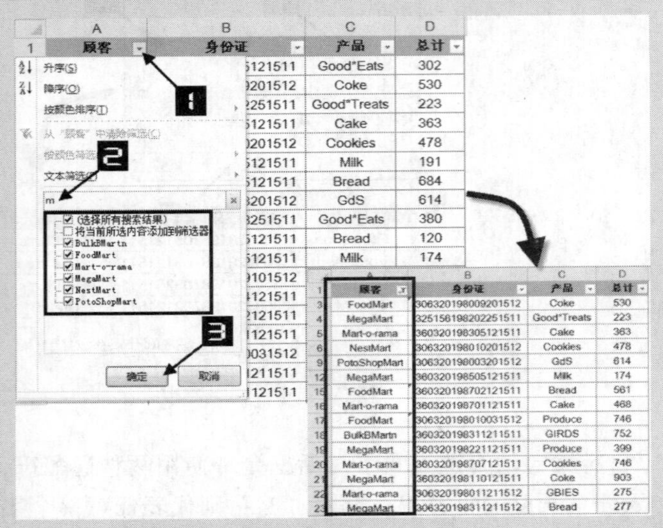


图 90-7 使用【搜索框】快速筛选

在【搜索框】中输入的关键字，Excel 不区分字母大小写，如图 90-7 所示，在【搜索框】输入小写的“m”，但在下方的列表框中返回的选项包含有大写的“M”。

此外，【搜索框】输入的关键字也支持通配符，如图 90-8 所示，如果关键字不包含通配符，则表示“包含”的意思。

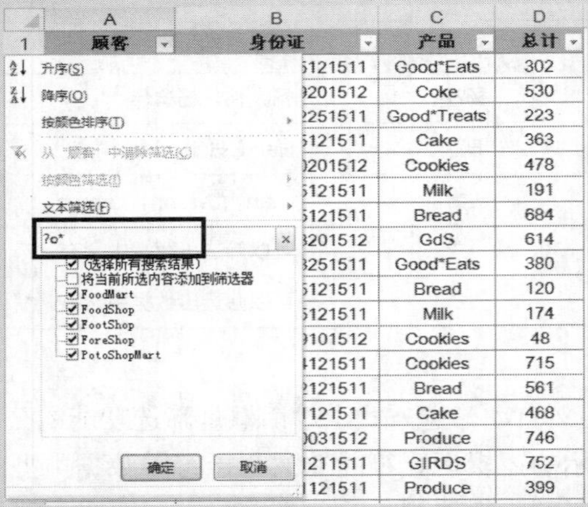

图 90-8 在【搜索框】中使用通配符

使用【搜索框】筛选，只适合（且仅适合）单个条件筛选，不适合多条件筛选。

Excel 2007 及更早的版本中，筛选下拉菜单是没有【搜索框】的，用户可以使用“自定义筛选”的方法。

# 技巧 91　突破“自定义筛选”的条件限制

Excel 筛选提供了“自定义筛选”功能，扩展了用户筛选的可选择条件，但“自定义筛选”对一个字段只提供了 2 个条件设置选择项，也就是说，对于一个字段最多只能设置 2 个筛选条件，并且不同字段间的筛选条件不能交叉使用。

例如，要在如图 91-1 所示的顾客消费清单中，筛选出顾客是“刘振辉”且产品是“按摩器”，同时筛选出顾客是“黄碧秀”且产品是“手动钻”的消费记录，如果使用常规的“自定义筛选”，只能在“顾客”字段的自定义筛选条件中设置等于“刘振辉”或“黄碧秀”，再在“产品”字段的自定义筛选条件中设置等于“按摩器”或“手动钻”，这样所得到的筛选结果并不正确。

如图 91-2 所示，筛选结果中包含了顾客是“刘振辉”且产品是“手动钻”的记录，这并不符合原定的筛选要求。因此说明这两个字段中的筛选条件并没有交叉关联，而只是并行关系。

| | A | B | C | D |
|---|---|---|---|---|
| 1 | 日期 | 顾客 | 产品 | 总计 |
| 2 | 2012-1-1 | 刘振辉 | 按摩器 | 1000 |
| 3 | 2012-1-3 | 黄碧秀 | 手动钻 | 1072 |
| 4 | 2012-1-4 | 王脚英 | 工具包 | 1404 |
| 5 | 2012-1-5 | 曾根祥 | 办公品 | 470 |
| 6 | 2012-1-6 | 王大 | 多用刀 | 1396 |
| 7 | 2012-1-7 | 宋毅策 | 多用刀 | 1316 |
| 8 | 2012-1-10 | 刘振辉 | 按摩器 | 246 |
| 9 | 2012-1-11 | 黄碧秀 | 手动钻 | 1092 |
| 10 | 2012-1-12 | 王脚英 | 工具包 | 470 |
| 11 | 2012-1-13 | 曾根祥 | 办公品 | 1396 |
| 12 | 2012-1-14 | 王大 | 多用刀 | 1974 |
| 13 | 2012-1-17 | 宋毅策 | 手动钻 | 1694 |
| 14 | 2012-1-18 | 刘振辉 | 手动钻 | 1136 |
| 15 | 2012-1-19 | 黄碧秀 | 手动钻 | 470 |
| 16 | 2012-1-20 | 王脚英 | 按摩器 | 508 |
| 17 | 2012-1-21 | 曾根祥 | 按摩器 | 1972 |
| 18 | 2012-1-24 | 王大 | 按摩器 | 736 |
| 19 | 2012-1-25 | 宋毅策 | 按摩器 | 1378 |
| 20 | 2012-1-26 | 刘振辉 | 按摩器 | 1136 |

图 91-1　顾客消费清单

| | A | B | C | D |
|---|---|---|---|---|
| 1 | 日期 | 顾客 | 产品 | 总计 |
| 2 | 2012-1-1 | 刘振辉 | 按摩器 | 1000 |
| 3 | 2012-1-3 | 黄碧秀 | 手动钻 | 1072 |
| 8 | 2012-1-10 | 刘振辉 | 按摩器 | 246 |
| 9 | 2012-1-11 | 黄碧秀 | 手动钻 | 1092 |
| 14 | 2012-1-18 | 刘振辉 | 手动钻 | 1136 |
| 15 | 2012-1-19 | 黄碧秀 | 手动钻 | 470 |
| 20 | 2012-1-26 | 刘振辉 | 按摩器 | 1136 |

图 91-2　筛选结果包含了不合要求的记录

为了摆脱“自定义筛选”的条件限制，可以通过添加辅助列的方法，设置简单公式的方式来解决此类问题，以图 91-1 所示的数据列表为例，操作步骤如下。

**Step 1**　在 E 列添加辅助列。在 E1 单元格输入“辅助列”，在 E2 单元格输入公式“=B2&C2”，并将公式向下填充至 E20 单元格，然后对数据列表启用筛选功能，如图 91-3 所示。

E2　fx　=B2&C2

| | A | B | C | D | E |
|---|---|---|---|---|---|
| 1 | 日期 | 顾客 | 产品 | 总计 | 辅助列 |
| 2 | 2012-1-1 | 刘振辉 | 按摩器 | 1000 | 刘振辉按摩器 |
| 3 | 2012-1-3 | 黄碧秀 | 手动钻 | 1072 | 黄碧秀手动钻 |
| 4 | 2012-1-4 | 王脚英 | 工具包 | 1404 | 王脚英工具包 |
| 5 | 2012-1-5 | 曾根祥 | 办公品 | 470 | 曾根祥办公品 |
| 6 | 2012-1-6 | 王大 | 多用刀 | 1396 | 王大多用刀 |
| 7 | 2012-1-7 | 宋毅策 | 多用刀 | 1316 | 宋毅策多用刀 |
| 8 | 2012-1-10 | 刘振辉 | 按摩器 | 246 | 刘振辉按摩器 |
| 9 | 2012-1-11 | 黄碧秀 | 手动钻 | 1092 | 黄碧秀手动钻 |
| 10 | 2012-1-12 | 王脚英 | 工具包 | 470 | 王脚英工具包 |
| 11 | 2012-1-13 | 曾根祥 | 办公品 | 1396 | 曾根祥办公品 |
| 12 | 2012-1-14 | 王大 | 多用刀 | 1974 | 王大多用刀 |
| 13 | 2012-1-17 | 宋毅策 | 手动钻 | 1694 | 宋毅策手动钻 |
| 14 | 2012-1-18 | 刘振辉 | 手动钻 | 1136 | 刘振辉手动钻 |
| 15 | 2012-1-19 | 黄碧秀 | 手动钻 | 470 | 黄碧秀手动钻 |
| 16 | 2012-1-20 | 王脚英 | 按摩器 | 508 | 王脚英按摩器 |
| 17 | 2012-1-21 | 曾根祥 | 按摩器 | 1972 | 曾根祥按摩器 |
| 18 | 2012-1-24 | 王大 | 按摩器 | 736 | 王大按摩器 |
| 19 | 2012-1-25 | 宋毅策 | 按摩器 | 1378 | 宋毅策按摩器 |
| 20 | 2012-1-26 | 刘振辉 | 按摩器 | 1136 | 刘振辉按摩器 |

图 91-3　设置公式添加辅助列

**Step 2** 单击 E1 单元格（即“辅助列”字段）的下拉箭头，在弹出的下拉列表中依次选择【文本筛选】→【自定义筛选】，弹出【自定义自动筛选方式】对话框，在第 1 个条件组合框中选择“等于”，并在右侧的组合框中选择“刘振辉按摩器”，再在第 2 个条件组合框中选择“等于”，并在右侧的组合框中选择“黄碧秀手动钻”；单击【或】单选钮，最后单击【确定】按钮，得到筛选结果如图 91-4 所示。

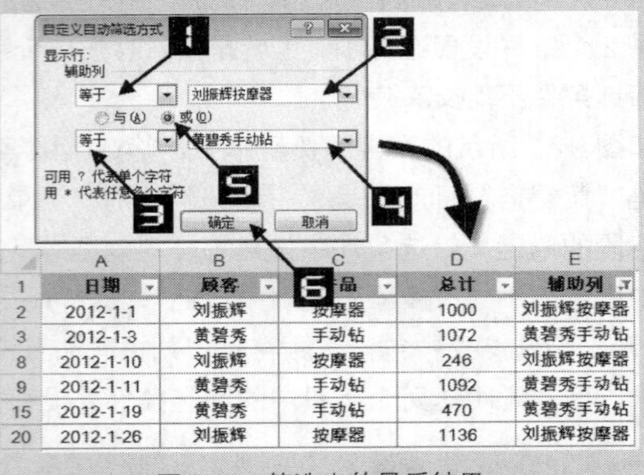


| | A | B | C | D | E |
|---|---|---|---|---|---|
| 1 | 日期 | 顾客 | 产品 | 总计 | 辅助列 |
| 2 | 2012-1-1 | 刘振辉 | 按摩器 | 1000 | 刘振辉按摩器 |
| 3 | 2012-1-3 | 黄碧秀 | 手动钻 | 1072 | 黄碧秀手动钻 |
| 8 | 2012-1-10 | 刘振辉 | 按摩器 | 246 | 刘振辉按摩器 |
| 9 | 2012-1-11 | 黄碧秀 | 手动钻 | 1092 | 黄碧秀手动钻 |
| 15 | 2012-1-19 | 黄碧秀 | 手动钻 | 470 | 黄碧秀手动钻 |
| 20 | 2012-1-26 | 刘振辉 | 按摩器 | 1136 | 刘振辉按摩器 |

图 91-4　筛选出的最后结果

通过添加辅助列，借助函数公式的方法可以大大扩展“自定义筛选”的使用范围，突破筛选条件的限制。

## 技巧 92　分别筛选数字或字母开头的记录

在分析数据时，有时需要对特定类型的数据进行筛选，在如图 92-1 所示的产品生产数据表中，需要将“型号”字段中的以数字开头和以字母开头的文本型数据分别筛选出来，由于可使用的通配符种类有限，直接使用筛选的常规方法无法满足此类要求，但可以通过添加辅助列，借助简单函数公式的方法完成，操作步骤如下。

| | A | B | C | D |
|---|---|---|---|---|
| 1 | 生产日期 | 产品编号 | 型号 | 数量 |
| 2 | 2012-7-5 | SQ01 - 8920 | 905 - 10A | 180 |
| 3 | 2012-7-15 | SQ01 - 8924 | 780 - 025BN | 210 |
| 4 | 2012-7-10 | SQ01 - 8922 | A10 - 050 | 300 |
| 5 | 2012-7-12 | SQ01 - 8923 | 12A - 002 | 220 |
| 6 | 2012-7-25 | SQ01 - 8928 | 35B - 0034 | 250 |
| 7 | 2012-7-15 | SQ01 - 8925 | 090 - 02A | 250 |
| 8 | 2012-7-18 | SQ01 - 8927 | Q10 - 251 | 280 |
| 9 | 2012-7-5 | SQ01 - 8921 | B25 - 9001 | 200 |
| 10 | 2012-7-26 | SQ01 - 8929 | 1222 - 020D | 180 |
| 11 | 2012-7-15 | SQ01 - 8926 | Z35 - F210D | 200 |

图 92-1　产品生产数据表

**Step 1** 在 E 列添加辅助列。在 E1 单元格中输入“辅助列”，选中 E2 单元格，输入函数公式“=LEFT(C2)<="9"”，将公式向下复制至 E11 单元格，然后对数据列表启用筛选，结果如图 92-2 所示。

E2　$f_x$　=LEFT(C2)<="9"

| | A | B | C | D | E |
|---|---|---|---|---|---|
| 1 | 生产日期 | 产品编号 | 型号 | 数量 | 辅助列 |
| 2 | 2012-7-5 | SQ01 - 8920 | 905 - 10A | 180 | TRUE |
| 3 | 2012-7-15 | SQ01 - 8924 | 780 - 025BN | 210 | TRUE |
| 4 | 2012-7-10 | SQ01 - 8922 | A10 - 050 | 300 | FALSE |
| 5 | 2012-7-12 | SQ01 - 8923 | 12A - 002 | 220 | TRUE |
| 6 | 2012-7-25 | SQ01 - 8928 | 35B - 0034 | 250 | TRUE |
| 7 | 2012-7-15 | SQ01 - 8925 | 090 - 02A | 250 | TRUE |
| 8 | 2012-7-18 | SQ01 - 8927 | Q10 - 251 | 280 | FALSE |
| 9 | 2012-7-5 | SQ01 - 8921 | B25 - 9001 | 200 | FALSE |
| 10 | 2012-7-26 | SQ01 - 8929 | 1222 - 020D | 180 | TRUE |
| 11 | 2012-7-15 | SQ01 - 8926 | Z35 - F210D | 200 | FALSE |

图 92-2　添加辅助列公式

**Step 2**　单击 E1 单元格的下拉箭头，在弹出的下拉列表中取消勾选“FALSE”复选框，单击【确定】按钮，完成筛选操作。筛选结果将以数字开头的数据记录筛选出来，如图 92-3 所示。

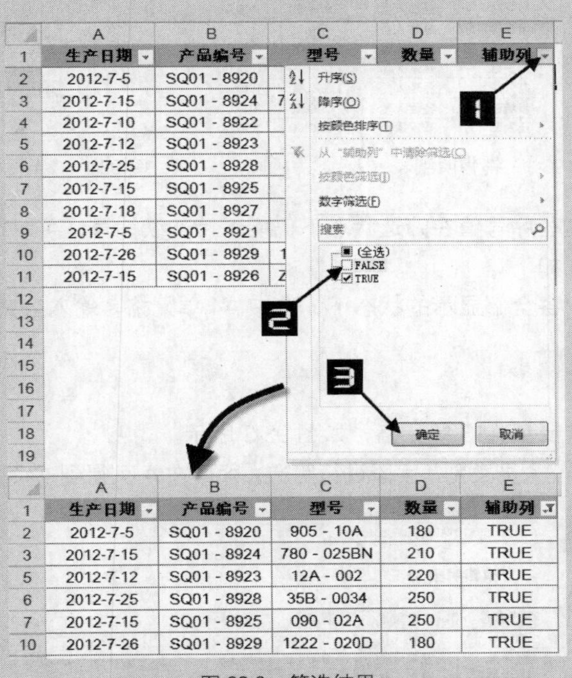


| | A | B | C | D | E |
|---|---|---|---|---|---|
| 1 | 生产日期 | 产品编号 | 型号 | 数量 | 辅助列 |
| 2 | 2012-7-5 | SQ01 - 8920 | 905 - 10A | 180 | TRUE |
| 3 | 2012-7-15 | SQ01 - 8924 | 780 - 025BN | 210 | TRUE |
| 5 | 2012-7-12 | SQ01 - 8923 | 12A - 002 | 220 | TRUE |
| 6 | 2012-7-25 | SQ01 - 8928 | 35B - 0034 | 250 | TRUE |
| 7 | 2012-7-15 | SQ01 - 8925 | 090 - 02A | 250 | TRUE |
| 10 | 2012-7-26 | SQ01 - 8929 | 1222 - 020D | 180 | TRUE |

图 92-3　筛选结果

同理，单击 E1 单元格的下拉箭头，在弹出的下拉列表中取消勾选“TRUE”复选框，单击【确定】按钮，则可以将以字母开头的数据记录筛选出来。

公式思路解析：

公式“=LEFT(C2)<="9"”使用了 LEFT 函数取得“型号”字段数据的首字符。由于在字符排序顺序中，从小到大的依次为 0~9、a~z，因此通过首字符与 9 比较大小，即可将数字开头和字母开头的型号区分开来。首字符小于等于 9、返回结果 TRUE 的即为数字开头的编号，反之，返回结果为 FALSE 的即为字母开头的编号。然后分别以 TRUE 或 FALSE 作为筛选条件，就可以分别得到数字开头或字母开头的数据记录。

# 技巧 93 对自动筛选的结果重新编号

图 93-1 所示表格是一张已经启用了筛选功能的销售明细表，在使用一定的筛选条件进行筛选后，原“序号”字段的序号值将不再连续。例如，在“人员类别”字段内筛选“经理人员”后的结果如图 93-2 所示，“序号”字段中的序号值是不连续的。

| | A | B | C | D | E | F |
|---|---|---|---|---|---|---|
| 1 | 销售明细表 | | | | | |
| 2 | | | | | | |
| 3 | 序号 | 姓名 | 部门名称 | 人员类别 | 数量 | 金额 |
| 4 | 1 | 肖剑 | 总经理 | 经理人员 | 1,500.00 | 900.00 |
| 5 | 2 | 陈明 | 财务部 | 经理人员 | 900.00 | 840.00 |
| 6 | 3 | 王晶 | 财务部 | 管理人员 | 600.00 | 810.00 |
| 7 | 4 | 赵斌 | 市场部 | 经理人员 | 900.00 | 840.00 |
| 8 | 5 | 宋佳 | 市场部 | 经营人员 | 600.00 | 810.00 |
| 9 | 6 | 孙健 | 开发部 | 经理人员 | 1,350.00 | 885.00 |
| 10 | 7 | 王华 | 开发部 | 开发人员 | 1,050.00 | 855.00 |
| 11 | 8 | 张三丰 | 办公室 | 经理人员 | 1,800.00 | 930.00 |
| 12 | 9 | 刘五一 | 市场部 | 经营人员 | 90.00 | 780.00 |
| 13 | 10 | 白雪 | 开发部 | 开发人员 | 1,050.00 | 855.00 |

图 93-1 销售明细表

| | A | B | C | D | E | F |
|---|---|---|---|---|---|---|
| 1 | 销售明细表 | | | | | |
| 2 | | | | | | |
| 3 | 序号 | 姓名 | 部门名称 | 人员类别 | 数量 | 金额 |
| 4 | 1 | 肖剑 | 总经理 | 经理人员 | 1,500.00 | 900.00 |
| 5 | 2 | 陈明 | 财务部 | 经理人员 | 900.00 | 840.00 |
| 7 | 4 | 赵斌 | 市场部 | 经理人员 | 900.00 | 840.00 |
| 9 | 6 | 孙健 | 开发部 | 经理人员 | 1,350.00 | 885.00 |
| 11 | 8 | 张三丰 | 办公室 | 经理人员 | 1,800.00 | 930.00 |

图 93-2 “人员类别”字段筛选“经理人员”的结果

如果要使这些序号值在筛选状态下仍能保持连续编号，可以借助 SUBTOTAL 函数创建公式来实现，操作方法如下。

在数据表内容全部显示的状态下，选中 A4 单元格，输入公式：

```
=N(SUBTOTAL(3,C$4:C4))
```

公式向下拖曳至 A13 单元格，如图 93-3 所示。

此时，再对“人员类别”字段进行筛选，即可在 A 列得到连续的序号显示，结果如图 93-4 所示。

A4 =N(SUBTOTAL(3,C$4:C4))

| | A | B | C | D | E | F |
|---|---|---|---|---|---|---|
| 1 | 销售明细表 | | | | | |
| 2 | | | | | | |
| 3 | 序号 | 姓名 | 部门名称 | 人员类别 | 数量 | 金额 |
| 4 | 1 | 肖剑 | 总经理 | 经理人员 | 1,500.00 | 900.00 |
| 5 | 2 | 陈明 | 财务部 | 经理人员 | 900.00 | 840.00 |
| 6 | 3 | 王晶 | 财务部 | 管理人员 | 600.00 | 810.00 |
| 7 | 4 | 赵斌 | 市场部 | 经理人员 | 900.00 | 840.00 |
| 8 | 5 | 宋佳 | 市场部 | 经营人员 | 600.00 | 810.00 |
| 9 | 6 | 孙健 | 开发部 | 经理人员 | 1,350.00 | 885.00 |
| 10 | 7 | 王华 | 开发部 | 开发人员 | 1,050.00 | 855.00 |
| 11 | 8 | 张三丰 | 办公室 | 经理人员 | 1,800.00 | 930.00 |
| 12 | 9 | 刘五一 | 市场部 | 经营人员 | 90.00 | 780.00 |
| 13 | 10 | 白雪 | 开发部 | 开发人员 | 1,050.00 | 855.00 |

图 93-3 设置连续编号公式

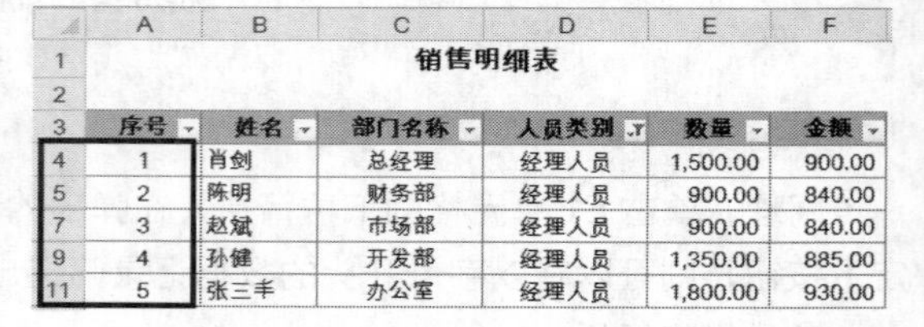

| | A | B | C | D | E | F |
|---|---|---|---|---|---|---|
| 1 | 销售明细表 | | | | | |
| 2 | | | | | | |
| 3 | 序号 | 姓名 | 部门名称 | 人员类别 | 数量 | 金额 |
| 4 | 1 | 肖剑 | 总经理 | 经理人员 | 1,500.00 | 900.00 |
| 5 | 2 | 陈明 | 财务部 | 经理人员 | 900.00 | 840.00 |
| 7 | 3 | 赵斌 | 市场部 | 经理人员 | 900.00 | 840.00 |
| 9 | 4 | 孙健 | 开发部 | 经理人员 | 1,350.00 | 885.00 |
| 11 | 5 | 张三丰 | 办公室 | 经理人员 | 1,800.00 | 930.00 |

图 93-4 筛选状态下连续序号的数据表

如果使用公式“=SUBTOTAL(3,C$4:C4)”得到连续序号，则需要将 A4 单元格内的公式复制填充至 A14 单元格（比其他列数据多一行），否则 SUBTOTAL 函数的使用会影响筛选的正常结果。

# 技巧 94　使用函数公式获取当前筛选结果

图 94-1 所示表格是某公司期间费用明细表，并已启用了筛选功能，如果对“日期”字段进行条件筛选，选取某个日期后，希望在副标题位置（即 C2 单元格）显示当前筛选出来的日期结果，可以通过设置函数公式达到目标。

| | A | B | C | D | E |
|---|---|---|---|---|---|
| 1 | | | 期间费用明细表 | | |
| 2 | | 日期: | 2013年1月11日 | | |
| 3 | 日期 | 凭证号数 | 会计科目 | 科目编码 | 金额 |
| 4 | | | 合计 | | 310,970.56 |
| 5 | 2013-1-11 | 记-1017 | 管理费用/维修费 | 550209 | 180.00 |
| 6 | 2013-1-11 | 记-1017 | 营业费用/港务费 | 550106 | 1,758.70 |
| 7 | 2013-1-13 | 记-1017 | 管理费用/通讯费 | 550205 | 300.00 |
| 8 | 2013-1-13 | 记-1017 | 管理费用/业务招待费 | 550202 | 730.00 |
| 9 | 2013-1-13 | 记-1020 | 财务费用/银行手续费 | 550303 | 55.00 |
| 10 | 2013-1-13 | 记-1025 | 管理费用/通讯费 | 550205 | 112.00 |
| 11 | 2013-1-13 | 记-1025 | 管理费用/通讯费 | 550205 | 150.00 |
| 12 | 2013-1-13 | 记-1026 | 管理费用/业务招待费 | 550202 | 2,340.00 |
| 13 | 2013-1-13 | 记-1027 | 管理费用/交通费 | 550203 | 27.00 |
| 14 | 2013-1-13 | 记-1027 | 管理费用/车辆费 | 550204 | 357.00 |
| 15 | 2013-1-17 | 记-1032 | 财务费用/银行手续费 | 550303 | 1,150.00 |
| 16 | 2013-1-17 | 记-1033 | 管理费用/通讯费 | 550205 | 963.44 |
| 17 | 2013-1-17 | 记-1035 | 管理费用/办公费 | 550201 | 890.00 |
| 18 | 2013-1-19 | 记-1047 | 财务费用/银行手续费 | 550303 | 151.10 |
| 19 | 2013-1-19 | 记-1048 | 管理费用/办公费 | 550201 | 10,000.00 |

图 94-1　期间费用明细表

在 C2 单元格内输入数组公式：

```
=INDEX(A5:A103,MATCH(1,SUBTOTAL(3,OFFSET(A4,ROW(A5:A103)-4,)),))
```

按<Ctrl+Enter+Shift>组合键完成数组公式的输入，结果如图 94-2 所示，副标题中的日期与当前筛选的结果一致。

C2　{=INDEX(A5:A103,MATCH(1,SUBTOTAL(3,OFFSET(A4,ROW(A5:A103)-4,)),))}

| | A | B | C | D | E | F | G |
|---|---|---|---|---|---|---|---|
| 1 | | | 期间费用明细表 | | | | |
| 2 | | 日期: | 2013年1月24日 | | | | |
| 3 | 日期 | 凭证号数 | 会计科目 | 科目编码 | 金额 | | |
| 24 | 2013-1-24 | 记-1055 | 管理费用/业务招待费 | 550202 | 33,800.00 | | |
| 25 | 2013-1-24 | 记-1056 | 管理费用/社保 | 550207 | 6,321.34 | | |
| 26 | 2013-1-24 | 记-1058 | 管理费用/其他费用 | 550299 | 1,760.00 | | |
| 27 | 2013-1-24 | 记-1058 | 财务费用/银行手续费 | 550303 | 8.80 | | |
| 28 | 2013-1-24 | 记-1059 | 管理费用/通讯费 | 550205 | 150.00 | | |
| 29 | 2013-1-24 | 记-1059 | 管理费用/业务招待费 | 550202 | 180.00 | | |
| 30 | 2013-1-24 | 记-1060 | 管理费用/办公费 | 550201 | 402.00 | | |

图 94-2　设置公式后筛选的结果

**公式思路解析：**

其中“OFFSET(A4,ROW(A5:A103)-4,)”的部分是使用 OFFSET 函数的数组参数，得到一个三维引用数组，其元素即为 A5:A103 单元格区域中的单个单元格。

“SUBTOTAL(3,OFFSET(A4,ROW(A5:A103)-4,))”部分可以获得在筛选状态下 A 列数据是否包含在筛选结果中的判断，其公式产生的结果为一个数组：

{0;0;0;0;0;0;0;0;0;0;0;0;0;0;0;0;0;0;0;1;1;1;1;1;1;1;0;0;0;0;0;0;0;0;0;0;0;0;0;0;0;0;0;0;0;0;0;0;0;0;0;0;
0;0;0;0;0;0;0;0;0;0;0;0;0;0;0;0;0;0;0;0;0;0;0;0;0;0;0;0;0;0;0;0;0;0;0;0;0;0;0;0;0;0;0;0;0;0;0;0;0;0;0;0;0;0}

其中 1 表示包含于筛选结果，而 0 则表示未包含于筛选结果中。

通过 MATCH 函数在上面所生成的结果中，查找第 1 个值为“1”的数据位置，得到结果为“20”。最后用 INDEX 函数得到 A5:A103 区域内第 20 个元素的具体值，即为最终结果。

通过这种操作方法仅仅适用于筛选单个日期值，不适用于筛选条件为多个日期值，否则只可以返回筛选结果中第一行的日期值。

## 技巧 95 使用公式返回当前筛选条件

图 95-1 所示表格是一张已启用了筛选的产品销售明细表，其中“姓名”字段包含了重复姓名，如果对“销售数量”字段进行条件筛选时，需要统计相应的不重复人员数量，可以借助函数公式来实现，操作步骤如下。

| | A | B | C |
|---|---|---|---|
| 1 | 销售明细表 | | |
| 2 | | | |
| 3 | 姓名 | 销售数量 | 销售金额 |
| 4 | 肖伟 | 15,000.00 | 9,000.00 |
| 5 | 赵明 | 9,000.00 | 8,400.00 |
| 6 | 张晶 | 6,000.00 | 8,100.00 |
| 7 | 李斌 | 9,000.00 | 8,400.00 |
| 8 | 肖伟 | 6,000.00 | 8,100.00 |
| 9 | 孙伊健 | 13,500.00 | 8,850.00 |
| 10 | 王新华 | 10,500.00 | 8,550.00 |
| 11 | 肖伟 | 18,000.00 | 9,300.00 |
| 12 | 柳月 | 900.00 | 7,800.00 |
| 13 | 李斌 | 10,500.00 | 8,550.00 |

图 95-1　包含重复姓名的产品销售明细表

**Step 1** 在【公式】选项卡中单击【定义名称】拆分按钮，打开【新建名称】对话框，在【名称】文本框内输入“RY”作为添加的名称标题，在【引用位置】编辑框中输入下列公式：

```
=IF(SUBTOTAL(3,OFFSET($A$3,ROW($A$4:$A$13)-3,)),$A$4:$A$13,"")
```

如图 95-2 所示。

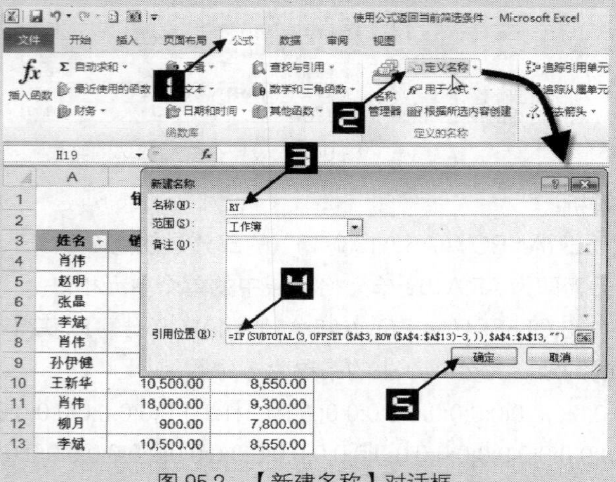


图 95-2　【新建名称】对话框

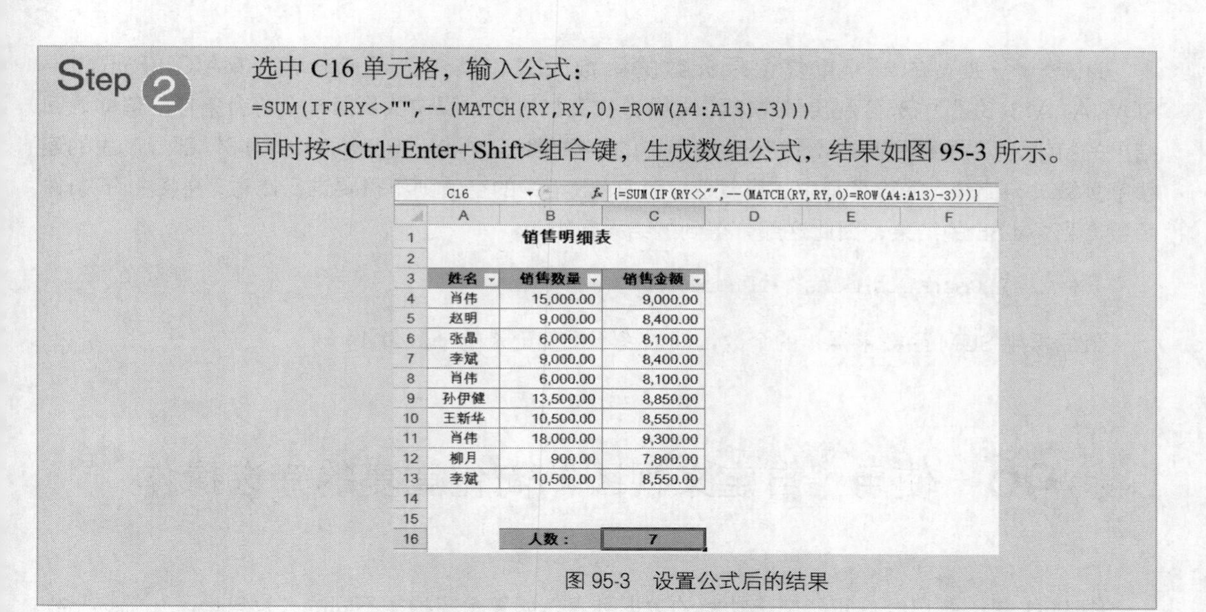

**Step 2** 选中 C16 单元格，输入公式：

```
=SUM(IF(RY<>"",--(MATCH(RY,RY,0)=ROW(A4:A13)-3)))
```

同时按<Ctrl+Enter+Shift>组合键，生成数组公式，结果如图 95-3 所示。

C16　fx {=SUM(IF(RY<>"",--(MATCH(RY,RY,0)=ROW(A4:A13)-3)))}

| | A | B | C | D | E | F |
|---|---|---|---|---|---|---|
| 1 | | 销售明细表 | | | | |
| 2 | | | | | | |
| 3 | 姓名 | 销售数量 | 销售金额 | | | |
| 4 | 肖伟 | 15,000.00 | 9,000.00 | | | |
| 5 | 赵明 | 9,000.00 | 8,400.00 | | | |
| 6 | 张晶 | 6,000.00 | 8,100.00 | | | |
| 7 | 李斌 | 9,000.00 | 8,400.00 | | | |
| 8 | 肖伟 | 6,000.00 | 8,100.00 | | | |
| 9 | 孙伊健 | 13,500.00 | 8,850.00 | | | |
| 10 | 王新华 | 10,500.00 | 8,550.00 | | | |
| 11 | 肖伟 | 18,000.00 | 9,300.00 | | | |
| 12 | 柳月 | 900.00 | 7,800.00 | | | |
| 13 | 李斌 | 10,500.00 | 8,550.00 | | | |
| 14 | | | | | | |
| 15 | | | | | | |
| 16 | | 人数： | 7 | | | |

图 95-3　设置公式后的结果

此时，C16 单元格的公式即可统计筛选状态下的 A 列不重复人员数量，例如在“销售数量”字段设置筛选条件为“大于 9000”时，显示结果如图 95-4 所示。其中 A 列包含了重复姓名“肖伟”的两条记录，非重复的人员数量一共有四人，与 C16 单元格结果相符。

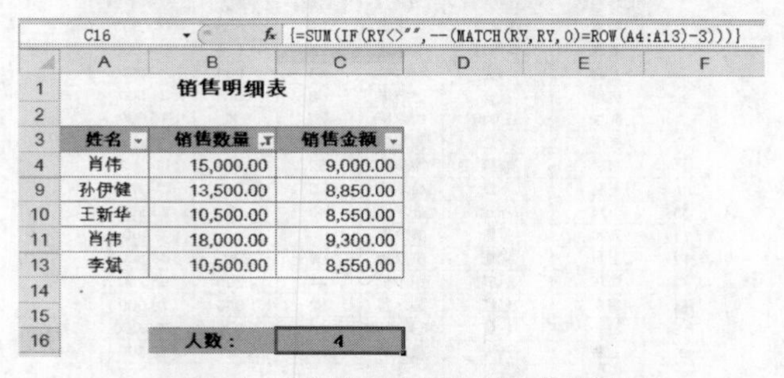

C16　fx {=SUM(IF(RY<>"",--(MATCH(RY,RY,0)=ROW(A4:A13)-3)))}

| | A | B | C | D | E | F |
|---|---|---|---|---|---|---|
| 1 | | 销售明细表 | | | | |
| 2 | | | | | | |
| 3 | 姓名 | 销售数量 | 销售金额 | | | |
| 4 | 肖伟 | 15,000.00 | 9,000.00 | | | |
| 9 | 孙伊健 | 13,500.00 | 8,850.00 | | | |
| 10 | 王新华 | 10,500.00 | 8,550.00 | | | |
| 11 | 肖伟 | 18,000.00 | 9,300.00 | | | |
| 13 | 李斌 | 10,500.00 | 8,550.00 | | | |
| 14 | | | | | | |
| 15 | | | | | | |
| 16 | | 人数： | 4 | | | |

图 95-4　筛选销售量大于 9000 的结果

**公式思路解析：**

（1）定义名称 RY

```
RY=IF(SUBTOTAL(3,OFFSET($A$3,ROW($A$4:$A$13)-3,)),$A$4:$A$13,"")
```

其中“OFFSET($A$3,ROW($A$4:$A$13)-3,)”的部分是使用 OFFSET 函数的数组参数，得到一个三维引用数组，其元素即为 A4:A13 单元格区域中的单个单元格。

“SUBTOTAL(3,OFFSET($A$3,ROW($A$4:$A$13)-3,))”部分可以获得在筛选状态下 A 列数据是否包含在筛选结果中的判断，其公式产生的结果为一个数组：{1;0;0;0;0;1;1;1;0;1}，其中 1 表示包含于筛选结果，而 0 则表示未包含于筛选结果中。

最后由 IF 函数的嵌套得到包含于筛选结果中的相应具体数据。

整个定义名称 RY 得到的结果：

{"肖伟";"";"";"";"";"孙伊健";"王新华";"肖伟";"";"李斌"}

（2）C13 单元格函数公式：

```
=SUM(IF(RY<>"",--(MATCH(RY,RY,0)=ROW(A4:A13)-3)))
```

这是一个典型的对非重复记录计数的函数公式，其中“IF(RY<>"",--(MATCH(RY,RY,0)=ROW(A4:A13)-3))”的部分利用了 MATCH 函数在查找对象过程中找到第一个符合条件的值即返回结果的特性，得到各不重复记录在 RY 数组中的相对位置，再与“ROW(A4:A13)-3”部分产生的连续序列数进行比较，筛除了其中的重复值，而 RY 数组中的空值则不需要进行比对，直接由 IF 条件函数得到 FALSE 的结果，因此这部分得到的结果数组为：

```
{1;FALSE;FALSE;FALSE;FALSE;1;1;0;FALSE;1}
```

最后再用 SUM 函数求得 1 的个数，即最终不重复记录的个数为 4。

# 技巧 96 使用“自定义视图”简化重复的筛选操作

图 96-1 是一张已经启用了筛选功能的数据列表，如果希望根据不同的“销售地区”筛选出相关的记录，运用“自定义视图”将大大简化“筛选”的设置工作。以下以快速筛选“销售地区”为“上海”为例，操作方法如下。

| | A | B | C | D | E | F |
|---|---|---|---|---|---|---|
| 1 | 销售地区 | 销售人员 | 品名 | 数量 | 单价 | 销售金额 |
| 2 | 杭州 | 李海原 | 显示器 | 98 | 1,500 | 147,000 |
| 3 | 天津 | 李海原 | 显示器 | 76 | 1,500 | 114,000 |
| 4 | 上海 | 程光 | 液晶电视 | 43 | 5,000 | 215,000 |
| 5 | 杭州 | 程光 | 微波炉 | 69 | 500 | 34,500 |
| 6 | 南京 | 赵力琦 | 按摩椅 | 20 | 800 | 16,000 |
| 7 | 杭州 | 李延 | 微波炉 | 5 | 500 | 2,500 |
| 8 | 南京 | 李延 | 跑步机 | 52 | 2,200 | 114,400 |
| 9 | 上海 | 陈斌 | 显示器 | 76 | 1,500 | 114,000 |
| 10 | 山东 | 陈斌 | 显示器 | 49 | 1,500 | 73,500 |
| 11 | 天津 | 梁彬 | 按摩椅 | 3 | 800 | 2,400 |
| 12 | 上海 | 梁彬 | 按摩椅 | 61 | 800 | 48,800 |
| 13 | 南京 | 张红霞 | 跑步机 | 41 | 2,200 | 90,200 |
| 14 | 南京 | 赵红 | 显示器 | 52 | 1,500 | 78,000 |
| 15 | 山东 | 赵红 | 液晶电视 | 60 | 5,000 | 300,000 |
| 16 | 上海 | 刑光 | 微波炉 | 24 | 500 | 12,000 |

图 96-1 数据列表

Step 1 单击 A1 单元格的下拉箭头，在弹出的下拉菜单中勾选“上海”选项复选框，单击【确定】按钮。

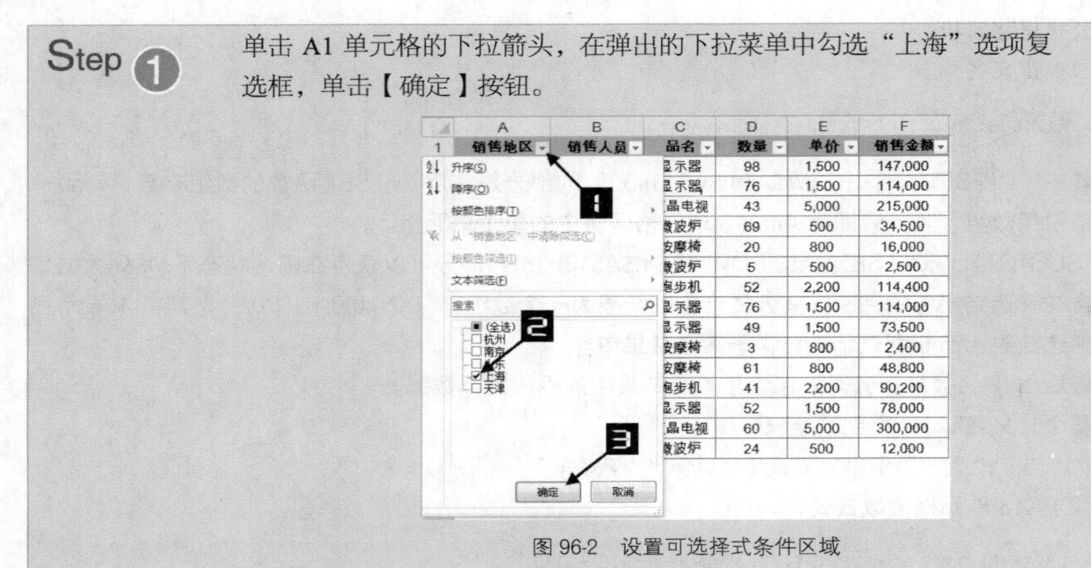


图 96-2 设置可选择式条件区域

**Step 2** 筛选结果如图 96-3 所示。

|  | A | B | C | D | E | F |
|---|---|---|---|---|---|---|
| 1 | 销售地区 | 销售人员 | 品名 | 数量 | 单价 | 销售金额 |
| 4 | 上海 | 程光 | 液晶电视 | 43 | 5,000 | 215,000 |
| 9 | 上海 | 陈斌 | 显示器 | 76 | 1,500 | 114,000 |
| 12 | 上海 | 梁彬 | 按摩椅 | 61 | 800 | 48,800 |
| 16 | 上海 | 刑光 | 微波炉 | 24 | 500 | 12,000 |

图 96-3　在原数据区域显示筛选结果

**Step 3** 在【视图】选项卡中单击【自定义视图】按钮，弹出【视图管理器】对话框，如图 96-4 所示。

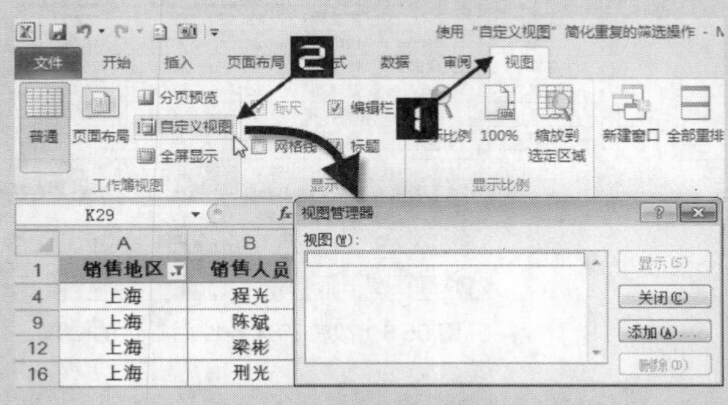


图 96-4　【视图管理器】对话框

**Step 4** 单击【添加】按钮，弹出【添加视图】对话框，在【名称】文本框内输入“shanghai”，单击【确定】按钮完成设置，如图 96-5 所示。

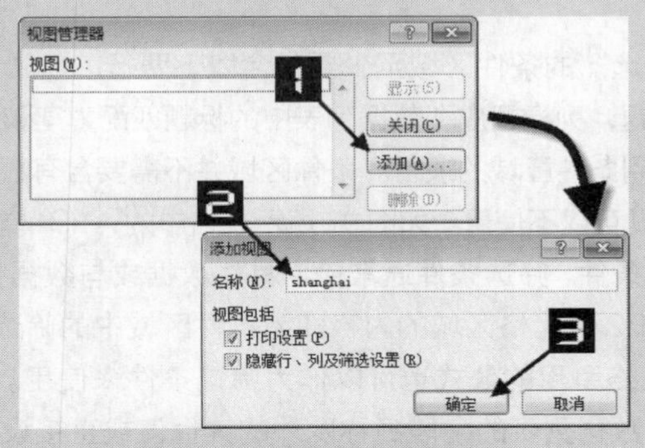


图 96-5　【添加视图】对话框

当用户改变筛选条件或取消筛选模式后，使用视图管理器可以快速得到筛选结果，而无需对“筛选”进行重新设置，具体步骤如下。

在【视图】选项卡中单击【视图管理器】按钮，打开【视图管理器】对话框，在【视图】列表框中选择指定的名称，如“shanghai”，单击【显示】按钮，在关闭【视图管理器】对话框的同时也立即显示了筛选结果，如图 96-6 所示。

“自定义视图”功能不适用于 Excel 2010 下的“高级筛选”。此外，当工作表处于保护状态时也不适用。

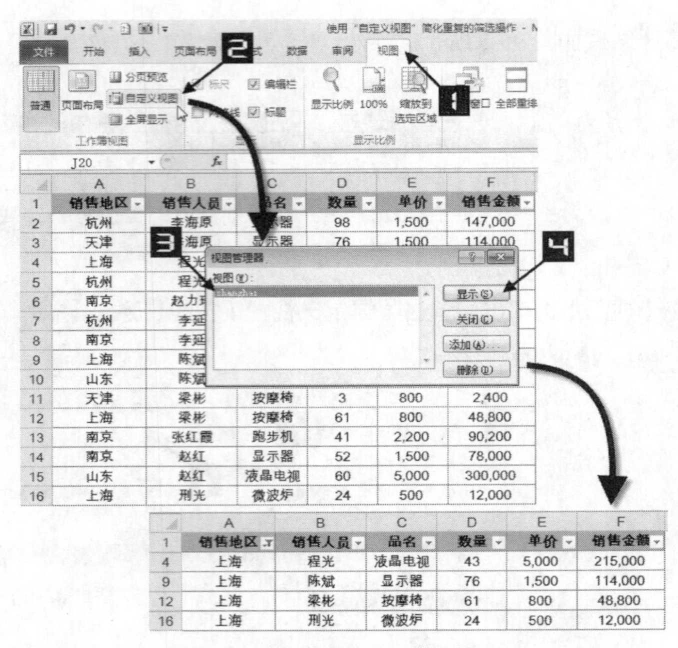


| | A | B | C | D | E | F |
|---|---|---|---|---|---|---|
| 1 | 销售地区 | 销售人员 | 品名 | 数量 | 单价 | 销售金额 |
| 4 | 上海 | 程光 | 液晶电视 | 43 | 5,000 | 215,000 |
| 9 | 上海 | 陈斌 | 显示器 | 76 | 1,500 | 114,000 |
| 12 | 上海 | 梁彬 | 按摩椅 | 61 | 800 | 48,800 |
| 16 | 上海 | 刑光 | 微波炉 | 24 | 500 | 12,000 |

图 96-6　改变筛选条件后筛选的结果

## 技巧 97　设置“高级筛选”的条件区域

一个“高级筛选”的条件区域至少要包含以下两行。

第一行是列标题，列标题应和数据列表中的标题匹配，建议采用【复制】和【粘贴】命令将数据列表中的标题粘贴到条件区域的顶行。条件区域并不需要含有数据列表中的所有字段的标题，与筛选过程无关的字段标题可以不使用。如图 97 所示表格中的 A1:B1 单元格区域即为条件区域的列标题。

第二行是筛选条件，筛选条件通常包含具体数据或与数据相连接的比较运算符和通配符。如图 97 所示表格中 A2:B2 单元格区域的内容即为条件区域中的筛选条件。

某些包含单元格引用的公式也可以作为筛选条件来使用。如果使用公式，必须将其对应的条件区域首行设置为数据列表的字段名称以外的其他值或直接设置为空单元格，否则将无法得到正确的筛选结果。如图 97 所示表格中的 E2 单元格是一个由公式所生成的逻辑值，使用它作为筛选条件时，需要将 E1 单元格设置为空或其他不属于字段名称的值。

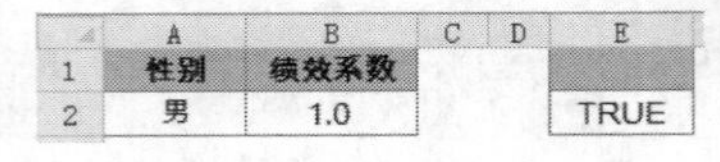

| | A | B | C | D | E |
|---|---|---|---|---|---|
| 1 | 性别 | 绩效系数 | | | |
| 2 | 男 | 1.0 | | | TRUE |

图 97　条件区域

**提示！** 要同时设置多个逻辑关系为“与”或“或”的筛选条件，可以将条件区域扩展为多列或多行的区域结构。

**注意！** 在使用【在原有区域显示筛选结果】的筛选方式下，未被筛选的数据行将会被隐藏起来，因此条件区域的放置位置应该避免与数据区域处于相同的行。

# 技巧 98　使用定义名称取代“高级筛选”的区域选择

在 Excel 中，系统默认设置了特定的名称与【高级筛选】对话框中的区域设置相对应，【列表区域】为“FilterDatabase”，【条件区域】为“Criteria”，【复制到】为“Extract”。若使用这些名称来定义相关的区域，则无需在【高级筛选】对话框内选取区域地址，可以很方便地直接使用“高级筛选”功能。

图 98-1 所示的表格是一张包含了筛选条件区域的数据列表，如果要将“年终奖金”字段中数额大于“12000”的记录，利用定义名称的方法筛选出来，操作步骤如下。

| | A | B | C | D | E | F | G | H | I |
|---|---|---|---|---|---|---|---|---|---|
| 1 | | 年终奖金 | | | | | | | |
| 2 | | >12000 | | | | | | | |
| 3 | | | | | | | | | |
| 4 | 工号 | 姓名 | 性别 | 籍贯 | 出生日期 | 入职日期 | 月工资 | 绩效系数 | 年终奖金 |
| 5 | 121212 | 艾思迪 | 女 | 北京 | 1966-5-4 | 2003-6-1 | 3250 | 1.20 | 11,700 |
| 6 | 131313 | 李勤 | 男 | 成都 | 1975-9-5 | 2003-6-17 | 3250 | 1.00 | 9,750 |
| 7 | 212121 | 白可燕 | 女 | 山东 | 1970-9-28 | 2003-6-2 | 2750 | 1.30 | 10,725 |
| 8 | 232323 | 张祥志 | 男 | 桂林 | 1989-12-3 | 2003-6-18 | 3250 | 1.30 | 12,675 |
| 9 | 313131 | 朱丽叶 | 女 | 天津 | 1971-12-17 | 2003-6-3 | 3250 | 1.10 | 10,725 |
| 10 | 323232 | 岳恩 | 男 | 南京 | 1983-12-9 | 2003-6-10 | 4250 | 0.75 | 9,563 |
| 11 | 414141 | 郝尔冬 | 男 | 北京 | 1980-1-1 | 2003-6-4 | 3750 | 0.90 | 10,125 |
| 12 | 424242 | 师丽莉 | 男 | 广州 | 1977-5-8 | 2003-6-11 | 4750 | 0.60 | 8,550 |
| 13 | 525252 | 郝河 | 男 | 广州 | 1969-5-12 | 2003-6-12 | 3250 | 1.20 | 11,700 |
| 14 | 616161 | 艾利 | 女 | 厦门 | 1980-10-22 | 2003-6-6 | 4750 | 1.00 | 14,250 |
| 15 | 727272 | 赵睿 | 男 | 杭州 | 1974-5-25 | 2003-6-14 | 2750 | 1.00 | 8,250 |
| 16 | 828282 | 孙丽星 | 男 | 成都 | 1966-12-5 | 2003-6-15 | 3750 | 1.20 | 13,500 |
| 17 | 919191 | 岳凯 | 男 | 南京 | 1977-6-23 | 2003-6-9 | 3250 | 1.30 | 12,675 |
| 18 | 929292 | 师胜昆 | 男 | 天津 | 1986-9-28 | 2003-6-16 | 3750 | 1.00 | 11,250 |

图 98-1　设置了条件区域的数据列表

**Step 1**　选中 A4:I18 单元格区域，将光标定位到编辑栏左侧的【名称框】内，输入“FilterDatabase”，按<Enter>键确认；选中 B1:B2 单元格区域，定义名称为“Criteria”；选定单元格 A20，定义名称为“Extract”，如图 98-2 所示。

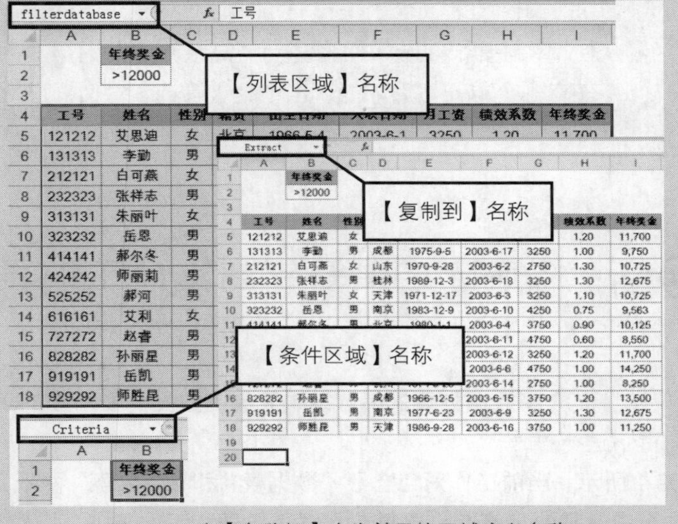


图 98-2　在【名称框】内为单元格区域定义名称

**Step 2** 在【数据】选项卡中单击【高级】按钮，弹出【高级筛选】对话框，单击【将筛选结果复制到其他位置】单选钮，可以看到三个区域的编辑框都已经自动选择好，单击【确定】按钮，得到筛选结果如图 98-3 所示。

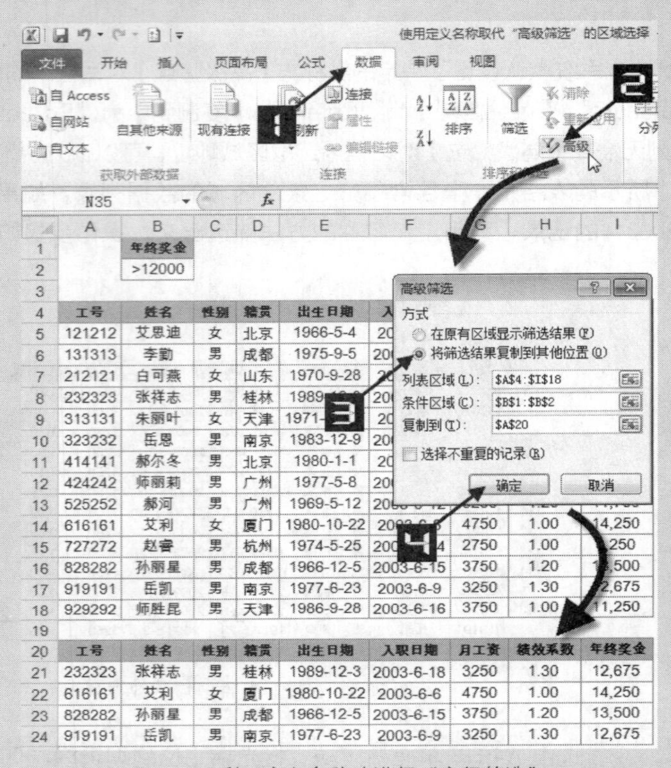


图 98-3　利用定义名称法进行“高级筛选”

**提示!**

使用系统默认的定义名称进行“高级筛选”，不再需要单击待筛选区域的任意一个单元格后才能调出【高级筛选】对话框进行“高级筛选”设置。

## 技巧 99　将筛选结果复制到其他工作表

“高级筛选”允许将数据列表的筛选结果复制到数据列表所在的工作表外，但需要在选定目标工作表的前提下进行操作。

如图 99-1 所示，当前工作簿包含了“数据表”和“结果表”两张工作表，数据源区域位于“数据表”工作表中，需要将筛选结果复制到“结果表”工作表中，操作步骤如下。

| 年终奖金 |
|---|
| >12000 |

| 工号 | 姓名 | 性别 | 籍贯 | 出生日期 | 入职日期 | 月工资 | 绩效系数 | 年终奖金 |
|---|---|---|---|---|---|---|---|---|
| 121212 | 艾思迪 | 女 | 北京 | 1966-5-4 | 2003-6-1 | 3250 | 1.20 | 11,700 |
| 131313 | 李勤 | 男 | 成都 | 1975-9-5 | 2003-6-17 | 3250 | 1.00 | 9,750 |
| 212121 | 白可燕 | 女 | 山东 | 1970-9-28 | 2003-6-2 | 2750 | 1.30 | 10,725 |
| 232323 | 张祥志 | 男 | 桂林 | 1989-12-3 | 2003-6-18 | 3250 | 1.30 | 12,675 |
| 313131 | 朱丽叶 | 女 | 天津 | 1971-12-17 | 2003-6-3 | 3250 | 1.10 | 10,725 |
| 323232 | 岳恩 | 男 | 南京 | 1983-12-9 | 2003-6-10 | 4250 | 0.75 | 9,563 |
| 414141 | 郝尔冬 | 男 | 北京 | 1980-1-1 | 2003-6-4 | 3750 | 0.90 | 10,125 |
| 424242 | 师丽莉 | 男 | 广州 | 1977-5-8 | 2003-6-11 | 4750 | 0.60 | 8,550 |
| 525252 | 郝河 | 男 | 广州 | 1969-5-12 | 2003-6-12 | 3250 | 1.20 | 11,700 |
| 616161 | 艾利 | 女 | 厦门 | 1980-10-22 | 2003-6-6 | 4750 | 1.00 | 14,250 |
| 727272 | 赵睿 | 男 | 杭州 | 1974-5-25 | 2003-6-14 | 2750 | 1.00 | 8,250 |
| 828282 | 孙丽星 | 男 | 成都 | 1966-12-5 | 2003-6-15 | 3750 | 1.20 | 13,500 |
| 919191 | 岳凯 | 男 | 南京 | 1977-6-23 | 2003-6-9 | 3250 | 1.30 | 12,675 |
| 929292 | 师胜昆 | 男 | 天津 | 1986-9-28 | 2003-6-16 | 3750 | 1.00 | 11,250 |

结果表　数据表

图 99-1　需要将筛选结果复制到其他工作表的工作簿

**Step 1**　激活“结果表”工作表，在【数据】选项卡中单击【高级】按钮，打开【高级筛选】对话框。

**Step 2**　单击【将筛选结果复制到其他位置】单选钮，在【列表区域】编辑框中输入“数据表!$A$4:$I$18”，在【条件区域】编辑框中输入“数据表!$B$1:$B$2”，在【复制到】编辑框中输入“结果表!$A$1”，最后单击【确定】按钮，完成筛选操作，如图 99-2 所示。

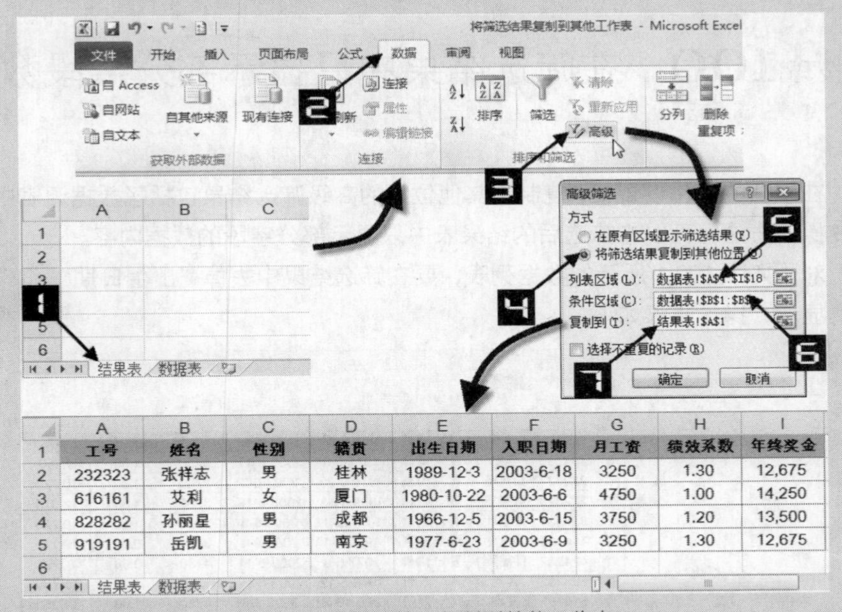


| 工号 | 姓名 | 性别 | 籍贯 | 出生日期 | 入职日期 | 月工资 | 绩效系数 | 年终奖金 |
|---|---|---|---|---|---|---|---|---|
| 232323 | 张祥志 | 男 | 桂林 | 1989-12-3 | 2003-6-18 | 3250 | 1.30 | 12,675 |
| 616161 | 艾利 | 女 | 厦门 | 1980-10-22 | 2003-6-6 | 4750 | 1.00 | 14,250 |
| 828282 | 孙丽星 | 男 | 成都 | 1966-12-5 | 2003-6-15 | 3750 | 1.20 | 13,500 |
| 919191 | 岳凯 | 男 | 南京 | 1977-6-23 | 2003-6-9 | 3250 | 1.30 | 12,675 |

图 99-2　将筛选结果复制到其他工作表

**提示！**　【高级筛选】对话框中的区域设置也可以通过在“数据表”和“结果表”工作表之间进行切换和选取相应的单元格区域来实现。

如果要将筛选结果复制到其他工作表上，首先需要激活目标区域所在的工作表，然后开始相应的高级筛选操作。

如果在没有激活“结果表”工作表的情况下，打开【高级筛选】对话框进行和步骤 2 相同的设置，就会弹出“只能复制筛选过的数据到活动工作表”的警告对话框，不能进行高级筛选，如图 99-3 所示。

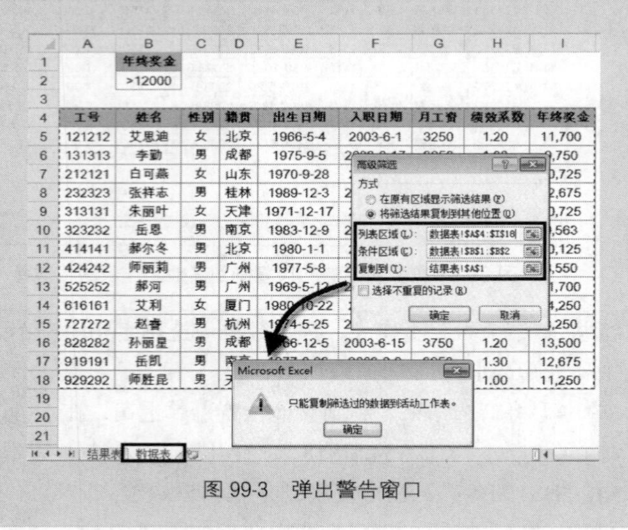


图 99-3　弹出警告窗口

## 技巧 100　在筛选结果中只显示部分字段数据

在默认的操作设置下，复制到其他位置的高级筛选结果包括了数据源表中的所有字段，但通过改变操作方法也可以在筛选后的结果表中只显示部分字段的数据内容。

对于如图 100-1 所示的数据列表，要在筛选结果中去掉“出生日期”和“入职日期”这两个字段的显示，操作步骤如下。

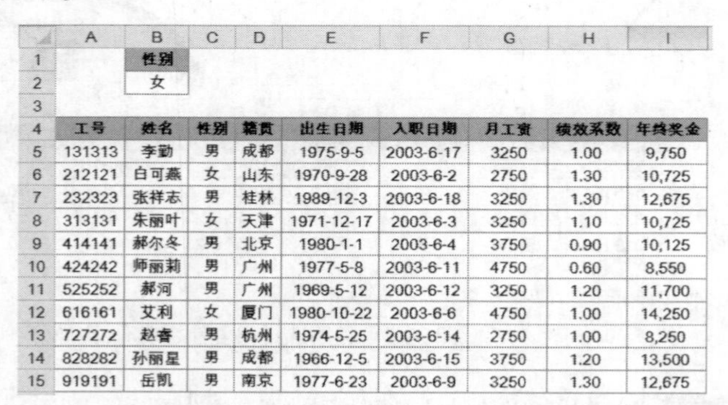

| | A | B | C | D | E | F | G | H | I |
|---|---|---|---|---|---|---|---|---|---|
| 1 | | 性别 | | | | | | | |
| 2 | | 女 | | | | | | | |
| 3 | | | | | | | | | |
| 4 | 工号 | 姓名 | 性别 | 籍贯 | 出生日期 | 入职日期 | 月工资 | 绩效系数 | 年终奖金 |
| 5 | 131313 | 李勤 | 男 | 成都 | 1975-9-5 | 2003-6-17 | 3250 | 1.00 | 9,750 |
| 6 | 212121 | 白可燕 | 女 | 山东 | 1970-9-28 | 2003-6-2 | 2750 | 1.30 | 10,725 |
| 7 | 232323 | 张祥志 | 男 | 桂林 | 1989-12-3 | 2003-6-18 | 3250 | 1.30 | 12,675 |
| 8 | 313131 | 朱丽叶 | 女 | 天津 | 1971-12-17 | 2003-6-3 | 3250 | 1.10 | 10,725 |
| 9 | 414141 | 郝尔冬 | 男 | 北京 | 1980-1-1 | 2003-6-4 | 3750 | 0.90 | 10,125 |
| 10 | 424242 | 师丽莉 | 男 | 广州 | 1977-5-8 | 2003-6-11 | 4750 | 0.60 | 8,550 |
| 11 | 525252 | 郝河 | 男 | 广州 | 1969-5-12 | 2003-6-12 | 3250 | 1.20 | 11,700 |
| 12 | 616161 | 艾利 | 女 | 厦门 | 1980-10-22 | 2003-6-6 | 4750 | 1.00 | 14,250 |
| 13 | 727272 | 赵睿 | 男 | 杭州 | 1974-5-25 | 2003-6-14 | 2750 | 1.00 | 8,250 |
| 14 | 828282 | 孙丽星 | 男 | 成都 | 1966-12-5 | 2003-6-15 | 3750 | 1.20 | 13,500 |
| 15 | 919191 | 岳凯 | 男 | 南京 | 1977-6-23 | 2003-6-9 | 3250 | 1.30 | 12,675 |

图 100-1　设置了条件区域的数据列表

在 A18:G18 单元格区域中输入“工号”、“姓名”、“性别”、“籍贯”、“月工资”、“绩效系数”和“年终奖金”等字段标题。

**Step 2**　在【数据】选项卡中单击【高级】按钮，弹出【高级筛选】对话框。

**Step 3**　单击【将筛选结果复制到其他位置】单选钮，在【列表区域】编辑框中选取 A4:I15 单元格区域，在【条件区域】编辑框中选取 B1:B2 单元格区域，在【复制到】编辑框中选取 A18:G18 单元格区域，单击【确定】按钮，得到筛选结果如图 100-2 所示。

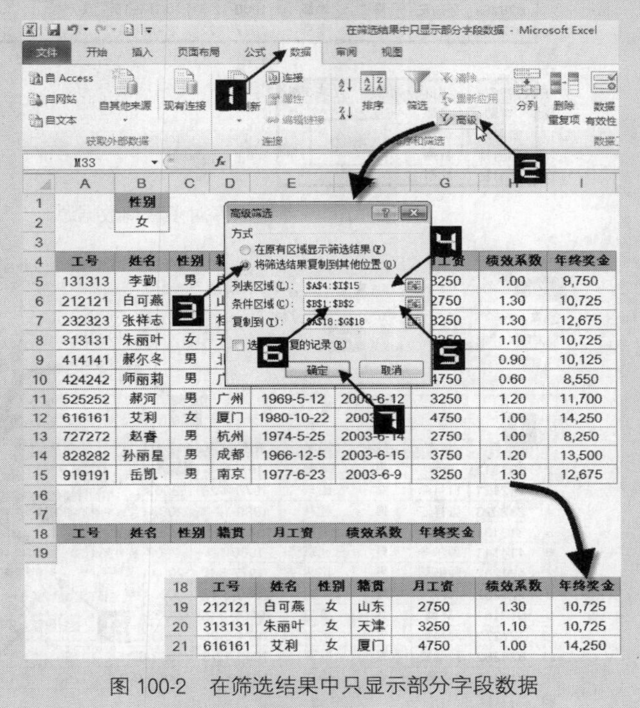

图 100-2　在筛选结果中只显示部分字段数据

筛选结果为“性别”字段为“女”的所有数据记录信息，但显示的“结果表”中不再包括“出生日期”和“入职日期”字段的数据信息。

## 技巧 101　巧用“高级筛选”进行多对多查询

在实际工作中，用户往往需要做多条件查询，而且需要返回多列结果，使用公式的方法只能一次返回一列，现在介绍一种通过“高级筛选”的方法，比较简便地返回多对多且不连续的结果。如图 101-1 所示，“表 1”为查询的数据源，“表 2”为待查询的信息，需要在“表 2”中，根据“姓名”和“籍贯”这两个字段查询出相应的“月工资”和“年终奖金”，操作方法如下。

选择“表 1”区域的任意一个单元格（如 B3），在【数据】选项卡中单击【高级】按钮，弹出【高级筛选】对话框，单击【将筛选结果复制到其他位置】单选钮，设置【列表区域】编辑框为“$A$1:$I$12”，设置【条件区域】编辑框为“$A$15:$B$19”，设置【复制到】编辑框为“$C$15:$D$15”，最后单击【确定】按钮，如图 101-2 所示。

|  | A | B | C | D | E | F | G | H | I |
|---|---|---|---|---|---|---|---|---|---|
| 1 | 工号 | 姓名 | 性别 | 籍贯 | 出生日期 | 入职日期 | 月工资 | 绩效系数 | 年终奖金 |
| 2 | 131313 | 李勤 | 男 | 成都 | 1975-9-5 | 2003-6-17 | 3250 | 1.00 | 9,750 |
| 3 | 212121 | 白可燕 | 女 | 山东 | 1970-9-28 | 2003-6-2 | 2750 | 1.30 | 10,725 |
| 4 | 232323 | 张祥志 | 男 | 桂林 | 1989-12-3 | 2003-6-18 | 3250 | 1.30 | 12,675 |
| 5 | 313131 | 李勤 | 女 | 天津 | 1971-12-17 | 2003-6-3 | 3250 | 1.10 | 10,725 |
| 6 | 414141 | 郝尔冬 | 男 | 北京 |  | 2003-6-4 | 3750 | 0.90 | 10,125 |
| 7 | 424242 | 师丽莉 | 男 | 广州 |  | 2003-6-11 | 4750 | 0.60 | 8,550 |
| 8 | 525252 | 郝河 | 男 | 广州 | 1969-5-12 | 2003-6-12 | 3250 | 1.20 | 11,700 |
| 9 | 616161 | 艾利 | 女 | 厦门 | 1980-10-22 | 2003-6-6 | 4750 | 1.00 | 14,250 |
| 10 | 727272 | 师丽莉 | 男 | 杭州 | 1974-5-25 | 2003-6-14 | 2750 | 1.00 | 8,250 |
| 11 | 828282 | 孙丽星 | 男 | 成都 | 1966-12-5 | 2003-6-15 | 3750 | 1.20 | 13,500 |
| 12 | 919191 | 岳凯 | 男 | 南京 | 1977-6-23 | 2003-6-9 | 3250 | 1.30 | 12,675 |
| 13 |  |  |  |  |  |  |  |  |  |
| 14 |  |  |  |  |  |  |  |  |  |
| 15 | 姓名 | 籍贯 | 月工资 | 年终奖金 |  |  |  |  |  |
| 16 | 李勤 | 成都 |  |  |  |  |  |  |  |
| 17 | 白可燕 | 山东 |  |  |  |  |  |  |  |
| 18 | 师丽莉 | 杭州 |  |  |  |  |  |  |  |
| 19 | 孙丽星 | 成都 |  |  |  |  |  |  |  |

表 1

表 2

图 101-1　不连续多对多查询数据源

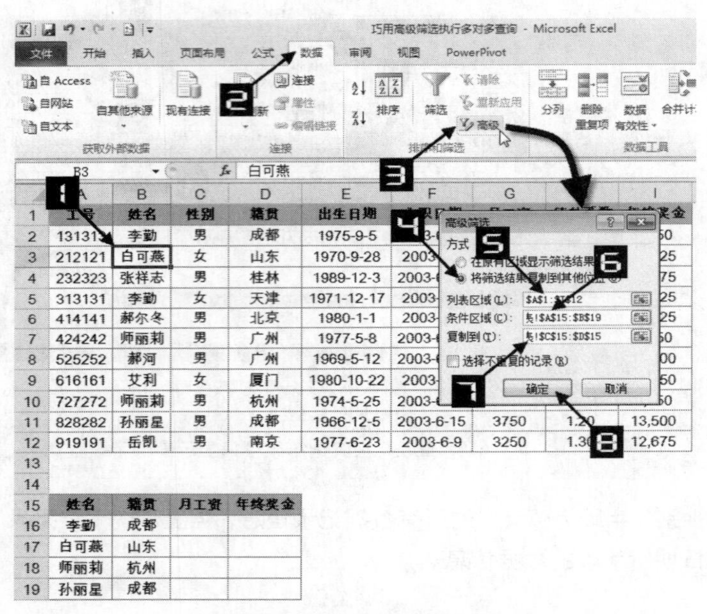


图 101-2　设置“高级筛选”

查询结果如图 101-3 所示。

| 15 | 姓名 | 籍贯 | 月工资 | 年终奖金 |
|---|---|---|---|---|
| 16 | 李勤 | 成都 | 3250 | 9,750 |
| 17 | 白可燕 | 山东 | 2750 | 10,725 |
| 18 | 师丽莉 | 杭州 | 2750 | 8,250 |
| 19 | 孙丽星 | 成都 | 3750 | 13,500 |

图 101-3　不连续多对多查询结果

使用“高级筛选”的方法进行不连续多对多查询时，要求条件区域的数值排列和查询的数据源次序一致，如“成都”的“李勤”在数据源中的顺序排列在“山东”的“白可燕”前面，在条件中也需要排在前面，否则会发生错位的结果。

# 技巧 102　筛选不重复值

重复值是用户在处理数据时经常遇到的问题，Excel 提供了多种方法来解决类似的问题。从 Excel 2007 开始，Excel 还特别提供了一种“删除重复项”的功能，有关该功能的详细介绍请参阅技巧 197.1。

事实上，使用“高级筛选”功能来得到数据列表中的不重复值也是一个非常好的选择。以图 102-1 所示的数据列表为例，如果希望将“原始数据”表中的不重复数据筛选出来并复制到“原始数据”工作表的$I$1:$O$1 单元格区域中，可以按下面的步骤操作。

| | A | B | C | D | E | F | G |
|---|---|---|---|---|---|---|---|
| 1 | 部门名称 | 姓名 | 考勤日期 | 星期 | 实出勤 | 加班小时 | 刷卡时间 |
| 2 | 一厂充绒 | 王海霞 | 2012-6-29 | 四 | 8 | 3 | 07:32,19:46 |
| 3 | 一厂充绒 | 王海霞 | 2012-6-29 | 四 | 8 | 3 | 07:32,19:46 |
| 4 | 一厂充绒 | 王焕军 | 2012-6-29 | 四 | 8 | 3 | 06:56,19:52 |
| 5 | 一厂充绒 | 王焕军 | 2012-6-29 | 四 | 8 | 3 | 06:56,19:52 |
| 6 | 一厂充绒 | 王焕军 | 2012-6-29 | 四 | 8 | 3 | 06:56,19:52 |
| 7 | 一厂充绒 | 王焕军 | 2012-6-29 | 四 | 8 | 3 | 06:56,19:52 |
| 8 | 一厂充绒 | 王利娜 | 2012-6-29 | 四 | 8 | 3 | 07:32,19:45 |
| 9 | 一厂充绒 | 王利娜 | 2012-6-29 | 四 | 8 | 3 | 07:32,19:45 |
| 10 | 一厂充绒 | 王利娜 | 2012-6-29 | 四 | 8 | 3 | 07:32,19:45 |
| 11 | 一厂充绒 | 王利娜 | 2012-6-29 | 四 | 8 | 3 | 07:32,19:45 |
| 12 | 一厂充绒 | 王瑞霞 | 2012-6-29 | 四 | 8 | 3 | 07:26,19:58 |
| 13 | 一厂充绒 | 王瑞霞 | 2012-6-29 | 四 | 8 | 3 | 07:26,19:58 |
| 14 | 一厂充绒 | 王瑞霞 | 2012-6-29 | 四 | 8 | 3 | 07:26,19:58 |
| 15 | 一厂充绒 | 王瑞霞 | 2012-6-29 | 四 | 8 | 3 | 07:26,19:58 |
| 16 | 一厂充绒 | 王闪闪 | 2012-6-29 | 四 | 8 | 3 | 07:47,19:47 |
| 17 | 一厂充绒 | 王闪闪 | 2012-6-29 | 四 | 8 | 3 | 07:47,19:47 |
| 18 | 一厂充绒 | 王淑香 | 2012-6-29 | 四 | 8 | 3 | 07:54,20:01 |
| 19 | 一厂充绒 | 王淑香 | 2012-6-29 | 四 | 8 | 3 | 07:54,20:01 |
| 20 | 一厂充绒 | 王淑香 | 2012-6-29 | 四 | 8 | 3 | 07:54,20:01 |

图 102-1　存在大量重复数据的数据列表

单击数据列表中的任意一个单元格（如 A6），在【数据】选项卡中单击【高级】按钮，弹出【高级筛选】对话框，如图 102-2 所示。

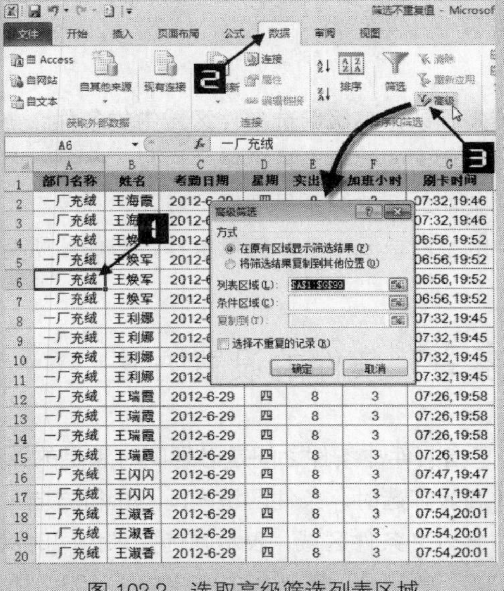


图 102-2　选取高级筛选列表区域

**Step 2** 单击【将筛选结果复制到其他位置】单选钮，在【复制到】编辑框中选取 I1 单元格，勾选【选择不重复的记录】复选框，单击【确定】按钮，得到筛选结果如图 102-3 所示。

高级筛选
方式
在原有区域显示筛选结果(F)
将筛选结果复制到其他位置(O)
列表区域(L): $A$1:$G$99
条件区域(C):
复制到(T): 原始数据!$I$1
选择不重复的记录(R)
确定 取消

| | H | I | J | K | L | M | N | O |
|---|---|---|---|---|---|---|---|---|
| 1 | | 部门名称 | 姓名 | 考勤日期 | 星期 | 实出勤 | 加班小时 | 刷卡时间 |
| 2 | | 一厂充绒 | 王海霞 | 2012-6-29 | 四 | 8 | 3 | 07:32,19:46 |
| 3 | | 一厂充绒 | 王焕军 | 2012-6-29 | 四 | 8 | 3 | 06:56,19:52 |
| 4 | | 一厂充绒 | 王利娜 | 2012-6-29 | 四 | 8 | 3 | 07:32,19:45 |
| 5 | | 一厂充绒 | 王瑞霞 | 2012-6-29 | 四 | 8 | 3 | 07:26,19:58 |
| 6 | | 一厂充绒 | 王闪闪 | 2012-6-29 | 四 | 8 | 3 | 07:47,19:47 |
| 7 | | 一厂充绒 | 王淑香 | 2012-6-29 | 四 | 8 | 3 | 07:54,20:01 |
| 8 | | 一厂充绒 | 王文丽 | 2012-6-29 | 四 | 8 | 3 | 07:45,19:46 |
| 9 | | 一厂充绒 | 吴传贤 | 2012-6-29 | 四 | 8 | 2.5 | 07:50,19:43 |
| 10 | | 一厂充绒 | 姚道侠 | 2012-6-29 | 四 | 8 | 3 | 07:48,19:51 |
| 11 | | 一厂充绒 | 于洪秀 | 2012-6-29 | 四 | 8 | 2 | 07:42,19:13 |
| 12 | | 一厂充绒 | 于维芝 | 2012-6-29 | 四 | 8 | 2.5 | 07:39,19:42 |
| 13 | | 一厂充绒 | 张改荣 | 2012-6-29 | 四 | 8 | 3 | 07:32,19:45 |
| 14 | | 一厂充绒 | 张红红 | 2012-6-29 | 四 | 8 | 2.5 | 07:44,19:40 |
| 15 | | 一厂充绒 | 张金环 | 2012-6-29 | 四 | 8 | 3 | 07:48,19:55 |
| 16 | | 一厂充绒 | 张淑英 | 2012-6-29 | 四 | 8 | 2.5 | 07:43,19:36 |
| 17 | | 一厂充绒 | 张向争 | 2012-6-29 | 四 | 8 | 2 | 07:45,19:15 |
| 18 | | 一厂充绒 | 张燕芬 | 2012-6-29 | 四 | 8 | 3 | 07:18,19:54 |
| 19 | | 一厂充绒 | 赵海利 | 2012-6-29 | 四 | 8 | 3 | 07:47,19:54 |
| 20 | | 一厂充绒 | 赵龙 | 2012-6-29 | 四 | 8 | 3 | 07:19,19:45 |

图 102-3 选择不重复的记录后的数据列表

# 技巧 103 设置多个筛选条件的相互关系

Excel 根据以下规则认定高级筛选条件区域中的条件：

- 同一行中的条件之间的关系是逻辑“与”；
- 不同行中的条件之间的关系是逻辑“或”；
- 条件区域中的空白单元格表示任意条件，即保留所有记录不做筛选。

## 103.1 “关系与”条件的设置方法

“关系与”条件是指条件与条件之间是必须同时满足的并列关系，即各条件之间是“并且”的关系。在使用 Excel 高级筛选时，条件区域内同一个行方向上的多个条件之间是“关系与”条件。例如图 103-1 所示的 B1:C2 条件区域，表示筛选要求为同时满足“性别”字段为“男”且“年终奖金”字段“大于 12000”的记录，筛选出的结果如图 103-2 所示。

| | A | B | C | D | E | F | G | H | I |
|---|---|---|---|---|---|---|---|---|---|
| 1 | | 性别 | 年终奖金 | | | | | | |
| 2 | | 男 | >12000 | | | | | | |
| 3 | | | | | | | | | |
| 4 | 工号 | 姓名 | 性别 | 籍贯 | 出生日期 | 入职日期 | 月工资 | 绩效系数 | 年终奖金 |
| 5 | 131313 | 李勤 | 男 | 成都 | 1975-9-5 | 2003-6-17 | 3250 | 1.00 | 9,750 |
| 6 | 212121 | 白可燕 | 女 | 山东 | 1970-9-28 | 2003-6-2 | 2750 | 1.30 | 10,725 |
| 7 | 232323 | 张祥志 | 男 | 桂林 | 1989-12-3 | 2003-6-18 | 3250 | 1.30 | 12,675 |
| 8 | 313131 | 朱丽叶 | 女 | 天津 | 1971-12-17 | 2003-6-3 | 3250 | 1.10 | 10,725 |
| 9 | 414141 | 郝尔冬 | 男 | 北京 | 1980-1-1 | 2003-6-4 | 3750 | 0.90 | 10,125 |
| 10 | 424242 | 师丽莉 | 男 | 广州 | 1977-5-8 | 2003-6-11 | 4750 | 0.60 | 8,550 |
| 11 | 525252 | 郝河 | 男 | 广州 | 1969-5-12 | 2003-6-12 | 3250 | 1.20 | 11,700 |
| 12 | 616161 | 艾利 | 女 | 厦门 | 1980-10-22 | 2003-6-6 | 4750 | 1.00 | 14,250 |
| 13 | 727272 | 赵睿 | 男 | 杭州 | 1974-5-25 | 2003-6-14 | 2750 | 1.00 | 8,250 |
| 14 | 828282 | 孙丽星 | 男 | 成都 | 1966-12-5 | 2003-6-15 | 3750 | 1.20 | 13,500 |
| 15 | 919191 | 岳凯 | 男 | 南京 | 1977-6-23 | 2003-6-9 | 3250 | 1.30 | 12,675 |

图 103-1 “关系与”条件设置方法

| | A | B | C | D | E | F | G | H | I |
|---|---|---|---|---|---|---|---|---|---|
| 1 | | 性别 | 年终奖金 | | | | | | |
| 2 | | 男 | >12000 | | | | | | |
| 3 | | | | | | | | | |
| 4 | 工号 | 姓名 | 性别 | 籍贯 | 出生日期 | 入职日期 | 月工资 | 绩效系数 | 年终奖金 |
| 5 | 131313 | 李勤 | 男 | 成都 | 1975-9-5 | 2003-6-17 | 3250 | 1.00 | 9,750 |
| 6 | 212121 | 白可燕 | 女 | 山东 | 1970-9-28 | 2003-6-2 | 2750 | 1.30 | 10,725 |
| 7 | 232323 | 张祥志 | 男 | 桂林 | 1989-12-3 | 2003-6-18 | 3250 | 1.30 | 12,675 |
| 8 | 313131 | 朱丽叶 | 女 | 天津 | 1971-12-17 | 2003-6-3 | 3250 | 1.10 | 10,725 |
| 9 | 414141 | 郝尔冬 | 男 | 北京 | 1980-1-1 | 2003-6-4 | 3750 | 0.90 | 10,125 |
| 10 | 424242 | 师丽莉 | 男 | 广州 | 1977-5-8 | 2003-6-11 | 4750 | 0.60 | 8,550 |
| 11 | 525252 | 郝河 | 男 | 广州 | 1969-5-12 | 2003-6-12 | 3250 | 1.20 | 11,700 |
| 12 | 616161 | 艾利 | 女 | 厦门 | 1980-10-22 | 2003-6-6 | 4750 | 1.00 | 14,250 |
| 13 | 727272 | 赵睿 | 男 | 杭州 | 1974-5-25 | 2003-6-14 | 2750 | 1.00 | 8,250 |
| 14 | 828282 | 孙丽星 | 男 | 成都 | 1966-12-5 | 2003-6-15 | 3750 | 1.20 | 13,500 |
| 15 | 919191 | 岳凯 | 男 | 南京 | 1977-6-23 | 2003-6-9 | 3250 | 1.30 | 12,675 |
| 16 | | | | | | | | | |
| 17 | 工号 | 姓名 | 性别 | 籍贯 | 出生日期 | 入职日期 | 月工资 | 绩效系数 | 年终奖金 |
| 18 | 232323 | 张祥志 | 男 | 桂林 | 1989-12-3 | 2003-6-18 | 3250 | 1.30 | 12,675 |
| 19 | 828282 | 孙丽星 | 男 | 成都 | 1966-12-5 | 2003-6-15 | 3750 | 1.20 | 13,500 |
| 20 | 919191 | 岳凯 | 男 | 南京 | 1977-6-23 | 2003-6-9 | 3250 | 1.30 | 12,675 |

图 103-2 多字段之间按“关系与”条件筛选的结果

**注意!** 在条件区域中各字段之间允许存在空列，但在【高级筛选】对话框的条件区域中进行引用时必须是连续的单元格区域，而不能引用非连续的多个区域。

## 103.2 “关系或”条件的设置方法

“关系或”条件是指条件与条件之间是只需满足其中任意条件即可的平行关系，即条件之间是“或”的关系。在使用 Excel 高级筛选时，不在同一行上的条件即为“关系或”条件。

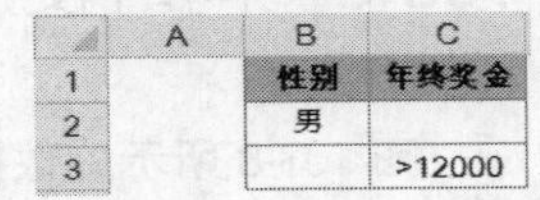

| | A | B | C |
|---|---|---|---|
| 1 | | 性别 | 年终奖金 |
| 2 | | 男 | |
| 3 | | | >12000 |

图 103-3 不同字段之间“关系或”条件设置

对于不同字段之间的“关系或”条件设置，可以将各字段条件错行排列，如图 103-3 所示，其中的条件区域表示筛选满足“性别”字段为“男”或“年终奖金”字段“大于 12000”的所有记录，筛选结果如图 103-4 所示。

对于同一字段内不同条件的“关系或”设置，可以将同一字段内的多个条件排列成多行，如图 103-5 所示。

| | A | B | C | D | E | F | G | H | I |
|---|---|---|---|---|---|---|---|---|---|
| 1 | | 性别 | 年终奖金 | | | | | | |
| 2 | | 男 | | | | | | | |
| 3 | | | >12000 | | | | | | |
| 4 | | | | | | | | | |
| 5 | 工号 | 姓名 | 性别 | 籍贯 | 出生日期 | 入职日期 | 月工资 | 绩效系数 | 年终奖金 |
| 6 | 131313 | 李勤 | 男 | 成都 | 1975-9-5 | 2003-6-17 | 3250 | 1.00 | 9,750 |
| 8 | 232323 | 张祥志 | 男 | 桂林 | 1989-12-3 | 2003-6-18 | 3250 | 1.30 | 12,675 |
| 10 | 414141 | 郝尔冬 | 男 | 北京 | 1980-1-1 | 2003-6-4 | 3750 | 0.90 | 10,125 |
| 11 | 424242 | 师丽莉 | 男 | 广州 | 1977-5-8 | 2003-6-11 | 4750 | 0.60 | 8,550 |
| 12 | 525252 | 郝河 | 男 | 广州 | 1969-5-12 | 2003-6-12 | 3250 | 1.20 | 11,700 |
| 13 | 616161 | 艾利 | 女 | 厦门 | 1980-10-22 | 2003-6-6 | 4750 | 1.00 | 14,250 |
| 14 | 727272 | 赵春 | 男 | 杭州 | 1974-5-25 | 2003-6-14 | 2750 | 1.00 | 8,250 |
| 15 | 828282 | 孙丽星 | 男 | 成都 | 1966-12-5 | 2003-6-15 | 3750 | 1.20 | 13,500 |
| 16 | 919191 | 岳凯 | 男 | 南京 | 1977-6-23 | 2003-6-9 | 3250 | 1.30 | 12,675 |

图 103-4　不同字段之间“关系或”条件筛选的结果

也可以将同一字段标题设置在不同列，使所对应的条件错行排列，如图 103-6 所示。两种设置方法均表示筛选“籍贯”字段为“天津”或“南京”的记录，其筛选结果如图 103-7 所示。

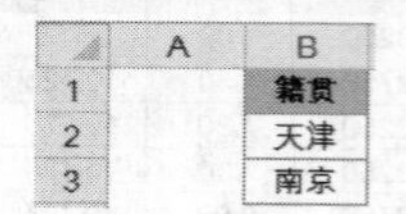

| | A | B |
|---|---|---|
| 1 | | 籍贯 |
| 2 | | 天津 |
| 3 | | 南京 |

图 103-5　同一字段“关系或”条件设置方法之一

| I | J |
|---|---|
| 籍贯 | 籍贯 |
| 天津 | |
| | 南京 |

图 103-6　同一字段“关系或”条件设置方法之二

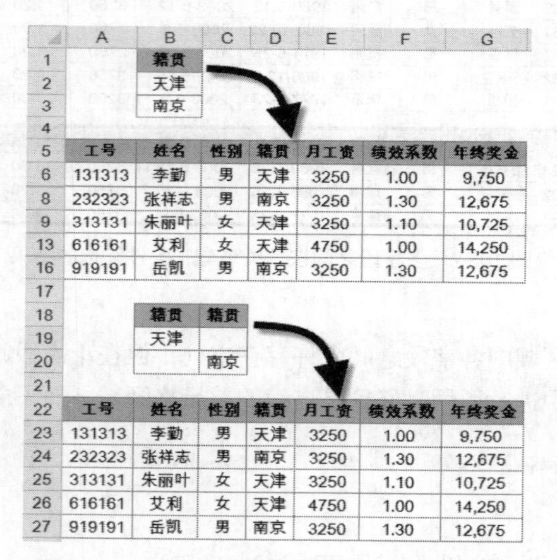

| | A | B | C | D | E | F | G |
|---|---|---|---|---|---|---|---|
| 1 | | 籍贯 | | | | | |
| 2 | | 天津 | | | | | |
| 3 | | 南京 | | | | | |
| 4 | | | | | | | |
| 5 | 工号 | 姓名 | 性别 | 籍贯 | 月工资 | 绩效系数 | 年终奖金 |
| 6 | 131313 | 李勤 | 男 | 天津 | 3250 | 1.00 | 9,750 |
| 8 | 232323 | 张祥志 | 男 | 南京 | 3250 | 1.30 | 12,675 |
| 9 | 313131 | 朱丽叶 | 女 | 天津 | 3250 | 1.10 | 10,725 |
| 13 | 616161 | 艾利 | 女 | 天津 | 4750 | 1.00 | 14,250 |
| 16 | 919191 | 岳凯 | 男 | 南京 | 3250 | 1.30 | 12,675 |
| 17 | | | | | | | |
| 18 | | 籍贯 | 籍贯 | | | | |
| 19 | | 天津 | | | | | |
| 20 | | | 南京 | | | | |
| 21 | | | | | | | |
| 22 | 工号 | 姓名 | 性别 | 籍贯 | 月工资 | 绩效系数 | 年终奖金 |
| 23 | 131313 | 李勤 | 男 | 天津 | 3250 | 1.00 | 9,750 |
| 24 | 232323 | 张祥志 | 男 | 南京 | 3250 | 1.30 | 12,675 |
| 25 | 313131 | 朱丽叶 | 女 | 天津 | 3250 | 1.10 | 10,725 |
| 26 | 616161 | 艾利 | 女 | 天津 | 4750 | 1.00 | 14,250 |
| 27 | 919191 | 岳凯 | 男 | 南京 | 3250 | 1.30 | 12,675 |

图 103-7　同一字段“关系或”条件筛选的结果

## 103.3　同时使用“关系与”和“关系或”条件

图 103-8 所示的数据列表包含一个多重条件关系的条件区域，它同时包含了“关系与”和“关系或”的条件，表示筛选“顾客”为“天津大宇”，“宠物垫”产品的“销售额总计”大于 500 的记录；或显示“顾客”为“北京福东”，“宠物垫”产品的“销售额总计”大于 100 的记录；或显示“顾客”为“上海嘉华”，“雨伞”产品的“销售额总计”小于 400 的记录；或显示“顾客”为“南京万通”的所有记录，筛选出来的结果如图 103-9 所示。

|  | A | B | C | D |
|---|---|---|---|---|
| 1 | 顾客 | 产品 | 销售额总计 |  |
| 2 | 天津大宇 | 宠物垫 | >500 |  |
| 3 | 北京福东 | 宠物垫 | >100 |  |
| 4 | 上海嘉华 | 雨伞 | <400 |  |
| 5 | 南京万通 |  |  |  |
| 6 |  |  |  |  |
| 7 | 日期 | 顾客 | 产品 | 销售额总计 |
| 8 | 2012-1-1 | 上海嘉华 | 衬衫 | 302 |
| 9 | 2012-1-3 | 天津大宇 | 香草枕头 | 293 |
| 10 | 2012-1-3 | 北京福东 | 宠物垫 | 150 |
| 11 | 2012-1-3 | 南京万通 | 宠物垫 | 530 |
| 12 | 2012-1-4 | 上海嘉华 | 睡袋 | 223 |
| 13 | 2012-1-11 | 南京万通 | 宠物垫 | 585 |
| 14 | 2012-1-18 | 天津大宇 | 宠物垫 | 876 |
| 15 | 2012-1-20 | 上海嘉华 | 睡袋 | 478 |
| 16 | 2012-1-20 | 上海嘉华 | 床罩 | 191 |
| 17 | 2012-1-21 | 上海嘉华 | 雨伞 | 684 |
| 18 | 2012-1-21 | 南京万通 | 宠物垫 | 747 |
| 19 | 2012-1-25 | 上海嘉华 | 睡袋 | 614 |
| 20 | 2012-1-25 | 天津大宇 | 雨伞 | 782 |

图 103-8　多重条件关系

|  | A | B | C | D |
|---|---|---|---|---|
| 1 | 顾客 | 产品 | 销售额总计 |  |
| 2 | 天津大宇 | 宠物垫 | >500 |  |
| 3 | 北京福东 | 宠物垫 | >100 |  |
| 4 | 上海嘉华 | 雨伞 | <400 |  |
| 5 | 南京万通 |  |  |  |
| 6 |  |  |  |  |
| 7 | 日期 | 顾客 | 产品 | 销售额总计 |
| 10 | 2012-1-3 | 北京福东 | 宠物垫 | 150 |
| 11 | 2012-1-3 | 南京万通 | 宠物垫 | 530 |
| 13 | 2012-1-11 | 南京万通 | 宠物垫 | 585 |
| 14 | 2012-1-18 | 天津大宇 | 宠物垫 | 876 |
| 18 | 2012-1-21 | 南京万通 | 宠物垫 | 747 |
| 22 | 2012-1-26 | 天津大宇 | 宠物垫 | 808 |
| 28 | 2012-2-17 | 上海嘉华 | 雨伞 | 380 |
| 30 | 2012-2-22 | 上海嘉华 | 雨伞 | 120 |
| 35 | 2012-3-4 | 天津大宇 | 宠物垫 | 533 |
| 36 | 2012-3-4 | 南京万通 | 雨伞 | 561 |

图 103-9　多重条件筛选的结果

## 技巧 104　空与非空条件设置的方法

当条件区域使用空白单元格作为条件时，表示任意数据内容均满足条件，即保留所有记录不做筛选，条件区域中的空白单元格并不表示筛选“空值”。图 104-1 所示的表格是一张包含空白单元格的数据列表。

|  | A | B | C | D | E | F | G | H | I |
|---|---|---|---|---|---|---|---|---|---|
| 1 |  | 出生日期 |  |  |  |  |  |  |  |
| 2 |  |  |  |  |  |  |  |  |  |
| 3 |  |  |  |  |  |  |  |  |  |
| 4 | 工号 | 姓名 | 性别 | 籍贯 | 出生日期 | 入职日期 | 月工资 | 绩效系数 | 年终奖金 |
| 5 | 131313 | 李勤 | 男 | 成都 |  | 2003-6-17 | 3250 | 1.00 | 9,750 |
| 6 | 212121 | 白可燕 | 女 |  | 1970-9-28 | 2003-6-2 | 2750 | 1.30 | 10,725 |
| 7 | 232323 | 张祥志 | 男 | 桂林 |  | 2003-6-18 | 3250 | 1.30 | 12,675 |
| 8 | 313131 | 朱丽叶 | 女 | 天津 | 1971-12-17 | 2003-6-3 | 3250 | 1.10 | 10,725 |
| 9 | 414141 | 郝尔冬 | 男 |  |  | 2003-6-4 | 3750 | 0.90 | 10,125 |
| 10 | 424242 | 师丽莉 | 男 | 广州 |  | 2003-6-11 | 4750 | 0.60 | 8,550 |
| 11 | 525252 | 郝河 | 男 |  | 1969-5-12 | 2003-6-12 | 3250 | 1.20 | 11,700 |
| 12 | 616161 | 艾利 | 女 | 厦门 | 1980-10-22 | 2003-6-6 | 4750 | 1.00 | 14,250 |
| 13 | 727272 | 赵睿 | 男 | 杭州 |  | 2003-6-14 | 2750 | 1.00 | 8,250 |
| 14 | 828282 | 孙丽星 | 男 |  | 1966-12-5 | 2003-6-15 | 3750 | 1.20 | 13,500 |
| 15 | 919191 | 岳凯 | 男 | 南京 | 1977-6-23 | 2003-6-9 | 3250 | 1.30 | 12,675 |

图 104-1　包含“空值”的数据列表

要将“籍贯”字段中为空白的记录筛选出来，可在条件区域的“籍贯”字段下方输入条件值为等于号“=”来表示筛选“空值”，如图 104-2 所示，筛选结果如图 104-3 所示。

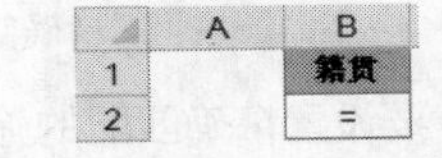

|  | A | B |
|---|---|---|
| 1 |  | 籍贯 |
| 2 |  | = |

图 104-2　设置“空值”条件

|  | A | B | C | D | E | F | G | H | I |
|---|---|---|---|---|---|---|---|---|---|
| 1 |  | 籍贯 |  |  |  |  |  |  |  |
| 2 |  | = |  |  |  |  |  |  |  |
| 3 |  |  |  |  |  |  |  |  |  |
| 4 | 工号 | 姓名 | 性别 | 籍贯 | 出生日期 | 入职日期 | 月工资 | 绩效系数 | 年终奖金 |
| 6 | 212121 | 白可燕 | 女 |  | 1970-9-28 | 2003-6-2 | 2750 | 1.30 | 10,725 |
| 9 | 414141 | 郝尔冬 | 男 |  |  | 2003-6-4 | 3750 | 0.90 | 10,125 |
| 11 | 525252 | 郝河 | 男 |  | 1969-5-12 | 2003-6-12 | 3250 | 1.20 | 11,700 |
| 14 | 828282 | 孙丽星 | 男 |  | 1966-12-5 | 2003-6-15 | 3750 | 1.20 | 13,500 |

图 104-3　筛选“空值”的结果

如果要筛选非空单元格，则可在条件中使用不等号“<>”表示筛选非空值，如图 104-4 所示，表示筛选“出生日期”字段中不为空白的记录，筛选结果如图 104-5 所示。

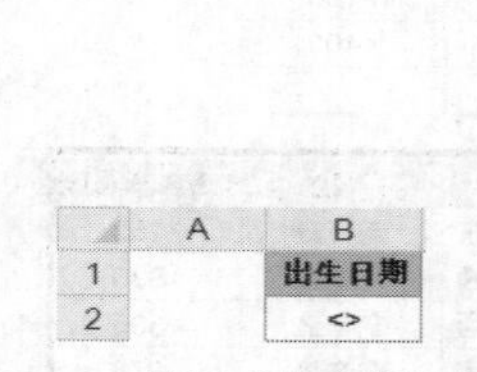

| | A | B |
|---|---|---|
| 1 | | 出生日期 |
| 2 | | <> |

图 104-4　设置“非空值”条件

| | A | B | C | D | E | F | G | H | I |
|---|---|---|---|---|---|---|---|---|---|
| 1 | | 出生日期 | | | | | | | |
| 2 | | <> | | | | | | | |
| 3 | | | | | | | | | |
| 4 | 工号 | 姓名 | 性别 | 籍贯 | 出生日期 | 入职日期 | 月工资 | 绩效系数 | 年终奖金 |
| 6 | 212121 | 白可燕 | 女 | | 1970-9-28 | 2003-6-2 | 2750 | 1.30 | 10,725 |
| 8 | 313131 | 朱丽叶 | 女 | 天津 | 1971-12-17 | 2003-6-3 | 3250 | 1.10 | 10,725 |
| 11 | 525252 | 郝河 | 男 | | 1969-5-12 | 2003-6-12 | 3250 | 1.20 | 11,700 |
| 12 | 616161 | 艾利 | 女 | 厦门 | 1980-10-22 | 2003-6-6 | 4750 | 1.00 | 14,250 |
| 14 | 828282 | 孙丽星 | 男 | | 1966-12-5 | 2003-6-15 | 3750 | 1.20 | 13,500 |
| 15 | 919191 | 岳凯 | 男 | 南京 | 1977-6-23 | 2003-6-9 | 3250 | 1.30 | 12,675 |

图 104-5　筛选“非空值”的结果

# 技巧 105　精确匹配的筛选条件

要在图 105-1 所示的数据列表中筛选“款式号”字段为“A00580807”的记录，如果直接在条件区域内的条件单元格内输入“A00580807”，并不能得到所希望的筛选结果。

这样设置条件进行“高级筛选”后的结果如图 105-2 所示，其中不仅包含“款式号”为“A00580807”的记录，也包含了“款式号”为“A00580807LL”、“A00580807RL”、“A00580807-A”和“A00580807-B”的记录，因此这种条件设置方法不能精确筛选完全匹配的记录。

| | A | B | C | D |
|---|---|---|---|---|
| 1 | 款式号 | | | |
| 2 | A00580807 | | | |
| 3 | | | | |
| 4 | 款式号 | 数量 | 金额 | 成本 |
| 5 | A0009761A00 | 4000 | 67,654.58 | 35,420.34 |
| 6 | A0009900A00 | 18 | 2,723.99 | 1,510.23 |
| 7 | A0058070700 | 500 | 133,138.34 | 231.27 |
| 8 | A00580807LL | 250 | 89,526.75 | 9,539.60 |
| 9 | A00580807RL | 250 | 82,733.18 | 72,112.11 |
| 10 | A00580807 | 250 | 122,947.98 | 109,106.87 |
| 11 | A00580807-A | 250 | 116,212.98 | 103,673.55 |
| 12 | A00580807-B | 60 | 13,797.97 | 12,736.52 |
| 13 | A00581207RL | 120 | 25,731.23 | 24,072.78 |
| 14 | A00581207SL | 84 | 16,673.76 | 15,195.48 |
| 15 | A00581307LL | 24 | 8,325.07 | 8,601.75 |
| 16 | A00581307RL | 108 | 34,682.76 | 35,738.66 |
| 17 | A00581307SL | 60 | 17,794.93 | 18,667.47 |
| 18 | A0058150700 | 72 | 12,492.95 | 11,098.92 |
| 19 | A0058150700 | 60 | 12,462.69 | 8,455.69 |
| 20 | A00581807SL | 24 | 4,125.18 | 4,392.10 |

图 105-1　“精确筛选”的数据列表

| | A | B | C | D |
|---|---|---|---|---|
| 1 | 款式号 | | | |
| 2 | A00580807 | | | |
| 3 | | | | |
| 4 | 款式号 | 数量 | 金额 | 成本 |
| 8 | A00580807LL | 250 | 89,526.75 | 9,539.60 |
| 9 | A00580807RL | 250 | 82,733.18 | 72,112.11 |
| 10 | A00580807 | 250 | 122,947.98 | 109,106.87 |
| 11 | A00580807-A | 250 | 116,212.98 | 103,673.55 |
| 12 | A00580807-B | 60 | 13,797.97 | 12,736.52 |
| 21 | A00580807 | 24 | 4,123.38 | 2,834.83 |
| 25 | A00580807 | 60 | 14,105.09 | 14,148.04 |
| 32 | A00580807 | 60 | 16,365.47 | 16,552.33 |

图 105-2　错误的筛选结果

要设置精确匹配的筛选条件，可在条件值前面加上单引号和等号“'=”，如“'= A00580807”，或输入“="=A00580807"”，或把单元格设置为文本格式，再输入“=A00580807”。筛选结果如图 105-3 所示。

| | A | B | C | D |
|---|---|---|---|---|
| 1 | 款式号 | | | |
| 2 | =A00580807 | | | |
| 3 | | | | |
| 4 | 款式号 | 数量 | 金额 | 成本 |
| 10 | A00580807 | 250 | 122,947.98 | 109,106.87 |
| 21 | A00580807 | 24 | 4,123.38 | 2,834.83 |
| 25 | A00580807 | 60 | 14,105.09 | 14,148.04 |
| 32 | A00580807 | 60 | 16,365.47 | 16,552.33 |

图 105-3　正确设置后的筛选结果

## 技巧 106　“高级筛选”中通配符的运用

在“高级筛选”中对文本型数据字段设置筛选条件时，可以使用通配符来设置模糊的匹配条件，通配符包括星号“*”和问号“?”，其含义如下：

- 星号“*”可以代替任意多的任意字符。
- 问号“?”代表单个任意字符。
- 引用星号“*”或问号“?”符号本身作为筛选条件时，需要在星号或问号前面加波形符“~”前导。

更多的例子可以参照表 106。

**表 106　文本条件的实例**

| 条件设置 | 筛选效果 |
| --- | --- |
| ="=天津" | 文本中只等于“天津”字符的所有记录 |
| 天 | 以“天”开头的所有文本的记录 |
| <>D* | 不包含字符 D 开头的任何文本的记录 |
| >=M | 包含以 M 至 Z 字符开头的文本的记录 |
| *天* | 文本中包含“天”字的记录 |
| Ch* | 包含以 Ch 开头的文本的记录 |
| C*e | 以 C 开头并包含 e 的文本记录 |
| "=C*e" | 包含以 C 开头并以 e 结尾的文本记录 |
| C?e | 第一个字符是 C，第三个字符是 e 的文本记录 |
| "=C?e" | 长度为 3，并以字符 C 开头、以字符 e 结尾的文本记录 |
| <>*f | 不包含以字符 f 结尾的文本的记录 |
| ??? | 大于或等于 3 个字符的记录 |
| "=???" | 长度为 3 个字符的记录 |
| <>???? | 不包含 4 个字符的记录 |
| <>*w* | 不包含字符 w 的记录 |
| ~? | 以?号开头的文本记录 |
| *~?* | 包含?号的文本记录 |
| ~* | 以*号开头的文本记录 |
| = | 记录为空 |
| <> | 任何非空记录 |

表 106 包含双引号的条件（如“=天津”），表示在单元格内输入时必须把单元格设置为文本格式，或在“=”号前加上单引号强制单元格数据以文本显示。

## 技巧 107　使用公式自定义筛选条件

高级筛选条件区域中还允许使用公式来自定义筛选条件，这将大大完善“高级筛选”的功能，扩展“高级筛选”的适用范围。

图 107-1 所示表格是一张学生成绩表，要筛选出科目平均成绩及格的学生清单，除了增加辅助列计算科目平均分再进行筛选以外，还可以通过使用公式方式的自定义筛选条件来直接筛选得出结果。

设置筛选条件区域时，需要将第一行的条件标题行留空或输入字段标题以外的内容，然后在第二行内输入条件公式：

```
=AVERAGE(语文,数学)>=60
```

设置效果及筛选结果如图 107-2 所示。

| | A | B | C | D |
|---|---|---|---|---|
| 1 | 学号 | 姓名 | 语文 | 数学 |
| 2 | 05820700 | 王红 | 65 | 82 |
| 3 | 05820701 | 王晓娟 | 77 | 69 |
| 4 | 05820702 | 文兰玉 | 47 | 62 |
| 5 | 05820703 | 冯剑 | 82 | 77 |
| 6 | 05820704 | 冯少梅 | 57 | 55 |
| 7 | 05820705 | 卢涛 | 88 | 78 |
| 8 | 05820706 | 邝冬明 | 90 | 61 |
| 9 | 05820707 | 刘丽梅 | 88 | 85 |
| 10 | 05820709 | 朱美玲 | 65 | 48 |
| 11 | 05820710 | 朱艳玲 | 77 | 67 |

图 107-1 学生成绩表

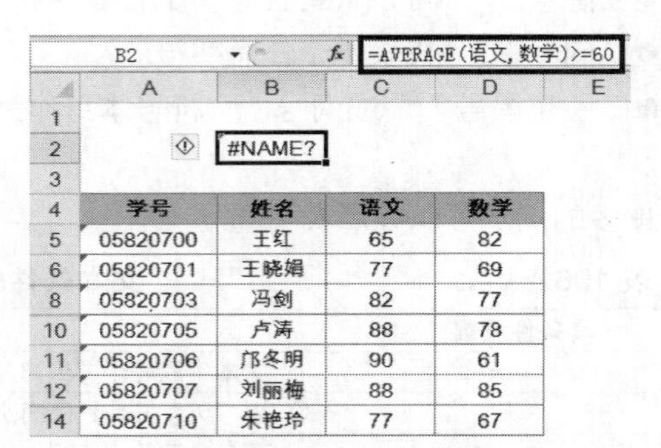
B2 =AVERAGE(语文,数学)>=60

| | A | B | C | D | E |
|---|---|---|---|---|---|
| 1 | | | | | |
| 2 | | #NAME? | | | |
| 3 | | | | | |
| 4 | 学号 | 姓名 | 语文 | 数学 | |
| 5 | 05820700 | 王红 | 65 | 82 | |
| 6 | 05820701 | 王晓娟 | 77 | 69 | |
| 8 | 05820703 | 冯剑 | 82 | 77 | |
| 10 | 05820705 | 卢涛 | 88 | 78 | |
| 11 | 05820706 | 邝冬明 | 90 | 61 | |
| 12 | 05820707 | 刘丽梅 | 88 | 85 | |
| 14 | 05820710 | 朱艳玲 | 77 | 67 | |

图 107-2 直接使用字段名的筛选结果

条件公式中需要对数据列表中的字段进行引用时，可以直接引用字段标题，如上面公式中的“语文”和“数学”，也可以引用字段名称下方第 1 条记录的单元格地址，如下面这个公式中的 C5 和 D5 单元格：

```
=AVERAGE(C5,D5)>=60
```

设置这个条件公式的效果及其筛选结果也如图 107-2 所示，这两种条件公式的筛选结果是完全相同的。

（1）作为筛选条件的公式通常都是返回逻辑值的公式。当逻辑值为 True 时，即满足筛选条件。

（2）使用公式作为筛选条件，所对应的条件区域的首行不要使用字段名称，可以输入其他内容，或直接将此单元格设置为空白单元格。

（3）在条件公式中对数据列表中的字段进行引用时，可以直接使用字段标题，如图 107-2 所示。也可以引用数据列表字段标题下方第 1 条记录的所在单元格，但必须使用相对引用方式。

（4）如果条件公式中使用到除了字段以外的其他区域引用，这一引用必须使用绝对引用方式而不能是相对引用方式。

（5）条件公式的作用只是为了指明字段中的筛选条件，它的引用方式不同于真正函数公式的引用方式，因此其计算结果没有实际意义，即使返回错误值也不影响筛选结果。

（6）条件公式中需要对整个字段的数据区域进行引用时，不能直接使用字段标题，而是需要使用绝对引用方式的单元格地址。

例如：要筛选语文得分在语文平均分之上的记录，不能使用公式“=C5>AVERAGE(语文)”作为筛选条件，而应使用“=C5>AVERAGE($C$5:$C$14)”或“=语文>AVERAGE($C$5:$C$14)”，也可以将 C5:C14 单元格区域定义为名称“aa”后，再使用公式“=C5>AVERAGE(aa)”。

## 技巧 108　复杂条件下的“高级筛选”

复杂条件是指包含多种逻辑关系和条件的筛选条件，在许多实际的数据处理需求中，选取所需数据的条件都相对比较复杂，如何在复杂条件下运用好“高级筛选”功能是体现“高级筛选”的高效性和价值的关键。

图 108-1 所示表格是一张学生成绩表，需要将满足以下任意一个条件的数据记录都筛选出来。

- “姓名”字段中包含括号；
- 姓名为 3 个汉字且语文成绩大于等于 100；
- 英语成绩大于 90，且物理成绩大于全部学生物理的平均成绩。

这一复杂条件下的数据筛选操作步骤如下。

|  | A | B | C | D | E | F | G |
|---|---|---|---|---|---|---|---|
| 1 | 姓名 | 语文 | 数学 | 英语 | 物理 | 化学 | 政治 |
| 2 | 文兰玉 | 106 | 120 | 110 | 78 | 72 | 66 |
| 3 | 卢涛 | 107 | 123 | 100 | 73 | 77 | 69 |
| 4 | 邝冬明 | 106 | 115 | 111 | 84 | 55 | 72 |
| 5 | 冯少梅 | 105 | 116 | 113 | 80 | 64 | 80 |
| 6 | 冯剑 | 110 | 125 | 91 | 94 | 68 | 77 |
| 7 | 朱美玲 | 118 | 101 | 114 | 63 | 64 | 79 |
| 8 | 朱艳玲 | 116 | 96 | 85 | 72 | 66 | 79 |
| 9 | 刘梅 | 93 | 114 | 123 | 76 | 68 | 67 |
| 10 | 许红(01) | 95 | 105 | 104 | 86 | 62 | 65 |
| 11 | 苏艳伟(02) | 95 | 104 | 118 | 74 | 75 | 51 |
| 12 | 李金 | 100 | 100 | 123 | 79 | 72 | 51 |
| 13 | 李国萍 | 112 | 90 | 125 | 67 | 60 | 65 |
| 14 | 李艳 | 96 | 94 | 86 | 82 | 83 | 78 |
| 15 | 李菊明 | 106 | 96 | 101 | 77 | 62 | 69 |
| 16 | 杨焕 | 73 | 146 | 60 | 92 | 68 | 62 |
| 17 | 杨燕 | 100 | 102 | 90 | 80 | 76 | 68 |
| 18 | 吴冰 | 106 | 101 | 110 | 62 | 65 | 65 |
| 19 | 张秀兰 | 108 | 128 | 51 | 84 | 76 | 60 |
| 20 | 张秀丽 | 114 | 100 | 100 | 38 | 55 | 65 |

图 108-1　学生成绩表

**Step 1**　在 I1:M4 单元格区域设置筛选条件，将 I1 单元格留空，在 I2 单元格中输入公式“=FIND("(",A2)”，表示筛选 A2 所在字段即“姓名”中包含括号的记录。

**Step 2**　J1 单元格内设置标题为“姓名”，J3 单元格内输入“'=???”；K1 单元格内设置标题为“语文”，K3 单元格中输入“>=100”，表示筛选“姓名”字段为 3 个字符且“语文”字段大于或等于 100 的记录。

**Step 3**　L1 单元格内设置标题为“英语”，L4 单元格内输入“>90”；M1 单元格内设置标题为“物理条件”，M4 单元格内输入公式“=E2>AVERAGE($E$2:$E$21)”，表示筛选“英语”字段大于 90 且“物理”字段数值大于物理字段所有数据平均值的记录。条件区域设置如图 108-2 所示。

I2　=FIND("(",A2)

|  | H | I | J | K | L | M |
|---|---|---|---|---|---|---|
| 1 |  |  | 姓名 | 语文 | 英语 | 物理条件 |
| 2 |  | #VALUE! |  |  |  |  |
| 3 |  |  | =??? | >=100 |  |  |
| 4 |  |  |  |  | >90 | TRUE |

图 108-2　设置复杂筛选条件

3 个步骤中的条件设置分为 3 行，每行之间是“关系或”的条件关系，而同一行中各列之间是“关系与”的条件关系。

**Step 4** 单击数据列表中的任意一个单元格（如 A6），在【数据】选项卡中单击【高级】按钮，弹出【高级筛选】对话框，单击【将筛选结果复制到其他位置】单选钮，在【条件区域】编辑框内选取 I1:M4 单元格区域，在【复制到】编辑框中选取 I6 单元格，最后单击【确定】按钮，关闭【高级筛选】对话框，筛选结果如图 108-3 所示。

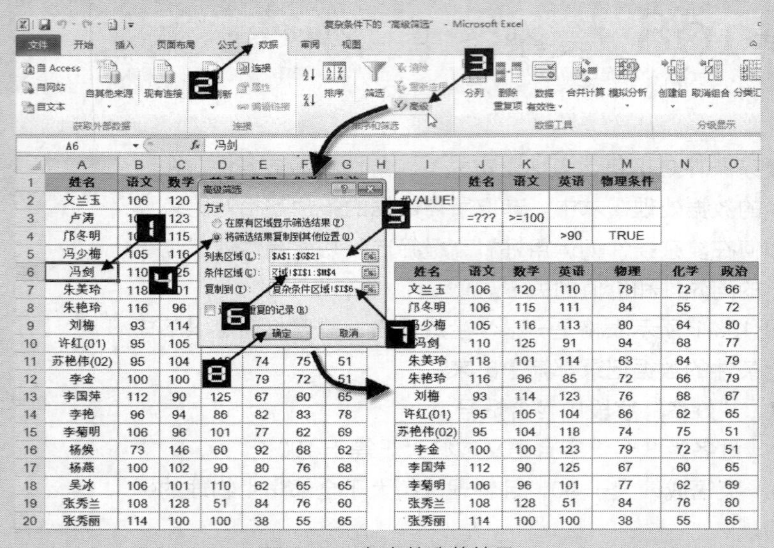


图 108-3　复杂筛选的结果

## 技巧 109　运用“高级筛选”拆分数据列表

图 109-1 所示的“表 1”是一张包含了“表 2”数据的数据列表，“表 2”是“表 1”的子集（每个订单 ID 都只有一条记录），现在要将“表 1”中不包含于“表 2”的数据拆分出来，借助“高级筛选”功能，操作方法如下。

表1

| 订单ID | 商品 | 单位 | 订单数量 |
|---|---|---|---|
| QX101 | 色带 | 台 | 51 |
| QX102 | 打印机 | 台 | 51 |
| QX103 | 指纹机 | 台 | 49 |
| QX104 | ID感应考勤机 | 台 | 33 |
| QX105 | 过塑机 | 台 | 82 |
| QX106 | 点钞机 | 台 | 22 |
| QX107 | 碎纸机 | 台 | 25 |
| QX108 | 碎纸机 | 台 | 36 |
| QX109 | 收款机 | 台 | 23 |
| QX110 | 色带 | 个 | 91 |
| QX111 | 色带 | 台 | 3 |
| QX112 | 收款机 | 台 | 72 |
| QX113 | 传真机 | 台 | 66 |
| QX114 | 打卡钟 | 台 | 66 |
| QX115 | 收款机 | 台 | 34 |
| QX116 | ID感应考勤机 | 台 | 91 |
| QX117 | ID感应考勤机 | 台 | 91 |
| QX118 | 色带 | 台 | 61 |
| QX119 | 传真机 | 台 | 23 |

表2

| 订单ID | 商品 | 单位 | 订单数量 |
|---|---|---|---|
| QX101 | 色带 | 台 | 51 |
| QX104 | ID感应考勤机 | 台 | 33 |
| QX106 | 点钞机 | 台 | 22 |
| QX108 | 碎纸机 | 台 | 36 |
| QX109 | 收款机 | 台 | 23 |
| QX111 | 色带 | 台 | 3 |
| QX113 | 传真机 | 台 | 66 |
| QX115 | 收款机 | 台 | 34 |
| QX116 | ID感应考勤机 | 台 | 91 |
| QX119 | 传真机 | 台 | 23 |

图 109-1　待拆分的数据列表

**Step 1**　在 A24 单元格内输入“筛选条件”，在 A25 单元格内输入筛选条件公式：

```
=ISNA(MATCH(A3,$F$3:$F$12,0))
```

**Step 2**　单击“表 1”中的任意一个单元格（如 A6），在【数据】选项卡中单击【高级】按钮，弹出【高级筛选】对话框，单击【将筛选结果复制到其他位置】单选按钮，在【条件区域】编辑框内选取 A2:D21 单元格区域，在【复制到】编辑框中选取 A27 单元格，最后单击【确定】按钮，关闭【高级筛选】对话框，如图 109-2 所示。

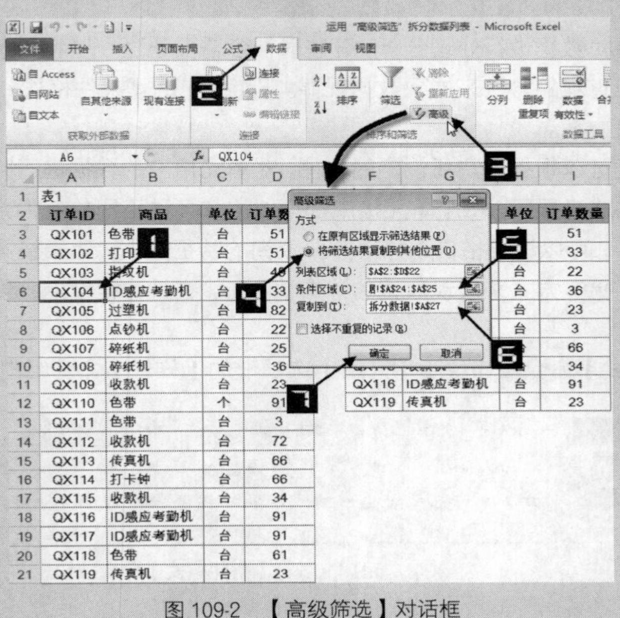


图 109-2　【高级筛选】对话框

这样就得到了筛选结果，实现了数据列表拆分的目的，如图 109-3 所示。

A25　=ISNA(MATCH(A3,$F$3:$F$12,0))

| | A | B | C | D |
|---|---|---|---|---|
| 24 | 筛选条件 | | | |
| 25 | FALSE | | | |
| 26 | | | | |
| 27 | 订单ID | 商品 | 单位 | 订单数量 |
| 28 | QX102 | 打印机 | 台 | 51 |
| 29 | QX103 | 指纹机 | 台 | 49 |
| 30 | QX105 | 过塑机 | 台 | 82 |
| 31 | QX107 | 碎纸机 | 台 | 25 |
| 32 | QX110 | 色带 | 个 | 91 |
| 33 | QX112 | 收款机 | 台 | 72 |
| 34 | QX114 | 打卡钟 | 台 | 66 |
| 35 | QX117 | ID感应考勤机 | 台 | 91 |
| 36 | QX118 | 色带 | 台 | 61 |
| 37 | QX120 | 碎纸机 | 台 | 31 |

图 109-3　拆分后的“结果表”

**公式思路解析：**

```
=ISNA(MATCH(A3,$F$3:$F$12,0))
```

该公式通过 MATCH 函数，在“表 2”的“订单 ID”中查找“表 1”中的“订单 ID”，如果“表 1”的“订单 ID”包含在“表 2”当中，则返回数值，如果没有找到则返回错误值。

然后利用 ISNA 函数返回 MATCH 函数计算结果中的错误值，“FALSE”表示此编码不包含在“表 2”之中。

# 第 9 章　使用条件格式标识数据

## 技巧 110　什么是条件格式

在表格中对数据进行处理分析，有些时候会需要通过一些特征条件来找到特定的数据，还有些时候希望用更直观的方法来展现数据规律。Excel 中的“条件格式”功能就为这两类需求提供了一个很好的解决方案。

条件格式可以根据用户所设定的条件，对单元格中的数据进行判别，符合条件的单元格可以用特殊定义的格式来显示。每个单元格中都可以添加多种不同的条件判断和相应的显示格式，通过这些规则的组合，可以让表格自动标识需要查询的特征数据，让表格具备智能定时提醒的功能，并能通过颜色和图标等方式来展现数据的分布情况等。在某种程度上，通过条件格式可以实现数据的可视化。

【条件格式】命令按钮位于【开始】选项卡的【样式】命令组中，如图 110-1 所示。

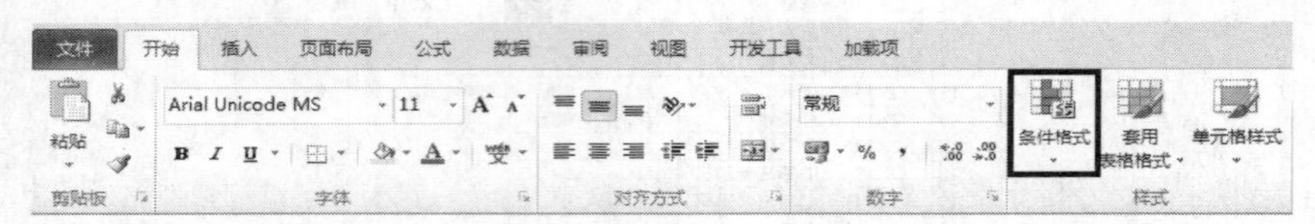


图 110-1　【条件格式】命令按钮

以图 110-2 所示的某公司产品销售记录表为例，如果希望找到“产品型号”字段中包含“EF30mmUSM”的记录，并且标识出来，可以参考以下操作方法。

| | A | B | C | D |
|---|---|---|---|---|
| 1 | 销售日期 | 产品型号 | 销售人员 | 销售数量 |
| 2 | 2012/7/1 | EF30mmUSM-US | 王双 | 106 |
| 3 | 2012/7/9 | EF30mmUSM-IS | 廉欢 | 35 |
| 4 | 2012/7/11 | EF70mmAPC | 廉欢 | 137 |
| 5 | 2012/7/20 | EF70mmAPC | 王双 | 34 |
| 6 | 2012/7/20 | EF30mmUSM | 李新 | 118 |
| 7 | 2012/7/30 | EF70MMAPC | 王双 | 69 |
| 8 | 2012/8/3 | EF30mmUSM | 王志为 | 67 |
| 9 | 2012/8/3 | EF30mmUSM-IS | 凌勇刚 | 61 |
| 10 | 2012/8/16 | EF30mmUSM-IS | 廉欢 | 193 |
| 11 | 2012/8/22 | EF30mmUSM | 丁涛 | 59 |
| 12 | 2012/8/30 | EF30mmUSM-IS | 凌勇刚 | 69 |
| 13 | 2012/9/9 | EF70MMAPC | 廉欢 | 215 |
| 14 | 2012/9/14 | EF30mmUSM | 王双 | 50 |
| 15 | 2012/9/19 | EF18mmUDP | 丁涛 | 99 |
| 16 | 2012/9/29 | EF30mmUSM-IS | 徐晓明 | 107 |
| 17 | 2012/10/2 | EF30mmUSM-IS | 廉欢 | 165 |

图 110-2　产品销售记录表

**Step 1**　在表格中选定 B2:B17 单元格区域，在【开始】选项卡中依次单击【条件格式】→【突出显示单元格规则】→【文本包含】，打开【文本中包含】对话框。

**Step 2** 在【文本包含】对话框的左侧编辑栏中输入需要查找的文本关键词“EF30mmUSM”，然后在右侧下拉列表中选择或设置所需的格式，例如“浅红填充色深红色文本”，最后单击【确定】按钮即可完成设置，操作过程如图 110-3 所示。

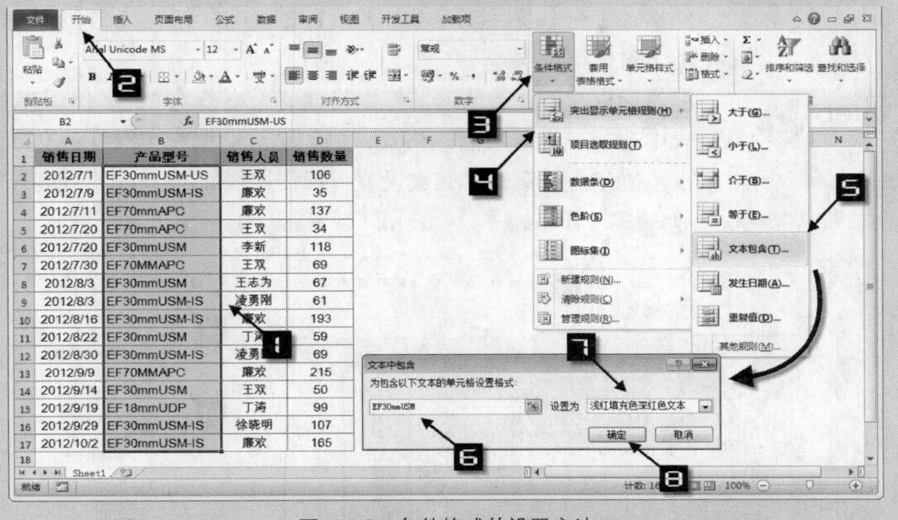


图 110-3　条件格式的设置方法

完成后的效果如图 110-4 所示，其中 B 列当中包含“EF30mmUSM”的几条记录都被以特殊的颜色格式标识出来，让结果一目了然。

| | A | B | C | D |
|---|---|---|---|---|
| 1 | 销售日期 | 产品型号 | 销售人员 | 销售数量 |
| 2 | 2012/7/1 | EF30mmUSM-US | 王双 | 106 |
| 3 | 2012/7/9 | EF30mmUSM-IS | 廉欢 | 35 |
| 4 | 2012/7/11 | EF70mmAPC | 廉欢 | 137 |
| 5 | 2012/7/20 | EF70mmAPC | 王双 | 34 |
| 6 | 2012/7/20 | EF30mmUSM | 李新 | 118 |
| 7 | 2012/7/30 | EF70MMAPC | 王双 | 69 |
| 8 | 2012/8/3 | EF30mmUSM | 王志为 | 67 |
| 9 | 2012/8/3 | EF30mmUSM-IS | 凌勇刚 | 61 |
| 10 | 2012/8/16 | EF30mmUSM-IS | 廉欢 | 193 |
| 11 | 2012/8/22 | EF30mmUSM | 丁涛 | 59 |
| 12 | 2012/8/30 | EF30mmUSM-IS | 凌勇刚 | 69 |
| 13 | 2012/9/9 | EF70MMAPC | 廉欢 | 215 |
| 14 | 2012/9/14 | EF30mmUSM | 王双 | 50 |
| 15 | 2012/9/19 | EF18mmUDP | 丁涛 | 99 |
| 16 | 2012/9/29 | EF30mmUSM-IS | 徐晓明 | 107 |
| 17 | 2012/10/2 | EF30mmUSM-IS | 廉欢 | 165 |

图 110-4　标识出符合条件的数据

## 技巧 111　根据数值的大小标识特定范围

针对不同的数据类型，适用的条件格式内置规则也会有所不同。对于文本型数据，通常可用的条件规则为“文本包含”，而对于数值型数据，内置的条件规则除了“大于”、“小于”、“介于”等，还包括“值最大/小的 10 项”、“值最大/小的 10%项”、“高/低于平均值”等条件，可以非常方便地使用这些规则来设计显示方案。

仍以图 110-2 所示的产品销售记录表为例，如果希望标识出其中“销售数量”前 3 名的记录，可以这样操作：

**Step 1** 选定表格中的 D2:D17 单元格区域，在【开始】选项卡中依次单击【条件格式】→【项目选取规则】→【值最大的 10 项】，打开【10 个最大的项】对话框。

**Step 2** 在对话框左侧的数值调节框中将数值大小设为“3”，然后在右侧下拉列表中选择或设置所需的格式，例如“浅红填充色深红色文本”，最后单击【确定】按钮即可完成设置，操作过程如图 111-1 所示。

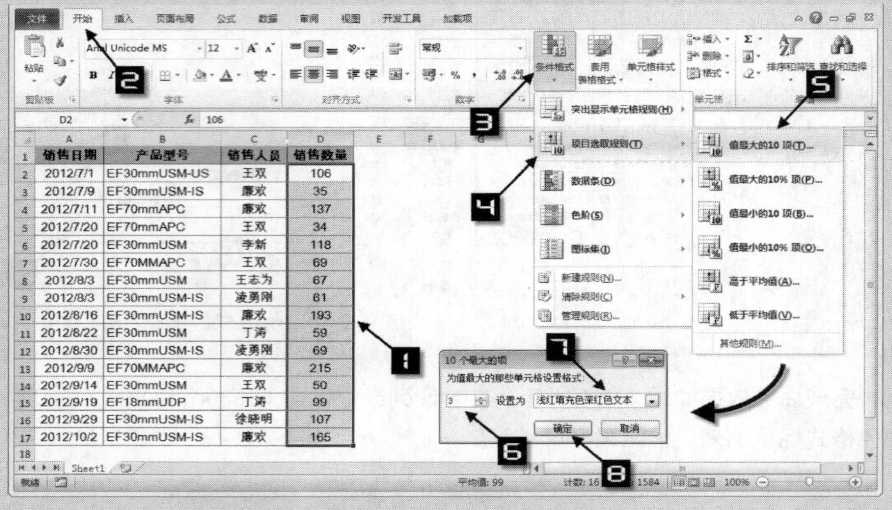


图 111-1　值最大的 n 项

完成以后的效果如图 111-2 所示。

| | A | B | C | D |
|---|---|---|---|---|
| 1 | 销售日期 | 产品型号 | 销售人员 | 销售数量 |
| 2 | 2012/7/1 | EF30mmUSM-US | 王双 | 106 |
| 3 | 2012/7/9 | EF30mmUSM-IS | 廉欢 | 35 |
| 4 | 2012/7/11 | EF70mmAPC | 廉欢 | 137 |
| 5 | 2012/7/20 | EF70mmAPC | 王双 | 34 |
| 6 | 2012/7/20 | EF30mmUSM | 李新 | 118 |
| 7 | 2012/7/30 | EF70MMAPC | 王双 | 69 |
| 8 | 2012/8/3 | EF30mmUSM | 王志为 | 67 |
| 9 | 2012/8/3 | EF30mmUSM-IS | 凌勇刚 | 61 |
| 10 | 2012/8/16 | EF30mmUSM-IS | 廉欢 | 193 |
| 11 | 2012/8/22 | EF30mmUSM | 丁涛 | 59 |
| 12 | 2012/8/30 | EF30mmUSM-IS | 凌勇刚 | 69 |
| 13 | 2012/9/9 | EF70MMAPC | 廉欢 | 215 |
| 14 | 2012/9/14 | EF30mmUSM | 王双 | 50 |
| 15 | 2012/9/19 | EF18mmUDP | 丁涛 | 99 |
| 16 | 2012/9/29 | EF30mmUSM-IS | 徐晓明 | 107 |
| 17 | 2012/10/2 | EF30mmUSM-IS | 廉欢 | 165 |

图 111-2　标识出值最大的 3 项

与此类似，如果希望标识出“销售数量”前 50%的数据记录，可以在选定 D2:D17 单元格区域的前提下，在【条件格式】菜单中依次选取【项目选取规则】→【值最大的 10%项】，然后在出现的对话框中将左侧数值设置为“50”即可，如图 111-3 所示。

设置完成后的结果如图 111-4 所示。

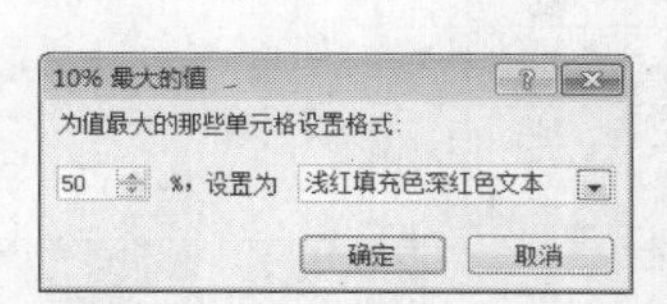


图 111-3　值最大的 50%项

| | A | B | C | D |
|---|---|---|---|---|
| 1 | 销售日期 | 产品型号 | 销售人员 | 销售数量 |
| 2 | 2012/7/1 | EF30mmUSM-US | 王双 | 106 |
| 3 | 2012/7/9 | EF30mmUSM-IS | 廉欢 | 35 |
| 4 | 2012/7/11 | EF70mmAPC | 廉欢 | 137 |
| 5 | 2012/7/20 | EF70mmAPC | 王双 | 34 |
| 6 | 2012/7/20 | EF30mmUSM | 李新 | 118 |
| 7 | 2012/7/30 | EF70MMAPC | 王双 | 69 |
| 8 | 2012/8/3 | EF30mmUSM | 王志为 | 67 |
| 9 | 2012/8/3 | EF30mmUSM-IS | 凌勇刚 | 61 |
| 10 | 2012/8/16 | EF30mmUSM-IS | 廉欢 | 193 |
| 11 | 2012/8/22 | EF30mmUSM | 丁涛 | 59 |
| 12 | 2012/8/30 | EF30mmUSM-IS | 凌勇刚 | 69 |
| 13 | 2012/9/9 | EF70MMAPC | 廉欢 | 215 |
| 14 | 2012/9/14 | EF30mmUSM | 王双 | 50 |
| 15 | 2012/9/19 | EF18mmUDP | 丁涛 | 99 |
| 16 | 2012/9/29 | EF30mmUSM-IS | 徐晓明 | 107 |
| 17 | 2012/10/2 | EF30mmUSM-IS | 廉欢 | 165 |

图 111-4　标识出值最大的前 50%的数据项

“最大的 50%”的数据项并不等价于“高于平均值”的数据项。

## 技巧 112　标识重复值

Excel 2007 以上版本中为重复值的查询处理提供了很多方便的工具，使用“条件格式”功能也可以很方便地标识出数据组当中的重复项。

仍以图 110-2 所示的销售记录表为例，如果希望标识出其中“销售人员”中重复出现的人员姓名，可以这样操作。

**Step 1**　选定表格中的 C2:C17 单元格区域，在【开始】选项卡中依次单击【条件格式】→【突出显示单元格规则】→【重复值】，打开【重复值】对话框。

**Step 2**　在【重复值】对话框左侧的下拉列表中选择“重复”选项，然后在右侧下拉列表中选择或设置所需的格式，例如“浅红填充色深红色文本”，最后单击【确定】按钮即可完成设置，操作过程如图 112-1 所示。

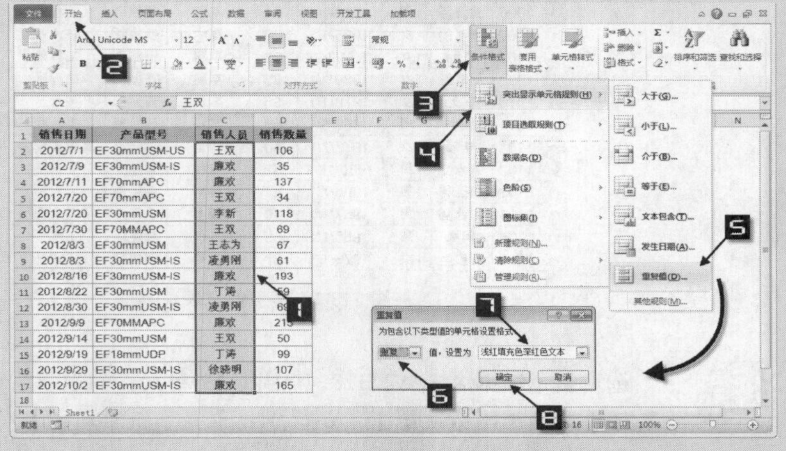


图 112-1　标识重复值

完成设置后的效果如图 112-2 所示。

如果希望标识出其中只出现一次的姓名，可以在图 112-1 所示的【重复值】对话框的左侧下拉列表中选择“唯一”选项，就得到如图 112-3 所示的结果。

| | A | B | C | D |
|---|---|---|---|---|
| 1 | 销售日期 | 产品型号 | 销售人员 | 销售数量 |
| 2 | 2012/7/1 | EF30mmUSM-US | 王双 | 106 |
| 3 | 2012/7/9 | EF30mmUSM-IS | 廉欢 | 35 |
| 4 | 2012/7/11 | EF70mmAPC | 廉欢 | 137 |
| 5 | 2012/7/20 | EF70mmAPC | 王双 | 34 |
| 6 | 2012/7/20 | EF30mmUSM | 李新 | 118 |
| 7 | 2012/7/30 | EF70MMAPC | 王双 | 69 |
| 8 | 2012/8/3 | EF30mmUSM | 王志为 | 67 |
| 9 | 2012/8/3 | EF30mmUSM-IS | 凌勇刚 | 61 |
| 10 | 2012/8/16 | EF30mmUSM-IS | 廉欢 | 193 |
| 11 | 2012/8/22 | EF30mmUSM | 丁涛 | 59 |
| 12 | 2012/8/30 | EF30mmUSM-IS | 凌勇刚 | 69 |
| 13 | 2012/9/9 | EF70MMAPC | 廉欢 | 215 |
| 14 | 2012/9/14 | EF30mmUSM | 王双 | 50 |
| 15 | 2012/9/19 | EF18mmUDP | 丁涛 | 99 |
| 16 | 2012/9/29 | EF30mmUSM-IS | 徐晓明 | 107 |
| 17 | 2012/10/2 | EF30mmUSM-IS | 廉欢 | 165 |

图 112-2　标识出重复出现的项目

| | A | B | C | D |
|---|---|---|---|---|
| 1 | 销售日期 | 产品型号 | 销售人员 | 销售数量 |
| 2 | 2012/7/1 | EF30mmUSM-US | 王双 | 106 |
| 3 | 2012/7/9 | EF30mmUSM-IS | 廉欢 | 35 |
| 4 | 2012/7/11 | EF70mmAPC | 廉欢 | 137 |
| 5 | 2012/7/20 | EF70mmAPC | 王双 | 34 |
| 6 | 2012/7/20 | EF30mmUSM | 李新 | 118 |
| 7 | 2012/7/30 | EF70MMAPC | 王双 | 69 |
| 8 | 2012/8/3 | EF30mmUSM | 王志为 | 67 |
| 9 | 2012/8/3 | EF30mmUSM-IS | 凌勇刚 | 61 |
| 10 | 2012/8/16 | EF30mmUSM-IS | 廉欢 | 193 |
| 11 | 2012/8/22 | EF30mmUSM | 丁涛 | 59 |
| 12 | 2012/8/30 | EF30mmUSM-IS | 凌勇刚 | 69 |
| 13 | 2012/9/9 | EF70MMAPC | 廉欢 | 215 |
| 14 | 2012/9/14 | EF30mmUSM | 王双 | 50 |
| 15 | 2012/9/19 | EF18mmUDP | 丁涛 | 99 |
| 16 | 2012/9/29 | EF30mmUSM-IS | 徐晓明 | 107 |
| 17 | 2012/10/2 | EF30mmUSM-IS | 廉欢 | 165 |

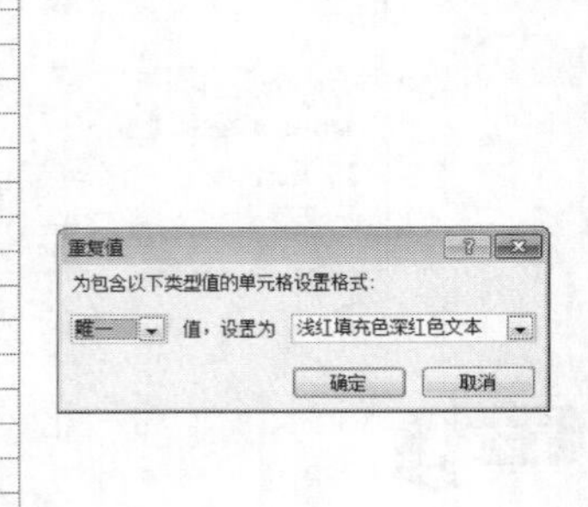


图 112-3　只标识出唯一值

## 技巧 113　自定义规则的应用

除了内置的这些条件规则，如果希望设计更加复杂的条件，还可以使用条件格式中的自定义功能来进行设定。

图 113-1 展示了某公司的员工信息表。如果希望将其中“年龄”在 40 岁以下的所有“工程师”的整行记录标识出来，可以参考以下方法来实现。

| | A | B | C | D | E | F | G | H |
|---|---|---|---|---|---|---|---|---|
| 1 | 工号 | 姓名 | 性别 | 出生日期 | 年龄 | 文化程度 | 部门 | 职称 |
| 2 | 1001 | 韩正 | 男 | 1975/1/1 | 38 | 大专 | 开发部 | 工程师 |
| 3 | 1002 | 史静芳 | 女 | 1965/1/1 | 48 | 硕士 | 开发部 | 高级工程师 |
| 4 | 1003 | 刘磊 | 男 | 1980/5/1 | 33 | 大专 | 开发部 | 工程师 |
| 5 | 1004 | 马欢欢 | 女 | 1987/1/1 | 26 | 本科 | 开发部 | 工程师 |
| 6 | 1005 | 苏桥 | 男 | 1975/1/1 | 38 | 本科 | 开发部 | 高级工程师 |
| 7 | 1006 | 金汪洋 | 男 | 1960/1/1 | 53 | 本科 | 销售部 | 工程师 |
| 8 | 1007 | 谢兰丽 | 女 | 1985/1/1 | 28 | 高中 | 销售部 | 技术员 |
| 9 | 1008 | 朱丽 | 女 | 1974/1/25 | 39 | 本科 | 销售部 | 工程师 |
| 10 | 1009 | 陈晓红 | 女 | 1980/1/1 | 33 | 本科 | 开发部 | 工程师 |
| 11 | 1010 | 雷芳 | 女 | 1978/1/1 | 35 | 本科 | 开发部 | 技术员 |
| 12 | 1011 | 吴明 | 男 | 1956/5/1 | 57 | 本科 | 开发部 | 工程师 |
| 13 | 1101 | 李琴 | 女 | 1973/7/1 | 40 | 博士 | 总经办 | 高级工程师 |
| 14 | 1102 | 张永立 | 男 | 1980/12/1 | 32 | 本科 | 总经办 | 技术员 |
| 15 | 1103 | 周玉彬 | 男 | 1966/7/1 | 47 | 本科 | 总经办 | 工程师 |
| 16 | 1104 | 张德强 | 男 | 1967/1/1 | 46 | 硕士 | 总经办 | 高级工程师 |
| 17 | 1105 | 何勇 | 男 | 1955/1/1 | 58 | 本科 | 总经办 | 工程师 |
| 18 | 1108 | 唐应兰 | 女 | 1976/1/1 | 37 | 中专 | 销售部 | 技术员 |

图 113-1　员工信息表

**Step 1**　选定整个数据区域 A2:H18，其中以 A2 单元格为当前活动单元格。在【开始】选项卡中依次单击【条件格式】→【新建规则】，打开【新建格式规则】对话框。

**Step 2**　在【选择规则类型】列表中选取最后一项【使用公式确定要设置格式的单元格】，然后在下方的编辑栏中输入下面的公式：

```
=($E2<40)*($H2="工程师")
```

**Step 3**　单击【格式】按钮，在打开的【设置单元格格式】对话框中单击【填充】选项卡，选择一种背景色（例如“橙色”），然后单击【确定】按钮关闭对话框。

**Step 4**　在【新建格式规则】对话框中单击【确定】按钮完成设置，操作过程如图 113-2 所示。

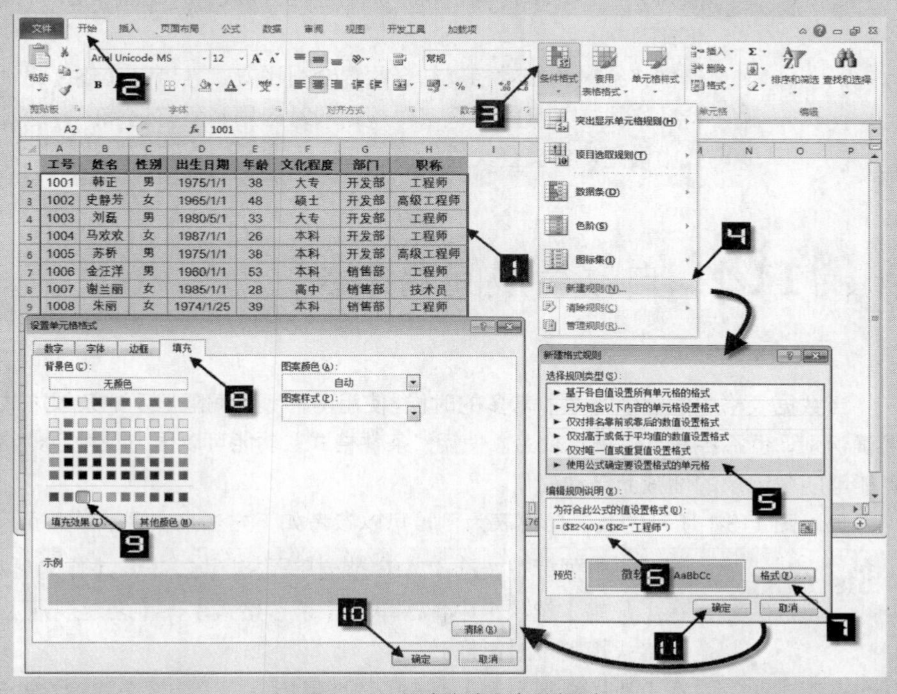


图 113-2　设定自定义条件规则

设置完成以后的效果如图 113-3 所示。

| 工号 | 姓名 | 性别 | 出生日期 | 年龄 | 文化程度 | 部门 | 职称 |
|---|---|---|---|---|---|---|---|
| 1001 | 韩正 | 男 | 1975/1/1 | 38 | 大专 | 开发部 | 工程师 |
| 1002 | 史静芳 | 女 | 1965/1/1 | 48 | 硕士 | 开发部 | 高级工程师 |
| 1003 | 刘磊 | 男 | 1980/5/1 | 33 | 大专 | 开发部 | 工程师 |
| 1004 | 马欢欢 | 女 | 1987/1/1 | 26 | 本科 | 开发部 | 工程师 |
| 1005 | 苏桥 | 男 | 1975/1/1 | 38 | 本科 | 开发部 | 高级工程师 |
| 1006 | 金汪洋 | 男 | 1960/1/1 | 53 | 本科 | 销售部 | 工程师 |
| 1007 | 谢兰丽 | 女 | 1985/1/1 | 28 | 高中 | 销售部 | 技术员 |
| 1008 | 朱丽 | 女 | 1974/1/25 | 39 | 本科 | 销售部 | 工程师 |
| 1009 | 陈晓红 | 女 | 1980/1/1 | 33 | 本科 | 开发部 | 工程师 |
| 1010 | 雷芳 | 女 | 1978/1/1 | 35 | 本科 | 开发部 | 技术员 |
| 1011 | 吴明 | 男 | 1956/5/1 | 57 | 本科 | 开发部 | 工程师 |
| 1101 | 李琴 | 女 | 1973/7/1 | 40 | 博士 | 总经办 | 高级工程师 |
| 1102 | 张永立 | 男 | 1980/12/1 | 32 | 本科 | 总经办 | 技术员 |
| 1103 | 周玉彬 | 男 | 1966/7/1 | 47 | 本科 | 总经办 | 工程师 |
| 1104 | 张德强 | 男 | 1967/1/1 | 46 | 硕士 | 总经办 | 高级工程师 |
| 1105 | 何勇 | 男 | 1955/1/1 | 58 | 本科 | 总经办 | 工程师 |
| 1108 | 唐应兰 | 女 | 1976/1/1 | 37 | 中专 | 销售部 | 技术员 |

图 113-3　符合条件的整行记录被标识出来

步骤 2 中所使用公式“=($E2<40)*($H2="工程师")”是将两个条件判断进行逻辑相乘，形成同时满足这两个条件的判断。如果公式结果为 0，则表示单元格数据不满足条件规则；反之如果公式结果为 1（或其他非零数值），则表示满足条件规则，可以应用相应的格式设置。

上面的两个条件分别判断 E 列中的数值是否小于 40 以及 H 列的职称是否为“工程师”，由于当前活动单元格位于第二行，因此其中使用“2”作为行号，同时因为这些规则要应用到整个数据区域中，因此行号采用相对引用方式。而其中的 E 列和 H 列是判断条件的固定字段，因此需要使用绝对引用方式将其固定。

这样将绝对和相对相互结合的混合引用方式，可以让整行记录都能显示特殊格式，并且能够把条件规则同时应用到所有记录中，这是在条件格式中使用自定义公式的关键。

## 技巧 114 自动生成间隔条纹

当数据表格中的记录行数非常多的时候，使用两种颜色间隔显示的条纹方式可以让数据更容易准确识别，也不容易产生视觉疲劳。使用“条件格式”功能可以很方便地创建这样的条纹间隔，并且能够随着记录的增减而自动变化。

仍以图 113-1 所示的员工信息表为例，可以参考如下方法来实现。

**Step 1** 通过单击列标签，选中 A:H 整列单元格区域，以 A1 作为活动单元格。在【开始】选项卡中依次单击【条件格式】→【新建规则】，打开【新建格式规则】对话框。

**Step 2** 在【选择规则类型】列表中选取最后一项【使用公式确定要设置格式的单元格】，然后在下方的编辑栏中输入下面的公式：

```
=(MOD(ROW(),2)=1)*(A1<>"")
```

**Step 3** 单击【格式】按钮，在打开的【设置单元格格式】对话框中单击【填充】选项卡，选择一种背景色（例如“60%浅色深蓝”），然后单击【确定】按钮关闭对话框返回【新建格式规则】对话框，如图 114-1 所示。

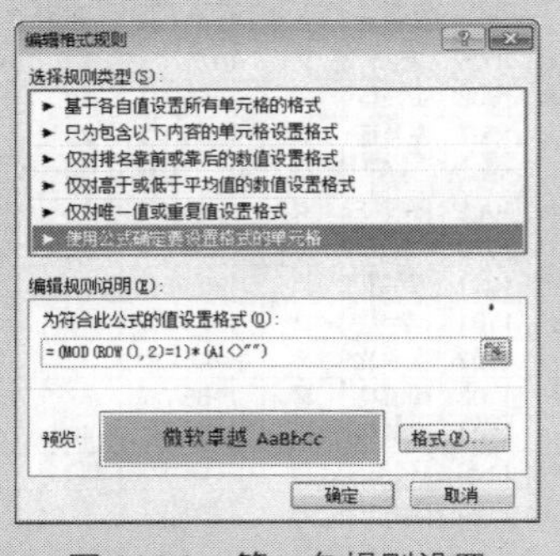


图 114-1 第一条规则设置

**Step 4**　在【新建格式规则】对话框中单击【确定】按钮关闭对话框。

**Step 5**　继续参照步骤 1 和步骤 2，添加一个新的自定义规则，使用下面的公式：

```
=(MOD(ROW(),2)=0)*(A1<>"")
```

**Step 6**　单击【格式】按钮，在打开的【设置单元格格式】对话框中单击【填充】选项卡，选择另一种不同的背景色（例如“80%浅色深蓝”），然后单击【确定】按钮关闭对话框返回【新建格式规则】对话框，如图 114-2 所示。

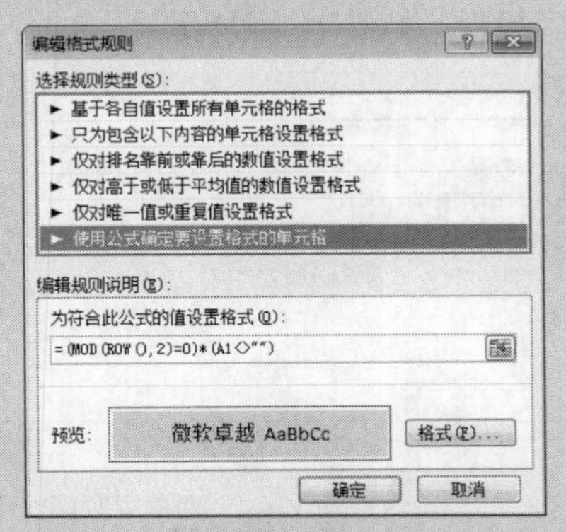


图 114-2　第二条规则设置

**Step 7**　在【新建格式规则】对话框中单击【确定】按钮关闭对话框完成最终设置，效果如图 114-3 所示。

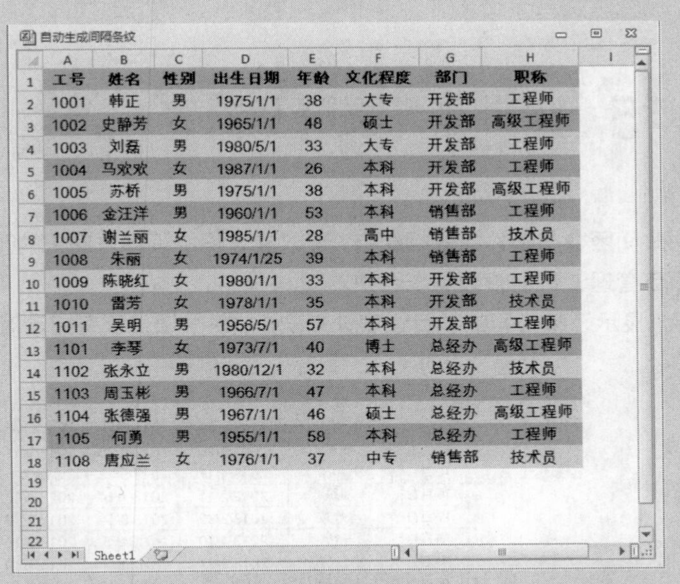

| 工号 | 姓名 | 性别 | 出生日期 | 年龄 | 文化程度 | 部门 | 职称 |
|---|---|---|---|---|---|---|---|
| 1001 | 韩正 | 男 | 1975/1/1 | 38 | 大专 | 开发部 | 工程师 |
| 1002 | 史静芳 | 女 | 1965/1/1 | 48 | 硕士 | 开发部 | 高级工程师 |
| 1003 | 刘磊 | 男 | 1980/5/1 | 33 | 大专 | 开发部 | 工程师 |
| 1004 | 马欢欢 | 女 | 1987/1/1 | 26 | 本科 | 开发部 | 工程师 |
| 1005 | 苏桥 | 男 | 1975/1/1 | 38 | 本科 | 开发部 | 高级工程师 |
| 1006 | 金汪洋 | 男 | 1960/1/1 | 53 | 本科 | 销售部 | 工程师 |
| 1007 | 谢兰丽 | 女 | 1985/1/1 | 28 | 高中 | 销售部 | 技术员 |
| 1008 | 朱丽 | 女 | 1974/1/25 | 39 | 本科 | 销售部 | 工程师 |
| 1009 | 陈晓红 | 女 | 1980/1/1 | 33 | 本科 | 开发部 | 工程师 |
| 1010 | 雷芳 | 女 | 1978/1/1 | 35 | 本科 | 开发部 | 技术员 |
| 1011 | 吴明 | 男 | 1956/5/1 | 57 | 本科 | 开发部 | 工程师 |
| 1101 | 李琴 | 女 | 1973/7/1 | 40 | 博士 | 总经办 | 高级工程师 |
| 1102 | 张永立 | 男 | 1980/12/1 | 32 | 本科 | 总经办 | 技术员 |
| 1103 | 周玉彬 | 男 | 1966/7/1 | 47 | 本科 | 总经办 | 工程师 |
| 1104 | 张德强 | 男 | 1967/1/1 | 46 | 硕士 | 总经办 | 高级工程师 |
| 1105 | 何勇 | 男 | 1955/1/1 | 58 | 本科 | 总经办 | 工程师 |
| 1108 | 唐应兰 | 女 | 1976/1/1 | 37 | 中专 | 销售部 | 技术员 |

图 114-3　自动显示间隔条纹

如果数据表中的记录发生增减，这个条纹间隔行仍可以自动适应正常显示。

在这个案例中使用了两项条件规则，其中步骤 2 中所使用的公式：

```
=(MOD(ROW(),2)=1)*(A1<>"")
```

通过 MOD 函数对行号取 2 的余数，可以得到奇数行的判断，“A1<>""”的判断可以让单元格在没有内容的情况下不显示格式。这个公式也可以简化为：

```
=MOD(ROW(),2)*(A1<>"")
```

与此类似，步骤 5 中的公式得到了偶数行的判断，通过这两项规则，可以分别对奇数行的格式和偶数行的格式进行不同的设定，形成间隔条纹行的效果。

在选中 A:H 单元格区域的情况下，在【条件格式】下拉菜单中单击【管理规则】，可以看到这个区域中同时启用了两条规则，如图 114-4 所示。

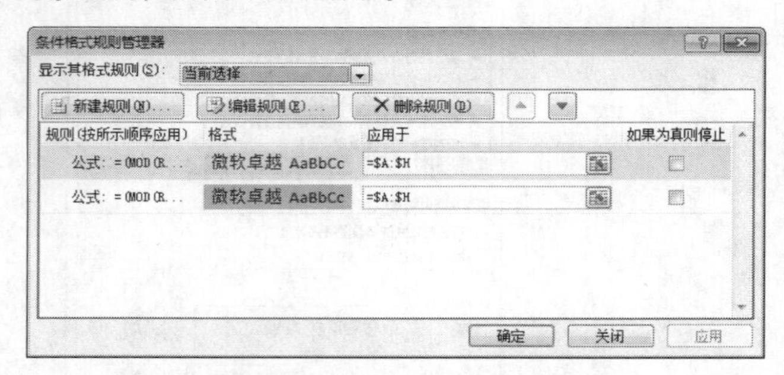


图 114-4　两条规则同时作用

在 Excel 2010 中，条件格式中可以同时添加的规则数量只受可用内存的限制。

## 技巧 115　设计到期提醒和预警

将日期时间函数与条件格式相结合，可以在表格中设计自动化的预警或到期提醒功能，适合运用于众多项目管理、日程管理类场合中。

图 115-1 显示了某公司的项目进度计划安排，每个项目都有启动时间以及计划中的截止日期和验收日期。

| | A | B | C | D | E |
|---|---|---|---|---|---|
| 1 | 项目 | 负责人 | 启动时间 | 截止时间 | 验收时间 |
| 2 | 项目A | 韩正 | 2013/4/20 | 2013/8/20 | 2013/9/11 |
| 3 | 项目B | 史静芳 | 2013/4/17 | 2013/5/23 | 2013/7/1 |
| 4 | 项目C | 刘磊 | 2013/2/11 | 2013/7/14 | 2013/8/17 |
| 5 | 项目D | 马欢欢 | 2013/3/22 | 2013/8/14 | 2013/9/18 |
| 6 | 项目E | 苏桥 | 2013/4/10 | 2013/8/5 | 2013/8/20 |
| 7 | 项目F | 金汪洋 | 2013/2/27 | 2013/6/9 | 2013/7/10 |
| 8 | 项目G | 谢兰丽 | 2013/2/2 | 2013/8/12 | 2013/9/2 |
| 9 | 项目H | 朱丽 | 2013/3/19 | 2013/7/5 | 2013/7/23 |
| 10 | 项目I | 陈晓红 | 2013/2/25 | 2013/7/13 | 2013/8/9 |
| 11 | 项目J | 雷芳 | 2013/2/16 | 2013/6/24 | 2013/7/14 |
| 12 | 项目K | 吴明 | 2013/1/28 | 2013/8/2 | 2013/8/27 |
| 13 | 项目L | 李琴 | 2013/2/17 | 2013/7/17 | 2013/8/22 |
| 14 | 项目M | 张永立 | 2013/1/13 | 2013/5/21 | 2013/6/18 |
| 15 | 项目N | 周玉彬 | 2013/3/2 | 2013/8/9 | 2013/8/23 |

图 115-1　项目进度安排

这张表格会用来定期跟踪项目的进展情况，为了使其更智能化和人性化，希望它能够根据系统当前的日期，在每个项目截止日期前一周开始自动高亮警示，到验收日期之后显示灰色，表示项目周期已结束。要实现这样的功能，可以参照以下方法进行操作。

Step 1 选定数据区域 A2:E15，以 A2 单元格作为当前活动单元格。在【开始】选项卡中依次单击【条件格式】→【新建规则】，打开【新建格式规则】对话框。

Step 2 在【选择规则类型】列表中选取最后一项【使用公式确定要设置格式的单元格】，然后在下方的编辑栏中输入下面的公式：

```
=$D2-TODAY()<=7
```

Step 3 单击【格式】按钮，在打开的【设置单元格格式】对话框中单击【填充】选项卡，选择一种背景色（例如“橙色”），然后单击【确定】按钮关闭对话框返回【新建格式规则】对话框，如图 115-2 所示。

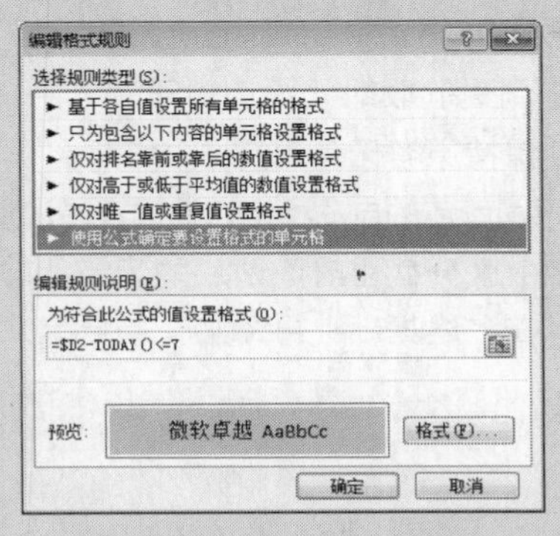


图 115-2　添加第一条规则

Step 4 在【新建格式规则】对话框中单击【确定】按钮关闭对话框。

Step 5 继续参照步骤 1 和步骤 2，添加一个新的自定义规则，使用下面的公式：

```
=TODAY()>$E2
```

Step 6 单击【格式】按钮，在打开的【设置单元格格式】对话框中单击【填充】选项卡，选择“灰色”背景色，再单击【字体】选项卡，选择“白色”作为字体颜色，然后单击【确定】按钮关闭对话框返回【新建格式规则】对话框，如图 115-3 所示。

图 115-3　添加第二条规则

**Step 7** 在【新建格式规则】对话框中单击【确定】按钮关闭对话框完成最终设置。

上述步骤中所使用的TODAY函数可以返回系统当前的日期，通过它可以对项目当前所进行到的时间状态进行判断。

完成上述设置后，表格会根据所在计算机的系统时间自行判断是否符合条件，根据规则显示相应的格式。假定系统时间为“2013年7月30日”，表格中的显示效果如图115-4所示。

图115-4中，灰底白字记录（第3、7、9、11和14行）表示当前日期已经超过验收时间，项目周期已结束；橙底黑字记录（第4、6、10、12和13行）则表示当前日期在截止时间之前七天内，或是已经超过截止时间但尚未到达验收时间。而对于那些截止时间尚早的项目则保持原有无色填充。

| | A | B | C | D | E |
|---|---|---|---|---|---|
| 1 | 项目 | 负责人 | 启动时间 | 截止时间 | 验收时间 |
| 2 | 项目A | 韩正 | 2013/4/20 | 2013/8/20 | 2013/9/11 |
| 3 | 项目B | 史静芳 | 2013/4/17 | 2013/5/23 | 2013/7/1 |
| 4 | 项目C | 刘磊 | 2013/2/11 | 2013/7/14 | 2013/8/17 |
| 5 | 项目D | 马欢欢 | 2013/3/22 | 2013/8/14 | 2013/9/18 |
| 6 | 项目E | 苏桥 | 2013/4/10 | 2013/8/5 | 2013/8/20 |
| 7 | 项目F | 金汪洋 | 2013/2/27 | 2013/6/9 | 2013/7/10 |
| 8 | 项目G | 谢兰丽 | 2013/2/2 | 2013/8/12 | 2013/9/2 |
| 9 | 项目H | 朱丽 | 2013/3/19 | 2013/7/5 | 2013/7/23 |
| 10 | 项目I | 陈晓红 | 2013/2/25 | 2013/7/13 | 2013/8/9 |
| 11 | 项目J | 雷芳 | 2013/2/16 | 2013/6/24 | 2013/7/14 |
| 12 | 项目K | 吴明 | 2013/1/28 | 2013/8/2 | 2013/8/27 |
| 13 | 项目L | 李琴 | 2013/2/17 | 2013/7/17 | 2013/8/22 |
| 14 | 项目M | 张永立 | 2013/1/13 | 2013/5/21 | 2013/6/18 |
| 15 | 项目N | 周玉彬 | 2013/3/2 | 2013/8/9 | 2013/8/23 |

图115-4　7月30日的显示状态

这样，根据项目上的不同颜色的自动标记，就很容易识别项目的当前状态，起到提醒和预警的作用。

如果希望在上述基础上区分截止时间前后的记录状态，例如将截止时间之后、验收时间之前的记录标识为暗红色，可以在上述基础上再添加一条自定义规则，使用如下公式：

```
=(TODAY()>$D2)*(TODAY()<$E2)
```

如图115-5所示。

假定系统当前时间为“2013年7月30日”，添加第三条规则以后的表格显示效果如图115-6所示，其中第4、10和13行的记录显示为暗红色底色。

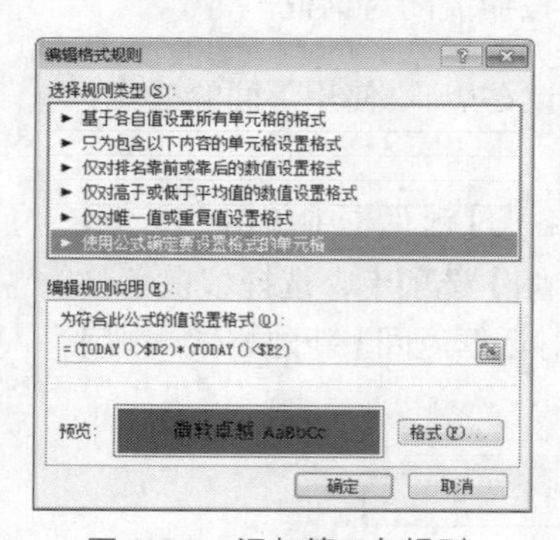


图115-5　添加第三条规则

| | A | B | C | D | E |
|---|---|---|---|---|---|
| 1 | 项目 | 负责人 | 启动时间 | 截止时间 | 验收时间 |
| 2 | 项目A | 韩正 | 2013/4/20 | 2013/8/20 | 2013/9/11 |
| 3 | 项目B | 史静芳 | 2013/4/17 | 2013/5/23 | 2013/7/1 |
| 4 | 项目C | 刘磊 | 2013/2/11 | 2013/7/14 | 2013/8/17 |
| 5 | 项目D | 马欢欢 | 2013/3/22 | 2013/8/14 | 2013/9/18 |
| 6 | 项目E | 苏桥 | 2013/4/10 | 2013/8/5 | 2013/8/20 |
| 7 | 项目F | 金汪洋 | 2013/2/27 | 2013/6/9 | 2013/7/10 |
| 8 | 项目G | 谢兰丽 | 2013/2/2 | 2013/8/12 | 2013/9/2 |
| 9 | 项目H | 朱丽 | 2013/3/19 | 2013/7/5 | 2013/7/23 |
| 10 | 项目I | 陈晓红 | 2013/2/25 | 2013/7/13 | 2013/8/9 |
| 11 | 项目J | 雷芳 | 2013/2/16 | 2013/6/24 | 2013/7/14 |
| 12 | 项目K | 吴明 | 2013/1/28 | 2013/8/2 | 2013/8/27 |
| 13 | 项目L | 李琴 | 2013/2/17 | 2013/7/17 | 2013/8/22 |
| 14 | 项目M | 张永立 | 2013/1/13 | 2013/5/21 | 2013/6/18 |
| 15 | 项目N | 周玉彬 | 2013/3/2 | 2013/8/9 | 2013/8/23 |

图115-6　条件格式显示结果

## 技巧116　调整规则的优先级

在技巧115中，如果把步骤2和步骤5中的两个规则条件互换设置的顺序，先用公式：

```
=TODAY()>$E2
```

对当前日期超过验收日期的情况设定规则，将单元格格式设置为灰色底色，然后再用公式：

```
=$D2-TODAY()<=7
```

对当前日期晚于截止日期前一周的情况设定规则，并将格式设置为橙色底色，那么得到的最终结果如图 116-1 所示。将图 116-1 与图 115-4 对比可以发现，所有符合规则的记录都显示了橙色底色，而不再有显示灰色底色的记录。

| | A | B | C | D | E |
|---|---|---|---|---|---|
| 1 | 项目 | 负责人 | 启动时间 | 截止时间 | 验收时间 |
| 2 | 项目A | 韩正 | 2013/4/20 | 2013/8/20 | 2013/9/11 |
| 3 | 项目B | 史静芳 | 2013/4/17 | 2013/5/23 | 2013/7/1 |
| 4 | 项目C | 刘磊 | 2013/2/11 | 2013/7/14 | 2013/8/17 |
| 5 | 项目D | 马欢欢 | 2013/3/22 | 2013/8/14 | 2013/9/18 |
| 6 | 项目E | 苏桥 | 2013/4/10 | 2013/8/5 | 2013/8/20 |
| 7 | 项目F | 金汪洋 | 2013/2/27 | 2013/6/9 | 2013/7/10 |
| 8 | 项目G | 谢兰丽 | 2013/2/2 | 2013/8/12 | 2013/9/2 |
| 9 | 项目H | 朱丽 | 2013/3/19 | 2013/7/5 | 2013/7/23 |
| 10 | 项目I | 陈晓红 | 2013/2/25 | 2013/7/13 | 2013/8/9 |
| 11 | 项目J | 雷芳 | 2013/2/16 | 2013/6/24 | 2013/7/14 |
| 12 | 项目K | 吴明 | 2013/1/28 | 2013/8/2 | 2013/8/27 |
| 13 | 项目L | 李琴 | 2013/2/17 | 2013/7/17 | 2013/8/22 |
| 14 | 项目M | 张来立 | 2013/1/13 | 2013/5/21 | 2013/6/18 |
| 15 | 项目N | 周玉彬 | 2013/3/2 | 2013/8/9 | 2013/8/23 |

图 116-1　交换规则顺序以后的结果

发生这样的变化，是由于“规则优先级”所带来的结果。

在默认情况下，条件格式中所添加的规则，先添加的规则优先级低于后添加的规则。遵循这一原则，在上述例子当中先后添加的两个规则：

规则 1：当前日期>验收日期，灰色

规则 2：当前日期>=截止日期-7，橙色

它们的优先级关系就是规则 2 高于规则 1。与此同时，由于验收日期总是晚于截止日期，因此满足规则 1 的记录同时必定也满足规则 2，两个条件规则存在重叠区间。对于同时满足两个规则的记录，如果它们的格式设置存在矛盾冲突，Excel 会令其优先使用更高优先级的格式设置。因此在图 116-1 中所有满足条件的记录都显示了规则 2 所设定的橙色底色格式。

如果希望调整条件格式规则的优先级别，除了在定义规则时注意顺序以外，也可以在规则设定以后通过操作来进行更改，操作方法如下。

**Step 1**　选定设定了条件格式的单元格区域，在【开始】选项卡中依次单击【条件格式】→【管理规则】，打开【条件格式规则管理器】对话框。

**Step 2**　在【条件格式规则管理器】对话框中可以显示当前定义的规则列表，越靠上的规则优先级越高。选中第一条规则，然后单击上方的下三角箭头按钮，就可以将第一条规则下移，降低其优先级，操作如图 116-2 所示。最后单击【确定】按钮完成设置。

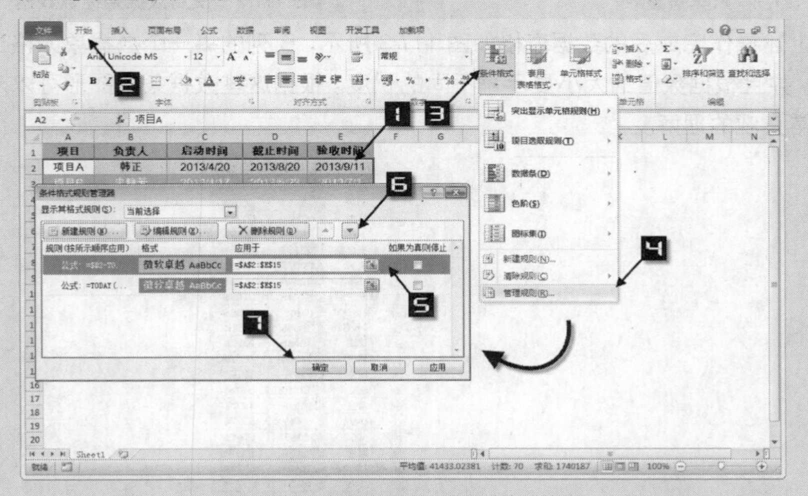

图 116-2　调整条件格式规则的优先级

这样操作以后，就可以改变其中规则 1 和规则 2 的优先级顺序，得到与图 115-4 相同的结果。

# 技巧117 用数据条长度展现数值大小

在包含大量数据的表格中，要轻松读懂数据规律和趋势并不是一件轻松的事情，图表就是一种让数据更容易读懂的可视化工具。使用条件格式中的“数据条”功能，可以让数据在单元格中产生类似条形图的效果。

图 117-1 展示了一份汽车销量表，为了让其中的“当月销量”数据更加直观，可以使用条件格式中的“数据条”来进行标识显示，操作方法如下。

选中 B2:B21 单元格区域，在【开始】选项卡中依次单击【条件格式】→【数据条】，在展开的数据条样式列表中选取一种样式，例如【渐变填充】中的第一种样式，如图 117-2 所示。

| 车型 | 当月销量 | 环比增长 |
|---|---|---|
| 逍客 | 9550 | -11.33% |
| 凯越 | 22483 | -9.18% |
| 翼虎 | 9248 | 17.18% |
| H6 | 14164 | -9.59% |
| 长安之星 | 22133 | 55.15% |
| 之光 | 40077 | -19.05% |
| 哈弗M1 | 12315 | 21.20% |
| 赛欧三厢 | 24046 | 16.96% |
| 汉兰达 | 9205 | 43.96% |
| 科鲁兹 | 19965 | 9.52% |
| 途观 | 16485 | 8.06% |
| 速腾 | 24064 | -0.10% |
| 荣光 | 21255 | -33.02% |
| ix35 | 12710 | 5.86% |
| 宝来 | 21676 | 4.88% |
| RAV4 | 7436 | 5.70% |
| Q5 | 9365 | -2.44% |
| 朗逸 | 25610 | -16.13% |
| 福克斯两厢 | 26631 | 17.72% |
| CR-V | 16234 | 11.73% |

图 117-1　汽车销量表

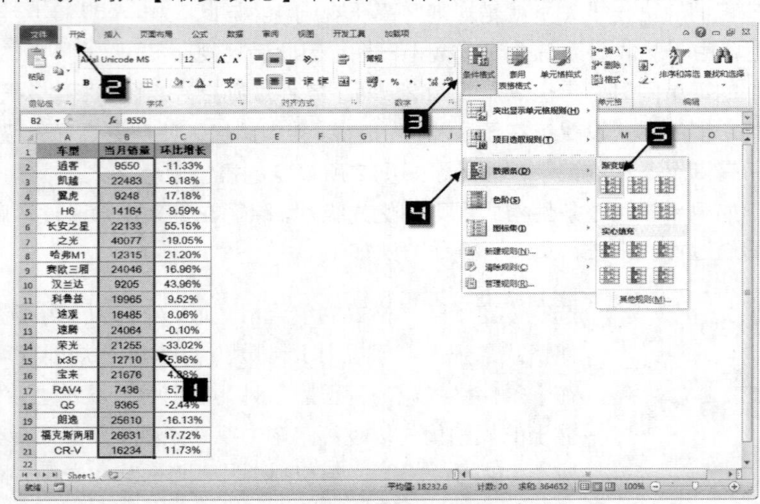


图 117-2　使用数据条标识数据

上述操作完成后的数据表格如图 117-3 所示，B 列的每一个数据单元格当中都显示了一个条形图案，并且根据数值的大小显示了不同的长度。根据这些数据条的图形可以对各种车型的销量有一个非常直观的理解。

| 车型 | 当月销量 | 环比增长 |
|---|---|---|
| 逍客 | 9550 | -11.33% |
| 凯越 | 22483 | -9.18% |
| 翼虎 | 9248 | 17.18% |
| H6 | 14164 | -9.59% |
| 长安之星 | 22133 | 55.15% |
| 之光 | 40077 | -19.05% |
| 哈弗M1 | 12315 | 21.20% |
| 赛欧三厢 | 24046 | 16.96% |
| 汉兰达 | 9205 | 43.96% |
| 科鲁兹 | 19965 | 9.52% |
| 途观 | 16485 | 8.06% |
| 速腾 | 24064 | -0.10% |
| 荣光 | 21255 | -33.02% |
| ix35 | 12710 | 5.86% |
| 宝来 | 21676 | 4.88% |
| RAV4 | 7436 | 5.70% |
| Q5 | 9365 | -2.44% |
| 朗逸 | 25610 | -16.13% |
| 福克斯两厢 | 26631 | 17.72% |
| CR-V | 16234 | 11.73% |

图 117-3　用数据条显示数值的大小

如果在上述基础上希望 B 列单元格只显示数据条图形，不再显示具体数值，可以这样操作：

**Step ①** 选定 B2:B21 单元格区域，在【开始】选项卡中依次单击【条件格式】→【管理规则】，打开【条件格式规则管理器】对话框。

**Step ②** 单击对话框中的【编辑规则】按钮，打开【编辑格式规则】对话框，勾选其中的【仅显示数据条】复选框，然后单击【确定】按钮返回【条件格式规则管理器】对话框。

**Step ③** 再次单击【确定】按钮完成设置，如图 117-4 所示。

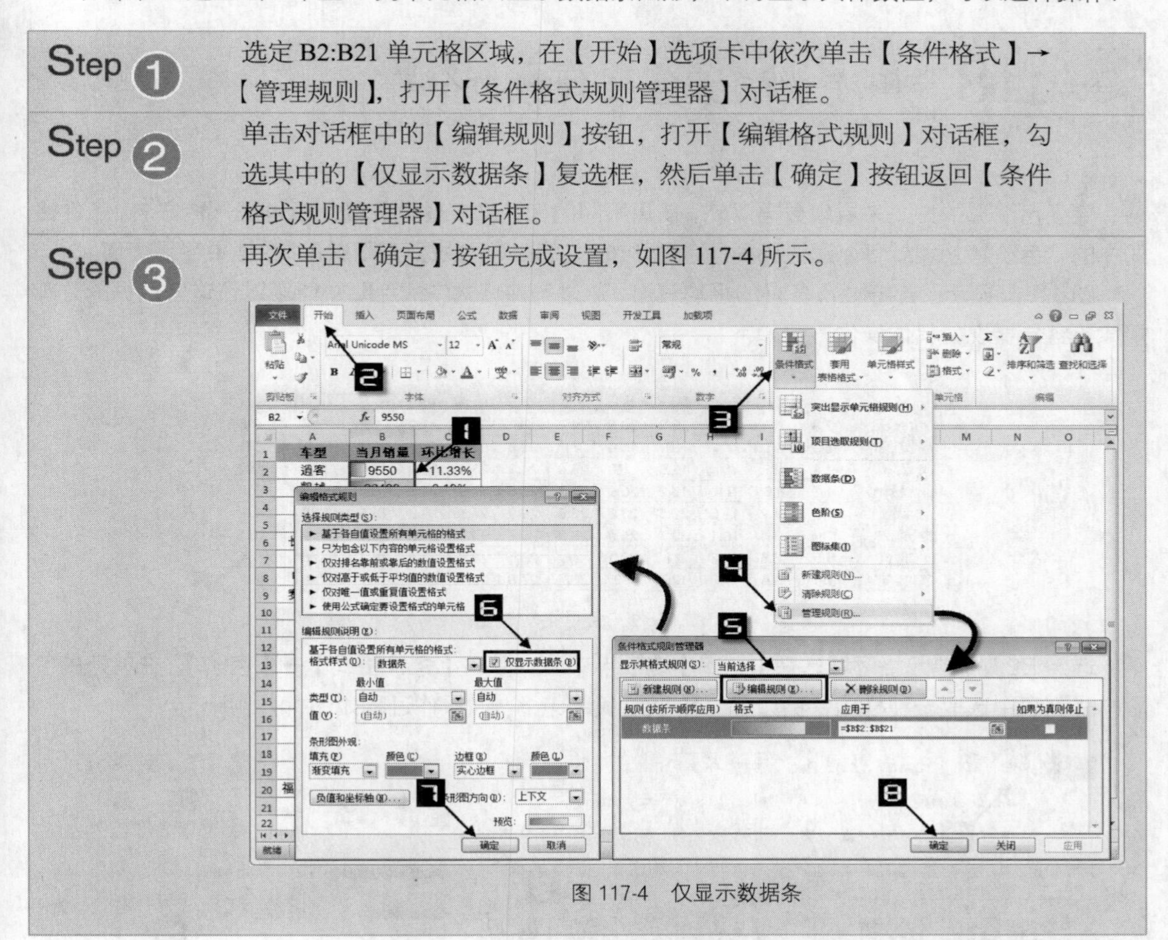


图 117-4　仅显示数据条

上述操作完成后，B 列的单元格中就将只显示数据条图形，而不再显示其中的数值，如图 117-5 所示。

| | A | B | C |
|---|---|---|---|
| 1 | 车型 | 当月销量 | 环比增长 |
| 2 | 逍客 | | -11.33% |
| 3 | 凯越 | | -9.18% |
| 4 | 翼虎 | | 17.18% |
| 5 | H6 | | -9.59% |
| 6 | 长安之星 | | 55.15% |
| 7 | 之光 | | -19.05% |
| 8 | 哈弗M1 | | 21.20% |
| 9 | 赛欧三厢 | | 16.96% |
| 10 | 汉兰达 | | 43.96% |
| 11 | 科鲁兹 | | 9.52% |
| 12 | 途观 | | 8.06% |
| 13 | 速腾 | | -0.10% |
| 14 | 荣光 | | -33.02% |
| 15 | ix35 | | 5.86% |
| 16 | 宝来 | | 4.88% |
| 17 | RAV4 | | 5.70% |
| 18 | Q5 | | -2.44% |
| 19 | 朗逸 | | -16.13% |
| 20 | 福克斯两厢 | | 17.72% |
| 21 | CR-V | | 11.73% |

图 117-5　单元格中不再显示数值

# 技巧118　用变化的颜色展现数据分布

除了用图形的方式来展现数据以外，使用不同的颜色来表达数值的大小也是一种方法。条件格式中的“色阶”功能就可以通过不同颜色的渐变过渡来实现数据可视化，让数据更容易读懂。

图 118-1 显示了部分城市各月的平均气温，通过条件格式中的色阶功能可以让这些数据的分布规律更容易显现。具体操作方法如下：

| | A | B | C | D | E | F | G | H | I | J | K | L | M |
|---|---|---|---|---|---|---|---|---|---|---|---|---|---|
| 1 | 城市 | 一月 | 二月 | 三月 | 四月 | 五月 | 六月 | 七月 | 八月 | 九月 | 十月 | 十一月 | 十二月 |
| 2 | 北京 | -2.3 | 2.9 | 7.8 | 16.3 | 20.5 | 24.9 | 26 | 24.9 | 21.2 | 14 | 6.4 | -0.5 |
| 3 | 呼和浩特 | 10.2 | 3.7 | 1.4 | 13 | 15.6 | 21 | 22.8 | 20 | 15.7 | 7.8 | 1.1 | 5.9 |
| 4 | 沈阳 | 9.4 | 3 | 2.1 | 12.5 | 18 | 23.9 | 24.3 | 23.1 | 18.8 | 11.9 | 2.2 | -9.2 |
| 5 | 上海 | 4.1 | 8.6 | 9.9 | 16.2 | 20.9 | 24.4 | 29.8 | 29.9 | 24.3 | 19.2 | 14.6 | 9.1 |
| 6 | 武汉 | 4.5 | 11.2 | 12.6 | 20.1 | 23.3 | 25.6 | 29.9 | 27.5 | 24.8 | 18.5 | 13.9 | 7.3 |
| 7 | 广州 | 13.4 | 16.4 | 18.1 | 23.7 | 25.9 | 28.9 | 28.7 | 29.4 | 27.8 | 23.9 | 21.2 | 16.5 |
| 8 | 重庆 | 8.5 | 10.6 | 14.2 | 21 | 22.1 | 24 | 28.5 | 28.5 | 23.4 | 16.7 | 13.6 | 9.6 |
| 9 | 西安 | 1.6 | 6.7 | 11.3 | 18.7 | 22 | 26.2 | 27.8 | 25.1 | 20.6 | 13.7 | 7.8 | 2.9 |

图 118-1　各月平均气温

选定 B2:M9 单元格区域，在【开始】选项卡中依次单击【条件格式】→【色阶】，在展开的色阶样式列表中选取一种样式，例如第二种【红-黄-绿色阶】，操作过程如图 118-2 所示。

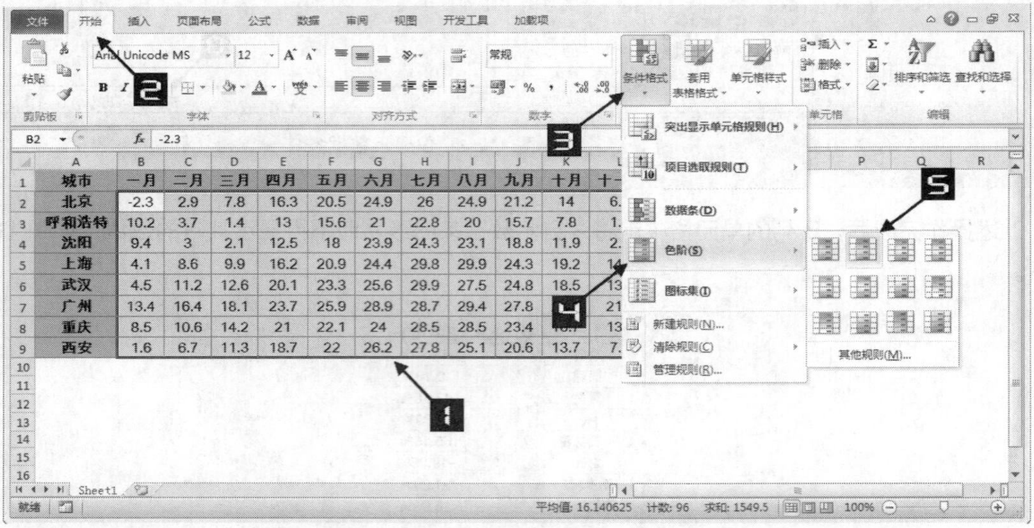

图 118-2　设置色阶

上述操作完成后，数据表格当中就会显示不同的颜色，并且根据数值的大小依次按照红色→黄色→绿色的顺序显示过渡渐变，如图 118-3 所示。通过这些颜色的显示，可以非常直观地展现数据分布和规律，可以非常明显地了解到第 5～8 行的城市夏季温度和持续长度明显高于第 3、4 行的城市。

参考图 117-4 的操作方法可以进入条件格式的【编辑格式规则】对话框，如图 118-4 所示，在其中可以看到颜色分布的规则。例如【红-黄-绿色阶】默认情况下，最大值显示红色，最小值显示绿色，中间值显示黄色，也可以根据实际需求，在这里调整数值和颜色的对应关系。

| 城市 | 一月 | 二月 | 三月 | 四月 | 五月 | 六月 | 七月 | 八月 | 九月 | 十月 | 十一月 | 十二月 |
|---|---|---|---|---|---|---|---|---|---|---|---|---|
| 北京 | -2.3 | 2.9 | 7.8 | 16.3 | 20.5 | 24.9 | 26 | 24.9 | 21.2 | 14 | 6.4 | -0.5 |
| 呼和浩特 | 10.2 | 3.7 | 1.4 | 13 | 15.6 | 21 | 22.8 | 20 | 15.7 | 7.8 | 1.1 | 5.9 |
| 沈阳 | 9.4 | 3 | 2.1 | 12.5 | 18 | 23.9 | 24.3 | 23.1 | 18.8 | 11.9 | 2.2 | -9.2 |
| 上海 | 4.1 | 8.6 | 9.9 | 16.2 | 20.9 | 24.4 | 29.8 | 29.9 | 24.3 | 19.2 | 14.6 | 9.1 |
| 武汉 | 4.5 | 11.2 | 12.6 | 20.1 | 23.3 | 25.6 | 29.9 | 27.5 | 24.8 | 18.5 | 13.9 | 7.3 |
| 广州 | 13.4 | 16.4 | 18.1 | 23.7 | 25.9 | 28.9 | 28.7 | 29.4 | 27.8 | 23.9 | 21.2 | 16.5 |
| 重庆 | 8.5 | 10.6 | 14.2 | 21 | 22.1 | 24 | 28.5 | 28.5 | 23.4 | 16.7 | 13.6 | 9.6 |
| 西安 | 1.6 | 6.7 | 11.3 | 18.7 | 22 | 26.2 | 27.8 | 25.1 | 20.6 | 13.7 | 7.8 | 2.9 |

图 118-3　根据数值大小显示不同的颜色

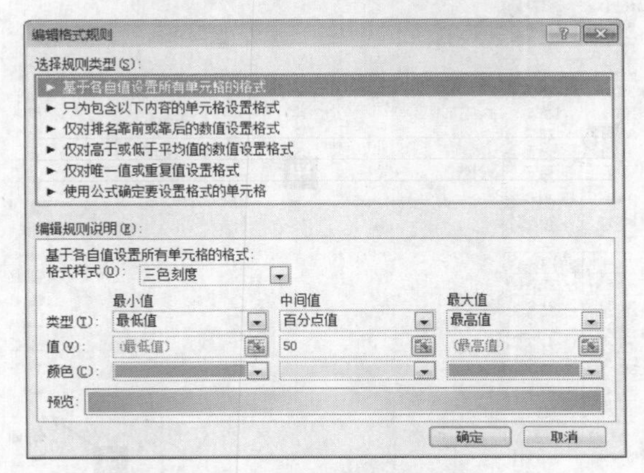


图 118-4　设定颜色规则

## 技巧 119　用图标集标识数据特征

除了用数据条的形式展现数值大小，还可以用条件格式当中的“图标”来展现分段数据，根据不同的数值等级来显示不同的图标图案。

图 119-1 显示了一些 NBA 球员的比赛统计数据，要使用图标的方式来展现数据，可以参考以下方法来操作。

| 球员姓名 | 出场场次 | 出场时间 | 场均得分 |
|---|---|---|---|
| 拉玛库斯-阿尔德里奇 | 81 | 39.2 | 21.8 |
| 德隆-威廉姆斯 | 65 | 37.7 | 20.1 |
| 科比-布莱恩特 | 82 | 33.7 | 25.3 |
| 阿玛雷-斯塔德迈尔 | 79 | 36.6 | 25.3 |
| 德维恩-韦德 | 76 | 37 | 25.5 |
| 勒布朗-詹姆斯 | 79 | 38.6 | 26.7 |
| 凯文-马丁 | 80 | 32.3 | 23.5 |
| 布雷克-格里芬 | 82 | 37.4 | 22.5 |
| 丹尼-格兰杰 | 79 | 34.8 | 20.5 |
| 卡梅罗-安东尼 | 77 | 35.4 | 25.6 |
| 埃里克-戈登 | 56 | 37.4 | 22.3 |
| 安德里亚-巴尼亚尼 | 66 | 35.4 | 21.4 |
| 德怀特-霍华德 | 78 | 37.4 | 22.8 |
| 拉塞尔-威斯布鲁克 | 82 | 34.5 | 21.9 |
| 凯文-杜兰特 | 78 | 38.8 | 27.7 |
| 蒙塔-艾利斯 | 80 | 40.1 | 24.1 |
| 凯文-乐福 | 73 | 35.4 | 20.2 |
| 布鲁克-洛佩斯 | 82 | 34.9 | 20.4 |
| 德里克-罗斯 | 81 | 37.2 | 25 |
| 德克-诺维茨基 | 73 | 34.2 | 23 |

图 119-1　球员比赛统计数据

选定 B2:B21 单元格区域，在【开始】选项卡中依次单击【条件格式】→【图标集】，在展开的图标集样式列表中选取一种样式，例如【3 个星形】，操作过程如图 119-2 所示。

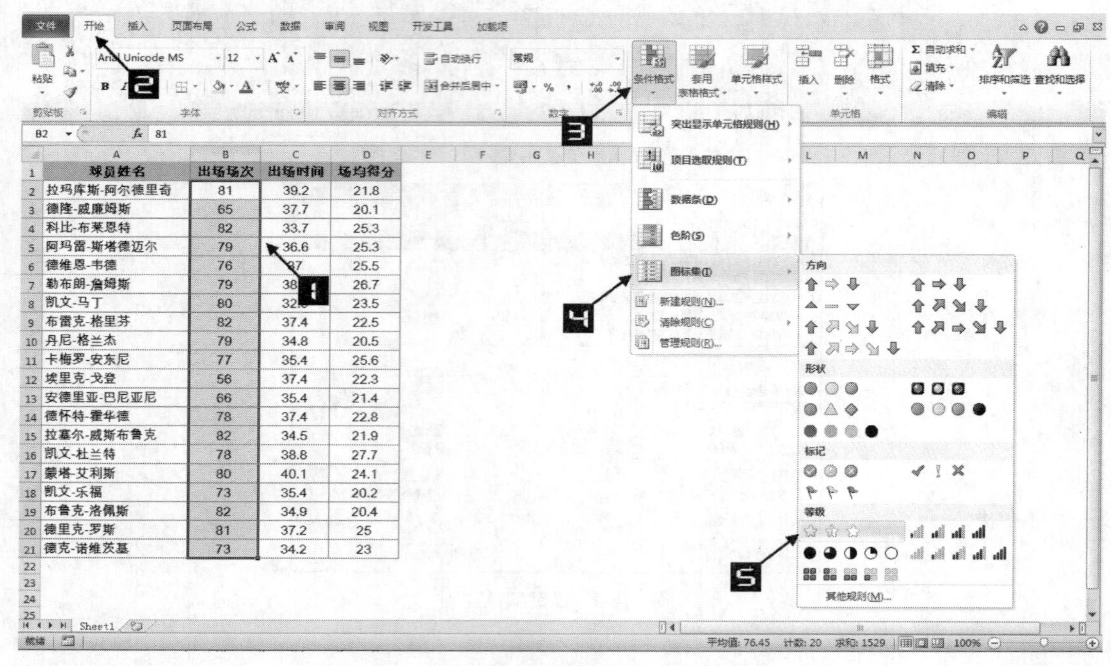


图 119-2　用图标集展现数据

上述操作完成后，B 列会根据数据大小的不同级别，分别显示不同的星型图案，如图 119-3 所示。

与此类似，还可以为 C 列和 D 列数据设置不同的图标集展现方式，例如分别选择"五象限图"和"四等级"以后的表格如图 119-4 所示。

| | A | B | C | D |
|---|---|---|---|---|
| 1 | 球员姓名 | 出场场次 | 出场时间 | 场均得分 |
| 2 | 拉玛库斯-阿尔德里奇 | 81 | 39.2 | 21.8 |
| 3 | 德隆-威廉姆斯 | 65 | 37.7 | 20.1 |
| 4 | 科比-布莱恩特 | 82 | 33.7 | 25.3 |
| 5 | 阿玛雷-斯塔德迈尔 | 79 | 36.6 | 25.3 |
| 6 | 德维恩-韦德 | 76 | 37 | 25.5 |
| 7 | 勒布朗-詹姆斯 | 79 | 38.6 | 26.7 |
| 8 | 凯文-马丁 | 80 | 32.3 | 23.5 |
| 9 | 布雷克-格里芬 | 82 | 37.4 | 22.5 |
| 10 | 丹尼-格兰杰 | 79 | 34.8 | 20.5 |
| 11 | 卡梅罗-安东尼 | 77 | 35.4 | 25.6 |
| 12 | 埃里克-戈登 | 56 | 37.4 | 22.3 |
| 13 | 安德里亚-巴尼亚尼 | 66 | 35.4 | 21.4 |
| 14 | 德怀特-霍华德 | 78 | 37.4 | 22.8 |
| 15 | 拉塞尔-威斯布鲁克 | 82 | 34.5 | 21.9 |
| 16 | 凯文-杜兰特 | 78 | 38.8 | 27.7 |
| 17 | 蒙塔-艾利斯 | 80 | 40.1 | 24.1 |
| 18 | 凯文-乐福 | 73 | 35.4 | 20.2 |
| 19 | 布鲁克-洛佩斯 | 82 | 34.9 | 20.4 |
| 20 | 德里克-罗斯 | 81 | 37.2 | 25 |
| 21 | 德克-诺维茨基 | 73 | 34.2 | 23 |

图 119-3　通过星型展现不同的数据等级

| | A | B | C | D |
|---|---|---|---|---|
| 1 | 球员姓名 | 出场场次 | 出场时间 | 场均得分 |
| 2 | 拉玛库斯-阿尔德里奇 | 81 | 39.2 | 21.8 |
| 3 | 德隆-威廉姆斯 | 65 | 37.7 | 20.1 |
| 4 | 科比-布莱恩特 | 82 | 33.7 | 25.3 |
| 5 | 阿玛雷-斯塔德迈尔 | 79 | 36.6 | 25.3 |
| 6 | 德维恩-韦德 | 76 | 37 | 25.5 |
| 7 | 勒布朗-詹姆斯 | 79 | 38.6 | 26.7 |
| 8 | 凯文-马丁 | 80 | 32.3 | 23.5 |
| 9 | 布雷克-格里芬 | 82 | 37.4 | 22.5 |
| 10 | 丹尼-格兰杰 | 79 | 34.8 | 20.5 |
| 11 | 卡梅罗-安东尼 | 77 | 35.4 | 25.6 |
| 12 | 埃里克-戈登 | 56 | 37.4 | 22.3 |
| 13 | 安德里亚-巴尼亚尼 | 66 | 35.4 | 21.4 |
| 14 | 德怀特-霍华德 | 78 | 37.4 | 22.8 |
| 15 | 拉塞尔-威斯布鲁克 | 82 | 34.5 | 21.9 |
| 16 | 凯文-杜兰特 | 78 | 38.8 | 27.7 |
| 17 | 蒙塔-艾利斯 | 80 | 40.1 | 24.1 |
| 18 | 凯文-乐福 | 73 | 35.4 | 20.2 |
| 19 | 布鲁克-洛佩斯 | 82 | 34.9 | 20.4 |
| 20 | 德里克-罗斯 | 81 | 37.2 | 25 |
| 21 | 德克-诺维茨基 | 73 | 34.2 | 23 |

图 119-4　不同的图标集效果

在默认情况下，图标集是以数值的百分比排名来决定不同的图标对应区间的，使用编辑规则功能可以看到规则的具体设置情况，如图 119-5 所示。可以根据实际需求调整其中的分段区间，也可以把分段类型由“百分比”切换成“数值”、“公式”等方式。

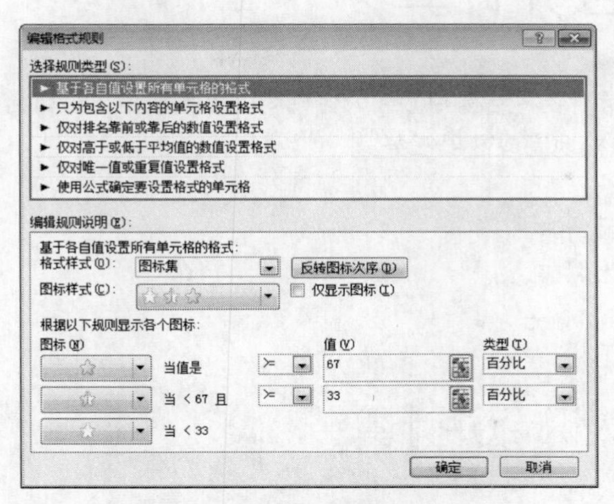


图 119-5　图标集的具体规则设定

**提示！**

与数据条类似，使用图标集显示数据也可以令单元格中只显示图标而不显示具体的数值，只需要在如图 119-5 所示的对话框中勾选【仅显示图标】复选框即可。

# 第 10 章　合并计算

在日常工作中，经常需要将结构相似或内容相同的多张数据表进行合并汇总，使用 Excel 中的“合并计算”功能可以轻松地完成这项任务。

本章要点：

（1）合并计算的基本功能；

（2）合并计算的具体应用。

## 技巧 120　认识合并计算

Excel 的“合并计算”功能可以汇总或合并多个数据源区域中的数据，具体有两种方式：一是按类别合并计算；二是按位置合并计算。

合并计算的数据源区域可以是同一工作表中的不同表格，也可以是同一工作簿中的不同工作表，还可以是不同工作簿中的表格。

下面分别举例介绍按类别合并和按位置合并。

1．按类别合并

在图 120-1 中有两张结构相同的数据表“表一”和“表二”，利用合并计算可以轻松地将这两张表进行合并汇总，具体步骤如下。

**Step 1**　选中 B10 单元格作为合并计算后结果的存放起始位置，在【数据】选项卡中单击【合并计算】命令按钮，打开【合并计算】对话框，计算函数使用默认的“求和”方式，如图 120-1 所示。

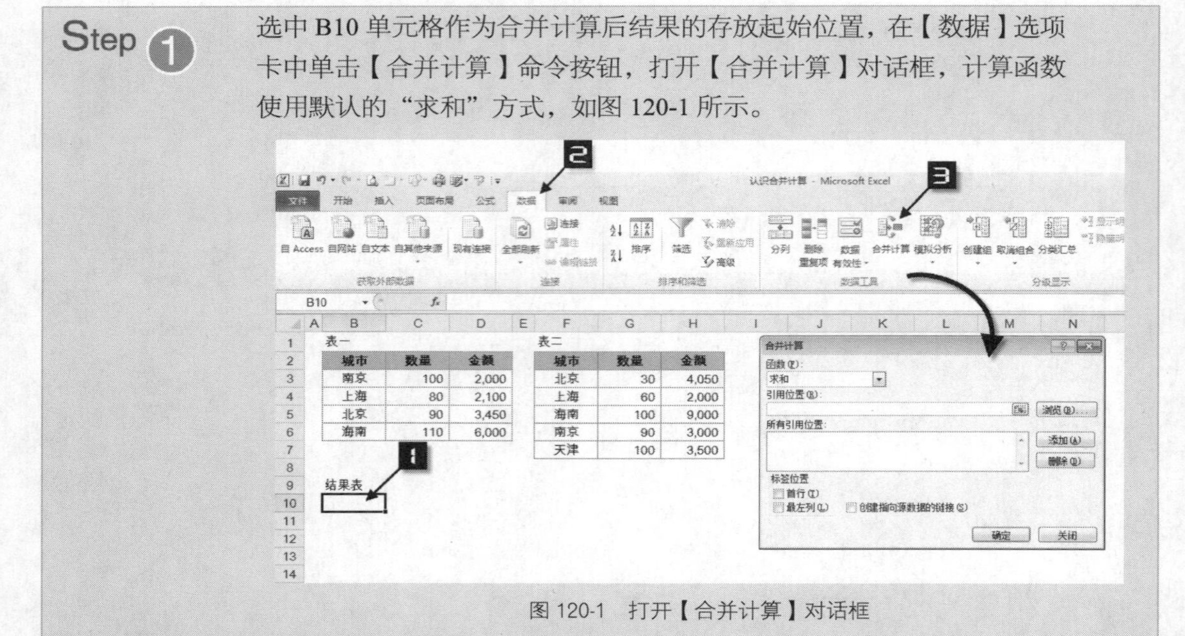


图 120-1　打开【合并计算】对话框

**Step 2**　激活【合并计算】对话框中【引用位置】的编辑框，选中“表一”的 B2:D6 单元格区域，然后单击【添加】按钮，所引用的单元格区域地址会出现在【所有引用位置】列表框中。使用同样的方法将“表二”的 F2:H7 单元格区域添加到【所有引用位置】列表框中。

**Step 3** 依次勾选【首行】和【最左列】复选框，然后单击【确定】按钮，即可生成合并计算“结果表”，如图 120-2 所示。

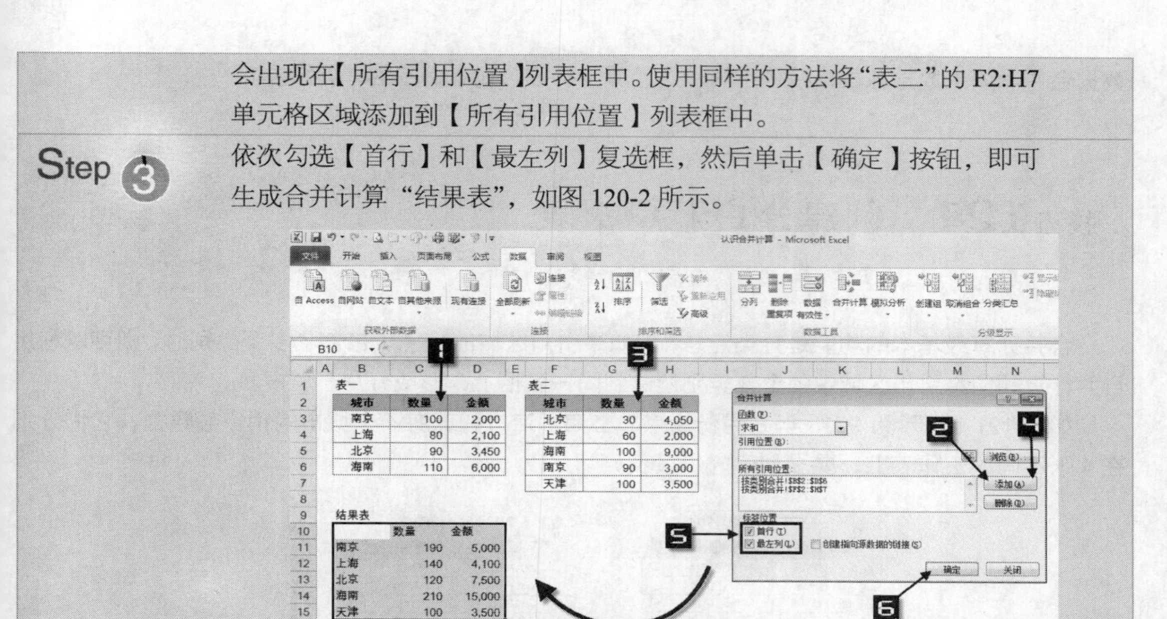


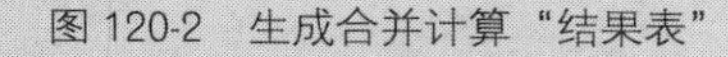
图 120-2　生成合并计算“结果表”

**注意**

（1）在使用按类别合并的功能时，数据源列表必须包含行或列标题，并且在【合并计算】对话框的【标签位置】分组框中勾选相应的复选项。

（2）合并计算过程不能复制数据源表的格式。

2. 按位置合并

合并计算功能，除了可以按类别合并计算外，还可以按数据表的数据位置进行合并计算。如图 120-3 所示的表格，如果在执行合并计算功能时，在“按类别合并”的步骤 3 中取消勾选【标签位置】分组框的【首行】和【最左列】复选项，然后单击【确定】按钮，生成合并后的“结果表”如图 120-3 所示。

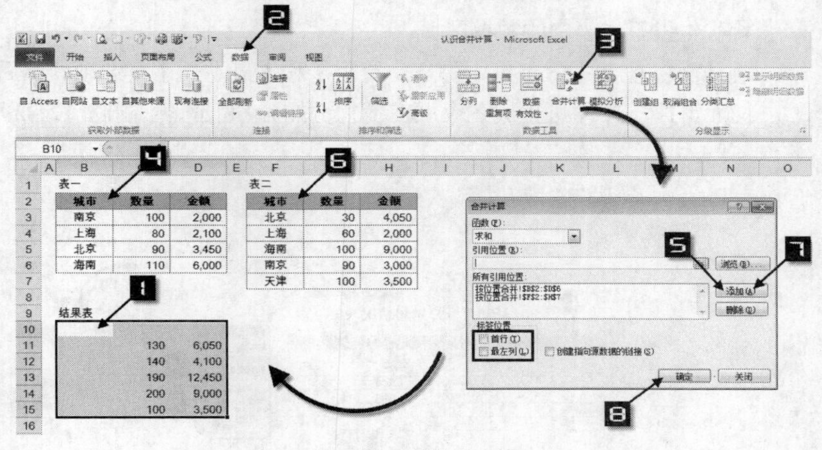


图 120-3　按位置合并

使用按位置合并的方式，Excel 不关心多个数据源表的行列标题内容是否相同，而只是将数据源表格相同位置上的数据进行简单合并计算。这种合并计算多用于数据源表结构完全相同情况下的数据合并。如果数据源表格结构不同，则计算会出错，如本例中的计算结果。

## 技巧 121 创建分户汇总报表

合并计算最基本的功能是分类汇总，但如果引用区域的列字段包含了多个类别时，则可以利用合并计算功能将引用区域中的全部类别汇总到同一表格上，形成分户汇总报表。

如图 121-1 所示为 2013 年 8 月份南京、上海、海口和珠海 4 个城市的销售额数据，它们分别在 4 张不同的工作表上，要求创建分户报表。

图 121-1 4 个城市的销售情况表

运用合并计算功能可以方便地制作出 4 个城市的销售分户汇总报表，具体方法如下：

**Step 1** 在“汇总”工作表中选中 A3 单元格作为结果表的起始单元格，单击【数据】选项卡中的【合并计算】命令按钮，打开【合并计算】对话框，计算函数使用默认的“求和”方式。

**Step 2** 在【所有引用位置】列表框中分别添加“南京”、“上海”、“海口”和“珠海”4 张工作表中的数据区域。

**Step 3** 在【标签位置】分组框中勾选【首行】和【最左列】复选项，然后单击【确定】按钮，即可生成各个城市销售额的分户汇总表，如图 121-2 所示。

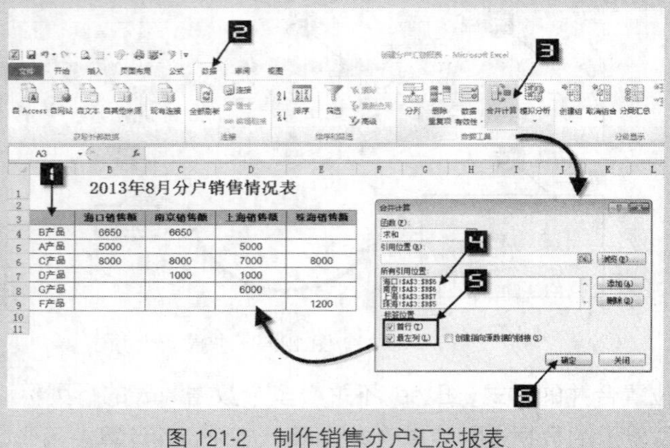


图 121-2 制作销售分户汇总报表

要利用合并计算创建分户报表，计算列的标题名称不能相同，如本例中，各计算列标题分别被命名为“海口销售额”、“南京销售额”等，如果计算列标题相同，如都为“销售额”，则合并计算时将会汇总成一列，不能实现创建分户报表。

## 技巧 122　包含多个分类字段的合并计算

通常情况下，合并计算只能对最左列的分类字段的数据表进行合并计算，但在实际工作中，数据源表中可能包含多个分类字段。如图 122-1 所示，报表的前两列分别为“品种”和“规格型号”两个文本型分类字段。对于这样的数据表，不能用通常的合并计算操作来完成，而要借助一些辅助操作，具体操作步骤如下：

**2013年8月份销售情况表**

| 品种 | 规格型号 | 南京销售额 |
| --- | --- | --- |
| B产品 | 20M | 6650 |
| C产品 | 10M | 8000 |
| D产品 | 5M | 1000 |

汇总　南京　上海　海口　珠海

图 122-1　包含多个分类项目的数据表

单击“南京”工作表标签，按住<Shift>键，然后单击“珠海”工作表标签，同时选中“南京”至“珠海”4 张工作表。松开<Shift>键，在“南京”工作表的 A 列前插入一个空列，在 A3 单元格输入公式：

```
=B3&","&C3
```

复制 A3 单元格，并向下填充公式至 A9 单元格。新增加的列为辅助列，合并了源数据表中前两列的文字信息。

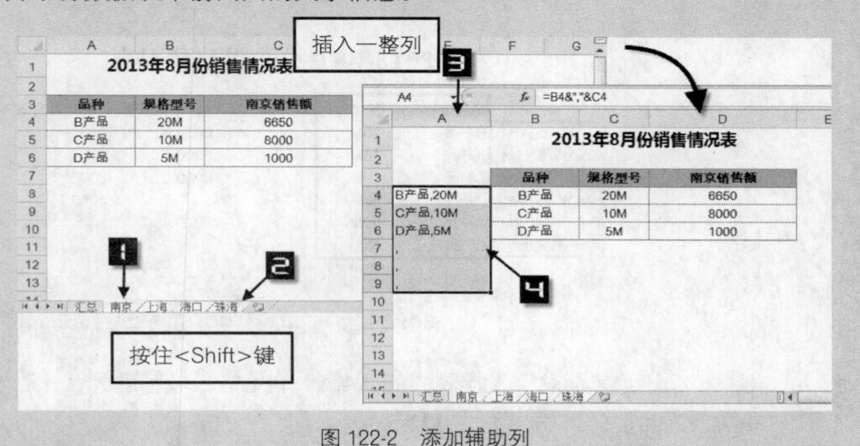


图 122-2　添加辅助列

**Step 2** 选中“汇总”工作表的 A3 单元格，在【数据】选项卡中单击的【合并计算】命令按钮，打开【合并计算】对话框。在【函数】下拉列表中保持默认的“求和”，在【引用位置】栏中分别选取添加“南京”工作表的 A3:D6 单元格区域、“上海”工作表的 A3:D7 单元格区域、“海口”工作表的 A3:D6 单元格区域和“珠海”工作表的 A3:D5 单元格区域，在【标签位置】分组框中勾选【首行】和【最左列】复选框，然后单击【确定】按钮得到初步合并计算结果，如图 122-3 所示。

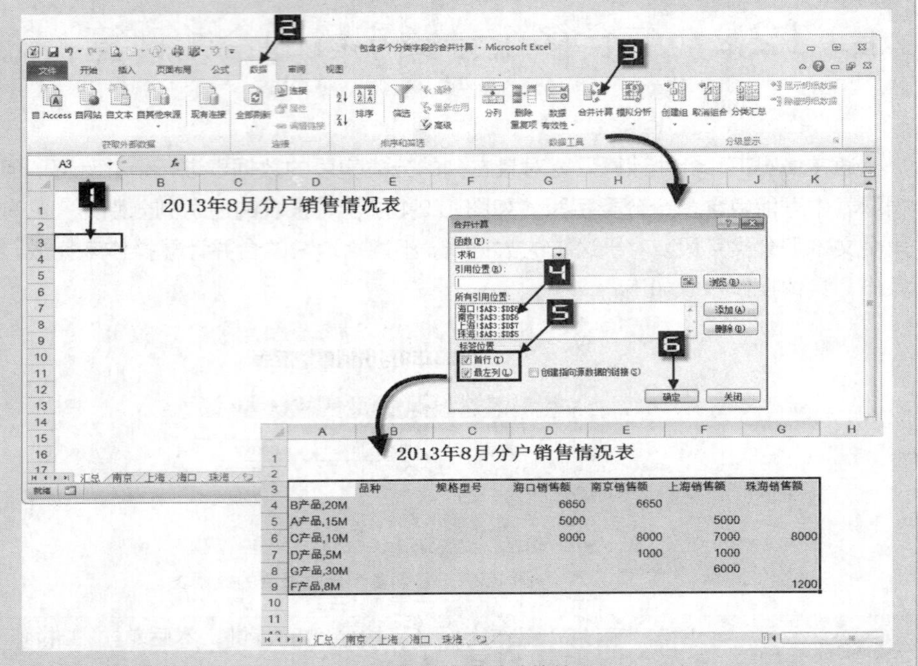


图 122-3　初步合并计算结果

**Step 3** 选中汇总表中的 A4:A9 单元格区域，利用“分列”功能，按“逗号”对“品种”和“规格型号”进行分列，如图 122-4 所示，具体的分列方法请参阅技巧 37。

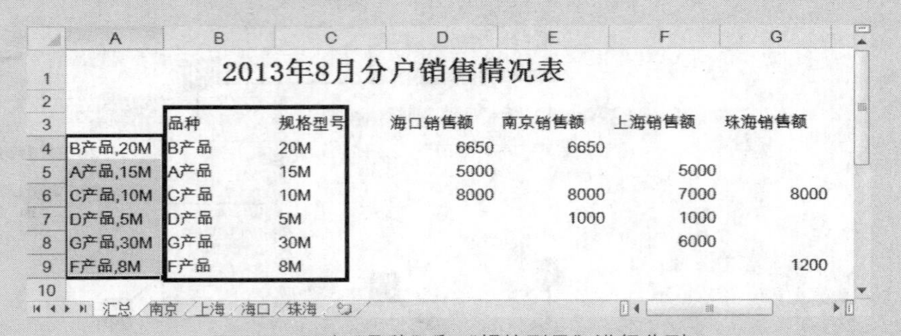

2013年8月分户销售情况表

| | 品种 | 规格型号 | 海口销售额 | 南京销售额 | 上海销售额 | 珠海销售额 |
|---|---|---|---|---|---|---|
| B产品,20M | B产品 | 20M | 6650 | 6650 | | |
| A产品,15M | A产品 | 15M | 5000 | | 5000 | |
| C产品,10M | C产品 | 10M | 8000 | 8000 | 7000 | 8000 |
| D产品,5M | D产品 | 5M | | 1000 | 1000 | |
| G产品,30M | G产品 | 30M | | | 6000 | |
| F产品,8M | F产品 | 8M | | | | 1200 |

图 122-4　对“品种”和“规格型号”进行分列

**Step 4** 删除“汇总”工作表中的 A4:A9 单元格区域辅助列，并对表格进行必要的美化，结果如图 122-5 所示。

| | A | B | C | D | E | F |
|---|---|---|---|---|---|---|
| 1 | 2013年8月分户销售情况表 | | | | | |
| 2 | | | | | | |
| 3 | 品种 | 规格型号 | 海口销售额 | 南京销售额 | 上海销售额 | 珠海销售额 |
| 4 | B产品 | 20M | 6650 | 6650 | | |
| 5 | A产品 | 15M | 5000 | | 5000 | |
| 6 | C产品 | 10M | 8000 | 8000 | 7000 | 8000 |
| 7 | D产品 | 5M | | 1000 | 1000 | |
| 8 | G产品 | 30M | | | 6000 | |
| 9 | F产品 | 8M | | | | 1200 |
| 10 | | | | | | |

汇总 / 南京 / 上海 / 海口 / 珠海

图 122-5　最后结果报表

# 技巧 123　多工作表筛选不重复值

从多张工作表数据中筛选出不重复值，是数据分析处理过程中经常会遇到的问题，利用合并计算功能可以简便、快捷地解决这类问题。

如图 123-1 所示，工作表“1”、“2”、“3”和“4”的 A 列各有一批编号，现要在“汇总”工作表中将这 4 张工作表中不重复的编号全部找到并列示出来。

工作表“1”：

| | A |
|---|---|
| 1 | 编号 |
| 2 | M564227 |
| 3 | M576958 |
| 4 | M889736 |
| 5 | M849667 |
| 6 | M338474 |
| 7 | M849667 |
| 8 | M849667 |
| 9 | M849667 |
| 10 | M849667 |
| 11 | M794556 |
| 12 | M596621 |
| 13 | M366519 |
| 14 | M366520 |
| 15 | M366521 |
| 16 | M366522 |
| 17 | M849667 |
| 18 | M849667 |
| 19 | M849667 |
| 20 | M849667 |
| 21 | M849668 |
| 22 | |

工作表“2”：

| | A |
|---|---|
| 1 | 编号 |
| 2 | M744526 |
| 3 | M179126 |
| 4 | M345013 |
| 5 | M91924 |
| 6 | M989716 |
| 7 | M103699 |
| 8 | M696659 |
| 9 | M544846 |
| 10 | M525965 |
| 11 | M103699 |
| 12 | M103699 |
| 13 | M103699 |
| 14 | M103699 |
| 15 | M849667 |
| 16 | M683853 |
| 17 | M573798 |
| 18 | M103699 |
| 19 | M103699 |
| 20 | M103700 |
| 21 | M103701 |
| 22 | |

工作表“3”：

| | A |
|---|---|
| 1 | 编号 |
| 2 | M815677 |
| 3 | M103699 |
| 4 | M103699 |
| 5 | M103699 |
| 6 | M880434 |
| 7 | M134579 |
| 8 | M37346 |
| 9 | M649651 |
| 10 | M849667 |
| 11 | M649653 |
| 12 | M649651 |
| 13 | M649651 |
| 14 | M103699 |
| 15 | M103699 |
| 16 | M649651 |
| 17 | M649651 |
| 18 | M649651 |
| 19 | M103699 |
| 20 | M103699 |
| 21 | M649651 |
| 22 | |

工作表“4”：

| | A |
|---|---|
| 1 | 编号 |
| 2 | M615780 |
| 3 | M799361 |
| 4 | M234441 |
| 5 | M686024 |
| 6 | M174589 |
| 7 | M535521 |
| 8 | M535521 |
| 9 | M535521 |
| 10 | M435663 |
| 11 | M370888 |
| 12 | M992779 |
| 13 | M535521 |
| 14 | M535521 |
| 15 | M535521 |
| 16 | M777261 |
| 17 | M849667 |
| 18 | M110394 |
| 19 | M110395 |
| 20 | M110396 |
| 21 | M110397 |
| 22 | |

图 123-1　多表页数据表

合并计算的按类别求和功能不能对不包含任何数值数据的数据区域进行合并操作，但只要选择合并的区域内包含有一个数值即可进行合并计算的相关操作，利用这一特性，可在源表中添加辅助数据来实现多表筛选不重复值的目的，具体步骤如下。

**Step 1**　在工作表“1”的 B2 单元格内输入任意一个数值，例如“0”。

**Step 2** 选中“汇总”工作表中的 A2 单元格作为结果存放的起始单元格，在【数据】选项卡中单击【合并计算】命令按钮，打开【合并计算】对话框。

**Step 3** 在【合并计算】对话框中，保持【函数】组合框中默认的“求和”，在【所有引用位置】列表框中分别选取添加工作表“1”、“2”、“3”、“4”的 A2:B21 单元格区域，在【标签位置】分组框中只勾选【最左列】复选框，单击【确定】按钮，操作过程如图 123-2 所示。

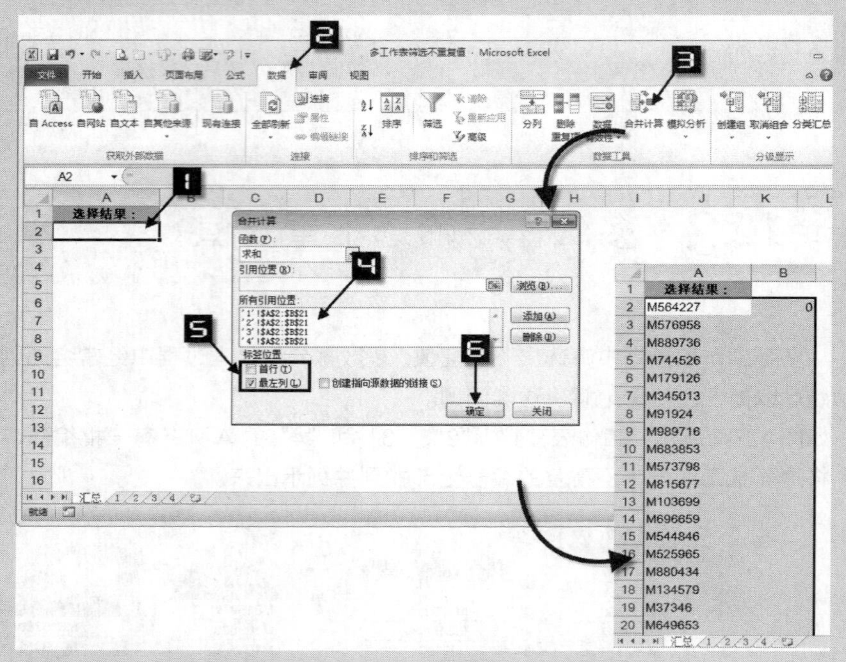

图 123-2　选择合并计算区域

**Step 4** 删除 B2 单元格中添加的辅助数据所产生的汇总数据“0”，完成设置，如图 123-3 所示。

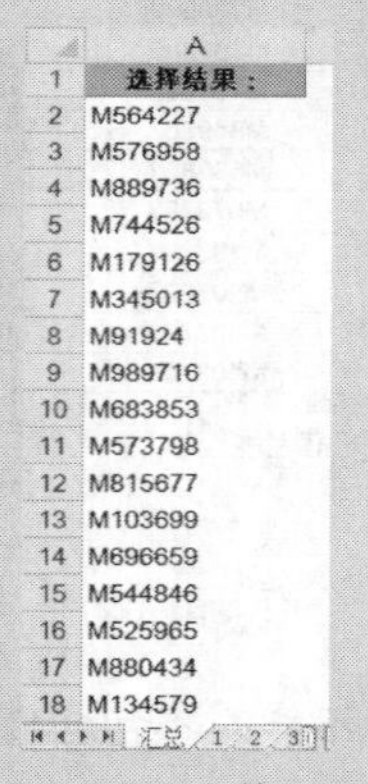

图 123-3　选取出的不重复值

参照此方法，对于源数据为数值型数据的数据源表也同样可以筛选出不重复值。此外，该方法不仅适用于多表筛选不重复数据，对于同一工作表内的多个数据区域以及单个数据区域内的不重复数据筛选也同样适用。

# 技巧 124 利用合并计算核对文本型数据

如果需要核对如图 124-1 所示的两组文本数据，由于数据表中只包含了文本字段“姓名”的数据，不包含数值数据，所以不能直接使用“合并计算”功能对其进行操作，但也可以通过一些辅助手段来实现最终的目的，具体步骤如下。

**Step 1** 将新旧数据表中的“姓名”列分别复制到 B3:B11 和 E3:E13 单元格区域，并分别添加列标题“旧表”和“新表”，如图 124-1 所示。

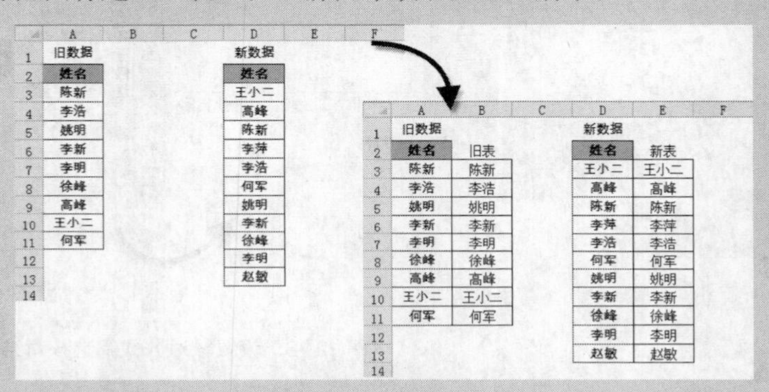


图 124-1 添加辅助列

**Step 2** 选中 A16 单元格作为存放结果表的起始位置，在【数据】选项卡中单击【合并计算】命令按钮，打开【合并计算】对话框。

**Step 3** 在【合并计算】对话框中的【函数】组合框中选择【计数】统计方式。

**Step 4** 在【所有引用位置】列表框中分别添加旧数据表的 A2:B11 区域地址和新数据表的 D2:E13 区域地址，在【标签位置】分组框中同时勾选【首行】和【最左列】复选框，然后单击【确定】按钮，如图 124-2 所示。

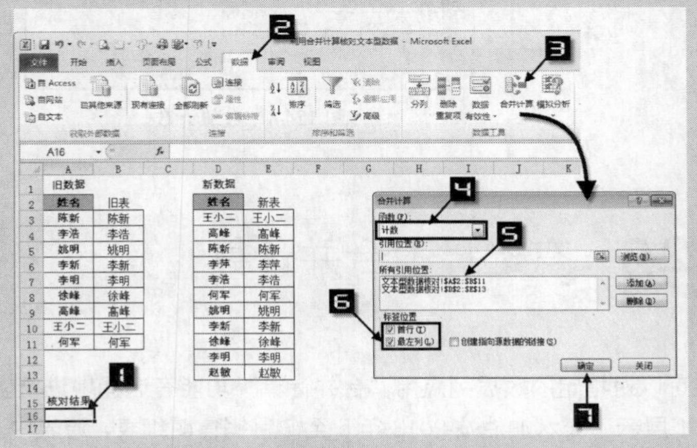


图 124-2 文本型数据核对操作步骤之一

**Step 5** 为进一步显示出新旧数据的不同之处，可在 D17 单元格输入公式：

```
=N(B17<>C17)
```

并复制公式向下填充至 D27 单元格。

**Step 6** 借助“自动筛选”功能即可得到新旧数据的差异对比结果，如图 124-3 所示。

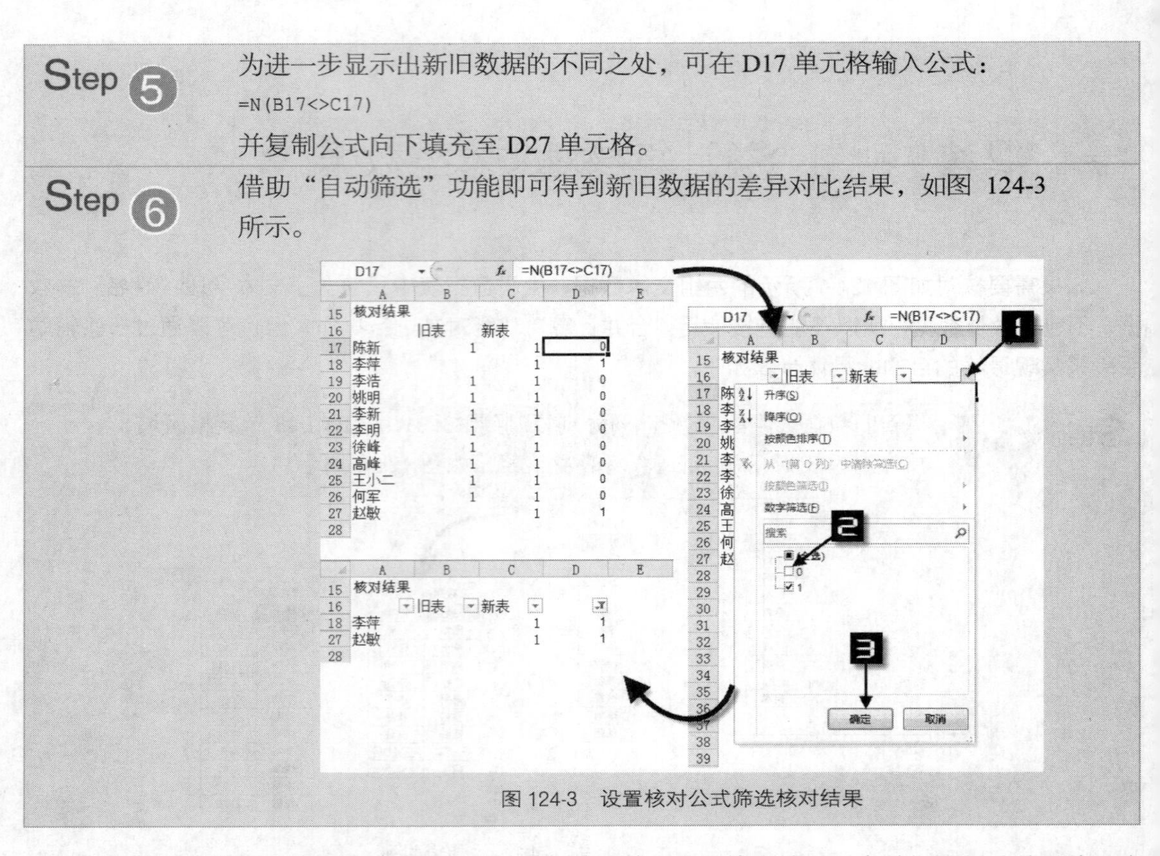

图 124-3　设置核对公式筛选核对结果

本例运用了合并计算中统计方式为“计数”的运算，该运算支持对文本数据进行计数运算。请注意它与“数值计数”的区别，如图 124-4 所示。“计数”适用于数值和文本数据计数，而“数值计数”仅适用于数值型数据计数。

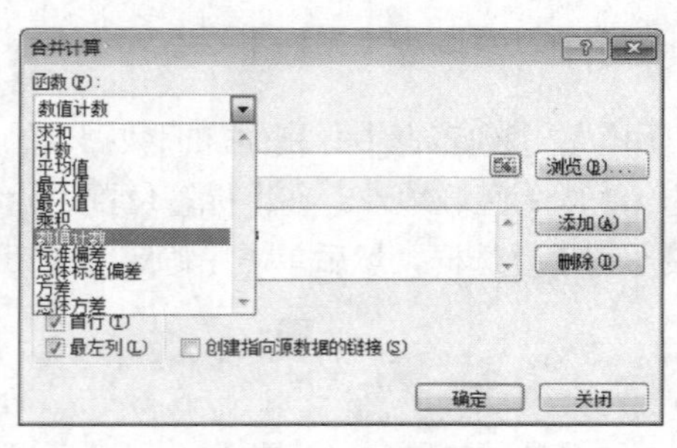

图 124-4　数值计数

## 技巧 125　有选择地合并计算

用户还可以对指定的数据列应用“合并计算”功能有选择地进行多表汇总。

图 125-1 展示了天水加油站 2013 年 5 至 7 月销售明细表，源表中“销售金额”与“销售数量”两列之间包含有其他文本型数据列，如果希望汇总 5 月至 7 月每天的 0 号柴油的“销售金额”和“销

售数量"，"合并计算"功能仍然可以有选择地进行计算，具体步骤如下。

5月（部分可见）：

| | A | B | C | D | E | F | G |
|---|---|---|---|---|---|---|---|
| 1 | 日期 | 售达方 | 实际客户名称 | 销售数量 | 物料 | 物料号码 | 销售金额 |
| 2 | 2013-5-1 | 88580206 | 南京天水加油站 | 37,375.55 | 70000679 | 0号柴油 | 324,405.00 |
| 3 | 2013-5-1 | 88580206 | 南京天水加油站 | 5,879.30 | 70000679 | 0号柴油 | 50,890.00 |
| 4 | 2013-5-1 | | | | | | |
| 5 | 2013-5-1 | | | | | | |
| 6 | 2013-5-1 | | | | | | |
| 7 | 2013-5-2 | | | | | | |
| 8 | 2013-5-2 | | | | | | |
| 9 | 2013-5-2 | | | | | | |
| 10 | 2013-5-2 | | | | | | |
| 11 | 2013-5-2 | | | | | | |
| 12 | 2013-5-3 | | | | | | |
| 13 | 2013-5-3 | | | | | | |
| 14 | 2013-5-3 | | | | | | |
| 15 | 2013-5-3 | | | | | | |
| 16 | 2013-5-3 | | | | | | |
| 17 | 2013-5-3 | | | | | | |
| 18 | 2013-5-4 | | | | | | |
| 19 | 2013-5-4 | | | | | | |
| 20 | 2013-5-4 | | | | | | |

6月（部分可见）：

| | A | B | C | D | E | F | G |
|---|---|---|---|---|---|---|---|
| 1 | 日期 | 售达方 | 实际客户名称 | 销售数量 | 物料 | 物料号码 | 销售金额 |
| 2 | 2013-6-1 | 88580206 | 南京天水加油站 | 3,657.10 | 70000679 | 0号柴油 | 31,667.76 |
| 3 | 2013-6-1 | 88580206 | 南京天水加油站 | 4,347.72 | 70000679 | 0号柴油 | 37,596.00 |
| 4 | 2013-6-1 | 8858 | | | | | |
| 5 | 2013-6-1 | 8858 | | | | | |
| 6 | 2013-6-1 | 8858 | | | | | |
| 7 | 2013-6-2 | 8858 | | | | | |
| 8 | 2013-6-2 | 8858 | | | | | |
| 9 | 2013-6-3 | 8858 | | | | | |
| 10 | 2013-6-3 | 8858 | | | | | |
| 11 | 2013-6-4 | 8858 | | | | | |
| 12 | 2013-6-4 | 8858 | | | | | |
| 13 | 2013-6-5 | 8858 | | | | | |
| 14 | 2013-6-5 | 8858 | | | | | |
| 15 | 2013-6-5 | 8858 | | | | | |
| 16 | 2013-6-5 | 8858 | | | | | |
| 17 | 2013-6-5 | 8858 | | | | | |
| 18 | 2013-6-5 | 8858 | | | | | |
| 19 | 2013-6-5 | 8858 | | | | | |
| 20 | 2013-6-5 | 8858 | | | | | |

7月：

| | A | B | C | D | E | F | G |
|---|---|---|---|---|---|---|---|
| 1 | 日期 | 售达方 | 实际客户名称 | 销售数量 | 物料 | 物料号码 | 销售金额 |
| 2 | 2013-7-1 | 88580206 | 南京天水加油站 | 498.30 | 70000679 | 0号柴油 | 4,314.00 |
| 3 | 2013-7-1 | 88580206 | 南京天水加油站 | 27,323.45 | 70000679 | 0号柴油 | 234,577.00 |
| 4 | 2013-7-1 | 88580206 | 南京天水加油站 | 12,789.70 | 70000679 | 0号柴油 | 110,110.00 |
| 5 | 2013-7-1 | 88580206 | 南京天水加油站 | 9,135.50 | 70000679 | 0号柴油 | 78,760.00 |
| 6 | 2013-7-1 | 88580206 | 南京天水加油站 | 2,491.50 | 70000679 | 0号柴油 | 21,510.00 |
| 7 | 2013-7-1 | 88580206 | 南京天水加油站 | 16,443.90 | 70000679 | 0号柴油 | 141,174.00 |
| 8 | 2013-7-1 | 88580206 | 南京天水加油站 | 1,079.65 | 70000679 | 0号柴油 | 9,295.00 |
| 9 | 2013-7-1 | 88580206 | 南京天水加油站 | 5,149.10 | 70000679 | 0号柴油 | 44,392.00 |
| 10 | 2013-7-1 | 88580206 | 南京天水加油站 | 2,076.25 | 70000679 | 0号柴油 | 17,925.00 |
| 11 | 2013-7-1 | 88580206 | 南京天水加油站 | 1,079.65 | 70000679 | 0号柴油 | 9,334.00 |
| 12 | 2013-7-2 | 88580206 | 南京天水加油站 | 37,372.50 | 70000679 | 0号柴油 | 320,850.00 |
| 13 | 2013-7-2 | 88580206 | 南京天水加油站 | 3,072.85 | 70000679 | 0号柴油 | 26,529.00 |
| 14 | 2013-7-2 | 88580206 | 南京天水加油站 | 4,983.00 | 70000679 | 0号柴油 | 42,960.00 |
| 15 | 2013-7-2 | 88580206 | 南京天水加油站 | 22,174.35 | 70000679 | 0号柴油 | 190,905.00 |
| 16 | 2013-7-2 | 88580206 | 南京天水加油站 | 9,966.00 | 70000679 | 0号柴油 | 85,680.00 |
| 17 | 2013-7-2 | 88580206 | 南京天水加油站 | 9,135.50 | 70000679 | 0号柴油 | 78,540.00 |
| 18 | 2013-7-2 | 88580206 | 南京天水加油站 | 1,494.90 | 70000679 | 0号柴油 | 12,942.00 |
| 19 | 2013-7-2 | 88580206 | 南京天水加油站 | 996.60 | 70000679 | 0号柴油 | 8,616.00 |
| 20 | 2013-7-2 | 88580206 | 南京天水加油站 | 2,740.65 | 70000679 | 0号柴油 | 23,661.00 |

汇总 / 5月 / 6月 / 7月

图 125-1　天水加油站 2013 年 5 至 7 月销售明细表

**Step 1**　在"汇总"工作表的 A1:C1 单元格区域，分别输入所需汇总的列字段名称"日期"、"销售金额"和"销售数量"，然后选中 A1:C1 单元格区域，这是关键的一步。

**Step 2**　在【数据】选项卡中单击【合并计算】按钮，打开【合并计算】对话框。

**Step 3**　在【合并计算】对话框的【所有引用位置】列表框中分别添加 5 月、6 月、7 月工作表数据区域地址：'5 月'!$A$1:$G$104、'6 月'!$A$1:$G$230 和'7 月'!$A$1:$G$321，在【标签位置】分组框中同时勾选【首行】和【最左列】复选框，如图 125-2 所示。

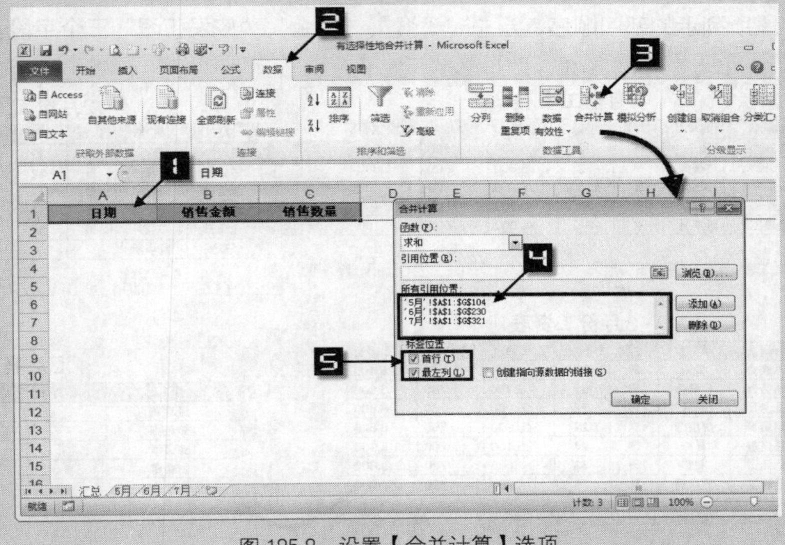


图 125-2　设置【合并计算】选项

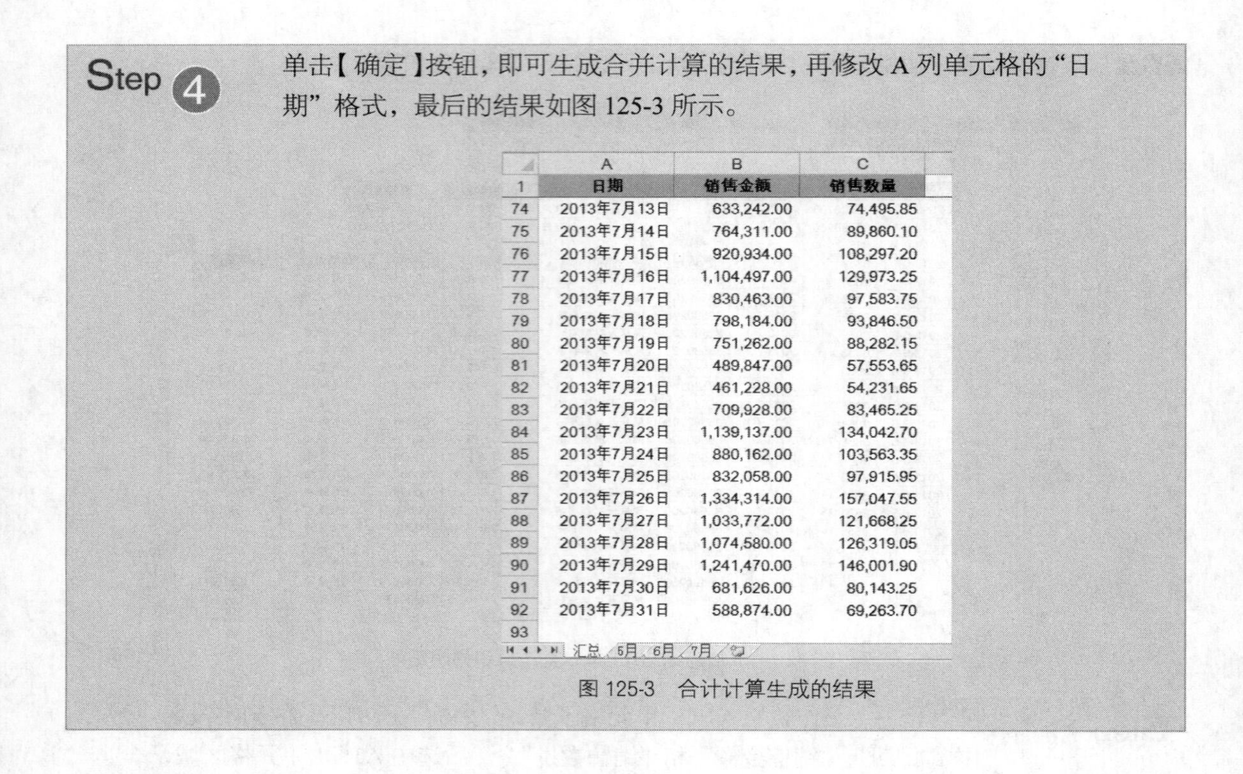

Step 4 单击【确定】按钮，即可生成合并计算的结果，再修改 A 列单元格的“日期”格式，最后的结果如图 125-3 所示。

| | A | B | C |
|---|---|---|---|
| 1 | 日期 | 销售金额 | 销售数量 |
| 74 | 2013年7月13日 | 633,242.00 | 74,495.85 |
| 75 | 2013年7月14日 | 764,311.00 | 89,860.10 |
| 76 | 2013年7月15日 | 920,934.00 | 108,297.20 |
| 77 | 2013年7月16日 | 1,104,497.00 | 129,973.25 |
| 78 | 2013年7月17日 | 830,463.00 | 97,583.75 |
| 79 | 2013年7月18日 | 798,184.00 | 93,846.50 |
| 80 | 2013年7月19日 | 751,262.00 | 88,282.15 |
| 81 | 2013年7月20日 | 489,847.00 | 57,553.65 |
| 82 | 2013年7月21日 | 461,228.00 | 54,231.65 |
| 83 | 2013年7月22日 | 709,928.00 | 83,465.25 |
| 84 | 2013年7月23日 | 1,139,137.00 | 134,042.70 |
| 85 | 2013年7月24日 | 880,162.00 | 103,563.35 |
| 86 | 2013年7月25日 | 832,058.00 | 97,915.95 |
| 87 | 2013年7月26日 | 1,334,314.00 | 157,047.55 |
| 88 | 2013年7月27日 | 1,033,772.00 | 121,668.25 |
| 89 | 2013年7月28日 | 1,074,580.00 | 126,319.05 |
| 90 | 2013年7月29日 | 1,241,470.00 | 146,001.90 |
| 91 | 2013年7月30日 | 681,626.00 | 80,143.25 |
| 92 | 2013年7月31日 | 588,874.00 | 69,263.70 |
| 93 | | | |

汇总 / 5月 / 6月 / 7月

图 125-3　合计计算生成的结果

# 技巧 126　自定义顺序合并计算

合并计算除了允许用户对列字段进行选择性计算，同时还允许对最左列字段的数据项按自定义的方式进行计算。

如图 126-1 所示，要求根据 1、2、3 月的工资表，在“汇总”工作表中的“汇总表”最左列“部门”字段所列示的部门顺序，汇总“工资”、“奖金”、“应发工资”三个字段，具体操作步骤如下。

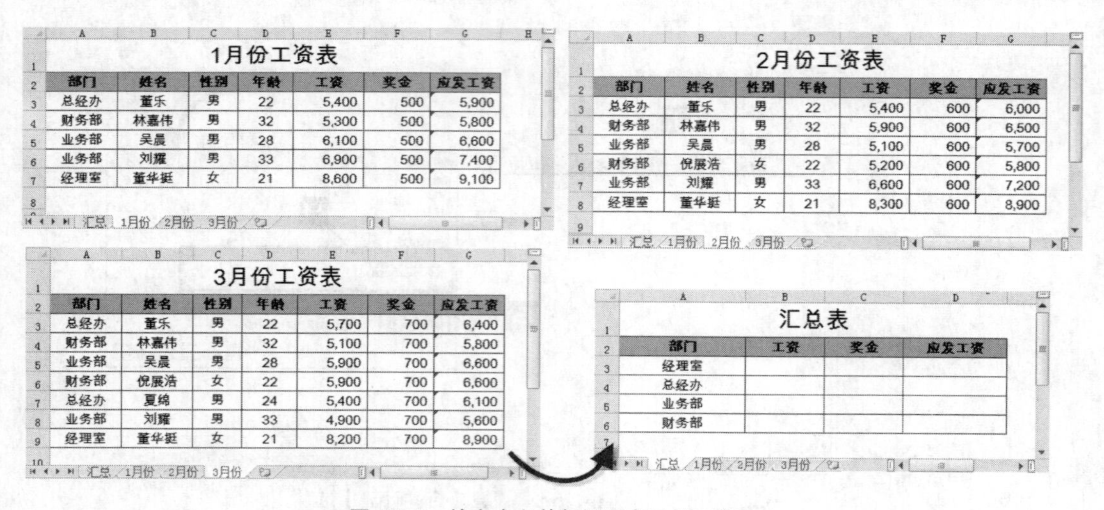

1月份工资表

| 部门 | 姓名 | 性别 | 年龄 | 工资 | 奖金 | 应发工资 |
|---|---|---|---|---|---|---|
| 总经办 | 董乐 | 男 | 22 | 5,400 | 500 | 5,900 |
| 财务部 | 林嘉伟 | 男 | 32 | 5,300 | 500 | 5,800 |
| 业务部 | 吴晨 | 男 | 28 | 6,100 | 500 | 6,600 |
| 业务部 | 刘耀 | 男 | 33 | 6,900 | 500 | 7,400 |
| 经理室 | 董华挺 | 女 | 21 | 8,600 | 500 | 9,100 |

2月份工资表

| 部门 | 姓名 | 性别 | 年龄 | 工资 | 奖金 | 应发工资 |
|---|---|---|---|---|---|---|
| 总经办 | 董乐 | 男 | 22 | 5,400 | 600 | 6,000 |
| 财务部 | 林嘉伟 | 男 | 32 | 5,900 | 600 | 6,500 |
| 业务部 | 吴晨 | 男 | 28 | 5,100 | 600 | 5,700 |
| 财务部 | 倪展浩 | 女 | 22 | 5,200 | 600 | 5,800 |
| 业务部 | 刘耀 | 男 | 33 | 6,600 | 600 | 7,200 |
| 经理室 | 董华挺 | 女 | 21 | 8,300 | 600 | 8,900 |

3月份工资表

| 部门 | 姓名 | 性别 | 年龄 | 工资 | 奖金 | 应发工资 |
|---|---|---|---|---|---|---|
| 总经办 | 董乐 | 男 | 22 | 5,700 | 700 | 6,400 |
| 财务部 | 林嘉伟 | 男 | 32 | 5,100 | 700 | 5,800 |
| 业务部 | 吴晨 | 男 | 28 | 5,900 | 700 | 6,600 |
| 财务部 | 倪展浩 | 女 | 22 | 5,900 | 700 | 6,600 |
| 总经办 | 夏绵 | 男 | 24 | 5,400 | 700 | 6,100 |
| 业务部 | 刘耀 | 男 | 33 | 4,900 | 700 | 5,600 |
| 经理室 | 董华挺 | 女 | 21 | 8,200 | 700 | 8,900 |

汇总表

| 部门 | 工资 | 奖金 | 应发工资 |
|---|---|---|---|
| 经理室 | | | |
| 总经办 | | | |
| 业务部 | | | |
| 财务部 | | | |

图 126-1　按自定义的部门顺序汇总工资表

**Step 1** 在“汇总”工作表中，选中 A2：D6 单元格区域，在【数据】选项卡中单击【合并计算】按钮，打开【合并计算】对话框，保持【函数】组合框中的【求和】计算方式。

**Step 2** 在【所有引用位置】列表框中分别添加“1 月份”、“2 月份”和“3 月份”工作表中的数据区域：'1 月份'!$A$2:$G$7、'2 月份'!$A$2:$G$8 和'3 月份'!$A$2:$G$9。

**Step 3** 在【标签位置】分组框中同时勾选【首行】和【最左列】复选框，单击【确定】按钮，操作步骤如图 126-2 所示。

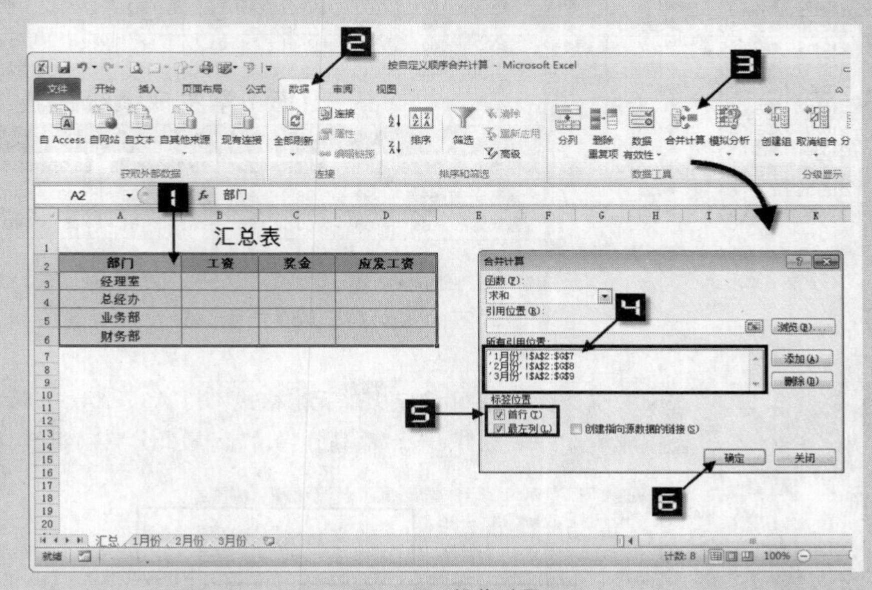


图 126-2　操作过程

生成的汇总结果如图 126-3 所示。

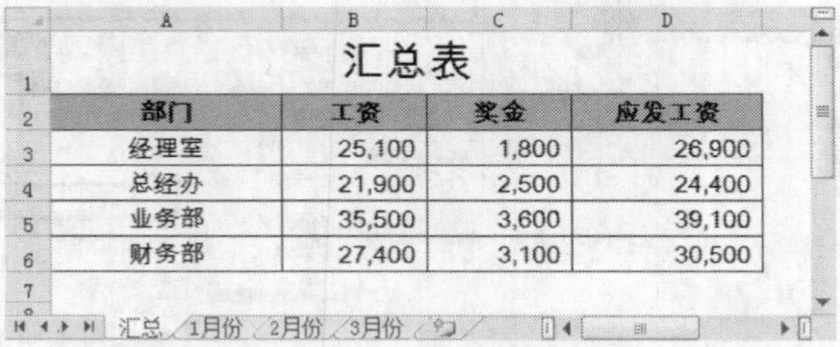

汇总表

| 部门 | 工资 | 奖金 | 应发工资 |
|---|---|---|---|
| 经理室 | 25,100 | 1,800 | 26,900 |
| 总经办 | 21,900 | 2,500 | 24,400 |
| 业务部 | 35,500 | 3,600 | 39,100 |
| 财务部 | 27,400 | 3,100 | 30,500 |

图 126-3　生成的汇总结果

## 技巧 127　在合并计算中使用多种计算方式

通常情况下，对数据源表进行合并计算时，结果数据表中只能使用一种计算方式。而通过适当地设置，分多次执行合并计算，可以实现在合并计算中使用多种计算方式的目的。

图 127-1 所示为高三（5）的学生各科成绩明细表，要求使用“合并计算”功能将各门课的“平均分”、“最高分”和“最低分”在“统计表”工作表中统计出来，具体操作步骤如下：

| | A | B | C | D | E | F | G | H | I | J | K | L | M |
|---|---|---|---|---|---|---|---|---|---|---|---|---|---|
| 1 | 考号 | 班级 | 姓名 | 语文 | 数学 | 英语 | 物理 | 化学 | 生物 | 政治 | 历史 | 地理 | 总分 |
| 27 | 210497 | 高三（5） | 李448 | 74 | 69 | 86 | 70 | 90 | 98 | 82 | 70 | 79 | 718 |
| 28 | 210425 | 高三（5） | 李460 | 66 | 72 | 71 | 89 | 86 | 92 | 66 | 81 | 90 | 713 |
| 29 | 210630 | 高三（5） | 李493 | 69 | 83 | 84 | 81 | 73 | 67 | 75 | 91 | 94 | 717 |
| 30 | 210334 | 高三（5） | 李499 | 99 | 97 | 95 | 68 | 95 | 93 | 73 | 81 | 85 | 786 |
| 31 | 210566 | 高三（5） | 李505 | 85 | 91 | 71 | 67 | 85 | 97 | 65 | 69 | 71 | 701 |
| 32 | 210534 | 高三（5） | 李506 | 96 | 69 | 67 | 90 | 86 | 77 | 81 | 96 | 95 | 757 |
| 33 | 210418 | 高三（5） | 李510 | 76 | 76 | 92 | 69 | 87 | 81 | 96 | 89 | 85 | 751 |
| 34 | 210477 | 高三（5） | 李536 | 99.5 | 80 | 98 | 88 | 86 | 84 | 82 | 80 | 60.5 | 758 |
| 35 | 210392 | 高三（5） | 李543 | 73 | 95 | 79 | 78 | 79 | 92 | 68 | 81 | 82 | 727 |
| 36 | 210510 | 高三（5） | 李572 | 73 | 71 | 66 | 95 | 68 | 89 | 70 | 87 | 82 | 701 |
| 37 | 210419 | 高三（5） | 李587 | 88 | 80 | 80 | 75 | 91 | 93 | 87 | 80 | 74 | 748 |
| 38 | 210363 | 高三（5） | 李608 | | | | | | | | | | |
| 39 | 210554 | 高三（5） | 李617 | | | | | | | | | | |
| 40 | 210277 | 高三（5） | 李651 | | | | | | | | | | |
| 41 | 210293 | 高三（5） | 李695 | | | | | | | | | | |
| 42 | 210394 | 高三（5） | 李697 | | | | | | | | | | |
| 43 | 210260 | 高三（5） | 李719 | | | | | | | | | | |
| 44 | 210183 | 高三（5） | 李723 | | | | | | | | | | |
| 45 | 210233 | 高三（5） | 李729 | | | | | | | | | | |

成绩 / 统计表

高三（5）学生成绩统计表

| 班级 | 语文 | 数学 | 英语 | 物理 | 化学 | 生物 | 政治 | 历史 | 地理 | 总分 |
|---|---|---|---|---|---|---|---|---|---|---|
| 平均分 | 81.76 | 83.05 | 81.07 | 82.48 | 83.25 | 82.48 | 83.27 | 82.57 | 79.67 | 739.59 |
| 最高分 | 99.5 | 99 | 98 | 97 | 98 | 98 | 100 | 98 | 97 | 786 |
| 最低分 | 65 | 65 | 60 | 66 | 68 | 61 | 65 | 60 | 60.5 | 656 |

成绩 / 统计表

图 127-1 统计高三（5）学生成绩

**Step 1** 选中“统计表”，使用自定义单元格格式，将 A3、A4、A5 单元格分别设置成“;;;"平均分"”、“;;;"最高分"”、“;;;"最低分"”，如图 127-2 所示。

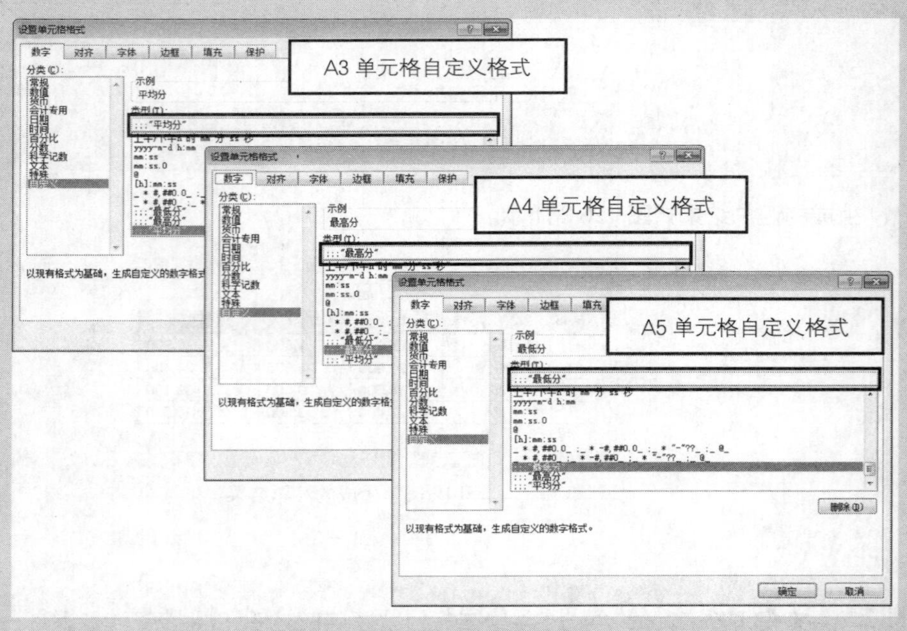


图 127-2 设置自定义单元格格式

**Step 2** 在 A5 单元格中输入“高三（5）”，由于已设置有自定义单元格格式，该单元格中显示为“最低分”。

**Step 3** 选中 A2:K5 单元格区域，在【数据】选项卡中单击【合并计算】按钮，打开【合并计算】对话框，在【函数】组合框中选择【最小值】计算方式。

**Step 4** 在【所有引用位置】列表框中添加“成绩”工作表的数据区域：成绩!$B$1:$M$45。

**Step 5** 在【标签位置】分组框中同时勾选【首行】和【最左列】复选框，然后单击【确定】按钮，生成“最低分”合并计算结果，操作步骤及结果如图 127-3 所示。

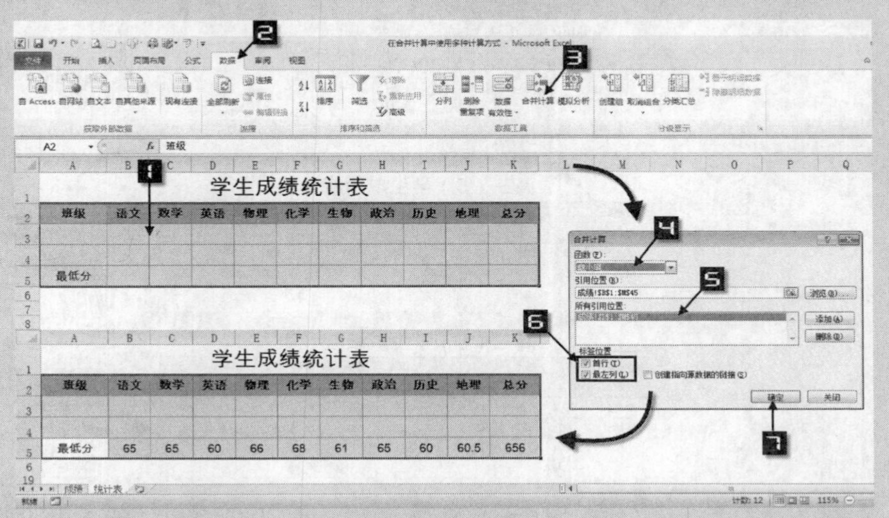


图 127-3　合并计算“最低分”

**Step 6** 在 A4 单元格中输入“高三（5）”字样，由于已设置有自定义单元格格式，该单元格中显示为“最高分”。

**Step 7** 选中 A2:K4 单元格区域，在【数据】选项卡中单击【合并计算】按钮，打开【合并计算】对话框，在【函数】组合框中选择【最大值】计算方式。

**Step 8** 单击【确定】按钮，生成“最高分”合并计算结果，操作步骤及结果如图 127-4 所示。

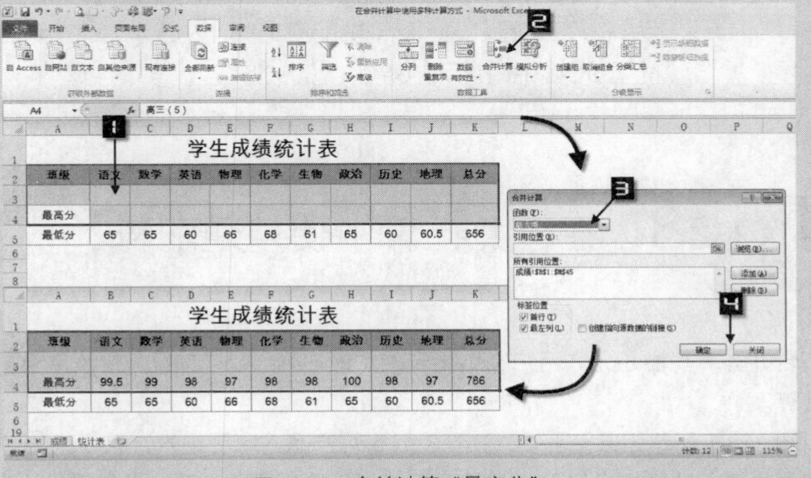


图 127-4　合并计算“最高分”

**Step 9** 在 A3 单元格中输入“高三（5）”字样，由于已设置有自定义单元格格式，该单元格中显示为“平均分”。

**Step 10** 选中 A2:K3 单元格区域，在【数据】选项卡中单击【合并计算】按钮，打开【合并计算】对话框，在【函数】组合框中选择【平均值】计算方式。

**Step 11** 单击【确定】按钮，生成“平均分”合并计算结果，操作步骤及结果如图 127-5 所示。

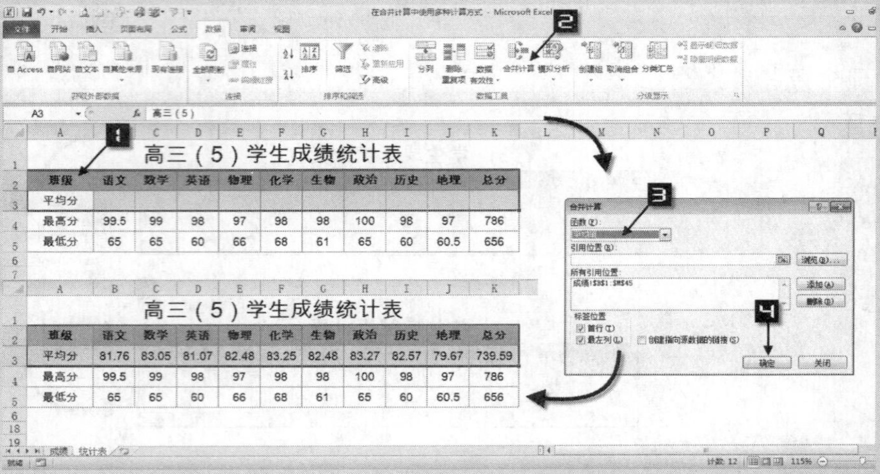

图 127-5　合并计算“平均分”

**提示！**

本例的操作要点如下：

（1）通过逐步缩小合并计算结果区域，使用不同的计算方式，分次进行合并计算。这样可以在一个统计汇总表中反映多个合并计算的结果。

（2）通过设置自定义单元格格式的方法，将原“班级”字段，分别显示为统计汇总的方式。这样既能满足“合并计算”最左列的条件要求，又能显示实际统计汇总方式。

## 技巧 128　在合并计算中使用通配符

合并计算功能还允许用户在结果表的“最左列”或“首行”中使用通配符，以实现模糊条件合并计算。

图 128-1 所示为某企业 2013 年 3 至 5 月产品入库明细表，该表中的“产品名称及规格”字段内容是由产品的类别名称及规格组合而成，名称长短不一致，没有明显的规律。现要求运用“合并

计算”功能对这三个月份的明细表按产品类别对“数量”进行汇总，具体的操作步骤如下。

产品入库明细表

| 日期 | 产品编号 | 产品名称及规格 | 单位 | 入库单单据号 | 数量 |
|---|---|---|---|---|---|
| 2013年3月5日 | 8722200351 | 触发器 CD-7C | 只 | 200903-001824 | 1,200.00 |
| 2013年3月10日 | 83108231 | FSLTG82 E40 投光灯 | 只 | 200903-003128 | 50.00 |
| 2013年3月17日 | 8722200351 | 触发器 CD-7C | 只 | 200903-003130 | 1,500.00 |
| 2013年3月20日 | 834400 | FSLFG400 泛光灯 | 只 | 200904-000328 | 130.00 |
| 2013年3月30日 | 83108131 | FSLTG81 E40 投光灯 | 只 | 200904-000328 | 118.00 |

汇总表　3月　4月　5月

产品入库明细表

| 日期 | 产品编号 | 产品名称及规格 | 单位 | 入库单单据号 | 数量 |
|---|---|---|---|---|---|
| 2013年4月6日 | 83108131 | FSLTG81 E40 投光灯 | 只 | 200904-001471 | 150.00 |
| 2013年4月13日 | 834400 | FSLFG400 泛光灯 | 只 | 200904-002308 | 203.00 |
| 2013年4月20日 | 834200A | FSLFG200-A 泛光灯 | 只 | 200905-001141 | 100.00 |
| 2013年4月30日 | 834301 | FSLFG301 泛光灯 | 只 | 200905-001105 | 200.00 |

汇总表　3月　4月　5月

产品入库明细表

| 日期 | 产品编号 | 产品名称及规格 | 单位 | 入库单单据号 | 数量 |
|---|---|---|---|---|---|
| 2013年5月2日 | 863400 | 高压钠灯镇流器400W | 只 | 200905-002067 | 600.00 |
| 2013年5月8日 | 8641000 | CWA漏磁镇流器1000W | 只 | 200906-000232 | 120.00 |
| 2013年5月10日 | 87512 | 补偿电容 12μF | 只 | 200907-000910 | 300.00 |
| 2013年5月16日 | 834400 | FSLFG400 泛光灯 | 只 | 200907-001346 | 100.00 |
| 2013年5月18日 | 87512 | 补偿电容 12μF | 只 | 200907-001642 | 500.00 |
| 2013年5月22日 | 834100A | FSLFG100-A 泛光灯 | 只 | 200908-000737 | 100.00 |
| 2013年5月26日 | 87514 | 补偿电容 14μF | 只 | 200910-000275 | 500.00 |
| 2013年5月30日 | 83108328 | FSLTG83 E27 投光灯 | 只 | 200910-001049 | 100.00 |
| 2013年5月31日 | 87514 | 补偿电容 14μF | 只 | 200910-001786 | 800.00 |

汇总表　3月　4月　5月

图 128-1　2013 年 3 至 5 月份产品入库明细表

**Step 1**　在“汇总表”工作表中，编制“产品入库分类汇总表”格式，在“产品名称及规格”字段里，按已知的入库产品类别的名称，并在其类别名称的前后加上“*”，用作合并计算“最左列”的模糊条件，如图 128-2 所示。

产品入库分类汇总表

| 产品名称及规格 | 数量 |
|---|---|
| *触发器* | |
| *投光灯* | |
| *泛光灯* | |
| *镇流器* | |
| *电容* | |

汇总表　3月　4月　5月

图 128-2　设计合并计算结果表格

**Step 2**　选中 A2:B7 单元格区域，在【数据】选项卡中单击【合并计算】按钮，打开【合并计算】对话框，沿用【函数】组合框中的【求和】计算方式。

**Step 3**　在【所有引用位置】列表框中分别添加“3 月”、“4 月”和“5 月”工作表中的数据区域：'3 月'!$C$3:$F$8、'4 月'!$C$3:$F$7 和'5 月'!$C$3:$F$12。

**Step 4**　在【标签位置】分组框中同时勾选【首行】和【最左列】复选框，单击【确定】按钮，生成最终结果，操作步骤如图 128-3 所示。

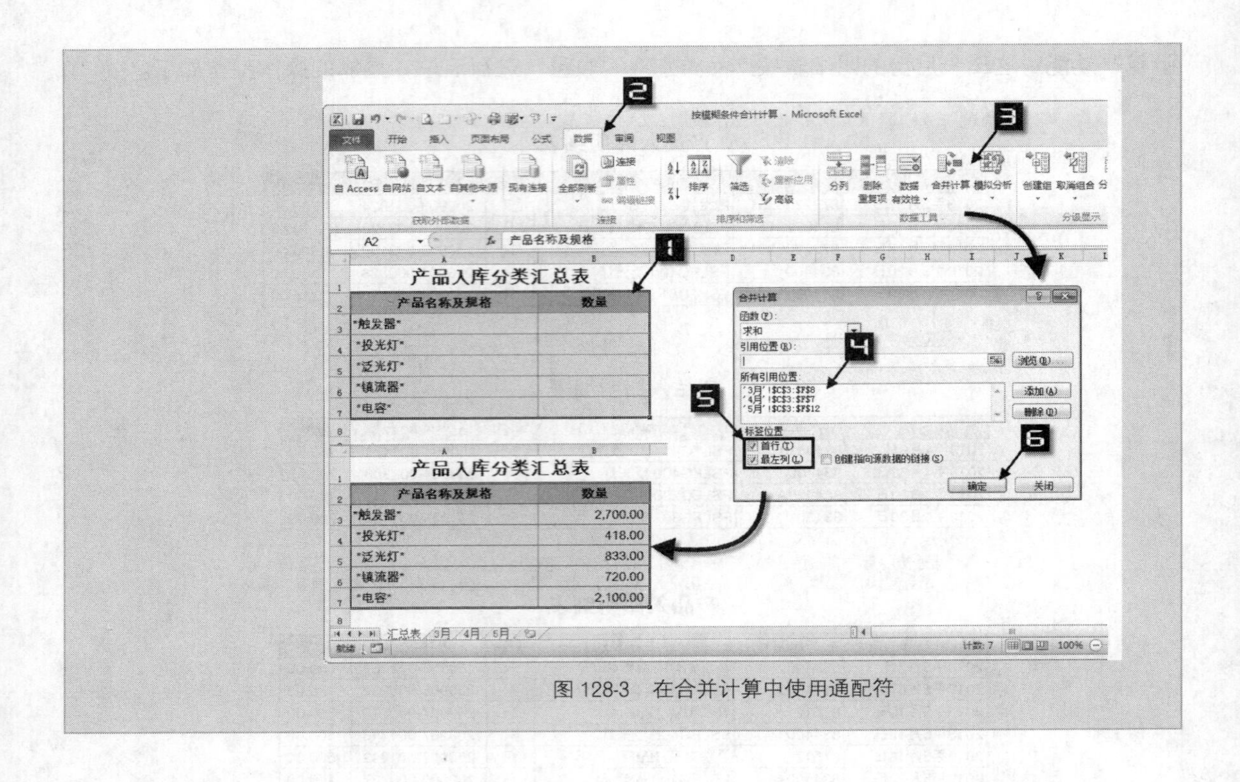

图 128-3　在合并计算中使用通配符

# 第 11 章 数据透视表

## 技巧 129 用二维表创建数据透视表

在实际工作中，用户使用较多的工作表通常为二维表，如图 129-1 所示的“销售计划”、“员工档案”和“产值表”等，以这类二维表作为数据源创建数据透视表，会有很多的局限。如果将二维表转换成一维表作为数据源创建数据透视表，才能更加灵活地对数据透视表进行布局。

| 客户 | 1月份 | 2月份 | 3月份 | 4月份 | 5月份 | 6月份 |
|---|---|---|---|---|---|---|
| 小布 | 210 | 215 | 215 | 220 | 225 | 230 |
| 小可 | 225 | 225 | 230 | 230 | 235 | 240 |
| 小娟 | 240 | 240 | 245 | 245 | 255 | 255 |
| 小心 | 185 | 185 | 190 | 195 | 200 | 205 |
| 小馨 | 240 | 240 | 245 | 245 | 250 | 255 |
| 小美 | 230 | | | | | |
| 小甜 | 220 | | | | | |
| 小云 | 190 | | | | | |

销售计划

| 姓名 | 性别 | 年龄 | 籍贯 | 学历 | 婚姻状况 | 入职时间 |
|---|---|---|---|---|---|---|
| 吴志兵 | 男 | 33 | 安徽省 | 初中 | 已婚 | 2009-3-5 |
| 于举士 | 男 | 27 | 河南省 | 初中 | 已婚 | 2010-2-11 |
| 张佳飞 | 女 | 25 | 浙江省 | 大专 | 未婚 | 2010-6-7 |
| 刘红艳 | 女 | 20 | 河南省 | 初中 | 未婚 | 2011-5-11 |
| 郭敏 | 女 | 27 | 山东省 | 本科 | 未婚 | 2012-2-20 |
| 徐林军 | 男 | | | | | |
| 王景星 | 男 | | | | | |
| 方美珍 | 女 | | | | | |
| 李红霞 | 女 | | | | | |

员工档案

| 组别 | 1月份 | 2月份 | 3月份 | 4月份 | 5月份 | 6月份 |
|---|---|---|---|---|---|---|
| 一组 | 40,589 | 46,475 | 54,354 | 46,497 | 40,231 | 45,402 |
| 二组 | 49,351 | 54,296 | 42,200 | 47,931 | 39,243 | 41,578 |
| 三组 | 41,983 | 53,099 | 39,552 | 48,860 | 53,591 | 41,799 |
| 四组 | 53,883 | 52,806 | 46,719 | 38,767 | 47,856 | 42,595 |
| 五组 | 41,859 | 46,403 | 45,893 | 43,950 | 51,762 | 50,848 |
| 六组 | 40,231 | 48,046 | 44,355 | 49,756 | 44,490 | 50,003 |
| 七组 | 44,041 | 54,769 | 44,052 | 41,787 | 40,400 | 44,139 |
| 八组 | 49,483 | 45,597 | 39,544 | 45,614 | 53,580 | 54,068 |

产值表

图 129-1 常见的二维表

以图 129-1 中的“产值表”为例，下面介绍将二维表转换为一维表的方法。

激活“产值表”，依次按<Alt>、<D>、<P>键，调出【数据透视表和数据透视图向导--步骤 1（共 3 步）】对话框，在【请指定待分析数据的数据源类型】中单击【多重合并计算数据区域】单选钮，在【所需创建的报表类型】中单击【数据透视表】单选钮，单击【下一步】按钮，如图 129-2 所示。

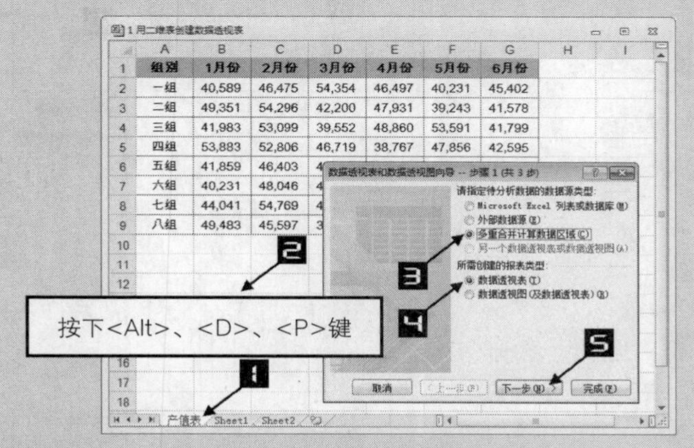


图 129-2 调出【数据透视表和数据透视图向导--步骤 1（共 3 步）】对话框

**Step 2** 在【数据透视表和数据透视图向导--步骤 2a（共 3 步）】对话框中单击【创建单页字段】单选钮，单击【下一步】按钮，如图 129-3 所示。

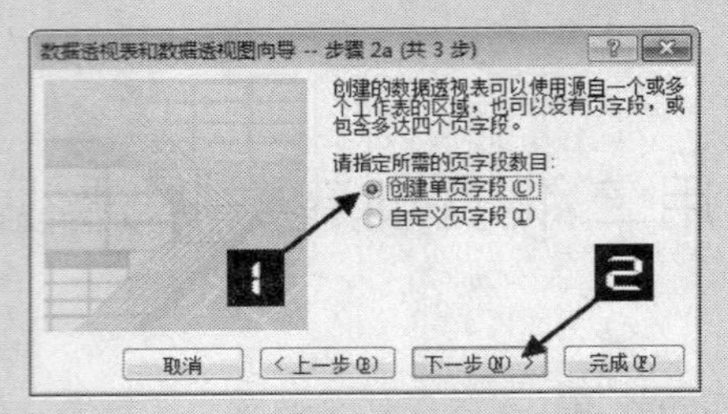


图 129-3 【数据透视表和数据透视图向导--步骤 2a（共 3 步）】对话框

**Step 3** 在【数据透视表和数据透视图向导--步骤 2b（共 3 步）】对话框中，选中“产值表”A1:G9 单元格区域，单击【添加】按钮，单击【下一步】按钮，如图 129-4 所示。

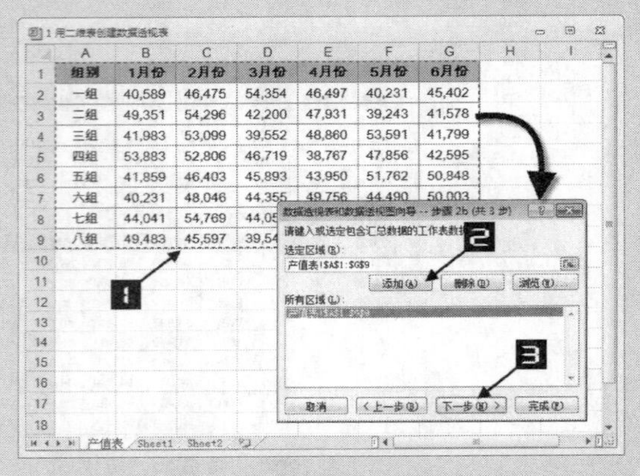

| 组别 | 1月份 | 2月份 | 3月份 | 4月份 | 5月份 | 6月份 |
|---|---|---|---|---|---|---|
| 一组 | 40,589 | 46,475 | 54,354 | 46,497 | 40,231 | 45,402 |
| 二组 | 49,351 | 54,296 | 42,200 | 47,931 | 39,243 | 41,578 |
| 三组 | 41,983 | 53,099 | 39,552 | 48,860 | 53,591 | 41,799 |
| 四组 | 53,883 | 52,806 | 46,719 | 38,767 | 47,856 | 42,595 |
| 五组 | 41,859 | 46,403 | 45,893 | 43,950 | 51,762 | 50,848 |
| 六组 | 40,231 | 48,046 | 44,355 | 49,756 | 44,490 | 50,003 |
| 七组 | 44,041 | 54,769 | 44,05 | | | |
| 八组 | 49,483 | 45,597 | 39,54 | | | |



图 129-4 选定数据源区域

**Step 4** 在【数据透视表和数据透视图向导--步骤 3（共 3 步）】对话框中的【数据透视表显示位置】中单击【新工作表】单选钮，单击【完成】按钮创建一张空白的数据透视表，如图 129-5 所示。

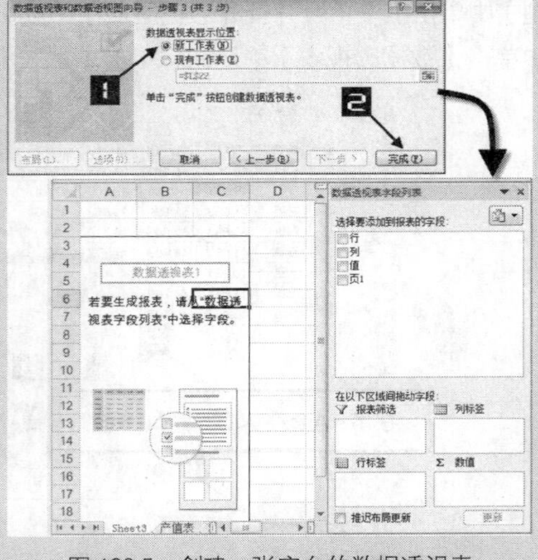


图 129-5 创建一张空白的数据透视表

**Step 5**　将“列”字段拖入【列标签】区域内，“行”字段拖入【行标签】区域内，“值”字段拖入【Σ数值】区域内，创建完成数据透视表如图 129-6 所示。

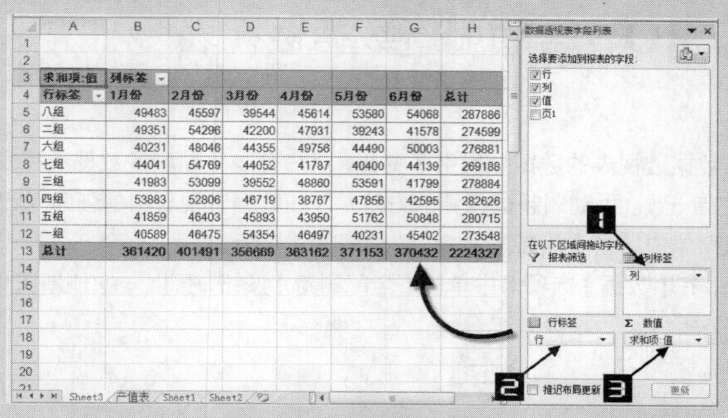

| 求和项:值 | 列标签 | | | | | | |
|---|---|---|---|---|---|---|---|
| 行标签 | 1月份 | 2月份 | 3月份 | 4月份 | 5月份 | 6月份 | 总计 |
| 八组 | 49483 | 45597 | 39544 | 45614 | 53580 | 54068 | 287886 |
| 二组 | 49351 | 54296 | 42200 | 47931 | 39243 | 41578 | 274599 |
| 六组 | 40231 | 48046 | 44355 | 49756 | 44490 | 50003 | 276881 |
| 七组 | 44041 | 54769 | 44052 | 41787 | 40400 | 44139 | 269188 |
| 三组 | 41983 | 53099 | 39552 | 48860 | 53591 | 41799 | 278884 |
| 四组 | 53883 | 52806 | 46719 | 38767 | 47856 | 42595 | 282626 |
| 五组 | 41859 | 46403 | 45893 | 43950 | 51762 | 50848 | 280715 |
| 一组 | 40589 | 46475 | 54354 | 46497 | 40231 | 45402 | 273548 |
| 总计 | 361420 | 401491 | 356669 | 363162 | 371153 | 370432 | 2224327 |



图 129-6　创建的数据透视表

**Step 6**　双击数据透视表的最后一个单元格（如 H13），Excel 会自动创建一个“一维数据”的工作表，该工作表分别以“行”、“列”、“值”和“页 1”字段为标题纵向排列，如图 129-7 所示。

| 行 | 列 | 值 | 页1 |
|---|---|---|---|
| 八组 | 1月份 | 49483 | 项1 |
| 八组 | 2月份 | 45597 | 项1 |
| 八组 | 3月份 | 39544 | 项1 |
| 八组 | 4月份 | 45614 | 项1 |
| 八组 | 5月份 | 53580 | 项1 |
| 八组 | 6月份 | 54068 | 项1 |
| 二组 | 1月份 | 49351 | 项1 |
| 二组 | 2月份 | 54296 | 项1 |
| 二组 | 3月份 | 42200 | 项1 |
| 二组 | 4月份 | 47931 | 项1 |
| 二组 | 5月份 | 39243 | 项1 |
| 二组 | 6月份 | 41578 | 项1 |
| 六组 | 1月份 | 40231 | 项1 |
| 六组 | 2月份 | 48046 | 项1 |
| 六组 | 3月份 | 44355 | 项1 |
| 六组 | 4月份 | 49756 | 项1 |
| 六组 | 5月份 | 44490 | 项1 |
| 六组 | 6月份 | 50003 | 项1 |
| 七组 | 1月份 | 44041 | 项1 |
| 七组 | 2月份 | 54769 | 项1 |

图 129-7　一维数据表

**Step 7**　以图 129-7 所示的数据列表为数据源，用户可以通过改变字段的布局来创建不同分析角度的数据透视表，如图 129-8 所示。

| 求和项:值2 | 列标签 | | | | | | | | |
|---|---|---|---|---|---|---|---|---|---|
| 行标签 | 八组 | 二组 | 六组 | 七组 | 三组 | 四组 | 五组 | 一组 | 总计 |
| 1月份 | 49,483 | 49,351 | 40,231 | 44,041 | 41,983 | 53,883 | 41,859 | 40,589 | 361,420 |
| 2月份 | 45,597 | 54,296 | 48,046 | 54,769 | 53,099 | 52,806 | 46,403 | 46,475 | 401,491 |
| 3月份 | 39,544 | 42,200 | 44,355 | 44,052 | 39,552 | 46,719 | 45,893 | 54,354 | 356,669 |
| 4月份 | 45,614 | 47,931 | 49,756 | 41,787 | 48,860 | 38,767 | 43,950 | 46,497 | 363,162 |
| 5月份 | 53,580 | 39,243 | 44,490 | 40,400 | 53,591 | 47,856 | 51,762 | 40,231 | 371,153 |
| 6月份 | 54,068 | 41,578 | 50,003 | 44,139 | 41,799 | 42,595 | 50,848 | 45,402 | 370,432 |
| 总计 | 287,886 | 274,599 | 276,881 | 269,188 | 278,884 | 282,626 | 280,715 | 273,548 | 2,224,327 |

| 行标签 | 求和项:值2 |
|---|---|
| 八组 | 287,886 |
| 二组 | 274,599 |
| 六组 | 276,881 |
| 七组 | 269,188 |
| 三组 | 278,884 |
| 四组 | 282,626 |
| 五组 | 280,715 |
| 一组 | 273,548 |
| 总计 | 2,224,327 |

| 行标签 | 求和项:值2 |
|---|---|
| 1月份 | 361,420 |
| 2月份 | 401,491 |
| 3月份 | 356,669 |
| 4月份 | 363,162 |
| 5月份 | 371,153 |
| 6月份 | 370,432 |
| 总计 | 2,224,327 |

图 129-8　不同分析角度的数据透视表

# 技巧130 自动刷新数据透视表

如果数据透视表的数据源发生了变化，用户可以手动刷新数据透视表，使数据透视表的结果与数据源保持一致。手动刷新数据源的方法是：在数据透视表中的任意单元格上单击鼠标右键，在弹出的快捷菜单中单击【刷新】命令，如图 130-1 所示。

此外，在【数据】选项卡中单击【全部刷新】按钮，可以一次刷新工作簿内的所有数据透视表，如图 130-2 所示。

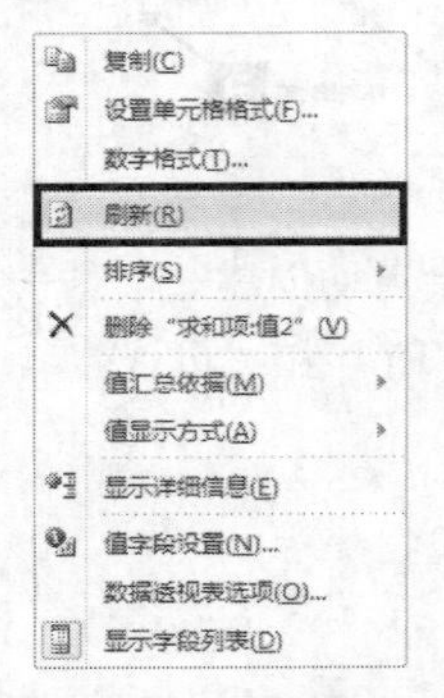


图 130-1 手动刷新数据透视表

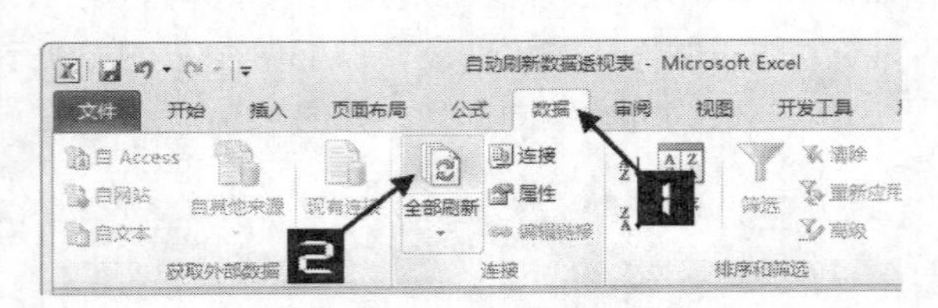


图 130-2 全部刷新数据透视表

## 130.1 打开工作簿时刷新

如果数据源记录的数据信息变化较为频繁，用户还可以用以下方法设置数据透视表自动更新。

**Step 1** 在数据透视表中的任意单元格上（如 B4）单击鼠标右键，在弹出的快捷菜单中选择【数据透视表选项】命令。

**Step 2** 在弹出的【数据透视表选项】对话框中单击【数据】选项卡，勾选【打开文件时刷新数据】复选框，单击【确定】按钮完成设置，如图 130-3 所示。

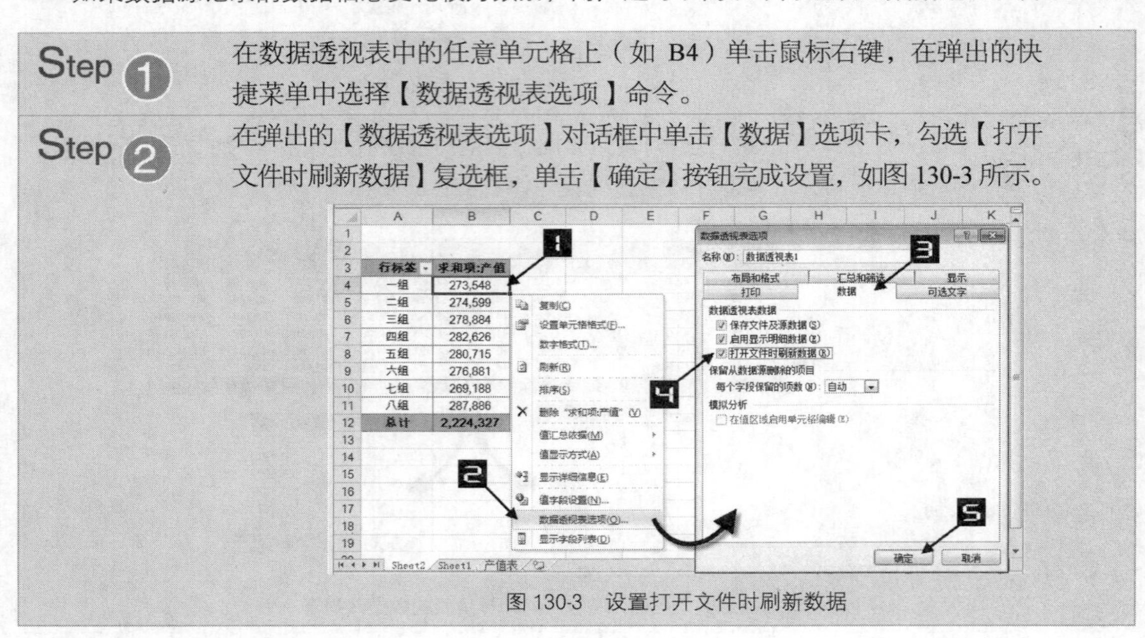


图 130-3 设置打开文件时刷新数据

设置完成后，当用户再次打开这个文件时，文件内的数据透视表将会自动刷新。

## 130.2　定时刷新

如果数据透视表的数据源为外部数据，还可以设定固定的时间间隔来刷新数据透视表，操作方法如下。

Step 1　选中数据透视表中任意单元格（如 A5），在【选项】选项卡中依次单击【更改数据源】的下拉按钮→【连接属性】命令。

Step 2　在弹出的【连接属性】对话框中单击【使用状况】选项卡，分别勾选【允许后台刷新】和【刷新频率】复选框，并调整【刷新频率】右侧的微调按钮的时间间隔（本例为 10 分钟），单击【确定】按钮完成设置，如图 130-4 所示。

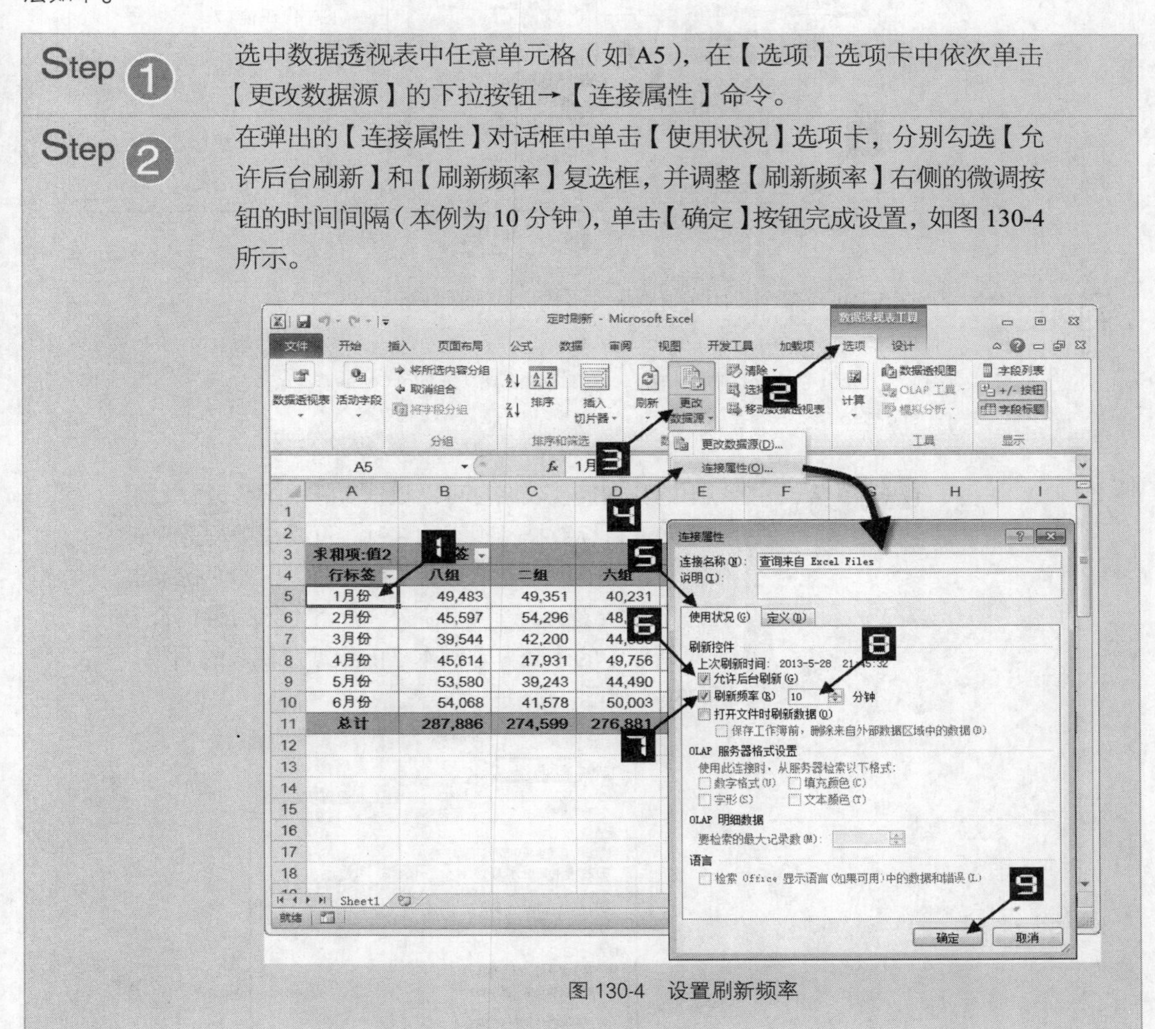

图 130-4　设置刷新频率

## 130.3　使用 VBA 代码设置自动刷新

Step 1　在数据透视表所在工作表的“透视表”标签上单击鼠标右键，在弹出的快捷菜单中选择【查看代码】命令进入 VBA 代码窗口，如图 130-5 所示。

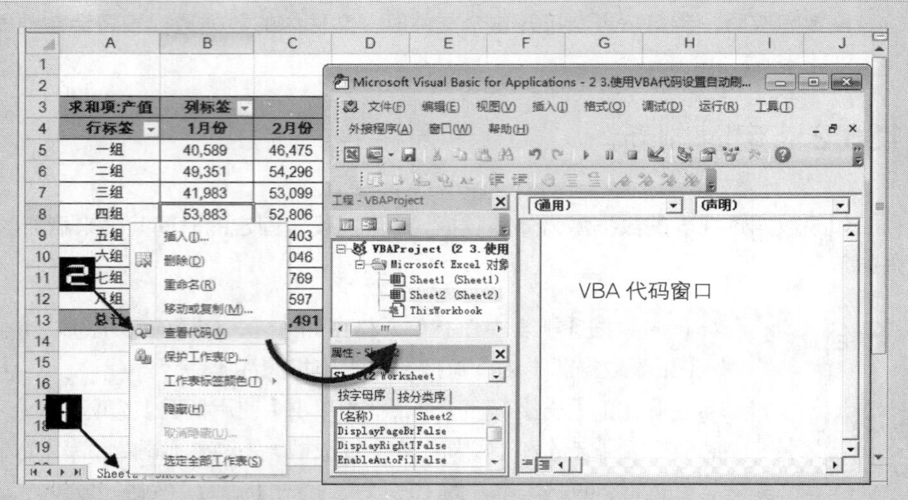


图 130-5 进入 VBA 代码窗口

**Step 2** 在 VBA 编辑窗口中的代码区域输入以下代码。

```
Private Sub Worksheet_Activate()
    ActiveSheet.PivotTables("数据透视表").PivotCache.Refresh
End Sub
```

括号中的数据透视表名称可以根据实际情况修改，如果用户不知道目标数据透视表的名称，可以在数据透视表中任意一个单元格上单击鼠标右键，在弹出的快捷菜单中选择【数据透视表选项】命令，查看【数据透视表选项】对话框中的【名称】文本框内数据透视表的名称，如图 130-6 所示。

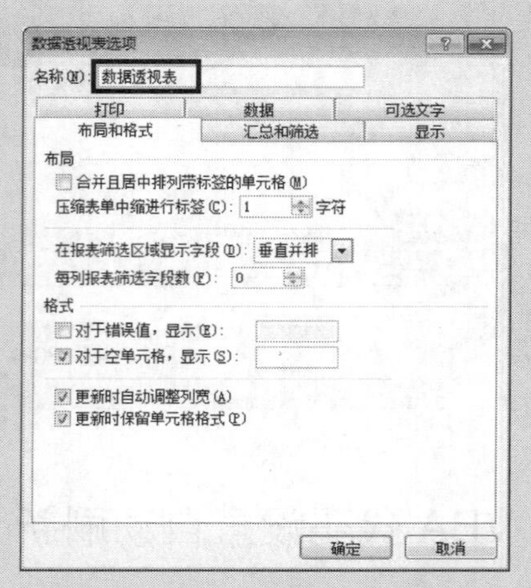


图 130-6 查看目标数据透视表名称

**Step 3** 关闭代码窗口，将文件保存为“Excel 启用宏的工作簿（*.xlsm）”。

从现在开始，只要激活“数据透视表”所在的工作表，数据透视表就会自动刷新数据。

## 技巧 131　快速统计重复项目

使用 Excel 函数公式可以统计数据列表中某个字段项的重复次数，但更为快捷的方法则是使用数据透视表。

图 131-1 所示为某公司员工档案表，现需要统计各部门的人数，操作方法如下。

| 序号 | 姓名 | 组别 | 性别 | 户口性质 | 文化程度 | 婚姻状况 | 进厂日期 |
|---|---|---|---|---|---|---|---|
| 1 | 刘俊生 | 九组 | 男 | 农业 | 小学 | 未婚 | 2013-3-15 |
| 2 | 张自荣 | 四组 | 女 | 农业 | 本科 | 已婚 | 2013-3-14 |
| 3 | 聂付花 | 一组 | 女 | 农业 | 中专 | 已婚 | 2013-3-14 |
| 4 | 柳虎 | 一组 | 男 | 农业 | 高中 | 已婚 | 2013-3-14 |
| 5 | 万子强 | 二组 | 男 | 农业 | 本科 | 未婚 | 2013-3-13 |
| 6 | 余富枫 | 一组 | 男 | 农业 | 初中 | 未婚 | 2013-3-13 |
| 7 | 夏解栋 | 九组 | 男 | 农业 | 初中 | 未婚 | 2013-3-12 |
| 8 | 刘文里 | 六组 | 男 | 农业 | 初中 | 未婚 | 2013-3-12 |
| 9 | 张利文 | 一组 | 女 | 农业 | 高中 | 未婚 | 2013-3-12 |
| 10 | 孙华 | 八组 | 男 | 农业 | 本科 | 未婚 | 2013-3-12 |
| 11 | 孙玉兵 | 一组 | 男 | 农业 | 中专 | 未婚 | 2013-3-12 |
| 12 | 杨芳萍 | 一组 | 女 | 农业 | 大专 | 未婚 | 2013-3-12 |
| 13 | 桂创林 | 四组 | 女 | 农业 | 高中 | 未婚 | 2013-3-12 |
| 14 | 吕连生 | 六组 | 男 | 农业 | 高中 | 未婚 | 2013-3-12 |
| 15 | 朱银军 | 二组 | 男 | 农业 | 高中 | 未婚 | 2013-3-12 |
| 16 | 舒志英 | 九组 | 女 | 农业 | 中专 | 已婚 | 2013-3-11 |
| 17 | 刘建珍 | 九组 | 女 | 农业 | 本科 | 未婚 | 2013-3-11 |
| 18 | 范美苏 | 九组 | 男 | 农业 | 高中 | 未婚 | 2013-3-11 |
| 19 | 刘金波 | 二组 | 男 | 农业 | 高中 | 已婚 | 2013-3-11 |

图 131-1　员工档案表

**Step ①**　选中员工档案表中任意一个单元格（如 A1），在【插入】选项卡中单击【数据透视表】按钮，在弹出的【创建数据透视表】对话框中确认当前的设置正确，最后单击【确定】按钮创建一张空白的数据透视表，如图 131-2 所示。

图 131-2　创建数据透视表

Step 2 在【数据透视表字段列表】对话框中将“组别”字段拖入【行标签】区域，将“姓名”字段拖入【Σ数值】区域，如图 131-3 所示。

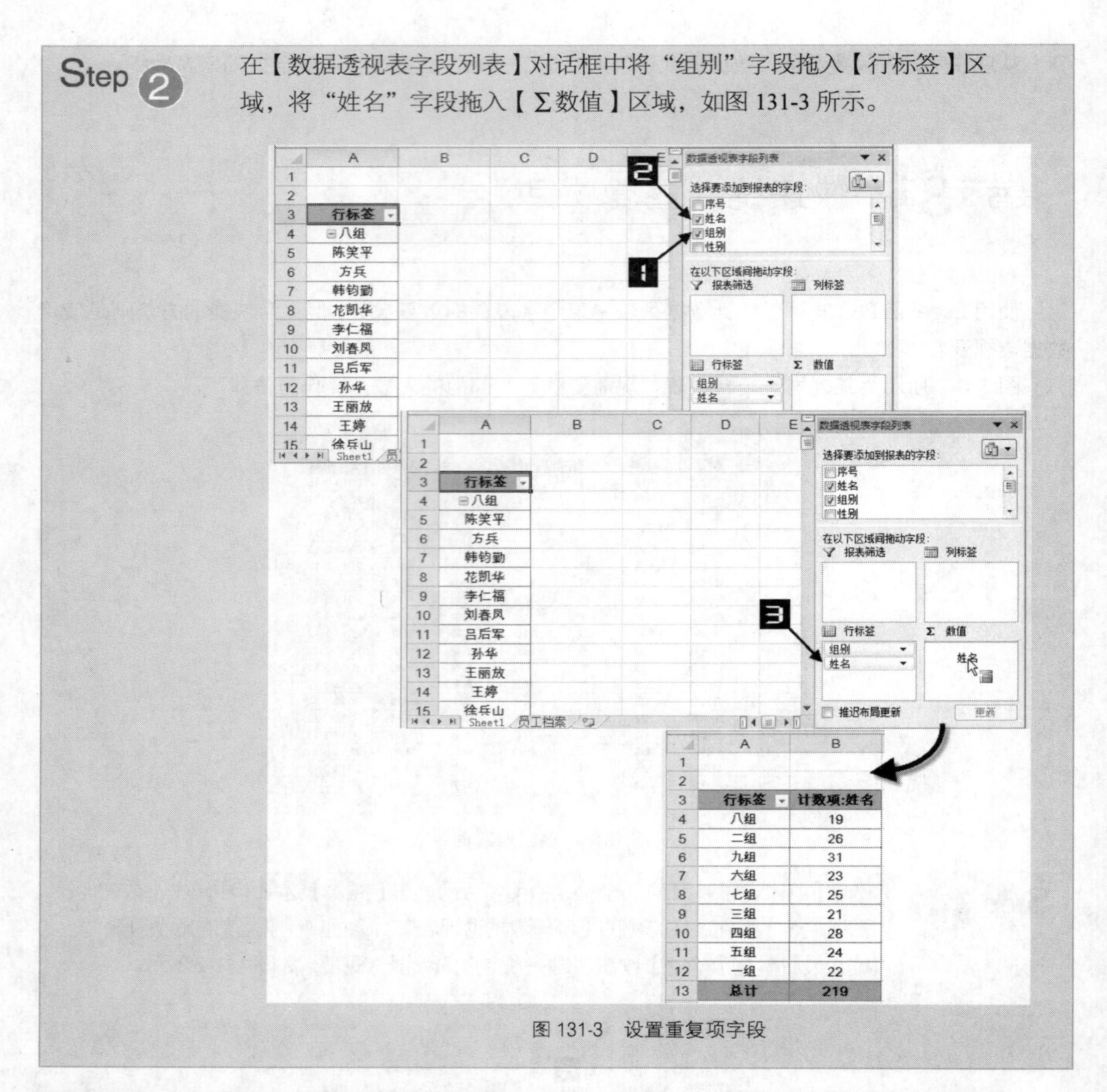


图 131-3 设置重复项字段

注意！ 用数据透视表进行重复项计数时，数据源必须包含字段标题。

# 技巧 132 数据透视表的合并标志

图 132-1 所示数据透视表的报表布局是以表格形式显示的，该数据透视表中的“到达省份”和“到达市区”字段的数据项在对应“到达县区”单元格区域均为靠上对齐，而“到达省份”字段中的“汇总”则在 A:B 列相应单元格区域中靠左对齐，为了让以上合并单元格中的内容能显示居中的效果，使数据透视表更具可读性，可以对数据透视表进行如下设置。

| | A | B | C | D | E | F | G | H |
|---|---|---|---|---|---|---|---|---|
| 1 | 求和项:发货数量 | | 发货日期 | | | | | |
| 2 | 到达省份 | 到达县区 | 8月15日 | 8月16日 | 8月17日 | 8月18日 | 8月19日 | 总计 |
| 3 | 安徽 | 南陵 | 208 | 84 | 265 | 106 | 153 | 816 |
| 4 | | 固镇 | 220 | 317 | 264 | 208 | 181 | 1190 |
| 5 | | 合肥 | 217 | 86 | 348 | 207 | 197 | 1055 |
| 6 | | 怀远 | 83 | 211 | 201 | 86 | 253 | 834 |
| 7 | | 长丰 | 206 | 75 | 60 | 86 | 145 | 572 |
| 8 | | 庐江 | 102 | 138 | 303 | 53 | 250 | 846 |
| 9 | | 芜湖 | 341 | 150 | 56 | 159 | 328 | 1034 |
| 10 | **安徽 汇总** | | **1377** | **1061** | **1497** | **905** | **1507** | **6347** |
| 11 | 广西 | 宾阳 | 201 | 87 | 74 | 341 | 192 | 895 |
| 12 | | 马山 | 283 | 55 | 97 | 249 | 130 | 814 |
| 13 | | 平乐 | 148 | 344 | 88 | 210 | 87 | 877 |
| 14 | | 全州 | 334 | 268 | 235 | 265 | 251 | 1353 |
| 15 | | 融安 | 95 | 57 | 72 | 106 | 121 | 451 |
| 16 | | 三江 | 240 | 254 | 281 | 186 | 76 | 1037 |
| 17 | | 上林 | 314 | 105 | 214 | 188 | 117 | 938 |
| 18 | **广西 汇总** | | **1615** | **1170** | **1061** | **1545** | **974** | **6365** |
| 19 | 河南 | 登封 | 171 | 99 | 231 | 159 | 260 | 920 |
| 20 | | 巩义 | 191 | 52 | 225 | 169 | 323 | 960 |
| 21 | | 开封 | 74 | 146 | 337 | 244 | 272 | 1073 |
| 22 | | 洛宁 | 109 | 349 | 114 | 154 | 216 | 942 |
| 23 | | 孟津 | 101 | 271 | 237 | 50 | 250 | 909 |
| 24 | | 杞县 | 309 | 158 | 120 | 157 | 93 | 837 |
| 25 | | 通许 | 152 | 300 | 320 | 84 | 276 | 1132 |
| 26 | | 伊川 | 191 | 209 | 341 | 98 | 243 | 1082 |
| 27 | **河南 汇总** | | **1298** | **1584** | **1925** | **1115** | **1933** | **7855** |

图 132-1　未设置“合并标志”的数据透视表

**Step 1** 在数据透视表中的任意单元格（如 A5）单击鼠标右键，在弹出的快捷菜单中选择【数据透视表选项】命令。

**Step 2** 在弹出的【数据透视表选项】对话框中单击【布局和格式】选项卡，勾选【合并且居中排列带标签的单元格】复选框，单击【确定】按钮完成设置，如图 132-2 所示。

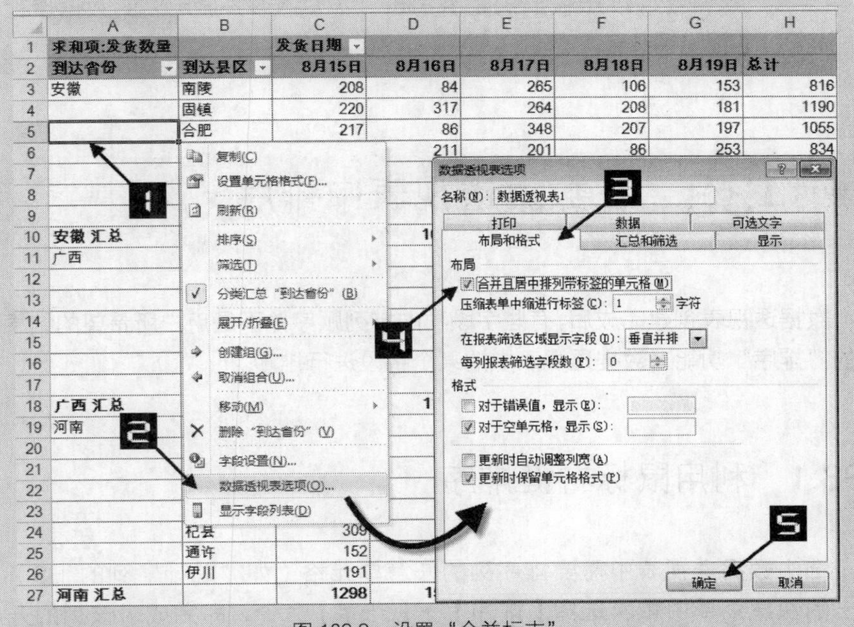


图 132-2　设置“合并标志”

完成设置后的数据透视表如图 132-3 所示。

| | A | B | C | D | E | F | G | H |
|---|---|---|---|---|---|---|---|---|
| 1 | 求和项:发货数量 | | 发货日期 | | | | | |
| 2 | 到达省份 | 到达县区 | 8月15日 | 8月16日 | 8月17日 | 8月18日 | 8月19日 | 总计 |
| 3 | 安徽 | 南陵 | 208 | 84 | 265 | 106 | 153 | 816 |
| 4 | | 固镇 | 220 | 317 | 264 | 208 | 181 | 1190 |
| 5 | | 合肥 | 217 | 86 | 348 | 207 | 197 | 1055 |
| 6 | | 怀远 | 83 | 211 | 201 | 86 | 253 | 834 |
| 7 | | 长丰 | 206 | 75 | 60 | 86 | 145 | 572 |
| 8 | | 庐江 | 102 | 138 | 303 | 53 | 250 | 846 |
| 9 | | 芜湖 | 341 | 150 | 56 | 159 | 328 | 1034 |
| 10 | 安徽 汇总 | | 1377 | 1061 | 1497 | 905 | 1507 | 6347 |
| 11 | 广西 | 宾阳 | 201 | 87 | 74 | 341 | 192 | 895 |
| 12 | | 马山 | 283 | 55 | 97 | 249 | 130 | 814 |
| 13 | | 平乐 | 148 | 344 | 88 | 210 | 87 | 877 |
| 14 | | 全州 | 334 | 268 | 235 | 265 | 251 | 1353 |
| 15 | | 融安 | 95 | 57 | 72 | 106 | 121 | 451 |
| 16 | | 三江 | 240 | 254 | 281 | 186 | 76 | 1037 |
| 17 | | 上林 | 314 | 105 | 214 | 188 | 117 | 938 |
| 18 | 广西 汇总 | | 1615 | 1170 | 1061 | 1545 | 974 | 6365 |
| 19 | 河南 | 登封 | 171 | 99 | 231 | 159 | 260 | 920 |
| 20 | | 巩义 | 191 | 52 | 225 | 169 | 323 | 960 |
| 21 | | 开封 | 74 | 146 | 337 | 244 | 272 | 1073 |
| 22 | | 洛宁 | 109 | 349 | 114 | 154 | 216 | 942 |
| 23 | | 孟津 | 101 | 271 | 237 | 50 | 250 | 909 |
| 24 | | 杞县 | 309 | 158 | 120 | 157 | 93 | 837 |
| 25 | | 通许 | 152 | 300 | 320 | 84 | 276 | 1132 |
| 26 | | 伊川 | 191 | 209 | 341 | 98 | 243 | 1082 |
| 27 | 河南 汇总 | | 1298 | 1584 | 1925 | 1115 | 1933 | 7855 |

图 132-3 完成“合并标志”设置的数据透视表

本技巧仅适用于报表布局为“以表格形式显示”的数据透视表，而对于“以压缩形式显示”和“以大纲形式显示”的数据透视表设置效果不明显。

# 技巧 133 在数据透视表中排序

数据透视表创建完成后，有些字段项的排列顺序并不是用户所希望的结果，这时可以使用 Excel 中的“排序”功能对数据透视表中的某个字段进行排序。

## 133.1 利用鼠标右键排序

选中数据透视表中需要排序列的任意单元格（如“总计”列的 H3），单击鼠标右键，在弹出的快捷菜单中依次选择【排序】→【升序】命令，即完成对该列的升序排序，如图 133-1 所示。

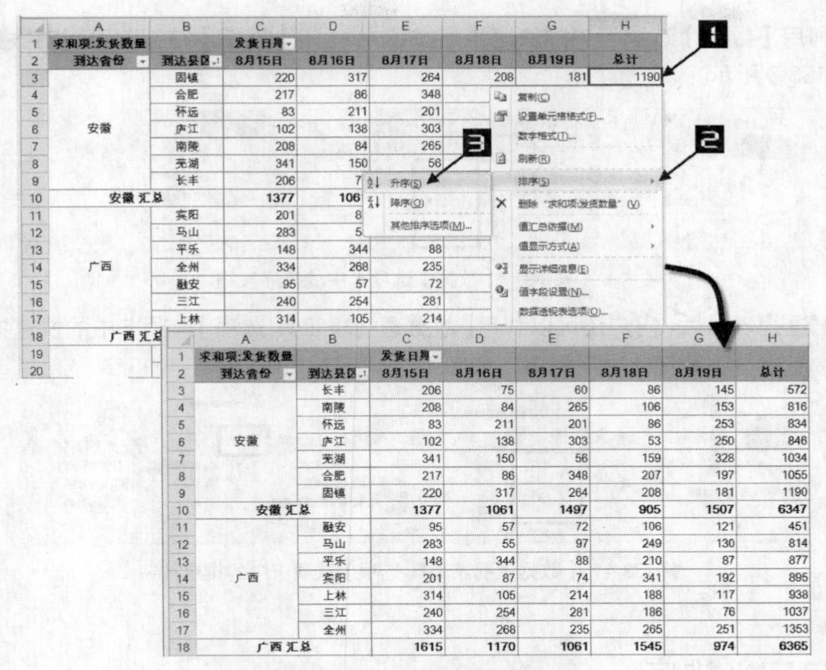


图 133-1　鼠标右键设置排序

## 133.2　利用功能区按钮排序

选中需要排序列中的任意单元格（如"总计"列的 H5），在【开始】选项卡中依次单击【排序和筛选】→【升序】，也可完成对该列的升序排序，如图 133-2 所示。

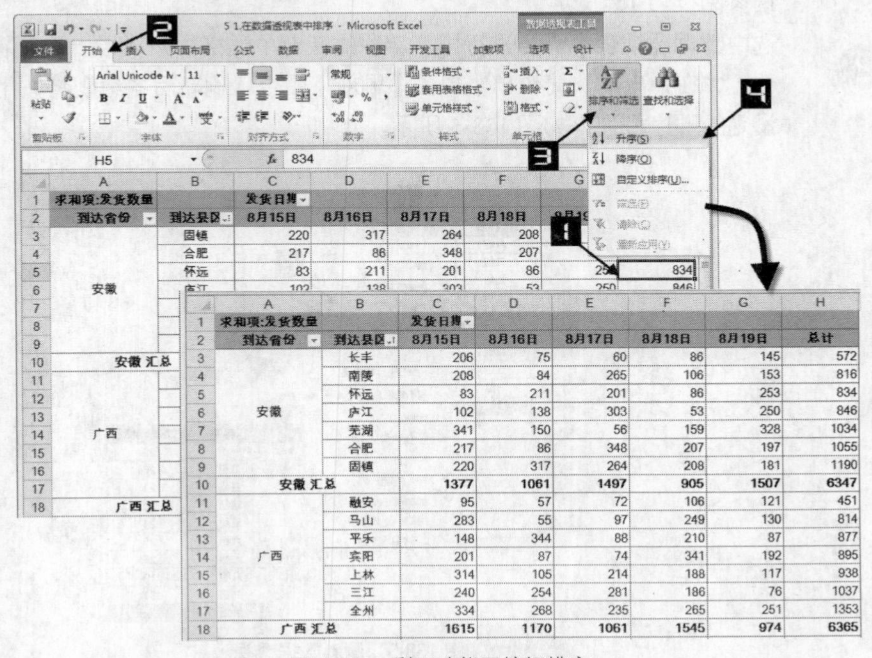


图 133-2　利用功能区按钮排序

此外，利用【数据】选项卡中的快速排序按钮和【排序】按钮都可以对数据透视表进行排序，如图 133-3 所示。

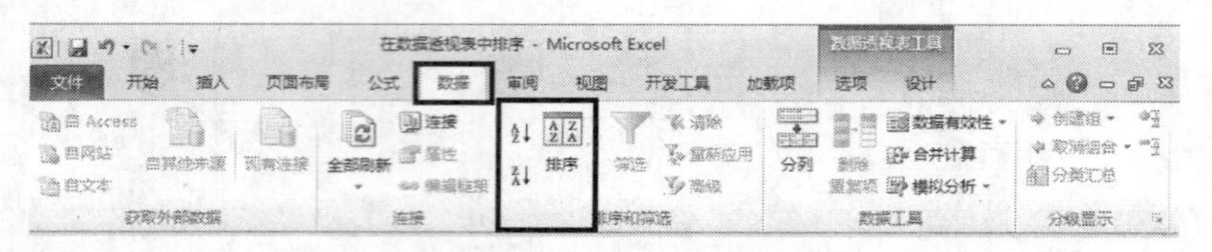

图 133-3 【数据】选项卡中的排序按钮

选中数据透视表以后，用户还可以利用【数据透视表工具-选项】选项卡中的快速排序按钮和【排序】按钮对数据透视表进行排序，如图 133-4 所示。

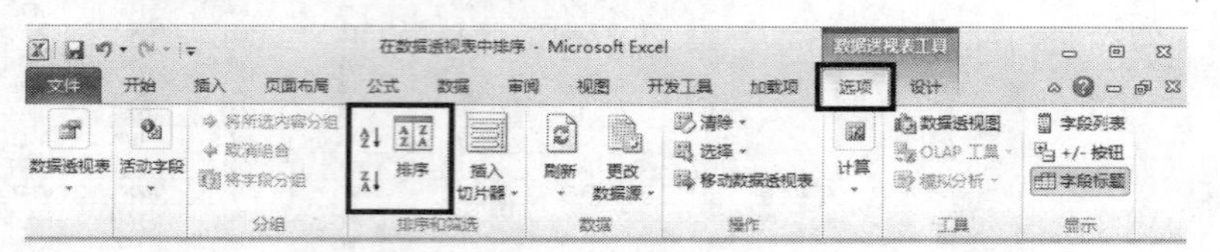

图 133-4 【数据透视表工具-选项】选项卡中的排序按钮

## 133.3 自定义排序

在 Excel 中对汉字关键字进行排序，通常依据的是汉语拼音的顺序，如果需要对关键字进行特殊要求的排序，可以采用自定义排序。

以技巧 131 为例，如果需要对“组别”按照从小到大的顺序进行排序，操作方法如下。

Step 1 在 Excel 中添加“一组～九组”的自定义序列。添加自定义序列的方法请参阅技巧 15。

Step 2 选中数据透视表中需要进行排序字段的任意单元格（如 A4），单击鼠标右键，在弹出的快捷菜单中单击【刷新】命令，刷新后各组别将按用户设定的顺序排列，如图 133-5 所示。

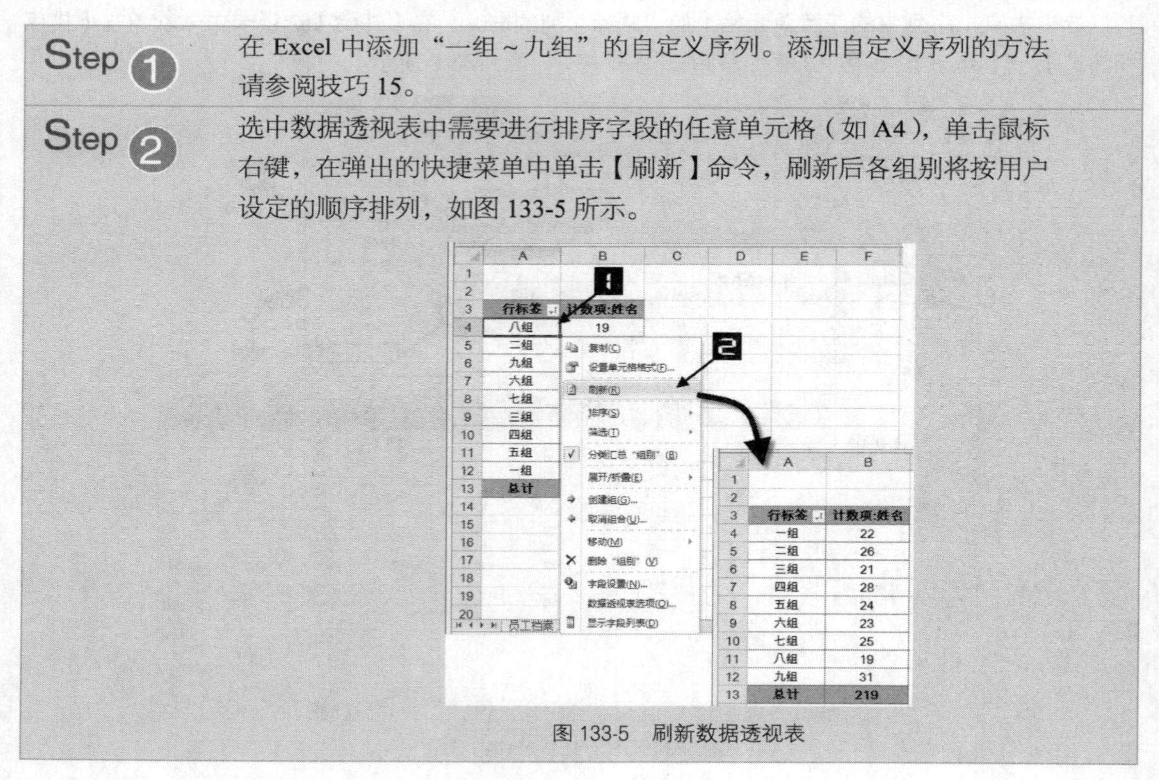

图 133-5 刷新数据透视表

# 技巧 134　使用切片器进行多个数据透视表联动

在 Excel 2007 及之前的版本中，用户可以通过“报表筛选字段”来筛选数据透视表中的数据项，但在对多个项目进行筛选时，很难看到当前的筛选状态。Excel 2010 版本新增了“切片器”功能，用户可以使用切片器快速进行筛选，还可以显示当前的筛选状态。

插入切片器的使用方法如下。

**Step 1** 选中数据透视表中的任意单元格（如 A3），在【数据透视表工具-选项】选项卡中单击【插入切片器】按钮，在弹出的【插入切片器】对话框中勾选需要进行筛选字段的选项，单击【确定】按钮完成插入切片器，如图 134-1 所示。

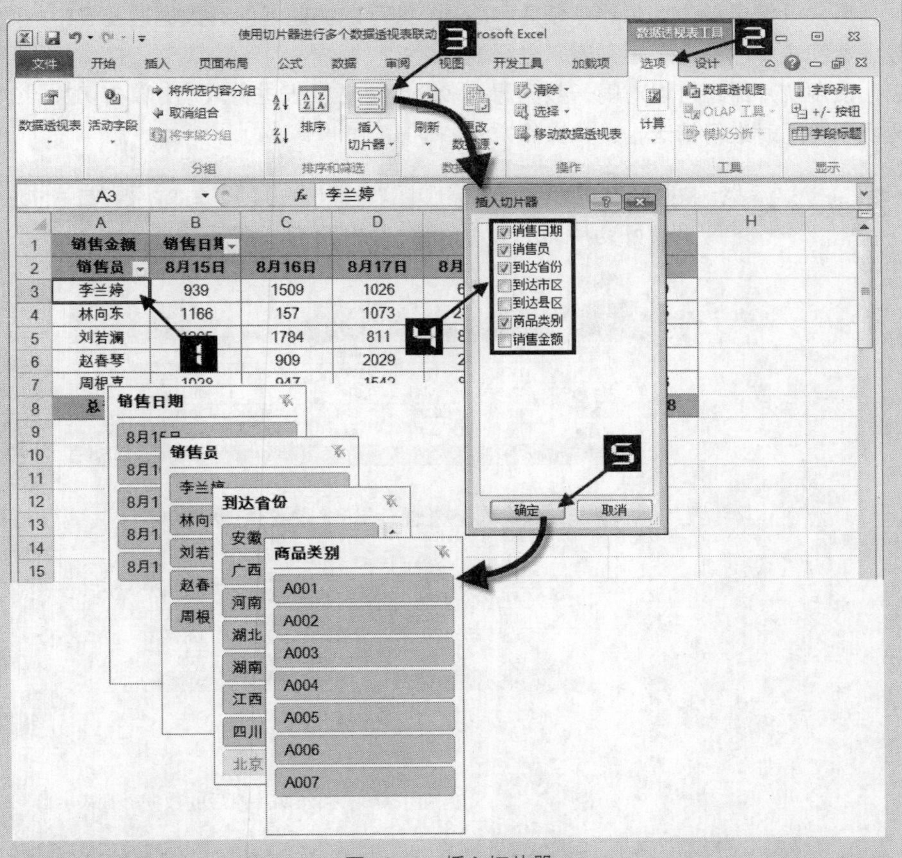

图 134-1　插入切片器

**Step 2** 调整切片器的大小以及位置分布等，完成后的效果如图 134-2 所示。

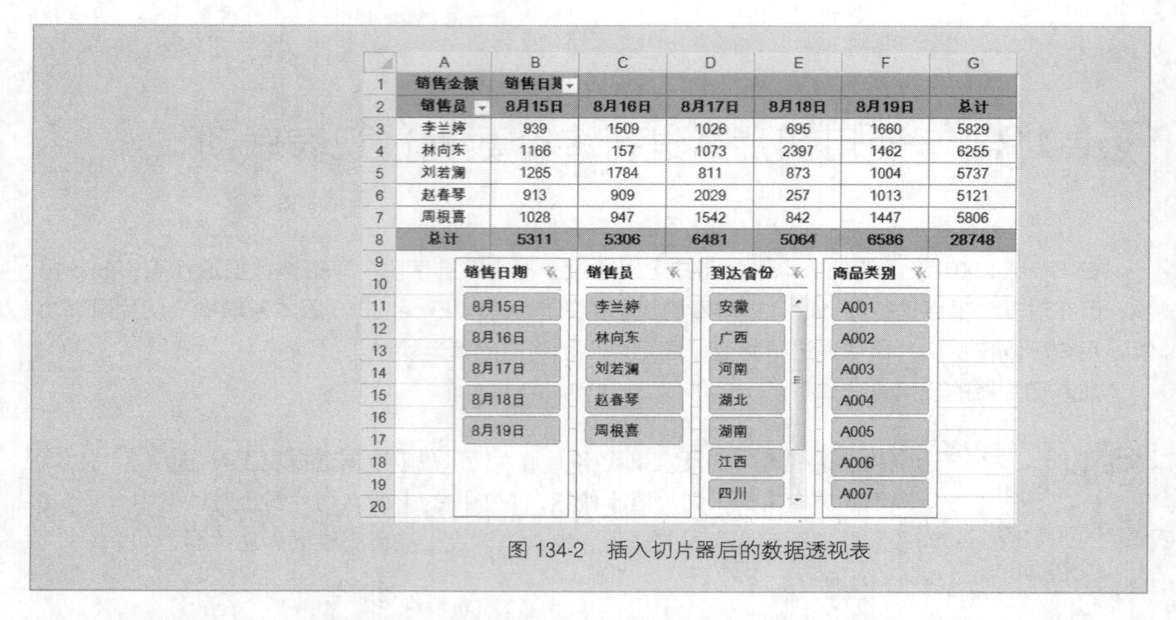

| 销售金额 | 销售日期 | | | | | |
|---|---|---|---|---|---|---|
| 销售员 | 8月15日 | 8月16日 | 8月17日 | 8月18日 | 8月19日 | 总计 |
| 李兰婷 | 939 | 1509 | 1026 | 695 | 1660 | 5829 |
| 林向东 | 1166 | 157 | 1073 | 2397 | 1462 | 6255 |
| 刘若澜 | 1265 | 1784 | 811 | 873 | 1004 | 5737 |
| 赵春琴 | 913 | 909 | 2029 | 257 | 1013 | 5121 |
| 周根喜 | 1028 | 947 | 1542 | 842 | 1447 | 5806 |
| 总计 | 5311 | 5306 | 6481 | 5064 | 6586 | 28748 |



图 134-2　插入切片器后的数据透视表

用户只需要单击切片器中任意字段项，即可以快速地筛选数据透视表中的数据，而不需要单击数据透视表中的筛选下拉列表来进行筛选。

使用切片器还可以对同一数据源的多个数据透视表进行联动，单击切片器的字段项，多个数据透视表将同时进行筛选，具体操作方法如下。

**Step 1** 在图 134-1 所示的数据透视表基础上再创建 2 个不同维度的数据透视表，调整好切片器的大小位置，如图 134-3 所示。

| 销售金额 | 销售日期 | | | | | |
|---|---|---|---|---|---|---|
| 销售员 | 8月15日 | 8月16日 | 8月17日 | 8月18日 | 8月19日 | 总计 |
| 李兰婷 | 939 | 1509 | 1026 | 695 | 1660 | 5829 |
| 林向东 | 1166 | 157 | 1073 | 2397 | 1462 | 6255 |
| 刘若澜 | 1265 | 1784 | 811 | 873 | 1004 | 5737 |
| 赵春琴 | 913 | 909 | 2029 | 257 | 1013 | 5121 |
| 周根喜 | 1028 | 947 | 1542 | 842 | 1447 | 5806 |
| 总计 | 5311 | 5306 | 6481 | 5064 | 6586 | 28748 |

| 到达省份 | 销售金额 |
|---|---|
| 安徽 | 4323 |
| 广西 | 4135 |
| 河南 | 4922 |
| 湖北 | 6884 |
| 湖南 | 2933 |
| 江西 | 2230 |
| 四川 | 3321 |
| 总计 | 28748 |

| 商品类别 | 销售金额 |
|---|---|
| A001 | 4119 |
| A002 | 4001 |
| A003 | 4480 |
| A004 | 3904 |
| A005 | 3928 |
| A006 | 4406 |
| A007 | 3910 |
| 总计 | 28748 |



图 134-3　插入切片器后的数据透视表

**Step 2** 选中【销售员】切片器，在【切片器工具-选项】选项卡中单击【数据透视表连接】按钮，在弹出的【数据透视表连接（销售员）】对话框中，勾选需要连接的数据透视表名称选项，单击【确定】按钮完成【销售员】切片器与数据透视表的连接，如图 134-4 所示。

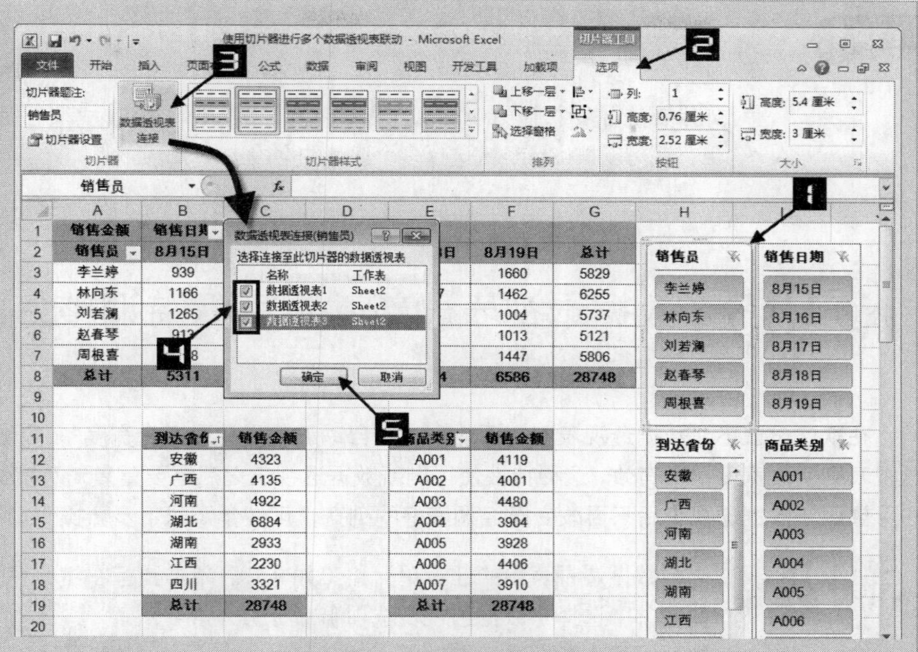

图 134-4　切片器与数据透视表连接

**Step 3**　按照步骤 2 的操作方法把其他的切片器分别与需要连接的数据透视表进行连接。

**Step 4**　设置完成后，单击任意一个切片器中的字段项，所有的数据透视表将同时进行筛选。例如分别单击【销售员】"周根喜"和【销售日期】"8 月 16 日"，工作表中的 3 张数据透视表将同时显示"周根喜""8 月 16 日"不同分析角度的数据结果，被筛选的字段项在切片器中以高亮呈现，如图 134-5 所示。

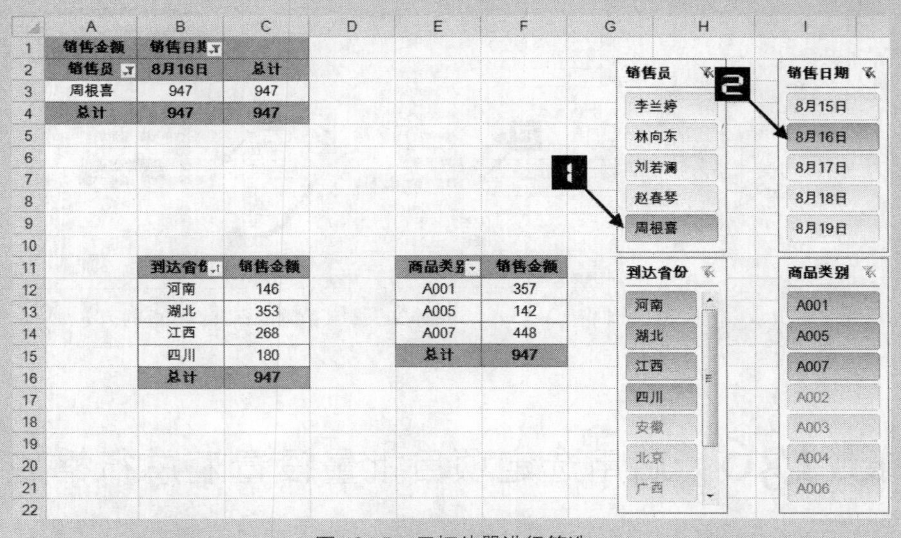

图 134-5　用切片器进行筛选

单击切片器右上角的【清除筛选器】按钮，即可清除当前切片器的筛选。

如果要进行多个字段的筛选，可以按<Ctrl>键的同时用鼠标单击要筛选的项目，还可以按<Shift>键选择多个连续的字段进行筛选。

## 技巧 135 数据透视表刷新数据后保持调整好的列宽

在默认设置下，数据透视表刷新后的列宽会自动调整为“最适合宽度”，刷新前设置好的数据透视表列字段宽度不再有效，这种特性使得刷新数据透视表之后需要重复对列宽进行调整，如果用户希望刷新数据透视表后不再改变已经调整好的列宽，可按参照以下步骤操作。

**Step 1** 选中数据透视表中的任意单元格（如 A5），单击鼠标右键，在弹出的快捷菜单中选择【数据透视表选项】命令。

**Step 2** 在弹出的【数据透视表选项】对话框中单击【布局和格式】选项卡，取消勾选【更新时自动调整列宽】复选框，单击【确定】按钮完成设置，如图 135 所示。

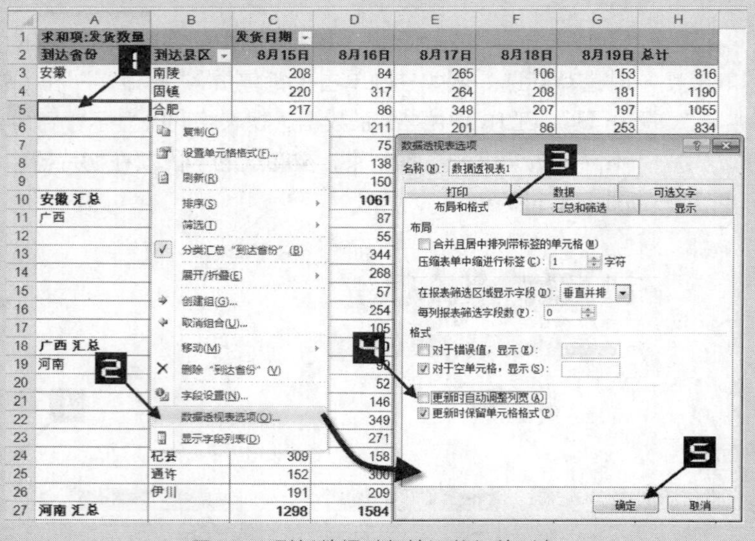


图 135 刷新数据时保持调整好的列宽

## 技巧 136 启用选定项目批量设置汇总行格式

如果数据透视表中有很多汇总行，为了使汇总行的数据更加直观醒目，可以对汇总行的单元格进行填充背景色或加粗字体等，利用数据透视表“启用选定内容”功能可以快速地对汇总行进行批量设置，而不需要逐行地去设置，操作方法如下。

**Step 1**　选中数据透视表的任意单元格（如 B3），在【数据透视表工具-选项】选项卡中依次单击【选择】→【启用选定内容】切换按钮，如图 136-1 所示。

| 求和项:发货数量 | | 发货日期 | | | | | |
|---|---|---|---|---|---|---|---|
| 到达省份 | 到达县区 | 8月15日 | 8月16日 | 8月17日 | 8月18日 | 8月19日 | 总计 |
| 安徽 | 南陵 | 208 | 84 | 265 | 106 | 153 | 816 |
| | 固镇 | 220 | 317 | 264 | 208 | 181 | 1190 |
| | 合肥 | 217 | 86 | 348 | 207 | 197 | 1055 |
| | 怀远 | 83 | 211 | 201 | 86 | 253 | 834 |
| | 长丰 | 206 | 75 | 60 | 86 | 145 | 572 |
| | 庐江 | 102 | 138 | 303 | 53 | 250 | 846 |
| | 芜湖 | 341 | 150 | 56 | 159 | 328 | 1034 |
| 安徽 汇总 | | 1377 | 1061 | 1497 | 905 | 1507 | 6347 |

图 136-1　启用选定内容

**Step 2**　将鼠标指针移动到行字段中分类汇总项所在的单元格（如 A10）的左侧，当指针变为➡形状时单击鼠标左键，可以选定分类汇总的所有记录。单击【开始】选项卡中【填充颜色】的下拉按钮，在弹出的颜色库中选择一个用户设定的颜色（本例使用橙色），如图 136-2 所示。

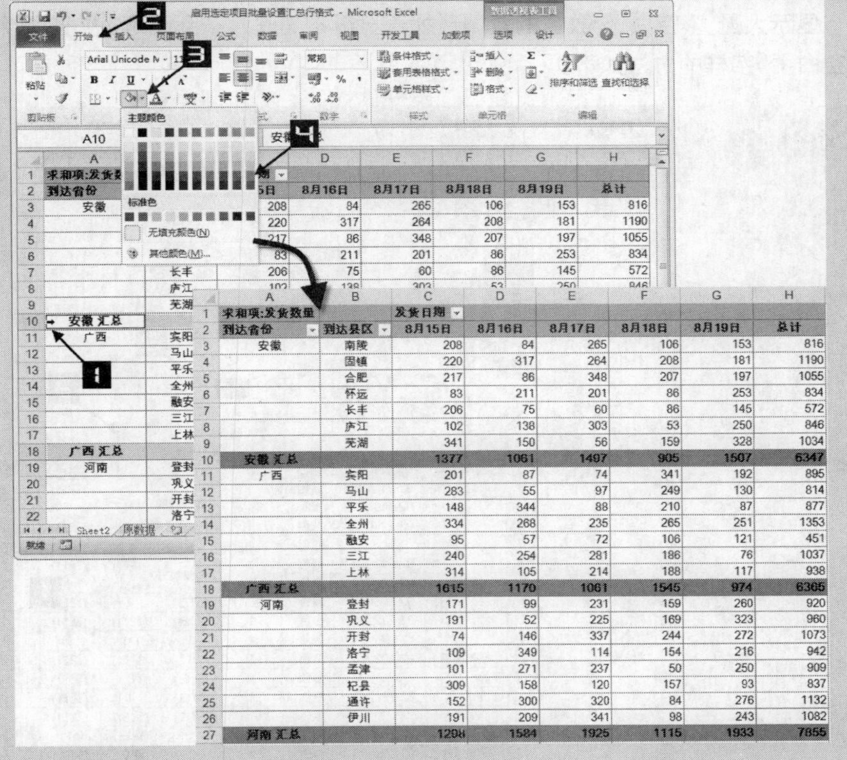

| 求和项:发货数量 | | 发货日期 | | | | | |
|---|---|---|---|---|---|---|---|
| 到达省份 | 到达县区 | 8月15日 | 8月16日 | 8月17日 | 8月18日 | 8月19日 | 总计 |
| 安徽 | 南陵 | 208 | 84 | 265 | 106 | 153 | 816 |
| | 固镇 | 220 | 317 | 264 | 208 | 181 | 1190 |
| | 合肥 | 217 | 86 | 348 | 207 | 197 | 1055 |
| | 怀远 | 83 | 211 | 201 | 86 | 253 | 834 |
| | 长丰 | 206 | 75 | 60 | 86 | 145 | 572 |
| | 庐江 | 102 | 138 | 303 | 53 | 250 | 846 |
| | 芜湖 | 341 | 150 | 56 | 159 | 328 | 1034 |
| 安徽 汇总 | | 1377 | 1061 | 1497 | 905 | 1507 | 6347 |
| 广西 | 宾阳 | 201 | 87 | 74 | 341 | 192 | 895 |
| | 马山 | 283 | 55 | 97 | 249 | 130 | 814 |
| | 平乐 | 148 | 344 | 88 | 210 | 87 | 877 |
| | 全州 | 334 | 268 | 235 | 265 | 251 | 1353 |
| | 融安 | 95 | 57 | 72 | 106 | 121 | 451 |
| | 三江 | 240 | 254 | 281 | 186 | 76 | 1037 |
| | 上林 | 314 | 105 | 214 | 188 | 117 | 938 |
| 广西 汇总 | | 1615 | 1170 | 1061 | 1545 | 974 | 6365 |
| 河南 | 登封 | 171 | 99 | 231 | 159 | 260 | 920 |
| | 巩义 | 191 | 52 | 225 | 169 | 323 | 960 |
| | 开封 | 74 | 146 | 337 | 244 | 272 | 1073 |
| | 洛宁 | 109 | 349 | 114 | 154 | 216 | 942 |
| | 孟津 | 101 | 271 | 237 | 50 | 250 | 909 |
| | 杞县 | 309 | 158 | 120 | 157 | 93 | 837 |
| | 通许 | 152 | 300 | 320 | 84 | 276 | 1132 |
| | 伊川 | 191 | 209 | 341 | 98 | 243 | 1082 |
| 河南 汇总 | | 1298 | 1584 | 1925 | 1115 | 1933 | 7855 |

图 136-2　快速选定汇总行

# 技巧 137 快速去除数据透视表内显示为空白的数据

如果数据源存在空白单元格，创建数据透视表之后，数据源中的空白单元格在数据透视表中就会显示为“(空白)”字样，如图 137-1 所示。

| | A | B | C | D | E | F | G | H |
|---|---|---|---|---|---|---|---|---|
| 3 | 仓库 | 商品名称 | 颜色 | S | M | L | XL | 总 计 |
| 4 | 地王 | 92-210125 | 黑色 | 1 | 1 | (空白) | (空白) | 2 |
| 5 | | 92-210143 | 浅灰 | (空白) | (空白) | 2 | 1 | 3 |
| 6 | | 92-211012 | 白色 | 1 | 1 | (空白) | (空白) | 2 |
| 7 | | | 红色 | 1 | (空白) | 3 | (空白) | 4 |
| 8 | | 92-211073 | 黑色 | 1 | 1 | (空白) | (空白) | 2 |
| 9 | 贵百 | 92-203072 | 白色 | (空白) | 1 | (空白) | 1 | 2 |
| 10 | | 92-216076 | 黑色 | (空白) | (空白) | 1 | (空白) | 1 |
| 11 | | 92-222201 | 白色 | 1 | (空白) | (空白) | (空白) | 1 |
| 12 | | | 黑色 | 1 | 1 | (空白) | 1 | 3 |
| 13 | 柳州南城 | 92-202086 | 白色 | 1 | 1 | (空白) | (空白) | 2 |
| 14 | | | 黑色 | 1 | (空白) | 5 | (空白) | 6 |
| 15 | | 92-222242 | 白色 | 1 | (空白) | 1 | (空白) | 2 |
| 16 | | | 黑色 | 1 | (空白) | (空白) | (空白) | 1 |
| 17 | | 92-232689 | 黑色 | (空白) | 1 | (空白) | 1 | 2 |
| 18 | 柳州银座 | 92-202086 | 白色 | 2 | 2 | (空白) | (空白) | 4 |
| 19 | | | 黑色 | (空白) | 1 | 4 | (空白) | 5 |
| 20 | 主仓库 | 92-206005 | 白色 | 20 | 26 | (空白) | (空白) | 46 |
| 21 | | | 黑色 | 12 | 10 | (空白) | (空白) | 22 |
| 22 | | 92-222201 | 黑色 | (空白) | 7 | (空白) | (空白) | 7 |
| 23 | 总计 | | | | | | | 117 |

图 137-1 数据透视表中显示为“( 空白 )”的数据

显示大量“( 空白 )”数据的数据透视表显得不美观且杂乱无章，快速去除数据透视表内显示为“( 空白 )”字样的方法如下。

**Step 1** 选中数据透视表中显示为“( 空白 )”的任意一个单元格，如 F12，在编辑栏中选中“( 空白 )”，单击鼠标右键，选择【复制】命令或按<Ctrl+C>组合键复制，如图 137-2 所示。

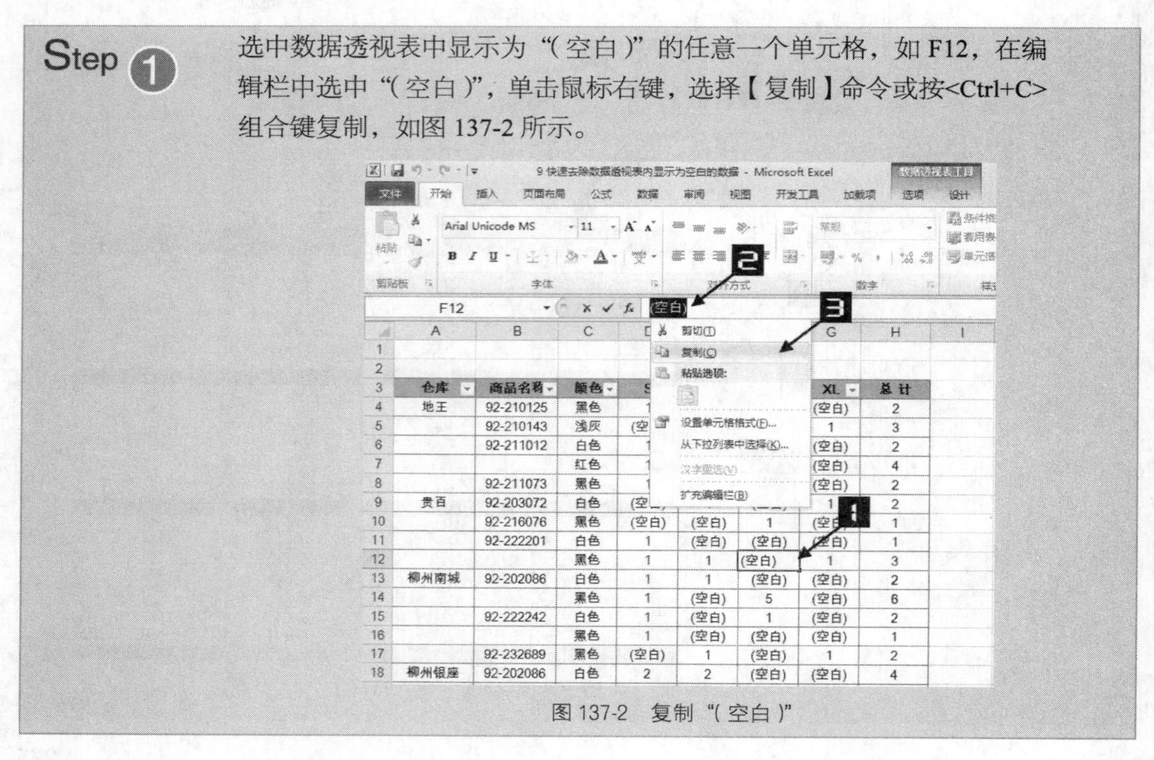


图 137-2 复制“( 空白 )”

**Step 2** 按<Ctrl+H>组合键激活【查找和替换】对话框，将光标定位到【查找内容】文本框中，按<Ctrl+V>组合键粘贴刚才复制的内容，然后在【替换为】文本框内输入一个空格，如图 137-3 所示。

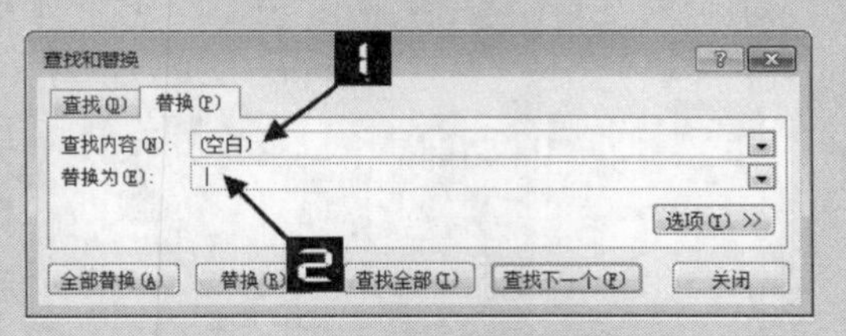


图 137-3　【查找和替换】对话框

**Step 3** 单击【全部替换】按钮完成替换，在弹出的【Microsoft Excel】提示框中单击【确定】按钮，最后单击【关闭】按钮完成设置，如图 137-4 所示。

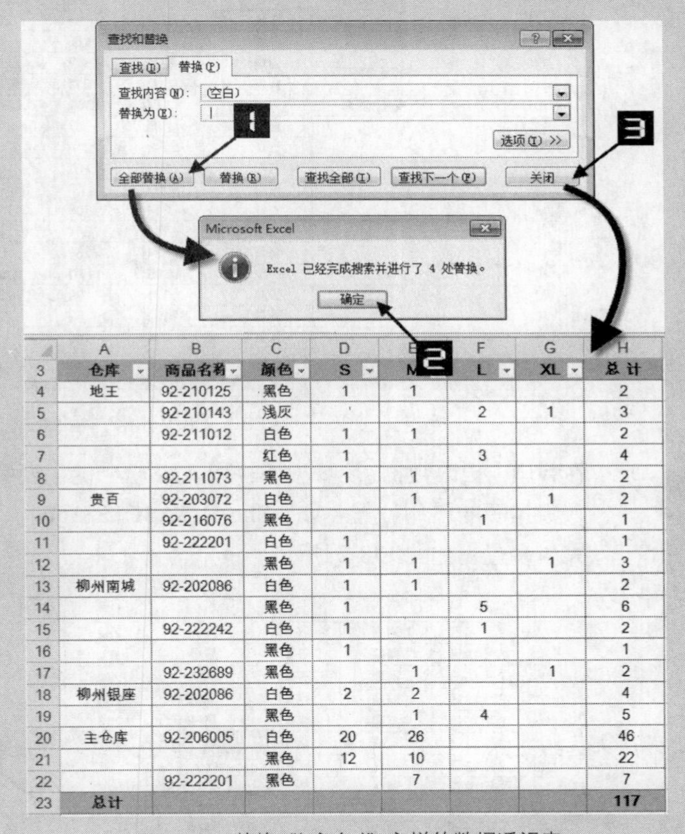


| | A | B | C | D | E | F | G | H |
|---|---|---|---|---|---|---|---|---|
| 3 | 仓库 | 商品名称 | 颜色 | S | M | L | XL | 总计 |
| 4 | 地王 | 92-210125 | 黑色 | 1 | 1 | | | 2 |
| 5 | | 92-210143 | 浅灰 | | | 2 | 1 | 3 |
| 6 | | 92-211012 | 白色 | 1 | 1 | | | 2 |
| 7 | | | 红色 | 1 | | 3 | | 4 |
| 8 | | 92-211073 | 黑色 | 1 | 1 | | | 2 |
| 9 | 贵百 | 92-203072 | 白色 | | 1 | | 1 | 2 |
| 10 | | 92-216076 | 黑色 | | | 1 | | 1 |
| 11 | | 92-222201 | 白色 | 1 | | | | 1 |
| 12 | | | 黑色 | 1 | 1 | | 1 | 3 |
| 13 | 柳州南城 | 92-202086 | 白色 | 1 | 1 | | | 2 |
| 14 | | | 黑色 | 1 | | 5 | | 6 |
| 15 | | 92-222242 | 白色 | 1 | | 1 | | 2 |
| 16 | | | 黑色 | 1 | | | | 1 |
| 17 | | 92-232689 | 黑色 | | 1 | | 1 | 2 |
| 18 | 柳州银座 | 92-202086 | 白色 | 2 | 2 | | | 4 |
| 19 | | | 黑色 | | 1 | 4 | | 5 |
| 20 | 主仓库 | 92-206005 | 白色 | 20 | 26 | | | 46 |
| 21 | | | 黑色 | 12 | 10 | | | 22 |
| 22 | | 92-222201 | 黑色 | | 7 | | | 7 |
| 23 | 总计 | | | | | | | 117 |

图 137-4　替换“( 空白 )”字样的数据透视表

## 技巧 138　更改数据透视表的数据源

当用户在数据源中添加新的记录并刷新数据透视表后，新增的记录并不会自动添加进数据透视表中，但用户可以更改数据透视表的数据源，使数据透视表的数据区域包含新增记录，操作方法如下。

**Step 1** 选中数据透视表中任意单元格（如 C6），在【数据透视表工具-选项】选项卡中单击【更改数据源】按钮，如图 138-1 所示。

图 138-1 更改数据透视表数据源

**Step 2** 在弹出【更改数据透视表数据源】对话框中的【表/区域】编辑框重新输入数据源的引用位置（如“Sheet1!$A$1:$E$160”），单击【确定】按钮完成设置，如图 138-2 所示。

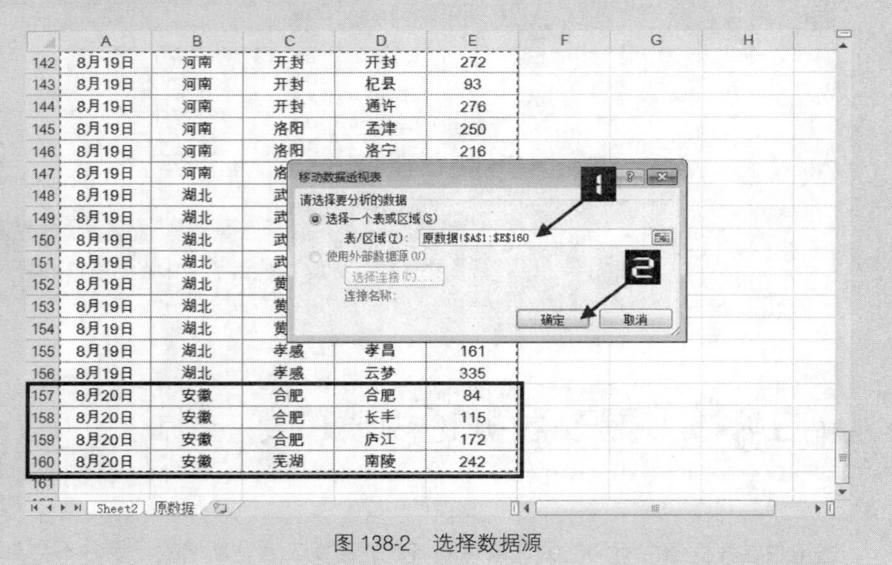

图 138-2 选择数据源

更改数据源后的数据透视表如图 138-3 所示，数据透视表中已包含数据源新增的记录。

|  | A | B | C | D | E | F | G | H | I | J |
|---|---|---|---|---|---|---|---|---|---|---|
| 1 | 求和项:发货数量 |  |  | 发货日期 |  |  |  |  |  |  |
| 2 | 到达省份 | 到达市区 | 到达县区 | 8月15日 | 8月16日 | 8月17日 | 8月18日 | 8月19日 | 8月20日 | 总计 |
| 3 | 安徽 | 合肥 | 长丰 | 206 | 75 | 60 | 86 | 145 | 115 | 687 |
| 4 |  |  | 合肥 | 217 | 86 | 348 | 207 | 197 | 84 | 1139 |
| 5 |  |  | 庐江 | 102 | 138 | 303 | 53 | 250 | 172 | 1018 |
| 6 |  | 芜湖 | 南陵 | 208 | 84 | 265 | 106 | 153 | 242 | 1058 |
| 7 |  |  | 芜湖 | 341 | 150 | 56 | 159 | 328 |  | 1034 |
| 8 |  | 蚌埠 | 固镇 | 220 | 317 | 264 | 208 | 181 |  | 1190 |
| 9 |  |  | 怀远 | 83 | 211 | 201 | 86 | 253 |  | 834 |
| 10 | 安徽 汇总 |  |  | **1377** | **1061** | **1497** | **905** | **1507** | **613** | **6960** |
| 11 | 广西 | 柳州 | 融安 | 95 | 57 | 72 | 106 | 121 |  | 451 |
| 12 |  |  | 三江 | 240 | 254 | 281 | 186 | 76 |  | 1037 |
| 13 |  | 南宁 | 宾阳 | 201 | 87 | 74 | 341 | 192 |  | 895 |
| 14 |  |  | 马山 | 283 | 55 | 97 | 249 | 130 |  | 814 |
| 15 |  |  | 上林 | 314 | 105 | 214 | 188 | 117 |  | 938 |
| 16 |  | 桂林 | 平乐 | 148 | 344 | 88 | 210 | 87 |  | 877 |
| 17 |  |  | 全州 | 334 | 268 | 235 | 265 | 251 |  | 1353 |
| 18 | 广西 汇总 |  |  | **1615** | **1170** | **1061** | **1545** | **974** |  | **6365** |

图 138-3 更改数据源后的数据透视表

# 技巧 139 使用透视表拆分多个工作表

虽然数据透视表包含“报表筛选”字段，可以容纳多个页面的数据信息，但它通常只显示在一个工作表中。利用数据透视表中的“显示报表筛选页”功能，用户就可以创建一系列链接在一起的数据透视表，每一张工作表显示报表筛选字段中的一项。

如果用户希望在如图 139-1 所示的数据透视表中将“到达省份”字段显示报表筛选页，操作方法如下。

|  | A | B | C | D | E | F | G | H |
|---|---|---|---|---|---|---|---|---|
| 1 | 到达省份 | (全部) |  |  |  |  |  |  |
| 2 |  |  |  |  |  |  |  |  |
| 3 | 求和项:发货数量 |  | 发货日期 |  |  |  |  |  |
| 4 | 到达市区 | 到达县区 | 8月15日 | 8月16日 | 8月17日 | 8月18日 | 8月19日 | 总计 |
| 5 | 蚌埠 | 固镇 | 220 | 317 | 264 | 208 | 181 | 1190 |
| 6 |  | 怀远 | 83 | 211 | 201 | 86 | 253 | 834 |
| 7 | 桂林 | 平乐 | 148 | 344 | 88 | 210 | 87 | 877 |
| 8 |  | 全州 | 334 | 268 | 235 | 265 | 251 | 1353 |
| 9 | 合肥 | 合肥 | 217 | 86 | 348 | 207 | 197 | 1055 |
| 10 |  | 长丰 | 206 | 75 | 60 | 86 | 145 | 572 |
| 11 |  | 庐江 | 102 | 138 | 303 | 53 | 250 | 846 |
| 12 | 黄石 | 大冶 | 106 | 142 | 314 | 146 | 100 | 808 |
| 13 |  | 黄石港 | 90 | 211 | 308 | 248 | 261 | 1118 |
| 14 |  | 阳新 | 54 | 157 | 323 | 165 | 312 | 1011 |
| 15 | 开封 | 开封 | 74 | 146 | 337 | 244 | 272 | 1073 |
| 16 |  | 杞县 | 309 | 158 | 120 | 157 | 93 | 837 |
| 17 |  | 通许 | 152 | 300 | 320 | 84 | 276 | 1132 |

图 139-1 包含“报表筛选”字段的数据透视表

**Step 1** 选中数据透视表中任意单元格（如 A4），在【数据透视表工具-选项】选项卡中依次单击【选项】→【显示报表筛选页】。

**Step 2** 在弹出的【显示报表筛选页】对话框中选定要显示的筛选字段（如“到达省份”），单击【确定】按钮完成显示报表筛选页的操作，如图 139-2 所示。

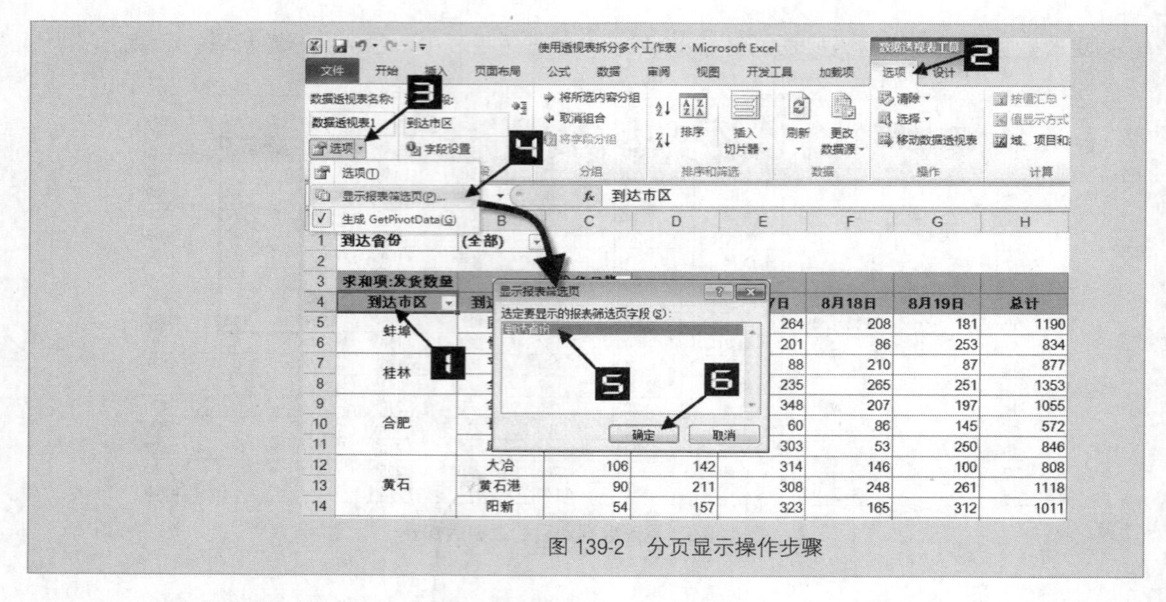

图 139-2　分页显示操作步骤

完成后的结果如图 139-3 所示，“报表筛选”字段中的每一项都生成单独的工作表并以字段项的名称命名工作表。

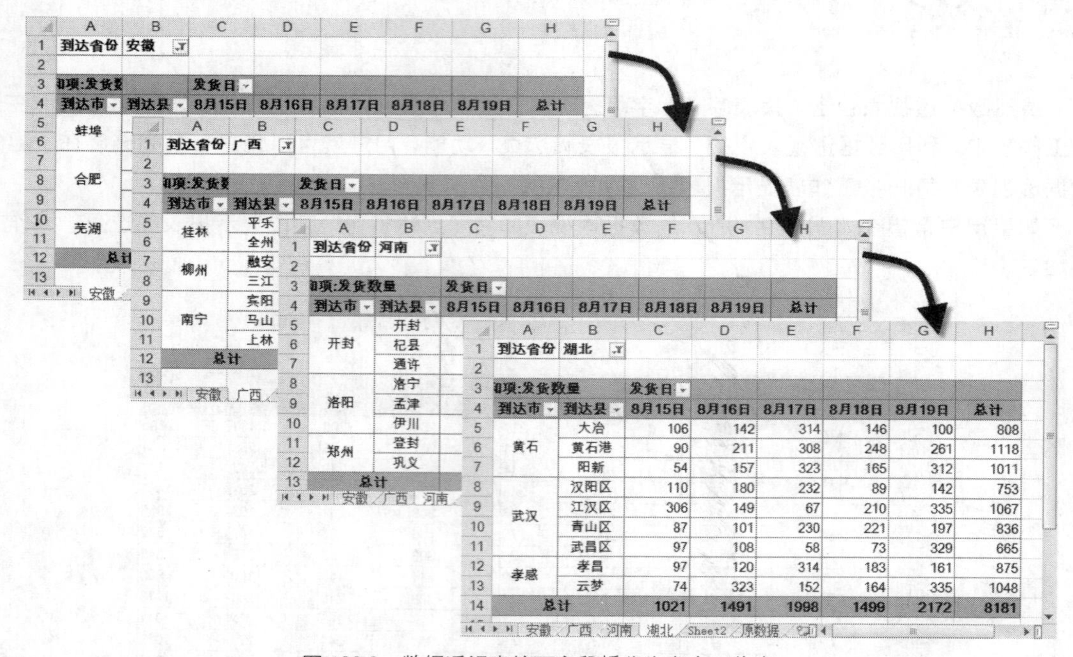

图 139-3　数据透视表按页字段拆分为多个工作表

## 技巧 140　组合数据透视表内的日期项

图 140-1 所示为某公司每日发货记录，以该数据区域为数据源建立的数据透视表同样以日期顺

序排列，这种排列对于分析某个时段的数据并不理想，通过组合日期项的方法，将日期按年、月或者季度等时段组合，使数据透视表结果更加直观，具体操作方法如下。

| | A | B | C | D | E | F | G |
|---|---|---|---|---|---|---|---|
| 1 | 求和项:发货数 | 列标签 | | | | | |
| 2 | 行标签 | 长沙 | 南昌 | 上海 | 武汉 | 郑州 | 总计 |
| 3 | 2012-3-9 | | | 70 | | | 70 |
| 4 | 2012-3-10 | 100 | | | | | 100 |
| 5 | 2012-3-11 | | | | 137 | | 137 |
| 6 | 2012-3-12 | | | | 35 | | 35 |
| 7 | 2012-3-13 | 381 | | | | | 381 |
| 8 | 2012-3-14 | 787 | | | | | 787 |
| 9 | 2012-3-15 | | 611 | | | | 611 |
| 10 | 2012-3-16 | 598 | | | | | 598 |
| 11 | 2012-3-17 | | | 159 | | | 159 |
| 12 | 2012-3-18 | | | | | 456 | 456 |
| 13 | 2012-3-19 | | | | 791 | | 791 |
| 14 | 2012-3-20 | | | | 715 | | 715 |
| 15 | 2012-3-21 | | | 665 | | | 665 |
| 16 | 2012-3-22 | | | | | 764 | 764 |
| 17 | 2012-3-23 | 494 | | | | | 494 |
| 18 | 2012-3-24 | | | | 455 | | 455 |
| 19 | 2012-3-25 | | | | | 600 | 600 |
| 20 | 2012-3-26 | | 83 | | | | 83 |

图 140-1　按日期记录数据透视表

**Step 1**　选中数据透视表“日期”字段中的任意单元格（如 A3），单击鼠标右键，在弹出的快捷菜单中单击【创建组】命令。

**Step 2**　在弹出的【分组】对话框中勾选【自动】中的【起始于】和【终止于】复选框，并选择【步长】为“年”和“月”，单击【确定】按钮完成设置，如图 140-2 所示。

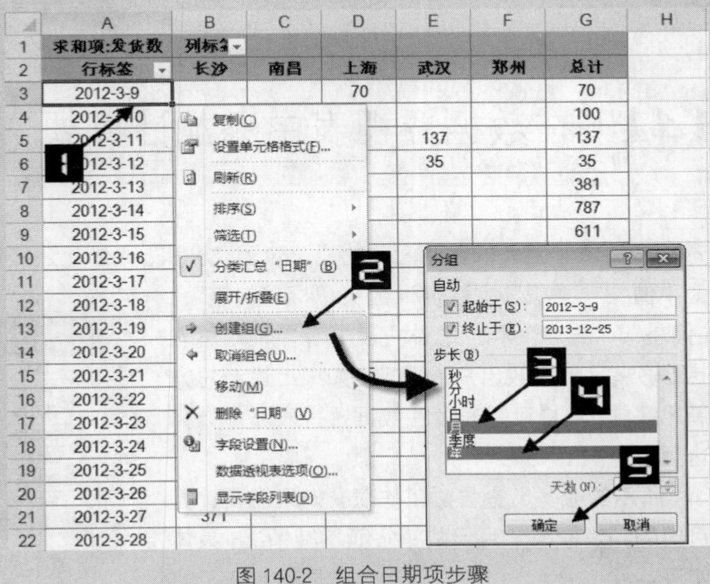


图 140-2　组合日期项步骤

完成后的结果如图 140-3 所示。

| | A | B | C | D | E | F | G |
|---|---|---|---|---|---|---|---|
| 1 | 求和项:发货数 | 列标签 | | | | | |
| 2 | 行标签 | 长沙 | 南昌 | 上海 | 武汉 | 郑州 | 总计 |
| 3 | 2012年 | | | | | | |
| 4 | 3月 | 3468 | 694 | 894 | 2628 | 2707 | 10391 |
| 5 | 4月 | 2086 | 4925 | 2617 | 3871 | 780 | 14279 |
| 6 | 5月 | 1205 | 947 | 4263 | 1736 | 2532 | 10683 |
| 7 | 6月 | 1676 | 1231 | 3560 | 2435 | 1970 | 10872 |
| 8 | 7月 | 1026 | 3289 | 1046 | 2404 | 2439 | 10204 |
| 9 | 8月 | 1733 | 3567 | 1484 | 2189 | 3167 | 12140 |
| 10 | 9月 | 3159 | 1743 | 1577 | 3397 | 2429 | 12305 |
| 11 | 10月 | 588 | 2267 | 2473 | 4315 | 2221 | 11864 |
| 12 | 11月 | 1553 | 3071 | 1712 | 1023 | 4568 | 11927 |
| 13 | 12月 | 3654 | 2023 | 2597 | 2096 | 1906 | 12276 |
| 14 | 2013年 | | | | | | |
| 15 | 1月 | 2527 | 2464 | 2887 | 998 | 1902 | 10778 |
| 16 | 2月 | 4131 | 2213 | 2478 | 1936 | 1790 | 12548 |
| 17 | 3月 | 2496 | 2028 | 1513 | 3717 | 1323 | 11077 |
| 18 | 4月 | 3000 | 3765 | 2636 | 2758 | 1693 | 13852 |
| 19 | 5月 | 2005 | 448 | 1168 | 1755 | 2542 | 7918 |
| 20 | 6月 | 3581 | 863 | 1272 | 2879 | 2388 | 10983 |
| 21 | 7月 | 1861 | 2313 | 4179 | 2572 | 2398 | 13323 |
| 22 | 8月 | 2729 | 1277 | 2705 | 2637 | 2913 | 12261 |
| 23 | 9月 | 1848 | 105 | 4507 | 2547 | 2095 | 11102 |
| 24 | 10月 | 2963 | 4412 | 2930 | 560 | 1588 | 12453 |
| 25 | 11月 | 1937 | 1195 | 2254 | 2092 | 2625 | 10103 |
| 26 | 12月 | 1901 | 3376 | 1439 | 2175 | 709 | 9600 |
| 27 | 总计 | 51127 | 48216 | 52191 | 52720 | 48685 | 252939 |

图 140-3　组合日期项的数据透视表

数据源中的日期格式必须是系统可以识别的日期格式，否则在组合日期项时将会弹出如图 140-4 所示的警告。

图 140-4　提示选定区域不能分组

## 技巧 141　在数据透视表中添加计算项

数据透视表提供了强大的自动汇总功能，除了“求和”之外，还提供“计数”、“平均值”、“最大值”、“最小值”、“乘积”、“数值计数”、“标准偏差”、“总体标准偏差”、“方差”和“总体方差”等多种汇总方式，基本上能够满足大多数用户的需求。如果上述汇总方式仍不能满足需求，用户可以通过在数据透视表添加计算项的方法达到目标。

| | A | B | C | D |
|---|---|---|---|---|
| 1 | 求和项:成交金额 | 列标签 | | |
| 2 | 业务员 | 7月份 | 8月份 | 总计 |
| 3 | 陈超 | 24,955 | 20,794 | 45,749 |
| 4 | 李伟民 | 21,157 | 25,508 | 46,665 |
| 5 | 吴君豪 | 62,251 | 65,908 | 128,159 |
| 6 | 徐晓艳 | 18,705 | 31,627 | 50,332 |
| 7 | 杨琳 | 51,824 | 22,725 | 74,549 |
| 8 | 张林波 | 26,970 | 36,875 | 63,845 |
| 9 | 朱国军 | 52,863 | 31,557 | 84,420 |
| 10 | 总计 | 258,725 | 234,994 | 493,719 |

图 141-1　业务员销售额工作表

图 141-1 所示的业务员销售额工作表，如果需要计算业务员 8 月份的销售额与 7 月份的销售额增减情况，具体操作方法如下。

**Step 1**　选中数据透视表中“列标签”单元格（如 B1），在【数据透视表工具-选项】选项卡中依次单击【域、项目和集】→【计算项】，如图 141-2 所示。

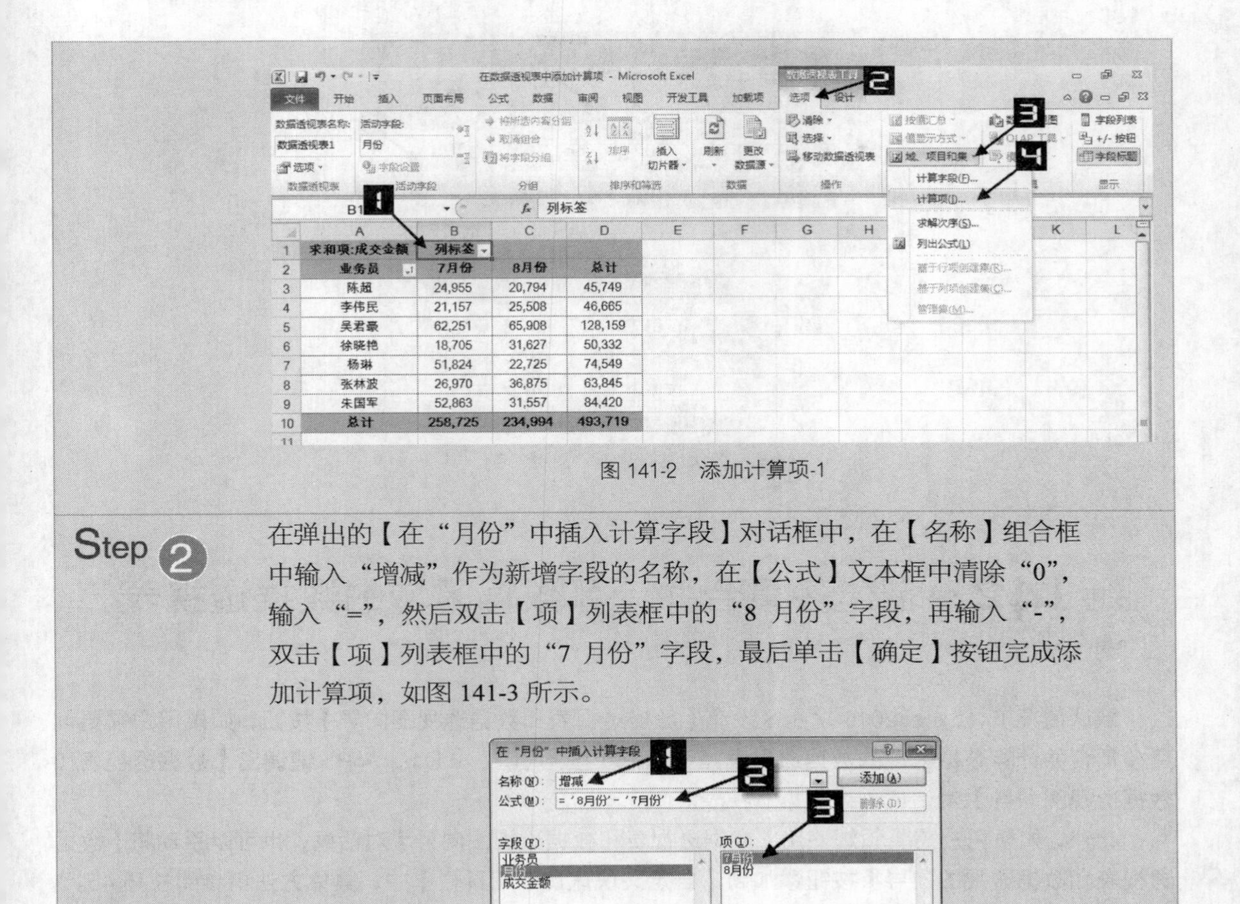


图 141-2　添加计算项-1

**Step 2**　在弹出的【在“月份”中插入计算字段】对话框中，在【名称】组合框中输入“增减”作为新增字段的名称，在【公式】文本框中清除“0”，输入“=”，然后双击【项】列表框中的“8 月份”字段，再输入“-”，双击【项】列表框中的“7 月份”字段，最后单击【确定】按钮完成添加计算项，如图 141-3 所示。

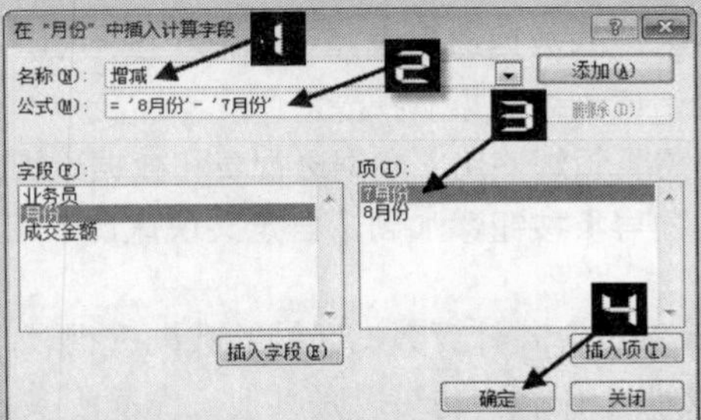

图 141-3　添加计算项-2

完成后的数据透视表如图 141-4 所示。

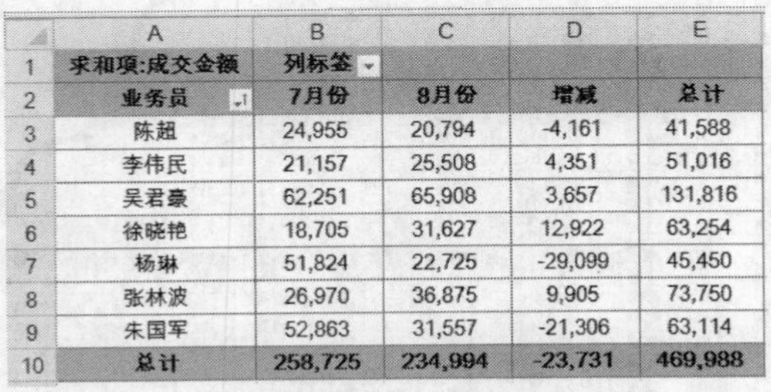

|  | A | B | C | D | E |
|---|---|---|---|---|---|
| 1 | 求和项:成交金额 | 列标签 |  |  |  |
| 2 | 业务员 | 7月份 | 8月份 | 增减 | 总计 |
| 3 | 陈超 | 24,955 | 20,794 | -4,161 | 41,588 |
| 4 | 李伟民 | 21,157 | 25,508 | 4,351 | 51,016 |
| 5 | 吴君豪 | 62,251 | 65,908 | 3,657 | 131,816 |
| 6 | 徐晓艳 | 18,705 | 31,627 | 12,922 | 63,254 |
| 7 | 杨琳 | 51,824 | 22,725 | -29,099 | 45,450 |
| 8 | 张林波 | 26,970 | 36,875 | 9,905 | 73,750 |
| 9 | 朱国军 | 52,863 | 31,557 | -21,306 | 63,114 |
| 10 | 总计 | 258,725 | 234,994 | -23,731 | 469,988 |

图 141-4　添加“增减”计算项后的数据透视表

添加“增减”计算项后的数据透视表的“总计”列结果包含了“增减”字段的数据，因此其结果不再具有实际意义，用户可以选中“总计”字段名称所在单元格（如 E2 单元格），单击鼠标右键，在弹出的快捷菜单中选择【删除总计】命令，删除“总计”列，操作步骤如图 141-5 所示。

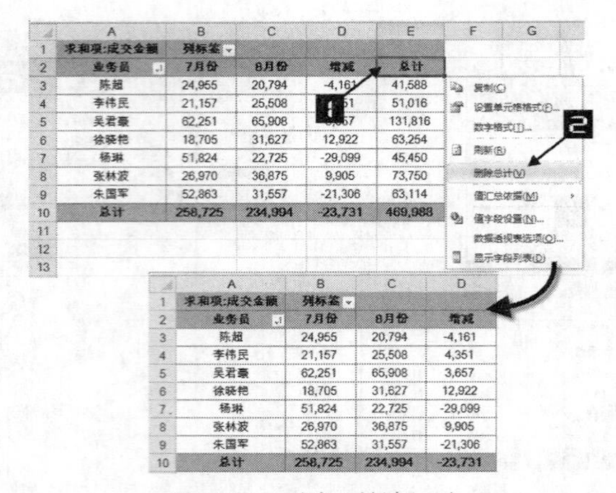

| | A | B | C | D | E |
|---|---|---|---|---|---|
| 1 | 求和项:成交金额 | 列标签 | | | |
| 2 | 业务员 | 7月份 | 8月份 | 增减 | 总计 |
| 3 | 陈超 | 24,955 | 20,794 | -4,161 | 41,588 |
| 4 | 李伟民 | 21,157 | 25,508 | 4,351 | 51,016 |
| 5 | 吴君豪 | 62,251 | 65,908 | 3,657 | 131,816 |
| 6 | 徐晓艳 | 18,705 | 31,627 | 12,922 | 63,254 |
| 7 | 杨琳 | 51,824 | 22,725 | -29,099 | 45,450 |
| 8 | 张林波 | 26,970 | 36,875 | 9,905 | 73,750 |
| 9 | 朱国军 | 52,863 | 31,557 | -21,306 | 63,114 |
| 10 | 总计 | 258,725 | 234,994 | -23,731 | 469,988 |

| | A | B | C | D |
|---|---|---|---|---|
| 1 | 求和项:成交金额 | 列标签 | | |
| 2 | 业务员 | 7月份 | 8月份 | 增减 |
| 3 | 陈超 | 24,955 | 20,794 | -4,161 |
| 4 | 李伟民 | 21,157 | 25,508 | 4,351 |
| 5 | 吴君豪 | 62,251 | 65,908 | 3,657 |
| 6 | 徐晓艳 | 18,705 | 31,627 | 12,922 |
| 7 | 杨琳 | 51,824 | 22,725 | -29,099 |
| 8 | 张林波 | 26,970 | 36,875 | 9,905 |
| 9 | 朱国军 | 52,863 | 31,557 | -21,306 |
| 10 | 总计 | 258,725 | 234,994 | -23,731 |

图 141-5 删除“总计”列

# 技巧 142 创建多重合并计算数据区域的数据透视表

默认情况下，Excel 2010 功能区没有【数据透视表和数据透视图向导】按钮，如果用户需要创建多重合并计算数据区域的数据透视表，可以依次按<Alt>、<D>、<P>键调出【数据透视表和数据透视图向导】对话框创建数据透视表。

此外，如果用户需要频繁使用【数据透视表和数据透视图向导】对话框，也可以手动将【数据透视表和数据透视图向导】按钮添加到【自定义快速访问工具栏】中，具体方法请参阅技巧 45。

创建多重合并计算数据区域的数据透视表，数据源可以是同一个工作簿的多张工作表，也可以是其他工作簿的多张工作表，但待合并的数据源工作表结构必须完全一致。

如图 142-1 所示的 3 张工作表结构完全一致，将这 3 张工作表合并汇总创建数据透视表的方法如下。

| | A | B | C | D | E | F | G |
|---|---|---|---|---|---|---|---|
| 1 | 代理商 | 商品名称 | 颜色 | 数量 | 单价 | 金额 | 备注 |
| 2 | 上海 | 92-210125 | 白色 | 842 | 83 | 69,886 | |
| 3 | 上海 | 92-210125 | 黑色 | 471 | 83 | 39,093 | |
| 4 | 上海 | 92-210143 | 浅蓝 | 486 | 120 | 58,320 | |
| 5 | 上海 | 92-210143 | 浅灰 | 529 | 120 | 63,480 | |
| 6 | 上海 | | | | | | |
| 7 | 上海 | | | | | | |
| 8 | 上海 | | | | | | |
| 9 | 郑州 | | | | | | |
| 10 | 郑州 | | | | | | |
| 11 | 郑州 | | | | | | |
| 12 | 郑州 | | | | | | |
| 13 | 郑州 | | | | | | |
| 14 | 郑州 | | | | | | |
| 15 | 西安 | | | | | | |
| 16 | 西安 | | | | | | |

| | A | B | C | D | E | F | G |
|---|---|---|---|---|---|---|---|
| 1 | 代理商 | 商品名称 | 颜色 | 数量 | 单价 | 金额 | 备注 |
| 2 | 上海 | 92-210125 | 白色 | 463 | 83 | 38,429 | |
| 3 | 上海 | 92-210125 | 黑色 | 704 | 83 | 58,432 | |
| 4 | 上海 | 92-210143 | 浅蓝 | 268 | 120 | 32,160 | |
| 5 | 上海 | 92-210143 | 浅灰 | 317 | 120 | 38,040 | |
| 6 | 上海 | | | | | | |
| 7 | 上海 | | | | | | |
| 8 | 上海 | | | | | | |
| 9 | 郑州 | | | | | | |
| 10 | 郑州 | | | | | | |
| 11 | 郑州 | | | | | | |
| 12 | 郑州 | | | | | | |
| 13 | 郑州 | | | | | | |
| 14 | 郑州 | | | | | | |
| 15 | 西安 | | | | | | |
| 16 | 西安 | | | | | | |

| | A | B | C | D | E | F | G |
|---|---|---|---|---|---|---|---|
| 1 | 代理商 | 商品名称 | 颜色 | 数量 | 单价 | 金额 | 备注 |
| 2 | 上海 | 92-210125 | 白色 | 281 | 83 | 23,323 | |
| 3 | 上海 | 92-210125 | 黑色 | 182 | 83 | 15,106 | |
| 4 | 上海 | 92-210143 | 浅蓝 | 141 | 120 | 16,920 | |
| 5 | 上海 | 92-210143 | 浅灰 | 264 | 120 | 31,680 | 未付款 |
| 6 | 上海 | 92-211012 | 白色 | 238 | 115 | 27,370 | 未付款 |
| 7 | 上海 | 92-211012 | 红色 | 314 | 115 | 36,110 | 未付款 |
| 8 | 上海 | 92-211073 | 黑色 | 377 | 98 | 36,946 | 未付款 |
| 9 | 郑州 | 92-203072 | 白色 | 311 | 97 | 30,167 | 未付款 |
| 10 | 郑州 | 92-203072 | 蓝色 | 115 | 97 | 11,155 | |
| 11 | 郑州 | 92-216076 | 白色 | 263 | 90 | 23,670 | 未付款 |
| 12 | 郑州 | 92-216076 | 黑色 | 149 | 90 | 13,410 | 未付款 |
| 13 | 郑州 | 92-222201 | 黑色 | 372 | 117 | 43,524 | 未付款 |
| 14 | 郑州 | 92-222201 | 白色 | 301 | 117 | 35,217 | 未付款 |
| 15 | 西安 | 92-202086 | 白色 | 356 | 136 | 48,416 | |
| 16 | 西安 | 92-202086 | 黑色 | 385 | 136 | 52,360 | |

图 142-1 数据源工作表

## 142.1　创建单页字段

**Step 1**　依次按<Alt>、<D>、<P>键，打开【数据透视表和数据透视图向导--步骤 1（共 3 步）】对话框，在【请指定待分析数据的数据源类型】中单击【多重合并计算数据区域】单选钮，在【所需创建的报表类型】中单击【数据透视表】单选钮，单击【下一步】按钮，如图 142-2 所示。

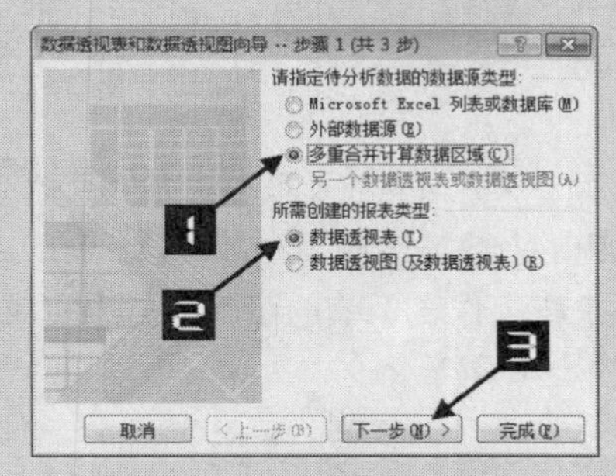


图 142-2　数据透视表和数据透视图向导-步骤 1

**Step 2**　在弹出的【数据透视表和数据透视图向导--步骤 2a（共 3 步）】对话框中单击【创建单页字段】单选钮，单击【下一步】按钮，如图 142-3 所示。

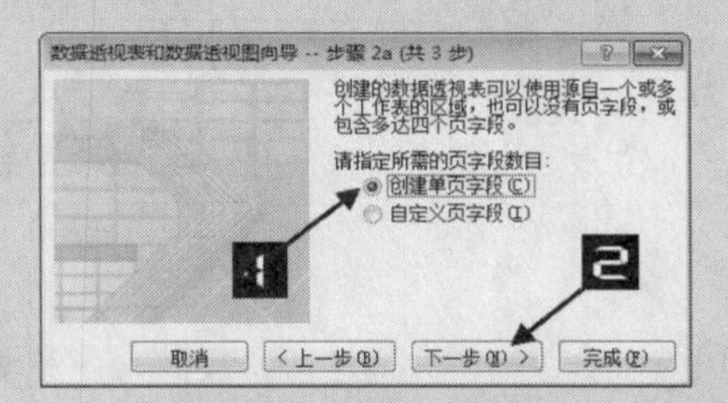


图 142-3　数据透视表和数据透视图向导-步骤 2a

**Step 3**　在弹出的【数据透视表和数据透视图向导--步骤 2b（共 3 步）】对话框中将光标定位在【选定区域】编辑框中，鼠标选中“7 月份”工作表中的数据区域（如'7 月份'!$A$1:$G$32），单击【添加】按钮将选定区域添加到【所有区域】列表框中，如图 142-4 所示。

| | A | B | C | D | E | F | G | H |
|---|---|---|---|---|---|---|---|---|
| 1 | 代理商 | 商品名称 | 颜色 | 数量 | 单价 | 金额 | 备注 | |
| 2 | 上海 | 92-210125 | 白色 | 842 | 83 | 69,886 | | |
| 3 | 上海 | 92-210125 | 黑色 | 471 | 83 | 39,093 | | |
| 4 | 上海 | 92-210143 | 浅蓝 | | | | | |
| 5 | 上海 | 92-210143 | 浅灰 | | | | | |
| 6 | 上海 | 92-211012 | 白色 | | | | | |
| 7 | 上海 | 92-211012 | 红色 | | | | | |
| 8 | 上海 | 92-211073 | 黑色 | | | | | |
| 9 | 郑州 | 92-203072 | 白色 | | | | | |
| 10 | 郑州 | 92-203072 | 蓝色 | | | | | |
| 11 | 郑州 | 92-216076 | 白色 | | | | | |
| 12 | 郑州 | 92-216076 | 黑色 | | | | | |
| 13 | 郑州 | 92-222201 | 黑色 | | | | | |
| 14 | 郑州 | 92-222201 | 白色 | | | | | |
| 15 | 西安 | 92-202086 | 白色 | | | | | |
| 16 | 西安 | 92-202086 | 黑色 | 404 | 136 | 54,944 | | |

7月份 / 8月份 / 9月份

数据透视表和数据透视图向导 -- 步骤 2b (共 3 步)
请键入或选定包含汇总数据的工作表数据区域。
选定区域(R):
'7月份'!$A$1:$G$32
添加(A)　删除(D)　浏览(W)...
所有区域(L):
'7月份'!$A$1:$G$32
取消　< 上一步(B)　下一步(N) >　完成(F)

图 142-4　选择数据源区域

**Step 4**

重复操作步骤 3 将“8 月份”和“9 月份”工作表中的数据区域添加到【所有区域】列表框中，单击【下一步】按钮，如图 142-5 所示。

图 142-5 完成添加所有数据区域

**Step 5**

在弹出的【数据透视表和数据透视图向导--步骤 3（共 3 步）】对话框中，单击【新工作表】单选钮，单击【完成】按钮完成数据透视表的创建，如图 142-6 所示。

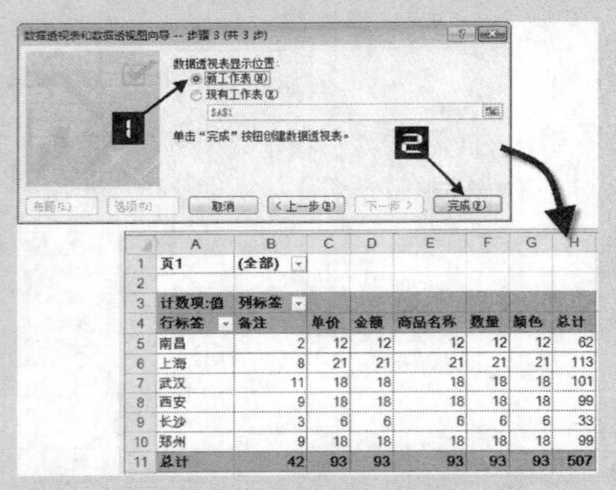

| 行标签 | 备注 | 单价 | 金额 | 商品名称 | 数量 | 颜色 | 总计 |
|---|---|---|---|---|---|---|---|
| 南昌 | 2 | 12 | 12 | 12 | 12 | 12 | 62 |
| 上海 | 8 | 21 | 21 | 21 | 21 | 21 | 113 |
| 武汉 | 11 | 18 | 18 | 18 | 18 | 18 | 101 |
| 西安 | 9 | 18 | 18 | 18 | 18 | 18 | 99 |
| 长沙 | 3 | 6 | 6 | 6 | 6 | 6 | 33 |
| 郑州 | 9 | 18 | 18 | 18 | 18 | 18 | 99 |
| 总计 | 42 | 93 | 93 | 93 | 93 | 93 | 507 |

图 142-6 初步完成的数据透视表

**Step 6**

单击数据透视表区域中的“列标签”下拉按钮，在弹出的下拉菜单中取消勾选那些不需要在数据透视表中显示字段的数据项（如备注、单价、商品名称和颜色），最后单击【确定】按钮，如图 142-7 所示。

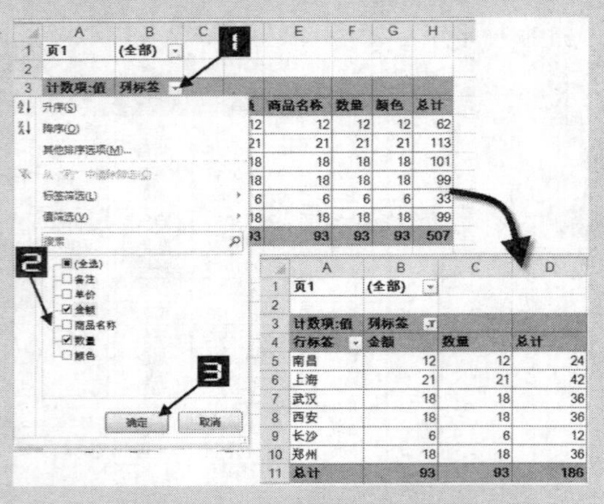

| 行标签 | 金额 | 数量 | 总计 |
|---|---|---|---|
| 南昌 | 12 | 12 | 24 |
| 上海 | 21 | 21 | 42 |
| 武汉 | 18 | 18 | 36 |
| 西安 | 18 | 18 | 36 |
| 长沙 | 6 | 6 | 12 |
| 郑州 | 18 | 18 | 36 |
| 总计 | 93 | 93 | 186 |

图 142-7 选择数据透视表中要显示的字段

**Step 7**　选中“计数项：值”字段的单元格，如 A3，单击鼠标右键，在弹出的快捷菜单中依次单击【值汇总依据】→【求和】，如图 142-8 所示。

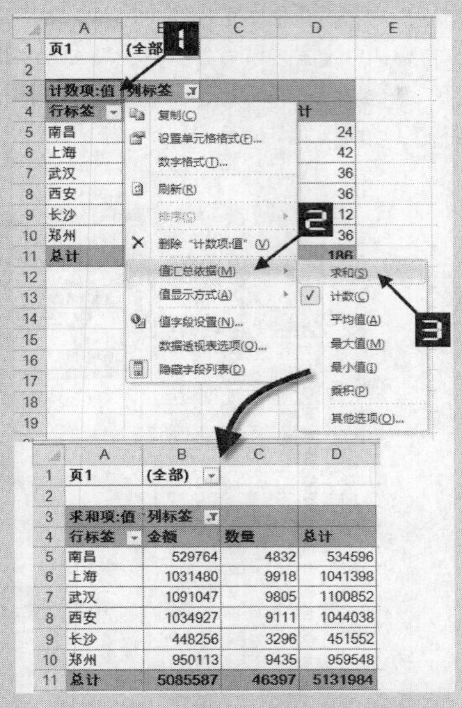


| 页1 | (全部) | | |
|---|---|---|---|
| 求和项:值 | 列标签 | | |
| 行标签 | 金额 | 数量 | 总计 |
| 南昌 | 529764 | 4832 | 534596 |
| 上海 | 1031480 | 9918 | 1041398 |
| 武汉 | 1091047 | 9805 | 1100852 |
| 西安 | 1034927 | 9111 | 1044038 |
| 长沙 | 448256 | 3296 | 451552 |
| 郑州 | 950113 | 9435 | 959548 |
| 总计 | 5085587 | 46397 | 5131984 |

图 142-8　设置数据透视表的计算类型

## 142.2　自定义页字段

自定义页字段是以事先定义的名称为待合并的各个数据源提前命名，创建数据透视表后，自定义的页字段名称将出现在报表筛选字段的下拉列表中，创建方法如下。

**Step 1**　参照 142.1 的步骤 1 进行操作。

**Step 2**　在弹出的【数据透视表和数据透视图向导--步骤 2a（共 3 步）】对话框中单击【自定义页字段】单选钮，单击【下一步】按钮，如图 142-9 所示。

数据透视表和数据透视图向导 -- 步骤 2a (共 3 步)
创建的数据透视表可以使用源自一个或多个工作表的区域，也可以没有页字段，或包含多达四个页字段。
请指定所需的页字段数目：
创建单页字段(C)
自定义页字段(I)
取消　< 上一步(B)　下一步(N) >　完成(F)

图 142-9　数据透视表和数据透视图向导-步骤 2a

**Step 3** 在弹出的【数据透视表和数据透视图向导--步骤 2b（共 3 步）】对话框中单击【请先指定要建立在数据透视表中的页字段数目】下方的“1”单选钮，然后将光标定位在【选定区域】编辑框中，鼠标选中“7 月份”工作表中的数据区域（如'7 月份'!$A$1:$G$32），再单击【添加】按钮完成第一个数据源的添加，在【字段 1】下方的组合框中输入字段名称“7 月份”，如图 142-10 所示。

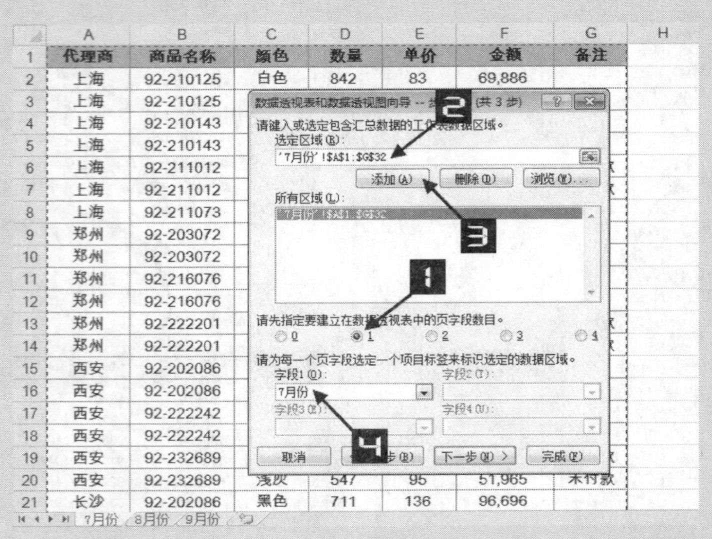

图 142-10 添加数据源

**Step 4** 按步骤 3 的操作方法分别将“8 月份”和“9 月份”工作表数据区域添加到【所有区域】列表框中，如图 142-11 所示。

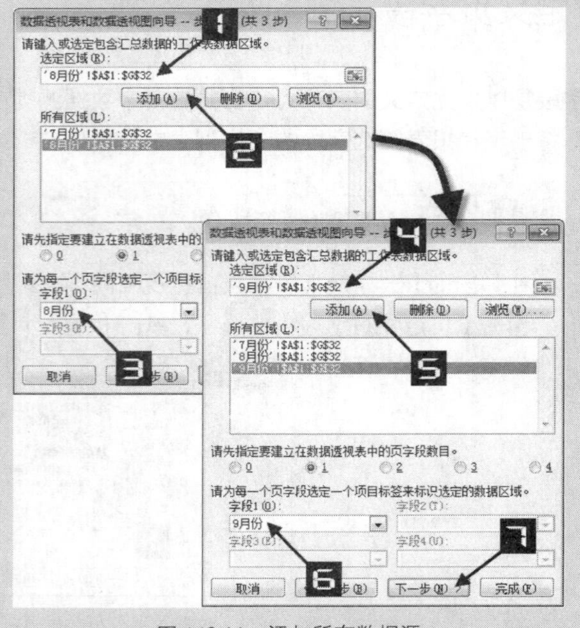

图 142-11 添加所有数据源

**Step 5**　参照 142.1 的步骤 5 进行操作，初步完成的数据透视表如图 142-12 所示。

| | A | B | C | D | E | F | G | H |
|---|---|---|---|---|---|---|---|---|
| 1 | 页1 | (全部) | | | | | | |
| 2 | | | | | | | | |
| 3 | 计数项:值 | 列标签 | | | | | | |
| 4 | 行标签 | 备注 | 单价 | 金额 | 商品名称 | 数量 | 颜色 | 总计 |
| 5 | 南昌 | 2 | 12 | 12 | 12 | 12 | 12 | 62 |
| 6 | 上海 | 8 | 21 | 21 | 21 | 21 | 21 | 113 |
| 7 | 武汉 | 11 | 18 | 18 | 18 | 18 | 18 | 101 |
| 8 | 西安 | 9 | 18 | 18 | 18 | 18 | 18 | 99 |
| 9 | 长沙 | 3 | 6 | 6 | 6 | 6 | 6 | 33 |
| 10 | 郑州 | 9 | 18 | 18 | 18 | 18 | 18 | 99 |
| 11 | 总计 | 42 | 93 | 93 | 93 | 93 | 93 | 507 |

图 142-12　自定义页字段的数据透视表

**Step 6**　参照 142.1 的步骤 6 进行操作，取消勾选不需要在数据透视表中显示的字段。

**Step 7**　参照 142.1 的步骤 7 进行操作，更改数据透视表的计算类型。

**Step 8**　通过筛选数据透视表“报表筛选”字段可以显示各月份相对应的数据。此外，在【数据透视表字段列表】中将“页 1”字段移动至【列标签】区域内改变数据透视表的布局，如图 142-13 所示。

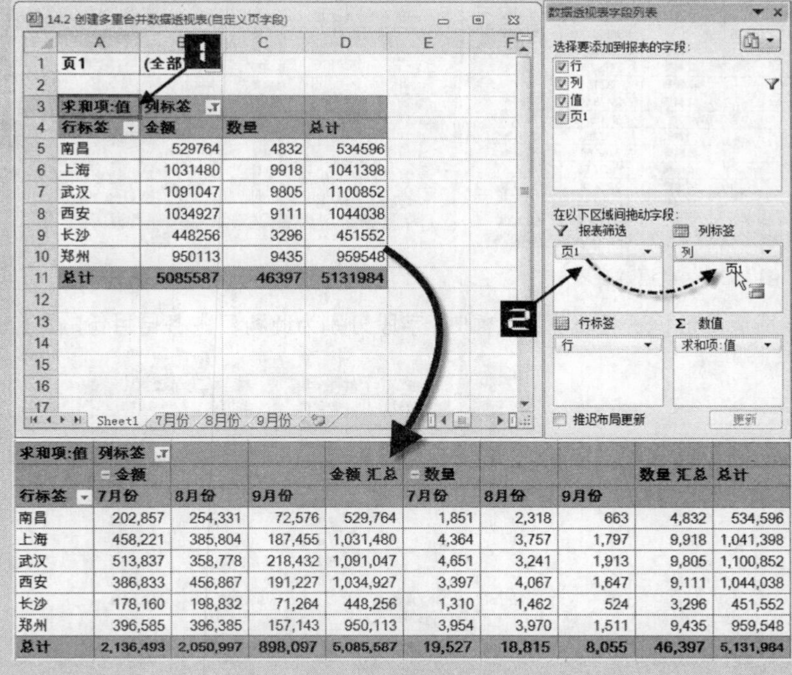


| 求和项:值 | 列标签 | | | | | | | | |
|---|---|---|---|---|---|---|---|---|---|
| | 金额 | | | 金额 汇总 | 数量 | | | 数量 汇总 | 总计 |
| 行标签 | 7月份 | 8月份 | 9月份 | | 7月份 | 8月份 | 9月份 | | |
| 南昌 | 202,857 | 254,331 | 72,576 | 529,764 | 1,851 | 2,318 | 663 | 4,832 | 534,596 |
| 上海 | 458,221 | 385,804 | 187,455 | 1,031,480 | 4,364 | 3,757 | 1,797 | 9,918 | 1,041,398 |
| 武汉 | 513,837 | 358,778 | 218,432 | 1,091,047 | 4,651 | 3,241 | 1,913 | 9,805 | 1,100,852 |
| 西安 | 386,833 | 456,867 | 191,227 | 1,034,927 | 3,397 | 4,067 | 1,647 | 9,111 | 1,044,038 |
| 长沙 | 178,160 | 198,832 | 71,264 | 448,256 | 1,310 | 1,462 | 524 | 3,296 | 451,552 |
| 郑州 | 396,585 | 396,385 | 157,143 | 950,113 | 3,954 | 3,970 | 1,511 | 9,435 | 959,548 |
| 总计 | 2,136,493 | 2,050,997 | 898,097 | 5,085,587 | 19,527 | 18,815 | 8,055 | 46,397 | 5,131,984 |

图 142-13　改变数据透视表布局

注意！创建多重合并计算数据区域的数据透视表时，如果数据源有多个标题列，Excel 总是以各个数据源区域最左列作为合并的基准。

# 技巧143 按月份显示汇总的百分比

在图 143-1 所示的数据透视表中，“发生额％”字段是对“发生额”字段应用了“占同列数据总和的百分比”的值显示方式，如果希望分别显示“2013 年 7 月”、“2013 年 8 月”所有科目占各自月份中的百分比数，可以通过设置值显示的方式为“父级汇总的百分比”方法来实现，操作方法如下。

选中“发生额%”字段中任意单元格（如 D3），单击鼠标右键，在弹出的快捷菜单中依次单击【值显示方式】→【父级汇总的百分比】，在弹出的【值显示方式（发生额%）】对话框中选择“基本字段”为“月份”，再单击【确定】按钮，如图 143-2 所示。

| | A | B | C | D |
|---|---|---|---|---|
| 1 | | | | |
| 2 | | | | |
| 3 | 月份 | 科目名称 | 发生额 | 发生额% |
| 4 | 2013年7月 | 办公费 | 629.53 | 0.03% |
| 5 | | 差旅费 | 3410.64 | 0.18% |
| 6 | | 车辆费 | 3116.88 | 0.16% |
| 7 | | 福利费 | 41580 | 2.18% |
| 8 | | 工资 | 855172.24 | 44.88% |
| 9 | | 交通费 | 122.04 | 0.01% |
| 10 | | 燃料费 | 3803.76 | 0.20% |
| 11 | | 水电费 | 13583.16 | 0.71% |
| 12 | | 通讯费 | 2539.81 | 0.13% |
| 13 | | 折旧费 | 12964.42 | 0.68% |
| 14 | 2013年7月 汇总 | | 936922.48 | 49.17% |
| 15 | 2013年8月 | 办公费 | 465.27 | 0.02% |
| 16 | | 差旅费 | 2199.96 | 0.12% |
| 17 | | 车辆费 | 3267 | 0.17% |
| 18 | | 福利费 | 43473.24 | 2.28% |
| 19 | | 工资 | 888915.31 | 46.65% |
| 20 | | 交通费 | 257.04 | 0.01% |
| 21 | | 燃料费 | 3167.64 | 0.17% |
| 22 | | 水电费 | 11527.05 | 0.60% |
| 23 | | 通讯费 | 2432.48 | 0.13% |
| 24 | | 折旧费 | 12964.42 | 0.68% |
| 25 | 2013年8月 汇总 | | 968669.41 | 50.83% |
| 26 | 总计 | | 1905591.89 | 100.00% |

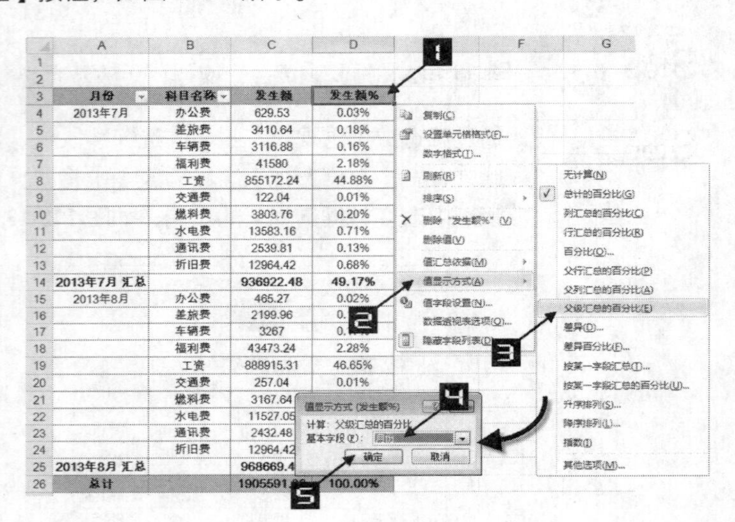


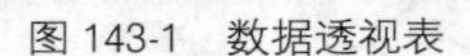
图 143-1　数据透视表　　　　图 143-2　设置值显示方式

完成后的数据透视表“发生额%”字段分别为此科目占各自月份的百分比数，如图 143-3 所示。

| | A | B | C | D |
|---|---|---|---|---|
| 3 | 月份 | 科目名称 | 发生额 | 发生额% |
| 4 | 2013年7月 | 办公费 | 629.53 | 0.07% |
| 5 | | 差旅费 | 3410.64 | 0.36% |
| 6 | | 车辆费 | 3116.88 | 0.33% |
| 7 | | 福利费 | 41580 | 4.44% |
| 8 | | 工资 | 855172.24 | 91.27% |
| 9 | | 交通费 | 122.04 | 0.01% |
| 10 | | 燃料费 | 3803.76 | 0.41% |
| 11 | | 水电费 | 13583.16 | 1.45% |
| 12 | | 通讯费 | 2539.81 | 0.27% |
| 13 | | 折旧费 | 12964.42 | 1.38% |
| 14 | 2013年7月 汇总 | | 936922.48 | 100.00% |
| 15 | 2013年8月 | 办公费 | 465.27 | 0.05% |
| 16 | | 差旅费 | 2199.96 | 0.23% |
| 17 | | 车辆费 | 3267 | 0.34% |
| 18 | | 福利费 | 43473.24 | 4.49% |
| 19 | | 工资 | 888915.31 | 91.77% |
| 20 | | 交通费 | 257.04 | 0.03% |
| 21 | | 燃料费 | 3167.64 | 0.33% |
| 22 | | 水电费 | 11527.05 | 1.19% |
| 23 | | 通讯费 | 2432.48 | 0.25% |
| 24 | | 折旧费 | 12964.42 | 1.34% |
| 25 | 2013年8月 汇总 | | 968669.41 | 100.00% |
| 26 | 总计 | | 1905591.89 | |

图 143-3　数据再透视

# 技巧 144　重复显示所有项目标签

Excel 2010 数据透视表新增了“重复所有项目标签”的功能，使用该功能可以将数据透视表中的空白单元格填充相对应的项目标签，不仅方便数据透视表的阅读，也有利于对透视结果进行二次数据分析。具体操作方法如下。

选中数据透视表中的任意单元格（如 A9），在【数据透视表工具-设计】选项卡中依次单击【报表布局】→【重复所有项目标签】，如图 144-1 所示。

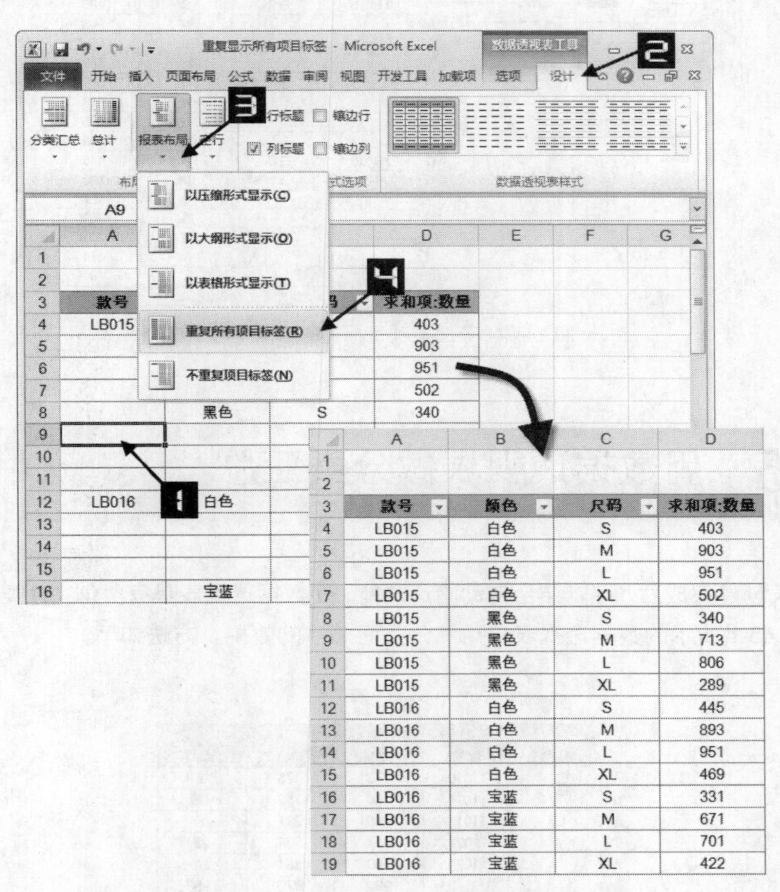


图 144-1　重复所有项目标签的操作步骤

对于已经重复显示所有项目标签的数据透视表，如果不需要重复显示项目标签，按上面介绍的方法，单击【不重复项目标签】即可，如图 144-2 所示。

对【以压缩形式显示】的报表布局或以【合并且居中排列带标签的单元格】布局的数据透视表设置【不重复项目标签】的效果不明显。

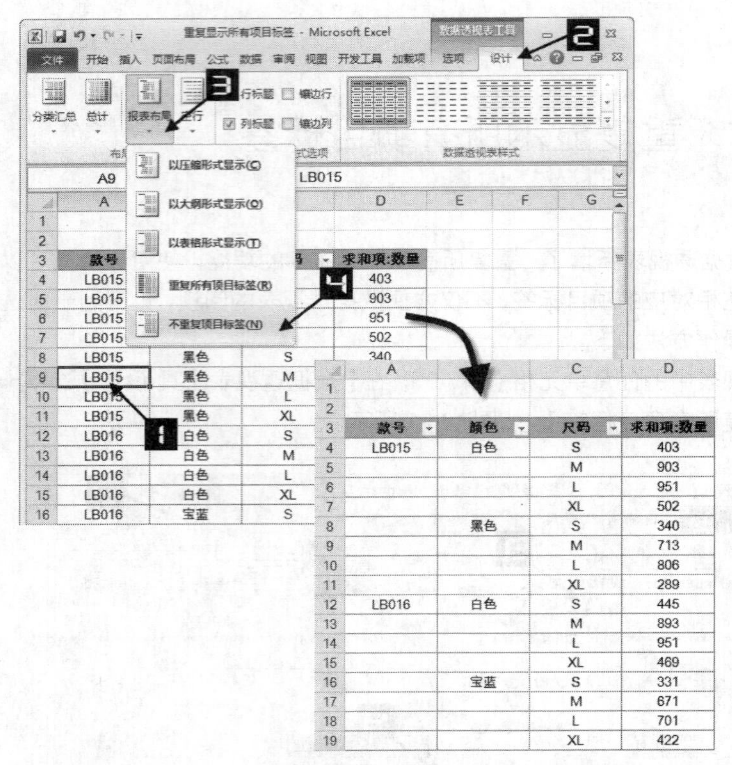

图 144-2 不重复项目标签的操作步骤

# 技巧 145 用数据透视表做分类汇总

数据透视表创建完成后，可以结合自动筛选功能，使数据透视表具有类似“分类汇总”的效果。如果对图 145-1 所示的数据透视表应用“分类汇总”的效果，方法如下。

| | 值 | | | |
|---|---|---|---|---|
| 系列 | 款号 | 计划生产 | 实际生产 | 盈亏 |
| LB | 11010 | 173 | 175 | 2 |
| | 11014 | 190 | 152 | -38 |
| | 11018 | 248 | 231 | -17 |
| | 11022 | 211 | 234 | 23 |
| | 11024 | 160 | 184 | 24 |
| **LB 汇总** | | **982** | **976** | **-6** |
| PM | 4842 | 210 | 202 | -8 |
| | 4847 | 241 | 238 | -3 |
| | 4854 | 245 | 204 | -41 |
| | 4871 | 391 | 401 | 10 |
| **PM 汇总** | | **1087** | **1045** | **-42** |
| ST | 1214 | 248 | 165 | -83 |
| | 1217 | 181 | 202 | 21 |
| | 1222 | 172 | 189 | 17 |
| | 1226 | 191 | 210 | 19 |
| | 1228 | 195 | 236 | 41 |
| **ST 汇总** | | **987** | **1002** | **15** |

图 145-1 数据透视表

**Step 1**　选中数据透视表右侧相邻的单元格（如 F3），在【数据】选项卡中单击【筛选】按钮，如图 145-2 所示。

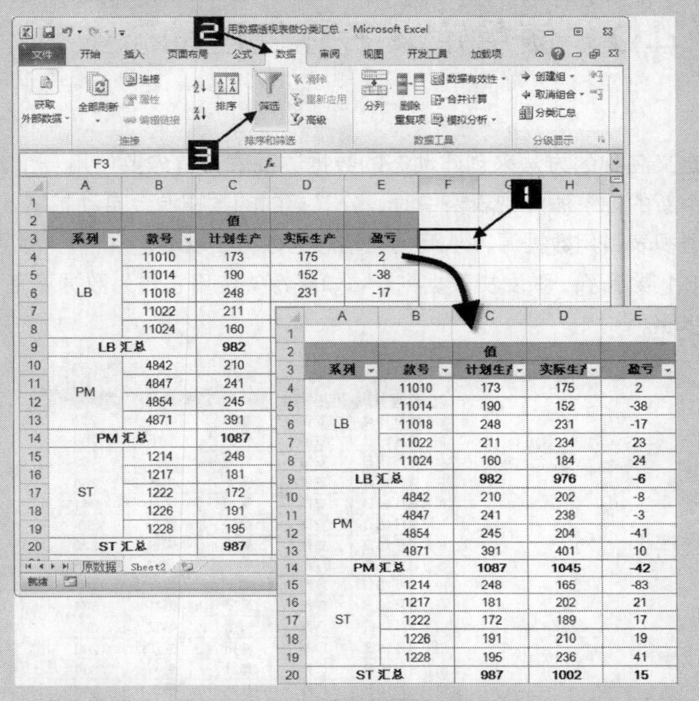

| | A | B | C | D | E |
|---|---|---|---|---|---|
| 2 | | | 值 | | |
| 3 | 系列 | 款号 | 计划生产 | 实际生产 | 盈亏 |
| 4 | LB | 11010 | 173 | 175 | 2 |
| 5 | | 11014 | 190 | 152 | -38 |
| 6 | | 11018 | 248 | 231 | -17 |
| 7 | | 11022 | 211 | 234 | 23 |
| 8 | | 11024 | 160 | 184 | 24 |
| 9 | LB 汇总 | | 982 | 976 | -6 |
| 10 | PM | 4842 | 210 | 202 | -8 |
| 11 | | 4847 | 241 | 238 | -3 |
| 12 | | 4854 | 245 | 204 | -41 |
| 13 | | 4871 | 391 | 401 | 10 |
| 14 | PM 汇总 | | 1087 | 1045 | -42 |
| 15 | ST | 1214 | 248 | 165 | -83 |
| 16 | | 1217 | 181 | 202 | 21 |
| 17 | | 1222 | 172 | 189 | 17 |
| 18 | | 1226 | 191 | 210 | 19 |
| 19 | | 1228 | 195 | 236 | 41 |
| 20 | ST 汇总 | | 987 | 1002 | 15 |

图 145-2　自动筛选数据透视表

**Step 2**　单击“款号”字段的下拉箭头，在弹出的筛选条件下拉列表中取消勾选【(全选)】选项，勾选【(空白)】复选框，最后单击【确定】按钮，将工作表第 1 行至第 2 行隐藏，完成后的效果如图 145-3 所示。

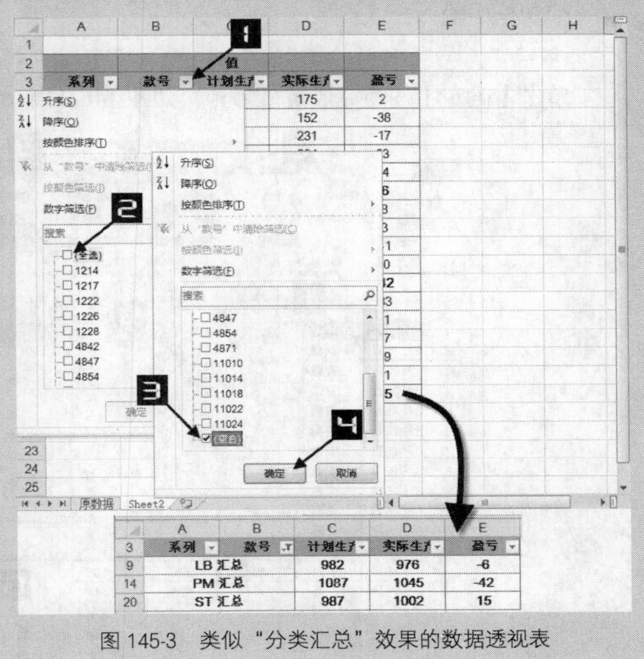

| | A | B | C | D | E |
|---|---|---|---|---|---|
| 3 | 系列 | 款号 | 计划生产 | 实际生产 | 盈亏 |
| 9 | LB 汇总 | | 982 | 976 | -6 |
| 14 | PM 汇总 | | 1087 | 1045 | -42 |
| 20 | ST 汇总 | | 987 | 1002 | 15 |

图 145-3　类似“分类汇总”效果的数据透视表

# 技巧146　使用定义名称创建动态数据透视表

使用定义名称的方法来创建动态的数据透视表，首先要使用一个公式定义数据透视表的数据源。当一个新的记录添加到表格中时，公式指向的数据源会自动扩展，然后将该公式定义为名称，用于数据透视表引用数据源，从而创建动态的数据透视表。

图 146-1 展示了一张发货数据列表，如果希望使用它作为数据源来创建动态的数据透视表，请参照以下步骤。

| | A | B | C | D | E |
|---|---|---|---|---|---|
| 1 | 发货日期 | 到达省份 | 到达市区 | 到达县区 | 发货数量 |
| 2 | 8月15日 | 安徽 | 合肥 | 合肥 | 217 |
| 3 | 8月15日 | 安徽 | 合肥 | 长丰 | 206 |
| 4 | 8月15日 | 安徽 | 合肥 | 庐江 | 102 |
| 5 | 8月15日 | 安徽 | 芜湖 | 南陵 | 208 |
| 6 | 8月15日 | 安徽 | 芜湖 | 芜湖 | 341 |
| 7 | 8月15日 | 安徽 | 蚌埠 | 怀远 | 83 |
| 8 | 8月15日 | 安徽 | 蚌埠 | 固镇 | 220 |
| 9 | 8月15日 | 广西 | 南宁 | 马山 | 283 |
| 10 | 8月15日 | 广西 | 南宁 | 宾阳 | 201 |
| 11 | 8月15日 | 广西 | 南宁 | 上林 | 314 |
| 12 | 8月15日 | 广西 | 柳州 | 融安 | 95 |
| 13 | 8月15日 | 广西 | 柳州 | 三江 | 240 |
| 14 | 8月15日 | 广西 | 桂林 | 全州 | 334 |
| 15 | 8月15日 | 广西 | 桂林 | 平乐 | 148 |

图 146-1　发货数据列表

**Step 1**　在【公式】选项卡中单击【定义名称】按钮或按<Ctrl+F3>组合键，打开【新建名称】对话框，在【名称】文本框中输入“data”，在【引用位置】编辑框中输入公式：

```
=OFFSET(Sheet1!$A$1,0,0,COUNTA(Sheet1!$A:$A),COUNTA(Sheet1!$1:$1))
```

**Step 2**　单击【确定】按钮完成定义名称，如图 146-2 所示。

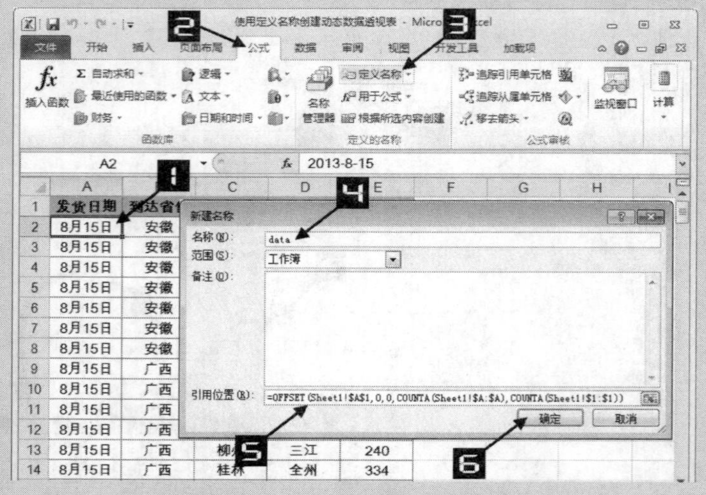


图 146-2　为数据源定义名称

**Step 3** 选中数据源中的任意一个单元格（如 A2），在【插入】选项卡中单击【数据透视表】按钮，弹出【创建数据透视表】对话框，在【表/区域】编辑框中输入“data”，其他选项保持默认值状态，单击【确定】按钮创建一张空白的数据透视表，如图 146-3 所示。

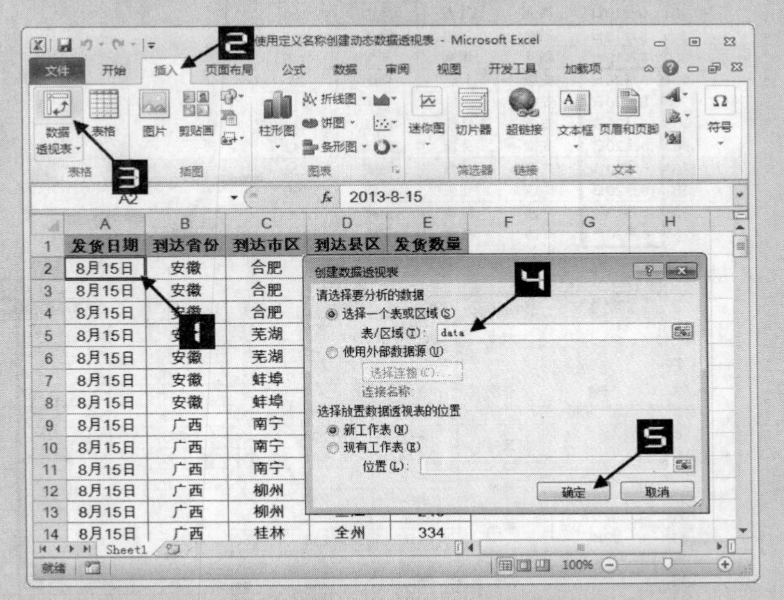


图 146-3 将定义的名称用于数据透视表

**Step 4** 向空白数据透视表内添加字段，如图 146-4 所示。

| 求和项:发货数量 | | | 发货日 | | | | | |
|---|---|---|---|---|---|---|---|---|
| 到达省份 | 到达市区 | 到达县区 | 8月15日 | 8月16日 | 8月17日 | 8月18日 | 8月19日 | 总计 |
| 安徽 | 蚌埠 | 固镇 | 220 | 317 | 264 | 208 | 181 | 1190 |
| | | 怀远 | 83 | 211 | 201 | 86 | 253 | 834 |
| | 合肥 | 长丰 | 206 | 75 | 60 | 86 | 145 | 572 |
| | | 合肥 | 217 | 86 | 348 | 207 | 197 | 1055 |
| | | 庐江 | 102 | 138 | 303 | 53 | 250 | 846 |
| | 芜湖 | 南陵 | 208 | 84 | 265 | 106 | 153 | 816 |
| | | 芜湖 | 341 | 150 | 56 | 159 | 328 | 1034 |
| 广西 | 桂林 | 平乐 | 148 | 344 | 88 | 210 | 87 | 877 |
| | | 全州 | 334 | 268 | 235 | 265 | 251 | 1353 |
| | 柳州 | 融安 | 95 | 57 | 72 | 106 | 121 | 451 |
| | | 三江 | 240 | 254 | 281 | 186 | 76 | 1037 |
| | 南宁 | 宾阳 | 201 | 87 | 74 | 341 | 192 | 895 |
| | | 马山 | 283 | 55 | 97 | 249 | 130 | 814 |
| | | 上林 | 314 | 105 | 214 | 188 | 117 | 938 |
| 河南 | 开封 | 开封 | 74 | 146 | 337 | 244 | 272 | 1073 |
| | | 杞县 | 309 | 158 | 120 | 157 | 93 | 837 |
| | | 通许 | 152 | 300 | 320 | 84 | 276 | 1132 |
| | 洛阳 | 洛宁 | 109 | 349 | 114 | 154 | 216 | 942 |
| | | 孟津 | 101 | 271 | 237 | 50 | 250 | 909 |
| | | 伊川 | 191 | 209 | 341 | 98 | 243 | 1082 |

数据透视表字段列表
选择要添加到报表的字段:
发货日期
到达省份
到达市区
到达县区
发货数量
在以下区域间拖动字段:
报表筛选
列标签
发货日期
行标签
到达省份
到达市区
到达县区
数值
求和项:发...
推迟布局更新
更新

图 146-4 创建数据透视表

至此，完成了动态数据透视表的创建，用户可以向作为数据源的销售明细表中添加一些新记录来检验。如新增“发货日期”为“8 月 20 日”的发货记录，然后在数据透视表中单击鼠标右键，在弹出的快捷菜单中选择【刷新】命令，数据透视表将自动添加新增的数据，如图 146-5 所示。

此方法要求数据源区域中的列首和行首不能包含空白单元格，否则将无法用定义名称取得正确的数据区域。

| | A | B | C | D | E |
|---|---|---|---|---|---|
| 148 | 8月19日 | 湖北 | 武汉 | 武昌区 | 329 |
| 149 | 8月19日 | 湖北 | 武汉 | 汉阳区 | 142 |
| 150 | 8月19日 | 湖北 | 武汉 | 江汉区 | 335 |
| 151 | 8月19日 | 湖北 | 武汉 | 青山区 | 197 |
| 152 | 8月19日 | 湖北 | 黄石 | 黄石港 | 261 |
| 153 | 8月19日 | 湖北 | 黄石 | 阳新 | 312 |
| 154 | 8月19日 | 湖北 | 黄石 | 大冶 | 100 |
| 155 | 8月19日 | 湖北 | 孝感 | 孝昌 | 161 |
| 156 | 8月19日 | 湖北 | 孝感 | 云梦 | 335 |
| 157 | 8月20日 | 安徽 | 合肥 | 合肥 | 84 |
| 158 | 8月20日 | 安徽 | 合肥 | 长丰 | 115 |
| 159 | 8月20日 | 安徽 | 合肥 | 庐江 | 172 |
| 160 | 8月20日 | 安徽 | 芜湖 | 南陵 | 242 |
| 161 | 8月20日 | 广西 | 柳州 | 融安 | 228 |
| 162 | 8月20日 | 广西 | 柳州 | 三江 | 135 |
| 163 | 8月20日 | 广西 | 桂林 | 全州 | 298 |
| 164 | 8月20日 | 广西 | 桂林 | 平乐 | 103 |

| | A | B | C | D | E | F | G | H | I | J |
|---|---|---|---|---|---|---|---|---|---|---|
| 1 | 求和项:发货数量 | | | 发货日 | | | | | | |
| 2 | 到达省份 | 到达市区 | 到达县区 | 8月15日 | 8月16日 | 8月17日 | 8月18日 | 8月19日 | 8月20日 | 总计 |
| 3 | 安徽 | 蚌埠 | 固镇 | 220 | 317 | 264 | 208 | 181 | | 1190 |
| 4 | | | 怀远 | 83 | 211 | 201 | 86 | 253 | | 834 |
| 5 | | 合肥 | 长丰 | 206 | 75 | 60 | 86 | 145 | 115 | 687 |
| 6 | | | 合肥 | 217 | 86 | 348 | 207 | 197 | 84 | 1139 |
| 7 | | | 庐江 | 102 | 138 | 303 | 53 | 250 | 172 | 1018 |
| 8 | | 芜湖 | 南陵 | 208 | 84 | 265 | 106 | 153 | 242 | 1058 |
| 9 | | | 芜湖 | 341 | 150 | 56 | 159 | 328 | | 1034 |
| 10 | 广西 | 桂林 | 平乐 | 148 | 344 | 88 | 210 | 87 | 103 | 980 |
| 11 | | | 全州 | 334 | 268 | 235 | 265 | 251 | 298 | 1651 |
| 12 | | 柳州 | 融安 | 95 | 57 | 72 | 106 | 121 | 228 | 679 |
| 13 | | | 三江 | 240 | 254 | 281 | 186 | 76 | 135 | 1172 |
| 14 | | 南宁 | 宾阳 | 201 | 87 | 74 | 341 | 192 | | 895 |
| 15 | | | 马山 | 283 | 55 | 97 | 249 | 130 | | 814 |
| 16 | | | 上林 | 314 | 105 | 214 | 188 | 117 | | 938 |

图 146-5　数据透视表自动添加数据源新记录

## 技巧 147　动态数据透视表新增列字段

使用定义名称法或列表方法创建的动态数据透视表，对于数据源中新增的行记录，刷新数据透视表后可以自动显示在数据透视表中，对于数据源中新增的列字段，刷新数据透视表后只能显示在【数据透视表字段列表】中，需要重新布局后才可以显示在数据透视表中，如图 147-1 所示。

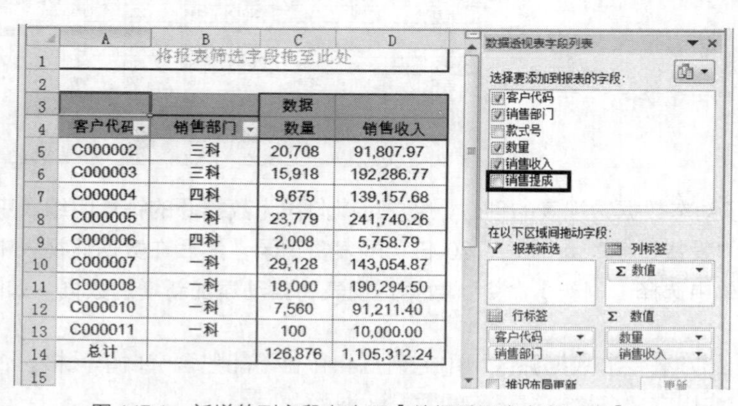

| | A | B | C | D |
|---|---|---|---|---|
| 1 | 将报表筛选字段拖至此处 | | | |
| 2 | | | | |
| 3 | | | 数据 | |
| 4 | 客户代码 | 销售部门 | 数量 | 销售收入 |
| 5 | C000002 | 三科 | 20,708 | 91,807.97 |
| 6 | C000003 | 三科 | 15,918 | 192,286.77 |
| 7 | C000004 | 四科 | 9,675 | 139,157.68 |
| 8 | C000005 | 一科 | 23,779 | 241,740.26 |
| 9 | C000006 | 四科 | 2,008 | 5,758.79 |
| 10 | C000007 | 一科 | 29,128 | 143,054.87 |
| 11 | C000008 | 一科 | 18,000 | 190,294.50 |
| 12 | C000010 | 一科 | 7,560 | 91,211.40 |
| 13 | C000011 | 一科 | 100 | 10,000.00 |
| 14 | 总计 | | 126,876 | 1,105,312.24 |
| 15 | | | | |



图 147-1　新增的列字段存在于【数据透视表字段列表】中

借助 VBA 代码，可以让新增的列字段自动显示在数据透视表中，请参照以下步骤。

**Step 1**　按照技巧 146 的操作方法定义动态的数据源，创建动态的数据透视表。

**Step 2**　在数据透视表所在的工作表标签上单击鼠标右键，在弹出的快捷菜单中选择【查看代码】命令，进入到 VBA 编辑器窗口，在 VBA 代码窗口的代码区域中输入以下代码，如图 147-2 所示。

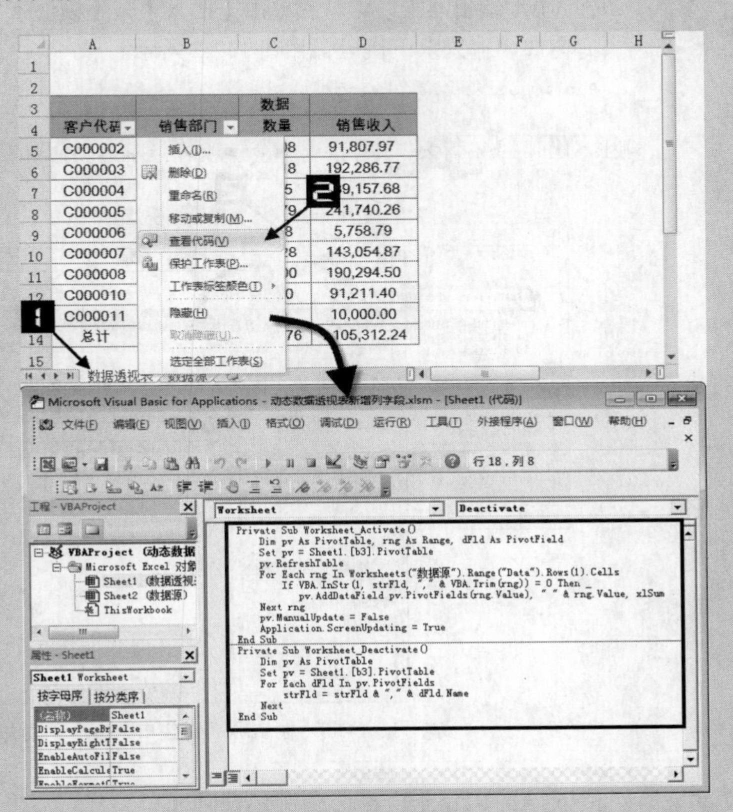

图 147-2　在 VBA 编辑器窗口中输入代码

```
Private Sub Worksheet_Activate()
    Dim pv As PivotTable, rng As Range, dFld As PivotField
    Set pv = Sheet1.[b3].PivotTable
    pv.RefreshTable
    For Each rng In Worksheets("数据源").Range("Data").Rows(1).Cells
        If VBA.InStr(1, strFld, "," & VBA.Trim(rng)) = 0 Then _
           pv.AddDataField pv.PivotFields(rng.Value), " " & rng.Value, xlSum
    Next rng
    pv.ManualUpdate = False
    Application.ScreenUpdating = True
End Sub
Private Sub Worksheet_Deactivate()
```

```
        Dim pv As PivotTable
        Set pv = Sheet1.[b3].PivotTable
        For Each dFld In pv.PivotFields
            strFld = strFld & "," & dFld.Name
        Next
    End Sub
```

**Step 3** 在 VBA 编辑器窗口中依次单击【插入】→【模块】，并在“模块 1”代码窗口中输入以下代码，如图 147-3 所示。

```
Public strFld As String
```

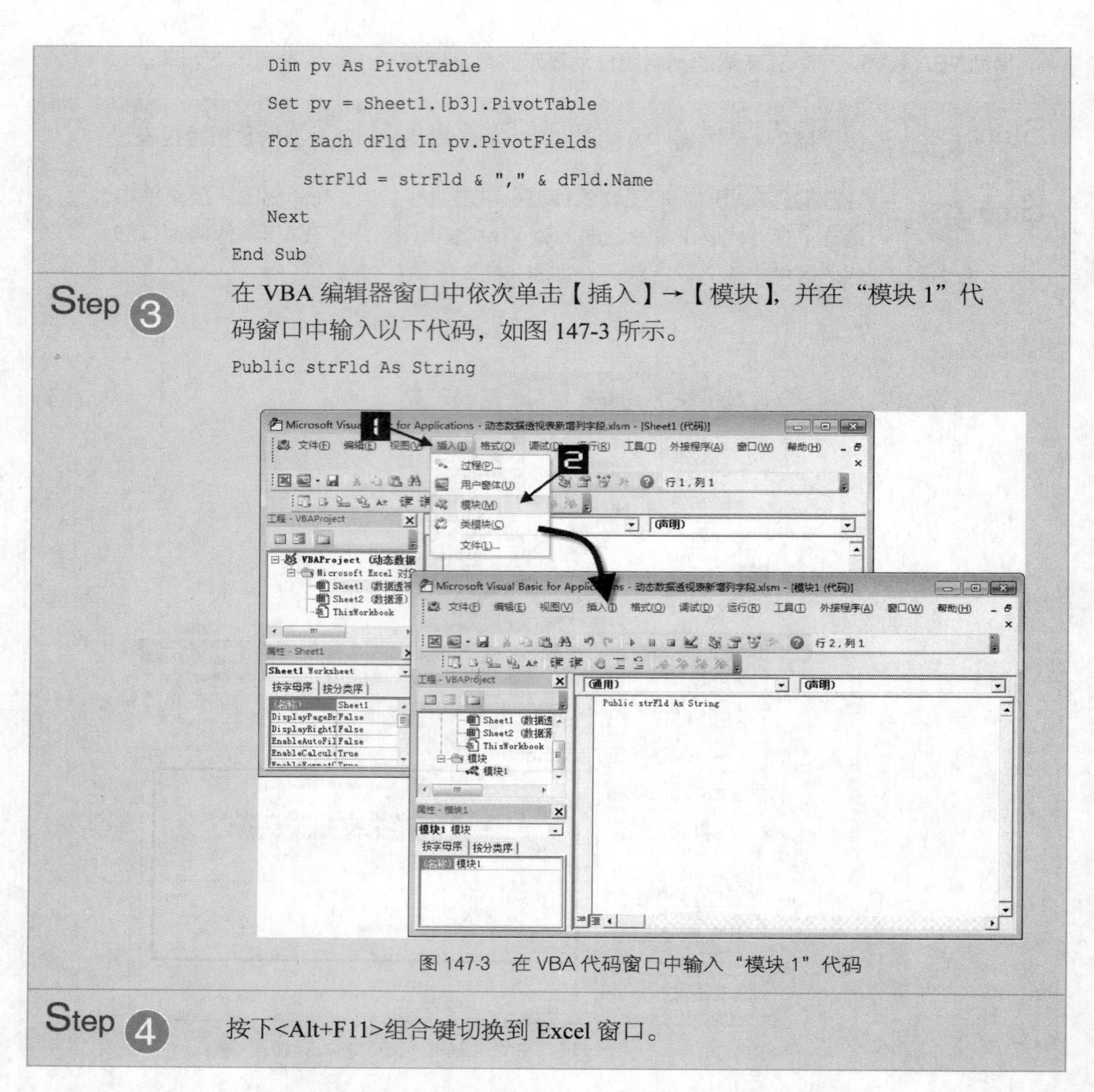


图 147-3　在 VBA 代码窗口中输入“模块 1”代码

**Step 4** 按下<Alt+F11>组合键切换到 Excel 窗口。

从现在开始，在“数据源”中新增行列数据后，只要激活数据透视表所在的工作表，数据透视表中就会立即自动显示新增的数据，如图 147-4 所示。

| | A | B | C | D | E |
|---|---|---|---|---|---|
| 1 | | | | | |
| 2 | | | | | |
| 3 | | | 数据 | | |
| 4 | 客户代码 | 销售部门 | 数量 | 销售收入 | 求和项:销售提成 |
| 5 | C000002 | 三科 | 20,708 | 91,807.97 | 1836.1594 |
| 6 | C000003 | 三科 | 15,918 | 192,286.77 | 3845.7354 |
| 7 | C000004 | 四科 | 9,675 | 139,157.68 | 2783.1536 |
| 8 | C000005 | 一科 | 23,779 | 241,740.26 | 4834.8052 |
| 9 | C000006 | 四科 | 2,008 | 5,758.79 | 115.1758 |
| 10 | C000007 | 一科 | 29,128 | 143,054.87 | 2861.0974 |
| 11 | C000008 | 一科 | 18,000 | 190,294.50 | 3805.89 |
| 12 | C000010 | 一科 | 7,560 | 91,211.40 | 1824.228 |
| 13 | C000011 | 一科 | 100 | 10,000.00 | 200 |
| 14 | 总计 | | 126,876 | 1,105,312.24 | 22106.2448 |

图 147-4　数据透视表自动显示新增行列字段

# 技巧 148　使用数据透视表函数查询数据

Excel 为用户提供了 GETPIVOTDATA 函数，该函数用于在数据透视表中查询数据，用户只需要在数据透视表区域外的单元格输入等号，再单击数据透视表数据区域中的单元格，Excel 就会自动生成一个 GETPIVOTDATA 公式，如图 148-1 所示，B23 单元格的公式为：

```
=GETPIVOTDATA(" 金额",$A$1,"发货日期",DATE(2013,8,16),"到达省份","安徽","到达市区","蚌埠","到达县区","固镇")
```

使用数据透视表函数查询数据 - Microsoft Excel

文件　开始　插入　页面布局　公式　数据　审阅　视图　开发工具　加载项

SUM　=GETPIVOTDATA(" 金额",$A$1,"发货日期",DATE(2013,8,16),"到达省份","安徽","到达市区","蚌埠","到达县区","固镇")

| | A | B | C | D | E | F | G | H | I | J | K |
|---|---|---|---|---|---|---|---|---|---|---|---|
| 1 | | | | 发货日期 | 值 | | | | | | |
| 2 | | | | 8月16日 | | 8月17日 | | 8月18日 | | 金额汇总 | 发货数量汇总 |
| 3 | 到达省 | 到达市 | 到达县 | 金额 | 发货数量 | 金额 | 发货数量 | 金额 | 发货数量 | | |
| 4 | 安徽 | 蚌埠 | 固镇 | 3804 | 317 | 3168 | 264 | 2496 | 208 | 9468 | 789 |
| 5 | | | 怀远 | 2532 | 211 | 2412 | 201 | 1032 | 86 | 5976 | 498 |
| 6 | | 合肥 | 合肥 | 1032 | 86 | 4176 | 348 | 2484 | 207 | 7692 | 641 |
| 7 | | | 庐江 | 1656 | 138 | 3636 | 303 | 636 | 53 | 5928 | 494 |
| 8 | | | 长丰 | 900 | 75 | 720 | 60 | 1032 | 86 | 2652 | 221 |
| 9 | 广西 | 桂林 | 平乐 | 4128 | 344 | 1056 | 88 | 2520 | 210 | 7704 | 642 |
| 10 | | | 全州 | 3216 | 268 | 2820 | 235 | 3180 | 265 | 9216 | 768 |
| 11 | | 柳州 | 融安 | 684 | 57 | 864 | 72 | 1272 | 106 | 2820 | 235 |
| 12 | | | 三江 | 3048 | 254 | 3372 | 281 | 2232 | 186 | 8652 | 721 |
| 13 | | 南宁 | 宾阳 | 1044 | 87 | 888 | 74 | 4092 | 341 | 6024 | 502 |
| 14 | | | 马山 | 660 | 55 | 1164 | 97 | 2988 | 249 | 4812 | 401 |
| 15 | | | 上林 | 1260 | 105 | 2568 | 214 | 2256 | 188 | 6084 | 507 |
| 16 | 河南 | 开封 | 开封 | 1752 | 146 | 4044 | 337 | 2928 | 244 | 8724 | 727 |
| 17 | | | 杞县 | 1896 | 158 | 1440 | 120 | 1884 | 157 | 5220 | 435 |
| 18 | | | 通许 | 3600 | 300 | 3840 | 320 | 1008 | 84 | 8448 | 704 |
| 19 | | 郑州 | 登封 | 1188 | 99 | 2772 | 231 | 1908 | 159 | 5868 | 489 |
| 20 | | | 巩义 | 624 | 52 | 2700 | 225 | 2028 | 169 | 5352 | 446 |
| 21 | | 总计 | | 33024 | 2752 | 41640 | 3470 | 35976 | 2998 | 110640 | 9220 |
| 22 | | | | | | | | | | | |
| 23 | | =GETPIVOTDATA(" 金额",$A$1,"发货日期",DATE(2013,8,16),"到达省份","安徽","到达市区","蚌埠","到达县区","固镇") | | | | | | | | | |
| 24 | | | | | | | | | | | |

原数据　Sheet1

图 148-1　用数据透视表函数查询数据

如果按上述操作未生成公式，可以先选中数据透视表中任意单元格（如 A2），在【数据透视表工具-选项】选项卡中单击【选项】的下拉按钮，在展开的下拉菜单中单击【生成 GetPivotData】命令，如图 148-2 所示。

GETPIVOTDATA 函数的语法为：

```
GETPIVOTDATA(data_field,pivot_table,field1,item1,field2,item2,...)
```

data_field 为包含要检索的数据的数据字段名称，用半角双引号引起来。例如图 148-1 所示公式中的"发货数量"，即表示要查询“发货数量”字段中的数据。

pivot_table 引用数据透视表中任意单元格或单元格区域。该参数用于决定查询哪个数据透视表的数据。例如图 148-1 所示公式中的“$A$1”。

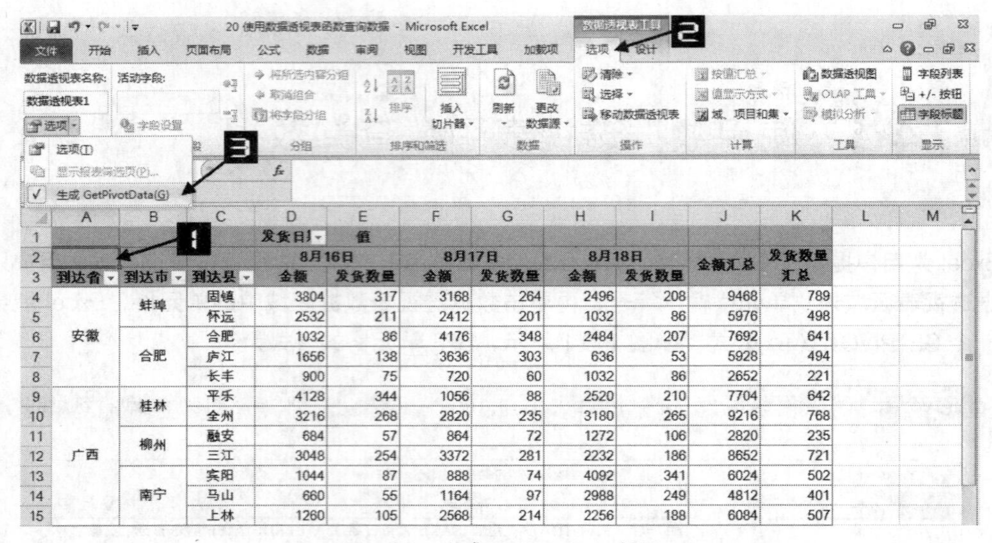

| 到达省 | 到达市 | 到达县 | 8月16日 金额 | 8月16日 发货数量 | 8月17日 金额 | 8月17日 发货数量 | 8月18日 金额 | 8月18日 发货数量 | 金额汇总 | 发货数量汇总 |
|---|---|---|---|---|---|---|---|---|---|---|
| 安徽 | 蚌埠 | 固镇 | 3804 | 317 | 3168 | 264 | 2496 | 208 | 9468 | 789 |
| | | 怀远 | 2532 | 211 | 2412 | 201 | 1032 | 86 | 5976 | 498 |
| | 合肥 | 合肥 | 1032 | 86 | 4176 | 348 | 2484 | 207 | 7692 | 641 |
| | | 庐江 | 1656 | 138 | 3636 | 303 | 636 | 53 | 5928 | 494 |
| | | 长丰 | 900 | 75 | 720 | 60 | 1032 | 86 | 2652 | 221 |
| 广西 | 桂林 | 平乐 | 4128 | 344 | 1056 | 88 | 2520 | 210 | 7704 | 642 |
| | | 全州 | 3216 | 268 | 2820 | 235 | 3180 | 265 | 9216 | 768 |
| | 柳州 | 融安 | 684 | 57 | 864 | 72 | 1272 | 106 | 2820 | 235 |
| | | 三江 | 3048 | 254 | 3372 | 281 | 2232 | 186 | 8652 | 721 |
| | 南宁 | 宾阳 | 1044 | 87 | 888 | 74 | 4092 | 341 | 6024 | 502 |
| | | 马山 | 660 | 55 | 1164 | 97 | 2988 | 249 | 4812 | 401 |
| | | 上林 | 1260 | 105 | 2568 | 214 | 2256 | 188 | 6084 | 507 |

图 148-2　生成 GetPivotData 设置

field1, item1, field2, item2，…为 1 到 126 对用于描述要检索的数据的字段名和项名称，能够以任何次序排列。字段名和项名称（非日期或者数字）必须用半角引号引起来。例如图 148-1 所示公式中：

```
field1="发货日期", item1=DATE(2013,8,16);
field2="到达省份", item2="安徽";
field3="到达市区", item3="蚌埠";
field4="到达县区", item4="固镇"。
```

由以上 4 对字段名与项名称构成一个查询条件，表示查询“发货日期”为“2013 年 8 月 16 日”、到达省份为“安徽”、到达市区为“蚌埠”、到达县区为“固镇”的数据。

（1）GETPIVOTDATA 公式查询的结果必须是数据透视表中存在的数据，否则公式将返回错误值#REF!。

（2）如果 GETPIVOTDATA 公式的参数包含未显示的页字段，则公式将返回错误值#REF!。

（3）如果某个项包含日期，则值必须表示为序列号或使用 DATE 函数。例如图 148-1 所示公式中，第 1 个项“发货日期”引用了日期“2013 年 8 月 16 日”，则应输入“41502”或“DATE(2013,8,16)”，或者--("2013-8-16")将日期文本转换为数值的形式。

GETPIVOTDATA 函数还有另一种语法：

```
=GETPIVOTDATA(pivot_table,name)
```

参数 pivot_table 为引用数据透视表中任意单元格或单元格区域，该参数用于决定查询哪个数据透视表的数据。

参数 name 为查询的条件，各查询条件用半角双引号引起来，并用空格隔开。

例如图 148-1 所示的数据透视表，若要查询“8 月 16 日”、“怀远”的“金额”，公式为：

```
=GETPIVOTDATA($A$1, "8 月 16 日 怀远 金额")
```

公式结果为：2,532.00。

该公式中的引用日期必须与建立数据透视表时的日期格式完全一致，才能得出正确的结果。

若要查询“怀远”的总的“发货数量”，公式为：

```
=GETPIVOTDATA($A$1, "怀远 发货数量")
```

公式结果为：498.00。

若要查询所有地区总的“金额”，公式为：

```
=GETPIVOTDATA($A$1,"金额")
```

公式结果为：110,640.00。

# 技巧 149　使用数据透视表合并汇总多个数据表

技巧 142 介绍了创建多重合并数据透视表的方法，用该方法创建的数据透视表只能以数据源区域最左列作为行字段，要突破这个限制，可以通过“编辑 OLE DB”查询的方法，创建多个数据透视表的合并汇总。

OLE DB 的全称是“Object Linking and Embedding Database”。其中：“Object Linking and Embedding”指对象链接与嵌入，“Database”指数据库。简单地说，OLE DB 是一种技术标准，目的是提供一种统一的数据访问接口。

图 149-1 所示的工作簿中包含 3 张工作表，下面介绍以此工作簿为数据源，通过“编辑 OLE DB”查询创建多重合并数据透视表的方法。

| | A | B | C | D | E | F | G |
|---|---|---|---|---|---|---|---|
| 1 | 代理商 | 商品名称 | 颜色 | 数量 | 单价 | 金额 | 备注 |
| 2 | 上海 | 92-210125 | 白色 | 281 | 83 | 23,323 | 已付款 |
| 3 | 上海 | 92-210125 | 黑色 | 182 | 83 | 15,106 | 已付款 |
| 4 | 上海 | 92-210143 | 浅蓝 | 141 | 120 | 16,920 | 已付款 |
| 5 | 上海 | 92-210143 | 浅灰 | 264 | 120 | 31,680 | 未付款 |
| 6 | 上海 | 92-211012 | 白色 | 238 | 115 | 27,370 | 未付款 |
| 7 | 上海 | 92-211012 | 红色 | 314 | 115 | 36,110 | 未付款 |
| 8 | 上海 | 92-211073 | 黑色 | 377 | 98 | 36,946 | 未付款 |
| 9 | 郑州 | 92-203072 | 白色 | 311 | 97 | 30,167 | 未付款 |
| 10 | 郑州 | 92-203072 | 蓝色 | 115 | 97 | 11,155 | 已付款 |
| 11 | 郑州 | 92-216076 | 白色 | 263 | 90 | 23,670 | 未付款 |
| 12 | 郑州 | 92-216076 | 黑色 | 149 | 90 | 13,410 | 未付款 |
| 13 | 郑州 | 92-222201 | 黑色 | 372 | 117 | 43,524 | 未付款 |
| 14 | 郑州 | 92-222201 | 白色 | 301 | 117 | 35,217 | 未付款 |
| 15 | 西安 | 92-202086 | 白色 | 356 | 136 | 48,416 | 已付款 |
| 16 | 西安 | 92-202086 | 黑色 | 385 | 136 | 52,360 | 已付款 |
| 17 | 西安 | 92-222242 | 白色 | 166 | 108 | 17,928 | 已付款 |

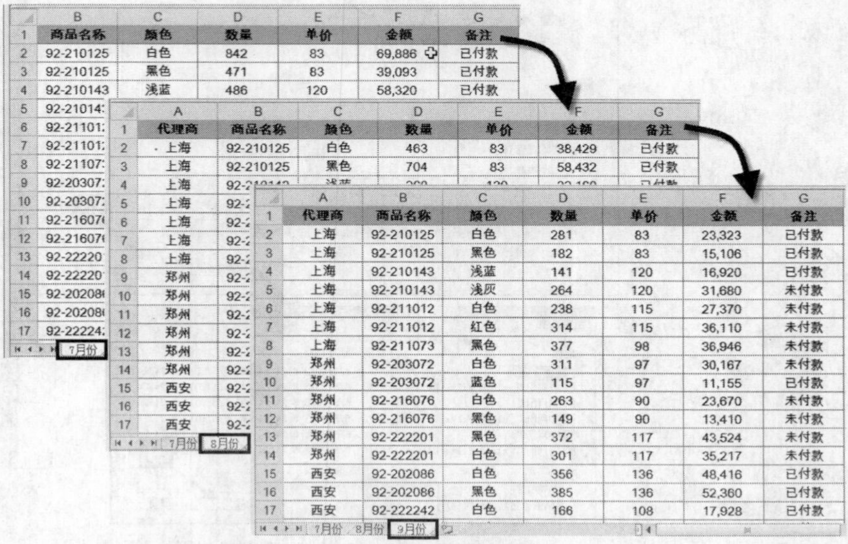

7月份　8月份　9月份

图 149-1　数据源工作簿

**Step 1**

在【数据】选项卡中单击【现有连接】命令，在弹出的【现有连接】对话框中单击【浏览更多】按钮，如图 149-2 所示。

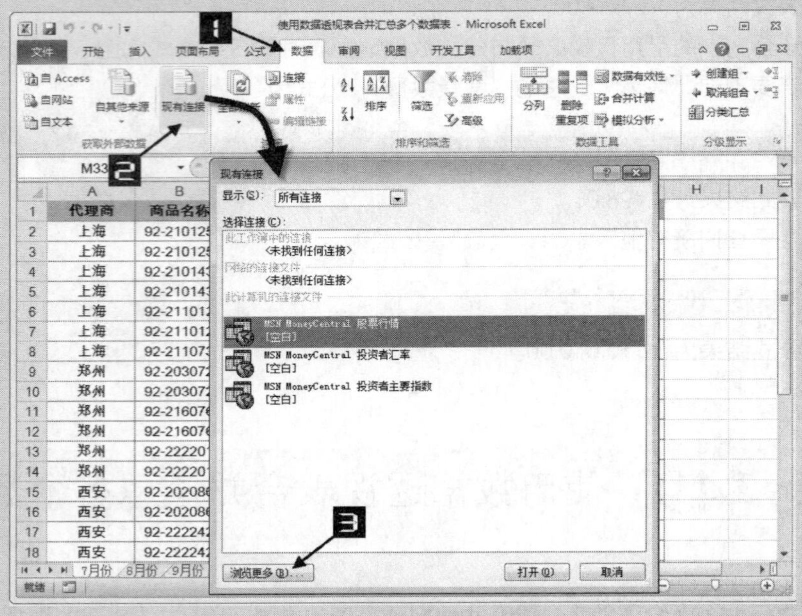


图 149-2　创建数据透视表步骤 1

**Step 2**

在弹出的【选取数据源】对话框中选择“使用数据透视表合并汇总多个数据表-数据源”工作表后单击【打开】按钮，在弹出的【选择表格】对话框中选择一个工作表(如“7 月份$”)，再单击【确定】按钮，如图 149-3 所示。

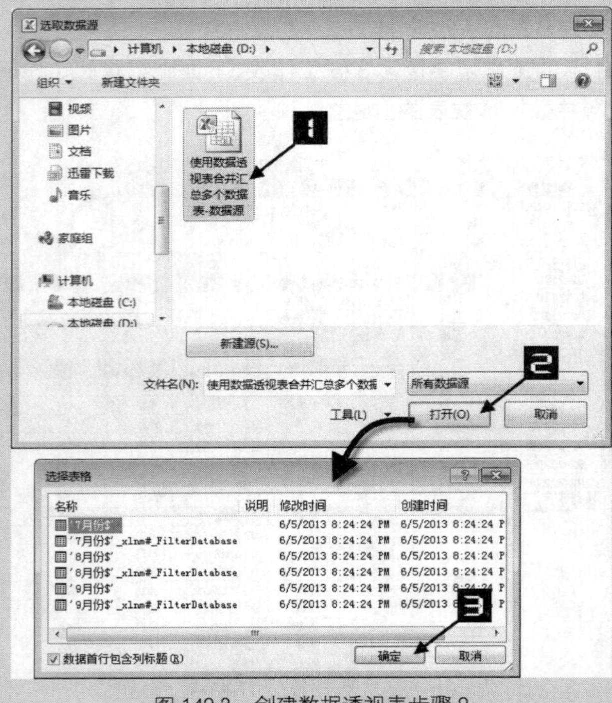


图 149-3　创建数据透视表步骤 2

**Step 3**

在弹出的【导入数据】对话框中分别单击【数据透视表】和【新工作表】单选钮，再单击【属性】按钮，然后在弹出的【连接属性】对话框中单击【定义】选项卡，在【命令文本】文本框中输入以下 SQL 语句：

```
select "7月份",备注,代理商,金额,数量 from [7月份$] union all
select "8月份",备注,代理商,金额,数量 from [8月份$] union all
select "9月份",备注,代理商,金额,数量 from [9月份$]
```

单击【连接属性】对话框的【确定】按钮，再单击【导入数据】对话框的【确定】按钮，即完成数据透视表的创建，如图 149-4 所示。

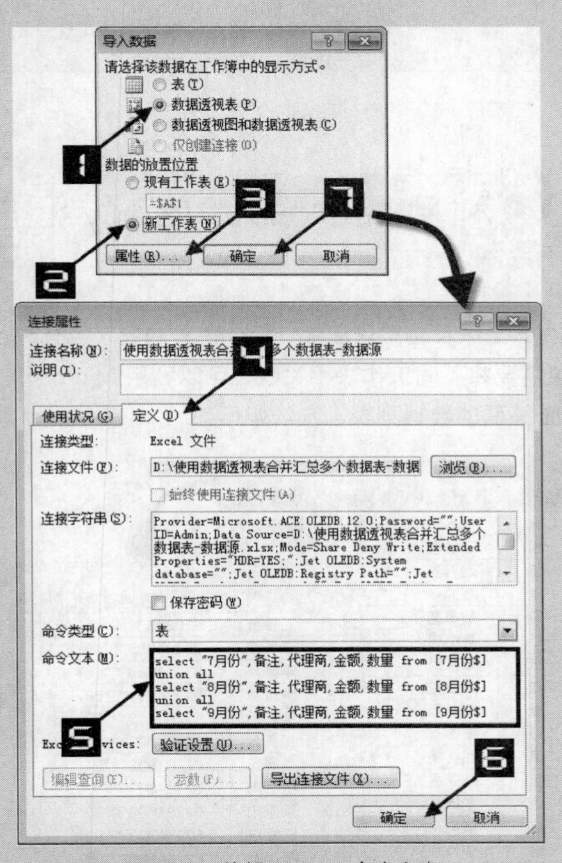


图 149-4　编辑 OLE DB 命令文本

如果需要查询数据源区域中的所有字段，可以将命令文本简化为：

```
select "7月份",* from [7月份$] union all
select "8月份",* from [8月份$] union all
select "9月份",* from [9月份$]
```

**Step 4**

通过拖动数据透视表字段列表中的字段对数据透视表的布局进行调整，完成后的数据透视表如图 149-5 所示。

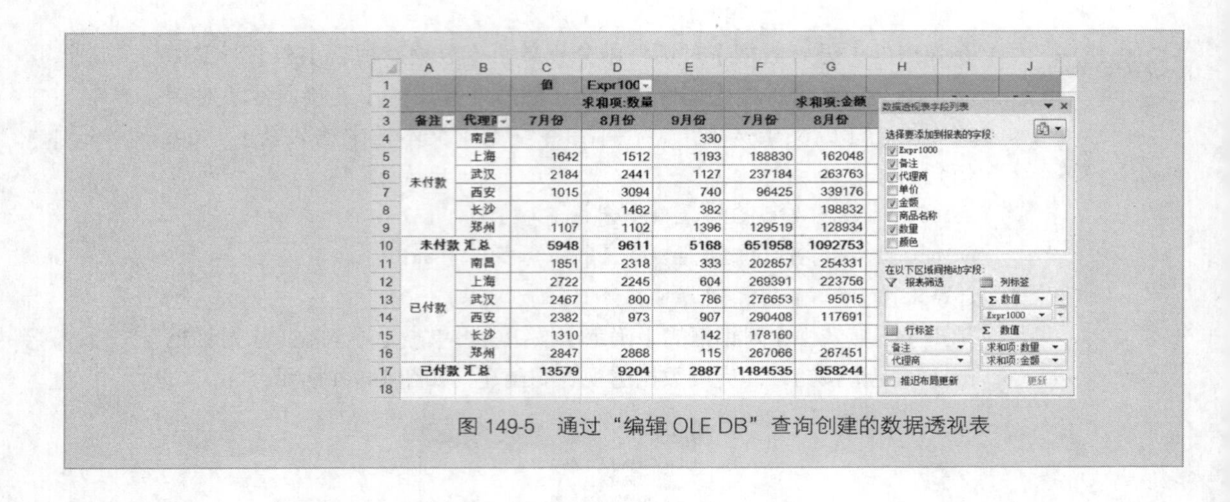

| | A | B | C | D | E | F | G |
|---|---|---|---|---|---|---|---|
| 1 | | | 值 | Expr100 | | | |
| 2 | | | | 求和项:数量 | | | 求和项:金额 |
| 3 | 备注 | 代理商 | 7月份 | 8月份 | 9月份 | 7月份 | 8月份 |
| 4 | 未付款 | 南昌 | | | 330 | | |
| 5 | | 上海 | 1642 | 1512 | 1193 | 188830 | 162048 |
| 6 | | 武汉 | 2184 | 2441 | 1127 | 237184 | 263763 |
| 7 | | 西安 | 1015 | 3094 | 740 | 96425 | 339176 |
| 8 | | 长沙 | | 1462 | 382 | | 198832 |
| 9 | | 郑州 | 1107 | 1102 | 1396 | 129519 | 128934 |
| 10 | 未付款 汇总 | | 5948 | 9611 | 5168 | 651958 | 1092753 |
| 11 | 已付款 | 南昌 | 1851 | 2318 | 333 | 202857 | 254331 |
| 12 | | 上海 | 2722 | 2245 | 604 | 269391 | 223756 |
| 13 | | 武汉 | 2467 | 800 | 786 | 276653 | 95015 |
| 14 | | 西安 | 2382 | 973 | 907 | 290408 | 117691 |
| 15 | | 长沙 | 1310 | | 142 | 178160 | |
| 16 | | 郑州 | 2847 | 2868 | 115 | 267066 | 267451 |
| 17 | 已付款 汇总 | | 13579 | 9204 | 2887 | 1484535 | 958244 |
| 18 | | | | | | | |



图 149-5 通过“编辑 OLE DB”查询创建的数据透视表

# 技巧 150 利用 Microsoft Query 汇总多张关联数据列表

在日常工作中，工作表通常只记录一部分主题内容，但有时各个工作表之间又有相同项，如图 150-1 所示。如果需要将不同工作表相关联，可以利用 Microsoft Query SQL 语句创建数据透视表的方法，汇总多张关联的数据列表，方法如下。

| | A | B | C | D |
|---|---|---|---|---|
| 1 | 组别 | 员工 | 性别 | 入职日期 |
| 2 | 二组 | 徐水艳 | 女 | 2008-2-15 |
| 3 | 一组 | 王繁星 | 男 | 2012-7-25 |
| 4 | 一组 | 周莉燕 | 女 | |
| 5 | 一组 | 张静莎 | 女 | |
| 6 | 一组 | 周根喜 | 男 | |
| 7 | 一组 | 张小成 | 女 | |
| 8 | 一组 | 潘来艳 | 女 | |
| 9 | 二组 | 陈志威 | 男 | |
| 10 | 二组 | 刘春佩 | 女 | |
| 11 | 二组 | 王占云 | 女 | |
| 12 | 二组 | 胡红学 | 男 | |
| 13 | 三组 | 陈美霞 | 女 | |
| 14 | 一组 | 李娅肖 | 女 | |
| 15 | 三组 | 张文飞 | 女 | |
| 16 | 一组 | 李肖静 | 女 | |
| 17 | 三组 | 杨海霞 | 女 | |
| 18 | 三组 | 万倩倩 | 男 | |
| 19 | 三组 | 刘小树 | 男 | |
| 20 | 三组 | 裴恩会 | 男 | |

员工档案 / 员工卡号 / 工资表

| | A | B |
|---|---|---|
| 1 | 员工 | 银行卡号 |
| 2 | 石雪苗 | 62284803****6674918 |
| 3 | 滕春芹 | 62284803****6675311 |
| 4 | 李娅肖 | 62284803****667 |
| 5 | 李肖静 | 62284803****667 |
| 6 | 张静莎 | 62284803****667 |
| 7 | 周莉燕 | 62284803****802 |
| 8 | 周根喜 | 62284803****818 |
| 9 | 张小成 | 62284803****930 |
| 10 | 潘来艳 | 62284803****603 |
| 11 | 王繁星 | 62284803****603 |
| 12 | 范威淑 | 62284803****667 |
| 13 | 陈志威 | 62284803****667 |
| 14 | 罗锦江 | 62284803****714 |
| 15 | 饶广梅 | 62284803****667 |
| 16 | 裴连妹 | 62284803****667 |
| 17 | 徐水艳 | 62284803****667 |
| 18 | 刘春佩 | 62284803****667 |
| 19 | 程佩东 | 62284803****603 |
| 20 | 王占云 | 62284803****667 |

员工档案 / 员工卡号 / 工资表

| | A | B | C |
|---|---|---|---|
| 1 | 序号 | 员工 | 工资额 |
| 2 | 1 | 杨海霞 | 2823 |
| 3 | 2 | 张飞凤 | 2829 |
| 4 | 3 | 周永涛 | 2839 |
| 5 | 4 | 胡红学 | 2907 |
| 6 | 5 | 裴连妹 | 2910 |
| 7 | 6 | 王繁星 | 2979 |
| 8 | 7 | 彭凤强 | 3029 |
| 9 | 8 | 裴恩会 | 3068 |
| 10 | 9 | 王占云 | 3073 |
| 11 | 10 | 石雪苗 | 3082 |
| 12 | 11 | 陈志威 | 3103 |
| 13 | 12 | 潘来艳 | 3114 |
| 14 | 13 | 刘小树 | 3139 |
| 15 | 14 | 丁健勇 | 3246 |
| 16 | 15 | 陈美霞 | 3255 |
| 17 | 16 | 徐水艳 | 3263 |
| 18 | 17 | 饶广梅 | 3264 |
| 19 | 18 | 周莉燕 | 3302 |
| 20 | 19 | 罗锦江 | 3334 |

员工档案 / 员工卡号 / 工资表

图 150-1 相互关联的工作表

Step 1　在【数据】选项卡中依次单击【自其他来源】→【来自 Microsoft Query】，在弹出的【选择数据源】对话框中取消勾选【使用“查询向导”创建/编辑查询】复选框，选中“Excel Files*”类型的数据源，单击【确定】按钮，如图 150-2 所示。

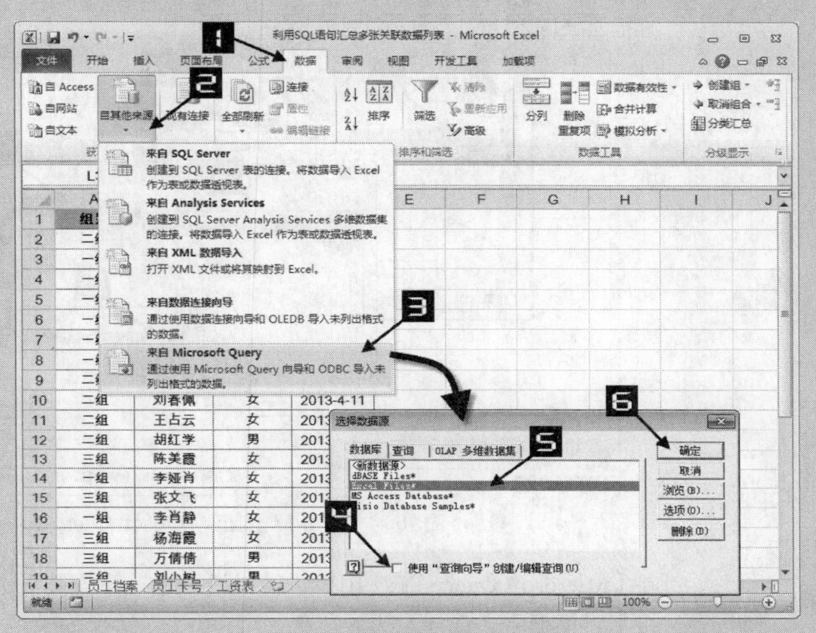

图 150-2　选择数据源步骤 1

Step 2　在弹出的【Microsoft Query】窗口的【选择工作簿】对话框中，选择目标工作簿所在的路径和目标工作簿选项，单击【确定】按钮，如图 150-3 所示。

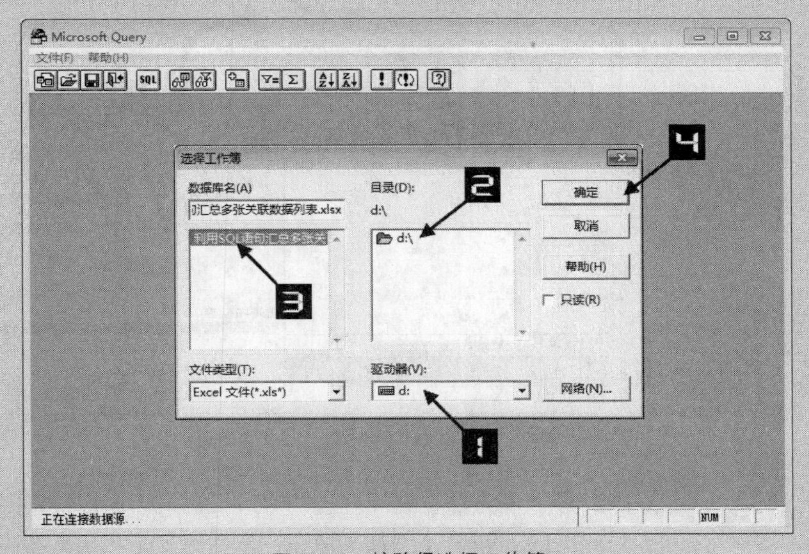

图 150-3　按路径选择工作簿

Step 3 在弹出的【添加表】对话框中选择“工资表$”，单击【添加】按钮，用同样的方法分别将“员工档案$”、“员工卡号$”添加进 Microsoft Query 编辑器中，然后单击【关闭】按钮，如图 150-4 所示。

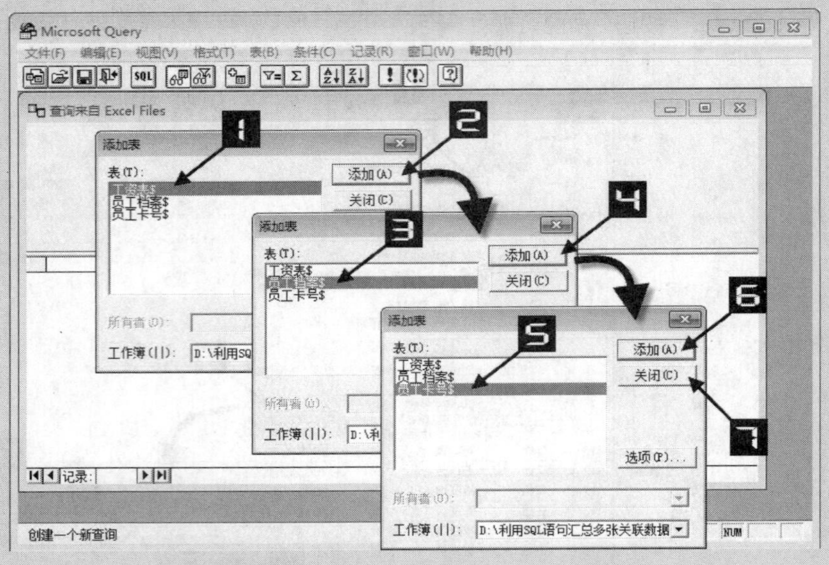

图 150-4 添加工作表至 Microsoft Query 编辑器

Step 4 在【Microsoft Query】窗口中依次单击【表】→【连接】，在弹出的【连接】对话框中，选择左边的“工资表$.员工”等于右边的“员工档案$.员工”，再单击【添加】按钮，如图 150-5 所示。

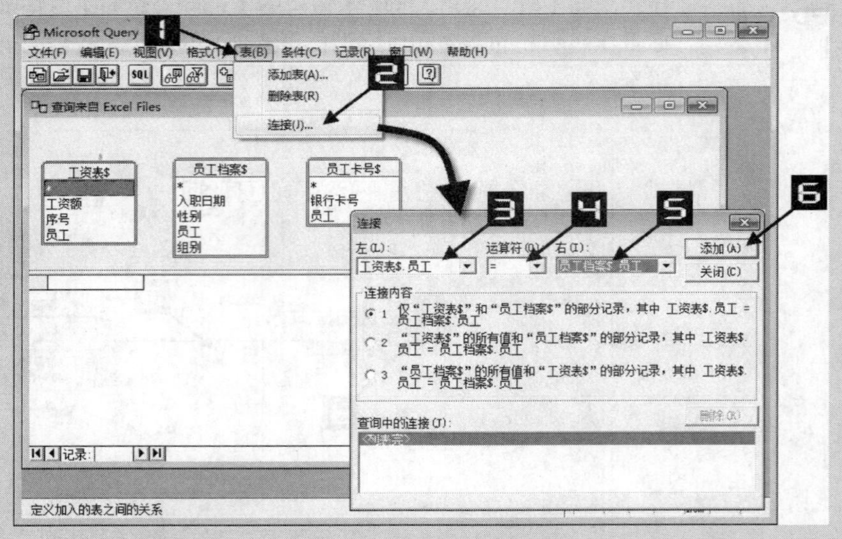

图 150-5 添加连接 1

Step 5 按照步骤 4 的方法，选择左边的“员工档案$.员工”等于右边的“员工卡号$.员工”，单击【添加】按钮，然后单击【关闭】按钮，如图 150-6 所示。

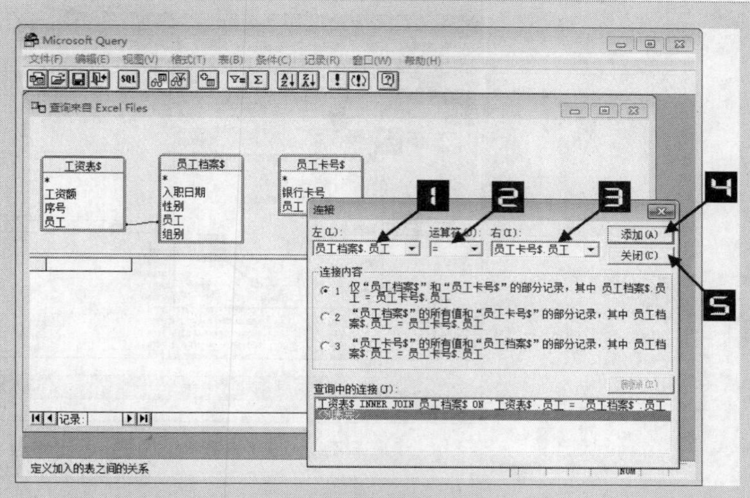


图 150-6　添加连接 2

**Step 6**　单击数据区域中字段列表的下拉框，选择“员工档案$.组别”，将“组别”字段添加到数据区域，然后依次将“工资表$.员工”、“员工卡号$.银行卡号”以及“工资表$.工资额”字段分别添加到数据区域，如图 150-7 所示。

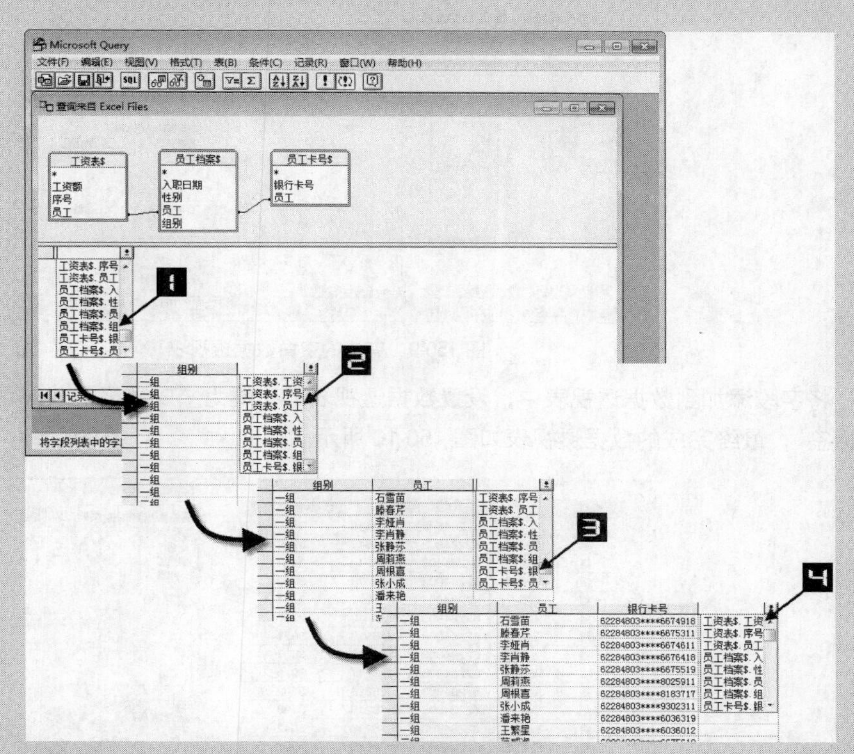


图 150-7　将字段列表中的字段添加到数据区域中

**Step 7**　单击【返回 Excel】按钮，在弹出的【导入数据】对话框中，单击“数据透视表”和“新工作表”单选钮，最后单击【确定】按钮，如图 150-8 所示。

Microsoft Query
文件(F) 编辑(E) 视图(V) 格式(T) 表(B) 条件(C) 记录(R) 窗口(W) 帮助(H)
查询来自 Excel Files
1
2
3
4
导入数据
请选择该数据在工作簿中的显示方式。
表(T)
数据透视表(P)
数据透视图和数据透视表(C)
仅创建连接(O)
数据的放置位置
现有工作表(E):
新工作表(N)
属性(R)...
确定
取消
工资表$
工资额
序号
员工
工资额
选定"视图"菜单的"条件"，以显示/编辑条件。

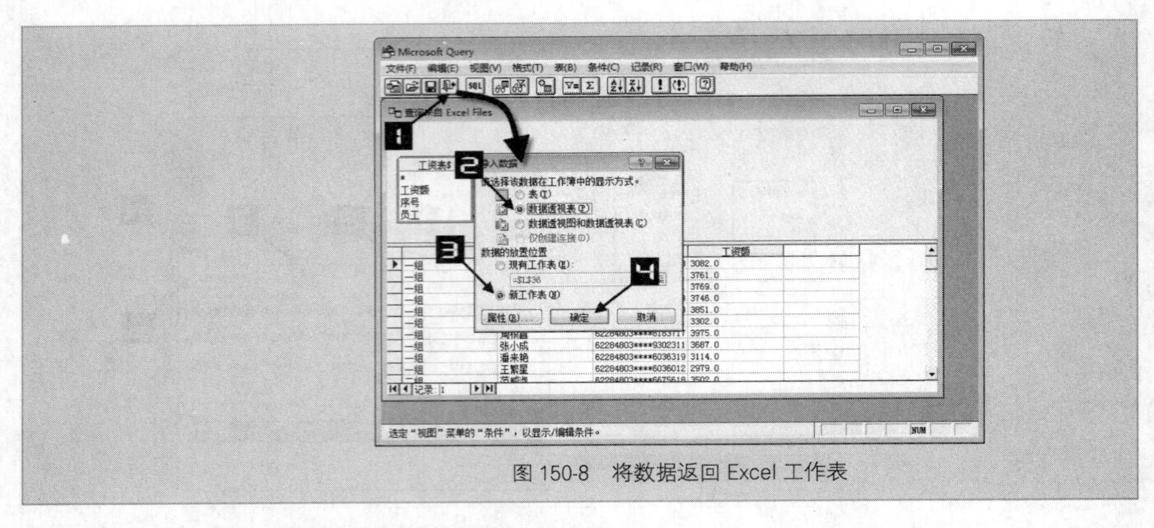

图 150-8　将数据返回 Excel 工作表

按以上步骤操作后的数据透视表如图 150-9 所示。

数据透视表1
若要生成报表，请从"数据透视表字段列表"中选择字段。
数据透视表字段列表
选择要添加到报表的字段:
工资额
银行卡号
员工
组别
在以下区域间拖动字段:
报表筛选
列标签
行标签
数值
推迟布局更新
更新
员工档案
员工卡号
工资表
Sheet1
就绪
100%

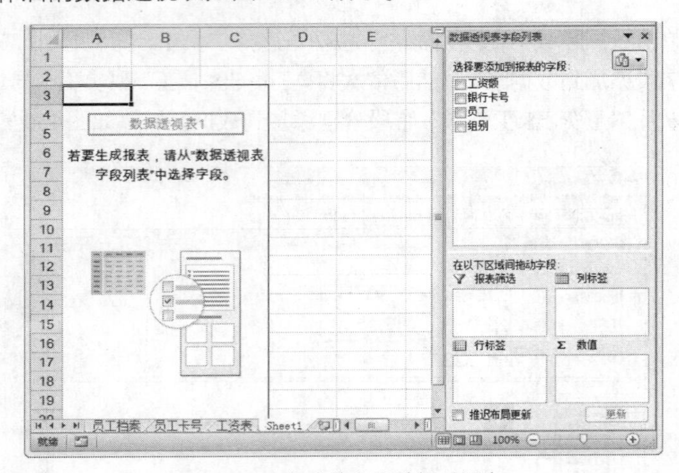

图 150-9　完成的空白数据透视表

将字段添加到数据透视表中，设置数据透视表的布局为"以表格形式显示"，并"重复所有项目标签"，最终完成的数据透视表如图 150-10 所示。

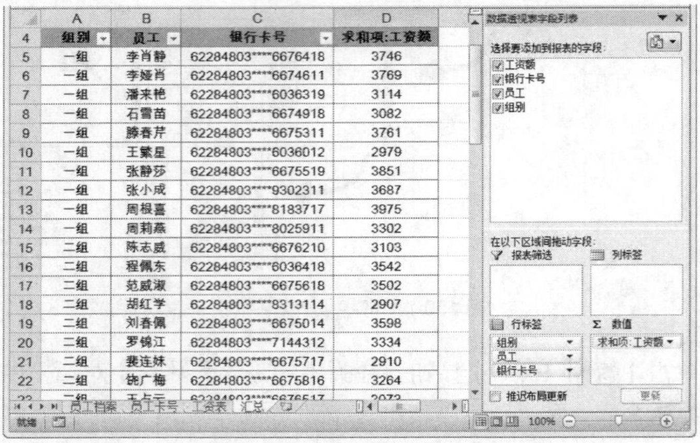

组别
员工
银行卡号
求和项:工资额
一组 李肖静 62284803****6676418 3746
一组 李娅肖 62284803****6674611 3769
一组 潘来艳 62284803****6036319 3114
一组 石雪苗 62284803****6674918 3082
一组 滕春芹 62284803****6675311 3761
一组 王繁星 62284803****6036012 2979
一组 张静莎 62284803****6675519 3851
一组 张小成 62284803****9302311 3687
一组 周根喜 62284803****8183717 3975
一组 周莉燕 62284803****8025911 3302
二组 陈志威 62284803****6676210 3103
二组 程佩东 62284803****6036418 3542
二组 范威淑 62284803****6675618 3502
二组 胡红学 62284803****8313114 2907
二组 刘春佩 62284803****6675014 3598
二组 罗锦江 62284803****7144312 3334
二组 裴连妹 62284803****6675717 2910
二组 饶广梅 62284803****6675816 3264
数据透视表字段列表
选择要添加到报表的字段:
工资额
银行卡号
员工
组别
在以下区域间拖动字段:
报表筛选
列标签
行标签
数值
组别
员工
银行卡号
求和项:工资额
推迟布局更新
更新
员工档案
员工卡号
工资表
汇总
就绪
100%

图 150-10　多表关联的数据透视表

# 技巧 151　利用数据透视图进行数据分析

数据透视表为用户提供了灵活、快捷的数据分析方式，如果需要将数据透视表更加直观、动态地展现出来，则需要使用数据透视图。数据透视图是建立在数据透视表基础上的，它以图表的形式展示数据，使数据透视表更加生动。

## 151.1　根据数据源创建数据透视图

用户可以根据数据源直接创建数据透视图，方法如下。

**Step 1** 选中数据源中的任意单元格（如 A6），在【插入】选项卡中依次单击【数据透视表】→【数据透视图】，在弹出的【创建数据透视表及数据透视图】对话框中确定当前的设置正确，最后单击【确定】按钮，在工作表中即同时创建数据透视表和数据透视图，如图 151-1 所示。

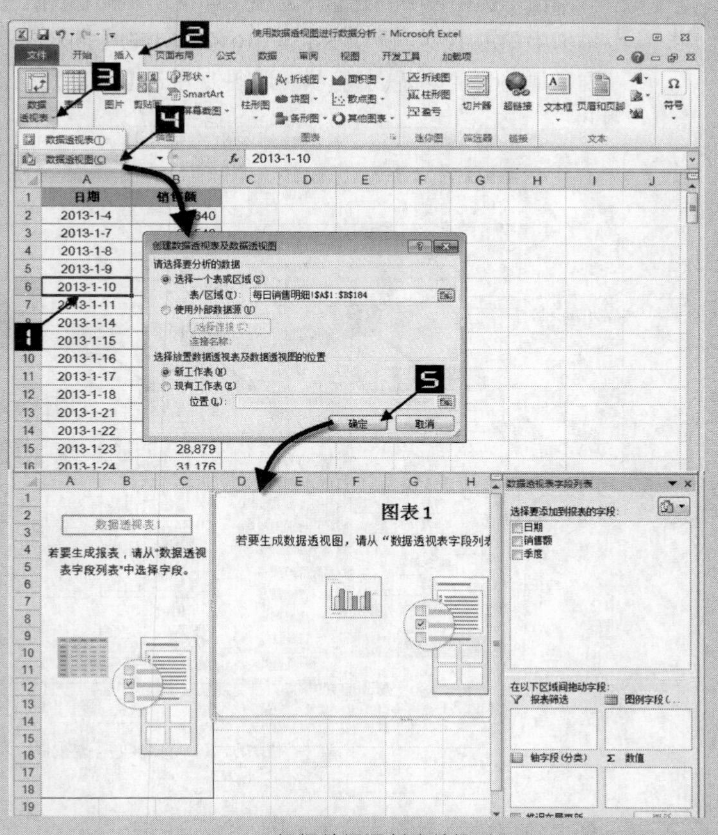


图 151-1　根据数据源创建数据透视图

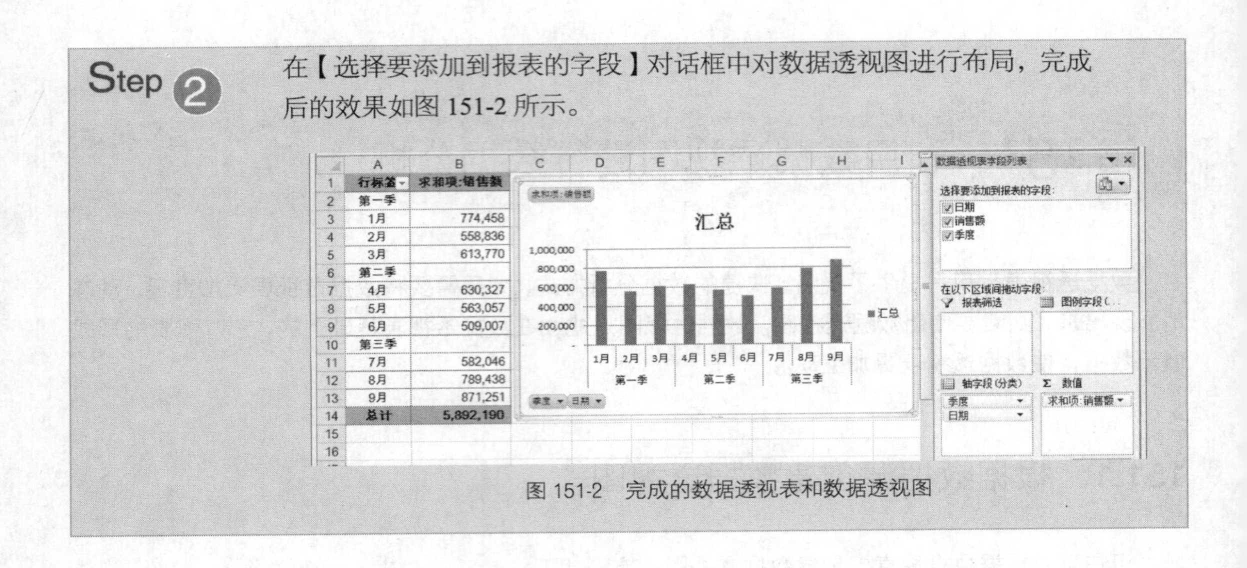


**Step 2** 在【选择要添加到报表的字段】对话框中对数据透视图进行布局，完成后的效果如图 151-2 所示。

图 151-2 完成的数据透视表和数据透视图

## 151.2 在数据透视表的基础上创建数据透视图

用户还可以根据已经创建好的数据透视表创建数据透视图，方法如下。

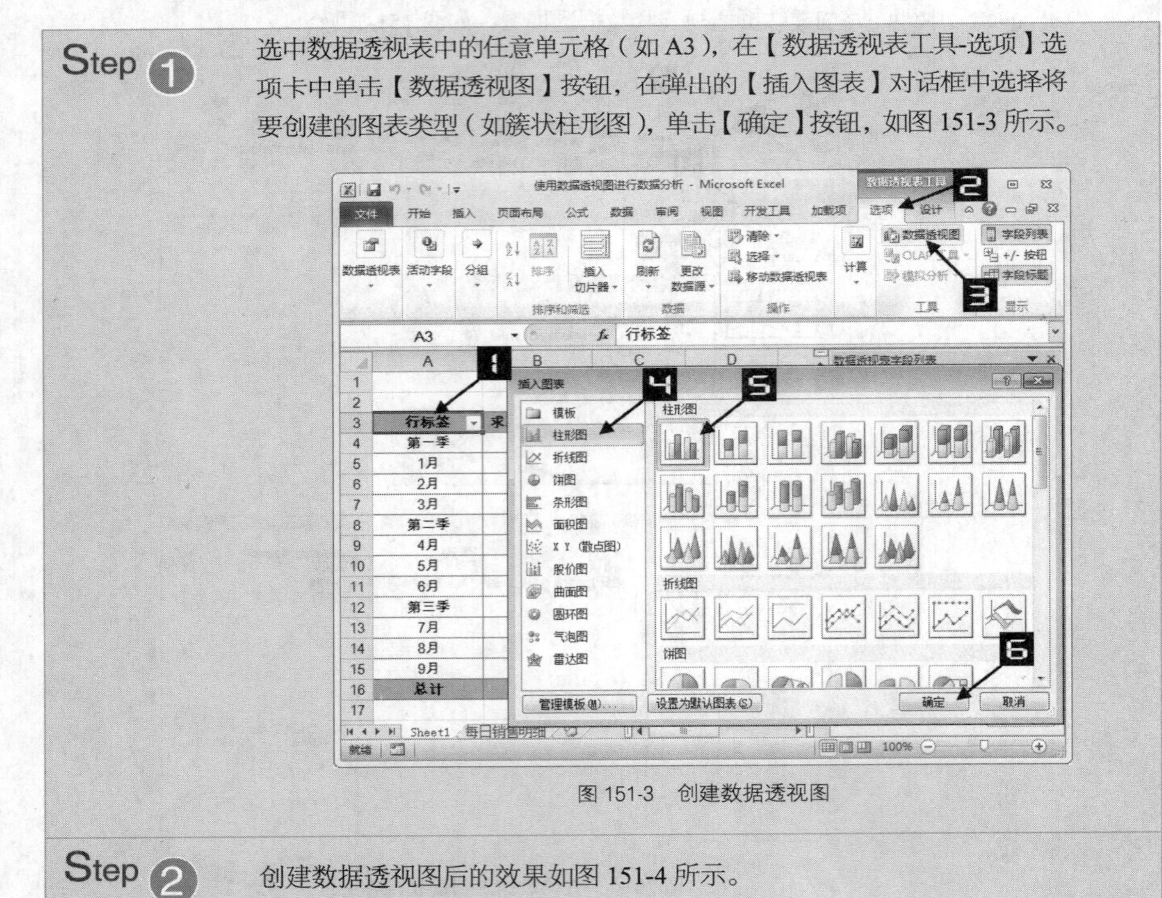


**Step 1** 选中数据透视表中的任意单元格（如 A3），在【数据透视表工具-选项】选项卡中单击【数据透视图】按钮，在弹出的【插入图表】对话框中选择将要创建的图表类型（如簇状柱形图），单击【确定】按钮，如图 151-3 所示。

图 151-3 创建数据透视图

**Step 2** 创建数据透视图后的效果如图 151-4 所示。

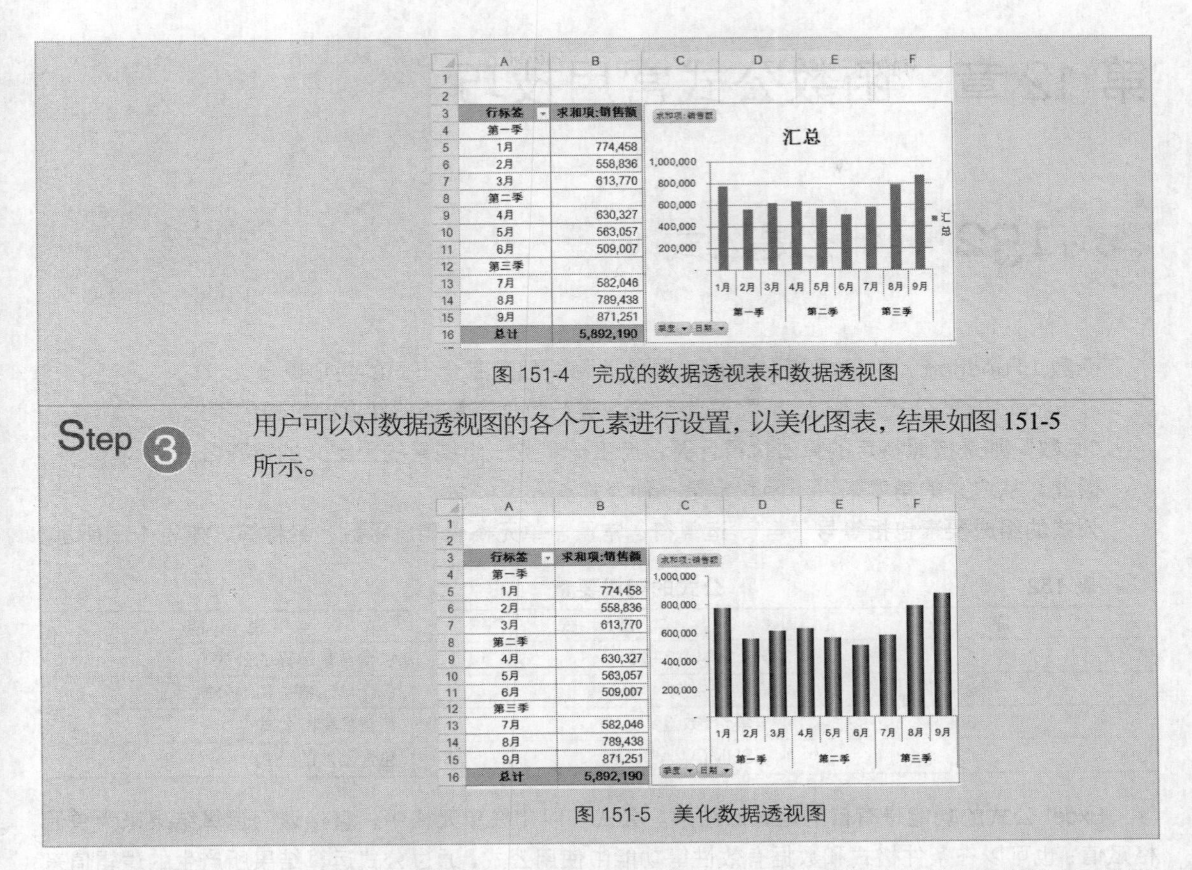


图 151-4　完成的数据透视表和数据透视图

Step 3　用户可以对数据透视图的各个元素进行设置，以美化图表，结果如图 151-5 所示。

图 151-5　美化数据透视图

创建好的数据透视图左下方默认有字段筛选按钮，该按钮与数据透视表中的报表筛选器功能相同。基于数据透视表创建的数据透视图两者是联动的，当对其中任何一个进行筛选时，都将显示相同的结果，如图 151-6 所示。

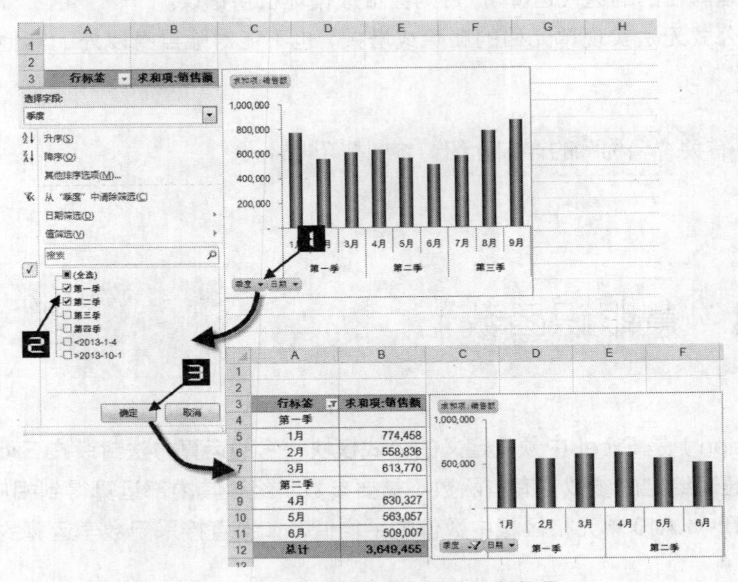


图 151-6　在数据透视图中筛选字段项

此外，选中数据透视表中的任意单元格，按<F11>键，也可以快速创建数据透视图。

# 第 12 章　函数公式常用技巧

## 技巧 152　什么是公式

函数（Function）和公式（Formula）是彼此相关但又完全不同的两个概念。

在 Excel 中，“公式”是以“=”号为引导，进行数据运算处理并返回结果的等式。

“函数”则是按照特定的算法执行计算，产生一个或一组结果的预定义的特殊公式。

因此，从广义的角度来讲，函数也是一种公式。

公式的组成要素包括等号“=”、运算符、常量、单元格引用、函数、名称等，如表 152 所示。

**表 152　　公式的组成要素**

| 序　号 | 公　式 | 说　明 |
|---|---|---|
| 1 | =3.14*4^2+20 | 包含常量运算的公式 |
| 2 | =A1*5+B1 | 包含单元格引用的公式 |
| 3 | =单价*数量 | 包含名称的公式 |
| 4 | =SUM(A1:A5) | 包含函数的公式 |

Excel 公式的功能是有目的地返回结果。公式可以用在单元格中，直接返回运算结果来为单元格赋值；也可以在条件格式和数据有效性等功能中使用公式，通过公式运算结果所产生的逻辑值来决定用户定义的规则是否生效。

公式通常只能从其他单元格中获取数据来进行运算，而不能直接或间接地通过自身所在单元格进行计算（除非是有目的的迭代运算），否则会造成循环引用错误。

除此以外，公式无法实现单元格的删除或增减，也不能对除自身以外的其他单元格直接进行赋值。

有关“名称”的详细介绍请参阅技巧 164。

## 技巧 153　慧眼识函数

函数（Function）是 Excel 中预先定义的公式模块，它的运算方法封装在 Excel 内部并不直接显露，但它可以通过给定的参数（有些函数不需要参数）经过其内部运算得到相应的结果。

例如，要计算 A1:A10 单元格区域中数值的平均值，如果直接采用数学运算的方式，可以使用公式：

```
=(A1+A2+A3+A4+A5+A6+A7+A8+A9+A10)/10
```

如果使用函数来进行上述运算，则公式可以替换为：

```
=AVERAGE(A1:A10)
```

通过这个预先定义了求取平均值的函数 AVERAGE 将这个公式运算过程简化。

一个函数的必要组成部分包括函数名称和一对半角的括号。例如：

```
=PI()
```

PI 是这个函数的名称，它可以返回圆周率 π 的数值。这个函数并不需要额外的参数，但仍需附带一对括号以表示这是一个函数（如果没有括号，一般会被识别为定义名称或其他元素）。

有的函数需要给定参数才能正确运算，例如：

```
=SUM(A1:A10)
```

A1:A10 是这个例子中提供给 SUM 函数的参数，它表示需要对 A1:A10 的单元格区域进行求和运算取值。改变参数的内容，就会影响函数的运算结果。

有的函数具有多个参数，并且每个参数具有固定位置，参数之间必须使用逗号与前一个参数分隔而无法跳过中间某个参数。例如：

```
=IF(A1>0,"正数")
```

根据 IF 函数的语法 IF(logical_test,value_if_true,[value_if_false])，这个公式的第 1 个参数 logical_test 为"A1>0"，第 2 个参数 value_if_true 为 “"正数"”，而不可能跳过第二个参数位置直接将 “"正数"” 识别为第 3 个参数。

此外，除某些函数约定可以省略部分参数以外，通常情况下不能输入少于或多于函数自身所必需的参数个数，比如输入：

```
=IF(A1>0)
=IF(A1>0,"正数","负数",0)
```

在结束编辑时，前者将弹出提示“您所键入的公式含有错误”的对话框，后者将弹出“您已为此函数输入太多个参数”的错误对话框而无法完成公式，如图 153 所示。

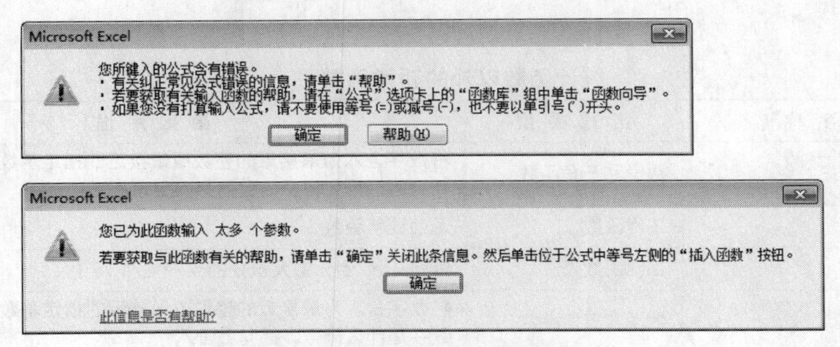


图 153　参数数量不正确导致公式出错

函数的参数可以是常量、单元格引用、计算式或其他函数，当一个函数作为另一个函数的参数使用时，称为函数的嵌套。例如公式：

```
=IF(A1>0,SUM(B:B),"")
```

其中，SUM 函数用作 IF 函数的第二参数，成为 IF 函数的嵌套函数。

## 技巧 154 Excel 2010 函数的新特性

在 Excel 2010 中，共有 400 多个工作表函数，与前一个版本 Excel 2007 相比较，Excel 2010 新增了大约 60 个函数，其中大部分是统计函数。

有相当一部分统计函数在原有基础上进行了算法改良，功能上也进行了扩展或细分。这部分新增的函数通常会以原函数+ “.” +功能后缀的形式命名。

例如，原有版本中的 MODE 函数可以获取一组数据中出现频率最高的一个数（众数）。以下公式的返回结果为 5：

```
=MODE(3,4,5,5,5,6,8,7)
```

但如果数据中出现频率最高的数并不是唯一的，这个函数只能返回其中最早出现的那个，因此以下公式返回结果为 4：

```
=MODE(3,4,4,5,5,6,8,7)
```

在 Excel 2010 中，在原有的 MODE 函数基础上改进新增了 MODE.MULT 函数，其后缀 MULT 表示可以同时返回多个结果。以下公式可以返回数组结果{4;5}：

```
=MODE.MULT(3,4,4,5,5,6,8,7)
```

而原先只能返回单个频率最高数的函数则被替换为新增的 MODE.SNGL 函数。

因此，早期版本中的 MODE 函数在 Excel 2010 中被替换成了 MODE.MULT 和 MODE.SNGL 两个函数。同时，为了保持向上兼容，原有的 MODE 函数仍被保留，并且归类于一个新增的函数类别：兼容性函数。

除了统计函数中的新增函数，也有部分其他类型的函数在 Excel 2010 中新增，具体清单如表 154 所示。

**表 154　　统计函数以外的新增函数**

| 函数名称 | 函数类型 | 函数用途 |
| --- | --- | --- |
| CEILING.PRECISE | 数学和三角函数 | 将数字舍入为最接近的整数或最接近的指定基数的倍数。无论该数字的符号如何，该数字都向上舍入 |
| ERF.PRECISE | 工程函数 | 返回误差函数 |
| ERFC.PRECISE | 工程函数 | 返回从 x 到无穷大积分的互补 ERF 函数 |
| FLOOR.PRECISE | 数学和三角函数 | 将数字舍入为最接近的整数或最接近的指定基数的倍数。无论该数字是什么符号，都向上舍入 |
| NETWORKDAYS.INTL | 日期和时间函数 | 返回两个日期之间的完整工作日的天数（使用 weekend 参数指明有几天是周休日，并指明周休日是哪几天） |
| WORKDAY.INTL | 日期和时间函数 | 返回日期在指定的工作日天数之前或之后的序列号（使用 weekend 参数指明有几天是周休日，并指明周休日是哪几天） |
| AGGREGATE | 数学和三角函数 | 返回列表或数据库中的聚合 |

除了上述改变以外，Excel 2010 还对许多函数的算法和准确性进行了改进，其中包括 RAND 函数、MOD 函数、PMT 函数、LINEST 函数等，这些改进并不影响以上函数在不同 Excel 版本中的使用。

# 技巧 155　认识公式中的数据

## 155.1　数据类型

Excel 的数据一般可以分为文本、数值、日期、逻辑值、错误值等几种类型。

在公式中，用一对半角双引号（""）所包含的内容表示文本，例如"Excel"是由 5 个字符组成的文本。

数值是指那些由 0～9 这些数字以及特定符号所组成的、可以直接比较大小和参与数学运算的数据，例如-12.34、3.15%、3.00E+9 这些都是数值。

提示！ 3.00E+9 是一种科学计数的表达形式，表示 3.00 乘以 10 的 9 次方。

注意！ 数字与数值是两个不同的概念。数字通常以文本型数字和数值型数字两种形式存在。比如=CHAR(49)得到的 1 为文本型数字，数值是由负数、零或正数组成的数据。

日期与时间是数值的特殊表现形式，每一天用数值 1 表示，每 1 小时用 1/24 表示，每 1 分钟的值为 1/24/60，每 1 秒钟的值为 1/24/60/60。

Excel 中的逻辑值只有 TRUE 和 FALSE 两个，一般用于返回某表达式是真或假。

Excel 公式由于某些计算原因无法返回正确结果，显示为错误值。错误值一般可分为 8 种，请参阅技巧 158。

## 155.2　数据排序规则

Excel 对数据排列顺序的规则为：

…、-2、-1、0、1、2、…、A～Z、FALSE、TRUE

在排序时，数值小于文本，文本小于逻辑值，错误值不参与排序。

例如公式：

```
=5<"零"
=5<"5"
```

这两个公式均返回 TRUE，仅表示数值 5 排在文本“零”、“5”的前面，而不代表具体的数字大小意义。

此规则仅适用于排序，不同类型的数据比较其大小没有实际意义。如果用户的目的是比较数值大小，建议用相减并与 0 比较的方法，此时经过相减运算文本型数据被转换为数值型数据。

## 155.3 常量数据

常量是指在运算过程中自身不会改变的值，比如数值 1、日期 1979-3-8、文本“Excelhome”、逻辑值 TRUE 和 FALSE 等都属于常量。公式以及公式产生的结果都不是常量。

例如，下面的公式尽管使用的都是常量进行计算，但这个公式产生的结果如果被引用到其他公式当中，就不能算常量。

```
=1+2*4
```

# 技巧 156 快速掌握运算符

## 156.1 运算符的类型及用途

运算符是构成公式的基本元素之一，每个运算符分别代表一种运算，如表 156-1 所示。Excel 包含 4 种类型的运算符：算术运算符、比较运算符、文本运算符和引用运算符。

- 算术运算符：主要包含了加、减、乘、除、百分比以及乘幂等各种常规的算术运算；
- 比较运算符：用于比较数据的大小；
- 文本运算符：主要用于将文本字符或字符串进行连接和合并；
- 引用运算符：这是 Excel 特有的运算符，主要用于在工作表中产生单元格引用。

**表 156-1　　公式中的运算符**

| 符　号 | 说　明 | 实　例 |
|---|---|---|
| - | 算术运算符：负号 | =8*-5=-40 |
| % | 算术运算符：百分号 | =60*5%=3 |
| ^ | 算术运算符：乘幂 | =3^2=9<br>=16^(1/2)=4 |
| *和/ | 算术运算符：乘和除 | =3*2/4=1.5 |
| +和- | 算术运算符：加和减 | =3+2-5=0 |
| =,<><br>>,<<br>>=,<= | 比较运算符：等于、不等于、大于、小于、大于等于和小于等于 | =(A1=A2)，判断 A1 与 A2 相等；<br>=(B1<>"ABC")，判断 B1 不等于"ABC"；<br>=(C1>=5)，判断 C1 大于等于 5 |
| & | 文本运算符：连接文本 | ="Excel" & "Home"返回"ExcelHome" |
| : | 区域引用运算符：冒号 | =SUM(A1:B10)，引用一个矩形区域，以冒号左侧单元格为矩形左上角，以冒号右侧的单元格为矩形右下角 |
| _（空格） | 交叉引用运算符：单个空格 | =SUM(A1:B5 A4:D9)，引用 A1:B5 与 A4:D9 的交叉区域，公式等效于=SUM(A4:B5) |
| , | 联合引用运算符：逗号 | =RANK(A1,(A1:A10,C1:C10))，第 2 参数引用的区域是由 A1:A10 和 C1:C10 两个不连续的单元格区域组成的联合区域 |

## 156.2　公式的运算顺序

与常规的数学计算式运算相似，所有的运算符都有运算的优先级。当公式中同时用到多个运算符时，Excel 将按表 156-2 所示的顺序进行运算。

表 156-2　Excel 运算符的优先顺序

| 优先顺序 | 符号 | 说明 |
|---|---|---|
| 1 | :　_(空格)　, | 引用运算符：冒号、单个空格和逗号 |
| 2 | - | 算术运算符：负号（取得与原值正负号相反的值） |
| 3 | % | 算术运算符：百分比 |
| 4 | ^ | 算术运算符：乘幂 |
| 5 | *和/ | 算术运算符：乘和除（注意区别数学中的×、÷） |
| 6 | +和- | 算术运算符：加和减 |
| 7 | & | 文本运算符：连接文本 |
| 8 | =,<,>,<=,>=,<> | 比较运算符：比较两个值（注意区别数学中的≤、≥、≠） |

在默认情况下，Excel 中的公式将依照上述顺序进行运算，例如：

```
=9--2^4
```

这个公式的运算结果并不等于

```
=9+2^4
```

根据优先级，最先组合的是代表负号的“-”与“2”进行负数运算，然后通过“^”与“4”进行乘幂运算，最后才与代表减号的“-”与“9”进行减法运算。这个公式实际等价于下面这个公式：

```
=9-(-2)^4
```

公式运算结果为-7。

如果要人为地改变公式的运算顺序，可以使用括号提高运算优先级。

数学计算式中使用小括号()、中括号[]和大括号{}以改变运算的优先级别，在 Excel 中均使用小括号代替，而且括号的优先级将高于表 156-2 中的所有运算符。

如果在公式中使用多组括号进行嵌套，其计算顺序是由最内层的括号逐级向外进行运算。例如：

```
=INT((A5+4)*6)
```

先执行 A5+4 运算，再将得到的和乘以 6，最后由 INT 函数取整。

此外，数学计算式的乘、除、乘幂等在 Excel 中的表示方式也有所不同，例如数学计算式：

```
=(3+2)×[2+(10-4)÷3]+3²
```

在 Excel 中的公式表示为：

```
=(3+2)*(2+(10-4)/3)+3^2
```

如果需要做开方运算，例如要计算根号 3，可以用 3^(1/2)来实现。

# 技巧157 透视“单元格引用”

要在公式中取用某个单元格或某个区域中的数据，就要使用单元格引用（或称为地址引用）。引用的实质就是 Excel 公式中对单元格的一种呼叫方式。Excel 支持的单元格引用包括两种样式：一种为“A1 引用”，另一种为“R1C1 引用”。

## 157.1 A1 引用

A1 引用指的是用英文字母代表列标，用数字代表行号，由这两个行列坐标构成单元格地址的引用。

例如，“B5”就是指 B 列（也就是第 2 列）第 5 行的单元格，而“D7”则是指 D 列（也就是第 4 列）第 7 行的单元格。

在 A~Z 二十六个字母用完以后，列标采用两位字母的方式继续按顺序编码，从第 27 列开始的列标依次是“AA、AB、AC…”。

在 Excel 2003 版本中，列数最大为 256 列，因此最大列的列标字母组合是“IV”。而在 2010 版本中，最大列数已经达到 16384 列，最大列的列标是“XFD”。

对于行号，Excel 2003 版本中的最大行号是 65536，2010 版本中的最大行号则是 1048576。

## 157.2 R1C1引用

R1C1 引用是另外一种单元格地址的表达方式，它通过行号和列号以及行列标识“R”和“C”一起来组成单元格地址引用。例如，要表示第 2 列第 5 行的单元格，R1C1 引用的书写方式就是“R5C2”，“R7C4”则表示第 4 列（D 列）第 7 行的单元格。

通常情况下，A1 引用方式更为常用，而 R1C1 引用方式则在某些场合下会让公式计算变得更简单。例如，在 INDIRECT 函数中就包含了 R1C1 引用的用法。

在【Excel 选项】对话框中可以将公式的引用方式从常规的 A1 方式切换到 R1C1 方式，如图 157-1 所示。

在勾选【R1C1 引用样式】复选框后，Excel 窗口中的列标签也会随之发生变化，原有的字母列标会自动转化为数字型列标，如图 157-2 所示。

图 157-1 R1C1 引用样式选项

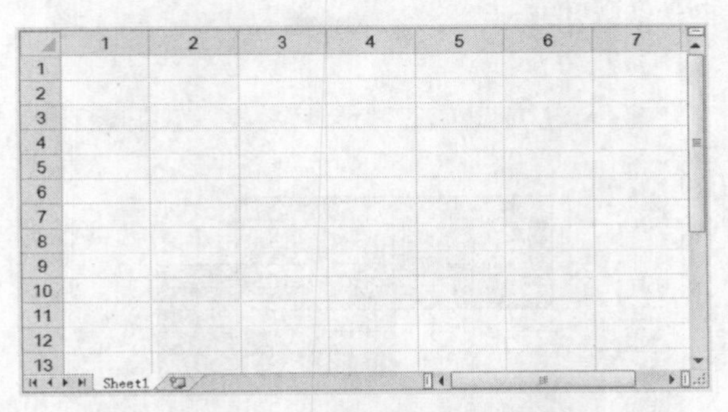

图 157-2　列标签显示为数字

## 157.3　引用运算符

如果要对多个单元格所组成的区域进行整体引用，就会用到引用运算符。Excel 中所定义的引用运算符有以下三类。

● 区域运算符（冒号）：通过冒号连接前后两个单元格地址，表示引用一个矩形区域，冒号两端的两个单元格分别是这个区域的左上角和右下角单元格。

例如 B4:E8，它的目标引用区域就是如图 157-3 所示的矩形区域。

如果要引用整行，可以省略列标，例如 6:6 表示对第六行的整行引用。与此类似，B:D 则表示对 B、C、D 三列的整列引用。

● 交叉运算符（空格）：通过空格连接前后两个单元格区域，表示引用这两个区域的交叠部分。

例如(B4:E8 D7:F11)，就表示引用 B4:E8 与 D7:F11 的交叉重叠区域，即 D7:E8 单元格区域，如图 157-4 所示。

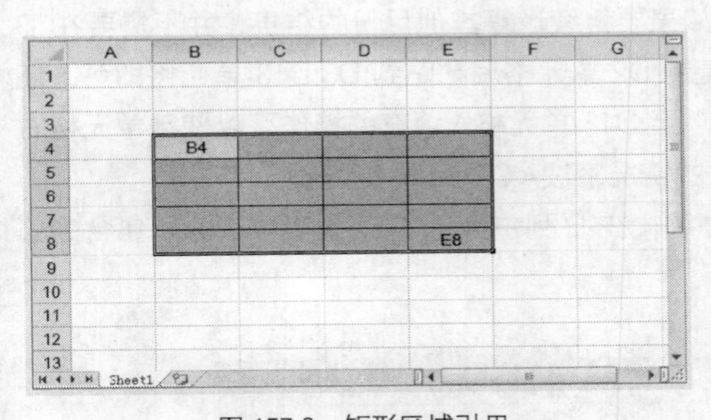

图 157-3　矩形区域引用

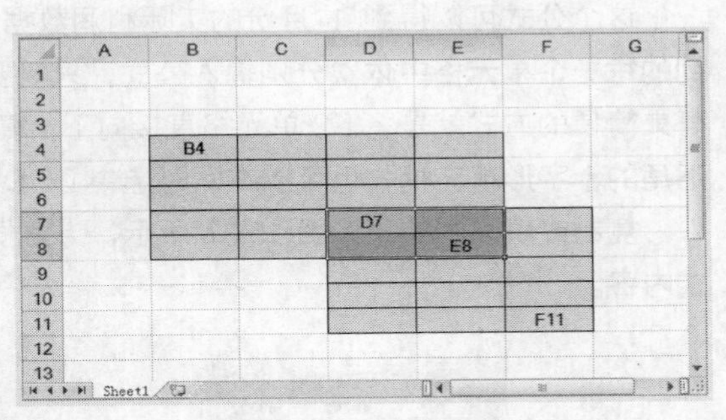

图 157-4　引用交叉区域

部分函数支持对交叉区域的引用，例如：

```
=SUM(B4:E8 D7:F11)
```

其运算结果就等价于：

```
=SUM(D7:E8)
```

● 联合运算符（逗号）：使用逗号连接前后两个单元格或区域，表示引用这两个区域共同所组成的联合区域。这两个单元格或区域之间可以是连续的，也可以是相互独立的非连续区域。

例如(B4:E8,D7:F11)，就表示引用 B4:E8 与 D7:F11 这两个区域共同所组成的联合区域，如图 157-5

所示。

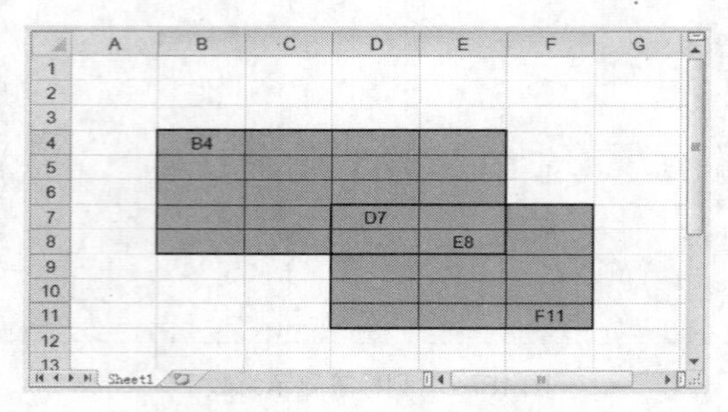


图 157-5　引用联合区域

部分函数支持对联合区域的引用，例如公式：

```
=RANK(3,(B4:E8,D7:F11))
```

这个公式表示计算数字 3 与 B4:E8 和 D7:F11 所组成的联合区域中的数据进行大小排名的结果。

## 157.4　相对引用

在如图 157-6 所示的表格中，展示了某企业一年当中各个月份的业务收入和成本费用情况。

如果要根据这些数据来计算各个月的实际利润（业务收入-成本），以 1 月份为例，可以在 D2 单元格中输入公式：

```
=B2-C2
```

这个公式可以得到 1 月份的实际利润数据，如果要继续计算其他月份的结果，并不需要在 D 列的每一个单元格中依次分别输入公式，只需要复制 D2 单元格后粘贴到 D3:D13 单元格即可。还有更简便的方式就是将 D2 单元格直接向下“填充”至 D13 单元格，填充的操作可以使用单元格右下角的十字形填充柄，也可以在同时选中 D2:D13 的情况下按<Ctrl+D>组合键。

复制或填充的结果如图 157-7 所示，为方便讲解，在 E 列中列示了 D 列当中实际所包含的公式内容。

| | A | B | C |
|---|---|---|---|
| 1 | 月份 | 业务收入 | 成本 |
| 2 | 1月 | 49741 | 43627 |
| 3 | 2月 | 46693 | 41277 |
| 4 | 3月 | 49942 | 28056 |
| 5 | 4月 | 49589 | 30359 |
| 6 | 5月 | 45727 | 41653 |
| 7 | 6月 | 49176 | 26092 |
| 8 | 7月 | 45542 | 35162 |
| 9 | 8月 | 47817 | 29174 |
| 10 | 9月 | 47826 | 37225 |
| 11 | 10月 | 44193 | 46400 |
| 12 | 11月 | 44942 | 37077 |
| 13 | 12月 | 43763 | 40911 |

图 157-6　业务收入和成本费用表

| | A | B | C | D | E |
|---|---|---|---|---|---|
| 1 | 月份 | 业务收入 | 成本 | 利润 | D列的公式 |
| 2 | 1月 | 49741 | 43627 | 6114 | =B2-C2 |
| 3 | 2月 | 46693 | 41277 | 5416 | =B3-C3 |
| 4 | 3月 | 49942 | 28056 | 21886 | =B4-C4 |
| 5 | 4月 | 49589 | 30359 | 19230 | =B5-C5 |
| 6 | 5月 | 45727 | 41653 | 4074 | =B6-C6 |
| 7 | 6月 | 49176 | 26092 | 23084 | =B7-C7 |
| 8 | 7月 | 45542 | 35162 | 10380 | =B8-C8 |
| 9 | 8月 | 47817 | 29174 | 18643 | =B9-C9 |
| 10 | 9月 | 47826 | 37225 | 10601 | =B10-C10 |
| 11 | 10月 | 44193 | 46400 | -2207 | =B11-C11 |
| 12 | 11月 | 44942 | 37077 | 7865 | =B12-C12 |
| 13 | 12月 | 43763 | 40911 | 2852 | =B13-C13 |

图 157-7　计算利润

由图 157-7 可以发现，D 列单元格公式在复制或填充的过程中，公式内容并不是一成不变的，公式中两个单元格引用地址 B2 和 C2 随着公式所在位置的不同而自动改变（B3/C3、B4/C4、B5/C5…），这种随着公式所在位置不同而改变单元格引用地址的方式称之为“相对引用”，其引用对象与公式所在的单元格保持相对固定的对应关系。这种特性极大地方便了公式在不同区域范围内的重复利用。

相对引用的单元格地址（例如 C2），在纵向复制公式时，其中的行号会随之自动变化（C3、C4、C5…），而在横向复制公式时，其中的列标也会随之自动变化（D3、E3、F3…）。但无论公式复制到何处，公式所在的单元格与引用对象之间的行列间距始终保持一致。

## 157.5　绝对引用

如果要在如图 157-7 所示的数据表中计算每个月业务收入在全年收入中所占的比例（当月收入/全年收入），可以在 F2 单元格中输入公式：

```
=B2/SUM(B2:B13)
```

这个公式可以得到 1 月份的收入占比数据。要继续计算其他各个月份的结果，如果直接按照前面的方法将公式复制或填充至 F13 单元格的话，会产生如图 157-8 所示的结果。

| | A | B | C | D | E | F | G |
|---|---|---|---|---|---|---|---|
| 1 | 月份 | 业务收入 | 成本 | 利润 | D列的公式 | 收入占比 | F列的公式 |
| 2 | 1月 | 49741 | 43627 | 6114 | =B2-C2 | 8.80% | =B2/SUM(B2:B13) |
| 3 | 2月 | 46693 | 41277 | 5416 | =B3-C3 | 9.06% | =B3/SUM(B3:B14) |
| 4 | 3月 | 49942 | 28056 | 21886 | =B4-C4 | 10.66% | =B4/SUM(B4:B15) |
| 5 | 4月 | 49589 | 30359 | 19230 | =B5-C5 | 11.85% | =B5/SUM(B5:B16) |
| 6 | 5月 | 45727 | 41653 | 4074 | =B6-C6 | 12.39% | =B6/SUM(B6:B17) |
| 7 | 6月 | 49176 | 26092 | 23084 | =B7-C7 | 15.21% | =B7/SUM(B7:B18) |
| 8 | 7月 | 45542 | 35162 | 10380 | =B8-C8 | 16.62% | =B8/SUM(B8:B19) |
| 9 | 8月 | 47817 | 29174 | 18643 | =B9-C9 | 20.92% | =B9/SUM(B9:B20) |
| 10 | 9月 | 47826 | 37225 | 10601 | =B10-C10 | 26.46% | =B10/SUM(B10:B21) |
| 11 | 10月 | 44193 | 46400 | -2207 | =B11-C11 | 33.25% | =B11/SUM(B11:B22) |
| 12 | 11月 | 44942 | 37077 | 7865 | =B12-C12 | 50.66% | =B12/SUM(B12:B23) |
| 13 | 12月 | 43763 | 40911 | 2852 | =B13-C13 | 100.00% | =B13/SUM(B13:B24) |

图 157-8　收入占比的错误计算结果

从这个图中可以发现，由于相对引用的特性，F2 单元格中对 12 个月份业务收入求和所使用的引用区域 B2:B13 在向下复制过程中自动变化为 B3:B14、B4:B15 等，使得求和区域发生了移位，造成以下各月计算结果错误。

因此在这个例子当中，需要在公式的复制过程中固定住 B2:B13 这个引用区域的地址保持不变，方法就是使用“$”符号对单元格地址施行“绝对引用”。

“绝对引用”通过在单元格地址前添加“$”符号来使单元格地址信息保持固定不变，使得引用对象不会随着公式所在单元格的变化而改变，始终保持引用同一个固定对象。

F2 单元格中的公式可以修改为：

```
=B2/SUM($B$2:$B$13)
```

然后再向下复制或填充至 F13 单元格，得到如图 157-9 所示的结果。

| | A | B | C | D | E | F | G |
|---|---|---|---|---|---|---|---|
| 1 | 月份 | 业务收入 | 成本 | 利润 | D列的公式 | 收入占比 | F列的公式 |
| 2 | 1月 | 49741 | 43627 | 6114 | =B2-C2 | 8.80% | =B2/SUM($B$2:$B$13) |
| 3 | 2月 | 46693 | 41277 | 5416 | =B3-C3 | 8.26% | =B3/SUM($B$2:$B$13) |
| 4 | 3月 | 49942 | 28056 | 21886 | =B4-C4 | 8.84% | =B4/SUM($B$2:$B$13) |
| 5 | 4月 | 49589 | 30359 | 19230 | =B5-C5 | 8.78% | =B5/SUM($B$2:$B$13) |
| 6 | 5月 | 45727 | 41653 | 4074 | =B6-C6 | 8.09% | =B6/SUM($B$2:$B$13) |
| 7 | 6月 | 49176 | 26092 | 23084 | =B7-C7 | 8.70% | =B7/SUM($B$2:$B$13) |
| 8 | 7月 | 45542 | 35162 | 10380 | =B8-C8 | 8.06% | =B8/SUM($B$2:$B$13) |
| 9 | 8月 | 47817 | 29174 | 18643 | =B9-C9 | 8.46% | =B9/SUM($B$2:$B$13) |
| 10 | 9月 | 47826 | 37225 | 10601 | =B10-C10 | 8.47% | =B10/SUM($B$2:$B$13) |
| 11 | 10月 | 44193 | 46400 | -2207 | =B11-C11 | 7.82% | =B11/SUM($B$2:$B$13) |
| 12 | 11月 | 44942 | 37077 | 7865 | =B12-C12 | 7.96% | =B12/SUM($B$2:$B$13) |
| 13 | 12月 | 43763 | 40911 | 2852 | =B13-C13 | 7.75% | =B13/SUM($B$2:$B$13) |

图 157-9　收入占比的正确计算结果

同时在行号和列标前都添加“$”符号，那这个单元格引用无论其所在的公式复制到哪个单元格位置都不会改变其中的引用对象地址。例如图 157-9 中所示的$B$2:$B$13 就是一个彻底的绝对引用方式。

而如果只在列标前添加“$”符号，可在公式的横向复制过程中始终保持列标不变，例如$B2；如果只在行号前添加“$”符号，可在公式的纵向复制过程中始终保持行号不变，例如 B$2。这种单元格引用中只有行列其中的一部分固定的方式也称为“混合引用”。

提示

公式中的相对引用、绝对引用和混合引用方式，可以在编辑栏中选中单元格引用部分的情况下，按<F4>快捷键以循环方式进行切换。

绝对引用和相对引用没有孰优孰劣之分，不可能在所有的场合中只采用一种引用方式来解决所有问题，选用何种引用方式需要根据具体的运算需求以及公式复制的方向目标来确定。在绝大多数情况下，如果只是在单个单元格当中使用公式，采用相对引用或绝对引用对于结果而言并没有什么分别。

注意

“$”符号表示绝对引用仅适用于 A1 引用方式，在 R1C1 引用方式中，用方括号来表示相对引用，例如 R[2]C[-3]，表示以当前单元格为基点，向下偏移 2 行，向左偏移 3 列的单元格引用，而 R2C3 则表示对第 2 行第 3 列的单元格的绝对引用。

# 技巧 158 公式的查错

## 158.1 公式常见错误类型

在使用 Excel 公式进行计算时，可能会因为某种原因而无法得到正确结果，返回一个错误值，常见的 8 种错误值如下。

- #####

当列宽不够显示数字，或者运算结果超过日期时间的允许范围（1900 年 1 月 1 日至 9999 年 12 月 31 日）时，会出现此错误。例如公式：

```
=DATE(1900,1,1)-20
```

Excel 当中 1900 年 1 月 1 日的日期值为 1，减 20 以后会出现负值，超出日期的允许范围，就会出现此错误。

- #VALUE!

当使用的参数或操作数类型错误时，会出现此错误。例如公式：

```
=SUM("ExcelHome")
```

用 SUM 函数进行求和运算，但使用的参数是文本字符串，就会产生这样的错误。

- #DIV/0!

在数学运算中，零不能做除数，当数字被零除时，会出现此错误。例如公式：

```
=A1/(B1-100)
```

如果 B1 单元格中的数值恰好为 100，那么整个公式就会出现#DIV/0!错误。

- #NAME?

在公式当中使用字符串时需要在字符串两端加上一对半角双引号作为标识。如果没有使用这对双引号，那么 Excel 会认为这个字符串可能是一个定义名称的名字，但如果工作簿当中并没有以此名字来命名的名称，那么就会出现无法识别此名称的错误，例如下面这个公式：

```
=LEFT(Excel,3)
```

正确的公式写法是：

```
=LEFT("Excel",3)
```

除此以外，函数名称的拼写错误或其他让 Excel 无法正确识别公式中文本内容的情况，也会出现此错误。

例如，下面的公式由于 VLOOKUP 函数名称的拼写错漏，从而造成这个公式出现错误结果：

```
=VLOKUP("2013",A2:E20,2,0)
```

- #N/A

当数值对函数或公式不可用、查询函数无法找到目标对象以及数组公式中使用的参数的行数或列数与包含数组公式的区域的行数或列数不一致时会出现此错误。例如公式：

```
=MATCH(3,{2,5,8,9},0)
```

使用 MATCH 函数在数组中进行精确查找，但目标数组中并不包含所要查找的数值 3，就会返回此错误值。

- #REF!

当单元格引用无效时，出现此错误。例如公式：

```
=OFFSET(A1,-1,2)
```

公式中 OFFSET 函数引用 A1 单元格的偏移位置的某个单元格，行偏移参数-1 表示向上偏移 1 行，而 A1 单元格已经是表格中的最顶行，不存在更上的一行，因此这个单元格引用无效，会出现这个错误值。

- #NUM!

公式或函数中使用无效数值时，出现此错误。

```
=DATEDIF("2013-4-5","2013-3-4","m")
```

DATEDIF 函数要求第一参数的日期值（起始日期）要小于第二参数的日期值（结束日期），在这个公式中第一个参数的日期大于第二个参数的日期，使用了错误的参数，因此会出现#NUM!错误。

- #NULL!

使用交叉运算符（空格）可以引用两个单元格区域的交叠区域，但如果引用的两个区域并不存在实际的交叠区域，就会出现此错误。例如公式：

```
=SUM(A:A B:B)
```

A 列与 B 列并不存在交叠的共同区域，因此会出现此错误。

## 158.2 错误自动检查

当单元格中的公式显示为错误值时，单元格左上角会显示绿色三角箭头的错误标记，选中此单元格以后，单元格左侧会显示包含感叹号图案的“错误指示按钮”，单击此按钮会出现如图 158-1 所示的错误提示信息。

在弹出的下拉菜单中包括错误的类型、关于此错误的帮助链接、显示计算步骤、忽略错误以及在编辑栏中编辑等选项，用户可以方便地选择下一步操作。

在下拉菜单中选择【错误检查选项】命令，可以打开【Excel 选项】对话框，在其中可以通过选项设置是否开启错误检查功能，并对检查的错误类型规则进行定义，如图 158-2 所示。

图 158-1 错误提示器

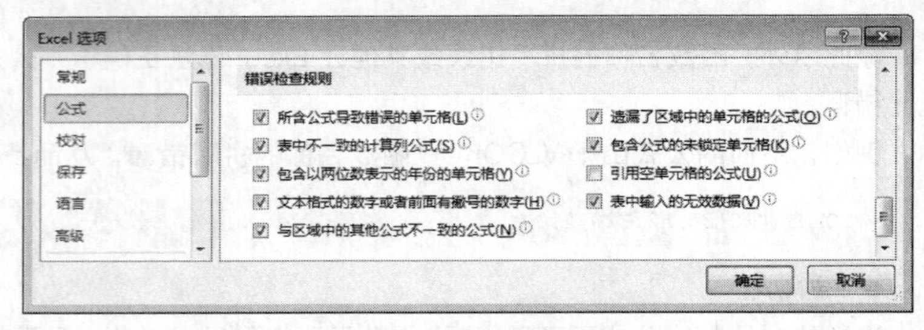


图 158-2 错误检查规则选项

除了检查和公式有关的错误以外，错误检查功能还能对单元格数据中的一些其他问题进行检测。例如勾选了【文本格式的数字或者前面有撇号的数字】复选框，就可以对单元格中的文本型数字实现自动识别。

# 技巧 159 神奇的数组

## 159.1 数组的概念及分类

在 Excel 中，数组（Array）是由一个或者多个元素按照行列排列方式组成的集合，这些元素可以是文本、数值、逻辑值、日期、错误值等。根据数组的存在形式，可分为常量数组、区域数组和内存数组。

● 常量数组

常量数组的所有组成元素均为常量数据，其中文本必须由半角双引号（""）包括起来。常量数组表示方法为用一对大括号（{}）将构成数组的常量包括起来，各常量数据之间用分隔符隔开。可以使用的分隔符包括半角分号（;）和半角逗号（,），其中分号用于间隔按行排列的元素，逗号用于间隔按列排列的元素。例如：

```
{0,"不及格";60,"及格";70,"中";80,"良";90,"优"}
```

这就是一个 5 行 2 列的常量数组。如果将这个数组填入表格区域中，数组的排列方式如图 159-1 所示。

| 0 | 不及格 |
|---|---|
| 60 | 及格 |
| 70 | 中 |
| 80 | 良 |
| 90 | 优 |

图 159-1　5 行 2 列的数组

- 区域数组。

区域数组实际上就是公式中对单元格区域的直接引用。例如：

```
=SUMPRODUCT(A1:A9*B1:B9)
```

公式中的 A1:A9 与 B1:B9 都是区域数组。

- 内存数组。

内存数组是指通过公式计算返回的结果在内存中临时构成，并且可以作为一个整体直接嵌套到其他公式中继续参与计算的数组。例如：

```
=SMALL(A1:A10,{1,2,3})
```

这个公式中，{1,2,3}是常量数组，而整个公式得到的计算结果为 A1:A10 数据中最小的 3 个数值组成的 1 行 3 列的内存数组。假定 A1:A10 区域中所保存的数据分别是 90～99 这 10 个数值，那么这个公式所产生的内存数组就是{90,91,92}。

提示！

常量数组虽然也不依赖于单元格而存在，但与内存数组不同的是：常量数组不是通过公式计算获取，而是在公式中直接输入的常量数据。

- 命名数组。

命名数组是指，使用命名公式（即名称）定义的一个常量数组、区域数组或内存数组。该名称可在公式中作为数组来调用。在数据有效性（有效性序列除外）和条件格式的自定义公式中不接受常量数组，但可将其命名后直接调用名称进行运算。

有关定义名称的详细内容可参阅技巧 164。

## 159.2　数组的维度和尺寸

数组具有行、列及尺寸的特征，常量数组中用分号或逗号分隔符来辨识行列，而区域数组的行列结构则与其引用的单元格区域保持一致。数组的尺寸同时由行列两个元素来确定，M 行 N 列的二维数组是由 M×N 个元素构成。

例如常量数组{0,"不及格";60,"及格";70,"中";80,"良";90,"优"}，它包含 5 行 2 列，一共有 5×2=10 个元素所组成，如图 159-2 所示。

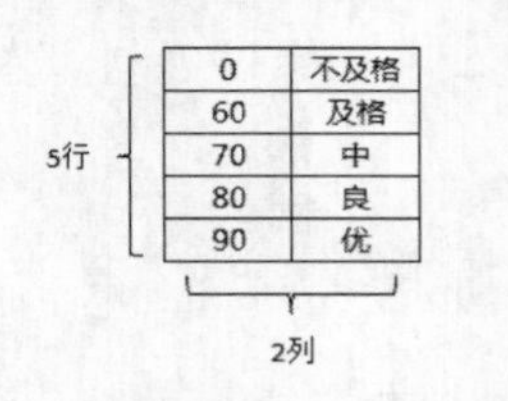


图 159-2　数组的维度和尺寸

数组中的各行或各列中的元素个数必须保持一致。假如在单元格中输入={1,2,3,4;1,2,3}，将返回错误警告，这是因为它的第 1 行有 4 个元素，而第 2 行只有 3 个元素，各行尺寸没有统一，因此不能被识别为数组。

同时包含行列两个方向的元素的数组称之为“二维数组”，与此区分的是，如果数组的元素都在同一行或同一列中，则称之为“一维数组”。例如{1,2,3,4,5}就是一个一维数组，它的元素都在同一行中，由于行方向也是水平方向，因此行方向的一维数组也称为“水平数组”。与此类似，{1;2;3;4;5}就是一个单列的“垂直数组”。

如果数组中只包含一个元素则称为单元素数组，例如{1}、ROW(1:1)、ROW()、COLUMN(A:A)等。与单个数值不同，单元素数组也具有数组的“维”的特性，可以被认为是1行1列的一维水平或垂直数组。

# 技巧160 多项计算和数组公式

## 160.1 多项计算

在公式中使用数组进行运算时，根据公式或函数的用法以及目的的不同，通常有以下两种不同的计算方式。

一种是将数组作为一个整体进行运算，运算的结果通常也只有单个数据，例如公式：

```
=SUM(A1:A10)
```

公式中对A1:A10这个区域数组的整体进行运算，求取它们的和值。

另一种是将数组中的每个元素同时分别运算，数组的直接运算结果或公式的最终结果通常会返回一组数据，例如公式：

```
{=SUM(A1:A10*(A1:A10>0))}
```

这个公式中的A1:A10>0对区域数组A1:A10中的每个元素进行了比较运算符的运算（判断是否大于0），得到一组逻辑值结果，然后再与A1:A10这个区域数组中的数值相乘。相乘的过程中又是将两个数组中的每个元素分别对应相乘，得到一个新的数组。这个新的数组中包含原有数组中大于零的数（即正数），小于零或等于零的数全都替换为零。最后才由SUM函数对这个新数组的数据求和，其结果也就是A1:A10单元格区域中正数的和值。

以某组数据为例，上述公式的运算过程如图160所示。

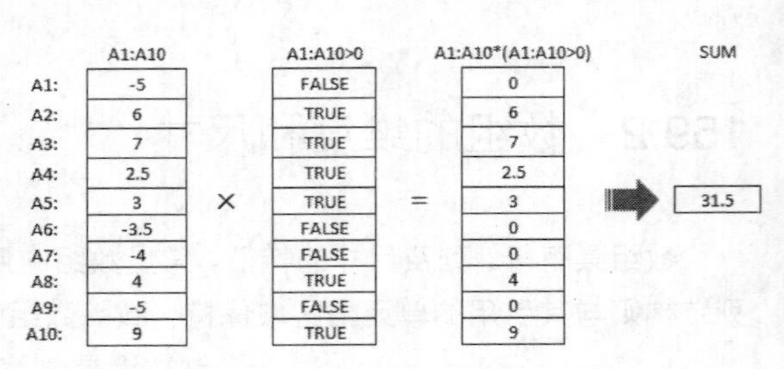


图160 多项计算的内部运算过程

此类将数组参数的各项元素分别进行计算的过程称为“多项计算”。

## 160.2 数组公式

技巧160.1中所使用的公式：

```
{=SUM(A1:A10*(A1:A10>0))}
```

公式两端包含一对大括号（{}），这对括号并不是在公式中直接输入所产生的，而是在编辑公式时按<Ctrl+Shift+Enter>组合键完成编辑时，Excel 自动为公式添加的符号。这个符号标记了此公式为"数组公式"，需要对其中的数组进行多项计算。

如果需要进行多项计算的数组公式没有正确地以<Ctrl+Shift+Enter>组合键结束编辑，而是按下<Enter>键生成普通公式，那么它的运算结果可能会无效，甚至出现错误值。

Excel 帮助文件中对数组公式的说明为："对一组或多组值执行多项计算，并返回一个或多个结果。数组公式括于大括号（{ }）中。按<Ctrl+Shift+Enter>组合键可以输入数组公式"。但未明确地定义执行多项计算就是数组公式，执行单个计算就不算数组公式。

因此，为了便于统一理解，不管公式是否执行多项计算，只要是输入公式时以按下<Ctrl+Shift+Enter>组合键结束操作，就称该公式为数组公式。

数组公式可以执行多项计算，但并非执行多项计算的都是数组公式。例如，如果将上面公式中的 A1:A10 替换为常量数组：

```
=SUM({-5;6;7;2.5;3;-3.5;-4;4;-5;9}*({-5;6;7;2.5;3;-3.5;-4;4;-5;9}>0))
```

这个公式依然可以执行多项计算并且得到正确结果，但这个公式并不是数组公式。

除此以外，有些函数也不需要使用数组公式就能自动地进行多项计算（例如 SUMPRODUCT 函数），例如下面这个公式：

```
=SUMPRODUCT((A1:A10>0)*A1:A10)
```

因此，数组公式并不能与多项计算完全划上等号。

在本书中，除了特别说明之外，所有的数组公式都会在公式两端以大括号作为标记。在 Excel 中实际使用这些公式时，注意不要直接输入两端的大括号。

## 技巧 161　多单元格数组公式

在单个单元格中使用数组公式进行多项计算后，有时可以返回一组运算结果，但单元格中只能显示单个值（通常是结果数组中的首个元素），而无法显示整组运算结果。而使用多单元格数组公式，则可以将结果数组中的每一个元素分别显示在不同的单元格中。

假定 A1:A10 单元格当中存在一组数值，在表格中同时选中 C1:C10 单元格区域，然后在编辑栏输入：

```
=A1:A10*(A1:A10>0)
```

完成后按下<Ctrl+Shift+Enter>组合键结束操作。这样就完成了一组"多单元格数组公式"的输入，结果如图 161-1 所示。

这种在多个单元格使用同一公式并按照数组公式按<Ctrl+Shift+Enter>组合键结束编辑的输入方式形成的公式，称为多单元格数组公式。

使用多单元格数组公式能够保证在同一个范围内的公式具有同一性，并且在选定的范围内分别显示数组公式的各个运算结果。创建此类公式后，公式所在的任何单元格都不能被单独编辑，否则将出现警告对话框，如图 161-2 所示。

但需要注意的是，使用这种多单元格数组公式，所选择的单元格区域必须与公式中所使用的数组尺寸相同，否则将无法完整显示数组或显示错误值。

例如在上述案例中，公式所在区域 C1:C10 与公式中引用的 A1:A10 单元格区域的尺寸相同，可以正确返回结果。如果在 B11:B20 单元格中输入此多单元格公式也同样可行，但如果选中 B11:B22 单元格输入上面的多单元格数组公式，超出数组尺寸的部分将显示#N/A 错误值，如图 161-3 所示。

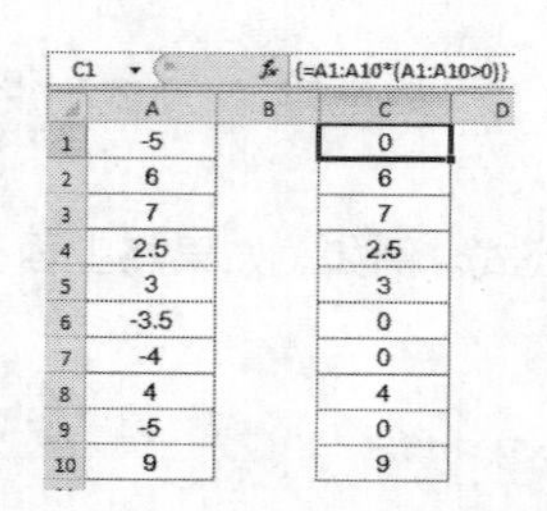


图 161-1 多单元格数组公式

图 161-2 多单元格数组公式不能局部更改

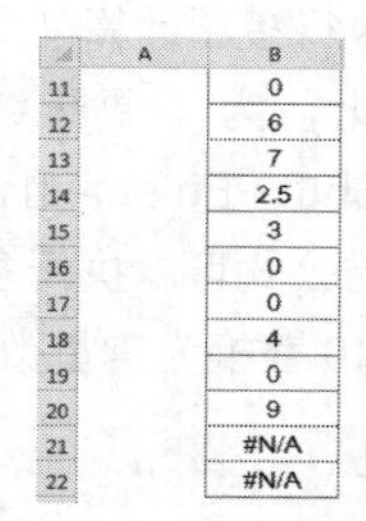


图 161-3 尺寸不符时显示错误值

使用多单元格数组公式，也只是输入方式上的一种特殊方法，根据公式的不同，它所返回的结果也有可能是单值。

# 技巧 162 数组的直接运算

## 162.1 数组与单值直接运算

数组与单值（或单元素数组）可以直接运算（所谓"直接运算"，指的是不使用函数，直接使用运算符对数组进行运算），返回一个数组结果，并且与原数组尺寸相同，如表 162 所示。

表 162 数组与单值的直接运算

| 序　号 | 公　式 | 说　明 |
|---|---|---|
| 1 | =5+{1;2;3;4} | 返回{6;7;8;9}，尺寸与{1;2;3;4}相同 |
| 2 | =COLUMN(B:B)*{1,2,3,4} | 返回{2,4,6,8}，尺寸与{1,2,3,4}相同 |
| 3 | =ROW(2:2)*{1,2;3,4} | 返回{2,4;6,8}，尺寸与{1,2;3,4}相同 |

## 162.2 同方向一维数组之间的直接运算

两个同方向的一维数组直接进行运算，会根据元素的位置进行一一对应运算，生成一个新的数组的结果。例如公式：

```
={1;2;3;4}>{2;1;4;3}
```

返回结果为：

```
{FALSE;TRUE;FALSE;TRUE}
```

公式运算过程如图 162-1 所示。

| | | | | |
|---|---|---|---|---|
| 1 | > | 2 | = | FALSE |
| 2 | > | 1 | = | TRUE |
| 3 | > | 4 | = | FALSE |
| 4 | > | 3 | = | TRUE |

图 162-1　同方向一维数组的运算

参与运算的两个一维数组通常需要具有相同的尺寸，否则结果中会出现错误值，例如：

```
={1;2;3;4}>{2;1}
```

上述公式返回结果为：

```
{FALSE;TRUE;#N/A;#N/A}
```

超出较小的那个数组尺寸的部分会出现错误值。

## 162.3　不同方向一维数组之间的直接运算

两个不同方向的一维数组（即 M 行垂直数组与 N 列水平数组）进行运算，其运算方式是：数组中每一元素分别与另一数组的每一元素进行运算，返回 M×N 二维数组。例如公式：

```
={1;2;3;4}*{2,3,5}
```

结果返回：

```
{2,3,5;4,6,10;6,9,15;8,12,20}
```

公式运算过程如图 162-2 所示。

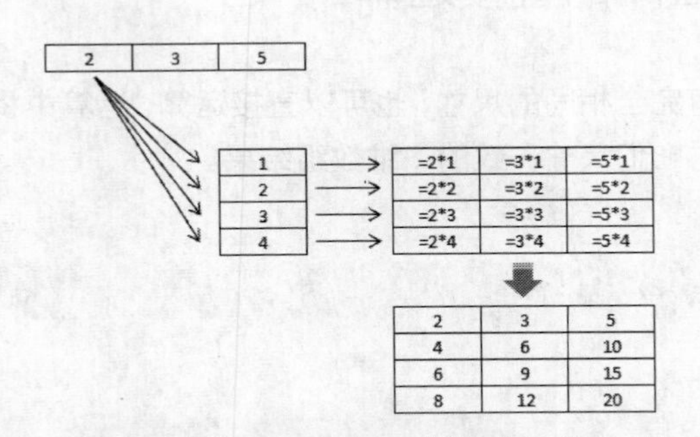


图 162-2　不同方向一维数组的运算

## 162.4　一维数组与二维数组之间的直接运算

如果一个一维数组的尺寸与另一个二维数组的同一方向上的尺寸一致，则可以在这个方向上与数组中的每个元素进行一一对应的运算。即 M 行 N 列的二维数组可以与 M 行或 N 列的一维数组进行运算，返回一个 M×N 的二维数组。

例如公式：

```
={1;2;3;4}*{1,2;2,3;4,5;6,7}
```

返回结果为：

```
{1,2;4,6;12,15;24,28}
```

公式运算过程如图 162-3 所示。

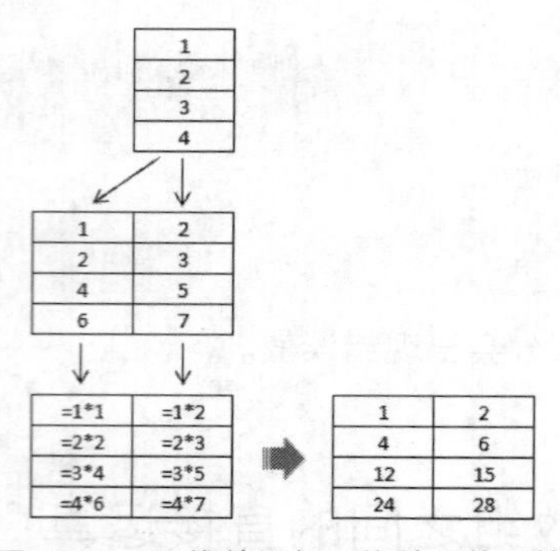


图 162-3　二维数组与一维数组的运算

如果两个数组之间没有完全匹配的尺寸，则会产生错误值，例如公式：

```
={1;2;3;4}*{1,2;2,3;4,5}
```

返回结果为：

```
{1,2;4,6;12,15;#N/A,#N/A}
```

## 162.5　二维数组之间的直接运算

两个二维数组如果具有完全相同的尺寸，也可以直接运算，运算中将每个相同位置的元素两两对应进行运算，返回一个与它们尺寸一致的二维数组结果。

例如公式：

```
={1,2;2,3;4,5;6,7}*{3,5;2,7;1,3;4,6}
```

返回结果为：

```
{3,10;4,21;4,15;24,42}
```

公式运算过程如图 162-4 所示。

如果参与运算的两个二维数组尺寸不一致，生成的结果以两个数组中的最大行列尺寸为新的数组尺寸，但超出小尺寸数组的部分会产生错误值，例如公式：

```
={1,2;2,3;4,5;6,7}*{3,5;2,7;1,3}
```

返回结果为：

```
{3,10;4,21;4,15;#N/A,#N/A}
```

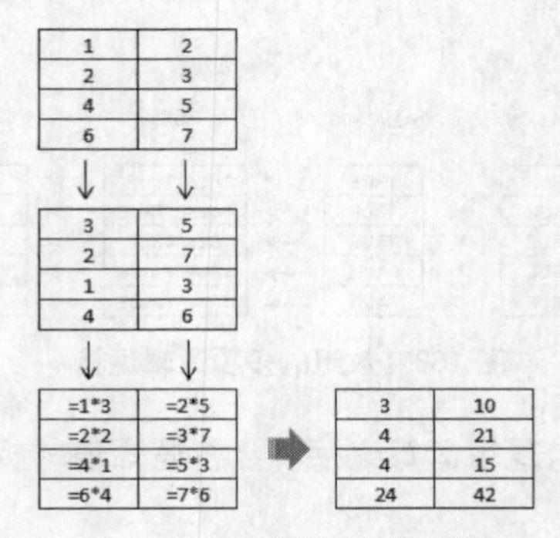


图 162-4　二维数组间的运算

除了上面所说的直接运算的方式，数组之间的运算还包括使用函数。部分函数对参与运算的数组尺寸有特定的要求，比如 MMULT 函数要求 Array1 的列数必须与 Array2 的行数相同，而不一定遵循直接运算的规则。

# 技巧 163　数组公式中的逻辑运算

AND 函数和 OR 函数分别可以进行“逻辑与”和“逻辑或”运算，但在需要执行多项计算的数组公式中，AND 函数和 OR 函数仅能返回单值 TRUE 或 FALSE，无法返回数组结果。

例如：假定 A1:A5 单元格区域中包含了一组数据 74、65、79、81 和 82，要统计其中大于 70 数据个数，可以使用数组公式：

```
{=SUM((A1:A5>70)*1)}
```

如果要统计其中大于 70 同时小于 80 的数据个数，如果单纯从逻辑运算的角度考虑，就是在上述公式的基础上增加一项 A1:A5<80 的逻辑判断，同时与之前的 A1:A5>70 进行“逻辑与”的运算。从这个思路出发，可能会用 AND 函数来构建公式：

```
{=SUM(AND(A1:A5>70,A1:A5<80)*1)}
```

但事实上，上面这个公式并不能有效运作，原因就在于 AND 函数不能执行多项运算，不会将两个逻辑数组中的每一项元素分别进行“逻辑与”运算，而只会将两个数组中的元素视为一个整体，只能返回单值。

上述公式在这个例子中的运算方式为：

```
=SUM(AND({TRUE;FALSE;TRUE;TRUE;TRUE},{TRUE;TRUE;TRUE;FALSE;FALSE})*1)
```

实际等效为：

```
=SUM(AND(TRUE;FALSE;TRUE;TRUE;TRUE;TRUE;TRUE;TRUE;FALSE;FALSE)*1)
```

正确的做法是使用乘法运算替代 AND 函数，用加法运算替代 OR 函数。例如上述公式可以替换为：

```
{=SUM((A1:A5>70)*(A1:A5<80))}
```

其运算过程如图 163 所示。

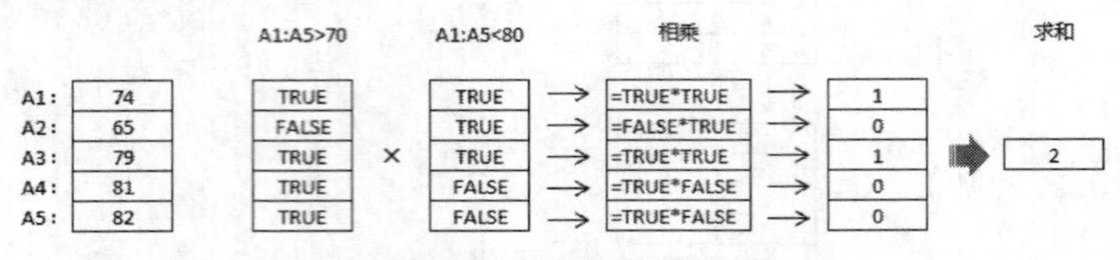


图 163　数组的多项逻辑运算

在使用乘法或加法进行数组的逻辑运算之后，会将逻辑值转换成 1 和 0 的数值，其后续的运算可以利用这一特点来构建公式。

例如在前面的例子中，要对大于 70 且小于 80 的数据进行求和，可以使用数组公式：

```
{=SUM((A1:A5>70)*(A1:A5<80)*A1:A5)}
```

假如要统计其中大于 70 且小于 80 的数据的平均值，则可以使用数组公式：

```
{=AVERAGE(IF((A1:A5>70)*(A1:A5<80),A1:A5))}
```

这个公式使用 IF 函数进行逻辑运算，得到一个数组的结果，其中包含满足条件的数据以及不满足条件的数据所产生的 FALSE，在后续 AVERAGE 函数计算平均值的过程中将忽略 FALSE 值，只对有效数据进行统计。

上面这两个例子是很常见的数组公式中的逻辑运算用法。

## 技巧 164　名称的奥秘

Excel 中的名称（Names）是一类比较特殊的公式，它是由用户预先定义，但并不存储在单元格中的公式。名称与普通公式的主要区别在于：名称是被特别命名的公式，并且可以通过这个命名来调用这个公式的运算结果。名称不仅仅可以通过模块化的调用使得公式变得更简洁易懂，它在数据有效性、条件格式、图表等应用上也都具有广泛的用途。

从产生方式和用途上来说，名称可以分为以下几种类型：

- 单元格或区域的直接引用。

直接引用某个单元格区域，方便在公式中对这个区域的调用。

例如创建名称：

```
数据区域=$A$1:$E$10
```

要在公式中统计这个区域中的数字单元格个数，就可以使用：

```
=COUNT(数据区域)
```

上面这个公式等价于：

```
=COUNT($A$1:$E$10)
```

这样以名称来替代某个特定单元格区域的引用，不仅可以方便公式对单元格区域的反复调用，也可以提高公式的可读性。

需要注意的是，在名称中对单元格区域的引用同样遵循相对引用和绝对引用的原则。如果在名称中使用相对引用的书写方式，则实际引用区域会与创建名称时所选中的单元格相关联，产生相对引用关系。当在不同单元格调用此名称时，实际引用区域会发生变化。

例如，如果在选中 A1 单元格的情况下创建以下名称：

```
区域=B2
```

接下来在 C3 单元格中输入公式：

```
=SUM(区域)
```

这个公式的实际作用等价于：

```
=SUM(D4)
```

在 A1 单元格的位置所定义的名称“区域”，它所指代的引用对象随着公式所在单元格的位置变化而发生了改变。

- 单元格或区域的间接引用。

在名称中不直接引用单元格地址，而是通过函数进行间接引用。

例如创建名称：

```
区域=OFFSET($A$1,1,0,3,2)
```

这个名称的实际引用区域是 A2:B4 单元格区域。

还可以在创建此类间接引用公式当中使用变量，使引用的区域可以随变量值的改变而发生变化，形成动态引用。因此，在图表数据源等不可以或不方便直接使用公式进行动态引用的场合，可以使用名称来替代。

例如创建名称：

```
动态区域=OFFSET($A$1,0,0,COUNTA($A:$A))
```

将这个名称作为图表的数据源，图表中会显示当前 A 列中所包含的数据（连续数据区域）。如果 A 列中的数据量有所增减，无需更改图表数据源，通过这个动态引用的名称也能够将更新后的引用区域传递给图表。

- 常量。

要将某个常量或常量数组保存在工作簿中，但不希望占用任何单元格的位置，就可以使用名称。

例如，某公司的绩效考核评分标准为：60 分以下为“未达标”、60 分～69 分为“一般”、70 分～79 分为“待改进”、80 分～89 分为“优秀”、90 分以上为“杰出”。需要在工作簿中反复调用到这个评分标准，就可以将其创建为名称：

```
评分标准={0,"未达标";60,"一般";70,"待改进";80,"优秀";90,"杰出"}
```

当在此工作簿中需要对某个绩效考核得分进行等级评定时，就可以直接调用上述名称，例如计算 78 分的考核等级，可以使用公式：

```
=LOOKUP(78,评分标准)
```

- 普通公式。

将普通公式保存为名称，可以在其他地方无需重复书写公式就能调用公式的运算结果。

例如，假定 A 列中存放了一些数字与字母混合的字符串，可以在选中 B1 单元格的情况下创建名称：

```
剔除数字=SUBSTITUTE(SUBSTITUTE(SUBSTITUTE(SUBSTITUTE(SUBSTITUTE(SUBSTITUTE(SUBSTITUTE(SUBSTITUTE(SUBSTITUTE(SUBSTITUTE($A1,0,),1,),2,),3,),4,),5,),6,),7,),8,),9,)
```

然后在 B 列中使用以下公式就可以得到 A 列字符串中去除数字以后的字符串。

```
=剔除数字
```

在 C 列中使用以下公式就可以得到 A 列字符串中数字字符的个数。

```
=LEN(A1)-LEN(剔除数字)
```

从这个例子可以看出，使用名称可以让公式变得更简洁，让公式可以模块化地调用，也可以搭配不同的功能块来实现新的功能，让整个公式的可读性提升，更易于理解。在 2003 版本中，使用名称来替代部分公式还可以解决公式 7 层嵌套的限制问题。

- 宏表函数应用。

宏表函数又称宏表 4.0 函数，是从早期版本的 Excel 中遗留下来的一些隐藏函数。这些函数通常都不能直接在单元格中输入运算，而需要通过创建名称来间接运用。

例如创建名称：

```
页数=GET.DOCUMENT(50)
```

然后在工作表中使用以下公式可以获取当前工作表的打印页数：

```
=页数
```

使用宏表函数需要启用宏，保存工作簿时也必须保存为“启用宏的工作簿”。

- 特殊定义。

在对工作表进行某些特定操作时，Excel 会自动创建一些名称。这些名称的内容是对一些特定区域的直接引用。

例如，为工作表设置顶端标题行或左端标题列时，会自动创建名称 Print_Titles；设置工作表打印区域时，会自动创建名称 Print_Area；进行高级筛选时，自动创建的名称包括引用的条件区域 Criteria、复制到的单元格区域 Extract、引用的列表区域_FilterDatabase。

- 表格名称。

在 Excel 中创建“表格”（Table）时，Excel 会自动生成以这个表格区域为引用的名称。通常会默认命名为“表 1”、“表 2”等，可以通过表格选项重新命名。

有关创建“表格”的更详细内容请参阅技巧 48。

## 技巧 165 多种方法定义名称

名称是被特别命名的公式，对一个公式进行命名也就是创建名称的过程。

要创建一个名称，可以用以下几种方法。

## 165.1　使用“定义名称”功能

要将以下公式创建为名称：

```
=OFFSET($A$1,0,0,COUNTA($A:$A))
```

**Step 1**　在功能区上依次单击【公式】→【定义名称】，打开【新建名称】对话框。

**Step 2**　在【名称】文本框中为新建的名称命名，例如“动态区域”。

**Step 3**　在【引用位置】编辑栏中输入公式：

```
=OFFSET($A$1,0,0,COUNTA($A:$A))
```

**Step 4**　单击【确定】按钮完成名称创建。

具体操作如图 165-1 所示。

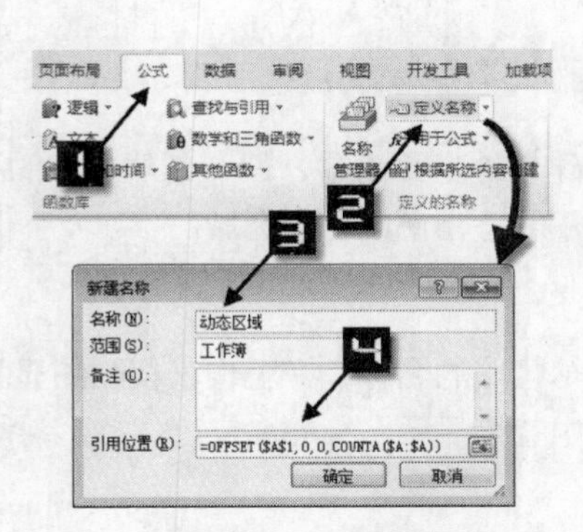


图 165-1　定义名称

名称创建以后，Excel 会自动在原先输入的名称公式上添加当前工作表的引用，例如上述公式会自动转换为：

```
=OFFSET(Sheet1!$A$1,0,0,COUNTA(Sheet1!$A:$A))
```

在步骤 1 之中依次单击【公式】→【名称管理器】或按<Ctrl+F3>组合键，打开【名称管理器】对话框，然后单击【新建】按钮也可以打开【新建名称】对话框。

如果在名称公式中使用相对引用，需要特别留意定义名称时当前所选中的单元格，名称中的引用地址会与此单元格保持相对位置关系。

## 165.2 使用名称框创建

如果要将某个单元格区域创建为名称，可以更方便地实现。例如要将 A1:D5 单元格区域创建为名称“区域 1”:

**Step 1** 选定单元格区域 A1:D5。

**Step 2** 在编辑栏左侧的名称框中输入要定义的名称“区域 1”，按<Enter>键完成名称创建。

具体操作如图 165-2 所示。

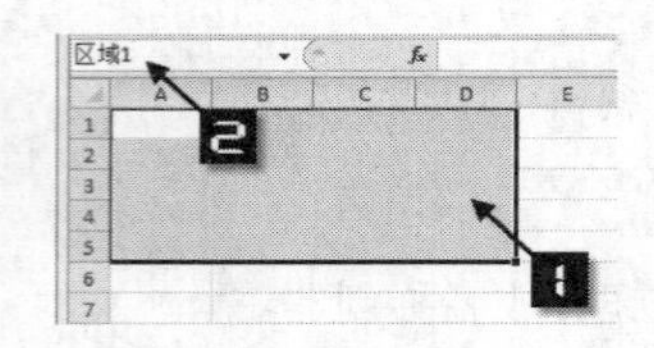


图 165-2 使用名称框

Excel 会自动为“区域 1”生成绝对引用的公式:

```
=Sheet1!$A$1:$D$5
```

使用此方法创建名称步骤简单，但所创建名称的引用位置只能是固定的单元格区域，不能是常量或动态区域。

直接引用单元格区域的名称，在工作表视图的显示比例小于 40%时，会在工作表区域中直接显示名称的名字。

## 165.3 根据所选内容批量创建

在如图 165-3 所示的销售数据清单中，如果要将每个字段所在的数据区域创建为名称，例如将 A2:A17 创建为名称“业务员”，将 B2:B17 创建为名称“销售地区”等，可以这样操作:

| | A | B | C | D |
|---|---|---|---|---|
| 1 | 业务员 | 销售地区 | 订单数量 | 销售金额 |
| 2 | 沈毅 | 华东 | 20 | 17866 |
| 3 | 苏荣远 | 华东 | 113 | 92238 |
| 4 | 阮坤鸣 | 东北 | 29 | 23280 |
| 5 | 虞莉 | 华北 | 38 | 32571 |
| 6 | 夏俊 | 东北 | 116 | 118875 |
| 7 | 白美艳 | 华北 | 28 | 23839 |
| 8 | 吕强芬 | 华南 | 113 | 119666 |
| 9 | 郝智星 | 华南 | 115 | 101219 |
| 10 | 余楠元 | 华南 | 101 | 92391 |
| 11 | 韦笑颖 | 华东 | 56 | 52122 |
| 12 | 杨兰坚 | 东北 | 97 | 92149 |
| 13 | 张良骅 | 华南 | 22 | 20996 |
| 14 | 董千芳 | 华南 | 47 | 47634 |
| 15 | 高谦飞 | 华南 | 22 | 23681 |
| 16 | 余帆 | 华北 | 86 | 70203 |
| 17 | 冯瑾燕 | 华南 | 76 | 63758 |

图 165-3 销售数据清单

| Step | |
|---|---|
| Step 1 | 选定单元格区域 A1:D17。 |
| Step 2 | 在【公式】选项卡中单击【根据所选内容创建】按钮，打开【以选定区域创建名称】对话框。 |
| Step 3 | 在对话框中，勾选【首行】复选框，取消其他复选框的勾选，然后单击【确定】按钮完成名称创建。 |

具体操作如图 165-4 所示。

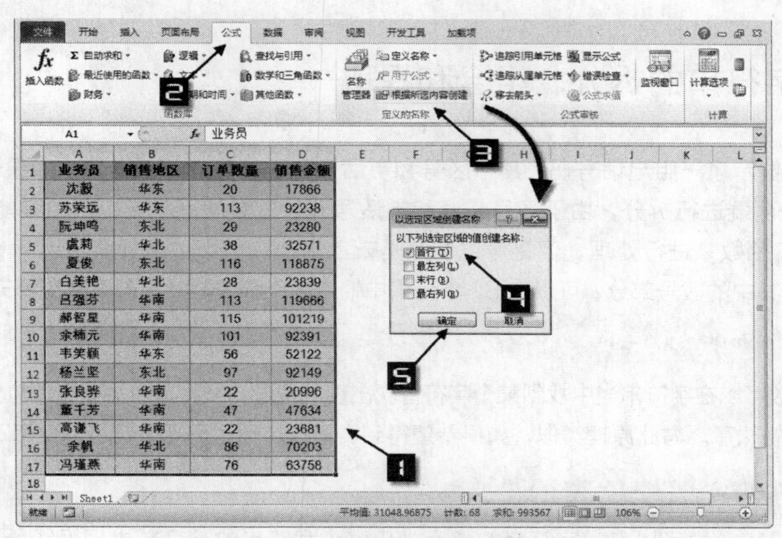

图 165-4　根据所选内容创建名称

上述操作一次性创建了 4 个名称（选定的区域中一共包含 4 个字段），这些名称自动以区域中的标题行内容来命名。按<Ctrl+F3>组合键打开【名称管理器】对话框可以看到这些名称的定义，如图 165-5 所示。

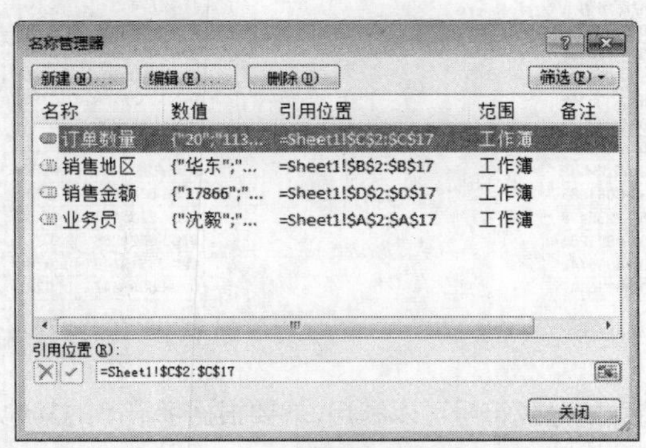

图 165-5　批量创建的名称

除了上述创建名称的方法以外，创建表格、定义打印标题行、定义打印区域、创建高级筛选等操作也会自动创建生成一些名称。

如果希望对已经创建的名称进行修改或删除，可以按<Ctrl+F3>组合键打开【名称管理器】对话框进行操作。

# 技巧166 使用公式进行数据整理

在数据处理的过程中，经常会需要对不规范或不符合要求的数据进行预处理。在 Excel 中常用的数据整理工具包括分列、转置等，而使用函数公式可以在数据整理上更加灵活自由，功能也更强大。

## 166.1 字符串的拆分、组合和提取

图 166-1 显示了一组电话号码，其中区号和市话号码之间有短横线分隔。如果希望将此号码字符串从短横线两端进行拆分，由于区号长度和市话号码的位数均不固定，因此不能直接使用 LEFT 函数或 RIGHT 函数来进行处理，但是可以在此基础上借助其他函数来辅助实现。

要拆分出其中的区号部分，可以在 B2 单元格中输入以下公式，然后向下复制填充至 B13 单元格：

```
=LEFT(A2,FIND("-",A2)-1)
```

FIND 函数可以在字符串当中找到某个字符首次出现的位置，根据其中短横线的位置再来使用 LEFT 函数拆分就很轻松了。与此原理类似，如果希望得到右侧的市话号码部分，可以使用下面的公式：

```
=RIGHT(A2,LEN(A2)-FIND("-",A2))
```

其中的 LEN 函数可以取得字符串的长度，用整个字符串的长度减去短横线所在的位置，就可以得到短横线右侧这部分剩余字符串的长度。

以上两个公式处理的结果如图 166-2 所示。

| | A |
|---|---|
| 1 | 电话号码 |
| 2 | 010-57995999 |
| 3 | 0751-8335898 |
| 4 | 0750-5600102 |
| 5 | 0758-2325166 |
| 6 | 0663-2933809 |
| 7 | 0753-4450026 |
| 8 | 0760-22384205 |
| 9 | 0758-6681983 |
| 10 | 0757-2235438 |
| 11 | 0768-6621266 |
| 12 | 020-34515740 |
| 13 | 020-36836647 |

图 166-1 一组电话号码

| | A | B | C |
|---|---|---|---|
| 1 | 电话号码 | 区号 | 市话号码 |
| 2 | 010-57995999 | 010 | 57995999 |
| 3 | 0751-8335898 | 0751 | 8335898 |
| 4 | 0750-5600102 | 0750 | 5600102 |
| 5 | 0758-2325166 | 0758 | 2325166 |
| 6 | 0663-2933809 | 0663 | 2933809 |
| 7 | 0753-4450026 | 0753 | 4450026 |
| 8 | 0760-22384205 | 0760 | 22384205 |
| 9 | 0758-6681983 | 0758 | 6681983 |
| 10 | 0757-2235438 | 0757 | 2235438 |
| 11 | 0768-6621266 | 0768 | 6621266 |
| 12 | 020-34515740 | 020 | 34515740 |
| 13 | 020-36836647 | 020 | 36836647 |

图 166-2 根据分隔符拆分

如果字符串当中没有特殊的分隔符号可以利用，就要根据字符串的其他特性来选择合适的解决方案。

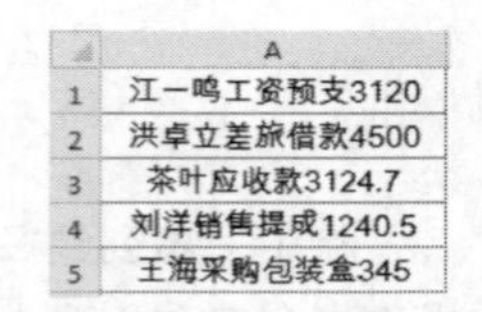

| | A |
|---|---|
| 1 | 江一鸣工资预支3120 |
| 2 | 洪卓立差旅借款4500 |
| 3 | 茶叶应收款3124.7 |
| 4 | 刘洋销售提成1240.5 |
| 5 | 王海采购包装盒345 |

图 166-3 提取连续数字

例如图 166-3 中显示的这组字符串虽然字符排列格式上没有特别统一的规律，但它们有一个共同的特点就是字符串右侧末尾都是由连续数字所组成。如果希望把这些连续的数字部分提取出来，可以在 B2 单元格中输入下面的公式，然后向下复制到 B5 单元格。

```
=LOOKUP(9.9E+307,--RIGHT(A1,ROW($1:$99)))
```

这个公式首先用数组的方法，从右侧开始将字符串拆分成长度逐渐变长的各个分段。RIGHT(A1,ROW($1:$99))这部分的运算结果就是一个包含“0”、“20”、“120”、“3120”、“支 3120”这样的字符串元素的数组。

然后通过两个减号形成减负运算，将字符形式的数字转换成数值，而包含文字的字符串则会因为无法进行数学运算而产生错误值。

最后再利用 LOOKUP 函数的一个特性，当它查找的数值比数组中的任何一个值都要大时，会返回数组中的最后一个数值（忽略错误值）。9.9E+307 表示 9.9 乘以 10 的 307 次方，几乎是 Excel 当中可用数值中的最大值，把它作为查找值基本可以保证大于数组中的任何一个值，因此此时 LOOKUP 函数可以返回这个数组中的最大值，也就是最多数字所组成的那个字符串。

上述公式的处理结果如图 166-4 所示。

如果字符串当中所包含的是中文和英文字母的组合，例如图 166-5 所示的这样，中文和英文字母均为连续出现，没有交叉的情况。对于这样特性的字符串，也可以使用函数公式很方便地将其中的中文部分或英文部分提取出来。

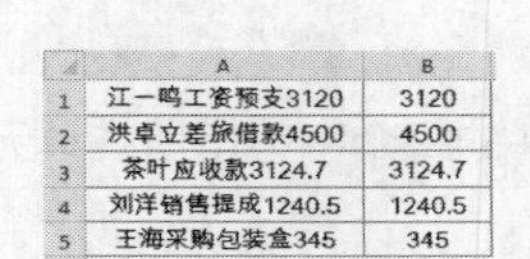

| | A | B |
|---|---|---|
| 1 | 江一鸣工资预支3120 | 3120 |
| 2 | 洪卓立差旅借款4500 | 4500 |
| 3 | 茶叶应收款3124.7 | 3124.7 |
| 4 | 刘洋销售提成1240.5 | 1240.5 |
| 5 | 王海采购包装盒345 | 345 |

图 166-4　提取结果

| | A |
|---|---|
| 1 | 梅赛德斯-奔驰benz |
| 2 | 三菱mitsu |
| 3 | 吉普jeep |
| 4 | 道奇dodge |
| 5 | 迈巴赫maybach |
| 6 | 精灵smart |
| 7 | 宾利Bentley |
| 8 | 兰伯基尼Lamborghini |
| 9 | 奥迪Audi |
| 10 | 大众Volkswagen |
| 11 | 斯柯达Skoda |

图 166-5　中英文组合

要将英文部分提取出来，可以在 B2 单元格当中输入下面的数组公式，然后向下复制填充至 B11 单元格：

```
{=RIGHT(A1,COUNT(N(INDIRECT(MID(A1,ROW($1:$99),1)&2^20))))}
```

公式解析：

MID(A1,ROW($1:$99),1)可以将字符串当中的每一个字符单独提取出来。INDIRECT 函数是一个引用函数，如果它的参数是一个单元格地址，那么这个函数就可以返回这个单元格当中的数值。在 Excel 的 A1 引用方式中，单元格地址都是由字母和数字所组成，因此如果前面公式所取到的字符是字母，那么在与 2^20 这个数字进行文本连接组合以后，就能够形成一个理论上的单元格地址，用 INDIRECT 函数进行引用就能够返回具体的结果。反之，如果提取到的不是字母，那么这个“单元格地址”无效，INDIRECT 函数就会返回错误值。

因此，COUNT(N(INDIRECT(MID(A1,ROW($1:$99),1)&2^20)))这部分公式就可以统计其中有多少个字符是英文字母，使得INDIRECT函数最终形成了有效引用。其中2^20的运算结果是1048576，与 Excel 2010 中的最大行号一致，通常来说这一行被实际使用到的几率很小，单元格基本为空白单元格，由此 INDIRECT 函数可以得到结果为 0。

在上面的过程中得到字符串中英文字母的个数以后，由于字母是连续出现的，因此使用 RIGHT 函数就可以将这些连续出现的字母提取出来。

同理，如果要得到其中的中文部分，可以使用下面的公式：

```
{=LEFT(A1,LEN(A1)-COUNT(N(INDIRECT(MID(A1,ROW($1:$99),1)&2^20))))}
```

公式处理结果如图 166-6 中的 B 列和 C 列所示。

| | A | B | C |
|---|---|---|---|
| 1 | 梅赛德斯-奔驰benz | benz | 梅赛德斯-奔驰 |
| 2 | 三菱mitsu | mitsu | 三菱 |
| 3 | 吉普jeep | jeep | 吉普 |
| 4 | 道奇dodge | dodge | 道奇 |
| 5 | 迈巴赫maybach | maybach | 迈巴赫 |
| 6 | 精灵smart | smart | 精灵 |
| 7 | 宾利Bentley | Bentley | 宾利 |
| 8 | 兰伯基尼Lamborghini | Lamborghini | 兰伯基尼 |
| 9 | 奥迪Audi | Audi | 奥迪 |
| 10 | 大众Volkswagen | Volkswagen | 大众 |
| 11 | 斯柯达Skoda | Skoda | 斯柯达 |

图 166-6　提取结果

如果要将图 166-6 中 B 列和 C 列的两个字符串重新合并成一个新的字符串，英文在左侧，中文在右侧，可以直接使用文本连接符“&”来实现：

```
=B1&C1
```

这是字符串合并的常用方法，而文本函数中专门用于字符串合并的 CONCATENATE 函数相对来说不太常用，如果用这个函数来实现可以写成：

```
=CONCATENATE(B1,C1)
```

这两种方法有一个共同特点，就是必须将需要合并的每个字符串所在单元格分别进行引用，而不能直接使用区域引用的方式批量合并多个字符串。

有一个本来不是用作字符串合并的 PHONETIC 函数有时候也会被借用在这类应用当中，例如要将 A1:A5 中的文本内容合并成一个字符串，可以使用公式：

```
=PHONETIC(A1:A5)
```

这个函数中可以使用区域引用的方式批量引用多个单元格，方便了公式的书写。但这个函数同样也存在局限性：不支持数值的合并，也不能对公式所产生的运算结果进行合并。

## 166.2　日期数据的规范化

Excel 当中对于日期数据有特殊的定义，也有一些固定的输入规范。例如使用“2013-5-12”或“2013/5/12”都可以被 Excel 正确识别为日期数据，便于后续的运算处理。但类似于“2013.5.12”、“2013\5\12”、“20130512”这样输入的日期就将无法被 Excel 正确识别，只能作为文本型数据存储。

如果当前的数据表格当中使用了这样的不规范日期，也可以通过公式的方法将其转换成标准的日期数据。

| | A | B |
|---|---|---|
| 1 | 不规范日期 | 转换 |
| 2 | 2013.5.12 | 2013年5月12日 |
| 3 | 2013\5\12 | 2013年5月12日 |
| 4 | 20130512 | 2013年5月12日 |

图 166-7　日期数据的规范化

以图 166-7 为例，要将 A 列当中的三种不规范的日期转换成标准的日期数据，B2 单元格当中可以使用下面的公式：

```
=--SUBSTITUTE(A2,".","-")
```

SUBSTITUTE 函数可以将字符串中某个字符或字符串替换成另外的字符或字符串（如果在字符串中多次出现可以全部替换），将不规范日期中所使用的间隔符号替换成可以被 Excel 正确识别的短横线。由于 SUBSTITUTE 函数的转换结果仍是一个文本字符串，因此最后还需要使用减负运算将其转换成数值数据，得到真正的日期。

同理，B3 单元格当中可以使用下面的公式：

```
=--SUBSTITUTE(A3,"\","-")
```

而 A4 单元格当中的日期因为没有特殊分隔符，因此转换方法有所不同：

```
=--TEXT(A4,"0000-00-00")
```

TEXT 函数可以将数值转换成特殊格式的文本字符串，通过人为构造的短横线间隔的数字格式，将其转换成可以被 Excel 识别的日期格式文本，最后再通过减负运算转换成实际日期。

## 166.3 行列数据转换

在表格中使用字段加记录的方式来存储数据是一种比较理想的方式，便于数据的运算处理。其中每一行是各条数据记录，而每一列则是各条记录的不同字段属性。

有些时候原始数据也可能是横向排列各个字段的情况，例如图 166-8 所示的 A1:K5 单元格区域，除了使用选择性粘贴中的“转置”方法以外，也可以通过使用函数公式的方法将其转换成标准的字段记录形式，达到 A8:E18 单元格区域中的效果。

| | A | B | C | D | E | F | G | H | I | J | K |
|---|---|---|---|---|---|---|---|---|---|---|---|
| 1 | 工号 | 1001 | 1002 | 1003 | 1004 | 1005 | 1006 | 1007 | 1008 | 1009 | 1010 |
| 2 | 姓名 | 韩正 | 史静芳 | 刘磊 | 马欢欢 | 苏桥 | 金汪洋 | 谢兰丽 | 朱丽 | 陈晓红 | 雷芳 |
| 3 | 年龄 | 38 | 48 | 33 | 26 | 38 | 53 | 28 | 39 | 33 | 35 |
| 4 | 文化程度 | 大专 | 硕士 | 大专 | 本科 | 本科 | 本科 | 高中 | 本科 | 本科 | 本科 |
| 5 | 部门 | 生产部 | 销售部 | 销售部 | 财务部 | 销售部 | 销售部 | 财务部 | 财务部 | 市场部 | 市场部 |
| 6 | | | | | | | | | | | |
| 7 | | | | | | | | | | | |
| 8 | 工号 | 姓名 | 年龄 | 文化程度 | 部门 | | | | | | |
| 9 | 1001 | 韩正 | 38 | 大专 | 生产部 | | | | | | |
| 10 | 1002 | 史静芳 | 48 | 硕士 | 销售部 | | | | | | |
| 11 | 1003 | 刘磊 | 33 | 大专 | 销售部 | | | | | | |
| 12 | 1004 | 马欢欢 | 26 | 本科 | 财务部 | | | | | | |
| 13 | 1005 | 苏桥 | 38 | 本科 | 销售部 | | | | | | |
| 14 | 1006 | 金汪洋 | 53 | 本科 | 销售部 | | | | | | |
| 15 | 1007 | 谢兰丽 | 28 | 高中 | 财务部 | | | | | | |
| 16 | 1008 | 朱丽 | 39 | 本科 | 财务部 | | | | | | |
| 17 | 1009 | 陈晓红 | 33 | 本科 | 市场部 | | | | | | |
| 18 | 1010 | 雷芳 | 35 | 本科 | 市场部 | | | | | | |

图 166-8　行列转换

可以在图 166-8 中的 A8 单元格中输入下面的公式，然后向下向右复制填充至 E18 单元格：

```
=OFFSET($A$1,COLUMN(A1)-1,ROW(A1)-1)
```

这个公式利用了 OFFSET 函数可以根据行列两个方向参数的偏移量进行引用的特点，然后将 COLUMN 函数和 ROW 函数两个可以随公式所在位置不同而变化的参数作为其偏移值，得到一个偏转 90 度以后的区域转换结果。

在这里使用函数公式的优势在于：可以保持原始数据区域不被改动，并且在原始数据发生变化时能够即时得到相应的结果。

在许多数据区域的编排处理当中都会用到类似的方法，OFFSET 函数、INDIRECT 函数以及 COLUMN 函数和 ROW 函数都是其中常用的函数。具体情况不同时需要灵活组合这些函数来达到最终目的。

# 技巧 167 使用公式进行数据查询

在数据处理和分析的过程中，经常会需要在数据表中查找满足特定条件的数据所处的位置，或者将其所对应的其他字段信息匹配出来，在 Excel 中使用查询引用类函数构建公式可以很方便地进行此类查询或匹配工作。

## 167.1 位置查询

图 167-1 中的表格显示了某公司的部分员工信息。如果希望从中查询某位员工（例如“苏桥”）所在记录所处的行号，可以在空白单元格中输入以下公式：

```
=MATCH("苏桥",B:B,0)
```

或

```
=MATCH("苏桥",B1:B18,0)
```

| | A | B | C | D | E | F |
|---|---|---|---|---|---|---|
| 1 | 工号 | 姓名 | 年龄 | 文化程度 | 部门 | 基本工资 |
| 2 | 1001 | 韩正 | 38 | 大专 | 生产部 | 3200 |
| 3 | 1002 | 史静芳 | 48 | 硕士 | 销售部 | 4700 |
| 4 | 1003 | 刘磊 | 33 | 大专 | 销售部 | 3200 |
| 5 | 1004 | 马欢欢 | 26 | 本科 | 财务部 | 4400 |
| 6 | 1005 | 苏桥 | 38 | 本科 | 销售部 | 4800 |
| 7 | 1006 | 金汪洋 | 53 | 本科 | 销售部 | 5000 |
| 8 | 1007 | 谢兰丽 | 28 | 高中 | 财务部 | 3600 |
| 9 | 1008 | 朱丽 | 39 | 本科 | 财务部 | 3200 |
| 10 | 1009 | 陈晓红 | 33 | 本科 | 市场部 | 3400 |
| 11 | 1010 | 雷芳 | 35 | 本科 | 市场部 | 3800 |
| 12 | 1011 | 吴明 | 57 | 本科 | 采购部 | 4400 |
| 13 | 1101 | 李琴 | 40 | 博士 | 采购部 | 5200 |
| 14 | 1102 | 张永立 | 32 | 本科 | 采购部 | 3800 |
| 15 | 1103 | 周玉彬 | 47 | 本科 | 生产部 | 5000 |
| 16 | 1104 | 张德强 | 46 | 硕士 | 市场部 | 4800 |
| 17 | 1105 | 何勇 | 58 | 本科 | 采购部 | 3300 |
| 18 | 1108 | 唐应兰 | 37 | 中专 | 销售部 | 3100 |

图 167-1 员工信息表

MATCH 函数可以在数组中查询返回满足条件的数据首次出现的位置，如果数据列表中存在多个满足条件的数据，此函数只能返回其中最先出现的数据所在的位置。函数中的第三个参数设为 0 表示精确匹配，在没有找到满足条件的匹配数据的情况下会返回错误值#N/A。

MATCH 函数支持使用通配符进行模糊查询，如果希望在员工姓名中查找首位“张”姓员工所处的行号，可以将公式修改为：

```
=MATCH("张*",B:B,0)
```

或

```
=MATCH("张*",B1:B18,0)
```

## 167.2　匹配查询

要在如图 167-1 所示的数据表中提取出某位员工（例如“苏桥”）所对应的基本工资数据，可在空白单元格中输入以下公式：

```
=VLOOKUP("苏桥",B1:F18,5,0)
```

VLOOKUP 函数是最常见的用于提取匹配数据的函数之一，它的作用是在纵向数据列表的首列中查找首个匹配数据，然后根据用户参数设置返回同一行中所对应的数据。与这个函数作用类似的是 HLOOKUP 函数，用于在横向数据列表中查找匹配项。

VLOOKUP 函数语法如下：

```
=VLOOKUP(lookup_value, table_array, col_index_num, [range_lookup])
```

第一参数 lookup_value 表示查找对象，例如本例中的员工姓名“苏桥”。

第二参数 table_array 表示查找匹配目标所在的数据区域，此区域的首列是 look_value 进行匹配核对的目标列。因此在此例中这个参数必须以员工姓名所在的 B 列作为其首列。同时这个数据区域还应包含需要返回的目标数据所在列。例如此例中需要返回此员工的基本工资，因此第二参数中 B1:F18 必须包含基本工资所在的 F 列，否则无法返回匹配数据。

第三参数 col_index_num 表示需要返回数据所在的列在 table_array 中的列序号，例如此公式中，“基本工资”所在列是 B1:F18 单元格区域中的第 5 列，因此使用 5 作为参数值。

第四参数[range_lookup]表示匹配查找方式，当参数值为 True 或省略时采用近似匹配方式，而当参数值为 False 时函数采用精确匹配方式，返回从上至下第一条匹配的记录。在 Excel 中，逻辑值 False 通常能够用 0 来替代，而逻辑值 True 通常能够用非 0 值来替代，在此例中使用精确匹配的查找方式，因此在公式中使用 0 作为其参数值。

如果在同一列中有多个员工需要查询其所对应的基本工资数据，例如图 167-2 中 H 列所示，可以在 I2 单元格中输入下面的公式，然后向下复制填充至 I5 单元格：

```
=VLOOKUP(H2,B$1:F$18,5,0)
```

公式结果如图 167-3 所示。

| | A | B | C | D | E | F | G | H |
|---|---|---|---|---|---|---|---|---|
| 1 | 工号 | 姓名 | 年龄 | 文化程度 | 部门 | 基本工资 | | 姓名 |
| 2 | 1001 | 韩正 | 38 | 大专 | 生产部 | 3200 | | 苏桥 |
| 3 | 1002 | 史静芳 | 48 | 硕士 | 销售部 | 4700 | | 谢兰丽 |
| 4 | 1003 | 刘磊 | 33 | 大专 | 销售部 | 3200 | | 李琴 |
| 5 | 1004 | 马欢欢 | 26 | 本科 | 财务部 | 4400 | | 雷芳 |
| 6 | 1005 | 苏桥 | 38 | 本科 | 销售部 | 4800 | | |
| 7 | 1006 | 金汪洋 | 53 | 本科 | 销售部 | 5000 | | |
| 8 | 1007 | 谢兰丽 | 28 | 高中 | 财务部 | 3600 | | |
| 9 | 1008 | 朱丽 | 39 | 本科 | 财务部 | 3200 | | |
| 10 | 1009 | 陈晓红 | 33 | 本科 | 市场部 | 3400 | | |
| 11 | 1010 | 雷芳 | 35 | 本科 | 市场部 | 3800 | | |
| 12 | 1011 | 吴明 | 57 | 本科 | 采购部 | 4400 | | |
| 13 | 1101 | 李琴 | 40 | 博士 | 采购部 | 5200 | | |
| 14 | 1102 | 张永立 | 32 | 本科 | 采购部 | 3800 | | |
| 15 | 1103 | 周玉彬 | 47 | 本科 | 生产部 | 5000 | | |
| 16 | 1104 | 张德强 | 46 | 硕士 | 市场部 | 4800 | | |
| 17 | 1105 | 何勇 | 58 | 本科 | 采购部 | 3300 | | |
| 18 | 1108 | 唐应兰 | 37 | 中专 | 销售部 | 3100 | | |

图 167-2　查询多条记录

| | H | I |
|---|---|---|
| 1 | 姓名 | 基本工资 |
| 2 | 苏桥 | 4800 |
| 3 | 谢兰丽 | 3600 |
| 4 | 李琴 | 5200 |
| 5 | 雷芳 | 3800 |

图 167-3　多条记录的匹配

如果希望在同一行中返回同一条记录中的多个字段信息，例如要在图 167-4 中 I9:K9 单元格中根据 H9 单元格中的姓名分别返回此员工所对应的部门、年龄以及基本工资信息，可以在 I9 单元格中输入下面的公式，然后向右复制填充至 K9 单元格：

```
=VLOOKUP($H9,$B1:$F18,MATCH(I8,$B1:$F1,0),0)
```

| | A | B | C | D | E | F | G | H | I | J | K |
|---|---|---|---|---|---|---|---|---|---|---|---|
| 1 | 工号 | 姓名 | 年龄 | 文化程度 | 部门 | 基本工资 | | | | | |
| 2 | 1001 | 韩正 | 38 | 大专 | 生产部 | 3200 | | | | | |
| 3 | 1002 | 史静芳 | 48 | 硕士 | 销售部 | 4700 | | | | | |
| 4 | 1003 | 刘磊 | 33 | 大专 | 销售部 | 3200 | | | | | |
| 5 | 1004 | 马欢欢 | 26 | 本科 | 财务部 | 4400 | | | | | |
| 6 | 1005 | 苏桥 | 38 | 本科 | 销售部 | 4800 | | | | | |
| 7 | 1006 | 金汪洋 | 53 | 本科 | 销售部 | 5000 | | | | | |
| 8 | 1007 | 谢兰丽 | 28 | 高中 | 财务部 | 3600 | | 姓名 | 部门 | 年龄 | 基本工资 |
| 9 | 1008 | 朱丽 | 39 | 本科 | 财务部 | 3200 | | 苏桥 | | | |
| 10 | 1009 | 陈晓红 | 33 | 本科 | 市场部 | 3400 | | | | | |
| 11 | 1010 | 雷芳 | 35 | 本科 | 市场部 | 3800 | | | | | |
| 12 | 1011 | 吴明 | 57 | 本科 | 采购部 | 4400 | | | | | |
| 13 | 1101 | 李琴 | 40 | 博士 | 采购部 | 5200 | | | | | |
| 14 | 1102 | 张永立 | 32 | 本科 | 采购部 | 3800 | | | | | |
| 15 | 1103 | 周玉彬 | 47 | 本科 | 生产部 | 5000 | | | | | |
| 16 | 1104 | 张德强 | 46 | 硕士 | 市场部 | 4800 | | | | | |
| 17 | 1105 | 何勇 | 58 | 本科 | 采购部 | 3300 | | | | | |
| 18 | 1108 | 唐应兰 | 37 | 中专 | 销售部 | 3100 | | | | | |

图 167-4　匹配同一条记录的多个字段

在这个公式中，VLOOKUP 函数的第三个参数由“MATCH(I8,$B1:$F1,0)”所替代，形成函数的嵌套。MATCH 函数可以根据 I8:K8 中的标题内容，在 B1:F1 的数据表标题行中查询到所对应的列序号，然后将此列序号作为 VLOOKUP 函数的 col_index_num 参数，就可以根据不同的字段标题返回对应的匹配数据。公式结果如图 167-5 所示。

| | H | I | J | K |
|---|---|---|---|---|
| 8 | 姓名 | 部门 | 年龄 | 基本工资 |
| 9 | 苏桥 | 销售部 | 38 | 4800 |

图 167-5　多个字段的匹配

使用 **VLOOKUP** 函数或 **HLOOKUP** 函数只能返回首个满足条件的匹配数据，如果数据表中同时存在多个满足条件的匹配对象，可以参考技巧 168 中的方法将其全部提取出来。

## 167.3　任意方向匹配

VLOOKUP 函数的第三参数 col_index_num 不能使用负数，意味着使用 VLOOKUP 进行匹配查找时，只能返回其右侧的对应数据，而不能返回其左侧的对应数据。例如要在图 167-2 中根据 H 列的姓名在源数据中查找其所对应的工号，直接使用 VLOOKUP 函数就无法实现，但是可采用别的函数组合来替代，例如以下公式：

```
=OFFSET(A$1,MATCH(H2,B$2:B$18,0),0)
```

可以在 I2 单元格中输入上面的公式然后向下填充至 I5 单元格依次得到多个结果，如图 167-6 所示。

| | H | I |
|---|---|---|
| 1 | 姓名 | 工号 |
| 2 | 苏桥 | 1005 |
| 3 | 谢兰丽 | 1007 |
| 4 | 李琴 | 1101 |
| 5 | 雷芳 | 1010 |

图 167-6　查询匹配左侧的信息

这个公式使用了两个主要的函数：MATCH 函数和 OFFSET 函数。MATCH 函数的作用是查询目标姓名所在的行序号，而 OFFSET 函数可以根据这个行序号返回对应的数据。

OFFSET 函数是一个引用函数，它可以以一个单元格或数据区域为基准，然后通过行偏移量和列偏移量得到另一个单元格或区域的引用。

以 I2 单元格中的公式为例，OFFSET 函数的基准是 A1 单元格，即工号所在列的首行；其第二参数表示行偏移量，在此例中使用了 MATCH 函数的运算结果 5，即向下偏移 5 个单元格；第三参数表示列偏移量，此例中参数值为 0，即表示没有进行列偏移。因此这个函数的运算结果为 A6 单元格中的工号。

除了上述公式以外，至少还有以下几种函数组合也能得到同样的结果：

```
=INDEX(A:A,MATCH(H2,B$1:B$18,0),0)
=INDIRECT("A"&MATCH(H2,B$1:B$18,0))
```

“OFFSET 函数+MATCH 函数”、“INDEX 函数+MATCH 函数”或“INDIRECT 函数+MATCH 函数”的组合通常用于此类不限定匹配方向的查询引用应用。用户可根据需要和实际情况选取合适的组合运用方式。

除了上述方法以外，使用 VLOOKUP 函数并利用 IF 函数的数组用法也可以进行反向匹配，例如输入以下公式并向下复制，同样可以得到图 167-6 中 I 列的结果：

```
=VLOOKUP(H2,IF({1,0},B$1:B$18,A$1:A$18),2,0)
```

在这个公式中，通过 IF({1,0},区域 A,区域 B)的结构，人为地构造了一个{区域 A,区域 B}的数组。在这个例子中，区域 A 是数据源中的姓名所在的 B 列，区域 B 就是数据源中的工号所在的 A 列。

即使源数据表中区域 B 位于区域 A 的左侧，在通过这样的人为构造后，在{区域 A,区域 B}这个构造后的数组中，区域 B 的位置变成了区域 A 的右侧，然后再通过 VLOOKUP 函数进行匹配查询就能够得到正确的结果。

# 技巧 168　使用公式提取和筛选数据

在数据处理和分析的过程中，经常会需要将满足特定条件的数据提取出来进行研究，除了排序、查找、筛选等直接操作的方法之外，使用公式进行提取也是一种很常用的方法。

## 168.1　提取满足条件的所有数据

图 168-1 显示了某公司部分员工信息，其中包括工号、姓名、年龄、文化程度和部门等几个字段。

| | A | B | C | D | E |
|---|---|---|---|---|---|
| 1 | 工号 | 姓名 | 年龄 | 文化程度 | 部门 |
| 2 | 1001 | 韩正 | 38 | 大专 | 生产部 |
| 3 | 1002 | 史静芳 | 48 | 硕士 | 销售部 |
| 4 | 1003 | 刘磊 | 33 | 大专 | 销售部 |
| 5 | 1004 | 马欢欢 | 26 | 本科 | 财务部 |
| 6 | 1005 | 苏桥 | 38 | 本科 | 销售部 |
| 7 | 1006 | 金汪洋 | 53 | 本科 | 销售部 |
| 8 | 1007 | 谢兰丽 | 28 | 高中 | 财务部 |
| 9 | 1008 | 朱丽 | 39 | 本科 | 财务部 |
| 10 | 1009 | 陈晓红 | 33 | 本科 | 市场部 |
| 11 | 1010 | 雷芳 | 35 | 本科 | 市场部 |
| 12 | 1011 | 吴明 | 57 | 本科 | 采购部 |
| 13 | 1101 | 李琴 | 40 | 博士 | 采购部 |
| 14 | 1102 | 张永立 | 32 | 本科 | 采购部 |
| 15 | 1103 | 周玉彬 | 47 | 本科 | 生产部 |
| 16 | 1104 | 张德强 | 46 | 硕士 | 市场部 |
| 17 | 1105 | 何勇 | 58 | 本科 | 采购部 |
| 18 | 1108 | 唐应兰 | 37 | 中专 | 销售部 |

图 168-1　员工信息表

要根据此数据表，筛选出“销售部”的所有员工姓名，可以在空白单元格（例如 G2 单元格）中输入下面的数组公式并向下复制填充：

```
{=IF(ROW(A1)>COUNTIF(E$2:E$18,"销售部"),"",INDEX(B$1:B$18,SMALL(IF(E$2:E$18="销售部",ROW($2:$18)),
ROW(A1))))}
```

这是一个数组公式，在输入完成时必须同时按下<Ctrl+Shif+Enter>组合键，有关数组公式的详细说明可参阅技巧 160。

分几个部分来理解这个公式：

```
=ROW(A1)>COUNTIF(E$2:E$18,"销售部")
```

此部分通过 COUNTIF 函数来对 E 列中的“销售部”进行个数统计，然后与公式所在单元格的行号 ROW 进行比较。ROW(A1)返回第一行行号的同时利用了引用的相对性，在公式向下复制的过程中会依次变为 ROW(A2)、ROW(A3)等，依次返回每一行公式所在的行号。

上面这部分公式与 IF 函数相结合，判断公式所在行是否超过了“销售部”员工的总数，如果超出了，整个公式就返回空文本，如果没有超出再进行后面的运算。这是一种常见的容错处理方式，使得公式在向下填充过程中不会出现错误值，不满足条件的单元格统统显示为空文本。

```
{=IF(E$2:E$18="销售部",ROW($2:$18))}
```

这部分公式通过 IF 函数对 E 列的数据进行判断，如果是“销售部”就返回该行的行号。这里进行的是数组运算，会同时返回一组结果，即所有满足上述条件的行号都会同时返回在一个数组结果中。

```
{=SMALL(IF(E$2:E$18="销售部",ROW($2:$18)),ROW(A1))}
```

这部分公式在前面公式的基础上，将之前所得到的所有满足条件的行号用 SMALL 函数来依次提取，其中第二个参数 ROW(A1)会随着公式的向下复制而返回一个递增的数值，因此随着公式所在行的增大，SMALL 函数就可以毫无遗漏地将所有满足条件的行号逐个取得。

```
{=INDEX(B$1:B$18,SMALL(IF(E$2:E$18="销售部",ROW($2:$18)),ROW(A1)))}
```

这部分公式用 INDEX 函数根据前面公式所取得的行号来具体定位到 B 列当中具体的员工姓名。

完整公式的运算结果如图 168-2 所示，其中超出的部分都显示为空白单元格（如 G7、G8 单元格）。

|  | G |
|---|---|
| 1 | 销售部员工 |
| 2 | 史静芳 |
| 3 | 刘磊 |
| 4 | 苏桥 |
| 5 | 金汪洋 |
| 6 | 唐应兰 |
| 7 |  |
| 8 |  |

图 168-2　满足条件的员工清单

此外，从 Excel 2007 版本开始新增的 IFERROR 函数也可以用在这类公式中来进行排错处理，可以替代上述公式中的起始 IF 判断部分，公式可以更改为：

```
{=IFERROR(INDEX(B$1:B$18,SMALL(IF(E$2:E$18="销售部",ROW($2:$18)),ROW(A1))),"")}
```

## 168.2　提取满足多个条件的数据

要在如图 168-1 所示的员工信息表中筛选出同时满足多个条件的数据，例如“销售部”中“年龄”超过 40 岁的员工姓名，可在 G2 单元格中输入下面的数组公式并向下复制填充：

```
{=IF(ROW(A1)>SUM((E$2:E$18="销售部")*(C$2:C$18>40)),"",INDEX(B$1:B$18,SMALL(IF((E$2:E$18="销售部")*(C$2:C$18>40),ROW($2:$18)),ROW(A1))))}
```

这个公式与技巧 168.1 中的公式主要区别在于两处：

```
{=SUM((E$2:E$18="销售部")*(C$2:C$18>40))}
```

这部分公式的作用是统计同时满足部门为“销售部”且“年龄”大于 40 的人数。当要对同时满足多个条件的数据记录进行统计时，可将各个条件的数组公式部分进行逻辑相乘的运算，逻辑相乘表示这些条件的“同时满足”。

此公式中乘号“*”两侧的部分分别可以得到一个数组运算的结果，左侧是 E 列中部门为“销售部”的，右侧为 C 列中年龄大于 40 的。将两部分数组结果进行逻辑相乘，然后用 SUM 函数求和就可以得到同时满足两个条件的记录总数。

```
{=IF((E$2:E$18="销售部")*(C$2:C$18>40),ROW($2:$18))}
```

这部分公式用于获取同时满足两个条件的记录所在行号，满足条件的判断方式与上面所述方式相同。

通过上面两部分的公式改造，就可以将公式改造成为可满足多个条件的筛选公式。公式显示结果如图 168-3 所示。

| | G |
|---|---|
| 1 | 销售部年龄大于40岁 |
| 2 | 史静芳 |
| 3 | 金汪洋 |
| 4 | |
| 5 | |
| 6 | |

图 168-3　满足多个条件的员工

除此以外，也可以使用 IFERROR 函数来进行排错处理，可以将上述公式简化为：

```
{=IFERROR(INDEX(B$1:B$18,SMALL(IF((E$2:E$18="销售部")*(C$2:C$18>40),ROW($2:$18)),ROW(A1))),"")}
```

# 技巧 169　提取唯一数据

剔除重复数据提取唯一信息是数据处理中很常见的应用，在 Excel 2010 中提供了很多去除重复值的功能，例如【数据】选项卡中的【删除重复项】、【高级筛选】中的【选择不重复的记录】等。当然，使用函数公式也可以进行唯一值的提取。

例如，要在如图 169-1 所示的员工信息表中，提取其中 E 列所包含的各个部门名称，并且希望提取出来的列表中每个部门只显示一次，可以使用下面的数组公式并向下复制填充：

```
{=IF(ROW(A1)>SUM(1/COUNTIF(E$2:E$18,E$2:E$18)),"",INDEX(E$1:E$18,SMALL(IF(MATCH(E$2:E$18,E$2:E$18,0)+1=ROW($2:$18),ROW($2:$18)),ROW(A1))))}
```

上面这个公式比较复杂，可以分几个部分来理解：

```
{=SUM(1/COUNTIF(E$2:E$18,E$2:E$18))}
```

这部分公式的作用是获取 E 列部门名称中唯一值的总数。COUNTIF(E$2:E$18,E$2:E$18)通过数组运算得到一个数组结果，即 E2:E18 区域中每个单元格在整列中所出现的次数，其结果为{2;5;5;3;5;5;3;3;3;3;4;4;4;2;3;4;5}。将这个数组求其倒数（被 1 除），然后求和就可以得到唯一值的总个数（每一组重复值的倒数和均为 1）。

| | A | B | C | D | E |
|---|---|---|---|---|---|
| 1 | 工号 | 姓名 | 年龄 | 文化程度 | 部门 |
| 2 | 1001 | 韩正 | 38 | 大专 | 生产部 |
| 3 | 1002 | 史静芳 | 48 | 硕士 | 销售部 |
| 4 | 1003 | 刘磊 | 33 | 大专 | 销售部 |
| 5 | 1004 | 马欢欢 | 26 | 本科 | 财务部 |
| 6 | 1005 | 苏桥 | 38 | 本科 | 销售部 |
| 7 | 1006 | 金汪洋 | 53 | 本科 | 销售部 |
| 8 | 1007 | 谢兰丽 | 28 | 高中 | 财务部 |
| 9 | 1008 | 朱丽 | 39 | 本科 | 财务部 |
| 10 | 1009 | 陈晓红 | 33 | 本科 | 市场部 |
| 11 | 1010 | 雷芳 | 35 | 本科 | 市场部 |
| 12 | 1011 | 吴明 | 57 | 本科 | 采购部 |
| 13 | 1101 | 李琴 | 40 | 博士 | 采购部 |
| 14 | 1102 | 张永立 | 32 | 本科 | 采购部 |
| 15 | 1103 | 周玉彬 | 47 | 本科 | 生产部 |
| 16 | 1104 | 张德强 | 46 | 硕士 | 市场部 |
| 17 | 1105 | 何勇 | 58 | 本科 | 采购部 |
| 18 | 1108 | 唐应兰 | 37 | 中专 | 销售部 |

图 169-1　员工信息表

这部分公式内容的主要作用是为了在公式向下填充过程中避免出现错误值，超过列表中实际内容的行数时，会以空白单元格来显示。

```
{=IF(MATCH(E$2:E$18,E$2:E$18,0)+1=ROW($2:$18),ROW($2:$18))}
```

这部分公式的作用是从每一组相同的部门名称中找到一个特殊的标记以便于提取，而这个标记就是每组相同的部门名称在数据列中第一次出现的行号。

MATCH(E$2:E$18,E$2:E$18,0)+1 通过数组运算得到一个数组结果，即 E2:E18 区域中每个单元格数据在整列中首次出现时的行号，其结果为{2;3;3;5;3;3;5;5;10;10;12;12;12;2;10;12;3}。数据列中那些相同的部门名称，根据 MATCH 函数的特性，并不一定会返回其自身的所在位置，而是会返回与其相同的名称首次出现的位置。

将上述结果与 ROW($2:$18)进行对比，也就是将首次出现位置与数据所在的位置进行对比，就可以剔除掉首次出现位置与所在位置不一致的重复数据，得到各唯一值首次出现时的行号。然后通过 IF 函数取得这些行号用于后续的引用。

INDEX 函数+SMALL 函数的作用就是把上面获取到的这些行号依次提取出来并且引用到这些行号位置上具体的内容。

这个公式的筛选结果如图 169-2 所示。

| | G |
|---|---|
| 1 | 部门清单 |
| 2 | 生产部 |
| 3 | 销售部 |
| 4 | 财务部 |
| 5 | 市场部 |
| 6 | 采购部 |
| 7 | |
| 8 | |

图 169-2　部门的不重复清单

如果使用 IFERROR 函数进行排错处理，可以将上述公式简化为：

```
{=IFERROR(INDEX(E$1:E$18,SMALL(IF(MATCH(E$2:E$18,E$2:E$18,0)+1=ROW($2:$18),ROW($2:$18)),ROW(A1))),"")}
```

## 技巧 170　随机抽样提取

抽样提取是调查、检测取样中经常会用到的数据处理方法，为了使抽样数据具有代表性，抽样要具有随机性，并且要保证全体样本中的每一项都具有完全相同的随机抽取概率。

如果要在 1～10 之间随机产生一个整数，可以用公式：

```
=INT(RAND()*10+1)
```

RAND 函数是一个随机函数，能在(0,1)的范围内返回一个均匀分布的随机实数，并且每次工作表运算时都能返回一个新的数，是一个易失性函数。

由于 RAND 函数的返回范围不是一个绝对对称的区间（大于等于 0 而小于 1），因此要更严格地等概率产生 1～10 之间的随机整数，可以用公式：

```
=ROUND(RAND()*10+0.5,0)
```

ROUND 函数是一个采用四舍五入算法进行进位的取整函数。RAND()*10+0.5 的数据范围在[0.5,10.5)之内，通过四舍五入运算可以得到等概率的[1,10]之间的整数。

在 Excel 2010 中有一个更方便的函数可用于返回对称区间的随机整数 RANDBETWEEN 函数，它在 Excel 2003 中需要加载“分析工具库”才能使用，上面的公式可以替代为：

```
=RANDBETWEEN(1,10)
```

如果要使用随机函数从如图 170-1 所示的数据表中对 20 个样本进行随机抽样，只需抽取其中一个样本的情况下可以使用以下公式：

```
=INDEX(A2:A21,ROUND(RAND()*20+0.5,0))
```

或

```
=INDEX(A2:A21,RANDBETWEEN(1,20))
```

| | A | B |
|---|---|---|
| 1 | 样本 | 测量值 |
| 2 | 样本1 | 28.156 |
| 3 | 样本2 | 20.461 |
| 4 | 样本3 | 25.204 |
| 5 | 样本4 | 24.029 |
| 6 | 样本5 | 22.654 |
| 7 | 样本6 | 27.656 |
| 8 | 样本7 | 26.104 |
| 9 | 样本8 | 26.859 |
| 10 | 样本9 | 29.782 |
| 11 | 样本10 | 29.939 |
| 12 | 样本11 | 23.327 |
| 13 | 样本12 | 29.436 |
| 14 | 样本13 | 22.516 |
| 15 | 样本14 | 27.965 |
| 16 | 样本15 | 24.001 |
| 17 | 样本16 | 25.149 |
| 18 | 样本17 | 25.382 |
| 19 | 样本18 | 20.468 |
| 20 | 样本19 | 21.096 |
| 21 | 样本20 | 29.068 |

图 170-1　不同样本测量数据

如果要同时抽取多个样本，并不能将上述公式直接复制使用，因为会有几率取到同一个样本。如果要随机抽取 5 个样本，可以这样操作：

**Step 1**　在 C 列使用随机函数生成一列辅助数据。在 C2 单元格内输入以下公式并向下复制填充至 C21 单元格。

```
=RAND()
```

**Step 2**　在 E2 单元格内输入以下公式并向下复制填充至 E6 单元格。

```
=INDEX(A$2:A$21,MATCH(LARGE(C$2:C$21,ROW(A1)),C$2:C$21,0))
```

某次随机的结果显示如图 170-2 所示。

公式解析：

由于 RAND 函数可以返回实数（无穷小数），并且 Excel 支持 15 位有效数字，因此在 E 列中所产生的随机数在理论上出现重复的概率很小。使用 LARGE 函数对这一列随机数分别取出最大的几个数，然后通过 INDEX 函数+MATCH 函数的组合进行定位匹配，就可以得到对应的 A 列内容。

| | A | B | C | D | E |
|---|---|---|---|---|---|
| 1 | 样本 | 测量值 | 辅助列 | | 随机抽取 |
| 2 | 样本1 | 28.156 | 0.409 | | 样本10 |
| 3 | 样本2 | 20.461 | 0.9209 | | 样本2 |
| 4 | 样本3 | 25.204 | 0.5335 | | 样本9 |
| 5 | 样本4 | 24.029 | 0.1802 | | 样本14 |
| 6 | 样本5 | 22.654 | 0.1202 | | 样本17 |
| 7 | 样本6 | 27.656 | 0.2505 | | |
| 8 | 样本7 | 26.104 | 0.2174 | | |
| 9 | 样本8 | 26.859 | 0.5138 | | |
| 10 | 样本9 | 29.782 | 0.8252 | | |
| 11 | 样本10 | 29.939 | 0.9713 | | |
| 12 | 样本11 | 23.327 | 0.5116 | | |
| 13 | 样本12 | 29.436 | 0.5731 | | |
| 14 | 样本13 | 22.516 | 0.3431 | | |
| 15 | 样本14 | 27.965 | 0.7264 | | |
| 16 | 样本15 | 24.001 | 0.5136 | | |
| 17 | 样本16 | 25.149 | 0.1275 | | |
| 18 | 样本17 | 25.382 | 0.6401 | | |
| 19 | 样本18 | 20.468 | 0.5128 | | |
| 20 | 样本19 | 21.096 | 0.1563 | | |
| 21 | 样本20 | 29.068 | 0.0143 | | |

图 170-2　随机抽取 5 个样本

如果要在抽取时添加条件，例如只在测量值小于 25 的这些样本中随机抽取 5 个，可将上述公式修改为下面的数组公式。

```
{=INDEX(A$2:A$21,MATCH(LARGE(IF(B$2:B$21<25,C$2:C$21),ROW(A1)),C$2:C$21,0))}
```

# 技巧 171　使用公式进行常规数学统计

常规的数学统计计算主要包括求和、计数、求平均值、求最大最小值等。最常用的函数包括 SUM 函数、COUNT 函数、AVERAGE 函数、MAX 函数、MIN 函数等。

| | A | B | C | D |
|---|---|---|---|---|
| 1 | 订单 ID | 订单日期 | 销售人员 | 订单金额 |
| 2 | 10128 | 2012/7/1 | 王双 | 3165 |
| 3 | 10129 | 2012/7/9 | 廉欢 | 3147 |
| 4 | 10130 | 2012/7/11 | 廉欢 | 6171 |
| 5 | 10131 | 2012/7/20 | 王双 | 4670 |
| 6 | 10132 | 2012/7/20 | 李新 | 6020 |
| 7 | 10133 | 2012/7/30 | 王双 | 2456 |
| 8 | 10134 | 2012/8/3 | 王志为 | 3594 |
| 9 | 10135 | 2012/8/3 | 凌勇刚 | 6948 |
| 10 | 10136 | 2012/8/16 | 廉欢 | 8289 |
| 11 | 10137 | 2012/8/22 | 丁涛 | 2132 |
| 12 | 10138 | 2012/8/30 | 凌勇刚 | 6814 |
| 13 | 10139 | 2012/9/9 | 廉欢 | 4394 |
| 14 | 10140 | 2012/9/14 | 王双 | 5933 |
| 15 | 10141 | 2012/9/19 | 丁涛 | 4556 |
| 16 | 10142 | 2012/9/29 | 徐晓明 | 5252 |
| 17 | 10143 | 2012/10/2 | 廉欢 | 6660 |

图 171-1　销售记录单

图 171-1 显示的是某公司的产品销售记录单，根据这个数据表可以使用公式进行以下统计计算。

- 订单金额求和：

```
=SUM(D2:D17)
```

- 订单数量统计：

```
=COUNT(A2:A17)
```

或

```
=COUNTA(B2:B17)
```

- 每笔订单平均金额：

```
=AVERAGE(D2:D17)
```

- 单笔最高订单金额：

```
=MAX(D2:D17)
```

- 单笔最低订单金额：

```
=MIN(D2:D17)
```

上述统计结果如图 171-2 所示。

| | A | B | C | D | E | F | G |
|---|---|---|---|---|---|---|---|
| 1 | 订单 ID | 订单日期 | 销售人员 | 订单金额 | | 订单金额求和 | 80201 |
| 2 | 10128 | 2012/7/1 | 王双 | 3165 | | 订单数量统计 | 16 |
| 3 | 10129 | 2012/7/9 | 廉欢 | 3147 | | 订单平均金额 | 5012.6 |
| 4 | 10130 | 2012/7/11 | 廉欢 | 6171 | | 最高订单金额 | 8289 |
| 5 | 10131 | 2012/7/20 | 王双 | 4670 | | 最低订单金额 | 2132 |
| 6 | 10132 | 2012/7/20 | 李新 | 6020 | | | |
| 7 | 10133 | 2012/7/30 | 王双 | 2456 | | | |
| 8 | 10134 | 2012/8/3 | 王志为 | 3594 | | | |
| 9 | 10135 | 2012/8/3 | 凌勇刚 | 6948 | | | |
| 10 | 10136 | 2012/8/16 | 廉欢 | 8289 | | | |
| 11 | 10137 | 2012/8/22 | 丁涛 | 2132 | | | |
| 12 | 10138 | 2012/8/30 | 凌勇刚 | 6814 | | | |
| 13 | 10139 | 2012/9/9 | 廉欢 | 4394 | | | |
| 14 | 10140 | 2012/9/14 | 王双 | 5933 | | | |
| 15 | 10141 | 2012/9/19 | 丁涛 | 4556 | | | |
| 16 | 10142 | 2012/9/29 | 徐晓明 | 5252 | | | |
| 17 | 10143 | 2012/10/2 | 廉欢 | 6660 | | | |

Sheet1

图 171-2　统计结果

# 技巧 172　包含单条件的统计

对满足某一特定条件的数据记录进行统计称之为包含单条件的统计，常用于此类统计的函数包括 COUNTIF 函数、SUMIF 函数、AVERAGEIF 函数等。其中 AVERAGEIF 函数是 Excel 2007 开始新增的函数。

仍以图 171-1 中的销售记录单为例，根据此数据表可以使用函数公式进行以下统计计算。

- 销售员“王双”完成的订单数量：

```
=COUNTIF(C2:C17,"王双")
```

- “王”姓销售员完成的订单数量：

```
=COUNTIF(C2:C17,"王*")
```

● 销售金额高于 5000 的订单数量：

```
=COUNTIF(D2:D17,">5000")
```

COUNTIF 函数是一个常用于条件计数的函数，它的第一参数是匹配条件所在的数据区域；第二参数是匹配的目标条件，可以直接使用条件值，也可以使用比较运算符和通配符。

● 销售员“廉欢”完成的订单金额总和：

```
=SUMIF(C2:C17,"廉欢",D2:D17)
```

● “2012 年 7 月 30 日”以后完成的订单金额总和：

```
=SUMIF(B2:B17,">2012-7-30",D2:D17)
```

SUMIF 函数是一个常用于条件求和的函数，它的第一参数是匹配条件所在的数据区域；第二参数是匹配的目标条件，可以直接使用条件值，也可以使用比较运算符和通配符；第三参数是需要根据条件进行求和运算的目标区域。

● 销售员“王双”平均每个订单的金额数：

```
=AVERAGEIF(C2:C17,"王双",D2:D17)
```

AVERAGEIF 函数是 Excel 2007 开始新增的函数，用于条件平均值的求取，它的用法与 SUMIF 函数类似。

上述统计结果如图 172 所示。

| | A | B | C | D | E | F | G |
|---|---|---|---|---|---|---|---|
| 1 | 订单 ID | 订单日期 | 销售人员 | 订单金额 | | 王双订单数量 | 4 |
| 2 | 10128 | 2012/7/1 | 王双 | 3165 | | “王”姓订单数量 | 5 |
| 3 | 10129 | 2012/7/9 | 廉欢 | 3147 | | 高于5000的订单数量 | 8 |
| 4 | 10130 | 2012/7/11 | 廉欢 | 6171 | | 廉欢订单金额总和 | 28661 |
| 5 | 10131 | 2012/7/20 | 王双 | 4670 | | 7月30日之后的金额总和 | 54572 |
| 6 | 10132 | 2012/7/20 | 李新 | 6020 | | 王双平均订单金额 | 4056 |
| 7 | 10133 | 2012/7/30 | 王双 | 2456 | | | |
| 8 | 10134 | 2012/8/3 | 王志为 | 3594 | | | |
| 9 | 10135 | 2012/8/3 | 凌勇刚 | 6948 | | | |
| 10 | 10136 | 2012/8/16 | 廉欢 | 8289 | | | |
| 11 | 10137 | 2012/8/22 | 丁涛 | 2132 | | | |
| 12 | 10138 | 2012/8/30 | 凌勇刚 | 6814 | | | |
| 13 | 10139 | 2012/9/9 | 廉欢 | 4394 | | | |
| 14 | 10140 | 2012/9/14 | 王双 | 5933 | | | |
| 15 | 10141 | 2012/9/19 | 丁涛 | 4556 | | | |
| 16 | 10142 | 2012/9/29 | 徐晓明 | 5252 | | | |
| 17 | 10143 | 2012/10/2 | 廉欢 | 6660 | | | |

Sheet1

图 172 统计结果

# 技巧 173 包含多条件的统计

所谓包含多条件的统计，是指在统计过程中，需要满足的条件不止一个，而是要通过多个条件的筛选得到目标数据以后再进行统计运算。常用于此类统计运算的函数包括 COUNTIFS 函数、SUMIFS 函数、AVERAGEIFS 函数、SUMPRODUCT 函数等。其中前三个函数都是 Excel 2007 以后新增的函数，在早期版本缺少这三个函数支持的情况下，多条件的统计常常会使用 IF 函数与其他统计函数相组合的数组公式。

仍以如图 171-1 所示的奖金津贴清单表为例，根据此清单可以使用函数公式进行以下统计计算。

- “王双”订单金额高于 4500 的订单数量：

```
=COUNTIFS(C2:C17,"王双",D2:D17,">4500")
```

COUNTIFS 函数的用法与 COUNTIF 函数的用法十分相似，不同之处在于 COUNTIFS 函数支持多个条件的同时列举，它的参数可以依照“条件区域 1”、“条件 1”、“条件区域 2”、“条件 2”…“条件区域 n”、“条件 n”这样的顺序结构来进行构建。

这个问题也可以利用 SUMPRODUCT 函数的数组乘积求和功能来实现：

```
=SUMPRODUCT((C2:C17="王双")*(D2:D17>4500))
```

或使用数组公式：

```
{=SUM(IF((C2:C17="王双")*(D2:D17>4500),1))}
```

- 订单日期在“7 月 10 日”与“8 月 10 日”中间的订单数（包含这两个日期）：

```
=COUNTIFS(B2:B17,">=2012-7-10",B2:B17,"<=2012-8-10")
```

对于此类单个字段内包含多个条件的情况，也可以使用 COUNTIF 函数来解决：

```
=COUNTIF(B2:B17,">=2012-7-10")-COUNTIF(B2:B17,">2012-8-10")
```

将晚于 7 月 10 日的订单数中减去晚于 8 月 10 日的订单部分，即可得到区间内的订单数。

- 7 月 30 日以后“廉欢”完成的订单金额总和：

```
=SUMIFS(D2:D17,B2:B17,">2012-7-30",C2:C17,"廉欢")
```

SUMIFS 函数可用于多个条件下的目标区域求和运算。SUMIFS 函数的语法与 SUMIF 函数稍有区别，它将求和的目标区域作为其第一参数，而将条件列举放置在后面的参数中。

这个公式同样也可以用 SUMPRODUCT 函数来构建：

```
=SUMPRODUCT(D2:D17*(B2:B17-"2012-7-30">0)*(C2:C17="廉欢"))
```

也可以用数组公式来解决：

```
{=SUM(D2:D17*IF((B2:B17-"2012-7-30">0)*(C2:C17="廉欢"),1))}
```

- 除“王双”以外，其他人在 9 月 30 日之前的订单平均金额：

```
=AVERAGEIFS(D2:D17,C2:C17,"<>王双",B2:B17,"<2012-9-30")
```

AVERAGEIFS 函数可以在多个条件下对目标区域求取平均值，它的用法与 SUMIFS 函数类似，第一个参数是求取平均值的目标区域。

这个问题如果借助 SUMPRODUCT 函数可以这样来构建公式：

```
=SUMPRODUCT(D2:D17*(C2:C17<>"王双")*(B2:B17-"2012-9-30"<0))/SUMPRODUCT((C2:C17<>"王双")*( B2:B17-"2012-9-30"<0))
```

这个公式通过两部分 SUMPRODUCT 函数的应用来实现，分子部分是多条件的求和运算，分母部分是多条件的计数运算，两者相除得到平均值。

同样也可以使用数组公式来完成，借助 AVERAGE 函数的数组运算：

```
{=AVERAGE(IF((C2:C17<>"王双")*(B2:B17-"2012-9-30"<0),D2:D17))}
```

上述统计结果如图 173 所示。

| | A | B | C | D | E | F | G |
|---|---|---|---|---|---|---|---|
| 1 | 订单 ID | 订单日期 | 销售人员 | 订单金额 | | 王双订单金额大于4500 | 2 |
| 2 | 10128 | 2012/7/1 | 王双 | 3165 | | 7月10日至8月10日订单数 | 6 |
| 3 | 10129 | 2012/7/9 | 廉欢 | 3147 | | 7月30日以后廉欢金额总和 | 19343 |
| 4 | 10130 | 2012/7/11 | 廉欢 | 6171 | | 除王双以外9月30日前平均 | 5210.64 |
| 5 | 10131 | 2012/7/20 | 王双 | 4670 | | | |
| 6 | 10132 | 2012/7/20 | 李新 | 6020 | | | |
| 7 | 10133 | 2012/7/30 | 王双 | 2456 | | | |
| 8 | 10134 | 2012/8/3 | 王志为 | 3594 | | | |
| 9 | 10135 | 2012/8/3 | 凌勇刚 | 6948 | | | |
| 10 | 10136 | 2012/8/16 | 廉欢 | 8289 | | | |
| 11 | 10137 | 2012/8/22 | 丁涛 | 2132 | | | |
| 12 | 10138 | 2012/8/30 | 凌勇刚 | 6814 | | | |
| 13 | 10139 | 2012/9/9 | 廉欢 | 4394 | | | |
| 14 | 10140 | 2012/9/14 | 王双 | 5933 | | | |
| 15 | 10141 | 2012/9/19 | 丁涛 | 4556 | | | |
| 16 | 10142 | 2012/9/29 | 徐晓明 | 5252 | | | |
| 17 | 10143 | 2012/10/2 | 廉欢 | 6660 | | | |

图 173 统计结果

与数组公式相比，COUNTIFS、SUMIFS、AVERAGEIFS 这些内置函数在运算速度上具有一定的优势，在数据量比较大的时候这种优势更加明显，因此建议尽可能使用这些内置函数来替代相同效果的数组公式。

## 技巧 174 使用公式进行排名分析

根据数据值的大小对数据进行排名计算是数据分析中常见的应用，Excel 中常用于排名的函数包括 RANK 函数、PERCENTILE 函数和 PERCENTRANK 函数等。

图 174-1 中显示了英国部分大学的一些排名指标数据，根据这些数据，可以用函数公式进行以下这些运算分析。

| | A | B | C | D | E |
|---|---|---|---|---|---|
| 1 | 学校名称 | 学生满意度 | 科研质量 | 入学水平 | 毕业率 |
| 2 | 剑桥大学 | 84 | 4.1 | 559 | 98.7 |
| 3 | 埃克塞特大学 | 83 | 2.6 | 439 | 96.5 |
| 4 | 爱丁堡大学 | 76 | 3 | 442 | 92.5 |
| 5 | 帝国理工学院 | 77 | 3 | 519 | 91.2 |
| 6 | 拉夫堡大学 | 85 | 2.3 | 390 | 89.2 |
| 7 | 诺丁汉大学 | 79 | 2.2 | 428 | 94.5 |
| 8 | 莱斯特大学 | 84 | 1.9 | 399 | 92.7 |
| 9 | 牛津大学 | 86 | 4 | 536 | 97.9 |
| 10 | 布里斯托大学 | 77 | 2.8 | 467 | 96 |
| 11 | 巴斯大学 | 80 | 2.2 | 459 | 96.4 |
| 12 | 谢菲尔德大学 | 81 | 2.5 | 426 | 94 |
| 13 | 苏塞克斯大学 | 81 | 2.4 | 380 | 91.7 |
| 14 | 华威大学 | 80 | 2.7 | 480 | 95.5 |
| 15 | 伦敦政治经济学院 | 74 | 3.6 | 513 | 95.7 |
| 16 | 兰卡斯特大学 | 81 | 2.7 | 407 | 93.8 |
| 17 | 南安普顿大学 | 79 | 2.1 | 427 | 93 |
| 18 | 约克大学 | 82 | 2.7 | 437 | 95.4 |
| 19 | 杜伦大学 | 81 | 2.8 | 487 | 96.7 |
| 20 | 圣安德鲁斯大学 | 83 | 2.6 | 485 | 93.8 |
| 21 | 伦敦大学学院 | 78 | 3 | 477 | 94.9 |

图 174-1 英国大学排名指标

- 学生满意度排名。

在 G2 单元格中输入以下公式并向下填充复制至 G21 单元格：

```
=RANK(B2,B$2:B$21)
```

RANK 函数的第一参数是参与排名的目标数据，第二参数是排名的数据范围，第三参数是排名的方式，在省略的情况下默认按降序排名（数值越大，排名数字越小）。

- 将“入学水平”前 20%的学校标识出来。

在 H2 单元格中输入以下公式并向下填充复制至 H21 单元格：

```
=IF(PERCENTRANK(D$2:D$21,D2)>=0.8,"高水平","")
```

PERCENTRANK 函数可以返回一个数据在一组数据中的排名百分比，排名越靠前，百分比数值越大。和 RANK 函数不太一样的是，它的第一参数是排名数据范围，第二参数才是参与排名的目标数据。

上面这个公式也可以由 PERCENTILE 函数来构建：

```
=IF(D2>=PERCENTILE(D$2:D$21,0.8),"高水平","")
```

PERCENTILE 函数可以返回一组数据中某个排名百分比的具体数值，通过与这个数值进行比较就可以得出高于此百分比或低于此百分比的判断。

- 学生满意度和毕业率综合排名（简单相加）。

通过简单相加的方式来综合学生满意度和毕业率两项指标再进行排名，就是要将 B 列的数据与 E 列的数据相加以后，对和值进行排名。

这个问题不能直接用 RANK 函数来计算，因为 RANK 函数的第二参数类型为 Ref，只可使用单元格的引用，而不能使用常量数组或数组运算的结果作为其参数，例如下面的公式会因为参数错误而无法输入：

```
=RANK(B2+E2,B2:B21+E2:E21)
```

因此，要解决这个问题，除了使用辅助列通过中间步骤换算来实现之外，还可以依照 RANK 函数本身的统计原理来构建公式。

可在 J2 单元格内输入以下公式并向下填充复制至 J21 单元格：

```
=SUMPRODUCT(1*(B2+E2<B$2:B$21+E$2:E$21))+1
```

这个公式将每一个学校的两项得分和值与所有学校的两项和值进行比较，统计超过当前学校的个数，由此来得到排名数值。

上述排名结果如图 174-2 所示。

使用公式进行排名分析

| | A | G | H | I | J |
|---|---|---|---|---|---|
| 1 | 学校名称 | 学生满意度排名 | 入学水平前20% | 入学水平前20% | 学生满意度+毕业率 |
| 2 | 剑桥大学 | 3 | 高水平 | 高水平 | 2 |
| 3 | 埃克塞特大学 | 5 | | | 3 |
| 4 | 爱丁堡大学 | 19 | | | 19 |
| 5 | 帝国理工学院 | 17 | 高水平 | 高水平 | 20 |
| 6 | 拉夫堡大学 | 2 | | | 12 |
| 7 | 诺丁汉大学 | 14 | | | 13 |
| 8 | 莱斯特大学 | 3 | | | 7 |
| 9 | 牛津大学 | 1 | 高水平 | 高水平 | 1 |
| 10 | 布里斯托大学 | 17 | | | 14 |
| 11 | 巴斯大学 | 12 | | | 8 |
| 12 | 谢菲尔德大学 | 8 | | | 10 |
| 13 | 苏塞克斯大学 | 8 | | | 16 |
| 14 | 华威大学 | 12 | | | 9 |
| 15 | 伦敦政治经济学院 | 20 | 高水平 | 高水平 | 18 |
| 16 | 兰卡斯特大学 | 8 | | | 11 |
| 17 | 南安普顿大学 | 14 | | | 17 |
| 18 | 约克大学 | 7 | | | 5 |
| 19 | 杜伦大学 | 8 | | | 4 |
| 20 | 圣安德鲁斯大学 | 5 | | | 6 |
| 21 | 伦敦大学学院 | 16 | | | 15 |

Sheet1

图 174-2　排名统计结果

## 技巧 175　相同名次不占位的中国式排名

在使用 RANK 函数进行排名时，出现相同名次的时候，其后的排名数字会自动向后移位。最末位的名次数字如果不存在相同名次，则总是与参与排名的数据总数相等。例如在图 175-1 中 C 列的排名结果中，第 3 名出现了两处（C2 和 C8 单元格），其后的名次就直接跳到第 5 名（C3 和 C20 单元格）。而最末位的名次“20”（C15 单元格）则与总的排名人数相一致。

在我们日常生活中还存在着另外一种排名方式与上述的结果有所不同，我们称之为“中国式排名”，它的特性是相同名次不影响后续的排名名次，无论有几个第一名存在，后面的名次始终还是第二名。要得到这种方式的排名，在公式的处理上就会和技巧 174 中的有所不同。

仍以如图 175-1 所示的数据表为例，要用中国式的排名方式来对学生满意度进行排名，可在 D2 单元格中输入以下公式并向下复制填充至 D21 单元格：

```
=SUMPRODUCT((B$2:B$21>=B2)*1/COUNTIF(B$2:B$21,B$2:B$21))
```

公式解析：

透过现象看本质，所谓中国式排名，在实质上就是在计算名次时不考虑高于当前数值的总个数，而只关注高于此数值中的不同数值的个数。因此求取中国式排名的实质就是求取大于等于当前数值的不重复数值个数。在技巧 169 中已经对不重复个数的提取原理进行了介绍，这个公式中就是利用了 COUNTIF 函数来对不重复个数进行统计。

公式运算结果如图 175-2 中 D 列所示。

| | A | B | C |
|---|---|---|---|
| 1 | 学校名称 | 学生满意度 | 学生满意度排名 |
| 2 | 剑桥大学 | 84 | 3 |
| 3 | 埃克塞特大学 | 83 | 5 |
| 4 | 爱丁堡大学 | 76 | 19 |
| 5 | 帝国理工学院 | 77 | 17 |
| 6 | 拉夫堡大学 | 85 | 2 |
| 7 | 诺丁汉大学 | 79 | 14 |
| 8 | 莱斯特大学 | 84 | 3 |
| 9 | 牛津大学 | 86 | 1 |
| 10 | 布里斯托大学 | 77 | 17 |
| 11 | 巴斯大学 | 80 | 12 |
| 12 | 谢菲尔德大学 | 81 | 8 |
| 13 | 苏塞克斯大学 | 81 | 8 |
| 14 | 华威大学 | 80 | 12 |
| 15 | 伦敦政治经济学院 | 74 | 20 |
| 16 | 兰卡斯特大学 | 81 | 8 |
| 17 | 南安普顿大学 | 79 | 14 |
| 18 | 约克大学 | 82 | 7 |
| 19 | 杜伦大学 | 81 | 8 |
| 20 | 圣安德鲁斯大学 | 83 | 5 |
| 21 | 伦敦大学学院 | 78 | 16 |

图 175-1　RANK 排名

| | A | B | C | D |
|---|---|---|---|---|
| 1 | 学校名称 | 学生满意度 | 学生满意度排名 | 中国式排名 |
| 2 | 剑桥大学 | 84 | 3 | 3 |
| 3 | 埃克塞特大学 | 83 | 5 | 4 |
| 4 | 爱丁堡大学 | 76 | 19 | 11 |
| 5 | 帝国理工学院 | 77 | 17 | 10 |
| 6 | 拉夫堡大学 | 85 | 2 | 2 |
| 7 | 诺丁汉大学 | 79 | 14 | 8 |
| 8 | 莱斯特大学 | 84 | 3 | 3 |
| 9 | 牛津大学 | 86 | 1 | 1 |
| 10 | 布里斯托大学 | 77 | 17 | 10 |
| 11 | 巴斯大学 | 80 | 12 | 7 |
| 12 | 谢菲尔德大学 | 81 | 8 | 6 |
| 13 | 苏塞克斯大学 | 81 | 8 | 6 |
| 14 | 华威大学 | 80 | 12 | 7 |
| 15 | 伦敦政治经济学院 | 74 | 20 | 12 |
| 16 | 兰卡斯特大学 | 81 | 8 | 6 |
| 17 | 南安普顿大学 | 79 | 14 | 8 |
| 18 | 约克大学 | 82 | 7 | 5 |
| 19 | 杜伦大学 | 81 | 8 | 6 |
| 20 | 圣安德鲁斯大学 | 83 | 5 | 4 |
| 21 | 伦敦大学学院 | 78 | 16 | 9 |

Sheet1

图 175-2　中国式排名结果

## 技巧 176　多条件的权重排名

在许多实际的排名需求中，排名的依据会由多个条件共同组成，比单纯的按照单一条件来排名的方式更复杂，在使用公式时也需要更多技巧。通常情况下，使用“加权”的方法可以很好地解决此类问题。

如图 176-1 所示是某公司对销售人员的绩效考核数据表，其中包含了四个主要的指标：“销售完成”、“回款率”、“客户回访”和“支出费用”。

|  | A | B | C | D | E |
|---|---|---|---|---|---|
| 1 | 姓名 | 销售完成 | 回款率 | 客户回访 | 支出费用 |
| 2 | 韩正 | 78 | 99.9 | 69.5 | 166.4 |
| 3 | 史静芳 | 88 | 72.8 | 82.2 | 189.8 |
| 4 | 刘磊 | 88 | 95.7 | 85.2 | 167.4 |
| 5 | 马欢欢 | 71 | 66.1 | 87.9 | 164.3 |
| 6 | 苏桥 | 88 | 79.8 | 71.1 | 195.9 |
| 7 | 金汪洋 | 80 | 79.5 | 81.9 | 163.9 |
| 8 | 谢兰丽 | 69 | 75 | 92.3 | 193.5 |
| 9 | 朱丽 | 78 | 83.2 | 81.2 | 171.2 |
| 10 | 陈晓红 | 63 | 97.7 | 74.2 | 160.6 |
| 11 | 雷芳 | 88 | 65.1 | 78.4 | 170.1 |
| 12 | 吴明 | 80 | 98.1 | 94.4 | 150.9 |
| 13 | 李琴 | 68 | 84.6 | 97.2 | 153.9 |
| 14 | 张永立 | 84 | 75.7 | 94.4 | 194.3 |
| 15 | 周玉彬 | 81 | 67.8 | 77.4 | 176.1 |
| 16 | 张德强 | 71 | 68.1 | 94.4 | 187.3 |

图 176-1 绩效考核表

要对这些员工的业绩综合情况进行排名，直接将四组指标数据相加进行大小排名显然是不合理的，因为这四个指标的数据并非出于相同的量纲，相互之间不具备直接的可比性。除此以外，这些数据的排序方向也并不完全相同，对于前三个指标而言，数值越大排名越高，而对于最后一项“支出费用”来说，却是数值越小排名越高。因此在这种情况下，需要根据人为制定的一些规则来进行排名计算。

## 176.1 多关键字优先级排名

在 Excel 的排序功能中提供了先后依照多个关键字的不同优先级进行排名的方法，例如将上述销售人员按照四个指标优先级依次降低的方式进行排名，就意味着首先按照“销售完成”的数据进行排名，当名次出现相同时再根据“回款率”的数据大小进一步排名，依次类推。

使用公式来创建这种多关键字优先级的排名，可以在 F2 单元格内输入以下公式并向下复制填充至 F16 单元格：

```
=SUMPRODUCT(1*(B2*10^10+C2*10^8+D2*10^5-E2*10<B$2:B$16*10^10+C$2:C$16*10^8+D$2:D$16*10^5-E$2:E$16*10))+1
```

公式解析：

这个公式的整体结构与技巧 174 中的“综合排名”公式一致，通过计算超过当前员工绩效的人数来得到排名名次。其中具体参与排名的数据使用了四个指标加权求和的方法来计算得到。

```
=B2*10^10+C2*10^8+D2*10^5-E2*10
```

这个公式将四个指标依照优先级从高到低的方式进行加权组合，B 列数据的权重级别最高，乘以 10 的幂次最高，其余依次递减。最后 E 列数据采用减法运算，表示这组数值的排序方向与其他三组相反，数值越大排名越低。这部分公式的运算结果为“789996948336”，就是将第二行员工的四个指标数据从前到后组合成为一个数据，然后再通过这个数据来进行排名运算。

由于 Excel 中对于数值具有仅保留 15 位有效数字的限制，因此采用上述加权求和方法时应注意求和数值不能超过 15 位，否则将可能会出现错误的结果。

## 176.2 权重排名

权重排名，就是根据经验或主观规则设定，将多个指标依照一定的权重比例进行综合取值，然后再进行排名的方法。

例如在此例中，假定将四个指标分别按照 4:2:2:1 的权重比例进行取值，然后进行排名，可在 G2 单元格中输入以下公式并向下复制填充至 G16 单元格：

```
=SUMPRODUCT(1*(B2*4+C2*2+D2*2-E2<B$2:B$16*4+C$2:C$16*2+D$2:D$16*2-E$2:E$16))+1
```

这个公式与前面多关键字优先级的排名公式结构完全相同，不同之处只在于此公式直接用权重比例替代了前面公式中的优先级权重，相对来说公式显得更简单。

## 176.3 秩综合排名

如果要同时参考四个指标的数据，并且平衡分配四个指标的所占权重，通常会使用秩综合排名法。秩综合排名就是先求取各个指标的排名名次，然后根据这些名次再求取综合的排名。

在本例中，可在 H2 单元格中输入以下公式并向下复制填充至 H16 单元格：

```
=SUMPRODUCT(1*((RANK(B2,B$2:B$16)+RANK(C2,C$2:C$16)+RANK(D2,D$2:D$16)+RANK(E2,E$2:E$16,1))>(RANK
(B$2:B$16,B$2:B$16)+RANK(C$2:C$16,C$2:C$16)+RANK(D$2:D$16,D$2:D$16)+RANK(E$2:E$16,E$2:E$16,1))))+1
```

这个公式中通过 RANK 函数分别取得四个指标的各自排名，然后求和以后再进行综合排名运算。需要注意的是，由于 RANK 函数的默认运算结果是数值越大名次数值越小，因此公式中的比较运算符要使用大于号“>”，与前面的公式有所不同。此外，由于 E 列数值排序方向与其他三组有所不同，因此在对 E 列数据使用 RANK 函数进行排序时，需要添加第三参数 1 表示进行升序排序。

上述三种排名的运算结果如图 176-2 所示。

| | A | B | C | D | E | F | G | H |
|---|---|---|---|---|---|---|---|---|
| 1 | 姓名 | 销售完成 | 回款率 | 客户回访 | 支出费用 | 多关键字优先级 | 权重排名 | 秩综合排名 |
| 2 | 韩正 | 78 | 99.9 | 69.5 | 166.4 | 9 | 3 | 6 |
| 3 | 史静芳 | 88 | 72.8 | 82.2 | 189.8 | 3 | 7 | 7 |
| 4 | 刘磊 | 88 | 95.7 | 85.2 | 167.4 | 1 | 2 | 2 |
| 5 | 马欢欢 | 71 | 66.1 | 87.9 | 164.3 | 12 | 13 | 11 |
| 6 | 苏桥 | 88 | 79.8 | 71.1 | 195.9 | 2 | 10 | 13 |
| 7 | 金汪洋 | 80 | 79.5 | 81.9 | 163.9 | 8 | 6 | 4 |
| 8 | 谢兰丽 | 69 | 75 | 92.3 | 193.5 | 13 | 15 | 14 |
| 9 | 朱丽 | 78 | 83.2 | 81.2 | 171.2 | 10 | 8 | 8 |
| 10 | 陈晓红 | 63 | 97.7 | 74.2 | 160.6 | 15 | 12 | 8 |
| 11 | 雷芳 | 88 | 65.1 | 78.4 | 170.1 | 4 | 9 | 10 |
| 12 | 吴明 | 80 | 98.1 | 94.4 | 150.9 | 7 | 1 | 1 |
| 13 | 李琴 | 68 | 84.6 | 97.2 | 153.9 | 14 | 5 | 3 |
| 14 | 张永立 | 84 | 75.7 | 94.4 | 194.3 | 5 | 4 | 5 |
| 15 | 周玉彬 | 81 | 67.8 | 77.4 | 176.1 | 6 | 11 | 14 |
| 16 | 张德强 | 71 | 68.1 | 94.4 | 187.3 | 11 | 14 | 11 |

Sheet1

图 176-2 几种不同的权重排名结果

# 技巧 177 使用公式进行描述分析

描述统计是数据分析中常用的方法，它是指通过数学方法，对数据资料进行整理、分析，并对数据的分布状态、数字特征和随机变量之间的关系进行估计和描述的方法。描述统计通常包括集中趋势分析、离散趋势分析和相关分析三大部分。

在 Excel 中，可以使用“分析工具库”中的相关工具对数据直接进行描述分析，有关详情可参阅技巧 205。除此以外，使用公式同样也可以满足这样的分析需求。

| | A | B |
|---|---|---|
| 1 | 快门型号A | 快门型号B |
| 2 | 50006 | 49934 |
| 3 | 50029 | 49991 |
| 4 | 49912 | 49988 |
| 5 | 50016 | 50041 |
| 6 | 50029 | 49946 |
| 7 | 50043 | 49970 |
| 8 | 49910 | 49988 |
| 9 | 49938 | 49998 |
| 10 | 50081 | 50076 |
| 11 | 50012 | 49962 |
| 12 | 50080 | 50074 |
| 13 | 50029 | 49988 |
| 14 | 49902 | 50053 |
| 15 | 50000 | 50087 |
| 16 | 50042 | 49911 |

图 177-1　相机快门使用寿命数据

例如，图 177-1 显示了两组不同型号的相机快门使用寿命实测值，可以使用公式来对这两组数据进行统计描述。

以 A 列数据为例。

- 平均值：

```
=AVERAGE(A2:A16)
```

- 标准误差（Standard Error，标准差/观测值个数的平方根）：

```
=STDEV(A2:A16)/SQRT(COUNT(A2:A16))
```

其中 SQRT 函数用于求取平方根。

- 中位数（排序后处于中间的值）：

```
=MEDIAN(A2:A16)
```

- 众数（出现次数最多的值）：

```
=MODE(A2:A16)
```

- 标准差（标准偏差，Standard Deviation）：

```
=STDEV(A2:A16)
```

- 方差（Variance）：

```
=VAR(A2:A16)
```

- 峰度（衡量数据分布起伏变化的指标）：

```
=KURT(A2:A16)
```

- 偏度（衡量数据峰值偏移的指标）：

```
=SKEW(A2:A16)
```

- 区域（极差，即最大值与最小值的差值）：

```
=MAX(A2:A16)-MIN(A2:A16)
```

- 平均值置信度（95%）：

```
=TINV(0.05,COUNT(A2:A16)-1)*STDEV(A2:A16)/SQRT(COUNT(A2:A16))
```

其中 TINV 函数用于返回 T 分布的 T 值。

CONFIDENCE 函数也可以计算置信度，但是 CONFIDENCE 函数采用 Z 分布进行运算，适用于计算总体样本平均值的置信空间。

同样对 B 列数据应用上述公式进行运算，得到如图 177-2 所示的分析结果。

|  | A | B | C | D | E | F |
|---|---|---|---|---|---|---|
| 1 | 快门型号A | 快门型号B |  | 描述分析 | A | B |
| 2 | 50006 | 49934 |  | 平均值 | 50001.9 | 50000.5 |
| 3 | 50029 | 49991 |  | 标准误差 | 15.2392 | 14.0343 |
| 4 | 49912 | 49988 |  | 中位数 | 50016 | 49988 |
| 5 | 50016 | 50041 |  | 众数 | 50029 | 49988 |
| 6 | 50029 | 49946 |  | 标准差 | 59.0211 | 54.3545 |
| 7 | 50043 | 49970 |  | 方差 | 3483.5 | 2954.41 |
| 8 | 49910 | 49988 |  | 峰度 | -0.7211 | -0.953 |
| 9 | 49938 | 49998 |  | 偏度 | -0.6401 | 0.21806 |
| 10 | 50081 | 50076 |  | 区域 | 179 | 176 |
| 11 | 50012 | 49962 |  | 平均值置信度 | 32.6848 | 30.1005 |
| 12 | 50080 | 50074 |  |  |  |  |
| 13 | 50029 | 49988 |  |  |  |  |
| 14 | 49902 | 50053 |  |  |  |  |
| 15 | 50000 | 50087 |  |  |  |  |
| 16 | 50042 | 49911 |  |  |  |  |

图 177-2　使用公式的描述分析结果

从这两组数据的集中度和离散度分析对比可以看出，型号 B 的快门相对来说品质更稳定。

# 技巧 178　使用公式进行预测分析

## 178.1　移动平均预测

移动平均预测方法是一种比较简单的预测方法。这种方法随着时间序列的推移，依次取连续的多项数据求取平均值，每移动一个时间周期就增加一个新近数据，去掉一个远期数据，得到一个新的平均数。由于它逐期向前移动，所以称为移动平均法。由于移动平均可以让数据更平滑，消除周期变动和不规则变动的影响，使得长期趋势得以显示，因而可以用于预测。

例如，图 178-1 显示了某企业近一年的销售数据，要以三个月为计算周期使用移动平均的方法来预测下一个月的销售额，可以这样操作。

|  | A | B |
|---|---|---|
| 1 | 月份 | 销售额 |
| 2 | 1 | 2145.5 |
| 3 | 2 | 2210.4 |
| 4 | 3 | 2266.7 |
| 5 | 4 | 2315.5 |
| 6 | 5 | 2440.6 |
| 7 | 6 | 2634.5 |
| 8 | 7 | 2744.1 |
| 9 | 8 | 2890.2 |
| 10 | 9 | 3015.1 |
| 11 | 10 | 3130.7 |
| 12 | 11 | 3236.2 |
| 13 | 12 | 3325.8 |

图 178-1　某企业销售数据

在 C4 单元格中输入下面的公式并向下复制填充至 C13 单元格：

```
=AVERAGE(B2:B4)
```

此时 C 列所得的序列就是这组销售额以三个月为周期的移动平均值，其中最后一个 C13 单元格的移动平均值就是下一个月的销售额预测值，如图 178-2 所示。

| | A | B | C |
|---|---|---|---|
| 1 | 月份 | 销售额 | 移动平均 |
| 2 | 1 | 2145.5 | |
| 3 | 2 | 2210.4 | |
| 4 | 3 | 2266.7 | 2207.53 |
| 5 | 4 | 2315.5 | 2264.2 |
| 6 | 5 | 2440.6 | 2340.93 |
| 7 | 6 | 2634.5 | 2463.53 |
| 8 | 7 | 2744.1 | 2606.4 |
| 9 | 8 | 2890.2 | 2756.27 |
| 10 | 9 | 3015.1 | 2883.13 |
| 11 | 10 | 3130.7 | 3012 |
| 12 | 11 | 3236.2 | 3127.33 |
| 13 | 12 | 3325.8 | 3230.9 |

图 178-2　移动平均预测

## 178.2　线性回归预测

图 178-3 显示了某生产企业近一年来的产量及其能耗数据，通过绘制 X/Y 散点图可以发现，产量和能耗两组数据基本呈线性关系。

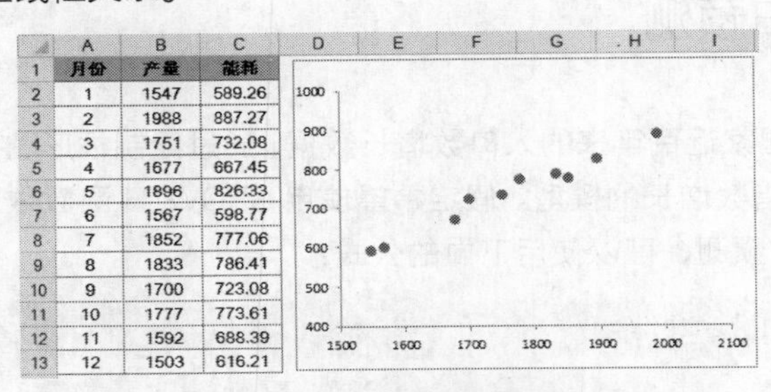

| | A | B | C |
|---|---|---|---|
| 1 | 月份 | 产量 | 能耗 |
| 2 | 1 | 1547 | 589.26 |
| 3 | 2 | 1988 | 887.27 |
| 4 | 3 | 1751 | 732.08 |
| 5 | 4 | 1677 | 667.45 |
| 6 | 5 | 1896 | 826.33 |
| 7 | 6 | 1567 | 598.77 |
| 8 | 7 | 1852 | 777.06 |
| 9 | 8 | 1833 | 786.41 |
| 10 | 9 | 1700 | 723.08 |
| 11 | 10 | 1777 | 773.61 |
| 12 | 11 | 1592 | 688.39 |
| 13 | 12 | 1503 | 616.21 |



图 178-3　产量和能耗数据图表

假定希望根据这组数据来依照线性关系进行预测分析，当产量达到 2000 时的能耗将达到多少，可以使用下面的公式：

```
=TREND(C2:C13,B2:B13,2000)
```

TREND 函数通过最小二乘法返回线性拟合的值，其语法为：

```
TREND(known_y's,known_x's,new_x's,const)
```

其中第一参数是已知的目标值序列，第二参数是已知的变量值序列，第三参数是需要预测的目标值所对应的变量值。将数据表中的数据代入就可以通过线性拟合运算得到相应的预测值。

除了 TREND 函数，FORECAST 函数也可以进行线性回归的预测，其公式为：

```
=FORECAST(2000,C2:C13,B2:B13)
```

以下是 FORECAST 函数的语法，与 TREND 函数在参数的排列位置上稍有区别：

```
FORECAST(x,known_y's,known_x's)
```

上述公式的预测结果均为 886.049，即表示采用线性回归模型进行预测的情况下，产量达到 2000 时其能耗将达到 886.049。

除此以外，还可以通过函数公式计算线性拟合方程 $y=kx+b$ 中的斜率 k 和截距 b 的参数取值。

计算斜率可以使用函数 SLOPE，其语法为：

```
SLOPE(known_y's,known_x's)
```

因此计算此例中线性拟合方程的斜率可以使用下述公式：

```
=SLOPE(C2:C13,B2:B13)
```

计算截距可以使用函数 INTERCEPT，其语法为：

```
INTERCEPT(known_y's,known_x's)
```

因此计算此例中线性拟合方程的截距可以使用下述公式：

```
=INTERCEPT(C2:C13,B2:B13)
```

结合上述两个函数的计算结果，产量达到 2000 时所需能耗的预测公式也可以变化为：

```
=SLOPE(C2:C13,B2:B13)*2000+INTERCEPT(C2:C13,B2:B13)
```

## 178.3 指数回归预测

图 178-4 显示了某国家近百年来的人口数增长数据，通过绘制柱形图并添加趋势线可以发现其人口增长趋势基本符合指数增长的模型。假定希望使用 GROWTH 函数依照指数回归预测的方法对其 2020 年的人口数进行预测，可以使用下面的公式：

```
=GROWTH(B2:B11,A2:A11,2020)
```

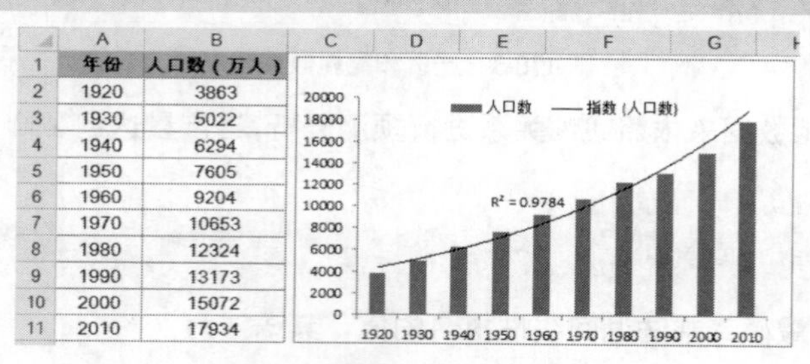

| | A | B |
|---|---|---|
| 1 | 年份 | 人口数（万人） |
| 2 | 1920 | 3863 |
| 3 | 1930 | 5022 |
| 4 | 1940 | 6294 |
| 5 | 1950 | 7605 |
| 6 | 1960 | 9204 |
| 7 | 1970 | 10653 |
| 8 | 1980 | 12324 |
| 9 | 1990 | 13173 |
| 10 | 2000 | 15072 |
| 11 | 2010 | 17934 |



图 178-4 某国历年来人口数据

公式运算结果为 22289.06。

GROWTH 函数可用于拟合通项公式为 y=b*m^x 的指数曲线，其语法为：

```
GROWTH(known_y's,known_x's,new_x's,const)
```

此函数与 TREND 函数的参数用法相似。

除了 GROWTH 函数以外，使用 LOGEST 函数还能计算得到指数拟合曲线的通项公式 y=b*m^x 中系数 m 和常量 b 的具体取值，以此获得指数曲线的拟合方程。

LOGEST 函数的语法如下：

```
LOGEST(known_y's,known_x's,const,stats)
```

其中第一参数是已知的目标值序列；第二参数是已知的变量值序列；第三参数决定是否将常量 b 强制设为 1，参数值为 True 或省略时可以按正常进行计算；第四参数用于返回附加统计值，参数值设为 False 或省略时可以简单地直接得到系数 m 和常量 b 的取值。

在这个例子中，可以用以下公式计算指数拟合曲线的参数值：

```
=LOGEST(B2:B11,A2:A11)
```

这个公式的返回结果是一个包含两个元素的数组，数组中的第一个数据是系数 m 的取值结果，数组中的第二个数据是常量 b 的取值结果。因此，可以用以下公式来对 2020 年的人口数据进行一个简单预测：

```
=INDEX(LOGEST(B2:B11,A2:A11),2)*INDEX(LOGEST(B2:B11,A2:A11),1)^2020
```

公式运算结果为 22289.06，与 GROWTH 函数运算结果相同。

## 178.4　多项式拟合和预测

图 178-5 显示了某种药物测试中，药物浓度随时间变化的数据以及相应的数据分布图表。假定采用多项式曲线来对这组数据进行拟合，多项式曲线的通项公式为：

$$y = m_0+m_1x^1+ m_2x^2+ m_3x^3+... + m_nx^n$$

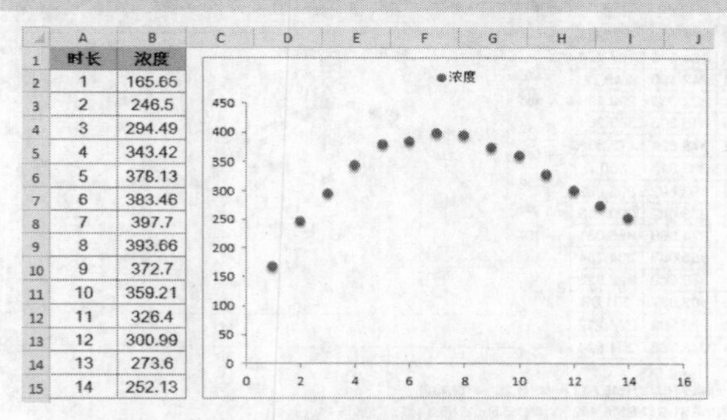

| | A | B |
|---|---|---|
| 1 | 时长 | 浓度 |
| 2 | 1 | 165.65 |
| 3 | 2 | 246.5 |
| 4 | 3 | 294.49 |
| 5 | 4 | 343.42 |
| 6 | 5 | 378.13 |
| 7 | 6 | 383.46 |
| 8 | 7 | 397.7 |
| 9 | 8 | 393.66 |
| 10 | 9 | 372.7 |
| 11 | 10 | 359.21 |
| 12 | 11 | 326.4 |
| 13 | 12 | 300.99 |
| 14 | 13 | 273.6 |
| 15 | 14 | 252.13 |



图 178-5　药物血液浓度观测数据

其中 n 代表了多项式的阶数，m 则表示与每个 x 幂次相对应的系数，使用 LINEST 函数可以求得不同阶次的多项式方程中的系数 m 取值，得到多项式曲线的拟合方程。LINEST 函数语法如下：

```
LINEST(known_y's,known_x's,const,stats)
```

其中各参数含义与 LOGEST 函数的参数相同。

假定以 2 阶多项式来对这组观测数据进行拟合，可以使用以下公式得到 2 阶多项式的系数：

```
=LINEST(B2:B15,A2:A15^{1,2})
```

这个公式的运算结果是一个包含三个数据的数组，数组中的三个数据依次是多项式拟合方程中 $m_2$、$m_1$ 和 $m_0$ 的取值。将这三个系数取值代入到多项式拟合方程中就可以得到多项式拟合方程的 y 值公式：

```
=INDEX(LINEST(B2:B15,A2:A15^{1,2}),1)*x^2+INDEX(LINEST(B2:B15,A2:A15^{1,2}),2)*x+INDEX(LINES
T(B2:B15,A2:A15^{1,2}),3)
```

通过数组运算，上述公式可以简化为：

```
=SUM(LINEST(B2:B15,A2:A15^{1,2})*x^{2,1,0})
```

将具体的 x 取值代入上述公式就可以得到这组数据的二阶多项式拟合曲线，如图 178-6 所示。

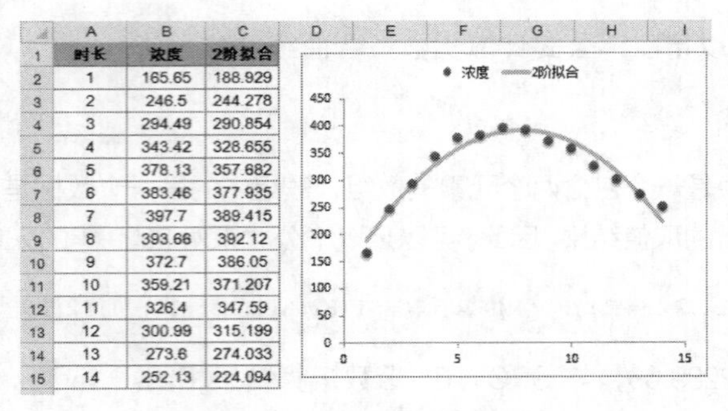

| 时长 | 浓度 | 2阶拟合 |
|---|---|---|
| 1 | 165.65 | 188.929 |
| 2 | 246.5 | 244.278 |
| 3 | 294.49 | 290.854 |
| 4 | 343.42 | 328.655 |
| 5 | 378.13 | 357.682 |
| 6 | 383.46 | 377.935 |
| 7 | 397.7 | 389.415 |
| 8 | 393.66 | 392.12 |
| 9 | 372.7 | 386.05 |
| 10 | 359.21 | 371.207 |
| 11 | 326.4 | 347.59 |
| 12 | 300.99 | 315.199 |
| 13 | 273.6 | 274.033 |
| 14 | 252.13 | 224.094 |



图 178-6　二阶多项式拟合曲线

同理可得到三阶、四阶甚至更多阶多项式的公式：

```
=SUM(LINEST(B$2:B$15,A$2:A$15^{1,2,3})*x^{3,2,1,0})
=SUM(LINEST(B$2:B$15,A$2:A$15^{1,2,3,4})*x^{4,3,2,1,0})
```

拟合结果如图 178-7 所示。

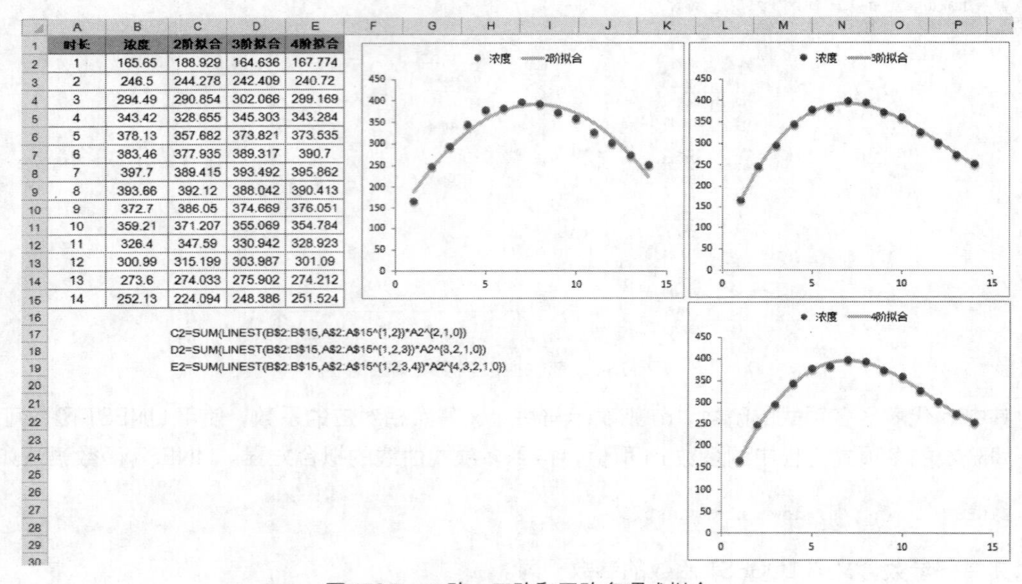

| 时长 | 浓度 | 2阶拟合 | 3阶拟合 | 4阶拟合 |
|---|---|---|---|---|
| 1 | 165.65 | 188.929 | 164.636 | 167.774 |
| 2 | 246.5 | 244.278 | 242.409 | 240.72 |
| 3 | 294.49 | 290.854 | 302.066 | 299.169 |
| 4 | 343.42 | 328.655 | 345.303 | 343.284 |
| 5 | 378.13 | 357.682 | 373.821 | 373.535 |
| 6 | 383.46 | 377.935 | 389.317 | 390.7 |
| 7 | 397.7 | 389.415 | 393.492 | 395.862 |
| 8 | 393.66 | 392.12 | 388.042 | 390.413 |
| 9 | 372.7 | 386.05 | 374.669 | 376.051 |
| 10 | 359.21 | 371.207 | 355.069 | 354.784 |
| 11 | 326.4 | 347.59 | 330.942 | 328.923 |
| 12 | 300.99 | 315.199 | 303.987 | 301.09 |
| 13 | 273.6 | 274.033 | 275.902 | 274.212 |
| 14 | 252.13 | 224.094 | 248.386 | 251.524 |

C2=SUM(LINEST(B$2:B$15,A$2:A$15^{1,2})*A2^{2,1,0})
D2=SUM(LINEST(B$2:B$15,A$2:A$15^{1,2,3})*A2^{3,2,1,0})
E2=SUM(LINEST(B$2:B$15,A$2:A$15^{1,2,3,4})*A2^{4,3,2,1,0})



图 178-7　二阶、三阶和四阶多项式拟合

要根据拟合的多项式方程对数据进行预测分析，只需将需要预测的自变量 x 代入公式中即可。例如，要预测 15 个小时以后的药物浓度情况，可以将 x=15 代入上述公式，使用二阶、三阶和四阶多项式的预测结果分别为：165.38、223.14 和 236.57。

在实际应用中，数据预测分析所涉及的因素还有很多，需要根据实际情况进行综合分析，本技巧中所介绍的 Excel 分析方法仅供参考。

除了上述使用函数公式进行预测分析的方法以外，Excel 中还提供了专业分析工具，可进行更为专业的分析预测工作，相关内容详情可参阅第 16 章。

# 第 13 章　模拟运算分析和方案

## 技巧 179　使用模拟运算表进行假设分析

假设分析，又称为 What-If 分析，是数据分析中的一种常用手段。假设分析是根据现有的业务数据和模型设计一种评估的程序，假设采取不同的策略方案，分析可能产生何种结果，以便作出最佳的决策。

Excel 中的“模拟运算表”就是一种适合用于进行假设分析的工具。

根据目前所实行的个人所得税征收法规，个税起征点为 3500 元，采用 7 级税率。假定税前计税工资位于 A2 单元格中，可在 B2 单元格中输入以下公式来计算个人所得税：

```
=ROUND(MAX((A2-3500)*{3;10;20;25;30;35;45}%-{0;105;555;1005;2755;5505;13505},0),2)
```

公式中的两个常量数组分别是 7 级税率和与其相对应的速算扣除数。

假定税前计税工资为 5760 元，通过上述公式很容易求得应缴税款为 121 元，如图 179-1 所示。

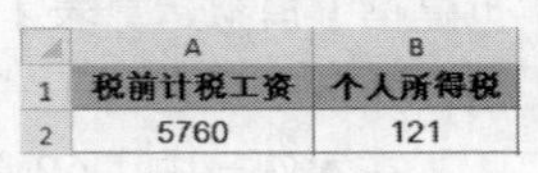

| | A | B |
|---|---|---|
| 1 | 税前计税工资 | 个人所得税 |
| 2 | 5760 | 121 |

图 179-1　个人所得税计算

如果希望通过这个个税计算模型，对多个不同档次的收入人群进行个税状况的观察，可以通过以下的假设分析方法来操作。

**Step 1**　假定需要观察计税工资范围在 2000～20000 之间的情况，每 2000 元一个分段。可在 A3 单元格中输入 2000，在 A4 单元格中输入 4000，同时选中 A3:A4 单元格区域，向下拖曳填充至 A12 单元格形成等差序列。

**Step 2**　选定 A2:B12 单元格区域，在【数据】选项卡中依次单击【模拟分析】按钮→【模拟运算表】命令，打开【模拟运算表】对话框。

**Step 3**　在【输入引用列的单元格】编辑栏中输入唯一变量所在的单元格地址“$A$2”，最后单击【确定】按钮完成操作。整个操作过程如图 179-2 所示。

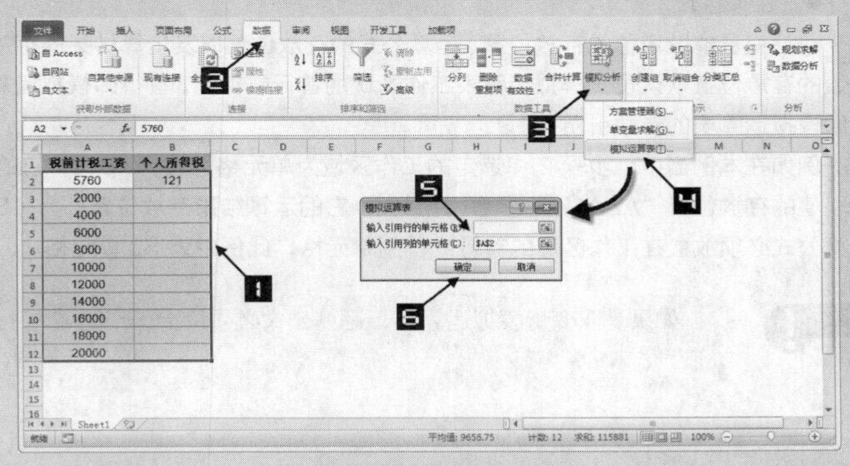


图 179-2　创建模拟运算表

完成以上操作以后，表格显示如图 179-3 所示，B3:B12 单元格区域中自动生成了与 A3:A12 中的计税工资相对应的个人所得税金额。由此可见，模拟运算表的主要作用就是可以根据一组变量和已有的计算模型，自动生成另一组相对应的运算结果。

|  | A | B |
|---|---|---|
| 1 | 税前计税工资 | 个人所得税 |
| 2 | 5760 | 121 |
| 3 | 2000 | 0 |
| 4 | 4000 | 15 |
| 5 | 6000 | 145 |
| 6 | 8000 | 345 |
| 7 | 10000 | 745 |
| 8 | 12000 | 1145 |
| 9 | 14000 | 1620 |
| 10 | 16000 | 2120 |
| 11 | 18000 | 2620 |
| 12 | 20000 | 3120 |

图 179-3　运算结果

要使用模拟运算表进行运算分析，需要具备以下几个元素。

● 运算公式。

所谓运算公式是指从已知参数得出最终所需要结果的计算公式。运算公式的作用在于告知 Excel 如何从参数得到用户希望了解的结果。例如本例中 B2 单元格中的公式：

```
=ROUND(MAX((A2-3500)*{3;10;20;25;30;35;45}%-{0;105;555;1005;2755;5505;13505},0),2)
```

就是这个所需的运算公式，其中所引用到的 A2 单元格，就是直接影响运算结果的变量参数。

● 变量。

变量指的是整个模拟运算中所需要调整变化的参数，也是整个运算的重要依据。这个变量同时也是指【模拟运算表】对话框中【输入引用行的单元格】或【输入引用列的单元格】所指向的单元格，并且必须包含于“运算公式”之中。

在本例当中，A2 单元格存放的计税工资就代表了这个“变量”，而在 A3:A12 中预先设置了此变量的各种可能取值。

这些变量值如果按列排列，就需要在【模拟运算表】对话框的【输入引用列的单元格】编辑栏中填写变量所在单元格的位置，例如本例中的“A2”。如果变量取值按行排列，则需要在【输入引用行的单元格】编辑栏中填写相应变量所在单元格的位置。

需要注意的是，运算公式中“变量”所指向的单元格并非必须包含真实数值或具备实际的公式运算意义，只需与【模拟运算表】对话框中【输入引用行（列）的单元格】编辑栏中的引用单元格相一致，并且在公式中形成正确的运算关系即可。

例如在本例中如果删除 A2 单元格的数据，虽然 B2 单元格会返回错误的运算结果，但由于 B2 单元格中的运算公式的引用关系并没有问题，因此 B3:B12 的结果区域中仍能返回正确的运算结果。涉及此内容的相似案例可参考技巧 181。

● 工作区域。

包括变量参数取值的存放位置、运算公式的存放位置以及运算结果的存放位置。其中变量参数取值的存放位置默认位于模拟运算表工作区域的首行或首列，首行即模拟运算表的参数引用行，首列即模拟运算表的参数引用列。

例如在本例当中，步骤 2 中选定的工作区域为单元格区域 A2:B12，它的首列即为计税工资各个取值的存放位置“A2:A12”（参数引用列）；它的运算结果存放位置即为“B3:B12”单元格区域；运算公式必须放置在工作区域的首行或首列单元格，此例中为 B2 单元格。

如果是双变量模拟运算表，运算公式必须位于工作区域左上角单元格。

# 技巧 180　模拟运算表与普通公式的异同

如果将图 179-2 中 B2 单元格公式向下复制填充，所产生的运算结果与图 179-3 中所显示的模拟运算表所产生的结果并无二致。事实上，从本质上来说，模拟运算表所创建的是一类特殊的数组公式。选中 B3:B12 中的任意单元格时，编辑栏中会显示以下公式：

```
{=TABLE(,A2)}
```

这种公式是模拟运算表所特有的一种公式，它与平时所说的公式的异同之处，主要表现在以下几个方面。

- 公式的创建和修改。

模拟运算表所创建的运算方式与多单元格联合数组公式相似，一次性创建，对多个变量个体进行运算分析时不需要进行公式的复制填充。

多单元格联合数组公式可以对公式进行统一修改，而模拟运算表中的数组公式不能直接进行修改，但是可以通过修改首行或首列中的“运算公式”来实现。

- 公式的参数引用。

使用一般的公式运算时，在输入公式时，需要考虑公式的复制对参数单元格引用的影响，需要注意行列参数的绝对引用或相对引用。而使用【数据表】时，在输入公式时只需保证所引用的参数必须包含“变量”所指向的单元格，而不需要考虑单元格地址的相对绝对引用问题。

- 运算结果的复制。

普通公式所在的单元格，在复制到其他单元格区域中时，会默认保留其中的公式内容。而模拟运算表所生成的公式，在复制到其他单元格区域后，目标单元格中只保留原有的数值结果，而不再含有公式。

- 公式的自动重算。

在 Excel 选项中可以设置公式的运算方式为“自动重算”或“手动重算”，当工作表中包含大量公式（特别是包含易失性函数）时使用手动重算功能可以避免自动重算所带来的长时间系统消耗。

而模拟运算表中的公式运算可以与一般公式隔离开来单独处理，当其他公式采用自动重算方式时，模拟运算表中的公式仍可使用手动重算方式。

可以在【Excel 选项】中勾选【除模拟运算表外，自动重算】复选框来实现此功能，如图 180 所示。借助这个功能，可以将那些会因为自动重算而消耗大量资源的公式单独隔离开来，采用模拟运算表的手动计算方式来进行处理，避免整个表格因为重算问题而效率低下。

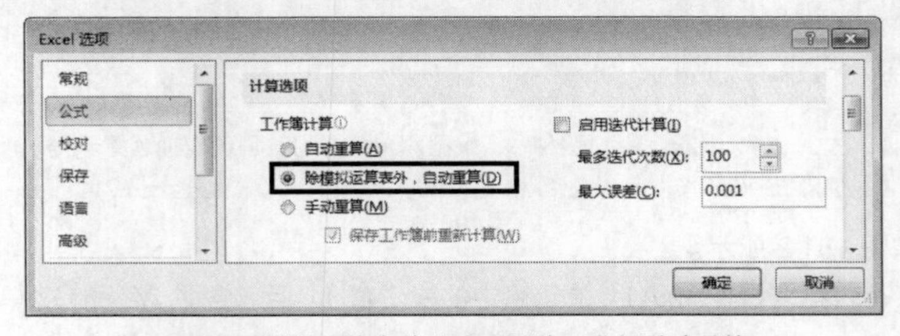


图 180　模拟运算表的公式可以独立进行手动重算

综合以上几点，模拟运算表功能适合用来快捷地批量创建公式，也可以在某些时候替代普通公式起到减轻运算负担的作用。

除此以外，由于模拟运算表特殊的参数引用机制，在某些特定场合能够简化公式模型的创建工作，具体案例请参考技巧 183。

## 技巧 181 同一变量的多重分析

有一款理财产品，预期年化收益率在 3.8%～4.7%之间。如果希望分别以最低收益率和最高收益率作为计算依据，来考察分析 10 万～100 万元理财投资 60 天的不同收益情况，可以参考下面的步骤来进行。

**Step 1** 在 A2 单元格中输入 10，在 A3 单元格中输入 20，然后选定 A2:A3 单元格区域，向下拖曳复制到 A11 单元格，形成 10～100 的等差数列。

**Step 2** 在 B2 单元格中输入最低收益率的收益计算公式：

```
=A2*3.8%*60/365
```

**Step 3** 在 C2 单元格中输入最高收益率的收益计算公式：

```
=A2*4.7%*60/365
```

**Step 4** 选定 A2:C11 单元格区域，在【数据】选项卡中依次单击【模拟分析】按钮→【模拟运算表】命令，打开【模拟运算表】对话框。

**Step 5** 在【输入引用列的单元格】编辑栏中输入唯一变量所在的单元格地址“$A$2”，最后单击【确定】按钮完成操作。整个操作过程如图 181-1 所示。

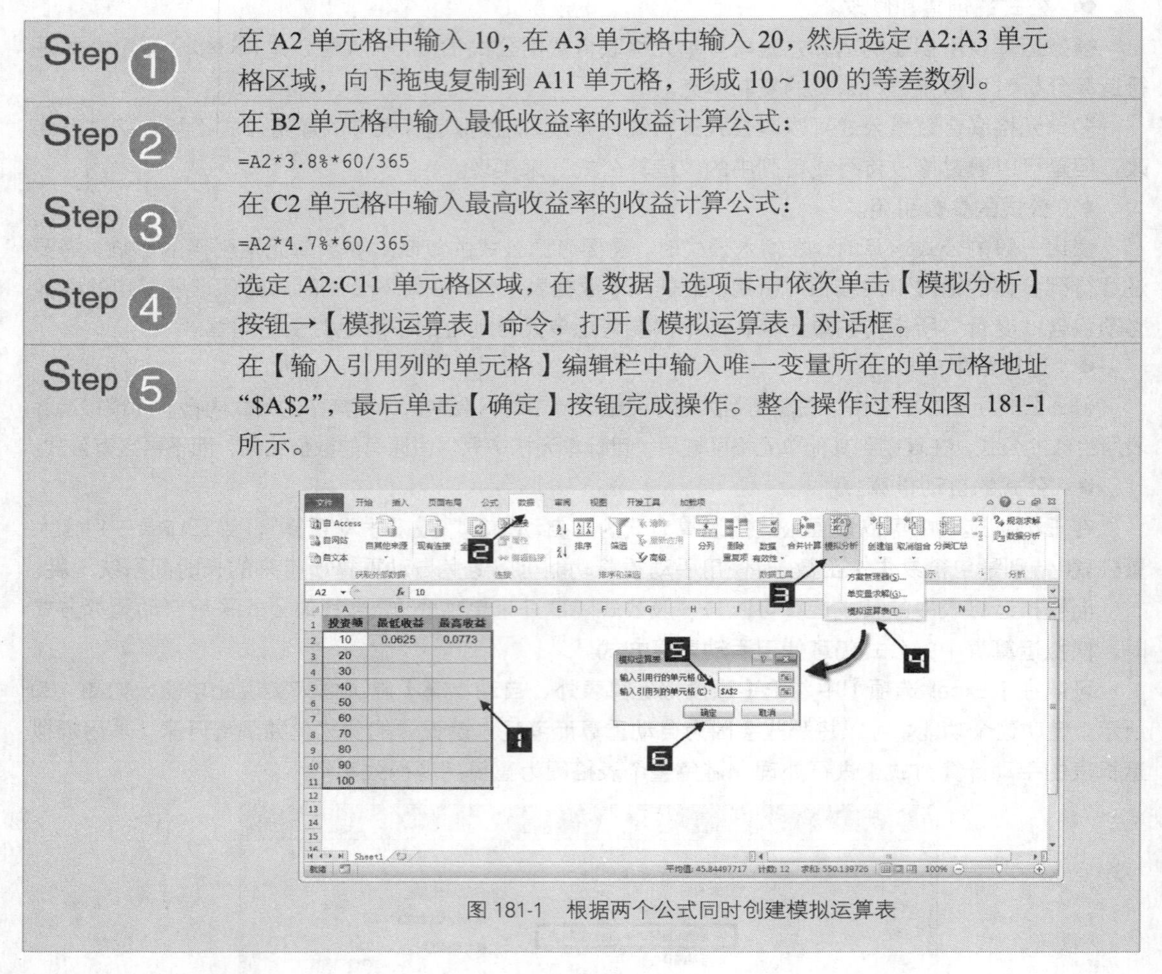


图 181-1 根据两个公式同时创建模拟运算表

运算的结果如图 181-2 所示。

这个例子中只有一组变量（A2:A11 单元格中的投资额），但包含了 B2 和 C2 单元格中两个不同的公式，可以对这样的一组变量的多种不同计算方式使用模拟运算表一次性完成计算模型的生成。

| | A | B | C |
|---|---|---|---|
| 1 | 投资额 | 最低收益 | 最高收益 |
| 2 | 10 | 0.0625 | 0.0773 |
| 3 | 20 | 0.1249 | 0.1545 |
| 4 | 30 | 0.1874 | 0.2318 |
| 5 | 40 | 0.2499 | 0.3090 |
| 6 | 50 | 0.3123 | 0.3863 |
| 7 | 60 | 0.3748 | 0.4636 |
| 8 | 70 | 0.4373 | 0.5408 |
| 9 | 80 | 0.4997 | 0.6181 |
| 10 | 90 | 0.5622 | 0.6953 |
| 11 | 100 | 0.6247 | 0.7726 |

图 181-2　理财投资收益分析

# 技巧 182　双变量假设分析

如果需要对两个变量同时影响运算结果的计算模型进行分析，就需要创建双变量的模拟运算表。

许多人在购买房屋需要申请房屋贷款时经常会需要考虑要贷款多少金额、选择多长的贷款期限。考虑的因素主要包括利率的变化、月还款的承受能力和利息总额等。这种情况下使用假设分析是一种不错的选择。

假定在 A2 单元格中存放贷款总额，B2 单元格中存放贷款的年限，在 C2 单元格中存放贷款年率，则可以用以下公式计算等额还款方式下的每月还款额：

```
=PMT(C2/12,B2*12,-A2)
```

假定贷款 50 万元，期限 10 年，年率为 6.55%，则计算得到每月还款额为 5690.13 元，如图 182-1 所示。

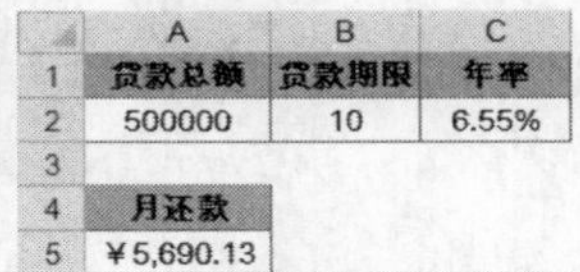

| | A | B | C |
|---|---|---|---|
| 1 | 贷款总额 | 贷款期限 | 年率 |
| 2 | 500000 | 10 | 6.55% |
| 3 | | | |
| 4 | 月还款 | | |
| 5 | ¥5,690.13 | | |

图 182-1　房贷还款计算

通常为了综合衡量自身的还款能力，选择合适的贷款方案，还需要考察不同贷款年限和不同贷款金额的月供变动情况。例如，假定希望分析贷款额在 20 万～70 万元的范围内变动、贷款期限在 10～20 年的范围内变动时所对应的月供数据，可以进行以下操作。

**Step 1** 在 A6 单元格中输入 200000，在 A7 单元格中输入 250000，然后同时选中 A6:A7 单元格向下拖曳填充至 A16 单元格，生成一组从 20 万到 70 万以 5 万为间隔的纵向等差序列。

**Step 2** 在 B5 单元格输入 10，按住<Ctrl>键向右拖拽填充至 L5 单元格，形成一组 10～20 的间隔为 1 的横向等差序列。

**Step 3** 选定 A5:L16 单元格区域，在【数据】选项卡中依次单击【模拟分析】按钮→【模拟运算表】命令，打开【模拟运算表】对话框。

**Step 4** 在【输入引用行的单元格】编辑栏中输入行方向上变量的单元格地址，即贷款年限所在的“$B$2”；在【输入引用列的单元格】编辑栏中输入列方向上变量的单元格地址，即贷款金额所在的“$A$2”，最后单击【确定】按钮完成操作。整个操作过程如图 182-2 所示。

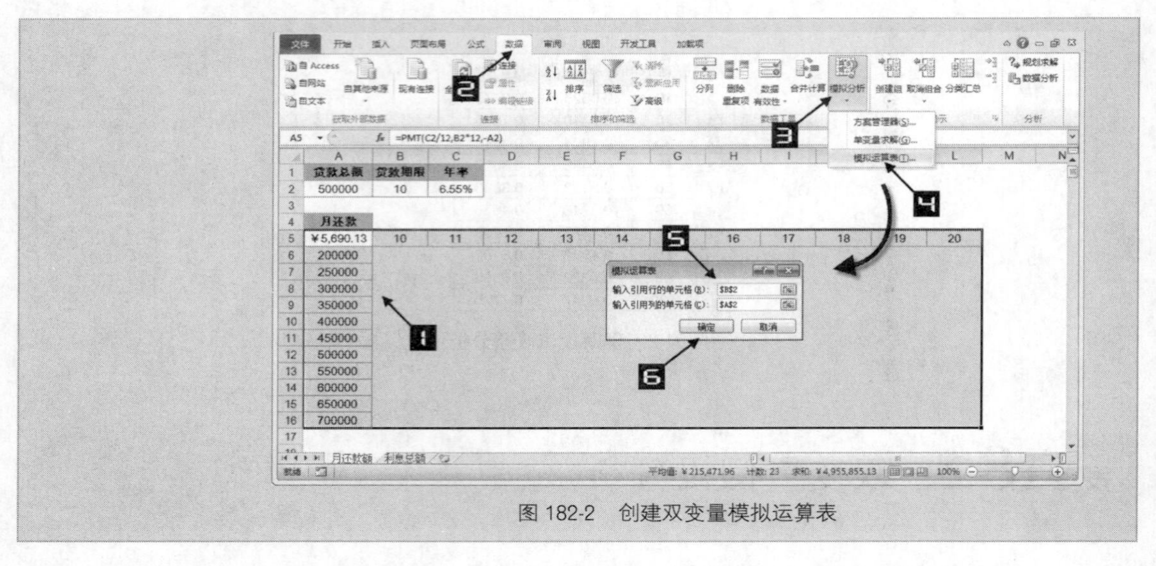


图 182-2　创建双变量模拟运算表

生成的结果位于 B6:L16 单元格区域中，对此区域添加“色阶”型的条件格式设置后，显示结果如图 182-3 所示，绿色、黄色、红色分别代表了较低、中等、较高的月供金额。用户可根据自身的承受能力进行决策。

| | A | B | C | D | E | F | G | H | I | J | K | L |
|---|---|---|---|---|---|---|---|---|---|---|---|---|
| 1 | 贷款总额 | 贷款期限 | 年率 | | | | | | | | | |
| 2 | 500000 | 10 | 6.55% | | | | | | | | | |
| 3 | | | | | | | | | | | | |
| 4 | 月还款 | | | | | | | | | | | |
| 5 | ¥5,690.13 | 10 | 11 | 12 | 13 | 14 | 15 | 16 | 17 | 18 | 19 | 20 |
| 6 | 200000 | 2276.05 | 2129.93 | 2009.1 | 1907.72 | 1821.61 | 1747.72 | 1683.73 | 1627.9 | 1578.86 | 1535.53 | 1497.04 |
| 7 | 250000 | 2845.06 | 2662.41 | 2511.37 | 2384.65 | 2277.02 | 2184.65 | 2104.67 | 2034.88 | 1973.58 | 1919.41 | 1871.3 |
| 8 | 300000 | 3414.08 | 3194.89 | 3013.65 | 2861.58 | 2732.42 | 2621.58 | 2525.6 | 2441.86 | 2368.29 | 2303.29 | 2245.56 |
| 9 | 350000 | 3983.09 | 3727.37 | 3515.92 | 3338.51 | 3187.82 | 3058.5 | 2946.53 | 2848.83 | 2763.01 | 2687.18 | 2619.82 |
| 10 | 400000 | 4552.1 | 4259.86 | 4018.2 | 3815.44 | 3643.23 | 3495.43 | 3367.47 | 3255.81 | 3157.72 | 3071.06 | 2994.08 |
| 11 | 450000 | 5121.11 | 4792.34 | 4520.47 | 4292.37 | 4098.63 | 3932.36 | 3788.4 | 3662.78 | 3552.44 | 3454.94 | 3368.34 |
| 12 | 500000 | 5690.13 | 5324.82 | 5022.75 | 4769.3 | 4554.03 | 4369.29 | 4209.33 | 4069.76 | 3947.16 | 3838.82 | 3742.6 |
| 13 | 550000 | 6259.14 | 5857.3 | 5525.02 | 5246.23 | 5009.44 | 4806.22 | 4630.27 | 4476.74 | 4341.87 | 4222.7 | 4116.86 |
| 14 | 600000 | 6828.15 | 6389.78 | 6027.3 | 5723.16 | 5464.84 | 5243.15 | 5051.2 | 4883.71 | 4736.59 | 4606.59 | 4491.12 |
| 15 | 650000 | 7397.17 | 6922.27 | 6529.57 | 6200.09 | 5920.24 | 5680.08 | 5472.13 | 5290.69 | 5131.3 | 4990.47 | 4865.38 |
| 16 | 700000 | 7966.18 | 7454.75 | 7031.85 | 6677.02 | 6375.65 | 6117.01 | 5893.06 | 5697.66 | 5526.02 | 5374.35 | 5239.64 |

图 182-3　月供数据分析

如果希望考察相同条件下的偿付利息总额情况，只需将图 182-3 中 A5 单元格的公式修改为下面这个公式即可，而不需要进行其他设置，结果如图 182-4 所示。

```
=PMT(C2/12,B2*12,-A2)*12*B2-A2
```

| | A | B | C | D | E | F | G | H | I | J | K | L |
|---|---|---|---|---|---|---|---|---|---|---|---|---|
| 1 | 贷款总额 | 贷款期限 | 年率 | | | | | | | | | |
| 2 | 500000 | 10 | 6.55% | | | | | | | | | |
| 3 | | | | | | | | | | | | |
| 4 | 利息总额 | | | | | | | | | | | |
| 5 | ¥182,815.27 | 10 | 11 | 12 | 13 | 14 | 15 | 16 | 17 | 18 | 19 | 20 |
| 6 | 200000 | 73126.1 | 81150.5 | 89310.3 | 97604.3 | 106031 | 114589 | 123277 | 132092 | 141034 | 150101 | 159289 |
| 7 | 250000 | 91407.6 | 101438 | 111638 | 122005 | 132539 | 143236 | 154096 | 165115 | 176293 | 187626 | 199112 |
| 8 | 300000 | 109689 | 121726 | 133965 | 146406 | 159047 | 171884 | 184915 | 198139 | 211551 | 225151 | 238934 |
| 9 | 350000 | 127971 | 142013 | 156293 | 170807 | 185554 | 200531 | 215734 | 231162 | 246810 | 262676 | 278757 |
| 10 | 400000 | 146252 | 162301 | 178621 | 195209 | 212062 | 229178 | 246553 | 264185 | 282069 | 300201 | 318579 |
| 11 | 450000 | 164534 | 182589 | 200948 | 219610 | 238570 | 257825 | 277373 | 297208 | 317327 | 337726 | 358401 |
| 12 | 500000 | 182815 | 202876 | 223276 | 244011 | 265078 | 286473 | 308192 | 330231 | 352586 | 375251 | 398224 |
| 13 | 550000 | 201097 | 223164 | 245603 | 268412 | 291585 | 315120 | 339011 | 363254 | 387844 | 412777 | 438046 |
| 14 | 600000 | 219378 | 243451 | 267931 | 292813 | 318093 | 343767 | 369830 | 396277 | 423103 | 450302 | 477868 |
| 15 | 650000 | 237660 | 263739 | 290258 | 317214 | 344601 | 372414 | 400649 | 429300 | 458361 | 487827 | 517691 |
| 16 | 700000 | 255941 | 284027 | 312586 | 341615 | 371109 | 401062 | 431468 | 462323 | 493620 | 525352 | 557513 |

图 182-4　利息总额数据分析

双变量假设分析可对两个变量的取值变化同时进行分析。在操作上，与之前的单变量假设分析所不同的地方在于：需要同时构建行方向和列方向上两组交叉的变量组，同时在【模拟运算表】对话框中需要分别指定引用行和引用列的变量单元格。

在本例中，模拟运算表的首行是“贷款期限”这组变量，因此“引用行”单元格选择公式中引用了“贷款期限”这个变量所在的单元格 B2；模拟运算表的首列是“贷款总额”这组变量，因此“引用列”单元格选择公式中引用了“贷款总额”这个变量所在的单元格 A2。

此外，在工作区域的选定上，需要保证运算公式位于区域的左上角单元格中，即本例中的 A5 单元格。

## 技巧 183　数据库函数与模拟运算表结合运用

数据库函数由于在使用当中需要引用一个相对比较固定的条件区域作为其函数参数，如果需要对不同的条件使用数据库函数进行统计，就意味着需要创建不同的条件区域来进行构建。因此在通常情况下数据库函数不太适合批量的创建应用。由于模拟运算表有着特有的参数引用机制，让数据库函数结合模拟运算表来使用，可以很好地解决数据库函数的条件参数引用问题，方便用户批量地使用此类函数。

图 183-1 显示了某公司在 2013 年 1 月份至 3 月份的部分销售记录。要根据这份记录单进行多条件的统计工作，例如要计算销售人员“王双”在 2013 年 2 月份的订单总额，可以参考以下步骤来实现。

| | A | B | C | D |
|---|---|---|---|---|
| 1 | 订单 ID | 销售人员 | 订单金额 | 订单日期 |
| 2 | 010128 | 王双 | 3165.21 | 2013/1/1 |
| 3 | 010129 | 薛滨峰 | 3147.97 | 2013/1/4 |
| 4 | 010130 | 丁涛 | 6171.45 | 2013/1/4 |
| 5 | 010131 | 王双 | 4670.68 | 2013/1/7 |
| 6 | 010132 | 李新 | 6020.58 | 2013/1/9 |
| 7 | 010133 | 王双 | 2456.93 | 2013/1/10 |
| 8 | 010134 | 王志为 | 3594.71 | 2013/1/11 |
| 9 | 010135 | 凌勇刚 | 6948.62 | 2013/1/11 |
| 10 | 010136 | 李新 | 8289.57 | 2013/1/15 |
| 11 | 010137 | 丁涛 | 2132.80 | 2013/1/18 |
| 12 | 010138 | 凌勇刚 | 6814.28 | 2013/1/19 |
| 13 | 010139 | 徐晓明 | 4394.78 | 2013/1/20 |
| 14 | 010140 | 王双 | 5933.57 | 2013/1/21 |
| 15 | 010141 | 丁涛 | 4556.29 | 2013/1/28 |
| 16 | 010142 | 徐晓明 | 5252.02 | 2013/1/30 |
| 17 | 010143 | 丁涛 | 6660.45 | 2013/1/30 |
| 18 | 010144 | 丁涛 | 2269.36 | 2013/2/1 |
| 19 | 010145 | 薛滨峰 | 3569.05 | 2013/2/4 |
| 20 | 010146 | 徐晓明 | 5111.16 | 2013/2/7 |
| 21 | 010147 | 李新 | 3310.82 | 2013/2/9 |
| 22 | 010148 | 王双 | 8952.86 | 2013/2/10 |
| 23 | 010149 | 丁涛 | 5977.33 | 2013/2/27 |
| 24 | 010150 | 王志为 | 3351.05 | 2013/2/27 |
| 25 | 010151 | 王志为 | 8074.67 | 2013/3/3 |
| 26 | 010152 | 凌勇刚 | 3760.82 | 2013/3/13 |
| 27 | 010153 | 王双 | 3020.15 | 2013/3/20 |
| 28 | 010154 | 王双 | 8718.73 | 2013/3/23 |
| 29 | 010155 | 李新 | 3474.63 | 2013/3/23 |

图 183-1　销售记录清单

**Step 1**　在数据表以外的区域中建立条件区域，上述统计要求实际包含了三个条件：订单日期大于等于 2013 年 2 月 1 日、订单日期小于 2013 年 3 月 1

日以及销售人员为“王双”。参照这三个条件，建立的条件区域如图 183-2 所示。

| | F | G | H |
|---|---|---|---|
| 1 | 订单日期 | 订单日期 | 销售人员 |
| 2 | >=2013-2-1 | <2013-3-1 | 王双 |

图 183-2　建立条件区域

**Step 2**　根据这个条件区域就可以使用数据库函数建立条件求和公式：

```
=DSUM(A:D,3,F1:H2)
```

其中的 F1:H2 单元格区域就是指图 183-2 中的条件区域。

DSUM 函数是一个数据库函数，它的语法如下：

```
DSUM(database,field,criteria)
```

第一参数 database 是数据库所在的单元格区域，其中将首行标识为字段名；第二参数 field 是指需要进行统计的字段，此例中要对订单金额进行求和，在公式中使用数字 3 表示订单金额位于数据库中的第 3 列；第三参数 criteria 需要指定进行统计时包含统计条件的单元格区域，此例中即为事先建立的 F1:H2 条件区域。

如果希望同时对所有销售人员的每个月份的订单金额进行统计，那么使用上面的方法来实现就比较麻烦，需要建立不同的条件区域并且使用不同的公式运算。而借助模拟运算表可以很好地解决这种麻烦。

仍以上述数据表为例，具体操作步骤如下：

**Step 1**　在 F5:F7 单元格区域中分别填入“1 月”、“2 月”和“3 月”，再在 G4:M4 单元格中分别填入各位销售人员的姓名，形成两组变量取值，如图 183-3 所示。

| | F | G | H | I | J | K | L | M |
|---|---|---|---|---|---|---|---|---|
| 4 | | 薛滨峰 | 丁涛 | 王双 | 李新 | 王志为 | 凌勇刚 | 徐晓明 |
| 5 | 1月 | | | | | | | |
| 6 | 2月 | | | | | | | |
| 7 | 3月 | | | | | | | |

图 183-3　构建模拟运算表的两组变量

**Step 2**　改造 F2:H2 的条件区域，使其产生对行列两个变量的引用。假设以 I1 单元格作为作为列参数“月份”的存放单元格，以 I2 单元格作为行参数“姓名”的存放单元格。可以在 F2、G2 和 H2 单元格内分别输入以下公式：

```
=">="&"2013-"&LEFT(I1,1)&"-1"
="<"&"2013-"&LEFT(I1,1)+1&"-1"
=I2
```

上述三个公式中所引用的 I1 和 I2 单元格并没有实际含义，只是为了与模拟运算表中的首行和首列参数形成关联引用，所以公式的运算结果就算有错误也没有关系。

其中第一个公式的实际含义表示订单日期大于等于“月份”的第一天，第二个公式的实际含义表示订单日期小于“月份”后面这个月的第一天，第三个公式则表示引用销售人员姓名。

**Step 3** 在 F4 单元格（即模拟运算表工作区域的左上角单元格）内输入运算公式，就是之前所用到的数据库函数求和公式：

```
=DSUM(A:D,3,F1:H2)
```

**Step 4** 选定 F4:M7 单元格区域，在【数据】选项卡中依次单击【模拟分析】按钮→【模拟运算表】命令，打开【模拟运算表】对话框，

**Step 5** 在【输入引用行的单元格】编辑栏中输入行方向上变量的单元格地址“$I$2”；在【输入引用列的单元格】编辑栏中输入列方向上变量的单元格地址“$I$1”，最后单击【确定】按钮完成操作。整个操作过程如图 183-4 所示。

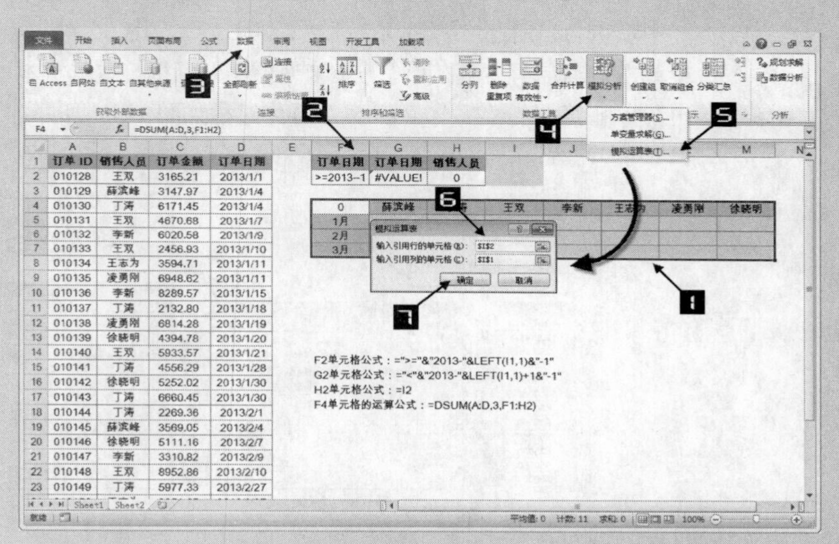


图 183-4　模拟运算表与数据库函数相结合

运算的结果如图 183-5 所示。

|  | F | G | H | I | J | K | L | M |
|---|---|---|---|---|---|---|---|---|
| 4 | 0 | 薛滨峰 | 丁涛 | 王双 | 李新 | 王志为 | 凌勇刚 | 徐晓明 |
| 5 | 1月 | 3147.97 | 19520.99 | 16226.39 | 14310.15 | 3594.71 | 13762.9 | 9646.8 |
| 6 | 2月 | 3569.05 | 8246.69 | 8952.86 | 3310.82 | 3351.05 | 0 | 5111.16 |
| 7 | 3月 | 0 | 0 | 11738.88 | 3474.63 | 8074.67 | 3760.82 | 0 |

图 183-5　统计结果

# 技巧 184　通过方案进行多变量假设分析

技巧 182 中的房贷模型中包含了三个变量，分别是贷款额、贷款期限和贷款年率，使用模拟运算表进行假设分析可以对其中两个变量的变化取值进行观察。但如果要同时对三个变量的变化取值进行观察分析，单纯仅凭模拟运算表工具就有些力不从心了，但可以通过结合“方案”来实现。

## 184.1 添加方案

假定要在技巧 182 中图 182-3 的基础上增加对年率取值变化的影响分析，分别取基准利率 6.55% 的下浮 30%（即 4.585%）和上浮 15%（即 7.5325%）为影响因素，观察每月还款额的相应变化，操作方法如下：

**Step 1** 选定变量年率所在的 C2 单元格，在【数据】选项卡中依次单击【模拟分析】按钮→【方案管理器】命令，打开【方案管理器】对话框。

**Step 2** 单击对话框中的【添加】按钮，打开【添加方案】对话框，在【方案名】文本框中为第一个方案命名，例如“下浮 30%”。【可变单元格】编辑栏中默认为当前选定的活动单元格，即 C2 单元格。

**Step 3** 单击【确定】按钮打开【方案变量值】对话框，在其文本框中输入下浮 30%利率时的取值“0.04585”。操作过程如图 184-1 所示。

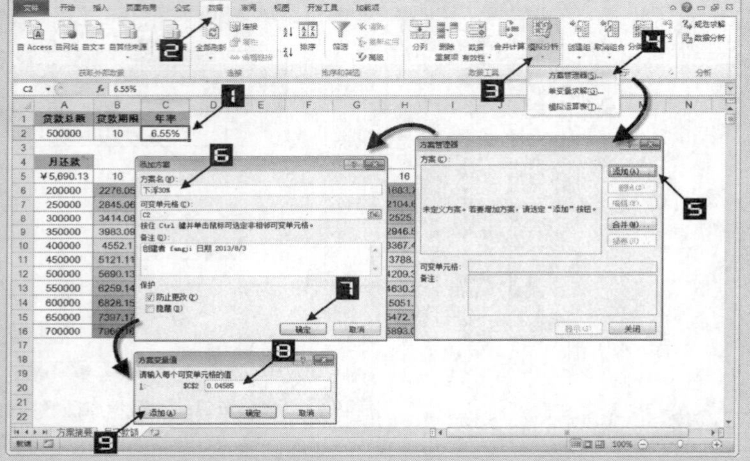


图 184-1 添加“方案”

**Step 4** 单击【添加】按钮返回到【添加方案】对话框，继续单击【添加】按钮可添加第二组方案。参照以上步骤依次再添加两组方案“基准”和“上浮 15%”，“方案变量值”分别为“0.0655”和“0.075325”。完成后的【方案管理器】对话框如图 184-2 所示。

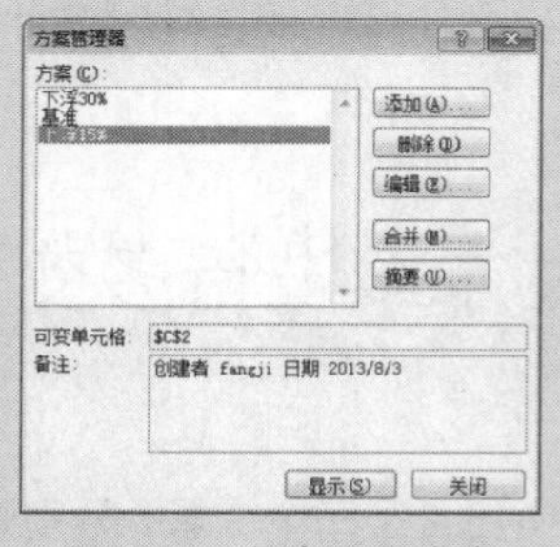


图 184-2 添加三组方案

在上述操作完成后，在【方案管理器】中选定不同的方案后单击下方的【显示】按钮，就会自动在表格中更改变量的取值，相应的模拟运算表中的数据也会随之变化，由此就可以同时观察三组变量取值变化对月还款金额结果的影响。上述三组方案的显示结果如图 184-3 所示。

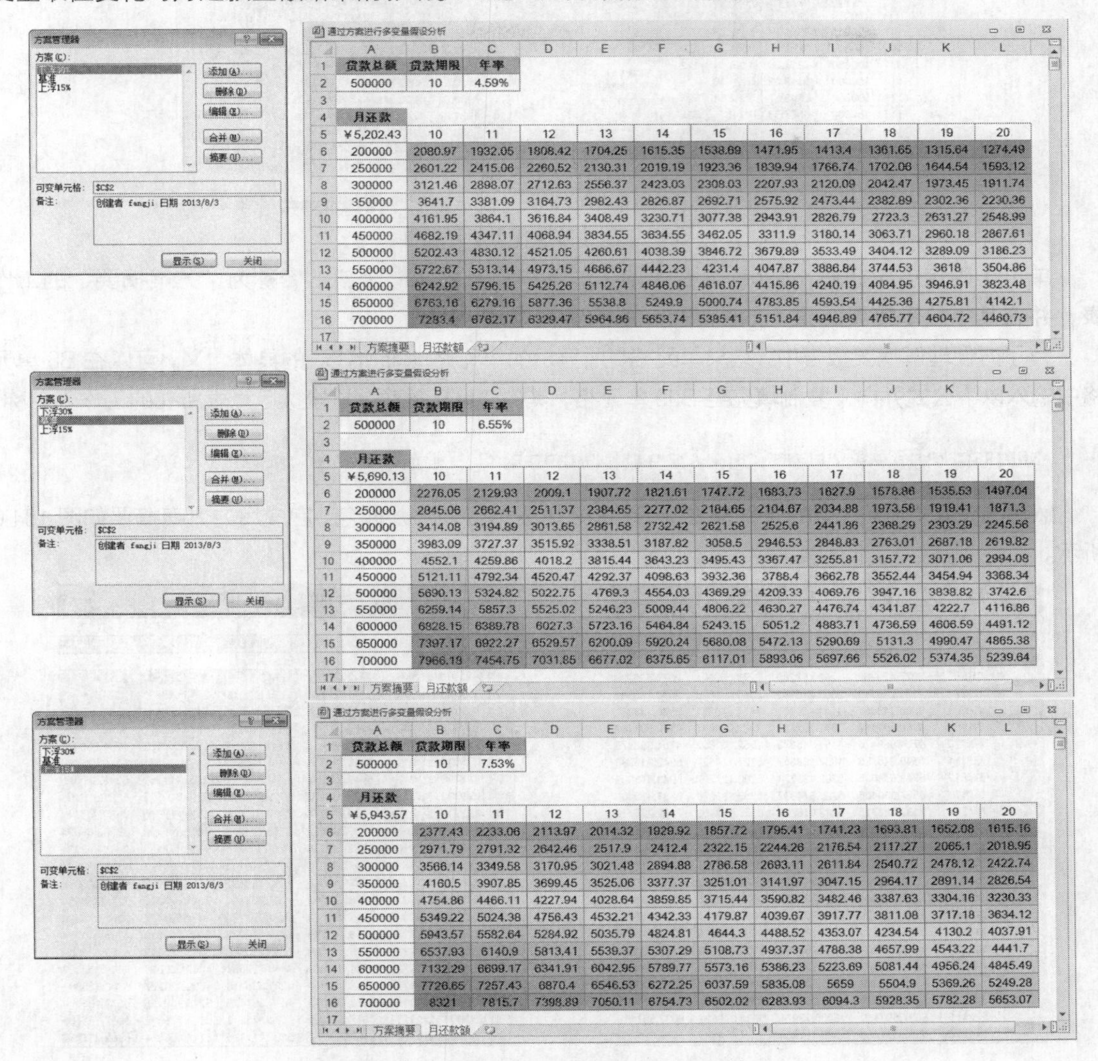


图 184-3　三组方案不同变量取值的对应结果

## 184.2　方案摘要

通过方案管理器选择不同的方案可以分别显示相应的假设分析运算结果，如果希望这些结果能够同时显示在一起，可以将方案生成“摘要”。

在如图 184-2 所示的【方案管理器】对话框中单击【摘要】按钮，打开【方案摘要】对话框，在【报表类型】中选择【方案摘要】选项，然后在【结果单元格】编辑栏中输入需要显示结果数据的单元格区域，例如选取“10 年”和“15 年”的两列结果“B6:B16,G6:G16”，如图 184-4 所示。

一份方案摘要最多只能显示 32 个单元格的结果，因此【结果单元格】中的选定区域不能包含太多单元格。

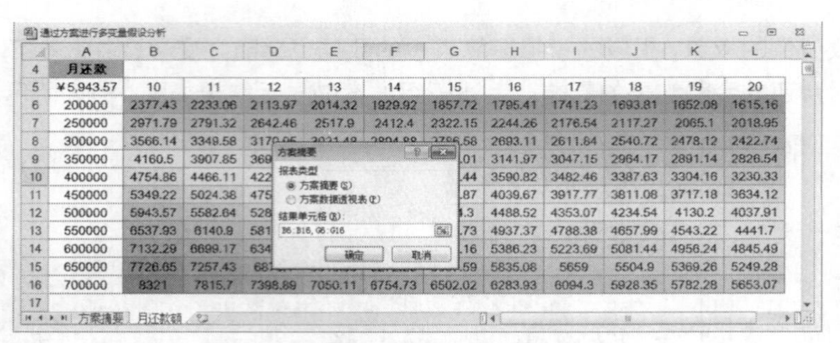


图 184-4 【方案摘要】对话框

单击【确定】按钮后，Excel 会在当前工作簿中自动插入一个新的名称为“方案摘要”的工作表，并在其中显示摘要结果，如图 184-5 所示。

为了方便理解摘要报告中“结果单元格”所显示的单元格地址所代表的具体含义，可以在 B8 单元格中输入以下公式并向下复制填充至 B29 单元格，其中“月还款额”是模拟运算表所在的工作表名称：

```
=INDIRECT("月还款额!"&LEFT(C8,2)&"2")&"年"&INDIRECT("月还款额!D"&ROW(INDIRECT(C8)))
```

然后再使用“色阶”型的条件格式对 D8:G29 单元格区域添加颜色，完成后的方案摘要如图 184-6 所示。

| 方案摘要 | 当前值: | 下浮30% | 基准 | 上浮15% |
|---|---|---|---|---|
| 可变单元格: | | | | |
| $C$2 | 7.53% | 4.59% | 6.55% | 7.53% |
| 结果单元格: | | | | |
| $B$6 | 2377.429238 | 2080.97269 | 2276.050901 | 2377.429238 |
| $B$7 | 2971.786548 | 2601.215862 | 2845.063626 | 2971.786548 |
| $B$8 | 3566.143857 | 3121.459035 | 3414.076351 | 3566.143857 |
| $B$9 | 4160.501167 | 3641.702207 | 3983.089077 | 4160.501167 |
| $B$10 | 4754.858476 | 4161.945379 | 4552.101802 | 4754.858476 |
| $B$11 | 5349.215786 | 4682.188552 | 5121.114527 | 5349.215786 |
| $B$12 | 5943.573095 | 5202.431724 | 5690.127252 | 5943.573095 |
| $B$13 | 6537.930405 | 5722.674897 | 6259.139978 | 6537.930405 |
| $B$14 | 7132.287715 | 6242.918069 | 6828.152703 | 7132.287715 |
| $B$15 | 7726.645024 | 6763.161241 | 7397.165428 | 7726.645024 |
| $B$16 | 8321.002334 | 7283.404414 | 7966.178153 | 8321.002334 |
| $G$6 | 1857.72036 | 1538.689142 | 1747.71681 | 1857.72036 |
| $G$7 | 2322.15045 | 1923.361427 | 2184.646012 | 2322.15045 |
| $G$8 | 2786.58054 | 2308.033712 | 2621.575215 | 2786.58054 |
| $G$9 | 3251.010629 | 2692.705998 | 3058.504417 | 3251.010629 |
| $G$10 | 3715.440719 | 3077.378283 | 3495.433619 | 3715.440719 |
| $G$11 | 4179.870809 | 3462.050568 | 3932.362822 | 4179.870809 |
| $G$12 | 4644.300899 | 3846.722854 | 4369.292024 | 4644.300899 |
| $G$13 | 5108.730989 | 4231.395139 | 4806.221227 | 5108.730989 |
| $G$14 | 5573.161079 | 4616.067425 | 5243.150429 | 5573.161079 |
| $G$15 | 6037.591169 | 5000.73971 | 5680.079632 | 6037.591169 |
| $G$16 | 6502.021259 | 5385.411995 | 6117.008834 | 6502.021259 |

图 184-5 生成的方案摘要报告

| 方案摘要 | | 当前值: | 下浮30% | 基准 | 上浮15% |
|---|---|---|---|---|---|
| 可变单元格: | | | | | |
| | $C$2 | 7.53% | 4.59% | 6.55% | 7.53% |
| 结果单元格: | | | | | |
| 10年200000 | $B$6 | 2377.429238 | 2080.97269 | 2276.050901 | 2377.429238 |
| 10年250000 | $B$7 | 2971.786548 | 2601.215862 | 2845.063626 | 2971.786548 |
| 10年300000 | $B$8 | 3566.143857 | 3121.459035 | 3414.076351 | 3566.143857 |
| 10年350000 | $B$9 | 4160.501167 | 3641.702207 | 3983.089077 | 4160.501167 |
| 10年400000 | $B$10 | 4754.858476 | 4161.945379 | 4552.101802 | 4754.858476 |
| 10年450000 | $B$11 | 5349.215786 | 4682.188552 | 5121.114527 | 5349.215786 |
| 10年500000 | $B$12 | 5943.573095 | 5202.431724 | 5690.127252 | 5943.573095 |
| 10年550000 | $B$13 | 6537.930405 | 5722.674897 | 6259.139978 | 6537.930405 |
| 10年600000 | $B$14 | 7132.287715 | 6242.918069 | 6828.152703 | 7132.287715 |
| 10年650000 | $B$15 | 7726.645024 | 6763.161241 | 7397.165428 | 7726.645024 |
| 10年700000 | $B$16 | 8321.002334 | 7283.404414 | 7966.178153 | 8321.002334 |
| 15年200000 | $G$6 | 1857.72036 | 1538.689142 | 1747.71681 | 1857.72036 |
| 15年250000 | $G$7 | 2322.15045 | 1923.361427 | 2184.646012 | 2322.15045 |
| 15年300000 | $G$8 | 2786.58054 | 2308.033712 | 2621.575215 | 2786.58054 |
| 15年350000 | $G$9 | 3251.010629 | 2692.705998 | 3058.504417 | 3251.010629 |
| 15年400000 | $G$10 | 3715.440719 | 3077.378283 | 3495.433619 | 3715.440719 |
| 15年450000 | $G$11 | 4179.870809 | 3462.050568 | 3932.362822 | 4179.870809 |
| 15年500000 | $G$12 | 4644.300899 | 3846.722854 | 4369.292024 | 4644.300899 |
| 15年550000 | $G$13 | 5108.730989 | 4231.395139 | 4806.221227 | 5108.730989 |
| 15年600000 | $G$14 | 5573.161079 | 4616.067425 | 5243.150429 | 5573.161079 |
| 15年650000 | $G$15 | 6037.591169 | 5000.73971 | 5680.079632 | 6037.591169 |
| 15年700000 | $G$16 | 6502.021259 | 5385.411995 | 6117.008834 | 6502.021259 |

图 184-6 更具可读性的方案摘要

根据这个图可以观察到三组变量的取值变化对月还款额的影响，这三组变量取值分别是贷款额 20 万～70 万元之间、贷款年限 10 年或 15 年，以及贷款利率在 4.585%、6.55%和 7.5325%之间，相应的月还款额运算结果则显示在 D8:G29 单元格区域中。

除了选择图 184-6 形式的摘要报告外，在【报表类型】中还可以选择生成【方案数据透视表】，会在具体结果形式上有所不同，而且可以使用透视表工具进行进一步的分析处理，具体方法可参考数据透视表章节，此处不再赘述。

方案的创建是基于工作表级别的，在当前工作表上所添加的方案都只保存在当前工作表上，而在其他工作表的“方案管理器”中不会显示这些方案。如果需要在不同工作表上使用相同的方案，在保证使用环境相同的情况下，可以使用方案的“合并”功能进行复制。

# 第 14 章　单变量求解

## 技巧 185　根据目标倒推条件指标

使用单变量求解工具进行逆向敏感分析，首先需要建立正确的数学模型，这个数学模型通常与正向敏感分析时所使用的模型相同。

假设有一个简化的投资案例，初始投资 10 万元，年收益率为 10%，投资周期为 15 年，要求测算到期的资金总额及相关的收益情况。根据各个计算元素之间关系建立的表格如图 185-1 所示。

B5　　fx　=B1*(1+B2)^B3

| | A | B | C |
|---|---|---|---|
| 1 | 初始投资 | 100000 | |
| 2 | 年收益率 | 10.000% | |
| 3 | 投资时间(年) | 15 | |
| 4 | | | |
| 5 | 到期总额 | 417724.82 | |
| 6 | 总收益 | 317724.82 | |
| 7 | 总收益率 | 318% | |

图 185-1　投资分析

图中所有已知的初始条件分别位于 B1:B3 单元格区域中，而 B5:B7 单元格内是根据目前所提供的条件计算出的结果，其中 B5 单元格的公式为“=B1*(1+B2)^B3”。此公式是一个简单的复利计算公式，年收益按年累加得到最终的到期总金额。如果使用财务函数也可以使用下面的公式：

```
B5=FV(B2,B3,,-B1)
```

B6 单元格内的公式为

```
B6=B5-B1
```

求得扣除投资本金以外的净利润。

B7 单元格内的公式为

```
B7=B6/B1
```

求得总的投资收益率。

建立完成这样的数学模型之后，对于正向预测分析的应用来说，只要在 B1:B3 单元格区域中更改参数条件，即可求得相应条件下的投资总收益情况。

假设用户现在需要了解要在 15 年内将总收益率提升到 400%，至少需要保证每年多少的“年收益率”才能达到这个目标？这样的问题就是一个典型的逆向敏感分析需求，通过结果来求取条件。对于这样的分析需求，并不需要编写新的公式或创建新的数学模型，之前所建立的数学模型完全适用于使用单变量求解工具的逆向分析工程，方法如下：

**Step 1** 选中 B7 单元格，在【数据】选项卡中依次单击【模拟分析】下拉按钮→【单变量求解】命令，打开【单变量求解】对话框，如图 185-2 所示。

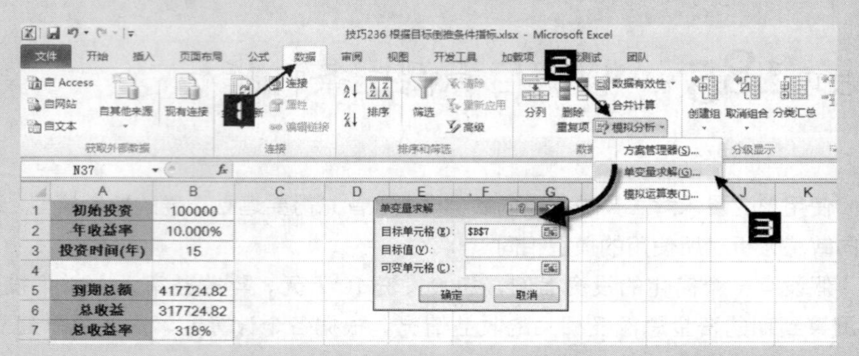


图 185-2 【单变量求解】对话框

**Step 2** 在【目标单元格】编辑框中保持需要输入计算模型结果存放的单元格位置 B7 不变。

**Step 3** 在【目标值】文本框中需要输入模型计算结果的具体取值。本例中的目标为“总收益率”达到 400%，因此在此处需要输入“400%”。

**Step 4** 在【可变单元格】编辑框中需要输入条件变量的单元格位置，即所要求取的条件因素所在位置。本例中需要求取“年收益率”，因此可在此处输入“B2”。用户也可以先将光标定位到编辑框中，然后在工作表中选取 B2 单元格，单元格地址会自动出现在文本框中。完成以上操作后的【单变量求解】对话框如图 185-3 所示。

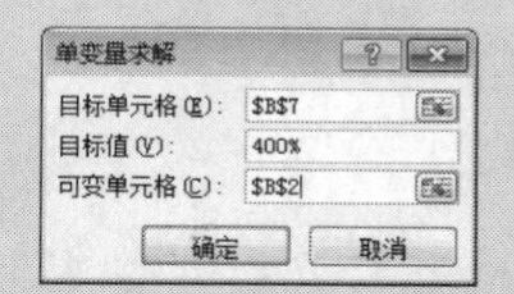


图 185-3 设置单变量求解的参数

**Step 5** 单击【确定】按钮，Excel 立即开始运算过程，并在找到第一个解后中断运算过程，显示【单变量求解状态】对话框，如图 185-4 所示。

| | A | B |
|---|---|---|
| 1 | 初始投资 | 100000 |
| 2 | 年收益率 | 11.326% |
| 3 | 投资时间(年) | 15 |
| 4 | | |
| 5 | 到期总额 | 499982.58 |
| 6 | 总收益 | 399982.58 |
| 7 | 总收益率 | 400% |

单变量求解状态
对单元格 B7 进行单变量求解
求得一个解。
目标值：4
当前解：400%
单步执行(S)
暂停(P)
确定
取消

图 185-4 求得第一个解

【单变量求解状态】对话框中显示当前单变量求解工具已经找到了一个满足条件的解，使得目标单元格达到目标值。其中“目标值”指的是所设定的结果目标取值，而“目标解”则指当前 Excel 通过迭代计算所得到的目标单元格的结果，即 B7 单元格中的结果。在【单变量求解状态】对话框显示找到结果的同时，工作表中的条件单元格 B2 以及结果单元格区域 B5:B7 中也会同时显示当前取值下的结果。此时的“年收益率”显示 11.326%，即表示在满足每年收益率在 11.326%以上的情况下，可以在 15 年后达到 400%的“总收益率”目标。

Step 6 单击【单变量求解状态】对话框中的【确定】按钮可以保留当前的单元格取值，如图 185-5 所示。单击【取消】按钮或关闭此对话框则可恢复到运用单变量工具进行计算前的工作表状态。

| | A | B |
|---|---|---|
| 1 | 初始投资 | 100000 |
| 2 | 年收益率 | 11.326% |
| 3 | 投资时间(年) | 15 |
| 4 | | |
| 5 | 到期总额 | 499982.58 |
| 6 | 总收益 | 399982.58 |
| 7 | 总收益率 | 400% |

图 185-5　保留求解结果

提示！ 此技巧的介绍表明，要进行逆向敏感分析并不需要用户具备逆向思维和分析的能力（通常逆向思维比正向思维更困难），而只需通过预先建立的正向分析模型，借助 Excel 的单变量求解工具即可完成复杂的求解过程。

## 技巧 186　调整计算精度

虽然设定的“总收益率”目标为 400%的一个整数，但在 B5 和 B6 单元格中显示的数值并非整数。事实上 B7 单元格在改变单元格数字格式后也会显示小数部分的尾数，也就是表示当前 Excel 所找到的结果并没有使得“总收益率”达到 400%的精确值，而只是十分接近于此目标值。这样的结果与当前工作簿所设定的计算误差精度要求和单变量求解的计算方式有关。

单变量求解的计算过程就是以可变单元格的当前取值作为基准，不断地改变其取值来进行迭代计算，当计算过程中所得到的结果接近于目标值，并且满足当前的计算误差精度要求时，即中断计算过程返回结果。Excel 的计算误差精度默认为 0.001，表示当迭代计算结果与目标值的差异小于 0.001 时即终止迭代。改变此计算误差的精度要求的方法如下。

依次单击【文件】→【选项】，在弹出的【Excel 选项】对话框中单击【公式】选项卡，在右侧的【最大误差】文本框中输入新的计算误差精度，本例调整为 0.00001，单击【确定】按钮关闭对话框，重新使用单变量工具对此问题进行求解，可以得到如图 186 所示的结果。

此时，虽然 B5:B7 单元格中计算结果仍然不是整数，但已经是较前一个结果更为接近整数的结果。

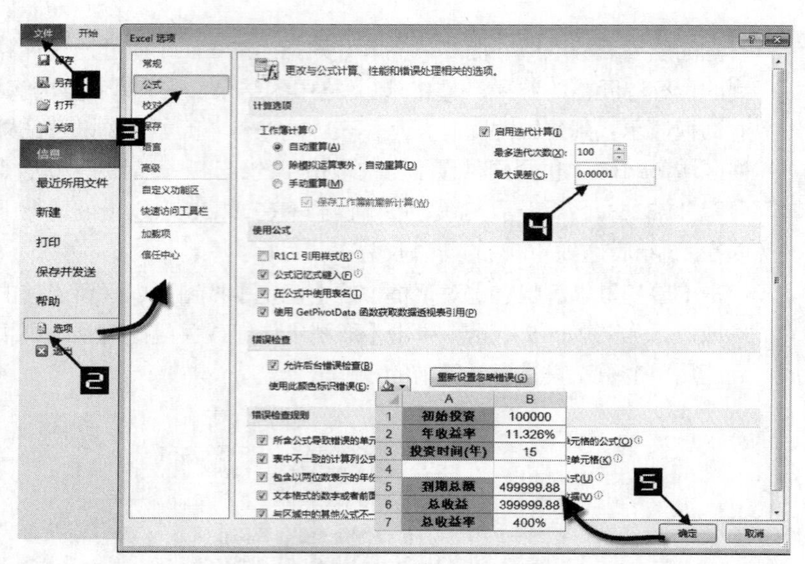

图 186　调整计算误差精度后的结果

# 技巧 187　单变量求解常见问题及解决方法

并非所有的逆向求解问题都能通过单变量求解工具得到正确的结果，通常有以下一些原因会影响求解。

## 187.1　逻辑错误

有些时候，错误的逻辑关系会造成逆向求解过程无解，类似于方程式中的无解情况。

例如，B2 单元格中的公式为：

```
=SIN(A2)
```

以 B2 作为目标单元格，以 A2 作为可变单元格，要求取目标值为 2 的情况，这就是一个无解的情况。由于 SIN 函数的值范围只能在-1 到 1 之间，所以这是一个逻辑关系错误的模型条件。对此条件使用 Excel 单变量求解工具进行求解时，Excel 会显示如图 187-1 所示的【单变量求解状态】对话框，提示单变量求解无法获得满足条件的解。

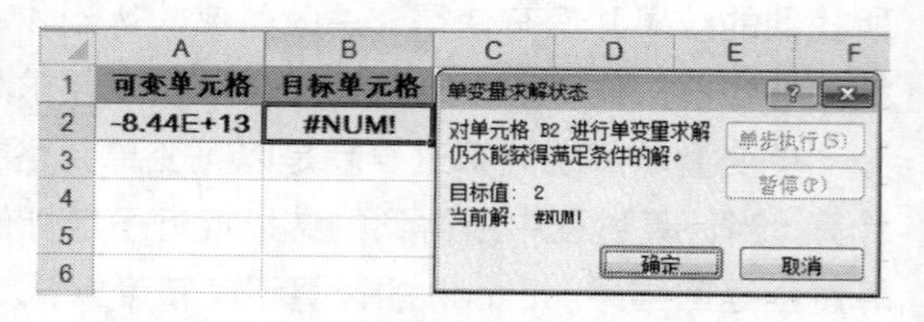

图 187-1　无法获得满足条件的解

类似的还有一种情况，就是条件因素和结果的模型从数学角度上来看有解，但并不符合实际中的情况。

例如，在“总收益率”为-20%的目标下求取“年收益率”，投资收益率为负数即表示投资产生亏损，从现实角度来说，投资出现亏损是完全有可能的。但如果案例改为银行存款收益分析，由于存款利率没有负利率（不考虑物价上涨因素），因此如果同样以“总收益率”为-20%作为目标就不符合实际情况了。这种条件下的单变量求解虽然能够得到数学上的解，但并不具备实际意义。

## 187.2　精度影响

单变量求解采用迭代运算的方法，通过反复改变可变单元格中的值来得到更加接近目标结果的取值。当计算过程中所得到的结果接近于目标值，并且与目标值的差异小于最大误差精度要求时，即停止运算返回结果。同时，相邻两次迭代运算的取值变化也受到“最大允许误差”的制约，如果误差允许范围较大，那么每次迭代的取值变化就较大，运算速度相对更快，但同时也使得计算精度下降，因此单变量求解最终计算的结果精度受到最大允许误差设置的影响。

例如，B2 单元格中的公式为：

```
=A2^2
```

表示 B2 单元格为 A2 单元格数值的平方，以 B2 为目标单元格，目标值为 64，A2 单元格为可变单元格，运用单变量求解工具进行计算，求得的结果如图 187-2 所示，A2 单元格计算结果并非整数-8，而是一个十分接近于-8 的数值。

由于单变量求解工具没有限制整数的选项，因此要调整单变量求解的允许误差精度。调整精度的方法可参阅技巧 186。例如，将计算精度调整为 0.000001 后再次对图 187-2 所示的表格进行求解，可以得到更为精确的数据结果，如图 187-3 所示。

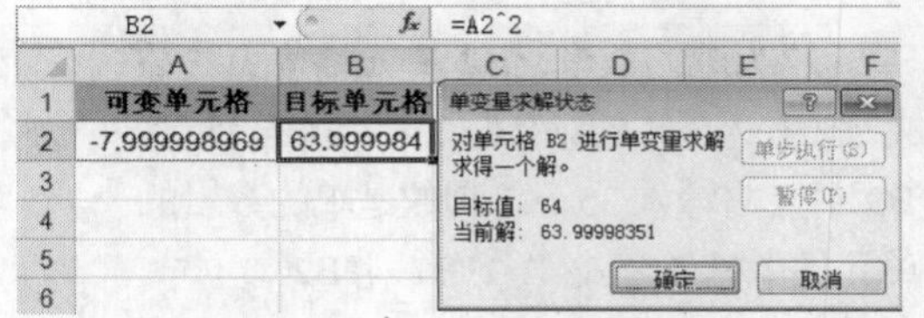

图 187-2　受精度影响的结果

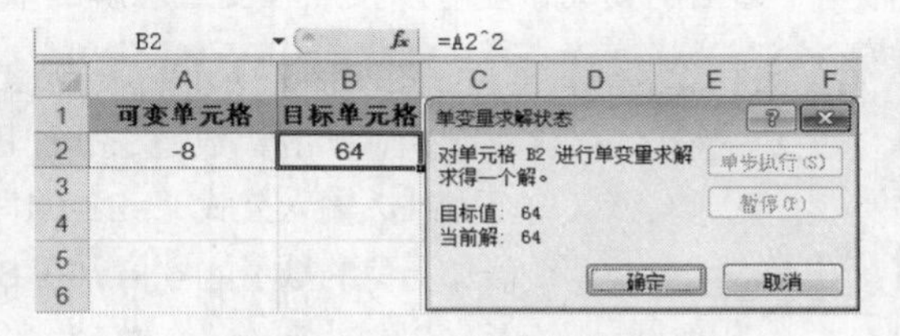

图 187-3　更为精确的结果

除了调整计算精度的方法以外，借助辅助公式进行过渡计算也是求得整数结果的一种方法。在如图 187-3 所示的表格中选中 A2 单元格，输入公式：

```
=INT(A4)
```

在 A4 单元格输入数值 10，选定 A4 单元格，调出【单变量求解】对话框，在对话框中设置相关的参数，其中【目标单元格】为 B2，【目标值】为 64，【可变单元格】为 A4，然后单击【确定】按钮进行运算，结果如图 187-4 所示。

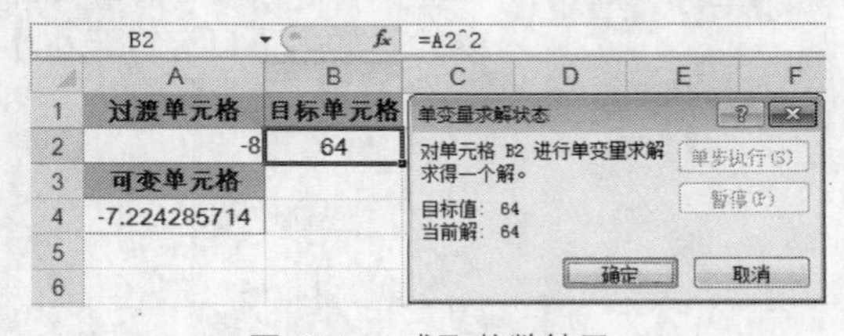

图 187-4　求取整数结果

此时，A2 和 B2 单元格中结果均为整数结果，【单变量求解状态】对话框中的“当前解”也显示为整数值 64，其中单元格 A2 中结果即为用户所需的整数结果。

从这个例子中可以发现，在使用单变量求解时，目标单元格（模型的结果）中的公式并非必须直接引用可变单元格（模型的条件），而是可以间接地引用与可变单元格相关的其他单元格作为中间桥梁，同样可以得出最终的结果。

## 187.3 多解情况

对于具有多解可能的模型来说，使用单变量求解并不能同时得到多个解，而只能得到其中的某一个解，通常是离可变单元格当前取值较近的那个解。

在 187.2 中，如果 A4 输入的初始值是-1，那么得到的解是-8；如果输入的初始值是 1，那么得到的解是 8。

# 技巧 188 解决鸡兔同笼问题

“鸡兔同笼”问题是一个比较经典的数学问题，源自我国古代四五世纪的数学著作《孙子算经》。算经卷下第三十一题为：今有雉、兔同笼，上有三十五头，下有九十四足。问雉兔各几何?

鸡兔同笼问题其实是一个二元一次方程组问题，按理说是无法用单变量求解解决的，不过可以做一个适当的变动，就可以按照单变量求解出来了。

**Step 1** 建立如图 188-1 所示的表格，B1 单元格为鸡的数量，B2 单元格为兔的数量，因为总共的头数是 35 只，所以定义 B1 为 X 的话，那么 B2 就是 35-X，单元格 B2 输入公式“=B3-B1”，B3 单元格输入 35，总脚数是鸡的数量的 2 倍加上兔的数量的 4 倍，在 B4 单元格中输入公式“=2*B1+4*B2”。

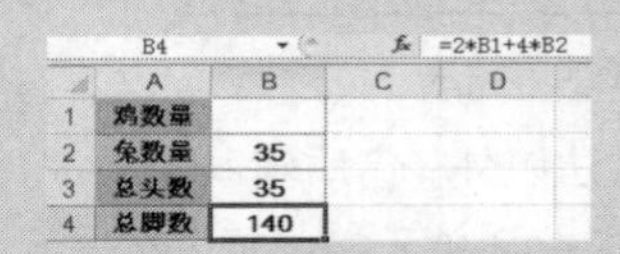


图 188-1 列出已知条件

**Step 2** 选定 B4 单元格，调出【单变量求解】对话框，在对话框中设置相关的参数，其中【目标单元格】为 B4，【目标值】为 94，【可变单元格】为 B1，如图 188-2 所示。

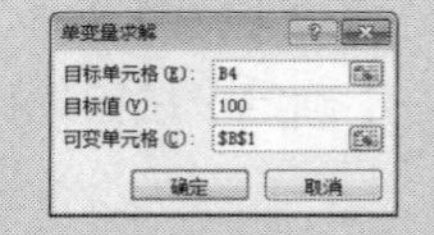


图 188-2 设置【单变量求解】对话框

**Step 3** 单击【确定】按钮后，显示的运算结果如图 188-3 所示。

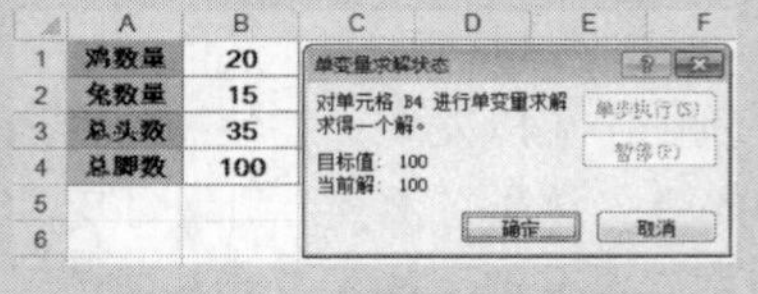


图 188-3 单变量求解结果

由此可以求解出鸡兔的数量，其使用的方法是消元法，把多个变量变为单个变量，进而求解出值。

# 技巧 189　个税反向查询

以个税调整为例，某位事业编制高级工程师，每个月打入工资卡中的税后收入是 5350 元，他想知道自己的实际收入。这是一个典型的逆向运算问题，个税计算公式都是顺着运算，现在要反过来运算。根据国家税务机关提供的个人所得税文件，建立如图 189-1 所示的纳税表格，起征点是 3500，低于 3500 的不纳税，超过 3500 的那部分，在 0～1500 之间的按照 3%纳税，在 1500～4500 之间的按照 10%纳税，为了快速计算，特意增加了速算扣除数。笔者打个比方，6000 元工资如何纳税呢？3500 元不用纳税，剩下 2500，其中 1500 纳税 3%，1000 元纳税 10%，计算就是 1500*3%+1000*10%，结果等于 145，如果用速算扣除数的话，就是 2500*10%-105，结果也等于 145。在纳税金额很大的时候速算就能体现出其优势。

| | A | B | C |
|---|---|---|---|
| 1 | 起征点 | 3500 | |
| 2 | 应纳税所得额 | 税率 | 速算扣除数 |
| 3 | 0 | 3% | 0 |
| 4 | 1500 | 10% | 105 |
| 5 | 4500 | 20% | 555 |
| 6 | 9000 | 25% | 1005 |
| 7 | 35000 | 30% | 2755 |
| 8 | 55000 | 35% | 5505 |
| 9 | 80000 | 45% | 13505 |

图 189-1　列出已知条件

Step 1　在 F2 单元格输入公式，如图 189-2 所示。

```
F2=F1-IF(F1>=B1,VLOOKUP(F1-B1,A3:B9,2,TRUE)*(F1-B1)-VLOOKUP(F1-B1,A3:C9,3,TRUE),0)
```

F2　=F1-IF(F1>=B1,VLOOKUP(F1-B1,A3:B9,2,TRUE)*(F1-B1)-VLOOKUP(F1-B1,A3:C9,3,TRUE),0)

| | A | B | C | D | E | F | G | H | I | J | K |
|---|---|---|---|---|---|---|---|---|---|---|---|
| 1 | 起征点 | 3500 | | | 实际收入 | | | | | | |
| 2 | 应纳税所得额 | 税率 | 速算扣除数 | | 税后收入 | 0 | | | | | |
| 3 | 0 | 3% | 0 | | | | | | | | |
| 4 | 1500 | 10% | 105 | | | | | | | | |
| 5 | 4500 | 20% | 555 | | | | | | | | |
| 6 | 9000 | 25% | 1005 | | | | | | | | |
| 7 | 35000 | 30% | 2755 | | | | | | | | |
| 8 | 55000 | 35% | 5505 | | | | | | | | |
| 9 | 80000 | 45% | 13505 | | | | | | | | |

图 189-2　建立公式模型

提示！　如果收入低于 3500，那么实际纳税为 0，超出部分利用 VLOOKUP 函数的近似匹配值功能找出税率，再减去速算扣除数，得出税后收入。

Step 2　选定 F2 单元格，调出【单变量求解】对话框，在对话框中设置相关的参数，其中【目标单元格】为 F2，【目标值】为 5350，【可变单元格】为 F1，如图 189-3 所示。

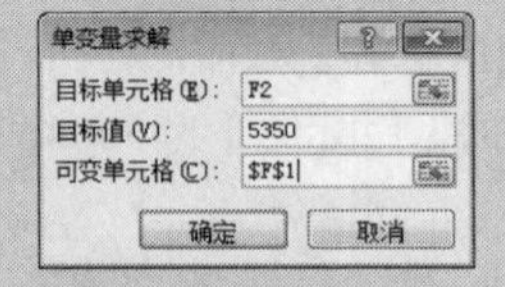


图 189-3　设置【单变量求解】对话框

Step 3　单击【确定】按钮后，显示的运算结果如图 189-4 所示。

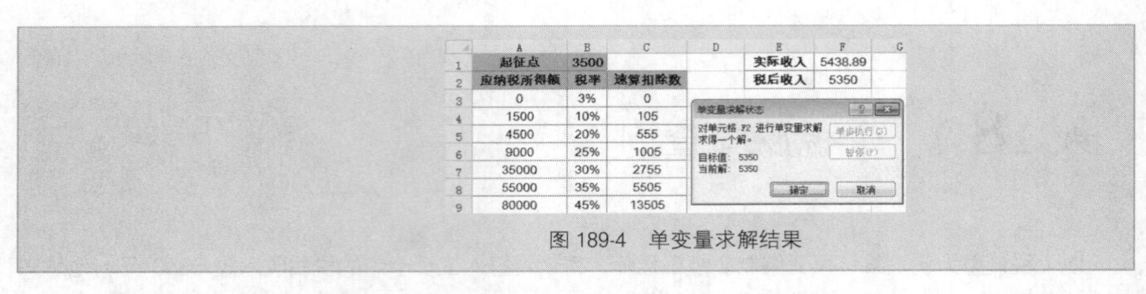


图 189-4　单变量求解结果

由此可以得出这位工程师的实际工资，其实还有反向计算的数组公式，不过没有一定的数组和数学基础的话理解起来会比较困难，利用单变量求解可以迅速计算出实际工资，不需要反向求解公式。

## 技巧 190　计算住房贷款问题

贷款按揭买房是现实生活中很热门的话题之一，许多购买者通常先考虑自己可以承受的月供范围，然后再计算可以贷款的额度和期限，对于此类问题可以借助单变量求解工具来解决。

基本财务函数各个参数的含义如下：

FV 是 Future Value 的缩写，表示未来的价值。

PV 是 Present Value 的缩写，表示现在的价值。

PMT 是 Payment 的缩写，表示支付金额。

NPer 是 number of payment periods 的缩写，表示支付次数。

Rate 是 interest rate，表示利率。

假设某客户在买房前预期的每月还款额为 3000 元，需要贷款 40 万元，目前的贷款利率为 7.05%，计算还清贷款所需时间的方法如下：

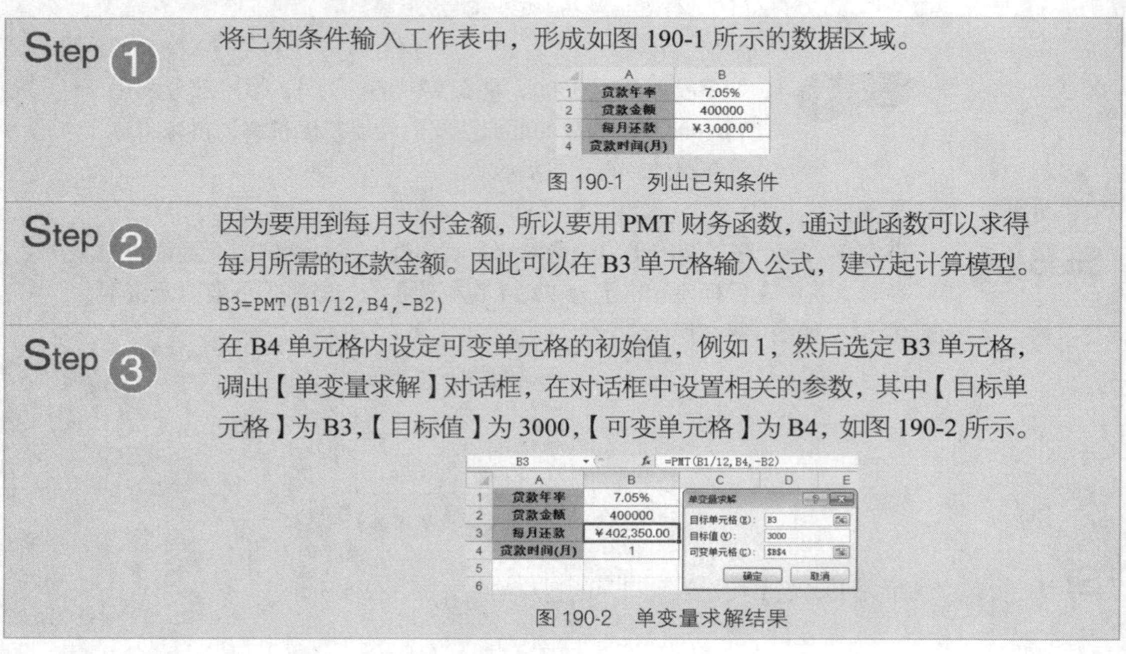

**Step 1**　将已知条件输入工作表中，形成如图 190-1 所示的数据区域。

| | A | B |
|---|---|---|
| 1 | 贷款年率 | 7.05% |
| 2 | 贷款金额 | 400000 |
| 3 | 每月还款 | ¥3,000.00 |
| 4 | 贷款时间(月) | |

图 190-1　列出已知条件

**Step 2**　因为要用到每月支付金额，所以要用 PMT 财务函数，通过此函数可以求得每月所需的还款金额。因此可以在 B3 单元格输入公式，建立起计算模型。

```
B3=PMT(B1/12,B4,-B2)
```

**Step 3**　在 B4 单元格内设定可变单元格的初始值，例如 1，然后选定 B3 单元格，调出【单变量求解】对话框，在对话框中设置相关的参数，其中【目标单元格】为 B3，【目标值】为 3000，【可变单元格】为 B4，如图 190-2 所示。



图 190-2　单变量求解结果

**Step 4** 单击【确定】按钮即可显示最终求解结果，如图 190-3 所示，可以看到在每月还款 3000 元的水平下，大约需要 261 个月可以还清全部贷款。

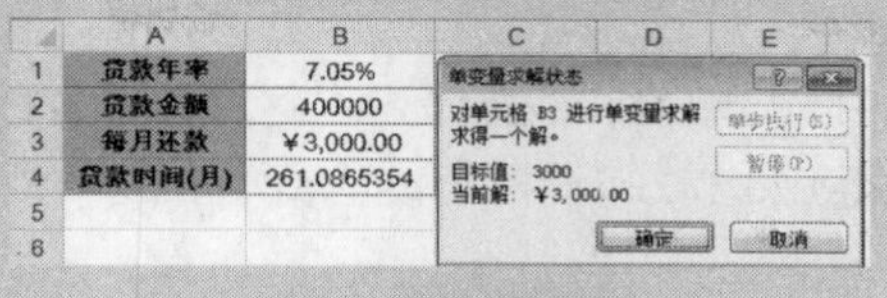

| | A | B |
|---|---|---|
| 1 | 贷款年率 | 7.05% |
| 2 | 贷款金额 | 400000 |
| 3 | 每月还款 | ¥3,000.00 |
| 4 | 贷款时间(月) | 261.0865354 |
| 5 | | |
| 6 | | |



图 190-3　单变量求解结果

与此类似，如果客户需要知道在月供 3000 元的能力保证之下，并且在最多可贷款 30 年的情况下，最多可以贷款多少金额？此时可以稍微修改以上的表格内容，继续使用原有的计算模型来求得结果，方法如下。

在步骤 3 中，在 B4 单元格中输入 360（30 年 × 12 个月），然后选定 B3 单元格，调出【单变量求解】对话框，在对话框中设置相关的参数，其中【目标单元格】为 B3，【目标值】为 3000，【可变单元格】为 B2。

单击【确定】按钮即可得到最终结果，如图 190-4 所示，可以看到在月供 3000 元，分 30 年还清的情况下，最多可以贷款 44.87 万元。

| | A | B |
|---|---|---|
| 1 | 贷款年率 | 7.05% |
| 2 | 贷款金额 | 448655.9215 |
| 3 | 每月还款 | ¥3,000.00 |
| 4 | 贷款时间(月) | 360 |

图 190-4　单变量求解结果

**提示！** 与前面的例子类似，如果使用财务函数直接在 B2 单元格中输入公式，则可以得到同样的结果。

## 技巧 191　计算理财产品收益

除了住房贷款之类的计算问题，存入保险金或养老金的问题，也都可以借助 Excel 的财务函数求解。与此类问题相关的财务函数包括 PMT 函数、PV 函数、NPER 函数、RATE 函数以及 PPMT 函数和 IPMT 函数等。

此外，也可以不使用财务函数来计算。以等额存款为例，其基本原理如下。

在等额存款方式中，每月的存款金额不变，月末账户总额将包括两部分内容，一部分是以前存入的钱和产生的利息，剩余部分是当月存入的钱。

例如，两夫妻为刚出生的孩子买了一款理财产品，每月存入固定金额，一直存到孩子满 15 周岁，年收益率预计为 3.5%，孩子 15 周岁后，如果希望银行账户有 300000，那么需要每月存多少钱？除了使用财务公式还可以用以下方法解决。

**Step 1** 在图 191-1 所示的表格中的 F2 单元格建立第一个月的存款公式，在 F2 单元格内输入公式：

```
F2=$B$3+SUM(F1)*(1+$B$1/12)
```

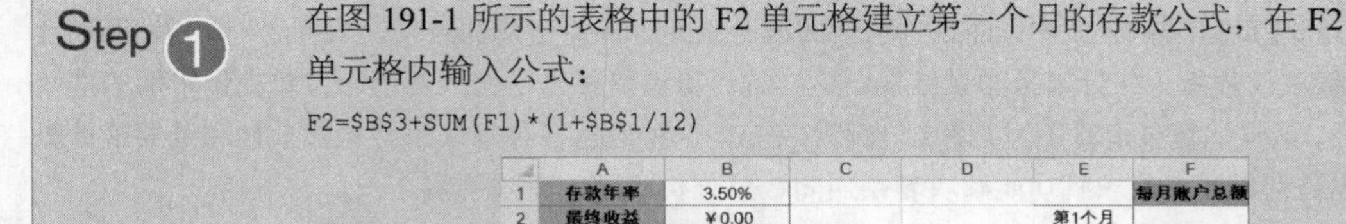

| | A | B | C | D | E | F |
|---|---|---|---|---|---|---|
| 1 | 存款年率 | 3.50% | | | | 每月账户总额 |
| 2 | 最终收益 | ¥0.00 | | | 第1个月 | |
| 3 | 每月存款 | ¥0.00 | | | 第2个月 | |
| 4 | 存款时间(月) | 180 | | | 第3个月 | |

图 191-1　每月存款金额

每月固定存入的金额和上月金额产生的利息及本金。最终收益就是第180个月的金额，B2单元格输入公式：

```
B2=F181
```

**Step 2** 选中F2单元格，用鼠标按住区域右下角的填充柄向下拖曳填充至181行，使得F2:F181单元格区域显示所有180个月的明细数据，如图191-2所示。

| | A | B | C | D | E | F |
|---|---|---|---|---|---|---|
| 157 | | | | | 第156个月 | 0 |
| 158 | | | | | 第157个月 | 0 |
| 159 | | | | | 第158个月 | 0 |
| 160 | | | | | 第159个月 | 0 |
| 161 | | | | | 第160个月 | 0 |
| 162 | | | | | 第161个月 | 0 |
| 163 | | | | | 第162个月 | 0 |
| 164 | | | | | 第163个月 | 0 |
| 165 | | | | | 第164个月 | 0 |
| 166 | | | | | 第165个月 | 0 |
| 167 | | | | | 第166个月 | 0 |
| 168 | | | | | 第167个月 | 0 |
| 169 | | | | | 第168个月 | 0 |
| 170 | | | | | 第169个月 | 0 |
| 171 | | | | | 第170个月 | 0 |
| 172 | | | | | 第171个月 | 0 |
| 173 | | | | | 第172个月 | 0 |
| 174 | | | | | 第173个月 | 0 |
| 175 | | | | | 第174个月 | 0 |
| 176 | | | | | 第175个月 | 0 |
| 177 | | | | | 第176个月 | 0 |
| 178 | | | | | 第177个月 | 0 |
| 179 | | | | | 第178个月 | 0 |
| 180 | | | | | 第179个月 | 0 |
| 181 | | | | | 第180个月 | 0 |

图191-2　填充至第181行

**Step 3** 选中B2单元格，调出【单变量求解】对话框，在对话框中设置相关的参数，其中【目标单元格】为B2，【目标值】为300000，【可变单元格】为B3。然后单击【确定】按钮即可显示单变量求解状态和最终结果，如图191-3所示。

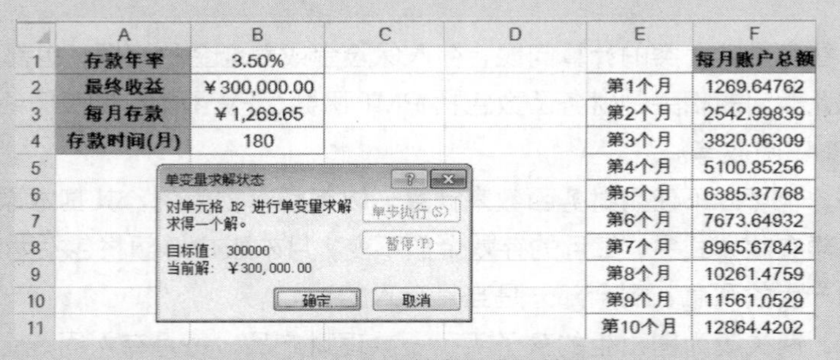

| | A | B | C | D | E | F |
|---|---|---|---|---|---|---|
| 1 | 存款年率 | 3.50% | | | | 每月账户总额 |
| 2 | 最终收益 | ¥300,000.00 | | | 第1个月 | 1269.64762 |
| 3 | 每月存款 | ¥1,269.65 | | | 第2个月 | 2542.99839 |
| 4 | 存款时间(月) | 180 | | | 第3个月 | 3820.06309 |
| 5 | | | | | 第4个月 | 5100.85256 |
| 6 | | | | | 第5个月 | 6385.37768 |
| 7 | | | | | 第6个月 | 7673.64932 |
| 8 | | | | | 第7个月 | 8965.67842 |
| 9 | | | | | 第8个月 | 10261.4759 |
| 10 | | | | | 第9个月 | 11561.0529 |
| 11 | | | | | 第10个月 | 12864.4202 |



图191-3　显示单变量求解结果

此案例中，目标单元格的结果与可变单元格之间的因果关系不仅仅存在于一个公式中，而是包含于180行辅助区域的公式中，而且这些公式彼此之间也保持密切的关系，正所谓“牵一发而动全身”。如果仅仅依靠人工计算来尝试结果，这样的计算量是相当巨大的，而通过单变量求解的迭代运算过程，这样的复杂运算不过几秒钟就可以完成。这种通过多种辅助桥梁构建条件和结果的计算模型，也是利用单变量求解功能解决复杂逆向敏感分析问题的有效手段之一。

当然此题也可以用一个简单的财务函数PMT来解决。

# 第 15 章　规划求解

## 技巧 192　在 Excel 中安装规划求解工具

“规划求解”工具是一个 Excel 加载宏，在默认安装的 Excel 2010 中需要加载后才能使用，加载该工具可参照如下方法。

**Step 1** 单击【文件】选项卡，在下拉列表中单击【选项】，在弹出的【Excel 选项】对话框中单击左侧列表中【加载项】选项卡，然后在右下方【管理】下拉列表中选择【Excel 加载项】，并单击【转到】按钮。

**Step 2** 在弹出的【加载宏】对话框中勾选【规划求解加载项】复选框，并单击【确定】按钮完成操作，如图 192-1 所示。

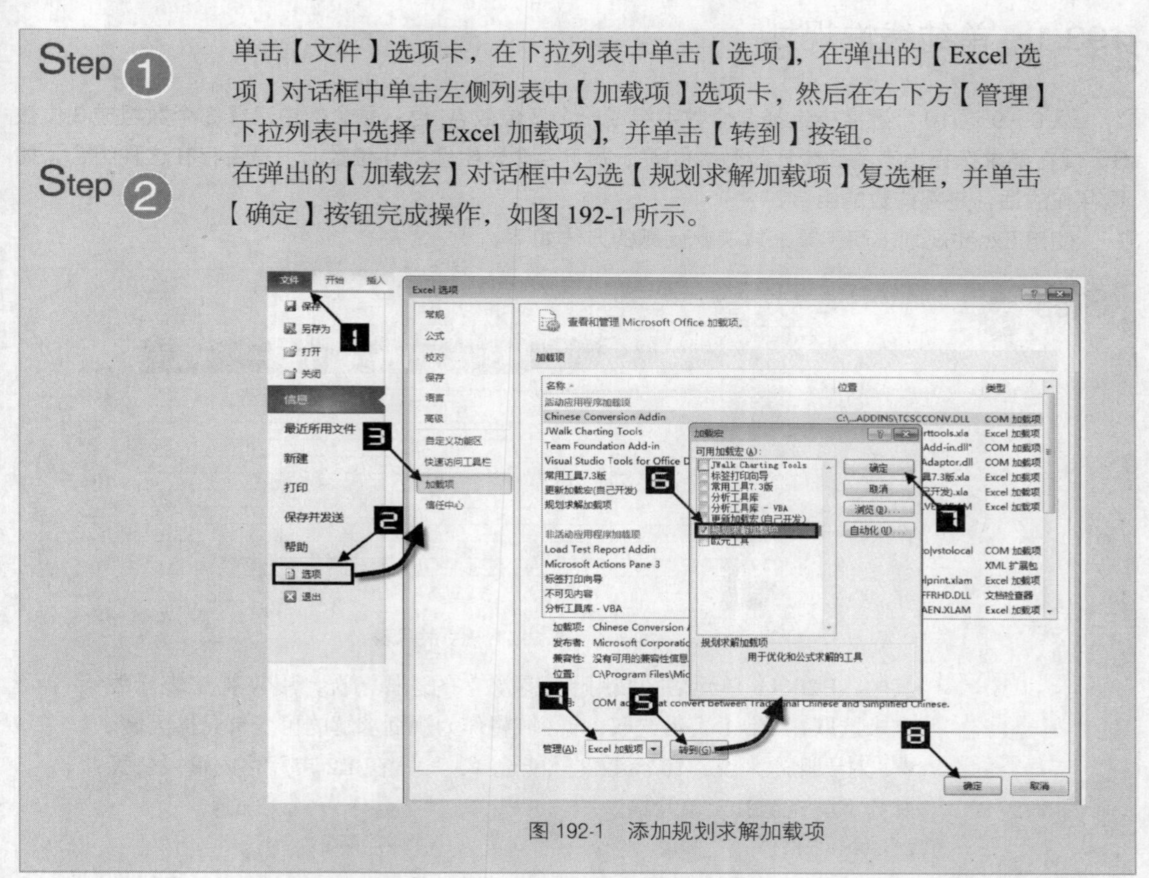

图 192-1　添加规划求解加载项

上述操作完成后，在 Excel 功能区的【数据】选项卡中会显示【规划求解】命令按钮，如图 192-2 所示。

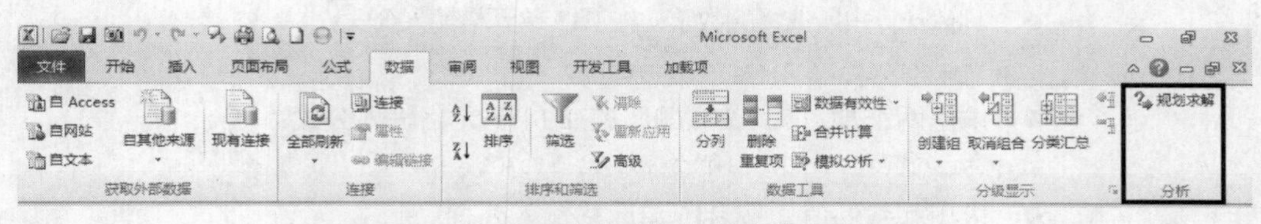

图 192-2　功能区中显示【规划求解】工具按钮

# 技巧 193 根据不同问题选择合适的求解方法

规划求解问题划分为线性和非线性问题，日常生活中碰到的问题以线性规划问题居多。线性规划就是指建立的数学模型是线性的，其中的方程或者不等式是一次的，变量的运算是基本的算术四则运算。下面就是以两个案例来演示一下如何根据数学模型的不同，选择不同的求解方法。

## 193.1 单纯线性规划

从 0~9 这 10 个数字中选择 3 个数字组成一个 3 位数 A，再从剩余数中选择 3 个数组成 3 位数 B，现在要求选择出来的 2 个三位数之和等于剩下 4 个数组合的 4 位数 C。是否存在这种组合，如果存在的话，是哪些数的组合？

使用 Excel 规划求解工具来解决此问题的方法如下。

**Step 1** 根据已知条件建立关系表格，如图 193-1 所示。

| | A | B | C | D | E | F | G | H | I | J | K | L |
|---|---|---|---|---|---|---|---|---|---|---|---|---|
| 1 | | 加数百位数 | 加数十位数 | 加数个位数 | 加数百位数 | 加数十位数 | 加数个位数 | 和的千位数 | 和的百位数 | 和的十位数 | 和的个位数 | 是否选中 |
| 2 | 0 | | | | | | | | | | | 0 |
| 3 | 1 | | | | | | | | | | | 0 |
| 4 | 2 | | | | | | | | | | | 0 |
| 5 | 3 | | | | | | | | | | | 0 |
| 6 | 4 | | | | | | | | | | | 0 |
| 7 | 5 | | | | | | | | | | | 0 |
| 8 | 6 | | | | | | | | | | | 0 |
| 9 | 7 | | | | | | | | | | | 0 |
| 10 | 8 | | | | | | | | | | | 0 |
| 11 | 9 | | | | | | | | | | | 0 |
| 12 | | 0 | 0 | 0 | 0 | 0 | 0 | 0 | 0 | 0 | 0 | |
| 13 | 选中数 | 0 | 0 | 0 | 0 | 0 | 0 | 0 | 0 | 0 | 0 | |
| 14 | 加数的和 | 0 | | | | | | | | | | |
| 15 | 和 | 0 | | | | | | | | | | |

图 193-1 建立关系表

其中，B2:K11 单元格区域用于记录数字的选择情况，用数字 0 表示数字未选取，数字 1 表示选取，此区域将作为规划求解的可变单元格区域。

- 对于此题来说，10 个数字只能选择其一，在 L2 单元格内输入公式并向下填充至 L11 单元格。

```
L2=SUM(B2:K2)
```

- 同理 10 个数字在等式中出现的位置也是唯一的，在 B12 单元格内输入公式并向右填充至 K12 单元格。

```
B12=SUM(B2:B11)
```

- 具体计算出所选择的数字，在 B13 单元格输入公式：

```
B13=SUMPRODUCT($A$2:$A$11, B2:B11)
```

- 求出两个加数 A、B 的和，在 B14 单元格输入公式：

```
B14= B13*100+C13*10+D13+E13*100+F13*10+G13
```

- 求出和数的值，在 B15 单元格输入公式：

```
B15= H13*1000+I13*100+J13*10+K13
```

Step 2 在【数据】选项卡中单击【规划求解】按钮，打开【规划求解参数】对话框，其中【设置目标】编辑框留空，然后在【通过更改可变单元格】编辑框选择 B2:K11 单元格区域，再单击【添加】按钮打开【添加约束】对话框进行约束条件的添加，本例中所包含的约束条件如下：

条件 1：B2:K11=二进制

条件 2：B12:K12=1

条件 3：L2:L11<=1

条件 4：B2=0

条件 5：E2=0

条件 6：H2=0

条件 7：B14=B15

提示！ 条件 1 将可变单元格的数值约束为二进制，可以使得可变单元格的取值为 0 或 1。要将目标约束为二进制，可以在【添加约束】对话框中间的条件下拉列表框中选择【bin】。条件 3 可以改为 L2:L11=1。条件 4、5、6 是为了确保百位和千位数字非零。

添加完成单击【添加约束】对话框中的【确定】按钮返回【规划求解参数】对话框，结果如图 193-2 所示。

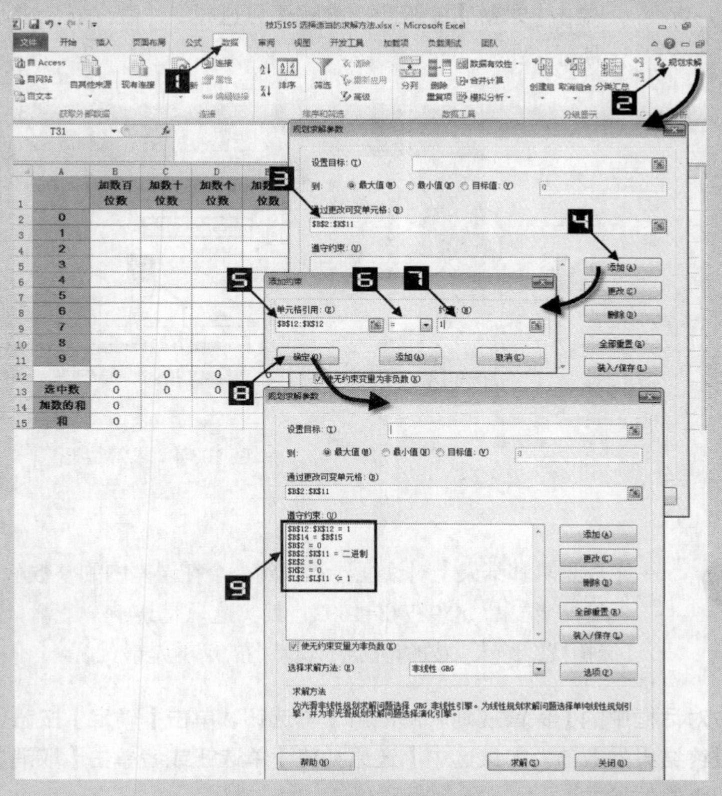

图 193-2　设置规划求解参数

**Step 3**

此问题属于线性规划问题，使用线性求解模型可以提高求解的速度，同时保证有解，在【规划求解参数】对话框中的【选择求解方法】下拉列表中选择【单纯线性规划】，如图 193-3 所示。

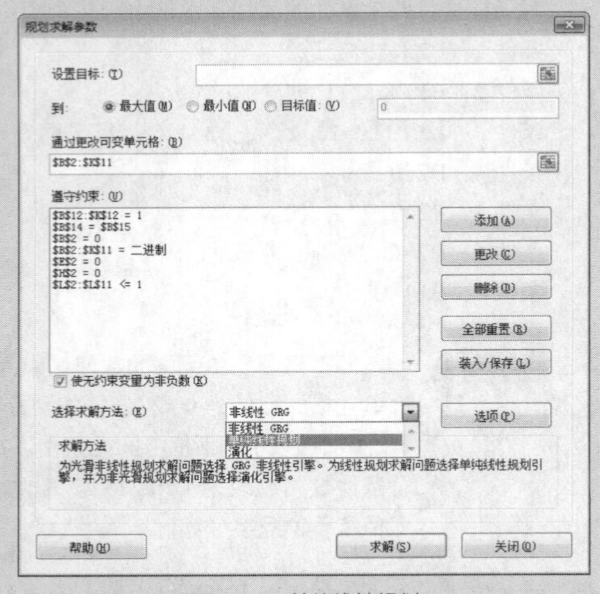


图 193-3　单纯线性规划

**Step 4**

单击【求解】按钮开始求解运算过程，并最终显示求解结果，如图 193-4 所示。

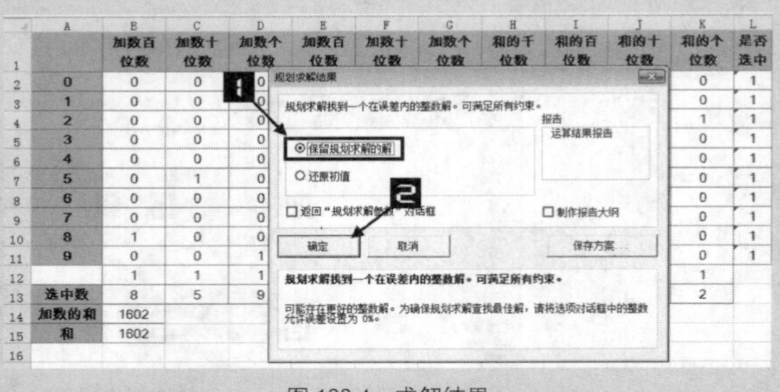


图 193-4　求解结果

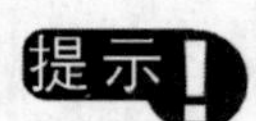

【规划求解结果】对话框显示找到一个在误差内的整数解，表格中直接显示了这个结果，859+743=1602，其实这只是其中一个解。读者不用为误差内而担忧，绝大多数情况这个误差内的解就是最优解。

选中对话框中的【保留规划求解的解】单选钮，单击【确定】按钮，可以关闭对话框并在表格中保留最终结果的数值。如果选中【还原初值】单选钮或者单击【取消】按钮，表格将恢复到使用规划求解之前的状态。

如果步骤 3 选择【非线性 GRG】，结果如图 193-5 所示。

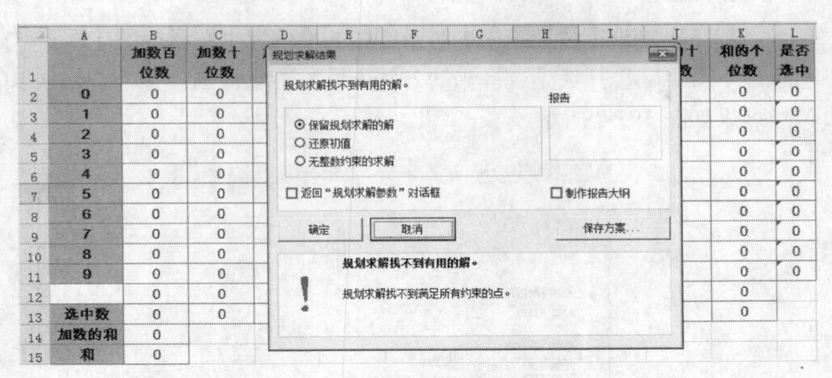


图 193-5　无解

## 193.2　非线性 GRG

从 1～8 这 8 个数字中选择 2 个数字组成 2 位数 A，再从剩余的数字中选择 2 个数字组成 2 位数 B，现在要求选出来的 A 乘以 B 的积等于剩余 4 个数组成的 4 位数，是否存在这种组合，如果存在的话，是哪几个数的组合？

使用 Excel 规划求解工具来解决此问题的方法如下。

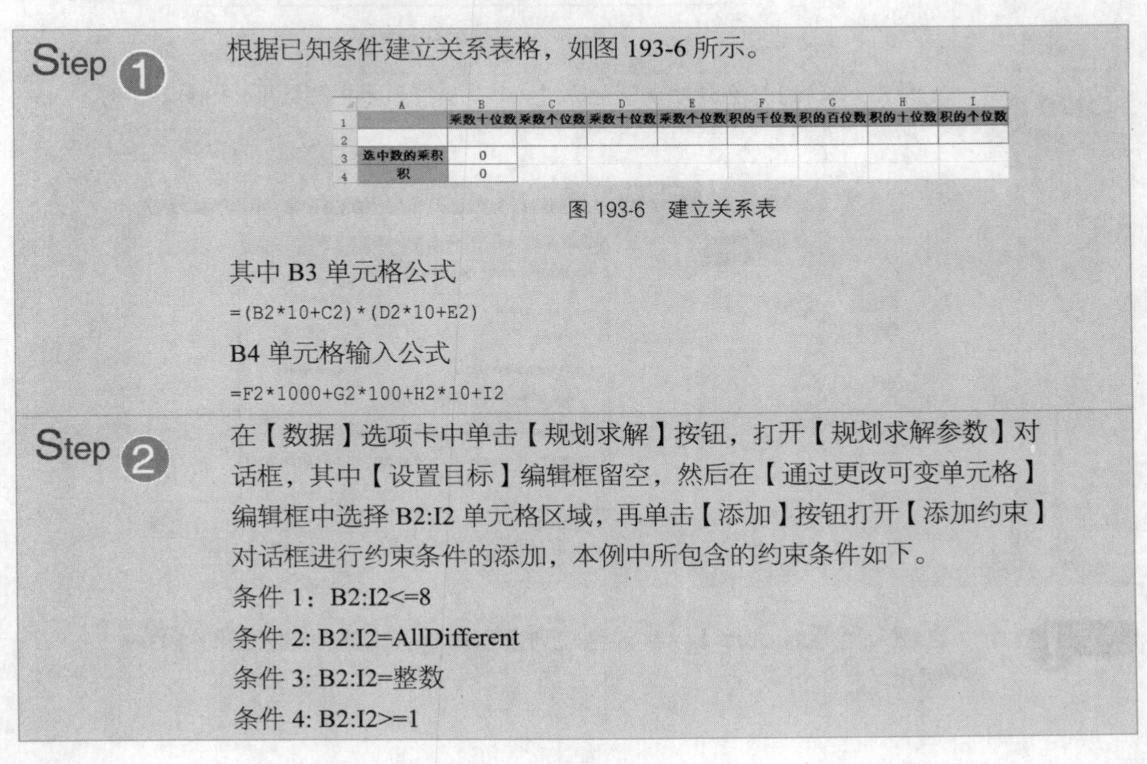

Step 1　根据已知条件建立关系表格，如图 193-6 所示。

| | A | B | C | D | E | F | G | H | I |
|---|---|---|---|---|---|---|---|---|---|
| 1 | | 乘数十位数 | 乘数个位数 | 乘数十位数 | 乘数个位数 | 积的千位数 | 积的百位数 | 积的十位数 | 积的个位数 |
| 2 | | | | | | | | | |
| 3 | 选中数的乘积 | 0 | | | | | | | |
| 4 | 积 | 0 | | | | | | | |

图 193-6　建立关系表

其中 B3 单元格公式

```
=(B2*10+C2)*(D2*10+E2)
```

B4 单元格输入公式

```
=F2*1000+G2*100+H2*10+I2
```

Step 2　在【数据】选项卡中单击【规划求解】按钮，打开【规划求解参数】对话框，其中【设置目标】编辑框留空，然后在【通过更改可变单元格】编辑框中选择 B2:I2 单元格区域，再单击【添加】按钮打开【添加约束】对话框进行约束条件的添加，本例中所包含的约束条件如下。

条件 1：B2:I2<=8

条件 2: B2:I2=AllDifferent

条件 3: B2:I2=整数

条件 4: B2:I2>=1

条件 5: B3=B4

条件 2 设定各个变量彼此互不相等。

添加完成单击【添加约束】对话框中的【确定】按钮返回【规划求解参数】对话框，并在【选择求解方法】下拉列表中选择【非线性 GRG】，结果如图 193-7 所示。

图 193-7　设置规划求解参数

Step 3　单击【求解】按钮开始求解运算过程，并最终显示求解结果，如图 193-8 所示。

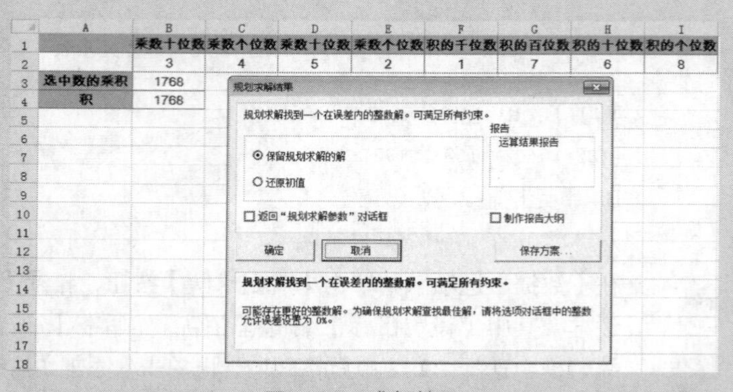


图 193-8　求解结果

步骤 2 中如果选择【单纯线性规划】同样也会出错，结果如图 193-9 所示。

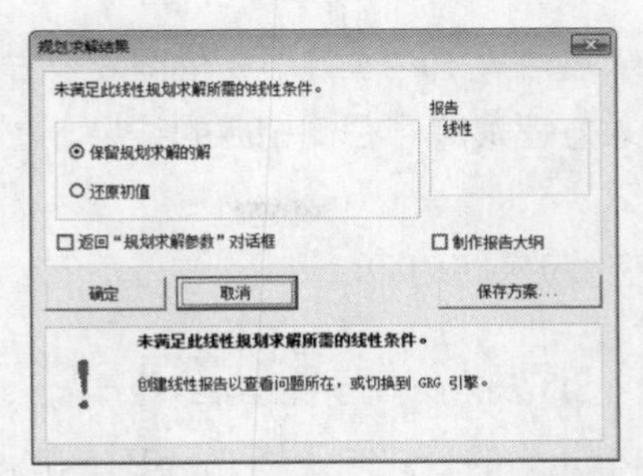


图 193-9　无解

# 技巧 194　线性规划解方程组与克莱姆法则优劣比较

## 194.1　规划求解解线性方程组

假定有六元一次方程组如下：

$$\begin{cases} 3x_1-8x_2+7x_4+6x_5+4x_6=50 \\ 2x_1+7x_4+5x_5=43 \\ 5x_1-6x_2+4x_3+2x_5=65 \\ 4x_2-6x_3+4x_4+2x_5+3x_6=67 \\ 6x_1-6x_2+4x_3+9x_4+3x_5+2x_6=108 \\ 3x_1-5x_2+2x_3+7x_4+6x_6=103 \end{cases}$$

为了美观和方便运算我们改变一下书写方式。

$$\begin{cases} 3x_1-8x_2+0x_3+7x_4+6x_5+4x_6=50 \\ 2x_1+0x_2+0x_3+7x_4+5x_5+0x_6=43 \\ 5x_1-6x_2+4x_3+0x_4+2x_5+0x_6=65 \\ 0x_1+4x_2-6x_3+4x_4+2x_5+3x_6=67 \\ 6x_1-6x_2+4x_3+9x_4+3x_5+2x_6=108 \\ 3x_1-5x_2+2x_3+7x_4+0x_5+6x_6=103 \end{cases}$$

使用 Excel 规划求解工具求解的方法如下。

**Step 1**　在表格中输入 X1 至 X6 六个未知数，将它们的最终解留空，并按照它们的顺序将 3 个方程式中各未知数的相应系数分别输入到表格中，整理成如图 194-1 所示的数据区域，其中系数包含正负符号。

| | A | B | C | D | E | F | G |
|---|---|---|---|---|---|---|---|
| 1 | 未知数 | X1 | X2 | X3 | X4 | X5 | X6 |
| 2 | 方程解 | | | | | | |
| 3 | 方程1系数 | 3 | -8 | 0 | 7 | 6 | 4 |
| 4 | 方程2系数 | 2 | 0 | 0 | 7 | 5 | 0 |
| 5 | 方程3系数 | 5 | -6 | 4 | 0 | 2 | 0 |
| 6 | 方程4系数 | 0 | 4 | -6 | 4 | 2 | 3 |
| 7 | 方程5系数 | 6 | -6 | 4 | 9 | 3 | 2 |
| 8 | 方程6系数 | 3 | -5 | 2 | 7 | 0 | 6 |

图 194-1　方程中的未知数系数表

**Step 2**

在图 194-1 所示表格的 10~15 行中，依照 6 个方程等号左侧的计算式构建公式，并输入方程式等号右侧相应的结果。在本例中，可以在 B10 单元格中输入公式：

```
=SUMPRODUCT($B$2:$G$2, B3:G3)
```

等价于

```
B10=B3*$B$2+C3*$C$2+D3*$D$2+E3*$E$2+F3*$F$2+G3*$G$2
```

然后复制 B10 单元格的公式向下填充至 B15 单元格，在 E10:E15 单元格区域可以依次输入 50、43、65、67、108 和 103 等方程的值，如图 194-2 所示。

| | A | B | C | D | E | F | G |
|---|---|---|---|---|---|---|---|
| 1 | 未知数 | X1 | X2 | X3 | X4 | X5 | X6 |
| 2 | 方程解 | | | | | | |
| 3 | 方程1系数 | 3 | -8 | 0 | 7 | 6 | 4 |
| 4 | 方程2系数 | 2 | 0 | 0 | 7 | 5 | 0 |
| 5 | 方程3系数 | 5 | -6 | 4 | 0 | 2 | 0 |
| 6 | 方程4系数 | 0 | 4 | -6 | 4 | 2 | 3 |
| 7 | 方程5系数 | 6 | -6 | 4 | 9 | 3 | 2 |
| 8 | 方程6系数 | 3 | -5 | 2 | 7 | 0 | 6 |
| 9 | | | | | | | |
| 10 | 方程计算式1 | 0 | | 方程1结果 | 50 | | |
| 11 | 方程计算式2 | 0 | | 方程2结果 | 43 | | |
| 12 | 方程计算式3 | 0 | | 方程3结果 | 65 | | |
| 13 | 方程计算式4 | 0 | | 方程4结果 | 67 | | |
| 14 | 方程计算式5 | 0 | | 方程5结果 | 108 | | |
| 15 | 方程计算式6 | 0 | | 方程6结果 | 103 | | |

图 194-2　建立公式模型

**Step 3**

在完成公式模型的创建后，即可开始使用规划求解工具。打开【规划求解参数】对话框，将其中的【设置目标】编辑框留空，然后在【通过更改可变单元格】编辑框中选择 B2:G2 单元格区域。继续单击对话框中的【添加】按钮打开【添加约束】对话框进行约束条件的添加。

条件 1：B10:B15=E10:E15

之所以将【目标单元格】编辑框留空，是因为此步骤中已经将 6 个方程式的目标都作为约束条件。

读者也可以使用另一种方法：将其中的任意一个方程计算式（B10:B15 中的一个单元格）作为目标单元格，填入相应的目标值，而将其他的两个方程的运算结果作为约束条件，不过这种方法反而使得求解不美观，同时目标值是一个具体的值，失去了灵活性。

添加完成单击【添加约束】对话框中的【确定】按钮返回【规划求解参数】对话框，取消勾选【使无约束变量为非负数】复选框，在【选择求解方法】下拉列表中选择【单纯线性规划】，结果如图 194-3 所示。

为了便于在以后继续使用这些规划求解模型参数，可以在此时选择保存此模型方案。

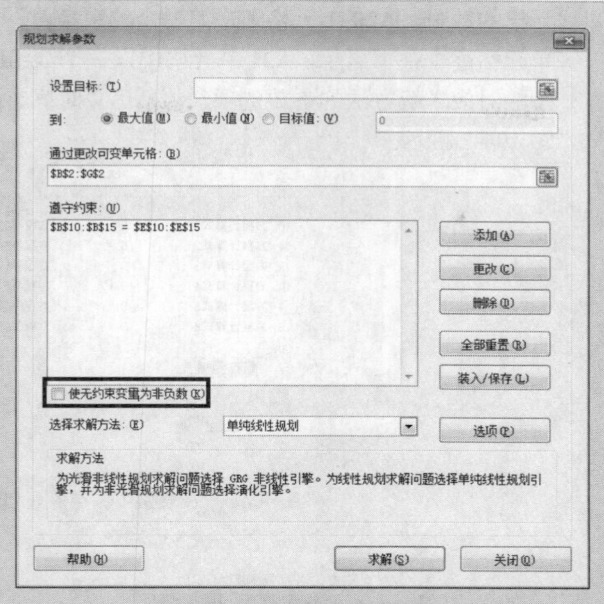


图 194-3　设置规划求解参数

Step 4

单击【规划求解参数】对话框中的【装入/保存】按钮弹出【装入/保存模型】对话框，如图 194-4 所示。

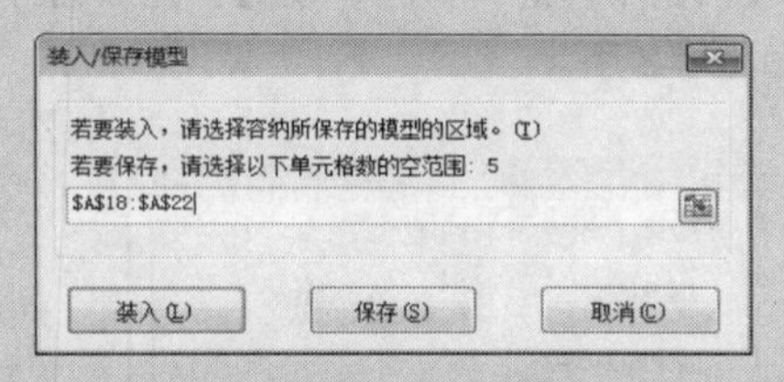


图 194-4　【装入/保存模型】对话框

Excel 对话框中的【装入/保存模型】编辑框中自动地填入了模型数据在当前工作表的保存位置。用户也可以将光标定位到编辑框中，自己在表格中选择保存模型的起始位置，例如本例中可选择 A18 单元格作为保存模型的起始单元格。

模型不仅可以保存在当前工作表中，也可以保存在当前工作簿的其他工作表中。

Step 5

单击【保存】按钮返回【规划求解选项】对话框，并在表格的 A18 单元格起始的区域中显示了保存下来的规划求解参数，如图 194-5 所示。

图 194-5 中的 A18:A22 单元格区域就是保存下来的规划求解模型参数，这些单元格中的实际内容是含义比较特别的公式，按<Ctrl+`>组合键（`为数字 1 左侧的键）可以显示这些单元格中的公式，如图 194-6 所示。

其中 A18 单元格用于保存规划求解的目标单元格以及目标值，由于此例中目标单元格留空，因此该单元格内不含内容。A19 单元格表示可变单元格的数量。A20 单元格则是第一个约束条件，如果有多个约束条件，单元格逐个往下显示。A21 单元格中以一个数组的形式显示了此规划模型的对应求解方法的参数选项，包括运算时间、迭代次数、精度等，如图 194-7 所示。

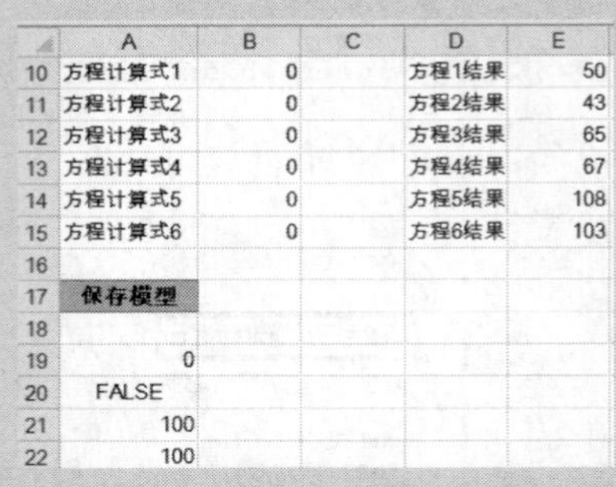

|  | A | B | C | D | E |
|---|---|---|---|---|---|
| 10 | 方程计算式1 | 0 |  | 方程1结果 | 50 |
| 11 | 方程计算式2 | 0 |  | 方程2结果 | 43 |
| 12 | 方程计算式3 | 0 |  | 方程3结果 | 65 |
| 13 | 方程计算式4 | 0 |  | 方程4结果 | 67 |
| 14 | 方程计算式5 | 0 |  | 方程5结果 | 108 |
| 15 | 方程计算式6 | 0 |  | 方程6结果 | 103 |
| 16 |  |  |  |  |  |
| 17 | 保存模型 |  |  |  |  |
| 18 |  |  |  |  |  |
| 19 | 0 |  |  |  |  |
| 20 | FALSE |  |  |  |  |
| 21 | 100 |  |  |  |  |
| 22 | 100 |  |  |  |  |

图 194-5　在表格中保存的规划求解模型

| 18 |  |
|---|---|
| 19 | =COUNT($B$2:$G$2) |
| 20 | =$B$10:$B$15=$E$10:$E$15 |
| 21 | ={100,100,0.000001,0.05,TRUE,FALSE,FALSE,1,1,1,0.0001,FALSE} |
| 22 | ={100,100,2,100,0,FALSE,TRUE,0.075,0,0,TRUE,30} |

图 194-6　保存的模型参数公式

A22 单元格中显示的选项设置，包括选择求解方法、收敛、突变速率等，如图 194-8 所示。

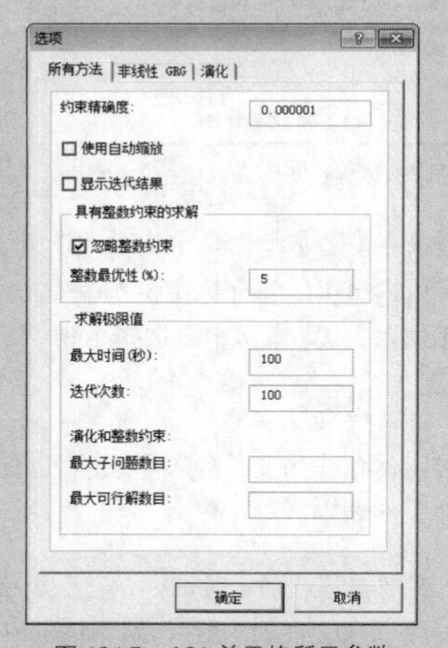


图 194-7　A21 单元格所示参数

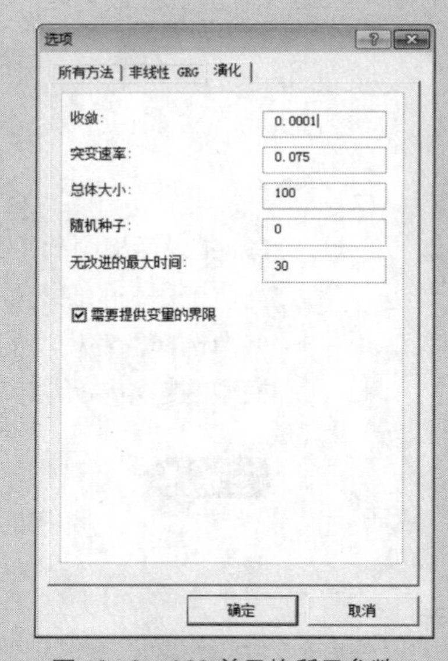


图 194-8　A22 单元格所示参数

再次按<Ctrl+`>组合键可以恢复单元格数值的显示方式。

Step 6　单击【求解】按钮开始求解过程，并最终显示找到结果，如图 194-9 所示。在【规划求解结果】对话框中单击【确定】按钮即可在工作表中保存此求解结果。

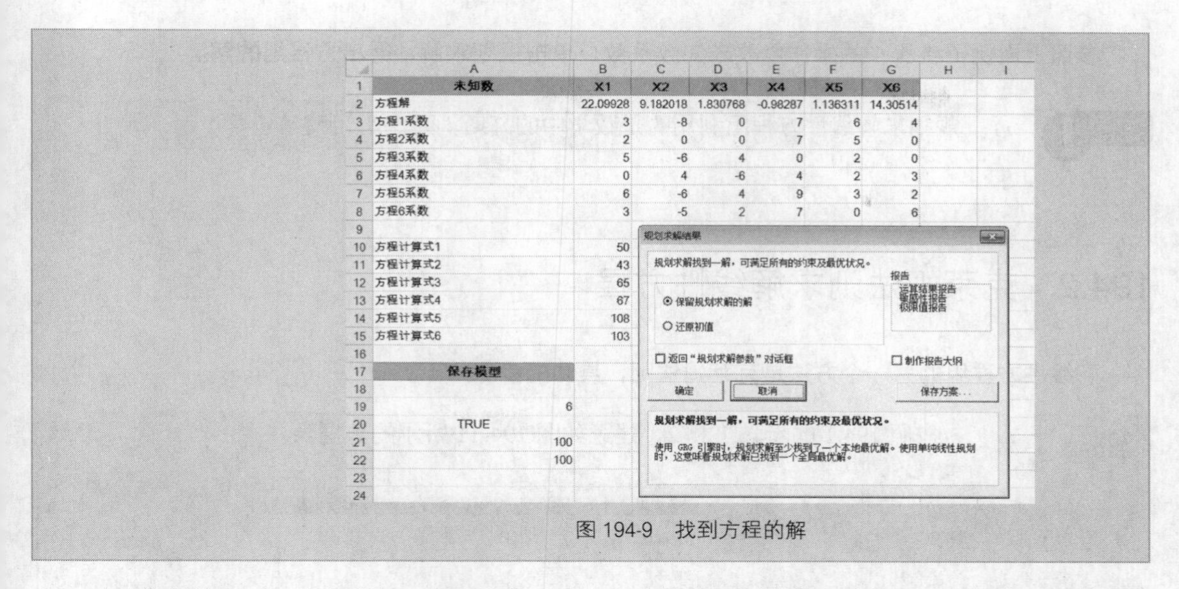


图 194-9 找到方程的解

对于类似的多元一次方程组，都可以参照以上方法使用规划求解工具进行求解，在设置规划求解参数时将方程式的结果作为约束条件，将方程的未知数作为可变单元格。

当前工作表中使用过规划求解工具后，再次执行规划求解命令打开【规划求解参数】对话框时，会在对话框中自动显示上一次所设定的规划求解模型的各项参数，包括目标单元格和目标值、可变单元格和约束条件等。

如果用户需要保留当前规划求解问题的模型和参数设置，以便于将来查看具体的设置内容或是在修改数据后能够继续调用此模型设置新的规划求解运算，可以使用“装入/保存模型”功能。

如果此时有另一个方程组也等待求解，即可方便地利用之前所保存的规划求解模型快速地进行计算。

例如现有另一个六元一次方程组：

$$
\begin{cases}
5x_1-7x_2+4x_3+2x_4+3x_5+1x_6=87\\
2x_1-4x_2-4x_3+3x_4+2x_5+4x_6=23\\
2x_1-7x_2+4x_3+0x_4+2x_5+4x_6=45\\
3x_1+4x_2-6x_3+4x_4+2x_5+3x_6=123\\
6x_1-6x_2+4x_3+9x_4+3x_5-2x_6=68\\
3x_1-5x_2+8x_3+7x_4+0x_5+6x_6=103
\end{cases}
$$

在“规划求解”工作表的标签上单击鼠标右键，在弹出的快捷菜单中选择【移动或复制】命令，弹出【移动或复制工作表】对话框，勾选【建立副本】复选框，单击【确定】按钮，复制一个新的表格，包括里面的规划求解内容，如图 194-10 所示。

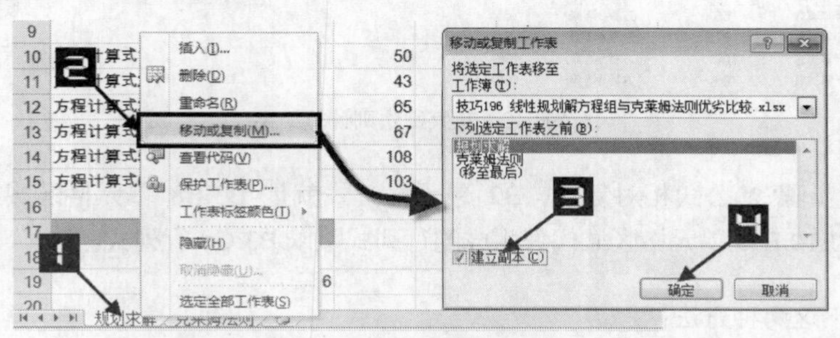


图 194-10 建立表格副本

参照上面例子步骤 1 的操作修改未知数系数，单击规划求解，得出方程组的解。

规划求解线性方程组利用的是数学中的高斯消元法。

## 194.2 克莱姆法则求解线性方程

解线性方程组的另一个方法是克莱姆法则，具体的步骤如下。

**Step 1** 按照 194.1 的步骤 1 和 2，建立如图 194-11 所示的数据表。

| | A | B | C | D | E | F | G |
|---|---|---|---|---|---|---|---|
| 1 | 未知数 | X1 | X2 | X3 | X4 | X5 | X6 |
| 2 | 方程解 | | | | | | |
| 3 | 方程1系数 | 3 | -8 | 0 | 7 | 6 | 4 |
| 4 | 方程2系数 | 2 | 0 | 0 | 7 | 5 | 0 |
| 5 | 方程3系数 | 5 | -6 | 4 | 0 | 2 | 0 |
| 6 | 方程4系数 | 0 | 4 | -6 | 4 | 2 | 3 |
| 7 | 方程5系数 | 6 | -6 | 4 | 9 | 3 | 2 |
| 8 | 方程6系数 | 3 | -5 | 2 | 7 | 0 | 6 |
| 9 | | | | | | | |
| 10 | 方程计算式1 | 0 | | 方程1结果 | 50 | | |
| 11 | 方程计算式2 | 0 | | 方程2结果 | 43 | | |
| 12 | 方程计算式3 | 0 | | 方程3结果 | 65 | | |
| 13 | 方程计算式4 | 0 | | 方程4结果 | 67 | | |
| 14 | 方程计算式5 | 0 | | 方程5结果 | 108 | | |
| 15 | 方程计算式6 | 0 | | 方程6结果 | 103 | | |

图 194-11　输入参数和运算式

**Step 2** 在单元格 B2 输入公式

```
=MDETERM($B3:$G8*(COLUMN($B:$G)<>COLUMN())+(COLUMN($B:$G)=COLUMN())*
$E10:$E15)/MDETERM($B$3:$G$8)
```

选中 B2 单元格向右拖曳至 G2 单元格，结果如图 194-12 所示。

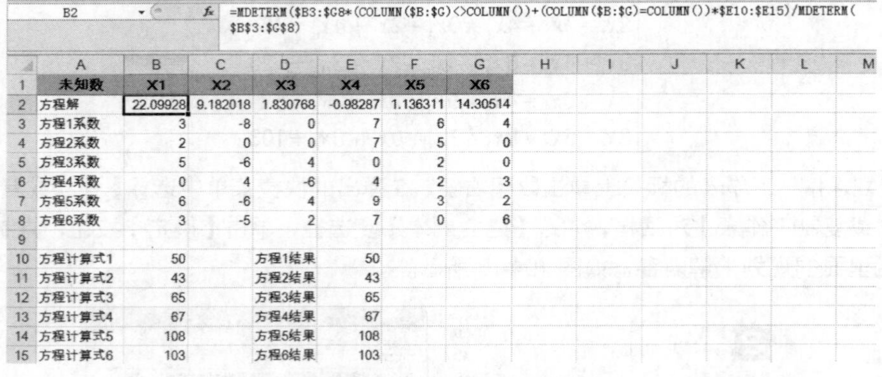

B2　=MDETERM($B3:$G8*(COLUMN($B:$G)<>COLUMN())+(COLUMN($B:$G)=COLUMN())*$E10:$E15)/MDETERM($B$3:$G$8)

| | A | B | C | D | E | F | G |
|---|---|---|---|---|---|---|---|
| 1 | 未知数 | X1 | X2 | X3 | X4 | X5 | X6 |
| 2 | 方程解 | 22.09928 | 9.182018 | 1.830768 | -0.98287 | 1.136311 | 14.30514 |
| 3 | 方程1系数 | 3 | -8 | 0 | 7 | 6 | 4 |
| 4 | 方程2系数 | 2 | 0 | 0 | 7 | 5 | 0 |
| 5 | 方程3系数 | 5 | -6 | 4 | 0 | 2 | 0 |
| 6 | 方程4系数 | 0 | 4 | -6 | 4 | 2 | 3 |
| 7 | 方程5系数 | 6 | -6 | 4 | 9 | 3 | 2 |
| 8 | 方程6系数 | 3 | -5 | 2 | 7 | 0 | 6 |
| 9 | | | | | | | |
| 10 | 方程计算式1 | 50 | | 方程1结果 | 50 | | |
| 11 | 方程计算式2 | 43 | | 方程2结果 | 43 | | |
| 12 | 方程计算式3 | 65 | | 方程3结果 | 65 | | |
| 13 | 方程计算式4 | 67 | | 方程4结果 | 67 | | |
| 14 | 方程计算式5 | 108 | | 方程5结果 | 108 | | |
| 15 | 方程计算式6 | 103 | | 方程6结果 | 103 | | |

图 194-12　克莱姆法则计算结果

步骤 2 公式相对复杂，B2 单元格公式就是 B3:B8 单元格区域的值用 E10:E15 单元格区域代替生成的行列式除以 B3:G8 行列式。

现在比较一下这两种方法：

（1）如果方程组是 N 元一次，方程组中有 N 个方程，并且只有唯一解，两种方法得到相同的解。

（2）规划求解在扩展性更好一点，比如 4 元变 5 元方程组，只需要添加几个系数。用克莱姆法则的话，则需添加系数和更改公式。

（3）当方程系数变化，克莱姆法则能马上出来结果，规划求解需要单击一次再求解，相比之下会比较麻烦。

（4）当方程组有无穷多个解或无解时，克莱姆法则就会出错，而规划求解会给出一个解或无解说明。

（5）因为克莱姆法则依赖行列式计算，所有方程必须是 N 行 N 列的，对于求解结果是整数的情况（如百鸡问题等）就无能为力了，而对于规划求解却是手到擒来的事。

（6）克莱姆法则只能求解线性方程组，对于非线性方程就无能为力了了，而规划求解只要选择【非线性 GRG】就可以求解此类问题。

# 技巧 195　数据包络分析法（DEA）

数据包络分析（Data Envelopment Analysis，DEA）是一个对多投入、多产出的多个决策单元的效率的评价方法。这个概念有点难懂，举个通俗的例子，比如一家银行开了好几个分理处，每个分理处都有员工、店面等支出费用，同时又有贷款、中间业务等收入，这个方法就是来评价开哪个分理处比较划算或不划算。具体方法是：罗列出每个分理处的员工数、店面费用、收入，如果某个分理处员工数比其他分理处多，店面费用大，而收入反而不如其他几个分理处的组合，这说明这个分理处不适合继续开下去。

某银行在一个地区开了 6 个分理处，每个分理处有员工数，营业面积等投入，同时有储蓄存款，贷款和中间业务等产出，具体数据如表 195 所示，现要求评估分理处 1。

**表 195　　各个分理处数据**

| 银行网点 | 投入 | | 产出 | | |
|---|---|---|---|---|---|
| | 职员数（人） | 营业面积（M2） | 储蓄存款（万元） | 贷款（万元） | 中间业务（万元） |
| 分理处 1 | 20 | 149 | 1300 | 636 | 1570 |
| 分理处 2 | 18 | 152 | 1500 | 737 | 1730 |
| 分理处 3 | 23 | 140 | 1500 | 659 | 1320 |
| 分理处 4 | 22 | 142 | 1500 | 635 | 1420 |
| 分理处 5 | 22 | 129 | 1200 | 626 | 1660 |
| 分理处 6 | 25 | 142 | 1600 | 775 | 1590 |

在 Excel 中输入表 195 中的数据及运算中所需的参数，如图 195-1 所示。

| | A | B | C | D | E | F | G | H |
|---|---|---|---|---|---|---|---|---|
| 1 | | 投入 | | | 产出 | | | |
| 2 | 银行网点 | 职员数(人) | 营业面积（$M^2$） | 储蓄存款（万元） | 贷款（万元） | 中间业务（万元） | λ之和 | 0 |
| 3 | 分理处1 | 20 | 149 | 1300 | 636 | 1570 | $\lambda_1$ | |
| 4 | 分理处2 | 18 | 152 | 1500 | 737 | 1730 | $\lambda_2$ | |
| 5 | 分理处3 | 23 | 140 | 1500 | 659 | 1320 | $\lambda_3$ | |
| 6 | 分理处4 | 22 | 142 | 1500 | 635 | 1420 | $\lambda_4$ | |
| 7 | 分理处5 | 22 | 129 | 1200 | 626 | 1660 | $\lambda_5$ | |
| 8 | 分理处6 | 25 | 142 | 1600 | 775 | 1590 | $\lambda_6$ | |
| 9 | | | | | | | E | |
| 10 | | | | | | | | |
| 11 | 分理处1 | 0 | 0 | 1300 | 636 | 1570 | | |
| 12 | | 0 | 0 | 0 | 0 | 0 | | |

图 195-1　分理处数据及参数

在 11、12 行输入需要对比的数据，H 列输入系数。

- 在 B11 单元格输入公式，向右填充至 C11 单元格。

```
B11=VLOOKUP($A$11, $A$3:$F$8, COLUMN(), 0)*$H$9
```

- 在 D11 单元格输入公式，向右填充至 F11 单元格。

```
D11=VLOOKUP($A$11, $A$3:$F$8, COLUMN(), 0)
```

- 在 B12 单元格输入公式，向右填充至 F12 单元格。

```
B12=SUMPRODUCT(B3:B8, $H$3:$H$8)
```

- H2 输入公式：

```
H2=SUM(H3:H8)
```

DEA 模型的要求是各个分理处的投入的组合要小于等于分理处 1 的投入，产出要求大于等于分理处 1 的产出，如果 $\lambda_1$ 只能等于 1，那么分理处 1 就无可替代。

**Step 2**

在【数据】选项卡中单击【规划求解】按钮，打开【规划求解参数】对话框，其中【设置目标】编辑框中选择 H9 单元格，单击【最小值】单选钮，然后在【通过更改可变单元格】编辑框选择 H3:H9 单元格区域，再单击【添加】按钮打开【添加约束】对话框进行约束条件的添加，本例中所包含的约束条件如下。

条件 1：H2=1

条件 2：B12:C12<= B11:C11

条件 3：D12:F12>= D11:F11

添加完成，单击【添加约束】对话框中的【确定】按钮返回【规划求解参数】对话框，在【选择求解方法】下拉列表中选择【单纯线性规划】，结果如图 195-2 所示。

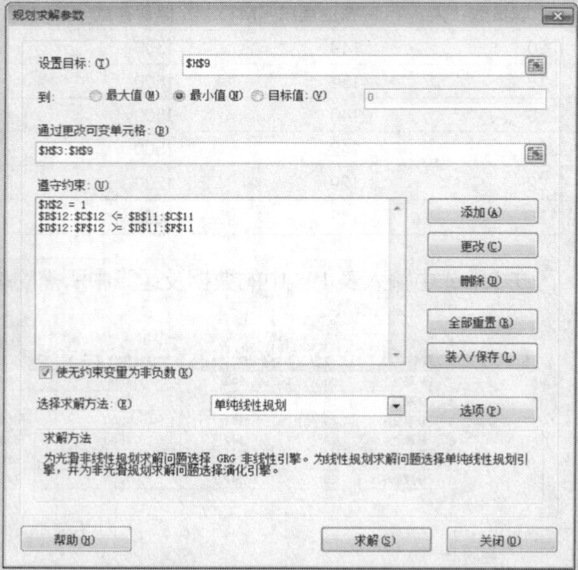

图 195-2　求解参数

Step 3　单击【求解】按钮开始求解运算过程，并最终显示求解结果，如图 195-3 所示，可以发现分理处 2 和分理处 5 两个分理处组合可以用更少的投入得到更多的产出来代替分理处 1。

| | A | B | C | D | E | F | G | H |
|---|---|---|---|---|---|---|---|---|
| 1 | | 投入 | | 产出 | | | | |
| 2 | 银行网点 | 职员数(人) | 营业面积（$M^2$） | 储蓄存款（万元） | 贷款（万元） | 中间业务（万元） | λ之和 | 1 |
| 3 | 分理处1 | 20 | 149 | 1300 | 636 | 1570 | $\lambda_1$ | 0 |
| 4 | 分理处2 | 18 | 152 | 1500 | 737 | 1730 | $\lambda_2$ | 0.660985 |
| 5 | 分理处3 | 23 | 140 | 1500 | 659 | 1320 | $\lambda_3$ | 0 |
| 6 | 分理处4 | 22 | 142 | 1500 | 635 | 1420 | $\lambda_4$ | 0 |
| 7 | 分理处5 | 22 | 129 | 1200 | 626 | 1660 | $\lambda_5$ | 0.339015 |
| 8 | 分理处6 | 25 | 142 | 1600 | 775 | 1590 | $\lambda_6$ | 0 |
| 9 | | | | | | | E | 0.967803 |
| 10 | | | | | | | | |
| 11 | 分理处1 | 19.35606061 | 144.2026515 | 1300 | 636 | 1570 | | |
| 12 | | 19.35606061 | 144.2026515 | 1398.295455 | 699.3693182 | 1706.268939 | | |

图 195-3　求解结果

## 技巧 196　图书销售点位置设置

一家出版社准备在某市建立两个销售代销点，向七个区的学生售书，每个区的学生数量（单位：千人）如图 196-1 所示。每个销售代理点只能向本区和两个相邻区的学生售书，这两个销售代理点应该建在何处才能使所能供应的学生的数量最大?

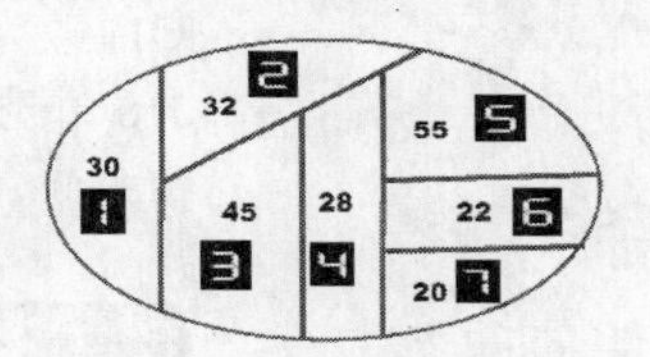


图 196-1　图书销售区域

Step 1　根据图 196-1，区域 1 与区域 2 和区域 3 相邻，由此建立区域 1～7 之间彼此的关系表，如果相邻的话，填入该区域的人数，没有相邻的区域人数为空。区域 1 与区域 1 本身是一个区域，不能算是相邻区域，表格中自身区域的交叉点也为空，输入的最终结果如图 196-2 所示。

| | A | B | C | D | E | F | G | H |
|---|---|---|---|---|---|---|---|---|
| 1 | | 区域1 | 区域2 | 区域3 | 区域4 | 区域5 | 区域6 | 区域7 |
| 2 | 区域1 | | 30 | 30 | | | | |
| 3 | 区域2 | 32 | | 32 | 32 | 32 | | |
| 4 | 区域3 | 45 | 45 | | 45 | | | |
| 5 | 区域4 | | 28 | 28 | | 28 | 28 | 28 |
| 6 | 区域5 | | 55 | | 55 | | 55 | |
| 7 | 区域6 | | | | 22 | 22 | | 22 |
| 8 | 区域7 | | | | 20 | | 20 | |

图 196-2　区域关联数据表

Step 2　根据题目要求，在如图 196-2 所示的表格的下方建立规划求解所需的公式模型，如图 196-3 所示。

| | A | B | C | D | E | F | G | H | I | J |
|---|---|---|---|---|---|---|---|---|---|---|
| 10 | | 区域1 | 区域2 | 区域3 | 区域4 | 区域5 | 区域6 | 区域7 | 选中的相邻区域 | |
| 11 | 区域1 | | | | | | | | 0 | |
| 12 | 区域2 | | | | | | | | 0 | |
| 13 | 区域3 | | | | | | | | 0 | |
| 14 | 区域4 | | | | | | | | 0 | |
| 15 | 区域5 | | | | | | | | 0 | |
| 16 | 区域6 | | | | | | | | 0 | |
| 17 | 区域7 | | | | | | | | 0 | 总人数 |
| 18 | 本区域选择 | | | | | | | | 0 | 0 |
| 19 | 本区域 | 30 | 32 | 45 | 28 | 55 | 22 | 20 | | |
| 20 | 选中的区域 | 0 | 0 | 0 | 0 | 0 | 0 | 0 | | |
| 21 | 销售点人数 | 0 | 0 | 0 | 0 | 0 | 0 | 0 | | |

图 196-3　建立规划求解的模型

B19:H19 单元格区域内填入区域对应的人数 30、32、45、28、55、22、20。

B11:H17 单元格区域判断相应的邻近单元格是否选中，此区域将作为规划求解的可变单元格区域。

I11:I17 单元格区域用于统计哪些相邻的单元格被选中，在 I11 单元格输入公式并向下复制填充至 I17 单元格。

```
I11=SUM(B11:H11)
```

I18 单元格用于统计销售点个数，输入公式：

```
I18=SUM(I11:I17)
```

第 20 行用于统计相应的区域是否被选中，在 B20 单元格输入公式并向右复制填充至 H20 单元格。

```
B20=SUM(B11:B17)/2
```

第 21 行用于计算区域及其相邻区域的人数总和，B21 输入公式：

```
B21=B18*B19+SUMPRODUCT(B2:B8, B11:B17)-B18*I11*B19
```

向右复制填充至 H21 单元格，适当修正公式，将公式部分中“C19*J11*C18”、“D19*K11*D18”…“H19*O11*H18”的 J11、K11…O11 改为 I12、I13…I17。

J18 单元格用于统计总人数，输入公式：

```
J18=SUM(B21:H21)
```

B21 输入公式“=B19*B18+SUMPRODUCT(B2:B8，B11:B17)”就表示本区域加上相邻区域的和，但是在求解过程中会出现区域 5 与区域 2 重复选择的情况，为了避免这种情况，将 B21 单元格内的公式更改为“如果重复选择，减去相应的重复值”。

Step 3 在【数据】选项卡中单击【规划求解】按钮，打开【规划求解参数】对话框，其中【设置目标】编辑框中选择 J18 单元格，单击【最大值】单选钮，然后在【通过更改可变单元格】编辑框选择 B11:H17 单元格区域，再单击【添加】按钮打开【添加约束】对话框进行约束条件的添加，本例中所包含的约束条件如下。

条件 1：B11:H18=二进制

条件 2：I18=4

条件 3：I11:I17<=1

条件 4：B18:H18= B20:H20

条件 4 是判断如果本区域选中，必须要选两个相邻的区域。

添加完成，单击【添加约束】对话框中的【确定】按钮返回【规划求解参数】对话框，在【选择求解方法】下拉列表中选择【非线性 GRG】，

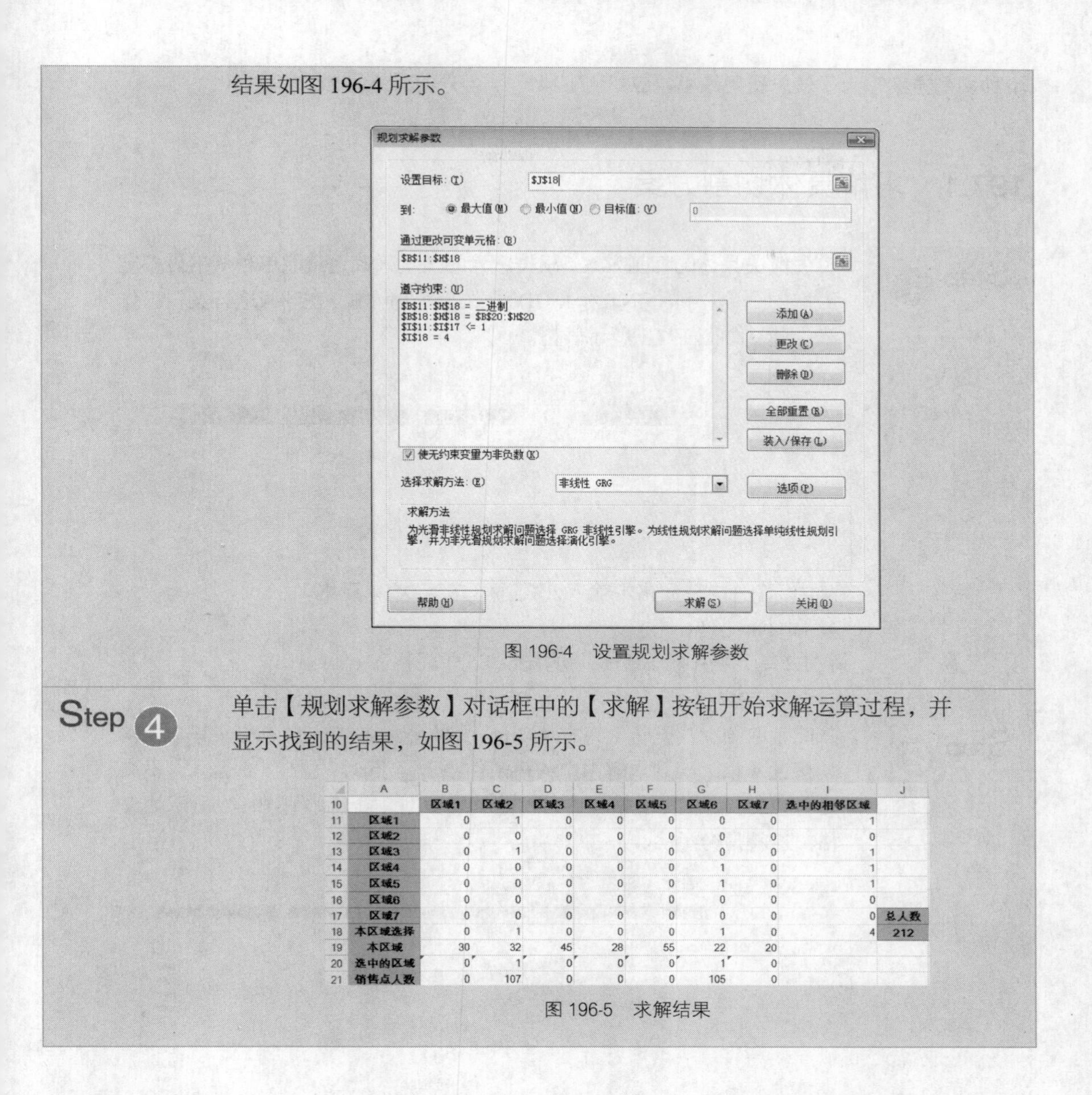


结果如图 196-4 所示。

图 196-4　设置规划求解参数

**Step 4**　单击【规划求解参数】对话框中的【求解】按钮开始求解运算过程，并显示找到的结果，如图 196-5 所示。

| | A | B | C | D | E | F | G | H | I | J |
|---|---|---|---|---|---|---|---|---|---|---|
| 10 | | 区域1 | 区域2 | 区域3 | 区域4 | 区域5 | 区域6 | 区域7 | 选中的相邻区域 | |
| 11 | 区域1 | 0 | 1 | 0 | 0 | 0 | 0 | 0 | 1 | |
| 12 | 区域2 | 0 | 0 | 0 | 0 | 0 | 0 | 0 | 0 | |
| 13 | 区域3 | 0 | 1 | 0 | 0 | 0 | 0 | 0 | 1 | |
| 14 | 区域4 | 0 | 0 | 0 | 0 | 0 | 1 | 0 | 1 | |
| 15 | 区域5 | 0 | 0 | 0 | 0 | 0 | 1 | 0 | 1 | |
| 16 | 区域6 | 0 | 0 | 0 | 0 | 0 | 0 | 0 | 0 | |
| 17 | 区域7 | 0 | 0 | 0 | 0 | 0 | 0 | 0 | 0 | 总人数 |
| 18 | 本区域选择 | 0 | 1 | 0 | 0 | 0 | 1 | 0 | 4 | 212 |
| 19 | 本区域 | 30 | 32 | 45 | 28 | 55 | 22 | 20 | | |
| 20 | 选中的区域 | 0 | 1 | 0 | 0 | 0 | 1 | 0 | | |
| 21 | 销售点人数 | 0 | 107 | 0 | 0 | 0 | 105 | 0 | | |

图 196-5　求解结果

## 技巧 197　求解取料问题

取料问题是很多原材料加工企业都会遇到的问题，所谓取料问题就是将现有的材料截取或切割成一定长度或面积的原料毛坯，在这个过程中如何使原材料的利用率更高、剩下的残料最少，就是规划求解所要研究的取料问题。

例如，某钢管零售商从钢管公司进货后再按照顾客的要求切割出售。零售商从钢管公司进货时得到的原料钢管长度都是 1900mm。现有客户需要 14 根 300mm、28 根 330mm、19 根 350mm 和 33 根 455mm 的钢管。为了简化生产过程，每种切割模式下的切割次数不能太多（一根原料钢管最多生产 5 根产品）。此外，为了减少余料浪费，每种切割模式下的余料浪费不能超过 100mm。有多少种切割方案？为了使总费用最小，应如何下料？

## 197.1 求解具体切割方案

**Step 1** 首先解决具体的切割方案，根据钢管的长度来确定截取单种规格最多能截取的个数。利用 INT 和 MOD 函数来解决问题，在“截取方案”工作表中建立如图 197-1 所示表格。

| | A | B | C | D | E |
|---|---|---|---|---|---|
| 1 | 钢管总长度 | | 钢管截取长度 | 最多截取次数 | 剩料 |
| 2 | 1900 | | 300 | 6 | 100 |
| 3 | | | 330 | 5 | 250 |
| 4 | | | 350 | 5 | 150 |
| 5 | | | 455 | 4 | 80 |

图 197-1 判断切割次数

其中，在 D2 单元格中输入公式并填充至 D5 单元格。

```
D2=INT($A$2/C2)
```

在 E2 单元格中输入公式并填充至 E5 单元格。

```
E2 =MOD($A$2,C2)
```

**Step 2** 从能截取的次数上看，只有 455mm 规格能最多能截取 4 根，其余规格均超过 4 根，规划求解中，约束条件小于等于 5，先按照 5 运算，不满足再减到 4。根据表格建立可行的截取类型，创建如图 197-2 所示的表格，这就是穷举法。

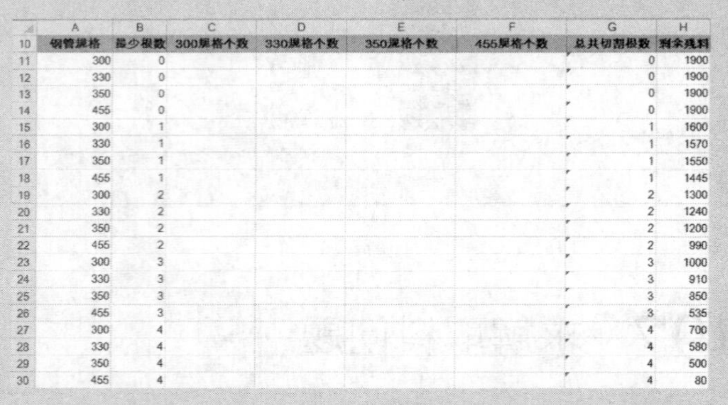

| | A | B | C | D | E | F | G | H |
|---|---|---|---|---|---|---|---|---|
| 10 | 钢管规格 | 最少根数 | 300规格个数 | 330规格个数 | 350规格个数 | 455规格个数 | 总共切割根数 | 剩余残料 |
| 11 | 300 | 0 | | | | | 0 | 1900 |
| 12 | 330 | 0 | | | | | 0 | 1900 |
| 13 | 350 | 0 | | | | | 0 | 1900 |
| 14 | 455 | 0 | | | | | 0 | 1900 |
| 15 | 300 | 1 | | | | | 1 | 1600 |
| 16 | 330 | 1 | | | | | 1 | 1570 |
| 17 | 350 | 1 | | | | | 1 | 1550 |
| 18 | 455 | 1 | | | | | 1 | 1445 |
| 19 | 300 | 2 | | | | | 2 | 1300 |
| 20 | 330 | 2 | | | | | 2 | 1240 |
| 21 | 350 | 2 | | | | | 2 | 1200 |
| 22 | 455 | 2 | | | | | 2 | 990 |
| 23 | 300 | 3 | | | | | 3 | 1000 |
| 24 | 330 | 3 | | | | | 3 | 910 |
| 25 | 350 | 3 | | | | | 3 | 850 |
| 26 | 455 | 3 | | | | | 3 | 535 |
| 27 | 300 | 4 | | | | | 4 | 700 |
| 28 | 330 | 4 | | | | | 4 | 580 |
| 29 | 350 | 4 | | | | | 4 | 500 |
| 30 | 455 | 4 | | | | | 4 | 80 |

图 197-2 所有可能的组合

A11:A30 单元格区域输入各种规格的钢管，根据如图 197-1 所示的内容在 B11:B30 单元格区域输入相应要求的最小根数，G11 单元格输入公式并向下复制填充至 G30 单元格。

```
G11=SUM(B11:F11)
```

H11 单元格输入公式：

```
H11=$A$2-SUMPRODUCT(C11:F11, $C$10:$F$10)-A11*B11
```

求解剩余材料，同样向下复制填充至 H30 单元格。为了便于计算，将 C10:F10 单元格区域分别输入数字 300、330、350、455。选中 C10:F10 单元格区域，按<Ctrl+1>组合键打开【设置单元格格式】对话框，选择【数字】选项卡，在【分类】列表中选择【自定义】，在右侧的【类型】文本框中输入 0"规格个数"，然后单击【确定】按钮完成设置。

在【数据】选项卡中单击【规划求解】按钮，打开【规划求解参数】对话框，在【通过更改可变单元格】编辑框选择 C11:F30 单元格区域。

单击【添加】按钮打开【添加约束】对话框进行约束条件的添加，本例中所包含的约束条件如下：

条件 1：钢管切割根数不能超过 5 根，G11:G30<=5

条件 2：钢管剩料不能超过 100mm，H11:H30<=100

条件 3：剩料也不可能是负数，H11:H30>=0

条件 4：根数为整数，C11:F30=整数

添加完成单击【添加约束】对话框中的【确定】按钮返回【规划求解参数】对话框，在【选择求解方法】下拉列表中选择【单纯线性规划】，勾选【使无约束变量为非负数】复选框，结果如图 197-3 所示。

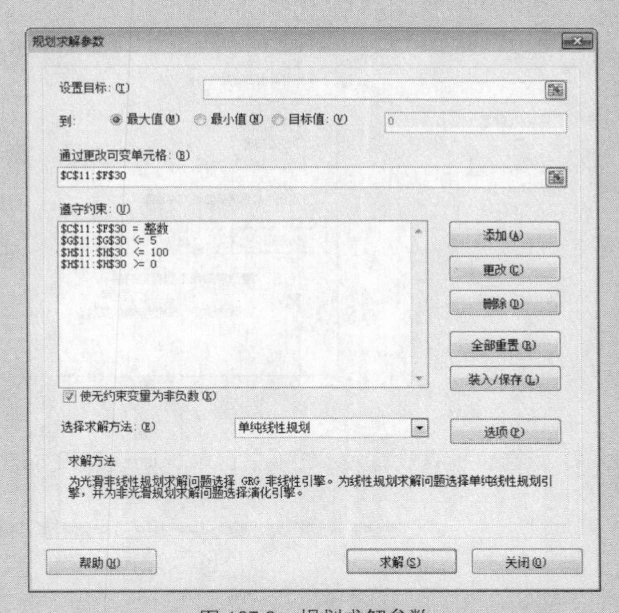


图 197-3　规划求解参数

Excel 2010 版本的规划求解中，默认选项是忽略整数约束的。

单击【规划求解选项】对话框中的【选项】按钮，在弹出的【选项】中选择【所有方法】选项卡，取消勾选【忽略整数约束】复选框，单击【确定】按钮，如图 197-4 所示。

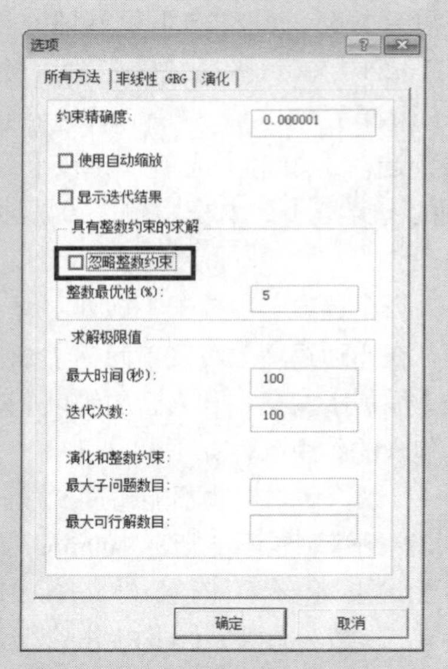


图 197-4　整数约束

**Step 3**　单击【求解】按钮，弹出【规划求解结果】对话框提示“规划求解找不到有用的解”，如图 197-5 所示。

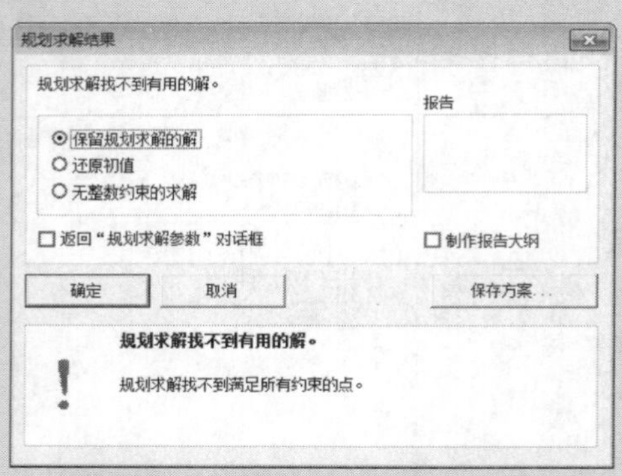


图 197-5　无解

**Step 4**　筛选出所有残料大于 100 的区域，筛选结果如图 197-6 所示。

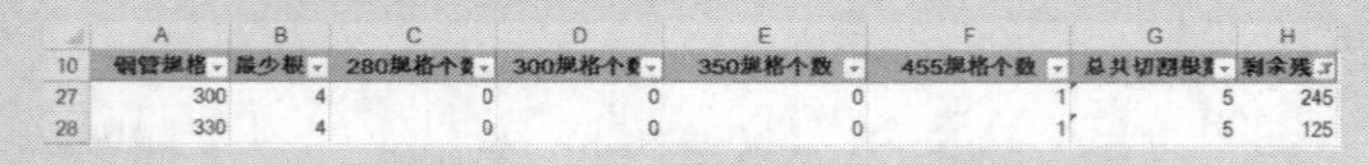

| | A | B | C | D | E | F | G | H |
|---|---|---|---|---|---|---|---|---|
| 10 | 钢管规格 | 最少根 | 280规格个 | 300规格个 | 350规格个数 | 455规格个数 | 总共切割根 | 剩余残 |
| 27 | 300 | 4 | 0 | 0 | 0 | 1 | 5 | 245 |
| 28 | 330 | 4 | 0 | 0 | 0 | 1 | 5 | 125 |

图 197-6　筛选结果

这 2 项无解，删除这 2 行。再次单击【规划求解】按钮，【规划求解参数】对话框中的所有数据均会自动变化。从刚才无解的情况看，表格中 455mm 规格均有数字，其他规格均为 0，再次单击【求解】按钮，运算出所有符合要求的唯一解。

此题规划求解运算是从大到小进行收敛，逐个找出符合要求的结果。

这里还有一个需要解决的问题，就是这些方案虽然都是符合要求的，但是会有重复，还要删除重复项。

**Step 5**

复制 C10:F10 单元格区域到 C31:F31 单元格区域，C32 单元格输入公式：

```
C32=C11+(C$31=$A11)*$B11
```

将最少根数加入到相应类型钢管的数量中。C32 单元格向右向下复制到 F49 单元格。利用 Excel 2010 删除重复项功能，在此之前，去掉公式，保留值。选中 C32:F49 单元格区域，按下组合键<Ctrl+C>，再按下组合键<Ctrl+V>，单击选择区域右下角的【粘帖选项】标签，单击【123】按钮，如图 197-7 所示。

| | C | D | E | F |
|---|---|---|---|---|
| 31 | 300规格个数 | 330规格个数 | 350规格个数 | 455规格个数 |
| 32 | 0 | 0 | 4 | 1 |
| 33 | 0 | 0 | 4 | 1 |
| 34 | 0 | 0 | 4 | 1 |
| 35 | 0 | 0 | 4 | 1 |
| 36 | 1 | 0 | 3 | 1 |
| 37 | 0 | 1 | 3 | 1 |
| 38 | 0 | 0 | 4 | 1 |
| 39 | 0 | 0 | 4 | 1 |
| 40 | 2 | 0 | 1 | 2 |
| 41 | 0 | 2 | 2 | 1 |
| 42 | 0 | 0 | 4 | 1 |
| 43 | 0 | 3 | 0 | 2 |
| 44 | 3 | 0 | 0 | 2 |
| 45 | 0 | 3 | 0 | 2 |
| 46 | 0 | 0 | 4 | 1 |
| 47 | 0 | 0 | 0 | 4 |
| 48 | 0 | 0 | 4 | 1 |
| 49 | 0 | 0 | 0 | 4 |
| 50 | | | | |

粘贴　粘贴数值　值(V)　(Ctrl)

图 197-7　选择性粘贴

**Step 6**

在【数据】选项卡中单击【删除重复项】按钮，单击【确定】按钮，得到所有符合要求的切割方案，总共得到了 8 种方法，如图 197-8 所示。

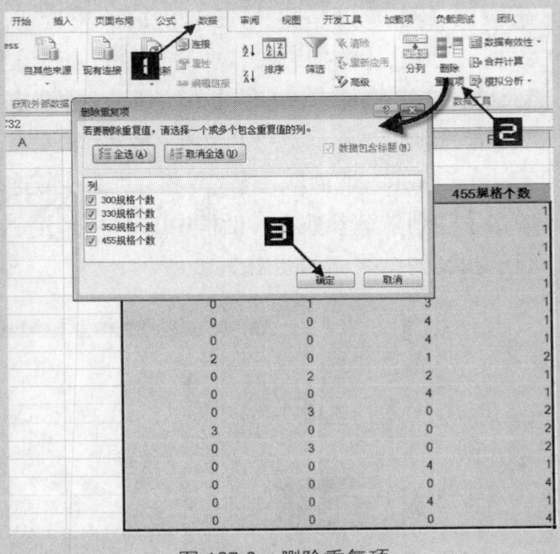


图 197-8　删除重复项

## 197.2 求解下料的方案

**Step 1**

Excel 默认一个工作表只能有一个规划求解方案，新建一个工作表并命名为“下料方案”，将“截取方案”工作表中的 C31:F39 单元格区域复制到“下料方案”工作表中，建立如图 197-9 所示的表格。

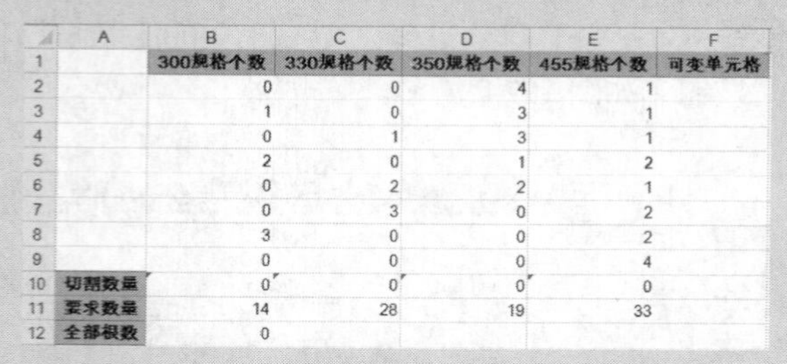

| | A | B | C | D | E | F |
|---|---|---|---|---|---|---|
| 1 | | 300规格个数 | 330规格个数 | 350规格个数 | 455规格个数 | 可变单元格 |
| 2 | | 0 | 0 | 4 | 1 | |
| 3 | | 1 | 0 | 3 | 1 | |
| 4 | | 0 | 1 | 3 | 1 | |
| 5 | | 2 | 0 | 1 | 2 | |
| 6 | | 0 | 2 | 2 | 1 | |
| 7 | | 0 | 3 | 0 | 2 | |
| 8 | | 3 | 0 | 0 | 2 | |
| 9 | | 0 | 0 | 0 | 4 | |
| 10 | 切割数量 | 0 | 0 | 0 | 0 | |
| 11 | 要求数量 | 14 | 28 | 19 | 33 | |
| 12 | 全部根数 | 0 | | | | |

图 197-9　可行的切割方案

在 B11:E11 单元格区域输入客户需求的数量 14、28、19、33，在 B10 单元格输入公式并向右复制到 E10 单元格。

```
B10=SUMPRODUCT(B2:B9, $F$2:$F$9)
```

B12 单元格输入公式：

```
B12=SUM(F2:F9)
```

**Step 2**

在【数据】选项卡中单击【规划求解】按钮，打开【规划求解参数】对话框，其中【设置目标】编辑框中选择 B12 单元格，单击【最小值】单选钮，然后在【通过更改可变单元格】编辑框选择 F2:F9 单元格区域，再单击【添加】按钮打开【添加约束】对话框进行约束条件的添加，本例中所包含的约束条件如下。

条件 1：切割数量必须大于需求数量，B10:E10>=B11:E11

条件 2：钢管必须是整数，$F$2:$F$9=整数

添加完成单击【添加约束】对话框中的【确定】按钮返回【规划求解参数】对话框，在【选择求解方法】下拉列表中选择【单纯线性规划】，单击【规划求解选项】对话框中的【选项】按钮，在弹出的【选项】中选择【所有方法】选项卡，取消勾选【忽略整数约束】复选框，单击【确定】按钮。

**Step 3**

单击【规划求解参数】对话框中的【求解】按钮开始求解运算过程，并显示找到的结果，如图 197-10 所示。

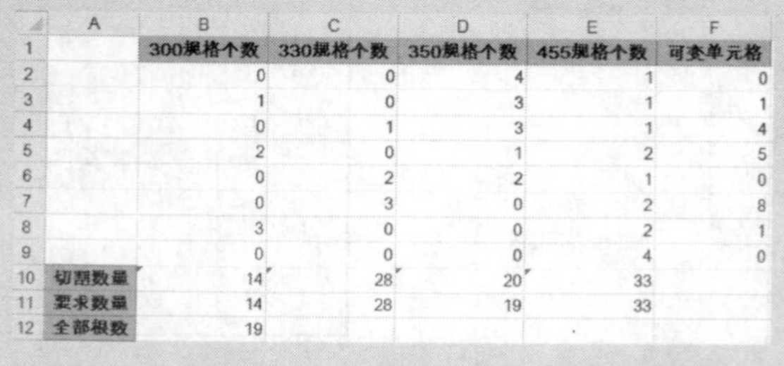

| | A | B | C | D | E | F |
|---|---|---|---|---|---|---|
| 1 | | 300规格个数 | 330规格个数 | 350规格个数 | 455规格个数 | 可变单元格 |
| 2 | | 0 | 0 | 4 | 1 | 0 |
| 3 | | 1 | 0 | 3 | 1 | 1 |
| 4 | | 0 | 1 | 3 | 1 | 4 |
| 5 | | 2 | 0 | 1 | 2 | 5 |
| 6 | | 0 | 2 | 2 | 1 | 0 |
| 7 | | 0 | 3 | 0 | 2 | 8 |
| 8 | | 3 | 0 | 0 | 2 | 1 |
| 9 | | 0 | 0 | 0 | 4 | 0 |
| 10 | 切割数量 | 14 | 28 | 20 | 33 | |
| 11 | 要求数量 | 14 | 28 | 19 | 33 | |
| 12 | 全部根数 | 19 | | | | |

图 197-10　最终规划结果

# 技巧 198　利用规划求解线性拟合

Excel 中解决线性拟合问题通常是做散点图，添加线性趋势线来拟合线性方程，其实规划求解也可以拟合。

已知 Y 依赖于另一个变量 X，现有收集数据如表 198 所示。

**表 198　　　　Y 随 X 变化数据表**

| x | 0.0 | 0.5 | 1.0 | 1.5 | 1.9 | 2.5 | 3.0 | 3.5 | 4.0 | 4.5 |
|---|---|---|---|---|---|---|---|---|---|---|
| Y | 1.0 | 0.9 | 0.7 | 1.5 | 2.0 | 2.4 | 3.0 | 2.0 | 2.7 | 3.5 |
| X | 5.0 | 5.5 | 6.0 | 6.6 | 7.0 | 7.6 | 8.5 | 9.0 | 10.0 | |
| Y | 1.0 | 4.0 | 3.6 | 2.7 | 5.7 | 4.6 | 6.0 | 6.8 | 7.3 | |

求拟合以上数据的直线 Y=aX+b。

**Step 1**　根据表 198 中的数据，在工作表中建立如图 198-1 所示的表格。

| | A | B | C | D | E | F |
|---|---|---|---|---|---|---|
| 1 | X | Y | 误差绝对值 | a | b | 误差和 |
| 2 | 0.0 | 1.0 | | | | |
| 3 | 0.5 | 0.9 | | | | |
| 4 | 1.0 | 0.7 | | | | |
| 5 | 1.5 | 1.5 | | | | |
| 6 | 2.0 | 2.0 | | | | |
| 7 | 2.5 | 2.4 | | | | |
| 8 | 3.0 | 3.0 | | | | |
| 9 | 3.5 | 2.0 | | | | |
| 10 | 4.0 | 2.7 | | | | |
| 11 | 4.5 | 3.5 | | | | |
| 12 | 5.0 | 1.0 | | | | |
| 13 | 5.5 | 4.0 | | | | |
| 14 | 6.0 | 3.6 | | | | |
| 15 | 6.6 | 2.7 | | | | |
| 16 | 7.0 | 5.7 | | | | |
| 17 | 7.6 | 4.6 | | | | |
| 18 | 8.5 | 6.0 | | | | |
| 19 | 9.0 | 6.8 | | | | |
| 20 | 10.0 | 7.3 | | | | |

图 198-1　建立数据表

在 C2 单元格输入公式并向下复制填充至 C20 单元格。

```
C2=ABS(A2*$D$2+$E$2-B2)
```

F2 单元格输入公式：

```
=SUM(C2:C20)
```

**Step 2**　在【数据】选项卡中单击【规划求解】按钮，打开【规划求解参数】对话框，其中【设置目标】编辑框中选择 F2 单元格，单击【最小值】单选钮，然后在【通过更改可变单元格】编辑框选择 D2:E2 单元格区域，在【选择求解方法】下拉列表中选择【非线性 GRG】，单击【求解】按钮求解运算过程，并显示找到的结果，如图 198-2 所示。

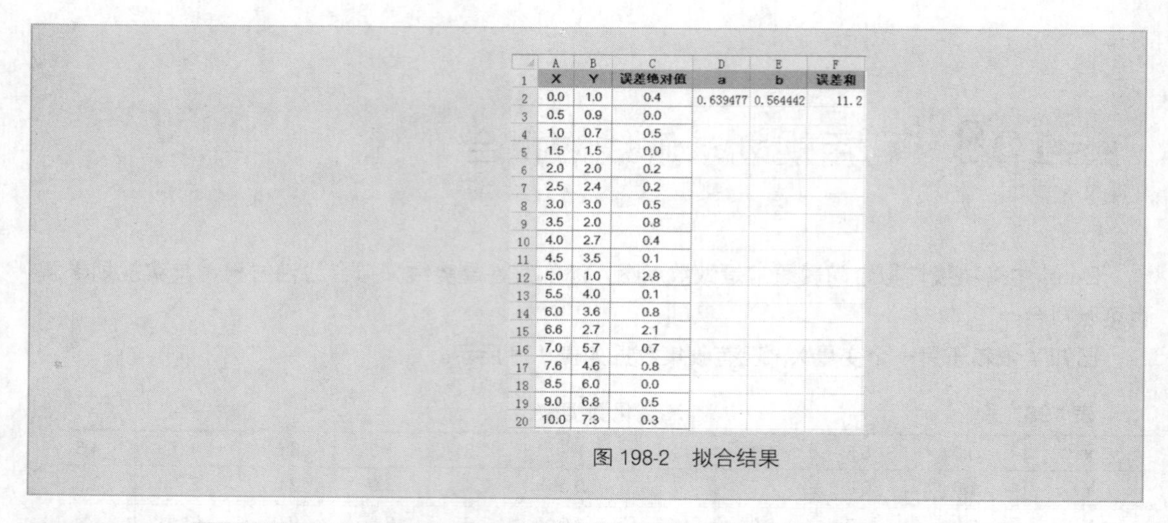

| X | Y | 误差绝对值 | a | b | 误差和 |
|---|---|---|---|---|---|
| 0.0 | 1.0 | 0.4 | 0.639477 | 0.564442 | 11.2 |
| 0.5 | 0.9 | 0.0 | | | |
| 1.0 | 0.7 | 0.5 | | | |
| 1.5 | 1.5 | 0.0 | | | |
| 2.0 | 2.0 | 0.2 | | | |
| 2.5 | 2.4 | 0.2 | | | |
| 3.0 | 3.0 | 0.5 | | | |
| 3.5 | 2.0 | 0.8 | | | |
| 4.0 | 2.7 | 0.4 | | | |
| 4.5 | 3.5 | 0.1 | | | |
| 5.0 | 1.0 | 2.8 | | | |
| 5.5 | 4.0 | 0.1 | | | |
| 6.0 | 3.6 | 0.8 | | | |
| 6.6 | 2.7 | 2.1 | | | |
| 7.0 | 5.7 | 0.7 | | | |
| 7.6 | 4.6 | 0.8 | | | |
| 8.5 | 6.0 | 0.0 | | | |
| 9.0 | 6.8 | 0.5 | | | |
| 10.0 | 7.3 | 0.3 | | | |

图 198-2 拟合结果

**提示！** 规划求解线性拟合是按照各个观察值同按直线关系所预期的值的绝对偏差总和为最小的要求来拟合，所以与图表拟合的结果有些不同。

## 技巧 199 求解最佳数字组合

在财务或工程决策方面的工作中，经常会遇到需要挑选最佳数字组合的问题。例如有以下一组数字{64，52，34，72，57，78，33，94，46，87，90，19，60}。要从其中选取数字，每个数字只能选取一次，要使得它们相加的汇总值接近 679，而且要求存在多种组合可能的情况下找到其中选取数字个数最多的一种组合。

**Step 1** 将问题中的条件输入表格，整理形成数据区域，如图 199-1 所示。

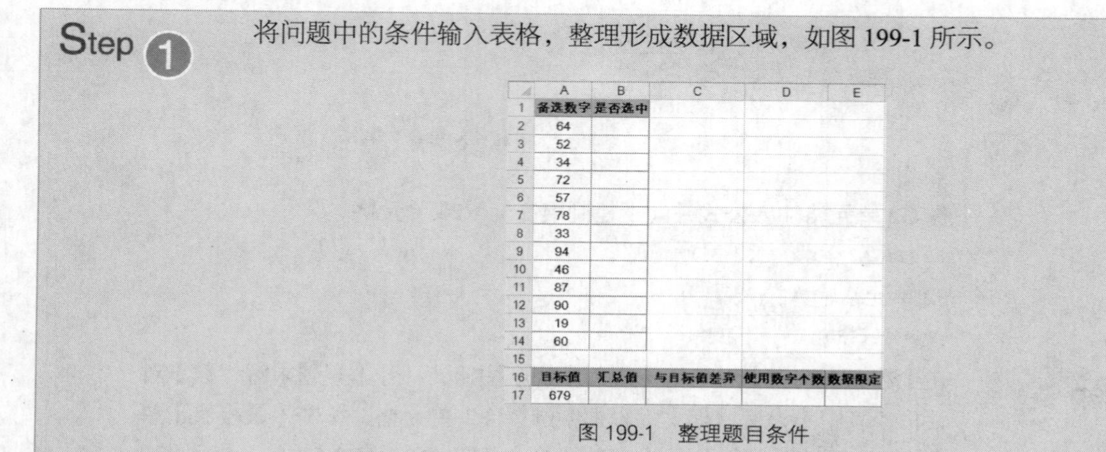

| 备选数字 | 是否选中 | | | |
|---|---|---|---|---|
| 64 | | | | |
| 52 | | | | |
| 34 | | | | |
| 72 | | | | |
| 57 | | | | |
| 78 | | | | |
| 33 | | | | |
| 94 | | | | |
| 46 | | | | |
| 87 | | | | |
| 90 | | | | |
| 19 | | | | |
| 60 | | | | |
| | | | | |
| 目标值 | 汇总值 | 与目标值差异 | 使用数字个数 | 数据限定 |
| 679 | | | | |

图 199-1 整理题目条件

其中 A2:A14 单元格区域为题目所提供的 13 个备选数字，右侧的 B2:B14 单元格区域以数字 0 或 1 来表示此数字是否被选中，数字 0 表示未选中，数字 1 则表示选中。此区域作为规划求解的可变单元格。A17 单元格中为选取数字求和的目标值，B17 单元格内输入实际选出数字的求和公式：

```
B17=SUMPRODUCT(A2:A14, B2:B14)
```

C17 单元格表示当前汇总值与目标值之间的差异，可以用公式 C17=ABS(A17-B17)来计算，或者使用公式 C17=(A17-B17)^2。

D17 单元格表示当前所选取的数字的个数，输入公式：

```
D17=SUM(B2:B14)
```

E17 单元格输入公式：

```
E17=ABS(A17-B17)*100-D17
```

**Step 2** 为了使规划求解中可变单元格的数字显示更具可读性，预先将 B2:B14 单元格区域的数字格式设置为自定义的“0”。

**Step 3** 在【数据】选项卡中单击【规划求解】按钮，打开【规划求解参数】对话框，在【设置目标】编辑框选择 E17 单元格，单击【最小值】单选钮，在【通过更改可变单元格】编辑框选择 B2:B14 单元格区域。

**Step 4** 单击【添加】按钮打开【添加约束】对话框进行约束条件的添加，本例中所包含的约束条件如下：

B2:B14=二进制

添加完成，单击【添加约束】对话框中的【确定】按钮返回【规划求解参数】对话框，在【选择求解方法】下拉列表中选择【非线性 GRG】，然后单击【选项】按钮，在弹出的【选项】中选择【所有方法】选项卡，取消勾选【忽略整数约束】复选框，单击【确定】按钮，结果如图 199-2 所示。

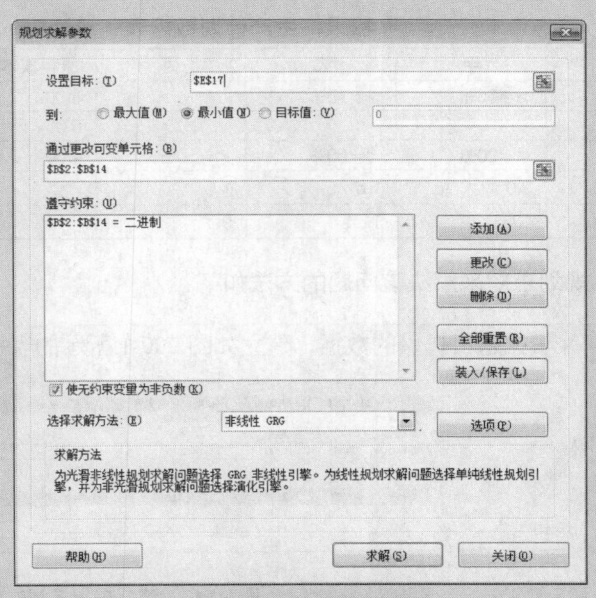


图 199-2　规划求解参数

**Step 5** 单击【求解】按钮开始求解运算过程，并显示找到一个结果，如图 199-3 所示。

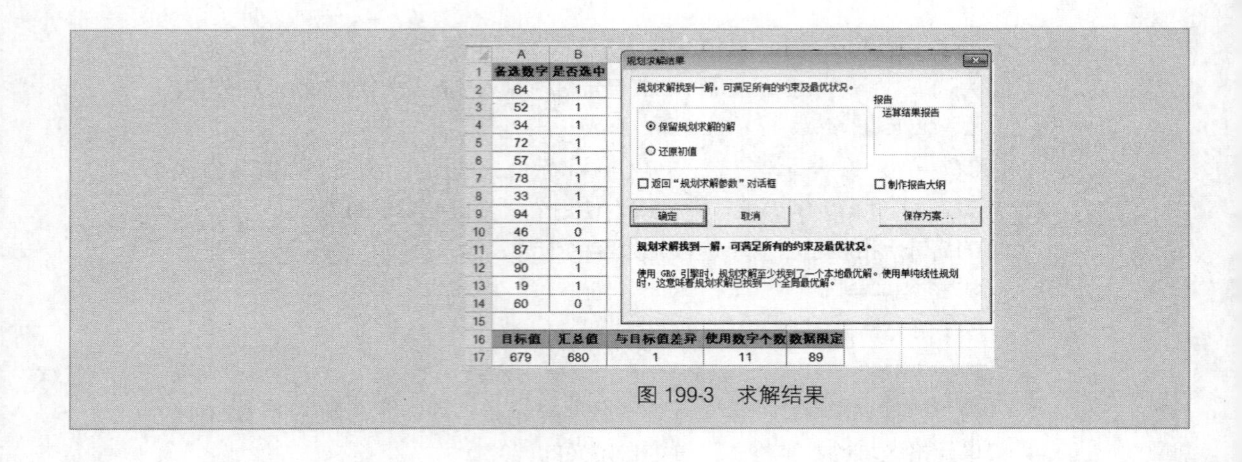

|  | A | B |
|---|---|---|
| 1 | 备选数字 | 是否选中 |
| 2 | 64 | 1 |
| 3 | 52 | 1 |
| 4 | 34 | 1 |
| 5 | 72 | 1 |
| 6 | 57 | 1 |
| 7 | 78 | 1 |
| 8 | 33 | 1 |
| 9 | 94 | 1 |
| 10 | 46 | 0 |
| 11 | 87 | 1 |
| 12 | 90 | 1 |
| 13 | 19 | 1 |
| 14 | 60 | 0 |
| 15 |  |  |

|  | 目标值 | 汇总值 | 与目标值差异 | 使用数字个数 | 数据限定 |
|---|---|---|---|---|---|
| 17 | 679 | 680 | 1 | 11 | 89 |



图 199-3　求解结果

## 技巧 200　求解配料问题

配料问题是冶金、化工等行业中经常需要考虑的重要问题。下面是以配料问题为例，介绍使用 Excel 规划求解的解决方案。

某糖果厂用原料 A、B、C 加工成三种不同牌号的糖果甲、乙、丙，已知各种牌号的糖果中 A、B、C 的含量、原料成本、各种原料的每月限制用量，三种牌号糖果的单位加工费及售价如表 200 所示，问该厂每月应生产这三种牌号的糖果各多少千克，才能使该厂获利最大？

**表 200　　糖果厂生产计划数据表**

|  | 甲 | 乙 | 丙 | 原料成本（元/千克） | 每月限制用量（千克） |
|---|---|---|---|---|---|
| A | >=65% | >=15% |  | 8.00 | 2000 |
| B |  |  |  | 6.00 | 2500 |
| C | <=20% | <=60% | <=50% | 4.00 | 1200 |
| 加工费（元/千克） | 2.0 | 1.6 | 1.2 |  |  |
| 售价（元） | 13.6 | 11.4 | 9 |  |  |

使用 Excel 规划求解来解决该问题的方法如下：

根据题目提供的数据，建立如图 200-1 所示的表格。

|  | A | B | C | D | E | F | G | H |
|---|---|---|---|---|---|---|---|---|
| 1 |  | 原料成本 | 每月限制用量 | 甲中所占比例要求 | 乙中所占比例要求 | 丙中所占比例要求 | 实际用量 |  |
| 2 | 原料A | 8 | 2000 | >=65% | >=15% |  | 0 |  |
| 3 | 原料B | 6 | 2500 |  |  |  | 0 |  |
| 4 | 原料C | 4 | 1200 | <=20% | <=60% | <=50% | 0 |  |
| 5 |  |  |  |  |  |  |  |  |
| 6 |  |  |  |  |  |  |  |  |
| 7 |  | 加工费 | 售价 | 原料A比例 | 原料B比例 | 原料C比例 | 生产数量 | 比例总和 |
| 8 | 甲 | 2 | 13.6 |  |  |  |  | 0 |
| 9 | 乙 | 1.6 | 11.4 |  |  |  |  | 0 |
| 10 | 丙 | 1.2 | 9 |  |  |  |  | 0 |
| 11 | 总共利润 | 0 |  |  |  |  |  |  |

图 200-1　建立规划求解的模型

为了提高规划求解的可读性，D2:E2 单元格区域数字格式自定义为“>=0%”，D4:F4 单元格区域数字格式自定义为“<=0%”，D8:F10 单元格区域数字格式设置为百分比格式。

G2 单元格输入公式：

```
=SUMPRODUCT(G8:G10, D8:D10)
```

G3 单元格输入公式：

```
=SUMPRODUCT(G8:G10, E8:E10)
```

G4 单元格输入公式：

```
=SUMPRODUCT(G8:G10, F8:F10)
```

H8 单元格输入公式并向下复制填充至 H10 单元格。

```
H8=SUM(D8:F8)
```

B11 单元格输入公式：

```
=SUMPRODUCT(G8:G10, C8:C10-B8:B10)-SUMPRODUCT(G2:G4, B2:B4)
```

**Step 2** 在【数据】选项卡中单击【规划求解】按钮，打开【规划求解参数】对话框，其中【设置目标】编辑框中选择 B11 单元格，单击【最大值】单选钮，然后在【通过更改可变单元格】编辑框选择 D8:G10 单元格区域，再单击【添加】按钮打开【添加约束】对话框进行约束条件的添加，本例中所包含的约束条件如下。

条件 1：原料 A 的比例要求 D8:D9>=D2:E2

条件 2：原料 C 的比例要求 F8:F10<=D4:F4

条件 3：实际用量必须小于等于限制用量 G2:G4<=C2:C4

条件 4：生产数量都是整数单位 G8:G10=整数

条件 5：糖果必须由这几种原料做成 H8:H10=1

添加完成单击【添加约束】对话框中的【确定】按钮返回【规划求解参数】对话框，在【选择求解方法】下拉列表中选择【非线性 GRG】，然后单击【选项】按钮，在弹出的【选项】中选择【所有方法】选项卡，取消勾选【忽略整数约束】复选框，单击【确定】按钮，结果如图 200-2 所示。

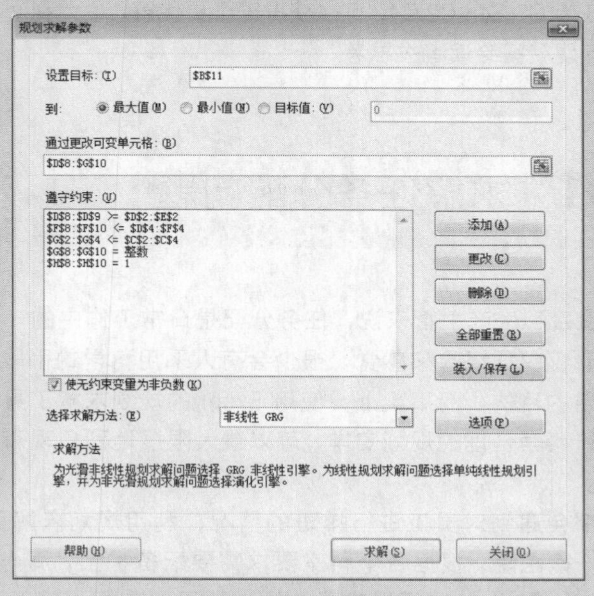


图 200-2　规划求解参数

**Step 3** 单击【规划求解参数】对话框中的【求解】按钮开始求解运算过程，并显示找到的结果，如图 200-3 所示。

| | A | B | C | D | E | F | G | H |
|---|---|---|---|---|---|---|---|---|
| 1 | | 原料成本 | 每月限制用量 | 甲中所占比例要求 | 乙中所占比例要求 | 丙中所占比例要求 | 实际用量 | |
| 2 | 原料A | 8 | 2000 | >=65% | >=15% | | 1226.15 | |
| 3 | 原料B | 6 | 2500 | | | | 1119.85 | |
| 4 | 原料C | 4 | 1200 | <=20% | <=60% | <=50% | 1200 | |
| 5 | | | | | | | | |
| 6 | | | | | | | | |
| 7 | | 加工费 | 售价 | 原料A比例 | 原料B比例 | 原料C比例 | 生产数量 | 比例总和 |
| 8 | 甲 | 2 | 13.6 | 65.00% | 26.06% | 8.94% | 1588 | 1 |
| 9 | 乙 | 1.6 | 11.4 | 15.00% | 28.88% | 56.12% | 1293 | 1 |
| 10 | 丙 | 1.2 | 9 | 0.00% | 50.00% | 50.00% | 665 | 1 |
| 11 | 总共利润 | 14950.9 | | | | | | |

图 200-3　求解结果

细心的读者会发现这个解并不是最优解，这是因为非线性规划只能找到局部最优解，而线性规划就能找到全局最优解，如图 200-4 所示。

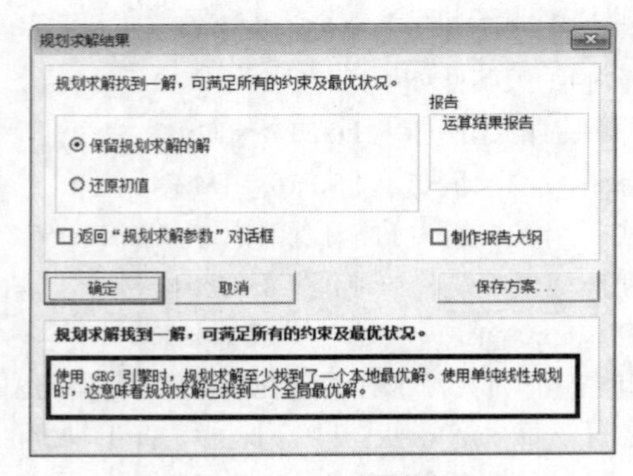


图 200-4　本地最优解

更改条件 3 为 G2:G4=C2:C4，可以获得一个更优解，最大利润为 24182。至于能否再找到一个更优解，这个问题就留给读者去思考。

## 技巧 201　求解任务分配问题

对于不少项目和生产主管来说，任务分配是日常工作中的一个重要环节，但是很多时候他们在分配任务时仅仅凭经验和感觉，很少会有人采用科学的手段来合理分配任务，以达到人尽其责、物尽其用的目的。而事实上，使用 Excel 的规划求解工具，并不需要花费多少时间就能对任务分配进行科学合理的规划安排，可以最大限度地利用现有的人力物力资源来提高完成工作任务的效率。

每个公司都会遇到对员工进行排班的情况，利用规划求解可以达到人员的合理配备。例如，某县新建一家医院，根据各个科室要求需要配备护士，周一至周日分别最少需要 34、25、36、30、28、31、32 人，按照规定一个护士一周要连续上班五天，这家医院至少需要多少个护士？

**Step 1**

根据已知条件建立关系表格，在 B1 单元格输入星期一，向右填充到 H1 单元格，建立一周。护士编号为护士 1 到护士 126，A2 单元格输入护士 1，向下填充到 A127，建立 126 个护士的名单，并录入每天需要的护士人数，如图 201-1 所示。

|  | A | B | C | D | E | F | G | H | I | J |
|---|---|---|---|---|---|---|---|---|---|---|
| 1 |  | 星期一 | 星期二 | 星期三 | 星期四 | 星期五 | 星期六 | 星期日 |  | 是否上班 |
| 2 | 护士1 |  |  |  |  |  |  |  |  |  |
| 3 | 护士2 |  |  |  |  |  |  |  |  |  |
| 4 | 护士3 |  |  |  |  |  |  |  |  |  |
| 5 | 护士4 |  |  |  |  |  |  |  |  |  |
| 6 | 护士5 |  |  |  |  |  |  |  |  |  |
| 7 | 护士6 |  |  |  |  |  |  |  |  |  |
| 8 | 护士7 |  |  |  |  |  |  |  |  |  |
| 9 | 护士8 |  |  |  |  |  |  |  |  |  |
| 10 | 护士9 |  |  |  |  |  |  |  |  |  |
| 11 | 护士10 |  |  |  |  |  |  |  |  |  |
| 122 | 护士121 |  |  |  |  |  |  |  |  |  |
| 123 | 护士122 |  |  |  |  |  |  |  |  |  |
| 124 | 护士123 |  |  |  |  |  |  |  |  |  |
| 125 | 护士124 |  |  |  |  |  |  |  |  |  |
| 126 | 护士125 |  |  |  |  |  |  |  |  |  |
| 127 | 护士126 |  |  |  |  |  |  |  |  |  |
| 128 | 实际人数 | 0 | 0 | 0 | 0 | 0 | 0 | 0 | 最少人数 | 0 |
| 129 | 要求人数 | 34 | 25 | 36 | 30 | 28 | 31 | 32 |  |  |

图 201-1　建立二维数据表格

由每天上班的人数来看，最多的是星期三，有 36 人，先假定每天新增上班人数为这个数字的一半（18 人），七天总共需要 126 人，肯定能满足上班要求的人数，然后在这个基础上再进行规划求解。

B2 单元格输入公式并向右向下复制填充至 H127 单元格。

```
B2=IF(INT((ROW()-2)/18)+2=COLUMN(), 1, 0)
```

B128 单元格输入公式并向右复制填充至 D128 单元格。

```
B128=SUMPRODUCT(B2:F127*$J$2:$J$127)
```

E128 单元格输入公式并向右复制填充至 H128 单元格。

```
E128=SUMPRODUCT($B$2:$H$127*$J$2:$J$127)-SUMPRODUCT(C2:D127*$J$2:$J$127)
```

J128 单元格输入公式：

```
=SUM(J2:J127)
```

**Step 2**

在【数据】选项卡中单击【规划求解】按钮，打开【规划求解参数】对话框，其中【设置目标】编辑框中选择 J128 单元格，单击【最小值】单选钮，然后在【通过更改可变单元格】编辑框选择 J2:J127 单元格区域，再单击【添加】按钮打开【添加约束】对话框进行约束条件的添加，本例中所包含的约束条件如下。

条件 1：护士是否需要只有两种状态，J2:J127=二进制

条件 2：实际人数必须比需求人数要多，B128:H128>= B129:H129

添加完成单击【添加约束】对话框中的【确定】按钮返回【规划求解参数】对话框，在【选择求解方法】下拉列表中选择【单纯线性规划】，结果如图 201-2 所示。

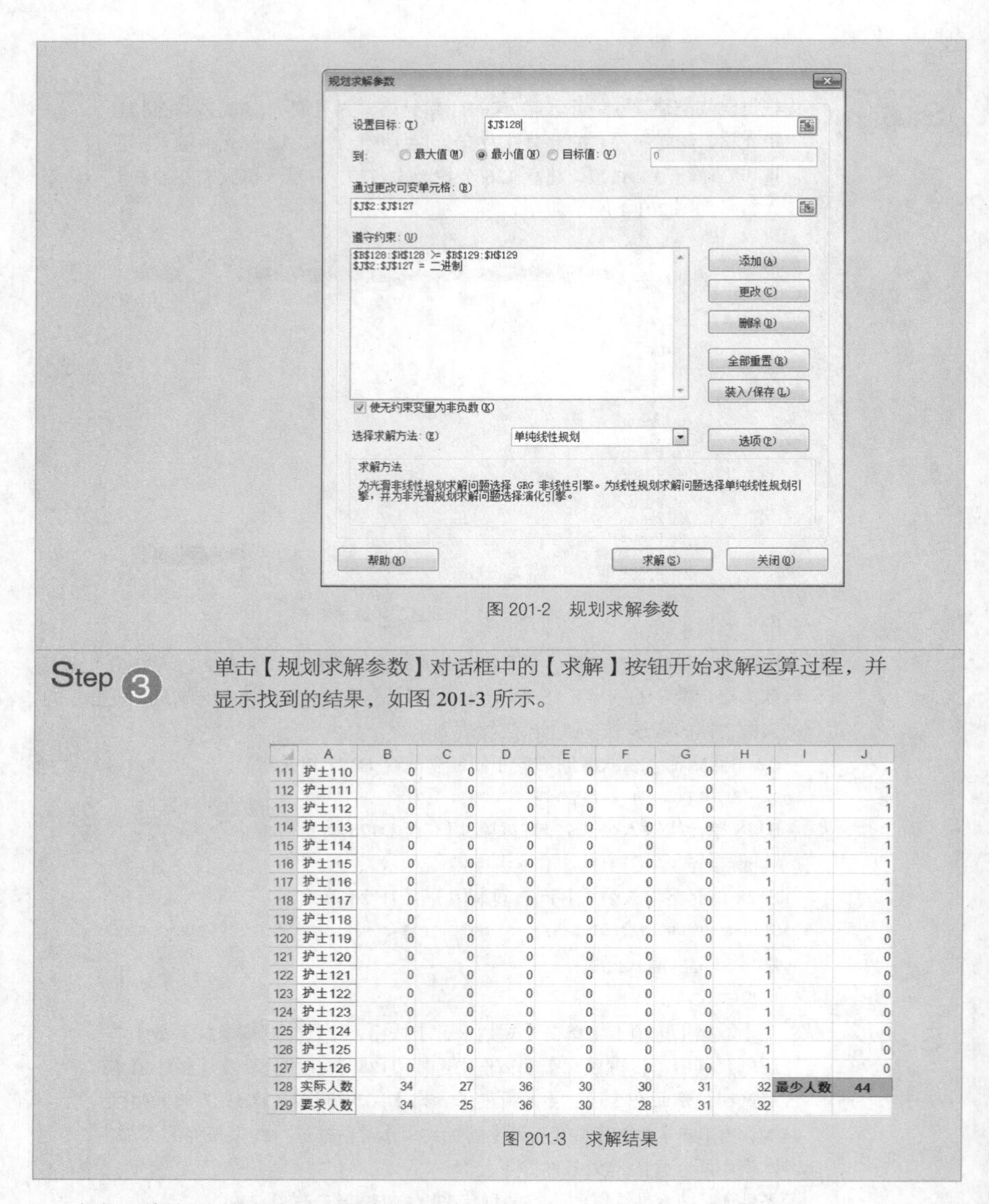


图 201-2　规划求解参数

**Step 3**　单击【规划求解参数】对话框中的【求解】按钮开始求解运算过程，并显示找到的结果，如图 201-3 所示。

| | A | B | C | D | E | F | G | H | I | J |
|---|---|---|---|---|---|---|---|---|---|---|
| 111 | 护士110 | 0 | 0 | 0 | 0 | 0 | 0 | 1 | | 1 |
| 112 | 护士111 | 0 | 0 | 0 | 0 | 0 | 0 | 1 | | 1 |
| 113 | 护士112 | 0 | 0 | 0 | 0 | 0 | 0 | 1 | | 1 |
| 114 | 护士113 | 0 | 0 | 0 | 0 | 0 | 0 | 1 | | 1 |
| 115 | 护士114 | 0 | 0 | 0 | 0 | 0 | 0 | 1 | | 1 |
| 116 | 护士115 | 0 | 0 | 0 | 0 | 0 | 0 | 1 | | 1 |
| 117 | 护士116 | 0 | 0 | 0 | 0 | 0 | 0 | 1 | | 1 |
| 118 | 护士117 | 0 | 0 | 0 | 0 | 0 | 0 | 1 | | 1 |
| 119 | 护士118 | 0 | 0 | 0 | 0 | 0 | 0 | 1 | | 1 |
| 120 | 护士119 | 0 | 0 | 0 | 0 | 0 | 0 | 1 | | 0 |
| 121 | 护士120 | 0 | 0 | 0 | 0 | 0 | 0 | 1 | | 0 |
| 122 | 护士121 | 0 | 0 | 0 | 0 | 0 | 0 | 1 | | 0 |
| 123 | 护士122 | 0 | 0 | 0 | 0 | 0 | 0 | 1 | | 0 |
| 124 | 护士123 | 0 | 0 | 0 | 0 | 0 | 0 | 1 | | 0 |
| 125 | 护士124 | 0 | 0 | 0 | 0 | 0 | 0 | 1 | | 0 |
| 126 | 护士125 | 0 | 0 | 0 | 0 | 0 | 0 | 1 | | 0 |
| 127 | 护士126 | 0 | 0 | 0 | 0 | 0 | 0 | 1 | | 0 |
| 128 | 实际人数 | 34 | 27 | 36 | 30 | 30 | 31 | 32 | 最少人数 | 44 |
| 129 | 要求人数 | 34 | 25 | 36 | 30 | 28 | 31 | 32 | | |

图 201-3　求解结果

根据运算结果，发现实际需要的护士人数为 44 人，星期二、星期五还多了 2 个人上班，从而达到了人力资源的最合理利用。

如果人数更多些，Excel 就不能胜任了，因为规划求解的变量不能超过 200 个，否则会弹出如图 201-4 所示的警告窗口。

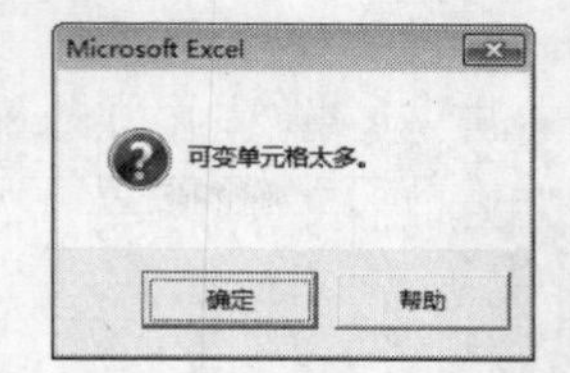


图 201-4 警告窗口

如果变量很多的话，要么减少变量或者用更加专业的软件如 LINGO、MATLAB 或者用 Analytic Solver Platform（Excel 插件）等工具来处理规划求解问题。

## 技巧 202 求解旅行商问题

旅行商问题(TSP 问题)与最短路径问题的关系十分密切，它的实质就是考察从某个物理节点出发，经过其他节点再回到出发点所经历的最短路线方案，类似我们小时候玩的一笔画游戏。与最短路径问题有所区别的是：它的线路需要经过网络中的所有节点，并且最终形成回路。对于每个节点来说，都要被访问到并且只访问一次。

某邮递员每天从邮局出发需要到 7 个不同位置的小区送信件，然后将 7 个地方所在的邮筒收集信件回到邮局。通过长时间的观察记录，邮递员对 7 个区域之间骑车所需的平均时间进行整理如图 202-1 所示，其中邮局就设在 A 小区附近，因此可以将 A 小区视作出发点。

通过如图 202-1 所示的表格可以发现，此例中任意两地的往返时间是相等的，例如 A 小区至 B 小区的时间与 B 小区返回 A 小区的时间为 19（在其他的案例中，也可能存在往返时间或路径长度不相等的情况），不过解题方法是一样的。

| | A | B | C | D | E | F | G | H | I |
|---|---|---|---|---|---|---|---|---|---|
| 1 | | | 出发地 | | | | | | |
| 2 | | 时间估算 | A小区 | B小区 | C小区 | D小区 | E小区 | F小区 | G小区 |
| 3 | 抵达地 | A小区 | / | 19 | 20 | 16 | 25 | 20 | 19 |
| 4 | | B小区 | 19 | / | 20 | 17 | 11 | 12 | 8 |
| 5 | | C小区 | 20 | 20 | / | 25 | 17 | 18 | 20 |
| 6 | | D小区 | 16 | 17 | 25 | / | 11 | 8 | 9 |
| 7 | | E小区 | 25 | 11 | 17 | 11 | / | 13 | 14 |
| 8 | | F小区 | 20 | 12 | 18 | 8 | 13 | / | 15 |
| 9 | | G小区 | 19 | 8 | 20 | 9 | 14 | 15 | / |

图 202-1 各区域之间骑行时间

现在邮递员想要知道，如何规划一天的投递线路，可以使得在路上的时间最少。此问题即为一个典型的商旅问题（Traveling Salesman Problem），可以用 Excel 规划求解工具来解答，首先尝试方法如下。

**Step 1** 根据题目需求，在原有题目条件的下方建立规划求解所需的公式模型，如图 202-2 所示。

|  | A | B | C | D | E | F | G | H | I | J | K |
|---|---|---|---|---|---|---|---|---|---|---|---|
| 1 |  |  | 出发地 |  |  |  |  |  |  |  |  |
| 2 |  | 时间估算 | A小区 | B小区 | C小区 | D小区 | E小区 | F小区 | G小区 |  |  |
| 3 | 抵达地 | A小区 | / | 19 | 20 | 16 | 25 | 20 | 19 |  |  |
| 4 |  | B小区 | 19 | / | 20 | 17 | 11 | 12 | 8 |  |  |
| 5 |  | C小区 | 20 | 20 | / | 25 | 17 | 18 | 20 |  |  |
| 6 |  | D小区 | 16 | 17 | 25 | / | 11 | 8 | 9 |  |  |
| 7 |  | E小区 | 25 | 11 | 17 | 11 | / | 13 | 14 |  |  |
| 8 |  | F小区 | 20 | 12 | 18 | 8 | 13 | / | 15 |  |  |
| 9 |  | G小区 | 19 | 8 | 20 | 9 | 14 | 15 | / |  |  |
| 10 |  |  |  |  |  |  |  |  |  |  |  |
| 11 |  |  | 出发地 |  |  |  |  |  |  |  |  |
| 12 |  | 路线规划 | A小区 | B小区 | C小区 | D小区 | E小区 | F小区 | G小区 | 来源唯一性 | 所需时间 |
| 13 | 抵达地 | A小区 | / |  |  |  |  |  |  | 0 | 0 |
| 14 |  | B小区 |  | / |  |  |  |  |  | 0 | 0 |
| 15 |  | C小区 |  |  | / |  |  |  |  | 0 | 0 |
| 16 |  | D小区 |  |  |  | / |  |  |  | 0 | 0 |
| 17 |  | E小区 |  |  |  |  | / |  |  | 0 | 0 |
| 18 |  | F小区 |  |  |  |  |  | / |  | 0 | 0 |
| 19 |  | G小区 |  |  |  |  |  |  | / | 0 | 0 |
| 20 |  | 目标唯一性 | 0 | 0 | 0 | 0 | 0 | 0 | 0 | 合计时间 | 0 |

图 202-2　建立规划求解的模型

其中 C13:I19 单元格区域用于记录实际的路径选择情况，可以用数字 0 表示路径未选择，用数字 1 表示选择从某地出发前往另一地。此区域将作为规划求解的可变单元格区域。但需要注意的是：其中 A 小区至 A 小区、B 小区至 B 小区等类似的路径在实际中是不存在的，因此在规划求解时需要保证 C13、D14…I19 的取值不可为 1。

J 列用于统计抵达各地点的来源地的数目，根据商旅问题的特性，每个地点的访问来源地是唯一的。在 J13 单元格内输入公式，然后向下复制填充至 J19 单元格。

```
J13=SUM(C13:I13)
```

第 20 行用于统计各出发地前往目的地的数目，根据旅行商问题的特性，每个出发地的目标地点也是唯一确定的。在 C20 单元格输入公式，然后向右复制填充至 I20 单元格。

```
C20=SUM(C13:C19)
```

K 列用于统计访问线路确定的情况下各条线路所需的时间，可以在 K13 单元格内输入公式，然后向下复制填充至 K19 单元格。

```
K13=SUMPRODUCT(C3:I3, C13:I13)
```

K20 单元格用于累计 K13:K19 单元格区域中的时间，即走完整条线路总的时间。可以在该单元格内输入公式，此单元格将作为规划求解的目标单元格。

```
K20=SUM(K13:K19)
```

Step 2　为了提高规划求解结果的可读性，可以预先将 C13:I18 单元格区域中的数字格式自定义为“0”。

Step 3　选中 K20 单元格，打开【规划求解参数】对话框，在【设置目标】编辑框中选择 K20 单元格，选中【最小值】单选钮，在【通过更改可变单元格】编辑框中选择 C13:I19 单元格区域。单击【添加】按钮打开【添加约束】对话框进行约束条件的添加，本例中所包含的约束条件如下。

条件 1：C13:I19 为二进制数

条件 2：J13:J19=1

条件 3：C20:I20=1

在条件 1 中将可变单元格 C13:I19 的约束条件设置为二进制数，可使得其取值在 0 与 1 之间变化。

各个条件添加完成后单击【添加约束】对话框中的【确定】按钮返回【规划求解参数】对话框，在【选择求解方法】下拉列表中选择【单纯线性规划】，结果如图 202-3 所示。

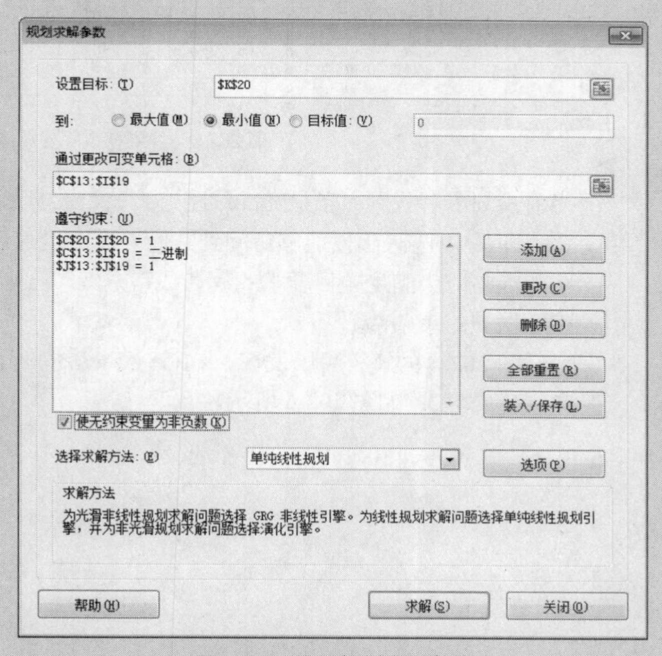


图 202-3　设置规划求解参数

Step 4

C13、D14…I19 这 7 个单元格的取值需要限定为 0，可以在上面的【规划求解参数】对话框中继续添加约束条件。还有一种更简单的方法是将原条件区域中的 C3、D4…I9 这 7 个对角单元格的值改为远远大于其他线路时间的数值，使得规划求解过程中不可能取到 A-A、B-B 这样的路径。例如在本例中可以在这 7 个对角单元格中填入“999”，如图 202-4 所示。

|  | A | B | C | D | E | F | G | H | I |
|---|---|---|---|---|---|---|---|---|---|
| 1 |  |  | 出发地 |  |  |  |  |  |  |
| 2 |  | 时间估算 | A小区 | B小区 | C小区 | D小区 | E小区 | F小区 | G小区 |
| 3 | 抵达地 | A小区 | 999 | 19 | 20 | 16 | 25 | 20 | 19 |
| 4 |  | B小区 | 19 | 999 | 20 | 17 | 11 | 12 | 8 |
| 5 |  | C小区 | 20 | 20 | 999 | 25 | 17 | 18 | 20 |
| 6 |  | D小区 | 16 | 17 | 25 | 999 | 11 | 8 | 9 |
| 7 |  | E小区 | 25 | 11 | 17 | 11 | 999 | 13 | 14 |
| 8 |  | F小区 | 20 | 12 | 18 | 8 | 13 | 999 | 15 |
| 9 |  | G小区 | 19 | 8 | 20 | 9 | 14 | 15 | 999 |

图 202-4　限定不符合实际的路径条件

Step 5

单击【规划求解参数】对话框中的【求解】按钮开始求解运算过程，并显示找到的结果，如图 202-5 所示。

| | A | B | C | D | E | F | G | H | I | J | K |
|---|---|---|---|---|---|---|---|---|---|---|---|
| 1 | | | 出发地 | | | | | | | | |
| 2 | | 时间估算 | A小区 | B小区 | C小区 | D小区 | E小区 | F小区 | G小区 | | |
| 3 | 抵达地 | A小区 | 999 | 19 | 20 | 16 | 25 | 20 | 19 | | |
| 4 | | B小区 | 19 | 999 | 20 | 17 | 11 | 12 | 8 | | |
| 5 | | C小区 | 20 | 20 | 999 | 25 | 17 | 18 | 20 | | |
| 6 | | D小区 | 16 | 17 | 25 | 999 | 11 | 8 | 9 | | |
| 7 | | E小区 | 25 | 11 | 17 | 11 | 999 | 13 | 14 | | |
| 8 | | F小区 | 20 | 12 | 18 | 8 | 13 | 999 | 15 | | |
| 9 | | G小区 | 19 | 8 | 20 | 9 | 14 | 15 | 999 | | |
| 10 | | | | | | | | | | | |
| 11 | | | 出发地 | | | | | | | | |
| 12 | | 路线规划 | A小区 | B小区 | C小区 | D小区 | E小区 | F小区 | G小区 | 来源唯一性 | 所需时间 |
| 13 | 抵达地 | A小区 | 0 | 0 | 1 | 0 | 0 | 0 | 0 | 1 | 20 |
| 14 | | B小区 | 0 | 0 | 0 | 0 | 0 | 0 | 1 | 1 | 8 |
| 15 | | C小区 | 1 | 0 | 0 | 0 | 0 | 0 | 0 | 1 | 20 |
| 16 | | D小区 | 0 | 0 | 0 | 0 | 1 | 0 | 0 | 1 | 11 |
| 17 | | E小区 | 0 | 0 | 0 | 0 | 0 | 1 | 0 | 1 | 13 |
| 18 | | F小区 | 0 | 0 | 0 | 1 | 0 | 0 | 0 | 1 | 8 |
| 19 | | G小区 | 0 | 1 | 0 | 0 | 0 | 0 | 0 | 1 | 8 |
| 20 | | 目标唯一性 | 1 | 1 | 1 | 1 | 1 | 1 | 1 | 合计时间 | 88 |

图 202-5　找到初步路径结果

当前规划求解找到一条最短的线路方案，如果能形成一个独立的封闭回路，即从 A 小区出发能够访问到其他 6 个小区最后再返回 A 小区，说明此线路即为满足题目要求的确切线路方案。否则说明约束条件不够，还要增加约束条件。

通过图 202-5 的解答可以发现，当前解法线路包含了三个独立的回路（反向同样成立），如图 202-6 所示。

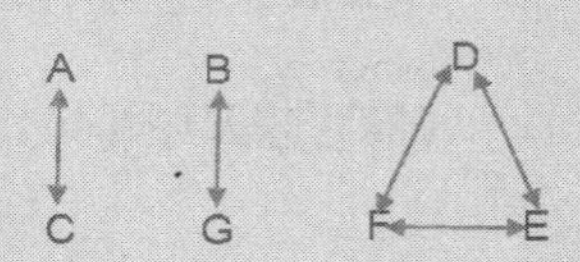


图 202-6　求解出的线路图

显然存在多余一条线路的情况下无法满足从 A 点出发遍历完所有节点再返回 A 点的要求，因此需要进一步查找合理的解答。同时通过当前解答也可以知道，此问题的最终合理线路方案的开销时间应该大于等于目前的 88。

**Step 6**

接下来介绍附加充分的约束条件以避免产生子巡回的方法。用 U1 表示小区 A 是第几个到达的小区，用 U2 表示小区 B 是第几个到达的小区，依次类推，U7 就是表示小区 G 是第几个到达的小区。X12 表示线路是否小区 A 到小区 B，如果是就为 1，否则为 0，即为 C14 单元格的值。

现在证明，$U_i-U_j+7\times X_{ij}\leq 6$ ，$2\leq i\neq j\leq 7$ 公式是充分条件。

完整巡回必然满足此公式，如果线路是小区 A 到小区 B，两个小区是相连的，小区 A 在小区 B 之前，U1-U2=-1，X12=1，按照公式是运算结果是 6≤6，满足条件；小区 A 在小区 B 之后，U1-U2=1，X12=0，运算结果 1≤6，满足条件。如果小区 A 与小区 B 不相连，小区 A 在小区 B 之前，U1-U2<0，最大值是-1，X12=0，运算结果-1≤6 也是成立的；小区 A 在小区 B 之后，U1-U2>0，最大是 7-1=6，同时 X12=0，结果是 6≤6，也成立。

满足此公式必然是单个巡回，用反证法来证明，假设存在子巡回同时满足这个公式，那么必然自少有两个子巡回。为了便于理解，现定义 ABC 为一个子巡回，DEFG 为一个子巡回，那么 D 小区和 G 小区是连通的，小区 D 在 4 位，小区 G 在 7 位，按照公式计算是 7-4+7=10，大于 6，不符合条件，说明存在子巡回，不能满足公式，所以假设不成立，得证。以上的证明会很枯燥，读者只需知道这个公式即可，现在实验一下公式，如图 202-6 所示，B-G 互通，B 可以认为是第 3 个到达小区，G 是第 4 个到达小区，U34、U43 均是 1，4-3+7×1>6，可见这里有回路。

**Step 7** 具体操作方法如下：选中第 13 行，插入新行，在 B13 单元格输入“线路顺序”，如图 202-7 所示。

| | A | B | C | D | E | F | G | H | I | J | K |
|---|---|---|---|---|---|---|---|---|---|---|---|
| 11 | | | 出发地 | | | | | | | | |
| 12 | | 路线规划 | A小区 | B小区 | C小区 | D小区 | E小区 | F小区 | G小区 | | |
| 13 | | 线路顺序 | | | | | | | | 来源唯一性 | 所需时间 |
| 14 | 抵达地 | A小区 | 0 | 0 | 1 | 0 | 0 | 0 | 0 | 1 | 20 |
| 15 | | B小区 | 0 | 0 | 0 | 0 | 0 | 0 | 1 | 1 | 8 |
| 16 | | C小区 | 1 | 0 | 0 | 0 | 0 | 0 | 0 | 1 | 20 |
| 17 | | D小区 | 0 | 0 | 0 | 0 | 1 | 0 | 0 | 1 | 11 |
| 18 | | E小区 | 0 | 0 | 0 | 0 | 0 | 1 | 0 | 1 | 13 |
| 19 | | F小区 | 0 | 0 | 0 | 1 | 0 | 0 | 0 | 1 | 8 |
| 20 | | G小区 | 0 | 1 | 0 | 0 | 0 | 0 | 0 | 1 | 8 |
| 21 | | 目标唯一性 | 1 | 1 | 1 | 1 | 1 | 1 | 1 | 合计时间 | 88 |

图 202-7 增加线路顺序变量

按照公式，建立辅助区域，C23 单元格输入公式：

```
=C$13
```

向右复制填充至 I23 单元格。选中 C23:I23 单元格区域，复制，右键单击 B24 单元格，单击【选择性粘贴】，勾选【转置】复选框，单击【确定】按钮，如图 202-8 所示。

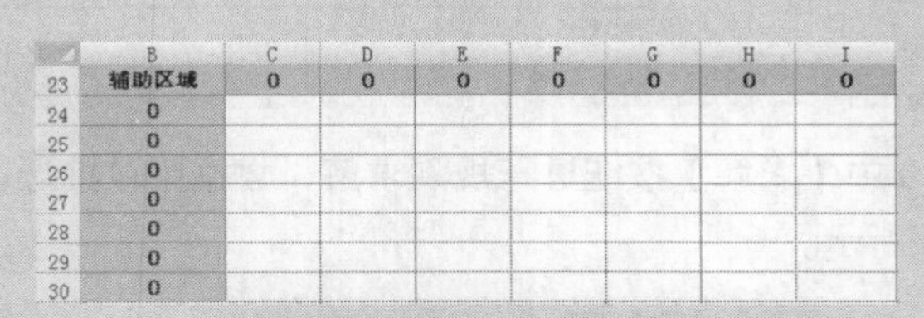

| | B | C | D | E | F | G | H | I |
|---|---|---|---|---|---|---|---|---|
| 23 | 辅助区域 | 0 | 0 | 0 | 0 | 0 | 0 | 0 |
| 24 | 0 | | | | | | | |
| 25 | 0 | | | | | | | |
| 26 | 0 | | | | | | | |
| 27 | 0 | | | | | | | |
| 28 | 0 | | | | | | | |
| 29 | 0 | | | | | | | |
| 30 | 0 | | | | | | | |

图 202-8 建立辅助区域

为了快捷和美观，C24:I30 单元格区域自定义格式为“0”，公式统一输入，按照定理要求，C24 单元格输入公式：

```
=C$23-$B24+7*C14
```

向右复制填充至 I24 单元格，再向下复制填充至 I30 单元格，定理中规定：I、j 不相等并且都大于 1，C24:I24 单元格区域清空数据，C24:C30 单元格区域清空数据，C24、D25、E26…I30 这些对角线单元格清空数据。

**Step 8** 接下来修改一下规划求解中的设置，单击【数据】功能区→【规划求解】按钮，打开【规划求解参数】对话框，【通过更改可变单元格】编辑框中选择 C13:I20 单元格区域，单击【添加】按钮，增加约束条件如下。

条件 4：C13:I13 为整数

条件 5：C13:I13>0

条件 6：C13=1

条件 7：C13:I13<=7

条件 8：C24:I30<=6

条件 6 是因为起点就是第一个访问的城市，条件 8 中 C24:I30 单元格是没有公式的区域，Excel 默认为 0 是符合条件的，为了便于操作选择了整个区域，然后单击【选项】按钮，在弹出的【选项】中选择【所有方法】选项卡，取消勾选【忽略整数约束】复选框，如图 202-9 所示。

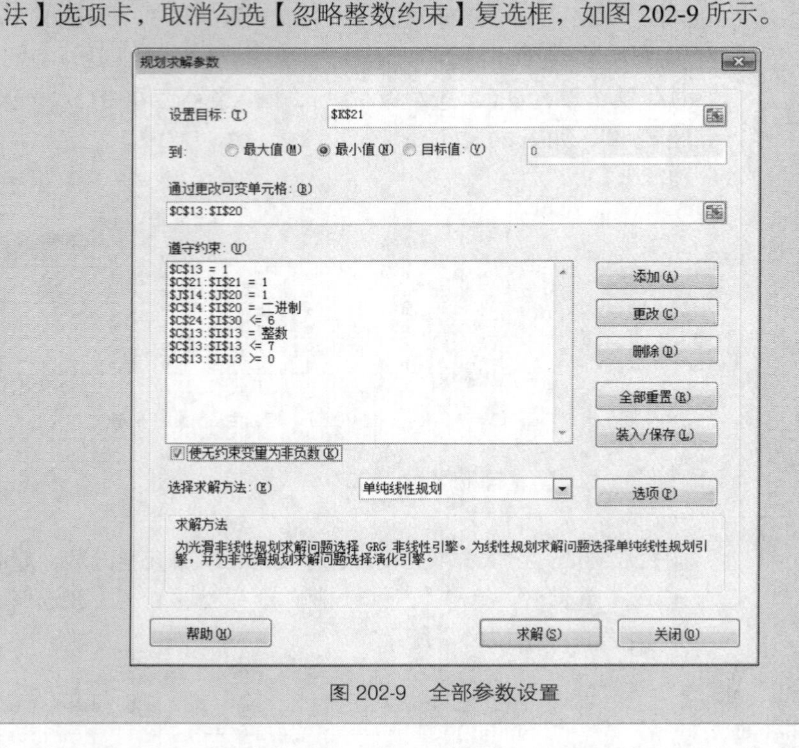


图 202-9　全部参数设置

单击图 202-9 中【求解】按钮进行规划求解，数据比较接近，规划求解会花费比较久的时间，结果如图 202-10 所示。

| | B | C | D | E | F | G | H | I | J | K |
|---|---|---|---|---|---|---|---|---|---|---|
| 11 | | 出发地 | | | | | | | | |
| 12 | 路线规划 | A小区 | B小区 | C小区 | D小区 | E小区 | F小区 | G小区 | | |
| 13 | 线路顺序 | 1 | 4 | 7 | 1 | 6 | 2 | 5 | 来源唯一性 | 所需时间 |
| 14 | A小区 | 0 | 0 | 1 | 0 | 0 | 0 | 0 | 1 | 20 |
| 15 | B小区 | 0 | 0 | 0 | 0 | 0 | 1 | 0 | 1 | 12 |
| 16 | C小区 | 0 | 0 | 0 | 0 | 1 | 0 | 0 | 1 | 17 |
| 17 | D小区 | 1 | 0 | 0 | 0 | 0 | 0 | 0 | 1 | 16 |
| 18 | E小区 | 0 | 0 | 0 | 0 | 0 | 0 | 1 | 1 | 14 |
| 19 | F小区 | 0 | 0 | 0 | 1 | 0 | 0 | 0 | 1 | 8 |
| 20 | G小区 | 0 | 1 | 0 | 0 | 0 | 0 | 0 | 1 | 8 |
| 21 | 目标唯一性 | 1 | 1 | 1 | 1 | 1 | 1 | 1 | 合计时间 | 95 |

图 202-10　运算结果

最短路径线路是 A→D→F→B→G→E→C→A，耗时 95，没有回路。

读者可以再用此线路验证步骤 8 中的公式。

条件 6 没有必要，但是结果好看一点，如果把约束条件改了，运算速度提高一点，但不是很明显，不过结果也是 95，路径会有所变化，说明走法不止一个，规划求解只是给出了其中一条线路，但是最短距离就是唯一的。

路径的值还可以改进，可以修改【整数最优性】来提高，具体操作请参阅技巧 204.3。

无论回路是否相等，对于 Excel 规划求解问题来讲都没有问题，因而这种方法能解决各种旅行商问题，只是随着城镇数量的增加，模型会以几何级数膨胀，可能会无法运算。TSP 已被证明是 NP 难问题，目前还没有发现多项式有效的算法，对于小规模问题，求解这个混合整数线性规划问题的方式还是有效的。

## 技巧 203　敏感性分析

在通过规划求解工具求得最佳方案后，用户有时还想要了解，如果已知的题目条件有所变动时，最佳方案是否会有变化，影响的程度到底多大。分析题目参数条件对规划求解结果的影响程度，即是研究规划求解结果对于参数条件的敏感程度，也就是通常所说的敏感性分析。

下面结合具体的案例，介绍使用规划求解生成敏感性报告来进行敏感性分析的方法。

某银行经理计划用一笔资金进行有价证券的投资，可供购进的证券以及其信用等级、到期年限、收益如图 203-1 所示。按照规定，市政证券的收益可以免税，其他证券的收益需按 50%的税率纳税。此外还有以下限制：

（1）政府及代办机构的证券总共至少要购进 400 万元；

（2）所购证券的平均信用等级不超过 1.49 信用等级，数字越小，信用程度越高；

（3）所购证券的平均到期年限不超过 5 年。

如果有 1000 万资金投资的话，如何获得投资最大化。各种证券的信息条件如图 203-1 所示。

| | A | B | C | D | E |
|---|---|---|---|---|---|
| 1 | 证券名称 | 证券种类 | 信用等级 | 到期年限 | 到期税前收益（%） |
| 2 | A | 市政 | 2 | 9 | 4.3 |
| 3 | B | 代办机构 | 2 | 8 | 5.4 |
| 4 | C | 政府 | 1 | 4 | 5 |
| 5 | D | 政府 | 1 | 3 | 4.4 |
| 6 | E | 市政 | 5 | 2 | 4.5 |

图 203-1　证券信息

使用 Excel 规划求解工具进行解答的方法如下。

根据题目需求，在原有题目条件的右侧建立规划求解所需的模型，如图 203-2 所示。

| | A | B | C | D | E | F |
|---|---|---|---|---|---|---|
| 1 | 证券名称 | 证券种类 | 信用等级 | 到期年限 | 到期税前收益（%） | 购买金额 |
| 2 | A | 市政 | 2 | 9 | 4.3 | |
| 3 | B | 代办机构 | 2 | 8 | 5.4 | |
| 4 | C | 政府 | 1 | 4 | 5 | |
| 5 | D | 政府 | 1 | 3 | 4.4 | |
| 6 | E | 市政 | 5 | 2 | 4.5 | |
| 7 | | | | | | |
| 8 | 市政及代办购买 | 0 | | | | |
| 9 | 总共资金 | 0 | | | | |
| 10 | 综合信用等级 | 0 | | | | |
| 11 | 平均年限 | 0 | | | | |
| 12 | 最终收益 | 0 | | | | |

图 203-2　建立规划求解模型

其中 **F2:F6** 单元格区域用于记录实际购买的金额，此区域将作为规划求解的可变单元格。

为了方便公式计算及其录入，现将 1000 万元资金用 1 来代替。

- B8 单元格用于统计市政及代办购买证券的金额总额，输入公式：

```
B8=F2+F3+F6
```

- B9 单元格用于统计总共投资金额，输入公式：

```
B9=SUM(F2:F6)
```

- B10 单元格用于统计综合信用等级，输入公式：

```
B10=SUMPRODUCT(C2:C6, F2:F6)
```

- B11 单元格用于统计证券的平均年限，输入公式：

```
B11=SUMPRODUCT(D2:D6, F2:F6)
```

- B12 单元格表示证券的最终收益百分比，输入公式：

```
B12=E2*F2+E3*F3*0.5+E4*F4*0.5+E5*F5*0.5+E6*F6
```

此单元格将作为规划求解的目标单元格。

**Step 2**

选中 B12 单元格，打开【规划求解参数】对话框，在【设置目标】编辑框中选择 B12 单元格，单击【最大值】单选钮，在【通过更改可变单元格】文本框中选择 F2:F6 单元格区域。单击【添加】按钮打开【添加约束】对话框进行约束条件的添加，本例中所包含的约束条件如下。

条件 1：B8>=0.4

条件 2：B9=1

条件 3：B10<=1.49

条件 4：B11<=5

条件 5：F2:F6>=0

添加完成单击【添加约束】对话框中的【确定】按钮返回【规划求解参数】对话框，在【选择求解方法】下拉列表中选择【单纯线性规划】，结果如图 203-3 所示。

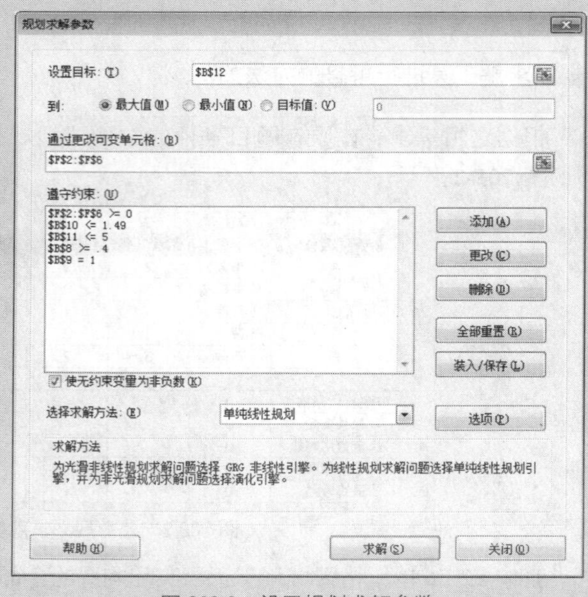


图 203-3 设置规划求解参数

**Step 3**　单击【规划求解参数】对话框中的【求解】按钮开始求解运算过程，并显示找到的结果，如图 203-4 所示。

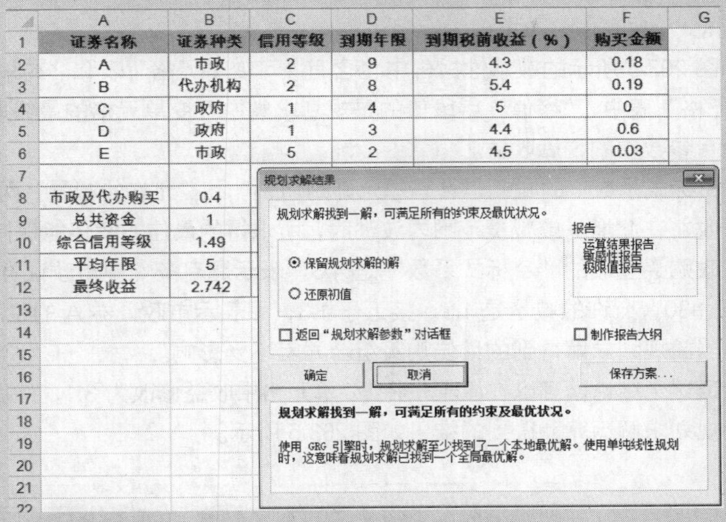

| | A | B | C | D | E | F |
|---|---|---|---|---|---|---|
| 1 | 证券名称 | 证券种类 | 信用等级 | 到期年限 | 到期税前收益（%） | 购买金额 |
| 2 | A | 市政 | 2 | 9 | 4.3 | 0.18 |
| 3 | B | 代办机构 | 2 | 8 | 5.4 | 0.19 |
| 4 | C | 政府 | 1 | 4 | 5 | 0 |
| 5 | D | 政府 | 1 | 3 | 4.4 | 0.6 |
| 6 | E | 市政 | 5 | 2 | 4.5 | 0.03 |
| 7 | | | | | | |
| 8 | 市政及代办购买 | 0.4 | | | | |
| 9 | 总共资金 | 1 | | | | |
| 10 | 综合信用等级 | 1.49 | | | | |
| 11 | 平均年限 | 5 | | | | |
| 12 | 最终收益 | 2.742 | | | | |



图 203-4　规划求解找到结果

此时规划结果显示，根据表中方案，证券 C 不购买，其他的均适当配置，可以达到投资收益最大。要对此最佳方案受题目参数的影响程度进行分析，可以选择生成敏感性报告进行进一步的分析。

**Step 4**　选中【规划求解结果】对话框中的【报告】列表框中的【敏感性报告】，然后单击【确定】按钮就会在当前工作簿中自动创建一个名为“敏感性报告 1”的工作表，选中此工作表可以显示报告内容，如图 203-5 所示。

Microsoft Excel 14.0 敏感性报告
工作表: [技巧259 敏感性分析.xlsx]Sheet1
报告的建立: 2013/6/20 22:25:32

可变单元格

| 单元格 | 名称 | 终值 | 递减成本 | 目标式系数 | 允许的增量 | 允许的减量 |
|---|---|---|---|---|---|---|
| $F$2 | 市政 购买金额 | 0.18 | 0 | 4.3 | 1E+30 | 1.3 |
| $F$3 | 代办机构 购买金额 | 0.19 | 0 | 2.7 | 1.3 | 1E+30 |
| $F$4 | 政府 购买金额 | 0 | -1.3 | 2.5 | 1.3 | 1E+30 |
| $F$5 | 政府 购买金额 | 0.6 | 0 | 2.2 | 1E+30 | 1.3 |
| $F$6 | 市政 购买金额 | 0.03 | 0 | 4.5 | 1E+30 | 11.4 |

约束

| 单元格 | 名称 | 终值 | 阴影价格 | 约束限制值 | 允许的增量 | 允许的减量 |
|---|---|---|---|---|---|---|
| $B$10 | 综合信用等级 市政 | 1.49 | 3.8 | 1.49 | 0.081428571 | 0.09 |
| $B$11 | 平均年限 市政 | 5 | 1.6 | 5 | 0.19 | 0.18 |
| $B$8 | 市政及代办购买 市政 | 0.4 | -11.3 | 0.4 | 0.025714286 | 0.0228 |
| $B$9 | 总共资金 市政 | 1 | -6.4 | 1 | 0.036 | 0.035625 |

图 203-5　敏感性报告

对于包含整数约束条件的非线性规划无法生成敏感性报告。

只有在【规划求解选项】对话框中【选择求解方法】下拉列表里选择【单纯线性规划】的规划求解模型才能生产如图 203-5 所示的敏感性报告，否则此报告中所包含栏目的内容会有所不同。

在如图 203-5 所示的敏感性报告中包含有“可变单元格”表和“约束”表两部分内容。其中在“可变单元格”表中，“终值”字段值的是规划求解中可变单元格的最终取值，“目标式系数”字段则是指题目参数中的税后收益。

在“目标式系数”的右侧包含有“允许的增量”和“允许的减量”两个字段，指的是题目中的到期税后收益在此增量或减量范围内波动时，所求得的最佳方案仍能保持当前的结果。例如在第 9 行中，市政购买金额的“目标式系数”是 4.3，表示题目条件中市政证券 A 的收益是 4.3，其允许的增量 1E+30，允许的减量是 1.3，接近于 1.3，即表示市政证券 A 的税后收益在 3～4.3 的范围内波动时，当前规划求解得到的最佳购买组合方案不受影响。

要验证这个结论，可以在原表中将 E2 单元格中收益修改为 3.1，然后保持规划求解参数不变，再次进行规划求解运算，得到的结果如图 203-6 所示。

| | A | B | C | D | E | F |
|---|---|---|---|---|---|---|
| 1 | 证券名称 | 证券种类 | 信用等级 | 到期年限 | 到期税前收益（%） | 购买金额 |
| 2 | A | 市政 | 2 | 9 | 3.1 | 0.18 |
| 3 | B | 代办机构 | 2 | 8 | 5.4 | 0.19 |
| 4 | C | 政府 | 1 | 4 | 5 | 0 |
| 5 | D | 政府 | 1 | 3 | 4.4 | 0.6 |
| 6 | E | 市政 | 5 | 2 | 4.5 | 0.03 |
| 7 | | | | | | |
| 8 | 市政及代办购买 | 0.4 | | | | |
| 9 | 总共资金 | 1 | | | | |
| 10 | 综合信用等级 | 1.49 | | | | |
| 11 | 平均年限 | 5 | | | | |
| 12 | 最终收益 | 2.526 | | | | |

图 203-6　参数条件敏感性验证

将图 203-6 和图 203-4 的规划结果进行对比可以发现，证券投资的最佳组合方案并没有改变，仍然保持原来的结果，只是最终收益部分由于投资证券的收益变化而有所改变。

同理，如果将 E6 单元格中收益修改为 0，也可以得到类似的结果。由此用户可以通过敏感性报告得知，证券的收益在哪个范围内波动时，不需要调整证券投资组合方案仍然可以得到最大的收益结果。

“约束”表的敏感性分析内容与上面的情况类似，“终值”字段反映了约束条件单元格的最终取值结果，“约束限制值”字段则与题目中已知的约束条件相同。右侧的“允许的增量”和“允许的减量”，则反映了约束条件单元格在此范围内变化时对规划结果没有影响。

例如第 19 行中，投资的年限约束条件“允许的增量”是接近 0.19，“允许的减量”是接近 0.18，即表示投资的年限可以在 4.82～5.19 之间变化，规划求解所得到的最佳生产组合方案都不会受影响。但是如果改变范围的话，结果会完全变化了，因为影子价格非 0，影子价格概念解释需要一个章节，在此就省略了。其实读者也可以推测，如果约束条件的临界值满足条件，那么就不能变了，如果约束条件的结果不等于临界值，那么就表示约束条件还有调整的余地。

综合以上可知，用户不仅可以通过 Excel 规划求解工具获得解决问题的最佳方案，而且可以通过规划求解的报告来获知整个规划求解模型中各个因素之间的关联影响，从而为实际决策规划工作提供科学而精确的参考依据。

# 技巧 204　规划求解常见问题及解决方法

并不是所有的时候使用规划求解都能够得到正确的结果或是符合用户要求的结果。有些时候，不正确的公式模型、约束条件的缺失或不合理的选项设置都可能造成规划求解产生错误。规划求解中常见的错误归纳总结如下。

## 204.1　逻辑错误

如果需要求解的问题本身就有逻辑上的错误，规划求解工具自然也不可能找到合适的答案，这类似于方程中的无解情况。

例如有以下整数二元方程组，未知数均要求为整数，要求方程组的解：

$$\begin{cases} X+Y=9 \\ XY=17 \end{cases}$$

在第 1 个方程中，两个整数相加之和为奇数，则可判断出两个未知数中必定有一个奇数和一个偶数；而第 2 个方程中两个整数的乘积为奇数，则可判断出两个未知数必定全是奇数。因此两个方程从数学逻辑上来说是互相矛盾的，方程组联立后无解。通过规划求解工具来对这样的逻辑上存在错误的问题进行求解，显然也无法得到正确的结果，如图 204-1 所示。

还有些时候，目标问题本身没有逻辑错误问题，但如果在设置规划求解参数时使用了不正确的约束条件，那么也会造成整个求解对象产生错误。例如同样有二元方程组需要求解：

$$\begin{cases} X+Y=9.5 \\ X-Y=18 \end{cases}$$

这是一个简单的二元一次方程组，两个未知数的和是一个小数，那么未知数中肯定包含了非整数，如果此时在约束条件中添加了未知数为整数的条件，显然也会产生逻辑上的错误，造成规划求解无法得到正确的结果，如图 204-2 所示，由于约束条件中有整数的条件未能满足，因此规划求解仍然显示无法找到有用解的结果。

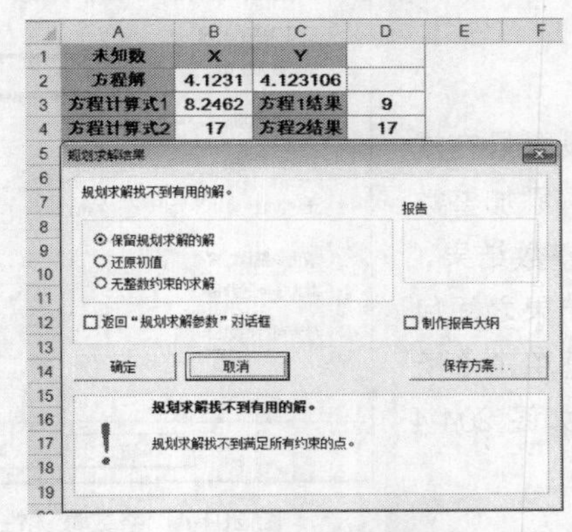


图 204-1　规划求解找不到有用的解

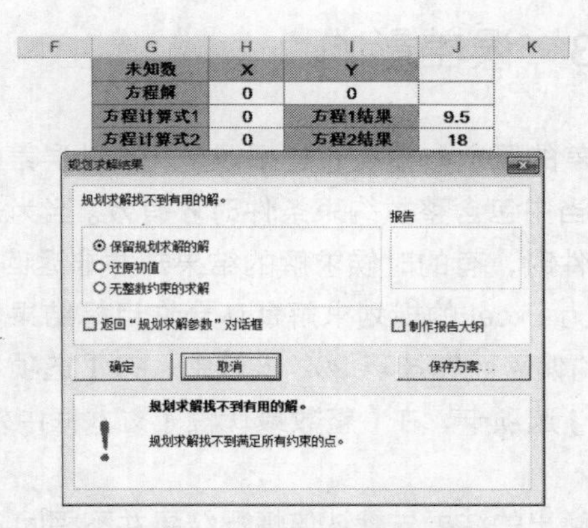


图 204-2　规划求解找不到有用的解

## 204.2 精度影响

精度是指规划求解结果的精确程度，在规划求解的迭代运算过程中，在满足所有的设置条件要求的情况下，当迭代运算的结果与目标结果值的差异小于预先设置的【约束精确度】参数选项时，即终止运算返回当前迭代结果，因此规划求解的最终计算结果的精确程度会受到计算精度的影响。

例如技巧 194.1 中图 194-9 中的 B2:G2 单元格区域内所显示的结果包含了极小的小数尾数部分（需要足够的列宽以显示小数部分），这就是在保持默认精度设置“0.000001”下的规划求解运算结果。如果在所示的【选项】对话框中将【约束精确度】调整为“0.000000001”，则可得出更为精确、更能解决实际问题的答案，如图 204-3 所示，此时在 B2:G2 单元格区域内即可得到更精确的结果。

A20 =｛100, 100, 0. 000000001, 0. 05, TRUE, FALSE, FALSE, 1, 1, 1, 0. 0001, FALSE｝

|  | A | B | C | D | E | F | G | H |
|---|---|---|---|---|---|---|---|---|
| 1 | 未知数 | X1 | X2 | X3 | X4 | X5 | X6 |  |
| 2 | 方程解 | 22.09928 | 9.182018 | 1.830768 | -0.98287 | 1.136311 | 14.30514 |  |
| 3 | 方程1系数 | 3 | -8 | 0 | 7 | 6 | 4 |  |
| 4 | 方程2系数 | 2 | 0 | 0 | 7 | 5 | 0 |  |
| 5 | 方程3系数 | 5 | -6 | 4 | 0 | 2 | 0 |  |
| 6 | 方程4系数 | 0 | 4 | -6 | 4 | 2 | 3 |  |
| 7 | 方程5系数 | 6 | -6 | 4 | 9 | 3 | 2 |  |
| 8 | 方程6系数 | 3 | -5 | 2 | 7 | 0 | 6 |  |
| 9 |  |  |  |  |  |  |  |  |
| 10 | 方程计算式1 | 50 |  | 方程1结果 | 50 |  |  |  |
| 11 | 方程计算式2 | 43 |  | 方程2结果 | 43 |  |  |  |
| 12 | 方程计算式3 | 65 |  | 方程3结果 | 65 |  |  |  |
| 13 | 方程计算式4 | 67 |  | 方程4结果 | 67 |  |  |  |
| 14 | 方程计算式5 | 108 |  | 方程5结果 | 108 |  |  |  |
| 15 | 方程计算式6 | 103 |  | 方程6结果 | 103 |  |  |  |
| 16 |  |  |  |  |  |  |  |  |
| 17 | 保存模型 |  |  |  |  |  |  |  |
| 18 | 6 |  |  |  |  |  |  |  |
| 19 | TRUE |  |  |  |  |  |  |  |
| 20 | 100 |  |  |  |  |  |  |  |
| 21 | 100 |  |  |  |  |  |  |  |
| 22 | 100 |  |  |  |  |  |  |  |

图 204-3 调整精度后的运算结果

【约束精确度】选项设置中的数值越小，规划求解的运算精度就越高，但这同样是以花费更多的运算时间为代价，因此建议用户选择合理的精度设置。

## 204.3 误差影响

误差的概念与精度有些相似，只不过误差的选项设置只在规划求解当中包含整数约束条件时才有效。当为规划求解添加整数约束条件时，有的时候求解的结果却并非返回真正的整数结果，这是因为 Excel 的规划求解默认允许目标结果与最佳结果之间包含 5%的偏差。在技巧 202 求解中，在【选项】对话框单击【所有方法】选项卡，在【整数最优性】文本框中输入 0，如图 204-4 所示。

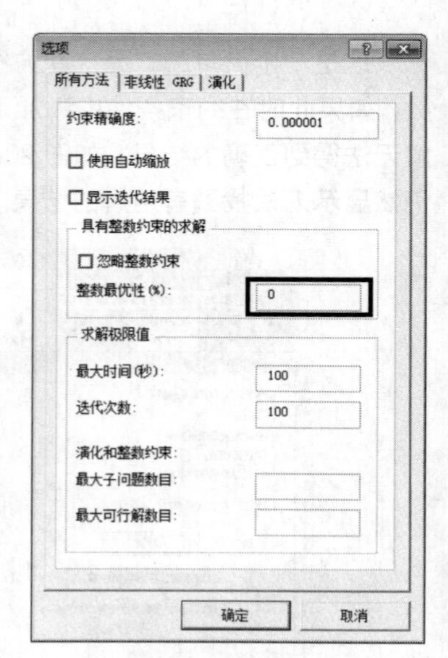


图 204-4 整数最优性

求解出的结果与默认值情况结果并不相同。

## 204.4 目标结果不收敛

对于非线性规划问题，通过迭代运算使得运算结果逼近目标值的方式与线性规划时有所不同，因此对于此类规划问题还存在着收敛度的参数要求。所谓收敛度，就是指在最近的 5 次迭代运算中，如果目标单元格的数值变化小于预先设置的收敛度数值且满足约束要求条件，规划求解则停止迭代运算返回计算结果。

在某些情况下，收敛度要求设置太高可能会造成规划求解无法得到最终结果，为此可以在【选项】对话框中调整【约束精确度】的设置，在 Excel 2010 中的默认设置为 0.0001，数值越小意味着收敛度要求越高，反之则可降低收敛度的要求。一般情况下不需要修改此处的设置。

在其他情况下，约束条件的设置错误也可能造成迭代运算结果忽大忽小，无法逐渐向目标结果收敛逼近，此时规划求解会返回目标数值不收敛的错误提示信息。

例如要在 2≤X≤8 的范围内，求计算式 $X^2+6/X+9$ 的最大值。假设可变单元格为 B9 单元格，可以在目标单元格内设置公式：

```
=B9^2+6/B9+9
```

并且添加约束条件 B9>=2 和 B9<=8，如图 204-5 所示。如果此时在【规划求解参数】对话框中缺漏了 B9<=8 的约束条件，就会出现无法收敛结果的情况，如图 204-6 所示。

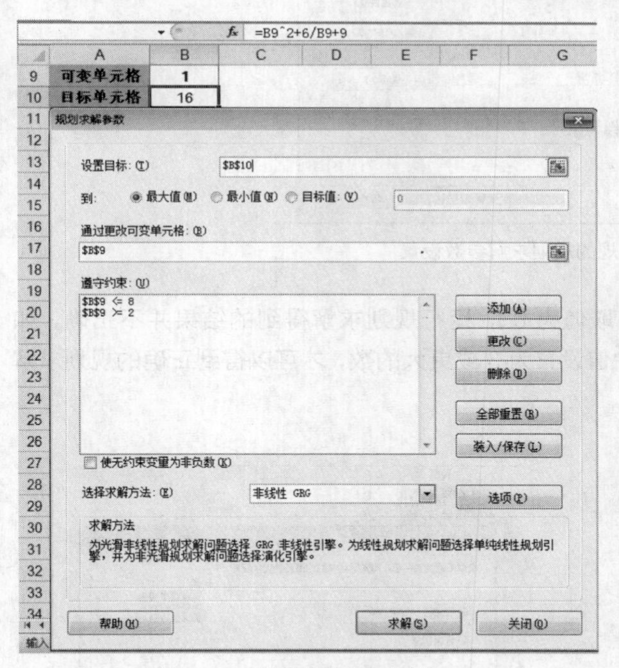

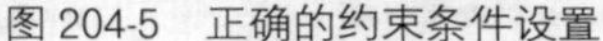

图 204-5 正确的约束条件设置

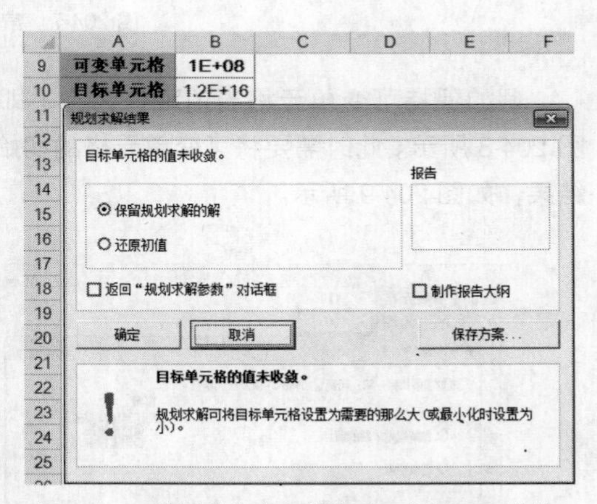


图 204-6 错误的约束条件造成目标结果不收敛

## 204.5 可变单元格初始值设置不合理

在进行规划求解时，可变单元格中的当前取值通常会作为规划求解迭代运算的初始值（在初始值满足可变单元格约束条件的情况下)，在初始值的基础上逐渐增大或减小可变单元格取值来使运算结果接近目标值。在非线性规划中，初始值的设置往往可以决定规划求解究竟是增大还是减小迭代取值，不合理的初始值设置会造成错误的运算方向，从而导致错误的运算结果。

例如要在 0≤X≤8 的范围内，求计算式 $X^2$-6X+9 的最大值。假设可变单元格为 B9 单元格，可以在目标单元格内设置公式：

```
=B9^2-6*B9+9
```

并且添加约束条件 B9>=0 和 B9<=8，如图 204-7 所示。

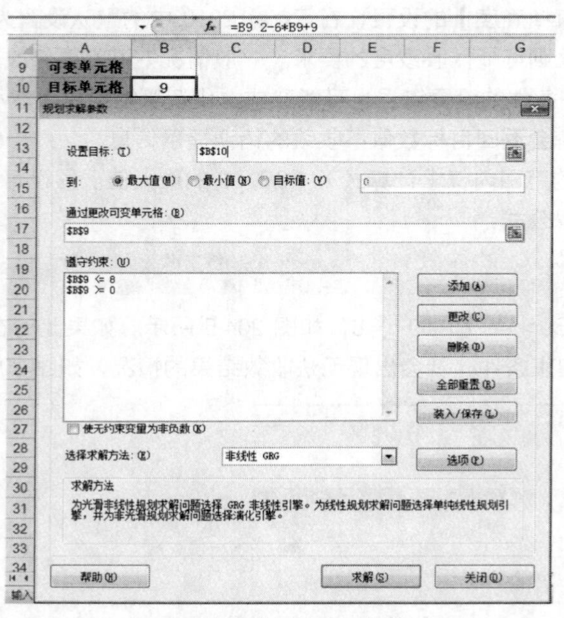

图 204-7　常规的规划求解参数设置

假如保持可变单元格当前取值为空(即取值为 0)，运行规划求解得到的结果并不正确，如图 204-8 所示。此时需要将可变单元格的初始值设置为 3 或更大的数，才可以得到正确的规划求解结果，如图 204-9 所示。

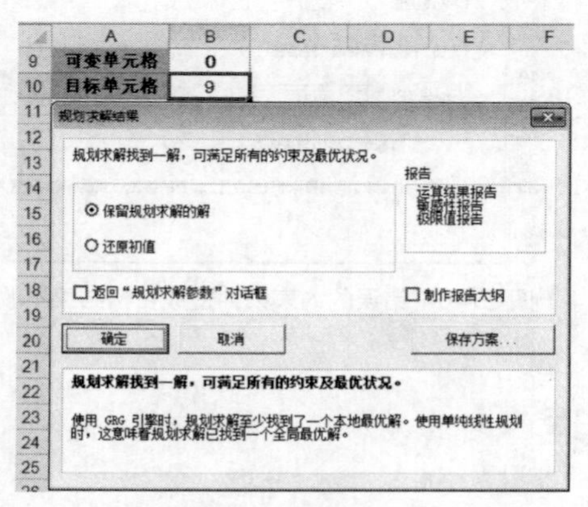

图 204-8　错误的规划结果

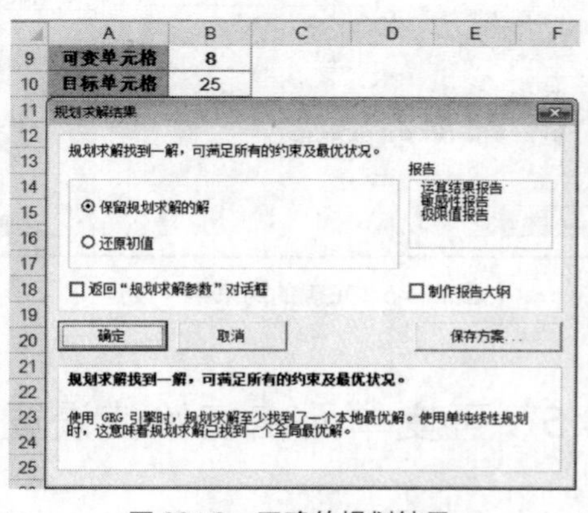

图 204-9　正确的规划结果

## 204.6　出现错误值

规划求解的迭代过程会不断地改变可变单元格的值。如果在变化的过程中相应的目标结果或中间计算结果在当前取值情况下产生了错误或者超出了 Excel 的计算范围，就会造成规划求解因此错误而中止，如图 204-10 所示。

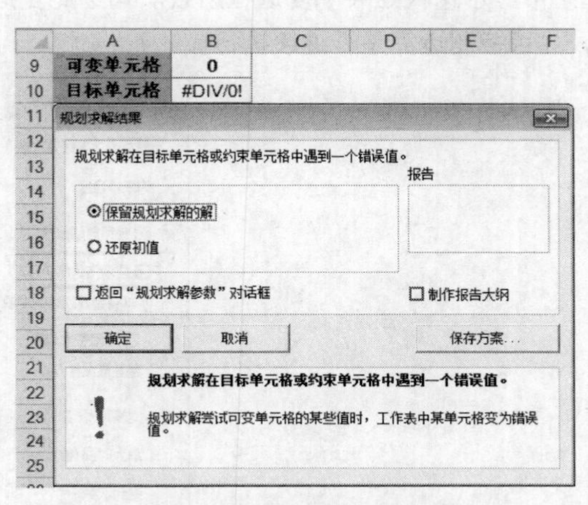


图 204-10　运算结果产生错误

## 204.7　非线性

当规划求解的目标结果函数为线性函数、约束条件为线性条件、规划问题为线性问题时，可以在【规划求解参数】对话框【选择求解方法】下拉列表中选择【单纯线性规划】复选框，以便于提高规划求解的运算速度。

但是如果目标对象为非线性关系又选择了单纯线性规划，就会在规划求解的过程中产生错误而中断，并出现“未满足此线性规划求解所需的线性条件”的提示信息，如图 204-11 所示。

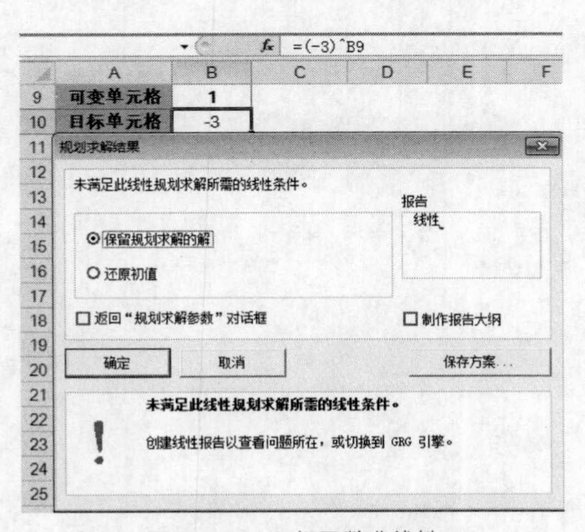


图 204-11　目标函数非线性

## 204.8 规划求解暂停

有些情况下，使用 Excel 规划求解的过程中会出现运算暂停，并显示中间结果，如图 204-12 所示。

产生这样的暂停并非由于规划求解产生了错误，而是因为在图 204-13 所示的【选项】对话框【所有方法】选项卡中勾选了【显示迭代结果】复选框所致。勾选此复选框可以让用户有机会观察每一次的迭代过程和结果，并可控制运算是否继续执行。

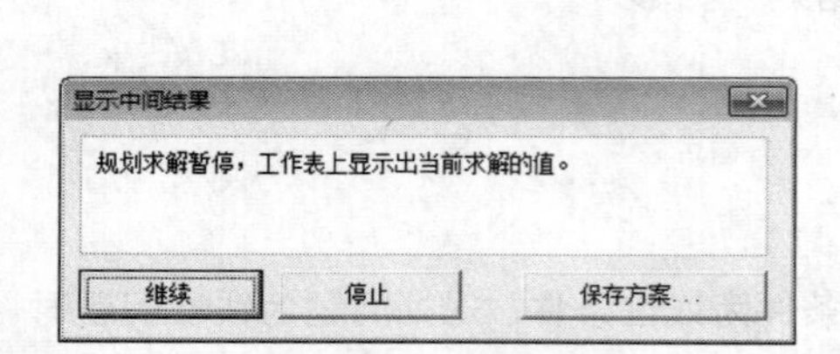


图 204-12 规划求解暂停

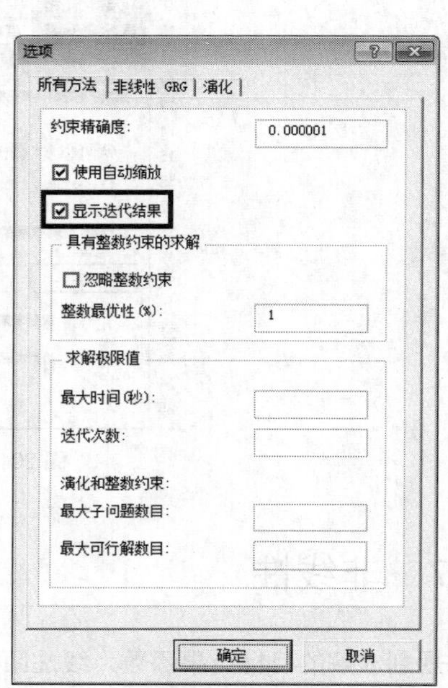


图 204-13 显示迭代结果

# 第 16 章　高级统计分析

## 技巧 205　安装分析工具库

Excel 中自带的加载项分析工具库是提供专门用于统计和工程分析的数据分析工具。

默认状态下，Excel 不会自动加载此加载项，如果需要使用此功能，需要手动加载。安装分析工具库的方法如下：

**Step 1**　单击【文件】选项卡下【选项】按钮，在弹出的【Excel 选项】对话框中单击【加载项】选项卡。

**Step 2**　单击【转到】按钮，在弹出的【加载宏】对话框中勾选【分析工具库】复选框，最后单击【确定】按钮，完成安装，如图 205-1 所示。

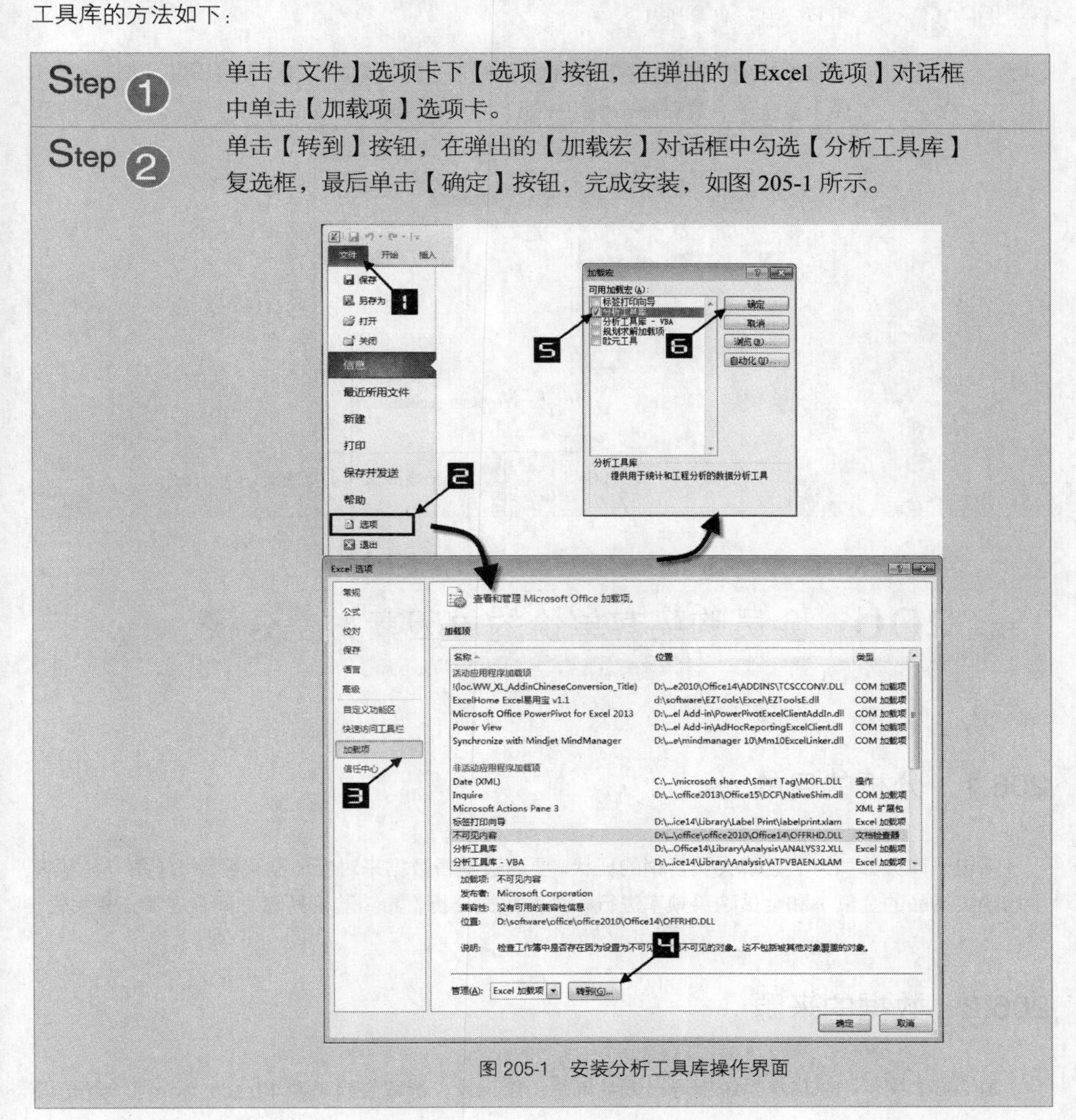

图 205-1　安装分析工具库操作界面

完成安装以后，在【数据】选项卡的最右侧将会出现一个【数据分析】按钮，如图 205-2 所示。

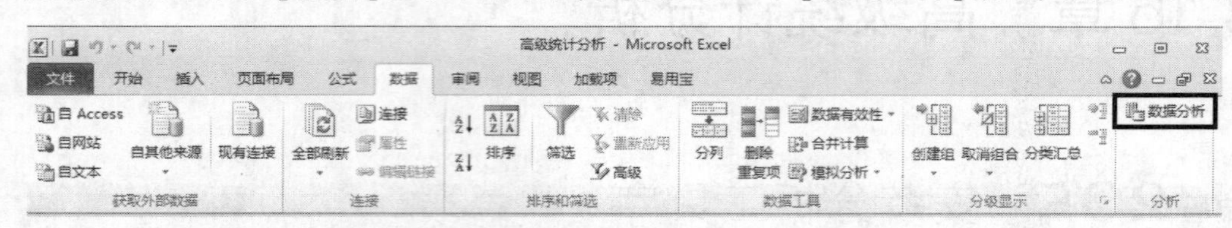


图 205-2　新出现的【数据分析】按钮

值得注意的是，在安装分析工具库以后，每次打开 Excel 工作簿，都会自动加载该加载项，并且会占用一定的时间。如果长时间不需要使用“数据分析”功能，建议取消加载。方法如下：

Step 1　重复安装操作步骤 1。

Step 2　单击【转到】按钮，在弹出的【加载宏】对话框中取消勾选【分析工具库】复选框，最后单击确定按钮，完成取消加载，如图 205-3 所示。

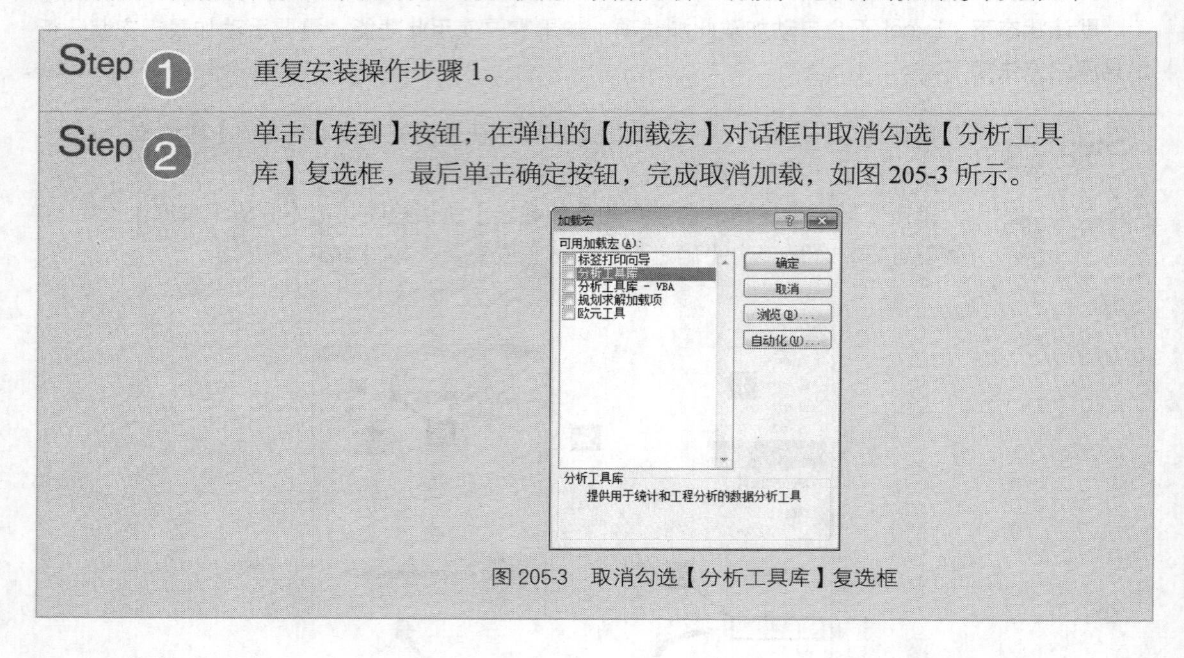


图 205-3　取消勾选【分析工具库】复选框

# 技巧 206　会员购买客单价的单因素方差分析

## 206.1　分析的目的

某电子商务公司为了了解会员营销的现状，要通过销售数据来对会员购买客单价（每一位顾客平均购买商品的金额）和会员购买频率进行相关性数据分析，希望验证两者之间存在着正相关性。

## 206.2　数据的来源

图 206-1 展示了从信息系统中导出近半年的销售记录，选取交易来源（trade_from）、会员 ID

（buyer_nick）、交易时间（pay_time）、交易金额（payment）四个字段。

取到相应的数据之后，需要对数据进一步处理，便于后续的分析。具体的操作步骤如下：

**Step 1** 添加购买频率（frequency）字段，在 F2 单元格输入公式："=COUNTIF($C$1:C2,C2)"，并复制公式到最大数据行，如图 206-1 所示。

F2　=COUNTIF($C$1:C2,C2)

| | A | B | C | D | E | F |
|---|---|---|---|---|---|---|
| 1 | | trade_from | buyer_nick | pay_time | payment | frequency |
| 2 | | TAOBAO | 会员204 | 2013/1/1 | 15.00 | 1 |
| 3 | | TAOBAO | 会员242 | 2013/1/1 | 364.80 | 1 |
| 4 | | TAOBAO | 会员340 | 2013/1/1 | 167.80 | 1 |
| 5 | | TAOBAO | 会员540 | 2013/1/1 | 364.80 | 1 |
| 6 | | TAOBAO | 会员559 | 2013/1/1 | 583.32 | 1 |
| 7 | | TAOBAO | 会员966 | 2013/1/1 | 473.00 | 1 |
| 8 | | TAOBAO | 会员1278 | 2013/1/1 | 543.52 | 1 |
| 9 | | TAOBAO | 会员1397 | 2013/1/1 | 201.80 | 1 |
| 10 | | TAOBAO | 会员1461 | 2013/1/1 | 236.00 | 1 |
| 11 | | TAOBAO | 会员1675 | 2013/1/1 | 533.52 | 1 |
| 12 | | TAOBAO | 会员1746 | 2013/1/1 | 201.80 | 1 |
| 13 | | TAOBAO | 会员1888 | 2013/1/1 | 365.68 | 1 |
| 14 | | TAOBAO | 会员2033 | 2013/1/1 | 364.80 | 1 |
| 15 | | TAOBAO | 会员2118 | 2013/1/1 | 543.52 | 1 |
| 16 | | TAOBAO | 会员2268 | 2013/1/1 | 211.80 | 1 |
| 17 | | TAOBAO | 会员2975 | 2013/1/1 | 364.80 | 1 |
| 18 | | TAOBAO | 会员3107 | 2013/1/1 | 533.52 | 1 |
| 19 | | TAOBAO | 会员3492 | 2013/1/1 | 523.00 | 1 |
| 20 | | TAOBAO | 会员3506 | 2013/1/1 | 179.00 | 1 |
| 21 | | TAOBAO | 会员3542 | 2013/1/1 | 543.52 | 1 |

图 206-1　添加购买频率字段

**Step 2** 选中 F 列，按<Ctrl+C>组合键，完成复制。选中 F1 单元格后单击右键，在显示的快捷菜单中选择【粘贴选项】中的"值"选项，将公式结果以数值保存，如图 206-2 所示。

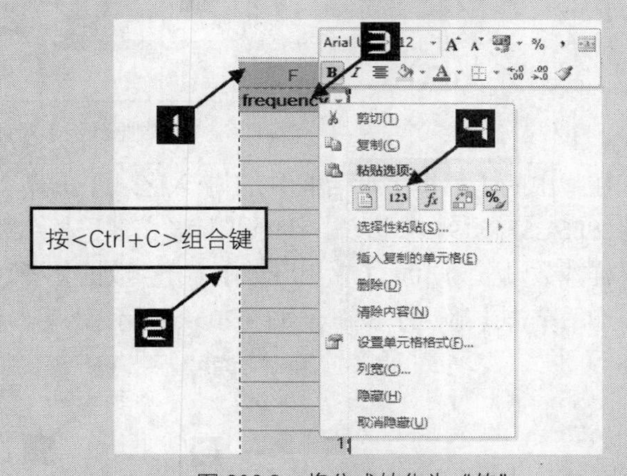


图 206-2　将公式转化为"值"

**Step 3** 根据购买频率字段的值，将频率为 1、2、大于等于 3 的数据分为三个工作表，分别命名为"一次购买"、"二次购买"、"多次购买"。在每个数据表区域的最左侧添加序号（number）字段，如图 206-3 所示。

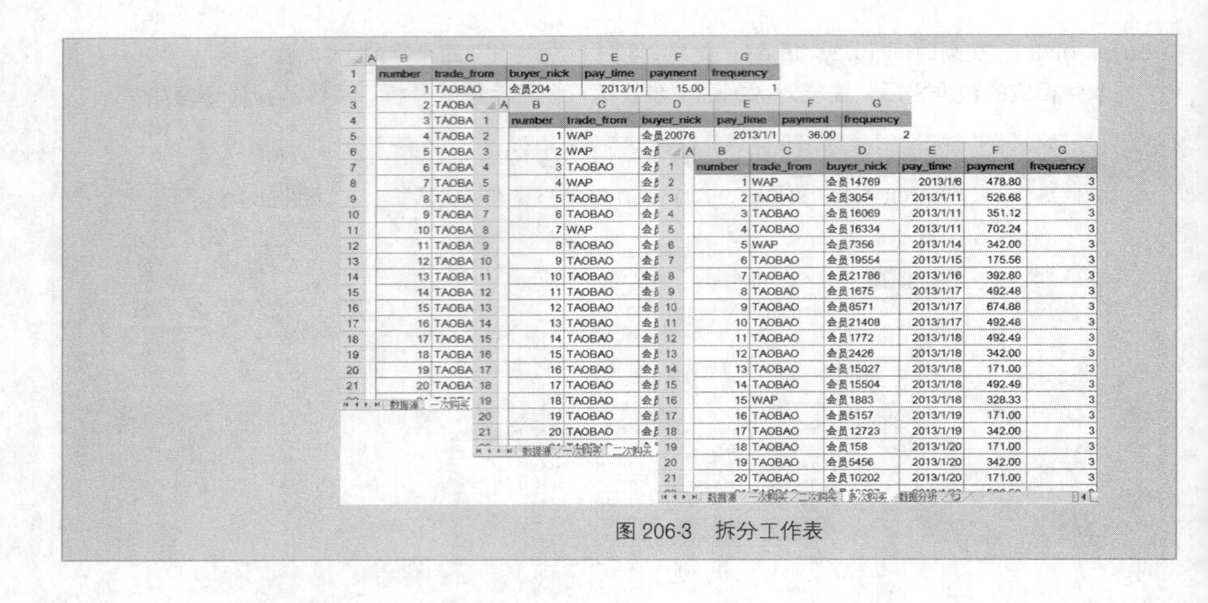

| number | trade_from | buyer_nick | pay_time | payment | frequency |
|---|---|---|---|---|---|
| 1 | WAP | 会员14769 | 2013/1/6 | 478.80 | 3 |
| 2 | TAOBAO | 会员3054 | 2013/1/11 | 526.68 | 3 |
| 3 | TAOBAO | 会员16069 | 2013/1/11 | 351.12 | 3 |
| 4 | TAOBAO | 会员16334 | 2013/1/11 | 702.24 | 3 |
| 5 | WAP | 会员7356 | 2013/1/14 | 342.00 | 3 |
| 6 | TAOBAO | 会员19554 | 2013/1/15 | 175.56 | 3 |
| 7 | TAOBAO | 会员21786 | 2013/1/16 | 392.80 | 3 |
| 8 | TAOBAO | 会员1675 | 2013/1/17 | 492.48 | 3 |
| 9 | TAOBAO | 会员8571 | 2013/1/17 | 674.88 | 3 |
| 10 | TAOBAO | 会员21408 | 2013/1/17 | 492.48 | 3 |
| 11 | TAOBAO | 会员1772 | 2013/1/18 | 492.49 | 3 |
| 12 | TAOBAO | 会员2426 | 2013/1/18 | 342.00 | 3 |
| 13 | TAOBAO | 会员15027 | 2013/1/18 | 171.00 | 3 |
| 14 | TAOBAO | 会员15504 | 2013/1/18 | 492.49 | 3 |
| 15 | WAP | 会员1883 | 2013/1/18 | 328.33 | 3 |
| 16 | TAOBAO | 会员5157 | 2013/1/19 | 171.00 | 3 |
| 17 | TAOBAO | 会员12723 | 2013/1/19 | 342.00 | 3 |
| 18 | TAOBAO | 会员158 | 2013/1/20 | 171.00 | 3 |
| 19 | TAOBAO | 会员5456 | 2013/1/20 | 342.00 | 3 |
| 20 | TAOBAO | 会员10202 | 2013/1/20 | 171.00 | 3 |

图 206-3　拆分工作表

## 206.3　分层抽样

由于总体的数据量较大，并且不同购买频率的客单价表现可能各不相同，所以对每个频率层级各抽取 100 个样本进行分析，具体操作步骤如下。

**Step 1**　在工作簿中新建工作表“数据分析”。

**Step 2**　在【数据】选项卡中单击【数据分析】按钮，在弹出的【数据分析】对话框中，选择【抽样】，单击【确定】按钮，如图 206-4 所示。

图 206-4　【数据分析】对话框

**Step 3**　在弹出的【抽样】对话框中，【输入区域】选择“一次购买”工作表中“$F$1:$F$21919”区域，勾选【标志】复选框，抽样方法选择【随机】，样本数设置为 100，【输出区域】选择“数据分析”工作表中 A1 单元格，最后单击【确定】按钮，如图 206-5 所示。

图 206-5　抽样对话框设置

**Step 4** 重复步骤 2 和步骤 3 的操作,【输入区域】分别选择“二次购买”和“多次购买”的购买金额数据区域,【输出区域】分别选择“数据分析”工作表中 B1 和 C1 单元格，如图 206-6 所示。

| | A | B | C | D | E |
|---|---|---|---|---|---|
| 1 | 一次购买 | 二次购买 | 多次购买 | | |
| 2 | 159.80 | 189.40 | 323.76 | | |
| 3 | 18.00 | 390.80 | 543.52 | | |
| 4 | 166.44 | 596.40 | 385.68 | | |
| 5 | 656.64 | 499.32 | 654.00 | | |
| 6 | 705.76 | 300.80 | 499.32 | | |
| 7 | 351.12 | 1477.44 | 654.00 | | |
| 8 | 621.00 | 499.32 | 1182.80 | | |
| 9 | 406.08 | 3036.80 | 309.92 | | |
| 10 | 499.32 | 54.00 | 332.88 | | |
| 11 | 542.28 | 179.00 | 185.84 | | |
| 12 | 153.00 | 207.00 | 274.40 | | |
| 13 | 405.80 | 182.40 | 135.36 | | |
| 14 | 195.00 | 492.49 | 54.00 | | |
| 15 | 155.04 | 238.00 | 499.32 | | |
| 16 | 332.00 | 654.00 | 510.48 | | |
| 17 | 1026.00 | 984.96 | 557.20 | | |
| 18 | 523.00 | 812.16 | 378.80 | | |
| 19 | 201.80 | 459.00 | 135.36 | | |
| 20 | 166.44 | 656.64 | 1477.44 | | |
| 21 | 342.00 | 406.08 | 164.16 | | |

数据源 / 一次购买 / 二次购买 / 多次购买 / 数据分析

图 206-6　供分析用的数据源

## 206.4　描述性统计分析

本例主要研究会员购买客单价与会员购买频率之间的关系，通过分层抽样得到的三个样本，可以通过“单因素方差分析”来判断三个样本的方差是否有显著的差异，从而可以验证会员购买客单价与会员购买频率正相关关系的判断。在此之前，我们可以先通过描述性统计分析来查看抽样样本的分布状态。

在 Excel 中进行正态分布检验可以使用描述性统计分析，通过计算“峰度系数”和“偏度系数”的方法来实现，具体的操作步骤如下。

**Step 1** 在【数据】选项卡中单击【数据分析】按钮，打开【数据分析】对话框。

**Step 2** 在【数据分析】对话框中选择【描述统计】，单击【确定】按钮，如图 206-7 所示。

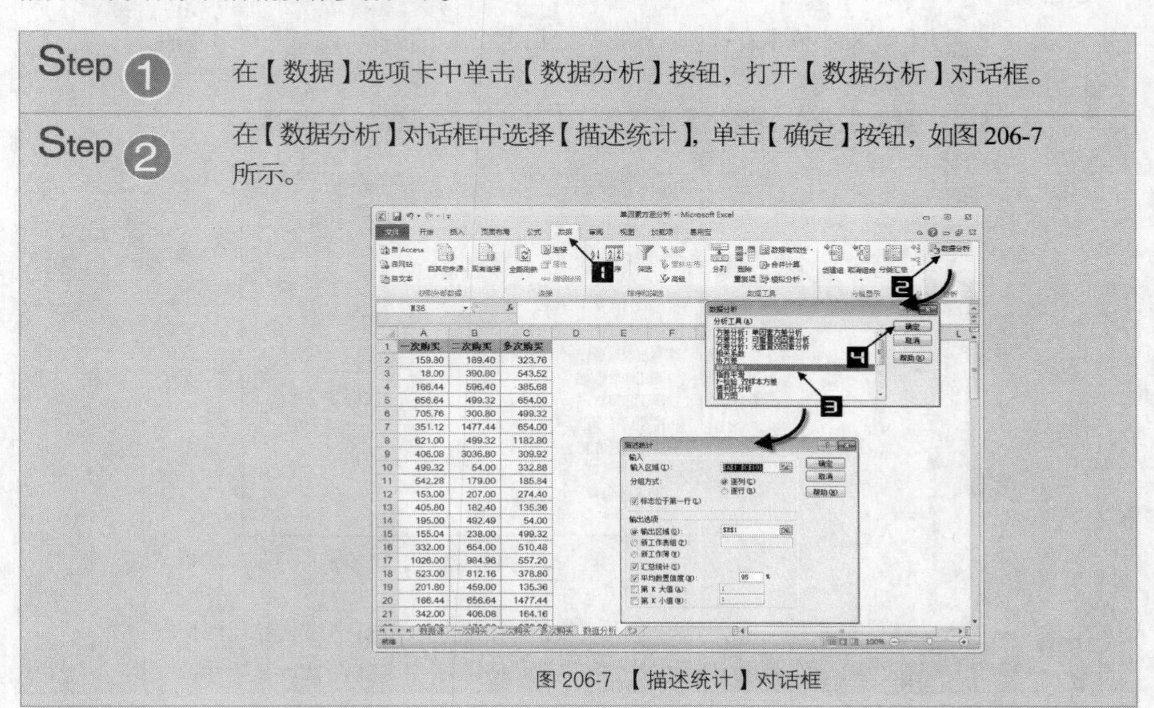

图 206-7 【描述统计】对话框

**Step 3** 输入数据的有关参数。

【输入区域】：指定要分析的数据所在的单元格区域。本例中指定需要分析的"$A$1:$C$101"单元格区域。

【分组方式】：指定输入数据是以行还是以列方式排列的。一般情况下 Excel 会根据指定的输入区域自动选择。

【标志位于第一行】复选框：若输入区域包括标志行（标题行），则必须勾选此复选框。否则，Excel 自动以"列 1"、"列 2"、"列 3" ……作为数据的列标志。本例中有三列数据，并且均包含标题行，故此处勾选此复选框。

**Step 4** 输出区域的有关参数。

【输出区域】：用于指定存放结果的位置。根据需要可以指定输出到当前工作表的某个单元格区域，这时需要在输出区域框键入输出单元格区域的左上角单元格地址；也可以指定输出到新工作表，这时需要键入工作表名称；还可以指定输出到新工作簿。本例中将结果输出到当前工作表的指定区域，可以在该框中键入输出区域的左上角单元格地址 E1，也可以使用鼠标选中该框后，再单击 E1 单元格。

【汇总统计】复选框：若勾选此复选框，则显示描述统计结果，否则不显示结果。本例勾选。

【平均数置信度】复选框：如果需要输出包含均值的置信度，则勾选此复选框，并输入所要使用的置信度。本例键入 95，表明要计算在显著性水平为 5%时的均值置信度。

【第 K 大值】复选框：根据需要指定要输出数据中的第几个最大值。本例不勾选。

【第 K 小值】复选框：根据需要指定要输出数据中的第几个最小值。本例不勾选。

输入完有关参数的【描述统计】对话框，如图 206-8 所示。

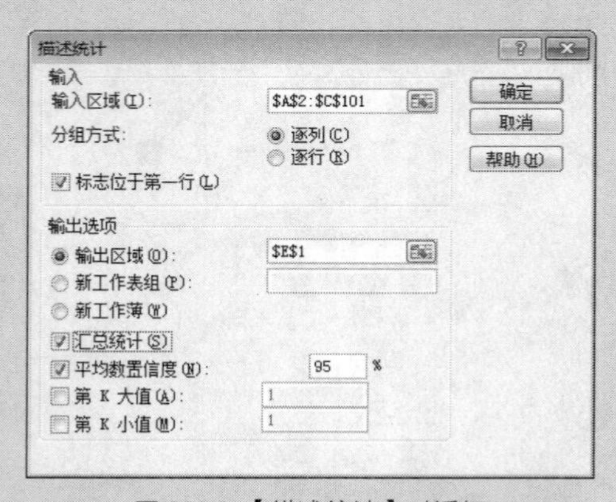


图 206-8 【描述统计】对话框

**Step 5** 设置完参数以后，单击【确定】按钮，这时 Excel 将描述统计结果存放在当前工作表以 E1 为左上角的单元格区域中，如图 206-9 所示。

| 一次购买 | | 二次购买 | | 多次购买 | |
|---|---|---|---|---|---|
| 平均 | 389.992 | 平均 | 539.2239 | 平均 | 432.4705 |
| 标准误差 | 28.45635 | 标准误差 | 51.44772 | 标准误差 | 29.09666 |
| 中位数 | 342 | 中位数 | 407.44 | 中位数 | 376.8 |
| 众数 | 342 | 众数 | 274.4 | 众数 | 499.32 |
| 标准差 | 284.5635 | 标准差 | 514.4772 | 标准差 | 290.9666 |
| 方差 | 80976.36 | 方差 | 264686.7 | 方差 | 84661.58 |
| 峰度 | 9.705426 | 峰度 | 15.27151 | 峰度 | 3.690029 |
| 偏度 | 2.28026 | 偏度 | 3.44784 | 偏度 | 1.706997 |
| 区域 | 1968.24 | 区域 | 3413.88 | 区域 | 1462.44 |
| 最小值 | 18 | 最小值 | 54 | 最小值 | 15 |
| 最大值 | 1986.24 | 最大值 | 3467.88 | 最大值 | 1477.44 |
| 求和 | 38999.2 | 求和 | 53922.39 | 求和 | 43247.05 |
| 观测数 | 100 | 观测数 | 100 | 观测数 | 100 |
| 置信度(95. | 56.46356 | 置信度(95. | 102.0834 | 置信度(95. | 57.73409 |

图 206-9　三个层级的描述统计结果

## 206.5　描述统计结果说明

由统计学知识可以得知，当偏度系数接近于 0，峰度系数接近于 3 时，可以认为样本数据服从正态分布。从描述统计的结果来看，峰度系数和偏度系数均偏离较大，故三组数据均不服从正态分布。此时需要对样本数据进行重新抽样或数据转换，使数据服从正态分布，以便后续的数据分析。

## 206.6　单因素方差分析

单因素方差分析（one-way ANOVA），用于完全随机设计的多个样本均数间的比较，其统计推断是推断各样本所代表的各总体均值是否相等。当我们需要进行比较研究的总体个数大于等于 3 个时，采用方差分析方法则可以取得较好效果。方差分析也是一种假设检验，它通过对全部数据的差异进行分解，将某种因素下各组样本数据之间可能存在的系统性误差和随机误差加以比较，从而推断出各总体之间是否存在显著差异。

为了分析会员一次购买、二次购买和多次购买的客单价是否会有变化，我们已经通过抽样取出三组数据，如图 206-10 所示。

| | A | B | C | D | E |
|---|---|---|---|---|---|
| 1 | 一次购买 | 二次购买 | 多次购买 | | |
| 2 | 159.80 | 189.40 | 323.76 | | |
| 3 | 18.00 | 390.80 | 543.52 | | |
| 4 | 166.44 | 596.40 | 385.68 | | |
| 5 | 656.64 | 499.32 | 654.00 | | |
| 6 | 705.76 | 300.80 | 499.32 | | |
| 7 | 351.12 | 1477.44 | 654.00 | | |
| 8 | 621.00 | 499.32 | 1182.80 | | |
| 9 | 406.08 | 3036.80 | 309.92 | | |
| 10 | 499.32 | 54.00 | 332.88 | | |
| 11 | 542.28 | 179.00 | 185.84 | | |
| 12 | 153.00 | 207.00 | 274.40 | | |
| 13 | 405.80 | 182.40 | 135.36 | | |
| 14 | 195.00 | 492.49 | 54.00 | | |
| 15 | 155.04 | 238.00 | 499.32 | | |
| 16 | 332.00 | 654.00 | 510.48 | | |
| 17 | 1026.00 | 984.96 | 557.20 | | |
| 18 | 523.00 | 812.16 | 378.80 | | |
| 19 | 201.80 | 459.00 | 135.36 | | |
| 20 | 166.44 | 656.64 | 1477.44 | | |
| 21 | 342.00 | 406.08 | 164.16 | | |

数据源 / 一次购买 / 二次购买 / 多次购买 / 数据分析

图 206-10　供分析用的三组抽样数据

我们需要研究的对象是会员的购买客单价，影响因素为会员的购买次数。因为我们的数据来源于近半年销售记录的随机抽样，假设购买次数是影响客单价的唯一因素，即为单因素分析。可以使用 Excel 的【数据分析】工具进行单因素方差分析，操作步骤如下。

**Step 1** 在【数据】选项卡中单击【数据分析】按钮，调出【数据分析】对话框。

**Step 2** 在【数据分析】对话框中选择【方差分析：单因素方差分析】，单击【确定】按钮，如图 206-11 所示。

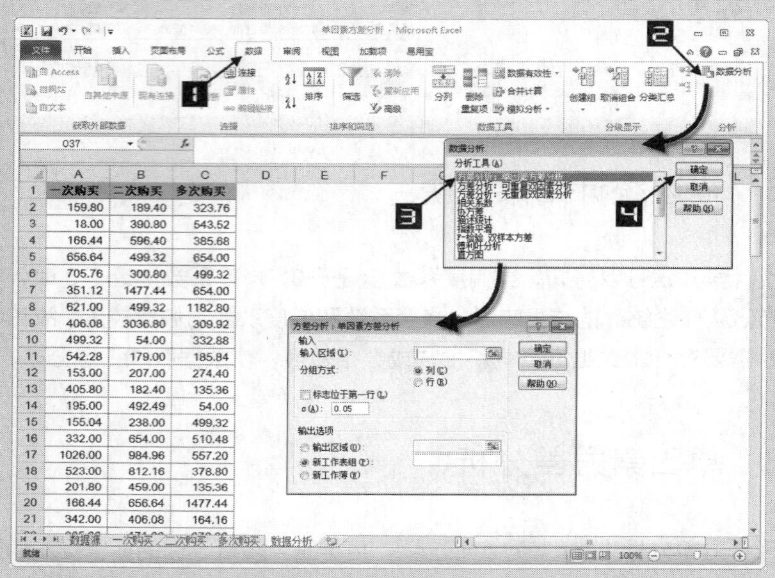

图 206-11 单因素方差分析对话框

**Step 3** 设置有关参数。

【输入区域】：指定需要分析的区域 A1:C101。

【分组方式】：指定输入数据是以行还是以列方式排列的。一般情况下 Excel 会根据指定的输入区域自动选择。本例中默认为“列”。

【标志位于第一行】复选框：本例中手动添加了标题行，所以这里勾选此选项。

【α值】：根据需要指定显著性水平。本例输入 0.05。

“显著性水平”是一个临界概率值。它表示在“统计假设检验”中，用样本资料推断总体时，犯拒绝“假设”错误的可能性大小。α越小，犯拒绝“假设”的错误可能性越小。例如我们假设总体之间没有显著差异，α = 0.05 表示在做假设检验时，错误的拒绝了原假设（即认为总体之间有显著差异）的概率。α值越小表示犯此类错误的概率值越小。

【输出选项】：选取【输出区域】，键入 E1。

Step 4　单击【确定】按钮，分析结果如图 206-12 所示。

方差分析：单因素方差分析

SUMMARY

| 组 | 观测数 | 求和 | 平均 | 方差 |
|---|---|---|---|---|
| 一次购买 | 100 | 38999.2 | 389.992 | 80976.36 |
| 二次购买 | 100 | 53922.39 | 539.2239 | 264686.7 |
| 多次购买 | 100 | 43247.05 | 432.4705 | 84661.58 |

方差分析

| 差异源 | SS | df | MS | F | P-value | F crit |
|---|---|---|---|---|---|---|
| 组间 | 1182362 | 2 | 591181.2 | 4.121408 | 0.017159 | 3.026153 |
| 组内 | 42602144 | 297 | 143441.6 | | | |
| | | | | | | |
| 总计 | 43784506 | 299 | | | | |

图 206-12　单因素方差分析的结果

根据图中给出的分析结果，从样本的均值来看，存在着显著的差异。P-value 值为 0.017 小于 0.05，故拒绝均值相等的原假设。也就是说，三组数据的均值存在着明显的差异。购买次数对于购买的客单价的影响显著，二次及多次购买的会员客单价远高于一次购买的会员，这也证明了会员营销的重要性。

同时，也可以看到多次购买的客单价相比二次购买有所下降，这可能是多次购买的会员已经成为忠诚客户，并形成的特定的购买习惯和购买频率，他们不再一次购买大量的商品。当然，也可以从购买频率和购买金额的角度进一步分析其中的原因，看是否由于对老会员的营销不足而导致客单价下降。

# 技巧 207　销售人员业绩的百分比排名

在日常的工作中，公司对销售人员进行考核，最直接的方式是对他们的销售业绩进行排名。单纯的排名，可以通过 RANK 函数来实现，也可以通过“数据分析”工具来快速地实现排名。此外，还可以使用 “百分比排名”的指标来更加直观地反映业绩水平。

百分比排名可以反映数据在整体中所处的地位。例如，A 在 1456 人中排名 323，我们并不十分清楚 A 到底做得怎么样。但如果说 A 的销售业绩高于 77.87%的销售人员，我们就很直观地了解到 A 做得还算不错。

以图 207-1 所示的“销售人员业绩表”为例，使用“数据分析”工具来进行排名分析的步骤如下。

Step 1　打开【数据分析】对话框。

Step 2　在【数据分析】对话框中选择【排位和百分比排位】，单击【确定】按钮，如图 207-1 所示。

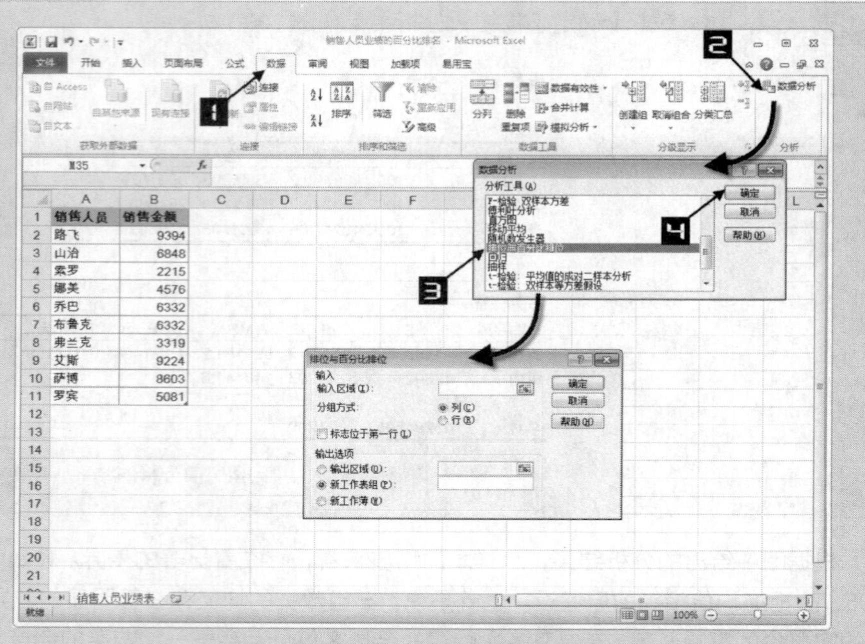


图 207-1 排位和百分比排位对话框

**Step 3**

设置有关参数。

【输入区域】：选择销售金额区域 B1:B11。

【分组方式】：默认选择“列”。

【标志位于第一行】复选框：本例包含标志，勾选此选项。

【输出选项】：选择【输出区域】，并在选择输入框中输入 E1，以此作为输出结果的存放位置，如图 207-2 所示。

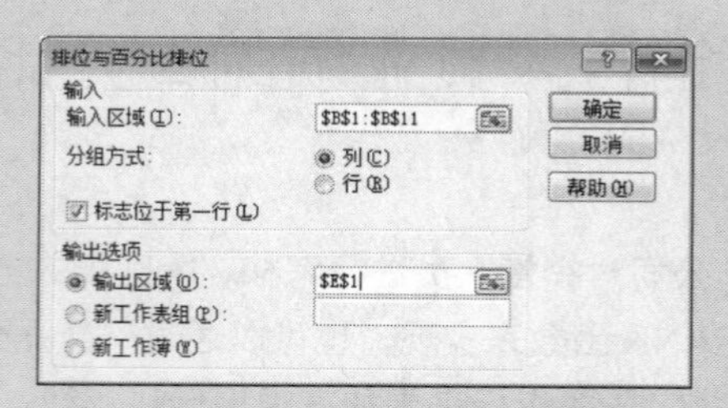


图 207-2 输入相关参数之后的对话框

**Step 4**

单击【确定】按钮，生成分析结果，如图 207-3 所示。

| 点 | 销售金额 | 排位 | 百分比 |
|---|---|---|---|
| 1 | 9394 | 1 | 100.00% |
| 8 | 9224 | 2 | 88.80% |
| 9 | 8603 | 3 | 77.70% |
| 2 | 6848 | 4 | 66.60% |
| 5 | 6332 | 5 | 44.40% |
| 6 | 6332 | 5 | 44.40% |
| 10 | 5081 | 7 | 33.30% |
| 4 | 4576 | 8 | 22.20% |
| 7 | 3319 | 9 | 11.10% |
| 3 | 2215 | 10 | 0.00% |

图 207-3 排位和百分比排位分析结果

**Step 5** 此分析不能输出销售人员的姓名，但是可以输出销售人员的行位置，可以通过 INDEX 函数将姓名引用过来。在 D2 单元格输入公式：=INDEX(A:A,E2+1)，并下拉公式。调整格式之后，得到结果如图 207-4 所示。

| 销售人员 | 点 | 销售金额 | 排位 | 百分比 |
|---|---|---|---|---|
| 路飞 | 1 | 9394 | 1 | 100.00% |
| 艾斯 | 8 | 9224 | 2 | 88.80% |
| 萨博 | 9 | 8603 | 3 | 77.70% |
| 山治 | 2 | 6848 | 4 | 66.60% |
| 乔巴 | 5 | 6332 | 5 | 44.40% |
| 布鲁克 | 6 | 6332 | 5 | 44.40% |
| 罗宾 | 10 | 5081 | 7 | 33.30% |
| 娜美 | 4 | 4576 | 8 | 22.20% |
| 弗兰克 | 7 | 3319 | 9 | 11.10% |
| 索罗 | 3 | 2215 | 10 | 0.00% |

图 207-4　增加姓名之后的分析结果

这样就通过“数据分析”工具实现了对销售人员业绩的排位和百分比的排位。排位说明了销售人员在全体中名次，是最常用的一种考核方法。百分比排位的计算方法是：

A 的百分比排名＝比 A 低的人数/(总人数-1)*100%

这个指标更加直接地反映了销售人员的业绩状况。例如山治的百分比排位是 66.60%，就意味有 66.60%的人比山治的业绩差，或者说山治的业绩高于 66.60%的销售人员。

# 技巧 208　销售额的双因素方差分析

在商业分析中，对于一个结果产生影响的因素往往不止一个。如果需要研究两个因素对一个结果产生的影响，可以使用“数据分析”工具中的双因素方差分析。双因素方差分析又分为可重复的双因素方差分析和无重复的双因素方差分析。无重复双因素方差分析不能分解出双因素的交互作用，而可重复的双因素方差分析除了可以检验双因素对分析结果的影响之外，还可以进一步分析双因素的交互效应对分析结果影响是否显著。

以如图 208-1 所示的“A 产品销售数据”为例，如某公司准备代理销售 A 产品，主要销售区域为浙江省。由于无法直观地判断 A 产品是否具有季节性和地域性，故可以针对这两个可能对 A 产品销售额产生影响的因素进行双因素方差分析。操作步骤如下。

| | A | B | C | D | E | F | G | H | I | J | K | L | M |
|---|---|---|---|---|---|---|---|---|---|---|---|---|---|
| 1 | 城市 | 1月 | 2月 | 3月 | 4月 | 5月 | 6月 | 7月 | 8月 | 9月 | 10月 | 11月 | 12月 |
| 2 | 杭州 | 192.1 | 25.3 | 104.6 | 53.0 | 23.1 | 15.6 | 25.9 | 34.1 | 67.6 | 40.3 | 62.5 | 58.6 |
| 3 | 湖州 | 11.1 | 5.1 | 12.6 | 4.4 | 3.7 | 2.5 | 3.6 | 5.4 | 6.3 | 8.5 | 23.9 | 7.3 |
| 4 | 嘉兴 | 56.0 | 13.6 | 68.6 | 71.8 | 50.2 | 3.5 | 5.9 | 8.5 | 14.3 | 15.3 | 20.1 | 21.6 |
| 5 | 金华 | 81.9 | 45.5 | 81.5 | 32.1 | 37.6 | 22.9 | 16.2 | 33.8 | 45.7 | 37.1 | 47.6 | 42.5 |
| 6 | 丽水 | 44.2 | 34.1 | 54.9 | 12.8 | 24.4 | 8.5 | 10.8 | 14.2 | 19.9 | 15.9 | 26.9 | 34.1 |
| 7 | 宁波 | 248.5 | 36.6 | 266.5 | 118.8 | 25.9 | 21.8 | 11.5 | 33.6 | 34.1 | 30.8 | 86.1 | 57.8 |
| 8 | 衢州 | 27.3 | 10.1 | 14.9 | 6.5 | 5.6 | 1.9 | 2.5 | 9.6 | 27.4 | -10.9 | 10.4 | 15.7 |
| 9 | 绍兴 | 16.6 | 12.0 | 42.8 | 5.7 | 14.3 | 3.4 | 3.8 | 9.7 | 21.7 | 8.2 | 16.5 | 23.2 |
| 10 | 台州 | 91.6 | 84.6 | 289.3 | 25.9 | 56.2 | 33.4 | 40.1 | 43.1 | 154.8 | 26.5 | 107.9 | 132.5 |
| 11 | 温州 | 135.0 | 161.7 | 266.4 | 91.0 | 147.2 | 66.3 | 120.7 | 68.4 | 210.0 | 126.6 | 237.0 | 348.1 |
| 12 | 舟山 | 13.1 | 6.5 | 17.1 | 3.6 | 8.4 | 2.2 | 2.8 | 4.4 | 4.5 | 5.9 | 8.9 | 7.4 |

图 208-1　A 产品分城市分月销售数据

**Step 1** 打开【数据分析】对话框。

**Step 2** 在【数据分析】对话框中选择【方差分析：无重复双因素分析】，单击【确定】按钮，如图 208-2 所示。

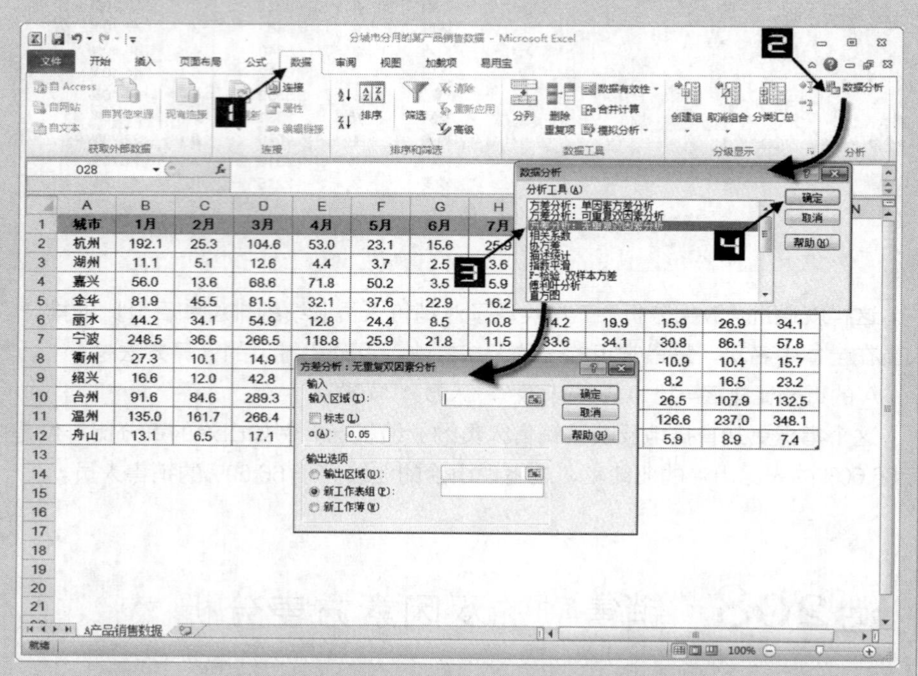

图 208-2 无重复双因素方差分析对话框

**Step 3** 设置有关参数。

【输入区域】：选择 A1:M12。

【标志】复选框：勾选此选项。

【α 值】：置信水平，设置为 0.05。

【输出区域】选择"新工作表组"。

参数设置如图 208-3 所示。

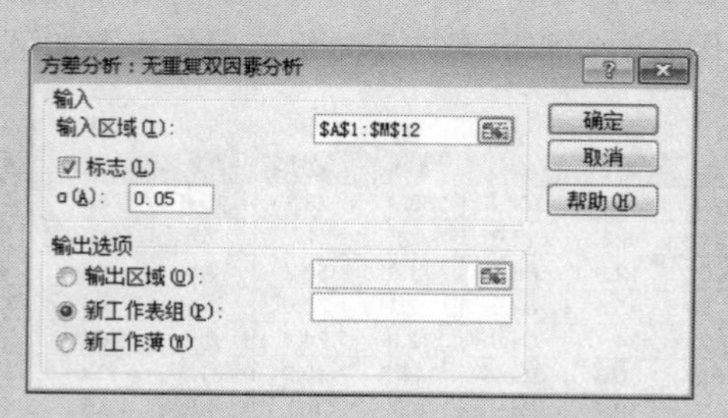


图 208-3 设置相关参数后的对话框

**Step 4** 单击【确定】按钮，生成的分析结果如图 208-4 所示。

方差分析：无重复双因素分析

| SUMMARY | 观测数 | 求和 | 平均 | 方差 |
|---|---|---|---|---|
| 杭州 | 12 | 7028053 | 585671 | 2.39E+11 |
| 湖州 | 12 | 943810 | 78650.83 | 3.5E+09 |
| 嘉兴 | 12 | 3493534 | 291127.8 | 6.33E+10 |
| 金华 | 12 | 5244225 | 437018.8 | 4.01E+10 |
| 丽水 | 12 | 3006439 | 250536.6 | 2.08E+10 |
| 宁波 | 12 | 9718975 | 809914.6 | 7.71E+11 |
| 衢州 | 12 | 1209758 | 100813.1 | 1.13E+10 |
| 绍兴 | 12 | 1779908 | 148325.6 | 1.2E+10 |
| 台州 | 12 | 10860098 | 905008.1 | 5.75E+11 |
| 温州 | 12 | 19783733 | 1648644 | 7.29E+11 |
| 舟山 | 12 | 848181.3 | 70681.77 | 1.92E+09 |
| | | | | |
| 1月 | 11 | 9172214 | 833837.6 | 6.19E+11 |
| 2月 | 11 | 4351909 | 395628.1 | 2.18E+11 |
| 3月 | 11 | 12192915 | 1108447 | 1.18E+12 |
| 4月 | 11 | 4255020 | 386820 | 1.59E+11 |
| 5月 | 11 | 3966235 | 360566.8 | 1.66E+11 |
| 6月 | 11 | 1820901 | 165536.5 | 3.86E+10 |
| 7月 | 11 | 2438144 | 221649.4 | 1.2E+11 |
| 8月 | 11 | 2649028 | 240820.7 | 4.11E+10 |
| 9月 | 11 | 6062446 | 551131.5 | 4.44E+11 |
| 10月 | 11 | 3042673 | 276606.6 | 1.3E+11 |
| 11月 | 11 | 6478544 | 588958.5 | 4.54E+11 |
| 12月 | 11 | 7486684 | 680607.6 | 9.89E+11 |

方差分析

| 差异源 | SS | df | MS | F | P-value | F crit |
|---|---|---|---|---|---|---|
| 行 | 2.81E+13 | 10 | 2.81E+12 | 17.59109 | 1.04E-18 | 1.917827 |
| 列 | 9.59E+12 | 11 | 8.71E+11 | 5.461773 | 6.78E-07 | 1.876732 |
| 误差 | 1.75E+13 | 110 | 1.6E+11 | | | |
| | | | | | | |
| 总计 | 5.52E+13 | 131 | | | | |

图 208-4　双因素方差分析结果

双因素方差分析的原假设为行因素和列因素都没有显著的差异。从输出的结果可以看出，行差异概率和列差异概率【P-value】均远小于设定的置信水平 0.05，所以应该拒绝原假设。认为季节因素和地域因素均对 A 产品的销售产生显著的影响。

## 技巧 209　业绩的成对二样本方差分析

在商业分析中，经常遇到比较两种方法、两种产品的优劣或差异，常在相同的条件下作对比实验，得到一批成对的观察值，然后分析观察数据做出推断。这种方法被称为逐对比较法。在假设检验中利用 $t$ 统计量进行检验，因而称为“$t$ 检验：平均值的成对二样本分析”。

例如，B 公司为了提高客服人员的工作效率，实施了一系列的改革措施，包括调整工作时间和薪资考核制度等。观察 30 位客服人员改革前后的业绩，得到如图 209-1 所示的“客服业绩对照表”。为了判断改革的效果是否显著，可以使用“数据分析”工具中的“$t$ 检验：平均值的成对二样本分析”来进行分析。操作步骤如下。

**Step 1**　打开【数据分析】对话框。

**Step 2**

在【数据分析】对话框中选择【t 检验：平均值的成对二样本分析】，单击【确定】按钮，如图 209-1 所示。

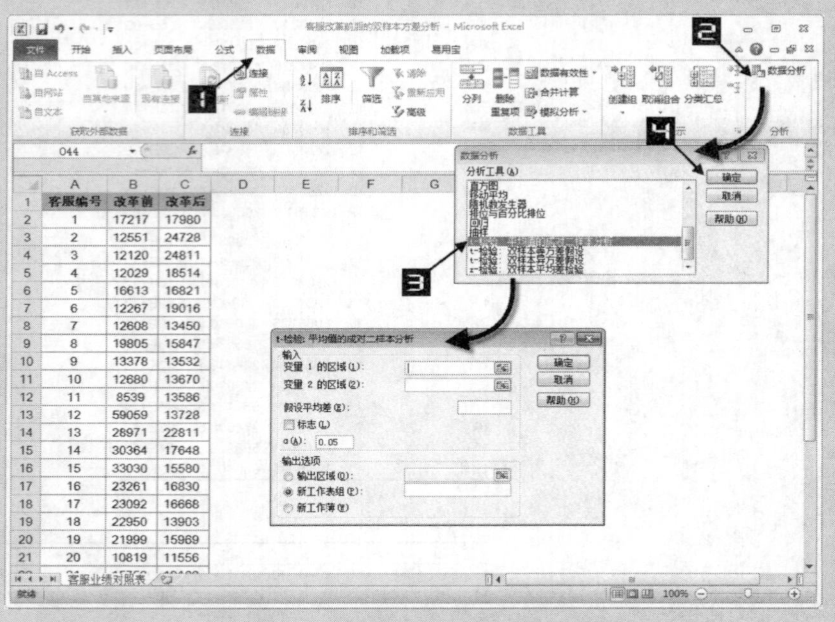

图 209-1　成对二样本方差分析对话框

**Step 3**

设置相关参数。

【变量 1 的区域】：指定改革前的客服业绩数据区域 B1:B31。

【变量 2 的区域】：指定改革后的客服业绩数据区域 C1:C31。

【假设平均差】：根据实际情况设置两个样本的平均值差异。本例中，我们假设改革前后并没有显著变化，即改革前后两个样本均值相等。故此处设置为 0。

【标志】复选框：数据包含标志（标题行），勾选此选项。

【α 值】：置信水平，设置为 0.05。

【输出选项】：选择【输出区域】，单元格区域设置为 E1。

设置完成的对话框如图 209-2 所示。

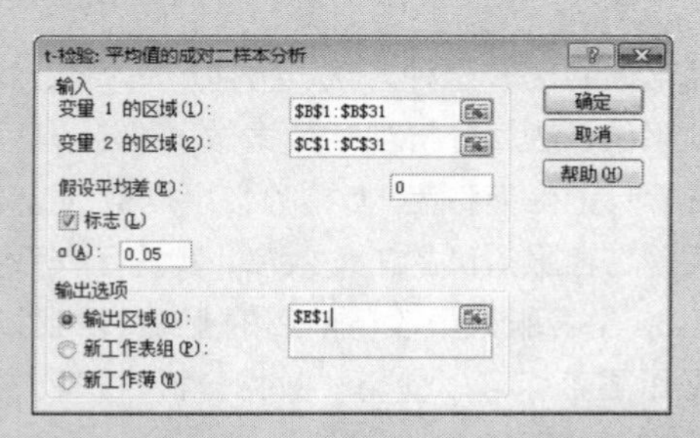


图 209-2　设置参数后的成对二样本方差分析对话框

**Step 4**

单击【确定】按钮，得到输出结果如图 209-3 所示。

t-检验: 成对双样本均值分析

| | 改革前 | 改革后 |
|---|---|---|
| 平均 | 18344.87 | 19119.07 |
| 方差 | 98612124 | 92142657 |
| 观测值 | 30 | 30 |
| 泊松相关系数 | 0.006501 | |
| 假设平均差 | 0 | |
| df | 29 | |
| t Stat | -0.30803 | |
| P(T<=t) 单尾 | 0.380132 | |
| t 单尾临界 | 1.699127 | |
| P(T<=t) 双尾 | 0.760264 | |
| t 双尾临界 | 2.04523 | |

图 209-3　成对二样本方差分析输出结果

从输出的结果我们可以看出，t 统计量的值 t Stat 为-0.30803，绝对值小于 t 单尾临界的临界值 1.699127。同时，P(T<=t) 单尾的概率值为 0.380132，远大于我们设置的置信水平 0.05，不能拒绝原假设。说明改革前后，客服人员的业绩并没有显著差异。这个结果告诉决策者，现阶段进行的改革，并没有取得显著的效果，可能需要继续调整改革方式和方向。

## 技巧 210　行业价格分布的直方图分析

通过描述统计可以从数据的角度了解变量的分布状态，但是数据并不直观，图形可以更加直接地展示变量的分布情况，使峰度和偏度情况一目了然，还可以从图形上判断是正偏态分布还是负偏态分布。

Excel 虽然提供了丰富的图表功能，但是要画频数分布图还是使用“数据分析”工具中的“直方图”更为高效。

例如，C 公司准备开展网上销售，为了对自己的彩妆产品进行线上定位，拟定销售单价，选取了“彩妆行业前 100 单品价格”作为分析的对象，进行价格分布的分析，如图 210-1 所示。

| | A | B |
|---|---|---|
| 1 | 商品名 | 参考价格 |
| 2 | PBA YangSang 柔肤全效BB霜 正品50g | 69 |
| 3 | 开心赚宝柏卡姿BB霜50g隔离粉底裸妆遮 | 88 |
| 4 | 罗菲亚玫瑰花蕾膏20g润唇膏护唇膏保湿 | 79 |
| 5 | YangSang柔肤全效BB霜 正品50g 保湿遮 | 69 |
| 6 | PBA YangSang 矿物丝柔散粉 正品13g | 59 |
| 7 | LOFEA粉色雪姬含羞草香膏固体香水大容 | 69 |
| 8 | PBA YangSang彩妆 正品 无痕遮瑕膏 遮 | 39 |
| 9 | 美宝莲正品 精纯矿物奇妙新颜乳液BB霜 | 94 |
| 10 | 包邮 虞琳娜 出口韩国 全效bb霜 美白保湿 | 89 |
| 11 | 美康粉黛玫瑰粉饼10G美白 控油保湿不脱 | 78 |
| 12 | Alinda 白色双眼皮胶水 假睫毛胶水 红盖 | 6.8 |
| 13 | 销量冠军 Boitown冰希黎 娇之真我女士香 | 99 |
| 14 | Soffio索菲欧魅色丰盈口红3 6g保湿润唇膏 | 45 |
| 15 | 包邮 missha 谜尚 迷尚 红bb霜50ml 隔离 | 168 |
| 16 | 优质 7 2元 盒 3盒包邮 日本自然假睫毛 透 | 20 |
| 17 | 金丝玉帛精纯矿物BB霜 40g隔离明星 美白 | 56.5 |
| 18 | 虞文萱正品睫毛滋养增长生长液7g睫毛膏 | 42 |
| 19 | Recele瑞希尔魔镜女士香水 女香40ml 女 | 168 |
| 20 | PBA YangSang 3D极致卷翘睫毛膏10ml | 39 |
| 21 | 买2送1 买3再包邮正品 Solone防水眼线胶 | 25 |

图 210-1　彩妆行业前 100 单品价格

这时候就可以使用“直方图”来分析价格分布的情况，操作步骤如下。

**Step 1** 在 C 列设置临界点。根据实际的情况，设置为 30、50、80、100、150。

**Step 2** 打开【数据分析】对话框。

**Step 3** 在【数据分析】对话框中选择【直方图】，单击【确定】按钮，如图 210-2 所示。

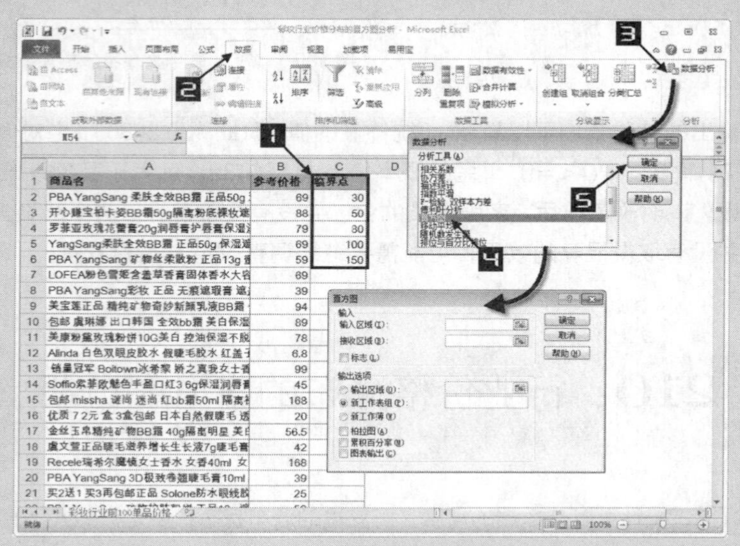

图 210-2 【直方图】对话框

**Step 4** 设置相关参数。

【输入区域】：选择需要进行分析的价格区域 B1:B101。

【接收区域】：指定组距数据（即临界点）所在的区域 C2:C6。

【标志】复选框：包含标志（标题行），勾选此选项。

【输出选项】：选择输出区域，单元格区域选择 E1。

【柏拉图】复选框：若勾选此复选框，可在输出表中按频率的降序来显示数据；若不勾选，则会按照组距排列顺序来显示数据。此选项只有在勾选【图表输出】之后才会产生效果。

【累计百分率】复选框：勾选此复选框可在输出表中生成一列累积百分比值，并在直方图中生成一条累积百分比折线。

【图表输出】复选框：勾选此选项可输出直方图，本例勾选此选项。

设置完参数的对话框如图 210-3 所示。

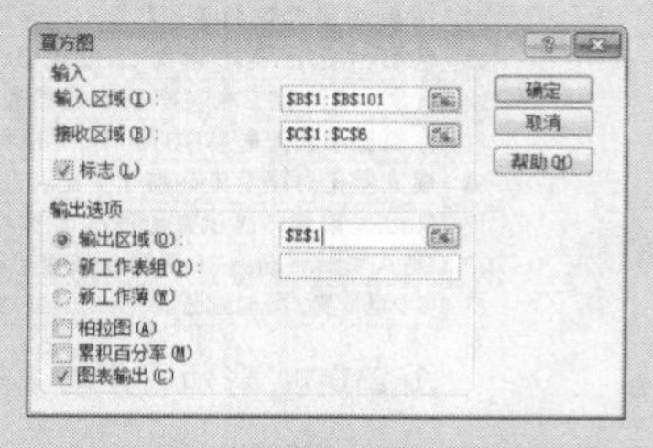

图 210-3 设置参数后的【直方图】对话框

**Step 5**　单击【确定】按钮，生成输出表和直方图。调整输出表临界点数据，分别设置为 0-30、30-50、50-80、80-100、100-150 和 150 以上。输出结果如图 210-4 所示。

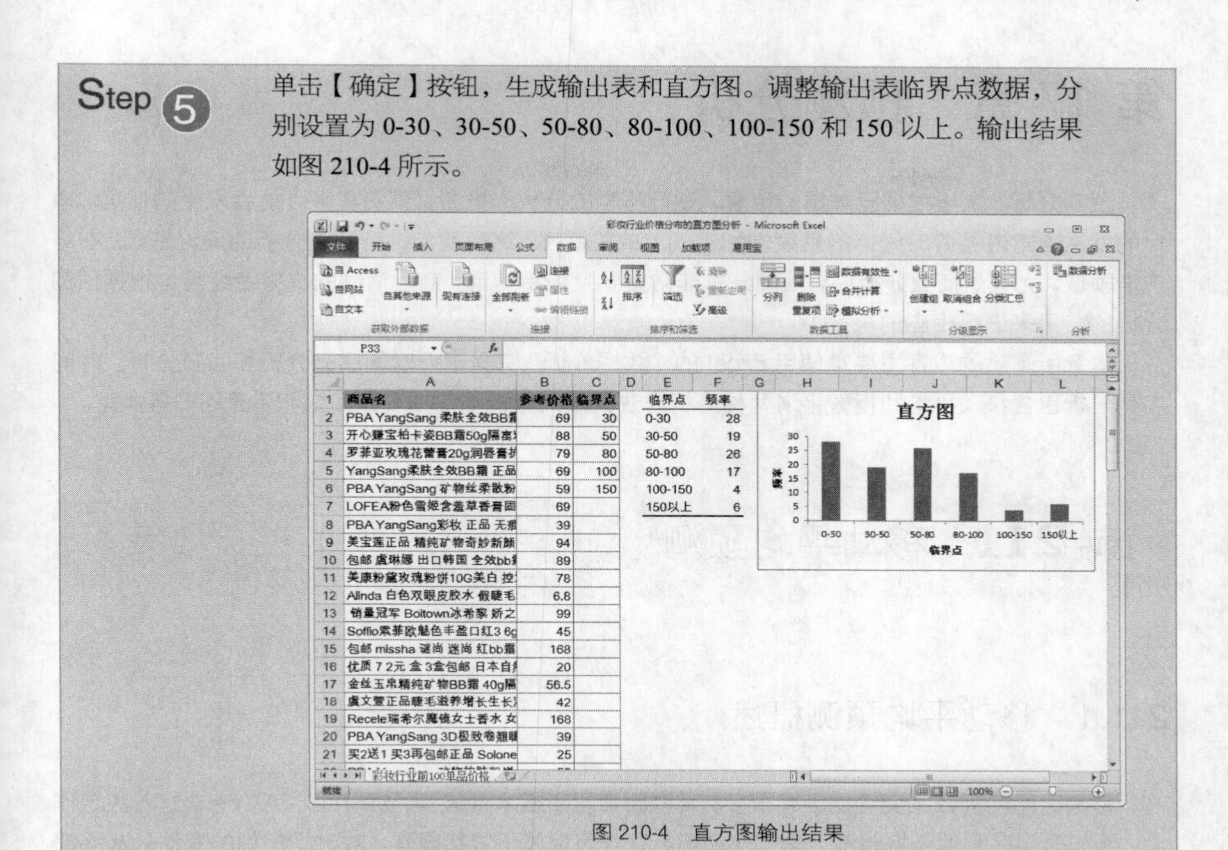


图 210-4　直方图输出结果

从直方图的输出结果可以看出，彩妆行业销售最好的产品集中在 100 元以下的区域，其中 0-30 区间和 50-80 区间相对集中。C 公司可以根据自己的产品成本来选择合适的销售价格。

# 第 17 章　预测分析

预测分析，是指根据已掌握的信息，进行科学的分析和推断，预测将来可能会发生的情况。事件的发展通常遵循着时间上的延续性和空间上的关联性，这是我们进行预测分析的理论基础。在经济学领域，尤其是商业分析中，预测分析非常重要且应用广泛，商业活动的决策者经常会根据预测分析的结果来进行相应的决策。

本章所阐述的内容主要是使用 Excel 的“数据分析”工具进行时间序列分析和回归分析。时间序列分析包含移动平均和指数平滑两种分析方法，回归分析则包括一元回归和多元回归等类型。

## 技巧 211　移动平均预测

### 211.1　移动平均预测概述

影响时间序列数据变动的因素很多，有些因素属于根本性因素，对时间序列的变动起着决定作用。例如时间序列的长期趋势、季节变动等。有些因素属于偶然因素，对时间序列的变动只起局部的非决定性作用。而预测就是从时间序列中分离出长期趋势，找出季节变化的规律，排除随机偶然因素的干扰，准确地预知时间序列数据未来的情况。

移动平均技术是在算术平均方法基础上发展起来的一种预测技术。算术平均只能反映一组数据的平均水平，不能反映数据的变化趋势。而移动平均的基本思想是：根据时间序列资料逐项推移，依次计算包含一定项数的平均值，相当于对时间序列数据作简单平滑处理，从而更好地反映时间序列数据的长期趋势。

因此，当时间序列的数据由于受周期变动和随机波动的影响，起伏较大，不易显示出事件的发展趋势时，使用移动平均法可以消除这些因素的影响，显示出事件的发展方向与趋势。移动平均方法包含简单移动平均、加权移动平均、指数移动平均等，这里我们仅以简单移动平均来举例描述。

假设有一时间序列 $y_1$，$y_2$，…，$y_n$，按数据点的顺序逐点推移求出 $N$ 个数的平均数，即可得到移动平均数：

$$M_t=\frac{y_t+y_{t-1}+\cdots+y_{t-(N-1)}}{N}=M_{t-1}+\frac{y_t-y_{t-N}}{N},t\geqslant N$$

式中，$M_t$ 为第 $t$ 周期的移动平均数；$y_t$ 为第 $t$ 周期的观测值；$N$ 为移动平均的项数，即求每一移动平均数使用的观察值的个数。

该公式表明当 $t$ 向前移动一个周期，就增加一个新近数据，去掉一个远期数据，得到一个新的平均数。由于它逐期向前移动，所以称为移动平均法。由于移动平均可以平滑数据，消除周期变动和不规则变动的影响，使得长期趋势能够显示出来，因而可以用于预测。其预测公式为：

$$\hat{y}_{t+1}=M_t$$

即以第 $t$ 周期的移动平均数作为第 $t+1$ 周期的预测值。

## 211.2　移动平均预测操作方法

图 211-1 展示了某内衣品牌近三年销售数据，该品牌从 2010 年开始开展电子商务，现在需要通过近 3 年的历史交易数据来预测 2013 年 7 月的销售额，操作方法如下。

| | A | B | C |
|---|---|---|---|
| 1 | 月份 | 销售额 | |
| 2 | 201001 | 13.2 | |
| 3 | 201002 | 16.3 | |
| 4 | 201003 | 31.4 | |
| 5 | 201004 | 24.6 | |
| 6 | 201005 | 24.4 | |
| 7 | 201006 | 21.8 | |
| 8 | 201007 | 20.9 | |
| 9 | 201008 | 21.0 | |
| 10 | 201009 | 10.2 | |
| 11 | 201010 | 90.4 | |
| 12 | 201011 | 679.5 | |
| 13 | 201012 | 74.0 | |
| 14 | 201101 | 65.8 | |
| 15 | 201102 | 2.7 | |
| 16 | 201103 | 16.4 | |
| 17 | 201104 | 7.9 | |
| 18 | 201105 | 2.6 | |
| 19 | 201106 | 0.4 | |
| 20 | 201107 | 6.2 | |
| 21 | 201108 | 10.7 | |

某内衣品牌近三年销售数据

图 211-1　某内衣品牌近三年销售数据

**Step 1**　在【数据】选项卡中单击【数据分析】按钮，打开【数据分析】对话框。

**Step 2**　选择【移动平均】，单击【确定】按钮，弹出【移动平均】对话框，如图 211-2 所示。

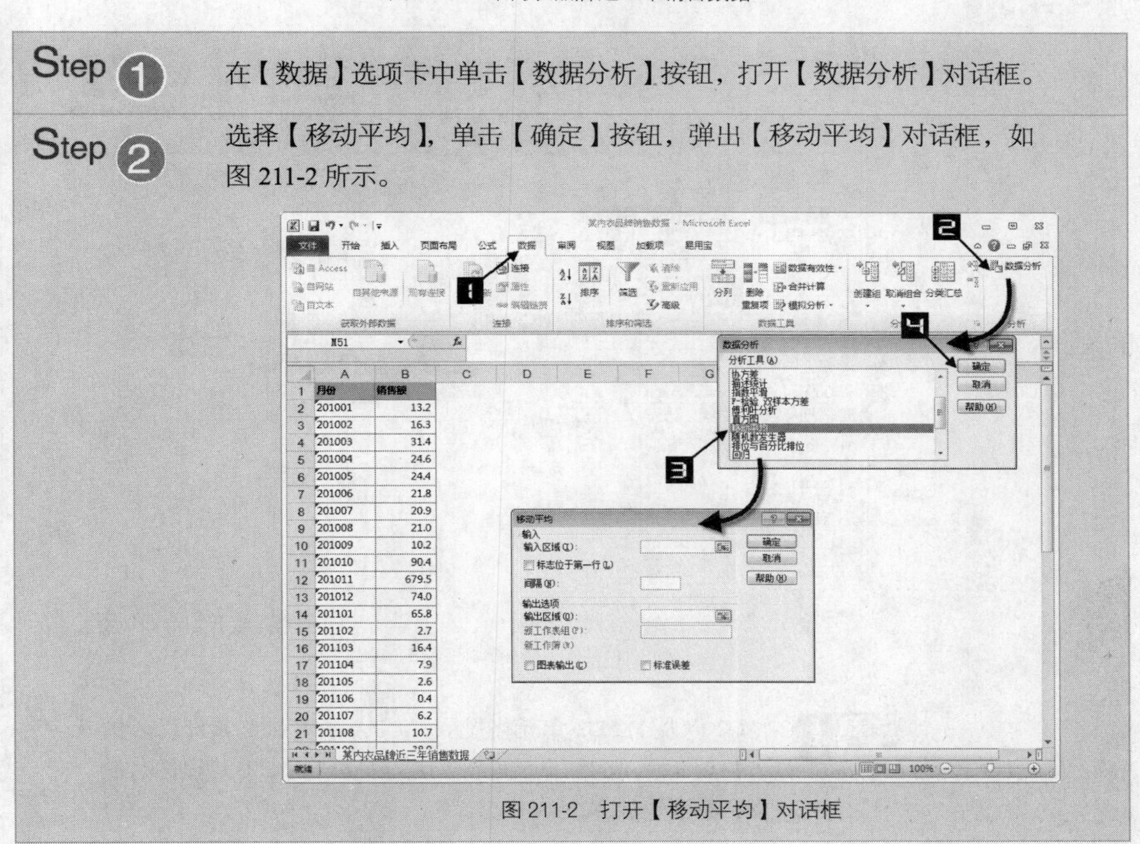


图 211-2　打开【移动平均】对话框

**Step 3**

设置相关参数。

【输入区域】：选择数据区域 B1:B43。

【标志位于第一行】复选框：数据源中包含标题，勾选此选项。

【间隔】：移动平均的项数，本例中设置为 2。

【输出区域】：选择单元格 C2。

【图表输出】复选框：若勾选该项，将会自动绘制“折线图”，本例中勾选此选项。

【标准误差】复选框：若勾选该项，将计算并保留标准误差数据，可以在此基础上进一步进行分析。本例中勾选此选项。

设置完成后对话框如图 211-3 所示。

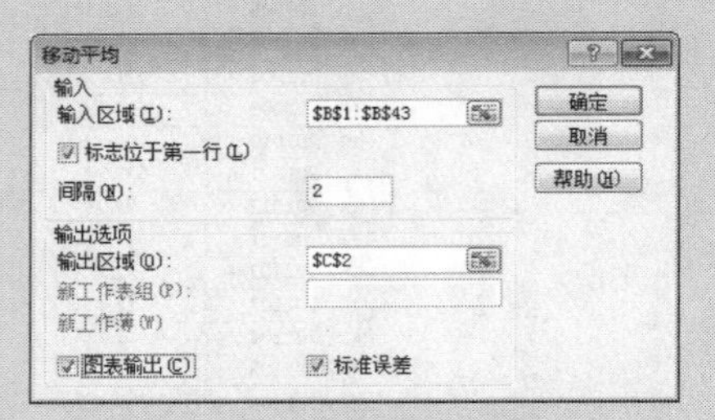


图 211-3 参数设置完成的对话框

**Step 4**

单击【确定】按钮，生成的结果如图 211-4 所示。

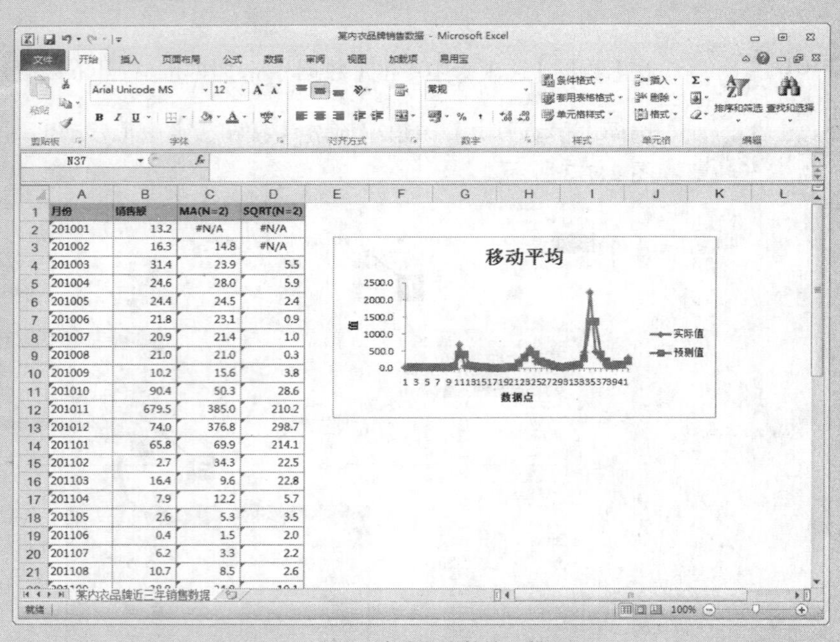


| | A | B | C | D |
|---|---|---|---|---|
| 1 | 月份 | 销售额 | MA(N=2) | SQRT(N=2) |
| 2 | 201001 | 13.2 | #N/A | #N/A |
| 3 | 201002 | 16.3 | 14.8 | #N/A |
| 4 | 201003 | 31.4 | 23.9 | 5.5 |
| 5 | 201004 | 24.6 | 28.0 | 5.9 |
| 6 | 201005 | 24.4 | 24.5 | 2.4 |
| 7 | 201006 | 21.8 | 23.1 | 0.9 |
| 8 | 201007 | 20.9 | 21.4 | 1.0 |
| 9 | 201008 | 21.0 | 21.0 | 0.3 |
| 10 | 201009 | 10.2 | 15.6 | 3.8 |
| 11 | 201010 | 90.4 | 50.3 | 28.6 |
| 12 | 201011 | 679.5 | 385.0 | 210.2 |
| 13 | 201012 | 74.0 | 376.8 | 298.7 |
| 14 | 201101 | 65.8 | 69.9 | 214.1 |
| 15 | 201102 | 2.7 | 34.3 | 22.5 |
| 16 | 201103 | 16.4 | 9.6 | 22.8 |
| 17 | 201104 | 7.9 | 12.2 | 5.7 |
| 18 | 201105 | 2.6 | 5.3 | 3.5 |
| 19 | 201106 | 0.4 | 1.5 | 2.0 |
| 20 | 201107 | 6.2 | 3.3 | 2.2 |
| 21 | 201108 | 10.7 | 8.5 | 2.6 |

图 211-4 移动平均的输出结果

注意

C2 以及 D2:D3 单元格显示“#N/A”，是因为其计算公式中没有可用的数据。即当指定间隔为 3 时，前两项移动平均数不能计算。

对图表进行修饰，加入月份字段作为坐标轴，并设置间隔为 3，去掉坐标轴标题，变换图例，结果如图 211-5 所示。

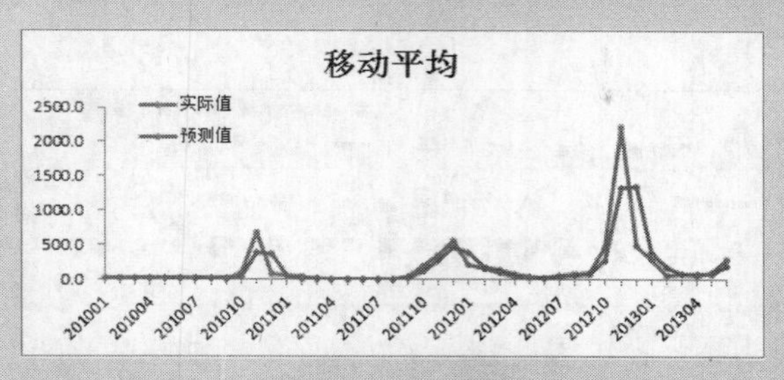


图 211-5　修饰后的移动平均趋势图

Step 5　预测结果。

由于 $t$+1 期的预测值就等于 $t$ 期的移动平均值，7 月份的销售额即为 6 月的移动平均值。从输出的结果可以预测出 7 月份的销售额约为 194 万元，如图 211-6 所示。

| | A | B | C | D |
|---|---|---|---|---|
| 37 | 201212 | 4835471 | 13486670.4 | 8706578.6 |
| 38 | 201301 | 2961401 | 3898435.9 | 6153100.4 |
| 39 | 201302 | 571943 | 1766671.8 | 1073641.5 |
| 40 | 201303 | 882883 | 727413.1 | 851923.9 |
| 41 | 201304 | 651933 | 767408.1 | 136940.8 |
| 42 | 201305 | 1011855 | 831893.8 | 151196.0 |
| 43 | 201306 | 2866717 | 1939285.8 | 668024.9 |
| 44 | 201307 | | **1939285.8** | |

图 211-6　预测结果

## 211.3 移动平均预测间隔值的选择

使用移动平均进行预测分析，间隔值 $N$ 的影响很大，选择合适的 $N$ 值非常重要。可以通过比较的方法来最终确定合适的 $N$ 值。为了方便比较，我们使用 $N$=3 来测试结果。用相同的操作方法可以得到 $N$=3 时的输出结果，如图 211-7 所示。

从对比结果来看，两个移动平均的结果都较好地反映了数据的趋势，在 $N$=3 时，数据的趋势更为平缓，波动更小。

预测时都希望模型的平滑能力强，以便更好地消除随机干扰；同时又希望预测值对数据的变化反映灵敏，以便预测结果不要过于滞后。但是这两方面是矛盾的，因为要使预测值及时反映数据的变化，必然会带入更多的随机误差。

一般来说，当时间序列数据的变化趋势较为稳定时，可以选择较大的间隔；而当时间序列数据的波动较大时，则应选择较小的间隔。在实际预测时，最为有效的方法就是试算法。选择不同的间隔进行计算，比较不同间隔计算结果的均方误差，然后选择误差较小的间隔进行预测。

本例中，可以利用 SQRT 函数和 SUMXMY2 函数分别计算出 $N$=2 和 $N$=3 的均方误差。其中 C44 和 E44 单元格中计算均方误差的公式分别为：

```
C44=SQRT(SUMXMY2(B4:B43,C4:C43)/40)
E44=SQRT(SUMXMY2(B4:B43,E4:E43)/40)
```

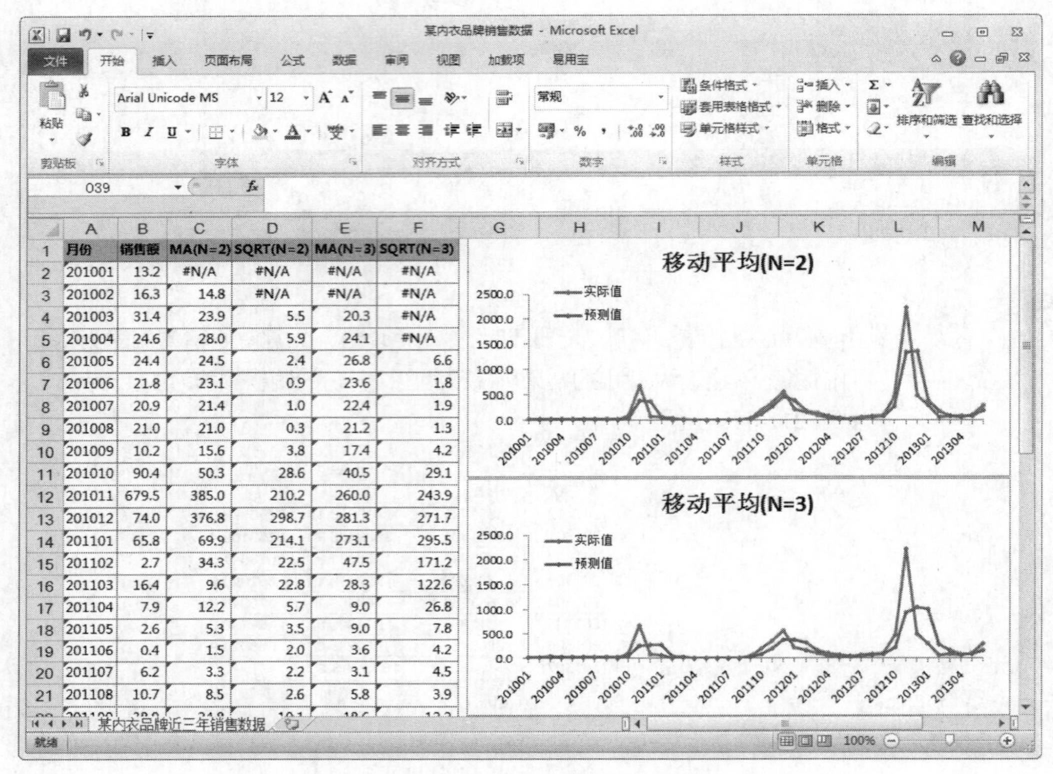

| 月份 | 销售额 | MA(N=2) | SQRT(N=2) | MA(N=3) | SQRT(N=3) |
|---|---|---|---|---|---|
| 201001 | 13.2 | #N/A | #N/A | #N/A | #N/A |
| 201002 | 16.3 | 14.8 | #N/A | #N/A | #N/A |
| 201003 | 31.4 | 23.9 | 5.5 | 20.3 | #N/A |
| 201004 | 24.6 | 28.0 | 5.9 | 24.1 | #N/A |
| 201005 | 24.4 | 24.5 | 2.4 | 26.8 | 6.6 |
| 201006 | 21.8 | 23.1 | 0.9 | 23.6 | 1.8 |
| 201007 | 20.9 | 21.4 | 1.0 | 22.4 | 1.9 |
| 201008 | 21.0 | 21.0 | 0.3 | 21.2 | 1.3 |
| 201009 | 10.2 | 15.6 | 3.8 | 17.4 | 4.2 |
| 201010 | 90.4 | 50.3 | 28.6 | 40.5 | 29.1 |
| 201011 | 679.5 | 385.0 | 210.2 | 260.0 | 243.9 |
| 201012 | 74.0 | 376.8 | 298.7 | 281.3 | 271.7 |
| 201101 | 65.8 | 69.9 | 214.1 | 273.1 | 295.5 |
| 201102 | 2.7 | 34.3 | 22.5 | 47.5 | 171.2 |
| 201103 | 16.4 | 9.6 | 22.8 | 28.3 | 122.6 |
| 201104 | 7.9 | 12.2 | 5.7 | 9.0 | 26.8 |
| 201105 | 2.6 | 5.3 | 3.5 | 9.0 | 7.8 |
| 201106 | 0.4 | 1.5 | 2.0 | 3.6 | 4.2 |
| 201107 | 6.2 | 3.3 | 2.2 | 3.1 | 4.5 |
| 201108 | 10.7 | 8.5 | 2.6 | 5.8 | 3.9 |



图 211-7　不同间隔值的输出结果对比

返回的结果为 C44=213.3，E44=274.7，故 *N*=2 均方误差更小，效果更优。从输出的标准误差中我们也可以看出 *N*=2 时误差值比 *N*=3 时更小。

# 技巧 212　指数平滑预测

## 212.1　指数平滑预测概述

移动平均法虽然计算简单，但是也有其局限性。首先，移动平均法计算移动平均数时，只使用了近期的 *N* 个数据，没有充分利用整个时间序列数据的信息；其次，对参与计算的 *N* 个数据都采用相同的权数计算，这通常不符合实际情况。一般情况下，越是近期的数据对预测的影响越大，越远期的数据影响越小。指数平滑法就是在权值上对移动平均法进行了改进，其基本思想是：预测值是以前所有时间序列数据的加权和，且对不同的数据给予不同的权，新数据给予较大的权，旧数据给予较小的权。

设时间序列为 $y_1$，$y_2$，⋯，$y_n$，则指数平滑公式为：

$$S_t = \alpha y_t + (1-\alpha)S_{t-1}$$

式中，$S_t$为第 $t$ 周期的指数平滑值；$\alpha$为加权系数，$0< \alpha <1$。

为了弄清指数平滑的实质，将上述公式依次展开，可得：

$$S_t = \alpha\sum_{j=0}^{t-1}(1-\alpha)^j y_{t-j} + (1-\alpha)^t S_0$$

由于 $0< \alpha <1$，当 $t\to\infty$时，$(1-\alpha)^t\to 0$，于是上述公式变为：

$$S_t = \alpha\sum_{j=0}^{\infty}(1-\alpha)^j y_{t-j}$$

由此可见 $S_t$ 实际上是 $y_t$，$y_{t-1}$，⋯，$y_{t-j}$，⋯⋯的加权平均。加权系数分别为 $\alpha$、$\alpha(1-\alpha)$、$\alpha(1-\alpha)^2$⋯，是按几何级数衰减的。越近的数据权数越大，越远的数据权数越小，且权数之和等于 1。因为加权系数符合指数规律，且又具有平滑数据的功能，所以称为指数平滑。用上述平滑值进行预测，就是指数平滑法。其预测模型为：

$$\hat{y}_{t+1} = S_t = \alpha y_t + (1-\alpha)\hat{y}_t$$

即以第 $t$ 周期的指数平滑值作为第 $t+1$ 期的预测值。

使用指数平滑法预测还需要考虑初始值 $S_0$ 的选取问题。由于指数平滑法越远的数据对预测结果的影响越小，所以一般当时间序列的样本数大于 20 时，直接使用时间序列的第一个数据作为 $S_0$，而当样本较小时，初始值 $S_0$ 对预测结果影响较大，可使用时间序列的前几个数据的平均值作为 $S_0$。例如，如果样本数为 16，阻尼系数 $\alpha$ 为 0.3，则可以选择前 3 个数据的均值作为 $S_0$。

Excel 的指数平滑工具一律使用时间序列的第一个数据作为 $S_0$。如果分析的数据样本较小，可以手工修改 $S_0$ 的计算公式。因为指数平滑工具计算的结果都是以公式形式存放在单元格中，所以修改 $S_0$ 后 Excel 会自动根据新的 $S_0$ 重新计算。

## 212.2 指数平滑预测操作方法

我们仍以如图 211-1 所示的“某内衣品牌销售数据”为例，使用指数平滑方法来进行预测。具体的操作步骤如下。

| | |
|---|---|
| Step 1 | 打开【数据分析】对话框。 |
| Step 2 | 选择【指数平滑】，单击【确定】按钮，弹出【指数平滑】对话框，如图 212-1 所示。 |

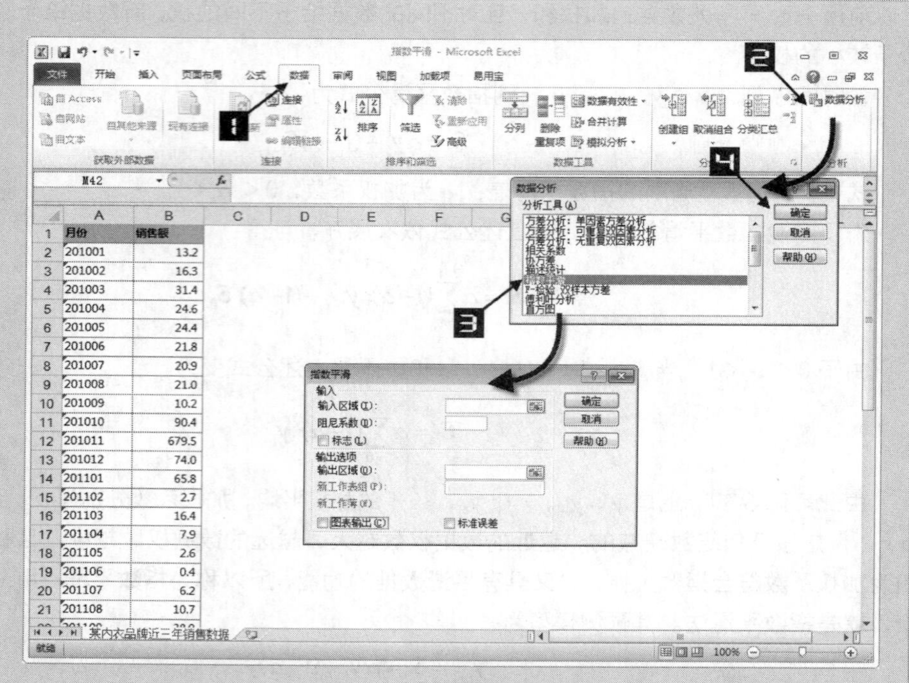

图 212-1　指数平滑对话框

Step 3　设置相关参数。

【输入区域】：选择数据区域 B1:B43。

【阻尼系数】：即 1- $\alpha$，本例中选择 0.9，即加权系数为 0.1。

【标志】复选框：本例包含标志行，勾选此选项。

【输出区域】：选择在 C2 单元格输出结果。

【图表输出】复选框：若勾选该项，将自动绘制折线图。本例勾选此选项。

【标准误差】复选框：若勾选该项，将会输出标准误差数据。本例勾选此选项。

设置完成的【指数平滑】对话框如图 212-2 所示。

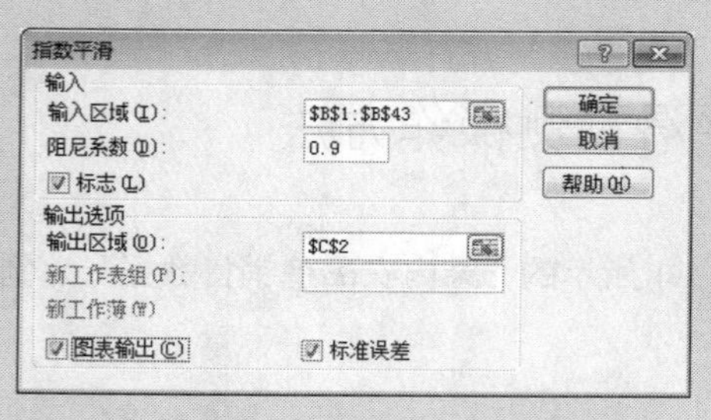


图 212-2　设置完成的指数平滑对话框

Step 4　单击【确定】按钮，输出结果如图 212-3 所示。

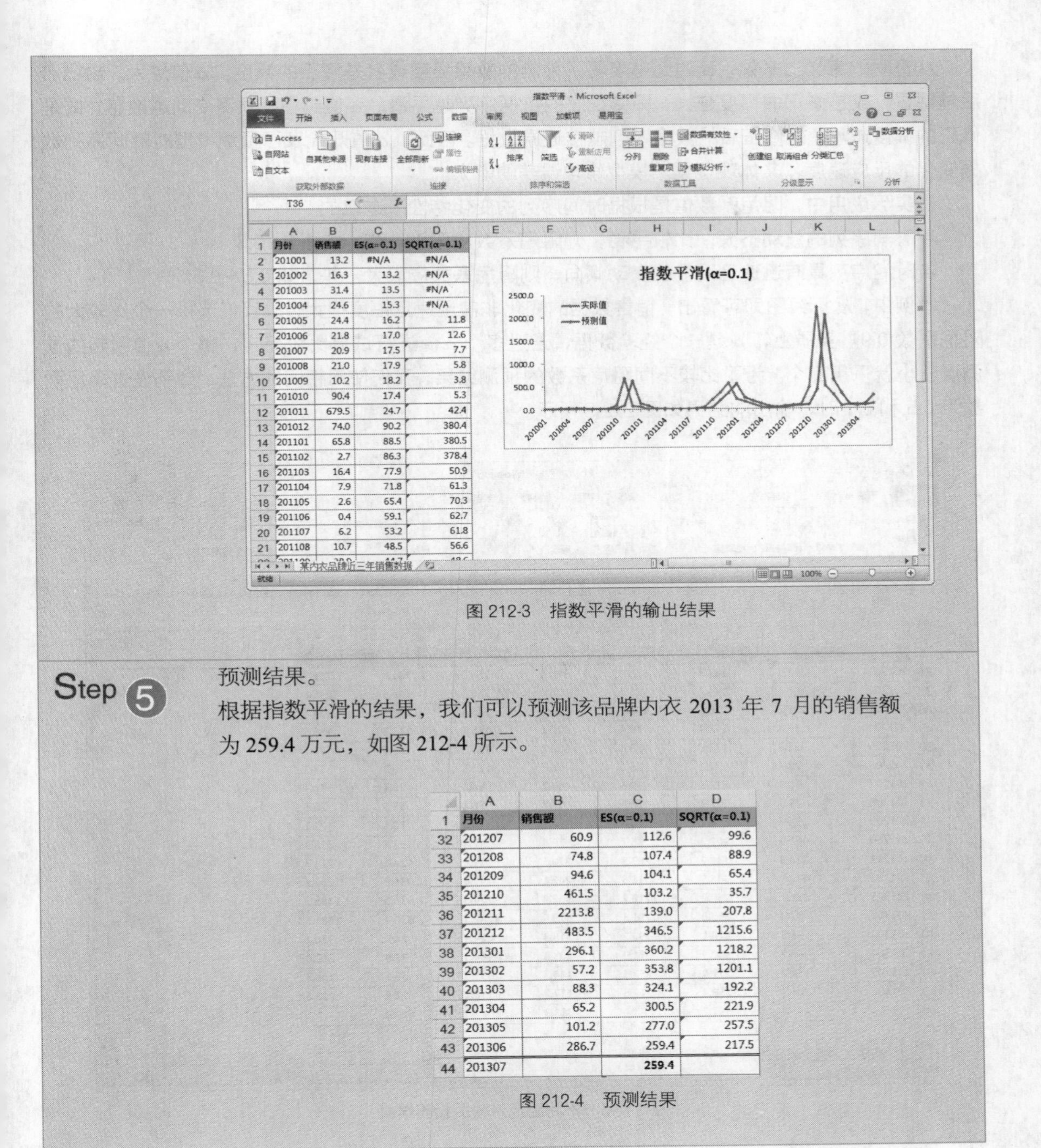


| | A | B | C | D |
|---|---|---|---|---|
| 1 | 月份 | 销售额 | ES(α=0.1) | SQRT(α=0.1) |
| 2 | 201001 | 13.2 | #N/A | #N/A |
| 3 | 201002 | 16.3 | 13.2 | #N/A |
| 4 | 201003 | 31.4 | 13.5 | #N/A |
| 5 | 201004 | 24.6 | 15.3 | #N/A |
| 6 | 201005 | 24.4 | 16.2 | 11.8 |
| 7 | 201006 | 21.8 | 17.0 | 12.6 |
| 8 | 201007 | 20.9 | 17.5 | 7.7 |
| 9 | 201008 | 21.0 | 17.9 | 5.8 |
| 10 | 201009 | 10.2 | 18.2 | 3.8 |
| 11 | 201010 | 90.4 | 17.4 | 5.3 |
| 12 | 201011 | 679.5 | 24.7 | 42.4 |
| 13 | 201012 | 74.0 | 90.2 | 380.4 |
| 14 | 201101 | 65.8 | 88.5 | 380.5 |
| 15 | 201102 | 2.7 | 86.3 | 378.4 |
| 16 | 201103 | 16.4 | 77.9 | 50.9 |
| 17 | 201104 | 7.9 | 71.8 | 61.3 |
| 18 | 201105 | 2.6 | 65.4 | 70.3 |
| 19 | 201106 | 0.4 | 59.1 | 62.7 |
| 20 | 201107 | 6.2 | 53.2 | 61.8 |
| 21 | 201108 | 10.7 | 48.5 | 56.6 |

图 212-3　指数平滑的输出结果

**Step 5**　预测结果。

根据指数平滑的结果，我们可以预测该品牌内衣 2013 年 7 月的销售额为 259.4 万元，如图 212-4 所示。

| | A | B | C | D |
|---|---|---|---|---|
| 1 | 月份 | 销售额 | ES(α=0.1) | SQRT(α=0.1) |
| 32 | 201207 | 60.9 | 112.6 | 99.6 |
| 33 | 201208 | 74.8 | 107.4 | 88.9 |
| 34 | 201209 | 94.6 | 104.1 | 65.4 |
| 35 | 201210 | 461.5 | 103.2 | 35.7 |
| 36 | 201211 | 2213.8 | 139.0 | 207.8 |
| 37 | 201212 | 483.5 | 346.5 | 1215.6 |
| 38 | 201301 | 296.1 | 360.2 | 1218.2 |
| 39 | 201302 | 57.2 | 353.8 | 1201.1 |
| 40 | 201303 | 88.3 | 324.1 | 192.2 |
| 41 | 201304 | 65.2 | 300.5 | 221.9 |
| 42 | 201305 | 101.2 | 277.0 | 257.5 |
| 43 | 201306 | 286.7 | 259.4 | 217.5 |
| 44 | 201307 | | **259.4** | |

图 212-4　预测结果

## 212.3　阻尼系数的选择

和移动平均的间隔值一样，阻尼系数对于指数平滑的效果起着非常重要的作用。加权系数 $\alpha$ =1-阻尼系数。加权系数 $\alpha$ 的大小规定了在新预测值中新数据和原预测值所占的比重。$\alpha$ 值越大，新数据所占的比重就越大，原预测值所占比重就越小，反之亦然。

从直观的意义上来说，$\alpha$的大小表明了预测的敏感程度或者是修正的幅度。$\alpha$值越大，预测滞后越明显，或是修正的幅度越大，即修正后的数据序列越平滑。$\alpha$值越小，预测变动越敏感，或是修正的幅度越小，即修正后的数据序列越接近原数据。因此，$\alpha$值既代表了预测模型对时间序列数据变化的反应速度，又体现了预测模型修匀误差的能力。

在实际应用中，阻尼系数值是根据时间序列的变化特性来选取的。

若时间序列的波动不大，比较平稳，则阻尼系数应取小一些，如 0.1～0.3；

若时间序列具有迅速且明显的变动倾向，则阻尼系数应取大一些，如 0.6～0.9。

本例中，从折线图即可看出，销售数据的变化非常迅速且幅度很大，故我们选择一个比较大的阻尼系数 0.9。实质上，$\alpha$是一个经验数据，通过多个$\alpha$值进行试算比较而定，哪个$\alpha$值引起的预测误差小就采用哪个。为了比较不同阻尼系数的预测结果，我们使用相同的方法，分别设置阻尼系数为 0.5 和 0.1 时，输出的结果如图 212-5 所示。

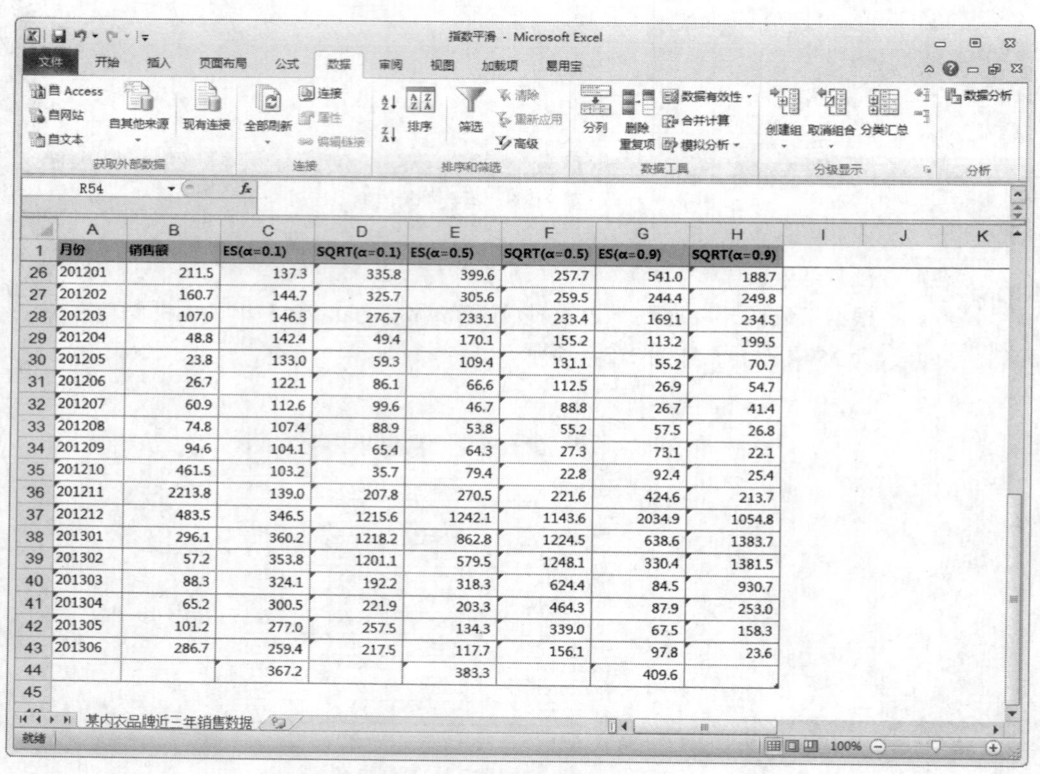

| | 月份 | 销售额 | ES(α=0.1) | SQRT(α=0.1) | ES(α=0.5) | SQRT(α=0.5) | ES(α=0.9) | SQRT(α=0.9) |
|---|---|---|---|---|---|---|---|---|
| 26 | 201201 | 211.5 | 137.3 | 335.8 | 399.6 | 257.7 | 541.0 | 188.7 |
| 27 | 201202 | 160.7 | 144.7 | 325.7 | 305.6 | 259.5 | 244.4 | 249.8 |
| 28 | 201203 | 107.0 | 146.3 | 276.7 | 233.1 | 233.4 | 169.1 | 234.5 |
| 29 | 201204 | 48.8 | 142.4 | 49.4 | 170.1 | 155.2 | 113.2 | 199.5 |
| 30 | 201205 | 23.8 | 133.0 | 59.3 | 109.4 | 131.1 | 55.2 | 70.7 |
| 31 | 201206 | 26.7 | 122.1 | 86.1 | 66.6 | 112.5 | 26.9 | 54.7 |
| 32 | 201207 | 60.9 | 112.6 | 99.6 | 46.7 | 88.8 | 26.7 | 41.4 |
| 33 | 201208 | 74.8 | 107.4 | 88.9 | 53.8 | 55.2 | 57.5 | 26.8 |
| 34 | 201209 | 94.6 | 104.1 | 65.4 | 64.3 | 27.3 | 73.1 | 22.1 |
| 35 | 201210 | 461.5 | 103.2 | 35.7 | 79.4 | 22.8 | 92.4 | 25.4 |
| 36 | 201211 | 2213.8 | 139.0 | 207.8 | 270.5 | 221.6 | 424.6 | 213.7 |
| 37 | 201212 | 483.5 | 346.5 | 1215.6 | 1242.1 | 1143.6 | 2034.9 | 1054.8 |
| 38 | 201301 | 296.1 | 360.2 | 1218.2 | 862.8 | 1224.5 | 638.6 | 1383.7 |
| 39 | 201302 | 57.2 | 353.8 | 1201.1 | 579.5 | 1248.1 | 330.4 | 1381.5 |
| 40 | 201303 | 88.3 | 324.1 | 192.2 | 318.3 | 624.4 | 84.5 | 930.7 |
| 41 | 201304 | 65.2 | 300.5 | 221.9 | 203.3 | 464.3 | 87.9 | 253.0 |
| 42 | 201305 | 101.2 | 277.0 | 257.5 | 134.3 | 339.0 | 67.5 | 158.3 |
| 43 | 201306 | 286.7 | 259.4 | 217.5 | 117.7 | 156.1 | 97.8 | 23.6 |
| 44 | | | 367.2 | | 383.3 | | 409.6 | |

图 212-5 不同阻尼系数的输出结果

分别在 C44、E44 和 G44 单元格中计算均方误差，计算公式分别为：

```
C44=SQRT(SUMXMY2(B3:B43,C3:C43)/41)
E44=SQRT(SUMXMY2(B3:B43,E3:E43)/41)
G44=SQRT(SUMXMY2(B3:B43,G3:G43)/41)
```

从计算结果中可以看出，$\alpha$=0.1（即阻尼系数为 0.9）时，均方误差最小。故选择阻尼系数 0.9 效果最好。

# 技巧 213　回归分析预测

## 213.1　回归分析预测概述

在现实世界中，许多现象之间客观地存在着各种各样的有机联系，这种联系经常表现为数量上的相互依存关系。例如生产活动中，粮食的产量受施肥量、降雨量、气温等因素的影响。又如，市场经济环境下，商品的销售量与商品的价格、商品的质量以及消费者的收入水平等因素有关。回归分析预测就是从各种因素之间的因果关系出发，通过分析预测对象相关联因素的变动趋势，推算预测对象的未来数量状态。

常用的回归模型根据模型自变量的多少可以分为一元回归模型和多元回归模型；根据模型中变量之间的变动关系可以分为线性回归模型和非线性回归模型；此外还有自回归模型和带虚拟变量的回归模型等。

无论是哪一种回归模型，在建立模型时都需要计算各个变量的均值、离差、平方和等多项指标。而对回归模型进行统计检验更需要进一步将总离差平方和分解成回归平方和与残差平方和，并进行拟合优度检验、回归系数的显著性检验、自相关检验等。如果是多元回归，还需要进行回归方程的显著性检验。这些运算通常十分复杂，计算工作量庞大。而应用 Excel 分析工具库提供的回归工具则可以快捷地完成回归分析预测的运算，大大减轻了预测分析的工作量。下面通过实例说明 Excel 有关回归工具的使用。

## 213.2　收集需要的数据

近年来移动互联网市场发展迅速，移动互联网市场规模是比较常见的预测需求。移动互联网的载体是移动终端，所以移动互联网的市场规模必然和移动终端的销售量有很大的关系。如图 213-1 所示的数据表展示了 2010Q4 至今的智能手机和平板电脑的销售量以及同期的移动互联网市场规模的数据。

| | A | B | C | D | E |
|---|---|---|---|---|---|
| 1 | 季度 | 智能手机销量（万台） | 平板电脑销量（万台） | 移动终端总和（万台） | 移动互联网交易规模（亿元） |
| 2 | 2010Q4 | 1517 | 78.3 | 1595.3 | 51.1 |
| 3 | 2011Q1 | 1564 | 104 | 1668 | 57.2 |
| 4 | 2011Q2 | 1681 | 143.2 | 1824.2 | 65.3 |
| 5 | 2011Q3 | 2225 | 158.9 | 2383.9 | 78.6 |
| 6 | 2011Q4 | 2597 | 236.4 | 2833.4 | 99.4 |
| 7 | 2012Q1 | 3117 | 217.1 | 3334.1 | 116.4 |
| 8 | 2012Q2 | 3819 | 234 | 4053 | 141.1 |
| 9 | 2012Q3 | 4917 | 260.4 | 5177.4 | 167.2 |
| 10 | 2012Q4 | 5696 | 319.7 | 6015.7 | 184.9 |
| 11 | 2013Q1 | 7528 | 339.8 | 7867.8 | 204.2 |

图 213-1　移动互联网市场规模

由于绝大部分的移动互联网交易都会在智能手机和平板电脑上产生，我们选取两者的销量总和（即移动终端总和）作为自变量，选取移动互联网交易规模作为因变量。在选定了自变量和因变量之后，并不知道它们相互之间的分布特征，也就无法判断应该拟合哪种回归模型。因此，需要先通过散点图来直观地判断变量之间的相互关系。

## 213.3 散点图的绘制方法

散点图的绘制方法如下：

Step 1 选中 D1:E11 数据区域。

Step 2 在【插入】选项卡中依次单击【散点图】→【仅带数据标记的散点图】，即可绘制两者之间关系的散点图，如图 213-2 所示。

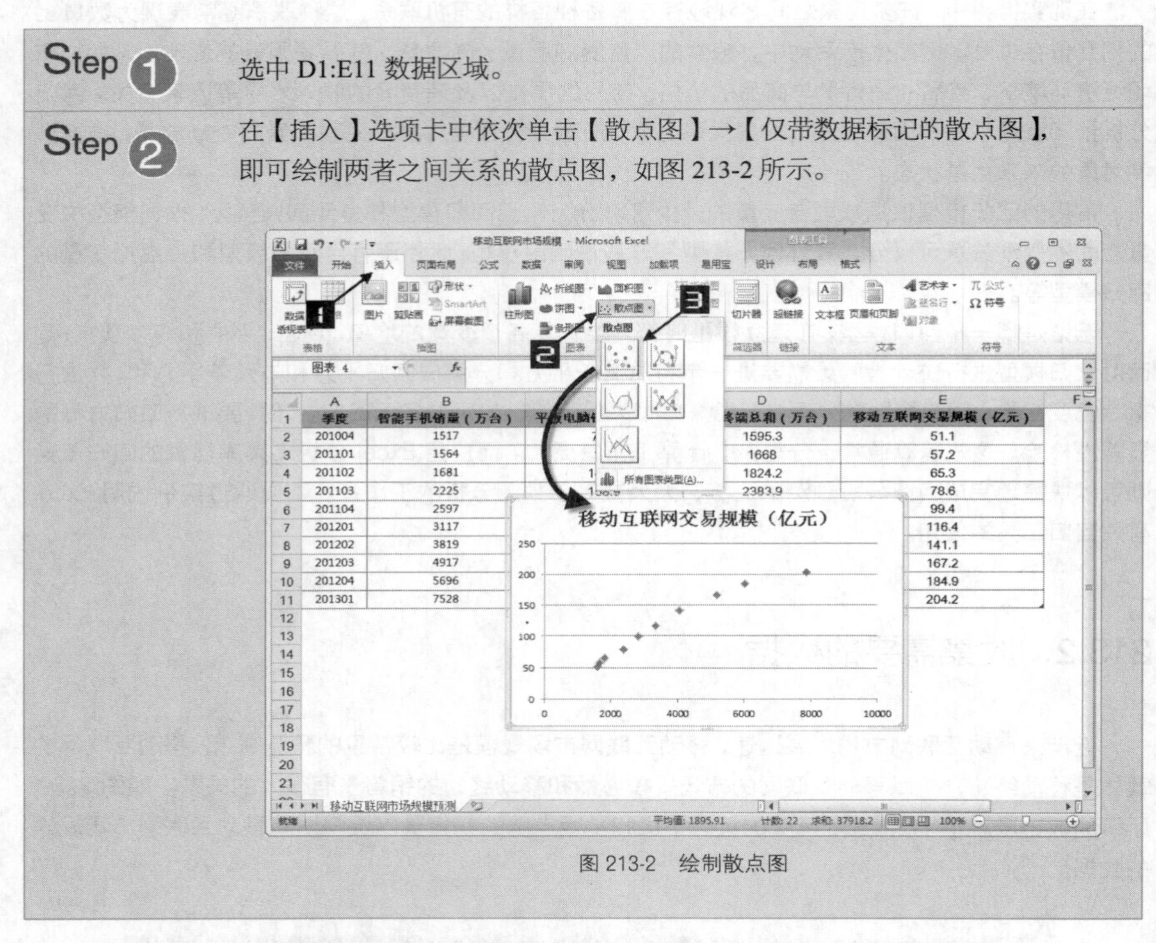


图 213-2 绘制散点图

从散点图中我们可以看出，自变量和因变量之间基本上呈线性相关关系。在这里，可以通过 Excel 的图表工具为图表添加趋势线，使用趋势线可以进行简单和初步的预测。

Step 1 在散点图中选中数据系列单击鼠标右键，在快捷菜单中选择【添加趋势线】命令。

Step 2 在弹出的【设置趋势线格式】对话框中【趋势线选项】的【趋势预测/回归分析类型】选择【线性】，此处为默认选项。

**Step 3**　勾选【显示公式】和【显示 R 平方值】复选框，单击【关闭】按钮，即为散点图添加了趋势线，效果如图 213-3 所示。

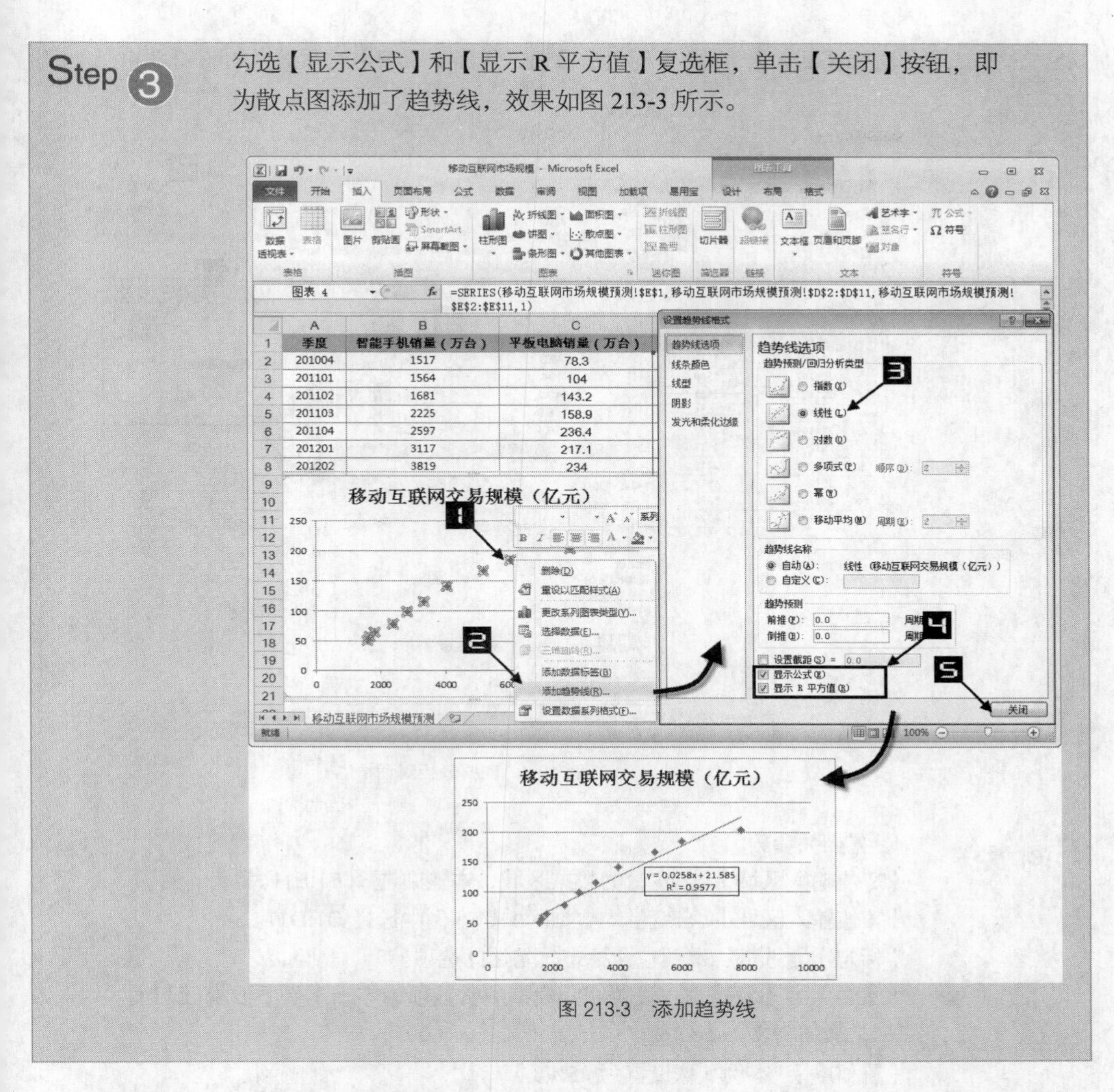


图 213-3　添加趋势线

从趋势线上可以看出，拟合的线性回归方程为：$y = 0.0258x + 21.585$，$R^2 = 0.9577$。R 的平方值非常接近于 1，说明拟合的效果很好。

不过，这只是建立回归模型的简单方法，最终确认的模型还需要经过参数检验。所以，进行完整的建模还是需要借助“数据分析”工具中的“回归分析”来完成。

## 213.4　回归分析操作步骤

回归分析的操作步骤如下。

**Step 1**　打开【数据分析】对话框。

Step 2 选择【回归】，单击【确定】按钮，弹出【回归】对话框，如图 213-4 所示。

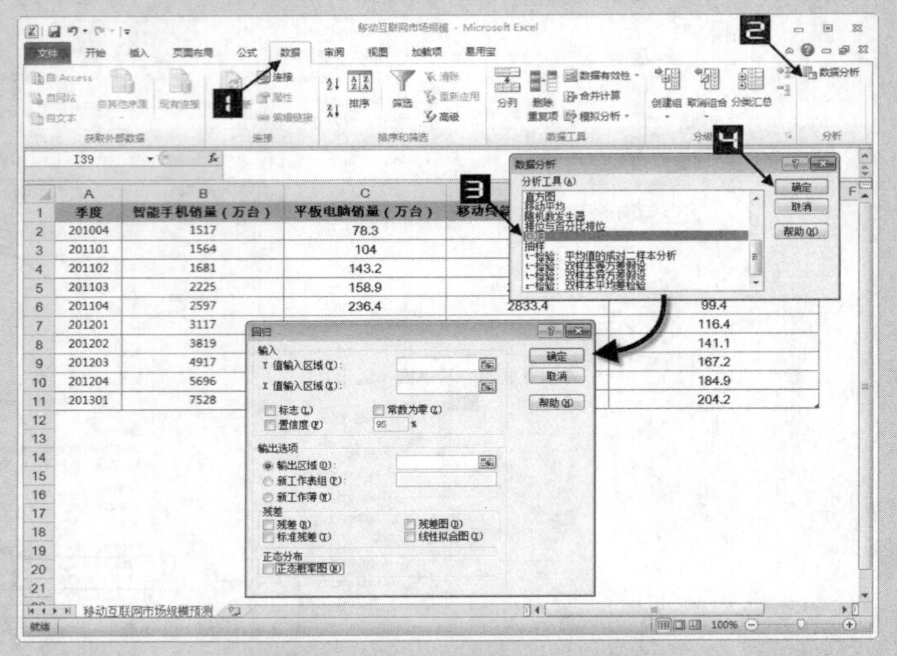

图 213-4 回归分析对话框

Step 3 设置相关参数。

【Y 值输入区域】：因变量的数据区域，本例中选择 E1:E11。

【X 值输入区域】：自变量的数据区域，本例中选择 D1:D11。

【标志】复选框：本例包含标志，勾选此选项。

【常数为零】复选框：设置回归模型的常数项为零，本例不要求回归模型常数项为零，不勾选。

【置信度】：本例默认设置为 95%。

【新工作组】：如果需要在新的工作表中存放分析结果，单选此选项。

【残差】复选框：指分析结果中显示实际值和预测值之间的差。本例勾选此选项。

【残差图】复选框：可以生成自变量和残差之间的散点图。本例勾选此选项。

【标准残差】复选框：指分析结果中显示残差的标准差。本例不勾选此选项。

【线性拟合图】复选框：可以生成自变量和预测值之间的散点图。本例不勾选此选项。

【正态概率图】复选框：可以生成 Q-Q 图，即因变量的百分比排位与因变量实际值之间的散点图。本例不勾选。

设置完成后的对话框如图 213-5 所示。

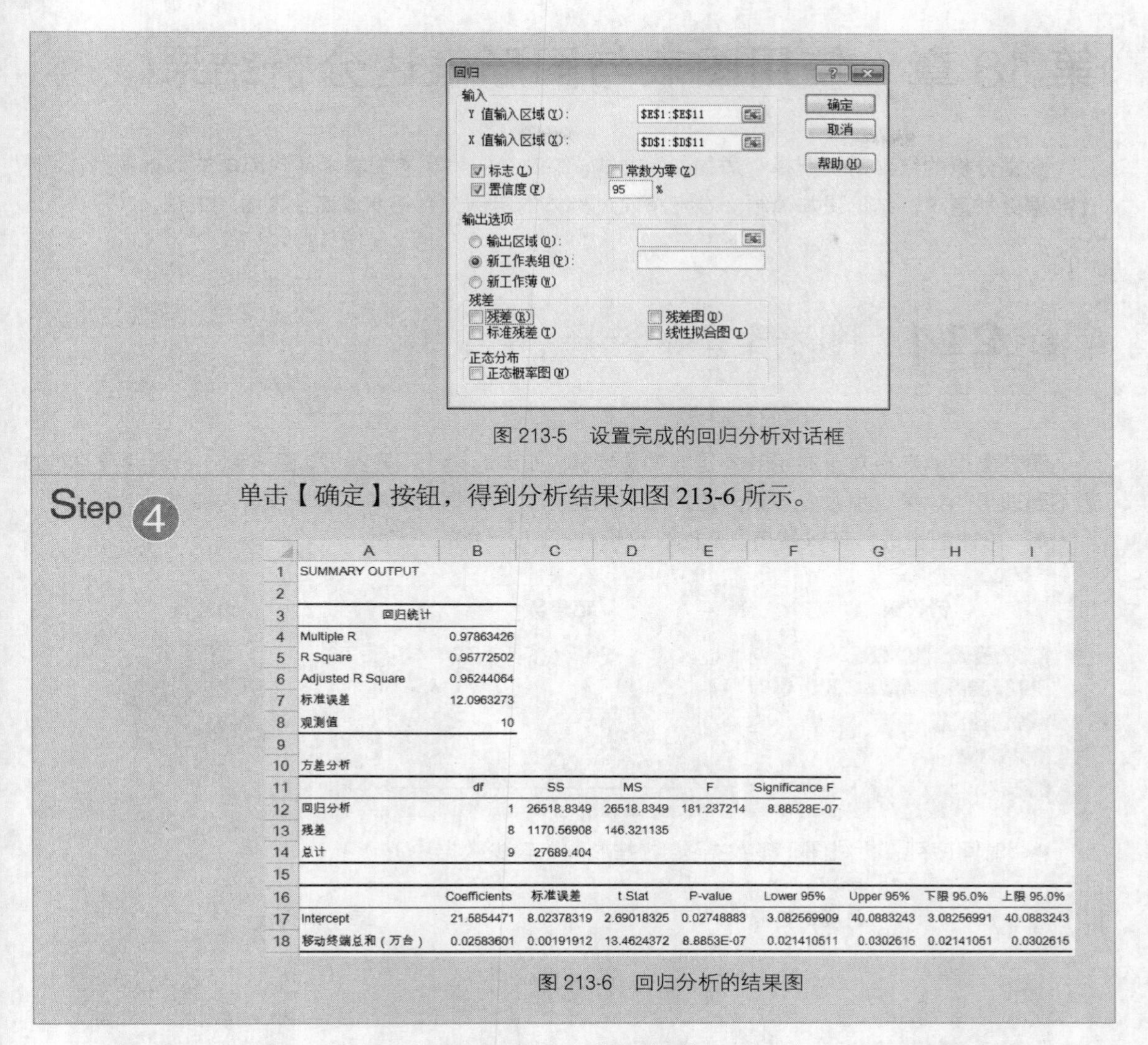


图 213-5　设置完成的回归分析对话框

**Step 4** 单击【确定】按钮，得到分析结果如图 213-6 所示。

| | A | B | C | D | E | F | G | H | I |
|---|---|---|---|---|---|---|---|---|---|
| 1 | SUMMARY OUTPUT | | | | | | | | |
| 2 | | | | | | | | | |
| 3 | 回归统计 | | | | | | | | |
| 4 | Multiple R | 0.97863426 | | | | | | | |
| 5 | R Square | 0.95772502 | | | | | | | |
| 6 | Adjusted R Square | 0.95244064 | | | | | | | |
| 7 | 标准误差 | 12.0963273 | | | | | | | |
| 8 | 观测值 | 10 | | | | | | | |
| 9 | | | | | | | | | |
| 10 | 方差分析 | | | | | | | | |
| 11 | | df | SS | MS | F | Significance F | | | |
| 12 | 回归分析 | 1 | 26518.8349 | 26518.8349 | 181.237214 | 8.88528E-07 | | | |
| 13 | 残差 | 8 | 1170.56908 | 146.321135 | | | | | |
| 14 | 总计 | 9 | 27689.404 | | | | | | |
| 15 | | | | | | | | | |
| 16 | | Coefficients | 标准误差 | t Stat | P-value | Lower 95% | Upper 95% | 下限 95.0% | 上限 95.0% |
| 17 | Intercept | 21.5854471 | 8.02378319 | 2.69018325 | 0.02748883 | 3.082569909 | 40.0883243 | 3.08256991 | 40.0883243 |
| 18 | 移动终端总和（万台） | 0.02583601 | 0.00191912 | 13.4624372 | 8.8853E-07 | 0.021410511 | 0.0302615 | 0.02141051 | 0.0302615 |

图 213-6　回归分析的结果图

从【回归统计】中可以看出，自变量和因变量的相关系数绝对值大于 0.97，说明移动互联网市场规模和移动终端销量呈高度正相关。拟合优度 $R^2$大于 0.96，非常接近于 1，说明模型的拟合效果不错。

从【方差分析】中可以看出，F 统计量的值约为 181.23，对应的 P 值（Significance F）远小于 0.01，说明模型就有非常显著的统计学意义。从下方的回归模型区域可以看出回归系数的 P-value 均小于 0.05，说明模型通过了显著性检验，最终得到的回归方程为：

```
Y = 0.0258X + 21.5854
```

应用此回归模型进行预测：如果在 2013Q2 中移动终端销量总和为 9000 万台，将“9000 万”作为自变量 X 代入到上述回归方程中，就可以预测到相应的移动互联网市场规模将达到 254.1 亿元。

# 第 18 章　使用图表与图形表达分析结果

数据分析的结果需要选择合适的展示方式。绘制专业美观的图表来替代简单的数据罗列，可以让数据更加直观，结论更加清晰。本章将通过具体的实例来介绍制作商业图表的方法。

## 技巧 214　图表类型的选择

图表类型的选择对于展示效果是非常重要的，如果选错了图表类型，图表制作得再精美也往往达不到理想的效果。那么应该如何选择图表类型呢？从数据展示的关系出发，总结如下：

● 总体的组成：可以使用条形图、堆积柱形图、饼图；

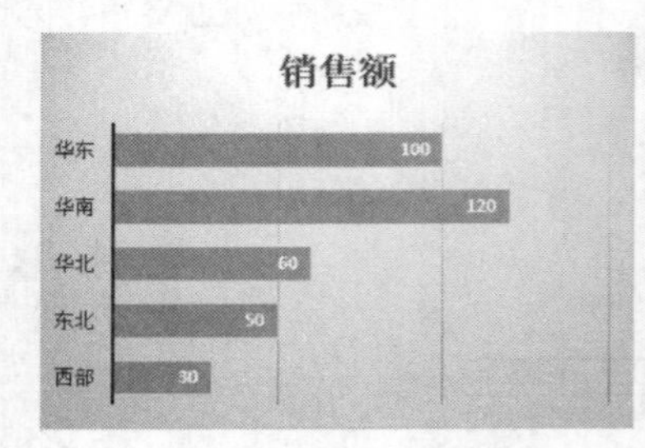


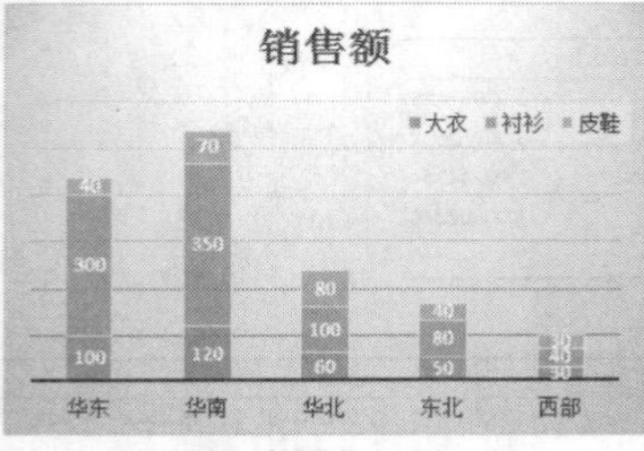


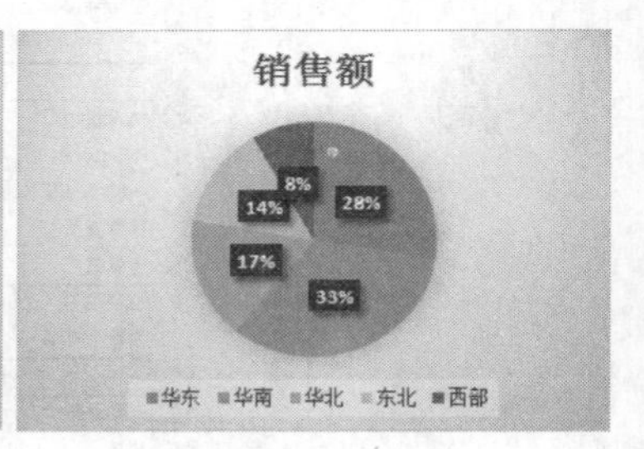


● 时间序列：折线图（多数据项）、柱形图（较少数据项）；

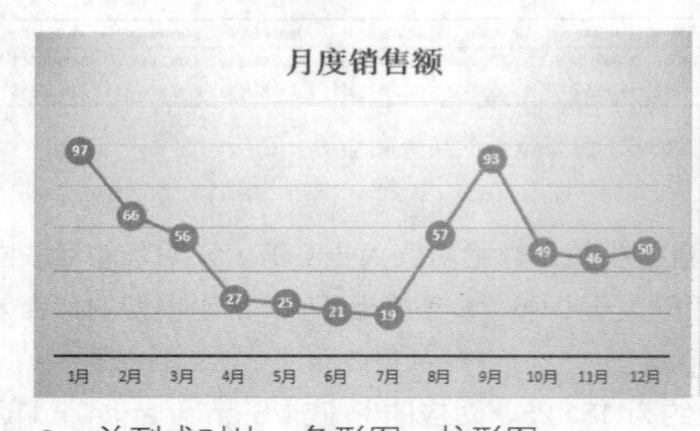


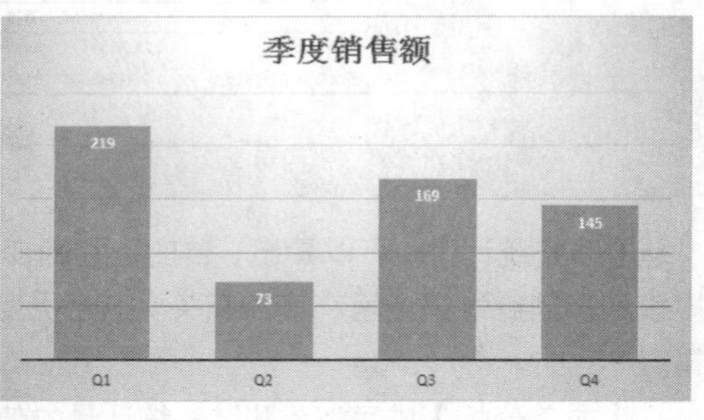


● 并列或对比：条形图、柱形图；

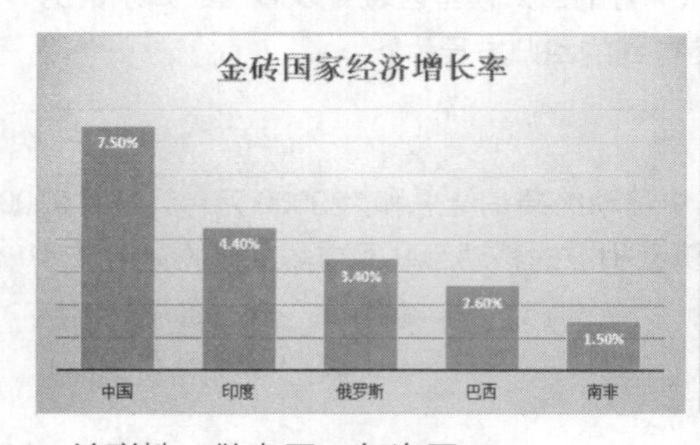


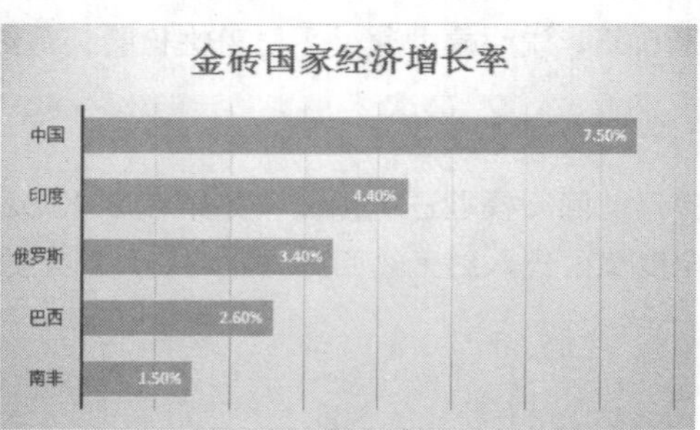


● 关联性：散点图、气泡图；

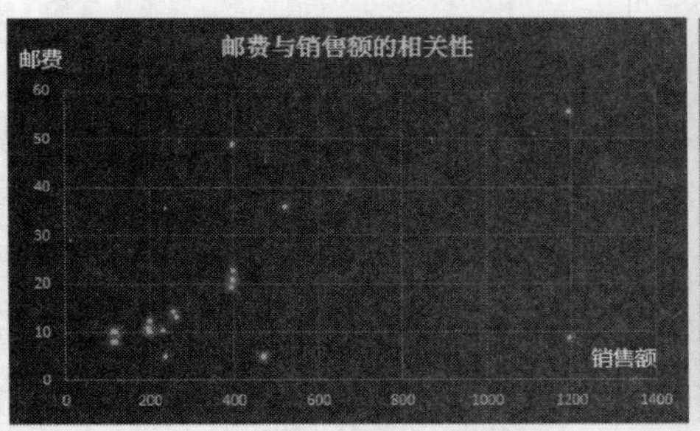


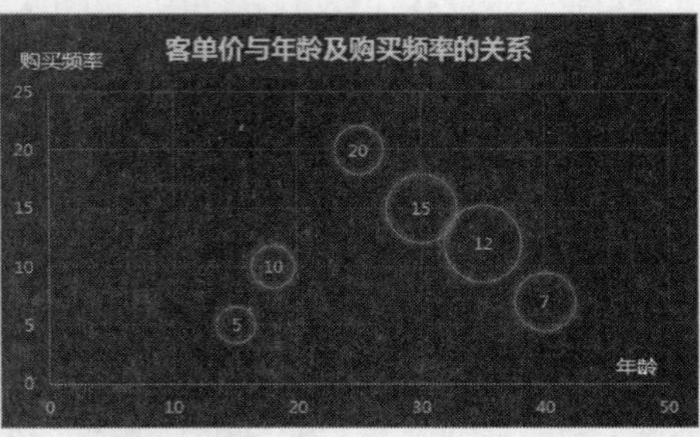


- 动态监控：动态图表、Dashboard 仪表盘。

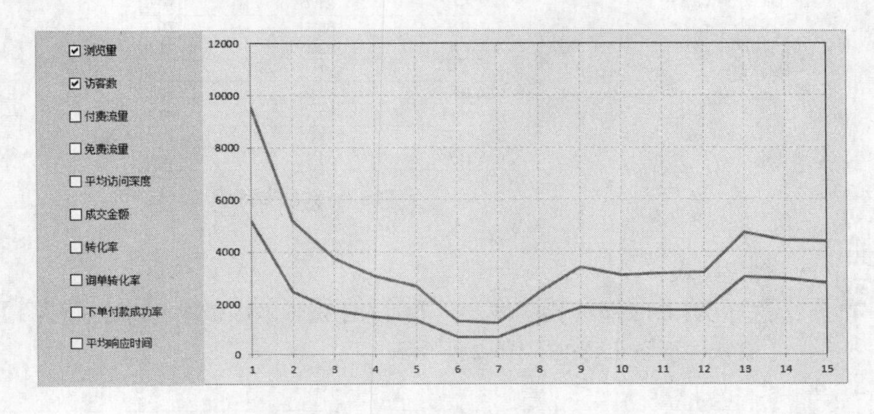

制作商务图表时应该谨慎选择使用饼图。虽然饼图在展示比例时比较直观，但是饼图的布局有较大局限性，在多文本时表现不够理想。

## 技巧 215　使用带参考线的柱形图展示盈亏情况

已知 A 品牌店铺 2012 年各月的销售额数据，经过测算得知 A 店铺的盈亏平衡点为 70 万元。我们可以通过绘制带参考线的柱形图来展示各月的盈亏情况。操作步骤如下。

**Step 1** 数据准备。

分月汇总的店铺销售额，并在 C 列添加辅助列，数值均设置为 70，如图 215-1 所示。

| | A | B | C |
|---|---|---|---|
| 1 | 月份 | 销售额（万元） | 盈亏平衡点（万元） |
| 2 | 1月 | 32.4 | 70.0 |
| 3 | 2月 | 62.0 | 70.0 |
| 4 | 3月 | 27.8 | 70.0 |
| 5 | 4月 | 79.2 | 70.0 |
| 6 | 5月 | 81.7 | 70.0 |
| 7 | 6月 | 88.1 | 70.0 |
| 8 | 7月 | 89.4 | 70.0 |
| 9 | 8月 | 127.7 | 70.0 |
| 10 | 9月 | 85.0 | 70.0 |
| 11 | 10月 | 98.1 | 70.0 |
| 12 | 11月 | 277.0 | 70.0 |
| 13 | 12月 | 106.9 | 70.0 |

图 215-1　数据准备

**Step 2** 创建图表。

选择 A1:C13 单元格区域，在【插入】选项卡中依次单击【柱形图】→【簇状柱形图】，如图 215-2 所示。

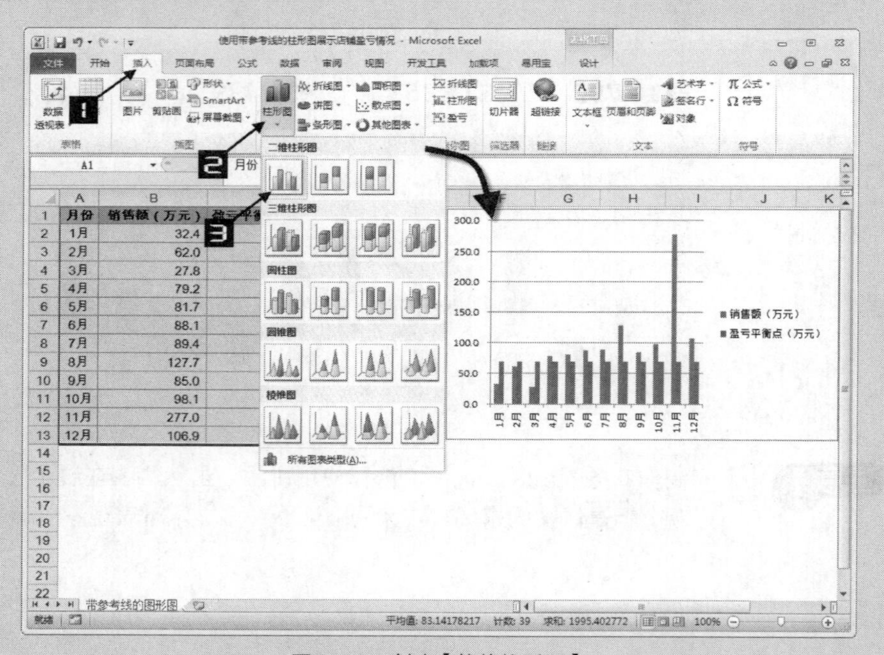


图 215-2　创建【簇状柱形图】

**Step 3** 更改图表类型。

选择系列“盈亏平衡点（万元）”，在【图表工具-设计】选项卡中单击【更改图表类型】，在弹出的【更改图表类型】对话框中，依次单击【折线图】→【折线图】，单击【确定】按钮，如图 215-3 所示。

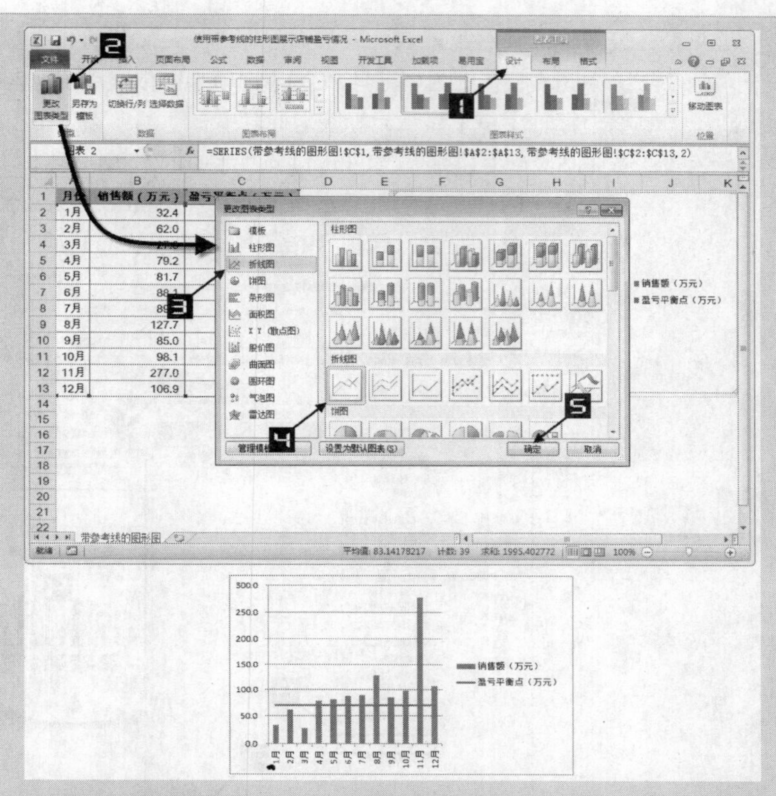

图 215-3 更改图表类型

**Step 4** 调整坐标轴。

至此，图表中已经生成显示了水平方向的盈亏平衡参考线，但是参考线与纵坐标轴之间存在空隙间隔，影响美观度，还可以继续做进一步的调整。选中系列“盈亏平衡点（万元）”，按<Ctrl+1>组合键，弹出【设置数据系列格式】对话框，在【系列选项】选项卡中选择系列绘制在【次坐标轴】，如图 215-4 所示。

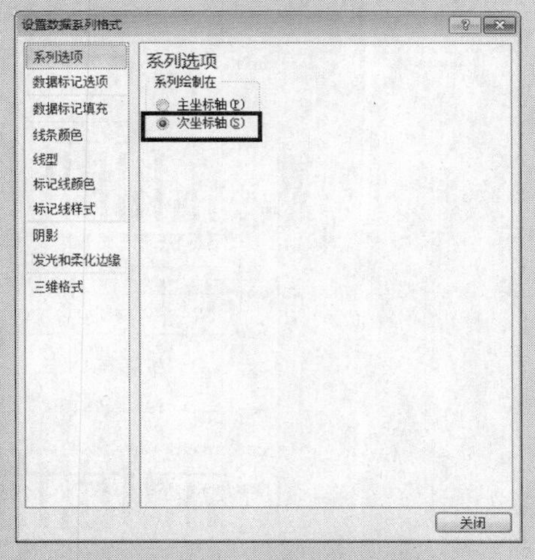


图 215-4 调整坐标轴

**Step 5** 设置坐标轴格式。

选中图表，在【图表工具-布局】选项卡中依次单击【坐标轴】→【次要横坐标轴】→【显示无标签坐标轴】。

选中图表，在【图表工具-布局】选项卡中依次单击【坐标轴】→【次要横坐标轴】→【其他次要横坐标选项】命令，在弹出的【设置坐标轴格式】对话框中的【坐标轴选项】选项卡中选择【在刻度线上】选项，如图 215-5 所示。

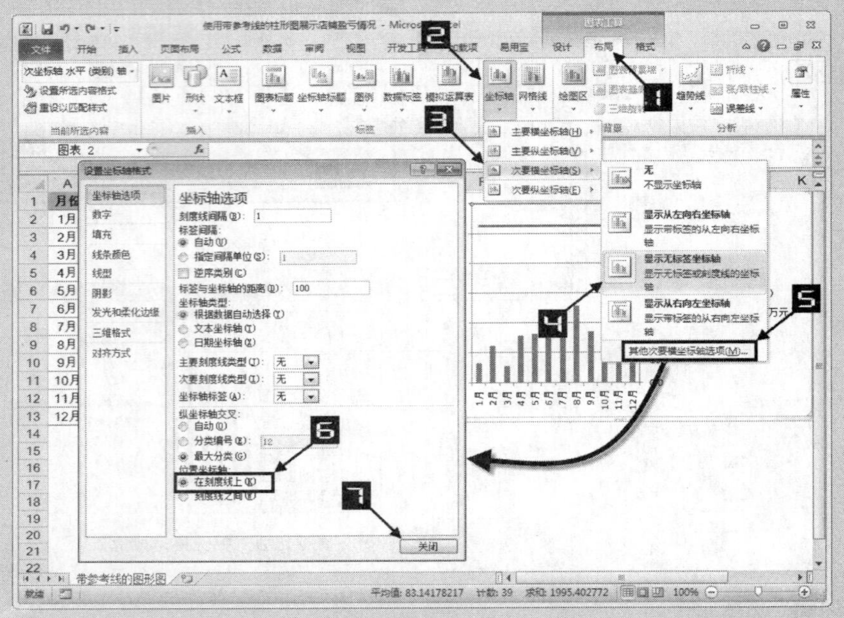

图 215-5 设置坐标轴格式

**Step 6** 删除次要纵坐标轴。

选中右侧的次要纵坐标轴，按<Delete>键删除。删除之后的效果如图 215-6 所示。

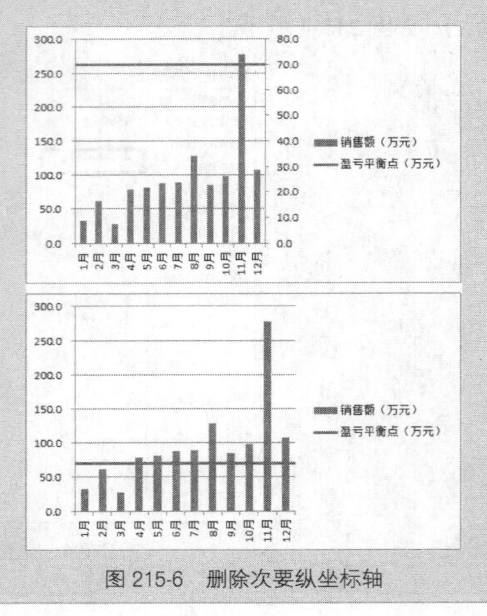


图 215-6 删除次要纵坐标轴

**Step 7**

设置参考线格式。

选中系列“盈亏平衡点(万元)”，选中最右侧的数据点后单击鼠标右键，在弹出的快捷菜单中选择【添加数据标签】。按<Ctrl+1>组合键，在弹出的【设置数据点格式】对话框的【数据标记选项】选项卡中选择【数据标记类型】为【内置】,【类型】选择“圆点”。

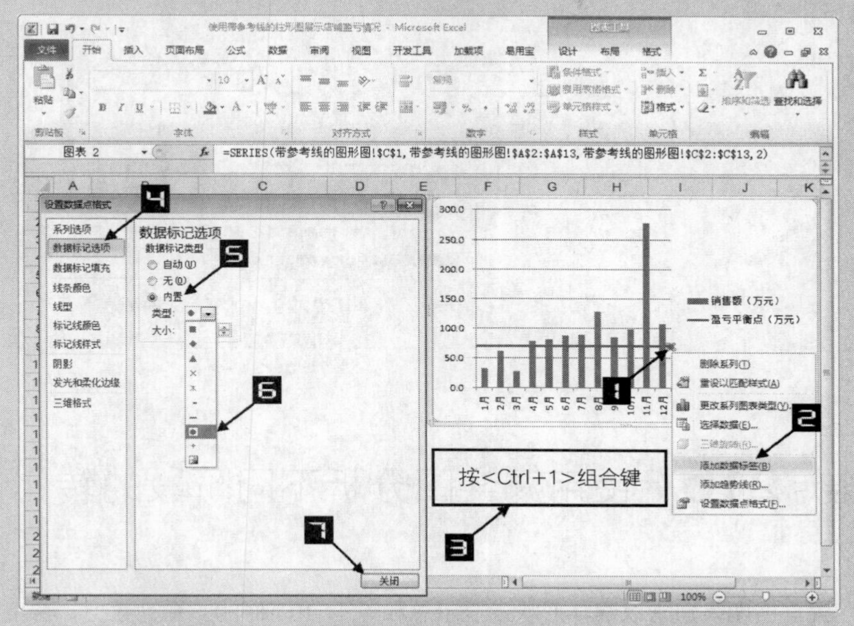


图 215-7 设置参考线格式

**Step 8**

添加标题和脚注。

选中图表，在【图表工具-布局】选项卡中依次单击【文本框】→【横排文本框】，在图表中插入文本框。在文本框中添加标题和脚注信息，如图 215-8 所示。

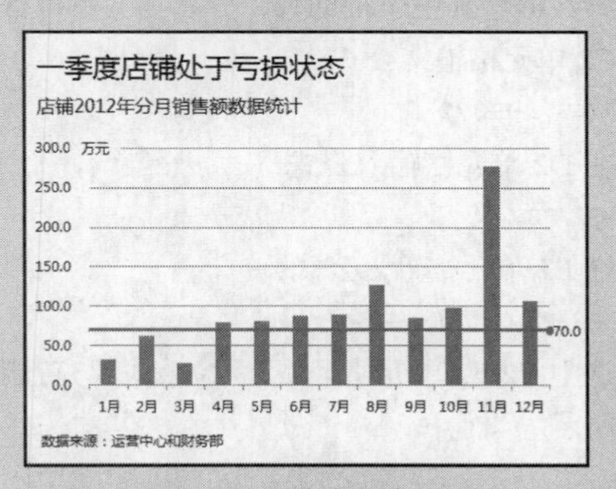


图 215-8 添加标题和脚注

**提示!**

图表的标题通常分为主标题和副标题。主标题指出图表所展示的核心信息，副标题可以对主标题进行补充说明。

Step 9 美化图表。

对图表进行配色，并美化图表，最终制作完成的图表如图 215-9 所示。

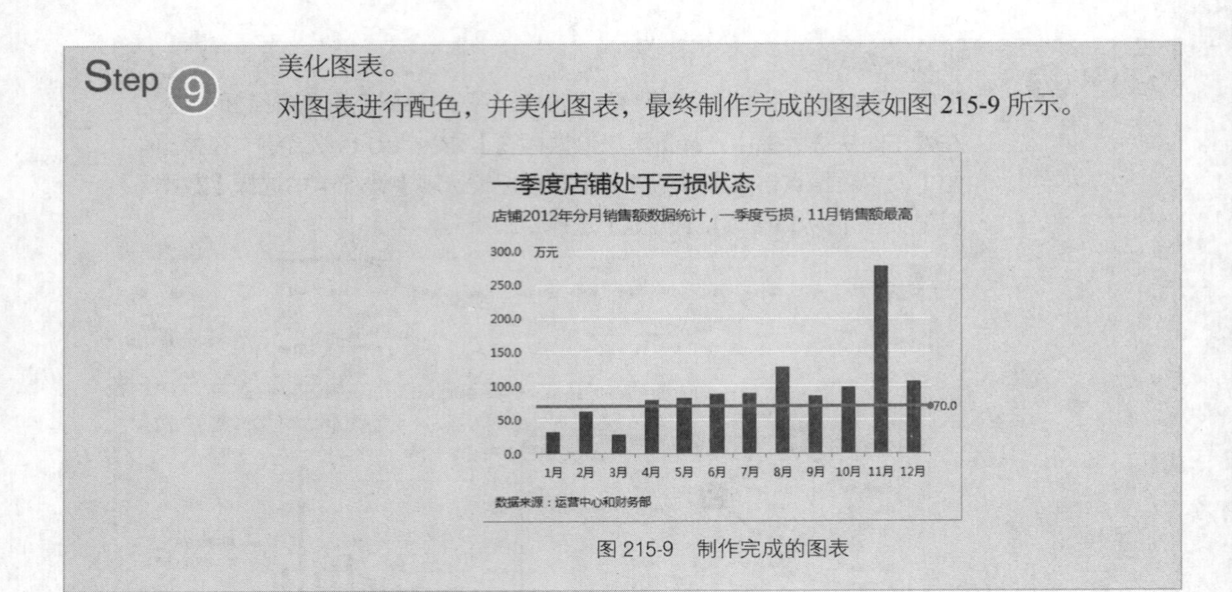


图 215-9 制作完成的图表

## 技巧 216 使用漏斗图分析不同阶段的转化情况

漏斗图图表通常以漏斗形状来显示总和等于 100% 的一系列数据，常用于分析产品生产原料转化率、网站用户访问转化率等，在 Excel 当中可以通过堆积条形图来实现。

例如，已知某奶粉品牌的客服周绩效数据，可以通过制作漏斗图来分析每一个阶段的转化情况，以便于观察和分析每个阶段当中所存在的问题。制作方法如下。

Step 1 数据处理。

给数据增加三个辅助列，分别为“占位数据”、“占比”、“转化率”。在 C2 单元格输入公式：

```
=($B$2-B2)/2
```

在 D2 单元格输入公式：

```
=B2/$B$2
```

在 E2 单元格输入公式：

```
=B3/B2
```

选中 C2:E2 单元格区域，下拉公式填充，删除 E6 单元格的值，如图 216-1 所示。

| | A | B | C | D | E |
|---|---|---|---|---|---|
| 1 | 阶段 | 人数 | 占位数据 | 占比 | 转化率 |
| 2 | 接待 | 6782 | 0 | 100% | 99% |
| 3 | 回复 | 6711 | 35.5 | 99% | 63% |
| 4 | 询单 | 4260 | 1261 | 63% | 31% |
| 5 | 下单 | 1302 | 2740 | 19% | 89% |
| 6 | 付款 | 1163 | 2809.5 | 17% | |

图 216-1 处理数据源

**Step 2** 创建堆积条形图。

选中 A1:C6 单元格区域，在【插入】选项卡中依次单击【条形图】→【堆积条形图】，创建一个堆积条形图图表，如图 216-2 所示。

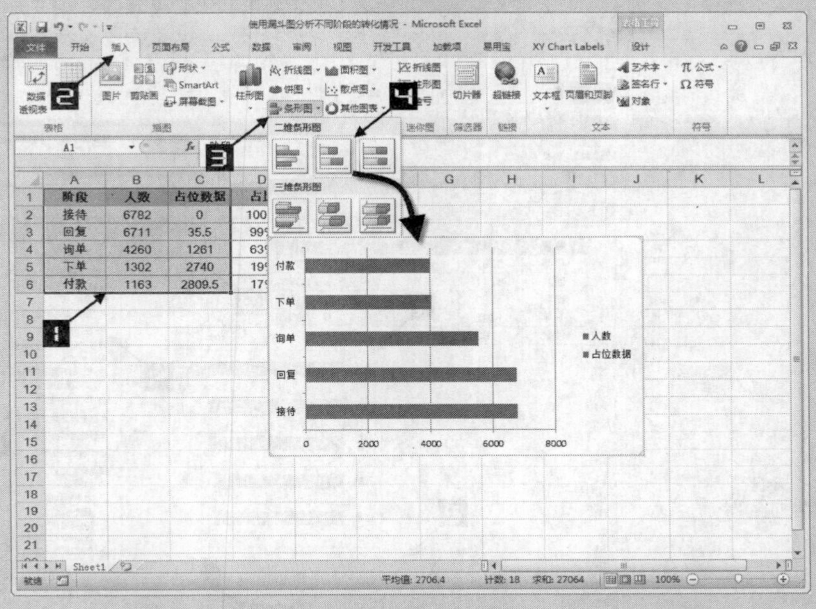


图 216-2　创建堆积条形图

**Step 3** 调整数据系列显示顺序。

选中图表，在【图表工具-设计】选项卡中单击【选择数据】，在弹出的【选择数据源】对话框中，选中数据系列“占位数据”，单击【上移】按钮，如图 216-3 所示。

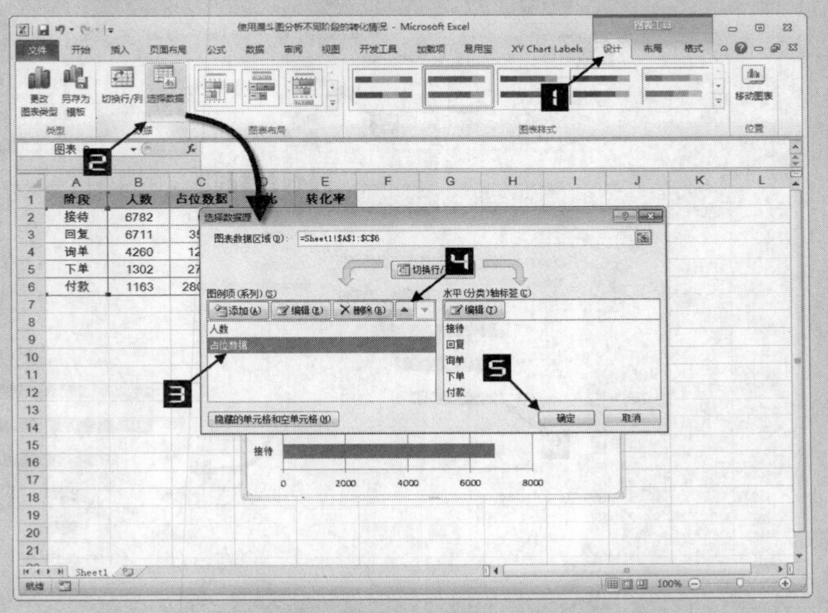


图 216-3　调整数据系列显示顺序

## Step 4

逆序类别。

选中图表的纵坐标轴，按【Ctrl+1】组合键，弹出【设置坐标轴格式】对话框，在【坐标轴选项】选项卡中，勾选【逆序类别】复选框，如图 216-4 所示。

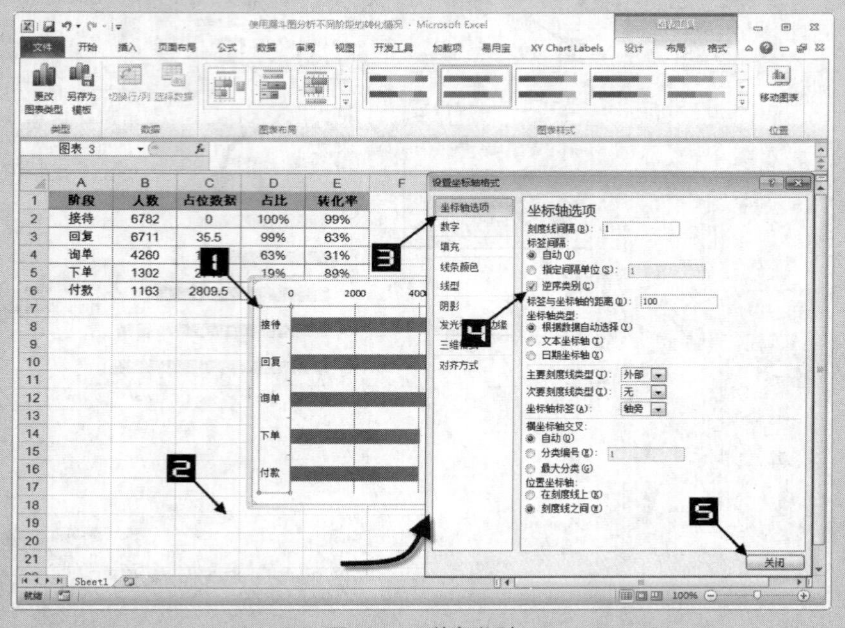


图 216-4 逆序类别

## Step 5

隐藏占位数据。

选中系列“占位数据”，在【图表工具-格式】选项卡中依次单击【形状填充】→【无填充颜色】，如图 216-5 所示。

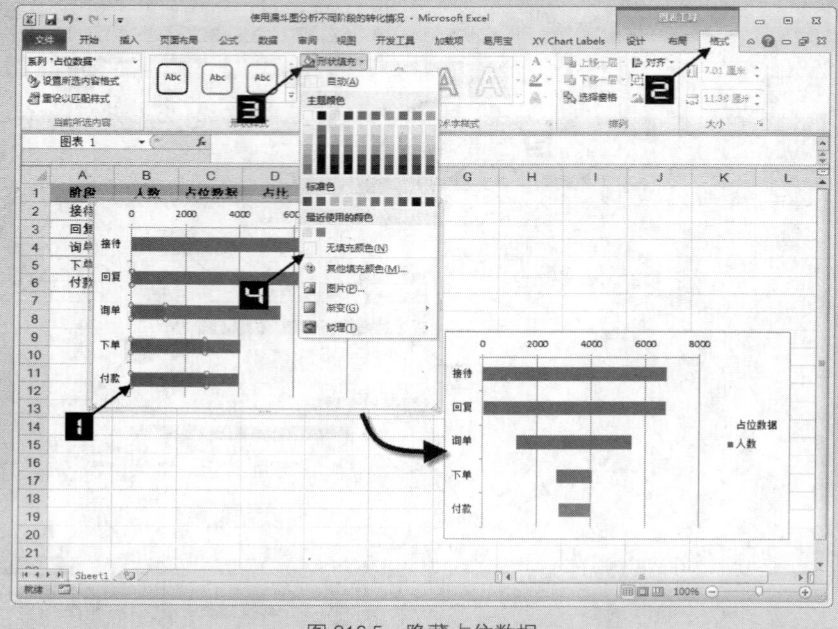


图 216-5 隐藏占位数据

Step 6

添加数据标签并美化图表。

选中系列“人数”，单击【XY Chart Labels】选项卡下的【Add Labels】按钮，在弹出的对话框中，【Select a Data Series to Labels】选择“人数”，【Select a Label Range】选择 D2:D6 单元格区域，单击【确定】按钮，添加数据标签，如图 216-6 所示。

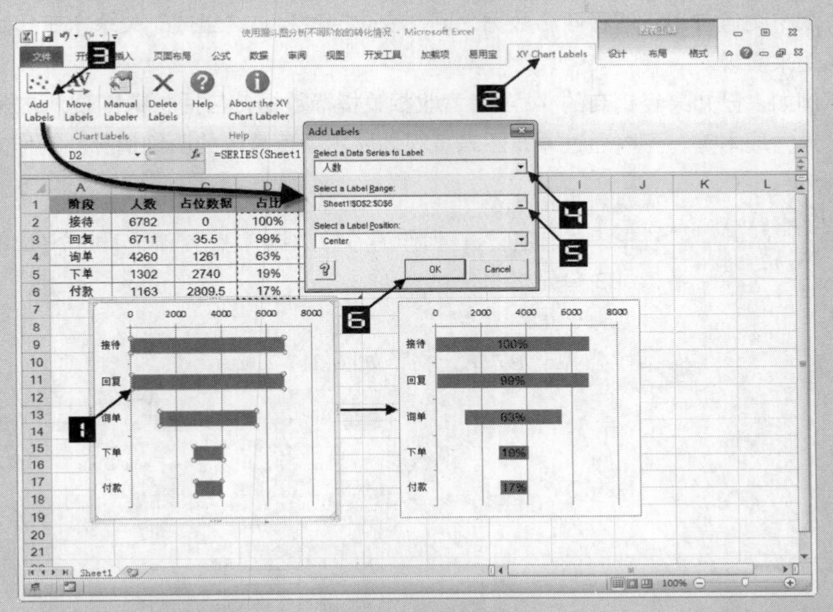


图 216-6　添加数据标签

“XY Chart Labels”是一款用于编辑图表标签的插件，并非系统自带的功能。用户可以在网上下载安装此加载宏。

Step 7

添加图形并美化图表。

使用插入图形的方法，手动添加每一个阶段的转化情况。对图表进行相应的美化，最终制作完成的图表如图 216-7 所示。

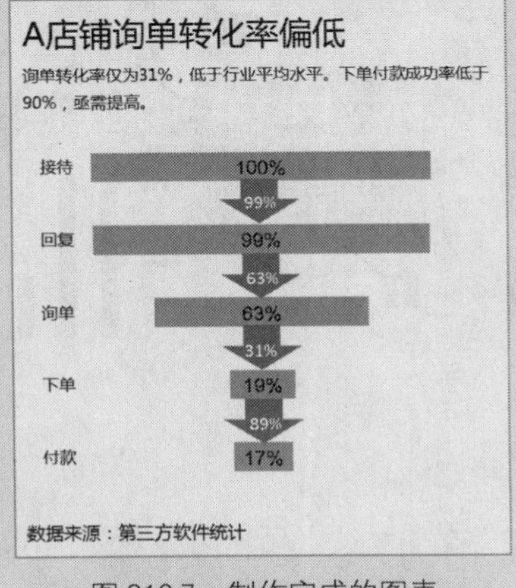


图 216-7　制作完成的图表

# 技巧 217 使用瀑布图表分析项目营收情况

瀑布图通常用于解释两个数据之间“变化”过程与“组成”关系，在 Excel 当中可以通过堆积柱形图来实现。

例如，已知某经销商的 A 项目营收相关指标数据，包括总销售额、进货成本、包材费用、邮费、人力成本等，可以通过瀑布图来直观地展示项目营收的明细情况。制作方法如下。

**Step 1** 添加辅助数据。

在 B 列之前插入一列作为占位数据，总销售额和利润对应的占位数据为 0，B3 单元格的公式为：

```
=$C$2-SUM($C$3:C3)
```

下拉公式至 B7 单元格，如图 217-1 所示。

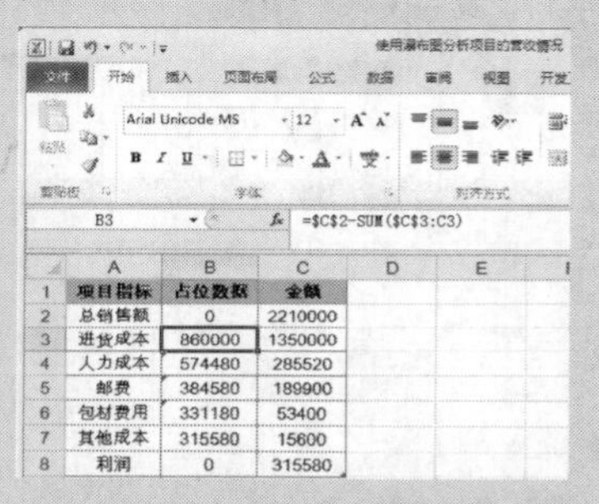

| | A | B | C |
|---|---|---|---|
| 1 | 项目指标 | 占位数据 | 金额 |
| 2 | 总销售额 | 0 | 2210000 |
| 3 | 进货成本 | 860000 | 1350000 |
| 4 | 人力成本 | 574480 | 285520 |
| 5 | 邮费 | 384580 | 189900 |
| 6 | 包材费用 | 331180 | 53400 |
| 7 | 其他成本 | 315580 | 15600 |
| 8 | 利润 | 0 | 315580 |

图 217-1 插入占位数据

**Step 2** 创建堆积柱形图。

选中 A1:C8 单元格区域，在【插入】选项卡中依次单击【柱形图】→【堆积柱形图】，创建一个堆积柱形图图表，如图 217-2 所示。

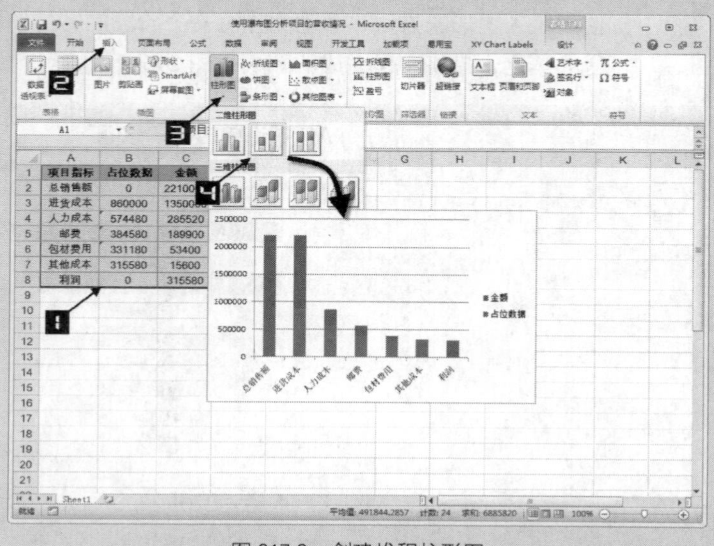


图 217-2 创建堆积柱形图

**Step 3**

隐藏占位数据。

选中系列“占位数据”，在【图表工具-格式】选项卡中依次单击【形状填充】→【无填充颜色】，如图 217-3 所示。

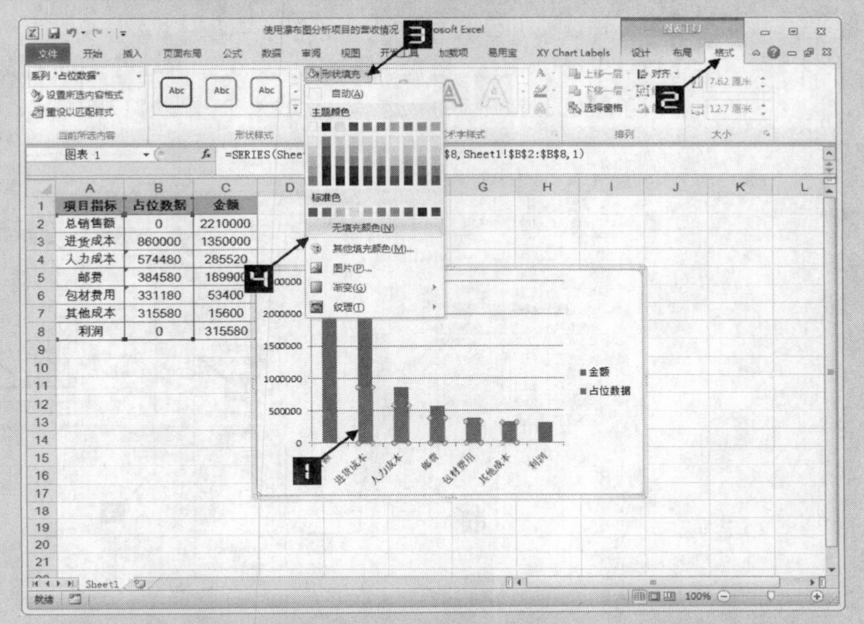


图 217-3　隐藏占位数据

**Step 4**

调整分类间距。

选中系列“金额”，在【图表工具-格式】选项卡中单击【设置所选内容格式】，打开【设置数据系列格式】对话框，在【系统选项】选项卡中拖动【分类间距】对应的按钮到最左侧，即设置数值为 0，如图 217-4 所示。

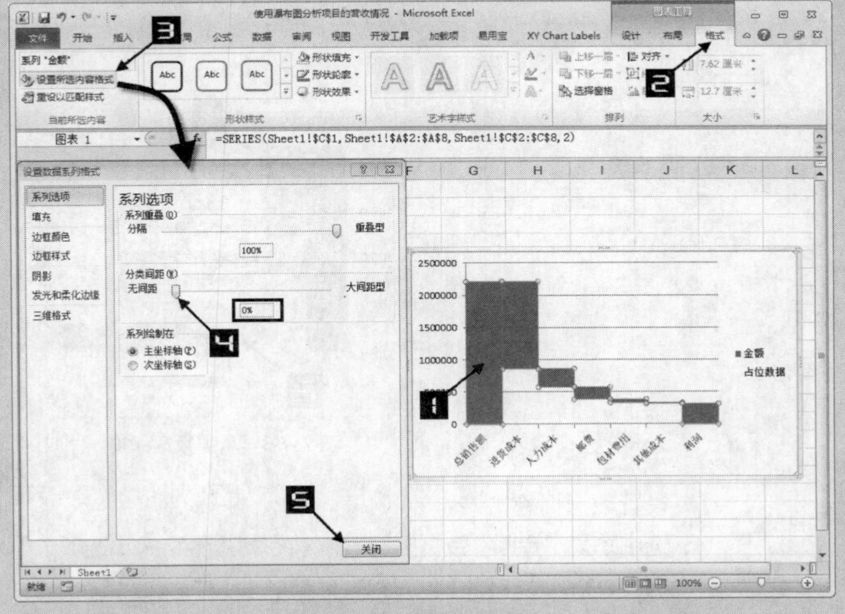


图 217-4　调整间距

Step 5 设置坐标轴格式。

删除横坐标轴。

双击纵坐标轴，打开【设置坐标轴格式】对话框。分别做如下设置：

【坐标轴选项】选项卡中，【主要刻度线类型】选择【无】；

【数字】选项卡中，格式代码输入“0!.0,”，单击【添加】按钮；

【线条颜色】选项卡中，选择【无线条】，如图 217-5 所示。

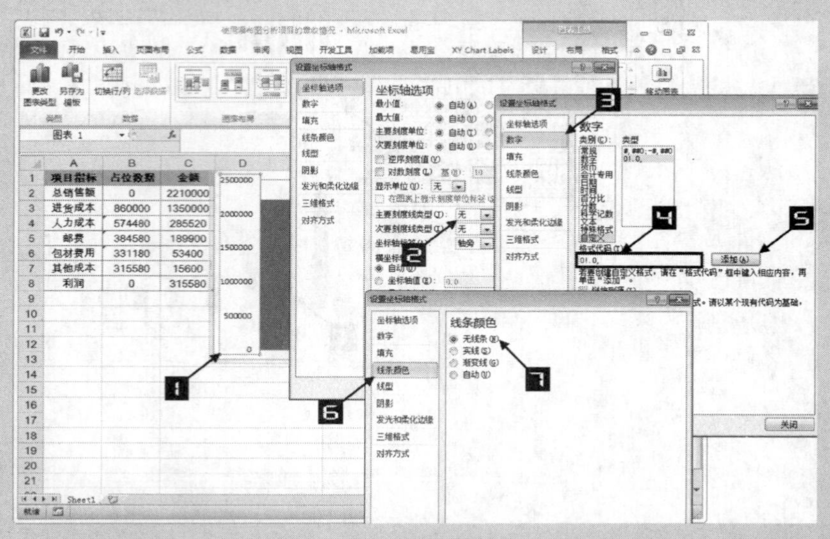

图 217-5 设置坐标轴格式

Step 6 添加数据标签。

为数据系列选择合适的填充颜色，鼠标右键单击数据系列“金额”，单击【添加数据标签】，如图 217-6 所示。

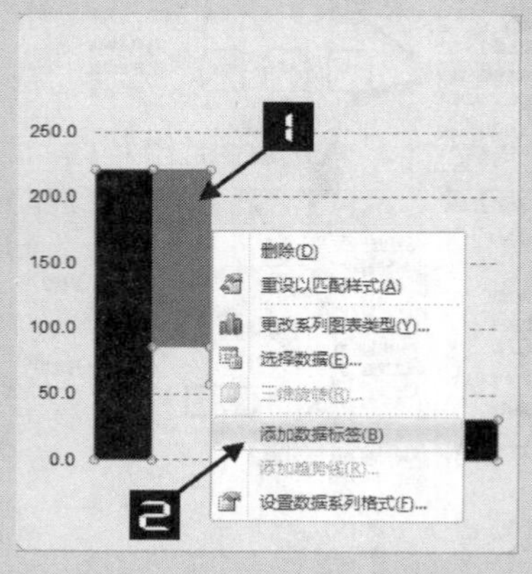


图 217-6 添加数据标签

Step 7 设置数据标签格式。

选中系列“金额”数据标签，在【图表工具-格式】选项卡中单击【设置所选内容格式】，打开【设置数据标签格式】对话框，依次单击【数字】→【自定义】，选择之前设置过的代码“0!.0,”，关闭对话框，如图 217-7 所示。

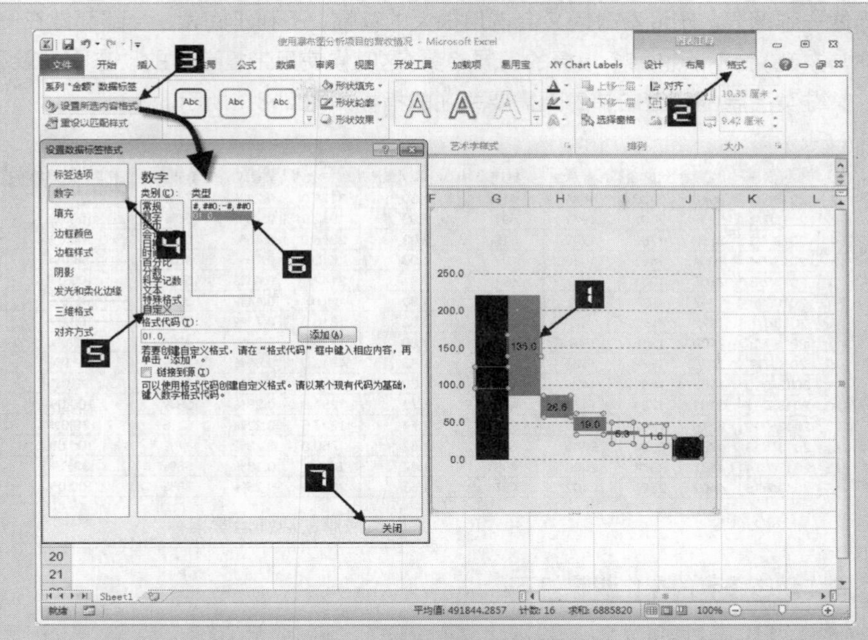

图 217-7　设置数据标签格式

Step 8　添加标题和文字标注并美化图表。

通过添加文本框的方式添加项目指标名称，并为图表添加标题。制作完成的图表如图 217-8 所示。

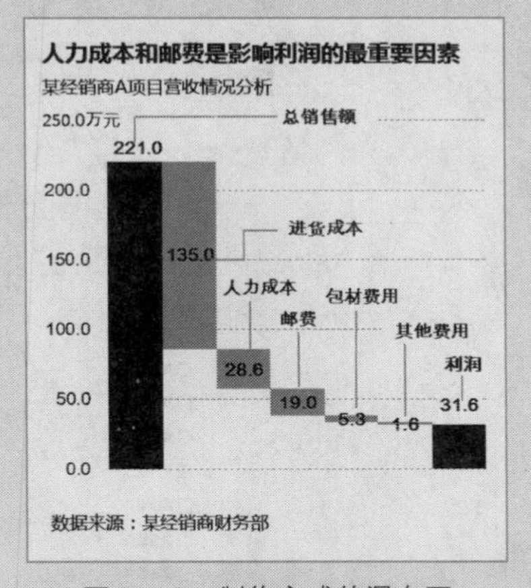


图 217-8　制作完成的瀑布图

## 技巧 218　使用动态图表监控店铺运营状况

一个店铺的运营状况可以用多个指标来评判，每个指标都是一个时间序列。如果我们针对每个指标做一张图表，既浪费时间又会占用很大的篇幅，不利于阅读；全部都做在一张图表上，也会显得非常杂乱，看不清楚每个指标的发展趋势。这时候使用带复选框的动态图表就可以解决这个问题。

某鞋类品牌的线上店铺每天需要关注的指标如图 218-1 所示。

| | A | B | C | D | E | F | G | H | I | J | K |
|---|---|---|---|---|---|---|---|---|---|---|---|
| 1 | 时间 | 浏览量 | 访客数 | 付费流量 | 免费流量 | 平均访问深度 | 成交金额 | 转化率 | 询单转化率 | 下单付款成功率 | 平均响应时间（秒） |
| 2 | 2013/7/1 | 9548 | 5202 | 4684 | 610 | 1.80 | 3171.0 | 0.21% | 71% | 90.0% | 43 |
| 3 | 2013/7/2 | 5203 | 2497 | 1971 | 591 | 2.03 | 1962.0 | 0.28% | 50% | 100.0% | 45 |
| 4 | 2013/7/3 | 3753 | 1769 | 1299 | 519 | 2.03 | 2886.0 | 0.45% | 50% | 100.0% | 27 |
| 5 | 2013/7/4 | 3084 | 1496 | 1036 | 497 | 1.99 | 393.0 | 0.13% | 46% | 86.0% | 16 |
| 6 | 2013/7/5 | 2705 | 1351 | 925 | 461 | 1.91 | 2142.0 | 0.44% | 57% | 100.0% | 29 |
| 7 | 2013/7/6 | 1347 | 677 | 374 | 329 | 1.90 | 840.0 | 0.44% | 50% | 95.0% | 72 |
| 8 | 2013/7/7 | 1279 | 683 | 403 | 308 | 1.82 | 1616.0 | 0.73% | 29% | 100.0% | 21 |
| 9 | 2013/7/8 | 2460 | 1318 | 943 | 424 | 1.80 | 1239.0 | 0.30% | 43% | 97.0% | 40 |
| 10 | 2013/7/9 | 3430 | 1878 | 1431 | 510 | 1.76 | 4843.0 | 0.69% | 50% | 99.0% | 35 |
| 11 | 2013/7/10 | 3103 | 1861 | 1421 | 486 | 1.60 | 3499.0 | 0.59% | 50% | 93.0% | 23 |
| 12 | 2013/7/11 | 3161 | 1784 | 1414 | 418 | 1.72 | 1257.0 | 0.28% | 33% | 100.0% | 33 |
| 13 | 2013/7/12 | 3216 | 1782 | 1461 | 355 | 1.74 | 1227.5 | 0.22% | 67% | 89.0% | 12 |
| 14 | 2013/7/13 | 4735 | 3054 | 2666 | 437 | 1.52 | 1750.0 | 0.23% | 17% | 100.0% | 71 |
| 15 | 2013/7/14 | 4437 | 2974 | 2606 | 408 | 1.47 | 817.6 | 0.13% | 53% | 99.0% | 48 |
| 16 | 2013/7/15 | 4402 | 2786 | 2402 | 437 | 1.55 | 2043.5 | 0.25% | 33% | 100.0% | 61 |

图 218-1　某鞋类品牌的店铺运营指标

制作动态图表的操作步骤如下。

**Step 1**

插入指标控制复选框。

调出【开发工具】选项卡，具体操作步骤请参阅技巧 64.1。

新建一个“指标动态监控”工作表，在【开发工具】选项卡中单击【插入】按钮，在弹出的下拉列表中选择【表单控件】下的“复选框”，通过复制、粘贴的方法继续插入 9 个复选框，如图 218-2 所示。

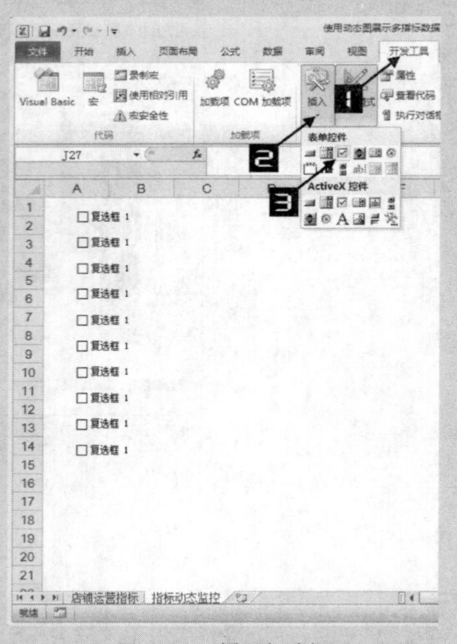


图 218-2　插入复选框

**Step 2**

设置复选框。

为了便于编辑，可以插入一个矩形作为背景，再将 10 个复选框和矩形一起组合起来。操作方法为选中所有形状，在【绘图工具】选项卡中依次单击【组合】按钮→【组合】命令，如图 218-3 所示。

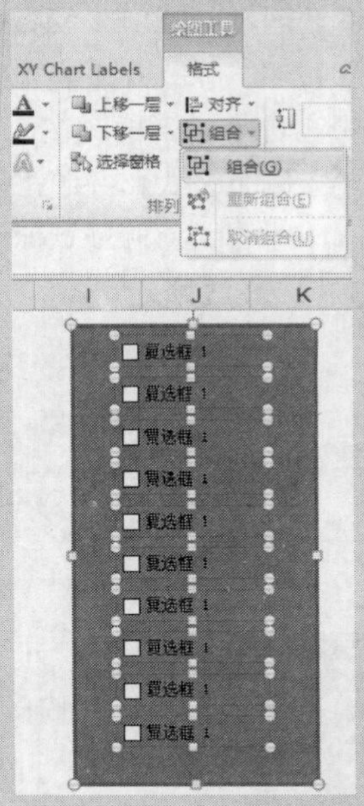


图 218-3 组合形状

在第一个复选框上单击鼠标右键，在弹出的快捷菜单中选择【编辑文字】，输入“浏览量”。再次在第一个复选框上单击鼠标右键，在弹出的快捷菜单中选择【设置控件格式】，打开【设置对象格式】对话框，在【控制】选项卡中单元格链接选择 A1 单元格。参照相同的方法对另外 9 个复选框依次设置并命名，控制的单元格链接分别从 B1 到 J1，如图 218-4 所示。

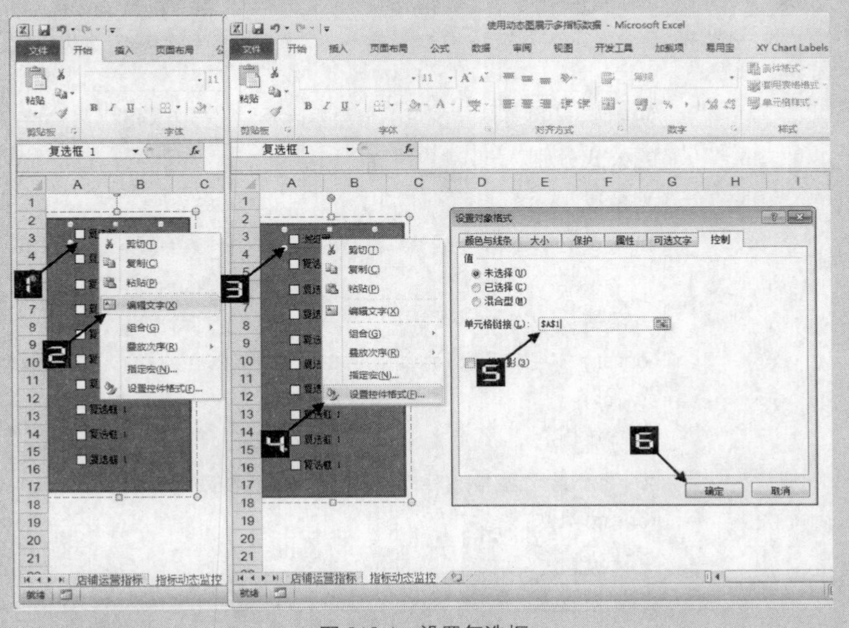


图 218-4 设置复选框

Step 3 定义名称。

动态图表的核心就是通过定义名称的方法动态引用数据区域来生成图表，这里主要通过 OFFSET 函数来实现。单击【公式】选项卡下的【名称管理器】按钮，在打开【名称管理器】对话框中单击【新建】按钮，打开【编辑名称】对话框。在【名称】的位置输入“坐标轴”，在【引用位置】输入以下公式，并单击【确定】按钮。

```
=OFFSET(店铺运营指标!$A$1,1,0,COUNTA(店铺运营指标!$A:$A)-1)
```

具体操作如图 218-5 所示。

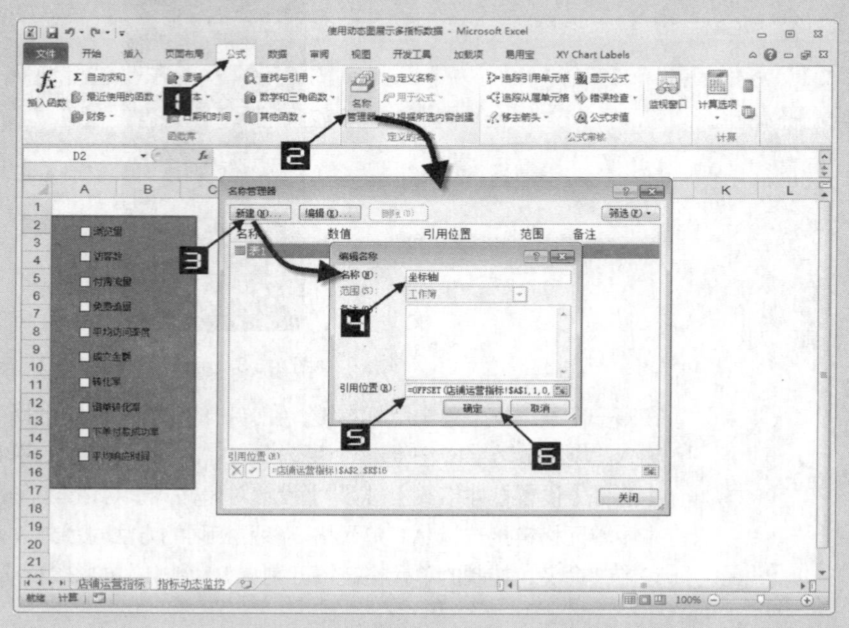

图 218-5 定义名称

使用相同的方法定义 10 个数据系列，分别以指标来命名。【引用位置】的公式分别为：

浏览量：

```
=OFFSET(店铺运营指标!$A$1,1,100*(1-指标动态监控!$A$1)+1,COUNTA(店铺运营指标!$A:$A)-1)
```

访客数：

```
=OFFSET(店铺运营指标!$A$1,1,100*(1-指标动态监控!$B$1)+2,COUNTA(店铺运营指标!$A:$A)-1)
```

付费流量：

```
=OFFSET(店铺运营指标!$A$1,1,100*(1-指标动态监控!$C$1)+3,COUNTA(店铺运营指标!$A:$A)-1)
```

免费流量：

```
=OFFSET(店铺运营指标!$A$1,1,100*(1-指标动态监控!$D$1)+4,COUNTA(店铺运营指标!$A:$A)-1)
```

平均访问深度：

=OFFSET(店铺运营指标!$A$1,1,100*(1-指标动态监控!$E$1)+5,COUNTA(店铺运营指标!$A:$A)-1)

成交金额：

=OFFSET(店铺运营指标!$A$1,1,100*(1-指标动态监控!$F$1)+6,COUNTA(店铺运营指标!$A:$A)-1)

转化率：

=OFFSET(店铺运营指标!$A$1,1,100*(1-指标动态监控!$G$1)+7,COUNTA(店铺运营指标!$A:$A)-1)

询单转化率：

=OFFSET(店铺运营指标!$A$1,1,100*(1-指标动态监控!$H$1)+8,COUNTA(店铺运营指标!$A:$A)-1)

下单付款成功率：

=OFFSET(店铺运营指标!$A$1,1,100*(1-指标动态监控!$I$1)+9,COUNTA(店铺运营指标!$A:$A)-1)

平均响应时间：

=OFFSET(店铺运营指标!$A$1,1,100*(1-指标动态监控!$J$1)+10,COUNTA(店铺运营指标!$A:$A)-1)

**Step 4**　创建图表。

选中“店铺运营指标”表的 A2:B16 区域创建“折线图”。选中图表系列，把编辑栏中的公式更改为：

=SERIES(,使用动态图展示多指标数据.xlsx!坐标轴,使用动态图展示多指标数据.xlsx!浏览量,1)

具体操作如图 218-6 所示。

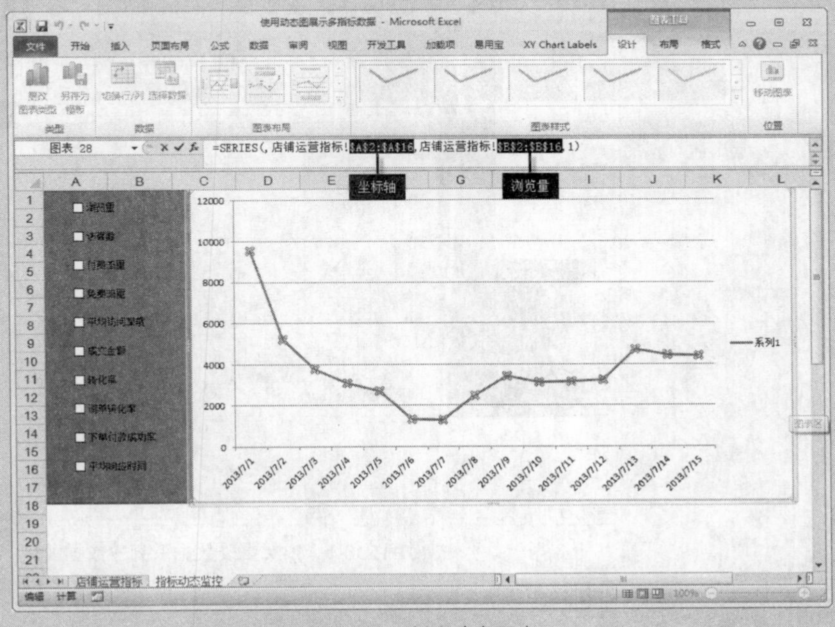


图 218-6　创建动态图表

复制数据系列，在绘图区粘贴，创建 10 个数据系列。单击【图表工具】的【布局】选项卡下最左侧的下拉选择框，依次更改编辑栏中的公式。

系列 2：

=SERIES(,使用动态图展示多指标数据.xlsx!坐标轴,使用动态图展示多指标数据.xlsx!访客数,2)

系列 3：

=SERIES(,使用动态图展示多指标数据.xlsx!坐标轴,使用动态图展示多指标数据.xlsx!付费流量,3)

系列 4：

=SERIES(,使用动态图展示多指标数据.xlsx!坐标轴,使用动态图展示多指标数据.xlsx!免费流量,4)

系列 5：

=SERIES(,使用动态图展示多指标数据.xlsx!坐标轴,使用动态图展示多指标数据.xlsx!平均访问深度,5)

系列 6：

=SERIES(,使用动态图展示多指标数据.xlsx!坐标轴,使用动态图展示多指标数据.xlsx!成交金额,6)

系列 7：

=SERIES(,使用动态图展示多指标数据.xlsx!坐标轴,使用动态图展示多指标数据.xlsx!转化率,7)

系列 8：

=SERIES(,使用动态图展示多指标数据.xlsx!坐标轴,使用动态图展示多指标数据.xlsx!询单转化率,8)

系列 9：

=SERIES(,使用动态图展示多指标数据.xlsx!坐标轴,使用动态图展示多指标数据.xlsx!下单付款成功率,9)

系列 10：

=SERIES(,使用动态图展示多指标数据.xlsx!坐标轴,使用动态图展示多指标数据.xlsx!平均响应时间,10)

具体操作如图 218-7 所示。

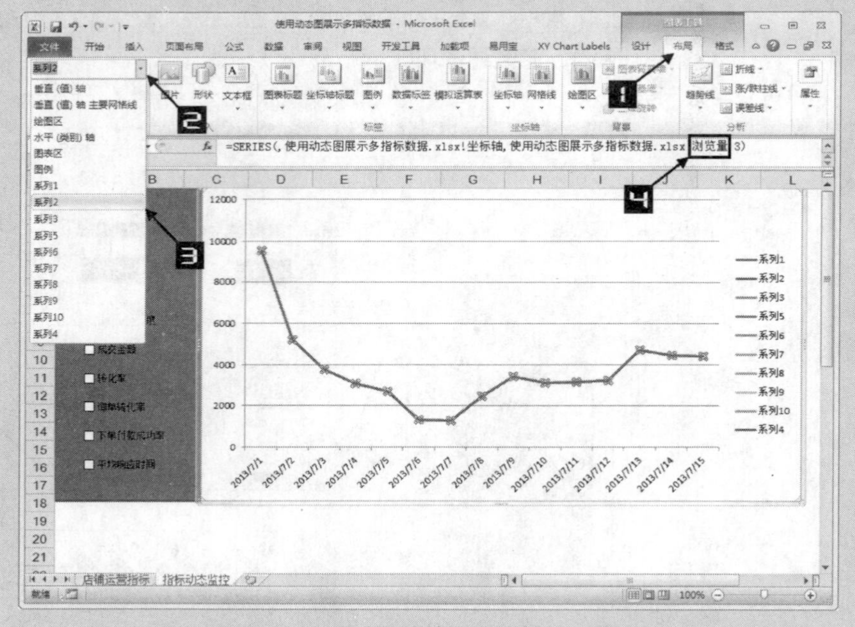


图 218-7　依次更改数据系列的数据区域

## Step 5

美化图表。

对图表修改配色，将横坐标轴标签的数字格式设置为“d”，“位置坐标轴”设置“位于刻度线上”，并将网格线设置为虚线线型等。制作完成的图表如图 218-8 所示。

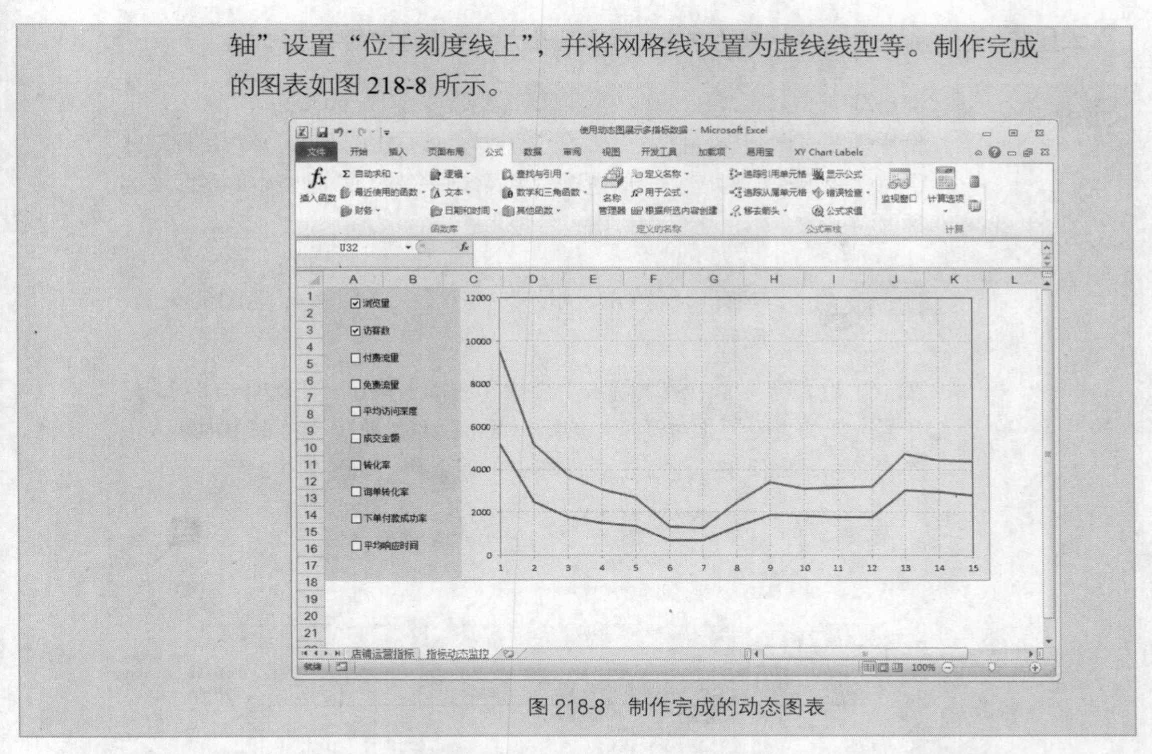


图 218-8　制作完成的动态图表

在动态图表制作完成以后，用户只需要勾选复选框，对应的指标就会显示在图表区域中。反之，取消勾选复选框，则对应的指标不会显示在图表区域。通过这样交互式的动态图表，用户可以在同一个图表自由选择查看不同指标的变化趋势。

## 技巧 219　使用热力型数据地图展示商品喜好

数据地图是常用的数据展示方式，适合于展现包含地理信息的数据，热力地图（Heatmap）就是其中的一种。所谓的热力地图就是可以根据数据的不同大小范围，以不同的颜色来标识相应的地图图形，例如图 219-1 所示的热力地图。

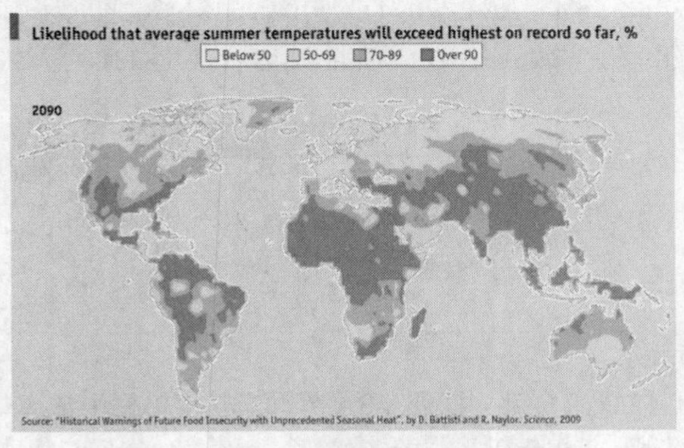


图 219-1　《经济学人》杂志的热力地图

本技巧介绍一种使用 VBA 代码方式来自动实现热力型数据地图的制作方法。

**Step ①**

准备地图。

使用地图来做图表，首先要准备一份目标地区的矢量图，并对目标地区中每一个区块所对应的图形进行命名。该命名应与数据表中的各区块名称保持一致。本例将使用河南省各地市图进行演示。

本技巧所附的示例文件中提供了河南省地图的矢量图形。

在【开始】选项卡中依次单击【查找和选择】按钮→【选择窗格】，打开【选择和可见性】对话框。选择里面的图形，在【名称框】中输入正确的名称，确保每个地级市图形都被正确命名，如图 219-2 所示。

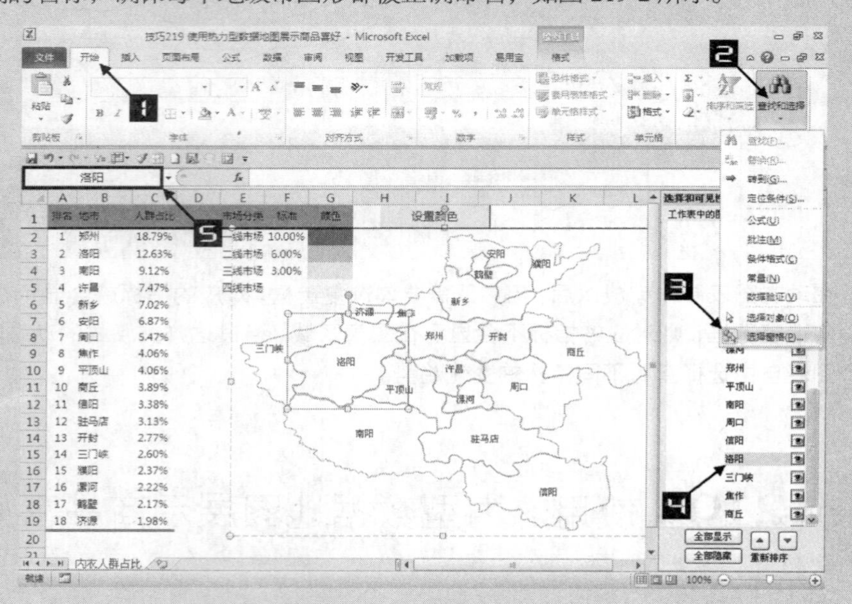


图 219-2 给各地市命名

**Step ②**

设置标准。

根据人群占比数据，为市场分类划分标准。标准设置如下：占比数据高于 10% 为一级市场，6%～10%之间为二级市场，3%～6%之间为三级市场，低于 3% 为四级市场。并设置各级市场在地图上所应显示的颜色，如图 219-3 所示。

| | A | B | C | D | E | F | G |
|---|---|---|---|---|---|---|---|
| 1 | 排名 | 省份 | 人群占比 | | 市场分类 | 标准 | 颜色 |
| 2 | 1 | 郑州 | 18.79% | | 一线市场 | 10.00% | |
| 3 | 2 | 洛阳 | 12.63% | | 二线市场 | 6.00% | |
| 4 | 3 | 南阳 | 9.12% | | 三线市场 | 3.00% | |
| 5 | 4 | 许昌 | 7.47% | | 四线市场 | | |

图 219-3 设置市场分列标准

**Step ③**

设置代码。

按<Alt+F11>组合键，打开 VBA 界面。在菜单栏中依次单击【插入】→【模块】，然后在代码窗口输入代码，如图 219-4 所示。

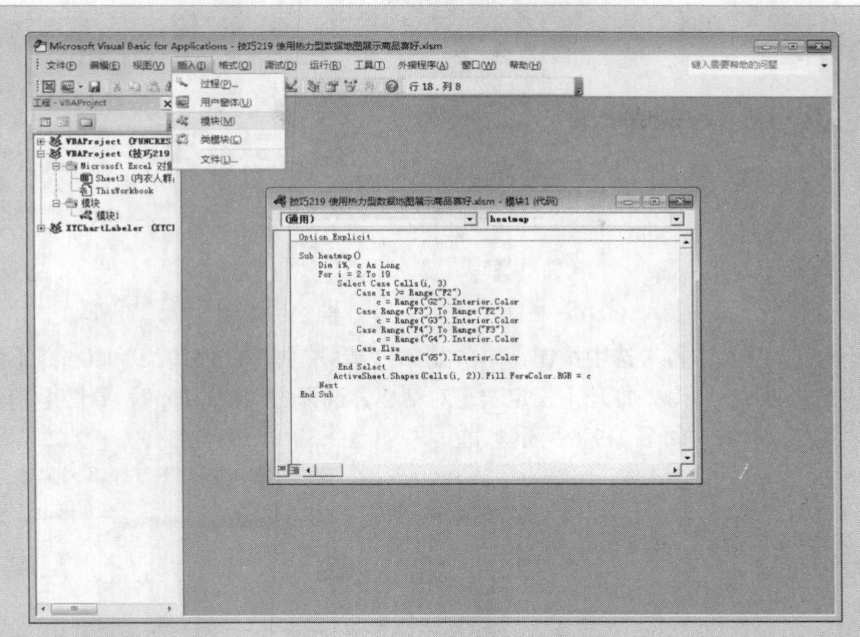


图 219-4　插入模块输入代码

编辑框的代码为：

```
Sub heatmap()
    Dim i%, c As Long
    For i = 2 To 19
        Select Case Cells(i, 3)
            Case Is >= Range("F2")
                c = Range("G2").Interior.Color
            Case Range("F3") To Range("F2")
                c = Range("G3").Interior.Color
            Case Range("F4") To Range("F3")
                c = Range("G4").Interior.Color
            Case Else
                c = Range("G5").Interior.Color
        End Select
       ActiveSheet.Shapes(Cells(i, 2)).Fill.ForeColor.RGB = c
    Next
End Sub
```

关闭 VBA 窗口，保存文件为“启用宏的工作簿”。

**Step 4**　指定宏。

关闭 VBA 窗口，返回工作表界面，在【开发工具】选项卡中单击【插入】按钮，选择【表单控件】中的【按钮】，在工作表中拖曳鼠标绘制一个按钮。选中按钮并单击鼠标右键，在弹出的快捷菜单中选择【编辑文字】命令，输入“设置颜色”，如图 219-5 所示。

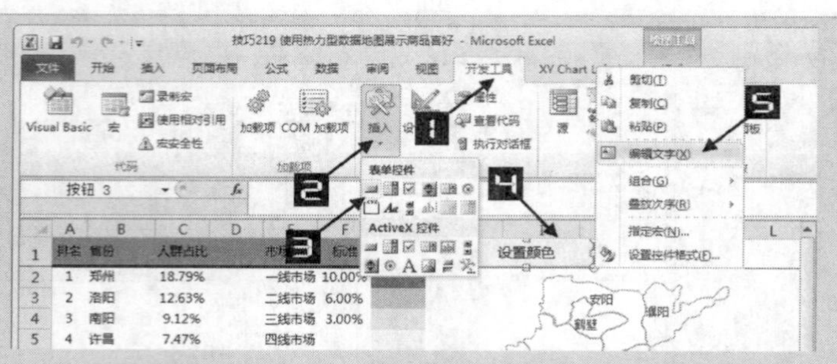


图 219-5　插入按钮

再次选中按钮，单击鼠标右键，在弹出的快捷菜单中选择【指定宏】命令，打开【指定宏】对话框，选择宏“heatmap”，单击【确定】按钮，如图 219-6 所示。

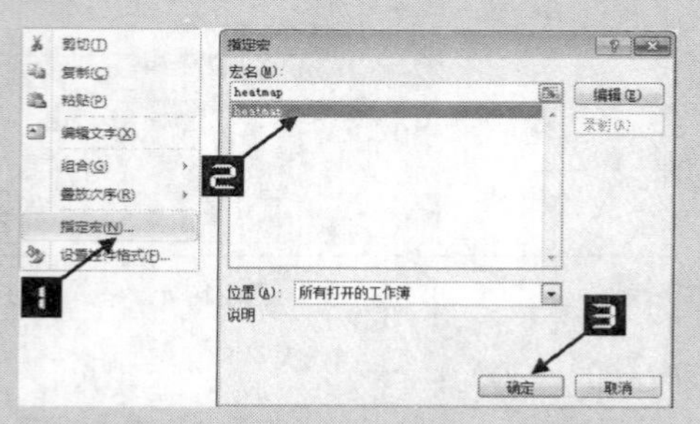


图 219-6　指定宏

Step 5

为地图填色。

在设置完成之后，我们只需要单击“设置颜色”按钮，就可以完成地图的自动填色。最终的效果如图 219-7 所示。

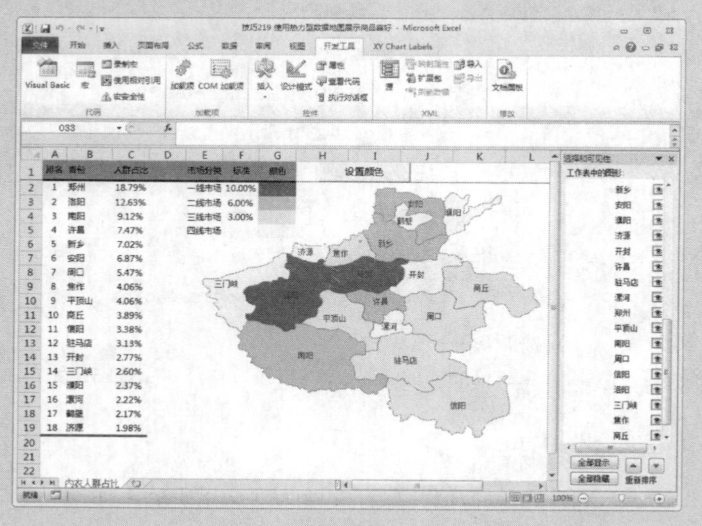


图 219-7　完成的数据地图

提示

用户还可以根据实际需要，将“颜色”区域（G2:G5）设置好的颜色更改为其他颜色，然后单击【设置颜色】按钮，地图中将会呈现出用户设定的颜色。

# 第 19 章　打印

尽管无纸化办公将成为未来发展的一种趋势，但是在通常情况下，Excel 表格中的数据内容需要转换为纸质文件归类存档，打印输出依然是 Excel 表格的最终目标。

## 技巧 220　没有打印机一样可以打印预览

在没有安装打印机的电脑上，当用户依次单击【文件】→【打印】，在打印机属性的上方提示“未安装打印机”，打印预览界面提示“打印预览不可用”，如图 220-1 所示。

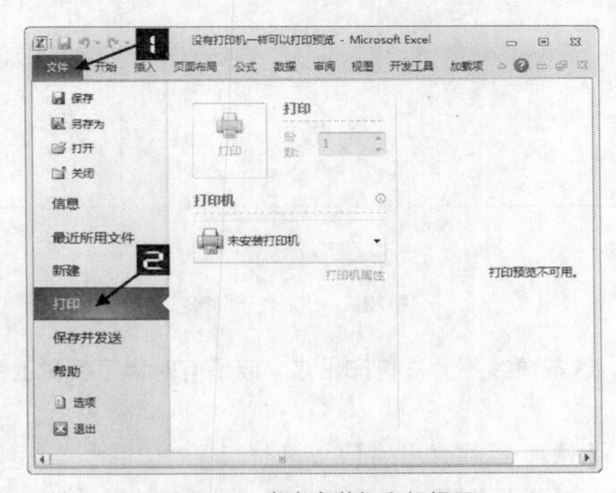


图 220-1　尚未安装打印机提示

用户只需要在 Windows 系统中依次单击【开始】→【设备和打印机】，在弹出的窗口中单击【添加打印机】，如图 220-2 所示。

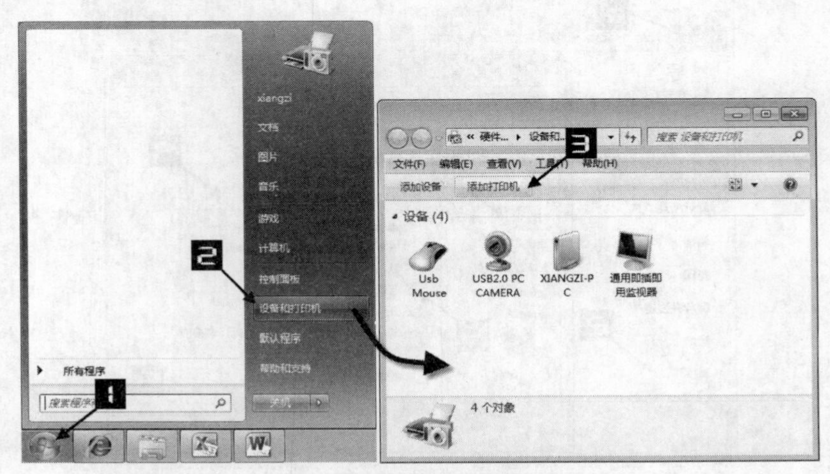


图 220-2　添加虚拟打印机

按照提示步骤安装任意一款打印机驱动，然后重新启动 Excel，就可以进行打印预览了。

## 技巧 221　显示和隐藏分页符

分页符是打印时不同页面的标识，在 Excel 工作表显示上一页结束以及下一页开始的位置。Microsoft Excel 可插入一个“自动”分页符（软分页符），或者通过插入“手动”分页符（硬分页符）在指定位置强制分页。在普通视图下，分页符是一条虚线，如图 221-1 所示，又称为自动分页符。

| | C | D | E | F | G | H | I | J |
|---|---|---|---|---|---|---|---|---|
| 29 | | | | | | | | |
| 30 | | | | | | | | |
| 31 | | | | | | | | |
| 32 | | | | | | | | |
| 33 | | | | | | | | |
| 34 | | | | | | | | |
| 35 | | | | | | | | |
| 36 | | | | | | | | |
| 37 | | | | | | | | |
| 38 | | | | | | | | |
| 39 | | | | | | | | |
| 40 | | | | | | | | |
| 41 | | | | | | | | |
| 42 | | | | | | | | |
| 43 | | | | | | | | |
| 44 | | | | | | | | |

图 221-1　自动分页符

尽管在打印的时候，这条虚线不会被打印出来，但是有时为了视觉上的美观，需要将这条虚线隐藏，方法如下。

依次单击【文件】→【选项】，在弹出的【Excel 选项】对话框中，单击【高级】选项卡，在【此工作表的显示选项】组合框中选择需要设置的工作表，本例保持默认值，再取消勾选【显示分页符】复选框，最后单击【确定】按钮确定操作并退出【Excel 选项】对话框，如图 221-2 所示，此时，将隐藏工作表中分页符的虚线。

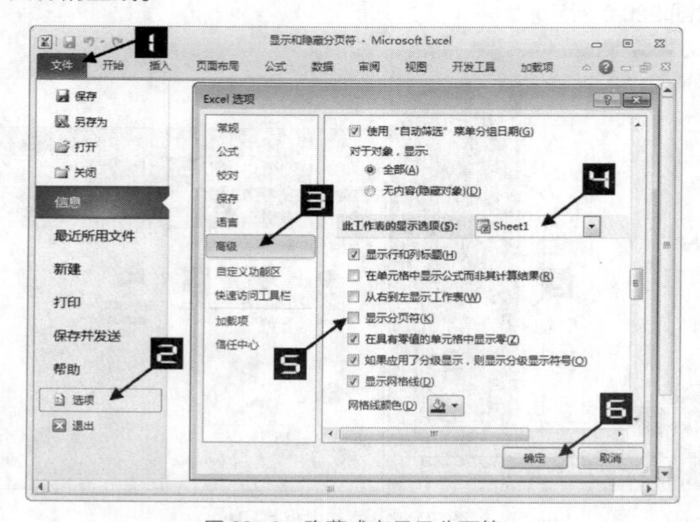


图 221-2　隐藏或者显示分页符

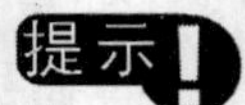

显示分页符的方法和隐藏分页符的方法相似，只需要勾选【显示分页符】复选框即可，这里就不再赘述了。

# 技巧 222　让每一页都打印出标题行

在实际工作中，当数据列表中的数据较多时，便不能在一页纸上将数据完全打印出来，需要打印多页时只有第一张的页面上有标题栏，这样就给阅读报表者带来不便，如图 222-1 所示。

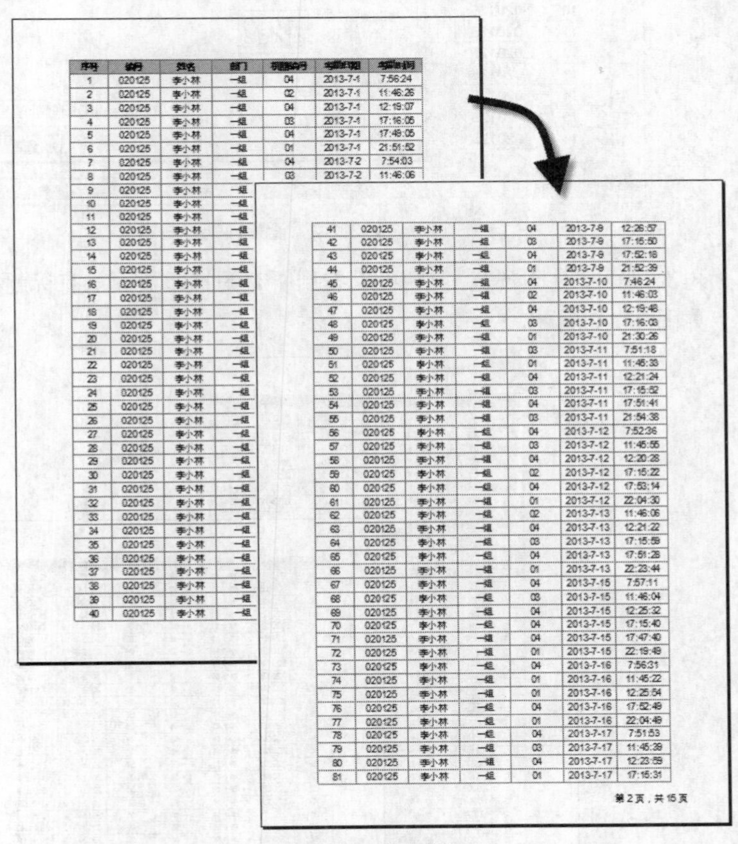

| 序号 | [illegible] | 姓名 | 部门 | [illegible] | [illegible] | [illegible] |
|---|---|---|---|---|---|---|
| 1 | 020125 | 李小林 | 一组 | 04 | 2013-7-1 | 7:56:24 |
| 2 | 020125 | 李小林 | 一组 | 02 | 2013-7-1 | 11:46:26 |
| 3 | 020125 | 李小林 | 一组 | 04 | 2013-7-1 | 12:19:07 |
| 4 | 020125 | 李小林 | 一组 | 03 | 2013-7-1 | 17:16:05 |
| 5 | 020125 | 李小林 | 一组 | 04 | 2013-7-1 | 17:49:05 |
| 6 | 020125 | 李小林 | 一组 | 01 | 2013-7-1 | 21:51:52 |
| 7 | 020125 | 李小林 | 一组 | 04 | 2013-7-2 | 7:54:03 |
| 8 | 020125 | 李小林 | 一组 | 03 | 2013-7-2 | 11:46:06 |
| 9 | 020125 | 李小林 | 一组 | | | |
| 10 | 020125 | 李小林 | 一组 | | | |
| 11 | 020125 | 李小林 | 一组 | | | |
| 12 | 020125 | 李小林 | 一组 | | | |
| 13 | 020125 | 李小林 | 一组 | | | |
| 14 | 020125 | 李小林 | 一组 | | | |
| 15 | 020125 | 李小林 | 一组 | | | |
| 16 | 020125 | 李小林 | 一组 | | | |
| 17 | 020125 | 李小林 | 一组 | | | |
| 18 | 020125 | 李小林 | 一组 | | | |
| 19 | 020125 | 李小林 | 一组 | | | |
| 20 | 020125 | 李小林 | 一组 | | | |
| 21 | 020125 | 李小林 | 一组 | | | |
| 22 | 020125 | 李小林 | 一组 | | | |
| 23 | 020125 | 李小林 | 一组 | | | |
| 24 | 020125 | 李小林 | 一组 | | | |
| 25 | 020125 | 李小林 | 一组 | | | |
| 26 | 020125 | 李小林 | 一组 | | | |
| 27 | 020125 | 李小林 | 一组 | | | |
| 28 | 020125 | 李小林 | 一组 | | | |
| 29 | 020125 | 李小林 | 一组 | | | |
| 30 | 020125 | 李小林 | 一组 | | | |
| 31 | 020125 | 李小林 | 一组 | | | |
| 32 | 020125 | 李小林 | 一组 | | | |
| 33 | 020125 | 李小林 | 一组 | | | |
| 34 | 020125 | 李小林 | 一组 | | | |
| 35 | 020125 | 李小林 | 一组 | | | |
| 36 | 020125 | 李小林 | 一组 | | | |
| 37 | 020125 | 李小林 | 一组 | | | |
| 38 | 020125 | 李小林 | 一组 | | | |
| 39 | 020125 | 李小林 | 一组 | | | |
| 40 | 020125 | 李小林 | 一组 | | | |

| | | | | | | |
|---|---|---|---|---|---|---|
| 41 | 020125 | 李小林 | 一组 | 04 | 2013-7-9 | 12:26:57 |
| 42 | 020125 | 李小林 | 一组 | 03 | 2013-7-9 | 17:15:50 |
| 43 | 020125 | 李小林 | 一组 | 04 | 2013-7-9 | 17:52:18 |
| 44 | 020125 | 李小林 | 一组 | 01 | 2013-7-9 | 21:52:39 |
| 45 | 020125 | 李小林 | 一组 | 04 | 2013-7-10 | 7:46:24 |
| 46 | 020125 | 李小林 | 一组 | 02 | 2013-7-10 | 11:46:03 |
| 47 | 020125 | 李小林 | 一组 | 04 | 2013-7-10 | 12:19:48 |
| 48 | 020125 | 李小林 | 一组 | 03 | 2013-7-10 | 17:16:03 |
| 49 | 020125 | 李小林 | 一组 | 01 | 2013-7-10 | 21:30:26 |
| 50 | 020125 | 李小林 | 一组 | 03 | 2013-7-11 | 7:51:18 |
| 51 | 020125 | 李小林 | 一组 | 01 | 2013-7-11 | 11:46:33 |
| 52 | 020125 | 李小林 | 一组 | 04 | 2013-7-11 | 12:21:24 |
| 53 | 020125 | 李小林 | 一组 | 03 | 2013-7-11 | 17:15:52 |
| 54 | 020125 | 李小林 | 一组 | 04 | 2013-7-11 | 17:51:41 |
| 55 | 020125 | 李小林 | 一组 | 03 | 2013-7-11 | 21:54:38 |
| 56 | 020125 | 李小林 | 一组 | 04 | 2013-7-12 | 7:52:36 |
| 57 | 020125 | 李小林 | 一组 | 03 | 2013-7-12 | 11:45:55 |
| 58 | 020125 | 李小林 | 一组 | 04 | 2013-7-12 | 12:20:28 |
| 59 | 020125 | 李小林 | 一组 | 02 | 2013-7-12 | 17:15:22 |
| 60 | 020125 | 李小林 | 一组 | 04 | 2013-7-12 | 17:53:14 |
| 61 | 020125 | 李小林 | 一组 | 01 | 2013-7-12 | 22:04:30 |
| 62 | 020125 | 李小林 | 一组 | 02 | 2013-7-13 | 11:46:06 |
| 63 | 020125 | 李小林 | 一组 | 04 | 2013-7-13 | 12:21:22 |
| 64 | 020125 | 李小林 | 一组 | 03 | 2013-7-13 | 17:15:59 |
| 65 | 020125 | 李小林 | 一组 | 04 | 2013-7-13 | 17:51:28 |
| 66 | 020125 | 李小林 | 一组 | 01 | 2013-7-13 | 22:23:44 |
| 67 | 020125 | 李小林 | 一组 | 04 | 2013-7-15 | 7:57:11 |
| 68 | 020125 | 李小林 | 一组 | 03 | 2013-7-15 | 11:46:04 |
| 69 | 020125 | 李小林 | 一组 | 04 | 2013-7-15 | 12:25:32 |
| 70 | 020125 | 李小林 | 一组 | 04 | 2013-7-15 | 17:15:40 |
| 71 | 020125 | 李小林 | 一组 | 04 | 2013-7-15 | 17:47:40 |
| 72 | 020125 | 李小林 | 一组 | 01 | 2013-7-15 | 22:19:49 |
| 73 | 020125 | 李小林 | 一组 | 04 | 2013-7-16 | 7:56:31 |
| 74 | 020125 | 李小林 | 一组 | 01 | 2013-7-16 | 11:45:22 |
| 75 | 020125 | 李小林 | 一组 | 01 | 2013-7-16 | 12:25:54 |
| 76 | 020125 | 李小林 | 一组 | 04 | 2013-7-16 | 17:52:49 |
| 77 | 020125 | 李小林 | 一组 | 01 | 2013-7-16 | 22:04:49 |
| 78 | 020125 | 李小林 | 一组 | 04 | 2013-7-17 | 7:51:53 |
| 79 | 020125 | 李小林 | 一组 | 03 | 2013-7-17 | 11:45:39 |
| 80 | 020125 | 李小林 | 一组 | 04 | 2013-7-17 | 12:23:59 |
| 81 | 020125 | 李小林 | 一组 | 01 | 2013-7-17 | 17:15:31 |

第 2 页，共 15 页

图 222-1　打印预览

打印报表的时候，在每一页的顶端都显示标题行的方法如下。

在【页面布局】选项卡中单击【打印标题】命令，在弹出的【页面设置】对话框中选择【工作表】选项卡，在【顶端标题行】编辑框输入“$1:$1”，或者将光标置于【顶端标题行】文本框内，直接选取工作表的第一行，此时【顶端标题行】文本框就会自动输入“$1:$1”，单击【确定】按钮完成设置，如图 222-2 所示。

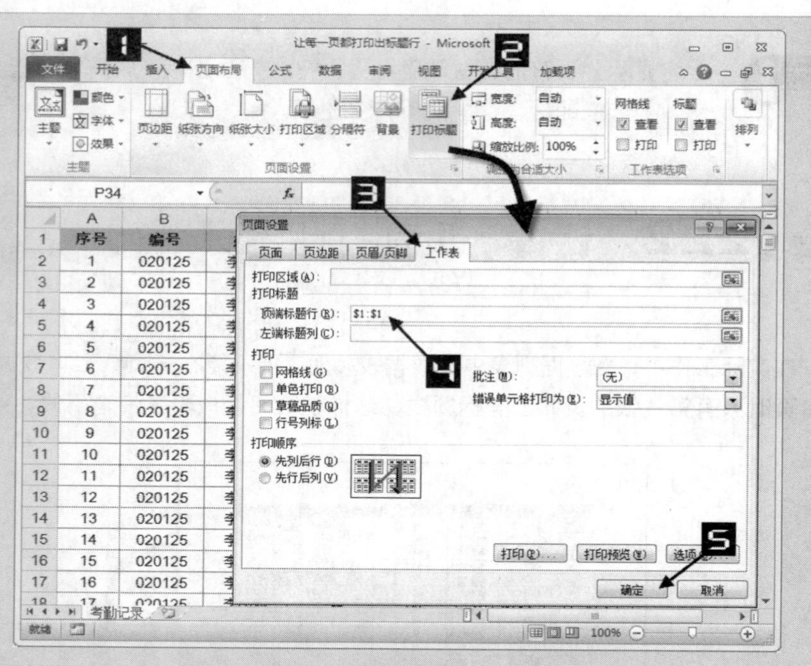


图 222-2　设置顶端标题行

**Step 2**　再次执行“打印预览”，则可以看到所有的打印页面均有标题栏，效果如图 222-3 所示。

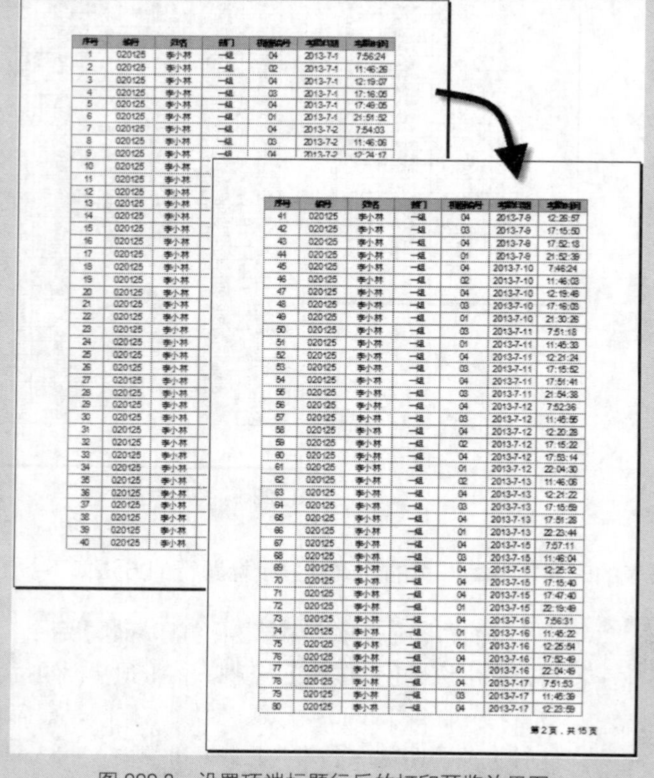


图 222-3　设置顶端标题行后的打印预览效果图

# 技巧 223　打印不连续的单元格（区域）

Microsoft Excel 默认打印都是连续的区域，如果需要将一些不连续单元格（区域）中的内容打印出来，用户可以通过以下的方法实现。

**Step 1**　按住<Ctrl>键不放，同时用鼠标左键选中多个不连续的单元格（区域），如 A2:E4、A7:E8 和 A12:E15 单元格区域，如图 223-1 所示。

| | A | B | C | D | E |
|---|---|---|---|---|---|
| 1 | 发货日期 | 到达省份 | 到达市区 | 到达县区 | 发货数量 |
| 2 | 8月15日 | 安徽 | 合肥 | 合肥 | 217 |
| 3 | 8月15日 | 安徽 | 合肥 | 长丰 | 206 |
| 4 | 8月15日 | 安徽 | 合肥 | 庐江 | 102 |
| 5 | 8月15日 | 安徽 | 芜湖 | 南陵 | 208 |
| 6 | 8月15日 | 安徽 | 芜湖 | 芜湖 | 341 |
| 7 | 8月15日 | 安徽 | 蚌埠 | 怀远 | 83 |
| 8 | 8月15日 | 安徽 | 蚌埠 | 固镇 | 220 |
| 9 | 8月15日 | 广西 | 南宁 | 马山 | 283 |
| 10 | 8月15日 | 广西 | 南宁 | 宾阳 | 201 |
| 11 | 8月15日 | 广西 | 南宁 | 上林 | 314 |
| 12 | 8月15日 | 广西 | 柳州 | 融安 | 95 |
| 13 | 8月15日 | 广西 | 柳州 | 三江 | 240 |
| 14 | 8月15日 | 广西 | 桂林 | 全州 | 334 |
| 15 | 8月15日 | 广西 | 桂林 | 平乐 | 148 |
| 16 | 8月15日 | 河南 | 郑州 | 登封 | 171 |
| 17 | 8月15日 | 河南 | 郑州 | 巩义 | 191 |
| 18 | 8月15日 | 河南 | | | |
| 19 | 8月15日 | 河南 | | | |
| 20 | 8月15日 | 河南 | | | |

按住<Ctrl>键

图 223-1　选中多个不连续的单元格

**Step 2**　依次单击【文件】→【打印】，或按<Ctrl+P>组合键，进入【打印】页面。

**Step 3**　在【打印】页面中，单击【设置】的下拉按钮，在弹出的下拉列表框中选择【打印选定区域】命令，最后单击【打印】按钮，如图 223-2 所示。此时，系统将选中的不连续单元格区域分别打印在不同的页面上。

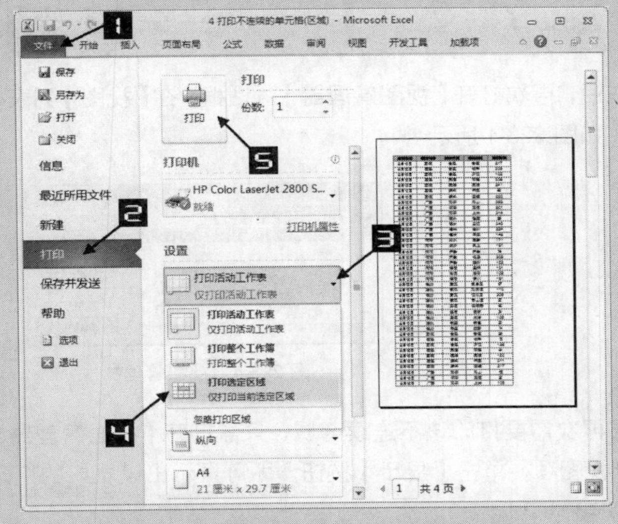


图 223-2　打印不连续单元格/区域的方法

此外，还可以利用【视图管理器】，打印经常需要打印的不连续区域，方法如下。

Step 1 选中需要打印的数据区域，如 A2:I6、A8:I12 和 A14:I18 单元格区域。

Step 2 在【视图】选项卡中单击【自定义视图】按钮，弹出【视图管理器】对话框。

Step 3 单击【视图管理器】对话框中的【添加】按钮，弹出【添加视图】对话框。

Step 4 在【添加视图】对话框中的【名称】文本框中输入要保存的名称，如“打印”。最后单击【确定】按钮完成操作，如图 223-3 所示。

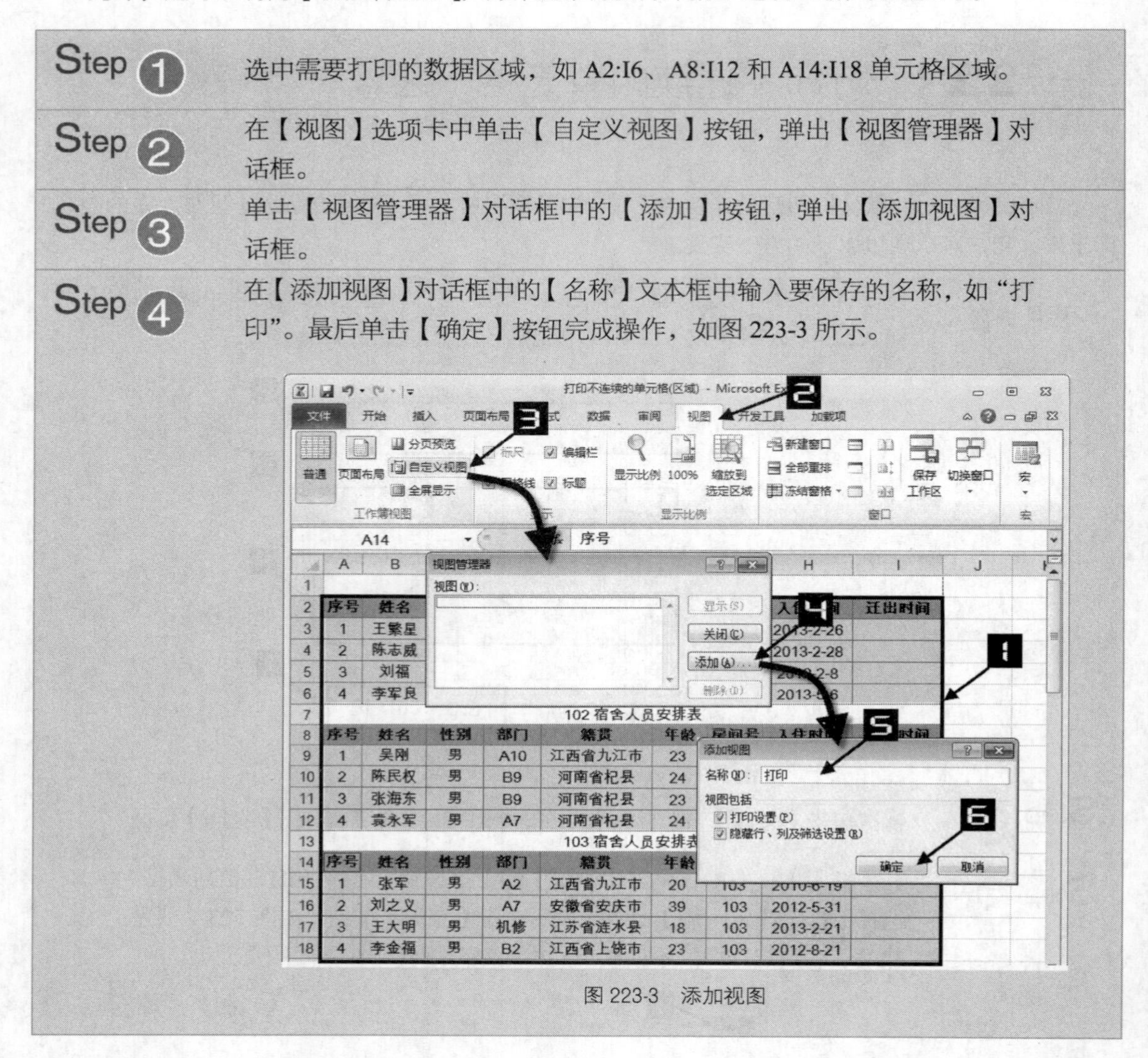

图 223-3 添加视图

操作完毕后，再次打开【视图管理器】对话框，在【视图】列表框中则新增了一个设置好的“打印”视图项，如图 223-4 所示。

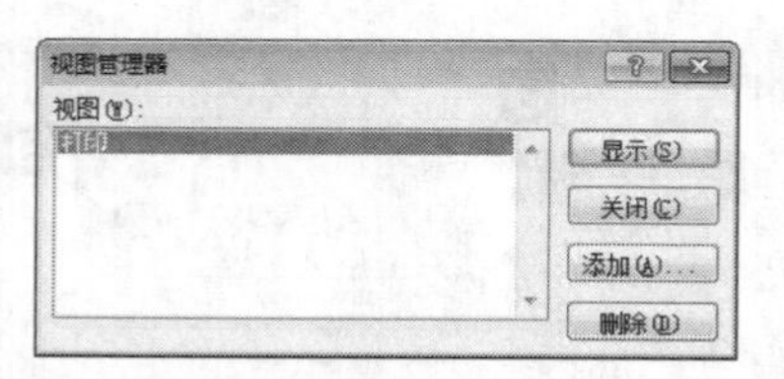


图 223-4 视图管理器

以后如果再次需要打印该不连续区域，只需打开【视面管理器】对话框，选择【视图】列表框中的“打印”视图项，单击【显示】按钮，即可显示出设置好的打印页面，最后再执行【打印选定区域】的打印操作即可。

另外，用户还可以通过【名称框】来快速选择常用打印区域，方法如下。

**Step 1** 选中需要打印的数据区域，如 A2:I6、A8:I12 和 A14:I18 单元格区域。

**Step 2** 在【名称框】中输入一个自定义的名称，如“打印”，按<Enter>键确认输入，如图 223-5 所示。

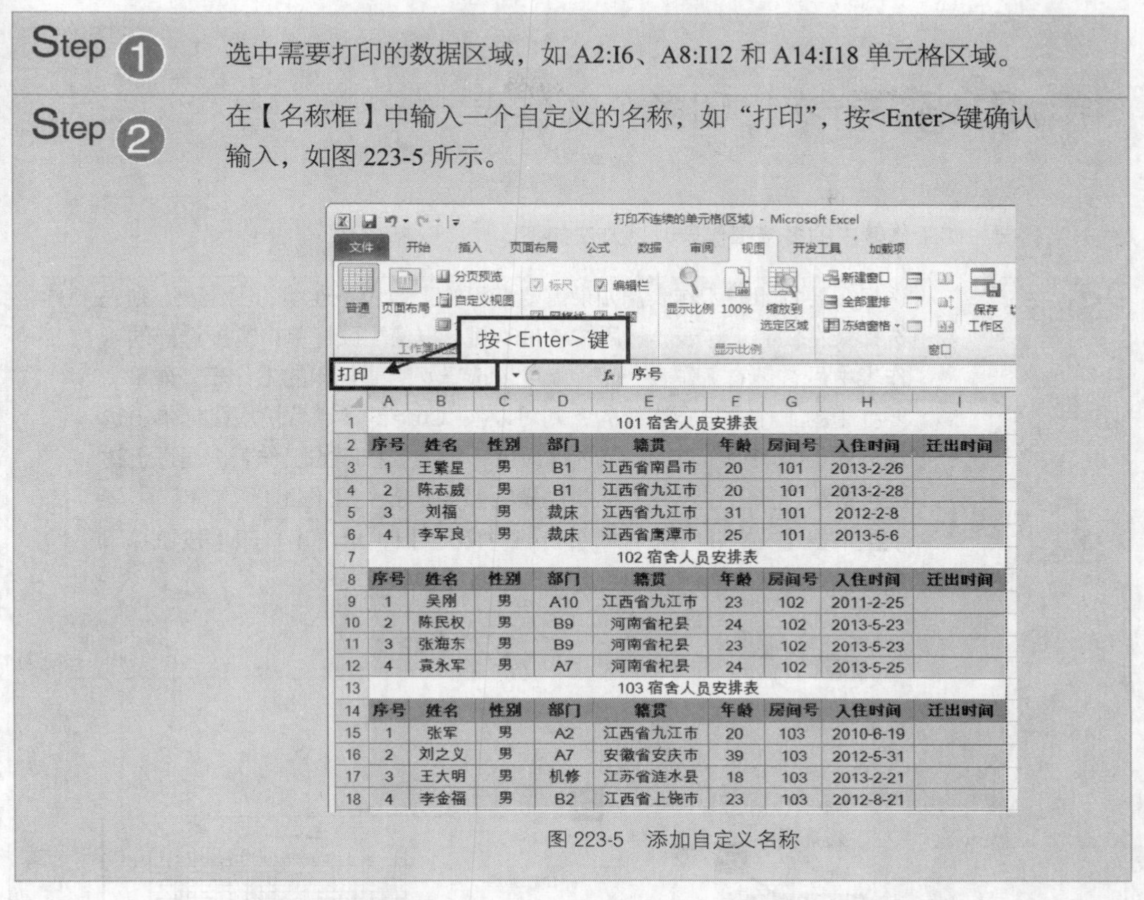


| | A | B | C | D | E | F | G | H | I |
|---|---|---|---|---|---|---|---|---|---|
| 1 | 101 宿舍人员安排表 | | | | | | | | |
| 2 | 序号 | 姓名 | 性别 | 部门 | 籍贯 | 年龄 | 房间号 | 入住时间 | 迁出时间 |
| 3 | 1 | 王繁星 | 男 | B1 | 江西省南昌市 | 20 | 101 | 2013-2-26 | |
| 4 | 2 | 陈志威 | 男 | B1 | 江西省九江市 | 20 | 101 | 2013-2-28 | |
| 5 | 3 | 刘福 | 男 | 裁床 | 江西省九江市 | 31 | 101 | 2012-2-8 | |
| 6 | 4 | 李军良 | 男 | 裁床 | 江西省鹰潭市 | 25 | 101 | 2013-5-6 | |
| 7 | 102 宿舍人员安排表 | | | | | | | | |
| 8 | 序号 | 姓名 | 性别 | 部门 | 籍贯 | 年龄 | 房间号 | 入住时间 | 迁出时间 |
| 9 | 1 | 吴刚 | 男 | A10 | 江西省九江市 | 23 | 102 | 2011-2-25 | |
| 10 | 2 | 陈民权 | 男 | B9 | 河南省杞县 | 24 | 102 | 2013-5-23 | |
| 11 | 3 | 张海东 | 男 | B9 | 河南省杞县 | 23 | 102 | 2013-5-23 | |
| 12 | 4 | 袁永军 | 男 | A7 | 河南省杞县 | 24 | 102 | 2013-5-25 | |
| 13 | 103 宿舍人员安排表 | | | | | | | | |
| 14 | 序号 | 姓名 | 性别 | 部门 | 籍贯 | 年龄 | 房间号 | 入住时间 | 迁出时间 |
| 15 | 1 | 张军 | 男 | A2 | 江西省九江市 | 20 | 103 | 2010-6-19 | |
| 16 | 2 | 刘之义 | 男 | A7 | 安徽省安庆市 | 39 | 103 | 2012-5-31 | |
| 17 | 3 | 王大明 | 男 | 机修 | 江苏省涟水县 | 18 | 103 | 2013-2-21 | |
| 18 | 4 | 李金福 | 男 | B2 | 江西省上饶市 | 23 | 103 | 2012-8-21 | |

图 223-5　添加自定义名称

此时在【名称框】中就增加了“打印”的选项，用户单击【名称框】右侧的下拉按钮，选择“打印”的自定义名称，此时预设的不连续区域即被选中，执行【打印选定区域】命令即可打印不连续的数据区域。

## 技巧 224　打印不连续的行（或者列）

通过技巧 223，用户可以快速地打印不连续的数据区域（包括不连续的行或者列），但是如果要打印工作表中不连续的行或列，则有更加便捷的方法，操作方法如下。

**Step 1** 按住<Ctrl>键不放，依次单击不需要打印的行号或列标。

**Step 2** 松开<Ctrl>键，在选定的任意行号或列标上单击鼠标右键，在弹出的快捷菜单中选择【隐藏】命令，隐藏不打印的行或列数据。

**Step 3** 执行【打印】命令，即可打印出不连续的行或列数据。

## 技巧 225　一次打印多个工作表

当需要打印工作簿中的多张工作表时，方法如下。

**Step 1** 选择需要打印的工作表。如果需要打印的工作表是连续的工作表，则先选择最左侧的工作表，然后按<Shift>键，再使用鼠标单击需要选择的工作表中最右侧的工作表，此时就可以选择好需要打印的工作表；如果需要打印的工作表是不连续的，则可以按<Ctrl>键，然后使用鼠标单击选择需要打印的工作表，直到选择最后一张需要打印的工作表。通过上述两种方法选择工作表后，标题栏最后都会显示“[工作组]”字样。

**Step 2** 依次单击【文件】→【打印】，转到打印窗口，单击【打印】按钮打印文件，如图 225 所示，即可完成一次打印多张工作表。

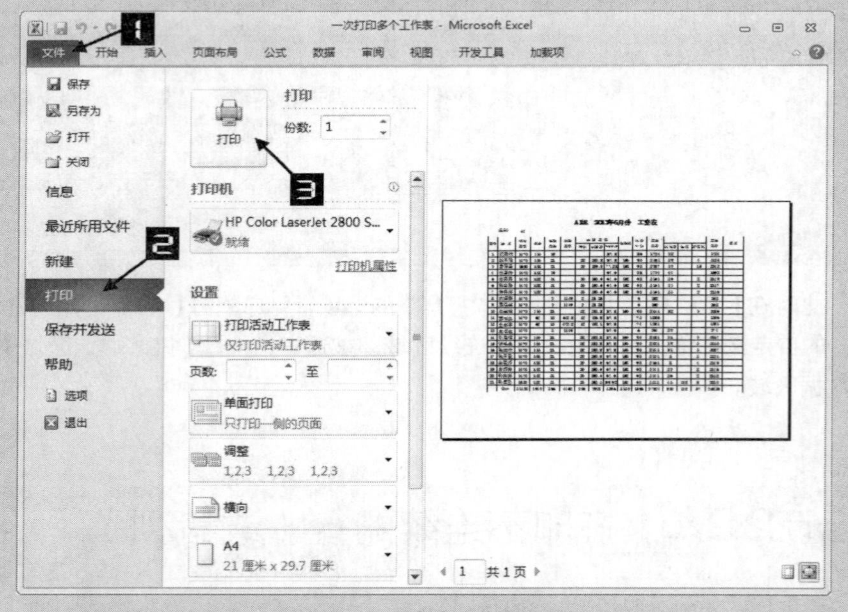


图 225　打印多个工作表设置

## 技巧 226　不打印工作表中的错误值

当用户在报表中使用函数或公式时，出于各种原因可能会出现错误值，如“#DIV/O!”、“#N/A”等，在打印过程中如果用户不希望将错误值打印出来，方法如下。

**Step ①** 在【页面布局】选项卡中单击【页面设置】对话框启动器按钮，打开【页面设置】对话框。

**Step ②** 单击【工作表】选项卡，单击【错误单元格打印为】组合框，选择要将“错误值”替换打印的字符串，例如“<空白>”，最后单击【确定】按钮完成设置，如图 226-1 所示。

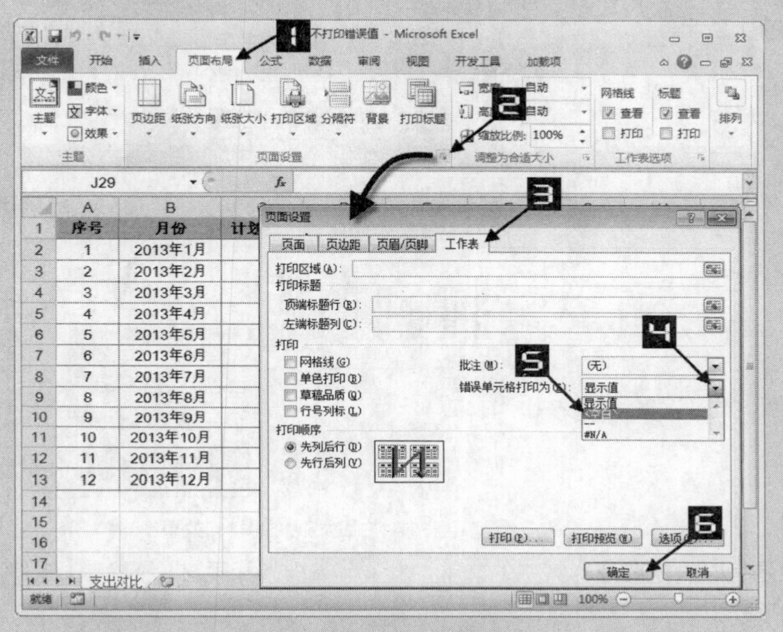


图 226-1　不打印错误值的设置

按以上步骤设置后，工作表中的错误值将不再被打印，如图 226-2 所示。

| | A | B | C | D | E | F |
|---|---|---|---|---|---|---|
| 1 | 序号 | 月份 | 计划支出 | 实际支出 | 人数 | 平均支出 |
| 2 | 1 | 2013年1月 | 7,730 | 5,250 | 32 | 164.06 |
| 3 | 2 | 2013年2月 | 6,310 | 7,500 | 25 | 300.00 |
| 4 | 3 | 2013年3月 | 5,560 | 5,350 | 33 | 162.12 |
| 5 | 4 | 2013年4月 | 6,310 | 5,680 | 38 | 149.47 |
| 6 | 5 | 2013年5月 | 9,060 | 8,190 | 33 | 248.18 |
| 7 | 6 | 2013年6月 | 5,260 | 5,430 | 27 | 201.11 |
| 8 | 7 | 2013年7月 | 8,290 | 7,860 | 21 | 374.29 |
| 9 | 8 | 2013年8月 | 8,510 | 8,490 | 23 | 369.13 |
| 10 | 9 | 2013年9月 | 6,660 | | | #DIV/0! |
| 11 | 10 | 2013年10月 | 9,000 | | | #DIV/0! |
| 12 | 11 | 2013年11月 | 8,780 | | | #DIV/0! |
| 13 | 12 | 2013年12月 | 7,290 | | | #DIV/0! |
| 14 | | | | | | |
| 15 | | | | | | |
| 16 | | | | | | |
| 17 | | | | | | |

| 序号 | 月份 | 计划支出 | 实际支出 | 人数 | 平均支出 |
|---|---|---|---|---|---|
| 1 | 2013年1月 | 7,730 | 5,250 | 32 | 164.06 |
| 2 | 2013年2月 | 6,310 | 7,500 | 25 | 300.00 |
| 3 | 2013年3月 | 5,560 | 5,350 | 33 | 162.12 |
| 4 | 2013年4月 | 6,310 | 5,680 | 38 | 149.47 |
| 5 | 2013年5月 | 9,060 | 8,190 | 33 | 248.18 |
| 6 | 2013年6月 | 5,260 | 5,430 | 27 | 201.11 |
| 7 | 2013年7月 | 8,290 | 7,860 | 21 | 374.29 |
| 8 | 2013年8月 | 8,510 | 8,490 | 23 | 369.13 |
| 9 | 2013年9月 | 6,660 | | | |
| 10 | 2013年10月 | 9,000 | | | |
| 11 | 2013年11月 | 8,780 | | | |
| 12 | 2013年12月 | 7,290 | | | |

图 226-2　不打印错误值的效果

# 技巧227 不打印图形对象

对于一个图文混排的工作簿文件，默认情况下，执行“打印”后会是一个图文混排的打印效果，如图 227-1 所示。

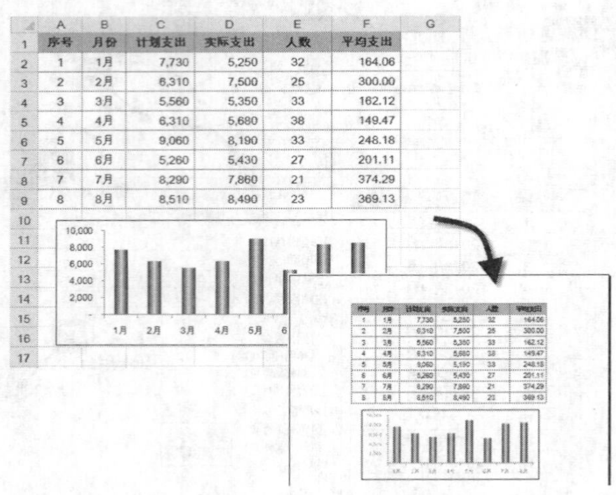

| 序号 | 月份 | 计划支出 | 实际支出 | 人数 | 平均支出 |
|---|---|---|---|---|---|
| 1 | 1月 | 7,730 | 5,250 | 32 | 164.06 |
| 2 | 2月 | 6,310 | 7,500 | 25 | 300.00 |
| 3 | 3月 | 5,560 | 5,350 | 33 | 162.12 |
| 4 | 4月 | 6,310 | 5,680 | 38 | 149.47 |
| 5 | 5月 | 9,060 | 8,190 | 33 | 248.18 |
| 6 | 6月 | 5,260 | 5,430 | 27 | 201.11 |
| 7 | 7月 | 8,290 | 7,860 | 21 | 374.29 |
| 8 | 8月 | 8,510 | 8,490 | 23 | 369.13 |

图 227-1　图文混排的打印效果图

但是有时只需要校对其中的文本，为了节省纸张和耗材，不希望打印其中的图表或图片，操作方法如下。

**Step 1** 选中图表，在【图表工具-格式】选项卡中单击【大小】对话框启动器按钮，弹出【设置图表区格式】对话框。

**Step 2** 单击【属性】选项卡，取消勾选【打印对象】复选框，最后单击【关闭】按钮，如图 227-2 所示。

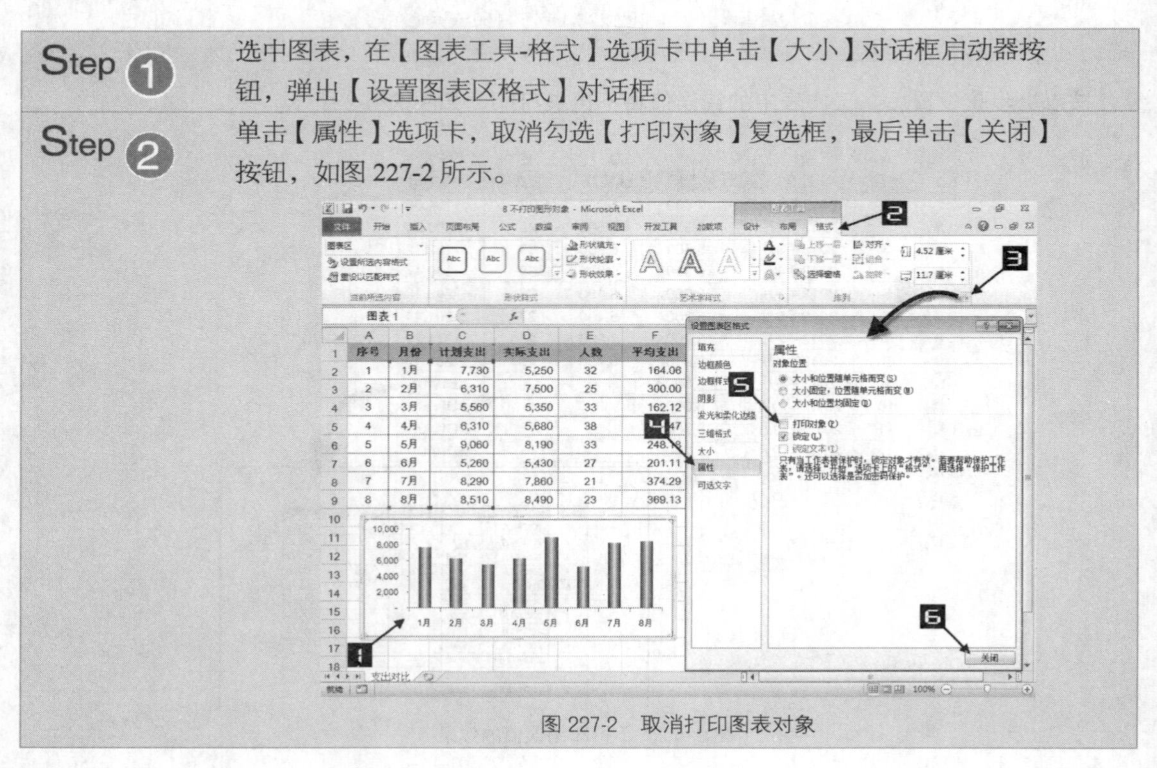


图 227-2　取消打印图表对象

再次执行打印预览时，图表已经不在打印页面上，如图 227-3 所示。

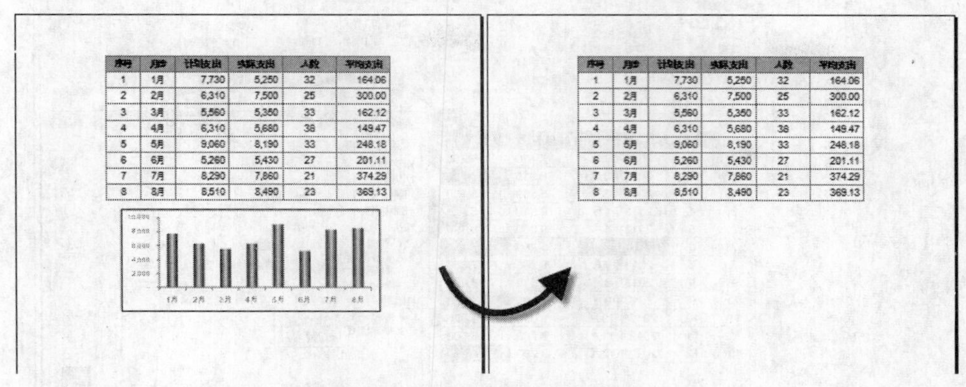

| 序号 | 月份 | 计划支出 | 实际支出 | 人数 | 平均支出 |
| --- | --- | --- | --- | --- | --- |
| 1 | 1月 | 7,730 | 5,250 | 32 | 164.06 |
| 2 | 2月 | 6,310 | 7,500 | 25 | 300.00 |
| 3 | 3月 | 5,560 | 5,350 | 33 | 162.12 |
| 4 | 4月 | 6,310 | 5,680 | 38 | 149.47 |
| 5 | 5月 | 9,060 | 8,190 | 33 | 248.18 |
| 6 | 6月 | 5,260 | 5,430 | 27 | 201.11 |
| 7 | 7月 | 8,290 | 7,860 | 21 | 374.29 |
| 8 | 8月 | 8,510 | 8,490 | 23 | 369.13 |

图 227-3　取消打印图表对象前后对比

## 技巧 228　单色打印

用户为了标识数据表中的某些特殊数据，通常会将这些数据的单元格填充背景色或改变字体颜色等，如图 228-1 所示。

|  | A | B | C | D | E | F |
| --- | --- | --- | --- | --- | --- | --- |
| 1 | 序号 | 月份 | 计划支出 | 实际支出 | 人数 | 平均支出 |
| 2 | 1 | 2013年1月 | 7,730 | 5,250 | 32 | 164.06 |
| 3 | 2 | 2013年2月 | 6,310 | 7,500 | 25 | 300.00 |
| 4 | 3 | 2013年3月 | 5,560 | 5,350 | 33 | 162.12 |
| 5 | 4 | 2013年4月 | 6,310 | 5,680 | 38 | 149.47 |
| 6 | 5 | 2013年5月 | 9,060 | 8,190 | 33 | 248.18 |
| 7 | 6 | 2013年6月 | 5,260 | 5,430 | 27 | 201.11 |
| 8 | 7 | 2013年7月 | 8,290 | 7,860 | 21 | 374.29 |
| 9 | 8 | 2013年8月 | 8,510 | 8,490 | 23 | 369.13 |
| 10 | 9 | 2013年9月 | 6,660 | 7,000 | 26 | 269.23 |
| 11 | 10 | 2013年10月 | 9,000 | 8,320 | 32 | 260.00 |
| 12 | 11 | 2013年11月 | 8,780 | 6,500 | 24 | 270.83 |
| 13 | 12 | 2013年12月 | 7,290 | 8,920 | 29 | 307.59 |

图 228-1　标识特殊数据的数据表

虽然这些标识有利于制表者区分其特殊性，但是如果将这样的表格打印出来，阅读者却不一定能接受如此眼花缭乱的报表。可以使用“单色打印”功能不将这些标识打印出来，方法如下。

**Step 1**　在【页面布局】选项卡中单击【页面设置】对话框启动器按钮，打开【页面设置】对话框。

**Step 2**　单击【工作表】选项卡，勾选【单色打印】复选框，再单击【确定】按钮完成设置，如图 228-2 所示。

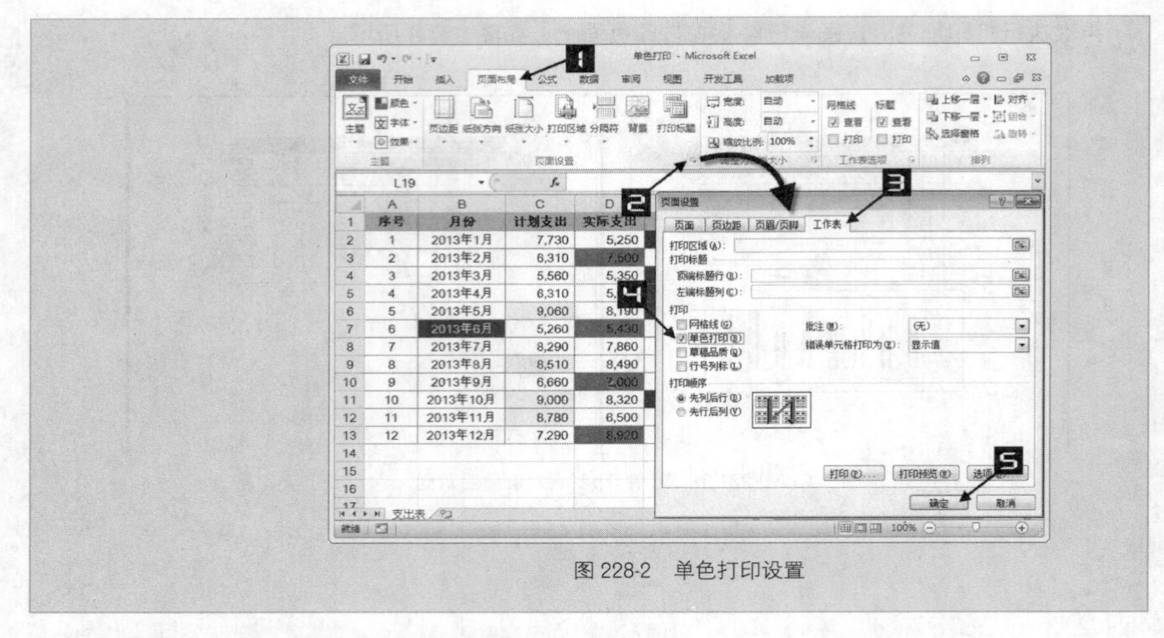

图 228-2　单色打印设置

再次执行打印时，单元格的标识颜色将不再被打印出来，如图 228-3 所示。

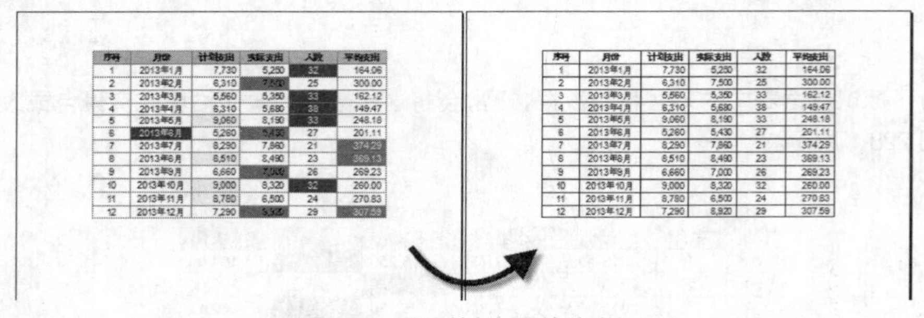
图 228-3　设置单色打印前后对比

如果工作表中有彩色图形对象（如图表、图片、剪贴画等），设置【单色打印】后，这些对象将不再以彩色打印。